PSCAD V5 电路设计与仿真从入门到精通

乐健 廖小兵 胡仁喜 等编著

机械工业出版社

本书以 PSCAD V5 为基础，详细讲解了 PSCAD 软件的主要设置和基本操作，对主元件库元件进行了详细介绍，说明了自定义元件方法。在此基础上介绍了仿真数据导出、调用外部 C 语言、Fortran 语言源代码程序、与 MATLAB 接口、多重运行、并行与高性能计算等高级功能及其应用，对 EMTDC 特性也进行了简要说明。最后结合当前研究热点，给出了应用 PSCAD 开展新能源发电、高压直流输电及电能质量及电力电子技术仿真等领域研究的仿真实例，方便读者加深对该软件应用的理解。

本书适用范围广泛，不仅适合广大初学者，也可以作为电力科研人员的参考工具书，还可以作为大中专院校电力相关专业的教材或社会培训机构的指导用书。

图书在版编目（CIP）数据

PSCAD V5电路设计与仿真从入门到精通 / 乐健等编著. --北京：机械工业出版社，2022.11

ISBN 978-7-111-71722-5

Ⅰ. ①P… Ⅱ. ①乐… Ⅲ. ①电路设计－计算机辅助设计－应用软件②电路设计－计算机仿真－应用软件Ⅳ. ①TM02

中国版本图书馆CIP数据核字(2022)第184948号

机械工业出版社（北京市百万庄大街 22 号　邮政编码 100037）

策划编辑：曲彩云　　责任编辑：王　珑

责任校对：刘秀华　　责任印制：任维东

北京中兴印刷有限公司印刷

2022 年 11 月第 1 版第 1 次印刷

184mm×260mm・50 印张 ・1242 千字

标准书号：ISBN 978-7-111-71722-5

定价：199.00 元

电话服务	网络服务
客服电话：010-88361066	机　工　官　网：www.cmpbook.com
010-88379833	机　工　官　博：weibo.com/cmp1952
010-68326294	金　　书　　网：www.golden-book.com
封底无防伪标均为盗版	机工教育服务网：www.cmpedu.com

前 言

PSCAD/EMTDC 是加拿大马尼托巴高压直流研究中心推出的一款电力系统电磁暂态仿真软件，仿真模型直观，元件模块库丰富，主要进行一般的交流电力系统电磁暂态研究，进行简单和复杂电力系统故障建模及故障仿真，分析电力系统故障电磁暂态过程。PSCAD/EMTDC 具有很好的可移植性，可与多种常见软件连接，例如 EMTP、MATLAB 等，因而在电力系统分析中应用范围越来越广。

PSCAD/EMTDC V5 是目前的新版本，相比其先前版本 PSCAD X4 是一个重大的升级，包含了众多新特性和功能。新版本尽力保持与 PSCAD X4 产品工作环境的相似，以减少用户熟悉新版本的时间，但加入了以下多个新的特性和功能：改进了元件参数编辑器，提供了增强的元件参数对话框，改进了元件向导面板，对广受欢迎的参数网格特性进行了改进；提供了新的全局替换参数面板支持全局替换；启用了并行多重运行 (PMR)、Communication Fabric (ComFab)、协同仿真接口和集群启动系统 (CLS)，进一步加强对并行和高性能计算的支持；提供了基于 Python 脚本的自动化功能，实现了初步的 PSCAD 开发和运行自动化。

《PSCAD X4 电路设计与仿真从入门到精通》和《PSCAD V4.6 电路设计与仿真从入门到精通》为使用 PSCAD 开展电力系统仿真研究提供了详细、全面、专业的指导，一经出版均得到了广泛的好评。PSCAD V5 具有相当多的改进和新特性，针对这一情况，编者结合以上两本书和 PSCAD V5 编写了本书。

本书主要对全新的软件界面、设置和操作进行了详细说明，包括多个新的面板操作、项目调试、资源分支等；对新增元件进行了介绍，主要包括 MMC 相关元件、单相感应电机、z 域元件库、受控电流电压源、瞬态恢复电压包络发生器、多个控制系统元件等；介绍了并行和高性能计算部分的新性能和基于 Python 的应用程序自动化方法。

本书适用范围广泛，不仅适合广大初学者，也可以作为电力科研人员的参考工具书，还可以作为大中专院校电力相关专业的教材或社会培训机构的指导用书。

本书由三维书屋工作室策划，主要由武汉大学乐健副教授、武汉工程大学廖小兵老师、武汉东湖学院毛涛老师、国网电力科学研究院武汉南瑞有限责任公司吴敏和河北交通职业技术学院的胡仁喜博士编写，其中乐健执笔了第 1、2 章、第 12、13 章，廖小兵执笔了第 3~6 章，毛涛执笔了第 7~9 章，吴敏执笔了第 10、11 章。赵联港、綦淦、崔建勇、金锐、朗红科参加了部分编写工作。

由于时间仓促，书中难免有疏漏和不妥之处，请广大读者登录 QQ 群 561069957 或联系 714491436@qq.com 批评指正。

编 者

目　录

第 1 章　概述

PSCAD (Power System Computer Aided Design) 是一个功能强大且灵活的与 EMTDC 电磁暂态仿真引擎接口的图形化用户界面。本章对 PSCAD 的发展、应用和功能特点做简要介绍，重点说明目前 PSCAD 5 版本的改进。

1.1 PSCAD 简介

PSCAD 允许用户以图形化的方式建立电路、运行仿真、分析结果，并在一个完全集成的图形化环境中管理数据。该软件同时包括在线绘图功能、控制和仪表，使得用户可在仿真运行过程中改变系统参数，以观测运行过程中的仿真结果。

PSCAD 提供了完整的已编程和经过测试的仿真模型，包括从简单的无源元件和控制功能，到更加复杂的诸如电动机、完整的 FACTS（灵活交流输电系统）设备、输电线路以及电缆。

PSCAD 提供了用户模型建立方法，以便于用户创建自己需要的模型。例如，可通过将已有的模型拼接在一起以建立一个组件，或根据草稿设计在一个灵活的设计环境中创建初步的模型。

以下是 PSCAD 主元件库所提供的一些常用模型：

- 电阻、电感、电容器
- 互耦合绕组，例如变压器
- 与频率相关的输电线和电缆（包括世界上最精确的时域线路模型）
- 电流源和电压源
- 开关和断路器
- 保护和继电器
- 二级管、晶闸管和 GTO
- 模拟和数字控制功能
- 交/直流发电机、励磁机、调速器、稳定器和多惯量模型
- 仪表和测量功能
- 通用交流和直流控制
- HVDC、SVC 及其他 FACTS 控制器
- 风源、风力发电机和调速器
- 光伏和电池模型

PSCAD 及其仿真引擎 EMTDC 经历了超过 40 年的发展，在不断壮大的全世界用户思想和建议的推动下，已成为世界上功能最强大和最成功的 CAD 程序之一。

1.1.1 PSCAD 的发展

作为电磁暂态仿真程序 EMTDC 的图形化接口，PSCAD 创始于 1988 年并得到不断发展完善。未商业化之前的 PSCAD 很大程度上是实验性的。但无论如何它是一个巨大的进步，使得 EMTDC 用户可用图形方式来设计他们的系统，而不是通过文本来枯燥地输入数据。PSCAD 的图形化界面增强了对仿真系统整体概念上的理解，极大地促进了电路组装并减少错误。

在发布之前，PSCAD 在北美、日本、澳大利亚和欧洲经过了大量的测试，并在 1992 年秋季全部完成后发布了 PSCAD/EMTDC V3。连同相应的 EMTDC 一起发布的基于 UNIX 的 PSCAD 最终被称为 PSCAD V2。它由执行电路设计、实时绘图/控制以及离线绘图等功能的一系列相关软件工具所组成。PSCAD V2 获得了巨大的成功，并成为了行业的新里程碑。同一时期，运行微软 Windows 系统的个人计算机成为一种风潮，不断扩大的 PSCAD 用户群要求一个支持该平台的版本，基于 Windows 系统的 PSCAD 版本开发立即进行。

针对 Windows 系统的 PSCAD V3 最终于 1999 年发布，它力求通过引入可以模块形式建立系统电路的环境来打破原有限制。由此可通过使用互连的页面模块（即子页面）来创建系统，这些页面模块可独立编译并具有各自私有的数据空间。此外，PSCAD V3 合并吸收了先前版本的绘图和运行系统，使其成为一个同时具有设计和仿真分析能力的综合应用环境。

2001 年着手开发 PSCAD 新一代的重要版本。PSCAD V4 的主要目标之一是通过将许多用户工具集迁移至更标准化的设计中来增强软件的健壮性，这包括集成 MFC(Microsoft Foundation Class)体系结构以及全新的在线控制及绘图工具库。PSCADV3 中的 Component Workshop 直接集成为绘图编辑器的一部分，以便实现一个完全统一的设计环境。元件定义和电路设计的各项工作都可在同一视图内完成。

PSCAD V4 在 2002 年的发布非常成功。它包括许多工程设计中不可或缺的新特征，例如单线表示、XY 绘图、画线模式、撤销/重做、拖放、停靠窗口以及强化的浏览特性。

同许多软件产品一样，持续不断提高的需求促使 PSCAD 增加更新和更好的特性，以使得用户体验更为轻松。然而一段时期的持续开发使得应用程序代码主体由于充斥各种补丁和强行插入的特性而变得复杂混乱。当正在实现的新机制无法很好地适应整体结构时，进一步的开发将会变得越来越困难。一个优秀的研发团队此时意识到他们的程序已经达到了极限，并开始采取行之有效的措施予以解决。2006 年，PSCAD 的用户们开始要求一种新的仿真环境，以在其中进行多种不同类型的研究，例如基于 EMTDC 电磁暂态研究之外的潮流分析。

为了使这种多重研究环境成为可能，对 PSCAD 的全新设计开发开始付诸实施。经过长时间的研究与讨论，一种基于单一数据库模型的新结构被选中，它是一种使得整个程序以数据为核心的设计。基于这种结构的研究环境使得不同的求解引擎（例如 EMTDC，潮流计算等）之间以及与仿真环境都可动态共享信息。这种新的结构被称作 neXus 引擎，代表了新一代的 PSCAD 产品。PSCAD X4 是第一款包含了 neXus 引擎的产品。尽管仍是一款专门的电磁暂态研究环境，但其主要的新功能已可作为多重仿真环境的基础，页面模块也可基于相同的定义而多实例化。它同时包括许多其他的新特性，例如并行仿真、组件黑箱化、输电线路互耦等。

2011 年，MFC 结构被更新至最新的版本而使得应用程序面貌焕然一新，它包括了当下流行的功能区控制条和选项卡式窗口界面。

多核处理器在世纪之交登上计算的舞台，原因之一是从时钟速度而言以半导体为基础的微电子学达到了其物理极限，单处理器已物理上无法提高处理速度。制造商从而开始致力于基于多处理器的并行计算，以持续增强计算能力。

要求 PSCAD 和 EMTDC 利用并行计算技术的需求从 2000 年代末开始增长，利用多核处理器成为应对该需求的发展方向之一，该技术可提高仿真效率并节省仿真时间，2012 年发表的 PSCADV4.5 之前的版本仅能利用最多两个处理器核，PSCAD 和 EMTDC 可分别运行于不同的核，但任何时候仅能运行一个 EMTDC 进程。

PSCADV4.5 集成了两个独有的利用多处理器核的并行计算功能：其一是输电线和电缆的并行求解，另一个基本功能是发起多个同时运行的 EMTDC 仿真，每个 EMTDC 进程基于单独的 case 项目。

PSCADV4.6 可在一个单一项目中发起运行多个 EMTDC 进程。

1.1.2 PSCAD 的应用

PSCAD 用户群主要是企业、制造商、咨询机构以及研究机构、军方和学术机构的工程师和科研人员。

它被用于规划、运行、设计、调试、招投标规范准备、教学和研究中。以下是经常应用 PSCAD 进行研究的例子：

- 旋转电机、励磁机、调速器、变压器、架空输电线、电缆以及负荷的交流电网络的意外事件分析
- 保护配合
- 变压器饱和影响
- 变压器、断路器、避雷器的绝缘配合
- 变压器的脉冲测试
- 电动机、架空输电线以及 HVDC 系统网络的次同步谐振 (SSR) 研究
- 滤波器设计评估以及谐波分析
- FACTS 和 HVDC 控制系统设计及配合，包括 STATACOM、VSC 以及周期换流器
- 控制器参数的优化设计
- 新电路以及控制概念的研究
- 雷击、故障或断路器动作
- 陡波前或快波前研究
- 海军舰船电气设计
- 柴油发电机及风力发电机对电气网络的脉冲效应研究

1.2 PSCAD V5 的新特性

PSCAD V5 相比其先前版本 PSCAD X4 是一个重大的升级，包含了众多新特性和功能。

1.2.1 值得注意的重点

PSCAD 开发团队加入了众多新特性，并且根据用户反馈对许多非常流行和有用的特性进行了定制，从而更为直观高效。新版本尽力保持与 PSCAD X4 产品工作环境的相似，以减少熟悉新版本时间，尽管如此，以下重点需引起关注：

- **向上兼容性**：PSCAD V5.0 支持导入由 PSCAD V4.1 或之后版本保存的更老 *.psc 和 *.psl 文件格式。支持更老的扩展名 *.cmp 的元件定义文件，但仅能导入（新的定义文件扩展名为“*.psdx”）。V5.0 完全支持所有 PSCAD X4（V4.3 到 V4.6）项目文件。
- **向下兼容性**：PSCAD V5 项目文件可通过保存为 PSCAD X4 (V4.6) 格式完全向后兼容。项目文件 XML 格式仅有一处变动破坏了兼容性，即元件图像要素的格式被修改以支持新的 32 位 ARGB 色板。需要注意的是，旧版本不支持 PSCAD V5 中所加入的很多新特性，保存为 PSCAD X4 格式将失去这些功能。例如：
  - 巨型画布：PSCAD X4 不支持巨型电路画布。
  - 复数信号：PSCAD X4 不支持复数信号类型。
  - 快速允许/禁止：使用快速允许/禁止功能禁止元件在 PSCAD X4 中可能看起来是允许的。
- **新的资源文件处理**：PSCAD V3 以来，可通过 project settings 中两个单独的输入域，或通过 File Reference 元件向项目中加入外部资源文件 (*.f, *.c) 以及已编译目标和库文件。PSCADV5 中该功能进行了重大改进，并组织在名为 Resources Branch 的方便直观集中区域内。

  Resources Branch 是每个项目的一个子分支，提供了对某个特定项目所有相关资源文件进行方便管理的途径，囊括了先前 project settings 域和 file reference 元件的功能，使得用户可附加项目相关的所有类型文件，诸如 Microsoft Word 或 Excel 文件、图像、自动化脚本的 Python (*.py) 文件，以及任何类型文本文件，以及先前版本支持的源代码和已编译文件。通过利用操作系统的文件管理设置在查看文件时启动正确的外部程序。此外，Resource branch 图标将显示资源文件当前的状态，例如该文件是否加入编译。

  新的程序选项 *Relative path resolution* (Environment 页面中) 可指定作为相关文件搜索起点的特定文件夹，而无需给出绝对路径。只要文件位于所指定的文件夹之一内，在项目中仅需提供文件名。

  注意：旧版本项目导入时将自动配置 Resources branch，将 PSCAD V5 项目保存为 PSCADV4.6 版本时具有向下兼容性。
- **新的二进制 EMTDC 输出文件格式**：PSCAD V5 中加入了全新 EMTDC 输出文件

格式（*.psout）。该专有新格式为二进制，存储量更少且数据访问速度更快。在一个单一文件内，不仅可存储所有仿真曲线和轨迹，还可存储所有顺序或并行多重运行数据，以及动画图像信息。PSCADV5 提供了名为“PSOUT Reader”的功能来查看该二进制文件。

- **单位转换始终启用**：单位转换第一次在 PSCAD V3 中引入。考虑到对先前版本项目的兼容性，在 project setting 中提供了禁止单位转换的选项。PSCAD V5 删除了该选项，并从 PSCADV5 开始始终启用单位转换。在导入禁用单位转换的旧版本项目时，在运行仿真前需确认元件输入参数单位，否则仿真结果可能出现差异。
- **Fortran 编译器支持**：免费 GFortran 95 编译器对 V4.2.1 的支持取消，加入了 V8.1 (32 和 64 位)和 V4.6.2 的支持；对 Intel Visual Fortran compiler 版本 9 到 11 的支持取消，增加了对版本 16 到 19 的支持。更多细节可参考 1.3.3 节。
- **智能粘贴**：PSCAD V5 中剪切、复制和粘贴更为智能。在复制对象时，PSCAD 将在 Windows 剪贴板内存储更多的信息，便于在粘贴时做出智能化决定，取决于对象粘贴时的环境，从而使得 PSCAD 很多熟悉的功能更为有效。
- **新界面外观**：PSCAD 应用程序提供了全新的界面外观。

1.2.2 新增的及增强的特性

以下是值得注意的新的和增强特性的概况（并非全部）：

- **自动化（集成的 Python 脚本）**：PSCAD 现在完全自动化。尽管 PSCAD X4 (V4.6.1) 引入了通过 Python 脚本控制程序的功能，新版本中通过其自身的脚本面板进行集成。此外，用户可通过记录他们的行为来自动生成脚本。
- **并行多重运行 (PMR)**：用户通过 PMR 特性可在单一案例项目中发起多个并行运行的仿真，同时可以为每个并行仿真任务提供不同的数据，各仿真独立运行于其自有的单独的处理器核中。
- **便签的多国语音支持 (Unicode)**：升级的 PSCAD V5 代码库完全支持 Unicode，使得用户可在便签内实用任何已知的书写系统。
- **Communication Fabric (ComFab)**：PSCAD V5 加入了新的应用程序间通信控制架构，即 Communication Fabric (ComFab)。ComFab 是一个作为中间件的单独层，用于进程间通信。它具有足够的通用性而被扩展，只要遵守协议即可由第三方软件用于与 PSCAD 和 EMTDC 通信。
- **协同仿真接口**：PSCAD V5 加入了一个名为“Co-Simulation”的通用应用程序接口 API，使得 EMTDC 可以与几乎任何外部应用程序链接并协同仿真。该接口的基础形式是名为“EmtdcCosimulation_Channel”的 C 语言结构，包含了多个 C 语言函数。这些函数可用于开发外部应用程序端的接口。同时，主程序库元件 Cosimulation 可被用于案例程序中来快速提供 PSCAD/EMTDC 端接口。
- **集群启动系统 (CLS)**：PSCAD 使用 CLS 来启动远方计算机上的仿真进程。运行分布于多个计算机上的进程需要额外软件来管理仿真进程。在 CLS 内可发起并管理计算集群上的仿真。

- **电气网络黑箱化**：现有版本完全支持除输电线和电缆外的电气网络黑箱化。由顶层页面组件开始，包括控制系统在内的具有多个组件层级的完整电气网络可生成一个单一元件，并且完全支持多实例和 Fortran 源代码。
- **改进的元件参数编辑器**：PSCAD V5 对作为元件定义设计编辑器一部分的参数编辑器进行了完全重新设计。PSCADV3 和 V4.1/V4.2 中原有的编辑器已在 X4 产品系列（V4.3 到 V4.6）中升级为全新 Windows 风格的编辑器。

  PSCADV5 中该编辑器可在被编辑时动态显示参数对话框，用户可随时查看编辑效果，而无需离开编辑器或单击“Test Dialog”按钮（‘Test Dialog”按钮仍需被用于实际功能测试）。此外，该编辑器很多底层功能进行了改进和简化，使得工作环境更直观高效。

  PSCADV5 提供了名为“Visibility”的新参数属性，除现有允许/禁止控制外，该功能可基于条件语句控制单一元件参数的可视性。
- **增强的元件参数对话框**：PSCADV5 版本元件参数对话框进行了极大改进，以更为有效地管理大量的元件输入输出参数。其中最为重大的两个改进是：参数类别页面组织方式和加入名为“Dynamic Help Window”的基于 Java 的动态显示和反馈网络；

  新版本中用多层树状类别窗口取代了 PSCADV2 版本开始采用的平面下拉列表型类别页码格式。该树状风格可进一步扩展以提供多分支层级（分支中的分支），从而提供了管理类别的第 2 个维度。

  新参数对话框中加入了名为“Dynamic Help Window”的功能非常强大且可定制的显示窗口。新的面板作为简单查看机制来显示关联的基于 Java 的 HTML 文件。Java 及其库的功能和灵活性提供了多种多样的参数值可视化方式，从帮助文本到随数据变化而变化的图像和动态图。
- **改进的元件向导**：新版本加入了翻新的元件向导，其拥有更为灵活和特性丰富的接口。与此前一样，新的元件和组件，输电线和电缆均可在该向导内创。
- **增强的参数网格面板**：PSCAD V5 对广受欢迎的参数网格特性进行了改进，以解决 PSCADV4.6 中用户发现的缺陷。新参数网格绝大部分外观和使用与旧版本相同，但底层进行了很多改进以提供先前缺失的功能。部分显著的增强如下：
  - 支持几乎所有电路对象，包括母线、输电线和电缆、仿真组、file reference 元件和便签等。
  - 除通过页码组件外，还可根据参数类别页码对结果进行过滤。
  - 实例中被禁止的参数的显示保持与参数网格结果的一致。
  - 向*.cvs 格式文件中存储、附加和替换参数网格结果，或进行反向操作。
  - 参数网格结果可直接输出至电子表格，修改后通过复制/粘贴返回。
  - 完全的撤销/重做支持。

- **全局替换**：PSCAD V5 对 PSCAD X4 系列产品（V4.3 到 V4.6）的全局替换特性进行了完全重新的设计，根据用户多年的使用反馈，新的全局替换功能更为灵活直观，主要的变化包括：
  - 新的全局替换面板，可在集中区域内编辑、新增和删除单一项目相关的所有全局替换参数。
  - 在一个或多个仿真组情况下，项目作为任务运行时可加入其他全局替换参数值（或多组值）。
  - 向*.cvs 格式文件中存储、附加和替换全局替换参数，或进行反向操作。
  - 设置滑动块元件的 min/max 限值。
- **用户层配置**：通过控制层内各元件的状态，用户层配置可实现某一层内部个性化。

1.2.3 新的主元件库

以下给出了自 2007 年发布的 PSCAD V4.2.1b 以来主元件库所有新增的模型，元件模型的详细介绍请参考本书第 3～7 章。

- MMC 全桥单元
- MMC 半桥单元
- MMC 全桥触发脉冲生成器
- MMC 半桥触发脉冲生成器
- MMC 多维比较器
- MMC 载波发生器
- 单相感应电机
- z 域元件库
- 单相 N 绕组变压器
- 基于对偶的三相双绕组变压器
- 磁滞电抗器
- 三相电流源
- 电流控制电流源
- 电压控制电流源
- 电压控制电压源
- 理想比例变换器
- 交流励磁机 (2016)
- 直流励磁机 (2016)
- 静止励磁机 (2016)
- 单独可配置三角形联结的负载
- 单独可配置三角形联结的 3 支路负载
- 单独可配置星形联结的负载

- 单独可配置星形联结的 3 支路负载
- 标幺阻抗支路
- 隔离开关
- 瞬态恢复电压包络发生器
- 谐波信号发生器
- 拾取-释放计数器
- Clarke/反 Clarke 变换器
- 变化检测器
- 死区
- 比例变换器
- 离散化器
- 排序索引器
- 复数共轭
- 电气相分接器
- 游隙控制器
- 复数型常量

1.3 PSCAD V5 的计算需求及范围边界

1.3.1 计算需求

PSCAD 是一个数字密集型电力系统暂态仿真器，建议使用快速高效的个人计算机。通常建议使用 8 核（至少 4 核）处理器以充分利用并行和高性能计算功能。PSCAD V5 不能运行于 32 位操作系统。PSCAD 的计算需求见表 1–1。

表 1-1 PSCAD 计算需求

类别	推荐
计算机	高前端速母板，8 GB+快速高性能 RAM，固态硬盘驱动器，64 位操作系统，8 核（至少 4 核）高性能 CPU，一个 USB2.0 或更好的插口，Internet 连接。
操作系统	Microsoft Windows 7 SP1 64-bit，Microsoft Windows 10 64-bit
附加软件	兼容的 Fortran Compiler, Microsoft Visual C++ 2017 Redistributables, x86 and x64 Microsoft .NET Framework 4.6.1 Full, minimum
文件夹权限	用户需可创建和写入特定文件和文件夹
通信	端口 30000 至 40000 需可用于允许 PSCAD 和 EMTDC 通信

1.3.2 范围边界

任何对用户项目起作用的边界条件将主要取决于所使用的 PSCAD 版本。表 1-1～表 1-4 列出了最常遇到的边界。

表 1-2 PSCAD 边界（任何版本及编译器）

描述	边界	描述	边界
变压器	无限制	每走廊电缆数	12
互耦合绕组	无限制	数据信号维度	1024
元件图形层	256	无线发射/接收器	1024
输电线/电缆	无限制	STOR 配额	无限制
每架空线走廊导体数	30	STORF/L/I/C 配额	无限制

表 1-3 与版本有关的边界

描述	免费版	教育版	专业版
同时，并行 EMTDC 仿真	4	8	8
电气子系统	1	1	65536
电气节点	15	200	1048576
组件	5	64	65536
元件	1024	32768	1048576
输出通道	256	1024	32768

表 1-4 免费版的限制

描述	免费版	教育版和专业版
定义创建	×	√
定义编辑	×	√
定义导入/导出	×	√
定义复制/粘贴	×	√
商业 Fortran 编译器	×	√
频域相关架空线/电缆	×	√
MATLAB 接口	×	√
Python 自动化 UI/Library	×	√

（续）

描述	免费版	教育版和专业版
黑箱	×	√
协同仿真接口	×	√
图形水印	√	×

1.3.3 支持的 Fortran 编译器

PSCAD 需使用 Fortran 编译器来建立和仿真项目。以下是目前所支持的可用商业编译器：

- Intel Parallel Studio Composer Edition for Fortran for Windows 12.x, 13.x, 14.x, 15.x, 16.x, 17.x, 18.x, 19.x。
- GFortran 95 (V4.6.2 和 V8.1)

为方便使用，用户 PSCAD 安装盘中提供了一个名为“GFortran95”的免费 Fortran 编译器。若用户使用 MyCentre 账号安装了免费版本，GFortran 编译器可单独下载使用。

若用户拥有 PSCAD 专业版或教育版许可，建议用户购买 *Intel Parallel Studio Composer Edition for Fortran for Windows*，它具有优秀的调试环境和优化特性。

1.4 部署和许可管理

PSCAD 采用两种许可方式：认证许可和基于硬件锁许可。对于基于硬件锁许可，用户拥有的许可可以直接在运行 PSCAD 的机器上，也可以在服务器上，通过网络与客户机器共享。对于认证许可，许可位于 MHI 上，通过 internet 与客户端机器共享。

1.4.1 认证许可

认证许可是运行 PSCAD 的方式之一，认证许可位于 Manitoba Hydro International, Ltd. (MHI)，并通过 Internet 与客户端机器共享。客户端机器上的许可通过 license certificate 方式激活，而通过 MyCentre 进行管理。

以下版本支持认证许可：

- The Professional Edition, V4.5.3 及更新的
- The Educational Edition, V4.5.4 及更新的
- The Beta Edition
- The Free Edition

1.4.2 基于硬件锁的许可——本地许可

本地许可方式下 license database file 和硬件锁直接安装于 PSCAD 客户端机器上，根

据许可席位数量的不同，有两类不同的管理软件进行许可管理。

许可仅有一个席位时需使用 self-licensing 方式，此时 PSCAD 内置的许可管理器将用于管理许可。多于一个席位时，需安装 standalone license manager 管理许可。启动一个 PSCAD 实例后，许可管理软件将根据许可文件和硬件锁确保该许可被授权，在可用时将共享席位。该席位允许用户运行一个 PSCAD 实例。关闭该 PSCAD 后，相应的席位将释还给管理软件。

工作站可同时运行的 PSCAD 实例数量取决于许可席位数量。例如，在具有两个对 Professional Edition 席位的许可时，可并发运行两个 Professional Edition 实例。

1.4.3 基于硬件锁的许可——网络许可

网络许可方式下，许可安装于服务器上，并且通过企业网络与 PSCAD 客户端机器（包括主机）共享。还可通过 VPN 方式，通过 Internet 与连接至企业网络的客户端机器共享许可。

通过安装 standalone license manager 软件来设置网络许可，license database file 和硬件锁位于服务器上。当网络上某处启动一个 PSCAD 实例时将对许可管理软件发出许可需求。许可管理软件将根据许可文件和硬件锁确保该许可被授权，在可用时与客户端机器共享一个 PSCAD 席位，一个席位允许用户运行一个 PSCAD 实例。关闭该 PSCAD 后，相应的席位将释还给管理软件。

可同时访问 PSCAD 的用户数取决于许可席位数。例如，在具有两个对 Professional Edition 席位的许可时，两个用户同时每人可使用其中一个实例，或者一个用户可在其工作站上运行最多两个实例。

1.5 PSCADV5 漏洞修复

1.5.1 兼容性升级

- Intel Visual Fortran Compiler：不再支持 9.x, 10.x 和 11.x，支持 16.x, 17.x, 18.x 和 19.x。
- GFortran 95 Compiler：不再支持 4.2.1 版本，支持 GFortran 8.1。

1.5.2 PSCAD 漏洞修复

修复如下：

- 值被修改的参数输入域为粗体（修改的），恢复为初始值后该域将恢复为非粗体。
- 项目编译器将对端口维度正确性进行检查，不正确时将给出错误信息。
- 在一个 workspace 加载约 150 个项目且均打开时 PSCAD 将崩溃。通过允许，同时打开最多 32 个项目电路面板来修复该问题。

- 解决了如下问题：当通过条件表达式禁止组件具有的输出参数时，将发出无有效消息的运行错误信息。
- 不再允许从 workspace 树复制定义并随后将其粘贴至电路画布内。此前该行为将向项目文件中增加非法（但无危害）的 XML 代码。
- 元件代码第一列的字符“C”或“c”不再被认为是代表注释，进而也不会用“!”替换，这种 FORTRAN 77～90 中的转换方式不再需要。
- 也可使用全局替换设置在线控制元件（滑动块和开关）的参数值。
- 对于定义于页面组件（组件的定义存储在库项目中）的输出通道，在多个不同案例项目中实例化且每个项目单独运行时，绘图上下文显示正确。此前所有项目中仅显示数据堆栈中最后一个项目的曲线数据。
- 所有图形执行最大化缩放时将自动具有 0.25%的内边距，从而可在图形内清晰显示靠近 y 轴边界的常数。
- 无效时用于类别页面或单独参数的条件语句将被默认赋值为“false”，而不是先前的“true”。
- 默认时将根据全局节点号进行节点搜索。
- 单击更新功能区控制条的 models 标签时不再失去响应。
- 由于数据标签、xnode 和节点标签不参与排序，不再显示这些元件的序号，避免电路的杂乱。
- 修复了如下崩溃点：通过编辑 XML 的方式手动向项目中添加输电线路实例，但未加入相应的定义。
- 当元件位于图形框架之下时，将无法同时选中该元件和对该图形执行相应操作。
- 除法器元件现可在 2D 模式下正确工作，先前按下“OK”按钮时参数的修改无法粘附。
- 修复了如下崩溃点：某个特定导航步骤序列，由于 PSCAD 尝试访问无效缓存信息所引发。
- 在并行仿真数大于可用处理器核（核重载）时，执行 PNI 或 PMR 仿真的速度得到极大提高。尽管此时仍有性能损失，但已较此前版本的几乎停滞得到了极大提升。保持可用核数大于仿真数量仍是推荐的做法。
- 在修改后调整电路画布大小时，手动修改的图像设置不会恢复为先前的状态。
- 由于超过整型数最大允许值，仿真步数大于 2^31 的 EMTDC 仿真将被禁止允许。
- 启用“Filter Search”框而未选择过滤器时将执行一次搜索，此前不进行搜索。
- Copy as metafile 和 Copy as bitmap 现在功能正常，并加入了智能粘贴特性，即在外部应用程序中简单选取、复制和粘贴即可。
- Case 项目仅运行时不再被标记为被修改。
- PSCAD 将在用户尝试重新运行未正确关闭（可能由于 PSCAD 崩溃）的 EMTDC 进程时给出提示，此前对此过程无提示而易造成困惑。
- 解决了镜像操作后元件文本对齐的问题。

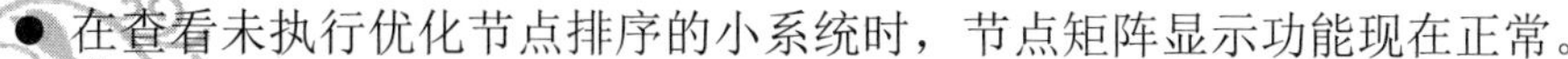

- 在查看未执行优化节点排序的小系统时，节点矩阵显示功能现在正常。
- 黑箱化时，增加了允许用户控制用于查看项目设置的存储前馈信号状态的新应用程序选项。此前黑箱化将默认设置该选型为“false”，以优化所生成的源代码，但某些情况下，若用户模型包含了不正确的存储读/写语句，禁用该项目设置可能导致用黑箱元件替换先前组件时得到不同的仿真结果。
- 普通纸张模式下，在应用程序外复制/粘贴图像时不再显示图像框的垂直滚动条。
- 可对诸如元件和便签等电路对象正确地进行置于底层和置于顶层操作。
- 当 workspace 中从项目数大于任何从项目中接收传送器数量时，将启动 PMR-I (根控制)。
- 被其他元件或图像掩盖时的图像将不再绘制曲线（渗透）。
- 取消了对元件定义脚本段中单一文本行和整个脚本段长度的限制。
- 现在可正确地以光标为中心进行直接动态缩放（Ctrl+鼠标滚轮）。
- 选中元件时，将正确地以被选择元件为中心进行动态缩放（Ctrl+鼠标滚轮），否则将以光标为中心。
- 对于定义存储在库项目中且在并行任务中被实例化的模块（在线控件和输出通道），PSCAD 现在可以正确地管理其仿真数据。此前，仿真组中有两个或多个任务，且每个任务项目都包含对存储在库项目中相同模块层次结构的引用时，结果将混乱。
- 通过 workspace 的 Projects 分支的菜单‘Save All Projects”，用户无需对每个项目进行保存确认。
- 在粘贴从大型画布复制而来的一组元件时，目标电路画布尺寸将被适当调整。
- 通过方向键移动标记时，标记夹和线保持同步。
- 修复了如下崩溃点：在 Fortran 中调用包含大量参数（单行代码字符长度超过 2048）的子程序。
- 案例项目中组件多于 10 个时，建立时静态库文件 (*.lib) 将正确链接。
- 使用快捷键“v”或上下文菜单项“insert wire vertex”增加的导线顶点将立即显示。
- 创建新的、加载或重新加载已有的 workspace 时将重新加载发生修改的主元件库。
- 在 Simulations 树中可手动对仿真组和仿真任务进行排序。
- 未输入单位时，输入参数 *Mutual coupling distance to reference t-line/cable* 不再默认为单位“km”，即输入“60.0”时不再转换为“60,000 m”。
- 图形和控制面板的普通纸张模式显示正常，此前设置为最佳图像质量时绘制按钮将具有黑色背景。
- PSCAD 现在在项目 namespace 名使用了诸如““　”等非法字符时不会崩溃。在文本编辑器内手动修改项目文件时容易出现这种情况。
- Blackbox 不再将元件图像中点（即 0.0）设定为电气端口放置的起点，取而代之的是元件图像范围的中点。

- 选择“Copy Data to Clipboard→All”时，从图像复制数据不再增加额外的数据列。同样的，当标记“X”和“O”重叠时，选择“Copy Data to Clipboard→Between Markers”将无数据复制。
- PSCAD 将在编译时对变压器脚本段进行完整性检查，判定变压器数据组是否与#TRANSFORMERS 给出的变压器数相符，同时判定所有数据组中最大行数是否超出#WINDINGS 给出的最大绕组数。
- 默认情况下，在实际修改前，PSCAD 将在导入旧版本案例过程中检测到遗留问题时向用户给出提示。
- 可手动设置控制信号传输器接收端信号在第一仿真时步的值，此前该值无法控制而总是为 0.0。
- 由 OPENFILE 发出运行消息时，EMTDC 现在将显示引起问题的文件名。
- 同一本地主机安装多个网卡时，可正确绑定 IP 地址。
- 允许除参数失配调试警告外的其他调试警告时，PSCAD 也将正常进行编译。
- 可通过拖放（移动或复制）将曲线加入至 XY Plots 中。
- 可通过 ID（使用 Python 脚本）直接复制图形面板。
- PSCAD 可在项目建立消息窗口中显示当前软件版本。
- 使用 Python 脚本自动化，可修改位于输电线路定义画布内元件的参数。
- 通过方案查看器 (scenario viewer) 现在可对与作为未实例化组件一部分的控制相关的方案进行管理。
- 元件库项目的名称现在也需遵循 Fortran 命名规范。
- internal 类型的电气端口将无法通过导线或其他方式连接。
- 当光标徘徊于元件端口触发的 Flyby 现在可正确显示端口名称和描述（若存在）。
- 在曲线图例的 flyby 中将显示曲线各自来源组件的完整路径。
- 通过在上下文菜单单击鼠标右键粘贴元件时，元件将粘贴至单击鼠标右键发生位置，而不是当前光标位置。
- 可正确进行组件输入/输出信号的类型转换。
- 通过在元件定义脚本中使用内置‘+”操作符，黑箱化现在可将调用语句长度削减至合适长度。
- 某些轨迹隐藏时，含多条曲线的 Polygraphs 元件将依标签对齐。

1.5.3 EMTDC/Master Library 漏洞修复

修复如下：

- 当饱和电抗器分段线性饱和曲线具有连续相同的斜率时，将移除第一点而不是第二点。
- 更为清晰地说明了输电线塔导体直流电阻输入参数的期望值。
- 修复了导致 Fortran 出错的对数函数脚本错误。

- π型线路元件加入了 RLC 输入数据选项。
- 微分，超前-滞后和实极点允许输入负增益，且设置限值。
- 代码中不再使用实极点的 min/max 限值，即使禁止了这些限值。
- 对于光伏电源元件，通过限制电压避免了指数形式下的数值溢出。
- 对直流电机，通过复制参数至不同的变量避免了对输入参数的修改。
- 开路测试时，4 绕组变压器允许磁滞（基本的和 JA 模型）将吸收正确的无功功率，此前错误地将元件参数中绕组数由 4 设置为 3。
- DC2A 励磁机模型低励限值 (UEL) 输入参数工作正常。
- 并发启动仿真中产生随机数的种子现在是唯一的。
- 解决了某些特定情况下变压器抽头换接开关工作不正确的问题。
- 单相 3/4 绕组变压器的轭磁通输出不再总是 0。
- 配置为“Sequence/Sine/Degrees”时 FFT 的相位角变化范围是–180 ～180，而不再是–90 ～270
- t=0 之后变压器带电，某些编译器下基本磁滞模型工作不正确。
- 非电阻/电感或电容器支路时，开路情况下谐波接口求解结果正确。
- 经典 3 相双绕组变压器模型中，对三角形绕组选择“Lead”时，内部输出的磁链和励磁电流不再反相。
- 3/4 绕组 UMEC 单相变压器的磁轭输出不再为 0.0。
- 为优化运行速度修订了 GFortran 编译器标志。
- 双绕组自耦变铜损计算正确。
- 主元件库中调制器元件使用的存储句法由“STOR”改为“REAL”。
- 修复了 ST5B 和 ST7B 励磁机模型中的错误。
- COMTRADE 录波仪可正确捕捉触发时间。
- 修复了反时限过流保护元件定义脚本格式的小错误。
- 修复了使用外部数据文件时避雷器存储分配不足的问题。

1.5.4 LCP 漏洞修复

修复如下：

- 修复了拟合传播函数第一输入项为复极点时 DC 修正出现的问题。
- 修复了计算管道互阻抗时管型电缆的问题，消除了包含贝塞尔函数的评估方程的编码错误。

第 2 章 主要设置与基本操作

本章主要介绍 PSCAD 的工作环境、主要设置以及基本操作，使得用户熟悉 PSCAD 界面，并掌握对利用 PSCAD 进行仿真时重要参数的设置。

PSCAD 工作环境的主界面将视用户的设置而可能具有不同外观，典型的如图 2-1 所示。

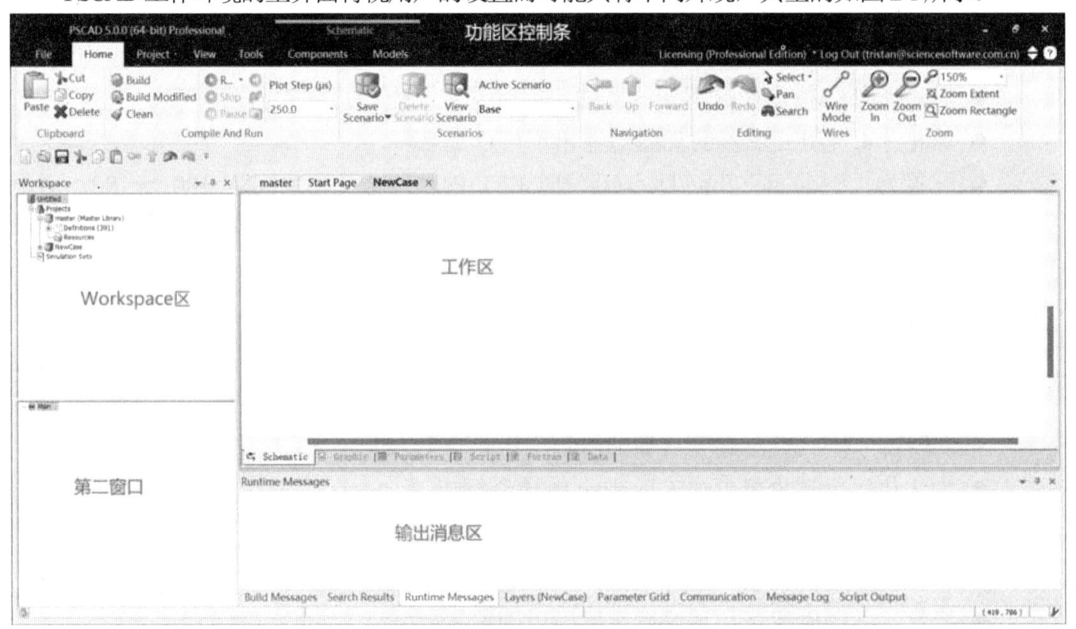

图 2-1 主界面

图 2-1 中整个工作环境主界面可分为 4 个主要区域：顶端为功能区控制条 (Ribbon Control Bar)；左边停靠窗口为 Workspace 区；底部为输出消息区 (Output Zone)；其余部分为用户编制仿真模型的工作区。除了功能区控制条和工作区位置基本固定外，其他窗口均为具有特定功能的面板(Pane)，这些面板可显示/隐藏，并可根据用户喜好放置于不同位置。

2.1 PSCAD V5 的仿真流程及术语和定义

2.1.1 仿真流程

PSCADV5 的仿真流程图如图 2-2 所示。

用户在 PSCAD 界面内编制图形化的 case 仿真模型，并存储在扩展名为 *.pscx 的文件中。PSCAD 将自动对该文件进行解析，生成相应的 Fortran 文件 (*.f)；之后调用 Fortran 编译器，生成可执行文件 (*.exe)；执行可执行文件，并调用 EMTDC 引擎进行求解，最后的结果送回至 PSCAD 界面内显示。可以看到，用需在 PSCAD 环境中编制模型并查看仿真结果输出，其他的操作均由 PSCAD 自动完成（可通过部分选项来对这些操作过程进行控制），对用户屏蔽了大部分复杂繁琐的工作，简化了仿真流程，降低了对用户专门技术的要求。

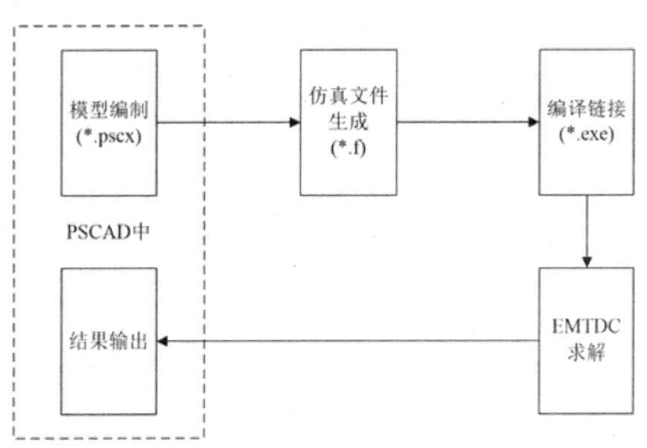

图 2-2 PSCADV5 的仿真流程

2.1.2 术语和定义

➢ Components 和 Modules

一个元件（某些时候简称为模块）是设备模型的图形化表示，它是 PSCAD 中创建的所有电路的基本构建模块。元件通常设计为执行某个特定的功能，并以电气、控制、文档或简单的装饰等类型存在。元件通常具有其输入输出连接端口，并可与其他元件一起构成更大的系统模型，用户可通过输入参数来直接访问模型。

组件（某些时候被称为子页面或页面元件）是一类特殊的元件，其功能通过由其他元件组合而成的电路进行定义。组件具有其画布，这与硬编码脚本接口的常规元件不同。组件甚至可在其画布内包含其他组件，从而具有了层次建模的能力。所有的元件和组件具有唯一的定义，并可由此创建实例。

- Definitions

  定义是元件或组件真正的设计，并且是定义与模型相关的所有设计内容的位置。可包括图形外观、端口连接、输入参数、模型代码和/或电路布置。每个独特的元件或组件仅存在一个定义。

  定义通常保存于 Library 项目中，且是创建 Workspace 中加载的项目所使用的元件或组件多个实例（或复制）的基础。

- Instances

  实例是定义的图形化复制，且通常由用户进行操作。实例不是严格意义上的复制，每个实例具有其实体，并可能具有不同的输入参数设置，甚至是不同的图形外观。

  由于所有实例均基于一个定义，因此改变定义将影响到所有实例。

➢ Projects

涉及一个特定仿真的所有内容（除输出文件外）均包含于一个称为项目的单一文件中。项目可包含保存的定义、实时绘图和控制以及构建该系统自身的电路图。PSCAD 中有两种类型的项目：

Case

PSCAD 中绝大多数工作将在 Case 项目（也可简称为 cases）中执行。除实现 Library 项目的功能外，Case 也可被编译、建立和运行，可在项目中通过实时仪表和/或绘图直接查看仿真结果。Case 项目以文件扩展名*.pscx 保存。

- Library

  Library 项目主要用于存储定义。存储于某个 Library 项目中定义的实例可在任何 Case 项目中使用。Library 项目以文件扩展名 *.pslx 保存。

➢ Namespace

Namespace 是项目的属性之一，用于为诸如定义参考之类功能提供稳定的源名称。 Namespace 区别于项目文件名，后者可在 PSCAD 之外被修改。

Namespace 和文件名仅对于 Library 项目可能会不同，Case 项目中两者将保持同步以避免冲突。例如，将某个 Case 项目用另外的名字保存时，Namespace 属性将同样被修改。

➢ Workspace

Workspace 是 PSCAD 环境中的操作中枢，它不仅提供了对当前加载所有项目的概况，还用于将仿真组、数据文件、信号、控制、架空线和电缆对象、显示设备等组织在一个方便浏览的环境中。

尽管 PSCAD 中仅允许出现一个单一的 Workspace，但各个 Workspace 可在任何时候切换。

2.2 PSCAD V5 的主要设置

PSCAD V5 的主要设置包括对整个软件起作用的设置，即 Application options 和对单一项目起作用的设置，即 Project settings 和 Canvas settings。

2.2.1 应用程序设置 (Application options)

Application options 对话框可通过功能区控制条的 File→Application Options 菜单打开，如图 2-3 所示，打开后界面如图 2-4 所示。

1．Workspace

该页面如图 2-4 所示，其中包含了与 Workspace 面板直接相关的选项。

1) Workspace

➢ Display

- Module namespace：Hidden | Show if definition is foreign | Show always 。控制组件名称在 Workspace 第二窗口调用树中的显示方式。

  ■ Hidden:：仅显示组件定义名和实例名。

■ Show if definition is external：仅当组件定义来自外部项目时，同时显示项目名、组件定义名和实例名。

■ Show always：总是同时显示项目名、组件定义名和实例名。

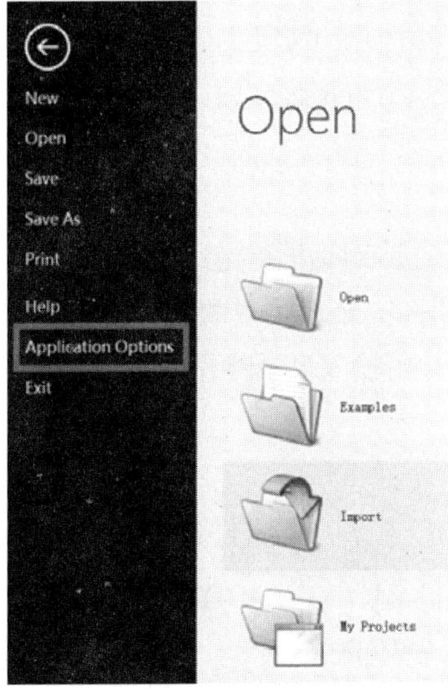

图 2-3 Application Options 菜单

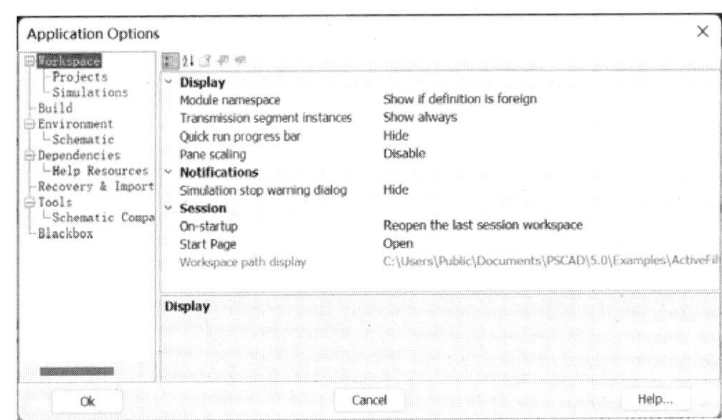

图 2-4 Application Options 对话框

● Transmission segment instances：Show always | Hidden。选择 Show always 时将总是在 Workspace 第二窗口调用树中显示输电线路和/或电缆。

● Quick run progress bar：Show | Hide。选择 Show 时，单一项目快速运行时将在 Workspace 第一主窗口项目树的项目名称上叠放一个进度条。

● Pane Scaling：Enable | Disable。选择 Enable 时将允许缩放 Workspace 面板中的内容。

➢ Notifications

● Simulation stop warning dialog：Show | Hide。选择 Show 时，停止仿真时将显示确认对话框。

➢ Session

● On-startup：Reopen the last session workspace | Create a fresh workspace。选择 PSCAD 启动或重新启

动时时加载 Workspace 的方式。

- ■ Reopen the last session workspace：加载上次退出 PSCAD 时最后加载的 Workspace。
- ■ Create a fresh workspace：生成新的 Workspace。

- ● Start Page：Open | Hide。选择 Open 时，将在启动软件时打开 Start up 页面。
- ● Workspace path display：仅用于显示最近加载的 Workspace 的文件路径。当用户在 *On-startup* 中选择了 Reopen the last session workspace 时，该路径将在 PSCAD 退出后自动更新。

2) Projects

➢ General

- ● My projects folder：为 Open File 对话框指定默认目录路径。 Open File 对话框将总是打开此处指定的目录。如果输入为空，PSCAD 将默认指定为 Open File 或 Save As... 对话框中操作最后访问的目录路径，用户可输入目录路径或通过浏览按钮来进行选择。该路径在任何时候都可进行修改。

➢ Display

- ● File name is：Visible | Hidden。控制项目文件名的显示方式。
  - ■ Visible：同时显示项目文件名和 namespace 名。
  - ■ Hidden：仅显示项目 namespace 名。
- ● Plotted data source：Visible | Hidden。控制项目数据源在 Workspace 第一窗口中显示方式。数据源仅在查看 binary EMTDC output (*.psout) 文件时显示。
  - ■ Visible：同时显示数据源和 namespace 名。
  - ■ Hidden：仅显示 namespace 名。

➢ Notifications

- ● On unload library：No action | Warn of inter-project dependencies。选择 Warn of inter-project dependencies 时，卸载包含在其他项目中实例化的定义的项目将发出通知。

3) Simulations

➢ General

- ● Simulation launch method：Local machine | Grid engine (Obsolete) | Cluster launch system。仿真启动方法，一般均需选择 Local machine。
  - ■ Local machine：本地仿真。
  - ■ Grid engine (Obsolete)：废止。
  - ■ Cluster launch system：使用集群仿真系统 (CLS)。
- ● Simulation set maximum size：一个仿真组中最大允许并行仿真的数目，默认为 8。

2. Build

➢ General

- ● Save prior to build：Save all changes | No action。选择 Save all changes 时，将在案例项目建立前自动保存所有修改。
- ● Force re-build and clean temporary folder prior to run：Enabled | No action。选择 Enabled 时，案例项目在运行前将清空临时文件夹并随后重新建立。该过程将有可能导致数据（snapshot, output

files 等）丢失而无警告。

- Communication port base value：该值确定了为每个仿真所打开的通信端口的基本范围。同一台机器上运行多个 PSCAD 实例时可修改该值以避免地址冲突。
- Environment variables：Private to process only | Inherit from operating system。使用基于私有进程的环境变量设置将可消除安装多个 Fortran 编译器造成的冲突。
  - Private to process only：基于私有进程的环境变量设置。
  - Inherit from operating system：使用操作系统的设置。

➢ Notifications

- Signal type conversion： No action | Warn if mismatch detected。选择 Warn if mismatch detected 时将在 Build Message 面板中显示信号类型转换警告。
- Unit conversion：No action | Warn if disabled。选择 Warn if disabled 时，禁用单位系统转换将给出警告。
- Output files overwrite： No action | Notify before proceeding。选择 Notify before proceeding 时，项目运行而将要覆盖项目输出文件时将给出警告。
- Snapshot file overwrite： No action | Notify before proceeding。选择 Notify before proceeding 时，项目运行而将要覆盖项目快照文件时将给出警告。

3．Enviroment

1) Enviroment

➢ Build and Runtime Messages Pane

- Sort project messages： Always | When column header is clicked。调整建立消息表中消息分组方式。
  - Always：总是调整。
  - When column header is clicked：单击一栏的头部。
- Maximum duplicates： 运行过程中 EMTDC 可能在每个时步向运行消息面板发送提示。该值用于指定重复消息的最大显示数目。

➢ Dialogs

- Save extents： Enabled | Disabled。选择 Enable 时， 保留最后一次单击 OK 按钮时对话框大小。
- Folder context：Current project | Always last folder accessed。设置文件对话框相关的文件夹。
  - Current project：指向当前项目的文件夹。
  - Always last folder accessed：指向最近访问的文件夹。

➢ Keyboard & Mouse

- Cut/Copy/Paste keys： x, c, v | Ctrl+x, c, v。选择剪切/复制/粘贴的快捷键。
  - x, c, v：选择相应的按键。
  - Ctrl+x, c, v：选择 Ctrl+相应的按键。
- Controls and curve creation： Allow Shift + drag to create | No action。该选项直接与拖放功能有关。

默认情况下，所有拖放功能将由 Ctrl 键和鼠标左键组合触发，启用该选项将用 Shift 键代替 Ctrl 键，以将曲线放置于图像或将控制接口/表计放置于控制盘内。

- ■ Allow Shift + drag to create：选择用 Shift 键代替 Ctrl 键。
- ■ No action：选择 Ctrl 键。

- ● Graph and control interface wheel action：Adjust in response to mouse wheel | Disable。选择 Disable 时，设置控制接口（sliders 或 switches）将不响应鼠标滚轮动作，禁止该设置可确保在使用鼠标滚轮浏览的过程中不会无意中修改控制接口。

➢ Modification Tracking

- ● Auto-save interval：No action | 5minutes | 15 minutes | 1 hour。设置 PSCAD 是否自动保存，启用时将根据指定间隔自动保存。
- ● Undo/redo：Enabled | Disabled。选择 Enabled 时将启用 undo/redo 系统。

➢ Navigation

- ● Drill Down：Double-click | Ctrl+Double-click。使用该选项将恢复至旧版本中组件的浏览方式（即双击打开画布，忽略任何输入参数）。在 X4 及更新版本中，访问组件电路画布意味着编辑其定义（即 Ctrl+Double-click）。因此选择 Ctrl+Double-click 使得双击画布时打开其参数输入界面，与双击元件一样。
  - ■ Double-click：双击打开组件画布。
  - ■ Ctrl+Double-click：Ctrl+双击打开组件画布。
- ● Tab Colouring：Polychrome | Monochrome。设置定义编辑器上方项目标签的颜色。
  - ■ Polychrome：彩色。
  - ■ Monochrome：黑白。
- ● Navigation bar：Permanently locked | Unlocked。设置定义编辑器上方浏览条行为。
  - ■ Permanently locked：锁定。
  - ■ Unlocked：自动隐藏。

➢ Parameter Grid Pane

- ● Default display context：Entire project | Current module。参数网格调用时默认的外观。
  - ■ Entire project:整个项目。
  - ■ Current module：当前组件。

➢ Resource Files

- ● Relative path resolution：PSCAD 用于搜索资源文件的相对路径。

2) Schematic

➢ General

- ● Canvas colour when viewing definition：选择一种颜色以帮助视觉区分定义和实例。该选项对具有多个实例的组件非常有用。
- ● Prohibit canvas modification：No action | During runtime。选择 During runtime 时将禁止仿真过程中修改画布，避免意外对画布的修改。
- ● Tool-tip animation：Enabled | Disabled。选择 Enabled 时，将启用弹出菜单工具提示的动画。

- Animated Graphics refresh rate：设置图像动画刷新速率，该设置将影响仿真速度。

➢ Buses

- Identifier display：Name | ID number。控制母线标识信息显示方式。
  - Name：显示名称。
  - ID number：显示 ID 号。
- Voltage display：Voltage/Phase (kv/degree) | Voltage/Phase (pu) | Both (kv/degree, pu)。控制母线电压显示格式。
  - Voltage/Phase (kv/degree)：幅值/相角形式，实际值。
  - Voltage/Phase (pu)：幅值/相角形式，标幺值。
  - Both (kv/degree, pu)：同时显示实际值和标幺值。

➢ Components

- When hovering over：Show bounding box | No display。选择 Show bounding box 时，鼠标指针位于元件上方时将在元件周围显示虚线框。
- Scaffolding：Enabled | Disabled。选择 Enabled 时，将给屏幕上元件封装增加包围盒和对角线。
- Sequencing：Flash highlight | Disabled。选择 Flash highlight 时，编译过程中将闪亮每个相关元件，以协助调试。
- Internal port connectivity：Enabled | Disabled。选择 Enabled 时，允许连接设置为内部类型的元件端口。

➢ Graphs & Panels

- Graphing tools rendering：Best speed | Best quality。该选项能提高所有图像 (GDI+) 的视觉质量，包括电路、图形和仪表。这种美感的提升是以牺牲处理器时间为代价的，因此对大型 case，该选项应选择为 Best Speed，直至仿真结束，然后可以启用 GDI+并刷新画布。
  - Best speed; 最佳速度。
  - Best quality：最佳质量。
- Panel appearance：Plain paper, white filled | 3D shadow, grey filled。设置控制面板和图形框架的风格。
  - Plain paper, white filled：普通，白色填充。
  - 3D shadow, grey filled：3D 阴影，灰色填充。
- Control panel auto-resize：Resize on interface removal | Maintain size on interface removal。设置删除控制面板中控制接口后控制面板的行为。
  - Resize on interface removal：自动重新调整大小。
  - Maintain size on interface removal：保持大小不变。
- Graph flyby order：Index, Value, Unit, Path | Index, Path, Value, Unit。设置图形 flyby 窗口中各列的排序。
  - Index, Value, Unit, Path：索引、值、单位、路径。

- Index, Path, Value, Unit：索引、路径、值、单位。
- Graph flyby precision：图形 flyby 窗口中数值显示精度（小数位数）。

➢ Wires

- Junction appearance：Display Solder Joint | No Display。选择 Display Solder Joint 时，可在所有重叠的信号连接点上显示联接符号。该特性最常用于检测重叠的连线以及可能的短路。一旦调试完成，对大型项目该选项应被关闭，从而显著提高编译速度。
- Overlap appearance：Display jumper | No Display。选择 Display jumper 时，重叠但不连接导线将显示跳线。
- When adjusting：Snap to canvas grid | Allow continuous movement。设置导线端点的放置方式。
  - Snap to canvas grid：与画布网格对齐。
  - Allow continuous movement：允许连续调整。

4. Dependencies

1) Dependencies

➢ Fortran Compiler

- Version:选择项目编译所使用的 Fortran 编译器。当安装了多个编译器时，可自由在这些编译器之间切换而无需重启 PSCAD 或重新加载项目（前提是确保兼容性）。
- Number formatting (locale)：English (United States) | Default。设置数据格式。
  - English (United States)：采用美国数据格式，可减少运行错误。
  - Default：采用操作系统给出的格式。
- Copy .dll to local folder (gf46)：Yes | No。选择 Yes 时将动态链接库文件 (*.dll) 复制到局部文件夹中。

➢ MATLAB

- Version：当需要利用 MATLAB/Simulink 接口时，从中选择需要使用的 MATLAB 版本号。
- Folder：仅用于显示由 PSCAD 创建的 MATLAB 库文件路径，给出所选择的 MATLAB 版本和 MATLAB 版本系统文件的信息（位于 PSCAD 程序根文件夹下）。
- Configuration File：选择 MATLAB 信息文件包括了关于兼容版本的配置信息。

➢ Model Libraies

- Master library file：指定 PSCAD 使用的主元件库。
- User Libraries Method root folder：指定放置目标文件 (*.obj 或 *.o) 和静态库文件 (*.lib) 的文件夹。

2) Help Resources

➢ Application Help

- Internet：为基于 webd 帮助系统设置 web URL。
- Local file：设置 PSCAD 软件中的本地帮助系统的路径。

➢ Dynamic Help

- Resources Folder：指定临时文件夹用于存放动态帮助系统的资源文件（图片、javascript 和 HTML 文件）。

➢ Example Projects

● Folder：输入包含有软件附带的示例项目文件夹的路径，默认情况下该路径将设置为安装过程中示例 cases 放置位置。该路径反映在加载示例项目的对话框中。

➢ Languages

● Folder: 指定放置语言包的文件夹，V5.0.0 版本仅支持英文。

➢ Tooltips

● File：指定 XML 文件，其中包含了整个应用程序环境中各菜单项相关的工具提示文本。

➢ User-Defined Help

● Browser：指定打开用户开发的帮助文件的 web 浏览器。

● Folder：指定用于包含所有用户元件帮助文件 (*.html) 的文件夹。设置为空时，用户帮助文件被认为位于元件定义创建时相应的项目文件夹中。

5. Recovery & Import

➢ Backup & Recovery

● Enable auto backup/recovery： Enabled | Disabled。选择 Enabled 时将启用自动备份/恢复功能。

● Enable auto-run backup/recovery：Enabled | Disabled。选择 Enabled 时将在运行仿真时自动备份运行文件。

● Run backup frequency s： 指定项目和 Workspace 文件保存的时间间隔。

● Backup folder： 指定备份文件夹。

● Backup frequency s：指定当前工作文件备份的时间间隔。

➢ v4.x Legacy Import/Load

● Parameter/port to import/export tag name： Discover and correct case mismatch | No action。组件参数和端口名称与其输入或输出标签名称大小写不匹配的处理。由于 Fortran 语言对大小写不敏感，先前版本中名称匹配大小写不敏感。但考虑到 C 语言等大小写敏感语言，需进行名称大小写匹配检查。选择 Discover and correct case mismatch 时将检查大小写失配并纠正。

● Obsolete 'datatap2' components：Replace upon project import/load | No action。选择 Replace upon project import/load 时，PSCAD 将替换所有存在的已被废弃的 datatap2 元件为其最新版本，同时发出可导航的消息以便于手动核查项目中每个替代。这个步骤非常重要，在 Schematic 画布内 datatap2 信号的实际坐标将偏移一个网格点（向左下），以适应 datatap 元件。多数情况下编译器将在建立项目时检测到可能导致的信号源冲突错误。

● Obsolete #DEFINE directives：Replace upon project import/load | No action。选择 Replace upon project import/load 时，导入或加载的项目中所有过期的 #DEFINE 脚本指令将被相应更新的语法（即 #LOCAL）所替代。 #DEFINE FUNCTION 和 #DEFINE SUBROUTINE 声明也将分别变为 #FUNCTION 和 #SUBROUTINE。该设置将极大影响导入/加载的速度，因此仅当需要时才启用该选项。

● Illegal characters in script segments：Replace with underscores | No action。选择 Replace with underscores 时，将用下划线 _ 替代现有元件定义脚本段中的撇号 '。该替换非常有必要，因为在 XML

中使用撇号是非法的。

- Prompt when file requires changes：Prompt | Fix Issue (No Prompt)。选择 Prompt 时，检测到加载文件传统输入选项有需要修复的问题时将提示。

6. Recovery & Import

1) Tools

➢ Cluster Launch System (CLS)

- GUI mode display：Always | Automatic。设置为集群启动系统 (CLS) 启用 GUI 模式的方式。
  - Always：始终开启。
  - Automatic：自动（仅需要时）。

➢ Communication Fabric (ComFab)

- Path：指定通信结构动态链接库文件 (*.dll)。
- Protocols folder：指定通信结构协议文件夹。

➢ Electromagnetic Transients (EMTDC)

- Version：仅显示 EMTDC 版本。
- Folder：所有 EMTDC 二进制文件根文件夹，通过选择编译器确定子文件夹。
- EMTDC output file writer：为 EMTDC 指定输出记录程序。
- Additional options：EMTDC 仿真时附加命令行选项。
- Console window：Show | Hide。选择 Show 时，将显示独立窗口中启动建立和运行可执行文件。

➢ Environment Medic

- Version：仅用于显示的版本。
- Folder：指定配置救助工具二进制可执行文件夹。

➢ Line Constants Program (LCP)

- Version：Line Constants Program (LCP) 的版本。
- Path：为配置 Line Constants Program (LCP) 指定二进制可执行文件夹。
- Maximum concurrent execution：PSCAD 将并行求解输电线路和电缆段，项目中包含大量线路段将极大消耗系统资源。该选项控制并发求解的输电线路段最大数目。

➢ Xoreax Grid Engine (XGE) 废弃

2) Schematic Comparator

➢ General

- Comparison complexity：Simple | Complex。设置电路比较的复杂程度。
  - Simple：简单比较，时间快。
  - Complex：更精细比较，占用较长时间。

➢ Difference Types

- Show different items：Exclude | Include。选择 Exclude 时，不显示改变的值类型差异。
- Show primary unique items：Exclude | Include。选择 Exclude 时，不显示仅出现在第一对象而不出现在第二对象中的元件。

- Show secondary unique items：Exclude | Include。选择 Exclude 时，不显示仅出现在第二对象而不出现在第一对象中的元件。

➢ Filters

- Size：Exclude | Include。选择 Exclude 时，忽略元件大小差异。
- ID：Exclude | Include。选择 Exclude 时，忽略元件 ID 差异。
- Position：Exclude | Include。选择 Exclude 时，忽略元件位置差异。
- Connectors：Exclude | Include。选择 Exclude 时，忽略垂直连接导线差异。
- Namespaces：Exclude | Include。选择 Exclude 时，忽略元件名称差异。

➢ Highlighting

- Difference colour：在两个比较对象中有差异的元件高亮显示框的着色。
- Primary unique colour：仅出现在第一个比较对象中元件高亮显示框的着色。
- Secondary unique colour：仅出现在第二个比较对象中元件高亮显示框的着色。
- Selected：指示选定差异高亮显示框的着色。

7．Blackbox

➢ Compilation

- Code/script usage compatibility：v4.5.0+ | v4.6.3 and v5.0.0+ | v5.0.0+。设置代码/脚本使用的兼容性。
  - v4.5.0+：生成的脚本和 Fortran 源代码与 PSCAD V4.5, V4.6 和 V5 兼容，但 V4.6.3 以来引入的代码优化改进失效。
  - v4.6.3 and v5.0.0+：生成的脚本和 Fortran 源代码与 PSCAD v4.6.3 和 V5 兼容。
  - v5.0.0+：生成的脚本和 Fortran 源代码与 PSCAD V5 及之后的兼容。
- Feed-forward signal storage：Assume current project setting | Force disabled。前馈信号存储选项设置方式。
  - Assume current project setting:：非绝对必要不选用该选项。选择该选项将启用当前项目 Project setting 中的 *Store feed-forward signals for viewing*，此时黑箱化生成的 Fortran 代码内所有信号（包括前馈信号）将每个时步进行读写。该设置将降低代码效率从而影响仿真速度。
  - Force disabled：强行禁止前馈信号存储。但某些时候用户模型可能出现存储读写不正确的代码，此时用黑箱化后的元件替代原先的组件将可能导致仿真结果不相同。
- Inner component definitions：Retain all | Do not retain：控制内部元件定义处理方式。选择 Retain all 时，每个内部组件（具有层级组件黑箱化时）将生成等效的黑箱化定义，并保持在目标项目定义列表中。所有这些黑箱化定义均可手动实例化并独立使用（连同他们相应的源代码或编译的文件）。注意：黑箱化将总是保留所有源代码文件和/或 *.obj 和 *.lib 文件，无论是否保留定义。
- Passive elements (R, L and C)：Replace with runtime configurable passive branch | No action：选择 Replace with runtime configurable passive branch 时，用运行可配置无源支路替换无源元件，从而可隐藏这些无源元件。

➢ Component

- Target project：从 workspace 当前加载的项目中选取一个作为新建元件及相应资源文件所链接的目标。选择 local project 时将是当前工作的项目。
- Generation：Create definition only | Create a new instance。设置元件创建时的方式。
  - Create definition only：仅创建元件定义。
  - Create a new instance：创建定义同时生成第一个实例。
- Global substitutions：Make accessible as parameters | Embed in source as present literal value。设置黑箱化对全局替换参数的处理方式。
  - Make accessible as parameters：在生成的黑箱元件中为使用的每个单独的全局替换参数新增一个输入参数，使得元件生成后可修改全局值。
  - Embed in source as present literal value：将全局替换参数作为文本值嵌入，即组件层级中用到的任何项目全局替换参数将被硬编码至黑箱元件代码中。
- Parameters：Obtain from source module instance | Use source module definition defaults。确定创建新黑箱元件时参数值设置方式。
  - Obtain from source module instance：设置为目标组件当前实例的值。
  - Use source module definition defaults：设置为目标组件定义给出的默认值。
- Fixed electrical port name：内部固定电气节点数组端口的独一无二的名称，该名称将被用于映射该组件层级中所有的固定类型电气节点。
- Switched electrical port name：内部切换电气节点数组端口的独一无二的名称，该名称将被用于映射该组件层级中所有的切换类型电气节点。

➢ Resource Files

- Destination folder：指定放置所生成源代码文件和编译目标文件的文件夹。取决于所使用的编译器，这些文件将被放置于相应的子文件夹中。该设置留空时，将使用 *User Libraries Folder*（Application Options→Dependencies 中设置）作为默认值；如果 *User Libraries Folder* 也无设置，则使用项目文件夹作为默认值。
- Binaries (*.obj, *.o, *.lib)：Do not generate (source files only) | Generate with current compiler only | Generate with all installed compilers。设置是否将黑箱生成的源代码编译为二进制文件。
  - Do not generate (source files only)：仅生成源代码文件。
  - Generate with current compiler only：仅针对当前使用编译器生成二进制文件。
  - Generate with all installed compilers：仅针所有安装的编译器生成二进制文件。
- Append：To target project resources branch | No action。选择 To target project resources branch 时，将自动附加文件至目标项目的资源分支，如果通过 Binaries (*.obj, *.o, *.lib) 选项生成了目标文件，则仅该目标文件自动附加。
- Clear existing：No action | To resources in the destination folder | All。用于避免资源文件分支混乱的设置，单一任务中创建很多黑箱元件将会造成混乱。
  - No action：无操作。

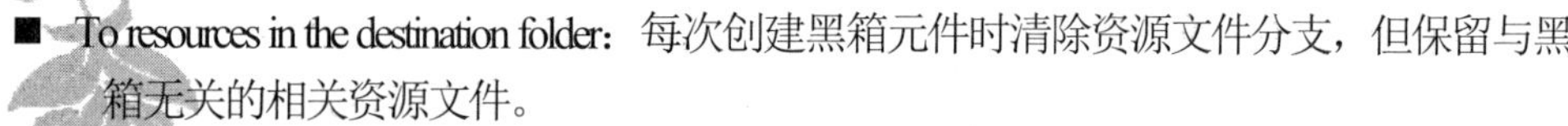

■ To resources in the destination folder：每次创建黑箱元件时清除资源文件分支，但保留与黑箱无关的相关资源文件。

■ All：每次创建黑箱元件时清除资源文件分支中所有内容。

● Naming prefix：此处设置的字符串将作为前缀自动加在所有子程序名（模型语句和调用语句）、所生成的源代码文件名以及最终黑箱元件定义名之前。其目的是确保生成的子程序和最终元件定义保持唯一性，避免与项目中已有的元件冲突。该字符串可根据需要修改，但不能留空。

2.2.2 项目设置 (Project settings)

Project settings 对话框可通过 Workspace 区内鼠标右键单击项目名称，在弹出的菜单中选择 Project Settings… 打开；或在该项目已在工作区打开的画布空白处单击右键，在弹出的菜单中选择 Project Settings… 打开；也可通过功能区控制条菜单 Project→Settings 打开其中具有 General, Runtime, Simulation, Dynamic, Mapping 和 Fortran 页面。

Project Settings 对话框中包含了与 PSCAD 中大多数仿真控制相关的特性和设置，诸如总仿真时间和仿真步长等重要参数。同时包括高级的项目特定的 PSCAD 和 EMTDC 的特性及处理，这些高级特性用于增强 PSCAD 执行仿真的速度、精确度和效率，Project Settings 对话框为用户提供了访问和控制这些特性的手段。多数用户不会关注这些高级设置，而将其设置为默认值，但某些情况下用户也可能按照其需要禁止或允许某些特性及处理。

1．General

General 页面如图 2-5 所示，其中包含与项目文件和版本相关的特性。

➢ Namespace

所有元件定义通过该属性链接至该项目。仅 library 项目的该属性可被修改，case 项目的 Namespace 与项目文件名相同，且仅能在使用另一个名称保存项目文件时可修改。该属性可确保元件定义的正确链接，因这些链接不依赖于实际的项目文件名。

➢ Description

该域用于输入项目的单行的描述，该描述将显示于 Workspace 窗口中项目名称的旁边。在该域中不能使用引号和单引号。

➢ Labels

暂未启用。

➢ Full Path

显示项目文件的路径和文件名。该域仅用于显示而不能通过 Project settings 对话框修改。

➢ Relative Path

仅显示项目文件名。该域仅用于显示而不能通过 Project settings 对话框修改。

➢ Revision Tracking

● Production Version：创建该项目的 PSCAD 发布版本。

● File Version：该项目文件的版本。

- First Created：该项目首次创建的日期和时间。
- Last Modified：该项目最近一次修改的日期和时间。
- Author：创建或修改该项目的人。

2. Runtime

Runtime 页面如图 2-6 所示，包含运行期间最常访问的项目参数。

➢ Time Settings

这些都是非常重要且是仿真研究最常用的设置。

- Duration of run (sec) s：以 s 为单位的仿真总时长。从 0 时刻启动，则该时间为运行结束时刻。从快照文件启动（预初始化状态），则该时间为从快照起始时刻开始的运行时长。
- Solution time step (μs) μs：以 μs 为单位的 EMTDC 仿真步长。默认的 50μs 对多数实际电路是一个较优的步长，但是用户需确认所选择的步长适用于其仿真。该输入设置 EMTDC 内部变量 DELT 的值。
- Channel plot step (μs) μs：EMTDC 向 PSCAD 发送用于绘图的数据，以及向输出文件写入数据的时间间隔，单位 μs。通常是 EMTDC 仿真步长的整数倍。通常使用的 250μs 绘图步长具有合理的精度和速度。

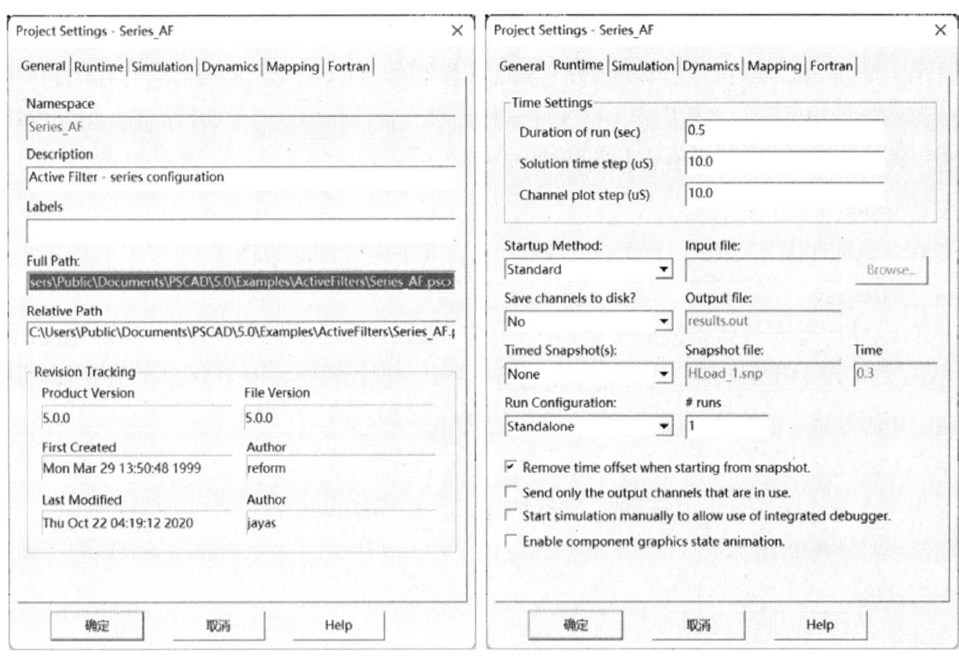

图 2-5 General 页面　　　　图 2-6 Runtime 页面

由于从 EMTDC 向 PSCAD 传输的数据量过大（所带来的绘图精度提高很小），较小的采样间隔（更高的采样速率）将显著降低仿真速度。用户可针对给定的项目尝试设置该数值，过大采样间隔将导致较大的波形起伏。调试 case 时，良好的做法是绘制每一步的仿真数据，也即绘图采样时间和 EMTDC 仿真步长相同。

即使是最富有经验的工程人员也常出现的错误是设置了相对信号中噪声的水平和时间过大的

绘图步长。如果周期性信号的频率接近于绘图频率，所看到的输出将与实际信号存在很大的差异。一个基本原则是，如果所看到的仿真输出绘图的结果存在怀疑，可使用与 EMTDC 仿真步长相同的绘图步长来运行该 case，并进行结果比较。绘图步长可在运行期间（或从快照启动后）修改。

➢ Start-up Method：Standard | From Snapshot File

PSCAD 启动一个仿真有两种方法：

Standard：启动 EMTDC 仿真的标准方法是简单地从未初始化状态开始（即从 0s 时刻）。这也是最常见的仿真启动情况。

- From Snapshot File：某些情况下用户可能希望从一个预设状态启动仿真。初始状态不能直接在特定的元件内输入，但可以运行一个 Case 至稳态，然后在运行期间的某个时刻拍摄快照。所有相关的网络数据将存储于一个快照文件中，用户可使用该文件从已初始化的状态启动仿真。紧靠该域包括了一个 *Input File* 的输入域，在此可输入想要使用的快照文件的名称。需要注意的是：当从快照文件启动时，必须确保没有改变快照拍摄时刻后的电路，否则将发生错误。

➢ Save Channels to Disk?：No | Legacy (*.out) | Advanced (*.psout)

用户可将项目中所有的输出通道信号存储于某个文件，以进行后续处理。输出文件以标准 ASCII 格式存储，所有的数据以列形式存储，存储的时间步长为设置的绘图步长。紧靠该域包括了一个 *Output File* 输入域，在此为输出文件指定名称，输出文件将默认地位于项目临时文件夹中。

➢ Timed Snapshot (s) s：None | Single, (once only) | Incremental, same file | Incremental, many files 。

拍摄快照文件有两种方法：单一快照和增量快照。紧靠该域包括了一个 *Snapshot File* 输入域，在此为将要创建的快照文件输入名称。另一域为 *Time*，在此输入以 s 为单位的拍摄快照的时刻。

- Single, (once only)：将在 Time 域指定的时刻拍摄一个快照。
- Incremental（ same file）：该方式将在 Time 域指定的时刻首次拍摄快照，其后以该时间为间隔连续拍摄，快照文件在每次拍摄时将被覆盖，用户所得到的将是在最后时间拍摄的单一快照文件。
- Incremental（ many files）：该选项可保存多达 10 个独立的快照文件。如果拍摄的快照文件超过 10 个，将从开始重复使用文件名。

  快照文件名的格式为 base_name_##.snp。用户仅需提供 base_name（ *Snapshot File* 域中），其余部分将自动添加。

➢ Run Configuration：Standalone | Master |Slave

当前 PSCAD 有多种执行多重运行的方法，这里提供的是最基本的一种。该方法将与主元件库中的 Current Run Number 和 Total Number of Multiple Runs 元件联合使用。紧靠该域包括了一个名为 *#runs* 的输入域，在此输入运行的总次数（该值将用于设置 Total Number of Multiple Runs 元件）。

注意：其他的多重运行方法涉及到主元件库中的 Multiple Run 元件，此时不能启用该选项。

➢ Miscellaneous

- Remove time offset when starting from a snapshot：该选项与从快照文件启动方式相关。选中该选项将强制所有绘图的起始启动时刻显示为 0 s 时刻，而忽略快照拍摄的时刻。如果不选中，初始启动时刻将显示为快照文件所拍摄的时刻。

- Send only the output channels that are in use：选中该选项将关闭所有未在图形中绘制或在仪表中监测的输出通道，从而可极大减小仿真的内存需求，并略提高仿真速度。需要注意的是，在启用了 *Save Channels to Disk?* 选项后，所有的输出通道数据将写入 EMTDC 输出文件而不受该选项的影响。
- Start simulation manually to allow use of an integrated debugger：该选项将允许用户手动控制仿真的运行过程，同时使用外部编译器。
- Enable component graphics state animation：该选项将禁止/允许所有元件的动态图形。由于动态图形算法将增加处理器负荷，禁止该选项将有助提高那些包含多个动画的 case 的速度。

3．Simulation

Simulation 页面如图 2-7 所示，提供了某些对 EMTDC 运行的控制。

➢ Network Solution Accuracy

以下输入参数将影响求解速度。

- Interpolate switching events to the precise time：为计入开关设备（即那些在运行过程中导纳将发生改变的元件）在仿真采样时刻之间发生的动作，EMTDC 的电气网络求解使用了线性的插值算法来求解准确的开关时刻。这是 EMTDC 的默认行为，对于精确地仿真开关设备至关重要（如 FACTS 模型）。
- Use ideal branches for resistances under Ω：理想支路算法用于 EMTDC 中的零电阻和理想无穷大母线电压源。紧靠该域包括了一个阈值输入域。用户可通过为电压源电阻输入小于该阈值的电阻值或直接输入 0.0 Ω 来创建无穷大母线。同样的，可通过为二极管的导通电阻、断路器的闭合电阻输入小于该阈值的电阻值或直接输入 0.0 Ω 来创建 0 电阻支路。该阈值默认为 0.0005 Ω。由于该算法需要额外的计算，因此推荐采用大于该阈值的非 0 值，除非需要使用理想的结果。

➢ Numerical Chatter Supression

以下输入参数与被称为颤振的数值振荡的检测和去除有关。

- Detect chatter that exceeds the threshold p.u.：颤振是 EMTDC 所使用的梯形积分算法固有的一种数值振荡现象，且通常由突然的网络干扰所引起（电流或电压）。EMTDC 连续监测颤振，并在需要时进行消除。紧靠该域包括了一个阈值输入域，在此可输入用于颤振检测的阈值，低于该值的颤振将被忽略（默认值为 0.001 pu）。
- Suppress effects when detected：选择该选项后，一旦检测到颤振将触发一个颤振抑制进程。

➢ Solution Options

以下参数与 EMTDC 算法有关。

- Use MANA solution with sparse algorithm：总是启用，仅用于显示。
- Use sparse algorithm for subsystems over：紧靠该域包括了一个阈值输入域，对节点数超出该阈值的网络将调用稀疏算法。

➢ Diagnostic Information

以下输入参数对于仿真项目的调试过程非常重要，并建议高级用户使用。由这些设置所产生的信息将出现在 Runtime 页面窗口中的非标准消息分支下。

- Echo network and storage dimensions：显示网络和存储阵列维度。
- Echo runtime parameters and options：显示运行相关选项。
- Echo input data while reading data files：显示从 data 和 map 文件读入的所有数据。

➢ Matlab

- Link this simulation with the currently installed Matlab libraries：当需要在该项目中使用 MATLAB/Simulink 接口时启用该选项。需要注意的是只有在 Application Option 对话框中 Dependencies 页面中指定了 MATLAB 版本时该选项才可选择。

4. Dynamics

Dynamics 页面如图 2-8 所示，与 EMTDC 系统的动态行为有关。

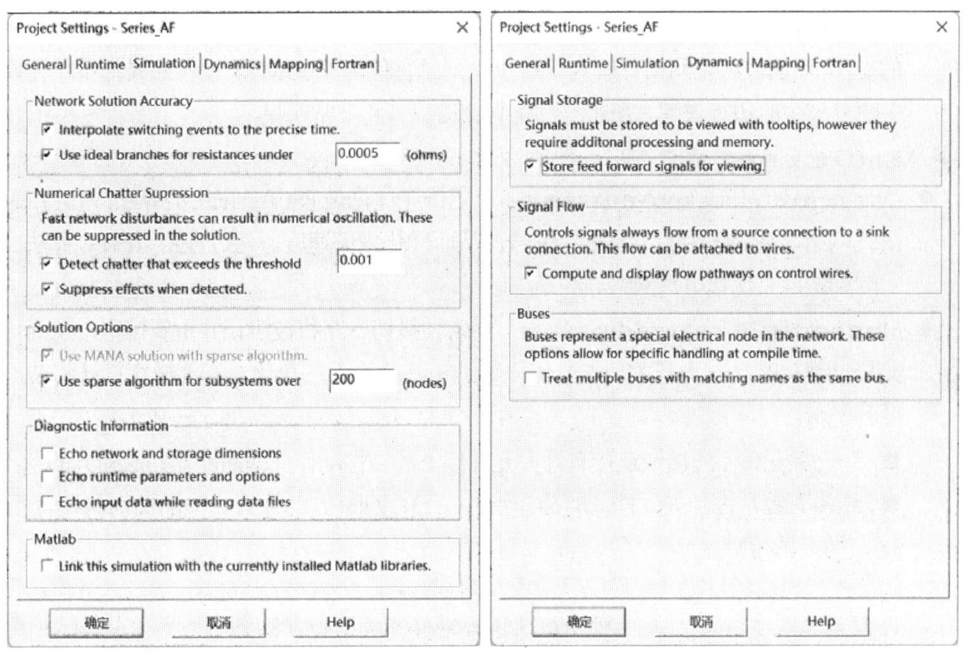

图 2-7 Simulation 页面　　　　图 2-8 Dynamics 页面

➢ Signal Storage

- Store feed forward signals for viewing：当选择该控制时，每一仿真步长的所有申明的数据信号变量（前馈和反馈信号），将读写至所分配的 EMTDC 存储阵列中。如果禁止该控制时，则只有那些必须被传输至存储（反馈信号）的申明变量才被考虑。所有其他变量将被视为临时，并在每仿真步长结束时被丢弃。

  必须注意的是，工具提示（飞跃提示）将从存储中提取被监测的信号值。因此如果禁止该控制，所有前馈信号值将不会在工具提示中显示。对较小的项目，切换该控制对仿真速度的影响很小。对更大的且包含很多控制信号的项目，该特性将有助于提高速度。

➢ Signal Flow

● Compute and display flow pathways on control wires：选择该选项以在控制信号线上显示信号流向（即带有 REAL、INTEGER 或 LOGICAL 数据类型的信号线）。

➢ Buses

● Treat multiple buses with matching names as the same bus：选择该选项能将多个具有相同名称的母线视为同一母线。即具有相同名称而图形上分离的母线点将在电气网络中代表相同的 EMTDC 节点。

5. Mapping

Mapping 页面如图 2-9 所示，它涉及 EMTDC 网络求解导纳矩阵的优化。

➢ Network Splitting

● Split decoupled networks into separate matrices (recommended)：网络求解方法需要大量的计算资源，尤其是涉及到经常性投切的支路。启用该选项后，较大的网络将被分解为多个较小的子网络或子系统。一旦主电气网络被分解为子系统，每个子系统可独立求解。以位于其子系统，但作为一个很大网络一部分的某个大型 FACTS 设备为例（包含多个经常投切的支路），通过将主网络分解为子系统，则只有包含该 FACTS 设备的局部系统需要在开关事件发生时进行求解，所带来的仿真速度提升将非常明显。

➢ Matrix Optimizations

● Optimize node ordering to speed up solution：节点排序优化是 PSCAD 采用的算法，它将 EMTDC 电气网络导纳矩阵中的节点重新编号，从而优化求解速度。通过使用 Tinney 算法，利用矩阵稀疏性来优化电气网络导纳矩阵。

● Move switching devices to speed up solution：经常性投切支路将被辨识并重新排序，从而可在支路导纳变化时（一次开关动作）优化导纳矩阵的重新三角化。开关排序算法将节点分为两种类型：

■ 与开关元件不连接或连接有开关元件但不经常性动作（即断路器和故障）的节点。

■ 连接有经常性开关元件（即晶体管、GTO、IGBT、二极管、浪涌抑制器和可变 RLC 等）的节点。

注意：可将用户自定义元件电气型连接的 *electrical connection port type* 改变为 Switched，从而设置为类型 2 节点。开关排序算法将经常性开关节点（即类型 2）移至导纳矩阵的底部。所提升的 EMTDC 求解速度将正比于节点数目和给定电气网络中开关支路的数目。

6. Fortran

Fortran 页面如图 2-10 所示。其中的参数用于控制基于编译器的错误和警告消息，同时指明任何附加的编译该项目所需的源文件。

➢ Runtime Debugging

● Enable addition of runtime debugging information：该选项将为编译过程增加某些附加信息，从而能更有效地利用 Fortran 调试器。如果选中该选项，应同时选中 *Checks section* 中所有可用的选项。当 PC 上的程序崩溃，操作系统将通过对话框询问用户是否需要调试案例。如果选择 Yes 且选中该选项，Fortran 调试器将加载源文件，并指向引起崩溃的代码行。

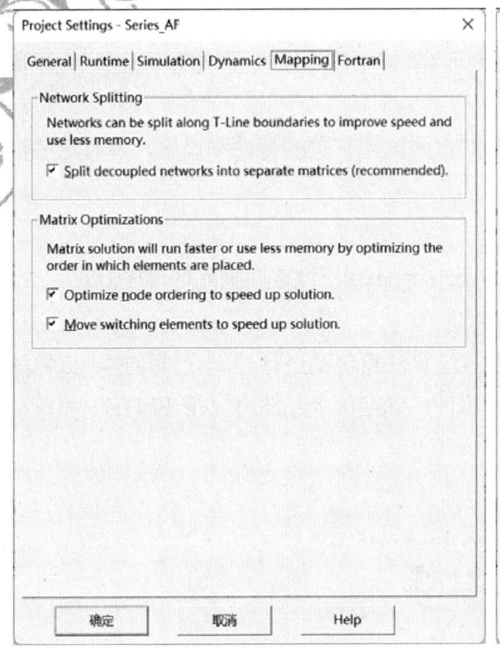

图 2-9 Mapping 页面

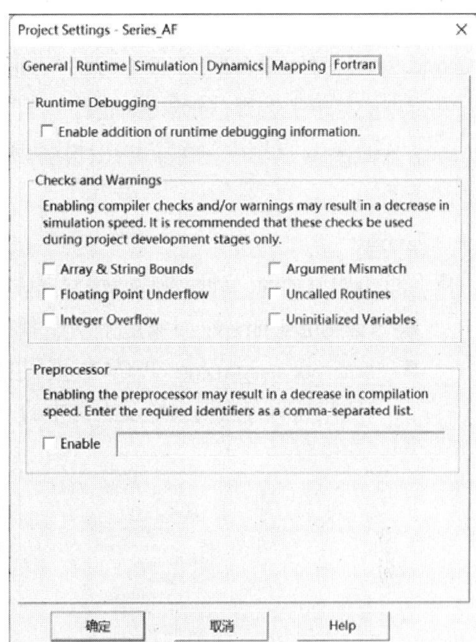

图 2-10 Fortran 页面

➢ Checks

- Array & String Bounds：选择该选项后，用户访问非法阵列地址时程序将终止。例如，如果阵列 X 长度申明为 10 且用户具有 X(J) 的源代码行。一旦 J 大于 10，程序将终止并给出正确的消息。如果不选中该选项，则程序将继续执行，最终可能引起崩溃，增加了原因追踪的难度。在测试新组件时应当使用该选项，它将降低仿真速度，降低的程度随所使用机器的不同而不同，当需要加快仿真速度时可禁止该选项。
- Floating Point Underflow：浮点下溢。该选项对调试过程有用，但同样会引起仿真速度不同程度的降低。
- Integer Overflow：整数上溢。该选项对调试过程有用，但会引起仿真速度不同程度的降低。
- Argument Mismatch：当参数类型（REAL、INTEGER 等）与子程序申明（对于函数同样可用）的类型不匹配，Fortran 编译器将产生警告消息。不要忽略该警告消息，它可能产生无法预测且难以追踪的结果。
- Uncalled Routines：Fortran 编译器将在某个例程未在程序中调用时产生警告消息。
- Uninitialized Variables：某个变量在使用前如果未赋值时将产生警告消息。通常其原因是源代码编制中的失误。

➢ Preprocessor

- Eanble：该选项提供了启用/禁用 Fortran 预处理器的能力，对 Intel 和 GFortran 编译器均适用，默认为禁用。其右文本输入域可输入预处理标识符列表，用逗号分开。

2.2.3 画布设置 (Canvas Settings)

Canvas Settings 对话框如图 2-11 所示。可通过在该项目已在工作区打开的画布空白处单击鼠标右键，在弹出的菜单中选择 Canvas Settings... 打开。

Canvas Settings 对话框中包含了与工作区打开的页面视图有关的特性和设置，并且这些设置是特定于该页面的。

➢ Compiler

- Sequence Ordering：Manual assignment | Automatic assignment。设置控制元件排序方式。
  - Manual assignment：手动进行元件排序。
  - Automatic assignment：PSCAD 采用的智能算法将自动进行控制元件排序。该算法系统地扫描所有控制系统及组件中的子组件，确定每个元件出现在 EMTDC 系统动态中的位置。

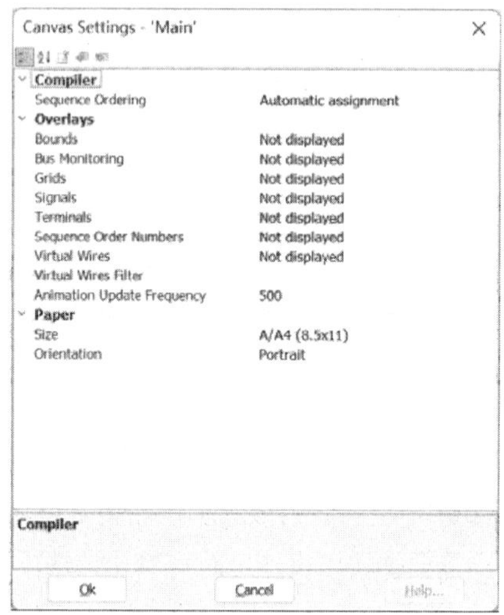

图 2-11 Canvas 对话框

➢ Overlays

- Bounds：Not displayed | Show resizing bounds。控制对比当前尺寸小的纸张的查看。选择 Show resizing bounds 时将显示缩放边界。对缩小含有元件和其他对象的画布非常方便。
- Bus Monitoring：Not displayed | Show voltages。设置母线电压监测方式。选择 Show voltages 时将显示仿真过程中所有母线的电压值。
- Grids：Not displayed | Show signal grid。设置画布网格显示方式。选择 Show signal grid 时将显示画布主网格点。
- Signals：Not displayed | Show live signals。设置信号类型区分方式。选择 Show live signals 时，将在数据信号连线和连接点上放置图标，以直观方便地区分前馈和反馈信号。
- Terminals：Not displayed | Show terminals。设置端点显示方式。选择 Show terminals 时将在画布内所有端点位置放置图标。
- Sequence Order Numbers：Not displayed | Display。设置元件序号显示方式。选择 Display 时将显示所有元件/组件的序号。

- Virtual Wires：Not displayed | Show line connections。控制虚拟连线的显示。选择 Show line connections 时将在画布内通过虚拟连线连接通过数据标签连接的信号，或元件内部输出的信号。
- Virtual Wires Filter：仅显示此处指定的信号（多个信号用逗号分开）的虚拟连线。留空时将显示所有虚拟连线，该过滤器有助于追踪特定的信号。
- Automation Update Frequency：设置仿真过程中动画对象的重绘频率。

➢ Paper

- Size：设置当前页面的大小。
- Orientation：设置当前页面的方向。

2.3 PSCAD V5 工作环境

2.3.1 功能区控制条

功能区控制条提供了对多数 PSCADV5 特性和元件访问的便捷手段，如图 2-12 所示。其中内置的快速访问栏可用于完全自定义地放置用户感兴趣和最常用的按键。功能区控制条一般位于应用程序界面的顶部。

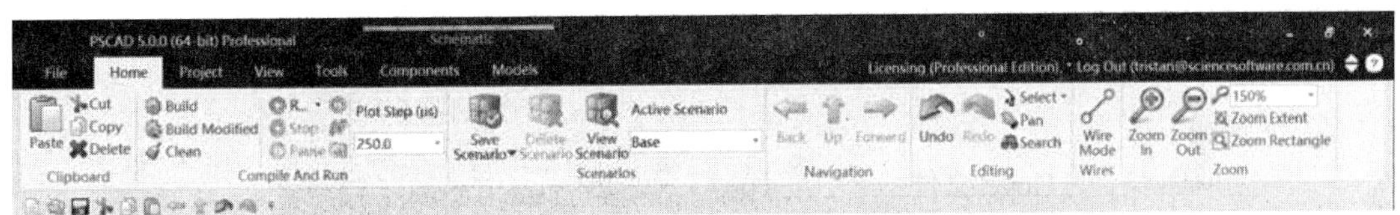

图 2-12 功能区控制条

1．File

该菜单包含了管理操作项目文件的功能，如图 2-13 所示。

➢ New

用户可新建案例 (Case) 项目、库 (Library) 项目和工作空间 (Workspace)。

➢ Open

- Open：打开某个 Project 或 Workspace。
- Examples:加载位于 PSCAD 安装目录下 ...\Users\Public\Documents\PSCAD\<version>\Examples\tutorial 中的 PSCAD 示例。
- Import：加载旧版本的项目。
- My Projects：加载用户定义目录下的项目。
- Recent Files：快捷打开最近加载的项目或工作空间。

图 2-13 File 菜单

➢ Save

用户可对 Workspace 中选定的文件进行保存。

➢ Save As

- Save All：保存所有 project 和 Workspace 文件。
- Save Project：保存当前焦点上的 Project 文件。
- Save Project As…：另存当前焦点上的 project 文件。
- Save Project As (Version X4)：保存当前焦点上的 Project 文件为 PSCAD V4.6 格式。
- Save Workspace：保存 Workspace。
- Save Workspace As…：另存 Workspace。

➢ Unload

卸载当前焦点上的 Project 文件。

➢ Print

打开标准打印对话框。

➢ Help

打开帮助对话框。

➢ Application Options

应用程序选项。相关内容参见 2.2.1 节。

➢ Exit

退出 PSCAD。

2. Home

包含了最常用的一些特性。

➢ Clipboard

- Paste：从剪贴板粘贴。
- Cut：复制到剪贴板并删除被选中内容。
- Copy：复制到剪贴板但不删除被选中内容。

- Delete：删除被选中内容。

➢ Compile and Run

- Build：建立当前或全部项目。
- Build Modified：仅建立当前或全部项目中修改过的模块。
- Clean：清除被选中的项目或全部加载项目的临时文件夹内容。
- Run：对被选中项目或选中仿真组或全部仿真组启动仿真。
- Stop：终止仿真过程。
- Pause：暂停仿真过程。
- Skip Run：跳过多重运行中的某次仿真。
- Next Step：单步仿真过程，仅在仿真过程被暂停时有效。
- Snapshot：拍摄仿真过程的快照。
- Plot Step (μs)：设置绘图步长。

➢ Scenarios

- Save Scenario：方案保存或另存为。
- Delete Scenario：删除方案。
- View Scenario：查看方案。
- Active Scenario：方案模板列表。

➢ Navigation

PSCAD 保存了用户画布浏览的历史记录。

- Back：回到上一个浏览的画布。
- Forward：前进到下一个浏览的画布。
- Up：回到当前画布的上一级画布。

➢ Editing

- Undo：撤销前一操作。
- Redo：重复前一操作。
- Select/Select All/Freehand selector/Ploygon selector：对象选择方式。
- Pan：在当前画布内以滚动方式进行浏览。
- Search：打开搜索窗口进行搜索。

➢ Wires

- Wire Mode：PSCAD 提供的快速元件间绘制连线功能。

➢ Zoom

- Zoom In：放大当前画布。
- Zoom Out：缩小当前画布。
- Zoom control list box：指定当前画布缩放比例。
- Zoom Extent：缩放至当前画布内全部对象可见。
- Zoom Retang：放大所选矩形框内对象。

3. Project

包含了对 Project Settings 的快捷访问。

➢ General Settings

常规设置。

➢ Runtime

运行过程设置。

➢ Startup

启动方式设置。

➢ Output

输出方式设置。

➢ Snapshots

快照方式设置。

4. View

包含了窗口控制以及 Canvas settings 的快捷访问。

➢ Canvas settings

常规画布设置或打开画布设置对话框。

➢ Rendering

软件显示相关设置。

- Graphic Refresh：刷新时间间隔。
- Panel Style：选择面板为 3D 或普通外观。
- Graph Rending：选择最佳质量或最佳速度方式渲染图形。

➢ Refresh

对选中对象执行刷新操作。

➢ Paper

- Size：设置画布大小。
- Orientation：设置画布方向。

➢ Navigation

同 Home 菜单的 Navigation。

➢ Zoom

同 Home 菜单的 Zoom。

➢ Panes

- Start page：显示/关闭启动页面。
- Panes：显示/关闭相应的面板，各面板功能见后续各部分。

➢ Comparison Tool

- Show Comparision：显示组件比较结果。

5. Tools

➢ Utilities

- Environment Medic：协助诊断和修正安装设置。
- License Keys：进行许可更新。
- Help Generator：打开动态帮助发生器。
- Cluster Launch System：启动 Cluster Launch System (CLS) 功能。
- PSOUT Reader：启动二进制 EMTDC 输出文件的查看器。

➢ Excution Speed

暂无介绍。

➢ Comparison Tool

同 View 菜单的 Comparison Tool。

➢ Grid

暂无介绍。

6. Components

提供了对主元件库内最常用元件的快捷调用方式。该菜单仅在工作区内选择了 Schematic 标签窗口时可见。

7. Models

提供了对主元件库内所有元件的快捷调用方式。元件的分组与其在主元件库 Main 页面内图形化分组相一致。该菜单仅在工作区内选择了 Schematic 标签窗口时可见。

8. T-Lines/ Cables

提供了对架空输电线/电缆进行快捷设置方式。该菜单仅在对架空输电线/电缆进行设置时可见。

9. Shapes

用于处理定义编辑器 Graphics 部分的图形对象。该菜单仅在工作区内选择了 Graphic, Parameters 或 Script 标签窗口时可见。

10. Filtering

包含了处理图形层的功能。该菜单仅在工作区内选择了 Graphic, Parameters 或 Script 标签窗口时可见。

11. Script

包含了处理元件代码的功能。该菜单仅在工作区内选择了 Graphic, Parameters 或 Script 标签窗口时可见。

12. 功能区最小化按钮

可通过释放功能区位置以查看更大范围的工作区内容。

13. 帮助系统按钮

PSCAD 提供了强大的帮助系统，如图 2-14 所示。

14. 快速访问工具条

功能区的底部提供了被称为快速访问工具条的用户自定义按钮条，任何定义于功能区内的功能均可加入至该工具条以便于快速访问。

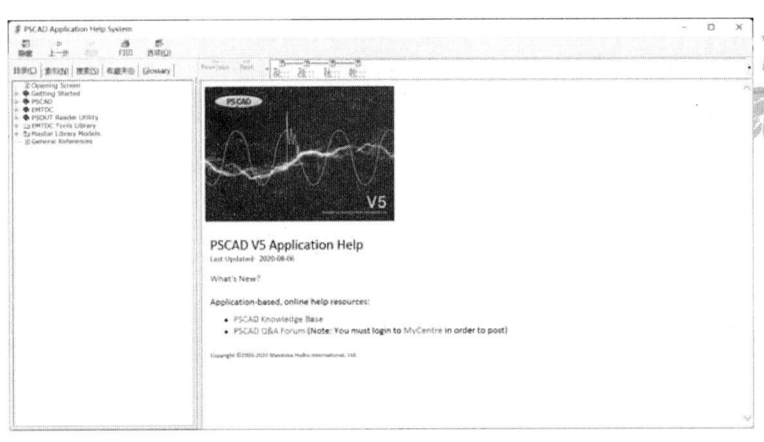

图 2-14 PSCAD 帮助系统

2.3.2 定义编辑器

工作区也被称为定义编辑器，它是用户在 PSCAD 内工作的最主要的环境，用户将在该区域完成项目最主要的工作，包括电路图形构造（即在 Schematic 页面中）、元件外观图形设计以及代码编写等。可通过在 Workspace 窗口内单击某个项目打开定义编辑器，通常默认打开 Schematic 页面。

定义编辑器分为 6 个子窗口，通过单击如图 2-15 所示的编辑器窗口底部工具栏上相应的标签即可访问各个子窗口。

图 2-15 定义编辑器工具栏

一般情况下，Script 标签初始时被禁用（变灰），该标签专用于非组件元件的设计，在编辑非组件元件的定义时才会被启用。

➢ Schematic

它是项目首次打开后的默认页面，也是构建所有控制和电路的子窗口。

➢ Graphic

该子窗口用于编辑元件和组件定义的图形外观。

➢ Parameters

该子窗口用于编辑元件和组件定义的参数输入界面。

➢ Script

该子窗口用于编辑非组件元件定义的代码。

➢ Fortran

该子窗口是一个简单的文本查看器，以方便访问当前被查看组件定义对应的 EMTDC 的 Fortran 文件。例如，在 Schematic 视图中查看某个项目的主页面时，该子窗口内将显示主页面相应的 Fortran 文件，其中的内容不能进行修改。

➢ Data

该子窗口是一个简单的文本查看器，方便访问 Schematic 子窗口中当前被查看组件相关的电气网络的 EMTDC 输入数据。例如，在 Schematic 视图中查看某个项目的主页面时，该子窗口内将显示主页面的EMTDC输入数据，其中的内容不能进行修改。

2.3.3 Workspace 面板

PSCAD 提供了多种用于不同功能的面板，这些面板各自可通过不同的方法调出，但功能区控制条的View菜单中Panes按钮提供了调用这些面板统一的方法，如图2-16所示。

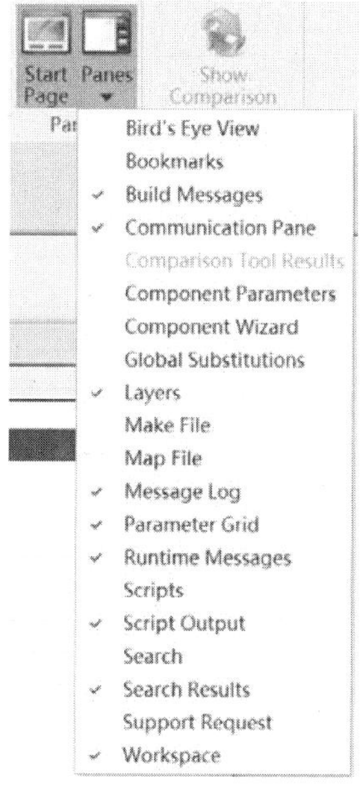

图2-16 PSCAD面板

名称前带 √ 的表示该面板已被打开，通过单击该面板名称即可打开/关闭相应的面板，单击一个面板右上角红色关闭按钮即可关闭该面板。

各面板是 PSCAD 独立的管理对象，可作为独立窗口显示于 PSCAD 界面内，如图 2-17 所示。同时，各面板还可以停靠于PSCAD界面的四边，或者某个面板的四边，如图2-18所示。

本节将对 PSCAD 多个面板的功能和基本操作进行介绍，部分面板，如Comparison Tool Results、Component Wizard 和 Global Subsititutions 将在第 8 章中详细介绍， Scripts 和 Script Output 面板将在第 9 章中介绍。

Workspace 窗口如图 2-19 所示。

Workspace 是 PSCAD 环境中的操作中枢，它不仅提供了对当前加载所有项目的概况，还用于将仿真组、数据和资源文件、信号、控制、架空线和电缆对象、显示设备等组织在一个方便浏览的环境中。其中 Master library 总是第一个被加载至项目列表中的项目，且不能被卸载。在 PSCADV4.5 之前的版本中，Workspace 及 PSCAD 应用程序是一个整体，而现在程序和 Workspace 被分为不同的实体。这意味着用户可加载、保存和卸载整个 Workspace 而无需关闭 PSCAD 应用程序。一个 Workspace 可包含多个项目（lib 或 case），并具有其独有的设置选项。

Workspace 面板分为两个子窗口，上面的窗口（第一窗口）包含了已加载项目的列表，下面的窗口（第二窗口）中显示的信息与第一窗口中所选择的项目有关，其主要功能是提供便于在模块间切换的浏览树。

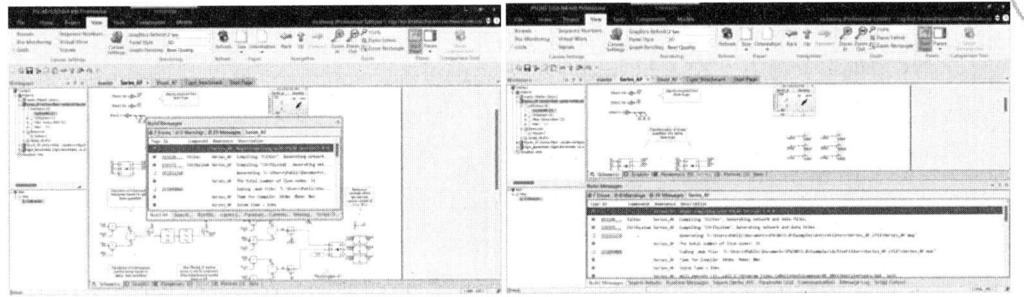

图 2-17 独立窗口显示　　　　图 2-18 停靠显示

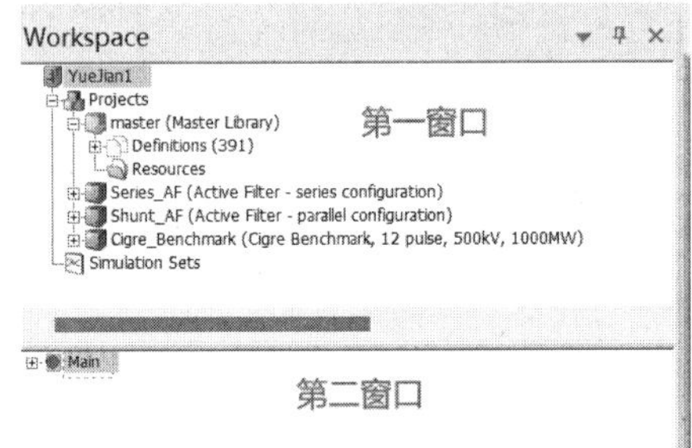

图 2-19 Workspace 窗口

1．第一窗口

该窗口主要用于项目间的浏览，查看项目相关数据文件并组织仿真组，其中区分不同对象的图标如图 2-20 所示。该窗口下有两个分支，即 Projects 列表和 Simulation Sets 列表，如图 2-21 所示。

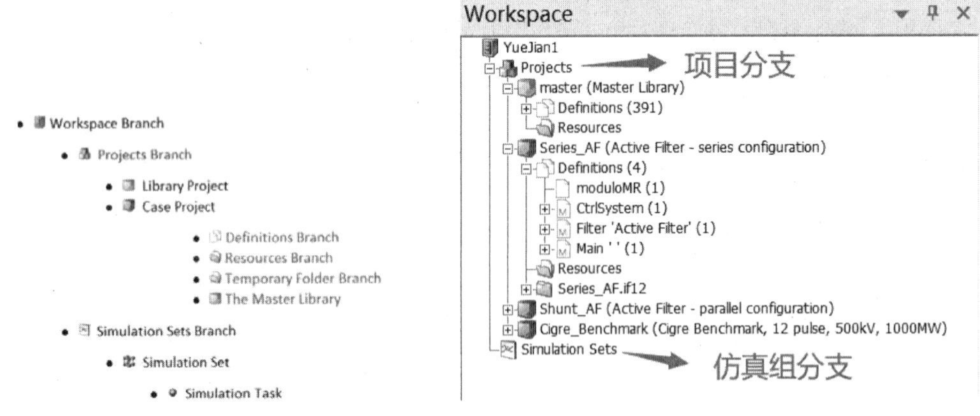

图 2-20 第一窗口中图标　　　　图 2-21 Projects 列表

➢ Projects 分支

加载一个 case 或 library 项目后，其名称和描述将默认地出现于 Workspace 第一窗口的 Projects 分支下。加载多个项目时，将按照加载的先后次序排列（可随后调整排序）。Projects 分支中每个项目下又具有包含该项目特定数据的附加分支，Definitions、Resources 和 Temporary Folder 分支，如图 2-21 中项目 Series_AF 下所示。

- Definitions 分支

定义分支包含了局部保存于该项目内所有定义的列表，元件或组件实例的定义保存在其他项目（如 master library）时将不会出现。 Definitions 后括号内的数字表示该项目内定义的个数，如图 2-21 中的 (4)，而每个定义名后括号内的数字表示该定义在本项目中实例的个数，例如图 2-21 中定义 CtrlSystem 后的 (1)。PSCAD 不推荐用户将定义存储于 case 项目中，应将所有元件定义存储于 lib 项目中，以避免维护相同定义的多个版本。

PSCAD 使用如下图标区分不同对象的定义：

：元件。

：组件。

：架空线。

：电缆。

双击组件定义将直接进入组件的定义画布；双击元件定义将直接进入元件的图形外观界面；双击架空线或电缆定义将其定义编辑器画布。

- Resources 分支

PSCAD V5 中引入 Resources 分支来取代之前的 Project settings 输入域的 *Additional Source files (*.f, *.for, *.f90, *.c, *.cpp)* 和 *Additional Library (*.lib) and Object (*.obj/*.o)*，以及更早的 File Reference 元件等附加、链接和显示文件的方法。它通过单一访问点来增加、删除和管理所有外部相关文件。每个项目，包括案例和库都有相应独立的 Resources 分支。

除源代码和二进制链接文件外，Resources 分支还可加入很多其他类型文件，包括 Microsoft Office 文件、图片文件、*.pdf 文件等。这些文件不会在项目编译时链接，但在项目设计过程中会用到。Resources 分支将使用当前操作系统设置来关联文件，因此如果想查看 Microsoft Word 文档，需要先安装 Word 软件，并将相应文件与该应用呈现关联。

注意：将 PSCAD V4.6 或之前版本项目导入至 V5 中，所有在 project settings 输入域的 *Additional Source files (*.f, *.for, *.f90, *.c, *.cpp)* 和 *Additional Library (*.lib) and Object (*.obj/*.o)* 中指定的资源文件将自动被放置于 Resources 分支中。

- Temporary Folder 分支

Temporary Folde 分支特别用于方便地访问项目临时文件夹中的文件，如 Fortran 文件、数据文件、输出文件等。这些文件仅当对项目进行过编译且未清除临时文件时存在。

当 case 项目编译时，多个文件将被创建并放置于在与项目文件 (.pscx) 同一路径下的临时文件夹中。临时文件夹名称为项目名称加一扩展名，该扩展名取决于编译该项目所使用的编译器。例如，对名称为 test.pscx 的 case 项目，使用 GFortran (v4.2.1)编译器时的临时文件夹名为 test.gf42。临时文件夹中包含了所有由编译器和 PSCAD 创建的文件。

不同编译器下临时文件夹扩展名为：

- GFortran 95 (v4.2.1)： *.gf42。
- GFortran 95 (v4.6.2)： *.gf46。
- Intel® Visual Fortran Compiler 9 to 11： *.if9。
- Intel® Visual Fortran Composer XE 2011 to 2014： *.if12。
- Intel® Visual Fortran Compiler 15： *.if15 (64-bit), *.if15_x86 (32 bit)。

临时文件夹中所有的文件将有组织地显示于第一窗口的 Projects 分支下，用户可在任何时候清除临时文件夹的内容。需要注意的是这些特性是与当前选取的编译器相关的。也即例如对 Intel 编译器，显示于 Projects 分支中的文件将来自*.if9, *.if12 或*if15 文件夹，清除时也同样仅清除这些临时文件夹。

➢ Simulation Sets 分支

可以通过设置仿真组启动并运行多个 case 项目仿真。通过在所谓的仿真组内定义仿真任务可实现顺序和并行仿真运行。仅被加载至 Projects 分支下的 case 项目可作为仿真任务加入仿真组，且一个项目不能多次加入同一仿真组，如图 2-22 所示。

同一个仿真组内的所有仿真是同时启动并并行运行，将使用到计算机可用的所有处理器资源，而不同仿真组是按先后次序顺序运行的。在图 2-22 中，如果用户选择运行所有仿真组，则仿真组 Set1 首先启动，项目 Shunt_AF 和 Series_AF 将并行运行。 Set1 仿真结束后将立即启动仿真组 Set2，其中的两个项目也将并行运行。

2. 第二窗口

第二窗口将显示第一窗口内选中项目的信息，它同时也被用于项目内的浏览。

在第二窗口的 module, transmission line and cable 分支下列出了项目内组件、架空线和电缆的所有实例。以 Main 页面为起始点，组件将按它们的层次进行组织，这将有助于简化浏览，同时提供了项目结构上的完整概况。架空线和电缆将出现于它们的父组件内。

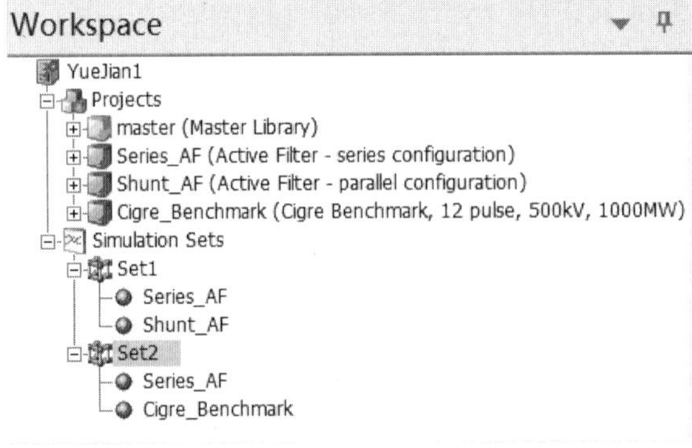

图 2-22 Simulation Sets 列表

图 2-23 所示为第二窗口典型内容。

图 2-23 表明，当前被查看的项目 test 中的 Main 页面包含两个组件 net1 和 net2，组件 net1 调用了

另一名为 sub1 的组件。该窗口内各对象显示的格式可通过 Application Options 对话框 Workspace 页面下的 *Namespace* 选项调整，当该选项设置为 hidden 时，对象显示格式为：

<definition_name>'<instance_name>'。

否则，对象显示格式为：

<namespace_name>:<definition_name>'<instance_name>'。

其中：*namespace_name* 是该定义真正位于的项目名称，并且上述选项设置为 Show always 时该名称总是显示；而设置为 Show if definition as external 时，仅该定义来源于其他项目时该名称显示；*definition_name* 是该定义的名称；*instance_name* 是赋予该页面实例的名称，对于架空线和电缆则是相应的 *segment* 名称。单击某个对象将直接在工作区 Schematic 窗口内打开其画布。

第二窗口中使用不同的图标来区分不同类型组件的实例，如图 2-24 所示。

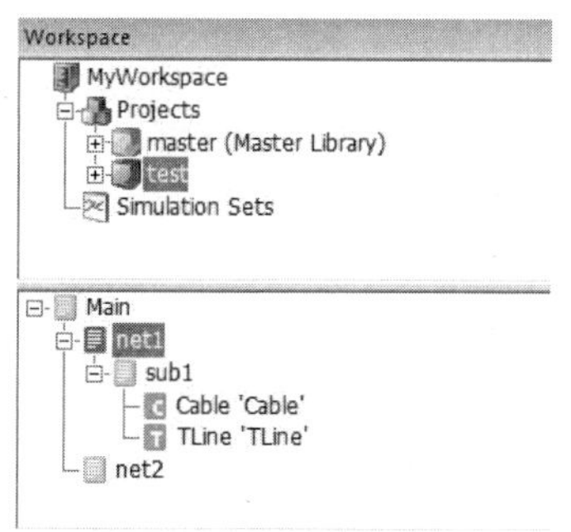

图 2-23 第二窗口典型内容

- Module Instance (local)
- Module Instance (foreign)
- Transmission line instance
- Cable instance

图 2-24 第二窗口

3．相关菜单和说明

➢ Definitions 分支弹出菜单

鼠标右键单击 Definitions 将弹出相关的菜单，典型的如图 2-25 所示。

- Component Wizard...：调用元件向导菜单。
- Import From File：可导入定义（*.psdx 或旧版本 *.cmp 格式）和逗号分隔值 (*.csv) 文件。
- Paste：粘贴定义。
- Paste Special | Paste With Dependents：复制定义时将同时复制相关文件。
- Sort by Name：按定义名字对定义进行排序，连续单击该菜单可改变排序次序（A to Z 或 Z to A）。
- Sort by Description：按定义描述对定义进行排序，连续单击该菜单可改变排序次序（A to Z 或 Z to A）。
- Undo/Redo：撤销/重做对定义分支的操作。

➢ 定义弹出菜单

鼠标右键单击 Definition 下各定义名称将弹出相关的菜单，典型的如图 2-26 所示。需要注意的是，不同类型定义的弹出菜单内容会有所不同。

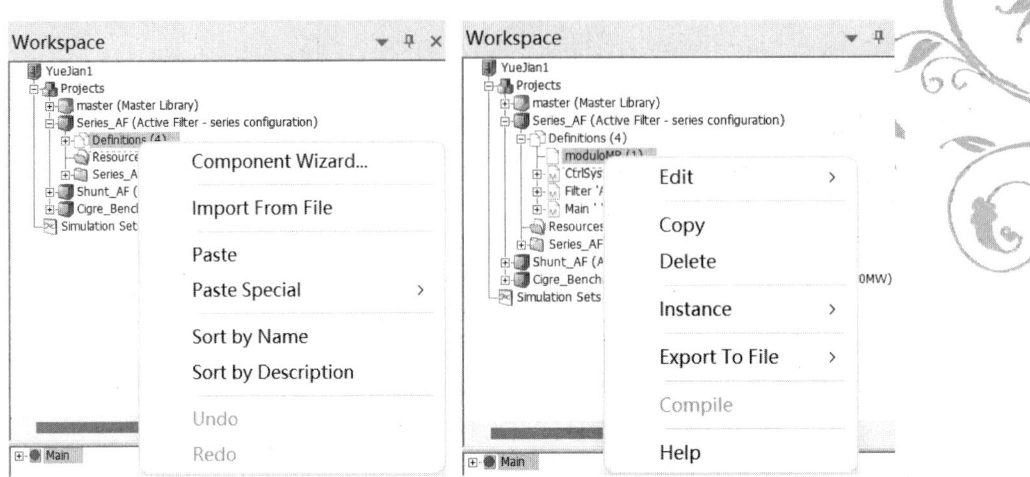

图 2-25 Definitions 分支弹出菜单　　　　图 2-26 定义弹出菜单

- Edit | Settings...：打开定义设置对话框，可编辑定义名称、描述和标签。
- Edit | Definition...：编辑定义，对元件打开其图形外观页码，对组件、架空线路和电缆将打开其电路。
- Copy：复制该定义，可在其他定义分支位置粘贴定义，也可在电路画布内粘贴进行定义实例化。
- Delete：删除定义，用户可在随后弹出的对话框中选择同时删除定义及其所有实例或仅删除定义而保留实例。
- Instance | Create (废弃)：创建实例。
- Instance | Find All：查找链接至该定义的所有实例，结果显示在搜索结果面板中。
- Export To File | Definition (Single)...：打开 Save Definition As 对话框，将该定义本身存储为另一个定义文件 (*.psdx)。
- Export To File | Definition (With Dependents)...：打开 Save Definition As 对话框，将该定义本身及其相关文件另存。
- Comma Separated Value (*.csv)...：打开 Save Definition As 对话框，将该定义（仅适用于架空线和电缆）存储为逗号分隔值文件 (*.csv)。
- Compile：编译组件。所有链接至该定义的实例将受到影响。
- Help：对元件将打开其帮助文件。

➢ Resources 分支弹出菜单

鼠标右键单击 Resources 将弹出相关的菜单，典型的如图 2-27 所示。

- Add：调用 Open File 对话框，加入相应的资源文件。包括源代码 (*.f, *.for, *.f90, *.c, *.cpp)、二进制 (*.o, *.obj, *.lib)、输出文件 (*.psout)、脚本文件 (*.py, *.exe, *.bat)、其他如 *.pdf，*.docx 等不加入至编译的文件。
- Help：打开直接定位至该主题的帮助系统。

➢ 资源弹出菜单

鼠标右键单击 Resources 下各资源名称将弹出相关的菜单，如图 2-28 所示。

- Settings：打开资源设置对话框。
- Remove：从资源分支中移除该资源文件（不是删除该文件）。
- Show in Folder：打开 Windows file explorer，直接定位至包含该资源文件的文件夹。

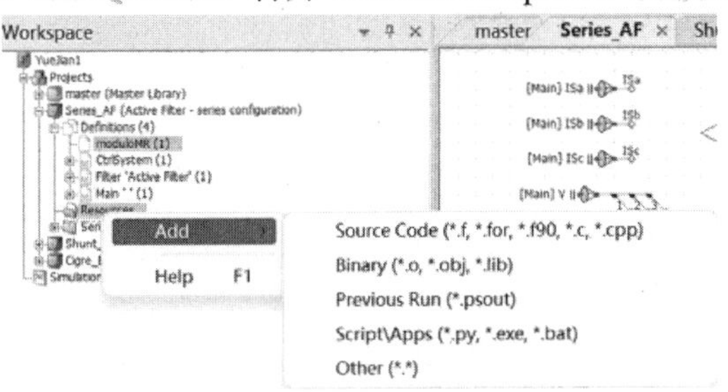

图 2-27 Resources 分支弹出菜单

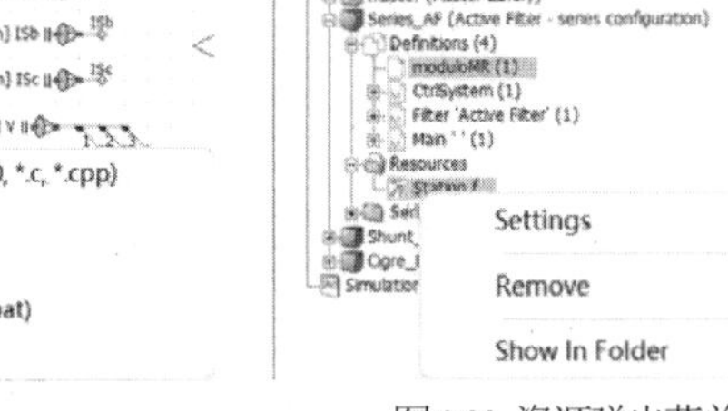

图 2-28 资源弹出菜单

2.3.4 Build Messages 和 Runtime Messages 面板

Build Messages 和 Runtime Messages 面板的主要作用是提供查看仿真反馈消息的接口，以调试仿真模型。由元件、PSCAD 或 EMTDC 产生的所有信息、错误和警告消息均可在这两个面板内进行查看。

1．Build Messages 面板

典型 Build Messages 面板如图 2-29 所示。该面板内的消息被分为错误性、警告性和信息性。不同消息类型的图标如图 2-30 所示。

Build messages 是与项目 Fortran, data 和 map 文件编译和建立有关的错误和警告。PSCAD 具有检测大量不同类型的系统矛盾的能力，任何在元件定义 Checks 段内定义的警告或错误消息也将被作为 Build message 显示。

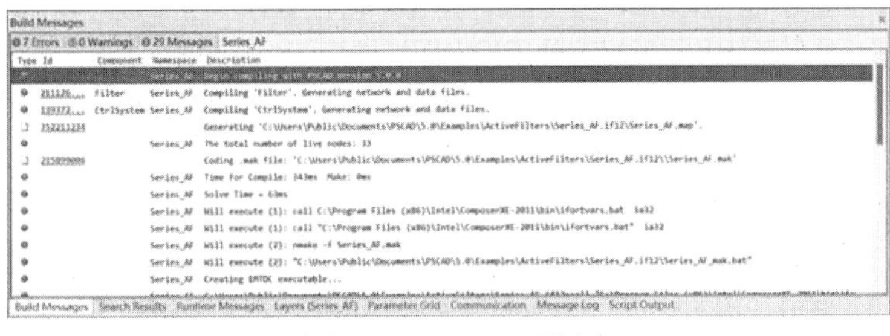

图 2-29 Build Messages 面板

- Warning
- Error
- Information

图 2-30 消息类型图标

- 警告消息：警告消息被认为不会对仿真运行产生致命影响，PSCAD 将忽略所有警告并继续编译和运行该项目。但警告信息指出了尽管技术上不违法但仍将影响仿真结果的系统区域，例如节点错误地未连接等。因此，项目建立和运行中出现任何警告消息时也需要认真分析。
- 错误消息：出现错误消息时模型建立将立即被停止。用户需研究任何报告的错误消息并尝试解决导致该错误消息的问题。

2．Runtime messages 面板

Runtime messages 面板提供了与仿真运行相关的警告和错误消息，也即它们源自于 EMTDC。这类消息对应的问题一般更为严重，通常涉及到数值不稳定等类似的问题。

对这些消息的研究分析非常重要。某些情况下 PSCAD 直接给出出现问题的电气系统的子系统和节点号，搜索功能将有助于找出问题区域。

3. 相关操作

➢ 消息过滤

可通过单击图 2-29 面板顶部的标题栏关闭/开启相应类型消息的显示，默认情况下将显示所有的消息。

➢ 消息分组

可通过单击面板内消息各栏的标题，将消息按相应的栏进行分组，如图 2-31 中按 Component 进行分类。可鼠标右键单击消息标题栏，从弹出的菜单中选择 Reload 取消分组，选择 Expand All Groups 或 Collapse All Groups 来折叠或展开所有分组。

➢ 消息来源定位

用户可双击面板中某个警告或错误消息，PSCAD 将自动在 Schematic 页面中打开源页面并直接指向消息源头，同时配有消息框，如图 2-32 所示。

图 2-31 消息分组

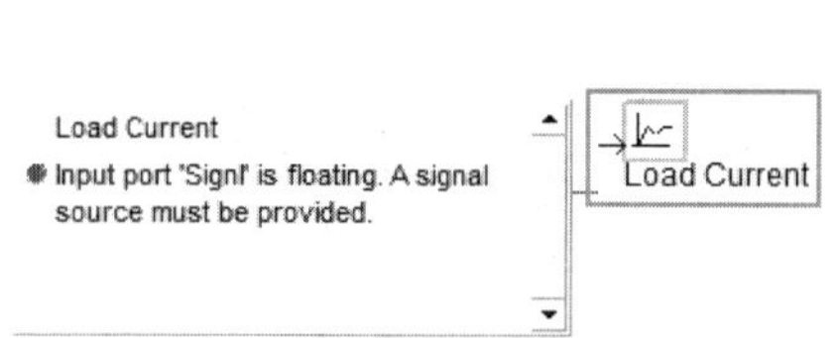

图 2-32 消息源定位

➢ 消息源搜索

根据消息中给出的子系统、节点和支路号，使用搜索面板进行该消息来源的定位。搜索结果将出现在 Search Results 面板中（自动被打开）。单击某个搜索结果的超链接，PSCAD 将自动在 Schematic 视图中打开源页面并以有色外框定位相关对象。

2.3.5 Search 和 Search Results 面板

1. Search 面板

用户可使用查找功能在某个项目内进行特定目的的搜索。Search 面板也可通过快捷键 Ctrl + Shift + f 打开。打开后窗口如图 2-33 所示。

➢ Basic Search

- Search For：搜索内容的文本。PSCAD 维护历史搜索项列表，便于用户快速输入以前搜索过的内容。
- Look In：限定搜索范围。可在当前组件、当前项目、当前所有被加载的项目或除主元件库外所有被加载的项目内进行搜索。

图 2-33 Search 面板

- Match Case：匹配大小写。
- Match Whole Word：全文匹配 *Search For* 中文本。
- Match Component ID：匹配 *Search For* 中输入的 ID。
- Filter Search：对 *Look In* 中的搜索范围进行二次限定。勾选该选项后将出现过滤列表，用户可从中选择以进一步限定搜索范围。

➢ Node Search

用于直接根据节点号和子系统号查找某个电气节点，项目必须被编译过以产生节点号。

- Look In：限定搜索范围。可在当前组件或当前项目内进行搜索。
- Node：待搜索的节点号。
- Subsystem：所位于的电气子系统号。
- Local：勾选后将搜索局部节点，否则搜索全局节点。

➢ Branch Search

项目必须被编译过以产生支路号。

- Subsystem Number：待搜索的子系统号。
- Branch Number：待搜索的支路号。

➢ Search and Replace

仅能对元件参数值进行替换。

- Replace With：将要被替换的内容。

其他设置参考 Basic Search。

2. Search Results 面板

设置完成并单击图 2-33 中各页面中的确定按钮，将打开 Search Results 面板显示搜索结果，如图 2-34 所示。单击图 2-34 表中 Instance 栏下各行的超链接，PSCAD 将自动导航至该元件位置，并在其图形周围显示矩形框。

与图 2-31 所示的消息面板类似，可通过单击面板内搜索结果各栏的标题，将搜索按相应的栏进行分组。可鼠标右键单击消息标题栏，从弹出的菜单中选择 Reload 取消分组。

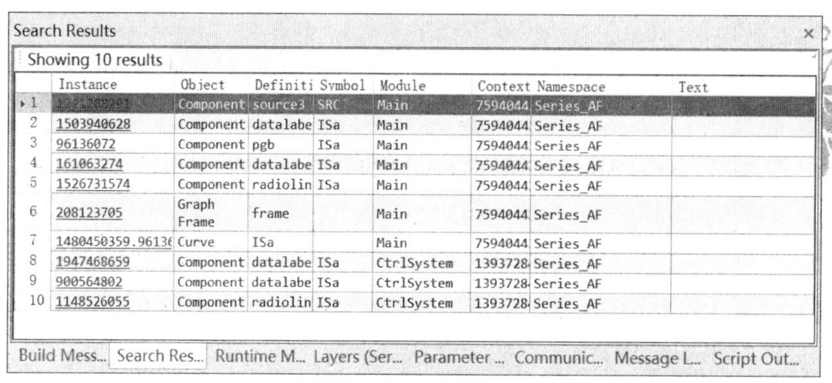

图 2-34 Search Results 面板

2.3.6 Bird's Eye View 面板

该面板提供了整个电路或图形画布的概况，并指明当前被查看的内容。该工具是 PSCAD 浏览工具集的重要组成，可方便用于电路的缩放和浏览，对涉及大规模项目的工作非常有帮助。典型的 Bird's Eye View 面板如图 2-35 所示。

面板中的阴影块用于表示当前在画布内被查看的部分在整个画布内的位置。对该阴影块按下鼠标左键可将其拖动，在释放鼠标左键之前，将出现一个矩形框显示阴影块被移动到的位置，如图 2-36 所示。释放鼠标左键后，画布内被查看的内容也将根据阴影块的新的位置刷新。

移动鼠标至阴影块的边缘将可调整阴影块的大小，从而提供了另一种有效的方法来缩放画布内被查看的内容，即缩小阴影块将放大画布，反之则缩小画布。

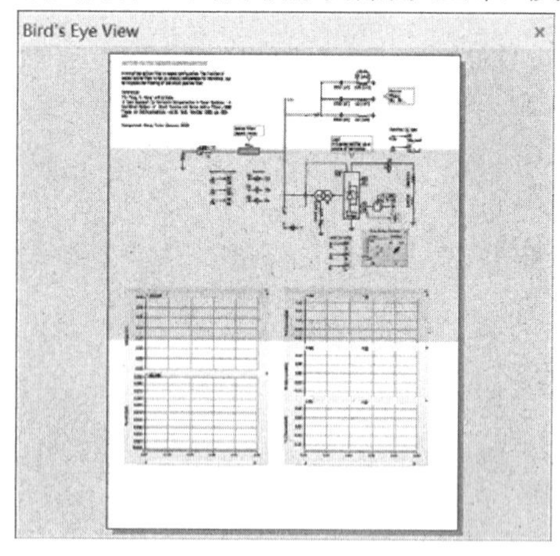

图 2-35 Bird's Eye View 面板

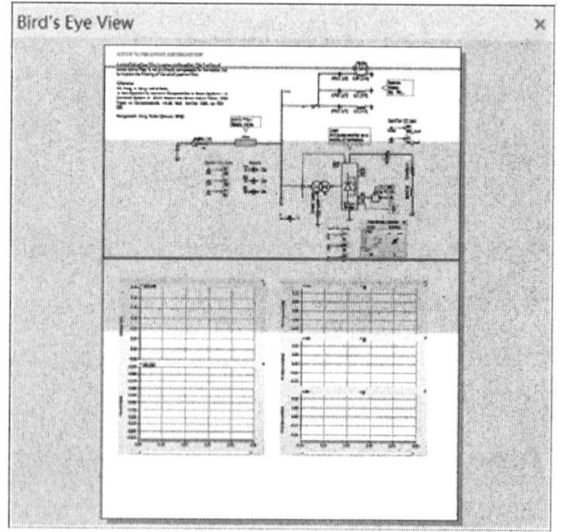

图 2-36 阴影块的移动

2.3.7 Bookmarks 面板

Bookmarks 面板用于组织和管理特定项目中的书签，其中列出了当前项目中已添加的所有书签。典型 Bookmarks 面板如图 2-37 所示。

➢ 书签导航

单击图 2-37 中一个标签后，将立即定位至该书签位置，如图 2-38 所示。

➢ 删除书签

单击图 2-37 中某个书签所在行最右边的× 即可删除该书签。

➢ 更改书签名称

鼠标右键单击图 2-37 中一个标签后，单击弹出菜单中的 Properties，在随后出现的对话框中即可修改该书签的名称。

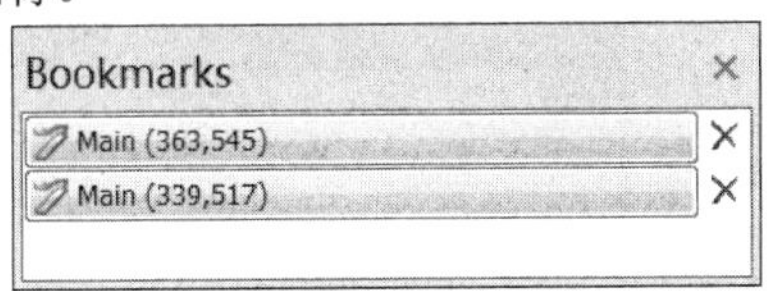

图 2-37 Bookmarks 面板

图 2-38 定位书签

2.3.8 Component Parameters 面板

Component Parameters 面板提供了快速查看不同元件和组件参数的手段，该面板中的内容与元件或组件参数对话框的内容完全一样。所不同的是，一旦打开 Component Parameters 面板且不关闭，其中将自动显示被选中元件或组件的参数。而元件参数对话框需被关闭才能打开其他元件的参数对话框。对比结果如图 2-39 所示。

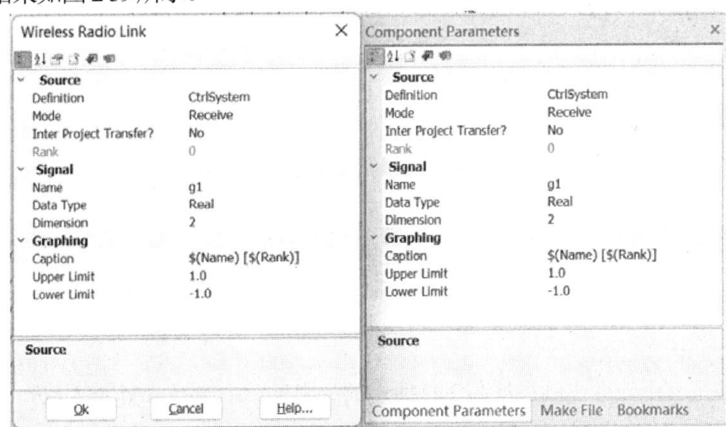

图 2-39 Component Parameters 面板

2.3.9 Layers 面板

1. Layers 面板

Layers 面板接口于电路画布绘图层特性。绘图层可有效禁用/启用画布内的元件，或切换画布内任何对象的可视性。Layers 是项目的一个属性，因此它可被用于该项目中存在的任何电路画布，包括组件。典型 Layers 面板如图 2-40 所示。

➢ Layer 创建

方法一：图 2-40 中绿色 + 按钮左边输入域输入 Layer 的名称，单击绿色 + 按钮后即可生成一个新的 Layer，如图 2-41 所示；方法二：以元件实例为基础，鼠标右键单击某个元件实例，从弹出的菜单中选择 Add To Layer→New Layer，如图 2-42 所示，在随后出现的对话框中输入 Layer 名称并单击确定，即可加入该新的 Layer，同时该实例自动加入该 Layer 中；方法三：保持 Layer pane 为焦点，按下 Insert 键，或者在 Layer pane 中单击鼠标右键，从随后弹出的菜单中选择 Add，后续操作同方法二。

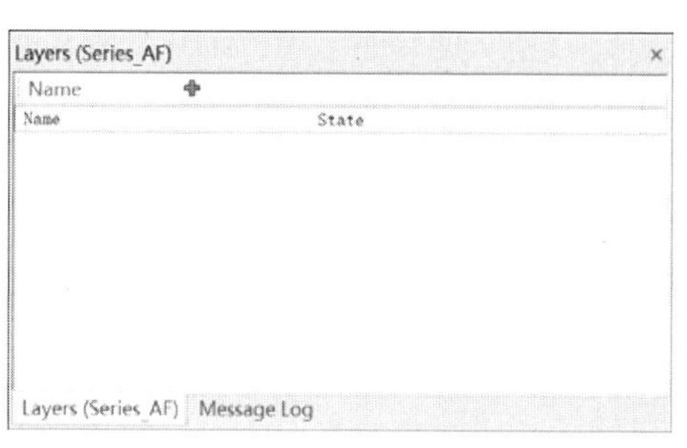

图 2-40 Layers 面板

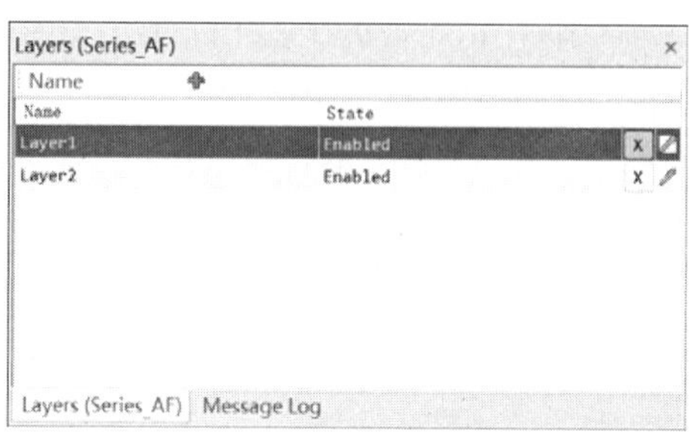

图 2-41 新增 Layer

➢ Layer 删除

在图 2-41 中单击某个 Layer 右边 × 按钮即可删除该 Layer；或者保持 Layer pane 为焦点，按下 Delete 键，或者在 Layer pane 中单击鼠标右键，从随后弹出的菜单中选择 Delete。

➢ Layer 更名

双击某个 Layer 名称列，从弹出的对话框中输入新的名称，并单击确定即可重命名该 Layer；或者在 Layer pane 中单击鼠标右键，从随后弹出的菜单中选择 Rename。

➢ Layer 状态控制

单击某个 Layer 行的 State 下拉按钮，从中将该 Layer 设置为启用 (Enabled) / 禁用 (Disabled) /不可见 (Invisible)。

➢ Layer 合并

选中两个或多个 Layer 并单击鼠标右键，从弹出的菜单中选择 Merge Layer，在弹出的对话框中输入新的名称即可实现这些 Layer 的合并。

➢ 元件加入/退出 Layer

鼠标右键单击某个元件实例，从图 2-42 所示的弹出菜单中选择 Add To Layer。该菜单下列出了当前所有的 Layer 名称，选择某个目标 Layer 即可将该元件加入该 Layer，选择 No Layer 则该元件不属于任何 Layer。

➢ 操作 Layer 中元件

鼠标右键单击某个 Layer 行，弹出的菜单如图 2-43 所示。

- Select Components：电路画布内该 Layer 包含的所有元件将处于同时被选中的状态。
- List Components：打开 Search Results 面板显示该 Layer 包含的所有元件信息。
- Delete Components：所有当前的元件从该 Layer 中移除，用户需进行确认。

➢ 元件高亮

将鼠标指针移动至图 2-41 中某个 Layer 行最右边的画笔上，所有当前画布内该层的元件将高亮显示，如图 2-44 所示。指针移动走后高亮将消失。也可通过连续单击画笔图标切换该层元件的高亮状态。

图 2-42 由实例新增 Layer

Select Components	Ctrl+K
List Components	Ctrl+L
Delete Components	Shift+Delete
Properties	F2
Custom Configurations	Shift+F2
Merge Layers	Ctrl+M
Add	Insert
Delete	Delete
Rename	Ctrl+R
Move Up	Alt+Up
Move Down	Alt+Down

图 2-43 Layer pane 右键菜单

➢ Layer 属性设置

选择图 2-43 中菜单项 Properties 可弹出如图 2-45 所示 Layer 属性设置对话框，用户可在其中调整该 Layer 被设置为禁用 (Disabled) 或不可见 (Invisible) 时的颜色和透明度。

2. 自定义层配置

通常情况下，一个层内有三种不同状态：

- Enabled：所有元件为正常的使用状态。
- Disabled：该层所有元件被禁止，即不会被编译和仿真，但可被选取。
- Invisible：与 Disabled 相同，并且不可见和不能被选取。

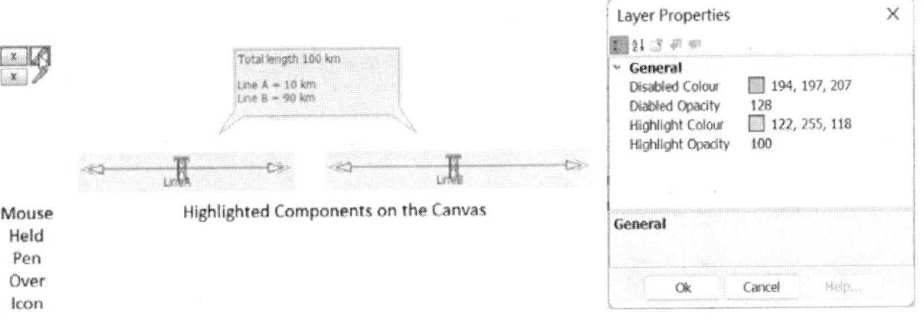

图 2-44 元件高亮显示　　图 2-45 Layer 属性设置

自定义层配置使得可进一步在某个层内部控制各个元件的状态，使得其与同一层内其他元件状态也不同。单击图 2-43 中菜单项 Custom Configurations 可弹出如图 2-46 所示自定义层配置对话框，单击图 2-46 中 Close 可返回到图 2-41 中。

图 2-46 所示面板中的每一行代表了该层的一个元件。将鼠标移动至某一行上将在画布内高亮显示该元件实例。第一列 Component Ids 是每个元件实例的唯一数字标识符，单击该 ID 将直接导航至画布内该实例的位置。

图 2-46 中，每个元件的三个默认配置 (Enabled, Disabled, Invisible) 总是会显示并且不能被修改（继承自他们共同的层），但可通过增加自定义配置进行调整。

➢ 新增自定义配置

在图 2-46 中绿色 + 按钮左边输入域输入配置的名称，单击绿色 + 按钮后即可生成一个新的配置，如图 2-47 所示。随后，可为该元件实例设置个性化的属性。

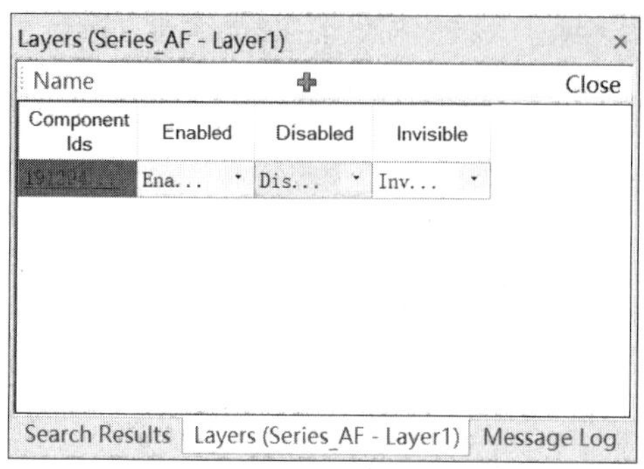

图 2-46 自定义层配置

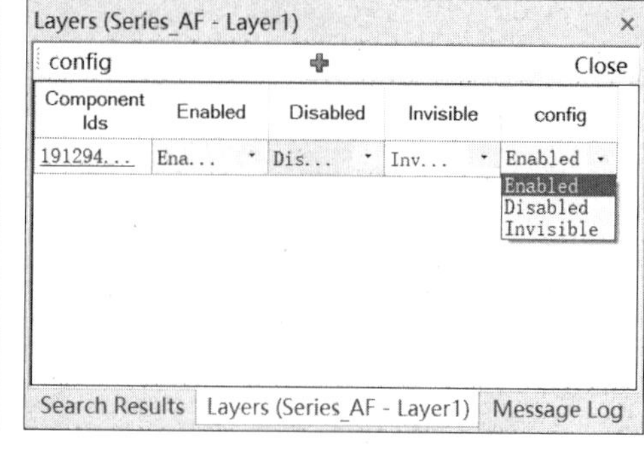

图 2-47 新增配置

➢ 重命名/删除自定义配置

鼠标右键单击图 2-46 中的自定义配置，从弹出菜单中选择 Rename / Delete 即可对该配置进行重命名/删除。

2.3.10 Make File 和 Map File 面板

这两个面板简单地用于查看项目已生成的 Make 和 Map 文件内容。如图 2-48 和图 2-49 所示。在 Workspace 窗口中鼠标右键单击某个项目名称，选择 View Map File... 或 View Make File... 也可分别打开这两个面板。

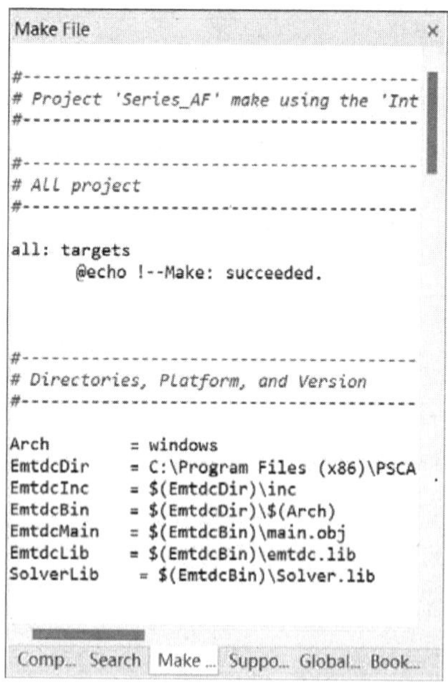

图 2-48 Make File 面板

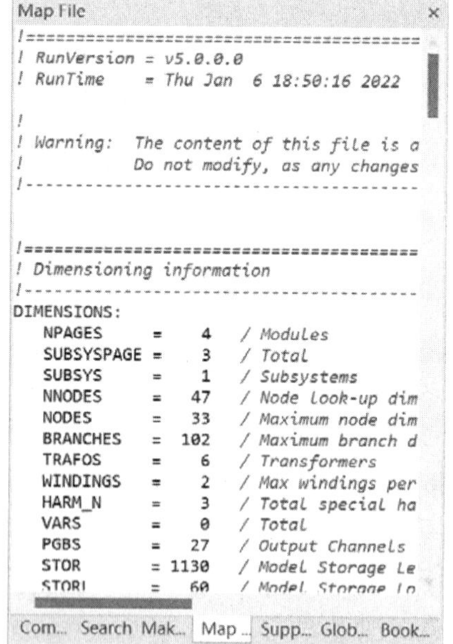

图 2-49 Map File 面板

2.3.11 Message Log 面板

该面板仅用于记录 PSCAD 使用期间的重要信息，典型的示例如图 2-50 所示。

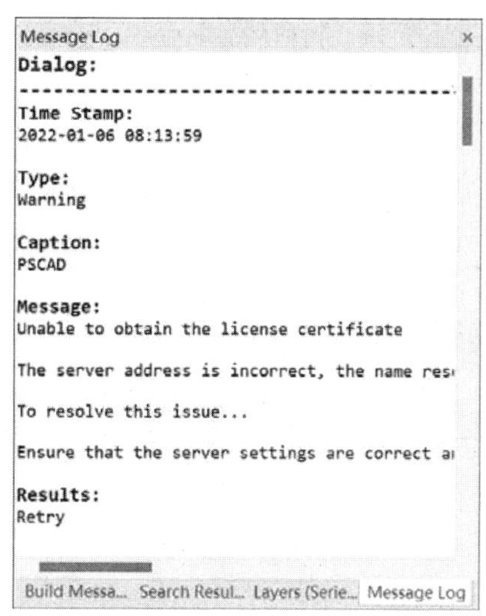

图 2-50 Message Log 面板

2.3.12 Parameter Grid 面板

该面板提供了查看给定元件或组件定义所有实例的参数的方便方法，更为重要的是通过该面板可同时修改多个实例的多个参数值。

该面板还可通过如下方式打开：鼠标右键单击想要查看的元件定义的某个实例，从弹出的菜单中选择 View Parameter Grid，如图 2-51 所示，所得到的面板内容如图 2-52 所示。

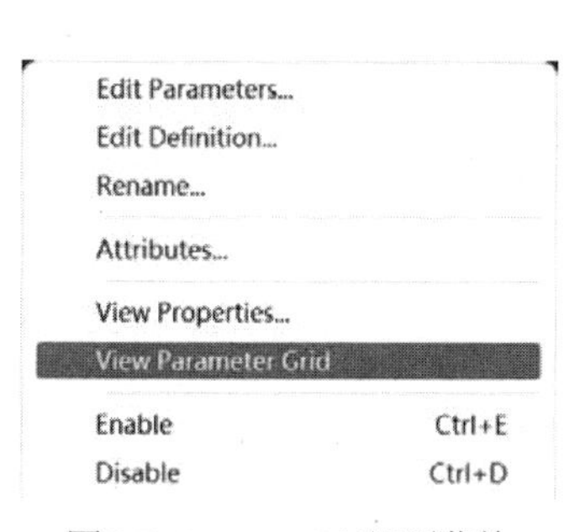

图 2-51 Parameter Grid 调用菜单

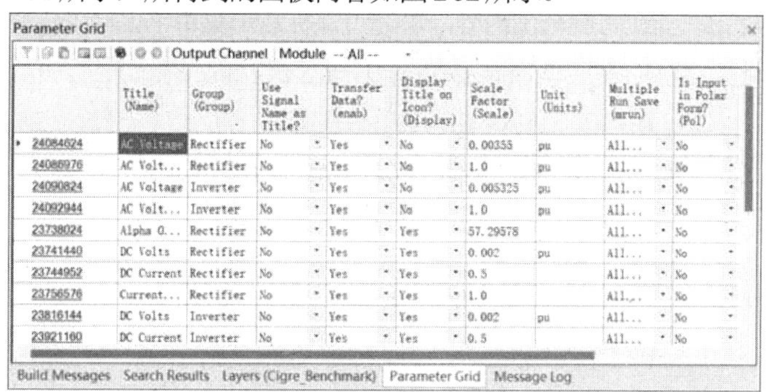

图 2-52 Parameter Grid 面板

面板中每一行对应一个元件实例的参数。默认情况下将查看当前项目所有组件内该定义的实例，可通过从图 2-52 上部 Module 右边下拉框选择查看某个组件内该定义的实例。

➢ 参数修改

Parameter Grid 可同时修改多个实例的多个参数值。单击某个单元格或拖动鼠标选择一个单元格区域，然后单击鼠标右键，从弹出的菜单中选择 Edit，将弹出参数修改对话框如图 2-53 所示，该对话框的实际内容与所选择的区域有关。参数修改对话框提供了列表用于修改该参数值。在关闭 Parameter Gri 面板之前任何时刻，可通过鼠标右键菜单 Reset 撤销对参数值的修改。

➢ 实例导航

单击图 2-52 表格 Id 栏的某个超链接，将自动导航至相应的实例位置。PSCAD 将在该实例图形周围显示矩形框。

➢ 数据输入/输出

可将某个区域内所有单元的数据导出至一个 csv 格式的文件，反之也可从 csv 格式的文件中导入参数。拖动鼠标选择一个单元格区域并单击鼠标右键，从弹出的菜单中选择 Export. 将数据导出，选择 Import 导入数据。

每个元件实例对应于 csv 文件中的一行文本，元件参数值的导入/导出以元件的 ID 为基础。导入参数值仅对那些 ID 与文件中 ID 匹配的元件生效。典型数据文件格式如图 2-54 所示。图 2-54 所示的文件中给出了多个输出通道元件实例（当前所研究项目中存在的）。

Parameter Grid 还可生成一个主*.csv 文件，用于批量设置元件实例参数。

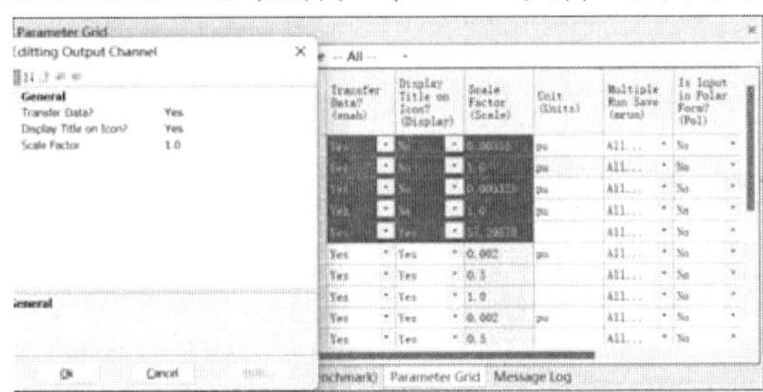

图 2-53 参数修改对话框

图 2-54 *.cvs 文件内容

➢ 冻结行/列

在元件具有较多参数或者元件实例较多时，可通过冻结某些行/列在滚动浏览时将这些行/列始终保持在窗口可视范围内容，可通过鼠标右键菜单 Freeze Row / Freeze Colume 冻结所选定的行/列，可通过鼠标右键菜单 Unfreeze Row / Unfreeze Colume 解除冻结。

2.3.13 Start Page 和 Support Request 面板

启用 Start Page 面板将在定义编辑器中加入名为 Start Page 的标签页，如图 2-55 所示。Support Request 面板用于 PSCAD 的联机支持，如图 2-56 所示。

图 2-55 Start Page

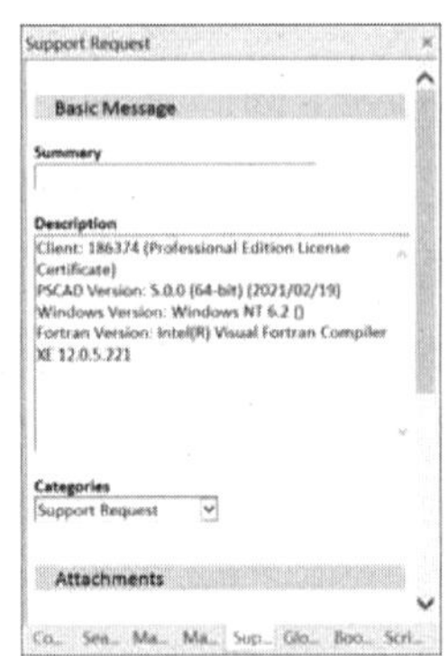

图 2-56 Support Request 面板

2.4 PSCADV5 的基本操作

本节介绍 PSCADV5 的基本操作和主要特点。某些特性在其他章节中有更详细的介绍。

2.4.1 Workspace 操作

➢ 创建 Workspace

单击功能区菜单 File→New，弹出如图 2-57 所示对话框。在图 2-57 中，选择 New Workspace 图标，在 Namespace 中输入合法名称，在 Folder 中确定存放位置，单击 Create 将随即卸载当前的 Workspace 并创建一个新的。如果之前的 Workspace 被修改，则将会提示用户是否保存。

➢ 加载 Workspace

单击功能区菜单 File→Open，弹出如图 2-58 所示对话框，在其中单击 Open 或 My Projects 按钮。注意：Workspace 文件扩展名为 *.pswx。还可在 *Recent Files* 中单击 Workspaces 标签，可选取打开最近操作的 Workspace。

选择加载已有的 Workspace 将卸载当前的 Workspace，如果之前的 Workspace 被修改，则将会提示用户是否保存。

用户也可在目标文件夹中选择某个 Workspace 文件，将其拖放至 Workspace 窗口内也可同样地实现该 Workspace 的加载。

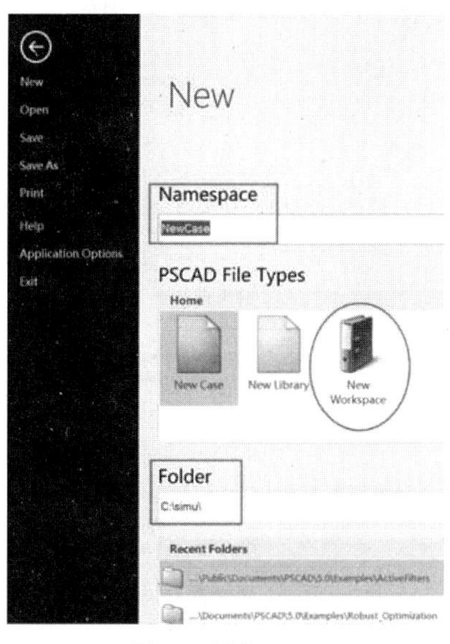

图 2-57 创建 Workspace

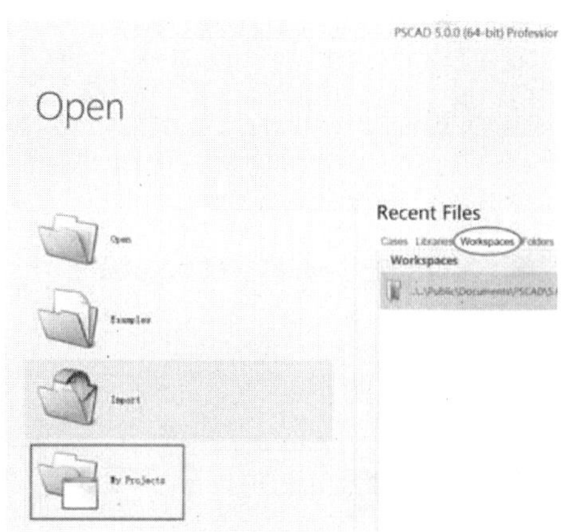

图 2-58 加载 Workspace

➢ 保存/另存 Workspace

单击功能区菜单 File→Save，即可保存当前 Workspace；单击功能区菜单 File→Save As 菜单弹出如图 2-59 所示对话框。在其中单击 Save Workspace As…，还可在 Recent Folders 中快捷选择目标文件夹用于存储。

此外，在 Workspace 面板中鼠标右键单击当前 Workspace 名称，从弹出的菜单中选择 Save / Save As...，也可保存/另存当前 Workspace。

➢ 一体化 Workspace

一个 Workspace 可能包含多个对象，这些对象可能链接至存储于计算机上多个文件夹内的其他关联文件，使得在计算机和用户之间传递整个 Workspace 异常困难。

可采用快速有效的方法一体化一个 Workspace，即所有其中项目和相关的关联文件将自动被移动并组织于某个指定的当地文件夹中。鼠标右键单击 Workspace 名称，从弹出的菜单中选择 Consolidate，如图 2-60 所示。

上述操作将根据相关性组织所有的关联文件，并自动调整所有项目的 additional source 和 linked file 路径，最终在同一路径下创建一个新的 workspace 文件 (*.pswx)，以及 Projects 和 Resources 文件夹。

Projects 文件夹下为原 workspace 中每个 library 和 case 项目创建唯一的子文件夹，这些子文件夹下均有一个名为 Resources 的文件夹，其中包含了所有与该项目相关的相关性文件，如二进制链接库和附加源代码文件等。

➢ 重新打开 Workspace

鼠标右键单击 Workspace 名称，从如图 2-60 所示的弹出菜单中选择 Re-open...，即可回滚当前 Workspace 至最近一次保存时的状态。

➢ 显示 Workspace 文件

鼠标右键单击 Workspace 名称，从如图 2-60 所示的弹出菜单中选择 Show In Folder，即可打开 Windows 文件浏览器定位至该 Workspace 文件所在文件夹。

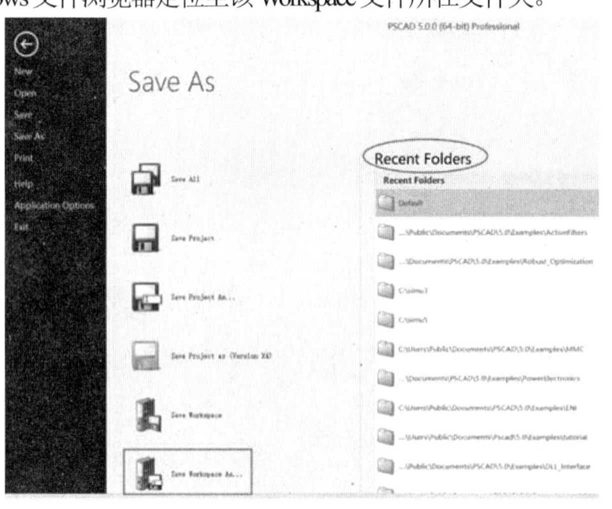

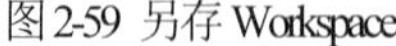

图 2-59 另存 Workspace

图 2-60 统一 Workspace

2.4.2 Project 操作

➢ 创建 Project

单击功能区菜单 File→New，弹出如图 2-61 所示对话框。在图 2-61 中，选择 New Case 或 New

Library 图标，在 *Namespace* 中输入合法名称，在 *Folder* 中确定存放位置，单击 Create 即可生成新的案例或库项目。

还可鼠标右键单击 Workspace 面板第一窗口中的 Projects 分支，从如图 2-62 所示的弹出菜单中选择 Create New Project…，即可打开如图 2-61 所示对话框。

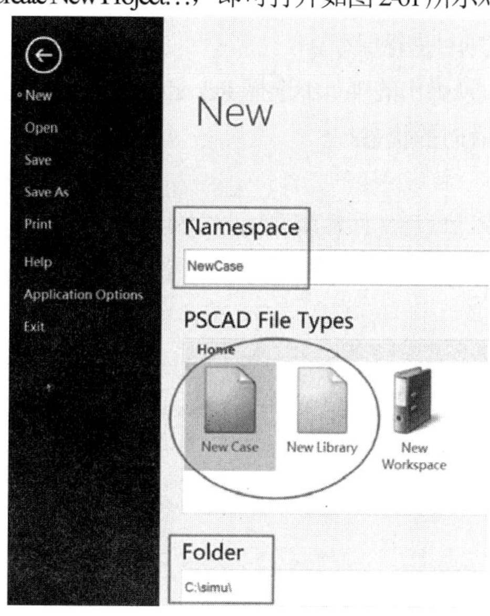

图 2-61 新建 Project

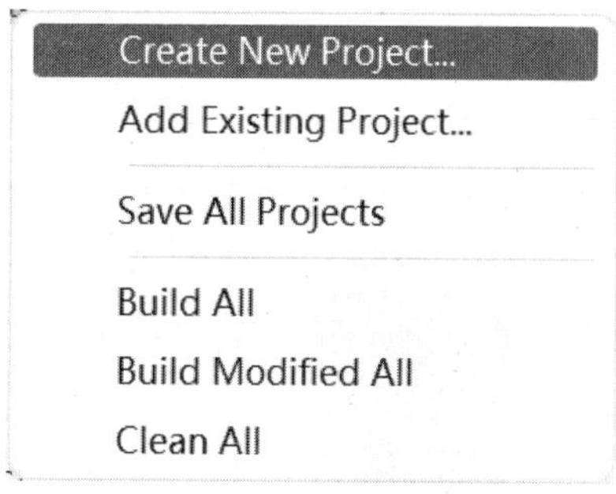

图 2-62 Projects 分支弹出菜单

➢ 加载或导入 Project

单击功能区菜单 File→Open，弹出如图 2-58 所示对话框，在其中单击 Open 或 My Projects 或 Import 按钮。注意：case 和 library 项目文件扩展名分别为 *.pscx 和 *.pslx。还可在 *Recent Files* 中单击 Case/Library 标签，可选取快捷打开最近操作的 case/library。

导入一个项目有别于加载一个项目。导入一个项目是将旧版本的项目文件（例如 *.psc 或者 *.psl）加载并且转换为新的基于 XML 格式的文件（*.pscx 或 *.pslx）。PSCAD 将仅复制原有的项目，不对其做任何改动。

同样可用鼠标右键单击 Workspace 窗口中 Projects 分支，从弹出的菜单中选择 Add Existing Project… 来加载或导入项目，如图 2-62 所示。也可将目标 Project 拖动至 Workspace 窗口中实现项目加载/导入。

成功加载或导入的目标项目将出现在 Workspace 面板窗口中。

➢ 保存/另存 Project

单击功能区菜单 File→Save，即可保存当前 Project；单击功能区菜单 File→Save As 菜单弹出如图 2-63 所示对话框。

单击 Save All 保存所有修改的对象；单击 Save Porject 保存当前项目；单击 Save Project As 另存当前项目；单击 Save Project as (Version X4) 另存为 X4 兼容项目，但可能失去 V5 中的新特性。

同样可鼠标右键单击 Workspace 窗口中目标项目，从弹出的菜单中选择 Save 或 Save As… 实现当前选择项目的保存或另存，如图 2-64 所示。

同样可用鼠标右键单击 Workspace 窗口中 Projcects 分支，从弹出的菜单中选择 Save All Projects 完成当前所有已加载项目的保存工作，如图 2-62 所示。

➢ 卸载或重加载 Project

可鼠标右键单击 Workspace 窗口中目标项目，从弹出的菜单中选择 Unload 实现该项目的卸载，如图 2-64 所示。PSCAD 将提示用户对改动的卸载项目进行保存。

可鼠标右键单击 Workspace 窗口中目标项目，从弹出的菜单中选择 Reload 实现该项目的重新加载，如图 2-64 所示。该项目将回滚至最后一次保存时的状态。

➢ 一体化 Project

可采用快速有效的方法一体化某个 Project，即项目文件和所有相关文件将自动被移动并组织于某个指定的本地文件夹中。鼠标右键单击目标项目名称，从弹出的菜单中选择 Consolidate，如图 2-64 所示。

➢ 显示 Project 文件

鼠标右键单击目标 Project 名称，从如图 2-64 所示的弹出菜单中选择 Show In Folder，即可打开 Windows 文件浏览器定位至该项目文件所在文件夹。

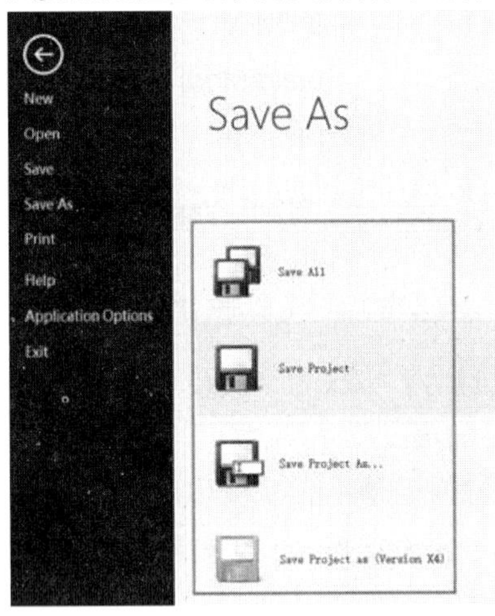

图 2-63 另存 Project

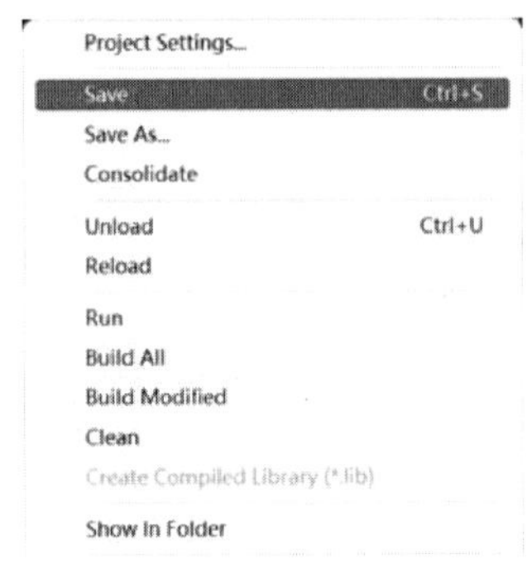

图 2-64 Project 弹出菜单

2.4.3 Simulation 操作

➢ 新建仿真组及加入仿真任务

鼠标右键单击 Workspace 面板窗口中的 Simulations 分支，从弹出的菜单中选择 New 来新建仿真组，如图 2-65 所示。

鼠标右键单击 Simulations 分支中已存在的某个仿真组，从弹出的菜单中选择 Include Project，进一步从 Workspace 已加载的项目中选择成为该仿真组的仿真任务，如图 2-66 所示。也可通过选择 Include All Projects 来加入所有已加载的项目。注意：标准 PSCAD 许可允许最多 8 个同时并行运行的 EMTDC 仿真。也可通过选择 Include External Process 加入外部进程文件 (可执行 *.exe 或批处理 *.bat),

这些进程将与该组内其他任务一起并行运行。

➢ 仿真组及任务删除

鼠标右键单击仿真组中某个仿真任务，从弹出的菜单中选择 Remove，可从该仿真组中删除该仿真任务，如图 2-67 所示。

鼠标右键单击某个仿真组，从弹出的菜单中选择 Remove 来删除该仿真组。如图 2-66 所示。

鼠标右键单击 Workspace 窗口中的 Simulations 分支，从弹出的菜单中选择 Remove All 来删除所有的仿真组，如图 2-65 所示。

➢ 仿真组运行/暂停/停止

鼠标右键单击 Simulations 分支中的某个仿真组，从弹出的菜单中选择 Run 来启动该仿真组中所有的仿真任务，如图 2-66 所示；也可单击功能区控制条的 Home→Run 菜单，从中选择某个仿真组运行。也可鼠标右键单击 Workspace 窗口中的 Simulations 分支，从弹出的菜单中选择 Run，从列表中选择启动某个仿真组，如图 2-65 所示。

鼠标右键单击 Workspace 窗口中的 Simulations 分支，从弹出的菜单中选择 Run All 来启动所有仿真组，如图 2-65 所示。也可单击功能区控制条 Home→Run 菜单，从中选择 Run All Simulation Sets 来启动所有仿真组。

单击功能区控制条的 Home→Stop 或 Home→Pause 菜单，停止或暂停当前正在运行的仿真组。

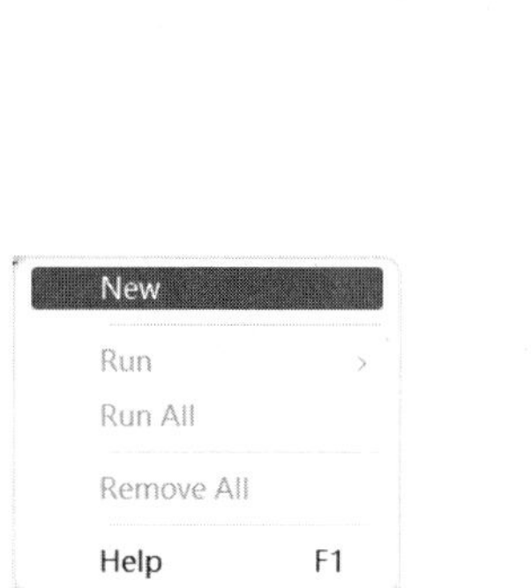

图 2-65 新建仿真组

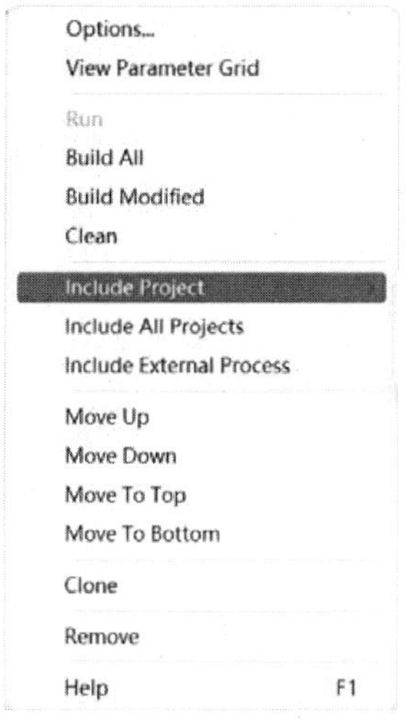

图 2-66 仿真组弹出菜单

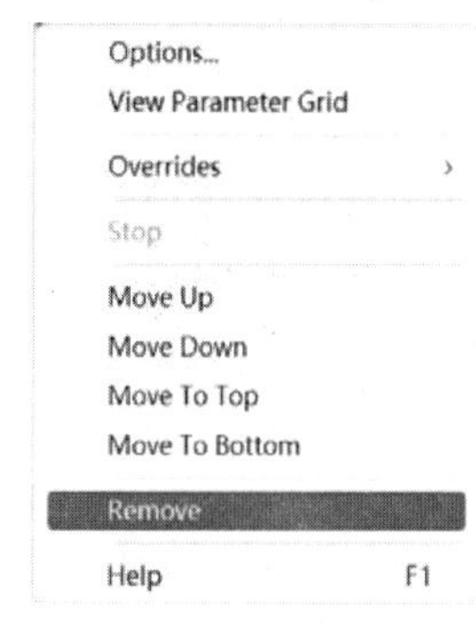

图 2-67 仿真任务弹出菜单

➢ 仿真运行/暂停/停止

对于非仿真组中的仿真任务，单击功能区控制条的 Home→Run、Home→Stop 或 Home→Pause 菜单，启动项目仿真，停止或暂停当前正在运行的仿真。

对于仿真组中正在运行的某个仿真任务，仅当其 Project settings 中被设置为 Standalone 时，可通过单击 Stop 或 Pause 按钮来停止或暂停，如果选择为 Master 或 Slave 时，其所在的整个仿真组将被停止或暂停。

➢ 仿真跳过

单击功能区控制条的 Home→Skip Run 菜单来跳过某次仿真，该功能仅对多重运行或者仿真组运行起作用。

➢ 通过 Parameter Grid 管理仿真组

在 Workspace 中定义了大量仿真组时，可通过 Parameter Grid 面板对仿真组选项、仿真任务选项、项目设置重写和仿真层重写等进行方便快捷管理。

2.4.4 打开和浏览 Project

在 Workspace 窗口上选择目标项目即可进行查看。一旦单击目标项目，该项目保存时最后的视图页将会在定义编辑器的 Schematic 窗口中打开。对于已打开的项目，可通过多种功能进行有效地浏览。

➢ 滚动条和方向键

在所有已经打开窗口的最右和最底层的边缘分别可以看到标准的垂直滚动条和水平滚动条。当浏览 Schematic 窗口内容时，可以使用键盘上的方向键来横向或纵向滚动。

➢ 平移（动态滚动）模式

平移功能允许用户在 Schematic 或 Graphic 窗口中通过流动方式进行窗口滚动。调用平移模式有两种方法：

- 在页面的空白处同时按住 Ctrl+Shift+鼠标左键并保持，此时移动鼠标就可以将页面平移。
- 单击功能区控制条 Home→Pan 按钮即可进入平移模式，此时鼠标指针变成了手形。按 Esc 键或者再次单击 Pan 按钮就可以退出平移模式。

➢ 进入和退出 Modules 页面

打开一个组件的电路画布等同于编辑组件的定义，可在该组件画布内任何空白处单击鼠标右键，任何从弹出的菜单中选择 Edit Definition…。

也可以通过双击左键的方式进入 Modules 页面，但这个功能依赖于 Navigation 中的设置（在 Application Options 对话框下的 Environment 页面），如图 2-68 所示，具体有两种方式：

- Double-click：如果习惯于使用旧的组件元件浏览方式，该设置需选择 Double-click。需要注意的是，如果该组件具有输入参数，双击操作不会打开参数对话框。
- Ctrl+Double-click：如果选择了该选项，则进入组件浏览需要在按住 Ctrl 键的同时双击。如果此时只是双击，就将打开该组件的参数对话框。

单击功能区控制条的 Home→Up 菜单退出某个 Module 的视图，也可 Workspace 的第二窗口中鼠标右键单击特定对象，并从弹出菜单中选择 Navigate to…，即可定位至该组件实例，如图 2-69 所示。

➢ 通过书签浏览

通过在任何组件的电路画布内放置书签来在一个项目内快速跳转。

➢ 前进/后退按钮

PSCAD 为用户的每一个组件模块画布的浏览都保留了浏览历史记录，当项目被卸载或会话结束时，将丢失所有的浏览历史。浏览历史将以功能区 控制条的 Home→Forward 和 Home→Back 菜单的形式体现。

➢ 选卡式页面窗口

标签窗口的存在使得用户可在不同的视图间进行切换，如图 2-70 所示。

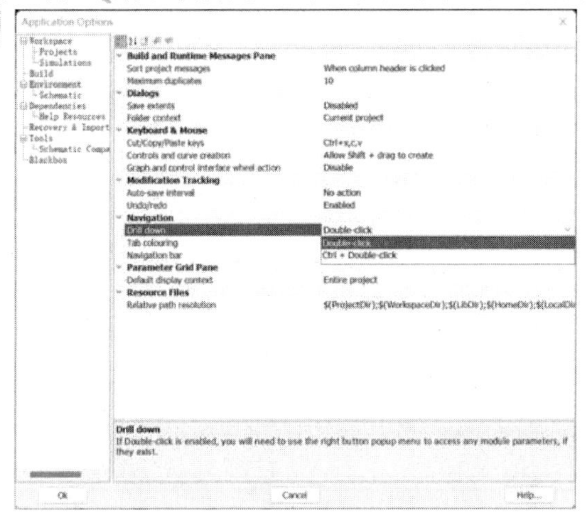

图 2-68 进入组件页面方式的设置

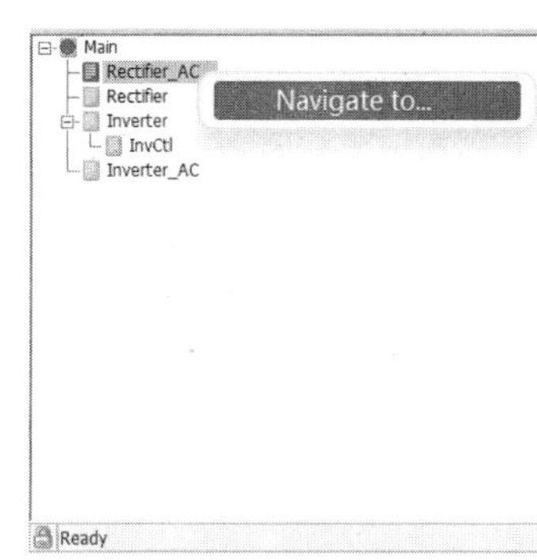

图 2-69 浏览特定组件

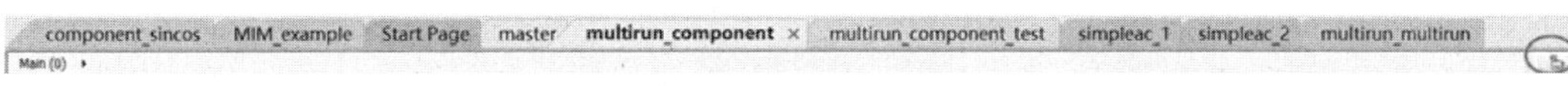

图 2-70 电路浏览条

紧靠标签栏下给出了当前活动页面的浏览路径层级，每个层级（组件定义名及其实例数）都是可导航的链接按钮，通过单击某个层级将非常方便地跳转至某个组件。

默认情况下浏览条是自动隐藏的，仅当鼠标移动至其上方才显示，可单击图 2-70 最右边的锁定按钮进入取消自动隐藏。

➢ 页面缩放

单击功能区控制条的 Home→Zoom In 或 Zoom Out 菜单，或直接在下拉菜单中选择相应的缩放百分比，可实现当前页面的缩放，如图 2-71 所示。另一种方式就是使用数字键盘的 + 和 - 进行缩放。

图 2-71 页面的缩放

在图 2-71 中单击 Zoom Rectangle 按钮，就可进入矩形放大模式。在 Schematic 标签窗口上，按住鼠标左键并拖动指针可创建所需要的矩形，松开鼠标后相应的区域就会被放大。

在图 2-71 中，单击 Zoom Extent 按钮后缩放比例将根据画布的大小进行自适应，以使得用户可看到当前画布的全部内容。

➢ 页面刷新

在 Circuit 和 Graphic 标签窗口中可对页面进行刷新，有三种方法可以实现：

- 在功能区控制条的 View→Refresh 菜单。
- 使用快捷键 F5。
- 在页面画布的任何空白处单击鼠标右键，从弹出的菜单中选择 Refresh。

2.4.5 项目编译和链接

➢ 项目的建立

建立包括编译和链接过程，可创建整个项目所需的执行文件，包括 Fortran、数据文件和映射文件。用户可选择对整个项目进行建立 (Build) 或只针对已经编译但被修改的组件进行编译 (Build Modified)，后者在非常大的项目中有用，避免了编译整个项目所需的过长时间。

单击功能区控制条中 Home→Build 对当前选中的项目进行建立，单击功能区控制条中 Home→Build Modefied 对当前选中的项目中已编译但被修改过的部分进行建立，如图 2-72 所示。

如果仅想编译项目中的某个组件，可在 Workspace 窗口内鼠标右键单击目标组件定义，从弹出的菜单中选择 Compile，如图 2-73 所示。

图 2-72 项目的建立

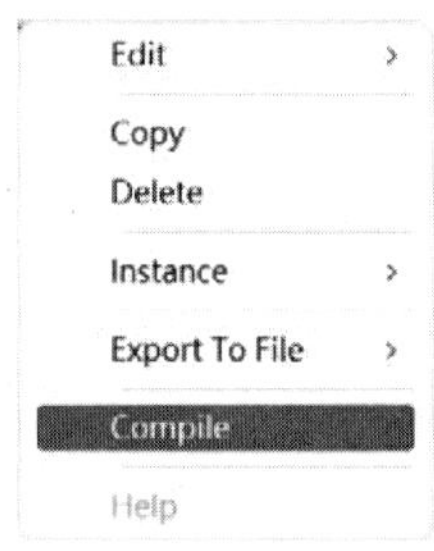

图 2-73 组件的编译

➢ 查看错误和警告信息

一旦检测到仿真运行中的问题，Build Messages 面板中将显示所有的错误和警告信息，如图 2-74 所示。该窗口内的消息分为警告性、错误性和信息性。

如果接收到错误或警告信息，PSCAD 会高亮显示该信息。可通过在输出窗口中相应的消息上单击超链接或右键单击，并从弹出的菜单中选择 Navigate to，PSCAD 将自动定位至问题的根源，并在 Schematic 窗口中高亮显示。

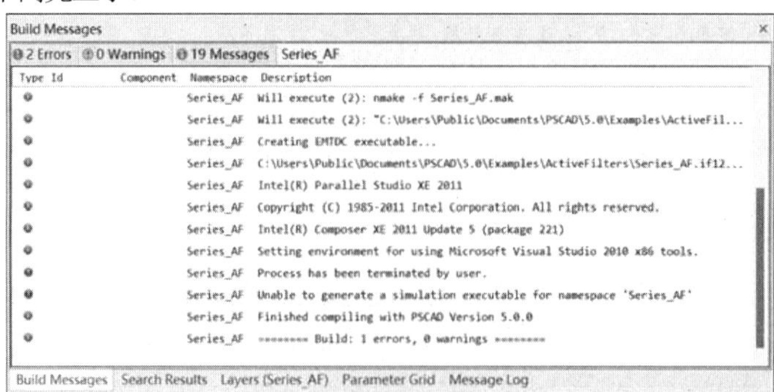

图 2-74 Build Messages 面板

2.4.6 元件和组件的操作

➢ 对象选择

只需要在目标图形上单击即可选择单一对象。如果需要选择多个对象，可按住鼠标左键拖动鼠标，出现在方框内的对象将在松开鼠标左键后同时被选中。或者在按住 Ctrl 键的同时用鼠标左键在每个被选择对象上单击。可以在按住 Ctrl 键的同时用鼠标左键单击放弃的对象，以放弃多个被选中对象。

➢ 添加元件到 Project

有多种方式将元件添加到 Project 电路画布上，但在此之前一定要确保当前浏览的界面是目标窗口。

- 手动复制/粘贴。打开主元件库并浏览所需要的元件，用鼠标右键单击该元件，从弹出的菜单中选择 Copy，或者选中该元件后使用快捷键 Ctrl+C；打开目标位置电路窗口，在相应的空白位置单击鼠标右键，从弹出的菜单中选择 Paste，或者直接使用快捷键 Ctrl+V。

  可在同一画布内实现同一元件的快速添加，前提是在该画布内添加了该元件。在选择该元件后同时按下 Ctrl 键，拖动元件到同一画布的相应位置后释放鼠标左键，即可在该位置快速添加一个新的元件实例。可继续重复该过程直至添加到多个实例；但在整个过程中要始终按住 Ctrl 键。要退出该功能，只需松开 Ctrl 键即可。
- 右键菜单。在目标页面的相应空白处单击鼠标右键，从弹出的菜单中选择 Add Component，则在出现的子菜单中会出现主元件库中包含的大部分常用元件，选择一个元件就会被自动添加到该页面，如图 2-75 所示。
- 主元件库弹出菜单。在目标页面的空白处通过 Ctrl+鼠标右键方式调用主元件库弹出菜单，然后选择相应的元件即可自动添加至当前页面，如图 2-76 所示。

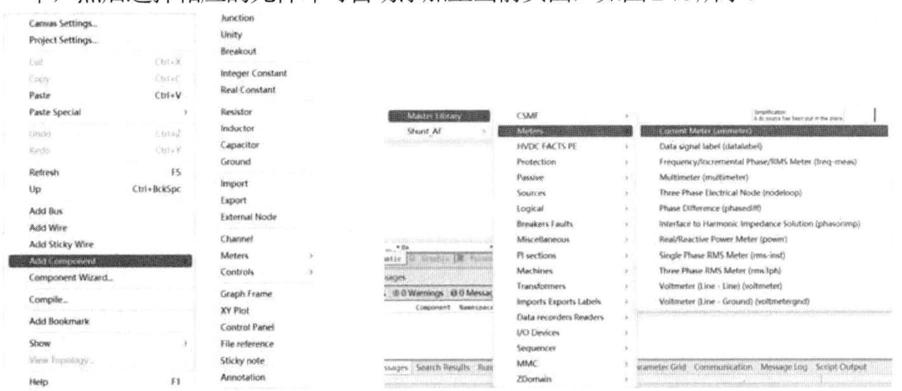

图 2-75 添加元件右键菜单　　图 2-76 主元件库弹出菜单

主元件库弹出菜单包括 Worksapce 中加载的所有库文件，在该菜单中的定义排列方式是根据该元件的 *Label* 属性来实现的。例如，主元件库中的 abcdq0 元件在出现在 CSMF 组中，则该元件定义的属性设置如图 2-77 所示。

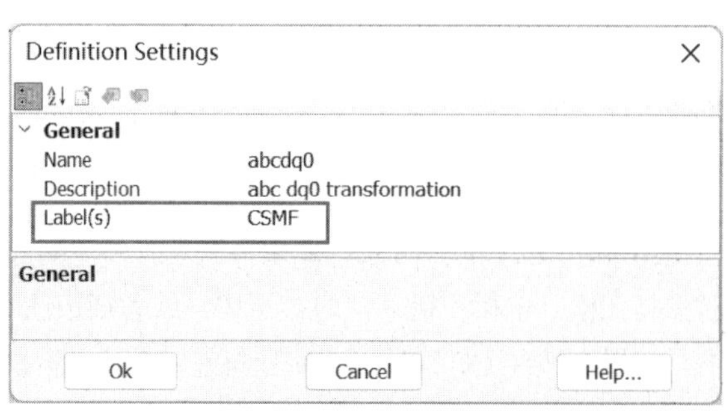

图 2-77 元件定义的属性设置

- 功能区控制条中的 Components 选项卡。在相应的元件按钮上单击并移动到 Circuit 画布上，此时应该能看到所选元件对象随鼠标指针在移动，将元件放置到相应的位置后再次单击，即可添加该元件。
- 功能区控制条中的 Models 选项卡。在相应的类别组中单击下拉箭头，然后移动鼠标指针到所需要的元件并选择，此时移动鼠标到画布中后应该可以看到元件依附在鼠标指针上，继续移动该对象到指定位置并单击，即将该元件放置到指定位置。

➢ 拖动

单击要移动的对象并保持，拖动鼠标即可移动元件。移动元件时，总会被最近的绘图网格吸附，即使网格点设置为不可见。

➢ 旋转/镜像/翻转

可以对已经添加的单个或者多个对象进行旋转/镜像/翻转，有三种方式可以实现这种操作：

- 快捷键。选择相应的对象，然后按键 R、F 或 M 分别实现旋转/翻转/镜像。
- 右键菜单。在一组对象上单击鼠标右键，选择 Rotate，然后在下拉菜单中选择旋转角度或选择镜像和翻转，如图 2-78 所示。在单个元件上单击鼠标右键，选择 Orientation，就可以看到所有的旋转选项，如图 2-79 所示。

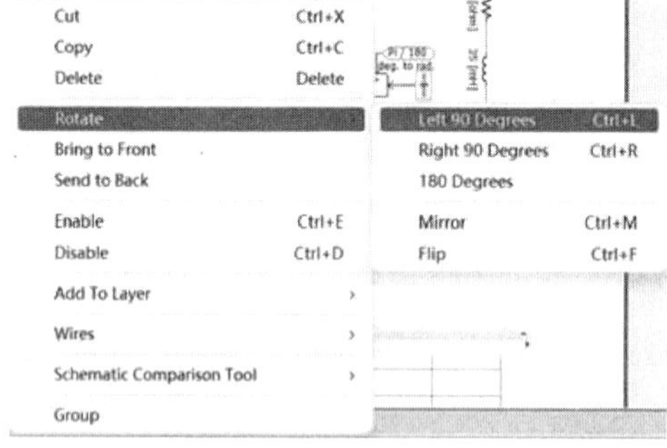

图 2-78 一组对象的旋转菜单

- Components 按钮。选择单个对象或一组对象，单击功能区控制条 Components→Orientation 内相应的旋转方向，如图 2-80 所示。

● 对象删除、撤销和恢复操作

选中所要删除的对象按 Delete 键即可删除。

撤销或恢复诸如移动、剪切、复制、删除等任何对象操作，可单击功能区控制条 Home→Undo

或 Redo 菜单，也可分别使用快捷键 Ctrl+Z 或 Ctrl+Y。撤销和恢复功能将存储绝大部分的操作或者变化，但也会有一些限制。

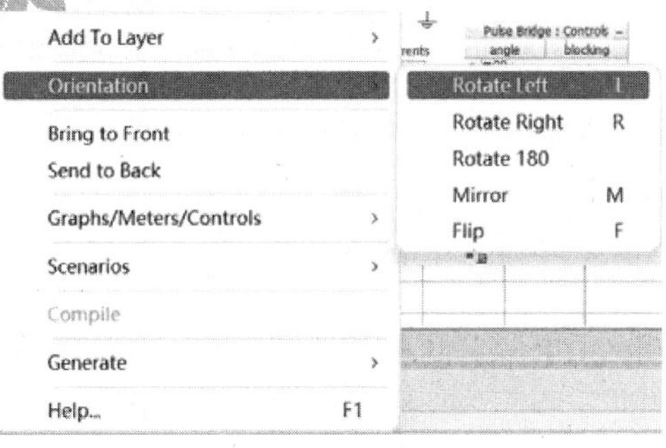

图 2-79 单个对象的选择菜单

图 2-80 旋转按钮

➢ 元件的相互连接

元件之间的相互连接方式有以下几种方式：

- 两个端口部分相互重叠，如图 2-81 所示。

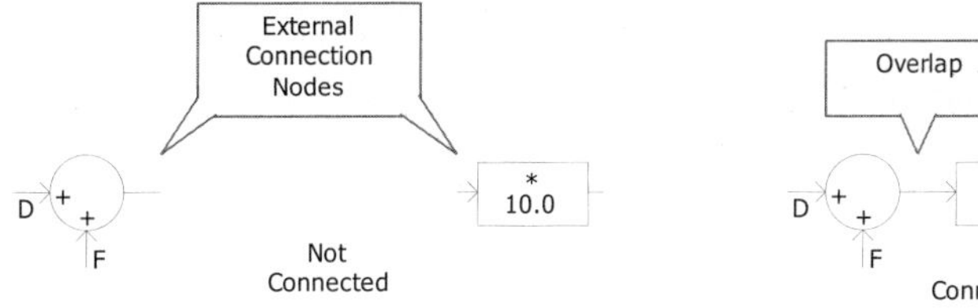

图 2-81 端子直接连接

- Wire 元件可以连接两个元件的端子或者与其他 Wire 端子连接，如图 2-82 所示。

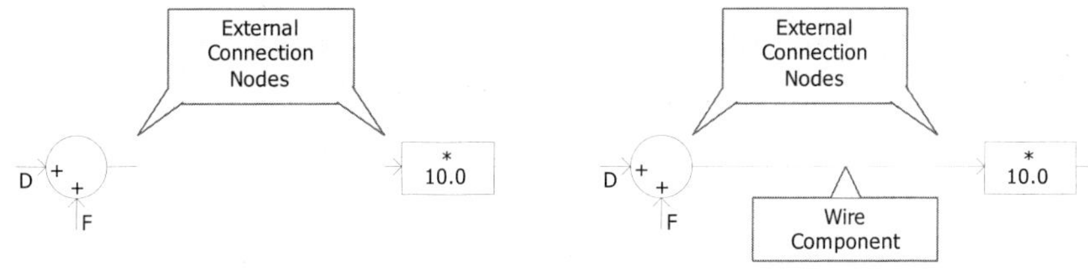

图 2-82 Wire 连接

- 使用 Bus 元件。该方式被认为是种十分有效的连接方式，Wire 和元件端子都可以与之相连，如图 2-83 所示。

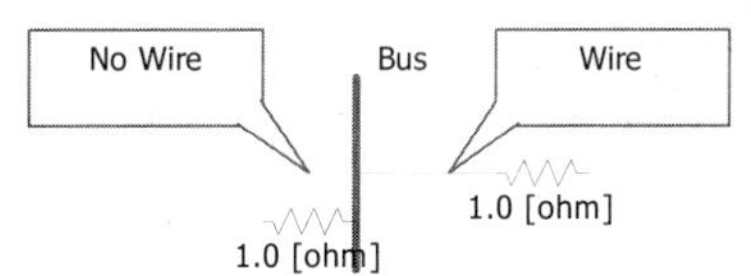

图 2-83 Bus 连接

当组件之间相互连接的时候，十分有必要区分电气信号和数据信号之间的不同。Wire 可以作为数据信号路径的连接，也可以作为电气节点之间的连接，但不能连接电气节点与数据信号。

➢ 元件属性的浏览

每个元件的复杂程度各不相同，有些元件可能拥有不同的参数属性，如参数、端口连接等。当设计调试一个新的元件或者更改现有元件的设置时，能够方便地查看该元件的属性数据就变得特别重要。元件属性查看器为使用者提供了一种方便直观的查看方式，使得效率得到提高，如图2-84所示。

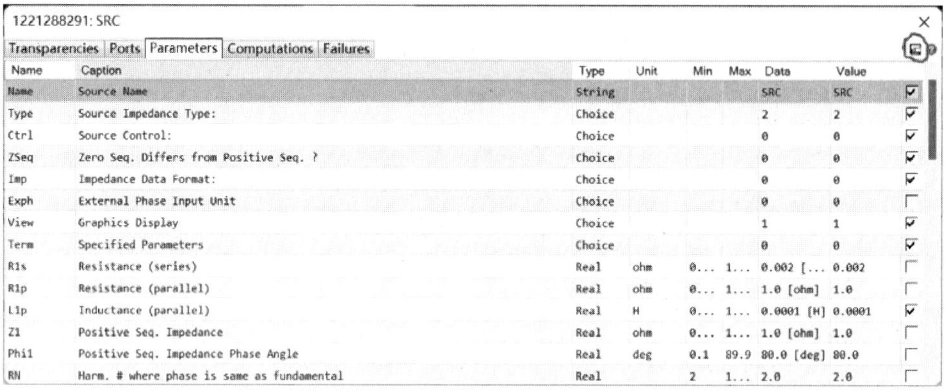

1221288291: SRC

Transparencies | Ports | Parameters | Computations | Failures

Name	Caption	Type	Unit	Min	Max	Data	Value	
Name	Source Name	String				SRC	SRC	☑
Type	Source Impedance Type:	Choice				2	2	☑
Ctrl	Source Control:	Choice				0	0	☑
ZSeq	Zero Seq. Differs from Positive Seq. ?	Choice				0	0	☑
Imp	Impedance Data Format:	Choice				0	0	☑
Exph	External Phase Input Unit	Choice				0	0	☐
View	Graphics Display	Choice				1	1	☑
Term	Specified Parameters	Choice				0	0	☑
R1s	Resistance (series)	Real	ohm	0...	1...	0.002 [...	0.002	☐
R1p	Resistance (parallel)	Real	ohm	0...	1...	1.0 [ohm]	1.0	☐
L1p	Inductance (parallel)	Real	H	0...	1...	0.0001 [H]	0.0001	☑
Z1	Positive Seq. Impedance	Real	ohm	0...	1...	1.0 [ohm]	1.0	☐
Phi1	Positive Seq. Impedance Phase Angle	Real	deg	0.1	89.9	80.0 [deg]	80.0	☐
RN	Harm. # where phase is same as fundamental	Real		2	1...	2.0	2.0	☐

图2-84 元件属性查看器

元件属性查看器中包含多个选项卡：

- Layers：元件图层信息及相关的条件语句设置信息。
- Ports：外部连接（节点）及相关的条件语句设置信息。
- Parameters：元件参数变量的相关信息。
- Computations：已定义计算变量的信息，如代码Computations段内设置的类型和计算值。
- Failure：提供预编译错误信息（仅当错误被检测到时出现），如Computations段错误。

在元件上单击鼠标右键，从弹出菜单中选择View Properties即可调用元件属性查看器，如图2-85所示。

数据以简单格式排列于属性查看器中，可以在任何时候保存到text文件。在图2-85中选择需要保存的内容，单击右上角Save As按钮，即可弹出另存为对话框，在对话框中填写文件名，选择保存位置即可单击Save按钮进行保存。

特定行的属性数据可以在任何时候复制到剪贴板，只需单击鼠标右键目标行，在弹出的菜单中选择Copy即可。

➢ 元件使能/禁用

在元件上单击鼠标右键，从弹出菜单中选择Enable/Disable即可使能（正常功能）/禁用（不加被编译和仿真）该元件，如图2-85所示。

通过上述方法对元件进行使能/禁用与该元件在所参与的层内的控制无关，唯一的例外是如果元件在某个层中被设置为invisible，此时禁用该元件则其将不可见。

➢ 元件信号重命名

如果元件具有输出信号，可对该输出信号变量进行重命名，所有接收处的信号变量将同步更新为新的变量名。

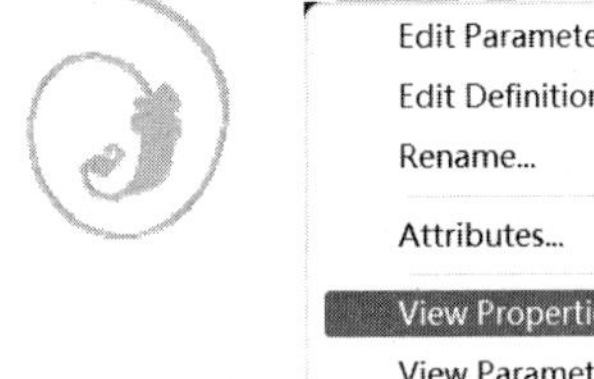

在元件上单击鼠标右键，从弹出菜单中选择 Rename，在随后弹出的对话框中输入新的信号名称即可，如图 2-86 所示。

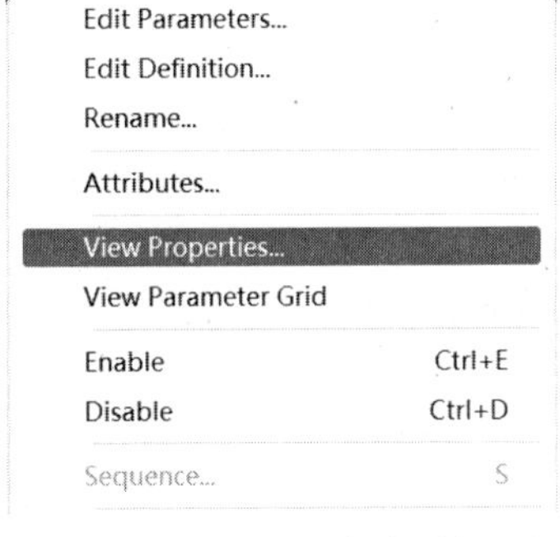

图 2-85 元件属性查看器的调用

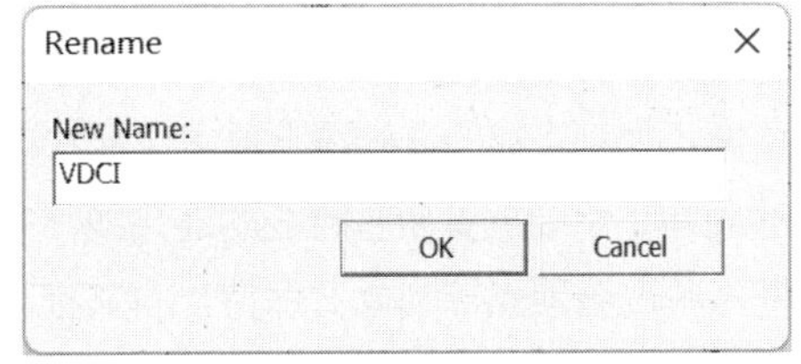

图 2-86 元件输出信号重命名

➢ 元件成组

可将多个元件通过成组功能形成一个单一的对象，从而作为一个整体被选中、旋转、镜像/翻转。

选中将要被成组的多个元件，单击鼠标右键，从弹出菜单中选择 Group，即可形成一个组，如图 2-87 所示。对元件组单击鼠标右键，从弹出菜单中选择 Ungroup，即可取消该组，如图 2-88 所示。

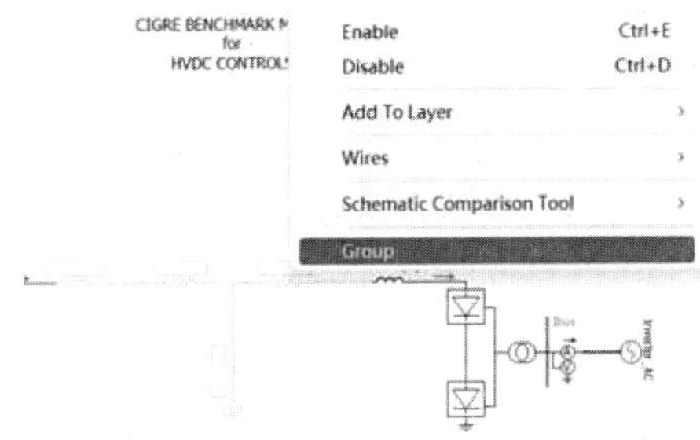

图 2-87 元件成组

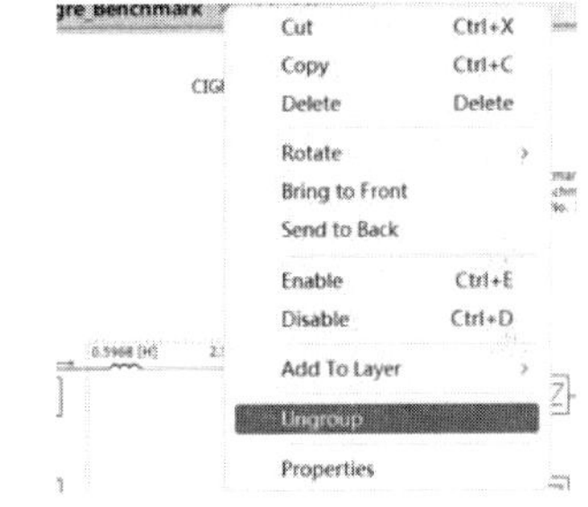

图 2-88 元件组的解散

2.4.7 连接线相关操作

连接线是用于将 PSCAD 电路画布内元件实例相互连接的图形化线段。连接线可承载电气信号，此时它将连接电气类端子。连接线也可用作数据信号通道，此时两个数据点之间的连接将强制使得它们的值相同。连接线可手动添加至画布，也可通过使用绘线模式绘制。

连接线是一种可伸展元件，即其长度可根据需要进行调整。通过确保连接线的一个终端接触到其他连接线的任何部分，可将连接线连接在一起。连接线也可交叉（或重叠）而不产生连接，只要连接线终端或顶点不接触其他连接线。连接线也可由多段垂直的线段构成，这样的连接线将被当作整体进行操作。

由连接线承载的电气和数据信号可以是多维，也即可用数组（矢量）的方式来传递信号。PSCAD 将自动检测将要传递的信号类型，以及该连接线所连接的节点的维度。

➢ 添加垂直线

一条单一连接线可包含多段垂直的线段，每条线段将自动连接至相邻的段。具有多个段的连接线可作为一个整体通过一次操作被移动、旋转、翻转和镜像。多段连接线可通过从单一线段开始手动创建（通过持续加入垂直线）或通过绘线模式直接绘制。

一旦选择了多段连接线，连接线整体将呈现为虚线。在每个 90°角处或垂直交叉处将出现小的绿色方框，连接线的起始点呈现出小的蓝色圆形，如图 2-89 所示。当连接线旋转、翻转或镜像时，所有的动作将以该起始点为中心进行。

可在将要添加垂直线的连接线上单击鼠标右键，从弹出的菜单中选择 Insert Wire Vertex，如图 2-90 所示。也可单击将要放置新垂直线的连接线，按下 V 键，此时将在所单击的位置附近出现新的顶点控制框，单击该顶点控制框并保持，将其拖动到所需要的位置即可加入新的垂直线段，新的垂直线段可拖拉为水平或垂直。

用户可通过简单地在调整新的垂直线之前再次选中该连接线，或者拖动垂直线到原有线段之上然后释放鼠标左键，以取消新垂直线的绘制。

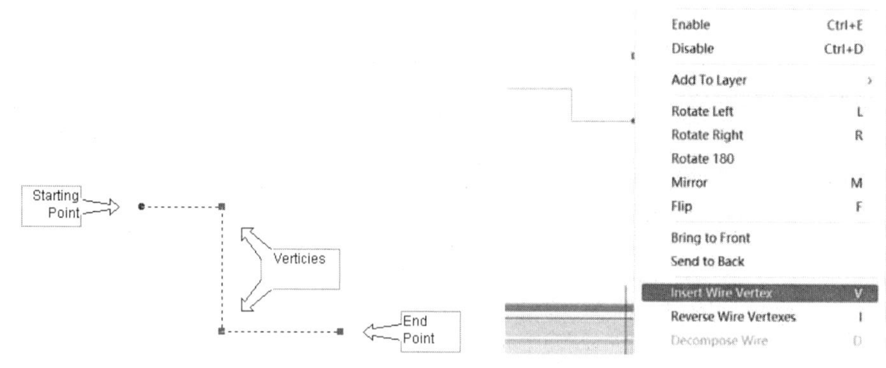

图 2-89 多段连接线　　　　图 2-90 加入垂直线段菜单

➢ 垂直线颠倒 Verticies

连接线的起始点将显示为小的蓝色圆圈。当连接线翻转、旋转或镜像时，所有的动作将以该起始点为中点进行。连接线的起始点和终点可在任何时候相互交换：用鼠标右键单击将要颠倒的连接线，从弹出的菜单中选择 Reverse Wire Vertexes，如图 2-90 所示。或者单击连接线，按下 I 键，该连接线的起始点和终点将交换位置，如图 2-91 所示。

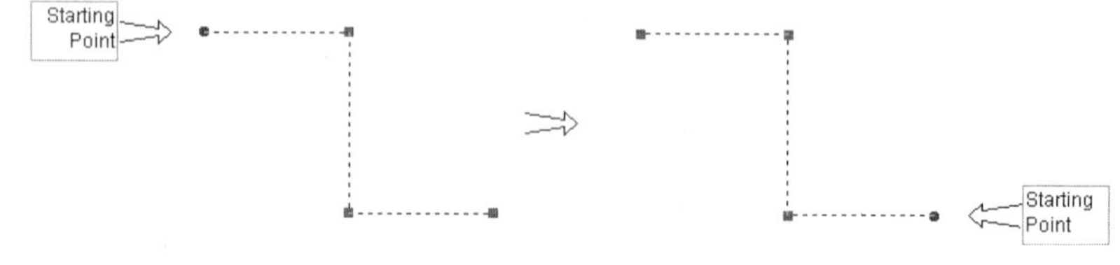

图 2-91 连接线的颠倒

➢ 线段的折叠

两个连接线的线段可合并或折叠为一个单一的段。方法是单击选中将要合并的连接线，再单击将要合并的两条线段的垂直连接点并保持，拖动该连接点至两条线段成为一条后释放鼠标，如图 2-92 所示。

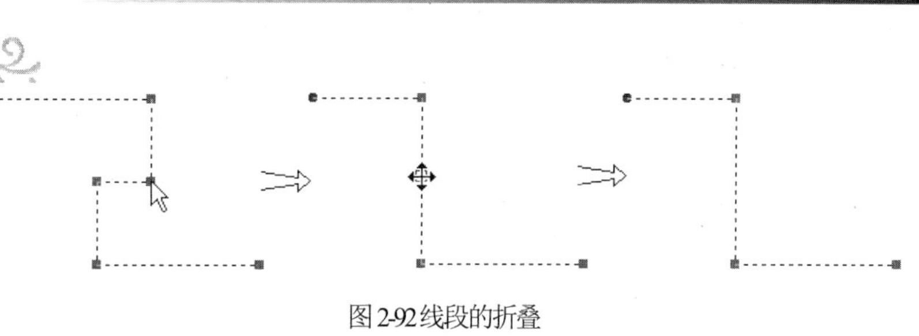

图2-92线段的折叠

➢ 连接线的分解

包含两个或多条线段的连接线可分解为单独的线段。选中想要分解的连接线，用鼠标右键单击，从弹出的菜单中选择 Decompose Wire，如图 2-90 所示。也可选中该连接线，并按下 D 键。之后所有的线段均成为独立的连接线。

在分解一组多线段连接线时，首先选中所有将要被分解的连接线，用鼠标右键单击后，从弹出的菜单中选择 Wires→Decompose Pathways 即可，如图 2-93 所示。

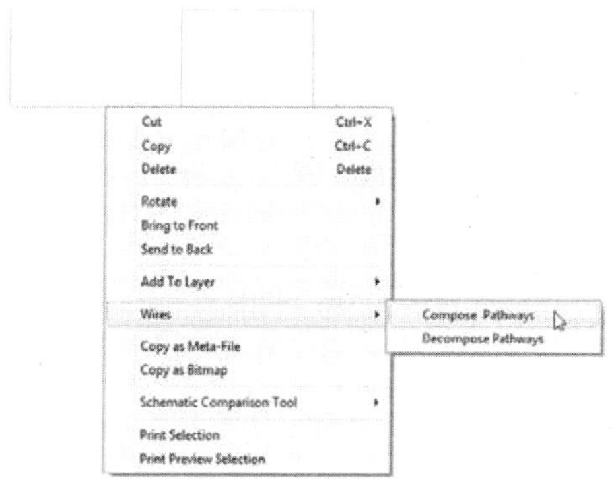

图 2-93 一组多段连接线的分解

➢ 连接线的合并

独立的连接线段或两条及两条以上的多段连接线可合并为一条多段连接线。选中所有将要合并的多段连接线，鼠标右键单击后，从弹出的菜单中选择 Wires→Compose Pathways，如图 2-93 所示。

在合并连接线之前，可能需要对连接线进行重新布置，以使得某一条连接线的起始点连接到下一条的终点。为成功实现线段的合并，每个独立的连接线必须布置为从起始点到终点的形式，也即不仅连接线所有段的每一个必须正确地布置，而且所有的多线段连接线也必须正确地布置。

➢ 绘线模式

PSCAD 提供了一个被称为绘线模式的特殊绘图特性，使得用户可快速绘制元件间的连接线。

用户可在功能区控制条的 Home 标签下单击 Wire Mode 按钮，或按下 Ctrl+W 键进入绘线模式。在项目的电路标签窗口内，此时的鼠标指针将变为笔。

用户可移动指针至将要绘制的连接线的起始点按下鼠标左键，移动鼠标至终点并单击鼠标右键结束连接线的绘制。可通过在不同节点单击来绘制多段连接线，如图 2-94 所示。

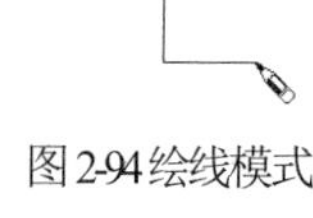

图 2-94 绘线模式

可按下 Esc 键或 Ctrl+W，或再次单击 Wire Mode 按钮退出绘线模式。

2.4.8 拖放操作

拖放功能极大提高了项目设计的效率，特别是创建在线绘图和控制时。拖放可直接在电路画布内完成，也可从 Workspace 窗口内利用拖放进行定义的实例化。

拖放特性使用鼠标指针图标来表明被拖动的对象是否可放置于当前的鼠标位置，如图 2-95 所示。

- Drop position is valid
- Drop position is invalid

图 2-95 拖放时的光标

➢ 创建元件实例

- 在 Workspace 第一窗口内浏览定义列表。
- 按住 Ctrl 并鼠标左键单击将要实例化的元件定义并保持。
- 拖动鼠标至电路画布的任何空白处，释放鼠标左键放下该实例。

操作过程如图 2-96 所示。

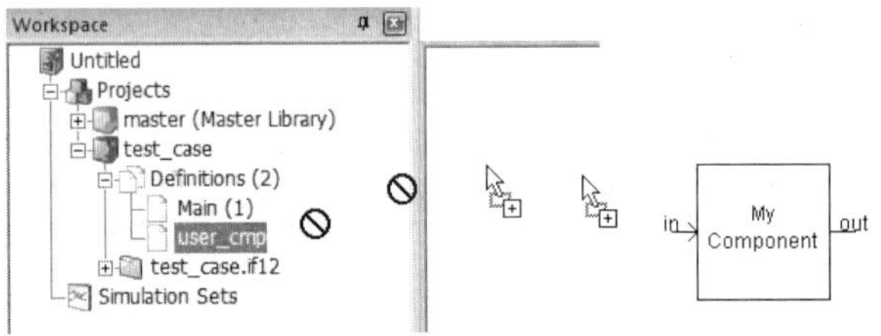

图 2-96 利用拖放实现元件实例化

➢ 复制元件实例

可使用拖放功能进行任何出现在电路画布内元件实例的复制和粘贴。

- 按下并保持 Ctrl 键。
- 移动鼠标至将要复制的元件实例。
- 按下并保持鼠标左键。
- 拖动鼠标指针至电路画布内任何空白处，释放鼠标左键以粘贴实例。

操作过程如图 2-97 所示。

图 2-97 利用拖放实现元件复制与粘贴

➢ 添加曲线至图形

可使用拖放功能直接向图形内添加曲线。

- 按下并保持 Ctrl 键（如果在 Application Options 中选择了使用 Shift 键来创建控制和曲线时需按下并保持 Shift 键）。
- 移动鼠标至目标输出通道元件的实例。
- 按下并保持鼠标左键。
- 移动鼠标指针至目标图像元件并释放鼠标左键以添加该曲线。

操作过程如图 2-98 所示。

➢ 添加仪表至控制盘

可使用拖放功能直接向控制盘内添加仪表。

- 按下并保持 Ctrl 键（如果在 Application Options 中选择了使用 Shift 键来创建控制和曲线时需按下并保持 Shift 键）。
- 移动鼠标至目标输出通道元件的实例。
- 按下并保持鼠标左键。
- 移动鼠标指针至目标控制屏标题栏并释放鼠标左键以添加该仪表。

操作过程如图 2-99 所示。

➢ 添加控制接口至控制盘

可使用拖放功能直接向控制盘内添加控制接口。

- 按下并保持 Ctrl 键（如果在 Application Options 中选择了使用 Shift 键来创建控制和曲线时需按下并保持 Shift 键）。
- 移动鼠标至目标控制元件的实例。
- 按下并保持鼠标左键。
- 移动鼠标指针至目标控制屏标题栏并释放鼠标左键以添加该控制接口。

操作过程如图 2-100 所示。

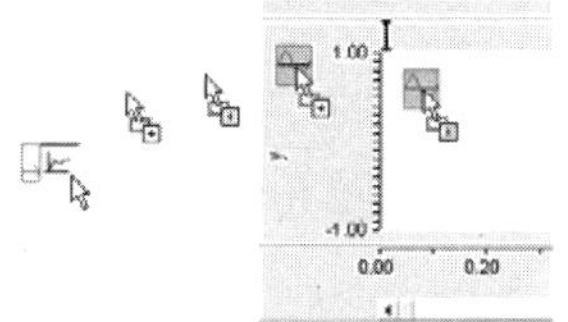

图 2-98 利用拖放实现曲线添加

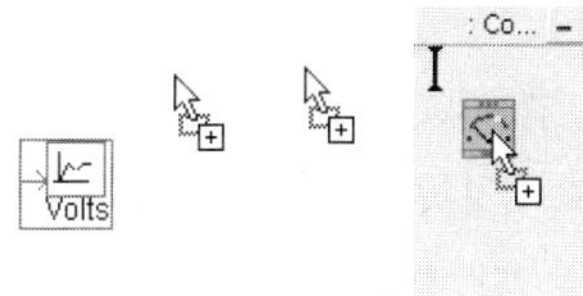

图 2-99 利用拖放实现仪表添加

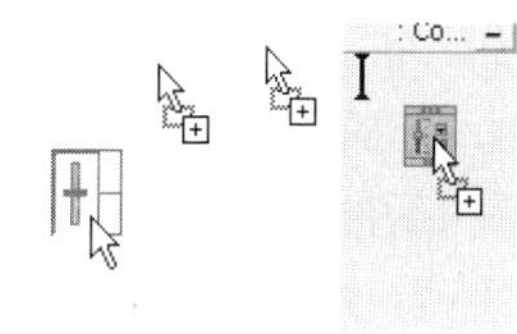

图 2-100 利用拖放实现控制接口添加

➢ 在图形/控制盘中直接移动/复制曲线和仪表

一旦某个曲线或仪表接口被放置于某个图形或控制盘内，它可复制或移动至项目中已存在的另一个图形或控制盘内。事实上，控制/仪表接口和曲线可在同一个图形或控制盘内复制或移动。

为从一个图形/控制盘内向另一个中复制曲线/仪表接口，可对目标对象按下 Ctrl+鼠标左键并保持，拖动要复制的对象至目标位置之上后放下。

为从一个图形/控制盘内向另一个中移动曲线/仪表接口，可对目标对象按下鼠标左键并保持，拖动要复制的对象至目标位置之上后放下。

➢ 其他拖放

可通过拖放 library 和 case 项目以及 workspaces 至 PSCAD 中实现这些对象的打开或加载。

2.4.9 电路方案（控制模板）

电路方案（通常被称作控制模板）的主要特点在于允许用户将独特的动态控制设置（如表盘、开关和滑尺部件）保存于电路方案模板中。从某种意义上来说，控制模板的保存类似于快照的拍摄，可以在后续的研究中直接引用。

方案的保存作为项目文件的一部分，当含有方案的项目被加载时，只要选择保存的所有方案中所需要的方案，即可立即再现。如果保存了多个方案，用户只需要在这几个方案之间进行切换即可，无需重新手动设置控制元件。事实上，方案是可以在仿真过程中被改变的。

可以通过功能区控制条 Home 菜单下的相关按钮进入该功能，如图 2-101 所示。

➢ 保存激活的方案

在保存动态控制设置为方案之前，需要确保所有的表盘、开关和滑块元件已经被设置且当前项目是激活的。单击图 2-101 所示的 Save Scenario 按钮，在弹出的下拉菜单中可选择 Save 或 Save As 保存或另存为方案，如图 2-102 所示。

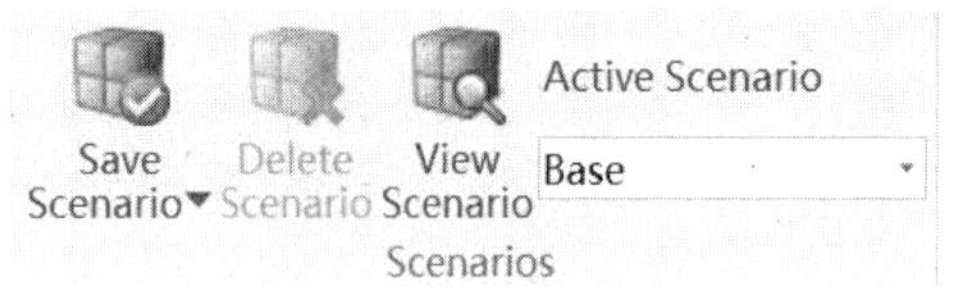

图 2-101 方案按钮

图 2-102 方案保存

第一次对该方案进行保存需要选择 Save As，其他情况下两者均可。

可以将所有的控制设置保存为默认方案。只需确保控制设置窗口中出现 Base，并选择 Save 进行保存即可，如图 2-102 所示。另外还需要保证电路中所有的控制具有唯一的名称，否则会提示错误信息。如果是创建新的方案（如选择 Save As），会弹出一个对话框要求输入方案的名称，如图 2-103 所示。

输入方案名称以后，单击 OK 按钮，新的动态控制设置就会保存到新的方案中。当需要恢复该方案中的控制设置时，只需在方案下拉菜单中选择相应的方案即可，如图 2-104 所示。

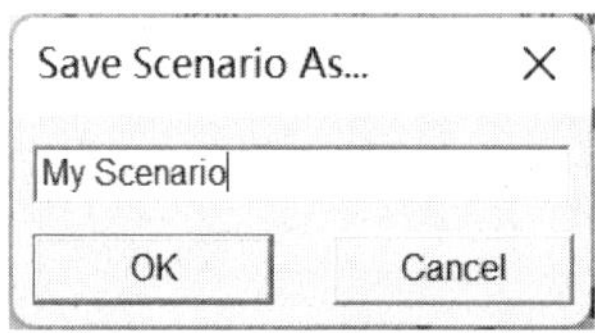

图 2-103 方案的另存

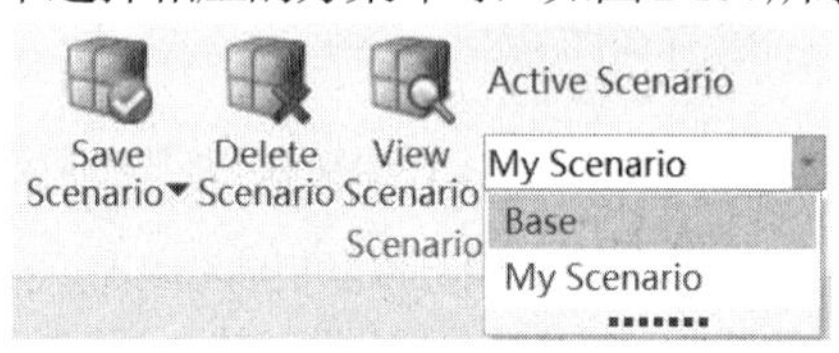

图 2-104 方案的恢复

➢ 删除激活的方案

要删除一个方案，需要先将该方案激活，然后单击图 2-101 中的 Delete Scenario 按钮删除。

➢ 方案查看器

通过方案查看器可方便地查看和核实每个方案的动态控制设置。单击图 2-101 中的 View Scenario 按钮即可调用方案查看器。

方案查看器包含一系列简单的功能来帮助用户查看和组织方案中的数据。查看器对话窗口分为两部分：左侧是方案的树型结构，右侧是所有数据的列表，其中列出了所有控制接口的设置信息，如图 2-105 所示。

要查看某个方案的设置，只需单击左侧的相应方案名称，在右侧就会显示出详细信息，其中的 value、max 和 min 的值是可以直接在该查看器中修改的，只需在相应的区域中双击并输入数值即可。

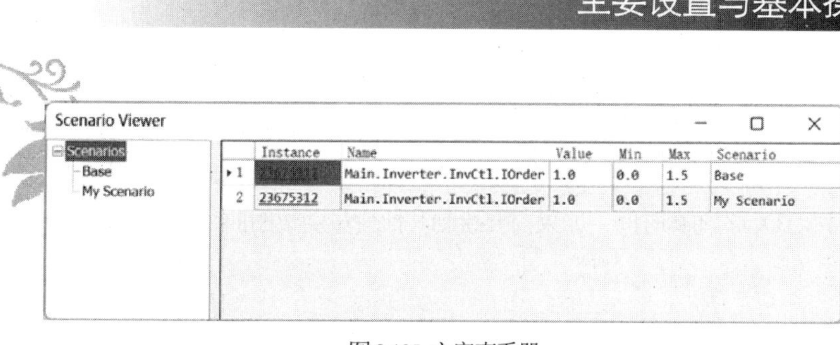

图2-105 方案查看器

2.4.10 在线绘图和控制

仿真过程中绘制曲线和控制数据的功能具有很大的价值。PSCAD 实现了很多实时运行模块的设计，允许在仿真过程中调整数据。用户可以通过图表和曲线与模型进行交互操作和实时查看数据结果。虽然 PSCAD 中大部分曲线的绘制都是基于时间而变化的，但也有其他曲线绘制工具来满足不同类型数据分析的需要。例如，XY 坐标曲线绘制可实现一个数据随另一个数据的变化而变化的曲线绘制。此外还有矢量测量仪和示波器等不同的测量仪表，可从不同的角度对数据进行分析。

将显示的数据传送到其他分析工具中也是有帮助的。部分的曲线数据，整个图形或者整个图形框架都可以被复制为图片、位图文件或者 csv 文件，这些文件可直接放置到文本或报告中去。

1. 控制或显示数据的获取

PSCAD 是 EMTDC 仿真算法引擎的图形用户界面，为了控制输入变量或观察仿真数据，用户必须为 EMTDC 提供一些控制或观察变量的指令，在 PSCAD 中即表现为一些特殊的元件或运行对象。

记录、显示或控制任何 PSCAD 中的数据信号时，必须首先把信号连接到运行对象上。运行对象可分为三类：

控制器：滑动块、开关、拨码盘、按钮。

记录器：输出通道、PTP/COMTRADE 记录器。

显示器：控制盘、图形框、XY 直角坐标绘图、多测计、相量计。

每个运行对象都有其特定功能，也可联合使用达到控制或显示数据的目的。

➢ 提取输出数据

使用输出通道元件导出所需信号，用于图形或表计的在线显示，或送到输出文件。例如，在图 2-106 所示的电路中，显示了如何将 Voltmeter 元件的信号导出，以及如何直接在电路画布内导出未命名的信号。

注意：输出通道不能直接连接在电气线上。

➢ 控制输入数据

使用控制运行对象（如滑动块、拨码盘、开关或按钮）控制输入数据，作为源或特定数据信号。只需在 PSCAD 电路画布上添加相应控制对象即可，如图 2-107 所示。

注意：此时控制对象不能手动调节，即呈现灰色，仅在连接控制接口时才能进行手动调节。

2. 图形框架

图形框架是一个用于封装 Overlay 或 PolyGraph 的特殊运行对象容器，它可放置在电路画布内的任何位置，并可根据需要在其中添加多个图形。图形框架专用于绘制以时间为变量的曲线，即其水平轴始终是 EMTDC 的仿真时间。如果需要绘制其他变量函数的曲线，可使用 XY plots。

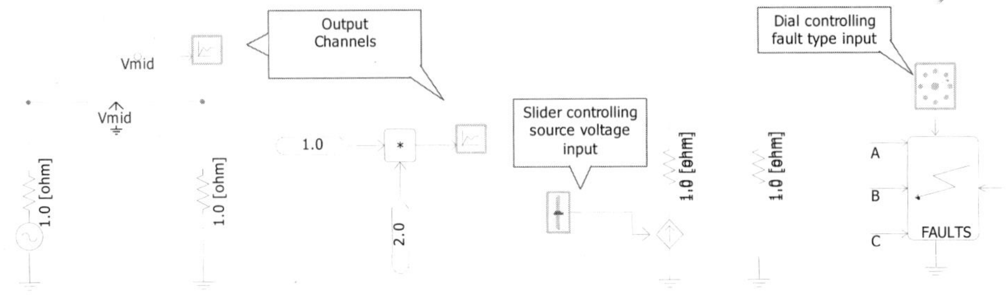

图 2-106 输出数据的提取　　　　图 2-107 输入数据的控制

➢ 图形框架的添加

在项目打开的画布窗口内任何空白处单击鼠标右键，从弹出的菜单中选择 Add Component→Graph Frame，如图 2-108 所示。或者单击功能区控制条的 Components→Graph Frame 菜单，如图 2-109 所示，即可在画布内添加一个图形框架。

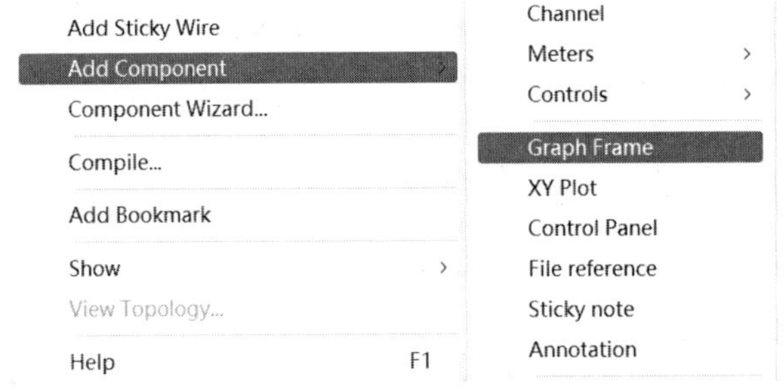

图 2-108 添加图形框架菜单

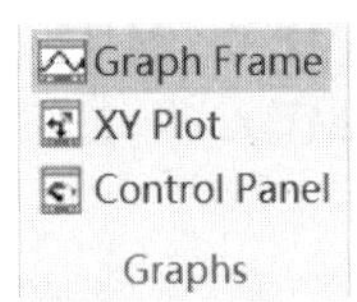

图 2-109 添加图形框架按钮

➢ 图形框架的移动和缩放

要拖动图形框架，只需要在图形框架的标题栏单击并保持，拖到需要放置的地方后松开鼠标左键即可。如果需要调整图形框架的大小，在标题栏单击，则在图形框架边缘会出现握柄，如图 2-110 所示。将鼠标指针移动至其中的某个握柄上，单击并保持，拖动后即可调节图形框架的大小。

➢ 图形框架的剪切/复制/粘贴

在图形框架的标题栏单击鼠标右键，从弹出的菜单中选择 Cut Frame 或 Copy Frame 即可对该选中的图形框架进行剪切或复制。在电路画布内所需要的空白位置单击鼠标右键，从弹出的菜单中选择 paste 即可对剪切或复制的图形框架进行粘贴。

➢ 图形框架参数的调整

在图形框架标题栏上单击鼠标右键，从弹出的菜单中选择 Edit Properties... 或直接双击左键即可弹出图形框架属性对话框，如图 2-111 所示。

1) Configuration

- Caption：图形框架题，所输入的文本将显示在图形框架的标题栏上。
- Show Markers：Show | Hide。选择 Show 时将在图形框架中所有图形上显示 O 和 X 标记，标记的作用将在后续部分进行详细介绍。
- Auto-Pan X-Axis Enabled： Enable | Disable。选择 Enable 时将允许窗口自动平移。
- Auto-Pan X-Axis (%)：此数值代表平移当前观看的图形窗口的百分比。例如总的 X 轴视图是 0.1s，则 10%的设置就代表将当前窗口平移 0.01s。用户也可直接拖动图形框架底部的水平轴滑块进行窗口显示内容的平移。*Auto-Pan X-Axis Enabled* 设置为 Enable 时有效

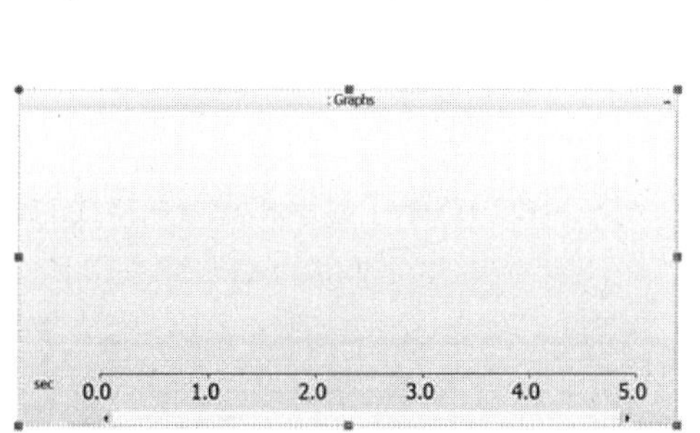

图 2-110 图形框架的缩放

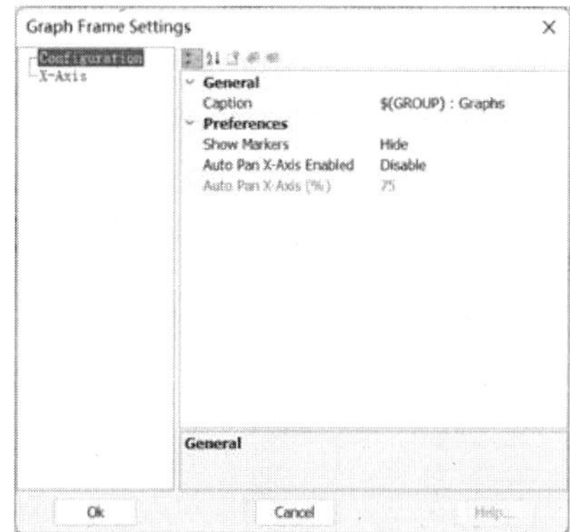

图 2-111 图形框架属性设置界面

2) X-Axis

- Title: x 轴的标题，该标题将直接显示在框架左下角 x 轴的旁边。
- Minimum：设置可视范围的最小时间。
- Maximum：设置可视范围的最大时间。
- Grid Layout：Automatic | Manual。网格间距设置方式。
  - Automatic：自动设置，PSCAD 将确定最佳网格间距。
  - Manual：人工设置。
- Grid Interval：网格间距。*Grid Layout* 设置为 Manual 时有效
- Font：设置 x 轴标题字体。
- Display Angle：x 轴标题旋转角度。90 代表从水平开始逆时针旋转 90°。
- Show： Show | Hide。选择 Show 时将显示标记 O 和 X。
- Lock：Lock | Unlock。选择 Lock 时将固定两个标记的间距。
- Display： Seconds (1/f) | Frequency。两个标记间时间间隔的显示方式。
  - Seconds (1/f)：以时间方式显示间隔，如图 2-112 所示。
  - Frequency：以频率方式显示间隔。如图 2-113 所示。

图 2-112 时间显示方式　　图 2-113 频率显示方式

- X Position s：标记 X 的位置，单位为 s。*Show* 设置为 Show 时有效
- O Position s：标记 O 的位置，单位为 s。*Show* 设置为 Show 时有效

➢ 图形框架的 Preferences 菜单

鼠标右键单击图形框架标题栏，在弹出的菜单中选择 Preferences，如图 2-114 所示。该菜单下给出了快速设置图形框架属性的子菜单，用户可通过选择/再次选择某个子菜单来实现图 2-114 中相应属性的勾选/取消勾选。图形框架的这些选项对其中的所有对象同时生效。

Zoom	›		
Preferences		Grid Lines	G
Send to Back		Tick Marks	I
Bring to Front		Curve Glyphs	K
		Show Markers	M
Synchronize Channel Limits to Graphs		Show X Intercept	Q
Help	F1	Show Y Intercept	W

图 2-114 图形框架 Preferences 菜单

- Grid Lines：该图形框架中所有图形内的网格。图 2-115 给了显示和隐藏网格线的对比。

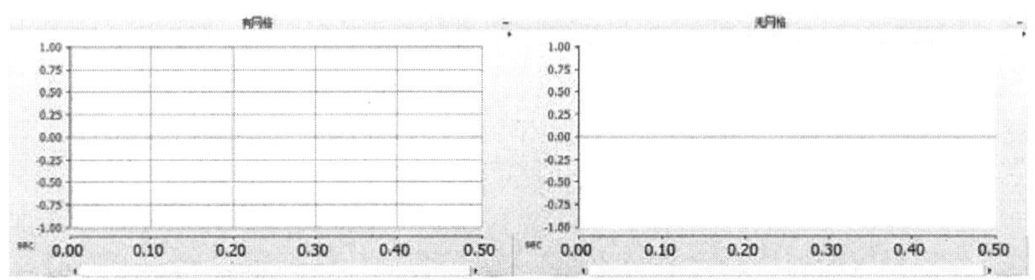

图 2-115 图形网格线

- Tick Marks：沿 y 轴截距线的主网格刻度标记，如图 2-116 所示。

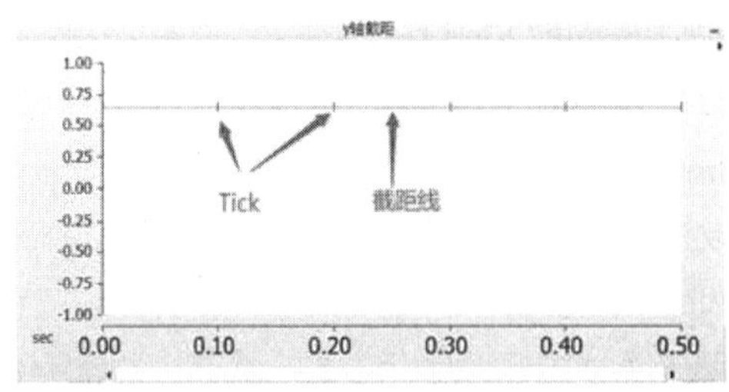

图 2-116 截距线刻度标记

- Curve Glyphs：图形内所有曲线的字形符号，如图 2-117 所示，不同的曲线将带有不同的字形符号予以区分，如图中的 O, Δ 和 □，这有利于用户区分同一图形中的多条曲线，尤其是曲线相互接近时。
- Show Markers：即 Configuration 页面下选项 Show Markers。

➢ 图形框架的 x 轴菜单

鼠标右键单击图形框架的水平轴位置，可弹出如图 2-118 所示菜单。

- Axis Properties：打开图 2-110，直接定位至 X-Axis 页面。
- Toggle Markers：即 X-Axis 页面下选项 Show。

- Toggle Marker Lock-Step：即 X-Axis 页面下选项 Lock。
- Toggle Frequency/Delta：即 X-Axis 页面下选项 Display。
- Set Marker X：即 X-Axis 页面下选项 X Position，此时 X 标记将立即跳至触发右键菜单时的鼠标位置。
- Set Marker O：即 X-Axis 页面下选项 O Position，此时 O 标记将立即跳至触发右键菜单时的鼠标位置。

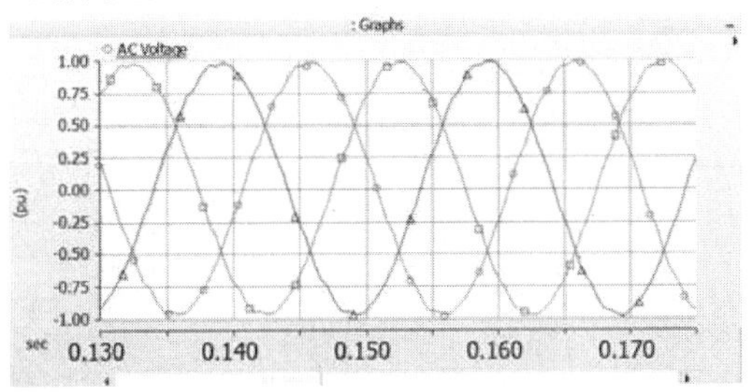

图 2-117 显示字形符号

Axis Properties

Toggle Markers	M
Toggle Marker Lock-Step	L
Toggle Frequency/Delta	F
Set Marker 'X'	X
Set Marker 'O'	O
Help	F1

图 2-118 x 轴菜单

3．图形

图形是一个特殊的运行对象，仅能存在于图形框架中。图形具有重叠图(Overlay)和多图(PolyGraphs)两种类型。一个图形可显示多条曲线，这些曲线将具有相同的 Y 轴刻度。图 2-119 给出了重叠图和多图的例子，其中上面的一个图形为重叠图，下面的一个为多图。

➢ 向图形框架添加图形

图形框架可容纳一个或多个图，可在图框的标题栏单击鼠标右键，从弹出的菜单中选择 Add Overlay Graph (Analog) 添加重叠图或选择 Add Stacked PolyGraph (Analog/Digital) 添加多图。也可以将鼠标放到图框上，然后按下 Insert 键直接添加重叠图。

➢ 图形的排序

可随时改变图形框架中多个图形的顺序。鼠标右键单击需要移动的图形，从弹出的菜单中选择 Move Graph Up / Down / to top / to down 分别实现将该图形向上/向下/置顶/置底的操作，如图 2-120 所示。

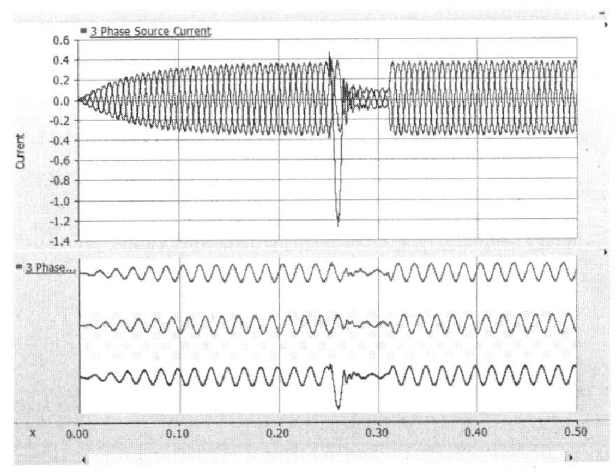

图 2-119 重叠图与多图

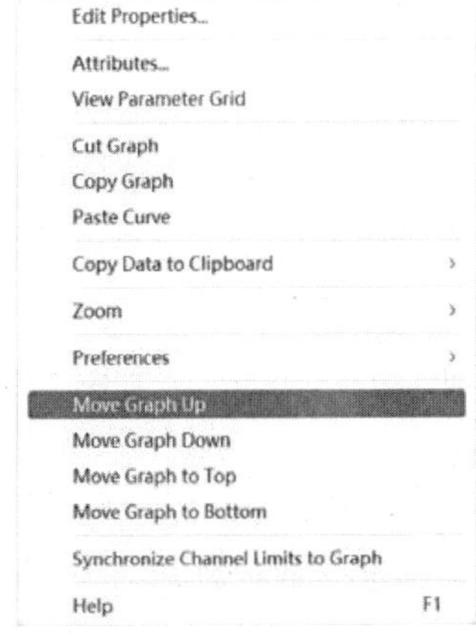

图 2-120 图形排序

➢ 图形的剪切/复制/粘贴

在目标图形上单击鼠标右键，分别从弹出的菜单中选择 Cut Graph/Copy Graph 即可实现该图形的剪切/复制，如图 2-121 所示。被剪切或复制的图形既可以粘贴到当前或其他图框中，在需要粘贴的图框标题上单击鼠标右键，从弹出的菜单中选择 Paste Graph 即可实现图形的粘贴。被剪切/复制的图形可以被多次粘贴。

图 2-121 重叠图属性设置对话框

➢ 图形的数据复制

如果一个仿真已经运行且图形中包含有曲线，则可以选择复制全部或部分信息至剪切板。方法是在相应的图形上单击鼠标右键，从弹出的菜单中选择 Copy Data to Clipboard，如图 2-120 所示，并选择如下子菜单以复制相应的信息：

- All：复制当前图形中的所有数据。
- Visible Area：复制当前图形可视窗口内的数据。
- Between Markers：只复制标记之间的曲线数据，但前提是需要显示标记。

复制的数据被保存为 csv 格式，方便利用其他常用分析软件进行数据分析。

➢ 重叠图及其属性调整

重叠图是 PSCAD 中最常用的在线绘图工具。它显示了以时间为变量函数的测量数据，在一张重叠图中可添加多条曲线（或彼此重叠）。

在相应的图形上双击，也可单击鼠标右键，从弹出的菜单中选择 Edit Properties…，即可调用重叠图的属性设置对话窗口，如图 2-121 所示。在该窗口可进行如下参数的设置：

1) Perferences

- Glyphs：Show|Hide。选择 Show 时将在图形中所有曲线上显示 glyphs 记号。
- Grids：Show|Hide。选择 Show 时，将显示 X 和 Y 轴主网格。
- Grid Line Colour：设置网格线颜色。

- Curve Colour Pattern：手动设置图形中前 6 条曲线的颜色。
- Curve Inverted Colour Pattern：手动设置图形中前 6 条曲线在反色模式下的颜色。
- Ticks：Show | Hide。选择 Show 时显示沿 Y 轴截距线的主网格刻度标记。
- Y-Intercept：Show | Hide。选择 Show 时显示 Y 轴截距线。
- X-Intercept：Show | Hide。选择 Show 时显示 X 轴截距线。该截距线总是显示在零时刻，且在重叠图中不可调整。
- Crosshair：Enable | Disable。选择 Enable 时将启用十字准星模式，该选项的作用将在后续部分进行详细介绍。
- Invert Colours：Yes | No。控制反色模式。
  - Yes：启用反色模式，此时背景为黑色。
  - No：禁用反色模式，此时背景为白色或黄色。

2) X-Axis (仅显示)

- X-Axis Title：X 轴标题。
- Intercept Value：X 轴截距值。
- Minimum X-Value：图形可见范围最小 X 轴值。
- Maximum X-Value：图形可见范围最大 X 轴值。

3) Y-Axis

- Manual Scaling Only：Enable | Disable。选择 Enable 时 Y 轴无法缩放，范围锁定在所设置的最大最小值范围内。
- Y-Axis Title：Y 轴标题，在图形左侧。
- Grid Size：Y 轴网格间隔。
- Minimum Value：图形可见范围最小 y 轴值。
- Maximum Value：图形可见范围最大 y 轴值。
- Intercept Value：Y 轴截距线位置。*Y-Intercept* 设置为 Show 时有效
- Margin：Y 轴填充内边距。在启用智能缩放时确保在边缘也能显示所有曲线。

➢ 多图及其属性调整

多图采用一种堆叠的形式来显示要绘制的曲线，也即每条曲线包含于各自的查看空间内。如果用户希望在紧凑的空间内查看多个单曲线绘图，或者利用曲线的数字风格功能来创建逻辑转换图时，可使用多图来代替重叠图。图 2-122 为一个用多图显示 D 触发器逻辑转换图的实例。

在相应的多图上双击，或者单击鼠标右键，从弹出的菜单中选择 Edit Properties…，即可弹出多图属性设置对话框，如图 2-123 所示。多图与重叠图重复的设置不再介绍。

Perferences

- Bands：Show | Hide。选择 Show 时多图中多条曲线将具有背景差异。

➢ 多图和重叠图的 Preferences 菜单

对多图和重叠图均可通过单击鼠标右键，从弹出的菜单中选择 Preferences。该菜单下给出了快速设置图 2-121 和图 2-123 中多数属性的子菜单，用户可通过选择/再次选择某个子菜单来实现相应

属性的勾选/取消勾选。在图形框架介绍过的菜单将不再重复。

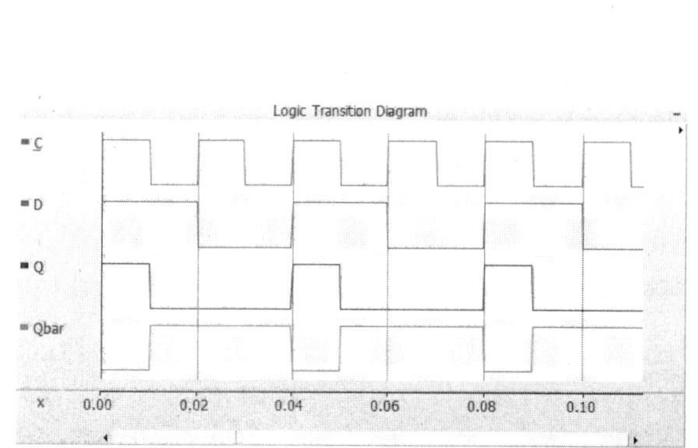

图 2-122 逻辑转换图

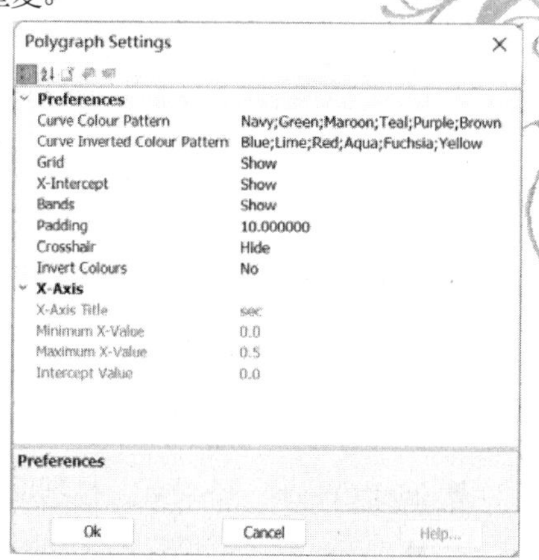

图 2-123 多图属性设置对话框

- Show Y Intercept：即图 2-121 中 Perferences 页面下选项 Y-Intercept。
- Show Cross Hair：即图 2-121 中 Perferences 页面下选项 Crosshair。

4. 曲线

曲线是一个特殊的以图形化方式来表示与仿真步点相对应的一系列数据点的运行对象。可通过链接至输出通道元件来创建曲线，该输出通道可输入标量或矢量数据信号。因而曲线可以是多维的，即单一一个曲线可具有多条子曲线或轨迹 (Traces)，其中的每条轨迹对应单一的数组值。如果输出通道元件的输入信号为标量（即 1 维），则该曲线仅包含一个轨迹。图 2-124 给出了多轨迹的一条曲线的示例。

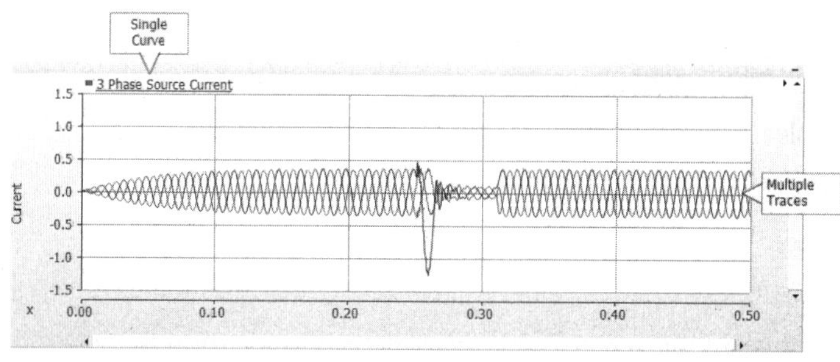

图 2-124 多轨迹单一曲线

➤ 添加曲线

有多种方式可以实现曲线的添加：

- 拖放方式。按下 Ctrl 键并保持，单击需要提取曲线的输出通道元件，并将其拖动到图形中，释放 Ctrl 键和鼠标左键即可。
- 复制/粘贴方式。在需要提取曲线的输出通道元件上单击鼠标右键，从弹出的菜单中选择 Copy，如图 2-125 所示。然后鼠标右键单击目标图形，从弹出的菜单中选择 Paste Curve，即可向该图形中添加曲线，如图 2-126 所示。

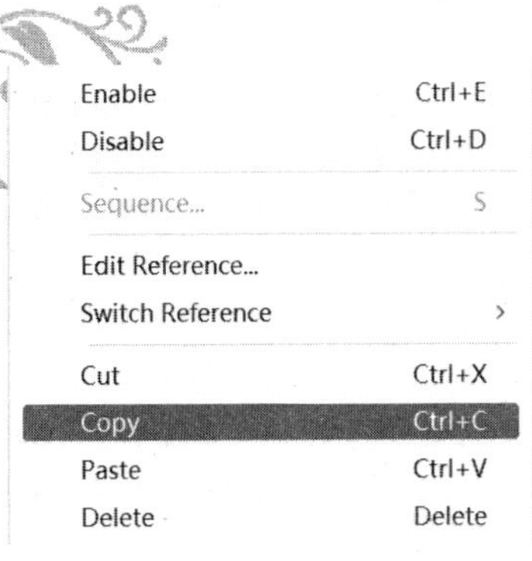

图 2-125 曲线的复制菜单

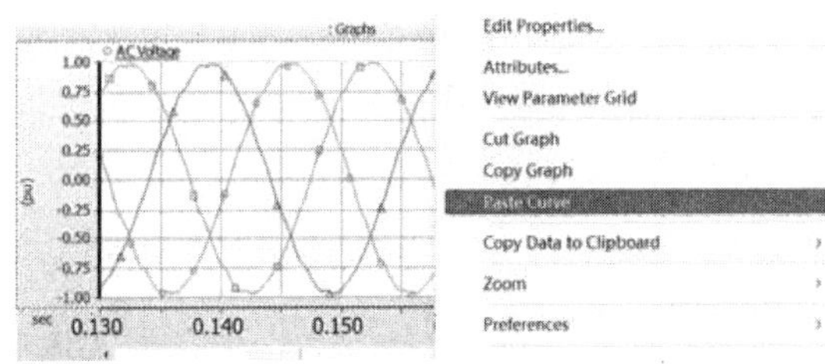

图 2-126 曲线的粘贴菜单

➢ 曲线排序

当一个图中有多条曲线时，可通过如下两种方法改变曲线出现的顺序：

- 拖放。在图形的图例栏中单击，选中相应的曲线并保持，拖动至相应的位置并释放鼠标左键即可。
- 右键菜单。在图形的图例栏中相应的曲线上单击鼠标右键，从弹出菜单中选择 Move to the Start 或 Move to the End 即可实现将相应曲线移动到最前端或最后端，如图 2-127 所示。

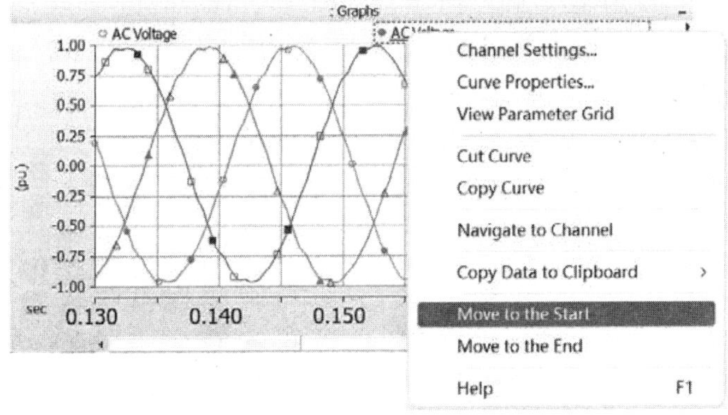

图 2-127 曲线位置的移动菜单

➢ 剪切/复制/粘贴已有的曲线

在曲线标题上单击鼠标右键，从弹出的菜单中选择 Cut Curve 或 Copy Curve，即可实现该曲线的剪切或复制。在任意一个图形上单击鼠标右键，从弹出的菜单中选择 Paste Curve 即可实现已剪切或复制曲线的粘贴。

➢ 曲线的数据复制

对某个已经运行的仿真，可选择将曲线的全部或部分信息复制到剪切板。在相应的曲线上单击鼠标右键，从弹出的菜单中选择 Copy Data to Clipboard，并选择如下子菜单以复制相应的信息：

- All：复制当前曲线的所有数据。
- Visible Area：复制当前曲线可视窗口内的数据。
- Between Markers：只复制标记之间的曲线数据，但前提是需要允许 Show Markers。

复制的数据被保存为 csv 格式，方便利用其他常用分析软件进行数据分析。

➢ 曲线属性调整

在相应曲线的图例上双击，或者在该曲线图例上单击鼠标右键，从弹出的菜单中选择 Curve Properties...，如图 2-127 所示，即可弹出曲线属性设置对话框，如图 2-128 所示。

- Display the active trace with a custom style：勾选该选项后即可对曲线的宽度和颜色进行设置。
- Colour：单击该按钮后来为曲线选择想要的颜色，如图 2-129 所示。勾选 Display the active trace with a custom style 时有效。
- Bold：勾选该选项后曲线轨迹将变为粗体显示。勾选 Display the active trace with a custom style 时有效。
- Lines：用标准实连线来显示曲线。
- Points：用仿真步点处的值来描绘曲线轨迹。
- Filled：将曲线与水平轴之间的区域用曲线颜色填充。
- Line-Point：用点线来显示曲线。
- Transparency (1-255)：设置曲线下填充部分的透明度级别。勾选 Filled 时有效。
- Linear Gradient：对曲线下填充部分的颜色设置线性渐变效果。勾选 Filled 时有效。
- Threshold：设置数字图中曲线改变状态时的阈值。
- Above/Below：分别输入当值高于和低于曲线设置的阈值时曲线显示状态。该选项和 *Threshold* 选项仅当曲线是多图一部分时才有效，用于控制数字模式下曲线轨迹的属性。

图 2-128 曲线属性设置对话框

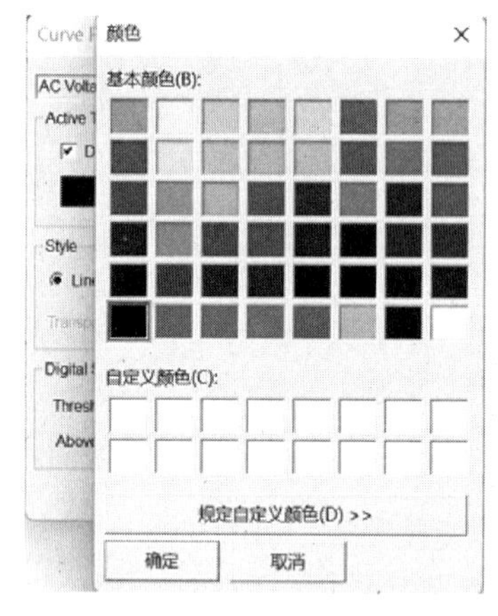

图 2-129 曲线颜色的更改

➢ 更改通道设置

输出通道 (Output Channel) 元件可直接通过对应曲线图例的弹出菜单进行设置。在曲线图例上单击鼠标右键，从弹出的菜单中选择 Channel Settings...，即可弹出对应输出通道的属性设置对话框。

➢ 输出通道和图形的显示限值同步

当一条或多条曲线被添加到重叠图中，每个输出通道元件的 Min/Max 限值可与该图形的 Y 坐标轴的最大和最小限值同步。可通过在重叠图框架上单击鼠标右键，从弹出的菜单中选择 Synchronize Channel Limits to Graph 即可实现同步，如图 2-130 所示。

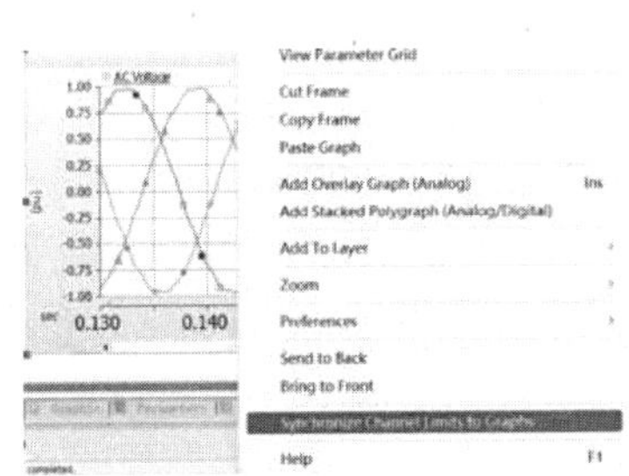

图 2-130 输出通道的限值同步菜单

5. 轨迹

数组信号曲线可作为一个整体进行在线绘制，其中的每个数组元素或子曲线被称作轨迹。每条轨迹都可单独启用或禁止（即显示或隐藏）。

➢ 轨迹下拉菜单

可通过特殊的下拉菜单来访问轨迹的属性和控制。通过单击曲线图例中的该曲线名称，可弹出如图 2-131 所示的下拉菜单。

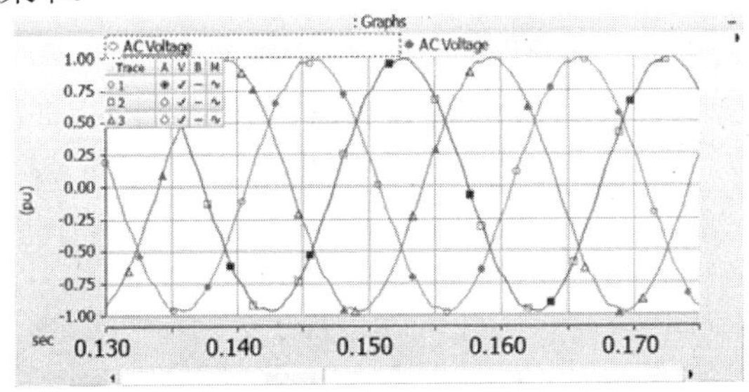

图 2-131 轨迹的下拉菜单

➢ 轨迹属性调整

调用轨迹下拉菜单对轨迹的属性进行调整。如图 2-131 所示的下拉菜单中包含 4 个单独的列，可通过这些列对轨迹属性进行方便地访问。

- Trace：轨迹的编号和颜色。每个编号对应该轨迹在多信号曲线中的索引号，要改变单个轨迹的颜色可参考曲线属性的设置。需要注意的是，只能调整被激活的轨迹的颜色，其他轨迹的颜色将由 PSCAD 自动处理。
- A：激活某条轨迹。选择此列中的单选按钮即可激活对应的轨迹。在切换到十字准星模式时，默认的焦点将位于被激活的轨迹。被激活轨迹的属性可单独进行调整，具体操作方法可参考曲线属性的设置。
- V：显示/隐藏轨迹。单击各个复选框即可显示或隐藏相应的轨迹（显示 √ 时将显示该轨迹，显示 X 时隐藏该轨迹）。也可以通过单击 V 来实现隐藏或显示所有的轨迹。
- B：粗体显示。单击各个复选框即可加粗相应的轨迹或取消加粗（显示粗线时将加粗该轨迹）。也可以通过单击 B 来实现所有轨迹的加粗或者取消加粗。
- M：模式切换。该功能仅对显示于多图中的轨迹有效。鼠标左键单击各个复选框即可进行轨迹数字模式与模拟模式的切换。当处于数字模式的时候，曲线轨迹将以两状态格式进行显示，状态值取决于该值是高于还是低于预设的阈值。

6. PolyMeters（多测表计）

多测表计是专门用于监测单一多轨迹曲线的特殊运行对象。多测表计以柱状图形式动态地显示每条轨迹的幅值，所看到的结果与频谱分析仪的类似。该元件的强大之处在于可以将大量数据压缩到一个小的可视范围内，这对于查看来自诸如快速傅里叶变换 (FFT) 元件输出的谐波频谱数据时尤其有用。图 2-132 所示为这样的一个示例。

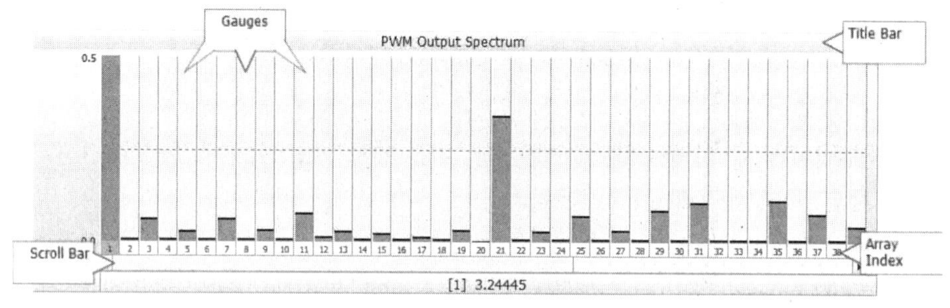

图 2-132 多测表计示例

多测表计的相对宽度固定，当其宽度不足以显示所有数据时，可通过使用位于元件下方的水平滚动条来查看所有的数据。该表计还提供了直接位于每柱状图下方的数组元素编号，便于区分数据。多测表计是一个特殊的元件，不能从工具栏中进行直接添加。每个多测表计总是与一个单独的输出通道元件的一条曲线相链接。在项目编译运行之前，多测表计将呈现为如图 2-133 所示的空白容器。

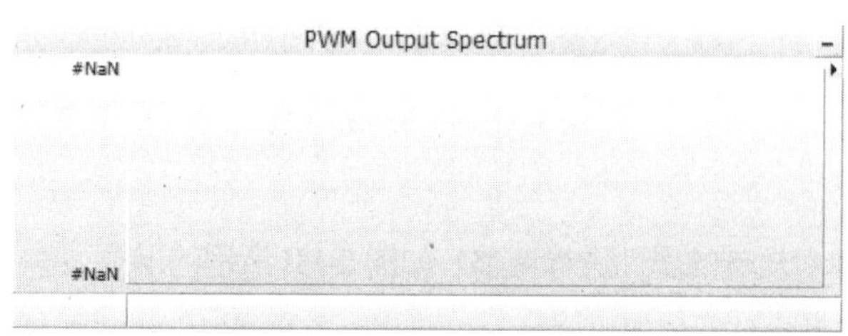

图 2-133 未编译和运行时的多测表计

➢ 多测表计的添加

鼠标右键单击输出通道元件，从弹出的菜单中选择 Graphs/Meters/Controls→Add as PolyMeter，则鼠标指针上将出现一个多测表计，移动鼠标至相应位置后单击，即可完成多测表计添加。

➢ 多测表计的移动和缩放

在多测表计的标题栏上按住鼠标左键并保持，然后拖动鼠标到希望放置的位置，释放鼠标左键即可以实现多测表计的移动。

在多测表计上单击，则多测表计的边缘会出现相应的调整握柄，将鼠标指针放到其中的一个握柄上按住并拖动，即可进行多测表计的缩放，如图 2-134 所示。

➢ 多测表计的剪切/复制/粘贴

在多测计的边框上单击鼠标右键，从弹出的菜单中选择 Cut 或 Copy 即可实现该多测表计的剪切或复制，如图 2-135 所示。

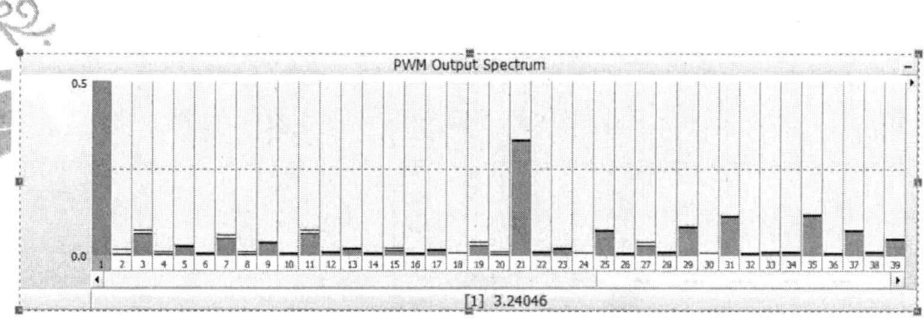

图 2-134 多测表计的缩放

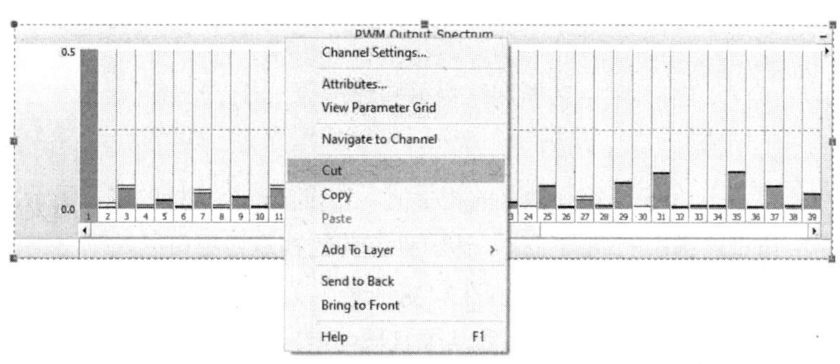

图 2-135 多测表计的剪切或复制

只需要在电路画布的任何空白处单击鼠标右键，从弹出的菜单中选择 Paste 即可进行已剪切或复制多测表计的粘贴。

可使用 Parameter Grid 面板对所有多测表计进行集中管理和修改。

➢ 导航到通道

通过该操作可以直接由多测表计跳转至相应的输出通道元件，以方便定位来源。可在多测表计的标题栏单击鼠标右键，从弹出的菜单中选择 Navigate to Channel，如图 2-135 所示，则 PSCAD 会自动查找到对应的输出通道，并突出显示该元件。

事实上，任何一条曲线都可通过类似的操作定位至对应的输出通道元件。

➢ 调整输出通道设置

多测表计的 Y 轴属性是在相应的输出通道元件属性对话框中设置的。可通过在测表计的标题栏单击鼠标右键，从弹出的菜单中选择 Channel Settings…，如图 2-135 所示，即可弹出设置对话框。

➢ 显示特定数据

在多测表计底部的状态栏中可以显示单独一个数组元素的值，通过单击相应的索引号后，则状态栏中就会显示该索引号的数组元素的大小，如图 2-136 所示。

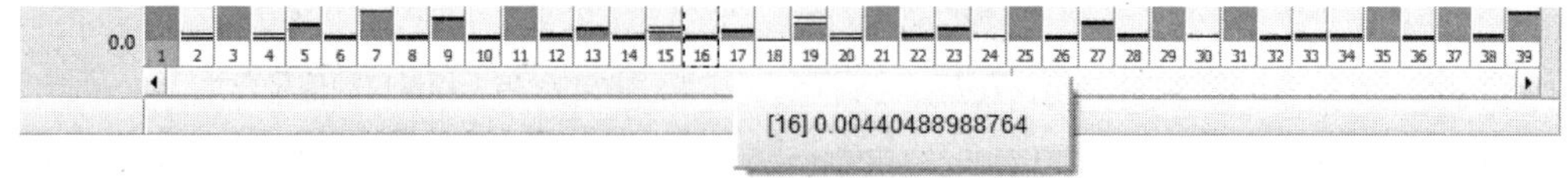

图 2-136 特定数据的显示

➢ 更改仪表颜色

在多测表计的图例中选择 Colour（红色的圆点），即可任意更改显示的颜色，如图 2-137 所示。

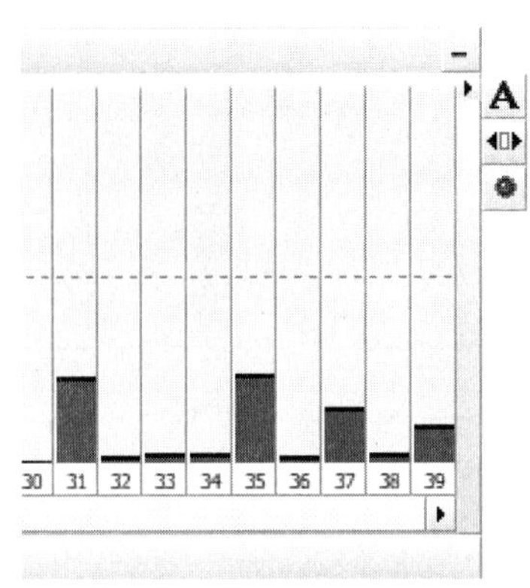

图 2-137 显示颜色的调整

7. 相量仪

相量仪可用于显示多达 6 个相互独立的相量值。相量仪以极坐标的形式显示，每个相量的幅值和相位分别对应仿真过程中的动态变化。该组件完美的视觉效果可以显示出相量值，并可用于 FFT 元件输出数据的分析。典型的相量仪如图 2-138 所示。

相量仪是一个特殊的元件，它不能直接从工具栏中进行添加。每个相量仪都与一个单独的输出通道元件的一条曲线相联接。在相量仪中，要求一条曲线至少要有两条轨迹（幅值和相角）。

➢ 显示数据的准备

相量是由幅值和相位组成的，用极坐标形式可以表示为 x∠φ，因而相量仪的输入信号需要包含单独的幅值信号及相关的相角信号。用户必须构造一个二维数组信号，此时需要借助 Data Merge 元件，将分别代表幅值和相位的两个信号进行合并，如图 2-139 所示。

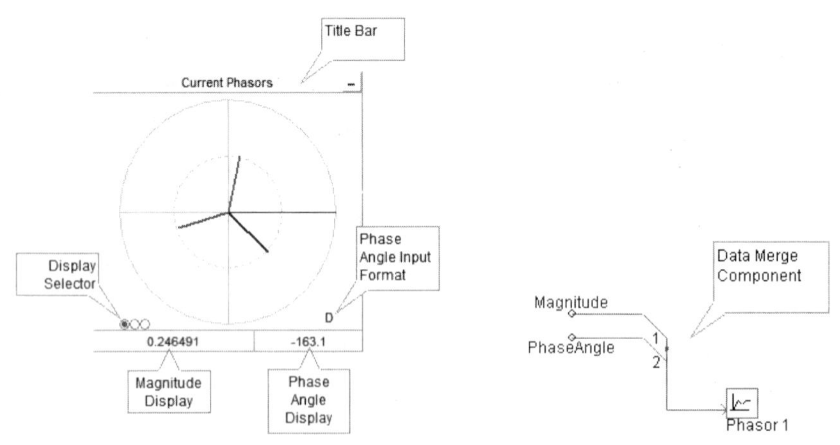

图 2-138 相量仪表盘　　图 2-139 用于相量仪的信号合并

相量仪中数组元素的顺序是固定的，如图 2-139 所示，元素 1 代表相量的幅值，而元素 2 代表相位角。相量仪中最多允许显示 6 个相量，相应的需要 12 维的输入信号数组。在有多个数组的情况下，每组的幅值和相位必须具有相同的顺序，即必须是幅度、相角、幅度、相角等的排列顺序。图 2-140 给出了 3 个相量的数据连接方式。

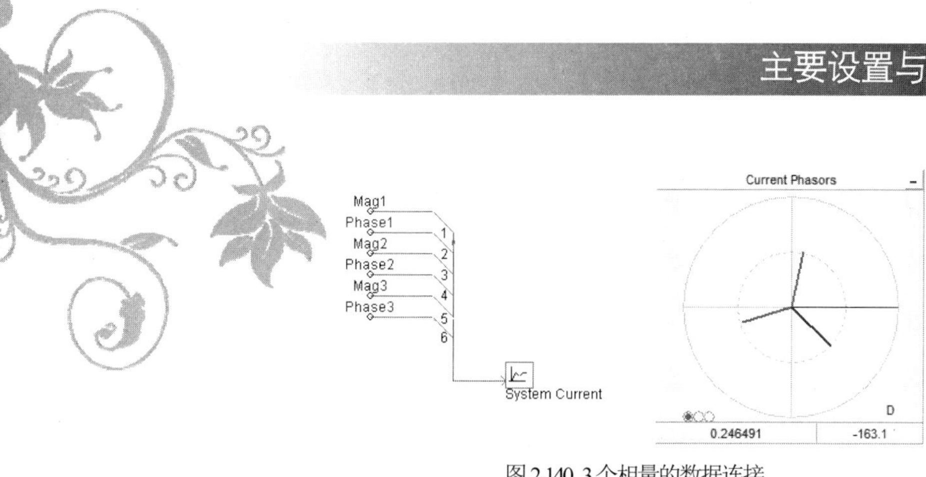

图 2-140 3 个相量的数据连接

通常相量仪中的相量是通过 FFT 元件获取的，这种情况下通常可借助 Vector Interlace 元件来更方便地获取所需要的数据，如图 2-141 所示。

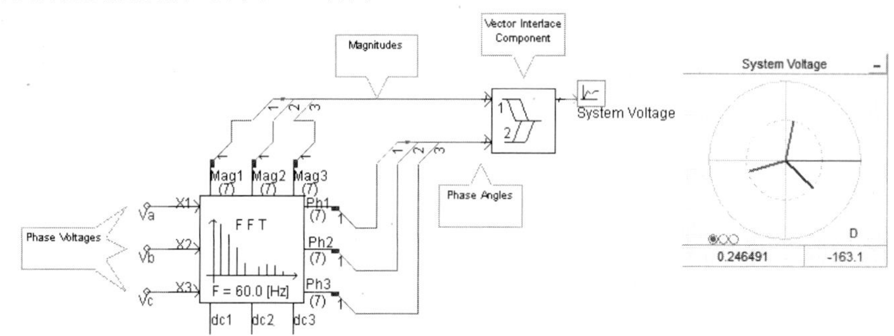

图 2-141 FFT 元件与相量仪的连接

➢ 相量仪的添加

鼠标右键单击输出通道元件，从弹出的菜单中选择 Graphs/Meters/Controls→Add as PhasorMeter，则鼠标指针上将出现一个相量仪，移动鼠标至相应的位置后单击，即可完成相量仪添加。

➢ 相角输入格式的设置

可通过单击相量仪右下角的 D 或 R 进行切换，其中 D 代表度(°)， R 代表弧度。

➢ 显示特定数据

相量仪底部的状态栏给出了当前被选择的相量的幅值和相位信息（左边为幅值、右边为相位）。相量仪左下角的一排单选按钮可用于查看特定相量的信息，这些单选按钮从左至右分别代表第 1、2、3、…、6 个相量，其中具有蓝色点的表示当前被查看的相量，如图 2-141 所示。

➢ 相量仪的其他操作

相量仪的移动、缩放、剪切、复制、粘贴、复制为位图、通道属性设置及通道定位等操作都与多测表计的操作基本相同。

8．示波器

示波器是一个用来模拟真实示波器对随时间变化周期性信号（例如交流电压或电流）触发效果的特殊运行元件。给定一个基准频后，示波器会在整个仿真过程中跟随信号变化（类似于移动的窗口），按照基准频率给出的速率刷新其显示。其效果是使得示波器固定于被显示的信号上，产生了触发效果。典型的示波器如图 2-142 所示。

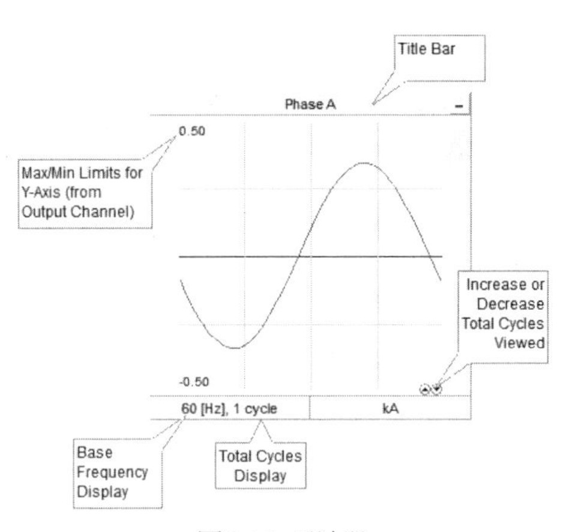

图 2-142 示波器

示波器同样不能从工具栏直接添加，每个示波器对象都与唯一一个输出通道元件的一条曲线相链接。示波器支持数组信号，即该信号可包含多条轨迹。

➢ 添加示波器

鼠标右键单击输出通道元件，从弹出的菜单中选择 Graphs/Meters/Controls→Add as Oscilloscope，则鼠标指针上将出现一个示波器，移动鼠标至相应的位置后单击，即可完成示波器添加。

➢ 可视周期总数的调整

可以通过单击示波器底部状态栏上的向上或向下按钮来增加或减少可视周期总数。这种调整也可以通过在示波器的标题栏上单击鼠标右键，从弹出的菜单中选择 Increase One Cycle 或 Decrease One Cycle 来实现，如图 2-143 所示。

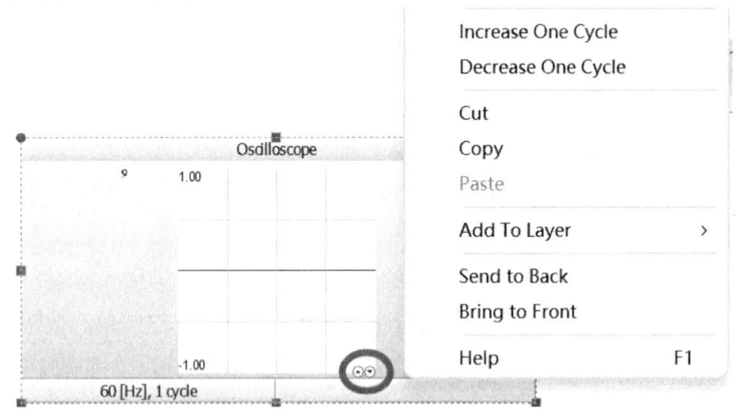

图 2-143 两种调整可视周期总数的方法

➢ 示波器的其他操作

示波器的移动、尺寸调整、剪切、复制、粘贴、复制为位图、通道属性设置及通道定位等操作都与多测表计的操作基本相同。

9. XY 坐标图

XY 坐标图由图形框架和一个专用于绘制一条曲线相对另一条曲线变化规律的图形窗口所构成。一个 XY 坐标图在 X 轴和 Y 轴上容纳多条曲线，同时具有动态缩放和极坐标网格功能。典型的 XY 坐标图如图 2-144 所示。

XY 坐标图用于绘制一个信号相对另一个信号的变化规律，这些信号必须基于相同的时间尺度进行提取，可以在时域范围内对数据进行滚动，XY 坐标图底部的时域孔径控制条可实现该操作。

➢ 添加 XY 坐标图

在项目的电路页面的空白处单击鼠标右键，从弹出的菜单中选择 Add Component→XY Plot，或者在功能区控制条的 Components 选项卡中单击 XY Plot，如图 2-145 所示。此时鼠标指针上出现一个 XY 坐标图，移动鼠标到相应的位置，然后单击，即可实现 XY 坐标图的添加。

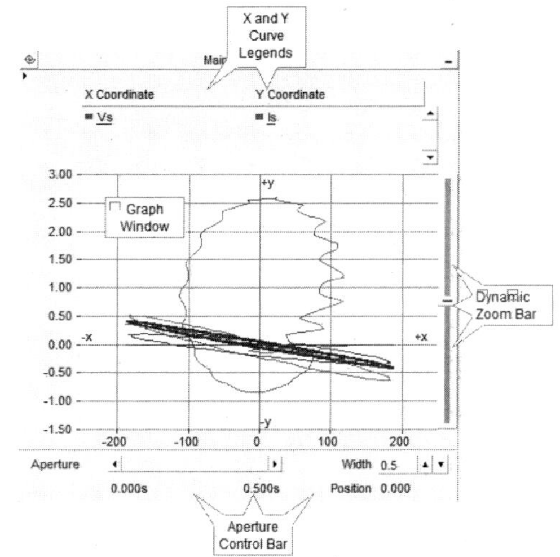

图 2-144 XY 坐标图

图 2-145 添加 XY 坐标图按钮

➢ 调整 XY 坐标图图框属性

在 XY 坐标图图形框架的标题栏上双击或单击鼠标右键，从弹出的菜单中选择 Properties…，均可得到如图 2-146 所示的图形框架属性设置对话窗。

1) General

- Caption：显示在 XY 坐标图标题栏中的文字。

2) Axis

- X/Y/Z-Axis Minimum： 确定图形 X/Y/Z 轴可视范围最小值。
- X/Y/Z -Axis Maximum： 确定图形 X/Y/Z 轴可视范围最大值。

3) Preferences

- Snap Aperture to Grid： Yes | No。动态孔径调整捕捉模式。
  - Yes：使用动态孔径调整时，孔径视图将在动态缩放时捕捉大网格。
  - No：不捕捉大网格。
- Maintain Aspect Ratio： Yes | No。绘制曲线长宽比调整方式。
  - Yes：在调整图框尺寸的时候仍然保持已绘制曲线的长宽比。
  - No：曲线的形状将根据曲线框的实际形状而变化。
- Trace Style： Line | Scatter。曲线轨迹绘制模式。
  - Line：线型。

■ Scatter：散点图形式，简单的在 XY 坐标点上增加单点。

➢ 极坐标网格

曲线轨迹默认以直角坐标形式显示。但可以通过单击 XY 坐标图图框左上角的 XY/极坐标切换按钮切换为极坐标网格形式，如图 2-147 所示。

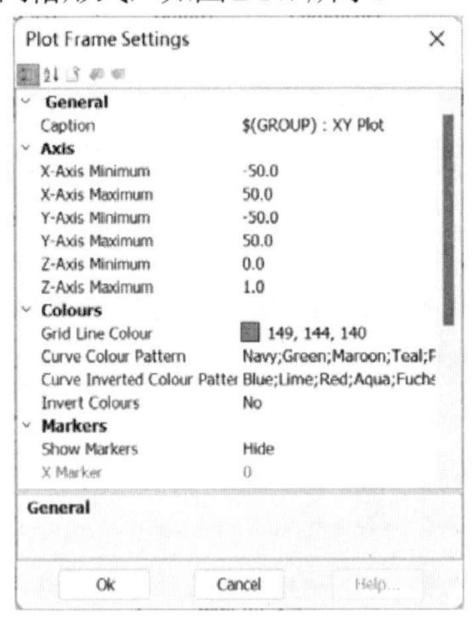

图 2-146 图形框架属性设置对话框

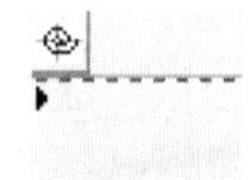

图 2-147 绘图属性设置对话框

➢ 动态缩放

该特性将在后续部分中详细介绍。

➢ 其他操作

XY 坐标图的移动、尺寸调整、剪切、复制、粘贴、复制数据至剪贴板、复制为位图、通道属性设置及通道定位等操作都与多测表计的操作基本相同。

10. 绘图工具提示

为了有助于数据分析，绘图工具上显示的数据应具有足够的精度。但这样会造成一些显示上的问题。如足够的显示精度要求图形具有足够的显示空间，这将缩小绘图环境。该问题可通过弹出工具提示来解决。

在默认情况下，参与绘图的最重要数据会直接显示在图框上。这对在查看标记的数据时尤为明显，通常标记的数据只显示 4 位有效数字，但对大多数研究而言，这样的精度无法使用户对数据进行准确的评估。实际上，工具提示功能可以显示 12 位有效数字的真实数据，只要移动鼠标指针到需要显示的数字上就会弹出相应的工具提示，如图 2-148 所示。

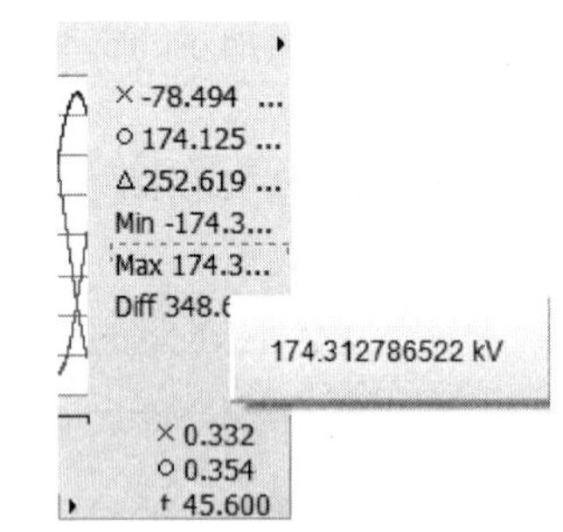

图 2-148 绘图工具提示

现有的绘图工具提示包括曲线的最大/最小值、十字准星位置等，且有效数字都是 12 位，如图 2-149 所示。

11. 动态孔径调整

动态孔径调整特性在图形框架和 XY 坐标图上可用，且允许用户定义基于固定时间的显示窗口（或孔径），然后动态地整个时间尺度范围内滑动该孔径。孔径尺寸可以在任何时间进行重新调整。

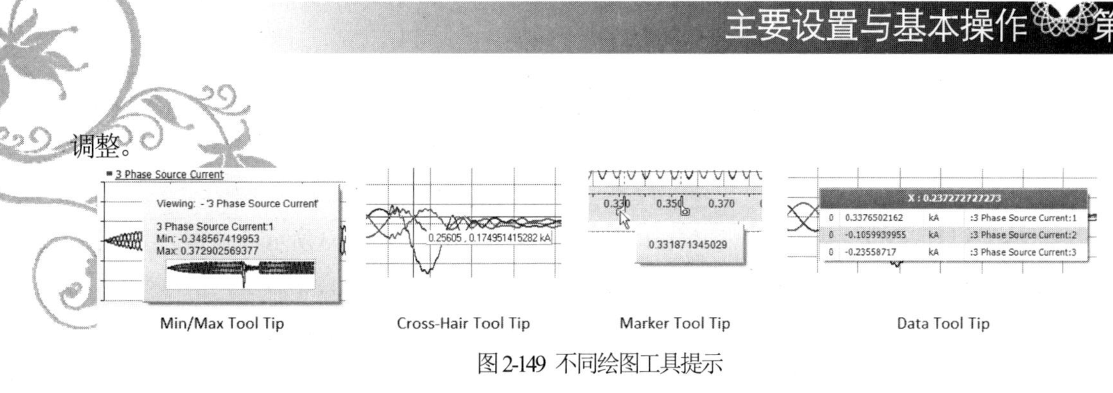

图 2-149 不同绘图工具提示

图 2-150 为某个 0.5 s 时长的仿真波形图。

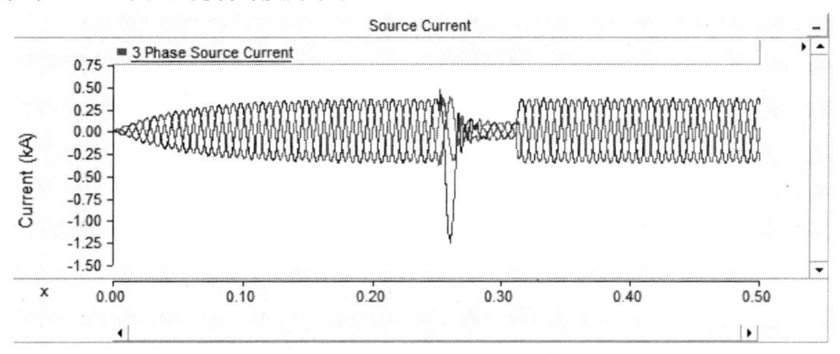

图 2-150 0.5 s 的仿真波形图

从图 2-150 中可以看到，故障出现时间大约在 0.25 s，持续时间 0.07 s，可以通过动态孔径调整来使得视图窗口显示更小的时间宽度，从而可更容易地研究故障波形。

具体操作为移动鼠标指针到图形框架底部水平滑动条的最右端，使鼠标指针变成一个双箭头，然后单击并保持，拖动滚动条向左边移动。拖动过程中就会看到图形显示在动态地调整，注意横轴上的时间显示，选择合适大小的孔径，释放鼠标左键，如图 2-151 所示。再移动鼠标指针到滚动条上，单击并保持左键，此时鼠标指针会变成一个手形符号，拖动鼠标就可以对时间进度条进行滚动，如图 2-152 所示。

图 2-151 动态孔径调整

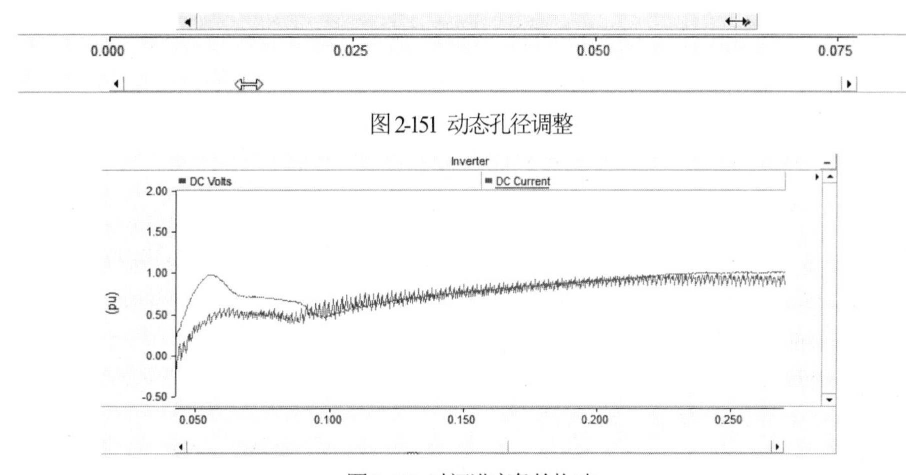

图 2-152 时间进度条的拖动

也可以通过单击滚动条两边的箭头或使用键盘上的方向键来滚动时间进度条：如果是小增量

滚动，直接单击箭头；如果是大增量的滚动，需要先按住 Ctrl 键，再单击箭头。如果使用的是键盘的方向键，应确保焦点处于当前浏览的图框上，原因在于这些按键也可以作为电路画布的滚动功能。

用户也可以对 XY 坐标图的时间观察窗口进行调整和控制，如图 2-153 所示。这个专门的窗口（或者被称为孔径）位于 XY 坐标图框的底部。该区域包括两部分：左侧是动态孔径调整滚动条，右侧是手动调节区域，可以通过手动单击向上/向下箭头来调整孔径大小。

图 2-153 XY 坐标图孔径的动态（左侧）和手动（右侧）调整

如果 Width 的大小只是整个绘图总时间的一部分，那么动态调整滚动条会通过显示一个较小的孔径来反映这种情况。Position 显示的是当前窗口的起始时间，如图 2-154 所示。

图 2-154 Width 小于总时间时的动态滚动条

12. 标记

标记是图形框架和 XY 坐标图中都具有的一个特殊功能，可以帮助用户进行在线数据分析。通过划定数据范围来进行该范围内数据的重点分析。根据标记的位置，在图例上会显示两个标记之间的 X 和 Y 两个方向上的数据差异。

标记只能在 X 轴（时间轴）上进行设定，而且将显示为两个可调的标签。一个标签被标记为 X，另一个被标记为 O，二者的组合就构成了要分析的数据边界。一旦设置了标记，就可以对标记范围内的数据进行分析。

图形框和 XY 坐标图中的标记略有不同。

➢ 显示/隐藏标记

有多种方法可以显示或隐藏标记：

- 在所需要标记的图形框架或 XY 坐标图的图形显示区单击鼠标右键，在弹出的菜单中选择 Preferences→Show Markers 以显示标记。再次重复该操作将隐藏标记。
- 在图形框架的水平轴上双击或单击鼠标右键，从弹出的菜单中选择 Axis Properties，在随后弹出的对话框中将选项 *Show Markers* 设置为 Show。

➢ 图形框架的标记图例

图形框架的标记是在水平轴上出现的两个标签，标记为 X 和 O，对应于 x 轴上的两个位置，如图 2-155 所示。

如果图形框架的标记功能被启用，则在图形框架的右侧会出现相应的图例：

- X：当前激活的轨迹在 X 标记位置的 Y 轴数值。
- O：当前激活的轨迹在 O 标记位置的 Y 轴数值。

- △：上述两个数值的差值（O标记值-X标记值）。
- Min：当前激活的轨迹在标记范围内的y轴最小值。
- Max：当前激活的轨迹在标记范围内的y轴最大值。

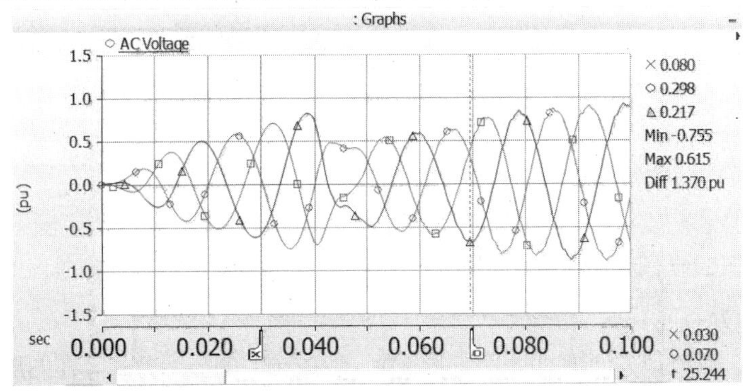

图2-155 图形框架的标记

X轴也会出现相应的图例，含义基本相同，只是数值大小代表在x轴上的位置。

➢ XY坐标图的标记图例

XY坐标图启用标记后会在图框的底部出现一个控制条，并且在曲线图上出现相应的标记，如图2-156所示。

从图上可以看出，在XY坐标图中启用标记时会出现如下相应的图例：

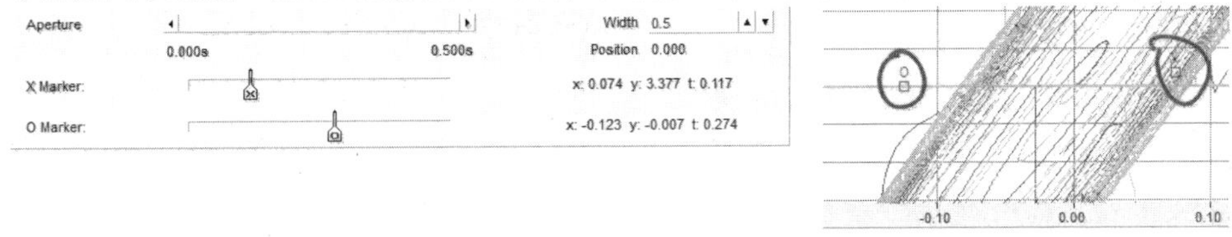

图2-156 XY坐标图的标记控制条和曲线标记

- X：当前激活的轨迹在标记处的X轴数值。
- Y：当前激活的轨迹在标记处的Y轴数值。
- T：当前激活的轨迹在标记处对应的时间。

➢ 更改激活的曲线

标记只对当前激活的轨迹有效，如果在多图或者重叠图中有多条曲线轨迹，可以通过键盘的空格键来切换激活的曲线，也可以在曲线图例中进行切换。但在XY坐标图中就必须使用图例来进行切换，原因在于此时的空格键不可用。

➢ 调整标记的位置

启用标记模式以后，可以通过如下几种方法对标记的位置进行调整：

- 将鼠标放在标记的标签上，单击并保持，拖动鼠标到需要的位置，然后释放鼠标即可。该方法对在图形框架和XY坐标图上均有效。
- 在图形框架的Axis Properties设置对话框中勾选显示标记，并在输入栏中填写每个标记的位置。同时也可直接设置两个标记之间时间对应的频率，即1/Delta，如图2-157所示。

- 在XY坐标图中，通过绘图框属性设置对话框来设置标记的位置。如图2-158所示。

图2-157 图形框架的标记位置设置

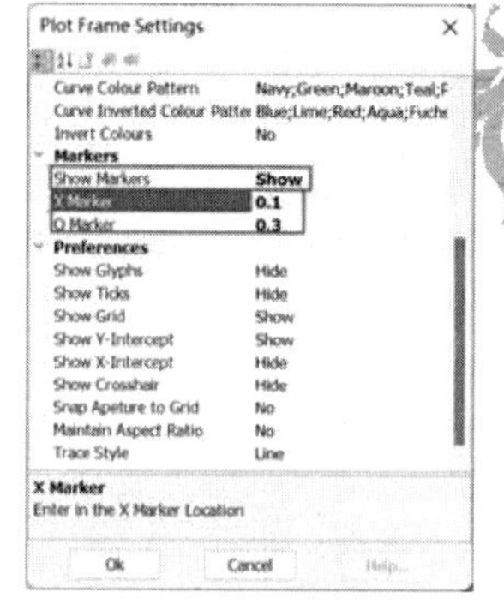

图2-158 XY坐标图的标记位置设置

➢ 切换时间差f/△

标记启用后，可以很方便地对时间差求倒数，变成频率的显示方式。在图形框架的水平轴上双击或单击鼠标右键，从弹出的菜单中选择Toggle Frequency / Delta（或按F键）就可以实现切换，如图2-159所示。但该操作在XY坐标图中不可用。

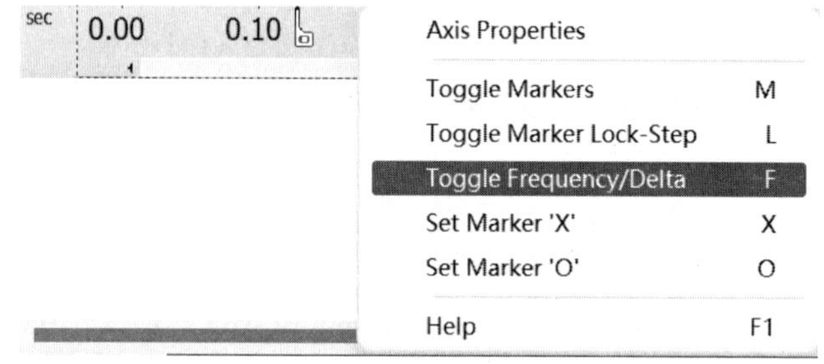

图2-159 时间差的f/△切换

➢ 标记的锁定与解锁

标记锁定后，将使得标记沿X轴移动时，标记之间的差为固定值。可将图形框架的X-Axis页面选项*Lock*设置为Lock，如图2-160所示，设置为Unlock则解锁。或者在水平轴上单击鼠标右键，从弹出的菜单中选择Toggle Marker Lock-Step（或者直接按L键）来锁定标记，重复进行该操作即可解除锁定。

➢ 标记的设定

可以通过以下步骤在图形框架时间轴的某个位置添加标记：

- 在时间轴上单击，按M键，显示出标记标签。
- 在需要放置X标记的位置单击，然后按X键。
- 在需要放置O标记的位置单击，然后按O键。

在设置了显示标记的情况下，也可以通过使用右键菜单的方式来完成标记的设定。方法是在要放置标记的大体位置上单击鼠标右键，从弹出的菜单中选择Set Marker X或Set Marker O来选择设置X标记或O标记，如图2-160所示。

➢ 充当书签功能

如果当前视图窗口时间范围只是整个图框时间范围的一小部分，则标记的位置可能在当前视图范围以外。此时可通过单击时间轴上的红色和蓝色箭头，使得视图窗口自动滚动并扩展，如图 2-161 所示。这样可将所设置的标记位置充当曲线视图的书签。

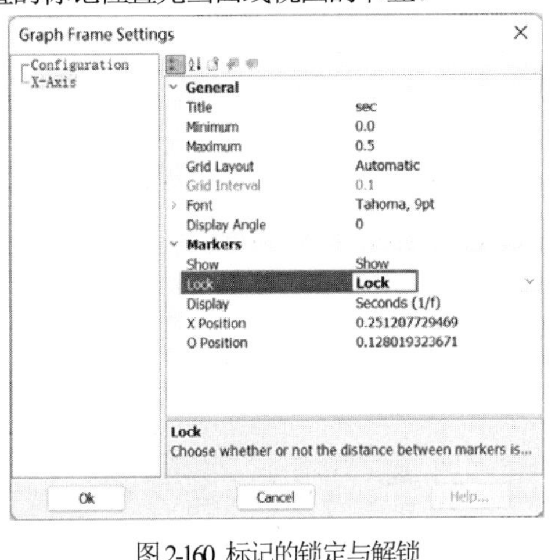

图 2-160 标记的锁定与解锁

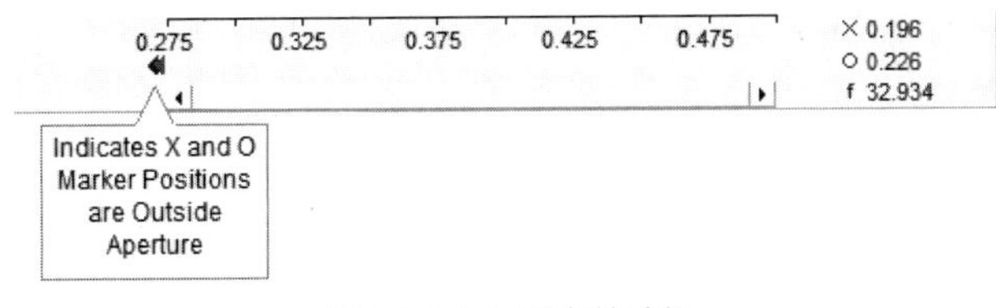

图 2-161 标记的书签功能

13．缩放特性

如果仿真程序已经运行且产生了输出数据，可通过如下方法实现数据显示的放大和缩小操作。

➢ 一般的缩放操作

单击选中需要缩放的图形，然后单击鼠标右键，从弹出菜单中选择 Zoom→Zoom In 或 Zoom→Zoom Out 即可进行放大或缩小操作。也可以用 + 或 - 键来代替右键菜单，但必须保证需要操作的图形已经被选中。

➢ 放大框

单击所需放大图形的显示区并保持，拖动鼠标指针形成一个方框区域，释放鼠标即可放大该区域，如图 2-162 所示。

➢ 垂直放大

选中需放大图形的显示区，按住 Shift+鼠标左键，拖动鼠标指针在垂直方向移动即可创建一个垂直放大区域，松开鼠标即可放大该区域。如图 2-163 所示。

➢ 水平放大

按下鼠标左键选中需放大图形的显示区，按住 Ctrl+鼠标左键，拖动鼠标指针在水平方向移动即可创建一个水平放大区域，松开鼠标即可放大该区域，如图 2-164 所示。

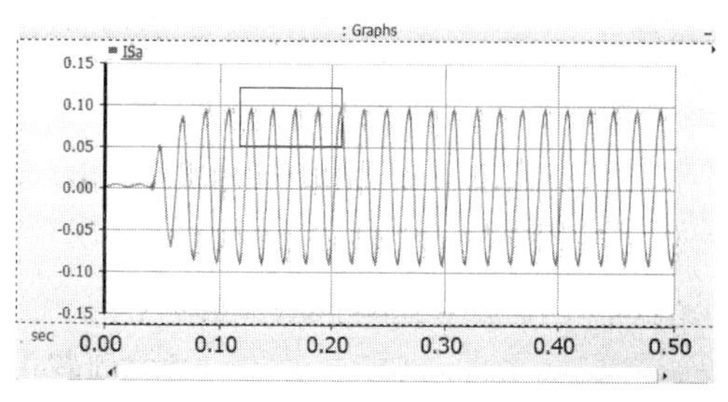

图 2-162 放大框

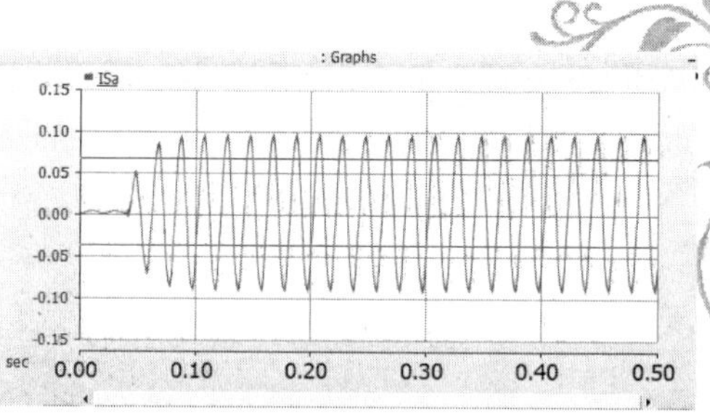

图 2-163 垂直放大

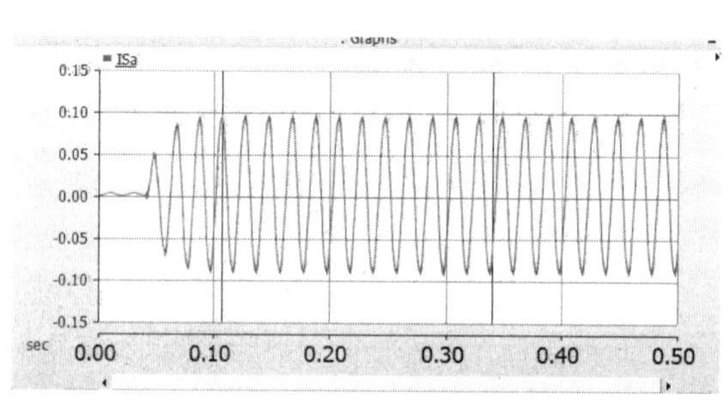

图 2-164 水平放大

➢ 缩放的前一次/后一次

选中需要缩放的图形，然后单击鼠标右键，从弹出菜单中选择 Zoom→Previous 或 Zoom→Next，也可使用 P 或 N 键来代替右键菜单，但必须保证需要操作的图形已经被选中。该操作是将缩放情况恢复到前一次或后一次的情况。如果当前是最后一次的缩放情况，则 Zoom→Next 无效；同样的，如果当前是第一次的缩放情况，则 Zoom→Previous 无效。

➢ 缩放范围

缩放范围操作允许用户将曲线缩放至绘制的数据范围内。数据范围指的是在 X 轴和 Y 轴方向上整个仿真过程中所有数据的最大值和最小值。具体操作是选中需要缩放的图形，然后单击鼠标右键，在弹出菜单中选择 Zoom→X Extents 或 Zoom→Y Extents 来分别实现 X 轴和 Y 轴方向上的操作，相应的快捷键分别为 X 和 Y。

➢ 缩放界限

该操作允许用户将曲线缩放至预先设定的界限内。Y 轴的缩放界限是基于该曲线输出通道元件的 *Default Display Limits* 参数。在多条轨迹的情况下，该界限是基于相关的所有输出通道 *Default Display Limits* 的最大和最小值进行的。X 轴的界限是基于仿真持续时间。具体操作是选中需要缩放的图形，然后单击鼠标右键，从弹出菜单中选择 Zoom→X Limits 或 Zoom→Y Limits，相应的快捷键为 E 和 U。

➢ 重置所有的范围或界限

选中需要缩放的图形，然后单击鼠标右键，从弹出菜单中选择 Zoom→Reset All Extents 或 Zoom→Reset All Limits。相应的快捷键分别为 R 和 B。

➢ XY 坐标的动态缩放

动态缩放功能是 XY 绘图所特有的操作，可以对坐标进行 0.1～10 倍的缩放。单击 XY 绘图的动态缩放条并保持，此时鼠标指针鼠标指针会变成手形，向上拖动实现放大，向下拖动实现缩小，如图 2-165 所示。

14. 十字准星模式

如果仿真已经运行且有输出数据被绘制，则可以通过十字准星模式来查看曲线值。可鼠标右键单击目标图形，从弹出菜单中选择 Preferences→Show Cross Hair，也可在选定了目标图形后使用快捷键C来调用十字准星模式。

启用了十字准星模式后，单击并保持，然后拖动鼠标就可以查看不同位置的曲线数值。如果有多条曲线，可以通过空格键进行曲线之间的切换。如图 2-166 所示。

曲线 XY 的数据将会显示在十字准星的旁边，释放鼠标左键后十字准星将会消失，但十字准星模式仍然存在，只有再次按下快捷键 C 或选择 Preferences→Show Cross Hair 才可退出十字准星模式。

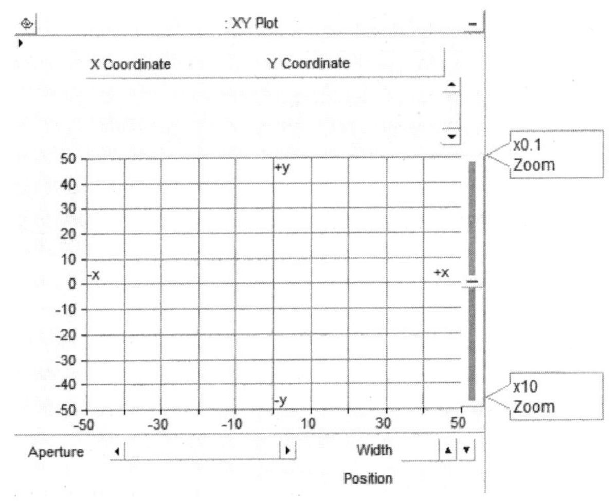

图 2-165 XY 坐标图的动态缩放

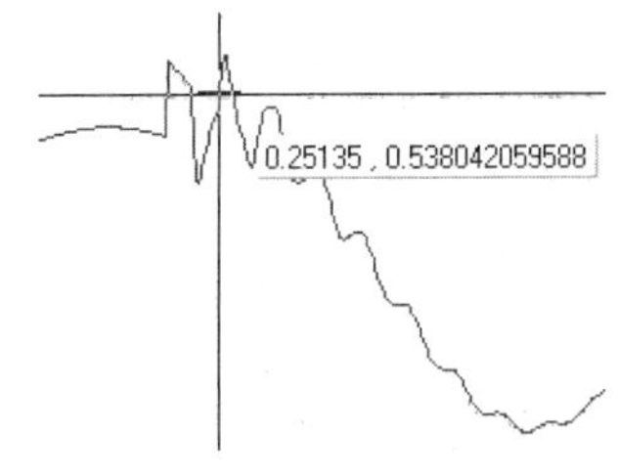

图 2-166 十字准星模式

15. 弹出工具条

弹出工具条是图形框架和多测表计所具有的一个特殊功能，可以方便快速地访问图形的设置。单击图框右上角的小箭头，就会弹出该工具条，如图 2-167 和图 2-168 所示。

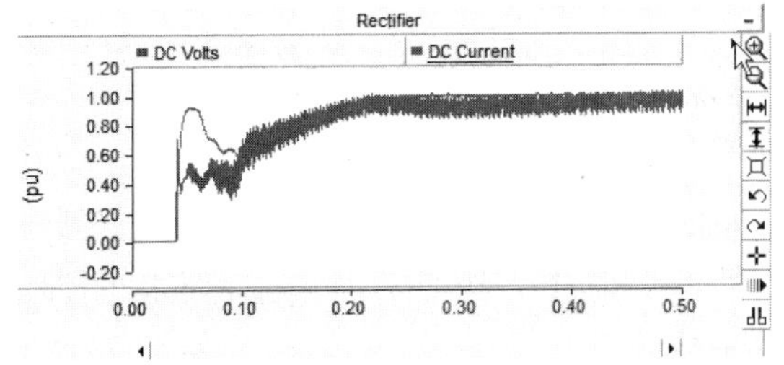

图 2-167 图形框架的弹出工具条

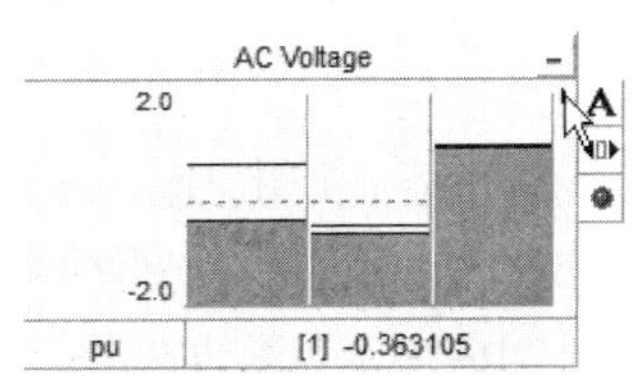

图 2-168 多测表计的弹出菜单

工具条中的各个按钮功能说明分别见表 2-1 和表 2-2。

表 2-1 图的弹出菜单说明

按钮	功能	按钮	功能
	放大		前一个放大
	缩小		下一个放大
	水平范围放大		十字模式
	垂直范围放大		X 轴自动平移切换
	重置所有范围		标记切换

表 2-2 多测表计弹出菜单按钮说明

按钮	功能
A	索引号切换
	滚动条切换
	图块颜色

16. 在线控制和仪表

该部分介绍的对象允许用户在线访问输入的数据信号，从而使这些信号能够在仿真运行过程中被改变，相应地影响仿真结果。

➢ 控制盘

控制盘是用于容纳控制或仪表的一个特殊元件，它可以被放置在电路画布中的任何位置。在一个控制盘中可以添加任意多个控制或仪表接口元件。

➢ 添加控制盘及基本操作

在电路视图页面的任何空白处单击鼠标右键，从弹出的菜单中选择 Add Component→Control Panel，或者在功能区控制条的 Components 选项卡中选择 Control Panel。

控制盘的移动/大小调整、剪切、复制、粘贴等操作与多测表计的操作基本相同。

➢ 控制盘的属性调整

双击控制盘的标题栏或对标题栏单击鼠标右键，从弹出的菜单中选择 Edit Properties…。目前唯一可调的属性是标题。

- Caption：为控制盘输入标题，并且该标题将出现在控制盘的标题栏中。

➢ 控制接口

控制接口是一个用户接口对象，允许手动的动态调整输入数据信号。控制接口必须与一个时间运行控制对象相连接，如滑动块、开关、拨码盘和按钮。控制接口将控制所连接的控制元件的输出。图 2-169 所示为滑动块链接至控制盘中的控制接口。

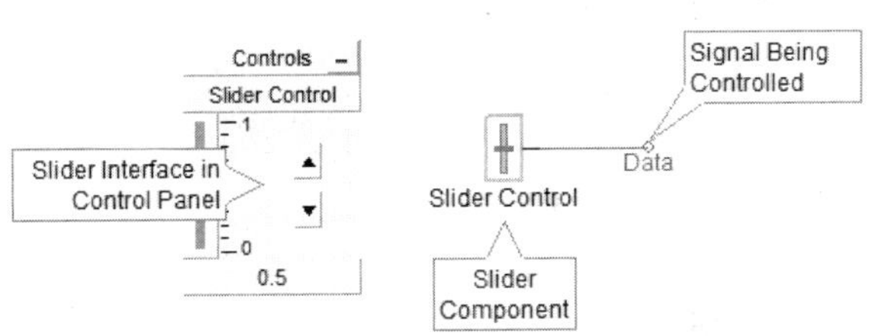

图 2-169 控制接口和控制元件

➢ 添加控制接口至控制盘

有两种方式可以实现控制接口的添加：

- 拖放。按住 Ctrl 键，单击相应的控制元件并保持，将其拖动至控制盘后释放鼠标即可实现。
- 右键菜单。在控制元件上单击鼠标右键，从弹出的菜单中选择 Graphs/Meters/Controls→Add as Control，然后在相应的控制盘上单击鼠标右键，从弹出的菜单中选择 Paste 即可实现。

添加到控制盘后的每种控制元件将有不同的控制接口外观。图 2-170 所示为不同的控制元件及与它们对应的控制接口，从左至右分别为滑动块、开关、拨码盘和按钮。

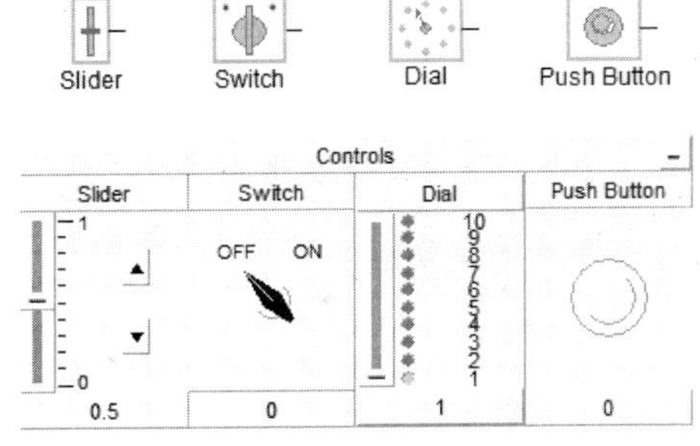

图 2-170 不同控制元件的控制接口

➢ 控制界面的排列顺序

当一个控制盘中具有多个控制接口时，可以通过拖放（如图 2-171 所示）或右键菜单方法对控制接口的排列顺序进行调整。

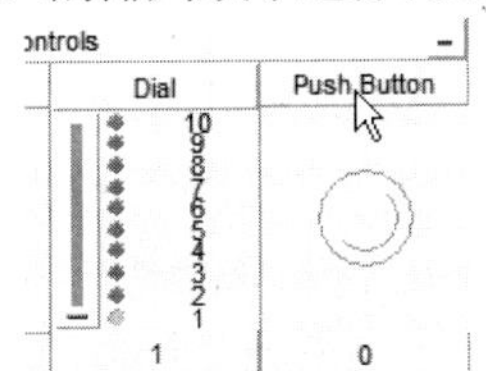

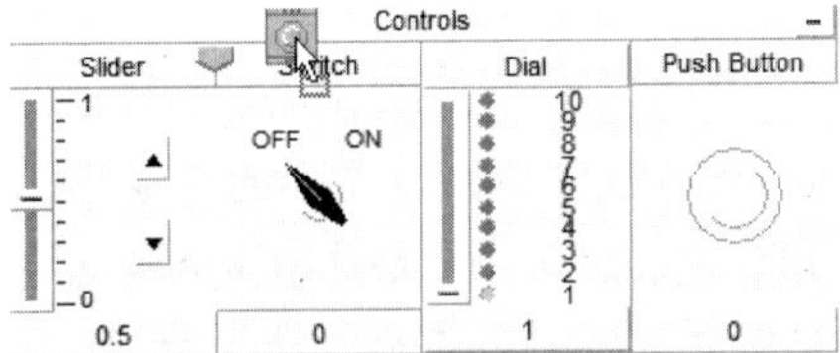

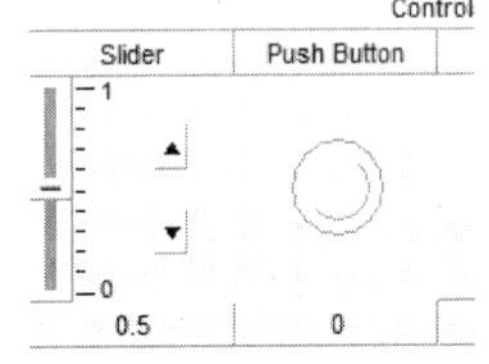

图 2-171 拖放方式调整控制接口顺序

右键菜单方式是在某个控制接口上单击鼠标右键，从弹出的菜单中选择 Set Control Order，在其子菜单中的操作包括左移/右移/移至最左/移至最右 4 种操作。

➢ 调整控制接口属性

控制接口的属性和相应的控制元件的属性是相同的，可以直接对控制元件属性进行设置，也可以从控制接口中进入到属性设置界面。可通过在控制接口的标题栏上双击或对控制接口的标题栏单击鼠标右键，从弹出的菜单中选择 Channel Settings…。

➢ 控制接口的使用

一个控制接口被添加到控制盘后，用户可以在仿真运行之前或仿真运行过程中对其进行操作，不同的接口也将对输出信号执行不同的操作。

● 开关和按钮元件

操作开关或按钮元件，只需在控制接口上单击（此时鼠标指针变成手型）即可，每次单击开关接口时开关元件就将切换一次输出状态，如图 2-172 所示。

● 旋转开关（拨码盘）

鼠标左键单击控制接口中滑动条上的按钮并保持，将其上下移动即可改变输出状态。每次更改状态时，控制接口都会以图形的方式指示当前所在状态。图 2-173 所示为旋转开关在 0.5 s 内状态更改的输出曲线。

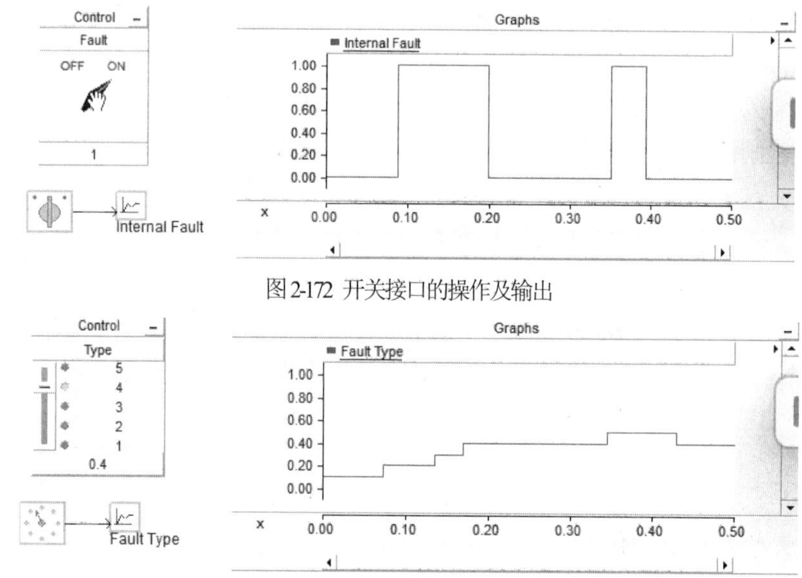

图 2-172 开关接口的操作及输出

图 2-173 旋转开关的操作及输出

● 滑动块

滑动块的操作与旋转开关的相同，但不同的是滑动块是输出是非离散的，可以在一定范围内连续改变输出。需要指出的是，滑动块控制接口上显示的内容与输出完全相同，最大精度为 6 位有效数字。如果需要更高的精度，可将处理不同数据范围的滑动块的输出进行连续相加。一旦对滑动块进行了输出微调，则可使用 Real Constant 元件来替代它，因为后者具有更高的精度。图 2-174 所示为滑动块的操作及相应输出。

滑动块接口还允许直接输入一个确定的值（最多 6 位有效数字），在滑动块接口底部双击，然后输入所需要的数据，按 Enter 键将保存输入数据并退出，按 Esc 键将直接退出而不保存更改，如图 2-175 所示。

➢ 导航至控制元件

鼠标右键单击控制面板中控制接口元件，从弹出的菜单中选择 Navigate to Control， PSCAD 将自动找到该输出通道，并高亮显示。

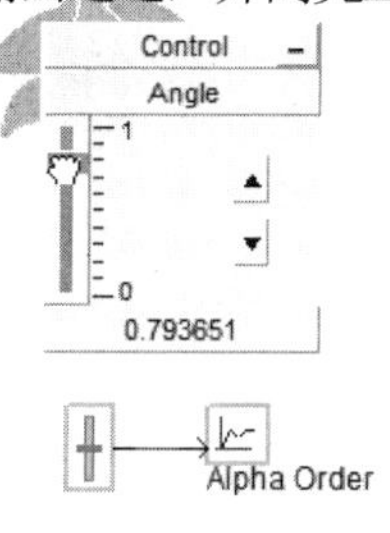

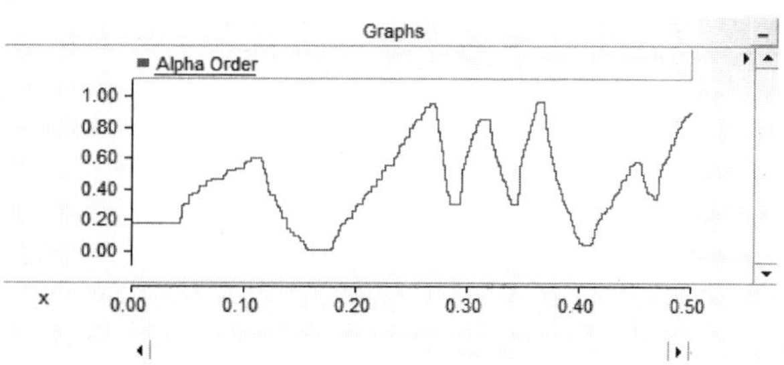

图 2-174 滑动块的操作及输出

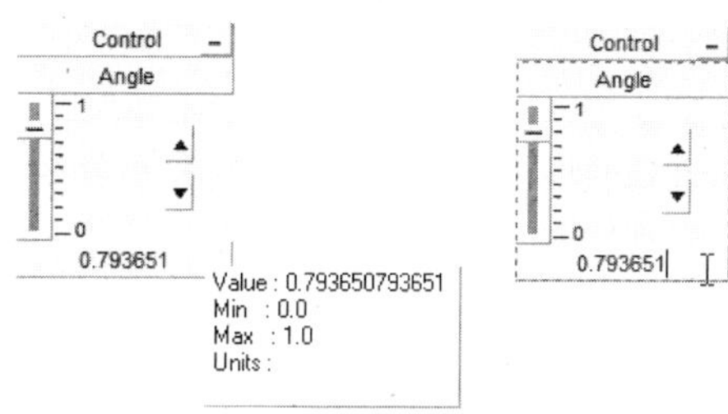

图 2-175 滑动块数据的直接输入

➢ 仪表

仪表与图形类似，都可用于显示输出信号，而且需要与相应的输出通道元件相连接。但与图形不同的是，图是以曲线的形式来显示输出数据，而仪表是用于模拟真实仪表的显示，用指针的位置来显示输出信号的幅值大小。图 2-176 所示为输出通道元件与控制盘中的仪表相连接。仪表只能存在于控制盘中。

仪表接口最多可以显示 6 位有效数字，但通过工具提示，可以查看最多 12 位有效数字的数值显示，如图 2-177 所示。

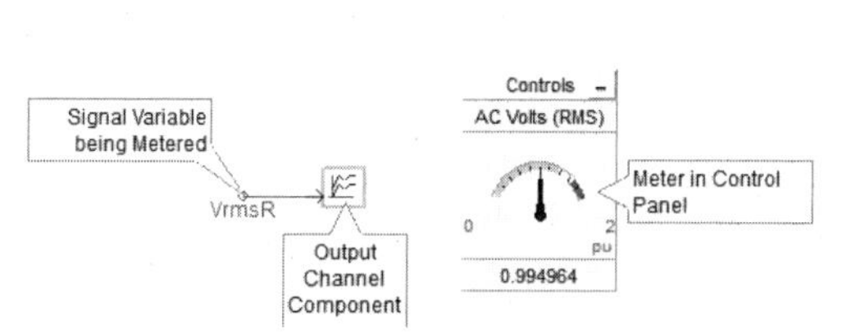

图 2-176 仪表与输出通道元件的连接

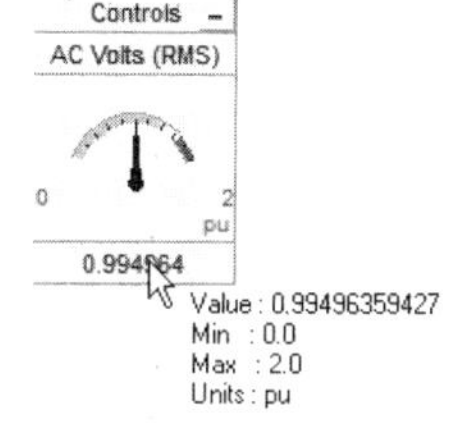

图 2-177 仪表的工具提示

17. 运行对象分组

可根据 *Group Name* 来管理控制（滑动块、拨号盘、开关和按钮）和输出通道对象，一旦确定了组名称，可在 Workspace 面板第一窗口根据组名查看这些对象。

➢ 创建运行对象分组

只需要在运行元件对象的参数属性列表中的 *Group* 输入域中键入组名即可实现分组，如图 2-178 所示。

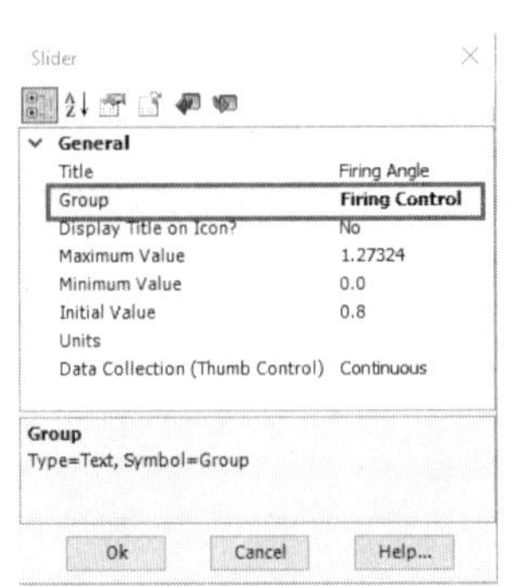

图 2-178 运行对象的分组设置

➢ 在图形框架和控制盘中显示组名

控制盘中控制或仪表接口以及图形框架中曲线的组名可通过如下语法来进行自动显示：

$(GROUP)

输入该语句后，PSCAD 会自动替换为相应的组名而在标题栏中进行显示，如果控制盘或者图框含有的对象隶属于不同分组，则在标题栏中将以逗号分隔列表的形式显示。

例如用户想在一个控制盘中显示所有接口的组名。控制盘属性的名称栏中输入的是 $(GROUP)：Controls，而控制盘中的两个控制接口，一个组名是 Firing Control，另一个是 Monitoring，则最终的显示结果如图 2-179 所示。

18. 图形框架/控制盘的最小化

所有图形框架、控制盘、多测表计和 XY 坐标图都可以通过最小化来减少页面布局的混乱或在查看数据时节省空间；最小化操作只需单击对象右上角的最小化按钮。如需还原，则单击同样位置的还原按钮。

最小化以后，为了区别图形框架和面板的类型，会在最小化窗口的左侧出现不同的图标，具体图标形状及含义如图 2-180 所示，由上至下依次代表图形框架、控制盘、多测表计、相量仪、XY 坐标图及示波器。

最小化的图形框架或面板也可被移动，其操作方式与未最小化时相同。

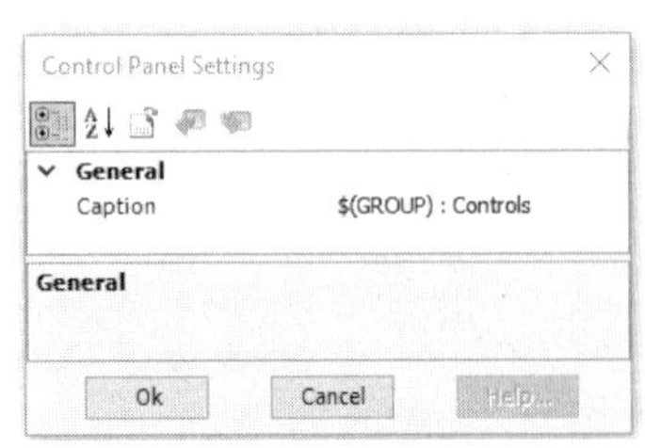

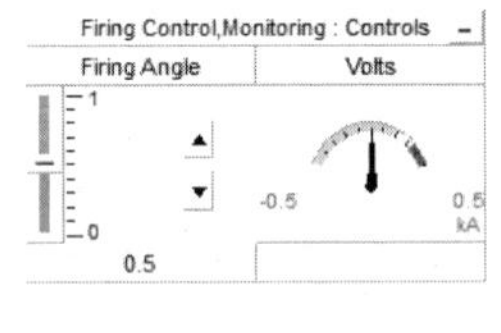

图 2-179 多组名的显示

- Graph Frame
- Control Panel
- PolyMeter
- PhasorMeter
- XY Plot
- Oscilloscope

图 2-180 最小化后的不同图标及含义

19. 在报告中显示曲线和控制

所有的图形绘制和控制元件对象都可被复制到剪贴板后插入至报告或其他文档中。

➢ 设置面板风格

在报告中引用绘图和控制元件之前，可以对图形框架、控制盘的风格进行更改，具体操作在 Application Options 对话框中进行。

➢ 复制和粘贴

简单在 PSCAD 中对绘图或控制对象进行复制，然后在外部应用程序中粘贴即可，所有需要的信息将写入 Windows 剪贴板。

2.4.11 项目调试和改进

1. 概述

解决项目错误是设计过程最具挑战性的工作。无论如何仔细地创建模型，项目编译和运行过程中总会出现一些错误和警告。本节说明一些最常见的错误和警告，并给出相应解决方法。

调试包含用户代码的项目尤为困难。PSCAD 未提供用于调试用户系统动态代码（通过用户自定义元件加入至系统动态的源代码）的集成工具，因而需使用外部的调试工具。本节说明了链接至集成调试器的一些可能的方法。

项目完成时，用户可能需要在向其他使用者提供项目和元件时保护源代码（预编译或加密）。本节还说明了将源代码预编译成 library (*.lib) 或 object (*.obj) 文件的方法，以及用于加密用户自定义组件代码的工具。这些方法可避免向客户分发项目时暴露商业机密的风险。

2. 错误和警告消息

PSCAD 未提供实时错误管理器，用户需首先编译建立自己的项目以获取并查看所有的错误和警告。错误消息将显示于 Build Messages 面板内，这种分类对确定所发生的错误以及如何修复错误非常有帮助。

Build 和 Runtime Message 面板将显示项目建立和编译中产生的消息。Build Messages 面板还将显示与架空线和电缆求解相关的消息，以及其他常规信息性消息。

➢ 建立或编译消息

通过如下步骤分解可简化原本非常复杂的建立或编译过程：

- 建立用于仿真的源代码和数据文件。在此建立过程的第一个步骤中，PSCAD 收集项目中所有的组件定义并进行编译，得到源代码（Fortran (*.f) 文件和数据 (*.dta) 文件）。当任何组件中存在错误时将发出错误或警告消息。即使检测到某个组件存在错误，PSCAD 也将继续该过程直至所有组件编译完成，但不会继续执行下一步。
- 创建 Map 文件。所有组件建立完成后，他们各自局部节点和子系统将被全局地链接在一起，这个过程将产生项目 Map (*.map) 文件。如果组件连接过程中出现非法事件或其他类似问题，将产生相关的错误和警告消息。
- 创建 Make 文件。Make (*.mak) 文件是用于 Fortran 编译器的指导性文件，该过程中出现的任何问题都将会被显示。
- 输电线路段求解。可执行仿真文件生成之前最后的步骤是求解项目中所有的架空线和电缆。PSCAD 将为每个输电线段创建架空线输入文件 (*.tli) 或电缆输入文件 (*.cli)，并调用 Line Constants Program (LCP) 进行求解. 当创建输入文件（段逻辑核查失败）过程中存在问题或 LCP 求解失败时，将给出相应的错误或警告消息。

图 2-181 为 Output Window 中显示上述各步骤消息的示例。该示例是没有任何问题的情况，否则错误消息将出现各自类别页面中。

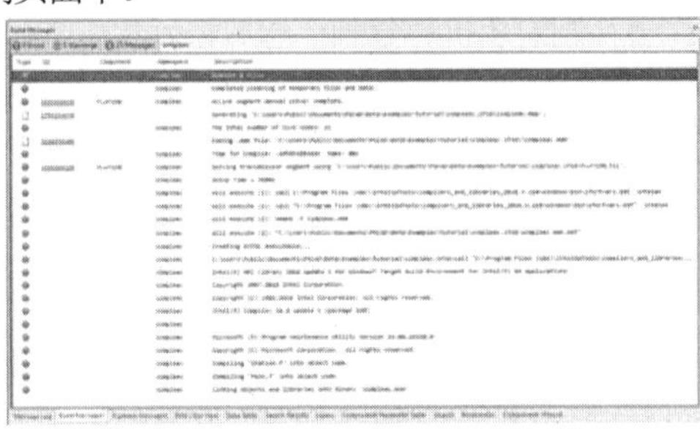

图2-181 建立和编译消息输出

➢ 运行消息

建立过程成果结束后将开始运行过程。运行消息将直接由 EMTDC 依次发送至 PSCAD 的独立 Runtime Messages 面板中. 这些消息直接与运行过程相关，并包括诸如如下信息：与可执行文件相关的消息、EMTDC 软件版权信息和时间统计信息。

- EMTDC 非标准消息：这些消息非常重要，包括文件读取错误、矩阵运算错误，以及运行初始化中出现的任何类型的问题。开始调试改进项目时，用户需经常性参考此处显示的消息。

➢ 常见 Output Window 消息

Output Window 中会显示大量可能的错误和警告消息。一个消息可能直接源自于 PSCAD 或 EMTDC，或由各个元件产生。但只要从开始就仔细建立项目，大部分的这些消息将根本不会出现。

以下是最为常见出现的消息：

- Warning： Suspicious isolated node detected。PSCAD 检测到元件电气连接开路时将发出该警告，通常是由于某个电气节点无任何连接。如果用户实际是需要电气连接开路，为避免该警告消息，建议将该节点通过大电阻（约 1MΩ）接地。该方法可确保数值稳定且不会对仿真结果产生影响。
- Unresolved substitution of key '<name>'。未正确定义关键字或不存在于用户数据内。<name>是 *text* 输入域的名称。
- Signal '<name>' type conversion may lose accuracy。PSCAD 检测到向期望整型的输入传送实数型信号时将发出该警告。PSCAD 自动将实数型信号值转换为最接近的整型数并发出警告。<name>是信号的名称。
- Signal '<name>' source contention at component <defn_name> '<instance_name>'。PSCAD 检测到不同位置具有同名信号时将发出该错误消息。绝大多数情况下该错误是由于连同定义的内部输出变量一起复制元件实例，从而导致内部输出变量重复。<name>是信号名称，<instance_name>元件名称。
- Signal '<name>' dimension mismatch -> <dim_1> != <dim_2>。PSCAD 检测到期望信号维数为<dim_2>的输入接收到维数为<dim_1>的信号时将发出该错误消息。该错误常见于 power

electronic switch 元件，该元件启用插补时将期望 2 维的输入触发信号。<name>是信号名称。

● Array '<Name>' cannot be typecasted。PSCAD 检测到数组信号类型不匹配时将发出该错误消息。例如，某个数据信号数据被定义为整型，而用户尝试使用设置为实型的 Data Signal Array Tap 元件从中分接出某个元素（或相反）；或者向元件被定义为整型数组的外部输入连接上送入实数型数组时。<name>是信号名称。

● Invalid breakout connection to ground at '<Node>'. Node array elements cannot be individually grounded。该错误与 Breakout 元件的使用相关。不能在 Breakout 元件的端子上直接连接 Ground 元件。Breakout 元件被特别设计用于将多个标量连接映射为一个单一数组。由于 Ground 节点无法被映射，编译器将发出该警告消息。可行的解决方法是在 Breakout 端子和 Ground 元件间加入诸如 Current Meter 的串联元件。<Node>是 Breakout 元件连接至地的参考节点名称。

● Short in breakout at '<Node>'. Node array elements must be uniquely defined。该错误与 Breakout 元件的使用相关。 该元件三相侧节点不是实际的电气节点，而是他们假定将要连接的节点编号的参考。当这些参考节点短路（相互电气连接）时将发出该错误消息。Breakout 元件的三相侧各节点必须唯一。<Node> 是 Breakout 被短路连接的节点名称。

● Branch imbalance between breakouts at '<Node>'. Node array elements cannot be shared between signals。该错误与 Breakout 元件的使用相关。该元件三相侧节点不是实际的电气节点，而是他们假定将要连接的节点编号的参考。 一种无法被参考的特殊情况即所谓的不平衡。该不平衡指的是电气节点的不平衡而不是阻抗。需要牢记的基本原则是该元件三相侧所有支路均需包含至少一个串联阻抗。<Node> 是 Breakout 被短路连接的节点名称。

➢ 查看建立和数据文件

项目一旦编译建立完成，多个文件将被创建并保存在项目临时文件夹中。其中的 Fortran、Data 和 Map 等文件对于调试非常有帮助，且在 PSCAD 中可直接查看这些文件。

● Fortran 和数据文件：编译完成后，在 Main 组件画布视图情况下单击定义编辑器 Fortran 或 Data 标签将可查看 Fortran 或 Data 文件。这些文件与组件相关并由 PSCAD 自动创建，用户不可编辑。

● Map 和 Make 文件：Map 和 Make 文件与整个项目关联，因而不能通过标签条查看，而应通过相应面板查看。

3. 元件排序号

PSCAD 提供了为 EMTDC 系统动态中涉及的所有元件自动排序的智能算法，自动元件排序的目的是确保变量按正确的次序计算并尽量减小步长延时。该算法迭代地扫描整个项目然后为所有存在的元件分配序号。一般情况下 input constants 最先排序而输出排序在最后。

多数情况下无需干涉该算法。但可能也存在用户期望在调试过程中将其关闭并手动进行元件排序的情况，例如，用户希望手动控制反馈点。用户也可在信号路径中插入一个 Feedback Loop Selector 元件来引入反馈。

注意：PSCAD 以组件为基础进行元件排序。默认情况下对于新增和现有组件，Canvas Settings

对话框中的 *Sequence Ordering* 选项被设置为 Automatic Assignment。用户可对某些组件禁用该选项，而仍对其他组件进行自动排序。

可通过 Canvas Settings 对话框获取元件排序特性。

➢ 显示排序号

手动排序前，用户需首先编译项目并确保 Canvas Settings 对话框中 *Sequence Order Numbers* 选择为 Display。 鼠标右键单击 Schematic 画布内空白部分，从弹出的菜单中选择 Canvas Settings... 即可打开 Canvas Settings 对话框。

Sequence Order Numbers 选择为 Display 后, 用户项目中各个元件实例图形外观最顶层将显示排序号，一个例子如图 2-182 所示。

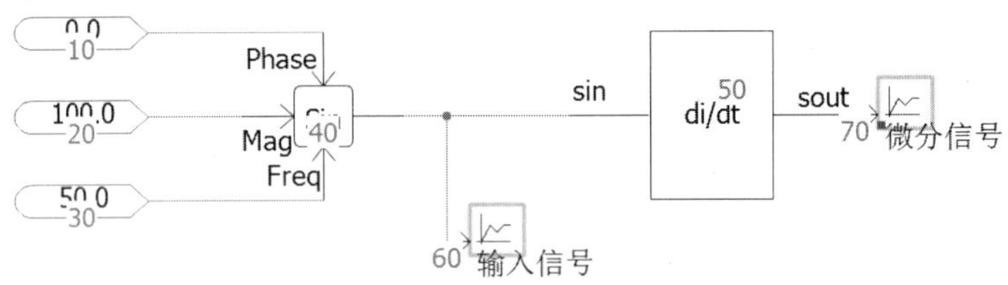

图 2-182 显示元件排序号

➢ 着色

某个特定用户代码可能在系统动态的两个位置（即 DSDYN 或 DSOUT）驻留。因此元件排序号具有不同的颜色，以便于用户直观地确定代码所在位置。着色方案包括：

色例：

- 浅绿色：元件代码在当前组件的 DSDYN 段内。
- 橄榄色：元件代码在当前组件的 DSOUT 段内。

➢ 手动设置排序号

元件手动排序时，首先确保 Canvas Settings 对话框中 *Sequence Order Numbers* 选择为 Display 且 *Sequence Ordering* 选择为 Manual。鼠标右键单击元件，从弹出的菜单中选择 Sequence...，如图 2-183 所示，弹出的对话框如图 2-184 所示。

输入所期望的排序号并单击 OK 按钮。对其他元件和组件重复该步骤。

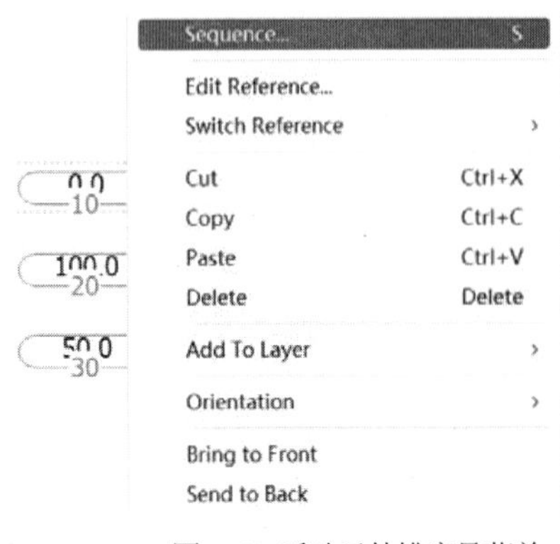

图 2-183 手动元件排序号菜单

图 2-184 元件排序号设置对话框

4. 信号位置显示

有助于元件排序的另一个特性是 Canvas Settings 对话框中 *Signals* 选项。启用该选项时，PSCAD 将在连接和连线端处放置图标，如图 2-185 所示。以协助用户确定可能存在的步长延迟点，不同类型信号的图标颜色不同。

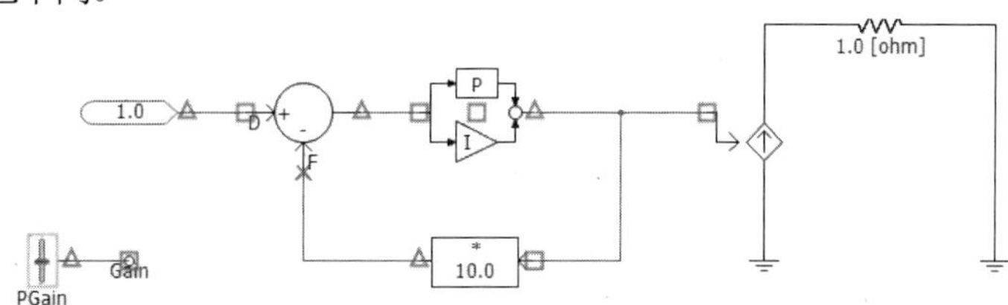

图 2-185 显示信号位置

所使用的图标说明如下：

- Δ 源：该符号表明源信号点。也即该特定信号在此处被创建。
- □ 漏：该符号表明漏信号点。也即源信号的目标位置点。
- ◊源/漏：该符号表明同时为源和漏信号点。
- × 反馈：该符号表明通过连接点传递的信号为反馈信号。也即该信号值在先前时间步长 (t-Δt) 被定义。因此反馈信号需被写入存储数组并在每个时间步长内读出。

➢ 信号色例

- 绿色：REAL 型信号。
- 蓝色：INTEGER 型信号。
- 紫红：LOGICAL 型信号。
- 橘红：COMPLEX 型信号。

5. 端点显示

与显示信号选项类似，可在 Canvas Settings 对话框中设置显示端点。当相应的选项 *Terminals* 被设置为 Show terminals 时，如图 2-186 所示，PSCAD 将在连接点和导线端点仿真图标，从而图形化地辨别电气端点类型，此外还通过图标颜色区分信号类型。

- O 电气节点/端点：该符号表明此连接点为电气节点或端点。

➢ 端点色例

- 绿色：Active 类型电气节点/端点。
- 咖啡色：Ground 类型电气节点/端点。
- 灰色：Removed 类型电气节点/端点。
- 紫色：Isolated 类型电气节点/端点。

6. 控制信号路径

控制信号路径用于在项目编译后查看控制信号流向（从源到负载）。在控制信号路径的 Wire 元件上将给出相应的指示符。信号理想指示符为直接显示在连线上的箭头，如图 2-187 所示。

为启用该特性，可在 Project Settings 对话框的 Dynamics 标签页中勾选 *Compute and Display Signal Pathways on Control Wires*。

图 2-186 端点显示设置

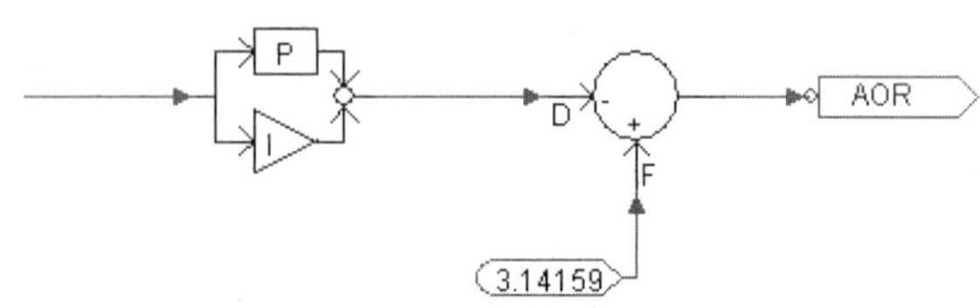

图 2-187 显示信号流向

注意：默认的指示符方向是基于 Wire 元件的方向（从 Wire 的始端朝向其终端），而不是实际控制信号的流向。流向指示符显示反向时可通过反转连续的端点调整。显示流向指示符之前需编译项目。

7. 创建 Library (*.lib) 和 Object (*.obj) 文件

某些情况下用户编写的代码可能蕴含交易机密或代表开发期间大量的投资。此时，用户希望在发布之前对这些代码进行保护，特别是模型出售以及交付用户或公司合作伙伴。通过向用户提供预编译（即二进制）格式的源代码可轻松实现保护。不论使用何种 Fortran 编译器，任何链接至 PSCAD 项目的源代码文件默认时均被编译为单独的目标文件。PSCAD 还提供了有效将多个目标文件纳入一个单一二进制编译文件的功能。

源代码文件可通过如下方法之一链接至某个项目：

- 使用 File Reference 元件。
- 使用资源分支。

➢ Object (*.obj) 文件

通常情况下在编译项目时，Fortran 编译器将自动为每个链接至项目的源代码文件创建一个编译的目标 (*.obj) 文件，并将它们放置于项目临时文件夹中。用户可选择向用户提供这些编译的目标文件而不是源代码。这对于源代码文件较少时有效，但对包含众多源文件链接的大型项目而言，逐个提供源代码文件的目标文件将非常麻烦。解决方法之一是将所有源代码子程序合并为一个单一文件。 这个也较为繁琐的过程可能导致继续开发源代码时出现问题。

➢ Static Library (*.lib) 文件

合并多个源代码文件更有效的方法是将所有目标文件合组合成为一个单一的编译库 (*.lib) 文件。当在 library 项目中设置了对源代码文件的链接时，PSCAD 可轻易地为任何 library 项目文件 (*.pslx) 创建编译的库文件。在 library 项目中通过使用 File Reference 元件即可实现该功能。

➢ 创建 Library (*.lib) 文件

创建库文件前需考虑 Fortran 编译器，每个 Fortran 编译器所创建的编译文件不一定能被其他编译器使用。也即需要了解用户正在使用的 Fortran 编译器类型，以确保所提供文件的兼容性。大多数 PSCAD 用户将为每个所支持的 Fortran 编译器创建等效的文件，并将它们放置于对应文件夹中。

- 创建一个新的或编辑一个现有的 library 项目，使用 File Reference 元件链接每个将被加入至编译的库文件 (*.lib) 中的源代码文件，如图 2-188 所示。图 2-188 所示为将 3 个源代码文件 (MySource1.f- MySource3.f) 链接至所生成的库文件。
- 在 Workspace 窗口内鼠标右键单击目标 Library 项目名称，从弹出的菜单中选择 Create Compiled Library (*.lib)，如图 2-189 所示。随后，PSCAD 将在项目 file (*.pslx) 所在目录下为该 library 项目创建临时文件夹，编译的库文件连同每个链接源代码文件的目标文件 (*.obj)将被放置于其中。

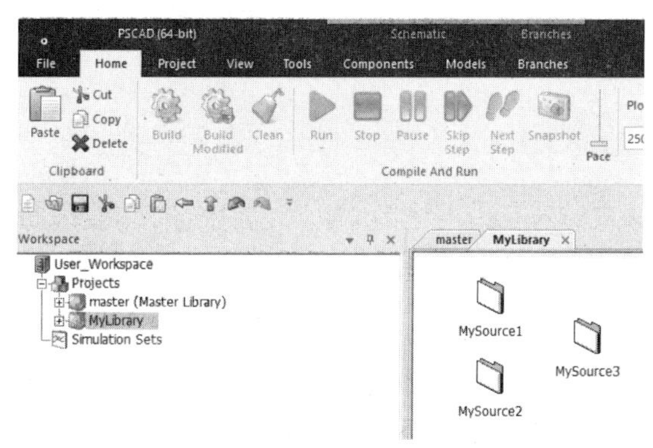

图 2-188 源代码文件引用

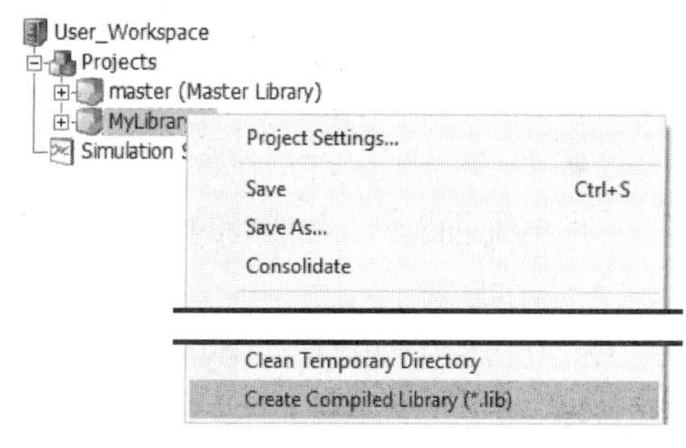

图 2-189 生成库文件

8．加入 Dynamic Link Library (*.dll) 文件

在项目建立时也可加入 Dynamic Link Library (*.dll) 文件，但与这些文件链接的方法是通过链接 Import Library (*.lib) 文件，也即需要采用与链接静态库文件完全相同的方法链接其输入库文件。

链接动态链接库时需额外考虑如下两个问题：

- *.dll 文件的位置：动态链接库文件可被放置于与项目可执行文件相同的文件夹中，也可通过 PATH 环境变量指出其路径。例如创建一个目录 C:\temp\my_dlls 并将 *.dll 文件放置于其中，然后在 PATH 环境变量添加值 C:\temp\my_dlls（指向该目录）。
- 输入库文件 (*.lib) 缺失：在缺失时，用户需要为 *.dll 文件创建相应的输入库文件，为指定 *.dll 文件创建相应输入库文件的方法可参考 *Microsoft knowledge base article 131313 (http://support.microsoft. com/kb/131313)*。

2.4.12 智能粘贴

PSCAD 提供了智能化的复制和粘贴。当复制某个对象时，PSCAD 在 Windows 剪贴板中存储了大量信息，可根据目标将要被粘贴的环境作出智能化粘贴决定。熟悉该功能将极大提高项目编译和维护的效率。

➢ 启用智能粘贴

首先需要进行对象的复制或剪切操作，PSCAD 将提取开展智能粘贴所需的全部信息，只需要在将要粘贴的位置触发鼠标右键菜单，选择 Paste 或 Paste Special 即可，如图 2-190 所示。

➢ 层信息

复制对象时将包括其全部的层信息，在其粘贴时层状态将被维持。如果某个层已经存在，则该元件将直接加入该层，否则将创建一个新层。

➢ 复制传输

PSCAD V5 中的智能粘贴集成了复制传输和相关性复制特性，用于复制传输组件层级。此前的版本中需首先使用 Copy Transfer 功能，然后粘贴。PSCAD V5 中首先使用 Copy，然后选择 Paste Special→Paste Transfer，如图 2-190 所示。

➢ 输出通道

输出通道是大多数项目中频繁使用的元件，对其进行复制后，PSCAD 将根据粘贴的目标位置智能地进行如下操作：

- 电路画布内：执行正常的元件复制操作。
- 图形内：生成曲线。
- 图形框架内：生成包含新曲线的新图形。
- 控制面板内：生成新的仪表接口。

➢ 位图复制

PSCAD V5 中不再通过 Copy as Meta-File 和 Copy as Bitmap 来生成位图和/或元文件。要创建图像，简单选定并复制目标对象，PSCAD 将生成高分辨率的位图并加入至 Windows 剪贴板中。可在例如 Word 等应用程序中粘贴该位图，如图 2-191 所示。

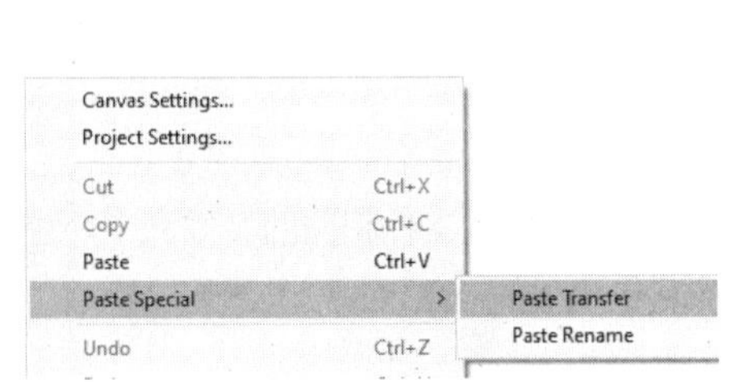

图 2-190 智能粘贴菜单

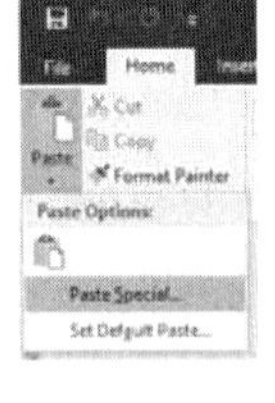

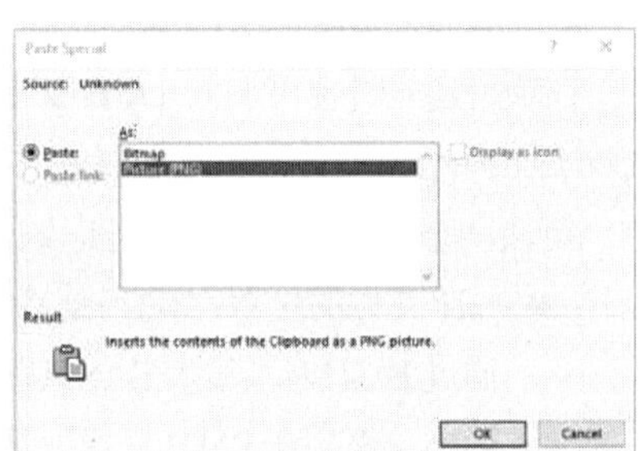

图 2-191 位图创建和粘贴

➢ 通过复制文本创建便签

在外部程序中复制的文本，直接在电路画布内粘贴时将生成新的包含这些文本的便签，如图 2-192 所示。

panel and a new graph containing a new curve will be created; paste over a control panel to create a new meter interface.

- **Paste External, Copied Text Directly as Sticky Note:** Text copied from an external file, such as Microsoft Notepad or Word, is now formed directly as a sticky note, when pasted on the schematic canvas.
- **Multi-Select Copy Transfer:** Select a single module or multiple modules and select copy. Paste

Select Text in External Program

•Paste External, Copied Text Directly as Sticky Note: Text copied from an external file, such as Microsoft Notepad or Word, is now formed directly as a sticky note, when pasted on the schematic canvas.

Paste on Schematic Canvas to Create Sticky Note

图 2-192 文本复制创建便签

➢ 复制重命名

复制具有 *Symbol* 名称为 Name 的文本参数的元件时，可根据原先的文字自动给该文本参数赋新值。例如，*Name* 参数值为 MyComponent 的元件复制后的元件的该参数可自动重命名为 MyComponent_1。该功能对于复制数据标签、节点便签和 Xnode 时非常有用。通过鼠标右键菜单的 Paste Special→Paste Rename 即可实现复制重命名，如图 2-193 所示。

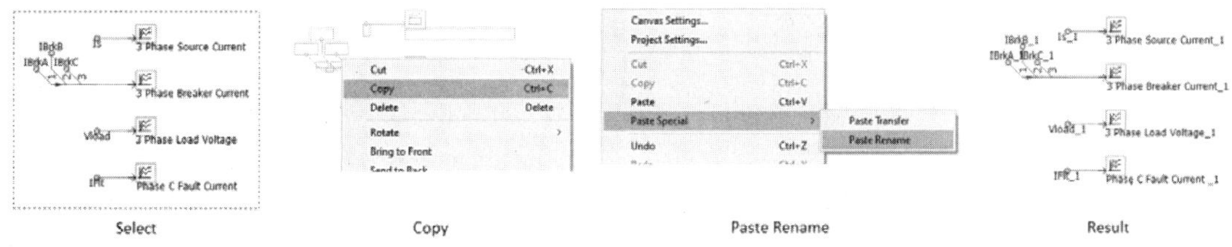

图 2-193 复制重命名

2.4.13 选择特性

PSCAD 提供了多种方便的选择特性来在多个画布 (Schematic, Graphic, T-Line/Cable Editor) 内选取不同的对象。通过功能区控制条的 *Select* 下拉列表触发选取功能，该列表对电路画布在 Hom 便签页内，对图形画布在 Shapes 标签页内，如图 2-194 所示。

在外部程序中复制的文本，直接在电路画布内粘贴时将生成新的包含这些文本的便签，如图 2-192 所示。

➢ 单一对象的选取

对目标单一对象单击，即可选取该对象。

➢ 多个单一对象的选取

按下 Ctrl 键并保持，对单一对象逐一单击，即可形成选取对象组。

➢ 方块形选取

按下鼠标左键并保持，拖动鼠标指针可出现方形选取框，在该框包围了所有想要选取的对象后释放鼠标左键即可，如图 2-195 所示。

➢ 徒手选取

在图 2-194 的 Select 下拉列表中单击 Freehand Selector， 按下鼠标左键并保持，拖动鼠标指针围绕将要选取对象的外缘，在包围了所有想要选取的对象后释放鼠标左键即可，如图 2-196 所示。

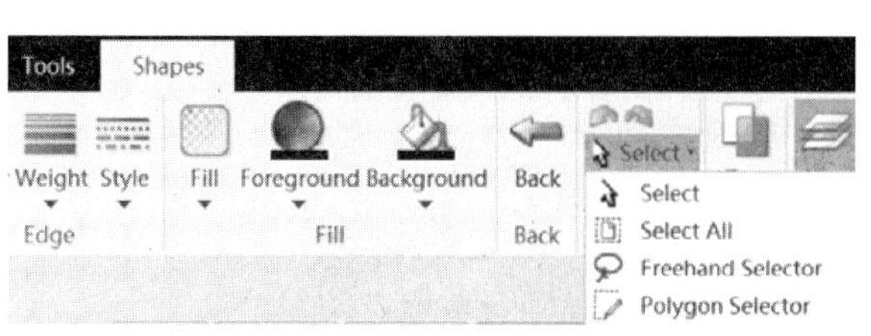

图 2-194 Select 下拉列表

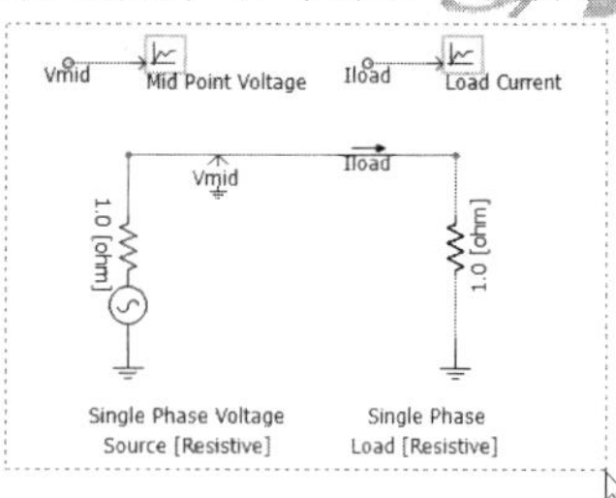

图 2-195 方块形选取

➢ 多边形选取

在图 2-194 的 *Select* 下拉列表中单击 Polygon Selector，依次单击，每次单击将绘制直线，由直线形成的多边形包围了将要选取的多个对象后，单击第一次留下的端点即可选取，如图 2-197 所示。

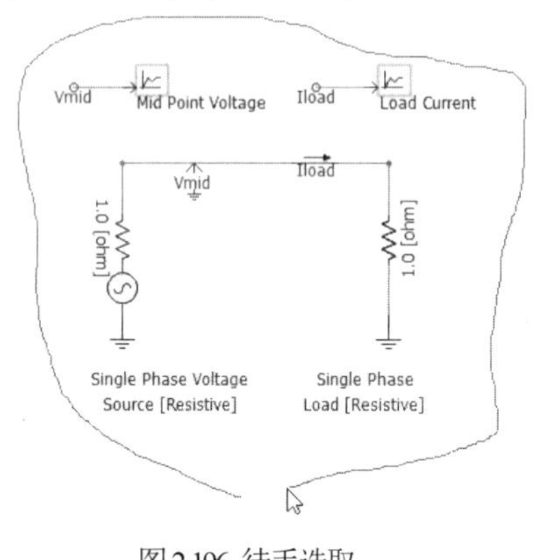

图 2-196 徒手选取

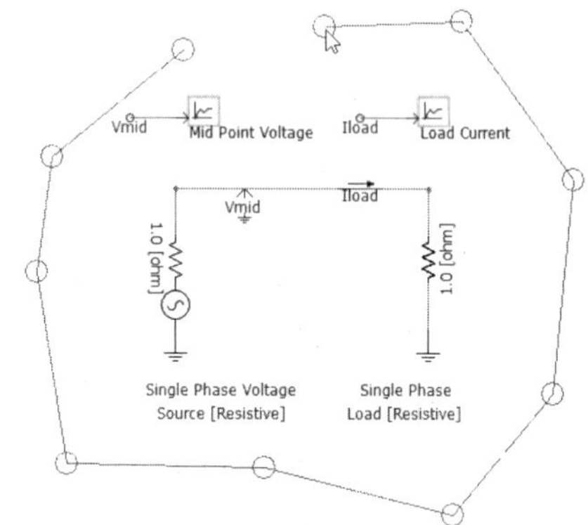

图 2-197 边形选取

2.4.14 拓扑表

拓扑表提供了与组件特定的一组网格表，用于显示多种不同类型的电气网络和控制系统调试信息。在电路画布任何空白处单击鼠标右键，从弹出的菜单中选取 View Topology...，即可打开拓扑表，如图 2-198 所示。该功能仅在项目编译后才能启用，典型的拓扑表如图 2-199 所示。

➢ 母线

母线表显示了特定组件画布内现有的所有母线元件信息，其中每一行代表一个单独的实例，如图 2-200 所示。

- ID：该实例 ID。双击该导航链接将直接定位至相应的母线元件。
- Name：Bus 元件的相关参数，详细说明请参考 Bus 元件。
- Base KV：Bus 元件的相关参数，详细说明请参考 Bus 元件。
- Type：Bus 元件的相关参数，详细说明请参考 Bus 元件。
- Vmag：Bus 元件的相关参数，详细说明请参考 Bus 元件。
- Vang：Bus 元件的相关参数，详细说明请参考 Bus 元件。

➢ 支路

支路表显示了特定组件画布内现有的所有支路信息，其中每一行代表一个单独的实例，如图2-201所示。

图2-198 查看拓扑表

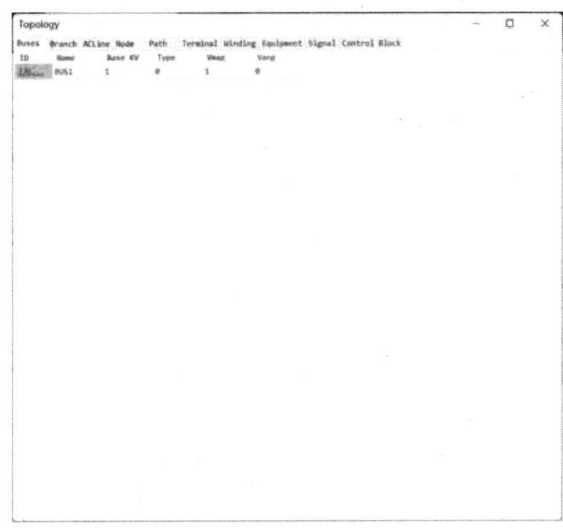

图2-199 典型拓扑表

Topology

Buses | Branch | ACLine | Node | Path | Terminal | Winding | Equipment | Signal | Control Block

ID	Name	Base KV	Type	Vmag	Vang
384956275	Ibus	0	0	1	0
1257608744	Rbus	0	0	1	0

图2-200 母线表

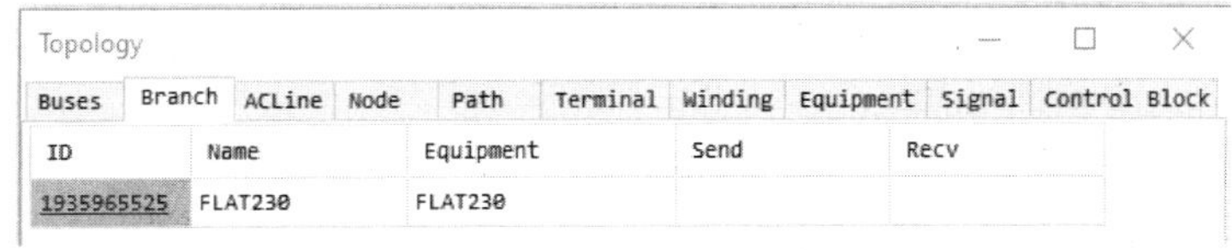

ID	Name	Equipment	Send	Recv
1935965525	FLAT230	FLAT230		

图2-201 支路表

- ID：该实例ID。双击该导航链接将直接定位至相应的支路元件。
- Name：支路实例名称。
- Equipment：支路定义名称。

➢ ACLine表

ACLine表显示了特定组件画布内现有的所有架空输电线和电缆信息，其中每一行代表一个单独的实例，如图2-202所示。

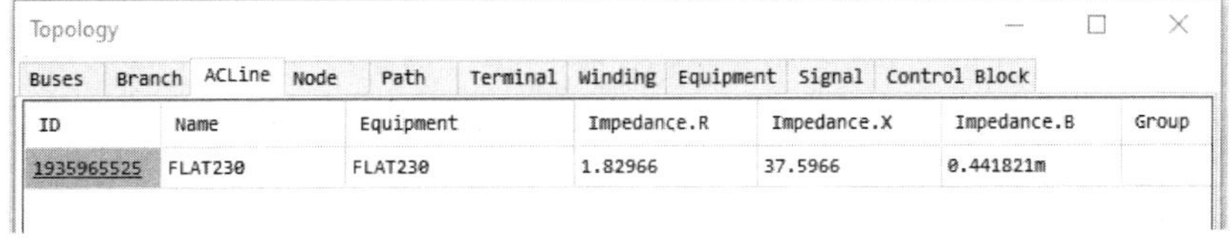

ID	Name	Equipment	Impedance.R	Impedance.X	Impedance.B	Group
1935965525	FLAT230	FLAT230	1.82966	37.5966	0.441821m	

图2-202 ACLine表

- ID：该实例 ID。双击该导航链接将直接定位至相应的架空线或电缆元件。
- Name：元件实例名。
- Equipment：元件定义名。
- Impedance.R：架空线或电缆总电阻。
- Impedance.X：架空线或电缆总电抗。
- Impedance.B：架空线或电缆总电纳。

➢ 节点表

节点表显示了特定组件画布内现有的所有电气节点信息，其中每一行代表一个单独的实例，如图 2-203 所示。

Topology

Buses | Branch | ACLine | Node | Path | Terminal | Winding | Equipment | Signal | Control Block

ID	Name	BaseKV	Equipment	Subnet	Node	Terminals	Flags
457741788	GND	0	ground	00:00	01:00	8	Earth
506816612	NT_1(3)	#NaN	source3	01:01,02,03	01:01,02,03	2	
1718370469	NT_2(3)	#NaN	xfmr-3p2w	01:04,05,06	01:04,05,06	2	
793328662	NT_3(3)	#NaN	resistor	02:07,08,09	02:01,02,03	4	
1303492619	NT_4(3)	#NaN	breaker3	02:10,11,12	02:04,05,06	2	
1257104711	NT_5(3)	#NaN	tline_interface	01:13,14,15	01:07,08,09	2	

图 2-203 节点表

- ID：该实例 ID。双击该导航链接将直接定位至其源元件。
- Name: EMTDC 电气节点名称。
- Base KV：节点所在网络的基准电压。
- Equipment：节点附着的元件定义名。
- Subnet：全局和局部子系统号。
- Node：全局和局部节点号。
- Terminals：附着该节点的电气支路总数。
- Flags：电气节点类型。

➢ 路径表

路径表显示了多数支路信息，如图 2-204 所示。

Topology

Buses | Branch | ACLine | Node | Path | Terminal | Winding | Equipment | Signal | Control Block

ID	Name	Equipment	Send	Recv	Type	R	L	C
2096470194	BR(3)	source3	GND	NT_1	RS	1.0	0.0	0.0
395352112	BR11	xfmr-3p2w	NT_1[1]	NT_1[2]	RLC	1.0	0.1	1.0
656330113	BR12	xfmr-3p2w	NT_1[2]	NT_1[3]	RLC	1.0	0.1	1.0
297601449	BR13	xfmr-3p2w	NT_1[3]	NT_1[1]	RLC	1.0	0.1	1.0
282501873	BR21	xfmr-3p2w	NT_2[1]	GND	RLC	1.0	0.1	1.0
1682797582	BR22	xfmr-3p2w	NT_2[2]	GND	RLC	1.0	0.1	1.0
1503786445	BR23	xfmr-3p2w	NT_2[3]	GND	RLC	1.0	0.1	1.0

图 2-204 路径表

- ID：该实例 ID。双击该导航链接将直接定位至其源元件。
- Name: 支路名称。
- Equipment：包含该支路的元件定义名。

- Send：支路送端节点名。
- Recv：支路受端节点名。
- R：支路电阻 (W)。
- L：支路电感 (H)。
- C：支路电容 (mF)。

➤ 端点表

端点表显示了高级节点信息，如图 2-205 所示。

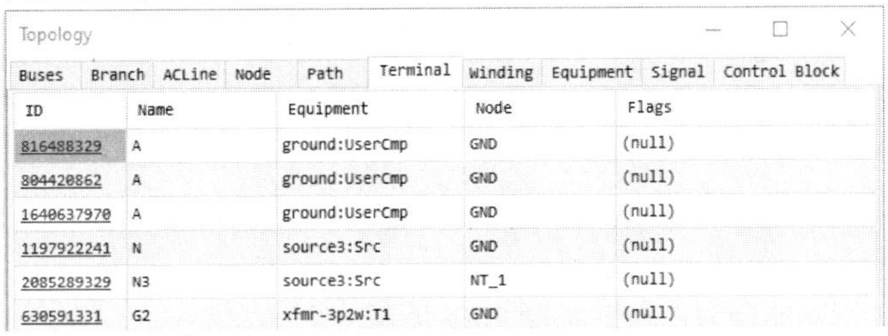

Topology

Buses | Branch | ACLine | Node | Path | Terminal | Winding | Equipment | Signal | Control Block

ID	Name	Equipment	Node	Flags
816488329	A	ground:UserCmp	GND	(null)
804420862	A	ground:UserCmp	GND	(null)
1640637970	A	ground:UserCmp	GND	(null)
1197922241	N	source3:Src	GND	(null)
2085289329	N3	source3:Src	NT_1	(null)
630591331	G2	xfmr-3p2w:T1	GND	(null)

图 2-205 端点表

- ID：该实例 ID。双击该导航链接将直接定位至其源元件。
- Name: 节点名称。
- Equipment：该端点所属元件的定义名称。
- Node：节点类型。

➤ 设备表

设备表显示了组件中使用的元件信息，如图 2-206 所示。

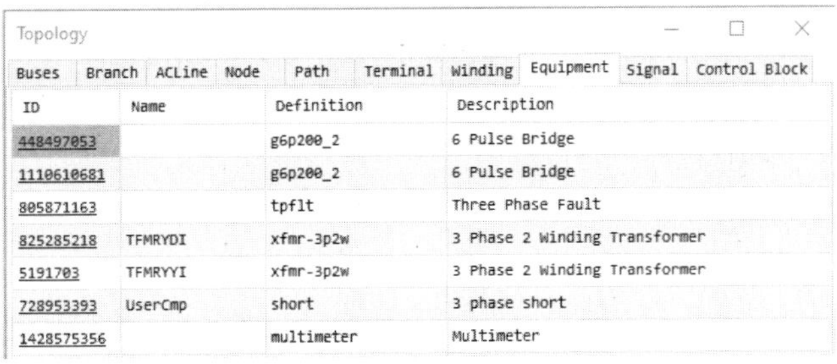

Topology

Buses | Branch | ACLine | Node | Path | Terminal | Winding | Equipment | Signal | Control Block

ID	Name	Definition	Description
448497053		g6p200_2	6 Pulse Bridge
1110610681		g6p200_2	6 Pulse Bridge
805871163		tpflt	Three Phase Fault
825285218	TFMRYDI	xfmr-3p2w	3 Phase 2 Winding Transformer
5191703	TFMRYYI	xfmr-3p2w	3 Phase 2 Winding Transformer
728953393	UserCmp	short	3 phase short
1428575356		multimeter	Multimeter

图 2-206 设备表

- ID：该实例 ID。双击该导航链接将直接定位至该元件。
- Name: 元件实例名称。
- Equipment：元件定义名。
- Description：元件描述。

➤ 信号表

信号表显示了控制信号信息，如图 2-207 所示。

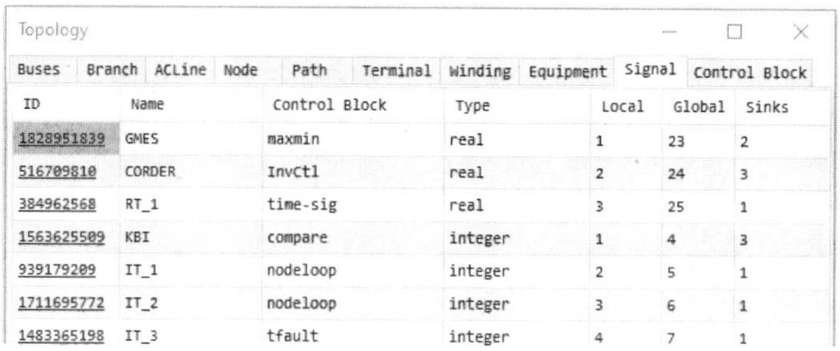

Topology

Buses | Branch | ACLine | Node | Path | Terminal | Winding | Equipment | Signal | Control Block

ID	Name	Control Block	Type	Local	Global	Sinks
1828951839	GMES	maxmin	real	1	23	2
516709810	CORDER	InvCtl	real	2	24	3
384962568	RT_1	time-sig	real	3	25	1
1563625509	KBI	compare	integer	1	4	3
939179209	IT_1	nodeloop	integer	2	5	1
1711695772	IT_2	nodeloop	integer	3	6	1
1483365198	IT_3	tfault	integer	4	7	1

图 2-207 信号表

- ID：该实例 ID。双击该导航链接将直接定位至信号来源元件。
- Name: 信号名称。
- Control Block：源元件名称。
- Type：信号类型。

➢ 控制模块表

控制模块表显示了控制系统信息，如图 2-208 所示。

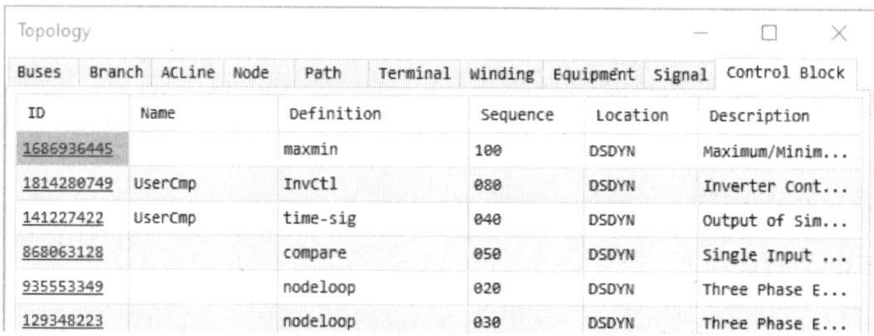

Topology

Buses | Branch | ACLine | Node | Path | Terminal | Winding | Equipment | Signal | Control Block

ID	Name	Definition	Sequence	Location	Description
1686936445		maxmin	100	DSDYN	Maximum/Minim...
1814280749	UserCmp	InvCtl	080	DSDYN	Inverter Cont...
141227422	UserCmp	time-sig	040	DSDYN	Output of Sim...
868063128		compare	050	DSDYN	Single Input ...
935553349		nodeloop	020	DSDYN	Three Phase E...
129348223		nodeloop	030	DSDYN	Three Phase E...

图 2-208 控制模块表

- ID：该实例 ID。双击该导航链接将直接定位至信号来源元件。
- Definition：控制模块元件定义名。
- Sequence：控制模块序号。
- Location：系统动态位置。
- Description：控制模块描述。

2.4.15 工具提示

工具提示窗口专用于动态显示电路信息，可以为元件实例提供弹出帮助，也可以用来监测仿真过程中的电气或控制信号。

要监测仿真过程中的电气或信号，可以：

- 在电路画布的空白单击，该操作是为了确保当前电路画布是活动窗口。
- 移动鼠标指针到需要监测信号线上保持不动，1~2s 后就会弹出如图 2-209 所示提示窗口。
- 提示窗口内显示了节点号、支路号、维数等信息。如果鼠标指针悬停的连接线承载有电气信号，则工具提示会以 kV)为单位显示该节点的电压。如果鼠标指针悬停的位置是数据（控制）信号，则工具提示将显示信号值。

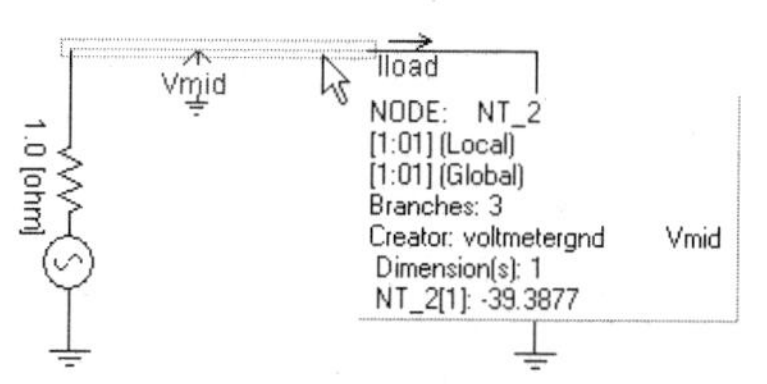

图 2-209 工具提示窗口

需要注意的是只有在 Project Settings 对话框的 Dynamics 选项卡中启用了 *Store Feed-Forward Signals for Viewing* 时工具提示才会显示数据信号值。

第 3 章　无源元件

本章及后续几章将对 PSCAD 主元件库中元件较为重要的进行详细介绍，包括元件的描述、参数设置、使用方法以及与元件相关的 PSCAD 特殊设计等，为学习本书后续各章节的内容提供了基础。同类型元件的相同参数仅在首次出现时说明一次。

无源元件包括各种形式的滤波器、各种负载组合及简单的电容、电感、电阻等元件。在绝大部分仿真模型中基本都会涉及到无源元件，但使用者对各个元件之间的区别却知之甚少。本章将在概述元件库的基础上，详细介绍无源元件的使用。

3.1 概述

PSCAD 主元件库将同类型的元件放置于同一页面内，如图 3-1 所示。

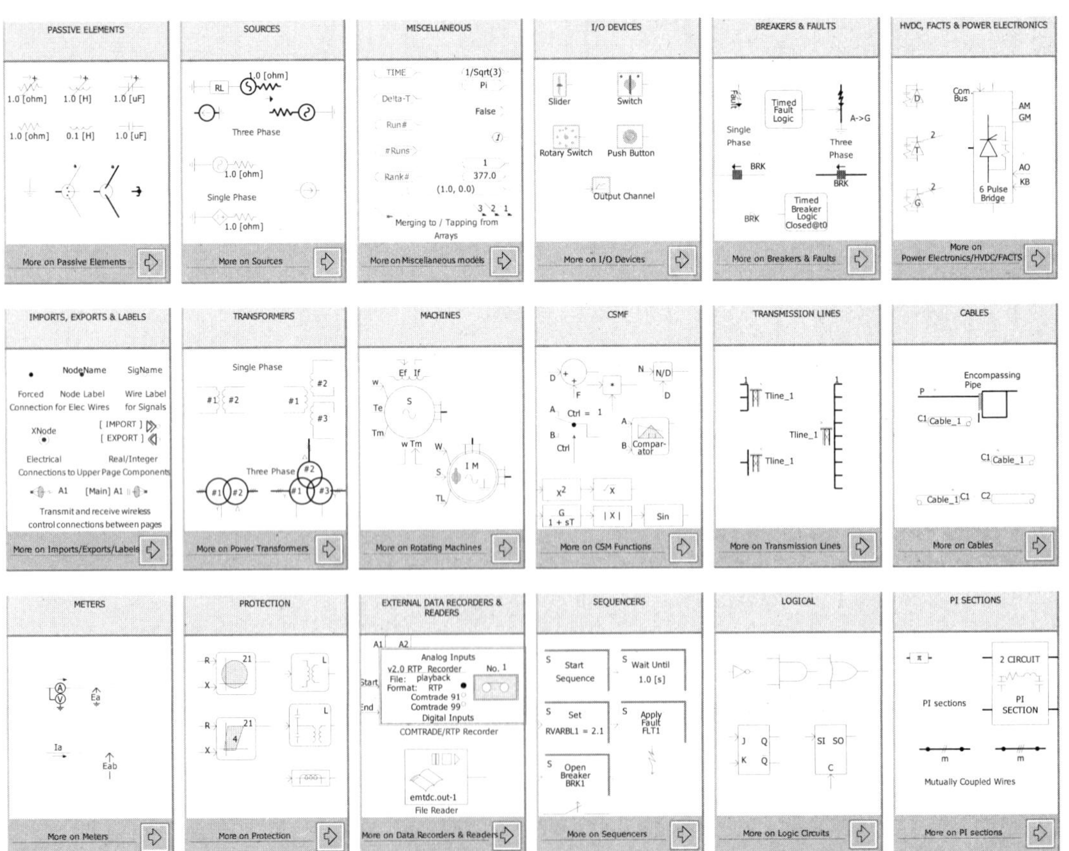

图 3-1　主元件库

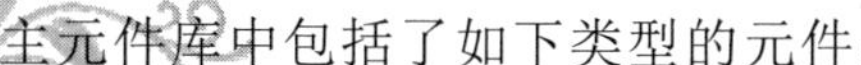

主元件库中包括了如下类型的元件：

- 无源元件 (Passive)
- 电源 (Sources)
- 变压器 (Transformers)
- 断路器 (Breakers)
- 故障 (Faults)
- 输电线路/电缆 (Transmission Lines/Cables)
- 电动机 (Machines)
- 仪表 (Meters)
- 高压直流输电和柔性交流输电系统 (HVDC/FACTS)
- 保护 (Protections)
- 控制元件 (CSMF)
- I/O 设备 (I/O Devices)
- 顺序动作元件 (Sequencer)
- 其他元件 (Miscellaneous)

3.2 无源元件 (Passive)

3.2.1 RLC 带通滤波器 (Band Pass RLC Filter)

该元件如图 3-2 所示。

1．说明

该滤波器支路仅能通过一定频率范围的信号。当放置于线对地之间时将作为陷波器，从线路中吸收具有谐振频率的分量。滤波器参数可以以 R、L 和 C 或 Q, f_0 和 MVar 的形式输入。

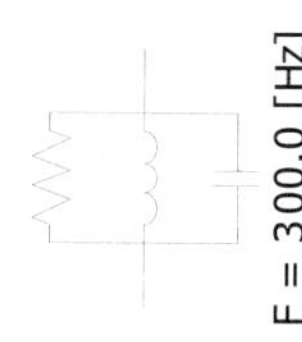

图 3-1 RLC 带通滤波器元件

2．参数

➢ Configuration | General

- Name for Identification：可选的用于识别元件的文本参数。
- Data Entry：RLC Values | MVAR，Fn & Q。选择参数的输入方式。
  - ■ RLC Values：采用 RLC 形式输入。
  - ■ MVAR，Fn & Q：采用 MVAR, Fn & Q 形式输入。

➢ Resonant Freq & Q | General（仅当 *Data Entry* 选取为 MVAR, Fn & Q 时有效）

- Q Factor (R/w*L)：品质因数（衡量滤波器响应锐度）。
- Base FrequencyHz：基准频率。与 *Megavars (1-phase)*和 *Phase Voltage* 设置值一起确定电容值。
- Cut off FrequencyHz：滤波器转折频率。

- Megavars (1-phase)MVAR：单相容量。与 *Base Frequency* 和 *Phase Voltage* 设置值一起确定合适的电容值。
- Phase VoltagekV：相电压有效值。与 *Megavars (1-phase)*和 *Base Frequency* 设置值一起确定电容值。

➢ Rlc Values（仅当 *Data Entry* 选取为 RLC Values 时有效）

- ResistanceΩ：支路电阻。
- InductanceH：支路电抗。
- CapacitanceμF：支路电容。

3.2.2 C 型滤波器 (C-Type Filter)

该元件如图 3-3 所示。

1．说明

该元件模拟 C 型滤波器。其中各元件参数的选取能够使得该元件在基波下为纯容性，从而将损耗降至最小。该元件可用于单相或三相单线电路。

图 3-2 C 型滤波器元件

2．参数

➢ Configuration | General

- Description：该元件的简单描述。
- Data Entry Format：RLC Values| Voltage, Tuned Harmonic, ...。设置数据输入格式。
  - RLC Values：RLC 格式。
  - Voltage, Tuned Harmonic, ...：电压，谐振频率格式。

➢ Configuration | RLC Values（仅当 Data Entry Format 选择为 RLC Values 时有效）

- Common CapacitanceμF：公共电容值。
- Series CapacitanceμF：串联电容值。
- InductanceH：电感值。
- ResistanceΩ：电阻值。

➢ Configuration | Voltage, Tuned Harmonic,...（仅当 *Data Entry Format* 选择为 Voltage, Tuned Harmonic, ...时有效）

- Fundamental FrequencyHz：基波频率。
- Tuned Harmonic：谐振时的谐波次数。
- Rated VoltagekV：额定电压（应用于三相/单相系统时分别为额定线电压和额定相电压）。
- Reactive Power at Fundamental FrequencyMVA：基波频率下滤波器提供的总无功功率（应用于三相/单相系统时分别为三相/单相功率）。
- Quality Factor：滤波器的品质因数。

3.2.3 RLC 高通滤波器 (High Pass RLC Filter)

该元件如图 3-4 所示。

1．说明

该滤波器的支路阻抗随频率的增加而减小。当放置于线对地之间时将吸收高于“转折频率”的频率成分。滤波器参数可以 R、L & C 或 Q、f_0 & MVar 的形式输入。

1.0 [ohm]

0.1 [H] 5.0 [uF]

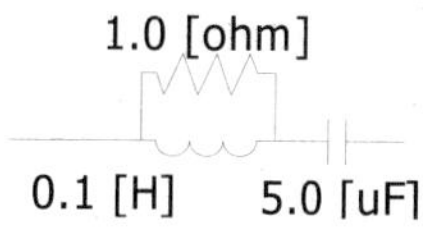

图 3-3 RLC 高通滤波器元件

2．参数

相同参数可参考 3.2.1 节。

➢ Internal Output Variables | General

- Name for Filter CurrentkA：监测滤波器电流变量名。

3.2.4 RLC 串联滤波器 (Series RLC Filter)

该元件如图 3-5 所示。无源滤波器的设计请参考 3.2.15 节。

1．说明

该滤波器仅允许谐振频率附近的分量通过。放置于线对地之间时将作为一个陷波器，以从线路上吸收谐振频率的成分。滤波器参数可以 R、L & C 或 Q, f_0 & MVar 的形式输入。

0.1 [H]

1.0 [ohm] 5.0 [uF]

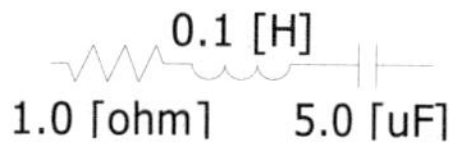

图 3-4 RLC 串联滤波器元件

2．参数

相同参数可参考 3.2.1 节。

3.2.5 单相线间固定负载 (Single Phase L-L Fixed Load)

该元件如图 3-6 所示。

P+jQ

图 3-6 单相线间固定负载元件

1．说明

该元件模拟作为电压和频率函数的负荷特性。负荷的有功和无功功率表达式为：

$$P = P_0\left(\frac{V}{V_0}\right)^{NP}(1+K_{PF}\mathrm{d}F)$$

$$Q = Q_0\left(\frac{V}{V_0}\right)^{NQ}(1+K_{QF}\mathrm{d}F)$$

式中，P 为等效负荷有功功率；P_0 为单相额定有功功率；V 为负载电压；V_0 为负载额定相电压有效值；NP 为有功功率的 $\mathrm{d}P/\mathrm{d}V$ 电压指数；K_{PF} 为有功功率的 $\mathrm{d}P/\mathrm{d}F$ 频率系数；

Q 为等效负荷无功功率；Q_0 为单相额定无功功率（感性为正）；NQ 为无功功率的 dQ/dV 电压指数；K_{QF} 为无功功率的 dQ/dF 频率系数；其中 dQ, dP, dV 和 dF 均为标幺值。

每半周波（准确的电压过零点）并联电阻值将更新，以反映作为电压有效值和频率函数的非线性负载效应。同样的，与电阻并联的电感和电容也将在每半周波更新（在其电压过零点），以反映其非线性特性。

需要注意的是：R、 L 和 C 的初值均通过用户给定的额定条件计算得到，并且在 10 个工频周期内保持为常数。

2. 参数

➢ Parameters | General

- Name for Identification：可选的用于识别元件的文本参数。
- Rated Real PowerMW：负载稳态有功功率。
- Rated Reactive Power (+inductive)MVAR：负载稳态无功功率。感性负载时输入为正，容性负载时输入为负。
- Rated Load Voltage (RMS)kV：负载电压有效值。
- Volt Index for Power (dP/dV)：有功功率电压指数。
- Volt Index for Q (dQ/dV)：无功功率电压指数。
- Freq Index for Power (dP/dF)：有功功率频率系数。
- Freq Index for Q (dQ/dF)：无功功率频率系数。
- Fundamental FrequencyHz：系统基波频率。

➢ Internal Outputs | General

- Effective resistanceohm：代表有效电阻的变量名。单位为 Ω。
- Effective inductanceH：代表有效电感的变量名。单位为 H。
- Effective capacitanceμF：代表有效电容的变量名。单位为 μF。

3.2.6 单/三相线地固定负载 (Single/Three Phase L-G Fixed Load)

该元件如图 3-7 所示。

图 3-7 单/三相线地固定负载元件

1. 说明

该元件模拟作为电压和频率函数的负荷特性。负荷的有功和无功功率表达式为：

$$P = Scale * P_0(1+K_{PF}\mathrm{d}F) * \left[K_A\left(\frac{V}{V_0}\right)^{NPA} + K_B\left(\frac{V}{V_0}\right)^{NPB} + K_C\left(\frac{V}{V_0}\right)^{NPC} \right]$$

$$Q = Scale * Q_0(1+K_{QF}\mathrm{d}F) * \left[K_A\left(\frac{V}{V_0}\right)^{NQA} + K_B\left(\frac{V}{V_0}\right)^{NQB} + K_C\left(\frac{V}{V_0}\right)^{NQC} \right]$$

式中，P/Q 为等效负荷有功/无功功率；P_0/Q_0 为指定状态下有功/无功功率；V 为负载电压；V_0 为指定状态下电压；K_{PF} 为有功功率的 dP/dF 频率系数；K_{QF} 为无功功率的 dQ/dF 频率系数；$K_A/K_B/K_C$ 为相应部分负荷比例系数；$NPA/NPB/NPC$ 为相应部分负荷有功功率的 dP/dV 电压指数；$NQA/NQB/NQC$ 为相应部分负荷无功功率的 dQ/dV 电压指数，其中 dQ, dP, dV 和 dF 均为标幺值。

应用于单相电路时，每半周波（准确的电压过零点）并联电阻/电感/电容值将更新，以反映作为电压有效值和频率函数的非线性负载效应。

应用于单线形式的三相电路时，所有相的 RLC 值将在任一相电压过零时改变，并在用户指定数目的工频周期内保持为恒定阻抗。非线性特性在额定电压有效值 ±20 % 和额定频率的 ±DF %内有效（DF 取为 10、 90/K_{PF} 和 90/K_{QF} 中的最小值）。超出此范围后负载恢复为恒定阻抗。

需要注意的是：R、L 和 C 的初值均通过用户给定的额定条件计算得到，并且在用户指定数目的工频周期内保持为常数。

2. 参数

➢ Parameters | General

- Name：可选的用于识别元件的文本参数。
- Rated Real Power per PhaseMW：负载稳态单相有功功率。
- Rated Reactive Power (+inductive) per PhaseMVAR：负载稳态单相无功功率。感性负载时输入为正，容性负载时输入为负。
- Rated Load Voltage (RMS L-G)kV：负载相电压有效值。
- Initial Terminal Voltagepu：端电压初值。
- PQ Defined at：Rated Voltage | Initial Terminal Voltage。PQ 值计算方式。
  - Rated Voltage：以额定电压计算。
  - Initial Terminal Voltage：以端电压初值计算。
- Number of Parts in the Composite Load：选择 1~3。参加前述功率组成公式。
- Fundamental FrequencyHz：系统基波频率。
- Scaling Factor：正值的负荷缩放系数。
- Number of Cycles before Load Release：负荷保持为恒阻抗的基波周期。
- Display Details?：No | Yes。选择 Yes 时将在元件图形上显示单相有功/无功功率。

➢ Parameters | Coefficients and Indices

- Frequency Index for P (dP/dF)：有功功率的 dP/dF 系数。
- Frequency Index for Q (dQ/dF)：无功功率的 dQ/dF 系数。
- Voltage Index for P (dP/dV)–Part A/B/C：三部分负荷有功功率的 dP/dV 指数。
- Voltage Index for Q (dQ/dV)–Part A/B/C：三部分负荷无功功率的 dQ/dV 指数。
- Contribution of P at Specified Condition-Part A/B：确定三部分有功负荷比例。
- Contribution of Q at Specified Condition-Part A/B：确定三部分无功负荷比例。

➢ Internal Outputs | General

- Effective Resistanceohm per Phase：每相有效电阻的变量名。单位为 Ω。
- Effective InductanceH per Phase：每相有效电感的变量名。单位为 H。
- Effective CapacitanceμF per Phase：每相有效电容的变量名。单位为 μF。

3.2.7 三相容性/感性/阻性负载(Three-Phase Capacitive/Inductive/Resistive Load)

1.0 [MW]　　1.0 [MVAR]　　1.0 [MVAR]

图 3-5 三相容性/感性/阻性负载元件

这三个元件如图 3-8 所示。

1．说明

这些元件模拟三相无源线性支路。其电容/电感/电阻值可通过用户输入的额定条件计算得到，且在整个仿真过程中保持不变，可选择配置为星形和三角形接法。这些元件仅能用于单线显示的三相系统中。

2．参数

➢ Configuration| General

- Name for Identification：可选的用于识别元件的文本参数。
- Three Phase LoadMVAR/MW：容性/感性/电阻性负载的额定功率。
- Three Phase RMS VoltagekV：额定线电压有效值。
- Rated FrequencyHz：额定频率。
- Load Configuration：Star | Delta（星形 | 三角形）。负载结线方式。

3.2.8 运行可配置无源支路(Runtime Configurable Passive Branch)

该元件如图 3-9 所示。

图 3-9 运行可配置无源支路

1．说明

该元件可用于定义运行可配置（关于运行可配置的概念可参考本书第 10 章中的相关内容）的简单串联无源支路（即支持该元件在多实例组件中具有不同的 R、L 和 C 的值），可用于单相或单线显示的三相电路。该元件中各个独立的元件可被启用或禁止，以提供所有可能的串联组合，可通过使用多个该元件来创建并联的组合。

对高级用户而言该元件在设计黑箱组件时也非常有用，此时实际的 R、L、C 参数值对其他用户不可见。需注意的是，若该元件被配置为具有特定的类型（例如电容）时，且若参数值在仿真过程中变为非正，则该部分（例如电容）将不会被模拟。若所有的参数值均为非正，则该支路将被建模为开路支路（即一个断开的开关）。

2．参数

➢ Configuration | _General

- Name：可选的用于识别元件的文本参数。

➢ Configuration | Enable

- Enable Resistance：No | Yes。选择 Yes 时将启用支路的电阻部分。
- Enable Inductance：No | Yes。选择 Yes 时将启用支路的电感部分。
- Enable Capacitance：No | Yes。选择 Yes 时将启用支路的电容部分。

➢ Configuration | Settings

- ResistanceΩ：支路电阻值。
- InductanceH：支路电感值。
- CapacitanceμF：支路电容值。

3.2.9 可变 RLC (Variable RLC)

该元件如图 3-10 所示。

图 3-6 可变 RLC 元件

1．说明

该元件允许用户模拟电阻、电感或电容，且它们的值可基于频率、电压、电流、温度或弧长等控制信号进行改变。

该模型自身可包含支路电压源，且其本质上是模拟电阻、电感或电容的 Equivalent Conductance (GEQ) Electric Interface 的图形化表示。

使用该元件时需注意：

- 零值：用于定义 R、L 或 C 的值在零时刻不能非常小，否则将可能导致 EMTDC 导纳矩阵出现奇异。
- 固定值：若用户要求 R、L 或 C 的值保持不变，则应当使用固定电阻、电容或电感元件，后者因其节点的可折叠而更为有效。若用户需要从父组件中指定 R、L 或 C 的值，应当使用 Runtime Configurable Passive Branch 元件。

2．参数

➢ Configuration | General

- Name for Identification：可选的用于识别元件的文本参数。
- Branch Type：R | L| C。选择支路类型。
- ResistanceΩ：支路电阻值。
- InductanceH：支路电感值。
- CapacitanceμF：支路电容值。
- Source Voltage (may be 0.0)kV：内部电压源幅值。可接受 0.0，且是默认值。
- Enable dL/dt or dC/dt Effects：No | Yes。选择 Yes 时，用户计算可变的 L 或 C 时将考虑 dL/dt 或 dC/dt 效应。

➢ Internal Outputs | General

- Name for Branch CurrentkA：监测支路电流的变量名。单位 kA。

3.2.10 可变串联阻抗支路 (Variable Series Impedance Branch)

该元件如图 3-11 所示。

1．说明

该元件模拟可变 R、L, C 元件的任何串联组合，并可连接至单相或单线三相线路或元件上。如果该元件被配置为不具有任何 R、L, C 元件，则它将被模拟为开路支路。

图 3-7 可变串联阻抗支路

负的 R、L, C 值将被忽略而保持为上一个非负值。如果 L 的值小于 $1e^{-20}$ (H) 或 C 的值小于 $1e^{-20}$ (μF)，则相应的元件将被移除。如果 R 值小于 *ideal threshold* 中的设置值，则该支路的电阻部分将被认为短路。

需要注意的是：若仿真程序无需动态地改变 R、L 或 C 的值，使用单独的电阻、电感和电容元件或运行可配置无源支路元件将更为有效。

2．参数

相同参数可参考 3.2.9 节。

3.2.11 火花间隙 (Spark Gap)

该元件如图 3-12 所示。

1．说明

该元件模拟火花间隙，可用于单线或三相显示的系统中。

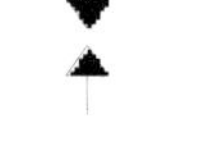

图 3-8 火花间隙元件

当火花间隙上的电压超过指定的阈值时，该元件将导通直至外加电压反转。它被模拟为在导通和关断状态之间切换的开关，并不模拟非线性电弧特性。

2．参数

➢ Configuration | General
- Name for Identification：可选的用于识别元件的文本参数。
- Breakdown VoltagekV：火花间隙开始导通时的电压。
- ON ResistanceΩ：导通 (ON) 状态下的电阻。
- OFF ResistanceΩ：关断 (OFF) 状态下的电阻。

➢ Configuration | Outputs
- Name for Status：监测火花间隙状态的变量名。

3.2.12 饱和电抗器 (Saturable Reactor)

该元件如图 3-13 所示。

1．说明

该元件模拟饱和电抗器，可用于单相或单线显示的三相电路中。

图 3-9 饱和电抗器元件

用户可以成对的 Irms-Vrms, i-λ 或 H-B 形式的表格来输入数据，最多可达 10 个点。若需要更多的数据点，可使用最多 100 个数据点的外部文件。连续数据点的幅值需是增加的，且连续数据点构成的曲线的斜率需逐渐减小，否则冲突的数据将被移除并向用户发送警告消息。

2．参数

➢ Configuration | Configuration
- Reactor Name：用于识别电抗器元件的名称。
- Data Input Format：I-V(rms) | i-lamda (inst.) | B-H (inst.)。选择数据输入形式。
  - I-V (rms)：电流-电压有效值。
  - i-lamda (inst.)：电流-磁链。
  - B-H (inst.)：磁密-磁场强度。
- Data Input Source：Table | Data File。选择数据来源。
  - Table：表格。
  - Data File：数据文件。
- Datafile Name：输入数据文件的名称（仅当 *Data Input Source* 设置为 Data File 时有效）。
- Pathname to Datafile Given as：Relative Path | Absolute Path。选择数据文件路径参考方式。当 *Data Input Source* 设置为 Data File 时有效
  - Relative Path：相对路径。
  - Absolute Path：绝对路径。
- Number of Data Points：选择 2~10，数据点个数（仅当 *Data Input Source* 设置为 Table 时有效）。

➢ Configuration | Basic Data
- Base Voltage (per phase)kV：计算标幺值的电压基准值（相电压，有效值）。
- Base Current per phase)kA：计算标幺值的电流基准值（相电流，有效值）。
- Base FrequencyHz：基准频率。
- Number of Turns：匝数。当 *Data Input Format* 设置为 B-H (inst.)时有效
- Cross-Sectional Area of Magnetic Limbm^2：磁路截面积。当 *Data Input Format* 设置为 B-H (inst.)时有效
- Length of Magnetic Pathm：磁路长度（仅当 *Data Input Format* 设置为 B-H (inst.) 时有效）。

➢ Core Characteristic Table 当 *Data Input Source* 设置为 Table 时有效
- Point # - RMS Currentpu：电流有效值坐标（仅当 *Data Input Format* 设置为 I-V(rms)时有效）。
- Point # - RMS Voltagepu：电压有效值坐标（仅当 *Data Input Format* 设置为 I-V(rms)时有效）。
- Point # - Currentpu：瞬时电流坐标（仅当 *Data Input Format* 设置为 i-lamda (inst.) 时有效）。

- Point # - Flux Linkagepu：瞬时磁链坐标（仅当 *Data Input Format* 设置为 i-lamda (inst.)时有效）。
- Point # - Flux Densitypu：瞬时磁通密度坐标（仅当 *Data Input Format* 设置为 B-H (inst.)时有效）。
- Point # - MMFpu：瞬时磁动势坐标（仅当 *Data Input Format* 设置为 B-H (inst.) 时有效）。

➢ Internal Outputs | General

- LamdakWeb-turns：监测计算得到磁链的变量名。单位为 kWeb-turns。
- Winding CurrentkA：监测绕组电流的变量名。单位为 kA。

3．输入数据文件格式

从外部数据文件输入 Irms-Vrms 或 i-lamda 坐标，必须遵循如下特定的结构化格式，在该文件结尾必须放置一个限定符 ENDFILE:。典型的数据文件内容如图 3-14 所示。

```
! Irms-Vrms or i-lamda
0.3   1.1
0.8   1.63
1.0   1.68
ENDFILE:
```

图 3-14 数据文件内容

3.2.13 金属氧化物避雷器 (Metal Oxide Surge Arrestor)

该元件如图 3-15 所示。

1．说明

该元件模拟无间隙金属氧化物避雷器。用户可直接输入电流-电压特性或从外部文件读取电流-电压数据，或使用默认特性 (ASEA XAP-A)。

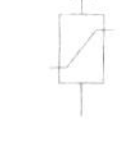

图 3-10 金属氧化物避雷器元件

金属氧化物避雷器模拟为与可变电压源串联的非线性电阻。支路电阻在整个运行区域内分段线性地改变。当电导为 G1、G2、G3、…时，串联电压源将相应地分别修改为 E1、E2、E3、…。在 I-V 特性的线性段之间切换时采用了插补技术以获得更好的精度。

2．参数

➢ Configuration | _General

- Arrester Name：该元件的标识符。
- Arrester Voltage RatingkV：避雷器额定电压。该输入也用作缩放避雷器特性的电压轴的系数。
- Number of Parallel Arrester Stacks：并联避雷器堆的数量。该输入也用作缩放避雷器特性的电流轴的系数，默认值为 1.0。当观测到某个给定测试下避雷器吸收的能量过大时可增加该值。

- Enable Non-linear Characteristic：输入 1 时将启用完全的非线性特性，而输入 0 时将使用固定的斜率（禁用）。为加快初始化过程，应在最初时设置为 0 并在随后改变为 1。输入 0 时能量函数将清零。
- I-V Characteristic：Default | User defined (table) | User defined (external data file)：I-V 特性的输入方式。
  - Default：默认方式，ASEA XAP-A。
  - User defined (table)：数据表方式。
  - User defined (external data file)：数据文件方式。

➢ Configuration | External Data File（仅当 *I-V Characteristic* 设置为 User defined (external data file)时有效）

- File Name：包含 I-V 传递函数坐标数据文件的名称。
- Pathname to the Data file is given as：Relative pathname | Absolute pathname（相对路径 | 绝对路径）。选择数据文件路径参考方式。
- Maximum Number of Points in the File：数据文件中最大数据点数，实际数据点数不应超过该值。

➢ Configuration | Outputs

- Label for CurrentkA：监测避雷器电流变量名。
- Label for EnergykJoules：监测避雷器总能量变量名。

➢ I-V Characteristic (Current) | Data Points-Current（仅当 *I-V Characteristic* 设置为 User defined (table)时有效）

- Point # - CurrentkA：用户定义的 I-V 特性的电流坐标，最多可输入 11 个点。当数据点少于 11 个时，其余的需输入 0.0。需要注意的是第一个数据点不能输入 0.0，否则将使用默认 I-V 特性。

➢ I-V Characteristic (Voltage) | Data Points-Voltage（当 *I-V Characteristic* 设置为 User defined (table)时有效）

- Point # - Voltage in pupu：用户定义的 I-V 特性的电压坐标，最多可输入 11 个点。当数据点少于 11 个时，其余的需输入 0.0。需要注意的是第一个数据点不能输入 0.0，否则将使用默认 I-V 特性。

3．避雷器 I-V 特性数据

可以如下方式向模型提供避雷器的 I-V 特性数据：

- 使用默认的特性(ASEA XAP-A)。
- 直接使用避雷器输入参数来输入数据。
- 通过外部数据文件输入数据。

为使用默认避雷器特性，其 *I-V Characteristic* 需选择为 Default。默认的特性为近似的 ASEA XAP-A 金属氧化物避雷器特性，该避雷器的特性见表 3-1。

需要注意的是电压为标幺值，因此输入参数 *Arrester Voltage Rating* 应当是以 kV 为单位的额定电压。

表 3-1 避雷器的默认 I-V 特性

I	0.001	0.010	0.100	0.200	0.380	0.650	1.110	1.500	2.000	2.800	200.000
V	1.100	1.600	1.700	1.739	1.777	1.815	1.853	1.881	1.910	1.948	3.200

如果从外部文件输入 I-V 坐标，必须遵循一定的结构化格式，其中不能使用注释。最后一个数据点必须带有/，且最多允许包含 100 个数据点。同样的，文件结尾必须放置限定符 ENDFILE:。典型的数据文件内容如图 3-16 所示。

```
0.001 1.1
0.01  1.6
0.1   1.7 /
ENDFILE:
```

图 3-16 典型数据文件内容

3.2.14 电容/电感/电阻 (Capacitor/Inductor/Resistor)

这三个元件如图 3-17 所示。

1. 说明

电容、电感和电阻时基本的线性电气元件，元件参数在仿真构成中均保持不变。

图 3-11 电阻/电感/电容元件

2. 参数

➢ Configuration | General

- Name for Identification：可选的用于识别元件的文本参数。
- CapacitanceuF：电容值。(电容元件)。
- InductanceH：电感值。(电感元件)。
- Resistanceohm：电阻值。(电阻元件)。

3.2.15 频率相关等效网络 (Frequency-Dependent Network Equivalent)

该元件如图 3-18 所示。

1. 说明

该元件 (FDNE) 根据给定的特性，例如阻抗 Z，导纳 Y 或散射参数 S 创建一个多端口频率相关的等效网络。 该模型首先通过采用矢量拟合技术用有理函数逼近参数，在得到有理形式（极点/留数）或状态空间形式表示的参数后，即可构建由导纳和电流源组成的 EMT 形式的频率相关等效网络。

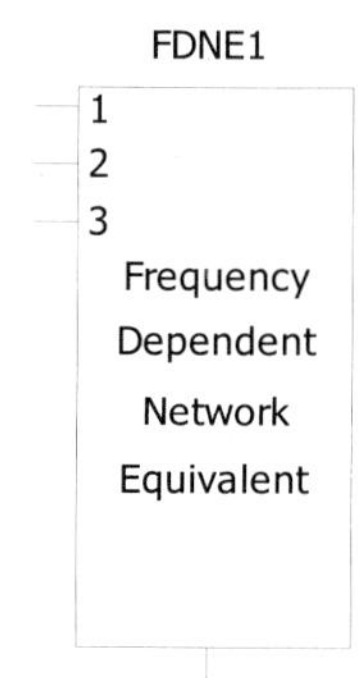

图 3-12 频率相关网络等效元件

电力系统中频率相关等效网络通常用于模拟多种由扫频测量/计算得到的系统，包括宽频带降阶等效网络，高频电力变压器以及短输电线路。此外也可模拟高频电力电子变换器及滤波器等。

2．参数

➢ Configuration | General

- Name for Identification：可选的用于识别元件的文本参数。
- Total Number of Ports：本元件的端口（或电气连接）总数。
- Number of Ports on One Side：选择元件图形上一边放置的端口数。该选项在模拟频率相关且一二次绕组端子在两边的变压器时将非常有用。
- Reference Port：Ground | External Connection。选择参考节点设置方式。
  - Ground：FDNE 网络将以大地为基础创建。例如，一个模拟频率相关阻抗 Z 的 FDNE，在参考端口接地时，该阻抗将被定义处于电气连接端口和地之间。
  - External Connection：参考端口不接地。例如一个模拟频率相关阻抗 Z 的 FDNE，在参考端口不接地时，该阻抗被定义为处于电气连接端口和该参考端口之间。
- Detailed Log File：Create | Do Not Create。选择 Yes 时将创建日志文件。
- Graphics Display：Expanded | Compact。图形显示方式。
  - Expanded：限 10 个外部连接。
  - Compact：多端口连接（可达 100 节点）。

➢ Configuration | Input data

- Input Data File：输入数据文件名称。
- Path to Input File：Relative | Absolute。选择数据文件路径参考方式。
  - Relative：文件名称相对于当前工作路径。
  - Absolute：以绝对路径的形式给出文件名。
- Data Format：From Harmonic Impedance Component | Impedance Parameters | Scattering Parameters | Admittance Parameters | Admittance as ABCD Parameters | Scattering as ABCD Parameters。选择用于计算等效网络的数据的格式。

➢ Curve-fitting Options | General

- Maximum Fitting Error (%)：曲线拟合最大允许误差。数据拟合过程中逼近的阶数将不断增加以满足该误差标准，但所得到的极点数不能超过 *Maximum Order of Fitting* 中的设定。设置较大误差可降低逼近阶数从而加快仿真速度。
- Maximum Order of Fitting：曲线拟合所使用的最大极点数。

➢ Curve-Fitting Options | Least Squares Weighting Factors

- Steady State FrequencyHz：系统稳态频率 (F0)。该参数仅当需为不同频带定义不同权重函数时有作用。
- Weighting Factor for Minimum to Steady Sate Frequency：最小频率到稳态频率 F0 的权重系数，最小频率是数据文件中给出的最小频率。
- Weighting Factor for Steady State Frequency：稳态频率(F0) 的权重系数。

- Weighting Factor for Steady State to Maximum Frequency：稳态频率（F0）到最大频率的权重系数，最大频率是数据文件中给出的最大频率。

➢ Power Injections | General

- Enable Power Injections：No | Yes (Boundary Conditions) | Yes (Current Injections)。设置功率注入方式。
  - No：FDNE 仅模拟无源网络。
  - Yes (Boundary Conditions)：模拟有源网络，功率注入。
  - Yes (Current Injections)：模拟有源网络，电流注入。
- Input Data File：输入数据文件名称。
- Path to Input FileRelative | Absolute：选择数据文件路径参考方式。
  - Relative：文件名称相对于当前工作路径。
  - Absolute：以绝对路径的形式给出文件名。
- Number of Harmonic Power Injections：用于估计存储需求。

➢ Passive Enforce | General

- Enforce Passivity：No | Yes (Perturbation method) | Yes (Filter method)。无源性补偿方式，提高时域仿真稳定性。
  - No：不补偿。
  - Yes (Perturbation method)：基于扰动的无源补偿算法。
  - Yes (Filter method)：基于滤波的无源补偿算法。
- Maximum Error (%)：无源性补偿后的最大误差。
- Maximum Iterations：无源性补偿算法的最大迭代次数。

➢ Passive Enforce | Passivity Identification

- Start FrequencyHz：无源性冲突判定的起始频率。
- End FrequencyHz：无源性冲突判定的终止频率。
- Number of Samples：用于无源性冲突判定的采样数。
- Frequency Scale：Log | Log and Linear | Linear。无源性判定方式。
  - Log：对数。
  - Log and Linear：对数和线性。
  - Linear：线性。

3．FDNE 系统表示

如图 3-19 所示的一个 n 端口对象，采用导纳矩阵和阻抗矩阵时端口电压电流 s-域关系分别可表示为：

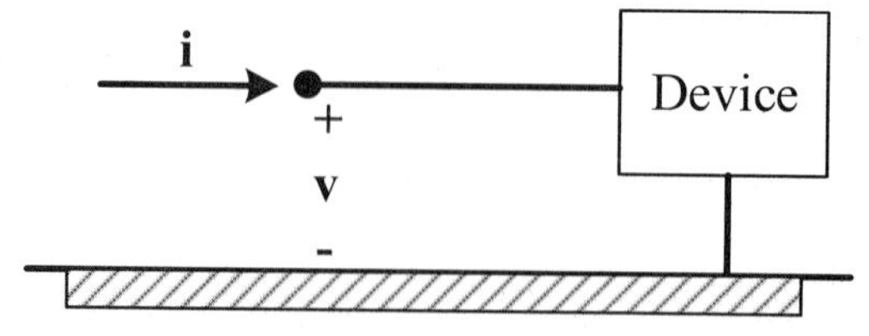

图 3-19 多端口对象

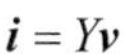

$$\boldsymbol{i} = Y\boldsymbol{v}$$

$$\boldsymbol{v} = Z\boldsymbol{i}$$

式中，导纳矩阵 Y 和阻抗矩阵 Z 均为对称的复数值 $n \times n$ 维矩阵，且两者互为逆矩阵。

散射参数 S 描述端接参考阻抗时对象端口入射和反射波之间的关系，如图 3-20 所示。

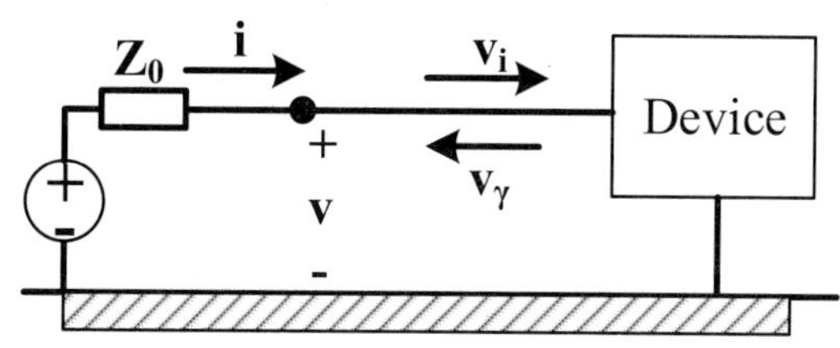

图 3-20 S 参数示意

一般使用的参考阻抗为 50 Ω 或 75 Ω，与常用测量电缆特征阻抗相匹配。根据图 3-20 可得端口处关系为：

$$\boldsymbol{i} = \boldsymbol{i}_i - \boldsymbol{i}_r$$

$$\boldsymbol{i} = Z_0^{-1}(\boldsymbol{v}_i - \boldsymbol{v}_r)$$

式中，下标 i 和 r 分别表示入射和反射波。Z_0 为对角阵，其第 j 个元素为第 j 个端口的参考阻抗。

S 参数定义为：

$$\boldsymbol{v}_r = (\boldsymbol{I} + Z_0 Y)^{-1}(\boldsymbol{I} - Z_0 Y)\boldsymbol{v}_i = \widetilde{S}\boldsymbol{v}_i$$

最终可得 EMT 形式的时域诺顿等效电路如图 3-21 所示。

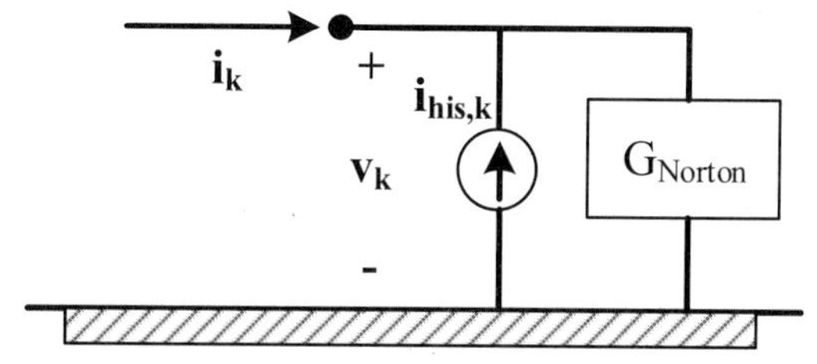

图 3-21 诺顿等效电路

4．输入数据格式

该元件的输入是拟被等效网络的频率相关的特性，且应以文本文件形式提供。输入数据可采用如下格式之一：

- 来自谐波阻抗求解接口元件的输出。可方便根据谐波阻抗求解接口元件的输出文件（如 Harm.out）获取该格式的数据。需要注意的是为提供所需格式的数据，谐波阻抗求解接口元件的设置需满足：参数 *Impedance Output Type* 需设置为 Phase Impedances， 参数 *Frequency Output Units parameter* 需设置为 Hz。

- 阻抗参数。此时输入数据文件将包含多端口网络的阻抗-频率特性。
- 导纳参数。此时输入数据文件将包含多端口网络的导纳-频率特性。
- 散射参数。可在网络散射参数可用时选择该选项。输入数据文件中需包含参考阻抗。
- ABCD 形式的导纳参数。
- ABCD 形式的散射参数。
- 序分量参数。

对于 ABCD 形式的导纳或散射参数，此时输入数据文件包含的是状态空间形式的多端口网络的导纳或散射参数，以导纳参数为例，其状态空间形式为：

$$\dot{x} = Ax + Bu$$

$$y = Cx + Du + E\dot{u}$$

对于 N 端口系统，A 为 $N_S \times N_S$ 复数矩阵、B 为 $N_S \times N_C$ 实数矩阵、C 为 $N_C \times N_S$ 复数矩阵、D 和 E 均为 $N_C \times N_C$ 实数矩阵。

5. 输出数据

FDNE 元件的实例号和调用号将用于在项目临时文件夹中创建详细的输出文件，如 fdne_<instance number>_<call number>.log，这些输出文件对于问题和错误的诊断可能非常有用。除 ABCD 参数之外的其他参数输入方法将会创建曲线拟合输出文件。例如，fdne<instance number>_<call number>_Y_MAG.out 和 fdne<instance number>_ <call number>_Y_ANG.out 分别包含了实际/拟合数据的幅值和相角。

6. 功率注入

FDNE 元件可使用阻抗或导纳等参数（这些参数仅模拟无源网络）来模拟网络的一部分，即子网络。但某些时候子网络可能包含注入电压源等的有源元件，可通过在元件端子处定义注入功率来模拟有源器件的作用。一定确定了边界条件（电压、相角、有功和无功功率，或注入电流），元件将自动计算注入电流。

7. 连接端口分配

- 电气连接端口：外部网络与 FDNE 的接口。
- 参考端口：参考电气端口大多数情况下可以接地，但也可不接地。

8. 潮流保持

无功率注入时的 FDNE 代表无源网络。通过使用 *Enable Power Injections* 参数开启功率注入，从而在连接至网络其余部分时可维持稳态潮流。在边界条件确定时（如母线电压、FDNE 端子处的功率潮流 P/Q，求解得到的原网络潮流等），FDNE 将自动计算功率注入。每个频率下功率注入为：

$$I = YV + \frac{P - jQ}{conj(V)}$$

其中，Y 是 FDNE 给定频率下导纳。V 是 FDNE 给定频率下的端电压矢量。P 和 Q 分别为有功和无功潮流（从 FDNE 到网络其余部分）。

3.2.16 磁滞电抗器 (Hysteresis Reactor)

该元件如图 3-22 所示。

图 3-13 磁滞电抗器元件

1．说明

该元件模拟磁滞电抗器，可连接单相或三相节点。

2．参数

➢ Configuration | General

- Base MVA per PhaseMVA：单相视在功率。
- Base Operation FrequencyHz：基波频率。
- Eddy Current Lossespu：以视在功率为基准值的铁心总损耗中的涡流损耗。
- Base Voltage Across the ReactorkV：电感电压有效值。

➢ Saturation | General

- Hysteresis：Basic Model | Jiles-Atherton。设置磁滞模型。
  - Basic Model：基于对变压器λ-I 特性的转化来模拟磁滞。
  - Jiles-Atherton：涉及 M-H 环到 B-H 环的转换。
- Air Core Reactancepu：空心电抗。
- Remanent Fluxpu：剩余磁通，以额度电压下峰值磁通为基准值。

➢ Saturation | Basic Hysteresis

- Magnetizing Current%：励磁电流。
- Loop Width%：磁滞回线宽度。
- Knee Voltagepu：膝点电压。

➢ Saturation | Jiles Atherton

- Nominal Flux DensityT：与饱和曲线对应的标称磁通密度。
- Magnetic Material：custom material | default。选择励磁材料。
  - default：默认材料。
  - custom material：自定义材料。

➢ Magnetic Characteristics of the Material | General（当 *Hysteresis* 选择为 Jiles-Atherton 且 *Magnetic Material* 选择为 custom 时有效）

- Domain Flexing Parameter：可逆磁化部分的磁畴挠曲参数。
- Domain Pinning ParameterA/m：直接影响磁滞环宽的磁畴钉扎参数。
- Parameter to Adjust K with M：用于根据磁化调整钉扎参数，以更好模拟肩部区域。
- Inter-Domain Coupling：磁畴间耦合。
- Saturated Anhysteretic MagnetizationA/m：饱和无磁滞磁化。
- Coefficient # of Anysteretic Curve：无磁滞磁化曲线第#个系数。

➢ Internal Outputs| Magnetic Core

- Name for Magnetizing CurrentkA：监测励磁电流的变量名。单位为 kA。
- Name for Flux LinkagekWb-N：监测磁链的变量名。单位为 kWb-N。
- Name for Magnetic Field Intensity：监测磁场强度的变量名。
- Name for Flux DensityT：监测磁通密度的变量名。单位为 T。

3.2.17 标幺值阻抗支路 (PU Impedance Branch)

该元件如图 3-23 所示。

图 3-14 标幺值阻抗支路元件

1．说明

该元件模拟 3 相 R、L 和 C 构成的无源支路。输入参数为以给定值为基准值的标幺阻抗。

2．参数

➢ General

- Name：可选的用于识别元件的文本参数。

➢ Base Quantities

- Base MVAMVA：3 相基准容量。
- Base VoltagekV：3 相基准线电压有效值。
- Base FrequencyHz：基准频率。

➢ Branch Data

- Per-Unit Resistancepu：支路标幺电阻。
- Per-Unit Reactancepu：支路标幺电抗。

3.2.18 独立可配置三角形联结负载 (Individually Configurable, Delta-Connected Load)

图 3-15 独立可配置三角形联结负载元件

该元件如图 3-24 所示。

1．说明

该元件模拟三角形结线负载，每个支路可独立设置为 R、L 和 C 的串联组合，或者开路。

2．参数

➢ General

- Name：可选的用于识别元件的文本参数。
- Phase X to Phase Y Branch：R | L | C | RL | RC | LC | RLC | Open。设置 X 相和 Y 相之间支路元件组合形式。

➢ Phase X to Phase Y

- CapacitanceuF：电容值。
- InductanceH：电感值。
- Resistanceohm：电阻值。

3.2.19 独立可配置星形联结负载 (Individually Configurable, Y-Connected Load)

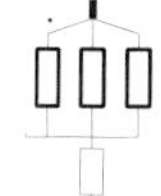

图 3-16 独立可配置星形联结负载元件

该元件如图 3-25 所示。

1．说明

该元件模拟星形联结负载，每个支路可独立设置为 R、L 和 C 的串联组合，也可开路或短路。

2．参数

➢ General

- Name：可选的用于识别元件的文本参数。
- Phase X to Neutral Branch：Short | R | L | C | RL | RC | LC | RLC | Open。设置 X 相对中性点支路元件的组合形式。
- Neutral to Ground Branch：Short | R | L | C | RL | RC | LC | RLC | Open。设置中性点对地支路元件的组合形式。
- External Neutral Connection：No | Yes。选择 Yes 时将提供中性点对外连接点。

➢ Phase X to Neutral (Neutral to Ground)

- CapacitanceuF：电容值。
- InductanceH：电感值。
- Resistanceohm：电阻值。

3.2.20 独立可配置三角形联结三支路负载 (Individually Configurable, Delta-Connected, 3-Branch Load)

图 3-17 独立可配置三角形联结三支路负载元件

该元件如图 3-26 所示。相同参数参见 3.2.18 节。

1．说明

该元件模拟三角形联结负载，每个臂由两个并联支路串联一个支路构成，每个支路可独立设置为 R、L 和 C 的串联组合，也可开路或者短路。

2．参数

➢ Configuration | General

- Name：可选的用于识别元件的文本参数。
- Phase X to Phase Y Parallel Branch #：Short | R | L | C | RL | RC | LC | RLC | Open。设置 X 相和 Y 相之间第#个并联支路元件组合形式。
- Phase X to Phase Y Series Branch：Short | R | L | C | RL | RC | LC | RLC | Open。设置 X 相和 Y 相之间串联支路元件组合形式。

3.2.21 独立可配置星形联结三支路负载 (Individually Configurable, Y-Connected, 3-Branch Load)

该元件如图 3-27 所示。相同参数参见 3.2.19 节和 3.2.20 节。

该元件模拟星形结线且具有中性点负载，每个臂由两个并联支路串联一个支路构成，每个支路可独立设置为 R、L 和 C 的串联组合，也可开路或者短路。

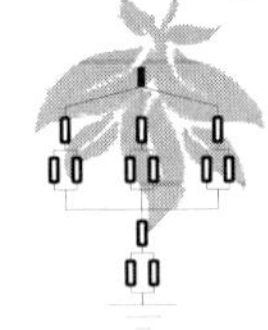

图 3-18 独立可配置星形联结三支路负载元件

3.2.22 无源滤波器设计

无源滤波器是电容和电感的组合，并可整定为在单一频率处谐振或通过某个频带。电力系统中的无源滤波器用于抑制谐波电流并减少敏感位置出现的电压畸变。

无源滤波器在谐振频率下呈现不同的阻抗值。串联连接的滤波器对需要抑制的谐波频率呈高阻抗。

尽管可采用串联连接，但更为常见的是将滤波器并联接入。这种并联结构可将谐波电流导入大地，同时提供无功功率用于校正功率因数。此时无源分流滤波器被设计为在基频下呈容性。

设计谐波滤波器需要包括环境数据在内的本地电力系统信息，电力系统信息包括标称线电压，系统电压下典型设备的基本绝缘水平，工频频率，系统结构和系统元件阻抗。设计滤波器之前需清楚地了解设备位置（即室内或室外）、运行限制、设备电流占空比，开关动作率，环境数据（例如环境温度和风荷载），谐波测量以及制造商谐波特性等。

以下为 IEEE 谐波滤波器应用和规范指南中给出的设计流程的部分步骤。

➢ 谐波滤波器组无功容量确定

如前所述，除滤波功能外，滤波设备还可为系统提供容性无功功率以提高功率因数，有助于重载情况下维持电压稳定。滤波器的有效无功功率容量取决于用于功率因数校正的容性无功以及电压控制，所需无功功率通常由潮流计算程序给出。

➢ 谐波滤波器初始调谐

为满足所需的谐波特性，必须进行滤波器调谐以降低谐波电压和电流畸变。谐波滤波器通常调谐至最主要谐波的较低频率上。但通常建议整定至低于所需频率 3%～15%，以充分滤除谐波并防止可能的滤波器失谐。应考虑滤波器所在位置（正常和紧急条件下）整个频带的性能。

将滤波器调谐至低于所需谐波主要是由于滤波器与系统的相互作用，即滤波器自身可偏移并联谐振频率至非常接近该谐波。这在滤波器和系统配置发生变化时经常出现：系统自然的变动，如变压器损耗，设备更换或日常维护。滤波器电抗和电容生产中的误差，受温度影响的电容器变化。保险熔断引起的谐波滤波电容组件/元件故障（降低总电容值并增加滤波器谐振频率）

谐波畸变水平不是关键因素时，用户通常要求避免滤波电容器过谐波电流以及与系统产生谐振。此时滤波器不可接地，以避免3次谐波谐振，同时调谐至低于5次谐波以避免特征谐波处的谐振。

➢ 优化滤波器配置以满足谐波规范

IEEE 标准 519-1992 给出了满足谐波畸变限值的建议。滤波器应满足系统正常及异常条件下的电流和电压畸变要求。与系统间新的并联谐振可能是畸变水平仍很高的原因。滤波器重新调谐或安装多调谐谐波滤波器可有助于解决该问题。

谐波研究分析的结果包括谐波滤波器的数量，滤波器调谐和安装位置，电容、电感、电阻容许误差，滤波器电抗器调谐频率下的品质因素(X/R)，以及滤波器电阻电流稳态能量耗散。此外，分析结果还包括谐波电压和电流频谱，以及系统正常和紧急条件下基波和所有主要谐波频率。

通常的做法是利用谐波仿真程序对所有可能运行条件的谐波负载进行全频谱分析，对简单系统可人工估算。

➢ 元件额定参数确定

通常首先确定滤波电容的额定参数，其次是电抗、电阻和开关。这个过程需要调整且通常涉及迭代。某些谐波滤波器配置可能需要进行瞬态仿真研究。

- 滤波器电容：谐波滤波电容器根据电压和无功功率进行设计，通常由制造商给出。取决于谐波频谱，暂态过电压，无功要求和系统数据。由于滤波电抗器的影响，电容器组的额定无功功率一般不等于有效无功功率。

  电容器额定电压由如下因素确定：稳态电压的最大值（包括谐波）、滤波器投切或断路器动作（持续时间少于半个周期）相关的暂态、机械动态（持续长达几秒）。大多数单调谐应用中的滤波电容电压由稳态分析结果确定。系统正常和紧急情况下，施加到滤波电容上的最高峰值电压不能超过电容器最大电压水平。

  对规定的额定无功和电压，通过谐波滤波器电容的总电流有效值应小于电容器单元正常电流的 135 %，且不引起电容器熔丝熔断。应对滤波电容器电解质温升进行估算。此外，谐波滤波器最好具有超出谐波负载所需的滤波能力，其阶段通常要考虑一定的裕度。

- 滤波器电抗：需确定滤波电抗器相对于滤波电容器的物理位置，以应对其发热、磁通加热、电抗器短路和基本绝缘水平等。

  由基波和谐波电流引起的过热会导致元件劣化，这对于安装在金属外壳内滤波电抗器而言是一个严重的问题。设计阶段必须分析空心滤波电抗磁通在金属结构中引起的涡流损耗效应。

  相-地绝缘的 BIL 应与相同电压等级下变压器的 BIL 相同。对于线圈由避雷器保护滤波器，以及电抗端部接地的直接接地滤波器可不按此设计。

  与滤波电容的设计过程相似，应核查暂态和动态过电压水平。须进行最大工作电压下的短路电流分析，以确定滤波电抗的短路能力。

- 滤波器电阻：必须确定滤波电阻相对于滤波电容的物理位置，以应对其发热、电阻短路和基本绝缘水平等。

  由基波和谐波电流引起的过热会导致元件劣化，对于金属外壳的滤波器而言是一个严重的问题。对动物闯入的保护措施也是户外安装时的重要考虑因素。与电感情况相似，对 BIL 水平的要求取决于滤波器内电阻的位置。滤波电阻应能够承受最大可能的短路电流。需确定暂态和动态过电压的幅值和持续时间并与电阻额定水平进行比较。运行异常时还应增加避雷器保护。
- 断路器或开关：电容投切要求应基于最严重情况，即最大的系统电压、电容误差和谐波等。短路分析需考虑闭锁和瞬时电流核查。尽管与切断短路电流的断路器不同，电容开关也应能承受短路电流。此外很重要的一点是，与并联电容器组相比，滤波器组开关上将产生比并联电容器组更高的恢复电压，因此需注意开关设备的选择。
- 投切暂态：向设计人员提供暂态分析数据（波形图）是必要的，但通常暂态数据由于事件的随机性而难以获取。但可对一些最严重谐波负载情况进行仿真，从而确定对暂态影响最主要的谐波电流的大小和持续时间。以下讨论了一些典型的情况。

  调谐电抗的存在使得滤波器背对背投切的电流幅值比并联电抗器组的低，因此无需安装额外的限流电抗器。正常情况下单调谐滤波器的投切无需像并联电容器组一样需要电容器或电抗器的特别功能。尽管如此，对于具有多条支路的滤波器需进行通电状态的瞬态性能，以确保不会出现过电流或过电压。

  滤波器连接至系统且在系统断电后上电时，将由于变压器饱和产生的谐波导致短时过载。临近线路故障导致的也会造成类似的变压器饱和滤波器过载，因而非常需要开展暂态分析以确定谐波滤波器性能。

第 4 章 电源及动力系统元件

在仿真模型中，电源基本上是必不可少的元件。本章介绍包括各种形式的电源（单相电源、三相电源、谐波源、光伏电源等）、变压器（常用变压器连接方式及自定义励磁曲线的变压器）、电动机、水轮机等动力系统元件的工作原理及参数设置。由于变压器和电动机都涉及电磁能量交换问题，具有一定的共通性，因而可以放在一起研究。该部分元件对于研究光伏发电、风力发电及发电厂设计等比较重要，相关用户可以重点研究。

4.1 电源

PSCAD 主元件库同时包含了电压源和电流源模型。它们可用作一次网络的电源、等效发电机或负载、大型电气网络的戴维南或诺顿等效电源。

PSCAD 提供了三种等效戴维南电压源模型，不同的模型具有不同的特性，用户需仔细研究选出最适用的电压源模型。

4.1.1 单相电压源模型 1 (Single Phase Voltage Source Model 1)

该元件如图 4-1 所示。

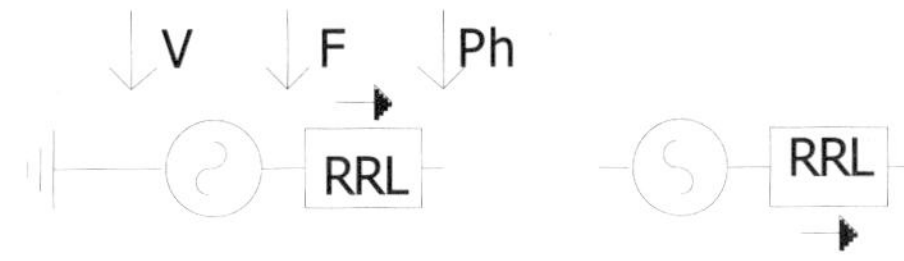

图 4-1 单相电压源模型 1 元件

1．说明

该元件模拟单相交流电压源，可带有给定正序和/或零序阻抗，还可直接加入零序阻抗支路。该电压源模型可通过内部固定参数或外部可变信号控制。

该元件采用与 Three-Phase Voltage Source Model 1 相同的算法，但不具有调整网络中远方位置母线电压的功能（无 Auto Source Control）。外部端子连接包括：

- V kV：电压输入信号，相电压有效值。
- F Hz：频率输入信号。
- Ph (°)或 rad：相位角输入信号。

用户可将滑动块元件连接至这些外部输入端子，从而在运行过程中方便手动调整，或通过控制系统输出动态调整。

2．参数

➢ Configuration | General

- Source Name：仅作为标识符。应输入一个名称以避免编译警告。
- Source Impedance Type：R | L | R//L | R-R//L。电压源阻抗类型。
- Source Control：Fixed | External。电压源控制模式。详细说明参见 4.1.2 节。
  - ■ Fixed：固定控制模式。
  - ■ External：外部控制模式。
- Rated Volts (AC：L-G, RMS) kV：计算内部输出变量标幺值的电压基准值（交流相电压有效值）。
- Base Frequency Hz：计算内部输出变量标幺值的频率基准值。
- Voltage Input Time Constant s：电压输入的时间常数。输入电压的幅值将通过一个 Real Pole 控制，这里设置的值即是其中的时间常数。多数情况下可使用至少为工频周期 3 倍的电压输入时间常数（即 60 Hz 时为 0.05 s，50Hz 时为 0.06 s），以减小启动暂态。
- Impedance Data Format：RRL Values | Impedance。阻抗数据输入方式。
  - ■ RRL Values：分别输入阻抗的电阻和电感值。
  - ■ Impedance：输入阻抗的幅值和相位角。
- Source Type：AC | DC（交流 | 直流）。设置电源类型。
- External Phase Input Unit：Radians | Degrees（弧度 | 度）。外部输入相位角单位。
- Specified Parameters：Behind Source Impedance | At the Terminal。指定参数的位置。
  - ■ Behind Source Impedance：仅知道 E 和 θ 时需选择。
  - ■ At the Terminal：知道电源输出端稳态潮流（即 V, P 和 Q）时需选择。

➢ Source Initial Values | AC （当 *Source Type* 选择为 AC 且 *Source Control* 选择为 Fixed 时有效）

- Initial Source Magnitude (L-G, RMS) kV：内部电压源或外部输出端处的电压（相电压有效值）。该输入可表示内部电压源或外部输出端处的电压大小，取决于 *Specified Parameters* 中的选择。
- Initial Frequency Hz：电源频率。
- Initial Phase °：内部电压源或外部输出端处电压的相位移。该输入可表示内部电压源或外部输出端处电压的相位角，取决于 *Specified Parameters* 中的选择。
- Initial Real Power MW：外部输出端处的有功潮流（仅当 *Specified Parameters* 选择为 At the Terminal 时有效）。
- Initial Reactive Power MVAR：外部输出端处的无功潮流（仅当 *Specified Parameters* 选择为 At the Terminal 时有效）。

➢ Source Initial Values | DC 当 *Source Type* 选择为 DC 且 *Source Control* 选择为 Fixed 时有效

- Initial Source Magnitude kV：内部电压源或外部输出端处的电压（相电压有效值）。该输入可表示内部电源或外部输出端处的电压大小，取决于 *Specified Parameters* 中的选择。
- Initial Real Power MW：外部输出端处的 3 相有功潮流（仅当 *Specified Parameters* 选择为 At the Terminal 时有效）。

➢ Internal Impedance | Impedance （仅当 *Impedance Data Format* 选择为 Impedance 时有效）

- Impedance Magnitude Ω：电源阻抗幅值。
- Impedance Phase Angle °：电源阻抗相位角。
- Harm. # where Phase is Same as Fundamental：谐波阻抗与基波阻抗相位角相等时的谐波次数。

➢ Internal Impedance | RRL Values（仅当 *Impedance Data Format* 选择为 RRL Values 时有效）

- Resistance (Series) Ω：电源串联电阻值。
- Resistance (Parallel) Ω：电源并联电阻值。
- Inductance (Parallel) H：电源并联电感值。

➢ Internal Output Variables | General

- Name for Current kA：监测电压源电流的变量名。单位为 kA。

3. 内部控制时的数据格式

电压源模型 1 的电源控制参数可通过两种不同的数据格式输入，由 *Specified Parameters* 输入域的选择直接控制。

- Behind Source Impedance：当选择该选项时，直接输入电压源的参数（即 E, Φ和 f）。而 Z 和 θ 取决于阻抗数据输入格式，如图 4-2 所示。
- At the Terminal：当选择该选项时，直接输入电源外部端子处的参数（即 V, δ, P 和 Q）。根据这些参数来确定内部电源的 E 和Φ的值，而 Z 和 θ 取决于阻抗数据输入格式，如图 4-3 所示。

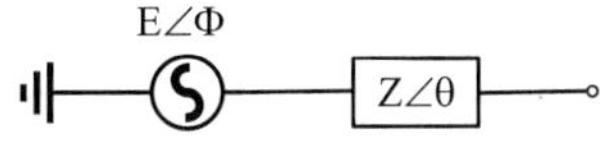

图 4-2 Behind Source Impedance 数据输入格式

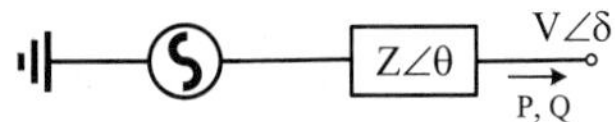

图 4-3 At the Terminal 数据输入格式

4.1.2 三相电压源模型 1 (Three-Phase Voltage Source Model 1)

该元件如图 4-4 所示。

1. 说明

该元件模拟三相交流电压源，可带有给定正序和/或零序阻抗，还可直接加入零序阻抗支路。该电压源模型可通过固定的内部参数或外部可变的外部信号控制。

外部输入包括：

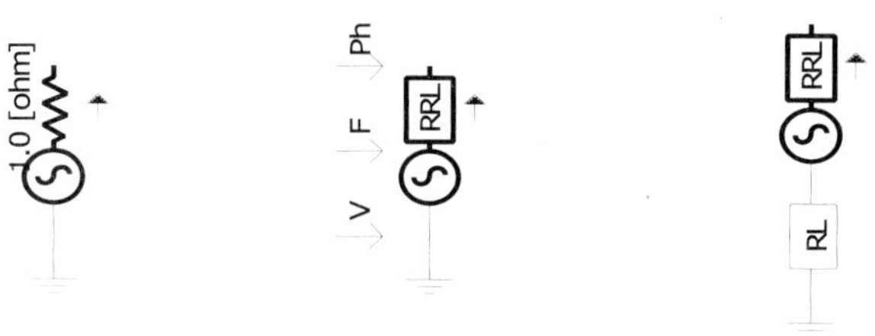

图 4-4 三相电压源模型 1 元件

- V kV：线电压有效值。
- F Hz：频率。
- Ph (°) 或 rad ：相位角。

用户可将滑动块元件连接至这些外部输入端子，从而在运行过程中方便手动调整，或通过控制系统输出动态调整。

2. 参数

相同参数参见 4.1.1 节。

➢ Configuration| General

- Source Control：Fixed | External| Auto。电压源控制模式。
  - Fixed：固定控制模式。
  - External：外部控制模式。
  - Auto：自动控制模式。
- Zero Seq. Differs from Positive Seq. ?：No | Yes。选择 Yes 时零序阻抗与正序不同。
- Graphics Display：3 phase view | Single-line view（三相显示 | 单线显示）。设置图形显示模式。

➢ Internal Impedance | Zero Sequence Impedance（仅当 *Zero Seq. Differs from Positive Seq. ?* 选择为 Yes 且 *Data Format* 选择为 Impedance 时有效）

- Zero Sequence Impedance Ω：零序阻抗幅值。
- Zero Sequence Impedance Phase Angle °：零序阻抗相角。

➢ Internal Impedance | Zero Sequence RRL （仅当 *Zero Seq. Differs from Positive Seq. ?* 选择为 Yes 且 *Data Format* 选择为 RRL Values 时有效）

- Parallel or Series：Series | Parallel（串联 | 并联）。选择零序阻抗配置结构。

● Resistance (Parallel) Ω：并联电阻。
● Inductance (Parallel) H：并联电感。
● Resistance (Series) Ω：串联电阻。
● Inductance (Series) H：串联电感。

➢ Source Control | General
● Base MVA (3-phase) MVA：计算内部变量标幺值的三相容量基准值。
● Base Voltage (L-L, RMS) kV：计算内部变量标幺值的线电压基准值。

➢ Source Control | Automatic Power Control
● Enable Automatic Power Control?：No | Yes。选择 Yes 时将启用自动有功控制。
● Desired Real Power Out pu：该电压源输出的三相有功功率期望值的标幺值，其基准值在 *Base MVA (3-Phase)* 中输入。
● Measurement Time Constant s：平滑测量噪声及模拟传感器延时的时间常数。
● Controller Time Constant s：控制器将使用比例积分控制来调整输出有功功率至给定值，该 PI 控制器的控制速度取决于该时间常数。

➢ Source Control | Automatic Voltage Control
● Enable Automatic Voltage Control?：No | Yes。选择 Yes 时将启用自动电压控制。
● Desired Bus Voltage pu：所选择的外部母线处的电压期望值。
● Measurement Voltage Base (L-L, RMS) kV：选择的外部母线处电压基准值。

➢ Source Control | Fixed Control
● Voltage Magnitude (L-L, RMS) kV：电源或端子处线电压有效值。
● Frequency Hz：电压源频率。
● Phase °：电源或端子处相位角。
● Initial Real Power pu：端子处初始三相有功功率（仅当 *Specified Parameters* 选择为 At the Terminal 时有效）。
● Initial Reactive Power pu：端子处初始三相无功功率（仅当 *Specified Parameters* 选择为 At the Terminal 时有效）。

➢ Internal Output Variables | General
● Name for PU Real Power (+Out)：监测输出有功功率的变量名，以向外输出为正。单位为 pu。
● Name for PU Reactive Power (+Out)：监测输出无功功率的变量名，以向外输出为正。单位为 pu。
● Name for PU RMS Source Volts：监测内部电压源电压有效值的变量名。单位为 pu。

- Name for Source Angle deg：监测内部电压源相位角的变量名。单位为°。
- Name for 3 Phase Current kA：监测三相电流的变量名。单位为 kA。
- Name for Phase # Current kA：监测特定相电流的变量名。单位为 kA。

➢ PowerFlow | General

- Q Set：Manual | Auto（手动设置 | 自动设置）。无功功率设置方式。
- Minimum Reactive Power Output pu：无功输出下限。
- Maximum Reactive Power Output pu：无功输出上限。

3．阻抗数据输入

电压源模型 1 允许同时输入正序和零序阻抗。正序阻抗可选择为如下类型之一：

- R：纯电阻。
- L：纯感性。
- R//L：电阻并联电感。
- R-R//L：并联电阻电感再串联电阻。

正序阻抗可直接输入 R 和 L 实际值，也可以极坐标形式输入（即幅值和相位）。

➢ R//L 格式

选择阻抗形式为 R//L 时，将根据阻抗幅值 Z 和相角 θ 计算物理值 L1 和 R1，如图 4-5 所示。

➢ R-R//L 格式

选择阻抗形式为 R-R//L 时，将根据阻抗幅值 Z，相角 θ 和谐波次数 n 计算物理值 R1、L1 和 R2，如图 4-6 所示。

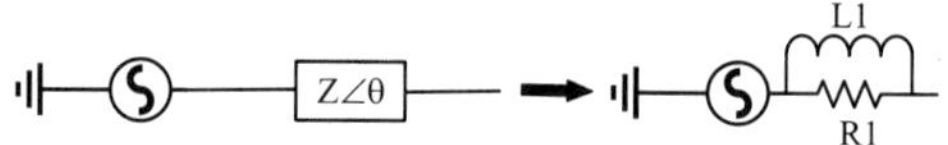

图 4-5 R//L 阻抗形式转换

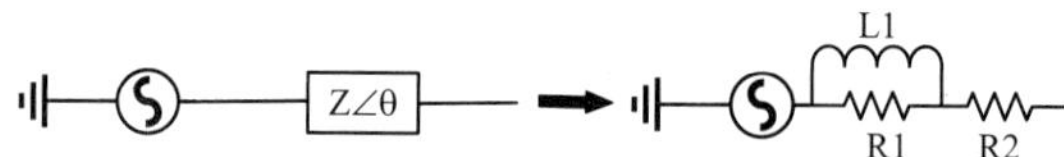

图 4-6 R-R//L 阻抗形式转换

基频对应的谐波次数 n 定义为：该次谐波下阻抗相位角与基频下的相等。

➢ 零序阻抗

零序阻抗可具有如下形式：

- R//L：电阻并联电感。
- RL：电阻串联电感。

零序阻抗可直接输入 R 和 L 实际值，也可以极坐标形式输入（即幅值和相位）。

4．电源控制模式

电压源模型 1 具有如下控制模式：

➢ Fixed Control

电压源的幅值、频率和相位角在 *Source Control* 对话框中内部指定。该选项下可通过 *Specified Parameters* 选择该电源是 Behind the Source Impedance 或 At the Terminal，如图 4-7 所示。

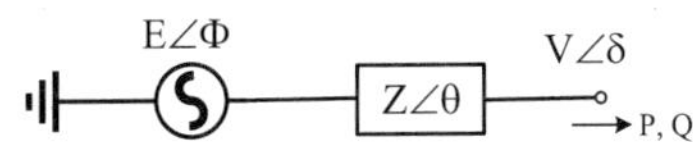

图 4-7 等效电源和阻抗

- Behind the Source Impedance：此时，电源参数通过直接输入频率 f，阻抗后电源电压 E 和阻抗后电源相位角 E 确定。阻抗参数 Z 和 θ 通过 *Internal Impedance* 对话框中的设置获取。
- At the Terminal：此时将直接输入外部连接端子处频率 f, 端电压幅值 V, 端电压相角 δ, 输出有功功率 P 和无功功率 Q。根据这些值，结合阻抗参数 Z 和 θ 确定阻抗后的电压源电压幅值 E 和相位角 φ。

➢ External Control

此时，阻抗后电压源的电压幅值、频率和相位角可通过三个外部输入进行控制，用户可连接滑动块元件至这些外部输入端，以方便地在仿真过程中进行手动调整，或使用控制系统的输出进行动态调整。这些外部输入信号必须具有如下单位：幅值-线电压有效值 (kV)。频率 (Hz)。相位角 (度或弧度)。

➢ Auto Control (3-Phase Only)

在该模式下，可自动调整电压源幅值以调节某个选定母线的电压，或调整内部电压源的相位角以调节电压源发出的有功功率。图 4-8 所示为自动电压控制时的电压源连接。

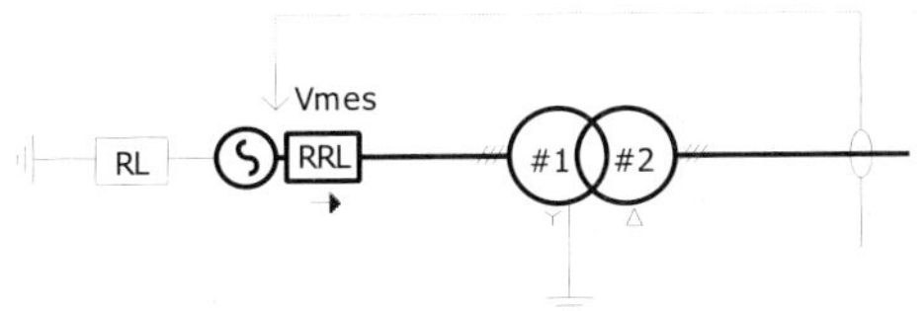

图 4-8 自动电压控制时的连接

4.1.3 单相电压源模型 2 (Single Phase Voltage Source Model 2)

该元件如图 4-9 所示。

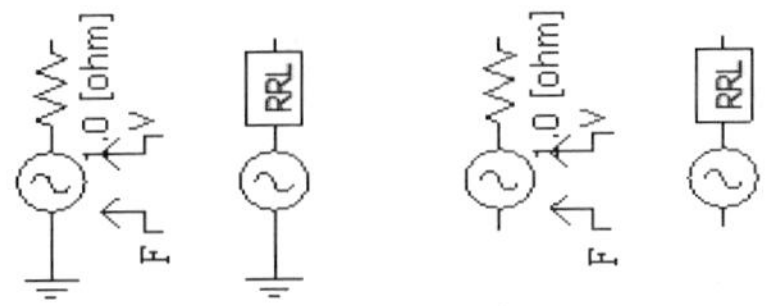

图 4-9 单相电压源模型 2 元件

1. 说明

该元件模拟单相交流或直流电压源，其阻抗可设置为理想（即无穷大母线）。该元件采用与 Three-Phase Voltage Source Model 2 相同的算法，可通过固定的内部参数或可变的外部信号进行控制。外部输入包括：

- V kV：相电压峰值。
- F Hz：频率。

用户可连接滑动块元件至这些外部输入端，以方便地在仿真过程中进行手动调整，或使用控制系统的输出进行动态调整。

2. 参数

相同参数参见 4.1.1 节。

➢ Configuration | General

- Source Impedance：Resistive | R-R//L | Series RLC | Inductive | Capacitive | Ideal (R=0)。电源阻抗的类型。
- Is this Source Grounded ? ：No | Yes。选择 Yes 时将自动接地。
- Input Method：Internal | External 内部控制 | 外部控制。电源控制模式。

➢ Signal Parameters| General

- Mag. (AC：L-G, RMS DC：Pk) kV：内部电压源或外部输出端处的电压（相电压有效值）：该输入可表示内部电源或外部输出端处的电压大小，取决于 *Specified Parameters* 中的选择。
- Ramp up Time s：电压源输出坡升至 1.0 pu 的时间。多数情况下可使用至少为工频周期 3 倍的电压输入时间常数（即 60 Hz 时为 0.05 s，50 Hz 时为 0.06 s），以减小启动暂态。
- Frequency Hz：电源频率（仅当 *Source Type* 选择为 AC 且 *Input Method* 选择为 Internal 时有效）。
- Terminal Real Power MW：流出电压源的有功功率（仅当 *Specified Parameters* 选择为 At the Terminal 有效）。
- Terminal Reactive Power MVAR：流出电压源的无功功率（仅当 *Specified Parameters* 选择为 At the Terminal 有效）。

➢ Monitoring | General

- Name for Source Current kA：监测电压源电流的变量名。单位为 kA。

4.1.4 三相电压源模型 2 (Three-Phase Voltage Source Model 2)

该元件如图 4-10 所示。

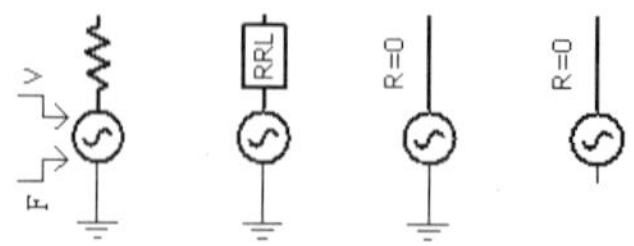

图 4-10 三相电压源模型 2 元件

1. 说明

该元件模拟三相交流电压源。

2. 参数

相同参数参见 4.1.2 节和 4.1.3 节。

➢ Configuration| General

- Is the Star Point Grounded ? ：No | Yes。选择 Yes 时中性点将接地。
- Graphics Display：3 phase view | single line view（三相显示 | 单线显示）。选择图形显示方式。

➢ Signal Parameters | General

- External Control of Voltage ? ：No | Yes。电压源电压设置方式（仅当 *Specified Parameters* 设置为 Behind the Source Impedance 时有效）。
  - No：内部设定，由 Magnitude (AC：L-L, RMS)的值确定电压。
  - Yes：外部控制。
- External Control of Frequency?：No | Yes。电压源频率设置方式（仅当 *Specified Parameters* 设置为 Behind the Source Impedance 时有效）。
  - No：内部设定，由 *Frequency* 的值确定电压。
  - Yes：外部控制。
- Frequency Hz：电压源频率（仅当 *External Control of Frequency?*选择为 No 时有效）。

➢ Signal Parameters | At the terminal 当 *Specified Parameters* 选择为 At the Terminal 时有效

- Base Voltage (L-L, RMS) kV：系统基准电压。
- Base MVA MVA：系统基准容量。
- Terminal Voltage pu：输出端处电压大小。
- Phase Angle °：输出端处电压的相位角。
- Real Power pu：输出端处的三相有功功率。
- Reactive Power pu：输出端处的三相无功功率。

➢ Signal Parameters | Behind the Impedance 当 *Specified Parameters* 选择为 Behind the Source Impedance 时有效

- Magnitude (AC：L-L, RMS) kV：线电压有效值。当 *Specified Parameters* 选择为 Behind Source Impedance 且 *External Control of Voltage ?* 选择为 No 时有效
- Phase Shift °：电压源相位角。当 *Specified Parameters* 选择为 Behind the Source Impedance 时有效

3. 阻抗数据输入

电压源模型 2 仅允许输入正序阻抗，也可模拟无穷大母线（即理想电压源）。阻抗可选择为如下六种类型之一：

- Resistive：纯阻性。

- R-R//L：并联电阻电感再串联电阻。
- R-L-C：串联 RLC。
- Inductive：纯感性。
- Capacitive：纯容性。
- Ideal (R=0)：理想电压源。

需要注意的是，该模型的阻抗只能直接输入集总参数的 R, L 和 C 的值。若想以极坐标形式输入阻抗，可使用 Voltage Source Model 1 或 Three-Phase Voltage Source Model 3 模型。

4.1.5 三相电压源模型 3 (Three-Phase Voltage Source Model 3)

该元件如图 4-11 所示。

1．说明

该元件模拟三相交流电压源。用户可指定电源的正序和零序阻抗，或设置为理想电压源（即无穷大母线）。系统阻抗模拟为串联 RL 阻抗（不是并联 RL）。

该元件能够在图形外观上显示电压源额定电压、频率、容量以及正序阻抗，且必须由外部输入进行控制，外部输入包括：

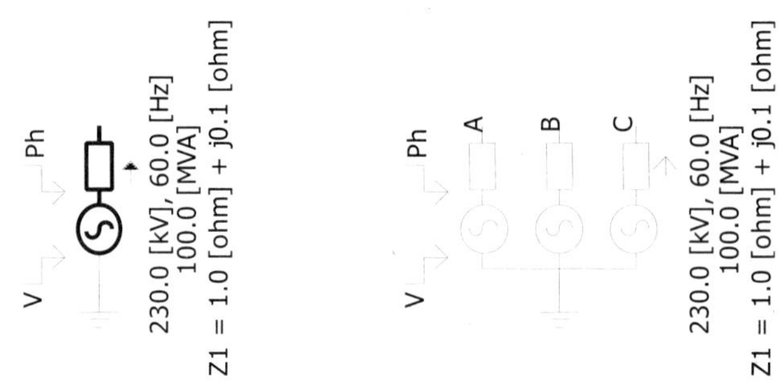

图 4-11 三相电压源模型 3 元件

- V kV：线电压有效值。
- Ph °：相位角。

用户可连接滑动块元件至这些外部输入端，以方便地在仿真过程中进行手动调整，或使用控制系统的输出进行动态调整。

该模型的阻抗可以直角坐标形式 (R+jX) 或极坐标形式 (Z∠θ) 形式输入。

2．参数

相同参数参见 4.1.2 节和 4.1.4 节。

➢ Configuration | General

- Infinite Bus ? ：No | Yes。选择 Yes 时将设置为无穷大母线。
- Zero Seq. Differs from Positive Seq. ?：No | Yes。选择 Yes 时零序阻抗与正序不同。
- Impedance Data Format：Real-Imaginary | Magnitude-Angle。阻抗数据格

式。

■ Real-Imaginary：直角坐标形式。

■ Magnitude-Angle：极坐标形式。

● Display Details ? ：No | Yes。选择 Yes 时将在图形外观上显示电压、频率、容量和正序阻抗等信息。

➢ Positive Sequence Impedance | General

● Impedance Ω：正序阻抗幅值（仅当 *Impedance Data Format* 选择为 Magnitude-Angle 时有效）。

● Phase Angle °：正序阻抗相位角（仅当 *Impedance Data Format* 选择为 Magnitude-Angle 时有效）。

● Resistance Ω：正序阻抗电阻值（仅当 *Impedance Data Format* 选择为 Real-Imaginary 时有效）。

● Reactance Ω：正序阻抗电抗值（仅当 *Impedance Data Format* 选择为 Real-Imaginary 时有效）。

➢ Zero Sequence Impedance| General （仅当 *Zero Seq. Differs from Positive Seq. ?*选择为 Yes 时有效）

● Impedance Ω：零序阻抗幅值（仅当 *Impedance Data Format* 选择为 Magnitude-Angle 时有效）。

● Phase Angle °：零序阻抗相位角（仅当 *Impedance Data Format* 选择为 Magnitude-Angle 时有效）。

● Resistance Ω：零序阻抗电阻值（仅当 *Impedance Data Format* 选择为 Real-Imaginary 时有效）。

● Reactance Ω：零序阻抗电抗值（仅当 *Impedance Data Format* 选择为 Real-Imaginary 时有效）。

➢ Internal Output Variables | General

● Name for Real Power (+Out) MW：监测输出有功功率的变量名，以向外输出为正。单位为 MW。

● Name for Reactive Power (+Out) MVAR：监测输出无功功率的变量名，以向外输出为正。单位为 MVAR。

● Name for Phase # Current kA：监测特定相电流的变量名。单位为 kA。

4.1.6 单相电流源 (Single-Phase Current Source)

该元件如图 4-12 所示。

1．说明

该元件模拟单相理想交流或直流电流源。它包括内部和外部两种输入控制模式：

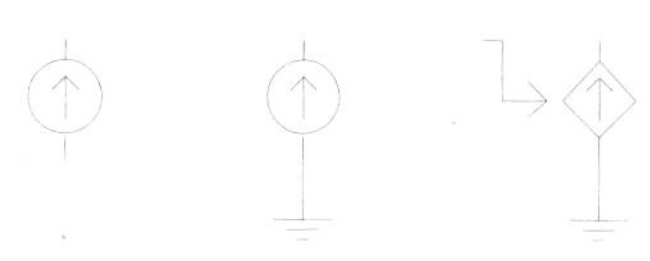

图 4-1 单相电流源元件

● Internal Input：该方式下电源幅值、频率、相位和坡升时间等均通过在 *Signal Parameters* 对话框中指定。

- External Input：该方式下元件提供了外部输入连接用于指定电流峰值(kA)。用户可连接滑动块元件至该输入，以方便地在运行过程中进行手动调整，或者使用控制系统进行动态调整。

该模型是 EMTDC 的 CCIN current injection 的直接表示。

2．参数

➢ Configuration | General

- Source Name：仅作为标识符。应输入一个名称以避免编译警告。
- External Control ?：No | Yes（内部控制 | 外部控制）。控制模式设置。

➢ Signal Parameters | General （仅当 *External Control ?*选择为 No 时有效）

- Magnitude (AC：L-G, RMS DC：Pk) kA：对交流电流源，输入相电流有效值。对直流电流源，输入电流幅值。
- Frequency (0 for DC) Hz：电流源频率，直流时输入 0。
- Initial Phase °：电流源初始相位角。
- Ramp up Time s：电流源输出坡升至 1.0 pu 的时间。多数情况下可使用至少为工频周期 3 倍的电压输入时间常数（即 60 Hz 时为 0.05 s，50 Hz 时为 0.06 s），以减小启动暂态。

4.1.7 三相电流源 (Three-Phase Current Source)

该元件如图 4-13 所示。

1．说明

该元件模拟三相正序理想交流电流源，采用 EMTDC 的 CCIN current injection 接口。

图 4-2 三相电流源元件

2．参数

相同参数参见 4.1.6 节。

➢ Configuration | General

- RMS Magnitude kA：电流源相电流的有效值。
- Is This Source Grounded ?：No | Yes。选择 Yes 时中性点将接地。

4.1.8 谐波电流注入 (Harmonic Current Injection)

该元件如图 4-14 所示。

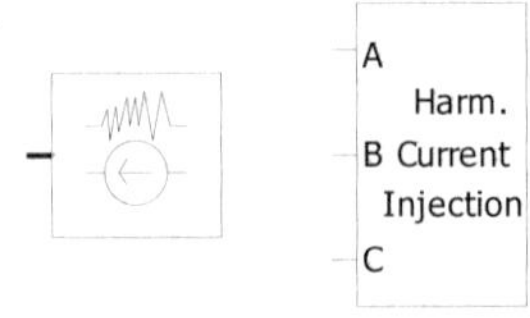

图 4-14 谐波电流注入元件

1. 说明

该元件向三相系统中注入系列指定频率和具有相同幅值的谐波电流，其典型的用法是作为绘制线性系统阻抗-频率曲线的工具。生成阻抗-频谱图的操作为：

- 连接 Harmonic Current Injection 元件至三相系统并配置。
- 监测目标节点电压，并利用 On-Line Frequency Scanner (FFT) 元件进行傅里叶分析（或将输出存储至文件以进行离线傅里叶分析）。

需要注意的是：

- 不能直接将该元件的外部输入连接至地，如图 4-15 所示。

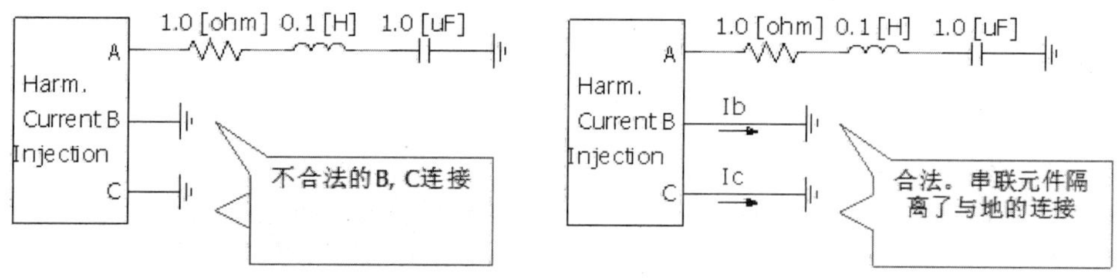

图 4-15 谐波电流注入的连接

- 该元件不能被用作谐波电流源（例如进行电能质量研究），而必须使用电流源模型。

2. 参数

➢ Configuration | General

- Name for Identification：可选的用于识别元件的文本参数。
- Harmonic Current Magnitude kA：指定注入电流的幅值（对所有频率和序分量均相同）。
- Ramp up Time s：电流源输出坡升至 1.0 pu 的时间。多数情况下可使用至少为工频周期 3 倍的电压输入时间常数（即 60 Hz 时为 0.05 s，50 Hz 时为 0.06 s），以减小启动暂态。
- Minimum Frequency Hz：注入电流的最小频率。
- Maximum Frequency Hz：注入电流的最大频率。
- Frequency Increment Hz：注入电流的频率以最小频率开始，以此处输入的频率增量增加，直至达到最大频率。如果频率范围不是频率增量的整数倍，则小数部分将被忽略。
- Phase Shift °：输入非零值以注入白噪声。输入 0 时所有（或大多数）谐波将在某个时刻同时达到峰值。
- Sequence (s) to Inject：positive | zero | negative | all sequences。选择将要注入谐波电流的序分量。
- Graphics Display：3 phase view | Single line view（三相显示 | 单线显示）。选择图形显示方式。

3．序分量注入

Harmonic Current Injection 元件 Configuration 对话框中的 *Sequence(s) to Inject* 输入参数可选择为正序、零序、负序或所有序分量。该参数是指三相注入电流（I_A, I_B 和 I_C）的相位关系，即若 *Sequence(s) to Inject* 选择为 positive 时，并不意味着仅有正序谐波被注入，对零序和负序也同样如此。

注入相电流 I_A, I_B 和 I_C 的对称分量方程为：

$$I_A = I_{A0} + I_{A+} + I_{A-}$$

$$I_B = I_{A0} + \alpha^2 I_{A+} + \alpha I_{A-}$$

$$I_C = I_{A0} + \alpha I_{A+} + \alpha^2 I_{A-}$$

式中，$\alpha=\angle 120^\circ$。例如，*Sequence (s) to Inject* 允许 4 种不同的序分量输入配置，即正序、负序、零序和所有序分量。

如果选择为注入正序，则将注入至系统的三相电流为：

$$I_A, I_B = \alpha^2 I_A, I_C = \alpha I_A$$

如果选择为注入负序，则将注入至系统的三相电流为：

$$I_A, I_B = \alpha I_A, I_C = \alpha^2 I_A$$

如果选择为注入零序，则将注入至系统的三相电流为：

$$I_A, I_B = I_A, I_C = I_A$$

如果选择为注入所有序分量，由于所有三个序分量（I_{A0}, I_{A+}, I_{A-}）的幅值都相同，则此时注入的电流将为：

$$I_A = 3I_0, I_B = I_C = 0$$

4.1.9 谐波信号发生器 (Harmonic Signal Generator)

该元件如图 4-16 所示。

1．说明

该元件产生由幅值和相位变化谐波组成的信号，谐波次数、幅值和相位可作为数组信号通过端口输入，也可通过文件输入，文件格式如图 4-17 所示。

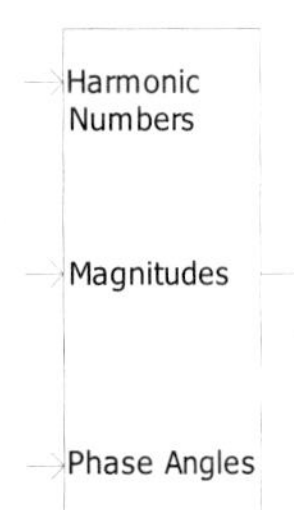

图 4-16 谐波电流注入信号发生器元件

!HarmonicNumber	PeakMagnitude	Phase[deg]
1.0	1.0	0.0
2.0	0.1	10.0
...		

图 4-17 数据文件格式

端口和文件输入时的相位角均以度 (°) 为单位，输出信号可用作电流或电压源的瞬时值。

2. 参数

➢ General

- Name：可选的用于识别元件的文本参数。
- Base Frequency Hz：基波频率。
- Number of Harmonics：谐波个数。
- Data Input Form：Through ports | Specified in file。数据输入方式。
  - Through ports：通过端口输入。
  - Specified in file：通过文件输入。
- Filename：数据文件名（仅当 *Data Input Form* 选择为 Specified in file 时有效）。
- Path to the File：Absolute | Relative 绝对路径 | 相对路径。选择数据文件路径参考方式（仅当 *Data Input Form* 选择为 Specified in file 时有效）。

4.1.10 光伏电源 (Photovoltaic Source)

该元件如图 4-18 所示。

1. 说明

该元件可用于模拟光伏 (PV) 电源。光伏电源包含多个并联的 PV 模块串，每个串包含多个串联连接的光伏模块。光伏阵列中的所有光伏模块都被假定是相同的。光伏电池可用如图 4-19 所示的等效电路表示。

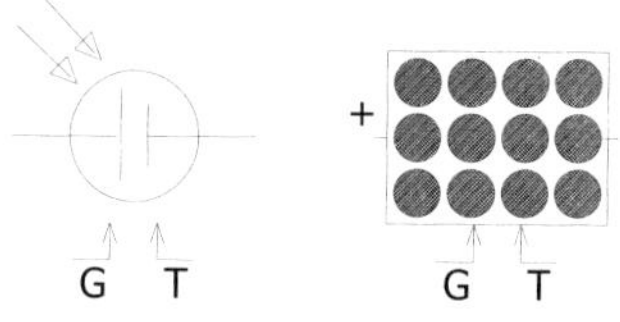

图 4-18 光伏电源元件

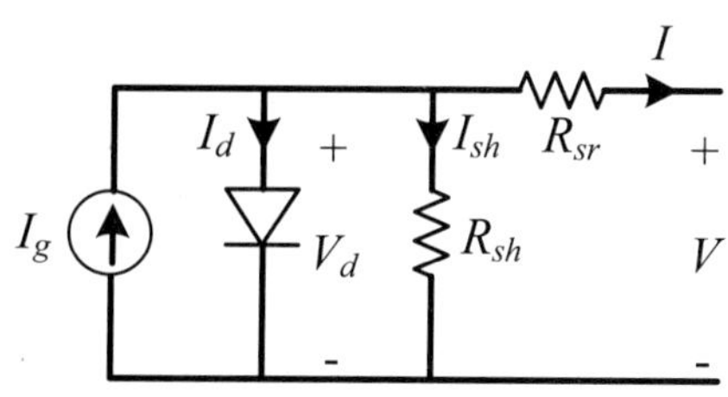

图 4-19 光伏电池等效电路

电池暴露于光照下所产生的光电流 I_g 与光照强度成线性关系。通过反并联二极管的电流 I_d 是产生 PV 电池非线性 I-V 特性的主要来源。

应用基尔霍夫电流定律，可得到光伏电池输出电流为

$$I = I_g - I_d - I_{sh}$$

其中：

$$I_g = I_{SCR}\frac{G}{G_R}[1+\alpha_T(T_c - T_{cR})]$$

式中，I_{SCR} 为参考照度 G_R 和参考电池温度 T_{cR} 时的短路电流；α_T 为光电流的温度系数（对硅光伏电池为 0.0017 A/K）；G 和 T_c 分别为实际照度和实际电池温度。

$$I_{sh} = (V + IR_{sr}) / R_{sh}$$

式中，V 为光伏电池端口电压；R_{sr} 和 R_{sh} 分别为光伏电池的串联和并联电阻。

$$I_D = I_o[\exp(\frac{V + IR_{sr}}{nkT_c / q}) - 1]$$

式中，n 为发射系数，与 PN 结的尺寸、材料及通过的电流有关，其值在 1～2 之间（对硅材料典型值为 1.3）；k 为波尔兹曼常数；q 为电子电荷常数；T_c 为以热力学温度表示的实际电池温度；I_o 为二极管饱和电流，可表达为：

$$I_o = I_{oR}(\frac{T_c^3}{T_{cR}^3})\exp[(\frac{1}{T_{cR}} - \frac{1}{T_c})\frac{qe_g}{nk}]$$

其中，I_{oR} 为参考温度下的饱和电流；e_g 为光伏电池材料的带隙能量。

由于 PV 模块主要由串联连接的光伏电池构成，而 PV 阵列由 PV 模块串联和并联构成。故图 4-19 所示的单个光伏电池电路可用于表示任何串联/并联的组合。

该元件的输入端子为：

- G W/m^2：面板上的光照强度瞬时值。
- T °C：电池运行温度瞬时值。

2. 参数

➢ PV Array Parameters | General

- PV Array Name：光伏阵列的名称。
- Number of Modules Connected in Series per Array：光伏阵列中每个光伏模块串中串联的光伏模块数目。
- Number of Module Strings in Parallel per Array：光伏阵列中并联的光伏模块串的数目。
- Number of Cells Connected in Series per Module：每个光伏模块中光伏电池串中串联的光伏电池数目。
- Number of Cell Strings in Parallel per Module：每个光伏模块中并联的光伏电池串的数目。
- Reference Irradiation W/m^2：光伏模块参数的参考光照强度。
- Reference Cell Temperature °C：光伏模块参数的参考温度。
- Graphics Display：Standard | Industry（标准图形 | 工业图形）。选择元件图形外观。

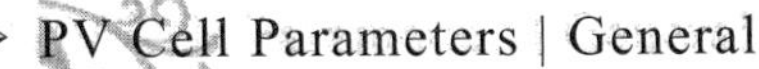

➢ PV Cell Parameters | General

- Effective Area per Cell m²：每个光伏电池的有效照射面积。
- Series Resistance per Cell Ω：光伏电池的串联电阻 R_{sr}。
- Shunt Resistance per Cell Ω：光伏电池的并联电阻 R_{sg}。
- Diode Ideality Factor：二极管发射系数 n，通常在 1~2 之间。
- Band Gap Energy eV：光伏电池材料的带隙能量。假定在光伏的运行温度范围内带隙能量保持为接近常数。
- Saturation Current at Reference Conditions per Cell kA：参考光照强度和参考温度条件下每光伏电池的暗电流（饱和电流）。
- Short Circuit Current at Reference Conditions per Cell kA：参考光照强度和参考温度条件下每光伏电池的短路电流。
- Temperature Coefficient of Photo Current A/K：光电流的温度系数 α_T。

➢ Monitoring | General

- Photo Current per Module kA：监测每模块光电流的变量名。单位为 kA。
- Internal Diode Current per Module kA：监测每模块内部二极管电流的变量名。单位为 kA。
- Internal Diode Voltage per Module kV：监测每模块内部二极管电压的变量名。单位为 kV。
- Internal Power Loss per Module MW：监测每模块内部功耗的变量名。单位为 MW。
- Output Power per Module MW：监测每模块内部输出功率的变量名。单位为 MW。
- PV Array Output Current kA：监测光伏阵列输出电流的变量名。单位为 kA。
- PV Array Output Voltage kV：监测光伏阵列输出电压的变量名。单位为 kV。

4.1.11 最大功率点追踪 (Maximum Power Point Tracker)

该元件如图 4-20 所示。

1．说明

该元件可用于追踪 Photovoltaic source 的最大功率点 (MPP) 电压，其输入为光伏电源的输出电压 V 和电流 I，输出为估计的最大功率点电压 V_{MPP}，可用于控制 DC-DC 换流器，以连续调节光伏电源的运行电压至 V_{MPP}。图 4-21 给出了典型的光伏阵列 I-V 曲线和 P-V 曲线。

能从光伏电池获取的功率大小取决于在 I-V 曲线上的运行点，如图 4-21 所示，最大功率输出发生于 I-V 曲线的膝点附近。MPP 处的电压随着运行温度、光照强度和负载的变化而变化。最大功率点追踪器 (MPPTs) 用于维持阵列输出电压在上述影响因素的任何变化情况下始终保持为 MPP 电压。该元件可采用两种著名的 MPPT 算法，即扰动观测法和增量电导法。

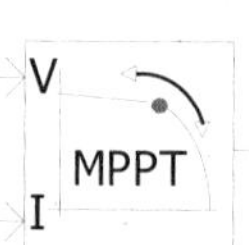

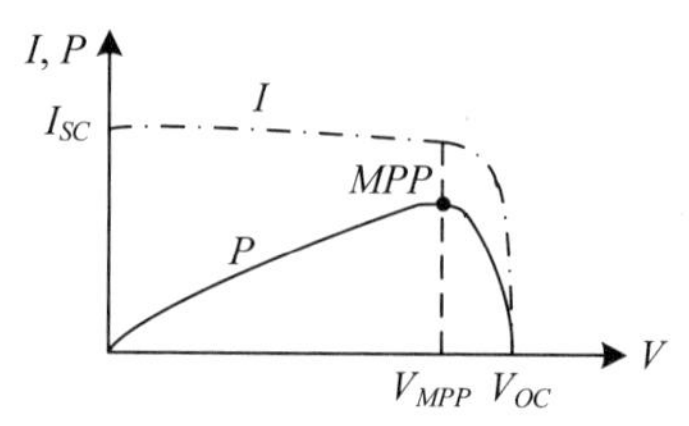

图 4-20 最大功率点追踪元件　图 4-21 光伏阵列的 *I-V* 曲线和 *P-V* 曲线

该元件的外部输入包括：

- V：光伏阵列的输出电压。
- I：光伏阵列的输出电流。

2．参数

➢ Main Data| General

- Name for Identification：可选的用于识别元件的文本参数。
- PV Array Short Circuit Current kA：光伏阵列参考条件下的短路电流。
- PV Array Open Circuit Voltage kV：光伏阵列参考条件下的开路电压。
- Sampling Interval s：控制器的采样间隔。
- Initial Value of Vmpp kV：输出电压 (V_{MPP}) 初值。
- Tracking Algorithm：Perturb and Observe | Incremental Conductance。最大功率点追踪所采用的算法。
  - ■ Perturb and Observe：扰动观测法。
  - ■ Incremental Conductance：增量电导法。
- Name for the incremental conductance：监测增量电导的变量名。

4.1.12 电池 (Battery)

该元件如图 4-22 所示。

1．说明

该元件用于模拟可再充电电化学电池。电化学蓄电池，即可再充电电池，提供了一种需要时容易获取的少量能量存储手段，对于电力系统而言非常重要。该电池的一些重要用途包括：

- 不间断电源 UPS。
- 电力系统中用于补偿有功和无功的电池储能系统 BESS。从该角度而言，BESS 是 SVC 的一种扩展，因而某些时候被称为 SWVC。
- 电动汽车。

图 4-3 电池元件

2．参数

➢ Configuration | General

- Battery Name：可选的电池名称。应输入一个名称以避免编译警告。
- Data Entry：Shepherd model | Tabular data。数据输入方式。
  - Shepherd model：Shepherd 模型。
  - Tabular data：列表数据。
- Nominal Voltage kV：电池的标称电压。
- Rated Capacity kAh：电池的额定容量。
- Loss of Capacity at Nominal Current in an Hour %：测量放电曲线时使用的放电电流。
- Initial State of Charge %：电池的初始荷电状态。

➢ Configuration | Outputs

- State of Charge %：监测电池荷电状态的变量名。单位为 %。

➢ Shepherd Model| General

- Nominal Capacity pu：以额定容量为基准的标称容量。
- Resistive Drop pu：对应额定放电电流的电压降，额定电压为基准值的标幺值。
- Voltage at Exponential Point pu：指数点电压，额定电压为基准值的标幺值。
- Capacity at Exponential Point pu：指数点放电容量，额定容量为基准值的标幺值。
- Fully Charged Voltage pu：满充电压，额定电压为基准值的标幺值。

➢ Discharge Curve of Battery Voltage | State of Charge

- SOC # %：放电曲线第#个点对应的荷电状态。

➢ Discharge Curve of Battery Voltage | Voltage

- V # %：放电曲线第#个点对应的电压。

➢ Discharge Curve of Internal Resistance | State of Charge

- SOC # %：电池内阻曲线第#个点对应的荷电状态。

➢ Discharge Curve of Internal Resistance | Resistive Drop

- R # %：电池内阻曲线第#个点对应的电阻。

3．电池模型

电池类型众多且其性能受多种因素影响。现有多种不同的数学模型可用于预测电池的性能，但没有一种是完全精确且可计及所有性能影响因素。PSCAD 采用通用方法对电池进行建模，包含一个理想电压源串联一个电阻。等效电路如图 4-23 所示。

在每个仿真步长中，采用两种不同方法根据电池荷电状态计算受控电压源的电压。第一种方法基于非线性方程，如图 4-24 所示。其中使用电池实际状态计算空载电压，电阻认为是常数。

图中，E 为空载电压，V。E_0 为电池恒压，V。K 为极化电压，V。Q 为电池容量，Ah。it 为电池实际充能，Ah。A 为指数带幅值，V。B 为指数带时间常数的倒数，1/Ah。

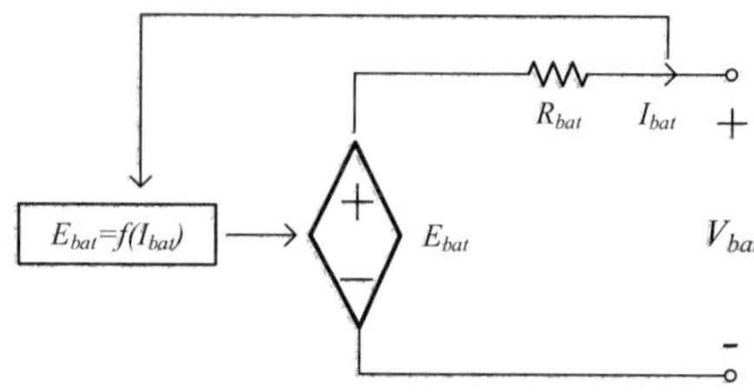

图 4-23 电池等效电路

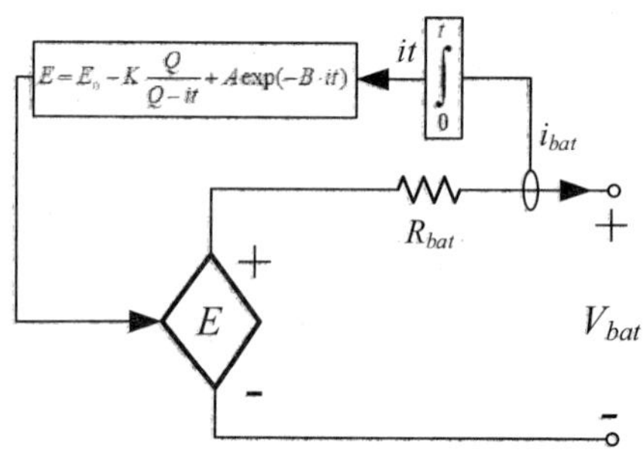

图 4-24 非线性电池模型

为用 SOC 代替 it，电池电压方程可修改为：

$$E = E_0 - K \cdot \frac{1}{SOC} + A \cdot e^{-BQ(1-SOC)}$$

为简化该模型做如下假设：

- 内阻在充放电周期内认为恒定。
- 内阻不受电流大小影响。
- 在假设充放电特性相同的情况下而采用放电特性曲线求解电池参数。
- 电池容量不受电流大小影响，即无佩克特效应。
- 模型特性不受温度影响。
- 不考虑自放电。
- 历史充放电不影响电磁特性，即无迟滞。

该模型有如下局限：

- 电池电压不能为负且最大电池电压无限制。
- 电池容量不能为负且最大电池容量无限制。

4.1.13 受控源 (Dependent Source Models)

此类元件如图 4-25 所示。

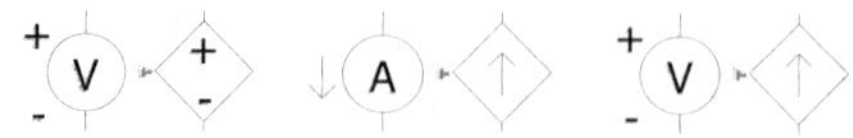

图 4-25 受控电压/电流源元件

1. 说明

此类元件模拟单相或三相受控电压或电流源。

2. 参数

➢ General

- Name：可选的用于识别元件的文本参数。
- Scaling Factor：转换比例系数。
- Single or Three Phase：Single phase | Three phase（单相 | 三相）。选择单相或三相电源。

4.1.14 比例电流源 (Current Scaler)

此类元件如图 4-26 所示。

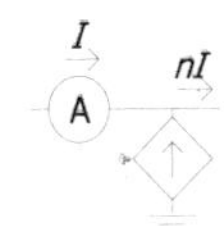

图 4-4 比例电流源元件

1. 说明

此类元件模拟单相或三相比例电流源，基于电流控制电流源模型。

2. 参数

元件参数参见 4.1.13 节。

4.1.15 理想比例变换器 (Ideal Ratio Changer)

此类元件如图 4-27 所示。

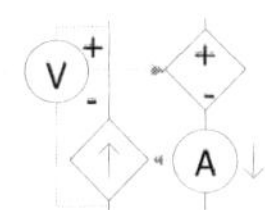

图 4-5 理想比例变换器元件

1. 说明

此类元件模拟单相或三相比例电流源，基于电流控制电流源和电压控制电压源模型的组合。

2. 参数

元件参数参见 4.1.13 节。

4.2 变压器

对变压器进行建模是电力系统暂态分析的基本需求。PSCAD 中提供了两种主要的变压器建模方法，即 Classical 和 Unified Magnetic Equivalent Circuit (UMEC) 方法。经典模型限于单相单元，不同的绕组均位于同一铁心柱上，而 UMEC 模型考虑了铁心尺寸和相间耦合。

除了这些明显的区别，两种变压器模型之间最主要的区别是对铁心非线性的处理。Classical 模型中的非线性特性将基于膝点、空心电抗以及额定电压下的励磁电流进行近似。UMEC 铁心特性则直接在模型中以 V-I 曲线的形式输入。

与 Classical 模型不同，UMEC 模型未配备有载切换分接头。该模型的特定绕组上具有分接头设置，但该设置在运行过程中不能动态地改变。

4.2.1 单相双绕组变压器 (1-Phase 2-Winding Transformer)

该元件如图 4-28 所示。

1．说明

该元件基于经典建模方法来模拟单相双绕组变压器。

#1 #2 #1 #2

图 4-6 单相双绕组变压器元件

该元件所提供的选项使得用户能够选择使用励磁支路（线性铁心）或电流注入例程来模拟励磁特性。在需要时可完全去除励磁支路，使得变压器处于理想模式，所有剩下的仅串联的漏抗。该元件也可加入磁滞模型。

2．参数

➢ Configuration | General

- Name for Identification：可选的用于识别元件的文本参数。
- Transformer MVA MVA：变压器额定视在功率。
- Base Operation Frequency Hz：变压器所位于的电力系统的基准频率。
- Leakage Reactance pu：变压器绕组的总漏抗，可根据短路实验结果得到。
- Eddy Current Losses pu：以变压器容量为基准的空载铁心损耗中涡流损耗，在未模拟磁滞时也可加入磁滞损耗，但不包括绕组损耗。
- Copper Losses pu：变压器总铜损。该输入损耗值将在所有的绕组之间平均分配，并据此计算等效的绕组电阻，这些电阻将与绕组串联。
- Ideal Transformer Model：No | Yes。选择 Yes 时将模拟理想变压器。理想变压器并非理想的变比变换器，这里的理想仅意味着去除励磁支路（仍然将考虑漏抗）。
- Tap Changer on Winding：None | #1 | #2。有载切换分接头放置的绕组编号。
  - None：无分接头。
  - #1：放置于#1 绕组。
  - #2：放置于#2 绕组。
- Graphics Display：Circles | Windings（圆形 | 绕组形）。设置图形外观。

➢ Configuration | Winding Voltages

- Winding # Voltage (RMS) kV：相应绕组的额定电压有效值。

➢ Saturation | General

- Saturation Enabled：No | Yes。选择 Yes 时将启用铁心饱和控制。启用饱和特性时需设置变压器为理想，否则将同时使用励磁支路和铁心饱和程序。
- Place Saturation on Winding：Middle | #1 | #2。饱和电流将被直接注入所选择的绕组中，但这种做法对于某些特定研究（例如黑启动）可能导致理想回路。
  - Middle：建议选择 Middle。

  - ■ #1：放置于#1 绕组。
  - ■ #2：放置于#2 绕组。
- ● Hysteresis：None | Basic Model | Jiles-Atherton。磁滞建模方式。
  - ■ None：无磁滞。
  - ■ Basic Model：基于对变压器λ-I 特性的转化来对模拟磁滞。
  - ■ Jiles-Atherton：涉及 M-H 环到 B-H 环的转换。
- ● Inrush Decay Time Constant s：变压器涌流的衰减时间常数（仅当 *Hysteresis* 选择为 None 时有效）。
- ● Time to Release Flux Clipping s：从仿真开始的该时间间隔内模型将限制计算得到的磁链值，防止启动时不稳定（仅当 *Hysteresis* 选择为 None 时有效）。
- ● Air Core Reactance pu：通常近似为漏抗的两倍。
- ● Magnetizing Current %：流过变压器励磁电纳的一次绕组电流占额定电流的百分比。该值可根据开路试验结果得到，并用于计算励磁电纳。
- ● Knee Voltage pu：饱和曲线上膝点对应的电压。
- ● Remanent Flux pu：剩磁通，额定电压下峰值磁通为基准值的标幺值（仅当 *Hysteresis* 不选择为 None 时有效）。
- ● Loop Width %：以励磁电流百分比表示的磁滞环宽。当 *Hysteresis* 选择为 Basic Model 时有效
- ● Nominal Flux Density (T) T：与饱和曲线对应的标称磁通密度（仅当 *Hysteresis* 选择为 Jiles-Atherton 时有效）。
- ● Magnetic Material：Custom | Default。励磁材料特性选择。
  - ■ Custom：自定义。
  - ■ Default：选择默认励磁材料特性。

➢ Magnetic Characteristics of the Material | General （仅当 *Hysteresis* 选择为 Jiles-Atherton 且 *Magnetic Material* 选择为 Custom 时有效）

- ● Domain Flexing Parameter：代表可逆磁化部分的磁畴挠曲参数。
- ● Domain Pinning Parameter A/m：直接影响磁滞环宽的磁畴钉扎参数。
- ● Parameter to Adjust K with M：用于根据磁化调整钉扎参数，以更好模拟肩部区域。
- ● Inter-Domain Coupling：磁畴间耦合。
- ● Saturated Anhysteretic Magnetization A/m：饱和无磁滞磁化。
- ● Coefficient # of Anysteretic Curve：无磁滞磁化曲线第#个系数。

➢ Internal Outputs | Magnetic Core

- ● Name for Magnetizing Current kA：监测励磁电流的变量名。单位为 kA。
- ● Name for Flux Linkage kWb-N：监测磁链的变量名。单位为 kWb-N。
- ● Name for Magnetic Field Intensity：监测磁场强度的变量名。
- ● Name for Flux Density T：监测磁通密度的变量名。

➢ Internal Outputs | Winding Currents

● Name for Winding # Current kA：监测第#绕组电流的变量名。单位为 kA。

3．有载切换分接头

所有的变压器元件均配备有载切换分接头。当启用时，该元件的图形上将出现对角线，并标注为 Tap。

分接头设置的改变被模拟为变压器匝数比的变化，100%分接头时确定的标幺漏抗和励磁电流将用于计算对应于当前分接头设置的新额定电压下的导纳。

示例：某个 Y/Y 变压器的额定电压为一次侧 10 kV，二次侧 100 kV，且切换分接头位于一次绕组上，该变压器的匝数比为 1∶10。有载分接头输入 1.0 时对应 100 %的分接（即没有分接头调整）。如果分接头输入值调整为例如 1.05，则匝数比将变为 1.05∶1 或 1∶0. 952381。

当然可以连续改变分接头，但这将使得每个仿真步长中网络求解时都进行重新排序。更实用的方法是分步地改变分接头设置，例如通过使用 slider 或 rotary switch 元件进行的手动调整，或来自具有适当延迟和步长的控制器。

4．饱和特性

通过在所选择的绕组上注入补偿电流源来模拟经典变压器模型的饱和特性，补偿电流源的大小根据测量的绕组电压和元件输入参数所计算得到，如图 4-29 所示。

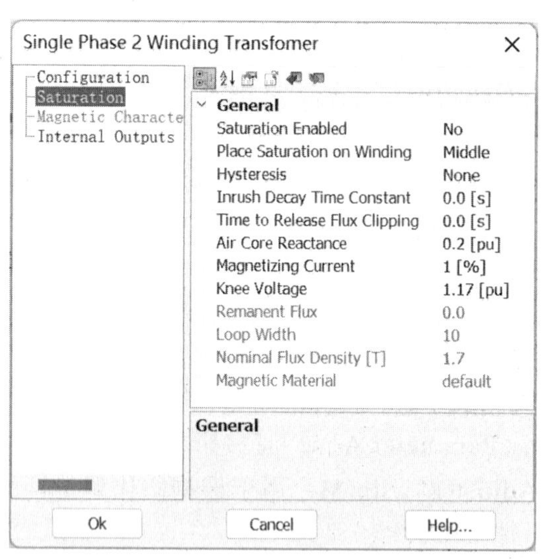

图 4-29 变压器饱和参数设置

直接影响铁心饱和特性调整的变压器输入参数有：空心电抗、膝点电压和励磁电流。这些参数提供了三个自由度来刻画连续的铁心特性，如图 4-30 所示。

● Air Core Reactance：调整空心电抗输入值将影响图 4-30 中渐近线的斜率。
● Knee Voltage：调整膝点电压将改变图 4-30 中空心电抗渐近线 Y 轴上截距。
● Magnetizing Current：调整励磁电流将沿 V_s=1.0 pu 的电压线确定有效膝点的水平位置。也即随着励磁电流值的增大，饱和特性曲线变化将趋向平缓。

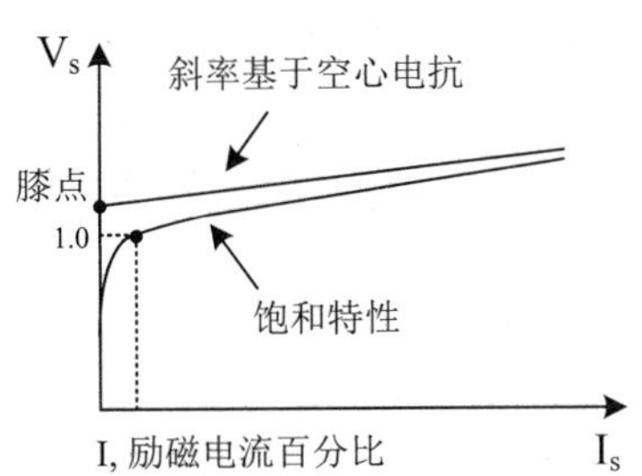

图 4-30 变压器饱和特性曲线

4.2.2 单相三绕组变压器 (1-Phase 3-Winding Transformer)

该元件如图 4-31 所示。

1．说明

该元件基于经典建模方法来模拟单相三绕组变压器。用户可选择使用励磁支路（线性铁心）或电流注入程序之一来模拟励磁特性。需要时可完全移除励磁支路而仅保留串联的漏抗，使得变压器成为理想模型。该元件也提供了磁滞模型。

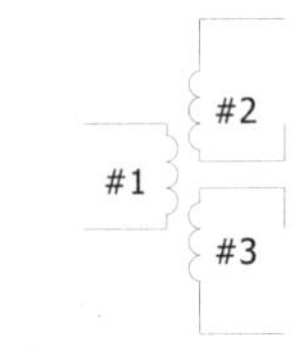

图 4-7 单相三绕组变压器元件

2．参数

相同参数可参考 4.2.1 节。

➢ Configuration| General

- Leakage Reactance (#-#) pu：相应绕组之间的总漏抗，可根据短路实验结果得到。
- Copper Losses (#-#) pu：相应绕组的总铜损。这些电阻将与绕组串联。

4.2.3 单相四绕组变压器 (1-Phase 4-Winding Transformer)

该元件如图 4-32 所示。

1．说明

该元件基于经典建模方法来模拟单相四绕组变压器。用户可选择使用励磁支路（线性铁心）或电流注入程序之一来模拟励磁特性。需要时可完全移除励磁支路而仅保留串联的漏抗，使得变压器成为理想模型。该元件也提供了磁滞模型。

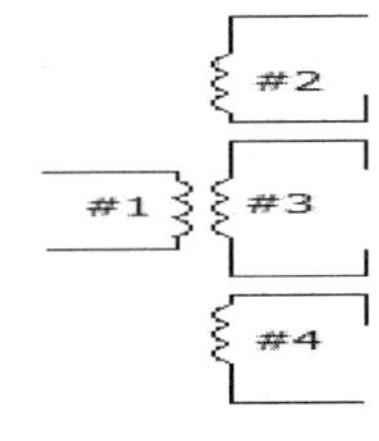

图 4-8 单相四绕组变压器元件

2．参数

相同参数可参考 4.2.1 节和 4.2.2 节。

➢ Configuration | General

- Copper Losses (#) pu：指定绕组的铜损。这些电阻将与绕组串联。

4.2.4 单相 N 绕组变压器 (1-Phase N-Winding Transformer)

该元件如图 4-33 所示。

1．说明

该元件模拟单相理想变压器，可配置 5~12 个绕组。可在用户选定的绕组加入简单的饱和模型以及有载切换分接头。

2．参数

相同参数可参考 4.2.1 节～4.2.3 节。

➢ Configuration | General

- Number of Windings：选择绕组数，5~12。

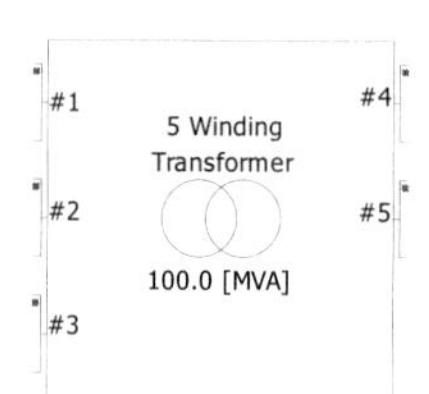

图 4-9 单相 N 绕组变压器元件

4.2.5 三相双绕组变压器 (3-Phase 2-Winding Transformer)

该元件如图 4-34 所示。

1．说明

该元件基于经典建模方法来模拟三相双绕组变压器。用户可选择使用励磁支路（线性铁心）或电流注入例程之一来模拟励磁特性。需要时可完全移除励磁支路而仅保留串联的漏抗，使得变压器成为理想模型。该元件也提供了磁滞模型。

该元件等同于 3 个以三相组形式连接的单相双绕组变压器元件。用户可选择每一侧绕组相互连接成星形或三角形，经典变压器模型中未模拟相间耦合，该元件使用单相变压器的等效电路如图 4-35 所示。

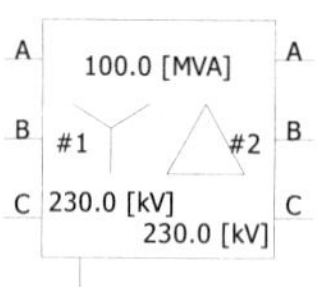

图 4-10 三相双绕组变压器元件

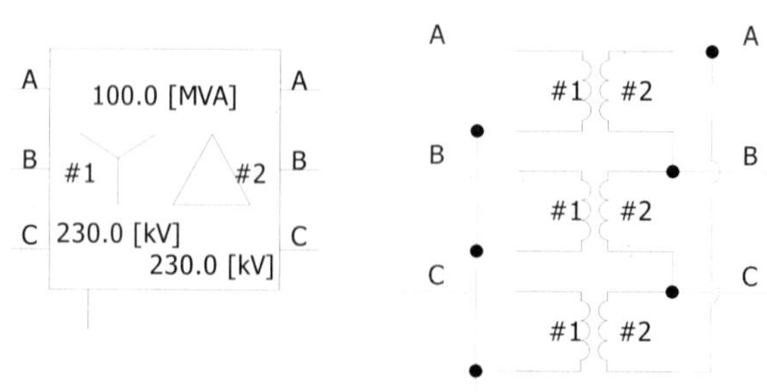

图 4-35 三相双绕组变压器元件等效电路

如果相间耦合非常重要，则需要选择 equivalent UMEC transformer 模型。

2．参数

相同参数可参考 4.2.1 节～4.2.4 节。

➢ Configuration | General
- Transformer Name：仅作为标识符。应输入一个名称以避免编译警告。
- 3-Phase Transformer MVA MVA：变压器三相额定视在功率。
- Winding # Type：Y | Delta（星形绕组 | 三角形绕组）。各侧绕组连接方式。
- Delta Lags or Leads Y：Lags | Leads。三角形和星形绕组相位关系。
  - Lags：三角形滞后星形连接绕组电压 30°。
  - Leads：三角形超前星形连接绕组电压 30°。
- Positive Sequence Leakage Reactance pu：变压器总的正序漏抗，可根据短路实验结果得到。
- Graphics Display：3-phase view | Single line (circles) | Single line(windings)。图形显示方式。
  - 3-phase view：三相显示。
  - Single line (circles)：单线圆圈显示。
  - Single line(windings)：单线绕组显示。
- Display Details：No | Yes。设置图形外观，仅单线显示时起作用。选择 Yes 时将在图形上显示容量和绕组电压。

➢ Winding Voltage | General
- Winding # Line to Line voltage (RMS) kV：相应绕组额定线电压有效值。

➢ Saturation | General
- Remanent Flux Core #：绕组#的剩磁通，额定电压下峰值磁通为基准值的标幺值（仅当 *Hysteresis* 不选择为 None 时有效）。

➢ Winding # Currents | Delta Currents
- Name for Phase # to Phase # Winding Current kA：监测指定两相之间电流的变量名称。绕组为星形连接时，它将同时是线电流和相电流，对三角形连接绕组则只是相电流。单位为 kA。

➢ Winding # Currents | Line Currents
- Name for Phase # Current (+in) kA：监测某相线电流的变量名。绕组为星形连接时它将同时是线电流和相电流，对三角形连接绕组则只是线电流。当电流从线路流向绕组时该值为正。单位为 kA。

➢ Monitoring of Magnetic Core：# | Flux Density
- Name for Flux Density Phase # T：监测指定相磁通密度的变量名。单位为 T。

➢ Monitoring of Magnetic Core：# | Flux Linkage
- Name for Phase # Flux Linkage kWb-N：监测指定相间磁链的变量名。单位为 kWb-N。

➢ Monitoring of Magnetic Core：# | Magnetic Field Intensity
- Name for Magnetic Field Intensity Phase #：指定相磁场强度的变量名。

➢ Monitoring of Magnetic Core：# | Magnetizing Current
- Name for Phase # Magnetizing Current kA：指定相励磁电流。单位为 kA。

4.2.6 三相三绕组变压器 (3-Phase 3-Winding Transformer)

该元件如图 4-36 所示。

1．说明

该元件基于经典建模方法来模拟三相三绕组变压器。用户可选择使用励磁支路（线性铁心）或电流注入程序之一来模拟励磁特性。需要时可完全移除励磁支路而仅保留串联的漏抗，使得变压器成为理想模型。该元件也提供了磁滞模型。经典模型中未模拟相间耦合。

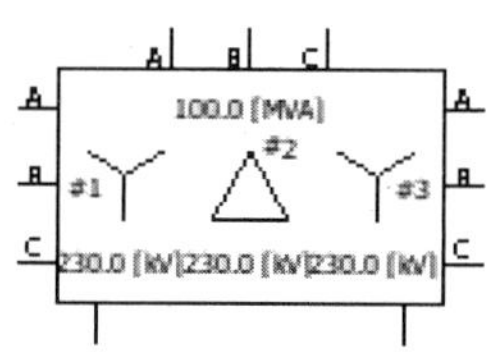

图 4-11 三相三绕组变压器元件

2．参数

相同参数可参考 4.2.1 节～4.2.5 节。

4.2.7 三相四绕组变压器 (3-Phase 4-Winding Transformer)

该元件如图 4-37 所示。

1．说明

该元件基于经典建模方法来模拟三相四绕组变压器。用户可选择使用励磁支路（线性铁心）或电流注入程序之一来模拟励磁特性。需要时可完全移除励磁支路而仅保留串联的漏抗，使得变压器成为理想模型。该元件也提供了磁滞模型。经典模型中未模拟相间耦合。

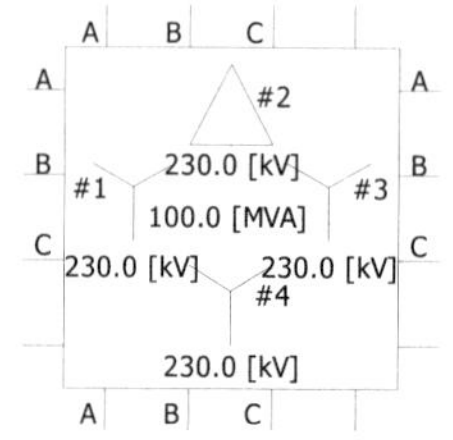

图 4-12 三相四绕组变压器元件

2．参数

相同参数可参考 4.2.1 节～4.2.6 节。

4.2.8 单相自耦变压器 (1-Phase Auto Transformer)

该元件如图 4-38 所示。

1．说明

该元件基于经典建模方法来模拟单相自耦变压器。用户可选择使用励磁支路（线性铁心）或电流注入程序之一来模拟励磁特性。需要时可完全移除励磁支路而仅保留串联的漏抗，使得变压器成为理想模型。该元件同样配备有载切换分接头。

2．参数

相同参数可参考 4.2.1-4.2.7。

➢ Configuration | General

- No load Losses pu：变压器总空载损耗，但不包括绕组损耗。
- Tap Changer on Winding：No | Yes。选择 Yes 时将启用有载调压分接头，且需提供外部输入信号。

➢ Winding Voltage Ratings | General

- HV/LV winding voltage (RMS) kV：相应绕组额定电压有效值。

➢ Monitoring of Currents and Flux | General

- Name for HV/LV winding current kA：监测相应绕组电流的变量名。单位为 kA。
- Name for LV side current kA：监测低压侧电流的变量名。单位为 kA。
- Name for Magnetizing Current pu：监测励磁电流的变量名。单位为 pu。
- Name for Flux Linkage pu：监测计算得到磁链的变量名。单位为 pu。

3．有载切换分接头

以下讨论自耦变压器有载切换分接头的内部限制，等效电路如图 4-39 所示。

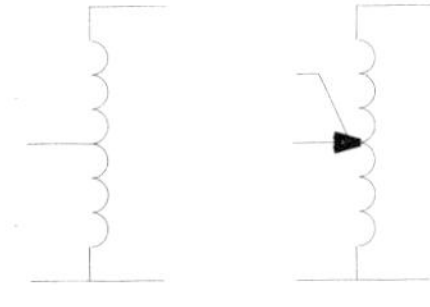

图 4-38 单相自耦变压器元件

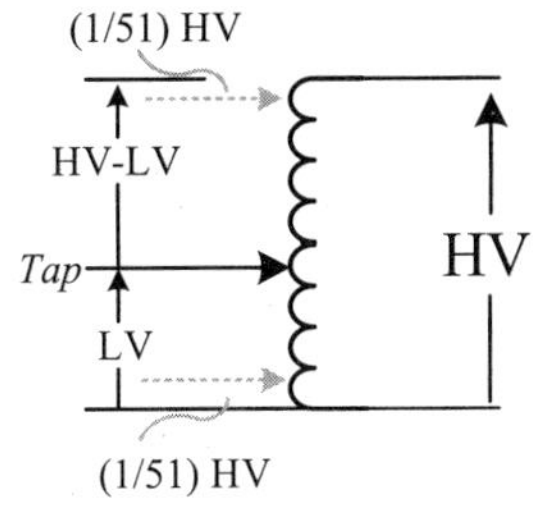

图 4-39 有载切换分接头的内部限制等效电路

内部限制分接头设置值使得 HV-LV 和 LV 电压比值不会超出 50，因此 LV 电压与 HV 电压的限制关系为：

$$\mathrm{LV}\cdot\left(1+\frac{1}{50}\right)<\mathrm{HV}<\mathrm{LV}\cdot 51$$

例如，对一个 115 kV，230 kV 的自耦变压器，电压限值分别为：

$$\frac{230}{\left(1+\frac{1}{50}\right)}=225.49\,\mathrm{kV}\quad \text{以及}\quad \frac{230}{51}=4.51\,\mathrm{kV}$$

因此，分接头输入限值为：

$$\frac{230/115}{(1+\frac{1}{50})}=1.961\,\text{pu} \quad \text{以及} \quad \frac{230/115}{51}=0.039\,\text{pu}$$

注意：不同自耦变压器分接头限值不尽相同，取决于 HV 和 LV 电压。同样的，当发出改变分接头位置命令时，其实际位置的改变将发生于绕组电流下一个过零时刻。

4.2.9 单相三绕组自耦变压器 (1-Phase 3-Winding Auto Transformer)

该元件如图 4-40 所示。

1．说明

该元件基于经典建模方法来模拟单相三绕组自耦变压器。用户可选择使用励磁支路（线性铁心）或电流注入程序之一来模拟励磁特性。需要时可完全移除励磁支路而仅保留串联的漏抗，使得变压器成为理想模型。该元件同样配备有载切换分接头。

图 4-13 单相三绕组自耦变压器元件

2．参数

相同参数可参考 4.2.1 节～4.2.8 节。

➢ Configuration| General

- Leakage Reactance (H-L) pu：高压侧和低压侧绕组之间的总漏抗，可根据短路实验结果得到。
- Leakage Reactance (L-T) pu：低压侧和第三绕组之间的总漏抗，可根据短路实验结果得到。
- Leakage Reactance (H-T) pu：高压侧和第三绕组之间的总漏抗，可根据短路实验结果得到。

4.2.10 三相 Y/Y 自耦变压器 (3-Phase Star-Star Auto Transformer)

该元件如图 4-41 所示。

1．说明

该元件模拟由 3 个单相变压器构成的三相自耦变压器组。用户可选择使用励磁支路（线性铁心）或电流注入程序之一来模拟励磁特性。需要时可完全移除励磁支路而仅保留串联的漏抗，使得变压器成为理想模型。该元件同样配备有载切换分接头。

图 4-14 三相 Y/Y 自耦变压器元件

该元件的外部连接说明和内部等效电路分别如图 4-42 和图 4-43 所示。

2．参数

相同参数可参考 4.2.1 节～4.2.9 节。

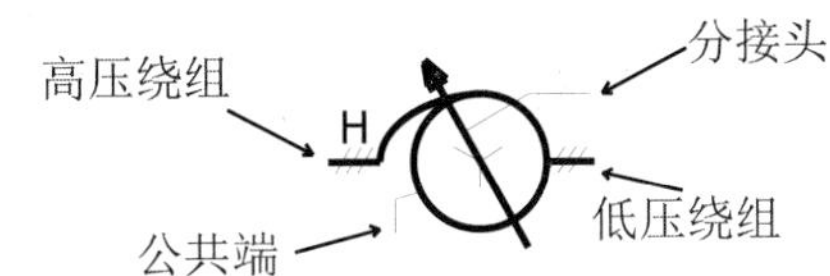

图 4- 42 三相 Y/Y 自耦变压器元件的外部连接

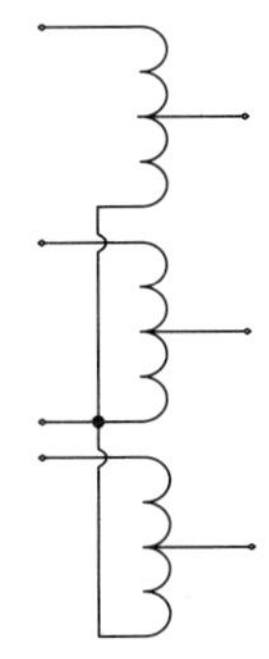

图 4- 43 三相 Y/Y 自耦变压器元件的内部连接

4.2.11 带第三绕组的三相 Y/Y 自耦变压器 (3-Phase Star-Star Auto Transformer with Tertiary)

该元件如图 4-44 所示。

1．说明

该元件模拟由带第三绕组的 3 个单相变压器构成的三相自耦变压器组。第三绕组可配置为三角形或星形联结。用户可选择使用励磁支路（线性铁心）或电流注入程序之一来模拟励磁特性。需要时可完全移除励磁支路而仅保留串联的漏抗，使得变压器成为理想模型。该元件同样配备有载切换分接头。

该元件的外部连接说明如图 4-45 所示。

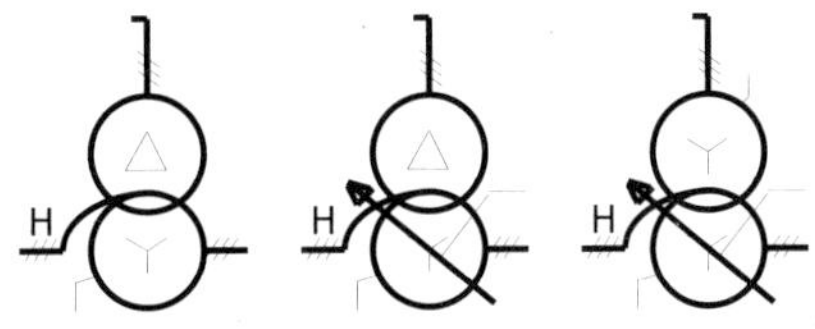

图 4-44 带第三绕组的三相 Y/Y 自耦变压器元件

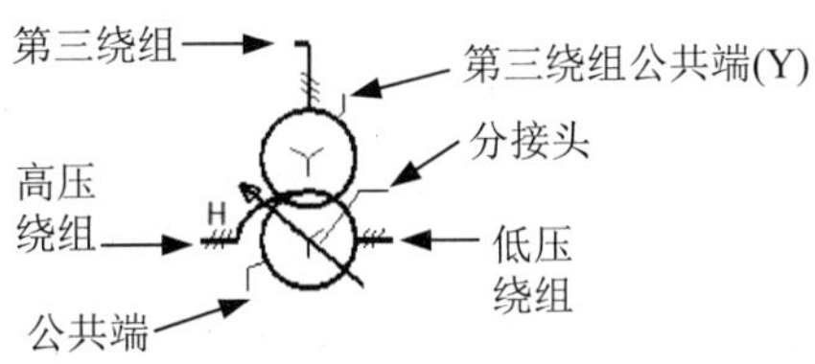

图 4-45 带第三绕组的三相 Y/Y 自耦变压器元件的外部连接

该元件内部连接电路如图 4-46 所示。

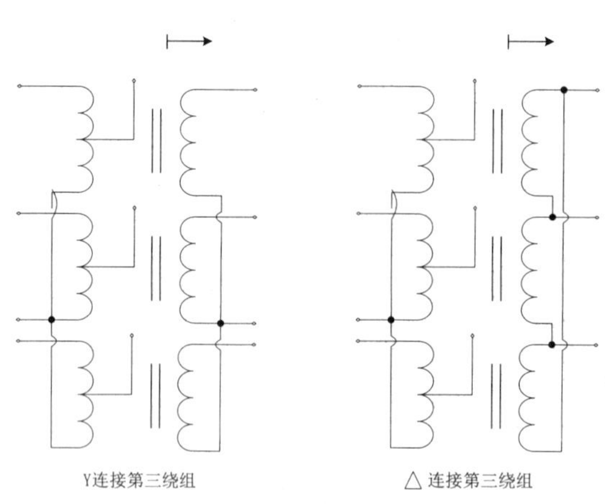

图 4-46 带第三绕组的三相 Y/Y 自耦变压器元件的内部连接

根据配置的不同，该元件具有三个漏抗输入域。未包括空载损耗输入参数。可通过选择列表配置第三绕组为三角形或星形联结。如果第三绕组为三角形联结，同样可选择三角形绕组超前或滞后。

2．参数

相同参数可参考 4.2.1 节～4.2.10 节。

➢ Configuration | General

- Tertiary Winding：Star | Delta（星形 | 三角形）。第三绕组的连接方式，仅用于第三绕组。
- Delta Leading or Lagging：Lag | Lead（滞后 | 超前）。三角形与星形绕组电压相位关系（仅当 *Tertiary Winding* 选择为 Delta 时有效）

4.2.12 单相双绕组 UMEC 变压器 (1-Phase 2-Winding UMEC Transformer)

该元件如图 4-47 所示。

1．说明

该元件基于 UMEC 的建模方法来模拟单相双绕组变压器。

图 4-15 单相双绕组 UMEC 变压器元件

该元件中的选项使得用户能够直接以 I-V 曲线来模拟铁心饱和特性。如果需要可完全去除励磁支路，使得变压器处于理想模式，所有剩下的只是串联的漏抗。需要输入某些铁心几何尺寸（即铁心类型、铁心轭和铁心绕组柱的尺寸）等数据。

2. 参数

➢ Configuration| General

- Transformer Name：仅作为标识。输入该名称可避免编译警告。
- Transformer MVA (MVA) MVA：变压器额定视在功率。
- Primary Voltage (RMS) kV：一次绕组额定电压。
- Secondary Voltage (RMS) kV：二次绕组额定电压。
- Base Operation Frequency Hz：变压器所位于的电力系统额定频率。
- Leakage Reactance pu：变压器绕组总漏抗，可根据短路实验结果得到。
- Copper Losses pu：变压器总的铜损。该输入损耗值将在所有的绕组之间平均分配，并据此计算阻值相同的绕组电阻。这些电阻将与绕组串联。
- Model Saturation?：No | Yes。选择 Yes 时将模拟铁心饱和。即使本选项选择为 Yes，还需要在 Saturation Curve 页面中选择 Enable Saturation 来启用饱和模拟。
- Tap Changer on Winding：None | #1 | #2。有载切换分接头放置的绕组编号。
  - None：无分接头。
  - #1：放置于#1 绕组。
  - #2：放置于#2 绕组。
- Graphics Display：Circles | Windings（圆形 | 绕组形）。设置图形外观。

➢ Tap Setting | General

- Tap Setting：分接头设置，该设置在运行过程中不能调整。

➢ Saturation Curve | General

- Magnetizing Current at Rated Voltage %：额定电压下的励磁电流，该参数仅当禁用铁心饱和时使用。
- Enable Saturation：输入 0 代表禁用，输入 1 代表启用。使用该参数时需启用 *Model Saturation* 选项。

➢ Saturation Curve | Currents/Voltages

- Point #–Current as a Percentage %：输入 I-V 曲线的 I 坐标，在需要时这些点的值可为非零，最多可输入 10 个点。
- Point #–Voltage in pu pu：输入 I-V 曲线的 V 坐标，在需要时这些点的值可为非零，最多可输入 10 个点。由这些输入定义的 I-V 曲线形成了分段线性的饱和曲线，这些点之间的变化将由 PSCAD 通过插值得到。如果输入 0.0，则 PSCAD 将忽略其后续输入。这对于饱和曲线少于 10 个点时是有用的。UMEC 算法要求位于第一象限（V 为纵轴而 I 为横轴）的饱和曲线上样条曲线的连续段具有逐渐下降的斜率。使得斜率大于先前被记录的斜率的点将被忽略，直至使得斜率减小的点。

➢ Core Aspect Ratios | General

- Ratio Yoke/Winding-limb Length：铁心轭长度与铁心绕组柱长度之比。

- Ratio Yoke/Winding-limb Area：铁心轭面积与铁心绕组柱面积之比。

➢ Monitoring of Winding Currents | Outputs

- Name for Winding # Current kA：监测特定绕组电流的变量名称。单位为kA。

➢ Transformer Flux pu | Outputs

- Winding # Flux：监测特定铁心绕组柱磁链的变量名称。单位为 pu。
- Winding # Leakage Flux：监测特定铁心绕组柱漏磁链的变量名称。单位为pu。
- Yoke Flux：监测铁心轭磁链的变量名称。单位为 pu。

4.2.13 单相三绕组 UMEC 变压器 (1-Phase 3-Winding UMEC Transformer)

该元件如图 4-48 所示。

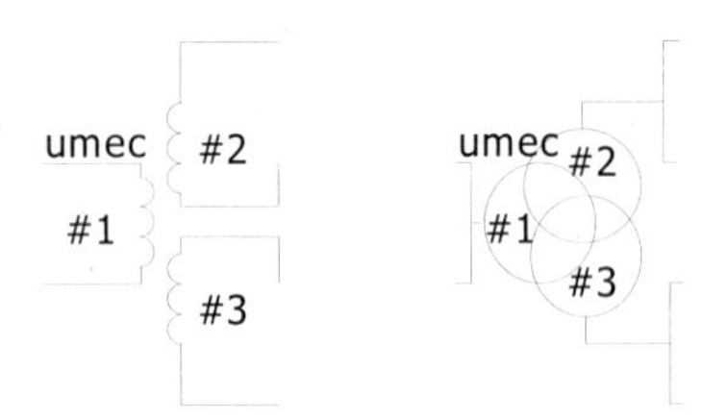

图 4-16 单相三绕组 UMEC 变压器元件

1．说明

该元件基于 UMEC 的建模方法来模拟单相三绕组变压器。该元件中的选项使得用户能够直接以 I-V 曲线来模拟铁心饱和特性。如果需要可完全去除励磁支路，使得变压器处于理想模式，所有剩下的只是串联的漏抗。需要输入某些铁心几何尺寸（即铁心类型、铁心轭和铁心绕组柱的尺寸）等数据。

2．参数

相同参数可参考 4.2.12 节。

➢ Configuration | General

- Winding # Voltage (RMS) kV：指定绕组的额定电压。
- Leakage Reactance Winding #-# pu：指定绕组之间的漏抗。
- Copper Losses Winding #-# pu：指定绕组之间的铜耗。

4.2.14 3/5 铁心柱 UMEC 变压器 (3/5 Limb UMEC Transformer)

该元件如图 4-49 所示。

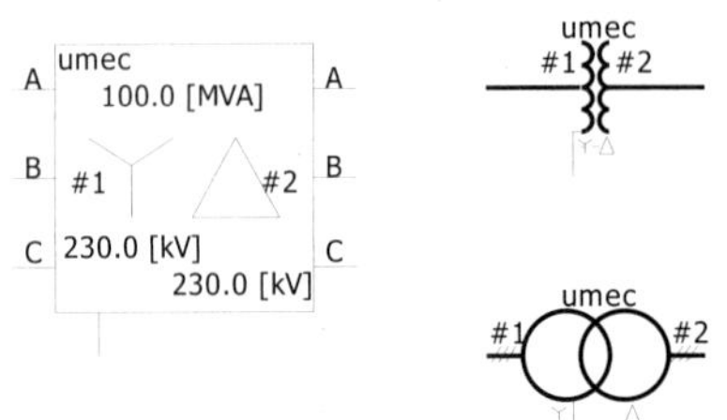

图 4-49 3/5 铁心柱 UMEC 变压器元件

1．说明

该元件基于 UMEC 的建模方法来模拟三相 3/5 铁心柱变压器。该元件中的选项使得用户能够直接以 I-V 曲线来模拟铁心饱和特性。如果需要可完全去除励磁支路，使得变压器处于理想模式，所有剩下的只是串联的漏抗。需要输入某些铁心几何尺寸（即铁心类型、铁心轭和铁心绕组柱的尺寸）等数据。该模型可模拟相间耦合。

2．参数

相同参数可参考 4.2.12 节和 4.2.13 节。

➢ Configuration | General

- Transformer Core Construction：3-phase Bank | Three-limb | Five-limb。铁心配置方式。
  - 3-phase Bank：三相组。
  - Three-limb：3 柱。
  - Five-limb：5 柱。
- Primary Voltage (Line-Line RMS) kV：一次绕组线电压额定有效值。
- Secondary Voltage (Line-Line RMS) kV：二次绕组线电压额定有效值。
- Display Details：No | Yes。选择 Yes 时将在图形上显示容量和绕组电压，仅单线显示时起作用。

➢ Core Aspect Ratios | General

- Ratio Yoke/Outer-limb Length：铁心轭长度与最外侧芯柱长度之比。
- Ratio Yoke/Outer-limb Area：铁心轭面积与最外侧芯柱面积之比。

➢ Winding # Line Currents | Outputs

- Name for Phase # Current (+in) kA：监测特定相线电流的变量名称。绕组为星形联结时，它将同时是线电流和相电流，对三角形联结绕组则只是线电流。当电流从线路流向绕组时该值为正。单位为 kA。

➢ Winding # Delta Currents | Outputs

- Name for Phase # to Phase # Winding Current kA：监测特定相之间电流的变量名称。绕组为星形联结时，它将同时是线电流和相电流，对三角形联结绕组则只是相电流。单位为 kA。

➢ PU Transformer Flux (3 Phase Bank) | Outputs

- Winding # Flux (Red/Yellow/Blue-phase)：监测特定相绕组#磁通的变量名称。单位为 pu。
- Winding # Leakage Flux (Red/Yellow/Blue-phase)：监测特定相绕组#漏磁通的变量名称。单位为 pu。
- Yoke Flux (Red/Yellow/Blue)：监测特定相铁心轭磁通的变量名称。单位为 pu。

➢ PU Transformer Flux (Three Limb) | Outputs

- Winding # Flux (Red/Yellow/Blue-phase)：监测特定相绕组#磁通的变量名称。单位为 pu。

- Winding # Leakage Flux (Red/Yellow/Blue-phase)：监测特定相绕组#漏磁通的变量名称。单位为 pu。
- Yoke Flux (Red-Yellow/Blue-Yellow)：监测特定相间铁心轭磁通的变量名称。单位为 pu。
- Zero-Sequence Flux (Red/Yellow/Blue-phase)：监测特定相零序磁通的变量名称。单位为 pu。

➢ PU Transformer Flux (Five Limb) | Outputs

- Winding # Flux (Red/Yellow/Blue-phase)：监测特定相绕组#磁通的变量名称。单位为 pu。
- Winding # Leakage Flux (Red/Yellow/Blue-phase)：监测特定相绕组#漏磁通的变量名称。单位为 pu。
- Yoke Flux (Red-Yellow/Blue-Yellow)：监测特定相间铁心轭磁通的变量名称。单位为 pu。
- Outer-limb Flux (Red/Blue-phase)：监测特定相最外侧芯柱磁通的变量名称。单位为 pu。
- Zero-Sequence Flux (Red/Yellow/Blue-phase)：监测特定相零序磁通的变量名称。单位为 pu。

4.2.15 基于对偶的三相双绕组变压器 (Duality-Based, 3-Phase 2-Winding Transformer)

该元件如图 4-50 所示。

1．说明

该元件基于对偶原理来模拟三相双绕组变压器，可用于对多芯柱变压器或一组单相变压器建模。可采用多种方法输入变压器铁心的非线性特性，且可计入杂散电容。

2．参数

相同参数可参考 4.2.1 节～4.2.14 节。

➢ Configuration | General

- % of Copper Loss for Winding 1：绕组 1 铜损占比，剩下的为绕组 2 铜损。

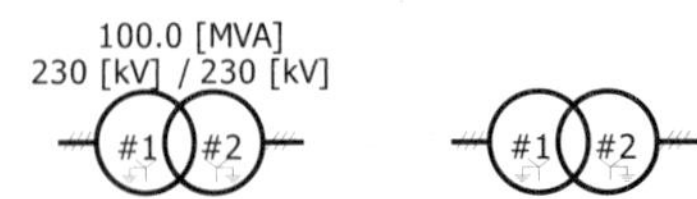

图 4-17 基于对偶的三相双绕组变压器元件

- % of Positive Sequence Leakage Reactance for Winding 1：绕组 1 正序漏抗占比，剩下的为绕组 2 正序漏抗。
- Leakage Reactance Ratio (Zero/Positive Sequence)：零序/正序漏抗比。

➢ Winding Settings | General

- Open Terminals ?：No | Yes。选择 Yes 时开路，可访问所有绕组端子。
- Winding # Connection：Y| Δ（星形 | 三角形）。绕组结线类型。

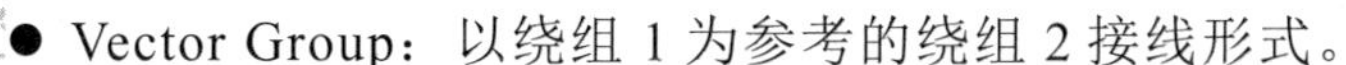

- Vector Group：以绕组 1 为参考的绕组 2 接线形式。
- Y Neutral for Winding #：Solidly grounded | Ungrounded | External。Y 绕组中性点接地方式。
  - Solidly grounded：直接接地。
  - Ungrounded：不接地。
  - External：外部引出。

➢ Winding Settings | Winding Voltages

- Winding # Line to Line Voltage (RMS) kA：相应绕组线电压有效值。
- Single Phase Winding # Voltage (RMS) kA：相应绕组单相电压有效值。

➢ Magnetization Branch | General

- Magnetization Model：Linear | Basic hysteresis | Jiles-Atherton hysteresis | V-I with aspect ratios | B-H with aspect ratios | B-H with dimensions。励磁支路模型。选择不同模型时将出现不同的参数，这些参数可参考前述介绍。

➢ Core Geometry | Aspect Ratios

- Ratio Yoke/Winding limb Length (ly/lw)：铁心轭与绕组柱有效长度比。
- Ratio Yoke/Winding limb Area (sy/sw)：铁心轭与绕组柱截面积比。
- Ratio Yoke/Outer limb Length (ly/lo)：铁心轭与最外侧芯柱有效长度比。
- Ratio Yoke/Outer limb Area (sy/so)：铁心轭与最外侧芯柱截面积比。

➢ Core Geometry | Dimensions

- Length of Winding Limb m：绕组柱有效长度。
- Length of Yoke m：铁心轭有效长度。
- Length of Outer Limb m：最外侧芯柱有效长度。
- Length of Winding Limb m^2：绕组柱截面积。
- Length of Yoke m^2：铁心轭截面积。
- Length of Outer Limb m^2：最外侧芯柱截面积。

➢ Tap Settings | General

- Tap Changer on Winding
- Tap Changer on Winding：None | Winding1 | Winding2。有载切换分接头放置的绕组编号。
  - None：无分接头。
  - Winding1：放置于绕组 1。
  - Winding2：放置于绕组 2。
- Tap Value Entry：Internal | External（内部输入 | 外部引脚输入）。分接头值输入方式。
- Tap Value：分接头值。
- Leakage Reactance Correction：Disabled | Enabled。漏抗校正方式。
  - Disabled：漏抗标幺值恒定。
  - Enabled：漏抗标幺值随分接头设置变化而需要校正。

➢ Stray Capacitance | General

- Shunt Capacitance at Winding #? ：No | Yes。选择 Yes 时将加入绕组杂散电容。
- Capacitance Between Winding 1 & 2 ? ：No | Yes。选择 Yes 时将加入绕组间杂散电容。

➢ Stray Capacitance | Capacitance Values

- Shunt Capacitance at Winding # μF：绕组#杂散电容值。
- Capacitance Between Winding 1 & 2 μF：绕组间杂散电容值。

➢ Internal Outputs | Flux Linkage

- Name for Flux Density of Winding Limb #：监测绕组芯柱#磁通密度变量名。单位为 T。

➢ Internal Outputs | Magnetizing Currents

- Name for Magnetizing Current of Winding Limb #：监测绕组芯柱#励磁电流变量名。单位为%。

➢ Internal Outputs | Winding # Currents

- Name for Winding # Current of Winding Limb #：监测绕组#芯柱#电流变量名。单位为 kA。

4.3 电机

PSCAD 主元件库目前提供了 3 种可用的电动机模型：

- 绕线感应电动机
- 同步电动机
- 双绕组直流电动机

通过选择合适的 Q 轴阻尼绕组数目并输入相应的电动机参数，同步电动机元件可用作隐极机或凸极机。同时也包含了其他可用的电动机相关模型，例如励磁机、调速器、稳定器、原动机等，以协助用户控制上述电动机模型的运行。对含有电机的电力系统进行仿真需要一定的技巧和经验。初始使用电动机模型时，建议用户不仅需要熟悉这些模型，还需要对 PSCAD 中旋转电动机模型的基本理论进行了解。

4.3.1 双绕组直流电动机（Two Winding DC Machine）

该元件如图 4-51 所示。

1．说明

该元件模拟双绕组直流电动机。电枢端子（图 4-51 中右边的+和-）以及励磁绕组端子（图 4-51 中顶端的+和-）用于外部电气连接，以对独立励磁电动机、并联电动机或串联电动机进行仿真。

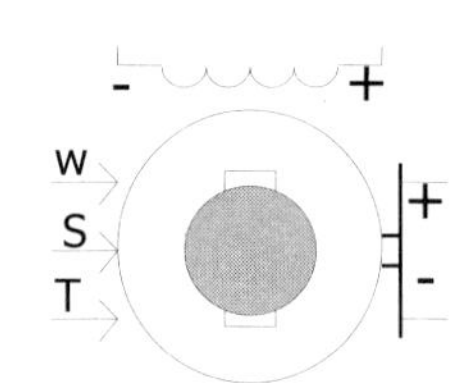

图 4-18 双绕组直流电动机元件

该元件可与主元件库中的 Multi-Mass Torsional Shaft Interface 元件一起使用，以计入转子机械动态。

该元件的输入输出端子说明如下：

- W pu：转子转速输入。
- Te pu：电动机电磁转矩输出。

2．参数

➢ Configuration| General

- Name for Identification：可选的用于识别元件的文本参数。
- Rated Armature Voltage kV ：额定电枢电压。
- Rated Armature Current kA：额定电枢电流。
- Rated Field Current kA：额定励磁电流。
- Speed at which Magnetizing Data is Specified pu：确定电动机空载（励磁曲线）的转速。
- Magnetizing Data：Exponential Equation | points on V-I curve。电动机的空载曲线（开路电压特性）输入方式。
  - Exponential Equation：指数方程形式给出。
  - points on V-I curve：曲线上的点（电枢电压-励磁电流）形式给出。
- Armature Reaction：Include AR effects | Neglect AR effects。电枢反应处理方式。
  - Include AR effects：计入电枢电流造成的励磁磁通的部分去磁。
  - Neglect AR effects：不考虑电枢反应。
- Multimass Interface：Enable | Disable（启用 | 禁用）。多质量块接口设置。
- Angular Moment of Inertia (J=2H) s | MWs/MVA：电动机轴上所有旋转质量块的总惯量（包括机械负载）。惯量常数 (H) 需乘以 2 得到标幺值 J。
- Mechanical Damping pu：用于补偿摩擦和风阻的机械阻尼。

➢ Winding Parameters| General

- Armature Resistance Ω：额定温度下电枢绕组的直流电阻。
- Armature Inductance H：电枢绕组的自电感。
- Field Resistance Ω：额定温度下励磁绕组的电阻。
- Field Inductance H：励磁绕组的自电感。

➢ Armature Reaction Data | General

- Coefficient b# Ω：电枢反应方程的相关系数（仅当 *Armature Reaction* 选择为 Include AR Effects 时有效。

➢ Magnetizing Curve–Points | General 当 *Magnetizing Data* 选择为 Point on V-I Curve 时有效

- Number of Points Available：描绘励磁曲线数据点数，最大为 9。

➢ Magnetizing Curve–Points | Currents/Voltages

励磁曲线的所有输入必须为正值。PSCAD 将查找第一对非零正值输入，并忽略之前的输入。若点数 N 小于 9，需在第 N+1 个点输入 0 或负值。该曲线需具有正的斜率，PSCAD 将在检测到负斜率时发出错误消息并终止。曲线斜率应随励磁电流的增大而减小，否则 PSCAD 将发出警告。

- Point #-Field Current pu：励磁曲线上点对应的励磁电流。所有输入均需为正值。
- Point #-Open Circuit Voltage pu：励磁曲线上点对应的开路电压。所有输入均需为正值。

➢ Magnetizing Curve–Equation | General （仅当 *Magnetizing Data* 选择为 Exponential Equation 时启用）

- Saturated Noload Voltage pu：空载饱和电压。
- Saturation Constant pu：饱和常数。

➢ Internal Output| General

- Mechanical Speed pu：监测机械转速的变量名。单位为 pu。
- Electrical Torque pu：监测电磁转矩的变量名。单位为 pu。

3. 电枢反应

双绕组直流电动机的等效电路如图 4-52 所示。恒定励磁电流和恒定转速情况下，端电压 V_T 相对电枢电流 I_a 的特性曲线如图 4-53 所示。

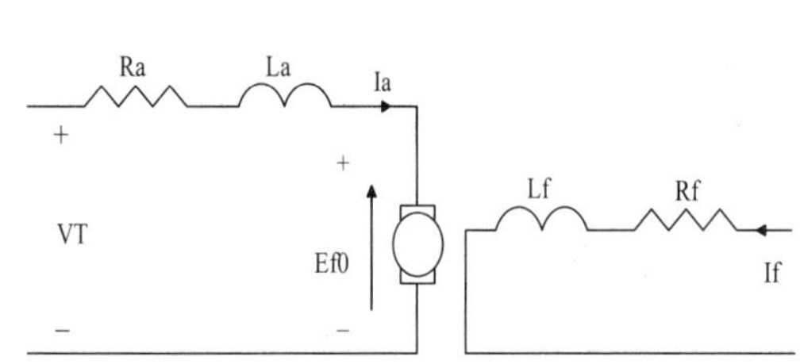

图 4-52 双绕组直流电动机等效电路

图 4-53 电路特性曲线

归因于电枢反应 (AR) 的差值 E_{f0}-V_T-I_aR_a 随电枢电流 I_a 的增大而增大，此运行条件下的有效感应反电动势为：

$$E_{f\_e}=E_{f0}-AR$$

由于电枢电流对励磁磁通的去磁效应，电枢反应被等效为电枢感应电压的下降，其大小取决于电动机的转速、励磁电流和电枢电流。所提供的数据应当与定义开路电压特性时的转子转速 W_1 相对应。

双绕组直流电动机元件电枢反应方程为：

$$AR=b_1+b_2\cdot|i_f|+b_3\cdot|i_f|^2+b_4\cdot|i_a|+b_5\cdot|i_f|\cdot|i_a|$$
$$+b_6\cdot|i_f|^2\cdot|i_a|+b_7\cdot|i_a|^2+b_8\cdot|i_f|\cdot|i_a|^2+b_9\cdot|i_f|^2\cdot|i_a|^2$$

式中，i_f 为励磁电流 (pu)；i_a 为电枢电流 (pu)；b_1~b_9 为系数。

系数 b_1~b_9 可采用曲线拟合技术估算得到。在制造商未提供计算所需数据的情况下，可通过以下步骤来获取测试数据：

- 用原动机拖动电动机为一恒定转速（W_1），保持励磁电流（i_f）为常数。电动机带负载，测量不同电枢电流 i_a 的端电压值 V_t，计算不同电枢电流下的电枢反应 AR。为保证结果准确，i_a 的取值最小为 0，最大至少为额定值。
- 保持转速（W_1）在所有情况下恒定，改变励磁电流 i_f 重复上述步骤。为保证结果准确，i_f 的取值最小为 0，最大至少为额定值。
- 根据实验结果计算出在 i_a 和 i_f 变化的情况下的电枢反应 AR，用曲线拟合计算常数 b_1~b_9。

4．直流电动机方程

图 4-52 所示的双绕组直流电动机等效电路可描述为：

$$V_f = i_f R_f + L_f \frac{\mathrm{d}i_f}{\mathrm{d}t}$$

$$V_T = E_{f\_e} - i_a R_a - L_a \frac{\mathrm{d}i_a}{\mathrm{d}t}$$

任意转速下的有效感应电压或有效反电动势 E_{f_e} 可根据开路电压特性和电枢反应数据求解得到。L_a 和 L_f 的变化未予考虑，测试结果表明忽略它们的变化不会对结果的精确性造成明显的影响。

电动机产生的电磁转矩 T_e 为：

$$T_e = k\phi W_1$$

模型可输出 T_e 的标幺值，它可被用作为多质量扭转轴接口元件的输入，以计算转子的机械转速。

5．开路电压特性

由图 4-52 所示的双绕组直流电动机等效电路，当电流 I_f 流过励磁绕组时，电枢端子上的感应电压表达式为：

$$E_{f0} = k\phi W_1$$

式中，W_1 为转子转速 (rad/s)；ϕ为每极磁通。k 为常数。

给定转速 W_1 下的开路电压特性如图 4-54 所示。k 的变化特性如图 4-55 所示，可表达为：

$$k\phi = m\left[1 - e^{\frac{-|i_f|}{i_{fld0}}}\right]$$

式中，m=E_{fs0}/W_1；i_f 为励磁电流 (pu)；i_{fld0} 为饱和常数，可采用适当的曲线拟合方法估算。

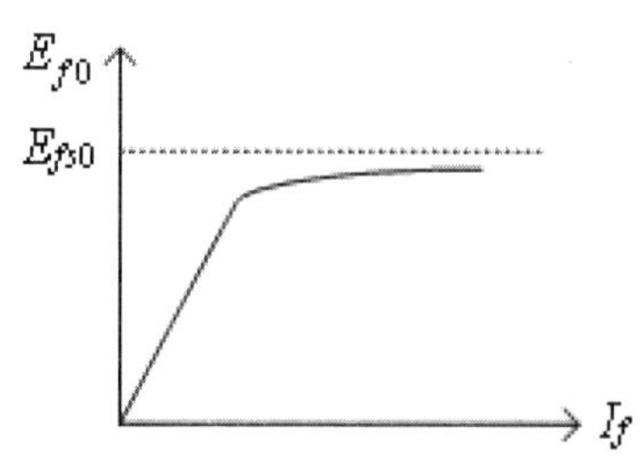

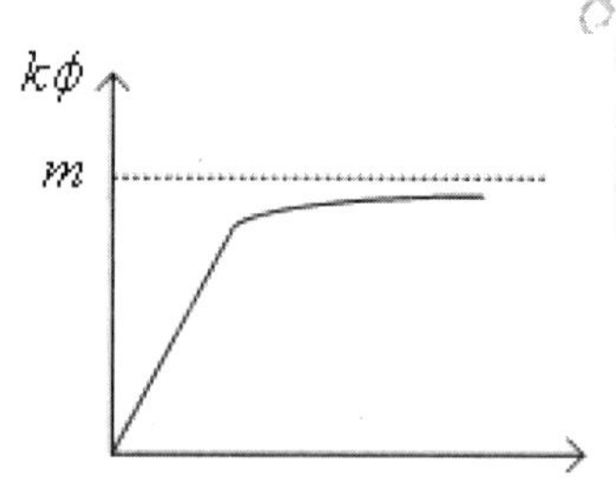

图 4-54 开路电压特性　　　　图 4-55 k 的变化特性

4.3.2 绕线式感应电动机 (Wound Rotor Induction Machine)

该元件如图 4-56 所示。

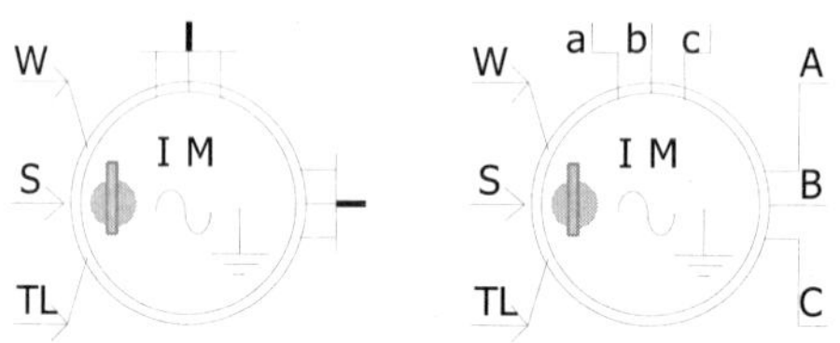

图 4-56 绕线式感应电动机元件

1．说明

绕线转子感应电动机可运行于速度控制或转矩控制模式下。通常情况下，电动机以速度控制模式启动，且输入 W 设置为额定标幺转速（例如 0.98），然后在电动机的初始暂态消失后（也即进入稳态）切换至转矩控制模式。该元件也可与主元件库中的 Multi-Mass Torsional Shaft Interface 元件一起使用。

该元件的输入输出端子说明如下：

- A, B, C：定子三相电气连接点（A, B, C 相），定子为星形联结。
- a, b, c：转子三相电气连接点。

当禁用多惯量接口时，具有如下连接端子：

- W pu：标幺转子转速。速度控制模式下电动机将以该转速运行。
- T_e pu：标幺转矩输入。转矩控制模式下根据惯量、阻尼、该输入转矩及输出转矩计算电动机转速。
- S：模式切换控制输入。1 为速度控制模式，0 为转矩控制模式。

当启用多惯量接口时，具有如下连接端子：

- W pu：标幺转子转速。由多惯量接口指定的电动机转速。
- T_e pu：电动机电磁转矩输出。
- T_L pu：标幺转矩输入。该转矩将被传递至多惯量接口，后者将根据该转矩及其内部参数来计算转速。

2．参数

相同参数可参考 4.3.1 节。

➢ General Data| General

- Motor Name：仅作为标识符。输入该名称以避免产生编译警告消息。
- Rated MVA MVA：电动机的额定功率。
- Rated Voltage (L-L) kV：电动机额定线电压。
- Rated Voltage Across Stator Winding kV：定子绕组额定压降。
- Base Angular Frequency rad/s：电动机基准角频率。
- Stator/Rotor Turns Ratio：开路实验获得的定子/转子匝数比。
- Graphics Display：3 phase view | Single line view | Open terminals。选择图形显示方式。
  - 3 phase view：三相显示。
  - Single line view：单线显示。
  - Open terminals：开路端子显示。

➢ Options | General

- External Connection to Rotor：No | Yes。选择 Yes 时将提供转子外部连接。
- Stator Winding Neutral Grounded：No | Yes。选择 Yes 时将定子绕组中性点作为可用的外部接地连接点。
- Rotor Squirrel Cages Exist：No | Yes。
  - No：转子绕组短接的绕线式电动机（*External Connection to Rotor* 选择为 No 且 *Rotor Squirrel Cages Exist* 选择为 No）将等效为笼型电动机（即单笼型）。
  - Yes：添加转子鼠笼。
- Number of Rotor Squirrel Cages：可设置为 1～3。除转子外，转子上任何笼的效应都可通过该参数被计入（仅当 *Rotor Squirrel Cages Exist* 选择为 Yes 时有效）。
- Mutual Saturation：Disabled | Enabled。选择 Enabled 时将主磁路上饱和特性模拟。
- Leakage Saturation：Disabled | Enabled。漏感饱和特性模拟。选择 Enabled 时将模拟由于导体电流造成的近绕线槽饱和。

➢ Stator and Rotor Resistances | General

定子侧基准阻抗为额定线电压平方/额定功率，定/转子侧阻抗标幺值相同。

- Stator Resistance pu：定子绕组电阻。
- Wound Rotor Resistance pu：转子绕组电阻。
- First Squirrel Cage Resistance pu：第 1 转子笼电阻（仅当 *Rotor Squirrel Cages Exist* 选择为 Yes 时有效）。
- Second/Third Squirrel Cage Resistance pu：第 2/3 转子笼电阻。当 *Rotor Squirrel Cages Exist* 选择为 Yes 且 *Number of Rotor Squirrel Cages* 输入为 2 或 3

➢ Stator and Rotor Inductances | General
- Magnetizing Inductance pu：励磁电感。
- Stator Leakage Inductance pu：定子漏感。
- Wound Rotor Leakage Inductance pu：转子漏感。
- # Cage Leakage Inductance pu：第#号笼漏感。
- Mutual Inductance：Wound Rotor-Cage # pu：转子与第#号笼互感。
- Mutual Inductance：#-# Cages pu：笼之间的互感。

➢ Mutual Saturation Curve (I, V) | General
- Number of Points Available：输入可用数据点数。

➢ Mutual Saturation Curve (I, V) | Currents/Voltages
- Point # - Magnetizing Current pu：励磁曲线点对应的电流。
- Point # - Magnetizing Voltage pu：励磁曲线点对应的电压。

➢ Leakage Saturation Curve (I, V) | General
- Number of Points Available：输入可用数据点数。

➢ Leakage Saturation Curve (I, V) | Currents/Voltages
- Point # - Short Circuit Current pu：漏感饱和曲线点对应的电流。
- Point # - Short Circuit Voltage pu：漏感饱和曲线点对应的电压。

➢ Internal Output Variables| Outputs
- Mutual Saturation Factor pu：监测互饱和系数的变量名。单位为 pu。
- Leakage Saturation Factor pu：监测漏感饱和系数的变量名。单位为 pu。
- Mechanical Speed pu：监测机械转速的变量名。单位为 pu。
- Electrical Torque pu：监测电磁转矩的变量名。单位为 pu。
- Mechanical Torque pu：监测机械转矩的变量名。单位为 pu。
- Rotor Position pu：监测转子位置的变量名。单位为 pu。

3．绕线式感应电动机及其方程

用户可使用绕线式感应电动机的转子连接端子连接外部电阻或电路。除定子和转子绕组外，模型中还可加入额外的 3 个绕组以模拟转子导条的效应（如果有）。

图 4-57 所示为带有 1 个笼型效应的绕线感应电动机的 D 轴等效电路，其中所有的电阻和电感值均为定子侧。该电路可根据与同步电动机类似的方法得到。绕线感应电动机和笼型电动机的 Q 轴等效电路与此类似。

图 4-57 中，R_1 为定子电阻；R_2 为转子电阻；R_3 为第一笼型电阻；X_a 为定子漏抗；X_{kd1} 为转子漏抗；X_{kd2} 为第一笼型漏抗；X_{md} 为励磁电抗；X_{kd12} 为转子与第一笼型之间的互电抗。

电动机轴的净驱动转矩为：

$$T = T_e - T_m$$

式中，T_e 为所产生的电磁转矩 (N·m)；T_m 为机械（负载）转矩 (N·m)。

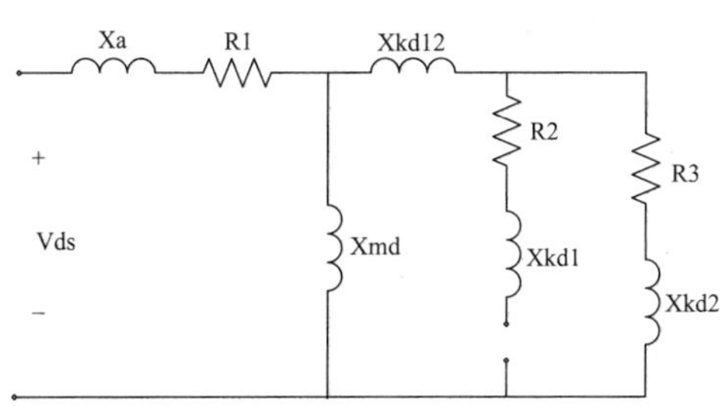

图 4-57 绕线式感应电动机的 D 轴等效电路

电动机的机械和电气转速的关系为：

$$\omega_{er} = \frac{p}{2} \cdot \omega_{mr}$$

式中，ω_{er}为额定电气角频率，ω_{mr}为额定机械转速，p 为电动机总极对数。

基本的机械方程为：

$$T = J\frac{\mathrm{d}\omega}{\mathrm{d}t} + B\omega$$

式中，J 为所有旋转质量块的惯量；B 为阻尼系数。

额定转矩为：

$$T_r = \frac{MVA_r}{\omega_{mr}}$$

式中，MVA_r 为电动机额定功率。

可得出标幺化的转矩方程为：

$$\begin{aligned} T_{pu} &= J\frac{\omega_{mr}}{MVA_r}\frac{\mathrm{d}\omega}{\mathrm{d}t} + B\frac{\omega_{mr}}{MVA_r}\omega \\ &= J\frac{\omega_{mr}^2}{MVA_r}\frac{\mathrm{d}\omega_{pu}}{\mathrm{d}t} + B\frac{\omega_{mr}^2}{MVA_r}\omega_{pu} \\ &= J_{pu}\frac{\mathrm{d}\omega_{pu}}{\mathrm{d}t} + B_{pu}\omega_{pu} \end{aligned}$$

其中：

$$J_{pu} = J \cdot (\frac{\omega_{mr}^2}{MVA_r})$$

$$B_{pu} = B \cdot (\frac{\omega_{mr}^2}{MVA_r})$$

以电气转速为基准的标幺值为：

$$J_{pu} = J \cdot (\frac{\omega_{er}^2}{MVA_r}) \cdot \frac{4}{p^2}$$

旋转质量系统的惯量常数 (H) 定义为每单位额定功率存储的机械能量(E)：

$$E = \frac{1}{2} J \omega_{mr}^2$$

$$H = \frac{J}{2} \frac{\omega_{mr}^2}{MVA_r}$$

因此：

$$J_{pu} = 2H$$

4．与多质量扭转轴的接口

绕线式感应电动机可方便地与多质量扭转轴元件接口，如图 4-58 所示。

多质量扭转轴元件配置为与感应电动机一起使用（其输入参数 *Use With...* 设置为 Ind_Machine），且电动机设置为启用多质量扭转轴接口（其输入参数 *Multimass Interface* 选择为 Enable）。

此时电动机将自动运行于速度控制模式，向扭转轴元件提供计算得到的电磁转矩 T_e 和负载转矩信号 T_L。速度控制信号 W 由多质量元件产生，并输入至电动机。

在图 4-58 中，负载转矩 T_L 尽管连接到电动机上，但它将被无改变地通过电动机直接传送至多质量元件。

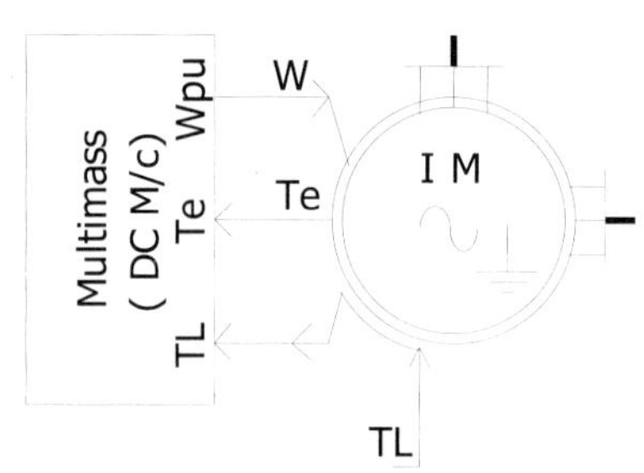

图 4-58 绕线式感应电动机与多质量块连接

5．励磁饱和曲线

励磁磁通路径的饱和特性根据开路实验结果得到，一般为成对的标幺电流值和标幺电压值 (I_{pu}, V_{pu}) 形式。第一个点应为 (0.0, 0.0) 且第二个点应为 (I_{2M}, V_{2M})，其中 I_{2M} 是刚开始发生饱和时的标幺电流，V_{2M} 是相应的标幺电压且必须等于 $I_{2M}(X_{L0}+X_{M0})$，若 V_{2M} 不满足该条件将导致冲突。

最多可确定 10 个点对，不足 10 对时则最后一对必须是 (-1.0, -1.0)，其后的所有点将被忽略。

6．漏抗饱和曲线

定子漏抗饱和特性根据短路实验结果得到，一般为成对的标幺电流值和标幺电压值 (I_2, V_2) 形式。第一个点应当是 (0.0, 0.0)，且第二个点应当为 (I_2, V_2)，I_2 是刚开始发生饱和时的标幺电流，而 V_2 是相应的标幺电压。

所有电流将根据由第二个点对确定的电压 V_2 所对应的实际电流进行内部缩放，该电压必须是标幺值。不足 10 对数据时则最后一对必须是 (-1.0, -1.0)。此时程序将以饱和系数取代电压，并将电流缩放至以前面部分输入的不饱和电感值为基准的标幺值。也即 *I-V* 曲线的初始斜率必须对应于定子和转子的不饱和漏抗：

$$m_{init} = X_{stator} + X_{rotor}$$

式中，m_{init} 为 *I-V* 曲线的初始斜率；X_{stator} 为定子不饱和漏抗；X_{rotor} 为转子不饱和漏抗。

饱和系数是可用的内部输出。

4.3.3 同步电动机 (Synchronous Machine)

该元件如图 4-59 所示。

1．说明

该元件可模拟两个 Q 轴阻尼绕组，从而可被用作隐极机或凸极机。可直接在电动机的 w 输入端输入正值来控制电动机转速，或在 Tm 输入端输入机械转矩。

该元件中有许多模拟同步电动机的高级选项。对于一般应用，这些高级选项需保留设置为默认值而不会影响电动机的期望性能。这些选项主要目的是针对仿真的初始化以快速达到期望的稳定状态。

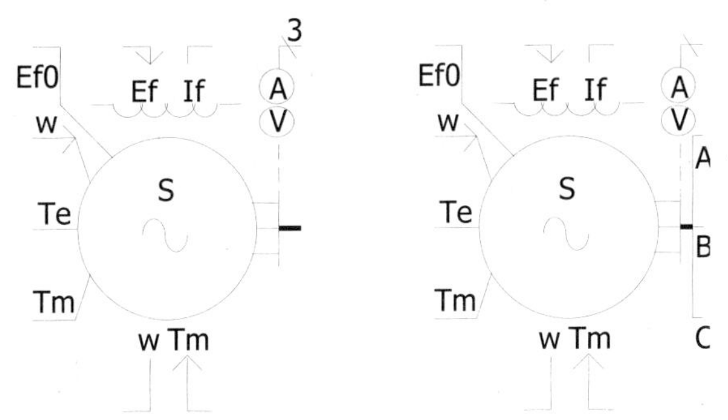

图 4-59 同步电动机元件

期望的稳态可通过潮流计算得到。一旦仿真中达到稳态，可加入故障、干扰等来仿真暂态响应。

该元件的输入输出端子说明如下：

- A, B, C：定子三相电气连接点 (A、B、C 相)，定子模拟为星形联结。
- Ef：来自励磁控制器的励磁电压输入。
- Ef0：输出至励磁控制器的初始励磁电压。
- If：输出至励磁控制器的励磁电流。
- Tm：机械转矩输入，另有一个直接输出该转矩的端子。
- w pu：转速输出，当启用多质量接口时具有一个来自多质量元件的直接转速输入端子。
- Te pu：电动机电磁转矩输出。

2．参数

- Configuration | General
  - Machine Name：仅作为标识符。输入以避免产生编译警告消息。
  - No. of Q-axis Damper Windings：One | Two。Q 轴阻尼绕组数。
    - One：模拟隐极机。
    - Two：模拟凸极机。
  - Data Entry Format：Generator | Equiv cct。数据输入格式。
    - Generator：参数 X_d, $X_{d'}$, $X_{d''}$, $T_{do'}$, $T_{do''}$等均以标幺值形式输入，某些制造商提供了电枢电阻，而某些提供了时间常数。在这种输入格式下，用户可以标幺值或以秒为单位的时间常数形式指定电枢电阻。
    - Equiv cct：基于同步电动机 DQ 轴等效电路来输入参数。
  - Multi-mass Interface：Disable | Enable。选择 Yes 时将启用多质量扭转轴接口。
  - Armature Resistance As：Time-Cons | Resistance。电枢电阻输入形式。
    - Time-Cons：时间常数形式。
    - Resistance：标幺值形式。
  - Saturation：Disable | Enable。D 轴饱和特性设置。选择 Yes 时将根据 Saturation Curve 页面中给出的数据点来应用饱和特性。
  - Type of Settings for Initial Condition：None | Powers | Currents。选择设置电动机初始状态的方式。
    - None：禁用。
    - Powers：功率模式。
    - Currents：电流模式。
  - Machine Scaling Factor?：No | Yes。选择 Yes 时将启用电动机同调运行模式。
  - Graphics Display：3 phase view | Single line view（三相显示 | 单线圆圈显示）。图形外观显示方式。
  - External Neutral Connection：Disable | Enable。选择 Enable 时将提供外部中性点连接，但在缩放模拟多个电动机时需仔细。此时该端子连接的对象也需正确缩放。
- Configuration – Advanced | General（参见后续高级特性部分的说明）
  - D-axis Transfer Admittance Data Available?：No | Yes。
  - Force Currents = 0 at t = 0?：No | Yes。
  - Control Source P out?：No | Yes。
  - Control Machine P out?：No | Yes。
  - Modify Mechanical Dynamics ?：No | Yes。
  - Accelerated Flux Build-Up at Start?：No | Yes。
- Interface To Machine Controllers | General
  - Supply Terminal Conditions to Exciter：None | Vt | It | Vt&It。与励磁机接

口设置。该选项将创建一个标量、2 维矢量或 3 维矢量（取决于所选的选项），并传输至励磁机。励磁机将使用该信息来初始化其内部变量，以在电机从电源模式切换至电动机模式时提供初始化的输出。

- None：无接口。
- Vt：仅需电压信号。
- It：仅需电流信号。
- Vt&It：提供电压和电流信号。

- Smoothing Time Constant s：该时间常数用于平滑输出至励磁机的信号（仅当 *Supply Terminal Conditions to Exciter* 选择非 None 选项时有效）。
- Output Exciter Initialization Data ? : No | Yes。励磁机初始化设置。选择 Yes 时将输出用于初始化励磁机的励磁电压，以使电机能平滑地从电源模式切换至电动机模式。
- Output Governor Initialization Data? : No | Yes。原动机初始化设置。选择 Yes 时将输出所需用于初始化原动机和/或调速器的机械转矩，以使电动机能平滑地从转子锁定模式切换至自由运行模式。
- Output Speed：rad/s | pu 有名值形式 | 标幺值形式。电动机转速输出形式，取决于调速器/原动机模型接口的要求。

➢ Variable Initialization Data | General

- Source0 to Machine1 transition：该输入接受 0 或 1。当输入 0 时，电动机模拟为简单的三相电压源。当输入 1 时，电机运行于恒转速模式。通常输入一个在 0 与 1 之间切换的变量进行控制。
- Lock-rotor0 - Normal mode1 transition：该输入接受 0 或 1。当输入 0 时，电动机运行于恒转速模式。当输入 1 时，电动机以完全自由的模式运行。通常输入一个在 0 与 1 之间切换的变量进行控制。

➢ Basic Data | General

- Rating Specified as：Current | MVA 额定电流形式 | 额定容量形式。额定值输入方式。
- Rated RMS Line-to-Neutral Voltage kV：额定相电压有效值。
- Rated RMS Line Current kA：额定线电流有效值。
- Rated MVA MVA：额定容量。
- Base Angular Frequency rad/s：电动机在 t=0.0 时刻的基准角频率。初始化过程中若转子锁定，则电动机将以该恒定速度运行。
- Inertia Constant MWs/MVA：转子额定转速下每单位电磁功率存储的能量，通常为 2.0~6.0。
- Mechanical Friction and Windage pu：机械阻尼常数。通常为 0.0~0.05（0.0 意味着无摩擦损耗）。
- Neutral Series Resistance pu：电动机中性点与地之间基频阻抗实部。

- Neutral Series Reactance pu：电动机中性点与地之间基频阻抗虚部。
- Iron Loss Resistance pu：并联于电动机电气端子上电阻的阻值，通常为66.7~300。
- Number of Coherent Machines：同调运行电动机数目。

➢ Equivalent Circuit Data Format | General

- Armature Resistance pu：定子绕组每相电阻。
- Stator Leakage Reactance pu：定子绕组每相漏抗。
- D-Axis Unsaturated Magnetizing Reactance pu：D 轴不饱和励磁电抗(Xd)。
- Field Resistance pu：励磁绕组电阻。
- Field Leakage Reactance pu：励磁绕组漏抗。
- D-Axis Damper Resistance pu：模拟阻尼条效应的 D 轴绕组电阻。
- D-Axis Damper Leakage Reactance pu：模拟阻尼条效应的 D 轴绕组漏抗。
- D：Field-Damp Mutual Leakage Reactance pu：由于不通过气隙的磁通所导致的励磁绕组与 D 轴阻尼绕组之间的互感抗。
- Q-Axis Magnetizing Reactance pu：Q 轴励磁电抗 (Xq)。
- Q-Axis Damper No. # Resistance pu：模拟阻尼条效应的第#号 Q 轴绕组电阻。
- Q-Axis Damper No. # Leakage Reactance pu：模拟阻尼条效应的第#号 Q 轴绕组漏抗。
- Q：Damp-Damp Mutual Leakage Reactance pu：由于不通过气隙的磁通所导致的两个 Q 轴阻尼绕组之间的互漏抗。

➢ Generator Data Format | General

- Armature Resistance Ra pu：电枢电阻。
- Armature Time Constant Ta s：电枢时间常数。
- Potier Reactance Xp pu：保梯电抗。定子漏抗为 X_L=X_P×气隙系数。定子漏抗必须小于直轴电抗、暂态电抗和次暂态电抗。
- D/Q：Unsaturated Reactance pu：X_d/X_q。
- D/Q：Unsaturated Transient Reactance pu：$X_d^{'}/X_q^{'}$。
- D/Q：Unsaturated Transient Time (Open) s：$T_{do}^{'}/T_{qo}^{'}$。
- D/Q：Unsaturated Sub-Transient Reactance pu：$X_d^{''}/X_q^{''}$。
- D/Q：Unsaturated Sub-Transient Time (Open) s：$T_{do}^{''}/T_{qo}^{''}$。
- D：Real/Imag Transfer Admittance (Armat-Field) pu：电枢磁场 D 轴传输导纳实/虚部。
- Air Gap Factor：用于根据保梯电抗计算定子漏抗。

➢ Saturation Curve | General

- Number of Points Available：输入可用数据点数。

➢ Saturation Curve | Currents/Voltages

- Point # - Current pu：励磁互感抗饱和曲线点对应的电流。
- Point # - Voltage pu：励磁互感抗饱和曲线点对应的电压。

➢ Initial Conditions | General

- Terminal Voltage Magnitude at Time = 0- pu：仿真启动时端电压的幅值。
- Terminal Voltage Phase at Time = 0- rad：仿真启动时端电压的相位角。必须注意的是，电动机通过 Y/Δ变压器连接至母线，且母线侧为Δ，电动机侧为Y。若母线处电压相位角由常规潮流计算确定，而未考虑 Y/Δ变压器连接时，则必须从根据潮流计算得到的相位角中减去 30°。
- Terminal Real/Reactive Power at Time = 0-。Out + MW/MVAR：仿真启动时电机端有功/无功功率，输出为正（仅当 *Type of Settings for Initial Condition* 选择为 Powers 时有效）。

➢ Initial Conditions | Starting as a Machine （仅当 *Type of Settings for Initial Condition* 选择为 Currents 时有效）

- Initial Rotor Angle ref：Stator rad：仿真启动时转子相对定子的角度。
- D/Q-axis Armature Current。In + pu：仿真启动时 D/Q 轴电枢电流。
- Initial Field Current pu：仿真启动时的励磁电流。
- Initial Machine Speed pu：仿真启动时的电动机转速。

➢ Initial Conditions | Starting as a Source

- Time to Ramp Source Limit to Rated s：电动机作为电源时，该参数用于提供从 t=0.0 开始的软启动，以减小网络暂态。
- System Fault Level (excluding machine) pu：不包括电动机在内的系统短路容量（仅当 *Control Source P out?* 或 *Control Machine P out?*选择为 Yes 时有效）。
- Time Constant for Power Correction pu：功率校正时间常数（仅当 *Control Source P out?*或 *Control Machine P out?*选择为 Yes 时有效）。

➢ Output Variable Names | General

- Name：Real/Reactive Power; Out+ pu：监测电动机输出有功/无功功率的变量名，输出为正。单位为 pu。
- Name：Neutral Voltage kV：监测电动机中性点电压的变量名。单位为 kV。
- Name：Neutral Current to Ground kA：监测电动机中性点电流的变量名。单位为 kA。
- Name：Load Angle; Gen. + rad： 监测内部电压与端电压相角差的变量名。该相角差可实现电动机吸收/发出功率。单位为 rad。
- Name：Rotor Mechanical Angle rad：监测转子位置的变量名。该信号将为 0~2π 变化的锯齿波。单位为 rad。
- Name：Internal Phase A Angle with respect to sin (wt) rad：监测电动机内部 A 相电压相位角的变量名。单位为 rad。
- Name：Steady Electric Torque pu：监测电动机电磁转矩的变量名。单位为 pu。

- Real/Reactive power pu output is based on base MVA of: single machine | total number of machines 单台 | 所有电动机。选择计算功率输出标幺值的基准值。

➢ Output Variables for Controller Initialization | General

- Source0 to Machine1 Transition：监测电动机模式切换的变量名。该信号将在电动机从电源模式切换至电动机模式时从 0 变为 1，励磁机使用该变量进行初始化。
- Locked Rotor0 - Normal1 Transition：监测电动机模式切换的变量名。该信号将在电动机从恒转速模式切换至自由运行模式时从 0 变为 1，原动机/调速器使用该变量进行初始化。

➢ Monitoring of Internal Variables – Advanced | General

- Monitor internal storage NEXC +：输入想要监测的内部变量对应的 NEXC 存储阵列的指针号。
- Name for # monitored output：监测内部某个状态的变量名，具体状态由 Monitor Internal Storage NEXC +输入参数确定。表 4-1 列出了内部变量名及其描述。

3．高级选项

同步电动机中提供了部分高级用户使用的选项，所有这些选项默认为禁止，且仅在用户选择 Yes 时启用。

- D-axis Transfer Admit Data Available ?：可以发电机数据格式输入 D 轴传输导纳的实部和虚部，该信息用于确定励磁绕组和等效 D 轴阻尼绕组之间的漏抗。将根据相应时间常数来估计电动机励磁漏抗和电阻，但传输导纳数据的使用可更为精确地描述励磁绕组特性。通过如下试验可获取传输导纳数据：保持转子锁定，并在定子绕组上施加较低的工频电压，选择转子位置以使得 Q 轴电枢电压为 0。将短路的励磁绕组的电流标幺值除以 D 轴电压标幺值即可得到传输导纳。该传输导纳的实部和虚部需在电动机输入参数的 generator data format 页面中输入。
- Force Currents = 0 at t = 0?：如果电流强制为 0，仅需设置初始转子机械角（该信号为每工频周期内从 0 变化至 2π 的锯齿波）并将初始电流设置为 0。该选项对于用户期望从无励磁状态启动电动机，但需要合适的转子角以适应期望的潮流时非常有用。
- Control Source P out ?：该选项启用时，作为电压源启动的电机的电源相位角将被缓慢地调整直至输出功率达到期望值。所期望的功率在电机的 Variable Initialization Data 页面输入，并作为初始有功功率。
- Control Machine P out ?：该选项启用时，以转子锁定模式启动的电机的转子角将缓慢调整直至输出功率达到期望值。所期望的功率在电机的 Variable Initialization Data 页面输入，并作为初始有功功率。

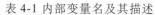

表 4-1 内部变量名及其描述

NEXC #	描述
1	电动机作为电压源运行时一直保持为 1，否则为 0
2	电压源 A 相电压相位角(rad)，可用于产生与之同相位的正弦信号
23	VD, D 轴电枢电压
24	VFPU, 未归一化励磁电压
25	VQ, Q 轴电枢电压
26	RA, 定子电阻
27	XA, 定子漏抗
28	RI, 代表铁损的电阻，并联于电动机端子处
31	XMD0, D 轴不饱和励磁电抗
32	RFD, 励磁绕组电阻
33	XFD, 励磁绕组漏抗
34	RKD, D 轴阻尼绕组电阻
35	XKD, D 轴阻尼绕组漏抗
41	XMQ, Q 轴励磁电抗
42	RFQ, Q 轴第一阻尼绕组电阻
43	XFQ, Q 轴第一阻尼绕组漏抗
44	RKQ, Q 轴第二阻尼绕组电阻
45	XFQ, Q 轴第二阻尼绕组漏抗
177	NFLGAD：仿真中任何时刻之前电压源功率控制器启用时将为 1.0，否则为 0.0。当 NFLGAD 为 1.0 时，输入参数 VSAADJ 将被忽略
301	CD2, D 轴电枢电流
302	CFD2, 励磁电流
303	CKD2, D 轴阻尼绕组电流
304	CQ2, Q 轴电枢电流
305	CFQ2, 第一 Q 轴阻尼绕组电流
306	CKQ2, 第二 Q 轴阻尼绕组电流

- Modify Mechanical Dynamics ?：该选项启用时，以自由模式运行的电动机的惯量常数可动态地调整。这对于动态降低惯量常数以快速平抑机电振荡非常有用。达到稳态时惯量常数可恢复至正常值。
- Accelerated Flux Build-Up at Start ?：该选项启用时，可加速电动机磁通的建立，从而使得电动机进入稳态，特别是若励磁和电枢电流未达到稳定状态时。电动机模型中实现加速的方法是通过将所有转子电阻和励磁电压乘以一

个系数。该系数可由用户通过对 Variable Initialization Data 对话框中的 *Disable/Enable Ef Multiplication* 的选择来禁止或启用。该倍乘系数同样定义于 Variable Initialization Data 对话框中的 *Field Voltage Multiplier* 输入域内，其默认值为 1.0。

4．电动机同调运行

当模拟同一母线的多个同步电动机（容量和特性相似）且不关注电动机之间的动态时，可用一个模型来模拟多个同步电动机。模拟同调运行的多个电动机将加快仿真速度并避免它们之间意外的交互。

该元件名为 *Machine Scaling Factor* 的输入参数启用/禁止同调电动机运行，而名为 *Number of Coherent Machines* 的输入参数用于确定同调电动机的数目。若用户需要研究电动机之间的动态，可简单地连接所需要数量的单个电动机至母线上，并设置每个元件的 *Machine Scaling Factor* 为 No。该系数同样可用于缩放电动机的容量。输入 0 将完全地禁用该电动机元件。

5．多质量扭转轴接口

在需要研究涡轮机和发电动机惯性质量和轴系扭振时，可方便地将同步电动机与多质量扭转轴元件接口，如图 4-60 所示。

多质量扭转轴元件配置为与同步电动机一起使用（其输入参数 *Use With...*设置为 Sync_Machine），且电动机设置为启用多质量扭转轴接口（其输入参数 *Multimass Interface* 选择为 Enable）。

此时电动机将自动运行于速度控制模式，向扭转轴元件提供计算得到的电磁转矩 Te 和机械转矩信号 Tm。速度控制信号 w 由多质量块元件产生，并输入至电动机。如果用户需要直接控制电动机的转速，可启用多质量接口，并将用户的转速控制信号连接至 w 输入端。

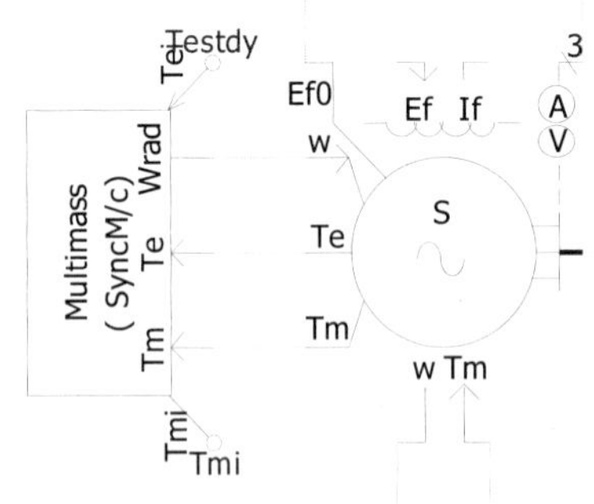

图 4-60 同步电动机与多质量扭转轴元件接口

6．机械摩擦与风阻

机械摩擦和风阻（即所谓的机械阻尼）是电动机额定转矩中造成旋转转子减速的一部分与额定频率的乘积。

机械阻尼系数有名值 D_m 与标幺值 D_{pu} 之间的关系为：

$$D_{pu} = D_m \cdot \frac{\omega^2}{VA}$$

式中，ω 为额定频率 (rad/s)；VA 为电动机的三相额定功率。

7．励磁饱和曲线

该元件所提供的一个选项使得用户可以以点对 (I, V_{pu}) 的形式输入励磁电抗的饱和特性。

I-V 曲线上的第一个点应当是 (0.0, 0.0)，且第二个点应当是 (I_2, V_2)，其中 I_2 是刚开始发生饱和时的电流（任意单位），而 V_2 是相应的标幺电压值。所有电流值将基于由第二个点确定的电压 V_2 所对应的实际电流进行内部缩放。

可用点对少于 10 个时，最后一个输入点对应当是 (-1.0, -1.0)，此时程序将以保护系数取代电压，并基于在前面部分所输入的不饱和电抗值将电流转换为标幺值。

8．启动与初始化

通常所使用的电动机初始化和启动的一般方法是首先输入端电压的幅值和相位。电动机启动次序为：在 t=0.0 时，电动机在输出端处表现为一个固定的电压源，用户输入的电压幅值和相位可根据潮流计算程序对网络求解后得到。

启动后将以带有固定的电压源继续执行网络求解，并因而将使得网络达到其稳定状态。为确保平滑地达到网络的稳定状态，电源电压可在由用户指定的某个时间间隔内坡升至其指定值。

当达到网络稳定状态后，用户可选择从代表每个电动机的电压源切换至恒定转速的电动机模型，电动机的方程将得到满足，但在此期间机械动态将不会出现，且转子将以对应于用户指定的基准角频率的恒定速度旋转。

在从电压源转换至电动机模型的时刻，IEEE 励磁机和稳定器模型（如果使用）可以被调节至给出初始化的输出，以实现无缝地从电压源到电动机模型的切换。励磁机和稳定器在电动机作为电压源的器件被初始化，可从电动机模型中向这些元件馈送用于初始化的信息（端电压，电流等）。

如果出于某些原因，处于恒定转速且励磁系统动作的电动机将需要持续运行，直至系统中的某些部分达到用户所需要的稳定状态。此时，所有电动机上的转子将被解除锁定。发生这个转换时，任何涡轮机、轴和发电机上带有多质量扭转轴模型的 IEEE 调速器/涡轮机系统可被调节至向电动机给出正确的输出（如果遵循了正确的初始化流程），从而整个系统开始在稳定状态下自由且按照期望地运行。

如果出于某些原因出现了明显的扰动或系统未能达到某个稳定状态，需要检查是否正确地遵循了初始化过程或系统是否为动态稳定。例如，励磁系统的设计可能不正确，从而导致机电不稳定。当模拟具有多个同步电动机的系统时，验证该系统在电力系统稳定程序上运行是动态稳定的是一个良好的做法。

当电动机自由运行且励磁和调速器系统稳定时，可拍摄快照。可在从快照开始启动的系统中应用故障和扰动。

初始状态的设置类型：这些选项仅应用于电动机在 t=0.0 时刻以电动机模式启

动，而不是作为电压源。对非高级用户推荐采用 None 选项，这些选项包括：

- None：推荐的选项。此时仅需简单地输入用于初始化的端电压幅值和相位。如果某个电源同样在 t=0.0 时刻初始化，则其有功和无功功率取决于这个电源以及其所连接至的网络。
- Powers：该选项允许输入某个特定幅值和相位端电压下的连接端处的有功和无功功率。电动机可无暂态地直接以转子锁定或自由运行模式启动，只要所指定的有功和无功功率来自于正确的潮流计算，且交流网络根据潮流计算进行了正确的初始化。
- Currents：该高级选项要求输入相对稳态 A 相端电压相位角的转子角，初始 D 轴电枢电流，初始 Q 轴电枢电流和初始励磁电流。这些可能对初始化而言难以确定。同样该选项要求初始电动机转速，这仅用于电动机以自由运行模式（转矩控制）启动。

4.3.4 永磁同步电动机 (Permanent Magnet Synchronous Machine)

该元件如图 4-61 所示。

1．说明

该元件模拟永磁同步电动机。除三个定子绕组外，该模型中还加入了两个额外的短路绕组来模拟电磁阻尼效应。可通过在电动机的 W 输入端输入一个正值来直接控制电动机的转速，Te 为电磁转矩输出。

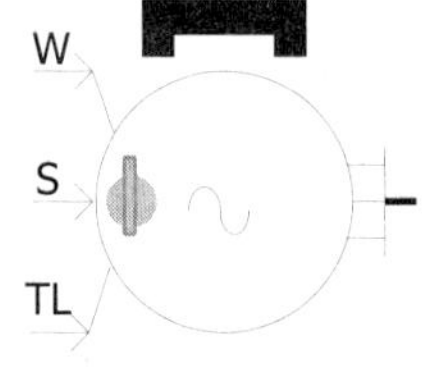

图 4-19 永磁同步电动机元件

以下方程用于描述该模型：dq0 坐标系下定子绕组电压方程为：

$$v_q = r_s i_q + \frac{\mathrm{d}\lambda_q}{\mathrm{d}t} + \lambda_d \frac{\mathrm{d}\theta_r}{\mathrm{d}t}$$

$$v_d = r_s i_d + \frac{\mathrm{d}\lambda_d}{\mathrm{d}t} + \lambda_q \frac{\mathrm{d}\theta_r}{\mathrm{d}t}$$

$$v_0 = r_s i_0 + \frac{\mathrm{d}\lambda_0}{\mathrm{d}t}$$

dq0 坐标系下短路绕组的电压方程为：

$$0 = r_{kd}' i_{kd}' + \frac{\mathrm{d}\lambda_{kd}'}{\mathrm{d}t}$$

$$0 = r_{kq}' i_{kq}' + \frac{\mathrm{d}\lambda_{kq}'}{\mathrm{d}t}$$

绕组磁链方程为：

$$\lambda_q = L_q \cdot i_q + L_{mq} \cdot i_{kq}'$$

$$\lambda_d = L_d \cdot i_d + L_{md} \cdot i_{kd}' + \lambda_m'$$

$$\lambda_0 = L_{ls} \cdot i_0$$

$$\lambda_{kq}' = L_{mq} \cdot i_q + L_{kq}' \cdot i_{kq}'$$

$$\lambda_{kd}^{'} = L_{md} \cdot i_d + L_{kd}^{'} \cdot i_{kd}^{'} + \lambda_m^{'}$$

2．参数

相同参数可参考 4.3.1 节～4.3.3 节。

➢ Configuration | General

- Name for Identification：可选的用于识别元件的文本参数。
- Rated MVA MVA：电动机额定容量。
- Rated Voltage (L-L) kV：电动机额定线电压。
- Rated Frequency Hz：电动机额定电气频率。

➢ Machine Data | General

- Stator Winding Resistance pu：定子绕组电阻。
- Stator Leakage Reactance pu：定子绕组漏抗。
- D/Q：Unsaturated Reactance Xd/Xq pu：直/交轴电抗。
- D/Q：Damper Winding Resistance Rkd/Rkq pu：直/交轴阻尼绕组电阻。
- D/Q：Damper Winding Reactance Xkd/Xkq pu：直/交轴阻尼绕组电抗。
- Magnetic Strength pu：永磁体产生的磁链。该参数的国际标准单位为 kWb-匝。1 个标幺的磁场强度将在电动机空载额定转速运行产生额定端电压。

➢ Internal Outputs| General

- Rotor Position：监测转子 D 轴相对 A 相绕组磁轴角度的变量名。单位为 rad。
- Mechanical Speed pu：监测机械转速的变量名。单位为 pu。
- Electrical Torque pu：监测电磁转矩的变量名。单位为 pu。

4.3.5 单相感应电动机 (Single-Phase Induction Machine)

该元件如图 4-62 所示。

1．说明

该元件模拟单相感应电动机。

2．参数

相同参数可参考 4.3.1 节～4.3.4 节。

➢ Configuration | General

- Rated Power MW：电动机额定功率。
- Rated Voltage kV：电动机额定电压。
- Stator Turns Ratio Auxiliary/Main：通过开路实验得到的定子/转子匝数比。

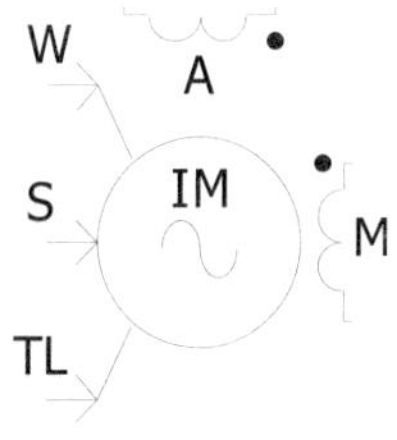

图 4-20 单相感应电动机元件

➢ Internal Parameters | Auxiliary Winding

- Stator Resistance Auxiliary Winding pu：辅助绕组电阻。
- Stator Leakage Reactance Auxiliary Winding pu：辅助绕组漏抗。

➢ Internal Parameters | General

- Unsaturated Magnetizing Reactance pu：不饱和励磁电感。

➢ Internal Parameters | Main Winding

- Stator Resistance Main Winding pu：主绕组电阻。
- Stator Leakage Reactance Main Winding pu：主绕组漏抗。

➢ Internal Parameters | Rotor

- Rotor Resistance pu：转子电阻。
- Rotor Leakage Reactance pu：转子漏抗。

➢ Mutual Saturation Curve (I, V) | General

- Number of Points Available：输入可用数据点数，3~10。

➢ Mutual Saturation Curve (I, V) | Currents/Voltages

- Point # - Magnetizing Current pu：励磁曲线点对应的电流。
- Point # - Magnetizing Voltage pu：励磁曲线点对应的电压。

➢ Internal Outputs | General

- Mechanical Speed pu：监测机械转速的变量名。单位为 pu。
- Electrical Torque pu：监测电磁转矩的变量名。单位为 pu。

4.3.6 交流励磁机 (AC Exciters)

模拟励磁机和调速器系统的问题之一是与之相关的大时间常数。用户需正确地设置电动机初始条件以确保系统启动并尽量接近于稳态（需要研究启动暂态的情况除外）。同样可以在初始化过程中忽略励磁机传递函数中较大的时间常数。

PSCAD 中以动态传递函数来模拟励磁机，它们可直接与同步电动机接口。PSCAD 中包含了多个预定义的励磁机模型。在没有符合要求的模型时，用户可通过将 PSCAD 主元件库 CSMF 中的基本控制模块进行组合，来创建所需要的模型。

可用的励磁机模型包括：

- 直流励磁系统：使用直流发电动机和换向器作为励磁系统的电源。
- 交流励磁系统：使用交流发电动机和静止或旋转整流器来产生同步电动机励磁所需要的直流电流。
- 静止励磁系统：励磁电源由变压器或辅助发电机绕组和整流器提供。

交流励磁机元件如图 4-63 所示。

1. 说明

该元件模拟一组 IEEE Standard 421.5-2016 的交流励磁机，包括 AC1C、AC2C, AC3C、AC4C、AC5C、AC6C、AC7C、AC8C、AC9C、AC10C 和 AC11C，标准中旧版本的模型 AC1A、AC2A、AC3A、AC4A、AC5A、AC6A、AC7B 和 AC8B 可用新模型替代（通过新模型中合适的参数）。

这些模型向同步电机励磁绕组提供连续直流电流（由称为励磁机的交流发电机通过整流器、电刷和滑环提供），通过闭环控制维持端电压。励磁系统主要目标包括：

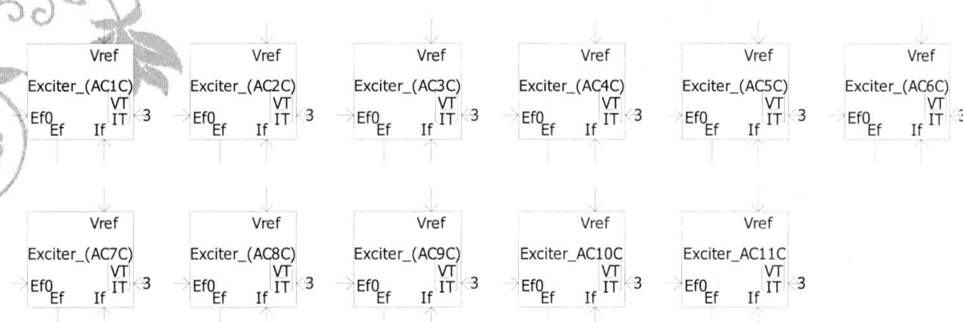

图 4-63 交流励磁机

- 恒定端电压： 协助同步发电机维持其端电压在给定水平。
- 恒定功率因数：协助同步发电机维持其功率因数在给定水平。

模型输入输出端子说明如下：

- Ef：输出计算得出的、直接应用于同步电机的标幺励磁电压。
- Vref0：输出参考电压 Vref 的初值（标幺值），当 *Output Internally Computed Initial Vref?*选择为 Yes 可见。
- Ef0：初始化期间电动机的标幺励磁电压。
- VT/IT：3 维数组。VT 是端电压有效值。IT 是复数形式的同步电机端电流（具有实部和虚部）。IT 的实部与 VT 同相，IT 的虚部与 VT 正交（滞后为正）。
- Vs：来自电力系统稳定器的输入（标幺值）。
- Vref：同步电机端电压参考值（标幺值）。
- If：来自同步电机的标幺励磁电流。

2．输入参数

➢ Configuration | General

- Name：可选的用于识别元件的文本参数。
- AC Exciter Type：AC1C | AC2C | AC3C | AC4C | AC5C | AC6C | AC7 | AC8C | AC9C | AC10C | AC11C。交流励磁机类型。
- Exciter Status：0-Initalize; 1-Normal：励磁机状态，0 表示初始化，1 表示正常状态。可输入变量名，通常该变量来自于同步电机输入参数的 *Output Variables for Controller Initialization* 部分。
- Output Internally Computed Initial Vref ?：No | Yes。选择 Yes 时将输出内部计算的初始的 Vref。
- Load Compensating Resistance Rc pu：负载补偿电阻。
- Load Compensating Reactance Xc pu：负载补偿电抗。
- Transducer Time Constant TR pu：传感器时间常数。
- Is There a Stabilizer ?：No | Yes。选择 Yes 时将加入电力系统稳定器。

➢ AC Rotating Exciter Parameters | General

- Exciter Field Current Upper Limit VFEMAX pu：励磁机励磁电流上限。
- Minimum Exciter Voltage Output VEMIN pu：励磁机最小输出电压。
- Exciter Time Constant TE pu：励磁机时间常数。
- Exciter Constant Related to Field KE pu：励磁绕组相关常数。
- Field Circuit Commutating Reactance KC pu：励磁电路换相电抗。
- Demagnetizing Factor KD pu：去磁因数。
- Saturation at VE1 SE(VE1) pu：电压为 VE1 时的饱和值。
- Exciter Voltage for SE1 VE1 pu：饱和值为 SE1 时的励磁机电压。
- Saturation at VE2 SE(VE2) pu：电压为 VE2 时的饱和值。
- Exciter Voltage for SE2 VE2 pu：饱和值为 SE2 时的励磁机电压。

➢ Excitation Limiters | General

- Under Excitation Limit Input Signal ? : None | Summation Point | Take-over。低励输入信号设置。
  - None：无输入信号。
  - Summation Point：合计。
  - Take-over：接管。
- Over Excitation Limit Input Signal ? : None | Summation Point | Take-over。过励输入信号设置。
- Under Excitation Stator Current Limiter Signal ? : None | Summation Point | Take-over。低励定子限流器信号设置。
- Over Excitation Stator Current Limiter Signal ? : None | Take-over。过励定子限流器信号设置。
- Under Excitation Limiter Input VUEL pu：低励限制器输入。
- Over Excitation Limiter Input VOEL pu：过励限制器输入。
- Stator Current Limiter Input VSCLu pu：定子电流限制器输入。
- Stator Current Limiter Input VSCLo pu：定子电流限制器输入。

➢ AC1C Forward Path Parameters | General

- Lead Time Constant TC s：超前时间常数。
- Lag Time Constant TB s：滞后时间常数。
- Regulator Gain KA pu：调节器增益。
- Regulator Time Constant TA s：调节器时间常数。
- Maximum Regulator Internal Voltage VAMAX pu：调节器最大内部电压。
- Minimum Regulator Internal Voltage VAMIN pu：调节器最小内部电压。
- Maximum Exciter Field Voltage EFMAX pu：励磁机最大励磁电压。
- Minimum Exciter Field Voltage EFMIN pu：励磁机最小励磁电压。

➢ AC1C Feedback Parameters | General

- Rate Feedback Gain KF pu：速率反馈增益。
- Rate Feedback Time Constant TF s：速率反馈时间常数。

➢ AC2C Forward Path Parameters | General

- Lead Time Constant TC s：超前时间常数。
- Lag Time Constant TB s：滞后时间常数。
- Regulator Gain KA pu：调节器增益。
- Regulator Time Constant TA s：调节器时间常数。
- Maximum Regulator Internal Voltage VAMAX pu：调节器最大内部电压。
- Minimum Regulator Internal Voltage VAMIN pu：调节器最小内部电压。
- Second Stage Regulator Gain KB pu：第二段调节器增益。
- Maximum Exciter Field Voltage EFEMAX pu：励磁机最大励磁电压。
- Minimum Exciter Field Voltage EFEMIN pu：励磁机最小励磁电压。

➢ AC2C Feedback Parameters | General

- Include Fast Feedback Loops ? ：No | Yes。选择 Yes 时将加入快速反馈环。
- Rate Feedback Gain KF pu：速率反馈增益。
- Rate Feedback Time Constant TF s：速率反馈时间常数。
- Field Current Feedback Gain KH pu：励磁电流反馈增益。
- Field Limiter Loop Gain KL pu：励磁限制器回路增益。
- Field Limiter Loop Reference VLR：励磁限制器回路参考值。

➢ AC3C Forward Path Parameters | General

- Regulator Proportional Gain KPR pu：调节器比例系数。
- Regulator Integral Gain KIR pu/s：调节器积分系数。
- Regulator Derivative Gain KDR pu·s：调节器微分增益。
- Regulator Derivative Time Constant TDR s：调节器微分时间常数。
- Maximum Regulator Output VPIDMAX pu：调节器最大输出电压。
- Minimum Regulator Output VPIDMIN pu：调节器最小输出电压。
- Lead Time Constant TC s：超前时间常数。
- Lag Time Constant TB s：滞后时间常数。
- Regulator Gain KA pu：调节器增益。
- Regulator Time Constant TA s：调节器时间常数。
- Maximum Regulator Internal Voltage VAMAX pu：调节器最大内部电压。
- Minimum Regulator Internal Voltage VAMIN pu：调节器最小内部电压。
- Regulator and Alternator Field Supply Constant KR pu：调压器和交流发电机励磁电源常数。

➢ AC3C Feedback Parameters | General

- Include Fast Feedback Loops ? ：No | Yes。选择 Yes 时将加入快速反馈环。
- Rate Feedback Gain below EFDN KF pu：低于 EFDN 时速率反馈增益。
- Rate Feedback Gain above EFDN KN pu：高于 EFDN 时速率反馈增益。
- Efd Value at which KF Changes EFDN pu：KF 变化时的 Efd 的值。
- Rate Feedback Time Constant TF s：速率反馈时间常数。

- Maximum Field Current Limiter Loop Gain KFA pu：最大励磁电流限制器回路增益。
- Maximum Field Current Limiter Time Constant TFA s：最大励磁电流限制器回路时间常数。
- Maximum Field Current Limiter Loop Reference ETX pu：最大励磁电流限制器回路参考值。
- Maximum Field Current Limiter Loop Proportional Gain KL1 pu：最大励磁电流限制器回路比例增益。
- Field Limiter Loop Reference VLV pu：励磁限制器回路参考值。
- Field Limiter Loop Gain KLV pu：励磁限制器回路增益。

➢ AC4C Regulator Constants | General

- Upper Limit on Error Signal VIMAX pu：误差信号上限值。
- Lower Limit on Error Signal VIMIN pu：误差信号上限值。
- Lead Time Constant TC s：超前时间常数。
- Lag Time Constant TB s：滞后时间常数。
- Regulator Gain KA pu：调节器增益。
- Regulator Time Constant TA s：调节器时间常数。
- Maximum Regulator Output VRMAX pu：调节器最大输出电压。
- Minimum Regulator Output VRMIN pu：调节器最小输出电压。
- Rectifier Loading Factor KC pu：整流器负载系数。

➢ AC5C Regulator Constants | General

- Regulator Gain KA pu：调节器增益。
- Regulator Time Constant TA s：调节器时间常数。
- Maximum Regulator Output VAMAX pu：调节器最大输出电压。
- Minimum Regulator Output VAMIN pu：调节器最小输出电压。

➢ AC5C Feedback Parameters | General

- Rate Feedback Gain KF pu：速率反馈增益。
- Rate Feedback Time Constant TF1 s：速率反馈时间常数。
- Feedback Lag-Time Constant TF2 s：反馈滞后时间常数。
- Feedback Lead-Time Constant TF3 s：反馈超前时间常数。

➢ AC6C Forward Path Parameters | General

- Regulator Gain KA pu：调节器增益。
- First Lead Time Constant TK s：第一超前时间常数。
- First Lag Time Constant TA s：第一滞后时间常数。
- Second Lead Time Constant TC s：第二超前时间常数。
- Second Lag Time Constant TB s：第二滞后时间常数。
- Maximum Regulator Internal Voltage VAMAX pu：调节器最大内部电压。
- Minimum Regulator Internal Voltage VAMIN pu：调节器最小内部电压。

- Maximum Regulator Output EFEMAX pu：调节器最大输出电压。
- Minimum Regulator Output EFEMIN pu：调节器最小输出电压。

➢ AC6C Feedback Parameters | General

- Exciter Field Current Reference VFELIM pu：励磁电流参考值。
- Field Current Feedback Gain KH pu：励磁电流反馈增益。
- Exciter Field Current Limit VHMAX pu：励磁机励磁电流限值。
- Exciter Field Limiter Lag Time TH s：励磁机励磁限制器滞后时间常数。
- Exciter Field Limiter Lead Time TJ s：励磁机励磁限制器超前时间常数。

➢ AC7C Forward Path Parameters | General

- PSS Signal? ：Summation point I | Summation point II。PSS 信号设置。
  - Summation point I：求和点 I。
  - Summation point II：求和点 II。
- Regulator Proportional Gain KPR pu：调压器比例增益。
- Regulator Integral Gain KIR pu：调压器积分增益。
- Regulator Derivative Gain KDR pu：调压器微分增益。
- Regulator Derivative Time Constant TDR s：调压器微分时间常数。
- Maximum Regulator Output VRMAX pu：调节器最大输出电压。
- Minimum Regulator Output VRMIN pu：调节器最小输出电压。
- Inner PI Proportional Gain KPA pu：内部 PI 比例增益。
- Inner PI Integral Gain KIA pu：内部 PI 积分增益。
- Maximum Regulator Internal Voltage VAMAX pu：调节器最大内部电压。
- Minimum Regulator Internal Voltage VAMIN pu：调节器最小内部电压。
- Potential Circuit Gain Coefficient KP pu：电势电路增益系数。
- Potential Phase Angle ThetaP deg：电势相角。
- Potential Circuit Current Gain Coefficient KI pu：电势电路电流增益系数。
- Potential Source Reactance XL pu：电势源电抗。
- Rectifier Loading Factor KC1 pu：整流器负载系数。
- Maximum Available Field Voltage VBMAX pu：最大可用励磁电压。
- Power Source Selector 1 SW1：A | B。电源选择。
- Power Source Selector 2 SW2：A | B。电源选择。
- EFD Multiplying Constant KR pu：EFD 倍乘常数。
- Lower Limit Multiplying Constant KL pu：下限倍乘常数。

➢ AC7C Feedback Parameters | General

- Feedback Gain KF1 pu：反馈增益。
- Feedback Gain KF2 pu：反馈增益。
- Feedback Derivative Gain KF3 pu：反馈微分增益。
- Feedback Derivative Time Constant TF s：反馈微分时间常数。

➢ AC8C Regulator Constants | General

- PSS Signal? ：Summation point I | Summation point II。PSS 信号设置。
  - Summation point I：求和点 I。
  - Summation point II：求和点 II。
- PID Proportional Gain KPR pu：PID 比例增益。
- PID Integral Gain KIR pu：PID 积分增益。
- PID Derivative Gain KDR pu：PID 微分增益。
- PID Derivative Time Constant TDR s：PID 微分时间常数。
- Maximum PID Output VPIDMAX pu：PID 输出最大值。
- Minimum PID Output VPIDMIN pu：PID 输出最小值。
- Regulator Gain KA pu：调节器增益。
- Regulator Time Constant TA s：调节器时间常数。
- Maximum Regulator Output VRMAX pu：调节器最大输出电压。
- Minimum Regulator Output VRMIN pu：调节器最小输出电压。
- Potential Circuit Gain Coefficient KP pu：电势电路增益系数。
- Potential Phase Angle ThetaP deg：电势相角。
- Potential Circuit Current Gain Coefficient KI pu：电势电路电流增益系数。
- Potential Source Reactance XL pu：电势源电抗。
- Rectifier Loading Factor KC1 pu：整流器负载系数。
- Maximum Available Field Voltage VBMAX pu：最大可用励磁电压。
- Power Source Selector 1 SW1：A | B。电源选择。
- Field Limiter Loop Reference VLV pu：励磁限制器回路参考值。

➢ AC9C Regulator Constants | General

- PID Proportional Gain KPR pu：PID 比例增益。
- PID Integral Gain KIR pu：PID 积分增益。
- PID Derivative Gain KDR pu：PID 微分增益。
- PID Derivative Time Constant TDR s：PID 微分时间常数。
- Maximum PID Output VPIDMAX pu：PID 输出最大值。
- Minimum PID Output VPIDMIN pu：PID 输出最小值。
- Regulator Gain KPA pu：调节器增益。
- Regulator Integral Cain KIA pu：调节器积分增益。
- Maximum Regulator Output VAMAX pu：调节器最大输出电压。
- Minimum Regulator Output VAMIN pu：调节器最小输出电压。
- Rectifier Bridge Gain KA pu：整流桥增益。
- Rectifier Bridge Time Constant TA s：整流桥时间常数。
- Maximum Rectifier Bridge Output VRMAX pu：整流桥最大输出。
- Minimum Rectifier Bridge Output VRMIN pu：整流桥最小输出。
- Free Wheel Feedback Gain KFW pu：飞轮反馈增益。
- Maximum Free Wheel Feedback Output VFWMAX pu：飞轮反馈最大输出。

- Minimum Free Wheel Feedback Output VFWMIN pu：飞轮反馈最小输出。
- Power Stage Type ?：Chopper | Thyristor。功率级类型。
  - Chopper：斩波器。
  - Thyristor：可控硅。
- Rectifier Loading Factor KC1：整流器负载系数。
- Potential Circuit Gain Coefficient KP pu：电势电路增益系数。
- Compound Circuit Gain Coefficient KI1：复合电路增益系数。
- Potential Source Reactance XL pu：电势源电抗。
- Potential Phase Angle ThetaP deg：电势相角。
- Maximum Available Field Voltage VBMAX1 pu：最大可用励磁电压。
- Rectifier Loading Factor KC2 pu：整流器负载系数。
- Compound Circuit Gain Coefficient KI2：复合电路增益系数。
- Maximum Available Field Voltage VBMAX2 pu：最大可用励磁电压。
- Power Source Selector 1 SW1：A | B。电源选择。
- Field Limiter Loop Reference VLV pu：励磁限制器回路参考值。

➢ AC9C Feedback Parameters | General

- Feedback Loop Gain KF pu：反馈环路增益。
- Feedback Loop Time Constant TF s：反馈环路时间常数。

➢ AC10C Regulator Constants | General

- PSS Signal?：None | a | b | c。PSS 信号设置。
- Regulator Gain KR pu：调节器增益。
- Voltage Regulator Lag Time Constant TB1 s：电压调节器滞后时间常数。
- Voltage Regulator Lead Time Constant TC1 s：电压调节器超前时间常数。
- Voltage Regulator Lag Time Constant TB2 s：电压调节器滞后时间常数。
- Voltage Regulator Lead Time Constant TC2 s：电压调节器超前时间常数。
- UEL Regulator Lag Time Constant TUB1 s：UEL 调节器滞后时间常数。
- UEL Regulator Lead Time Constant TUC1 s：UEL 调节器超前时间常数。
- UEL Regulator Lag Time Constant TUB2 s：UEL 调节器滞后时间常数。
- UEL Regulator Lead Time Constant TUC2 s：UEL 调节器超前时间常数。
- OEL Regulator Lag Time Constant TOB1 s：OEL 调节器滞后时间常数。
- OEL Regulator Lead Time Constant TOC1 s：OEL 调节器超前时间常数。
- OEL Regulator Lag Time Constant TOB2 s：OEL 调节器滞后时间常数。
- OEL Regulator Lead Time Constant TOC2 s：OEL 调节器超前时间常数。
- Maximum PSS Regulator Output VRSMAX pu：PSS 调节器最大输出电压。
- Minimum PSS Regulator Output VRSMIN pu：PSS 调节器最小输出电压。
- Maximum Regulator Output VAMAX pu：调节器最大输出电压。
- Minimum Regulator Output VAMIN pu：调节器最小输出电压。
- Exciter Field Current Regulator Feedback Selector?：A | B。励磁机励磁电

流调节器反馈选择器。

- Exciter Field Current Regulator Time Constant TEXC s：励磁机励磁电流调节器时间常数。
- Exciter Field Current Regulator Feedback Gain KEXC pu：励磁机励磁电流调节器反馈增益。
- Exciter Field Current Regulator Proportional Gain KCR pu：励磁机励磁电流调节器比例增益。
- Exciter Field Current Regulator Lead Time Constant TF1 s：励磁机励磁电流调节器超前时间常数。
- Exciter Field Current Regulator Lag Time Constant TF2 s：励磁机励磁电流调节器滞后时间常数。
- Exciter Field Current Limiter Feedback Gain KVFE pu：励磁机励磁电流限制器反馈增益。
- Exciter Field Current Limiter Proportional Gain KLIM pu：励磁机励磁电流限制器比例增益。
- Power Source Selector 1 SW1：A | B。电源选择。
- Potential Circuit Gain Coefficient KP pu：电势电路增益系数。
- Compound Circuit Gain Coefficient KI：复合电路增益系数。
- Potential Source Reactance XL pu：电势源电抗。
- Potential Phase Angle ThetaP deg：电势相角。
- Rectifier Loading Factor KC1 pu：整流器负载系数。
- Maximum Available Field Voltage VBMAX1 pu：最大可用励磁电压。
- Compound Circuit Gain Coefficient KI2：复合电路增益系数。
- Rectifier Loading Factor KC2 pu：整流器负载系数。
- Maximum Available Field Voltage VBMAX2 pu：最大可用励磁电压。
- Field Limiter Loop Reference VLV pu：励磁限制器回路参考值。
- Exciter Field Current Limiter Reference VFELIM pu：励磁机励磁电流限制器参考值。
- Exciter Constant Related to Field KE pu：励磁机磁场有关常数。

➢ AC11C Regulator Constants | General

- PSS Signal?：None | a | b | c。PSS 信号设置。
- Voltage Regulator Proportional Gain KPA pu：电压调节器比例增益。
- Voltage Regulator Integral Time Constant TIA s：电压调节器积分时间常数。
- UEL Regulator Proportional Gain KPU pu：UEL 调节器比例增益。
- UEL Regulator Integral Time Constant TIU s：UEL 调节器积分时间常数。
- OEL Regulator Proportional Gain KPO pu：OEL 调节器比例增益。
- OEL Regulator Integral Time Constant TIO s：OEL 调节器积分时间常数。

- Maximum PSS Regulator Output VRSMAX pu：PSS 调节器最大输出电压。
- Minimum PSS Regulator Output VRSMIN pu：PSS 调节器最小输出电压。
- Maximum Regulator Output VRMAX pu：调节器最大输出电压。
- Minimum Regulator Output VRMIN pu：调节器最小输出电压。
- Maximum Exciter Output VAMAX pu：励磁机最大输出。
- Minimum Exciter Output VAMIN pu：励磁机最小输出。
- Power Source Selector 1 SW1：A | B。电源选择。
- Potential Circuit Gain Coefficient KP pu：电势电路增益系数。
- Compound Circuit Gain Coefficient KI pu:：复合电路增益系数。
- Potential Source Reactance XL pu：电势源电抗。
- Potential Phase Angle ThetaP deg：电势相角。
- Rectifier Loading Factor KC1 pu：整流器负载系数。
- Maximum Available Field Voltage VBMAX1 pu：最大可用励磁电压。
- Compound Circuit Gain Coefficient KI2：复合电路增益系数。
- Rectifier Loading Factor KC2 pu：整流器负载系数。
- Maximum Available Field Voltage VBMAX2 pu：最大可用励磁电压。
- Additive Independent Source KBOOST pu：可加独立电源。
- Reference Value for Additive Independent Source Application VBOOST pu：可加独立电源参考值。
- Field Limiter Loop Reference VLV pu：励磁限制器回路参考值。

3．负载补偿

负载补偿通常应用于如下两种情况：

- 当各个单元连接于同一母线且相互之间没有阻抗时，使用补偿器进行智能的耦合，以使得各单元合理地分配无功功率。
- 当某个单元通过较大的阻抗连接至系统，或两个或多个单元分别通过变压器连接至系统，可能期望调节非发电机端的另外一个点的电压。

补偿后端电压计算公式为：

$$V_C = \sqrt{(V_T + R_C \cdot I_{tR})^2 + (R_C \cdot I_{tJ} + X_C \cdot I_{tR})^2}$$

式中，I_{tR} 和 I_{tJ} 分别为 RMS 电流实部和虚部。

4.3.7 直流励磁机 (DC Exciters)

该元件如图 4-64 所示。

1．说明

该元件模拟一组 IEEE Standard 421.5-2016 的直流励磁机，包括 DC1C、DC2C、DC3A 和 DC4C，标准中旧版本的模型 DC1A、DC2A 和 DC4B 可用新模型替代（通过新模型中合适的参数）。

这些模型采用闭环控制向同步电机励磁绕组提供连续直流电流，励磁系统的主要目标包括：

- 恒定端电压：协助同步发电机维持其端电压在给定水平。

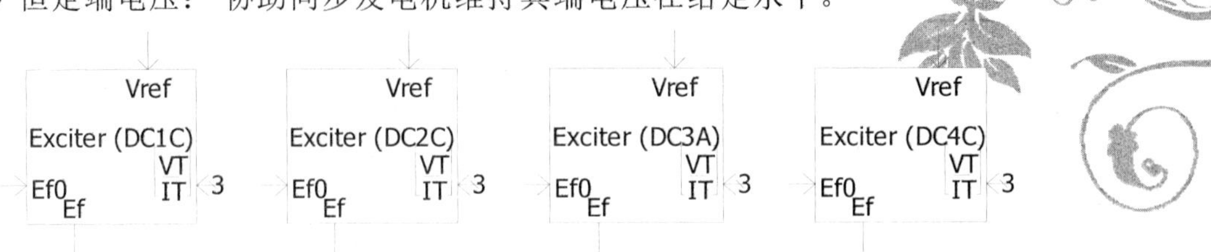

图 4-64 直流励磁机元件

- 恒定功率因数：协助同步发电机维持其功率因数在给定水平。

模型输入输出端子说明如下：

- Ef0：来自相关同步电机初始化期间输出的标幺励磁电压。
- VT/IT：该输入为 3 维数组，来自于与其连接的同步电机。VT 是端电压有效值。IT 是复数形式的同步电机端电流（具有实部和虚部）。IT 的实部与 VT 同相，IT 的虚部与 VT 正交（滞后为正）。
- Vref：同步电机端电压标幺参考值。
- Vs：相应电力系统稳定器提供的标幺电压值。
- Ef：计算得到的直接应用到同步电机的标幺励磁电压。
- Vref0：输出参考电压 Vref 的标幺初值，并可由用户选择应用。

2．参数

DC2C 模型参数参见 DC1C 模型。

➢ Configuration | General

- DC Exciter Type：DC1C | DC2C | DC3A | DC4C。直流励磁机类型。
- Exciter Status：0-Initalize; 1-Normal：励磁机状态，0 表示初始化，1 表示正常状态。可输入变量名，通常该变量来自于同步电机输入参数的 *Output Variables for Controller Initialization* 部分。
- Output Internally Computed Initial Vref ?：No | Yes。选择 Yes 时将输出内部计算的初始的 Vref。
- Load Compensating Resistance Rc pu：负载补偿电阻。
- Load Compensating Reactance Xc pu：负载补偿电抗。
- Transducer Time Constant Tr pu：传感器时间常数。

➢ Dc1C Regulator Constants | General

- Is There a Stabilizer ? ：No | Yes。选择 Yes 时将加入电力系统稳定器。
- Under Excitation Limit Input Signal ? ：None | Summation point | Take-over。低励限值输入信号设置。
  - None：无。
  - Summation point：合计。
  - Take-over：接管。

- Over Excitation Limit Input Signal ? : None | Summation point | Take-over。过励限值输入信号设置。
- Under Excitation Stator Current Limiter Input Signal ? : None | Summation point | Take-over。低励定子限流器输入信号设置。
- Over Excitation Stator Current Limiter Input Signal ? : None | Summation point | Take-over。过励定子限流器输入信号设置。
- Lead Time Constant TC s：超前时间常数。
- Lag Time Constant TB s：滞后时间常数。
- Regulator Gain KA pu：调节器增益。
- Regulator Time Constant TA s：调节器时间常数。
- Maximum Regulator Output VRMAX pu：调节器最大输出电压。
- Minimum Regulator Output VRMIN pu：调节器最小输出电压。

➢ Dc1C Exciter Parameters | General

- Exciter Time Constant TE s：励磁机时间常数。
- Exciter Field Voltage Lower Limit (EFDmin) pu：励磁机励磁电压下限。
- Excitation Type ? : Self | Separately（自励 | 他励）。励磁机类型。
- Saturation at Efd1 SE(Efd1) pu：电压为 Efd1 时的饱和值。
- Exciter Voltage for SE1 Efd1 pu：饱和值为 SE1 时的励磁机电压。
- Saturation at Efd2 SE(Efd2) pu：电压为 Efd2 时的饱和值。
- Exciter Voltage for SE2 Efd2 pu：饱和值为 SE2 时的励磁机电压。
- Under Excitation Limiter Input VUEL pu：低励限值输入。
- Over Excitation Limiter Input VOEL pu：过励限值输入。
- Under Excitation Stator Current Limiter Input VSCLu pu：低励定子限流器输入。
- Over Excitation Stator Current Limiter Input VSCLo pu：过励定子限流器输入。

➢ Dc1C Rate Feedback Parameters | General

- Rate Feedback Gain KF pu：速率反馈增益。
- Rate Feedback Time Constant TF s：速率反馈时间常数。

➢ Dc3A Regulator Constants | General

- Rheostat Travel Time TRH s：变阻器传输时间。
- Maximum Regulator Output VRMAX pu：调节器最大输出电压。
- Minimum Regulator Output VRMIN pu：调节器最小输出电压。
- Fast Raise/Lower setting Kv s：快速上升/下降时间设置。

➢ Dc3A Exciter Parameters | General

- Exciter Time Constant TE s：励磁机时间常数。
- Excitation Type ? : Self | Separately（自励 | 他励）。励磁机类型。
- Saturation at Efd1 SE(Efd1) pu：电压为 Efd1 时的饱和值。

- Exciter Voltage for SE1 Efd1 pu：饱和值为 SE1 时的励磁机电压。
- Saturation at Efd2 SE(Efd2) pu：电压为 Efd2 时的饱和值。
- Exciter Voltage for SE2 Efd2 pu：饱和值为 SE2 时的励磁机电压。

➢ Dc4C Regulator Constants | General

- Is There a Stabilizer ?：No | Yes。选择 Yes 时将加入电力系统稳定器。
- Under Excitation Limit Input Signal ?：None | Summation point | Take-over。低励限值输入信号设置。
  - None：无。
  - Summation point：合计。
  - Take-over：接管。
- Over Excitation Limit Input Signal ?：None | Summation point | Take-over。过励限值输入信号设置。
- Under Excitation Stator Current Limiter Input Signal ?：None | Summation point | Take-over。低励定子限流器输入信号设置。
- Over Excitation Stator Current Limiter Input Signal ?：None | Summation point | Take-over。过励定子限流器输入信号设置。
- Regulator Propotional Gain KPR pu：调节器比例增益。
- Regulator Integral Gain KIR pu：调节器积分增益。
- Regulator Derivative Gain KDR pu：调节器微分增益。
- Regulator Derivative Filter Time Constant TDR s：调节器微分滤波器时间常数。
- Regulator Gain KA pu：调节器增益。
- Regulator Time Constant TA s：调节器时间常数。
- Maximum Regulator Output VRMAX pu：调节器最大输出电压。
- Minimum Regulator Output VRMIN pu：调节器最小输出电压。

➢ Dc4C Exciter Parameters | General

- Exciter Time Constant TE s：励磁机时间常数。
- Exciter Field Proportional Constant KEc pu：励磁机磁场比例常数。
- Exciter Minimum Output Voltage VEMIN pu：励磁机最小输出电压。
- Excitation Type ?：Self | Separately 自励 | 他励。励磁机类型。
- Saturation at Efd1 SE(Efd1) pu：电压为 Efd1 时的饱和值。
- Exciter Voltage for SE1 Efd1 pu：饱和值为 SE1 时的励磁机电压。
- Saturation at Efd2 SE(Efd2) pu：电压为 Efd2 时的饱和值。
- Exciter Voltage for SE2 Efd2 pu：饱和值为 SE2 时的励磁机电压。
- Under Excitation Limiter Input VUEL pu：低励限值输入。
- Over Excitation Limiter Input VOEL pu：过励限值输入。
- Under Excitation Stator Current Limiter Input VSCLu pu：低励定子限流器输入。

- Over Excitation Stator Current Limiter Input VSCLo pu：过励定子限流器输入。

➢ Dc4C Rate Feedback Parameters

- Rate Feedback Gain KF pu：速率反馈增益。
- Rate Feedback Time Constant TF s：速率反馈时间常数。

➢ Dc4C Potential Circuit Parameters

- Potential Circuit Gain Coefficient KP pu：电势电路增益系数。
- Potential Phase Angle ThetaP deg：电势相角。
- Potential Circuit (current) Gain Coefficient KI pu：电势电路电流增益系数。
- Potential Source Reactance XL pu：电势源电抗。
- Rectifier Loading Factor KC1 pu：整流器负载系数。
- Maximum Available Exciter Field Voltage VBmax pu：最大可用励磁机电压。
- Logic Switch (SW1)：A | B。逻辑位置选择。

4.3.8 静止励磁机 (Static Exciters)

该元件如图 4-65 所示。

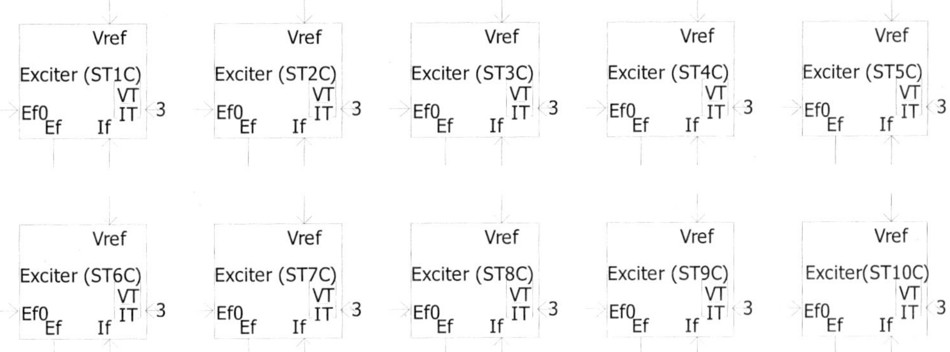

图 4-65 静止励磁机元件

1．说明

该元件模拟一组 IEEE Standard 421.5-2016 的静止励磁机，包括 ST1C、ST2C、ST3C、ST4C、ST5C、ST6C、ST7C、ST8C、ST9C 和 ST10C，标准中旧版本的模型 ST1A、ST2A、ST3A、ST4B、ST5B、ST6B 和 ST7B 可用新模型替代（通过新模型中合适的参数）。

这些模型采用闭环控制向同步电机励磁绕组提供连续直流电流，以维持其端电压，该电流由基于静止元件的直流发电机（励磁机）提供。励磁系统的主要目标包括：

- 恒定端电压：协助同步发电机维持其端电压在给定水平。
- 恒定功率因数：协助同步发电机维持其功率因数在给定水平。

模型输入输出端子说明如下：

- Ef：计算得到的直接应用到同步电机的标幺励磁电压。
- Vref0：输出参考电压 Vref 的标幺初值，并可由用户选择应用。
- Ef0：来自相关同步电机初始化期间输出的标幺励磁电压。
- VT/IT：该输入为 3 维数组，来自于与其连接的同步电机。VT 是端电压有效值。IT 是复数形式的同步电机端电流（具有实部和虚部）。IT 的实部与 VT 同相，IT 的虚部与 VT 正交（滞后为正）。
- Vref：同步电机端电压标幺参考值。
- Vs：相应电力系统稳定器提供的标幺电压值。
- If：输入的同步电机标幺励磁电流。

2．参数

➢ Configuration | General

- Name：可选的用于识别元件的文本参数。
- Static Exciter Type：ST1C | ST2C | ST3C | ST4C | ST5C | ST6C | ST7C | ST8C | ST9C | ST10C。静止励磁机类型。
- Exciter Status：0-Initalize; 1-Normal：励磁机状态，0 表示初始化，1 表示正常状态。可输入变量名，通常该变量来自于同步电机输入参数的 *Output Variables for Controller Initialization* 部分。
- Output Internally Computed Initial Vref ?：No | Yes。选择 Yes 时将输出内部计算的初始的 Vref。
- Load Compensating Resistance Rc pu：负载补偿电阻。
- Load Compensating Reactance Xc pu：负载补偿电抗。
- Transducer Time Constant Tr pu：传感器时间常数。
- Is There a Stabilizer ?：No | Yes。选择 Yes 时将加入电力系统稳定器。

➢ Excitation Limiters | General

- Under Excitation Limit Input Signal ?：None | Summation point | Take-over。低励限值输入信号设置。
  - None：无。
  - Summation point：合计。
  - Take-over：接管。
- Over Excitation Limit Input Signal ?：None | Summation point | Take-over。过励限值输入信号设置。
- Under Excitation Stator Current Limiter Input Signal ?：None | Summation point | Take-over。低励定子限流器输入信号设置。
- Over Excitation Stator Current Limiter Input Signal ?：None | Summation point | Take-over。过励定子限流器输入信号设置。
- Under Excitation Limiter Input VUEL pu：低励限值输入。
- Over Excitation Limiter Input VOEL pu：过励限值输入。

- Stator Current Limiter Input VSCLu pu：低励定子限流器输入。
- Stator Current Limiter Input VSCLo pu：过励定子限流器输入。

➢ ST1C Forward Lead-Lag Parameters | General

- Stabilizer Input Signal ?：On Regulator | On Exciter。稳定器输入信号作用位置。
  - On Regulator：调节器侧。
  - On Exciter：励磁机侧。
- 1st Lead Time Constant TC s：第一超前时间常数。
- 1st Lag Time Constant TB s：第一滞后时间常数。
- 2nd Lead Time Constant TC1 s：第二超前时间常数。
- 2nd Lag Time Constant TB1 s：第二滞后时间常数。

➢ ST1C Feedback and Regulator Parameters | General

- Rate Feedback Gain KF pu：速率反馈增益。
- Rate Feedback Time Constant TF s：速率反馈时间常数。
- Regulator Gain KA pu：调节器增益。
- Regulator Time Constant TA s：调节器时间常数。
- Maximum Regulator Output VAMAX pu：调节器最大输出电压。
- Minimum Regulator Output VAMIN pu：调节器最小输出电压。

➢ ST1C Field Circuit Constants | General

- Exciter Output Current Limit Reference ILR pu：励磁机输出电流限流参考值。
- Exciter Output Current Limit Gain KLR pu：励磁机输出电流限流增益。
- Maximum Field Voltage VRMAX pu：最大励磁电压。
- Minimum Field Voltage VRMIN pu：最小励磁电压。
- Exciter Voltage Supply：Bus Fed | Independent。励磁机励磁方式。
  - Bus Fed：母线自并励式。
  - Independent：独立励磁。
- Field Circuit Commutating Imp. KC pu：励磁电路换流阻抗。
- Upper Limit on Error Signal VIMAX pu：误差信号上限。
- Lower Limit on Error Signal VIMIN pu：误差信号下限。

➢ ST2C Feedback and Regulator Parameters | General

- Rate Feedback Gain KF pu：速率反馈增益。
- Rate Feedback Time Constat TF s：速率反馈时间常数。
- Regulator Gain KA pu：调节器增益。
- Regulator Time Constant TA s：调节器时间常数。
- Maximum Regulator Output VRMAX pu：调节器最大输出电压。
- Minimum Regulator Output VRMIN pu：调节器最小输出电压。
- Voltage Regulator Proportional Gain KPR pu：电压调节器比例增益。

- Voltage Regulator Integral Gain KIR pu/s：电压调节器积分增益。
- Maximum PI Output VPIMAX pu：PI 最大输出。
- Minimum PI Output VPIMIN pu：PI 最小输出。

➢ ST2C Exciter and Compounding Parameters | General

- Exciter Time Constant TE s：励磁机时间常数。
- Exciter Constant Related to Field KE pu：与励磁相关的励磁机时间常数。
- Maximum Exciter Output Voltage EFDMAX pu：励磁机最大输出电压。
- Compounding Circuit Voltage Multiplier KP pu：组合电路电压倍乘系数。
- Compounding Circuit Current Multiplier KI pu：组合电路电流倍乘系数。
- Rectifier Loading Factor KC pu：整流器负载系数。
- Reactance Associated with Potential Source XL pu：电势源电抗。
- Potential Circuit Phase Angle ThetaP deg：电势相角。
- Maximum Available Exciter Voltage VBMAX pu：最大可用励磁机电压。

➢ ST3C Forward and Regulator Parameters | General

- Upper Limit on Error Signal VIMAX pu：误差信号上限。
- Lower Limit on Error Signal VIMIN pu：误差信号下限。
- Voltage Regulator Proportional Gain KPR pu：电压调节器比例增益。
- Voltage Regulator Integral Gain KIR pu/s：电压调节器积分增益。
- Maximum PI Output VPIMAX pu：PI 输出最大值。
- Minimum PI Output VPIMIN pu：PI 输出最小值。
- Lead Time Constant TC s：超前时间常数。
- Lag Time Constant TB s：滞后时间常数。
- Regulator Gain KA pu：调节器增益。
- Regulator Time Constant TA s：调节器时间常数。
- Maximum Regulator Output VRMAX pu：调节器最大输出电压。
- Minimum Regulator Output VRMIN pu：调节器最小输出电压。

➢ ST3C Inner Loop Field Regulator | General

- Field Inner Loop Time Constant TM s：励磁内环时间常数。
- Field Inner Loop Gain Constant KM pu：励磁内环增益常数。
- Field Inner Loop Maximum Output VMMAX pu：励磁内环最大输出。
- Field Inner Loop Minimum Output VMMIN pu：励磁内环最小输出。
- Field Inner Loop Feedback Gain KG pu：励磁内环反馈增益。
- Field Inner Loop Feedback Maximum VGMAX pu：励磁内环反馈最大值。
- Maximum Exciter Output Voltage EFDMAX pu：励磁机最大输出电压。

➢ ST3C Compounding Parameters | General

- Magitude of Compounding Circuit Voltage Multiplier KP pu：复合电路电压倍乘系数幅值。
- Angle of Compounding Circuit Voltage Multiplier ThetaP deg：复合电路电

压倍乘系数相位角。

- Potential Source Reactance XL pu：电势源电抗。
- Compounding Circuit Current Multiplier KI pu：复合电路电流倍乘系数。
- Rectifier Loading Factor KC pu：整流器负载系数。
- Maximum Available Exciter Voltage VBMAX pu：励磁机最大可用电压。
- Power Source Selector SW1：A | B。电源选择。

➢ ST4C Regulator Constants | General

- Stabilizer Input Signal ? ：Before Take-over | After Take-over。稳定器输入信号位置。
  - Before Take-over：接管前。
  - After Take-over：接管后。
- Regulator Proportional Gain KPR pu：调节器比例增益。
- Regulator Integral Gain KIR pu：调节器积分增益。
- Maximum Regulator Output VRMAX pu：调节器最大输出电压。
- Minimum Regulator Output VRMIN pu：调节器最小输出电压。

➢ ST4C Inner Loop Field Regulator | General

- Inner Loop Proportional Gain KPM pu：内环比例增益。
- Inner Loop Integral Gain KIM pu：内环积分增益。
- Field Inner Loop Max output VMMAX pu：励磁内环最大输出。
- Field Inner Loop Min output VMMIN pu：励磁内环最小输出。
- Field Inner Loop Feedback Gain KG pu：励磁内环反馈增益。
- Maximum Exciter Output VAMAX pu：最大励磁电压。
- Minimum Exciter Output VAMIN pu：最小励磁电压。
- Field Inner Loop Feedback Gain KG pu：励磁内环反馈增益。
- Field Inner Loop Feedback Time Constant TG s：励磁内环反馈时间常数。
- Maximum Field Inner Loop Feedback Voltage VGMAX s：最大励磁内环反馈电压。

➢ ST4C Compounding Parameters | General

- Power Source Selector 1 SW1：A | B。电源选择。
- Magnitude of Compounding Circuit Voltage Multiplier |KP| pu：复合电路电压倍乘系数幅值。
- Angle of Compounding Circuit Voltage Multiplier ThetaP deg：复合电路电压倍乘系数相位角。
- Potential Source Reactance XL pu：电势源电抗。
- Compounding Circuit Current Multiplier KI pu：复合电路电流倍乘系数。
- Rectifier Loading Factor KC pu：整流器负载系数。
- Maximum Exciter Available Voltage VBMAX pu：励磁机最大有效电压。

➢ ST5C Forward Lead-Lag Parameters | General

- 1st Lead Time Constant TC1 s：第一超前时间常数。
- 1st Lag Time Constant TB1 s：第一滞后时间常数。
- 2nd Lead Time Constant TC2 s：第二超前时间常数。
- 2nd Lag Time Constant TB2 s：第二滞后时间常数。
- Underexcitation：1st Lead Time Constant TUC1 s：低励：第一超前时间常数。
- Underexcitation：1st Lag Time Constant TUB1 s：低励：第一滞后时间常数。
- Underexcitation：2nd Lead Time Constant TUC2 s：低励：第二超前时间常数。
- Underexcitation：2nd Lag Time Constant TUB2 s：低励：第二滞后时间常数。
- Overexcitation：1st Lead Time Constant TOC1 s：过励：第一超前时间常数。
- Overexcitation：1st Lag Time Constant TOB1 s：过励：第一滞后时间常数。
- Overexcitation：2nd Lead Time Constant TOC2 s：过励：第二超前时间常数。
- Overexcitation：2nd Lag Time Constant TOB2 s：过励：第二滞后时间常数。
- Regulator Gain KA pu：调节器增益。
- Regulator Time Constant T1 s：调节器时间常数。

➢ ST5C Field Circuit Constants | General

- Maximum Field Voltage VRMAX pu：最大励磁电压。
- Minimum Field Voltage VRMIN pu：最小励磁电压。
- Exciter Voltage Supply：Bus Fed | Independent。励磁方式设置。
- Field Current Commutating Impedance KC pu：励磁电流换流阻抗。

➢ ST6C Regulator Constants | General

- Regulator Proportional Gain KPR pu：调节器比例增益。
- Regulator Integral Gain KIR pu：调节器积分增益。
- Maximum Regulator Output VRMAX pu：调节器最大输出电压。
- Minimum Regulator Output VRMIN pu：调节器最小输出电压。

➢ ST6C Inner Loop Field Regulator | General

- Field Inner Loop Maximum Output VRMAX pu：励磁内环最大输出。
- Field Inner Loop Minimum Output VRMIN pu：励磁内环最小输出。
- Field Inner Loop Feedback Gain KG pu：励磁内环反馈增益。
- Field Inner Loop Time Constant TG s：励磁内环时间常数。
- Pre-control Gain Constant KFF pu：预控增益常数。
- Forward Gain Constant KM pu：前向增益常数。
- Current Limit Ref. ILR pu：电流限制参考值。
- Current Limit Adjustment KCI pu：电流限制调整值。
- Current Limit Gain KLR pu：电流限制增益。
- Thyristor Bridge Equivalent Time Constant TA s：可控硅桥等效时间常数。
- Rectifier Maximum Output VMMAX pu：整流桥最大输出。
- Rectifier Minimum Output VMMIN pu：整流桥最小输出。

➢ ST6C Compounding Parameters | General

- Power Source Selector SW1：A | B。电源选择。
- Magnitude of Compounding Circuit Voltage Multiplier |KP| pu：复合电路电压倍乘系数幅值。
- Angle of Compounding Circuit Voltage Multiplier ThetaP deg：复合电路电压倍乘系数相位角。
- Potential Source Reactance XL pu：电势源电抗。
- Compounding Circuit Current Multiplier KI pu：复合电路电流倍乘系数。
- Rectifier Loading Factor KC pu：整流器负载系数。
- Maximum Exciter Available Voltage VBMAX pu：励磁机最大有效电压。

➢ ST7C Regulator Constants | General

- Regulator Proportional Gain KPA pu：调节器比例增益。
- Maximum Voltage Output VMAX pu：最大输出电压。
- Minimum Voltage Output VMIN pu：最小输出电压。
- Lead Time Constant TC s：超前时间常数。
- Lag Time Constant TB s：滞后时间常数。
- Maximum Regulator Output VRMAX pu：调节器最大输出电压。
- Minimum Regulator Output VRMIN pu：调节器最小输出电压。

➢ ST7C Other Parameters | General

- Exciter Lead Time Constant TG s：励磁机超前时间常数。
- Exciter Lag Time Constant TF s：励磁机滞后时间常数。
- Low Band Gain KL pu：低带宽增益。
- High Band Gain KH pu：高带宽增益。
- Feedback Gain KIA pu：反馈增益。
- Feedback Time Constant TIA s：反馈时间常数。
- Thyristor Bridge Equivalent Time Constant TA s：可控硅桥等效时间常数。
- Name for VFB Signal：VFB 信号名。

➢ ST8C Regulator Constants | General

- Voltage Regulator Proportional Gain KPR pu：电压调节器比例增益。
- Voltage Regulator Integral Gain KIA pu/s：电压调节器积分增益。
- Maximum Voltage Regulator Output VPIMAX pu：最大电压调节器输出。
- Minimum Voltage Regulator Output VPIMIN pu：最小电压调节器输出。
- Field Current Regulator Proportional Gain KPA pu：励磁电流调节器比例增益。
- Field Current Regulator Integral Gain KIA pu/s：励磁电流调节器积分增益。
- Maximum Field Current Regulator Output VAMAX pu：励磁电流调节器最大输出。
- Minimum Field Current Regulator Output VAMIN pu：励磁电流调节器最小输出。

- Rectifier Equivalent Time Constant TA s：整流器等效时间常数。
- Maximum Rectifier Bridge Regulator Output VRMAX pu：整流桥调节器最大输出。
- Minimum Rectifier Bridge Regulator Output VRMIN pu：整流桥调节器最小输出。

➢ ST8C Compounding Parameters | General

- Exciter Field Current Feedback Gain KF pu：励磁电流反馈增益。
- Field Current Feedback Time Constant TF s：励磁电流反馈时间常数。
- Power Source Selector SW1：A | B。电源选择。
- Magnitude of Compounding Circuit Voltage Multiplier |KP| pu：复合电路电压倍乘系数幅值。
- Angle of Compounding Circuit Voltage Multiplier ThetaP deg：复合电路电压倍乘系数相位角。
- Potential Source Reactance XL pu：电势源电抗。
- Rectifier Loading Factor KC1 pu：整流器负载系数。
- Compounding Circuit Current Multiplier KI1 pu：复合电路电流倍乘系数。
- Maximum Exciter Available Voltage VBMAX1 pu：励磁机最大有效电压。
- Rectifier Loading Factor KC2 pu：整流器负载系数。
- Compounding Circuit Current Multiplier KI2 pu：复合电路电流倍乘系数。
- Maximum Exciter Available Voltage VBMAX2 pu：励磁机最大有效电压。

➢ ST9C Feedback and Regulator Parameters | General

- Regulator Differential Time Constant TCD s：调节器微分时间常数。
- Regulator Differential Filter Time Constant TBD s：调节器微分滤波器时间常数。
- Regulator Differential Deadband ZA pu：调节器微分死区。
- Regulator Gain KA pu：调节器增益。
- UEL Takeover Activation Gain KU pu：UEL 接管激活增益。
- Regulator Time Constant TA s：调节器时间常数。
- Underexcitation Limiter Time Constant TAUEL s：低励限制器时间常数。
- Maximum Regulator Output VRMAX pu：调节器最大输出电压。
- Minimum Regulator Output VRMIN pu：调节器最小输出电压。
- Power Converter Gain KAS pu：功率转换器增益。
- Power Converter Time Constant TAS s：功率转换器时间常数。

➢ ST9C Exciter and Compounding Parameters | General

- Compounding Circuit Voltage Multiplier KP pu：复合电路电压倍乘系数。
- Potential Circuit Phase Angle ThetaP deg：电势电路相位角。
- Compounding Circuit Current Multiplier KI pu：复合电路电流倍乘系数。
- Reactance Associated with Potential Source XL pu：电势源电抗。

- Power Source Selector SW1：A | B。电源选择。
- Rectifier Loading Factor KC pu：整流器负载系数。
- Maximum Available Exciter Voltage VBMAX pu：励磁机最大有效电压。

➢ ST10C Forward Lead-Lag Parameters | General

- Stabilizer Input Signal ? ：Voltage Error Summation | Voltage Error Take-over | AVR Output。稳定器输入信号。
  - Voltage Error Summation：电压误差和。
  - Voltage Error Take-over：电压误差接管。
  - AVR Output：自动电压调节器输出。
- 1st Lead Time Constant TC1 s：第一超前时间常数。
- 1st Lag Time Constant TB1 s：第一滞后时间常数。
- 2nd Lead Time Constant TC2 s：第二超前时间常数。
- 2nd Lag Time Constant TB2 s：第二滞后时间常数。
- Underexcitation：1st Lead Time Constant TUC1 s：低励：第一超前时间常数。
- Underexcitation：1st Lag Time Constant TUB1 s：低励：第一滞后时间常数。
- Underexcitation：2nd Lead Time Constant TUC2 s：低励：第二超前时间常数。
- Underexcitation：2nd Lag Time Constant TUB2 s：低励：第二滞后时间常数。
- Overexcitation：1st Lead Time Constant TOC1 s：过励：第一超前时间常数。
- Overexcitation：1st Lag Time Constant TOB1 s：过励：第一滞后时间常数。
- Overexcitation：2nd Lead Time Constant TOC2 s：过励：第二超前时间常数。
- Overexcitation：2nd Lag Time Constant TOB2 s：过励：第二滞后时间常数。
- Regulator Gain KR pu：调节器增益。
- Regulator Time Constant T1 s：调节器时间常数。

➢ ST10C Field Circuit Constants | General

- Maximum Field Voltage VRMAX pu：最大励磁电压。
- Minimum Field Voltage VRMIN pu：最小励磁电压。
- Maximum PSS Regulator Output VRSMAX pu：PSS 调节器最大输出。
- Minimum PSS Regulator Output VRSMIN pu：PSS 调节器最小输出。
- Field Current Commutating Impedance KC pu：励磁电流换流阻抗。
- Power Source Selector SW1：A | B。电源选择。
- Magnitude of Compounding Circuit Voltage Multiplier |KP| pu：复合电路电压倍乘系数幅值。
- Angle of Compounding Circuit Voltage Multiplier ThetaP deg：复合电路电压倍乘系数相位角。
- Compounding Circuit Current Multiplier KI pu：复合电路电流倍乘系数。
- Potential Source Reactance XL pu：电势源电抗。
- Maximum Available Exciter Voltage VBMAX pu：励磁机最大有效电压。

4.3.9 水轮机调速器 (Hydro Governors)

模拟机械暂态传统上属于稳定程序的研究范畴，其中的建模细节不像 EMTDC 这样的电磁暂态程序完备。

大部分暂态仿真的运行过程中，机械系统通常被认为是不变的，用户需在使用调速器模型之前确认是否实际需要它。

PSCAD 中以动态传递函数表示调速器，它与电动机的接口可通过直接提供输入机械转矩信号，或通过与相应的原动机模型交互（取决于调速器的类型）。PSCAD 主元件库中提供了几个可用的预定义调速器。如果其中没有适合需要的模型，用户可通过将 PSCAD 主元件库 CSMF 中的基本控制模块进行组合，来创建所需要的模型。

调速器模型的初始化是通过不断复位其内部存储，以使得其输出精确等于同步电机机械转矩输出。

该电动机和调速器可通过调速器中名为称为 *Gov/Turb Status：0-Initialize; 1-Normal* 和同步电动机中相应的输出参数 *Locked Rotor0-Normal1 Transition* 一起初始化和释放。

PSCAD 主元件库中提供了水轮机和热工（蒸汽机）调速器。这些模型支持可变的时间步长，允许通过附加的控制输入在任何时刻进行初始化（不一定需要在 t=0.0 时）。PSCAD 提供的调速器说明见表 4-2 调速器模型。

水轮机调速器元件如图 4-66 单相感应电动机所示。

表 4-2 调速器模型

水轮机调速器	描述	蒸汽机调速器	描述
GOV1	机械-液压控制	GOV1	近似机械-液压控制
GOV2	包括导引和伺服动态的 PID 控制	GOV2	机械-液压控制 (GE)
GOV3	用于甩负荷研究的增强型控制	GOV3	电气-液压控制 (GE)
		GOV4	DEH 控制 (Westinghouse)
		GOV5	NEI Parsons 控制

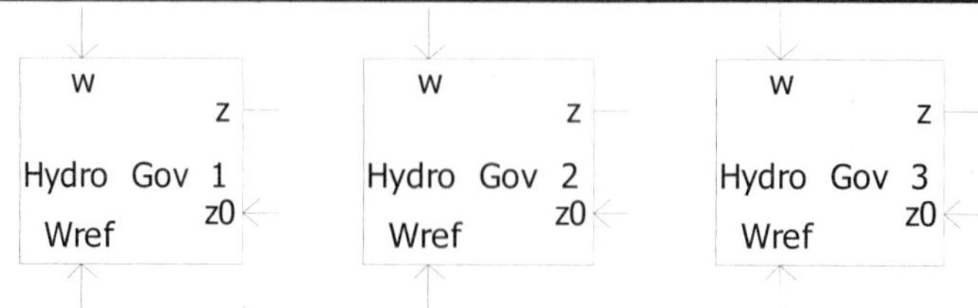

图 4-66 水轮机调速器元件

1．说明

该元件可用于模拟如下三种 IEEE 水轮机调速器：GOV1-机械液压控制。GOV2-

包括导引和伺服动态的 PID 控制。GOV3-用于甩负荷研究的增强型控制。

该元件的输入是标幺值的速度 w 及其参考值 Wref, 初始阀门开度 z0，输出是阀门开度 z。

2．参数

➢ Configuration | General

- Name for Identification：可选的用于识别元件的文本参数。
- Hydro Governor Model：Gov1 | Gov2 | Gov3。选择水轮机调速器类型。
- Governor/Turbine Status：0-Initialize; 1-Normal：用于控制调速器或原动机的状态，输入 0 为初始化状态，输入 1 为正常状态。该输入可接受变量名，通常该变量来自同步电动机输入参数的 Output Variables for Controller Initialization 部分。

➢ Common | General

- Dead Band Value pu：死区值。如果速度差小于该值，则输入至调速器的误差信号将为 0。
- Permanent Droop (Rp) pu：持久速降补偿系数。
- Maximum Gate Position (Gmax) pu：最大阀门开度。
- Minimum Gate Position (Gmin) pu：最小阀门开度。
- Maximum Gate Opening Rate (MXGTOR) pu/s：最大阀门打开速度。
- Maximum Gate Closing Rate (MXGTCR) pu/s：最大阀门关闭速度。

➢ Gov1：Mechanical-Hydraulic Governor | General

- Pilot Valve and Servomotor Time Constant (Tp) s：导向阀和伺服电动机时间常数。
- Servo Gain (Q) pu：伺服增益。
- Main Servo Time Constant (Tg) s：主伺服时间常数。
- Temporary Droop (Rt) pu：暂态速差补偿系数。
- Reset or Dashpot Time Constant TR (s)：复位或缓冲器时间常数。

➢ Gov2：Electro-Hydraulic (Pid) Governor | General

- Proportional Gain (Kp) pu：比例增益。
- Integral Gain (Ki) pu：积分增益。
- Derivative Gain (Kd) pu：微分增益。
- Pilot Servomotor Time Constant (TA) s：导引伺服电动机时间常数。
- Gate Servo Time Constant (TC) s：阀门伺服时间常数。
- Gate Servomotor Time Constant (TD) s：阀门伺服电动机时间常数。

➢ Gov3：Enhanced Governor | General

- Is Jet Deflector in Operation ?：No | Yes。选择 Yes 时将加入射流偏转器。
- Is Relief Valve in Operation ?：No | Yes。选择 Yes 时将投入安全阀。
- Pilot Valve Time Constant (Tp) s：导向阀时间常数。
- Reset or Dashpot Time Constant (TR) s：复位或缓冲器时间常数。

- Temporary Droop (Rt) pu：临时速降补偿系数。
- Main Servo Time Constant (Tg) s：主伺服时间常数。

➢ Gov3：Jet Deflector Details | General

- Maximum Deflector Opening Rate (MXJDOR) pu/s：偏转器最大开启速度。
- Maximum Deflector Closing Rate (MXJDCR) pu/s：偏转器最大关闭速度。
- Gate Buffer Cut-in Value (Z_CUT) pu：如果阀门开度低于该值且转向器投入，则缓存的阀门打开/关闭速度生效。
- Maximum Buffer Opening Rate (MXBGOR) pu/s：最大缓存的打开速度。
- Maximum Buffer Closing Rate (MXBGCR) pu/s：最大缓存的关闭速度。

➢ Gov3：Jet Deflector Details | General

- Relief Valve Closing Rate (RVLVCR) pu：安全阀关闭速度。
- Maximum Relief Valve Position (RVLMAX) pu：安全阀最大开度。

4.3.10 热工（蒸汽机）调速器 [Thermal (Steam) Governors]

该元件如图 4-67 所示。

1. 说明

该元件可模拟如下 5 种 IEEE 热工调速器：GOV1-近似机械-液压控制。GOV2-机械-液压控制(GE)。GOV3-电气-液压控制(GE)。GOV4-DEH 控制(Westing house)。GOV5-NEI Parsons 控制。

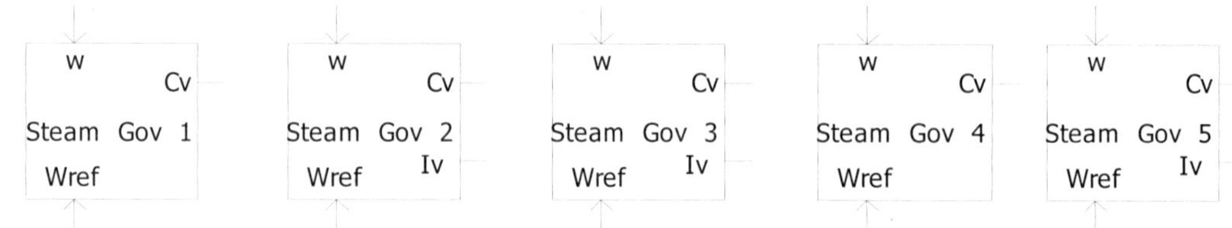

图 4-67 热工（蒸汽机）调速器元件

该元件的输入是标幺的速度 W 及其参考值 Wref，输出为阀门开度 z，控制阀的流通面积 Cv 以及 GOV2, 3 和 5 上的控制阀拦截流通面积 Iv。这些输出都输入至相应的蒸汽轮机。

2. 参数

➢ Configuration | General

- Name for Identification：可选的用于识别元件的文本参数。
- Thermal Governor Model：GOV1 | GOV2 | GOV3 | GOV4 | GOV5。选择热工调速器类型。
- Gov/Turb Status：0-Initialize; 1-Normal：用于控制调速器或原动机的状态，输入 0 为初始化状态，输入 1 为正常状态。该输入可接受变量名，通常该变量来自同步电动机输入参数的 Output Variables for Controller Initialization 部分。

- CV Initial Value (Same as Turbine) pu：控制阀门流通面积初始值。

➢ Gov1：Mechanical-Hydraulic Governor | General

- Dead Band Value pu：死区值。如果速度差小于该值，则输入至调速器的误差信号将为 0。
- Inverse of Droop (Kg) pu：转速降倒数。
- Speed Relay Time Constant (TSR) s：速度继电器时间常数。
- Gate Servo Time Constant (TSM) s：阀门伺服时间常数。
- Maximum Opening Rate (P_up) pu/s：最大打开速度。
- Maximum Closing Rate (P_down) pu/s：最大关闭速度。
- Maximum Servo Position (Cmax) pu：最大伺服位置。
- Minimum Servo Position (Cmin) pu：最小伺服位置。

➢ Gov2：Mechanical-Hydraulic (Ge) Governor：Section 1 | General

- Dead Band Value pu：死区值。如果速度差小于该值，则输入至调速器的误差信号将为 0。
- Permanent Droop (R) pu：持久速降补偿系数。
- Speed Relay Time Constant (TSR) s：速度继电器时间常数。
- Gate Servo Time Constant (TSM) s：阀门伺服时间常数。
- Maximum C_V Opening Rate (P_up) pu/s：Cv 最大打开速度。
- Maximum C_V Closing Rate (P_down) pu/s：Cv 最大关闭速度。
- Maximum C_V Servo Position (Cmax) pu：Cv 最大伺服位置。
- Minimum C_V Servo Position (Cmin) pu：Cv 最小伺服位置。
- I_V Path Accelerator Gain (K1) pu：Iv 路径加速增益。
- I_V Path Position Gain (K2) pu：Iv 路径位置增益。

➢ Gov2：Mechanical-Hydraulic (Ge) Governor：Section 2 | General

- I_V Path Accelerator Bias (BIAS1) pu：Iv 路径加速器偏置。
- I_V Path Position Bias (BIAS2) pu：Iv 路径位置偏置。
- Maximum I_V Accelerator Value (Amax) pu：Iv 加速器最大值。
- Minimum I_V Accelerator Value (Amin) pu：Iv 加速器最小值。
- I_V Servo Time Constant (TSJ) s：Iv 伺服时间常数。
- Maximum I_V Opening Rate (I_up) pu/s：最大 Iv 打开速度。
- Maximum I_V Closing Rate (I_down) pu/s：最大 Iv 关闭速度。
- Maximum I_V Servo Position (Imax) pu：最大 Iv 伺服位置。
- Minimum I_V Servo Position (Imin) pu：最小 Iv 伺服位置。
- IV Initial Value：Variable (Same as Turbine) pu：初始 Iv 值（与原动机的相同）。

➢ Gov3：Electro-Hydraulic (Ge) Governor：Section 1 | General

- Dead Band Value pu：死区值。如果速度差小于该值，则输入至调速器的误差信号将为 0。

- Permanent Droop (R) pu：持久速降补偿系数。
- Maximum value of Load pu：最大负载值。
- Gate Servo Time Constant (TSM) s：阀门伺服时间常数。
- Maximum C_V Opening Rate (P_up) pu/s：Cv 最大打开速度。
- Maximum C_V Closing Rate (P_down) pu/s：Cv 最大关闭速度。
- Maximum C_V Servo Position (Cmax) pu：Cv 最大伺服位置。
- Minimum C_V Servo Position (Cmin) pu：Cv 最小伺服位置。

➢ Gov3：Electro-Hydraulic (Ge) Governor：Section 2 | General

- I_V Path Position Gain (K2) pu：Iv 路径位置增益。
- I_V Path Position Bias (BIAS2) pu：Iv 路径位置偏置。
- I_V Servo Time Constant (TSJ) s：Iv 伺服时间常数。
- Maximum I_V Opening Rate (I_up) pu/s：最大 Iv 打开速度。
- Maximum I_V Closing Rate (I_down) pu/s：最大 Iv 关闭速度。
- Maximum I_V Servo Position (Imax) pu：最大 Iv 伺服位置。
- Minimum I_V Servo Position (Imin) pu：最小 Iv 伺服位置。
- PLU Status：0=Off; 1=On：输入 1 或 0 来控制用于快控的功载不平衡 (PLU)。1-快控有效。0-快控无效。
- IV Initial Value：Variable (Same as Turbine) pu：初始 Iv 值（与原动机的相同）。

➢ Gov4：Deh Controls (Westinghouse) | General

- Dead Band Value pu：死区值。如果速度差小于该值，则输入至调速器的误差信号将为 0。
- Permanent Droop (R) pu：持久速降补偿系数。
- Speed Relay Lag Time Constant (T1) s：速度继电器滞后时间常数。
- Speed Relay Lead Time Constant (T2) s：速度继电器超前时间常数。
- Gate Servo Time Constant (T3) s：阀门伺服时间常数。
- Maximum Opening Rate (P_up) pu/s：最大打开速度。
- Maximum Closing Rate (P_down) pu/s：最大关闭速度。
- Maximum Servo Position (Cmax) pu：最大伺服位置。
- Minimum Servo Position (Cmin) pu：最小伺服位置。

➢ Gov5：Electro-Hydraulic (Parson s) Controls| General

- Transducer Time Constant (TR) s：传感器时间常数。
- Dead Band Value pu：死区值。如果速度差小于该值，则输入至调速器的误差信号将为 0。
- Permanent Droop (R) pu：持久速降补偿系数。
- Threshold Speed Deviation for Overspeed pu：过速时的速度微分阈值。
- Overspeed Droop pu：过速转速降。
- Maximum value of Overspeed Limit pu：过速限值的最大值。

- Minimum value of Overspeed Limit pu：过速限值的最小值。
- Maximum Load Limit pu：最大负荷限值。
- CV Phase Compensation Lead Time T1 s：Cv 相位补偿超前时间。
- CV Phase Compensation Lag Time T2 s：Cv 相位补偿滞后时间。
- Gate Servo Time Constant (TSM) s：阀门伺服时间常数。
- Maximum C_V Opening Rate (P_up) pu/s：Cv 最大打开速度。
- Maximum C_V Closing Rate (P_down) pu/s：Cv 最大关闭速度。
- Maximum Servo Position (Cmax) pu：最大伺服位置。
- Minimum Servo Position (Cmin) pu：最小伺服位置。

➢ Gov5：Iv Controls (Parson s) | General

- IV Path Position Bias (IVOB) pu：Iv 路径位置偏置。
- IV Phase Compensation Lead Time T3 s：Iv 相位补偿超前时间。
- IV Phase Compensation Lag Time T4 s：Iv 相位补偿滞后时间。
- IV Servo Time Constant (TSJ) s：Iv 伺服时间常数。
- Maximum I_V Opening Rate (I_up) pu/s：最大 Iv 打开速度。
- Maximum I_V Closing Rate (I_down) pu/s：最大 Iv 关闭速度。
- Maximum I_V Servo Position (Imax) pu：最大 Iv 伺服位置。
- Minimum I_V Servo Position (Imin) pu：最小 Iv 伺服位置。
- IV Initial Value：Variable (Same as Turbine) pu：初始 Iv 值（与原动机的相同）。

4.3.11 电力系统稳定器 (Power System Stabilizers)

电力系统稳定器用于通过励磁控制来增强对系统振荡的阻尼。该元件常用的输入包括轴速度、端频率和功率。

电力系统稳定器在 PSCAD 中表现为动态传递函数的形式，并可与同步电动机励磁机接口。PSCAD 主元件库中提供了多个预定义的稳定器模型，如果其中没有合适的模型，用户可通过将 PSCAD 主元件库 CSMF 中的基本控制模块进行组合，来创建所需要的模型。

PSCAD 提供的电力系统稳定器说明见表 4-3。对某些特定的系统配置，采用具有端电压和电力系统稳定器调节器输入信号的连续励磁控制不能确保完全发挥励磁系统提供系统稳定性的潜力。此时可采用不连续励磁控制信号以增强大暂态扰动后的系统稳定性。用户可在表 4-3 中选择的电力系统稳定器中加入表 4-4 中所示的 3 种不连续励磁控制器之一。

电力系统稳定器元件如图 4-68 所示。

1．说明

该元件可用于模拟 IEEE 电力系统稳定器。该元件的输入是标幺值的转速 W，同步电动机端电压 Vt 以及不连续控制器参考值 Vk。输出 Vs 可以是转速、端频率功率或没有。

表 4-3 电力系统稳定器模型

电力系统稳定器	描述
PSS1A	单输入电力系统稳定器
PSS2B	双输入电力系统稳定器 1
PSS3B	双输入电力系统稳定器 2
PSS4B	双输入电力系统稳定器 3

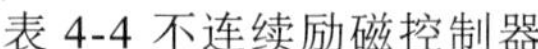

表 4-4 不连续励磁控制器

励磁控制器	描述
DEC1A	双行端电压限幅器的暂态励磁升压
DEC2A	开环瞬态励磁升压
DEC3A	稳定信号临时中断器

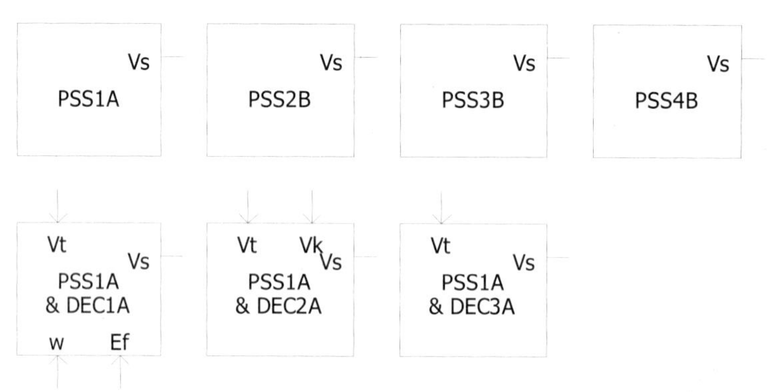

图 4-68 电力系统稳定器元件

2. 参数

➢ Configuration | General

- Name for Identification：可选的用于识别元件的文本参数。
- PSS Status：0-Initialize; 1-Release：用于控制 PSS 的状态，输入 0 为初始化状态，输入 1 为正常状态。该输入可接受变量名，通常该变量来自同步电动机输入参数的 Output Variables for Controller Initialization 部分。
- DEC Status：0-Initialize; 1-Release：用于控制 DEC 的状态，输入 0 为初始化状态，输入 1 为正常状态。该输入可接受变量名，通常该变量来自同步电动机输入参数的 Output Variables for Controller Initialization 部分。
- Stabilizer ? ：None | PSS1A | PSS2B | PSS3B | PSS4B。选择 PSS 模型类型，也可没有。

- Select the Appropriate IEEE Std 421.5：1992 | 2005。选择合适标准版本。
- Discontinuous Excitation Controller ?：None | DEC1A | DEC2A | DEC3A。选择 DEC 模型类型，也可没有。

➢ Pss1A：Power System Stabilizer Data | General

- Input Signal：None | Frequency | Speed | Power。选择输入信号类型。
  - None：无。
  - Frequency：频率。
  - Speed：速度。
  - Power：功率。
- Transducer Time Constant T6 s：传感器时间常数。
- PSS gain Ks pu：PSS 增益。
- Washout Time Constant T5 s：冲失滤波器时间常数。
- Filter Constant A1 pu：滤波器常数。
- Filter Constant A2 pu：滤波器常数。
- 1st Lead Time Constant T1 s：第一超前时间常数。
- 1st Lag Time Constant T2 s：第一滞后时间常数。
- 2nd Lead Time Constant T3 s：第二超前时间常数。
- 2nd Lag Time Constant T4 s：第二超前时间常数。
- PSS Output Maximum Limit VSTMAX pu：PSS 输出最大限值。
- PSS Output Minimum Limit VSTMIN pu：PSS 输出最小限值。

➢ Pss2B：Pss Signal Data | First Signal

- First Input Signal：None | Frequency | Speed | Power。选择第一输入信号类型。
- First Signal Maximum Input VSI1MAX pu：第一输入信号最大值。
- First Signal Minimum Input VSI1MIN pu：第一输入信号最小值。
- 1st Signal 1st Washout Time TW1 s：第一信号第一冲失滤波器时间常数。
- 1st Signal 2nd Washout Time TW2 s：第一信号第二冲失滤波器时间常数。
- 1st Signal Transducer Time Constant T6 s：第一信号传感器时间常数。

➢ Pss2B：Pss Signal Data| Second Signal

- Second Input Signal：None | Frequency | Speed | Power。选择第二输入信号类型。
- Second Signal Maximum Input VSI2MAX pu：第二输入信号最大值。
- Second Signal Minimum Input VSI2MIN pu：第二输入信号最小值。
- 2nd Signal 1st Washout Time TW3 s：第二信号第一冲失滤波器时间常数。
- 2nd Signal 2nd Washout Time TW4 s：第二信号第二冲失滤波器时间常数。
- 2nd Signal Gain Ks2 pu：第二输入信号增益。
- 2nd Signal Transducer Time Const. T7 s：第二信号传感器时间常数。
- 2nd Signal 2nd Gain Ks3 pu：第二输入信号第二增益。

➢ Pss2B：Pss Lead-Lag Data | General

- Filter Lead Time constant T8 s：滤波器超前时间常数。
- Filter Lag Time constant T9 s：滤波器滞后时间常数。
- Integer Filter Constant N pu：滤波器常数。
- Integer Filter Constant M pu：滤波器常数。
- PSS Gain Ks1 pu：PSS 增益。
- 1st Lead Time Constant T1 s：第一超前时间常数。
- 1st Lag Time Constant T2 s：第一滞后时间常数。
- 2nd Lead Time Constant T3 s：第二超前时间常数。
- 2nd Lag Time Constant T4 s：第二滞后时间常数。
- 3rd Lead Time Constant T10 s：第三超前时间常数。
- 3rd Lag Time Constant T5 s：第三滞后时间常数。
- PSS Output Maximum Limit VSTMAX pu：PSS 输出最大限值。
- PSS Output Minimum Limit VSTMIN pu：PSS 输出最小限值。

➢ Pss3B：Power System Stabilizer Data | First Signal

- First Input Signal：None | Frequency | Speed | Power。选择第一输入信号类型。
- First Transducer Time Constant T1 s：第一传感器时间常数。
- First Signal Washout Time Constant T2 s：第一信号冲失滤波器时间常数。
- First Input Signal Gain Ks1 pu：第一信号增益。

➢ Pss3B：Power System Stabilizer Data | Second Signal

- Second Input Signal：None | Frequency | Speed | Power。选择第二输入信号类型。
- Second Transducer Time Constant T2 s：第二传感器时间常数。
- Second Signal Washout Time Constant Tw2 s：第二信号冲失滤波器时间常数。
- Second Input Signal Gain Ks2 pu：第一信号增益。

➢ Pss3B：Power System Stabilizer Data：Common Path | General

- Washout Time Constant TW3 s：冲失滤波器时间常数。
- Filter Coefficient A1 pu：滤波器常数。
- Filter Coefficient A2 pu：滤波器常数。
- Filter Coefficient A3 pu：滤波器常数。
- Filter Coefficient A4 pu：滤波器常数。
- Filter Coefficient A5 pu：滤波器常数。
- Filter Coefficient A6 pu：滤波器常数。
- Filter Coefficient A7 pu：滤波器常数。
- Filter Coefficient A8 pu：滤波器常数。
- PSS Output Maximum Limit VSTMAX pu：PSS 输出最大限值。

● PSS Output Minimum Limit VSTMIN pu：PSS 输出最小限值。

➢ Pss4B 1992：Power System Stabilizer Data | General

● First Input Signal：None | Frequency | Speed | Power。选择第一输入信号类型。

● First Transducer Time Constant T1 s：第一传感器时间常数。

● First Signal Washout Time Constant T2 s：第一信号冲失滤波器时间常数。

● First Input Signal Gain Ks1 pu：第一输入信号增益。

● Second Input Signal：None | Frequency | Speed | Power。选择第二输入信号类型。

● Second Transducer Time Constant T3 s：第二传感器时间常数。

● Second Signal Washout Time Constant T4 s：第二信号冲失滤波器时间常数。

● Second Input Signal Gain Ks2 pu：第二输入信号增益。

● System Start-up Time Constant T0 s：系统启动时间常数。

● Synchronous Machine Inertia Constant 2H s：同步电动机惯量常数。

● PSS Output Maximum Limit VSTMAX pu：PSS 输出最大限值。

● PSS Output Minimum Limit VSTMIN pu：PSS 输出最小限值。

➢ Pss4B 2005：Power System Stabilizer Data：Common Data | General

● Include Notch Filter ?：No | Yes。选择 Yes 时将加入陷波滤波器。

● Inertia Constant s：惯量常数。

● PSS Output Maximum Limit VSTMAX pu：PSS 输出最大限值。

● PSS Output Minimum Limit VSTMIN pu：PSS 输出最小限值。

● Tuned Frequency of the Notch Filter WNI Hz：陷波滤波器调谐频率。

● 3dB Bandwidth of the Notch Filter BWI Hz：陷波滤波器 3dB 带宽。

➢ Pss4B 2005：Power System Stabilizer Data：Low Frequency Band | Positive Path/Negative Path

● Gain in Positive/Negative Branch KL1/KL2 pu：正/负支路增益。

● Proptional Gain in First Block KL11/KL17 pu：第 1 模块比例增益。

● Derivative Time Constant in First Block TL1/TL7 s：第 1 模块微分时间常数。

● Lag Time Constant in First Block TL2/TL8 s：第 1 模块滞后时间常数。

● Lead Time Constant in Second Block TL3/TL9 s：第 2 模块超前时间常数。

● Lag Time Constant in Second Block TL4/TL10 s：第 2 模块滞后时间常数。

● Lead Time Constant in Third Block TL5/TL11 s：第 3 模块超前时间常数。

● Lag Time Constant in Third Block TL6/TL12 s：第 3 模块滞后时间常数。

➢ Pss4B 2005：Power System Stabilizer Data：Low Frequency Band | Common Path

● Gain in Common Branch KL pu：公共支路增益。

- Maximum Limit VLMAX pu：输出最大限值。
- Minimum Limit VLMIN pu：输出最小限值。

➢ Pss4B 2005：Power System Stabilizer Data：Intermediate Frequency Band | Positive Path/Negative Path

- Gain in Positive/Negative Branch KI1/KI2 pu：正/负支路增益。
- Proptional Gain in First Block KI11/KI17 pu：第 1 模块比例增益。
- Derivative Time Constant in First Block TI1/TI7 s：第 1 模块微分时间常数。
- Lag Time Constant in First Block TI2/TI8 s：第 1 模块滞后时间常数。
- Lead Time Constant in Second Block TI3/TI9 s：第 2 模块超前时间常数。
- Lag Time Constant in Second Block TI4/TI10 s：第 2 模块滞后时间常数。
- Lead Time Constant in Third Block TI5/TI11 s：第 3 模块超前时间常数。
- Lag Time Constant in Third Block TI6/TI12 s：第 3 模块滞后时间常数。

➢ Pss4B 2005：Power System Stabilizer Data：Intermediate Frequency Band | Common Path

- Gain in Common Branch KI pu：公共支路增益。
- Maximum Limit VIMAX pu：输出最大限值。
- Minimum Limit VIMIN pu：输出最小限值。

➢ Pss4B 2005：Power System Stabilizer Data：High Frequency Band | Positive Path/Negative Path

- Gain in Positive/Negative Branch KH1/KH2 pu：正/负支路增益。
- Proptional Gain in First Block KH11/KH17 pu：第 1 模块比例增益。
- Derivative Time Constant in First Block TH1/TH7 s：第 1 模块微分时间常数。
- Lag Time Constant in First Block TH2/TH8 s：第 1 模块滞后时间常数。
- Lead Time Constant in Second Block TH3/TH9 s：第 2 模块超前时间常数。
- Lag Time Constant in Second Block TH4/TH10 s：第 2 模块滞后时间常数。
- Lead Time Constant in Third Block TH5/TH11 s：第 3 模块超前时间常数。
- Lag Time Constant in Third Block TH6/TH12 s：第 3 模块滞后时间常数。

➢ Pss4B 2005：Power System Stabilizer Data：High Frequency Band | Common Path

- Gain in Common Branch KH pu：公共支路增益。
- Maximum Limit VHMAX pu：输出最大限值。
- Minimum Limit VHMIN pu：输出最小限值。

➢ Dec1A：Discontinuous Excitation Controller Data：Section 1 | General

- DEC Washout Time Constant Tw5 s：DEC 冲失滤波器时间常数。
- Terminal Voltage Level Reference VTC pu：端电压水平参考值。
- Regulator Voltage Reference VAL pu：调节器电压参考值。

- Speed Change Reference Esc pu：转速变化参考值。
- Terminal Voltage Reference VTLMT pu：端电压参考值。
- Terminal Voltage Maximum Deviation Over Reference pu：端电压相对参考值的最大偏差。
- Terminal Voltage Minimum Deviation Over Reference pu：端电压相对参考值的最小偏差。
- Terminal Voltage Limiter gain KETL pu：端电压限幅器增益。
- Voltage Limiter Lead Time TL1 s：电压限幅器超前时间常数。
- Voltage Limiter Lag Time TL2 s：电压限幅器滞后时间常数。

➢ Dec1A：Discontinuous Excitation Controller Data | General

- Bang-Bang Control Maximum Limit VTM pu：滞环控制器上限。
- Bang-Bang Control Minimum Limit VTN pu：滞环控制器下限。
- Reset Delay Time TD s：复位延迟时间。
- Integrator Gain KAN pu：积分器增益。
- Integrator Time Constant TAN s：积分器时间常数。
- Integrator Maximum Limit VANMAX pu：积分器上限。
- PSS plus DEC Maximum Limit VSMAX pu：PSS 加上 DEC 的最大限值。
- PSS plus DEC Minimum Limit VSMIN pu：PSS 加上 DEC 的最小限值。

➢ Dec2A：Discontinuous Excitation Controller Data | General

- Trigger Signal Amplitude Vk pu：触发信号幅值。
- Controller Time Constant TD1 s：控制器时间常数。
- DEC Washout Time Constant TD2 s：DEC 冲失滤波器时间常数。
- Terminal Voltage Maximum Limit VTLIMIT pu：端电压最大限值。
- DEC Maximum limit pu：DEC 最大限值。
- DEC Minimum limit pu：DEC 最小限值。

➢ Dec3A：Discontinuous Excitation Controller Data | General

- Controller Input Reference VTMIN pu：控制器输入参考值。
- Reset Time Delay TDR s：复位延迟时间。

4.3.12 水轮机 (Hydro Turbines)

在大多数暂态仿真运行的过程中，由涡轮机所提供的机械功率通常可认为是不变的。在某些进行阀门快控或响应加速的离散控制的情况下，即使所关注现象的时间跨度只有几秒钟，原动机的影响也是显著的。另外为确保长时间仿真研究的准确性，也有必要对涡轮机的动态行为进行模拟。

涡轮机在 PSCAD 中表现为动态传递函数的形式，并可通过与相应调速器模型（取决于涡轮机类型）的交互与电动机接口。PSCAD 主元件库中提供了多个预定义的涡轮机模型，如果其中没有适合需要的模型，用户可通过将 PSCAD 主元件库

CSMF 中的基本控制模块进行组合，来创建所需要的模型。

PSCAD 主元件库提供了多种水轮机和热力（汽轮机）模型，这些模型支持可变的时间步长，且可通过附加的控制输入在任何时刻（不一定在 t=0.0）进行初始化。PSCAD 的涡轮机模型见表 4-5。

表 4-5 涡轮机模型

水轮机	描述	汽轮机	描述
TUR1	非弹性水柱无调压井型	TUR1	通用涡轮机模型
TUR2	弹性水柱无调压井型	TUR2	包括 Iv 效应的通用涡轮机模型
TUR3	非弹性水柱有调压井型		
TUR4	弹性水柱有调压井型		

水轮机元件如图 4-69 所示。

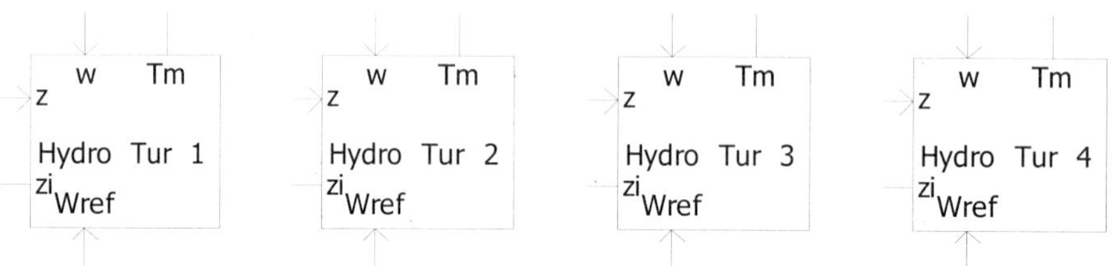

图 4-69 水轮机元件

1．说明

该元件模拟 IEEE 水轮机，其输入包括标么转速 W 及其参考值 Wref, 阀门开度 z，输出是机械转矩 T_m（作为同步电动机的输入）和初始开度 z_i（输入至相关联的水轮机调速器用于初始化）。

2．参数

➢ Configuration | General

- Name for Identification：可选的用于识别元件的文本参数。
- Elastic Water Column：No | Yes。选择 Yes 时将加入弹性水柱。
- Surge Tank：No | Yes。选择 Yes 时将加入调压井。
- Input signal for Jet Deflector required ？：No | Yes。选择 Yes 时将需要射流偏转器的输入信号。
- Input signal for Relief Valve required ？：No | Yes。选择 Yes 时将需要安全阀的输入信号。
- Turbine Status：0-Initialize; 1-Normal：用于控制水轮机的状态，0 为初始化状态，1 为正常状态。该输入可接受变量名，通常该变量来自同步电动机输入参数的 Output Variables for Controller Initialization 部分。

➢ Rated Conditions | General

- Head at Rated Conditions pu：额定条件下的水头。
- Output Power at Rated Conditions pu：额定条件下的输出功率。

- Gate Position at Rated Conditions pu：额定条件下的阀门开度。
- Rated No-Load conditions：Flow | Gate。设置额定空载条件。
  - Flow：水流量。
  - Gate：阀门开度。
- Rated No-load Flow pu：额定空载水流量。
- Rated No-Load Gate pu：额定空载阀门开度。

➢ Initial Conditions | General
- Initial Output Power pu：水轮机初始输出功率。
- Initial Operating Head pu：初始工作水头。

➢ Tur1：Non-Elastic Water Column and No Surge Tank | General
- Water Starting Time (TW) s：水流启动时间常数。
- Penstock Head Loss Coefficient (fp) pu：压力管水头损失系数。
- Turbine Damping Constant (D) pu：水轮阻尼系数。

➢ Tur2：Elastic Water Column and No Surge Tank | General
- Water Starting Time (TW) s：水流启动时间常数。
- Penstock Elastic Time (Te) s：压力管弹性时间常数。
- Penstock Head Loss Coefficient (fp) pu：压力管水头损失系数。
- Turbine Damping Constant (D) pu：水轮阻尼系数。

➢ Tur3：Non-Elastic Water Column With Surge Tank | General
- Penstock Water Starting Time (TW1) s：压力管水流启动时间常数。
- Penstock Head Loss Coefficient (fp1) pu：压力管水头损失系数。
- Tunnel Water Starting Time (TW2) s：水渠水流启动时间常数。
- Tunnel Head Loss Coefficient (fp2) pu：水渠水头损失系数。
- Surge Tank Riser Time (Cs) s：调压井连接管时间常数。
- Orifice Head Loss Coefficient (f0) pu：喷口水头损失系数。
- Turbine Damping Constant (D) pu：水轮阻尼系数。

➢ Tur4：Elastic Water Column With Surge Tank | General
- Penstock Water Starting Time (TW1) s：压力管水流启动时间常数。
- Penstock Elastic Time (Tep) s：压力管弹性时间常数。
- Penstock Head Loss Coefficient (fp1) pu：压力管水头损失系数。
- Tunnel Water Starting Time (TW2) s：水渠水流启动时间常数。
- Tunnel Head Loss Coefficient (fp2) pu：水渠水头损失系数。
- Surge Tank Riser Time (Cs) s：调压井连接管时间常数。
- Orifice Head Loss Coefficient (f0) pu：喷口水头损失系数。
- Turbine Damping Constant (D) pu：水轮阻尼系数。

➢ Internal Output Variables 1 | General
- Power Input to the Turbine：监测水轮机输入功率的变量名。单位为 pu。
- Power Output of the Turbine：监测水轮机输出功率的变量名。单位为 pu。

- Name for Turbine Head pu：监测水轮机水头的变量名。单位为 pu。
- Name for Flow Before Reduction pu：监测水轮机流量的变量名。单位为 pu。
- Name for Net Turbine Flow pu：监测水轮机净流量的变量名。单位为 pu。
- Name for Relief Valve Flow pu：监测安全阀流量的变量名。单位为 pu。
- Output name for Jet Deflector pu：监测射流偏转器输出的变量名。单位为 pu。

➢ Internal Output Variables 2 | General

- Name for Penstock Flow Rate pu：监测压力管流速的变量名。单位为 pu。
- Name for Penstock Head pu：监测压力管水头的变量名。单位为 pu。
- Name for Surge Tank Flow Rate pu：监测调压井流速变量名。单位为 pu。
- Name for Surge Tank Head pu：监测调压井水头的变量名。单位为 pu。

4.3.13 汽轮机 [Thermal (Steam) Turbines]

该元件如图 4-70 所示。

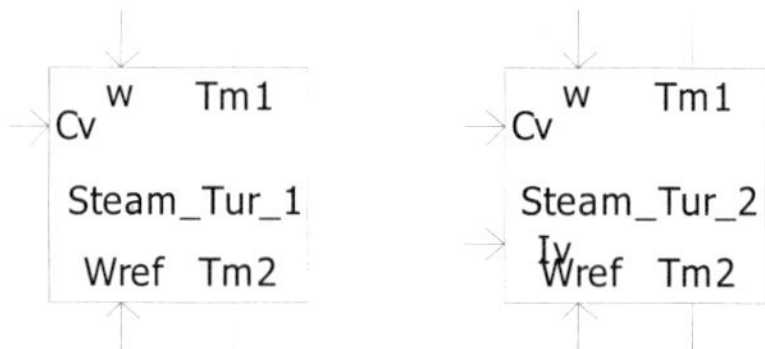

图 4-70 汽轮机元件

1．说明

该元件模拟 IEEE 汽轮机，其输入包括标幺转速 W 及其参考值 Wref，由相应汽轮机调速器输出的标幺控制阀开度 Cv 和拦截阀开度 Iv。输出是汽轮机高压缸和低压缸输出的机械转矩 Tm1 和 Tm2。

2．参数

➢ Configuration| General

- Name for Identification：可选的用于识别元件的文本参数。
- Control of Intercept Valve ?：No | Yes。选择 Yes 时将控制拦截阀。
- Turbine (HP + LP) Initial Output Power pu：汽轮机初始输出功率。
- Turbine Status：0-Initialize; 1-Normal：用于控制汽轮机的状态，输入 0 为初始化状态，输入 1 为正常状态。该输入可接受变量名，通常该变量来自同步电动机输入参数的 Output Variables for Controller Initialization 部分。
- CV Initial Value：Variable (Same as Governor) pu：控制阀流量面积初始值（与调速器的相同）。

➢ Hp Turbine：Contributions | General

- K# Fraction pu：相应的比例系数 K。

➢ Lp Turbine：Contributions | General

- K# Fraction pu：相应的比例系数 K。

➢ Time Constants | General

- Steam Chest Time Constant (T4) s：蒸汽室时间常数。
- Reheater Time Constant (T5) s：再热器时间常数。
- Reheater/Cross-Over Time Constance (T6) s：再热器/联通管时间常数。
- Cross-Over Time Constant (T7) s：联通管时间常数。

➢ Intercept Valve | General

- IV Initial Value：Variable (Same as Governor) pu：拦截阀流量面积初始值（与调速器的相同）。
- Maximum Value of Reheat Pressure (PRmax) pu：再热器压力最大值。

4.3.14 风机调速器 (Wind Governor)

该元件如图 4-71 所示。

1．说明

该元件模拟风机桨距角调节器。模型的输入是风机机械转速 Wm (rad/s)和风机输出功率 Pg，输出是风机桨距角 Beta(°)。

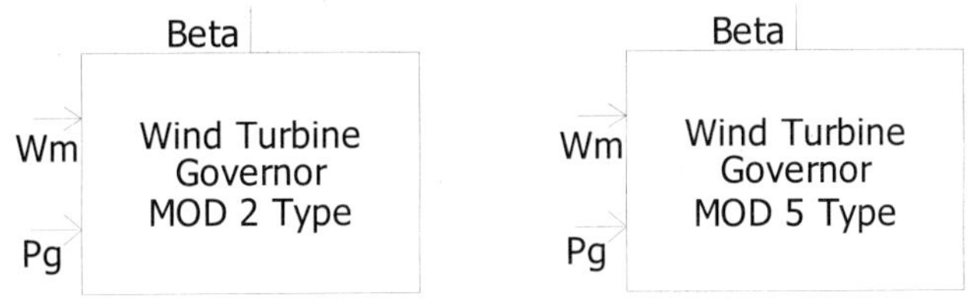

图 4-71 风机调速器元件

2．参数

➢ Configuration| General

- Name for Identification：可选的用于识别元件的文本参数。
- Variable Pitch Control：Disabled | Enabled。选择 Disabled 时不启用变桨距控制，在 *Blade Actuator Parameters* 中的输入值将作为输出值。
- Type of Generator：Induction | Synchronous。风力发电机类型。
  - ■ Induction：发电机为感应电动机，输入 Wm 无效。
  - ■ Synchronous：发电机为同步电机。
- Rated Electrical Frequency of the Machine rad/s：风力发电机额定电磁频率。
- Turbine Rated Power MW：风力机额定功率。
- Machine Rated Power MVA：风力发电机额定功率。

➢ Control Settings | General

- Governor Type：MOD 2 | MOD 5。选择调速器类型。

■ MOD 2：适用于三桨叶立轴风机。
■ MOD 5：适用于两桨叶立轴风机。

- Gear Ratio：Machine/Turbine pu：发电机与风机的齿轮箱增速比。
- Power Deman -Pref MW MW：风机输出功率参考值。
- Reference Speed -Wref rad/s：发电机参考电气转速。

➢ PI Regulator Parameters | General

- Proportional Gain -Kp deg/pu：PI 调节器比例增益。
- Integral Gain -Ki deg/pu：PI 调节器积分增益。
- Integrator Upper Limit：积分器上限。
- Integrator Lower Limit：积分器下限。

➢ Speed Damping Parameters | General

- Gain -Ks deg/pu：阻尼增益。
- Gain Multiplier -Gm deg/pu：倍乘系数。
- Minimum Speed Differece at Gain Crossover rad/s：增益从 Ks 变化为 Ks×Gm 时的最小转速差 (Wm-Wref)。

➢ Blade Actuator Parameters | General

- Initial Pitch Angle deg：稳态初始桨距角。
- Blade Actuator Integral Gain -K4 s：叶片加速器积分时间常数。
- Actuator Rate Limit：Disabled | Enabled。选择 Yes 时将采用加速器限幅。
- Blade Actuator Rate Limit deg/s：叶片加速器输出的转速限值;
- Pitch Angle Limits：Disabled | Enabled。选择 Yes 时将采用桨距角限幅。
- Pitch Angle Lower Limit deg：桨距角最小值。
- Pitch Angle Upper Limit deg：桨距角最大值。

➢ Filter Parameters | General

- Filter State：Disabled | Enabled。选择 Enabled 时将启用滤波器，推荐在 MOD 2 中采用带阻滤波器。
- Filter Type：选择滤波器类型。
- Characteristic Frequency rad/s：滤波器的特征频率。
- Damping Ratio：滤波器阻尼常数。

4.3.15 风源 (Wind Source)

该元件如图 4-72 所示。

1. 说明

该元件模拟可用于风力机的风速。模型的输入代表风速的外部信号 ES(m/s)。输出是用于风力机的风速信号 Vw(m/s)。

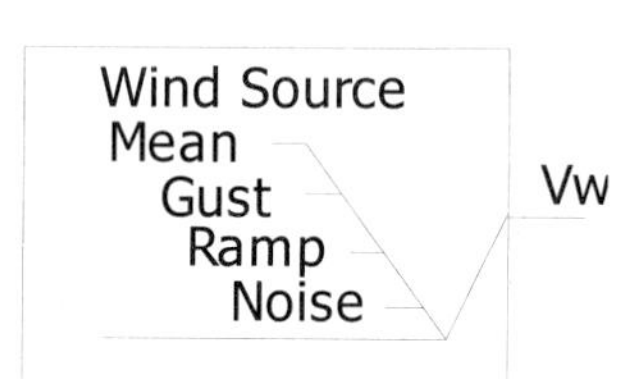

图 4-21 风源元件

外部输入 ES 用于输入未在风源元件中定义的任何类型的风速变动。用户可使用相应的选项来启用或禁止该输入。来自现场测试的实际风速模型记录可输入至该元件，并被用作输出至风机模型的风速。

2. 参数

➢ Main Data| General

- Name for Identification：可选的用于识别元件的文本参数。
- External Wind Speed Input：No | Yes。设置外部风速输入。
  - No：采用内部输入。
  - Yes：通过外部引脚输入封锁。
- Mean Wind Speed at Reference Height m/s：参考高度上的平均风速。
- Gust Wind Component：No | Yes。选择 Yes 时将在平均风速上叠加阵风分量。
- Ramp Wind Component：No | Yes。选择 Yes 时将在平均风速上叠加斜坡分量。
- Noise Wind Component：No | Yes。选择 Yes 时将在平均风速上叠加噪声分量。
- Damp Wind Fluctuations ? ：No | Yes。选择 Yes 时将阻尼风速波动。
- Damping Time Constant s：阻尼风速波动的时间常数。

➢ Gust Wind Data | General

- Gust Peak Velocity m/s：阵风风速峰值。
- Gust Period s：阵风的持续时间。
- Gust Start Time s：阵风的起始时刻。
- Number of Gusts：阵风持续时间内的阵风数目。

➢ Ramp Wind Data | General

- Ramp Maximum Velocity m/s：斜坡风速最大值。
- Ramp Period s：斜坡风的持续时间。
- Ramp Start Time s：斜坡风的起始时刻。
- Number of Ramps：斜坡风持续时间内的斜坡风数目。

➢ Noise Wind Data | General

- Number of Noise Components：0~50 的整数，概率密度函数计数器限值。
- Noise Amplitude Controlling Parameter rad/s：噪声幅值控制参数，推荐 0.5~2.0。
- Surface Drag Coefficient：表面阻力系数。
- Turbulence Scale m：紊流度。
- Random seed Number (1~99) ：输入 1~99，随机种子数，用于产生 N 个 0~2π 范围内的随机数。
- Time Interval for Random Number Generation s ：随机数产生的时间间隔。在经过该设置时间后将产生新的一组 N 个随机数。

风速噪声分量（以 mile/h 为单位）的表达式为：

$$V_{wn} = 2 \cdot \sum_{i=1}^{N} \sqrt{S_v(\omega_i) \cdot DW} \cdot \cos(\omega_i t + \phi_i)$$

其中：

$$\omega_i = (i - 0.5) \cdot DW$$

$$S_v(\omega_i) = \frac{2 \cdot K \cdot N_0 \cdot F_0^2 \cdot |\omega_i|}{\pi^2 \cdot \left[1 + \left(\frac{F_0 \cdot \omega_i}{U \cdot \pi}\right)^2\right]^{4/3}}$$

其中，ϕ_i 为 0~2π 范围内的随机变量。U 为 Main Data 内定义的平均风速 (ft/s)。F_0 为紊流度 (ft)。在元件输入参数的单位将自动进行合适的转换，以满足上述公式内参数单位的要求。

4.3.16 风力机 (Wind Turbine)

该元件如图 4-73 所示。

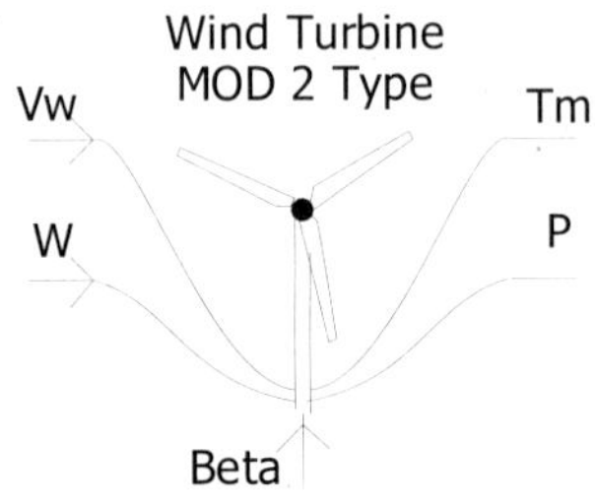

1．说明

该元件模拟风力机简单的机械特性，考虑了桨叶配置（2 桨叶或 3 桨叶），叶尖速比、风能系数以及桨叶扫掠面积和桨叶半径，未考虑轴动态。该模型可与风机调速器一起使用。

图 4-22 风力机元件

元件的输入包括风速 Vw 和连接至风力机的风力发电机的机械转速 W，以及风力机叶片的桨距角 Beta(°)。输出为以风力发电机容量为基准值的风力机转矩和功率标幺值 Tm 和 P。

该元件可模拟两种类型的风力机：两桨叶 (MOD 5) 和三桨叶 (MOD 2)。

2．参数

➢ General

- Name for Identification：可选的用于识别元件的文本参数。
- Generator Rated MVA MVA：发电机额定容量。
- Machine Rated Angular Mechanical Speed rad/s：发电机额定机械转速。
- Rotor Radius m：风力机桨叶半径。
- Rotor Area m2：风力机桨叶扫掠面积。
- Air Density kg/m^3：空气密度。
- Gear Box Efficiency pu：齿轮箱效率。
- Gear Ratio - Machine/Turbine：齿轮箱增速比。
- Equation for Power Coefficient：MOD 2 | MOD 5 | External Input。设置风能利用系数方程。
  - ■ MOD 2：适用于三桨叶立轴风力机。
  - ■ MOD 5：适用于两桨叶立轴风力机。

- External Input：允许用户通过外部连接指定风能利用系数（此时无桨距角输入）。

3. 风力机方程

风力机轮毂角速度为：

$$\omega_H = \frac{\omega}{GR}$$

风力机功率(MW)为：

$$P_{out} = \frac{1}{2 \cdot 10^6} \cdot \rho_{air} \cdot A \cdot C_p \cdot v_w^3 \cdot \eta_{GB}$$

MOD 2 型风机叶尖速比为：

$$TSR = \frac{2.237 \cdot v_w}{\omega_H}$$

风能利用系数为：

$$C_p = \frac{1}{2} \cdot \left(TSR - 5.6 - \frac{\beta^2}{45}\right) \cdot e^{-\frac{TSR}{6}}$$

MOD 5 型风机叶尖速比为：

$$TSR = \frac{r\omega_H}{v_w}$$

风能利用系数为：

$$C_p = \left(\frac{4}{9} - \frac{\beta}{60}\right) \cdot \sin\left(\frac{\pi}{2} \cdot \frac{20 \cdot (TSR - 3)}{150 - 3\beta}\right) - \frac{2\beta}{1087} \cdot (TSR - 3)$$

式中，ω 为发电机机械角速度 (rad/s)；GR 为齿轮箱增速比；ω_H 为风力机轮毂角速度 (rad/s)；v_w 为风速 (m/s)；ρ_{air} 为空气密度 (kg/m^3)；A 为桨叶扫掠面积 (m^2)；η_{GB} 为齿轮箱效率 (pu)；β 为桨距角 (°)；r 为桨叶半径 (m)。

4.3.17 内燃机 (Internal Combustion Engine)

该元件如图 4-74 所示。

1. 说明

该元件模拟 1~12 气缸、2 或 4 冲程的内燃机。在给定的输入轴转速控制 w 和燃料吸入系数 FL 时，将根据输入的极角/转矩曲线得出输出的机械轴转矩 Tm。该元件可用作原动机，只需要将 Tm 直接连接至 PSCAD 主元件库中任何电动机的机械转矩输入上。

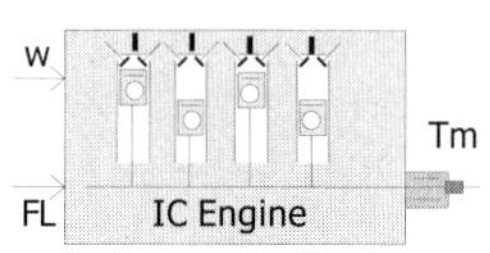

图 4-23 内燃机元件

内燃机元件能够模拟气缸失火，并且能够调整失火气缸的数目以及每个气缸的转矩损失百分比。

该元件的输入输出端子说明如下：

- w pu：输入轴机械转速控制。
- FL pu：燃料吸入量。该输入值将成比例地缩放输出轴转矩。

- Tm pu：以电动机额定容量为基准值的输出轴转矩。
- MF：气缸失火的禁止/启用输入控制（仅当 *Misfired Cylinders* 选择为 Yes 时有效）。

2．参数

➢ Configuration | General

- Name for Identification：可选的用于识别元件的文本参数。
- Engine Rating MW：内燃机额定功率。
- Machine Rating MVA：电动机额定容量。
- Engine Rated Speed rev/min：内燃机额定转速。
- Gear Box Efficiency pu：齿轮箱效率。可对输出轴转矩进行比例缩放。
- Gear Ratio：齿轮箱传动比。可对输出轴转矩进行比例缩放。

➢ Engine Parameters | General

- Number of Engine Cylinders：内燃机气缸数，最多 12。
- Number of Points in Torque Characteristics：输入转矩特性曲线的点的数目，可为 2~36。
- Number of Engine Cycles：Two Stroke | Four Stroke2（冲程 | 4 冲程）。设置内燃机冲程数。
- Misfired Cylinders：No | Yes。选择 Yes 时将启用气缸失火。
- Number of Misfired Cylinders：失火气缸数，可为 0~12（仅当 *Misfired Cylinders* 选择为 Yes 时有效）。

➢ Cylinder Torque | Angle/Torque

- Point # - Angle deg：转矩特性曲线上各点的角度坐标。连续数据点需升序排列，且在 0~180 °（2 冲程）或 0~360 °（4 冲程）的范围内。
- Point # - Torque pu：转矩特性曲线上每个点的转矩坐标（标幺值）。

➢ Misfired Cylinders | Cylinder Number/Torque Percentage

- # - Cylinder Number：设置失火气缸数。
- # - Torque Percentage %：对应 Cylinder Number 中设置值的转矩百分比。

4.3.18 多质量扭转轴接口

该元件如图 4-75 所示。

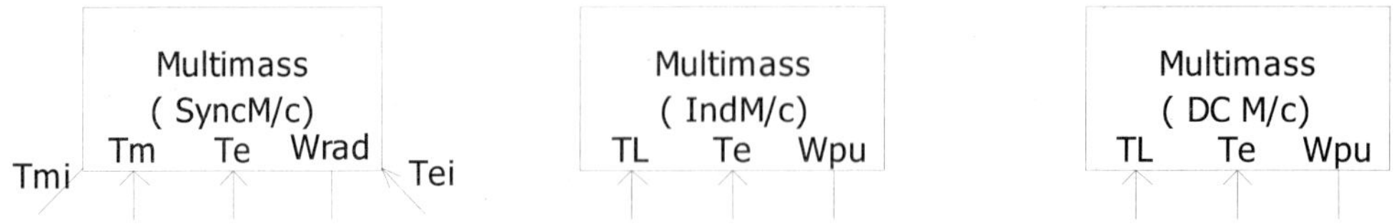

图 4-75 多质量扭转轴接口元件

1．说明

该元件模拟与单一旋转轴连接的最多 26 个质量块的动态。通常其中一个质量块用于表示发电机，并施加电磁转矩 Te。另一个质量块可被用于代表励磁机。其余的质量块代表涡轮机，并将机械转矩 Tm 分别施加于其上。所产生的发电机速度 Wpu 或 Wrad 将作为输出，并可用作电动机模型的输入。

2. 参数

➢ Configuration | General

- Name for Identification：可选的用于识别元件的文本参数。
- For Use With...：Synchronous Machine | Induction Machine | DC Machine | PM Machine。设置连接对象类型。
  - Synchronous Machine：同步电动机。
  - Induction Machine：感应电动机。
  - DC Machine：直流电动机。
  - PM Machine：永磁电动机。
- Number of Masses：质量块总数，可设置为 1~25。若设置了 25 个质量块，则无法模拟励磁机质量块。
- Machine Total MVA MVA：该元件所连接的电动机的三相总功率。
- Electrical Base Frequency Hz：基准电气频率。
- Machine Mechanical Synchronous Speed rev/min：电动机机械同步转速。
- Machine Initial Electrical Speed pu：电动机的初始转速。
- Unit System Number (see help)：所使用的单位系统编号，可设置为 1～10。各编号的单位系统见表 4-6。

表 4-6 单位系统说明

编号	惯量常数 J_i/H_i	互阻尼 MD_{ij}	弹性常数 K_{ij}	转矩分配 TF_i	自阻尼 SD_i
1	lb·ft·ft	—	lbf·ft/rad	pu	—
2	in·lbf·s^2	—	lbf·in/rad	pu	—
3	lb·in·in	—	lbf·in/rad	pu	—
4	Hs	—	pu	pu	—
5	kg·m·m	—	N·m/rad	pu	—
6	lb·ft·ft	lbf·ft·s/rad	lbf·ft/rad	pu	lbf·ft·s/rad
7	in·lbf·s^2	lbf·in·s/rad	lbf·in/rad	pu	lbf·in·s/rad
8	lb·in·in	lbf·in·s/rad	lbf·in/rad	pu	lbf·in·s/rad
9	Hs	pu	pu	pu	pu
10	kg·m·m	N·m·s/rad	N·m/rad	pu	N·m·s/rad

- Initialization switch：0-Init; 1-Release。输入 0 表示处于初始化。输入 1 表示电动机处于自由运行。该参数为 0 时发电机将以额定转速或额定转差率旋转。该参数可接受通常在同步电动机输入参数的 Output Variables for Controller Initialization 部分中指定的变量名。

➢ Initialization Data Interface | General

● Output Initialized Mechanical Torque：No | Yes。选择 Yes 时将输出初始机械转矩以初始化调速器或涡轮机（仅当 *For Use With*...选择为 Synchronous Machine 时有效）。

● Input Initialized Steady Electrical Torque：No | Yes。选择 Yes 时将利用可用的稳态电磁转矩对多质量块进行初始化（当 *For Use With*...选择为 Synchronous Machine 时有效）。

➢ Inertia Constants | General

● Mass # Inertia Constant：相应质量块的惯量常数。

➢ Shaft Spring Constant | General

● Spring Constant From Mass # to #：轴弹性常数，用于描述轴的动态。通过轴施加在相邻质量块上的转矩与这些质量块之间的相对机械角度成比例。

➢ Torque Shares | General

● Torque Share for Mass #：施加到多质量系统的总机械转矩可以分布到各质量块上。每个质量块接收总机械转矩中的一部分，即转矩分配。所有质量块的转矩分配的总和必须为 1 个标幺。

➢ Uniform Model Damping | General

● Modal Damping for all Modes：所有模式下的均匀模态阻尼系数。这输入仅用于 1～5 号单位系统。所有模态振荡衰减时间常数与该输入互为倒数。

➢ Self Damping | General

● Mass # Self Damping：自阻尼系数将在相应质量块上产生与该质量块转速成比例的转矩，该转矩可用于表示质量块的摩擦鼓风损失。

➢ Mutual Damping | General

● Damping Between Mass # and #：互阻尼系数可产生一个与质量块之间的转速差成比例的转矩。因此该转矩不能应用于稳态，但可以衰减质量块之间的振荡。

➢ Internal Output Variable Names – 1 | General

● Torque on Shaft from Mass # - #：监测相应质量块之间轴上转矩的变量名。单位为 pu。

➢ Internal Output Variable Names – 2 | General

● Mechanical Position of Mass # Relative to Generator：监测相应质量块相对发电机机械位置的变量名。单位为 pu。

➢ Internal Output Variable Names - 3| General

● Rated Mechanical Speed of the System：监测额定机械转速的变量名。单位为 rad/s。

● Delta Mechanical Speed of Mass #：监测相应质量块的转速与额定转速之间差值的变量名。单位为 rad/s。

3．多质量扭转轴模型

大型同步电动机与电力系统交互时可产生诸如次同步谐振(SSR)的现象。次同步谐振可造成发电机轴系损坏，其原因是涡轮机所施加的机械转矩与电力系统所产生反向电磁转矩之间的相互作用，它在机械轴系上所产生的扭转应力以及多质量块的前后振荡将导致灾难性的后果。

因此对该现象进行研究需要有非常详细的涡轮机、发电机以及将机械和电气系统进行耦合的轴系的模型。

PSCAD 目前的涡轮机模型能精确表示连接于单一旋转轴上多个质量块的动态。该模型当前可适用于 6 个质量块（例如，5 个涡轮机和 1 个发电机，或 4 个涡轮机，1 个发电机和 1 个励磁机），对程序进行修改后可轻易加入更多的质量块。

轴系动态和旋转质量块的示意如图 4-76 所示。

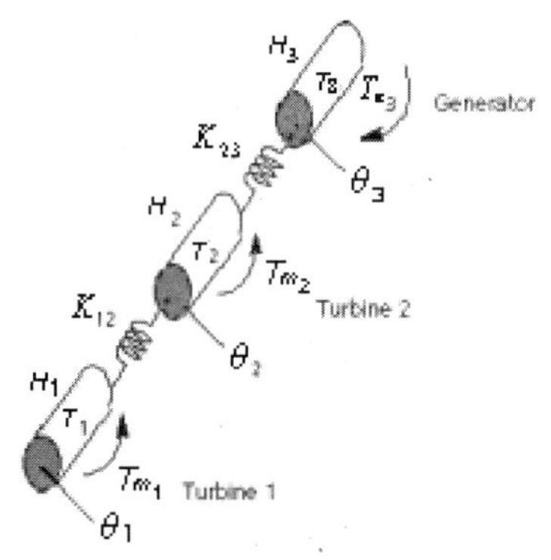

图 4-76 多质量轴动态模型

图中，H 为惯量常数。K 为轴弹性常数。T_m 为涡轮机机械转矩。T_e 为发电机电磁转矩。θ 为质量块相对发电机的角度。

弹簧代表轴系的动态，由弹簧施加的转矩将与相邻质量块之间的相对机械角度成比例。此外图中还加入了两个阻尼系数，自阻尼系数将在特定质量块上产生与其自身转速成比例的转矩，并因此可用于表示每个质量块的摩擦和风阻。该转矩可同时应用于稳态和暂态情况。

互阻尼系数将产生与两个质量块之间转速差成比例的转矩。因此该系数不会产生稳态下的转矩，但将对质量块之间的振荡产生阻尼。每个质量块具有其自身相关的惯量常数，用于衡量该质量块对轴系作用的实际大小。施加于轴系上的总机械转矩（例如来自调速器）可按比例地在每个涡轮机质量块之间进行分配。由电力系统产生的电磁转矩仅施加于发电机质量块上，并于机械输入转矩反向。电磁转矩为正时对应于产生电磁功率的模式。如果在轴系中加入励磁机，则其上的输入功率将为 0，但仍具有自阻尼和互阻尼系数。

在 PSCAD 中多个轴系质量块的影响分别通过使用多质量扭转轴元件进行模拟，该元件可直接与电动机模型进行接口。当电动机转子处于锁定状态时将忽略多质量扭转轴接口元件的输出，但该元件将根据电动机的条件进行初始化。当电动机改变为自由运行模式时，多质量涡轮机模型将与电动机一起进行初始化。

第 5 章　输配电线路元件

输配电线路是电网系统中的一大重要组成部分，但是现实中输配电线路传输距离长、覆盖范围广，常常受到自然和人为因素的影响，造成其故障的多发及事故种类的多样性。此外，由于输配电的经济性和可靠性的要求越来越突出，输配电线路的仿真研究也日益增多。本章根据输配电线路仿真的需要，介绍架空输电线路、地下电缆、高压直流输电及柔性交流输电系统的元件。

5.1 断路器

断路器被归类为简单的开关模型，其支路电阻将在两个给定值之间切换，并通过输入控制信号进行控制。

ON 和 OFF 电阻不能在运行过程中动态地调整，而仅能控制开关的状态。这些元件并未对实际断路器中可能出现的高度非线性电弧特性进行模拟，在这些特性非常重要时，用户可建立自己的模型或寻找其他的断路器模型。

5.1.1 单相断路器 (Single-Phase Breaker)

该元件如图 5-1 所示。

1. 说明

该元件模拟单相断路器的动作，可指定断路器的 ON（闭合）和 OFF（断开）电阻及其初始状态。该元件通过给定名称的输入信号（默认为 BRK）进行控制，其控制逻辑为：0=ON（闭合），1=OFF（断开）。

图 5-1 单相断路器元件

断路器控制信号可通过使用 Timed Breaker Logic 元件或 Sequencer 元件进行自动配置，也可通过使用在线控制元件或更复杂的控制电路进行手动控制。

2. 参数

➢ Configuration | General

- Breaker Name：断路器输入控制信号的名称。
- Open possible at any current ？：No | Yes。开断设置。
  - No：仅可在电流绝对值小于 Current Chopping Limit 中设置值时断开。
  - Yes：任意电流时可断开。
- Use Pre-Insertion Resistance ？：No | Yes。选择 Yes 时将使用预插入电阻。
- Graphics Display：Low Voltage Display | High Voltage Display（低压 | 高压）。设置断路器图形外观。

- Current chopping limit kA：如果 *Open Possible at Any Current?*选择为 No，则断路器仅能在电流绝对值小于此设置值时断开。

➢ Breaker Main Data | General

- Breaker OPEN Resistance Ω：输入较大的值以代表断路器的 OFF（断开）状态。通常具有 1.0×10^6 的数量级（默认值）。
- Breaker CLOSED Resistance Ω：输入较小的值以代表断路器的 ON（闭合）状态。通常具有 1.0×10^{-3} 的数量级（默认值）。

➢ Pre-Insertion Data | General

- Pre-Insertion Resistance Ω：预插入电阻值。该值需小于 *OFF* 电阻而大于 *ON* 电阻。
- Time Delay for Closing Breaker s：接收到 ON 信号至断路器实际闭合之间的延时。在该延时结束后，断路器将闭合于预插入电阻上。
- Time Delay for Bypassing Pre-Ins. s：接收到 ON 信号至预插入电阻被旁路之间的延时。如果该值小于 *Time Delay for Closing Breaker* 中的设置值，则断路器闭合前预插入电阻将不会插入至电路中。
- Post-insertion removal：at next current zero | after specified time。预插入电阻在断路器断开时被移除的方式。
  - ■ at next current zero：在下一电流过零后移除。
  - ■ after specified time：在指定的延时后移除。
- Minimum Time for Post-Ins Removal s：指定预插入电阻被移除的延时（仅当 *Post-Insertion Removal* 选择为 after specified time 时有效）。

➢ Internal Outputs | General

- Name for Breaker Current (kA)：监测断路器电流的变量名。单位为 kA。
- Name for Breaker Status：监测断路器状态的变量名。
- Name for Voltage Across Breaker (kV)：监测断路器电压降的变量名。单位为 kV。

➢ Animation State | General

- breaker status：close | open（闭合 | 断开）。设置断路器初始动画状态。

3．断路器特性

➢ 预插入电阻

当需要时断路器中可插入一个电阻，该电阻将在接收到 ON 信号后经由 *Time Delay for Closing Breaker* 中指定的延时后插入，并且在由 *Time Delay for Bypassing Pre-Insertion* 中指定的延时后被移除。这些延时都是以控制信号从 1（断开）变为 0（闭合）的时刻开始计算。

当接收到 OFF（断开）信号时，断路器将断开并立即插入该电阻。预插入电阻将在下一个电流过零点或指定的延时后被移除（取决于元件中相应的设置）。

➢ 理想支路

输入 0Ω（或小于 *Ideal Branch Threshold* 中的设置值）作为闭合时电阻的断路器可

被表示为故障时的理想支路。对理想短路的仿真将降低仿真速度，因此尽可能使用非零值（或大于 *Ideal Branch Threshold* 中的设置值）。

➢ 动画状态

处于 High Voltage Display 模式的断路器将使用 PSCAD 动态绘图特性显示其当前状态（红色=闭合。绿色=断开）。动态绘图算法需要设置初始状态用于 t=0.0 时刻的显示，因而需要有额外的参数用于输入这些信息。这些输入仅在 t=0.0 时刻有效，在其他任何时刻都将被忽略。

5.1.2 三相断路器（Three-Phase Breaker）

该元件如图 5-2 所示。

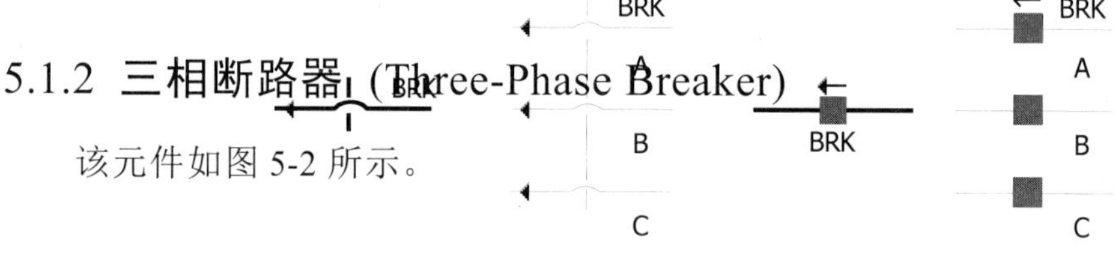

图 5-2 三相断路器元件

1．说明

该元件模拟三相断路器的操作，必须指定断路器的 ON（闭合）和 OFF（断开）电阻及其初始状态。该元件通过给定名称的输入信号（默认为 BRK）进行控制，其控制逻辑为：0=ON（闭合），1=OFF（断开）。

三相断路器动作实质上与单相断路器的相同。断路器控制信号可通过使用 Timed Breaker Logic 元件或 Sequencer 元件进行自动配置，也可通过使用在线控制元件或更复杂的控制电路进行手动控制。

2．参数

相同参数可参考 5.1.1 节。

➢ Configuration | General

- Single Pole Operation：No | Yes。控制三相上的断路器动作方式。
  - No：三相上的断路器将同时动作。
  - Yes：所有三相上的断路器将可独立动作，需要三个输入控制信号。
- Graphics Display：3 phase view | Single line view（三相显示 | 单线显示）。设置外观显示方式。
- Display Power Flow：No | Yes。选择 Yes 时将监测并显示流过断路器的三相实时有功和无功功率。

➢ Breaker Main Data | General

- Breaker Name：断路器控制信号的名称。
- Breaker Phase Name：各相单独的控制信号名称（仅当 *Single Pole Operation* 选择为 Yes 时有效）。

➢ Internal Outputs | General

- Name for Breaker Current, # kA：监测断路器各相电流的变量名。单位为kA。
- Name for Calculated Zero Sequence Current kA：监测计算得到的零序电流的变量名。单位为kA。
- Name for Breaker # Status：监测断路器各相状态的变量名。
- Name for Active Power：监测断路器流过有功功率的变量名。单位为MW。
- Name for Reactive Power：监测断路器流过无功功率的变量名。单位为MVAr。
- Name for Voltage Across Breaker：监测断路器电压降的变量名。其输出为3维数组。单位为kV。

➢ Animation States | General

- Breaker Phase state：close | open（闭合 | 断开）。设置断路器各相的初始动画状态。
- Active Power：t=0.0时刻显示的有功功率。
- Reactive Power：t=0.0时刻显示的无功功率。

5.1.3 断路器定时控制逻辑 (Timed Breaker Logic)

该元件如图5-3所示。

1．说明

该元件的输出特定用于控制单相和三相断路器元件的状态。

用户可使用该元件设置受控断路器的初始状态为OFF（断开）或 ON（闭合），并可选择设置断路器动作1次或2次。根据初始状态的不同，断路器的第一次和第二次动作可以是OFF（断开）或 ON（闭合）。该模块的输出需连接至具有受控断路器 *Breaker Name* 中设置值的Data Label，如图5-4所示。

图5-3 断路器定时控制逻辑　　图5-4 断路器定时控制逻辑元件的应用

2．参数

➢ Parameters | General

- Name for Identification：可选的用于识别元件的文本参数。
- Number of Breaker Operations：1 | 2（动作1次 | 动作2次）。断路器动作次数设置。
- Initial State：Close | Open（闭合 | 断开）。设置断路器初始状态。
- Time of First Breaker Operation s：断路器第一次动作的时刻。
- Time of 2nd Breaker Operation s：断路器第二次动作的时刻。

5.1.4 统计断路器（Statistical Breaker）

该元件如图 5-5 所示。

1．说明

该元件根据统计分布方式实现三相断路器的分相动作控制。典型配置如图 5-6 所示。

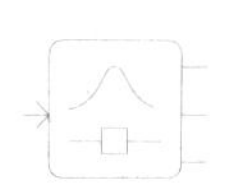

图 5-5 统计断路器元件

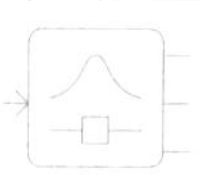

图 5-6 统计断路器典型配置

在接收到断路器合闸信号时，该元件将在用户定义的延迟时间范围内产生 3 个单独的断路器合闸信号（假定输入信号在各输出信号发出之前保持不变）。3 个控制信号的生成采用了统计分布。

注意：

- 所有 3 个独立的信号将立即在输入信号变为断开时变为断开状态。
- 该元件用于模拟断路器主触头的正态分布的合闸延时，一般与 Multiple Run 和 Three-Phase Breaker 元件配合使用。
- 标准差表明了来自正态分布的某个值的概率。正态分布约 68.27% 的值位于 (μ-σ, μ+σ) 内，95.45%的值位于 (μ-2σ, μ+2σ) 内，99.73%的值位于 (μ-3σ, μ+3σ) 内，而 99.994%的值位于 (μ-4σ, μ+4σ)内。其中，μ 和 σ 分别为正态分布的期望值和标准差。

该元件输入输出端口说明如下：

输入：

- Brk：整型数。断路器状态控制信号。该信号从断开 (1) 变为闭合 (0) 时，元件将在用户定义的延迟时间范围内产生 3 个单独的断路器合闸信号。通常该输入信号来自 Timed Breaker Logic 元件。

输出：

- Brk#：整型数。#相断路器合闸信号。

2．参数

➢ Configuration | General

- Name for Identification：可选的用于识别元件的文本参数。
- Initial Seed Value：产生随机延迟的初始种子值。输入为 0 时将在每次运行时自动产生种子值。在需重复相同的延时时用户需输入非 0 值。
- Minimum Time Delay s：产生单独合闸信号的最小延时。
- Maximum Time Delay s： 产生单独合闸信号的最大延时。
- Number of Standard Deviations in the Interval：用于指定时间范围内的标准差。该值决定了产生单独信号的概率分布曲线的变化特性。

➢ Configuration | Output

● Seed Value Used：监测种子值的变量名。

5.2 故障

故障被归类为简单的开关模型，其支路电阻将在两个给定值之间切换。它们通过输入控制信号进行控制。

ON 和 OFF 电阻不能在运行过程中动态地调整，仅能控制开关的状态。这些元件并未对实际故障中可能出现的高度非线性电弧特性进行模拟。在这些特性非常重要时，用户可建立自己的模型或寻找其他的故障模型。

5.2.1 单相故障 (Single Phase Fault)

该元件如图 5-7 所示。

1．说明

该元件模拟单相故障的动作，可配置为单相对地或线间故障。该元件通过给定名称的输入信号（通常为 Fault）进行控制，其控制逻辑为：0=切除故障，1=发生故障。

故障控制信号可通过使用 Timed Fault Logic 元件或 Sequencer 元件进行自动配置，也可通过使用在线控制元件或更复杂的控制电路进行手动控制。

2．参数

➢ Configuration | General

- Fault Name：故障控制信号名。
- Clear Possible at Any Current？：No | Yes。故障清除模式设置。
  - No：故障切除信号发出后下一次电流过零清除。
  - Yes：任意电流时可清除。
- Current Chopping Limit kA：如果 *Open Possible at Any Current?* 选择 No，则故障仅能在电流绝对值小于此设置值时清除故障。

➢ Main Data | General

- Fault ON Resistance Ω：输入较小的值以代表故障状态过程中的支路电阻。该输入通常为 1%的数量级（默认值），并受到内部限制从而通常小于 *Fault ON Resistance* 电阻的 1%。尽管该参数配置为可接受变量信号，但它不能动态地改变。该信号第一仿真步长内的值将作为 ON 电阻值，而无论采用何种启动方法（标准启动或快照启动）。这提供了项目从快照启动时改变 ON 电阻值，但不会使得快照文件失效的能力。如果该值小于 *ideal branch threshold*，则该故障元件处于故障状态时将被模拟为理想支路。
- Fault OFF Resistance Ω：输入较大的值以代表故障被清除状态下的支路电阻。通常具有 1.0×10^6 的数量级（默认值）。

➢ Internal Output | General

- Name for Fault Current kA：监测故障电流的变量名。单位为 kA。

3．故障特性

三相故障元件由两状态切换的电阻（即 ON/OFF 电阻）网络构成，其中的每个电阻值取决于发生故障的类型，等效电路如图 5-8 所示。

在非故障状态下，图 5-8 中所有电阻的值为 *Fault OFF Resistance* 输入参数中设置的值（默认为 1 MΩ）。当故障发生时，图中某些电阻的值将发生改变以模拟特定的故障类型。

图 5-7 单相故障元件

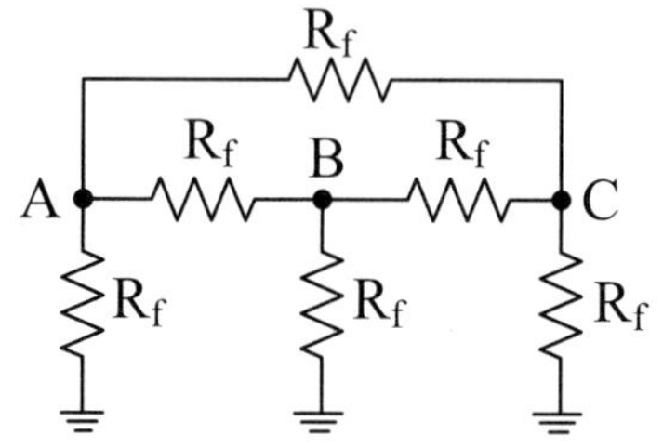

图 5-8 故障元件等效电路

当输入 0 Ω（或小于 *Ideal Branch Threshold* 中的设置值）作为故障时电阻的单相故障可被表示为故障时的理想支路。对理想短路的仿真将降低仿真速度，因此尽可能使用非零值（或大于 *Ideal Branch Threshold* 中的设置值）。

5.2.2 三相故障 (Three-Phase Fault)

该元件如图 5-9 所示。

1．说明

该元件用于产生三相交流电路中的故障。它具有线间和相对地故障模式，并且在需要时可为每一相指定故障电流变量名，再通过输出通道进行监测。该元件所具有的一个外部连接使得用户可将任何类型的外部故障电路直接连接至公共故障点。

该元件通过输入信号进行控制，其控制逻辑为：0=切除故障，1=发生故障。可通过在内部或通过在线拨码控制元件来配置故障的类型，如图 5-10 所示。

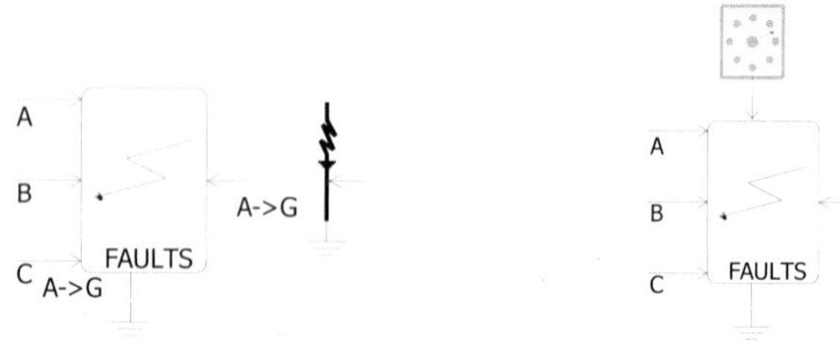

图 5-9 三相故障圆角　　图 5-10 配置故障类型

以下给出了输入控制信号值与故障类型的对应关系：

- 0：无故障。
- 1：A 相接地。
- 2：B 相接地。

● 3：C 相接地。
● 4：AB 两相短路接地。
● 5：AC 两相短路接地。
● 6：BC 两相短路接地。
● 7：ABC 三相短路接地。
● 8：AB 两相短路。
● 9：AC 两相短路。
● 10：BC 两相短路。
● 11：ABC 三相短路。

故障控制信号可通过使用 Timed Fault Logic 元件或 Sequencer 元件进行自动配置，也可通过使用在线控制元件或更复杂的控制电路进行手动控制。

2．参数

相同参数可参考 5.2.1 节。

➢ Configuration | General

● Name：三相故障元件的名称。
● Fault Type Control：Internal | External（元件内部设置 | 元件外部输入）。故障设置方式。
● Is the Neutral Grounded ? ：No | Yes。选择 Yes 时将自动将故障回路接地。
● Graphics Display：3 phase view | Single line view（三相显示 | 单线显示）。设置外观显示方式。

➢ Fault Type | General

● Is Phase # in Fault ? ：No | Yes。选择 Yes 时将控制第#相故障的发生。
● Is This Fault to Neutral ?：No | Yes。选择 Yes 时将产生接地故障。

5.2.3 故障定时控制逻辑 (Timed Fault Logic)

该元件如图 5-11 所示。

1．说明

该元件输出特定用于控制故障状态及故障持续时间。该元件可链接至单相或三相故障元件，如图 5-12 所示。

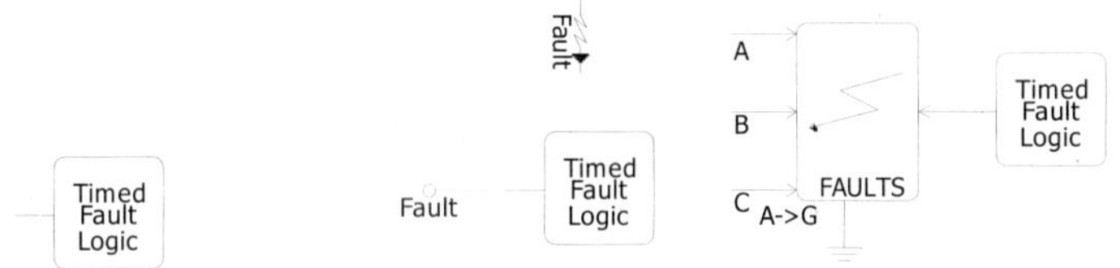

图 5-11 故障定时控制逻辑圆角　　图 5-12 故障定时控制逻辑元件的应用

2．参数

➢ Configuration | General

● Name for Identification：可选的用于识别元件的文本参数。

- Time to Apply Fault s：故障发生的时刻。
- Duration of Fault s：故障的持续时间。

5.2.4 隔离开关 (Isolation Switch)

该元件如图 5-13 所示。

该元件模拟主回路的隔离开关，其状态在运行过程中不能改变，等效为无穷大或零阻抗支路。

图 5-13 隔离开关元件

➢ General

- Switch Name：隔离开关名称。
- Status ：Close | Open（闭合 | 打开）。隔离开关控制。

5.2.5 TRV 包络线发生器 (TRV Envelope Generator)

该元件如图 5-14 所示。

1．说明

该元件产生标准的暂态恢复电压 (TRV) 曲线，并在输入电压超出包络线时输出冲突，是一种确定某个断路器是否将在电流中断后重燃的简单方法。

图 5-14 TRV 包络线发生器元件

包络线可通过如下多个选项标准化：

- 用户定义：用户可输入数据点，生成多达 4 个两参数或 4 个四参数曲线。
- IEC：使用 IEC 62271 中的标准曲线参数，用户可选择 TRV 断路器类型和电压等级。
- IEEE：使用 IEEE C37.011-2019 中的标准曲线参数，用户可选择 TRV 断路器类型和电压等级。
- IEC+用户定义：使用 IEC 62271 中的标准曲线参数，用户可选择 TRV 断路器类型和电压等级。此外用户可输入数据点，生成多达 4 个两参数或 4 个四参数曲线。该方式用于输入未加入标准中的曲线。
- IEEE +用户定义：使用 IEEE C37.011-2019 中的标准曲线参数，用户可选择 TRV 断路器类型和电压等级。此外用户可输入数据点，生成多达 4 个两参数或 4 个四参数曲线。该方式用于输入未加入标准中的曲线。
- 源故障：指定发电机和变压器之间安装的断路器的 TRV 曲线，IEEE C37.013 中给出的两参数曲线。

元件连接端口为：

- Brk：连接 three phase breaker 元件输出的断路器状态信号。
- TRV：输入测量得到的断路器电压降。

- Vio (A-B-C)：各相的冲突输出，蓝色点标识 A 相。冲突指令为 10%、30%、60%, 100%, 用户两参数曲线 1~4，用户四参数曲线 1~4。当 TRV 超出包络线时将输出冲突。
- Env (A-B-C)：各相的冲突输出，蓝色点标识 A 相。冲突指令为 10%、30%、60%, 100%, 用户两参数曲线 1~4，用户四参数曲线 1~4，负包络线的指令相同。

2．参数

➢ Standard TRV Points | Input Selection

- TRV Standard：User Defined | IEC | IEEE | IEC+User Defined | IEEE+User Defined | Source Fault。TRV 产生标准。
- TRV Class：S1 (1 kV to 100 kV) | S2 (15 kV to 100 kV) | EENS (100 kV to 800 kV) | NENS (100 kV to 170 kV)。TRV 电压等级。
- Tolerance for failure detection kV：故障检测用最小容限。TRV 超出包络线的大小达到该值时才输出冲突。避免断路器断开后数个时间步长内的冲突。

➢ Standard TRV Points | IEC/IEEE

- IEC/IEEE S1 Rated Voltage：选择断路器为 S1 级时的电压等级。
- IEC/IEEE S2 Rated Voltage：选择断路器为 S2 级时的电压等级。
- IEC/IEEE EENS Rated Voltage：选择断路器为 EENS 级时的电压等级。
- IEC/IEEE NENS Rated Voltage：选择断路器为 NENS 级时的电压等级。

➢ User Defined TRV Points | Curve Selection

- Number of 2 Parameter Curves：选择用户自定义两参数曲线数目，0~4。
- Number of 4 Parameter Curves：选择用户自定义四参数曲线数目，0~4。

➢ User Defined TRV Points | Curves (2 Parameter)

- Curve # Name：可选的标识曲线的名称。
- Curve # TRV Peak Time μs：达到包络线电压峰值时间。
- Curve # TRV Peak Value kV：包络线电压峰值。

➢ User Defined TRV Points | Curves (4 Parameter)

- Curve # Name：可选的标识曲线的名称。
- Curve # First Time μs：达到包络线第一拐点时间。
- Curve # First Reference Voltage kV：包络线第一拐点电压。
- Curve # TRV Peak Time μs：达到包络线电压峰值时间。
- Curve # TRV Peak Value kV：包络线电压峰值。

➢ Source Faults | General

- Fault Location：System-Source Fault | Generator-Source Fault。选择断路器开断电流来源。
  - System-Source Fault：故障位于断路器的发电机侧。
  - Generator-Source Fault：故障非发电机侧。
- Rated Maximum Voltage kV：断路器额定最大电压。

- Transformer/Generator Three Phase MVA Rating MVA：变压器(System-Source Fault) 或发电机 (Generator-Source Fault) 额定三相容量。

5.3 架空输电线路

5.3.1 概述

架空输电线和地下电缆段（或走廊）可用两个部分表示：路段自身的定义，包括导纳/阻抗数据或导体/绝缘属性，地阻抗数据以及所有塔和导体的几何位置。通过电气接口元件（每端一个）与电气系统其余部分的接口。输电线路配置为直接连接模式时不需要该接口元件。

短电气长度（即 50 μs 仿真步长时小于 15 km）的输电线路段也可用等效的 PI 电路表示。此时可通过两种方法来实现：使用主元件库中的 PI 线路段元件，仅需要线路段的导纳和阻抗数据。或使用线路常量程序 (LCP) 中的 PI 线路段等效元件创建器特性。PI 线路段本质上是无源元件网络，因而不能被用于模拟传输延迟。

注意：对 50 μs 仿真步长所求得的 15 km 线路长度是假定波以光速在线路上进行传播，但通常情况下波的传播速度将低于光速。

通过使用线段截面定义所提供的数据，架空线和电缆可使用如下两种分布式（行波）模型进行模拟：

- Bergeron
- Frequency Dependent (Phase) （多频率）

相域频率相关模型最精确，它可模拟输电线所有的频率相关效应。使用 Bergeron 模型时可直接输入阻抗/导纳数据来定义输电线路段。使用频率相关模型时，必须给出详细的导线信息（即线路段几何尺寸、导线半径等）。

模拟大气中架空线路和地下电缆的主要难点在于它们均为高度非线性，主要源自于导体以及地回流路径的频率相关性（趋肤效应）。总体而言，对这些系统进行精确而有效的模拟是电力系统电磁暂态仿真极其重要的内容。

输电线路系统都是频率相关的，因此合理的做法是在频域内对它们的参数进行求解，当然这也仅适合于那些着重关注频率特性的情况。为了在使用 EMTDC（在时域中运行）进行仿真时精确地模拟频率相关的线路，这些参数必须被转换为其等效的时域特征。实现这种转换所要求的技术是非常复杂的，同时也是区分目前可用的多种输电系统建模方法最主要的特征之一。

PSCAD 中具有多种不同的建模技术，它们各具利弊。其中最精确的频域相关模型也是目前世界上最精确的模型之一。电磁暂态仿真中表示输电系统的基本方法有两种：第一种是 PI 线路段方法，其中多相系统被表示为由集总无源元件构成的电路。第二种更被公认的是分布式参数模拟。与集总元件的 PI 线路段不同，分布式模型基于行波原理。电压扰动将以其传播速度（接近光速）沿导线传播，直至在对端处发生反射。理想化情况下的分布式输电系统是一个延迟函数，线路一端的馈入量将可能略带畸变地在一定延迟后出现在另一端。

EMTDC 可同时模拟 PI 线路段和分布式线路。分布式模型进一步细分为单一频率和频率相关模型。EMTDC 所需用于模拟分布式线路的常量可通过一个名为线路常量程序（LCP）的独立程序计算得到，而 PI 线路段的模拟将完全在 EMTDC 中实现。

图 5-15 给出了 EMTDC 中输电线路建模技术的示意图。

➢ PI 线路段。该模型可给出正确的基波阻抗，但无法精确模拟其他频率的阻抗，除非使用多个段（但效率低）。因步长的限制，该元件适用于无法使用行波模型的非常短的线路。EMTDC 中 PI 线路段不能良好地进行输电线路模拟：

- 计算时间长且 EMTDC 导纳矩阵维数增加。
- 不能模拟传输延时。
- 对大量互耦合导体不实用。
- 不能方便精确地计入行波的频率相关衰减。

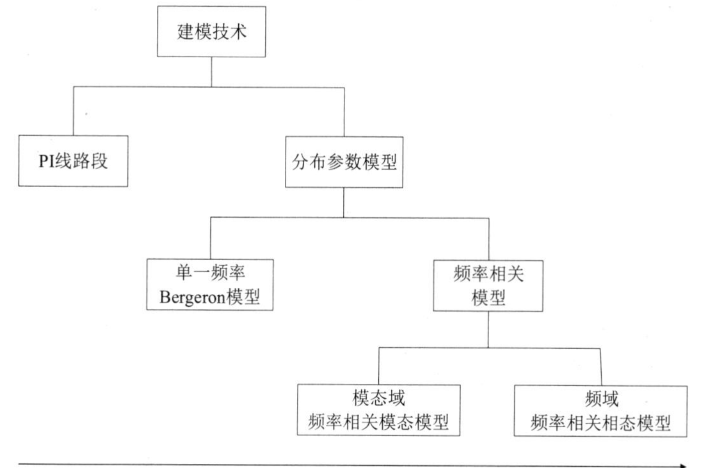

图 5-15 EMTDC 中输电线路建模技术

➢ Bergeron 模型。因仅进行单一频率下的计算而无法体现频率相关性，该模型是 PSCAD 中最简单、最老旧和精度最低的分布式支路模型。与 PI 线路段中集总元件不同，该模型以分布式方式表示系统 L 和 C。实际上它可粗略等效为无限多个串联的 PI 线路段，但总线路电阻 R 仍用集总参数表示（线路中间 1/2，线路两端各 1/4）。Bergeron 模型可精确表示基频下系统的参数，但通过在计算中选择附加频率也可用于近似模拟高频衰减。

  Bergeron 模型适用于对工频之外其他频率不关注的研究，例如多数潮流计算和保护研究。在以下情况中可选择该模型而不是更为精确的频率相关模型：缺少频率相关数据（例如仅知道各序数据）时。计算速度相对计算精度更为重要时。

➢ 频率相关模型。通过求解在用户定义的频率范围内多个频率的线路参数，该模型可表示输电线路完整的频率相关性。因此该模型的求解时间将比 Bergeron 模型的长，但对要求宽频范围内输电线路非常细节的表示的研究而言非常必要。

与 Bergeron 模型不同，除 L 和 C 外，频率相关模型将系统总电阻 R 也以分布式方式表示，从而可更为精确地模拟衰减。

PSCAD 提供了两种频率相关模型：

- 频率相关模态域模型（已废弃）。
- 频率相关相域模型。

建议所有涉及到架空线路和电缆的研究均使用频率相关相域模型。该模型是两个模型中最新的一个，特定用于替代频率相关模态域模型，后者出现于 PSCAD V2.0 并用于对旧版本项目的兼容性。频率相关相域模型可用于模拟任何类型的输电线路，包括架空和地下，对称和非对称，且相对模态域模型更为精确稳定。该模型是大多数研究的首选。

5.3.2 架空线系统的创建

步骤 1：在电路中创建架空线配置元件。可通过在电路画布内任何空白处单击鼠标右键，从弹出的菜单中选择 Component Wizard…。在随后弹出的元件向导面板中单击 Transmission Segments，如图 5-16 所示。单击架空线配置元件图标，在 *Description* 中输入描述，在 *Name* 在为其输入该项目内唯一的名称。单击面板右上角 Create，即可在光标处粘连一个架空线配置元件实例，在合适位置单击放下，如图 5-17 所示。

注意尽量不要复制该元件，而应采用在项目中创建的方法。架空线配置元件实质上是一种连接线类型的元件，可具有多种外形，其大小可进行调整。

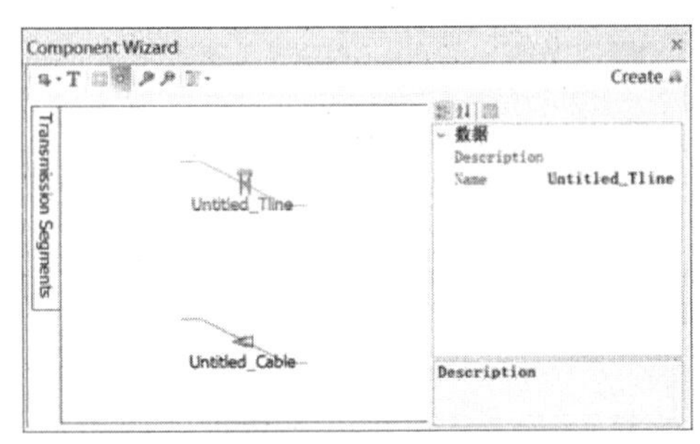

图 5-16 元件向导面板

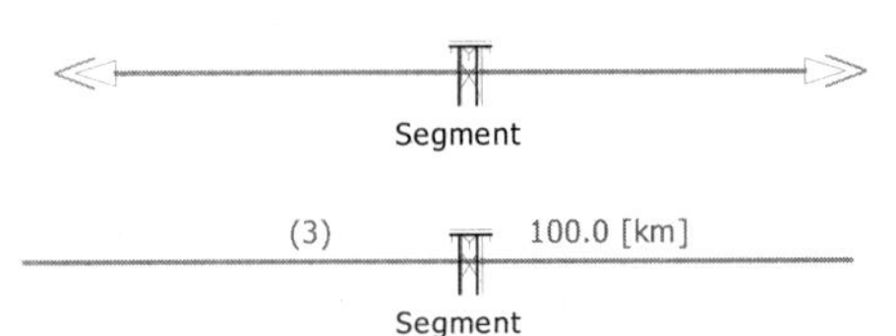

图 5-17 创建架空线配置元件

步骤 2：输入架空线基本信息。鼠标右键单击创建的架空线配置元件，从弹出的菜单中选择 Edit Parameters…，在弹出的对话框中输入稳态频率、线路长度、导体数目和端连接方式等，如图 5-18 所示。

步骤 3：在电路中添加两个名称相同的架空线接口元件，且该名称必须与架空线配置元件的名称一致，如图 5-19 所示。需要注意的是，如果架空线配置元件中选择了直接连接 (Direct Connection) 模式，可跳过本步骤。

步骤 4：打开输电段定义编辑器。鼠标右键单击架空线配置元件，从弹出的菜单中选择 Edit Definition，如图 5-20 所示。该操作将打开如图 5-21 所示的输电段定义编辑器，其中已经添加了步骤 2 中设置的相关信息。

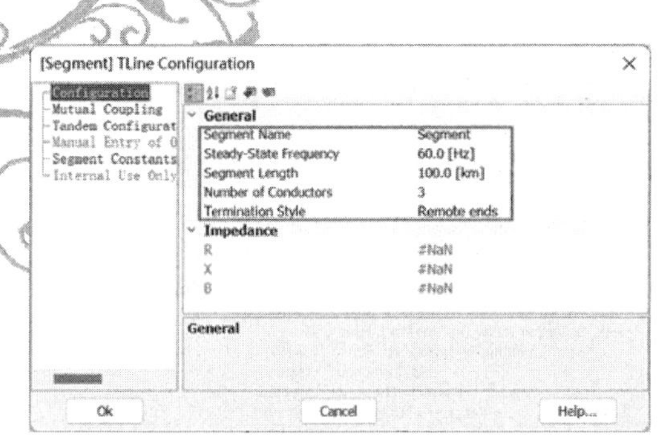

图 5-18 架空线基本参数设置

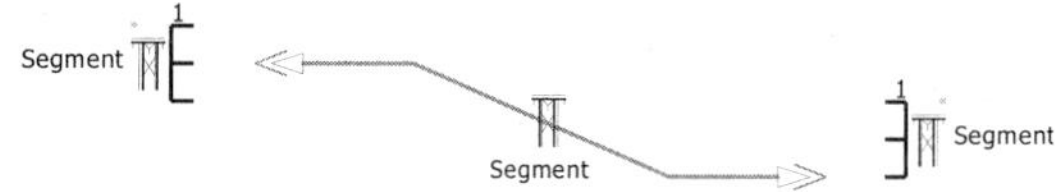

图 5-19 添加架空线接口元件

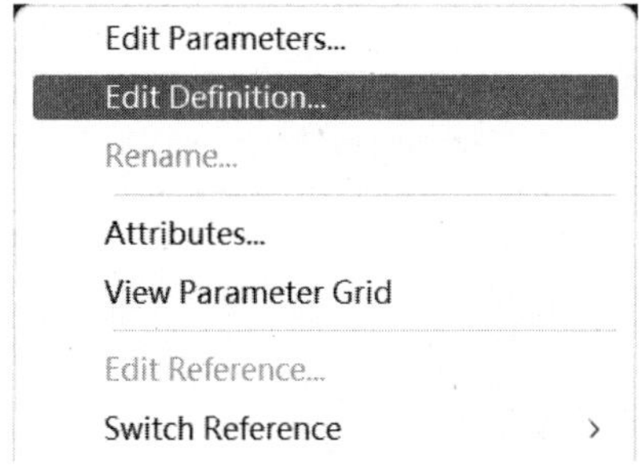

图 5-20 编辑架空线配置元件菜单

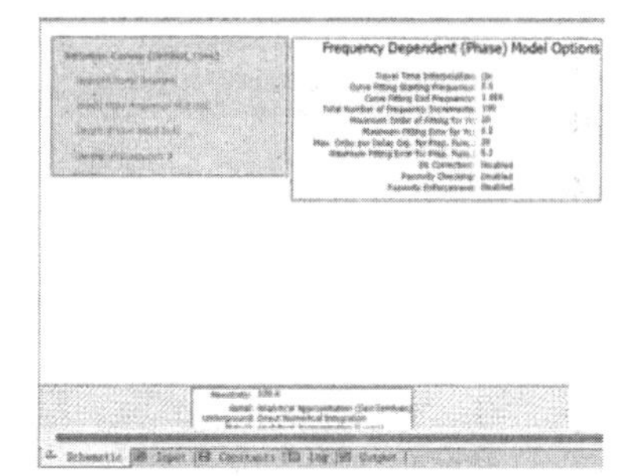

图 5-21 输电段定义编辑器

架空输电线路段编辑器（也可用于编辑电缆）是特定设计用于修改输电线和电缆系统定义的图形化用户接口。调用后该编辑器将出现在主工作区内，并具有相应的选项卡页面，以方便查看与该线路段有关的文件。

主工作页面为 Schematic，且是调用编辑器后默认打开的页面。其余的 4 个页面用于查看与段相关的文件。这些文件只有在手动求解该线路段或项目编译后才会存在。

默认打开情况下，该编辑器内将具有如下三个图形对象：

- 定义画布：位于编辑器的左上角，该对象简单显示了在相应的输电线配置对话框中输入的信息。该对象仅用于显示且不能在编辑器内进行修改。
- Frequency Dependent (Phase)元件：该元件代表了所使用的输电线模型，默认的即是 Frequency Dependent (Phase) 模型。
- 地平面数据输入：通常位于接近编辑器窗口底部的地平面元件，代表了输电线的大地回路。

步骤 5：在架空线配置编辑器中添加传输线模型，并设置参数。PSCAD 提供了两种传输线模型：Bergeron 模型和 Frequency Dependent (Phase) 模型（Frequency Dependent (Mode) 模型已废弃），如图 5-22 所示。用户可复制其中之一到输电线编辑器中。

PSCAD 将自动为用户创建默认的模型，如果用户想更换模型，可通过将默认的模型删除并复制所需要的模型。可在页面空白处单击鼠标右键，从弹出的菜单中选择

Select Transmission Model 来加入传输线模型，如图 5-23 所示。需要注意的是，如果输电线组件页面内已有某种传输线模型，则该菜单无效。用户需确保仅使用上述两种模型之一。

Bergeron Model Options

Travel Time Interpolation: On
Reflectionless Line (ie Infinite Length): No

Frequency Dependent (Phase) Model Options

Travel Time Interpolation: On
Curve Fitting Starting Frequency: 0.01 [Hz]
Curve Fitting End Frequency: 1.0E6 [Hz]
Total Number of Frequency Increments: 100
Maximum Order of Fitting for Yc: 20
Maximum Fitting Error for Yc: 0.2 [%]
Max. Order per Delay Grp. for Prop. Func.: 20
Maximum Fitting Error for Prop. Func.: 0.2 [%]
Dc Correction: Disabled
Passivity Checking: Disabled
Passivity Enforcement: Disabled

图 5-22 两种传输线模型

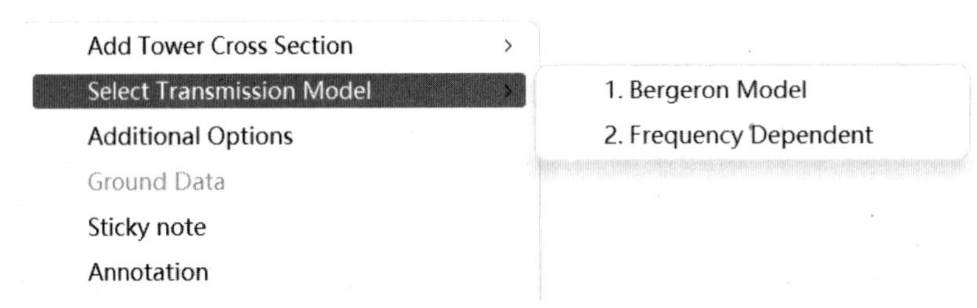

图 5-23 添加输电线模型菜单

步骤 6：在架空线配置编辑器中添加线路数据。PSCAD 提供了两种输电线数据输入方法：通过 Manual Entry Data 元件手动输入，如图 5-24 所示。采用该方法时需要注意：该方法只能用于步骤 5 中选择了 Bergeron 传输线模型，同时将不需要步骤 7 中的 Ground 元件。

Manual Entry of Y,Z

+ve Sequence R: 6.76e-8 [pu/m]
+ve Sequence XL: 9.6e-7 [pu/m]
+ve Sequence XC: 5.78e5 [pu*m]
0 Sequence R: 6.86e-7 [pu/m]
0 Sequence XL: 2.5e-6 [pu/m]
0 Sequence XC: 8.14e5 [pu*m]

图 5-24 通过 Manual Entry Data 元件手动输入参数

如果用户在步骤 5 中选择了传输线的 Frequency Dependent (Phase) 模型，则必须通过加入塔元件来输入输电线参数。用户可在页面空白处单击鼠标右键，从弹出的菜单中选择 Add Tower Cross Section 来加入塔模型。目前 PSCAD 提供了多种常见的塔模型，其中的 6 Conductor Vertical Tower 模型如图 5-25 所示。

需要注意的是：用户需输入导线的相位信息，在塔元件中导线的几何编号应与连接至电气网络的编号一致。用户可通过修改每个塔元件中的相位信息来改变编号。如果同时需要架空地线元件，则它们的相位信息也同样需要输入。

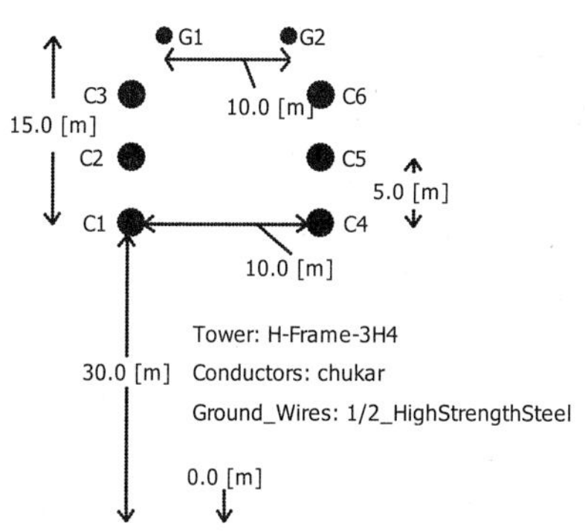

图 5-25 6 Conductor Vertical Tower 模型

可在一个架空线配置元件中加入多个塔。用户只需要确保每个塔元件中导体都进行了正确的编号，且该走廊内所有塔元件的 X 坐标都进行了正确的调整。同样的，由任何额外塔所引入的导线必须反映在相应的架空线接口元件中（使用远方终止模式）。

步骤 7：加入 Ground 元件。需要注意的是，如果用户在步骤 6 中选择了通过 Manual Entry Data 元件手动输入参数，可跳过本步骤。Ground 元件如图 5-26 所示。

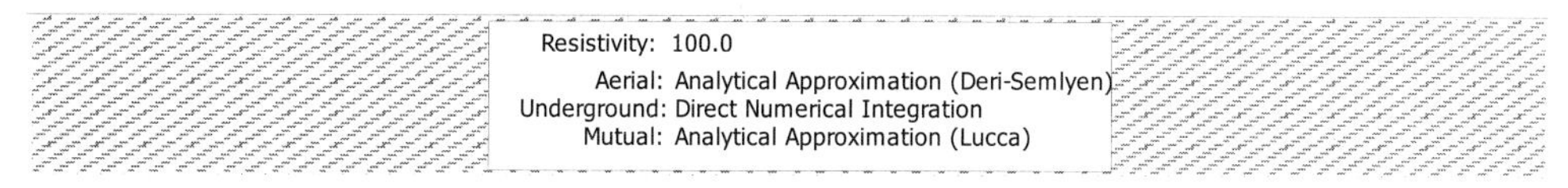

图 5-26 Ground 元件

通过上述步骤后可完成架空输电线的模型编制，典型的输电线路段配置元件页面如图 5-27 所示。

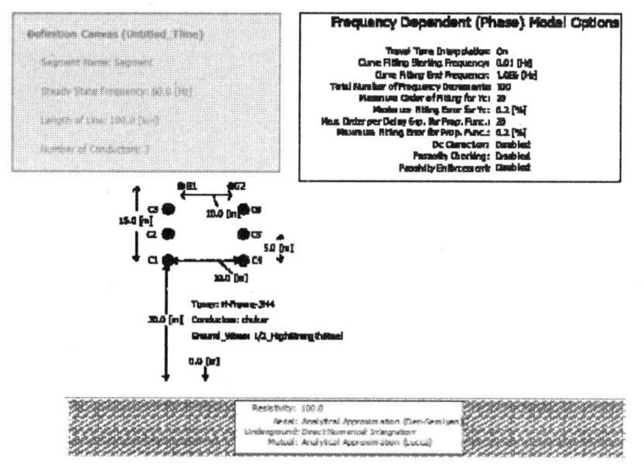

图 5-27 完成后的架空输电线路段配置页面

需要注意的是：塔元件的放置位置不会对结果产生影响，但应尽量使得它们的放置便于用户理解。如可直接放置于地平面元件的上方。

生成的架空线和电缆模型定义可输出为 PSCAD 定义文件（*.psdx）或 CSV (*.csv) 文件，可利用该特性存储标准的架空线和电缆配置。

步骤 8：在用户运行模型时，PSCAD 将运行 tline.exe 程序完成对该输电线路段页面的编译，这些工作都是在运行仿真时由 PSCAD 自动完成。编译中将使用名为 LineName.tli 的文件并将求解得到的线路常量数据（EMTDC 仿真所需要的）放置于名为 LineName.tlo 的文件中。如果求解线路常量的过程中出现了任何错误，PSCAD 将打开名为 LineName.log 的文件来显示错误。

用户可随时通过如下方法来查看该文件中的线路常数消息：

- tline.exe LineName.tli> LineName.log
- tline.exe 位于 PSCAD 安装路径下的 bin/win 路径下。

需要注意的是，输出文件中的 RXB 标幺值的基准值为 100 MVA 和 230 kV。用户可通过在架空输电线路配置页面中添加 Additional Options 元件对这些值进行修改，如图 5-28 所示。

Additional Options

Output File DisplaySettings:

Frequency for Calculation: 60.0 [Hz]
Display Zero Tolerance: 1.0E-19
Rated System Voltage (L-L, RMS): 230.0 [kV]
Rated System MVA: 100.0 [MVA]

Miscellaneous:

Create PI-Section Component?: No

图 5-28 Additional Options 元件

5.3.3 架空线配置 (Overhead Line Configuration)

该元件如图 5-29 所示。

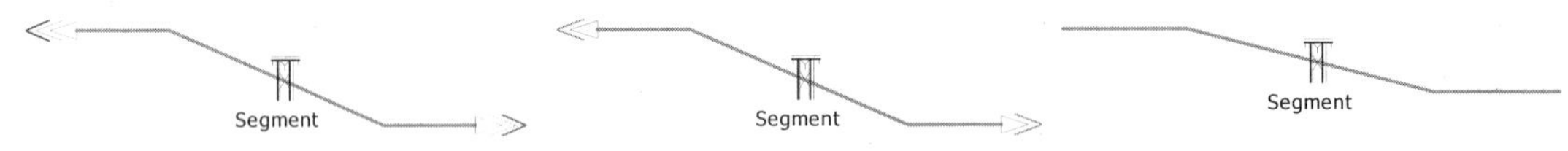

图 5-29 架空线配置元件

1．说明

架空线路配置元件用于定义导线位于空气中的输电线走廊的基本属性，并提供对输电线路段定义编辑器的访问接口。

该元件必须与架空线路接口元件一起使用（远方终止模式下）。

2．参数

➢ Configuration | General

- Segment name：为该输电线走廊内的一组或一条架空输电线输入名称。如果运行于 Remote ends 模式时，则该名称必须与相应的架空线路接口元件的名称一致。

● Steady-State Frequency Hz：系统的稳态频率。该参数仅用于使用频率相关线路模型时在输出文件中进行显示。当使用 Bergeron 模型时则是将要计算的频率。直流时应输入 0。

● Segment Length km：从送端到受端的线路段长度。

● Number of Conductors：该走廊内定义的导线总数目。如果运行于 Remote ends 模式时，则该数目必须与相应的架空线路接口元件的数目一致。

● Line Termination Style：Local connection | Remote ends | Foreign Ends | Alien ends | Proprietary ends。选择线路端连接方式。

  ■ Local connection：本地连接方式。无需架空线接口元件。

  ■ Remote ends：远方终止方式。需要两个架空线接口元件，将架空线连接至更大的电气网络。

  ■ Foreign ends：参见第 9 章并行网络接口（PNI）部分。

  ■ Alien ends：参见第 9 章并行网络接口（PNI）部分。

  ■ Proprietary ends：暂未启用。

➢ Mutual Coupling | General

● Coupling of this segment to others is：Enabled | Disabled。选择 Enabled 时将启用互耦合特性。

● Coupled segment tag name：合法的耦合输电线路段名称。

● Horizontal translation of this segment m：该线路段至互耦合系统中参考段的水平距离。本段是参考段则应输入 0。

● This segment is：not the reference | the reference。选择 the reference 时本线路为参考段。

➢ Mutual Coupling | Overhead Lines

● Circuit/network connections are：applied normally | overlaid atop each other。设置多导体线路连接至相同的母线方式，导体数目为 6, 9 或 12 时启用。

  ■ applied normally：正常连接。

  ■ overlaid atop each other：如对连接至某三相系统母线的 6 导体线路，选择该模式时导体 1、2、3 将如通常地分别连接至 A、B 和 C 相，而导体 4、5、6 将同样地分别连接至 A、B 和 C 相，从而导体 1 和 4、2 和 5 以及 3 和 6 将连接至同一相。

● Data entry method is by：tower dimensions only | manual entry of sequence data only。设置数据输入方法。

  ■ tower dimensions only：从塔元件中提取互耦合数据。

  ■ manual entry of sequence data only：在耦合段中使用了 Manual Data Entry 元件时必须选择 manual entry of sequence data only，此时用户需在该元件的 Manual Entry of 0-Sequence Mutual Data 页面中输入耦合数据。

➢ Tandem Configuration (Sliding Fault) | General

- Tandem Segment Name：串接线路段名称。Leading 段和 Trailing 段该名称需相同。
- Link This Segment in Tandem：Leading | Trailing。串接线包含一个 Leading 段和一个 Trailing 段。
  - Leading：串接线的首段。
  - Trailing：串接线的尾段。
- Length Increment km：串接线长度增量。多重仿真中的每一次中，Leading 段长度将增加该值，而 Trailing 段长度将减小该值，形成故障位置的移动。
- Total Step Increments：串接线长度改变的总次数。

➢ Manual Entry of 0-Sequence Mutual Data | General

- Input Data Format：R, Xl, Xc Data Entry (pu) | R, Xl, Xc Data Entry (ohm) | YZ Data Entry(Zsurge, Tau) | R, X, B Data Entry(pu)。选择耦合数据输入的格式。耦合数据的输入与在 Manual Data Entry 元件中的输入类似，且仅互耦合系统中的参考段需要输入这些数据。

➢ Manual Entry of 0-Sequence Mutual Data | Input Data

- Rated Voltage (L-L RMS) kV：额定线电压有效值。
- Total MVA Rating MVA：输电系统总功率。
- Resistance pu/m/Ω/m：零序互电阻。
- Inductive Reactance pu/m/Ω/m:零序互感抗。
- Capactive Reactance pu·m/MΩ·m：零序互容抗。
- Capacitive Susceptance pu/m：零序互容纳。
- Travel Time (for 1m) s/m：1m 的零序互传输时间。
- Surge Impendence Ω/m：零序互冲击电阻。

➢ Segment Constants Output File (*.tlo) | General

- File：Generate automatically | Previously generated。通常应设置为默认选项。在很少的某些高级用户想自己生成常量文件的情况下可选择 Previously generated，此时由 *Custom Path* 中指定的常量文件将被复制至项目临时文件夹中，并视是架空线或电缆而被自动改名为 Segment Name.tlo 或 Segment Name.clo。
- Custom Path：用户使用的常量文件的路径及文件名。

3．零序耦合数据的手动输入

手动输入零序耦合数据时如图 5-30 所示。

在图 5-30 所示表格内正确位置输入相应元件的值，其中的行和列对应于互耦合系统中的其他线路。例如，对 3 条互耦合线路的输入数据应如图 5-30 所示。其中 5.35e-7 为参考线路段和第 2 线路段之间的互电阻，参考线路段与第 3 线路段之间的互电阻为 3.42e-8，而第 2 和第 3 线路段之间的互电阻为 2.22e-7。

Resistance [pu/m]

R1	R2	R3	R4	R5	R6	R7	R8	R9	R10
-1	-1	-1	-1	-1	-1	-1	-1	-1	-1
5.25e-7	-1	-1	-1	-1	-1	-1	-1	-1	-1
3.42e-8	2.22e-7	-1	-1	-1	-1	-1	-1	-1	-1
0	0	0	-1	-1	-1	-1	-1	-1	-1
0	0	0	0	-1	-1	-1	-1	-1	-1
0	0	0	0	0	-1	-1	-1	-1	-1
0	0	0	0	0	0	-1	-1	-1	-1
0	0	0	0	0	0	0	-1	-1	-1
0	0	0	0	0	0	0	0	-1	-1
0	0	0	0	0	0	0	0	0	-1

Ok　Cancel

图 5-30 手动输入零序耦合数据

5.3.4 架空线接口 (Overhead Line Interface)

该元件如图 5-31 所示。

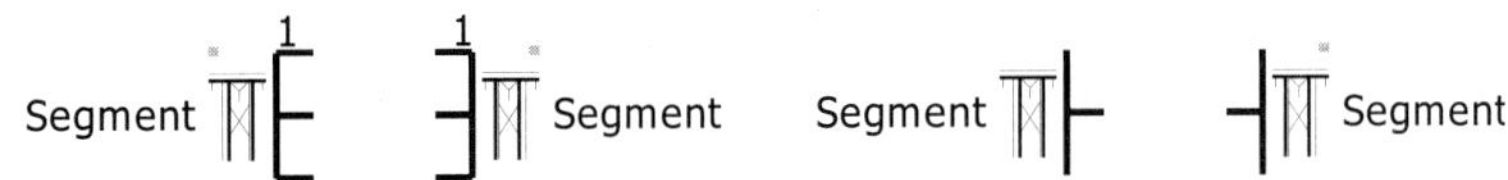

图 5-31 架空线接口元件

1. 说明

架空线接口元件用于确定并提供输电走廊每一端电气连接的数目。该元件必须与架空线配置元件一起使用。需要注意的是，到接口元件的电气连接是从上至下编号的，最上端的编号为 1。

2. 参数

➢ Configuration | _General

- Name (Same as Configuration)：为架空线输入名称。该名称必须与相应的架空线配置元件以及第二个接口元件的名称一致。
- Segment End Specification：automatic | sending | receiving。接口类型设置。
  - automatic：自动设置。
  - sending：送端。
  - receiving：受端。
- Number of Equivalent Conductors：输入该走廊内等效导线的总数目（最大 20）。单一的等效导线包括其中所有的分裂导线。
- Graphics Display：Individual phases view | Single line view。设置显示模式。
  - Individual phases view：各相单独显示。
  - Single line view：单线显示。

➢ Configuration | Control Signal Transfer

- Sending Signal Dimension：向线路另一端传送的非电气信号（可选）的维数。

- Receiving Signal Dimension：从线路另一端接收的非电气信号（可选）的维数。
- Receiving Signal Default Entry：Direct Entry | Signal Input。设置接收信号的默认值输入方式。未设置默认值时，在 t=0.0 时将设置为 0.0。
  - Direct Entry：在 Receiving Signal Default Value 中输入实际默认值。
  - Signal Input：出现外部连接端子接收默认值。
- Receiving Signal Default Value：设置仿真 t=0.0 时接收信号的默认值。当 *Receiving Signal Dimension* 输入大于 0 时有效。

➢ Inter Appliation Configuration | _General

- End Type：None | Server | Client。多项目仿真时需选择为 Server 或 Client，而线路两端的接口元件在同一个项目内需选择 None。

3．线路终端类型指定

线路的一个终端接口被指定为送端/受端时，另外一个终端必须被指定为受端/送端，也可将两个接口均指定为 automatic 类型。

类型指定对于 remote-end 模式下的互耦合系统非常重要，这可确保正确的节点/子系统映射和 EMTDC 运行结果。尽管对非互耦合系统而言指定终端类型不是必要的，但仍建议进行指定。不同架空线接口类型终端的图形外观有所不同，如图 5-32 所示。

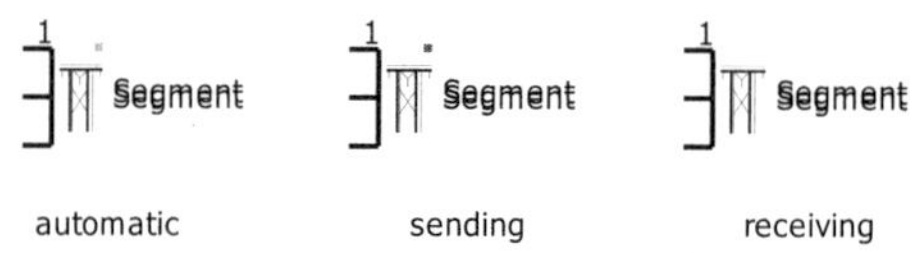

图 5-32 架空线接口类型

5.3.5 Bergeron 模型 (Bergeron Model)

该元件如图 5-33 所示。

Bergeron Model Options

Travel Time Interpolation: On
Reflectionless Line (ie Infinite Length): No

图 5-33 Bergeron 模型

1．说明

Bergeron 模型是一种基于分布式 LC 参数和集总电阻的行波线路模型，它以分布式方式来代表 PI 段的 L 和 C 元件（即不使用集总参数）。它大体上等效于使用无限多的 PI 段单元，只是使用了集总参数的电阻（1/2 在线路中间，每端各 1/4）。

与 PI 段一样，Bergeron 模型仅能精确地表示基频模型。它同样能用于表示其他频率下的阻抗，只是损耗不会发生变化。该模型对获取正确的线路或电缆的稳态阻抗/

导纳参数非常有帮助，适用于基频潮流非常重要的研究场合（即保护研究、潮流等）。

2. 参数

➢ General

- Use Damping Approximation ? ：No | Yes。选择 Yes 时将近似模拟特定高频下的阻尼。
- Interpolate Travel Time ? ：No | Yes。选择 Yes 时，模拟短路的输电线路时必须对传输时间进行插补。
- Frequency for Loss Approximation ? Hz：用于损耗近似计算的频率。该频率需远大于线路额定频率。
- Shaping Time Constant (0 Sequence Mode) ms：成形时间常数。
- Shaping Time Constant (All Metallic Modes) ms：成形时间常数。
- Do you want this to be a reflectionless line ?：No | Yes。选择 Yes 时，输电线将被认为是无反射的或具有无限长度。一个使用该选项的例子是对雷击过电压的研究，目的是使用合适的冲击阻抗对抗一次冲击，但冲击不会从远端反射回来。也即在线路上的传输时间远大于用户研究所关注的时间段。

5.3.6 频率相关相域模型 [Frequency Dependent (Phase) Model]

该元件如图 5-34 所示。

Frequency Dependent (Phase) Model Options

Travel Time Interpolation:	On
Curve Fitting Starting Frequency:	0.01 [Hz]
Curve Fitting End Frequency:	1.0E6 [Hz]
Total Number of Frequency Increments:	100
Maximum Order of Fitting for Yc:	20
Maximum Fitting Error for Yc:	0.2 [%]
Max. Order per Delay Grp. for Prop. Func.:	20
Maximum Fitting Error for Prop. Func.:	0.2 [%]
Dc Correction:	Disabled
Passivity Checking:	Disabled
Passivity Enforcement:	Disabled

图 5-34 频率相关相域模型元件

1. 说明

Frequency Dependent (Phase)本质上是分布式 RLC 行波模型，计入了所有参数的频率相关性。该模型还模拟了内部变换矩阵的频率相关性。

对大多数研究该模型的默认参数都是适用的。用户需经常性地查看 log 文件，其中显示了任何由线路常量程序产生的警告和错误消息，并给出了曲线拟合过程的最终精度。该模型目前世界上可用模型中具有最高数值精度和鲁棒性的模型。

2. 参数

相同参数参见 5.3.5 节。

➢ Configuration | General

- Output Detailed Output Files?：No | Yes。当用户想用 Detailed Output Viewer 查看频域输出时需选择 Yes。

➢ Curve Fitting | Curve Fitting Frequency Range

- Lower Limit Hz：曲线拟合频率的下限。
- Upper Limit Hz：曲线拟合频率的上限。
- Total Solution Increments：100 | 200 | 500 | 1000。这是从 Lower Frequency Limit 到 Upper Frequency Limit 之间计算的总步数。尽管增加频率步数通常能更好地对参数进行曲线拟合，但某些时候使用较少的步数效果更佳。默认的 100 通常是较好的选择。

➢ Curve Fitting | Characteristic Admittance (Yc)

- Maximum Poles per Column：特征（电涌）导纳每列最大极点数目，当需要低阶曲线拟合近似时可设置该值。通常情况下输电线和电缆常量程序将重复并不断增加曲线拟合波形的阶数，直至误差小于 *Maximum Final Fitting Error*。但对实际应用而言，可能只有有限的时间来进行线路方程的低阶近似计算，此时可设置该参数。通常该参数保留设置为 20。
- Maximum Final Fitting Error %：特征（电涌）导纳的最大拟合误差。输电线和电缆常量程序将持续增加近似的极点数目来拟合特征导纳，直至该误差判据得到满足。但是极点数目不允许超过 *Maximum Poles per Column*。这里指定一个较大的值将导致低阶近似，从而加快仿真速度。但必须小心的是过大的拟合误差将导致仿真不稳定。

➢ Curve Fitting | Least Ssquares Weighting Factors

- 0 to F0：0 到频率 F0 的最小二乘权重系数。
- F0：频率 F0 的最小二乘权重系数。
- F0 to Fmax：F0 到频率 Fmax 的最小二乘权重系数。对大多数情况上述三种系数的默认设置都是足够的。

➢ Curve Fitting| Propagation Function (H)

- Maximum Poles per Delay Group：输入传输函数每延迟组最大极点数。如同在 *Maximum Poles per Column*（对于特征导纳）中说明的一样，输电线和电缆常量程序中使用的曲线拟合算法将重复并在每次迭代时增加曲线拟合的阶数，直至满足误差要求。如果 *Maximum Final Fitting Error（H）*参数设置过大，则曲线拟合将停止于相对低阶的近似，这将导致数值不稳定以及特定频率范围内普遍的误差。推荐对这些参数设置为 0.2 % 或更低。用户需经常性地检查 log 文件以确保输入的误差准则得到满足。
- Maximum Final Fitting Error %：输入传输函数的最大拟合误差。 输电线和电缆常量程序将持续增加近似的极点数目来拟合传输函数，直至该误差判据得到满足。但是极点数目不允许超过 *Maximum Poles per Delay Group* 指定的值。这里指定一个较大的值将导致低阶近似，从而加快仿真速度。但必须小心的是过大的拟合误差将导致仿真不稳定。
- Maximum Residue/Pole Ratio Tolerance：输入留数/极点比的最大容限。该比值可作为潜在的时域不稳定的一个指标。通常的规则是该比值超过 1000 将具有导致不稳定的更大可能性。输电线和电缆常量程序使用 Model Order Reduction

算法来避免比值超过该容限的解。

➢ Passivity Enforcement | General

- Passivity Scan/Enforcement：Disabled | Scan only | Enforcement。无源性校核设置。
  - Disabled：不启用。
  - Scan only：仅执行无源性扫描。
  - Enforcement：对从频域响应中得到的曲线拟合结果执行无源性校核。

➢ Passivity Enforcement | Frequency range for passivity

- Total Frequency Samples：20 | 50 | 100 | 500。在指定的上下限之间选择频率采样点数目，这些采样点不包括在实际曲线拟合中所使用的。总采样数应足够大以避免丢失两个频率采样点之间违背无源性的可能性。
- Lower Frequency Limit Hz：进行违背无源性搜索的频率范围下限。由于违背无源性通常出现在非常低的频率，典型的值可设置为 0.001 Hz、0.01 Hz 等。
- Upper Frequency Limit Hz：进行违背无源性搜索的频率范围上限。
- Distribution：Log | Linear | Log+Linear。设置分布方式。
  - Log：对数形式。
  - Linear：线性形式。
  - Log+Linear：对数+线性形式。

➢ Passivity Enforcement | Spectral Residue Pertubation

- Eigenvalue Tolerence：特征值容限。
- Maximum Percentage Error：最大百分比误差。
- Maximum Number of Iterations：最大迭代次数。

➢ DC Correction | DC Correction

- DC Correction is：Enabled | Disabled。选择 Enabled 时启用直流校正。DC 校正过程的目标是保证对有理函数在 0Hz 处准确的拟合，因而能得到线路正确的直流响应，但也需要仔细地查看 log 文件中拟合出现的问题。
- Correction method：Functional Form | Add Pole/Residue。设置校正方法。
  - Functional Form：函数形式法。
  - Add Pole/Residue：增加极点/留数。
- Use Loss Tangent for Cable Dielectric Losses：No | Yes。选择 Enabled 时对电缆介质损耗使用损耗正切。

5.3.7 手动数据输入 (Manual Data Entry)

该元件如图 5-35 所示。

1．说明

Manual Data Entry 元件提供了使用架空线塔或电缆截面来定义输电线路的替代方法。用户可以如下多种格式来输入输电线路数据：

- Resistance (R), Inductive and Capacitive Reactance (XL & XC)：直接输入电阻、

感抗和容抗的有名值或标幺值。

Manual Entry of Y,Z	
+ve Sequence R:	6.76e-8 [pu/m]
+ve Sequence XL:	9.6e-7 [pu/m]
+ve Sequence XC:	5.78e5 [pu*m]
0 Sequence R:	6.86e-7 [pu/m]
0 Sequence XL:	2.5e-6 [pu/m]
0 Sequence XC:	8.14e5 [pu*m]

图 5-35 手动数据输入元件

- Characteristic Impedance (Zsurge) and Travel Time：特征阻抗和传输时间。
- Resistance (R), Inductive Reactance (X) and Capacitive Susceptance (B)：直接输入每单位长度电阻、感抗和容纳的标幺值。
- Shunt Admittance (Y) and Series Impedance (Z) Matrices (Single Frequency)：并联导纳和串联阻抗矩阵（单一频率）。
- Shunt Admittance (Y) and Series Impedance (Z) Matrices (Multiple Frequencies)：并联导纳和串联阻抗矩阵（多个频率）。

2．参数

➢ COPIED DATA FROM ABOVE | General

- Number of Conductors：相应架空线或电缆配置元件中指定的导线数目。

➢ Manual XY Data Configuration | General

- Data Entry Method：R, Xl, Xc (pu/m) | R, Xl, Xc (ohm/m) | Zsurge and Travel Time | R, X, B (pu/m) | Y, Z (mho/m, ohm/m) | Y, Z (multiple frequencies)：选择数据输入格式。
- 0 Sequence Data Representation ？：Enter 0 Sequence Data | Estimate 0 Sequence Data | Same as Positive Sequence。零序数据表示方式。
  - Enter 0 Sequence Data：直接输入。
  - Estimate 0 Sequence Data：通过估计。
  - Same as Positive Sequence：与正序相同。
- 0 Seq. R/ +ve Seq. R Ratio：零序与正序电阻比值。
- 0 Seq. Zsurge/ +ve Seq. Zsurge Ratio：零序与正序特征阻抗比值。
- 0 Seq.Trav. Time/ +ve Seq. Trav. Time Ratio：零序与正序传输时间比值。
- Has the Entered Data Been Corrected for Long Line Effects ？：No | Yes。选择 Yes 时将对输入数据启用长线效应校正。

➢ R, Xl, Xc Data Entry pu/m / R, Xl, Xc Data Entry ohms/m | General

- Rated Voltage (L-L RMS) kV：额定线电压有效值。
- Total MVA Rating MVA：输电线路总容量。
- Positive Sequence Resistance pu/m / Ω/m：正序电阻。
- Positive Sequence Inductive Reactance pu/m / Ω/m：正序感抗。

- Positive Sequence Capactive Reactance pu·m / MΩ·m：正序容抗。
- Zero Sequence Resistance pu/m / Ω/m：零序电阻。
- Zero Sequence Inductive Reactance pu/m / Ω/m：零序感抗。
- Zero Sequence Capactive Reactance pu·m / MΩ·m：零序容抗。
- Zero Sequence Mutual Resistance pu/m / Ω/m：零序互电阻。
- Zero Sequence Mutual Inductive Reactance pu/m / Ω/m：零序互感抗。
- Zero Sequence Mutual Capactive Reactance pu·m / MΩ·m：零序互容抗。

➢ Zsurge and Travel Time | General

- Positive Sequence Resistance Ω/m：正序电阻。
- Positive Sequence Travel Time for unit length s/m：单位长度正序传输时间。
- Positive Sequence Surge Impedance Ω：正序浪涌阻抗。
- Zero Sequence Resistance Ω/m：零序电阻。
- Zero Sequence Travel Time for unit length s/m：单位长度零序传输时间。
- Zero Sequence Surge Impedance Ω：零序浪涌阻抗。
- Zero Sequence Mutual Resistance Ω/m：零序互电阻。
- Zero Sequence Mutual Travel Time for unit length s/m：单位长度零序互传输时间。
- Zero Sequence Mutual Surge Impedance Ω：零序互浪涌阻抗。

➢ R, X, B Data Entry pu/m | General

- Rated Voltage (L-L RMS) kV：额定线电压有效值。
- Total MVA Rating MVA：输电系统总容量。
- Positive Sequence Resistance pu/m：正序电阻。
- Positive Sequence Inductive Reactance pu/m：正序感抗。
- Positive Sequence Capactive Susceptance pu/m：正序容纳。
- Zero Sequence Resistance pu/m：零序电阻。
- Zero Sequence Inductive Reactance pu/m：零序感抗。
- Zero Sequence Capactive Susceptance pu/m：零序容纳。
- Zero Sequence Mutual Resistance pu/m：零序互电阻。
- Zero Sequence Mutual Inductive Reactance pu/m：零序互感抗。
- Zero Sequence Mutual Capactive Susceptance pu/m：零序互容纳。

➢ Y, Z Direct Entry | General

- YZ Input File Name：包含将要读入数据的文件名称。
- Path to the File Given As：Relative path | Absolute path。设置文件路径。
  - Relative path：相对路径，文件被默认为位于当前工作路径下。
  - Absolute path：局对路径。
- Y, Z Data Given In：Per metre | Total。数据格式选择。
  - Per metre：给出的为每单位长度的数据。
  - Total：数据将乘以线路长度。

➢ Y, Z Direct Entry (Multiple Frequencies) | General

- YZ Input File Name：包含将要读入数据的文件名称。
- Path to the File Given As：Relative path | Absolute path。设置文件路径。

3．YZ 数据文件格式

在 Manual Data Entry 元件中可利用文件方式读入线路的相关参数。此时其 *Data Entry Method* 需设置为 Y, Z (mho/m, ohm/m)或 Y, Z (multiple frequencies)。

➢ 单一频率

由于数据量很大（Y/Z 矩阵可达到 20×20），这些数据必须通过格式化数据文件的形式读入至 LCP。文件格式非常简单，图 5-36 所示为 3 导线系统 (3×3) 的数据文件内容：

该文件需考虑如下几点：

- 该数据文件不能含有注释。
- 数据必须以复数形式表示，其实部和虚部由逗号分开，即：M+jN= M, N。
- Y:和 Z:表示后续的数据分别属于导纳矩阵和阻抗矩阵。
- 数据必须以矩阵中从左到右和从上到下的次序排列，如图 5-36 中的阻抗数据排列如图 5-37 所示。

```
Z:
0.137373233E+02,0.781467701E+02
0.110862970E+02,0.284027971E+02
0.102135204E+02,0.245775174E+02
0.110862970E+02,0.284027971E+02
0.155742208E+02,0.769993646E+02
0.110862970E+02,0.284027971E+02
0.102135204E+02,0.245775174E+02
0.110862970E+02,0.284027971E+02
0.137373233E+02,0.781467701E+02
Y:
0.107533374E-05,0.291619617E-03
0.450510123E-07,-.388110105E-04
0.442004979E-07,-.181654100E-04
0.450510123E-07,-.388110105E-04
0.108870661E-05,0.306977378E-03
0.450510123E-07,-.388110105E-04
0.442004979E-07,-.181654100E-04
0.450510123E-07,-.388110105E-04
0.107533374E-05,0.291619617E-03
```

图 5-36 单一频率的 Y/Z 文件内容

Z:
$Z_{1,1}$
$Z_{1,2}$
$Z_{1,3}$
$Z_{2,1}$
$Z_{2,2}$
$Z_{2,3}$
$Z_{3,1}$
$Z_{3,2}$
$Z_{3,3}$

图 5-37 数据的排列

➢ 多个频率

架空线或电缆模型可直接根据用户定义的外部 Y/Z 数据文件创建，该方法可用于根据外部软件所生成的数据来模拟具有任意形状的输电线路。该特性仅在 Manual Data Entry 元件的 *Data Entry Method* 选择为 Y, Z (multiple frequencies)时有效。外部数据文件必须具有如图 5-38 所示的格式（一个 3 导线(3×3)系统的 2 个频率点），需要注意的是，描述性的注释不能出现在实际的文件中。

注意：如果选择了 Bergeron model 模型且启用了阻尼近似，第一频率 (F1) 是用于阻尼近似的频率（例如 2000 Hz），第二频率 (F2) 为稳态频率（例如 60 Hz）。如果禁用了阻尼近似，则 F1 为稳态频率。因此对 Bergeron model 模型，仅需要 1～2 个频率下的 Y/Z 数据，而对于 Frequency Dependent (Phase) 模型则可能需要多个频率下的数据（20~100 个频率），但至少为两个。

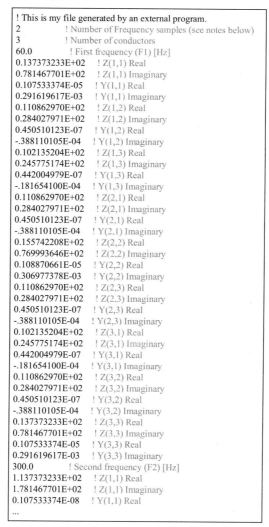

```
! This is my file generated by an external program.
2              ! Number of Frequency samples (see notes below)
3              ! Number of conductors
60.0           ! First frequency (F1) [Hz]
0.137373233E+02   ! Z(1,1) Real
0.781467701E+02   ! Z(1,1) Imaginary
0.107533374E-05   ! Y(1,1) Real
0.291619617E-03   ! Y(1,1) Imaginary
0.110862970E+02   ! Z(1,2) Real
0.284027971E+02   ! Z(1,2) Imaginary
0.450510123E-07   ! Y(1,2) Real
-.388110105E-04   ! Y(1,2) Imaginary
0.102135204E+02   ! Z(1,3) Real
0.245775174E+02   ! Z(1,3) Imaginary
0.442004979E-07   ! Y(1,3) Real
-.181654100E-04   ! Y(1,3) Imaginary
0.110862970E+02   ! Z(2,1) Real
0.284027971E+02   ! Z(2,1) Imaginary
0.450510123E-07   ! Y(2,1) Real
-.388110105E-04   ! Y(2,1) Imaginary
0.155742208E+02   ! Z(2,2) Real
0.769993646E+02   ! Z(2,2) Imaginary
0.108870661E-05   ! Y(2,2) Real
0.306977378E-03   ! Y(2,2) Imaginary
0.110862970E+02   ! Z(2,3) Real
0.284027971E+02   ! Z(2,3) Imaginary
0.450510123E-07   ! Y(2,3) Real
-.388110105E-04   ! Y(2,3) Imaginary
0.102135204E+02   ! Z(3,1) Real
0.245775174E+02   ! Z(3,1) Imaginary
0.442004979E-07   ! Y(3,1) Real
-.181654100E-04   ! Y(3,1) Imaginary
0.110862970E+02   ! Z(3,2) Real
0.284027971E+02   ! Z(3,2) Imaginary
0.450510123E-07   ! Y(3,2) Real
-.388110105E-04   ! Y(3,2) Imaginary
0.137373233E+02   ! Z(3,3) Real
0.781467701E+02   ! Z(3,3) Imaginary
0.107533374E-05   ! Y(3,3) Real
0.291619617E-03   ! Y(3,3) Imaginary
300.0          ! Second frequency (F2) [Hz]
1.137373233E+02   ! Z(1,1) Real
1.781467701E+02   ! Z(1,1) Imaginary
0.107533374E-08   ! Y(1,1) Real
...
```

图 5-38 多个频率的 Y/Z 文件内容

5.3.8 架空线塔模型 (Overhead Line Towers)

该元件如图 5-39 所示。

1．说明

PSCAD 提供了多种已创建的输电线塔模型。塔元件用于在输电线路段定义编辑器中定义输电线系统的几何布置。

2．参数

➢ Configuration | General

- Graphic of conductor sag is：hidden | visible。选择 visible 时在塔元件上显示导

线下垂的图形，如图 5-40 所示。

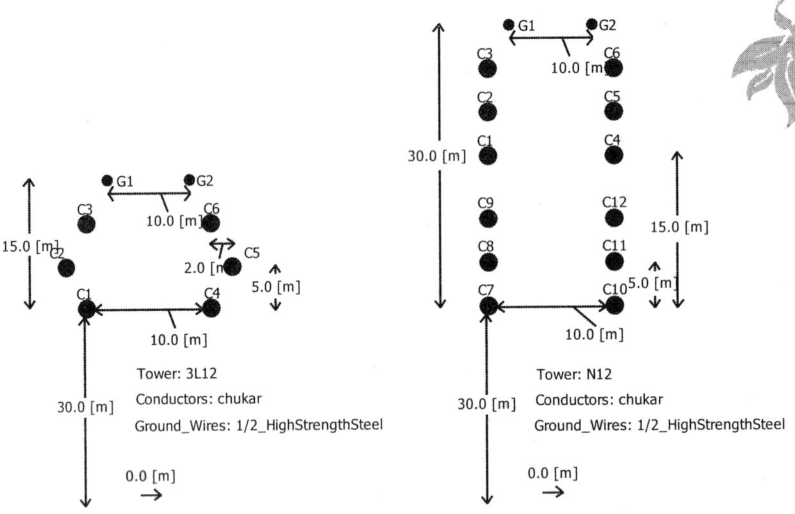

图 5-39 架空线塔模型元件

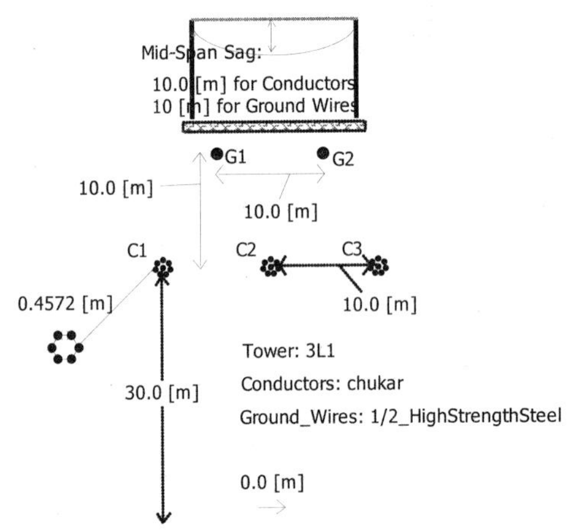

图 5-40 显示导线下垂和分裂导线

- Ideal transposition of this circuit is：disabled | enabled (all together) | enabled (each group separately)。不同塔型该选项列表内容有所不同。设置理想交叉换位方式。
  - disabled：不换位。
  - enabled (all together)：所有导线一起换位。
  - enabled (each group separately)：各组分别换位。
- Shunt conductance mho/m：传输线并联电导。
- Name：塔的描述性文本。

➢ Configuration | Tower/Conductor/Ground Wire Placement

为每个塔元件输入塔、导线和接地线的几何空间尺寸数据，该输入将随不同的塔型而有所不同。如果想使用导线的 XY 坐标数据，可使用通用塔模型元件。

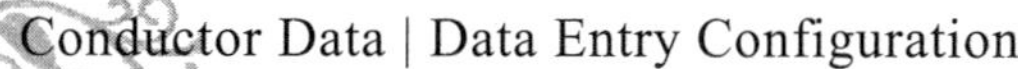

➤ Conductor Data | Data Entry Configuration

- Data entry method：from library file | direct。设置数据输入方式。
  - from library file：以文件方式输入数据。
  - direct：直接输入数据。
- Path to conductor library file：导线库文件的绝对路径（仅当 *Data entry method* 选择为 from library file 时有效）。
- Conductor style is：solid core | hollow | stranded。选择导线形式。
  - solid core：实心。
  - hollow：空心。
  - stranded：绞线。

➤ Conductor Data | Conductor Porperties

- Name：为导线类型输入描述性名称。每个塔只允许有一种导线类型。
- Outer radius m：组合导线的外半径。如果是绞线，则该值是从中心到外层导线股边缘的半径。当存在分裂导线时（即 *Total bundled sub-conductors* 中设置值大于 1），该值是分裂导线中各个子导线的外半径（仅当 *Data entry method* 选择为 direct 时有效）。
- Inner radius m：组合导线的内半径。该值必须小于外半径。
- Total number of strands：组成整个导线的总股数。
- Total number of outer strands：围绕组合导线的导线股总数（不是整个导线的总股数）。
- Strand radius m：单一导线股的半径。
- DC resistance per unit length (entire conductor) Ω/km：整个组合导线的直流电阻（绞线时包括所有的导线股）。当是分裂导线时（即 *Total bundled sub-conductors* 中设置值大于 1），该值是分裂导线中各个子导线的直流电阻。
- Relative permeability：导线材料的相对磁导率。
- Sag (all conductors) m：所有导线的弧垂。该值是导线在塔处的高度与跨距中部高度的差值。

➤ Conductor Data | Sub-Conductor Bundling

- Total bundled sub-conductors：分裂导线的总子导线数。设置为 1~15。
- Bundle configuration is：symmetrical | asymmetrical。设置分裂导线的布置。
  - symmetrical：对称布置。
  - asymmetrical：非对称布置，必须在 *Asymmetrical Bundling Position Data* 参数页面内输入每个子导线的 XY 坐标。
- Sub-conductor spacing m：分裂导线中子导线的距离。
- Bundle graphic is：visible | hidden。选择 visible 时将在塔元件中显示分裂导线的图形，如图 5-40 所示。

➤ Ground Wire Data | General

- Total number of ground wires is：设置架空地线的总数，0~2。

- Ground wires are：identical | different。控制多根地线是否相同。
  - identical：地线相同。
  - different：需要分别输入两根地线名称、外半径、直流电阻和相对磁导率。
- Ground wire elimination is：enabled | disabled。选择 enabled 时地线将从数学上被移除。
- Sag (all ground wires) m：所有地线的弧垂。该值是地线在塔处的高度与档距中部高度的差值。

➢ Ground Wire Data | Data Entry Configuration

- Data entry method：from library file | direct。设置数据输入方式。
  - from library file：以文件方式输入数据。
  - direct：直接输入数据。
- Path to gound library file：地线库文件的绝对路径。

➢ Ground Wire Data | Ground Wire # Porperties

- Name：地线描述性名称。
- Outer radius m：地线外半径。
- DC resistance Ω/km：地线直流电阻。
- Relative permeability：地线材料的相对磁导率。

➢ Asymmetrical Bundling Position Data | General

- Sub-Conductor # -X Postion m：非对称分裂导线的子导线#相对于分裂导线中点的 X 坐标。
- Sub-Conductor # -Y Postion m：非对称分裂导线的的子导线#相对于分裂导线中点的 Y 坐标。

➢ Phase/Node Connection Information | Connection Numbers

- Conductor # (C#)/Ground Wire # (G#)：为相应的塔导线输入连接号。该连接号表明该导线将要连接至架空线接口元件中外部电气连接的哪一个。

5.3.9 通用塔 (Universal Tower)

该元件如图 5-41 所示。

General Line Geometry Data Input

Tower: 3H5
Conductors: chukar
Tower Centre 0.0 [m]
Ground_Wires: 1/2_HighStrengthSteel

Circuit #	Cond. #	Connection Phasing #	X (from tower centre)	Y (at tower)
	1	1	-5 [m]	30 [m]
	2	2	0 [m]	30 [m]
	3	3	5 [m]	30 [m]
	4	4	10 [m]	30 [m]
	5	5	15 [m]	30 [m]
	6	6	20 [m]	30 [m]
	7	7	25 [m]	30 [m]
	8	8	30 [m]	30 [m]
	9	9	35 [m]	30 [m]
	10	10	40 [m]	30 [m]
	11	11	45 [m]	30 [m]
	12	12	50 [m]	30 [m]

GW. #	Connection Phasing #	X (from tower centre)	Y (at tower)
1	Eliminated	-2.5 [m]	40 [m]
2	Eliminated	2.5 [m]	40 [m]

Mid-Span Sag:
10.0 [m] for Conductors
10.0 [m] for Ground Wires

图 5-41 通用塔元件

1．说明

PSCAD 提供了多种已创建的输电线路塔模型。塔元件用于在输电线路段定义编辑器中定义输电线系统的几何布置，通用塔元件是一种特殊的输电线塔元件，它允许用户以 XY 坐标的形式输入导线几何数据，而不是以导线间距的形式。

2．参数

相同参数参见 5.3.8 节。

➢ Configuration | General

- Total number of conductors：除地线外的导线总数目，最大为 12。
- Grouping：None | Organize conductors into circuits。设置导线成组。
  - None：不成组。
  - Organize conductors into circuits：将导线成组接入电路，该选项对于在输出文件以潮流 RXB 格式显示双回线路的线路常量非常重要。

➢ Configuration | Tower/Conductor/Ground Wire Placement

- Relative x-position of tower centre m：塔的局部水平放置位置。该值为相对同一截面中其他塔的距离。

➢ Conductor Coordinates | General

- Conductor #- X Position m：该走廊内每根导线的几何 X 坐标。
- Conductor #- Y Position m：该走廊内每根导线的几何 Y 坐标。

➢ Ground Wires Coordiantes | General

- Ground Wire G #- X Position m：该走廊内各地线的几何 X 坐标。
- Ground Wire G #- Y Position m：该走廊内各地线的几何 Y 坐标。

3．导线库使用及维护

导线库是一个简单的格式化 ASCII 文本文件，包含了所有通用类型导线的直流电阻和半径等。PSCAD 提供了 conductor.clb（实心或空心导线）和 conductor_stranded.clb（绞合导线）导线库文件，位于程序安装文件夹下（与主元件库文件夹相同）。

注意：用户创建的导线库可具有不同的扩展名，只要该文件为具有如图 5-42 或图 5-43 所示格式的 ASCII 文本文件。

➢ conductor.clb

该导线库文件格式如图 5-42 所示。

```
!name                  outer radius(m)  dc res. (ohms/km)  perm.      inner radius(m)
1/2"highstrengthsteel  0.0055245        2.8645             1.000000   0.000000
1/2_highstrengthsteel  0.0055245        2.8645             1.000000   0.000000
turkey                 0.0025146        2.1030184          1.000000   0.000000
swan                   0.0031750        1.3221785          1.000000   0.000000
swanate                0.0032639        1.3090551          1.000000   0.000000
sparrow                0.0040132        0.8333333          1.000000   0.000000
sparate                0.0041275        0.8234908          1.000000   0.000000
...
```

图 5-42 conductor.clb 导线库文件格式

文件中每一行代表了一个导线类型，导线类型名称需唯一（如 swan，sparrow 等）。各列说明如下：

- Name：导线类型名，用于确定读入文件中的哪一行。
- Outer radius m：导线外半径。
- DC resistance Ω/km：导线直流电阻。
- Relative permeability：导线材料相对磁导率。
- Inner radius m：导线内半径，实心导线为 0。

需要注意的是，可在文件的任何位置插入以!为前导的注释行。旧文件格式（PSCAD X4 版本之前的）未包含相对磁导率和内半径。现在加入它们是为了支持空心导线并提供导线的相对磁导率信息。LCP 检测到相应信息缺失时将发出警告，并分别默认设置磁导率和内半径为 1.0 和 0.0。

➢ conductor_stranded.clb

该导线库文件格式如图 5-43 所示。

#Format 1

!name	radius(mm)	dc res.(dc ohms/km)	no str.	str. radius(mm)	perm.
turkey	5.029200	2.103024	6	1.678940	1.000000
swan	6.350000	1.322182	6	2.118360	1.000000
swanate	6.527800	1.309058	7	1.960880	1.000000
sparrow	8.026400	0.833335	6	2.672080	1.000000
sparate	8.255000	0.823493	7	2.473960	1.000000
…					

图 5-43 conductor_stranded.clb 导线库文件格式

各列说明如下：

- Name：导线类型名，用于确定读入文件中的哪一行。
- Radius mm：整个导线的外半径。
- DC resistance Ω/km：导线直流电阻。
- No. Str.：铝或铜绞线股数，不包括钢绞线股。
- Str. Radius mm：各绞线股半径。
- Relative permeability：导线材料相对磁导率。

使用导线库文件时，用户需首先将架空线塔元件的参数 *Data entry method* 设置为 from library file，然后在 *Conductor Name* 中输入导线名称，在 *Path to conductor library file* 中输入导线库文件的绝对路径，如图 5-44 所示。

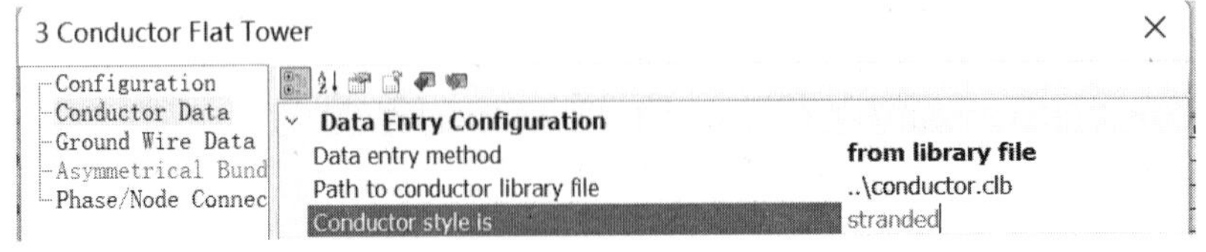

图 5-44 使用导线库文件设置

5.3.10 变电站母线 (Substation Bus Work)

该元件如图 5-45 所示。

1．说明

变电站母线元件是一种特殊的架空线元件，可用于对空心管导线建模。该元件的使用方式与常规架空线塔元件完全相同。每条空心导体代表一根导线，一个截面内最大数目为 30。

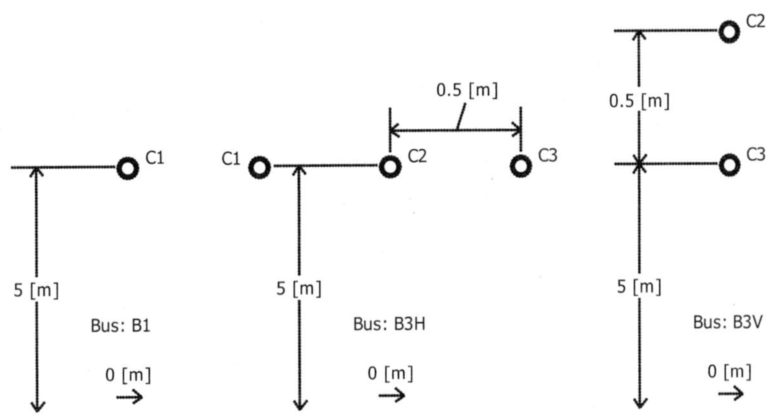

图 5-45 变电站母线元件

2．参数

➢ Bus Data | General

- Bus Name：母线描述性名称。
- Bus Height Above Ground m：最接近地平面导线中点的高度。
- Horizontal Spacing Between Phases m：相导体间的水平间距。
- Vertical Spacing Between Phases m：相导体间的垂直间距。
- Relative X Position of Bus Centre on Right of Way m：母线相对水平位置。该参数用于在同一走廊内分隔多个母线。
- Shunt Conductance mho/m：输入母线的并联电导。
- Conductor Outer Radius m：导线外半径。
- Conductor Thickness m：导线厚度，即外半径减去内半径。
- Conductor DC Resistance Ω/km：导线直流电阻。
- Conductor Relative permeability：导线材料相对磁导率。
- Connection Number for C#：为相应的母线导线输入连接号。该连接号表明该导线将要连接至架空线接口元件中外部电气连接的哪一个。

5.3.11 地平面 (Ground Plane)

该元件如图 5-46 所示。

图 5-46 地平面元件

1．说明

地平面元件表示架空输电系统或电缆系统的大地回路。地平面可被近似为具有恒定的电阻率（默认设置），用户也可选择通过使用 Portela 方法来表示具有频率相关电导率的地平面。

该元件不仅允许用户调整地电阻率和磁导率外，同时还允许用户完全控制如何对复杂的地阻抗积分（例如 Carson 积分）进行数值近似，相关的有两个选项：

- 解析近似：输电线和电缆常量程序通过解析近似来求解地阻抗积分。对架空输电线，将采用 Carson 积分方法的 Deri-Semlyen 近似。对地下电缆系统，可设置为 Pollaczek 积分方法的 Saad 近似或 Wedepohl 近似。对大气中电缆系统，地下和空中的互感量可采用 Ametani 或 LUCCA 近似。
- 数值积分：输电线和电缆常量程序通过直接数值积分来求解地阻抗积分（Carson 或 Pollaczek）。尽管非常精确，该方法的仿真时间可能大大超过解析近似方法，这在求解具有超过 3 条导线的线路时将变得非常明显。

注意：为减小仿真时间，建议对多数实际情况选择解析近似。近似方法的误差通常能达到小于 5%的范围。如果用户存在疑问，可对每种方法进行仿真并对结果进行比较。

2．参数

➢ Earth Return Representation

- Aerial：Analytical approximation (Deri-Semlyen) | Direct numerical integration。Deri-Semlyen 近似公式是求解速度最快的选项。数值积分方法非常精确，但相对很慢。
- Underground (Cables Only)：Analytical approximation (Saad) | Analytical approximation (Wedepohl) | Direct numerical integration。近似公式具有更快的求解速度。其中 Saad 近似 (cables only) 最为稳定，但要求地磁导率为 1。数值积分方法精度最高，但相对最慢。需要注意的是：Saad 公式的求解是基于 X/L<1 的假设，其中 X 为两电缆间水平间距，L 为它们的深度和，该假定对许多实际应用都是合理的。同时该方法对 X/L>1 的情况也能给出具有可接受精度的结果。
- Between Underground and Aerial (Cables Only)：Analytical approximation (Ametanil) | Analytical approximation (LUCCA)。LUCCA 近似公式应用最为广泛且具有足够的精度。

➢ Electrical Properties

- Resistance is Entered in the Form Of：constant resistivity | frequency-dependent conductivity。设置地电阻输入形式。

- constant resistivity：恒定电阻率。
- frequency-dependent conductivity：频率相关的电阻率。

- Resistivity Ω·m：地电阻率。
- Relative Permeability：地相对磁导率。
- Low-frequency conductivity (K0) S/m：选择频率相关电导率时的系数 K0（仅当 Resistance *is Entered in the Form Of* 选择为 frequency-dependent conductivity 时有效）。
- Frequency-dependent parcel of conductivity and permittivity (K1) S/m：选择频率相关电导率时的系数 K1。当 *Resistance is Entered in the Form Of* 选择为 frequency-dependent conductivity 时有效
- Frequency-dependent factor (alpha) S/m：选择频率相关电导率时的系数 α（仅当 *Resistance is Entered in the Form Of* 选择为 frequency-dependent conductivity 时有效）。
- Ground Relative Permeability (Aerial cables only)：地相对磁导率，仅架空电缆。

5.3.12 附加选项 (Additional Options)

该元件如图 5-47 所示。

Additional Options

Output File DisplaySettings:

Frequency for Calculation: 60.0 [Hz]
Display Zero Tolerance: 1.0E-19
Rated System Voltage (L-L, RMS): 230.0 [kV]
Rated System MVA: 100.0 [MVA]

Miscellaneous:

Create PI-Section Component?: No

图 5-47 附加选项元件

1．说明

该元件提供了某些处理输出显示的选项，这些选项均不会影响输电线路或电缆系统的特性。该元件完全是可选的，且在未加入该元件的情况下，其中的参数都被假定为默认值。

该元件所具有的一个方便特性是能自动创建任何架空线或地下电缆系统的等效 PI 电路。在加入该元件并启用该特性后，下一次求解该线路时将创建一个元件定义文件(*.cmp)，并放置于项目临时文件夹下（与输电线路名称相同）。该定义可导入至任何 Lib 或 Case 项目中。

需要注意的是所创建的 PI 线路段元件是输电系统的纯无源 RLC 表示，且基于架空线配置元件或电缆配置元件中设置的稳态频率和线路段长度参数。

2．参数

➢ Configuration | General

- Frequency for Calculation Hz：计算输出文件中数据的稳态频率，需大于 0。
- Default Zero Tolerance for Display：低于该设置值的所有显示数据将被置为 0，以更容易地读取输出数据。
- Rated System Voltage (L-L, RMS) kV：系统额定线电压有效值。用于计算输出文件中 Load Flow RXB Formatted Data 部分的标幺值。
- Rated System MVA MVA：系统基准容量。用于计算输出文件中 Load Flow RXB Formatted Data 部分的标幺值。

➢ Configuration | Equivalent PI-Section Creation

- Create Equivalent PI-Section ？：Disabled | Enabled。选择 Enabled 时将创建等效 PI 电路。
- Include Shunt R when Values Less Than Ω：输入一个值以在等效 PI 电路中加入并联阻性元件。如果任何等效并联电阻大于该值，它们将不会被加入到所创建的等效 PI 电路元件中。

5.3.13 线路常量文件

编译包含架空线或电缆段的项目时（或手动求解线路常量），将创建计算中所涉及的文本文件。PSCAD 使用从输电系统中涉及的多个元件中提取的信息，并创建线路段输入文件 (*.tli)。该文件将作为线路常量程序 (LCP) 的输入，LCP 是 PSCAD 软件所提供的独立可执行程序。

取决于输电段类型（即架空线或地下电缆）以及实际使用的线路模型，LCP 将创建如下三个主文件：

- Constants File (<segment name>.tlo/.clo)：段常量文件。
- Log File (<segment name>.log)：段记录文件。
- Output File (<segment name>.out)：段输出文件。

这些文件位于项目临时文件夹下，并可直接通过输电系统定义编辑器（通过单击相应标签页面)或在 Workspace 窗口中的 Temporary Folder Branch 中查看，如图 5-48 所示。

1．手动求解线路常量

为手动求解用户项目中的特定架空线路或电缆段，首先需打开输电系统段定义编辑器。在画布的任何空白处单击鼠标右键，从弹出的菜单中选择 Solve Constants，如图 5-49 所示。

注意：当手动求解输电段时，需检查 log 文件（通过单击 Log 页面）以确保线路被正确地求解。LCP 将在该文件中显示所有发生的错误以及其他记录文本。

2．查看线路常量文件

要查看任何的 LCP 文件，首先需根据上节介绍的方法对线路进行手动求解，然后单击输电段定义编辑器窗口底部相应的标签页，如图 5-50 所示。

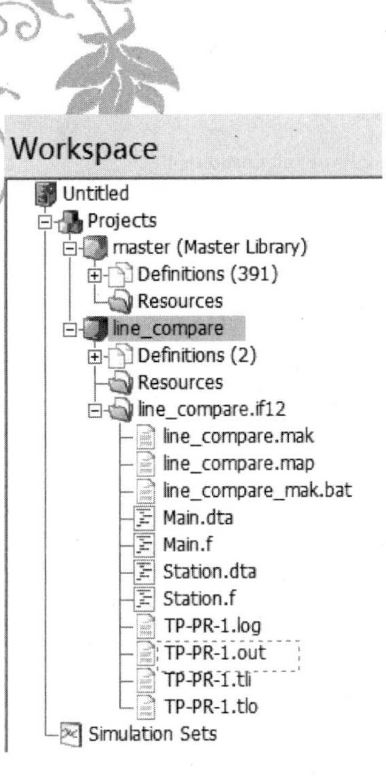

图 5-48 线路常量文件

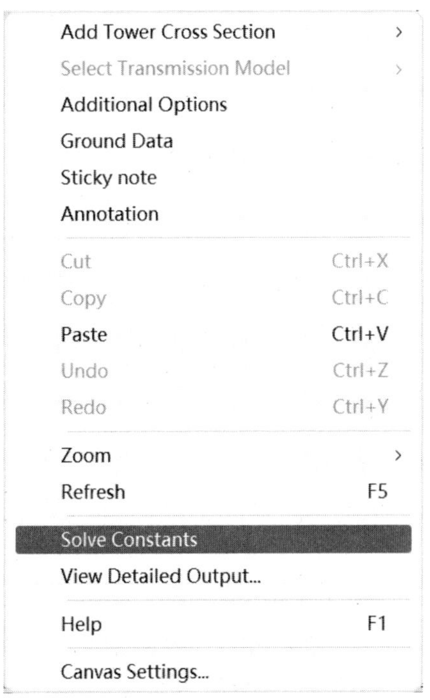

图 5-49 手动求解线路常量菜单

Schematic | Input | Constants | Log | Output

图 5-50 输电段定义编辑器标签页

图 5-50 所示各页面介绍如下：

- Schematic：输电段定义编辑器。
- Input：查看段输入文件（<segment name>.tli/.cli）。
- Constants：查看段常量文件（<segment name>.tlo/.clo）。
- Log：查看段记录文件（<segment name>.log）。
- Output：查看段输出文件（<segment name>.out）。

3．段输入文件

项目编译或手动求解线路常量时将自动创建段输入文件。该文件将用作 LCP 的输入，被自动创建且不能被修改。该文件通过使用从如下元件提取的信息拼接而成：

➢ 配置元件。该文件的第一部分由直接从相应的架空线或电缆配置元件中提取的输入参数所构成，图 5-51 所示为典型的从输电线配置元件中提取的信息。

➢ 塔或截面元件。诸如导线数据和地平面数据，维度等重要的参数将从编辑器中存在的任何塔或电缆截面元件的 Model-Data 段中提取，它们将被放置于输入文件中，并构成该文件的主体。图 5-52 所示为典型的输电段相关的信息。

```
Line Summary:
  {
  Line Name = FLAT230
  Line Length = 100.0
  Steady State Frequency = 60.0
  Number of Conductors = 3
  }
```

图 5-51 来自配置元件的信息

```
Line Constants Tower:
  {
  Name = H-Frame-3H4
  Circuit = 1
    {
    Transposed = 0
    Conductors = 3
    Conductor Phase Information = 1 2 3
    Radius = 0.0203454
    DCResistance = 0.03206
    ShuntConductance = 1.0e-011
    P1 = -10.0 30.0
    P2 = 0.0 30.0
    P3 = 10.0 30.0
    Sag = 10.0
    Sub-ConductorsPerBundle = 2
      {
      BundleSpacing = 0.4572
      }
    }
  GroundWires = 2
    {
    Eliminate Ground Wires = 1
    Radius = 0.0055245
    DCResistance = 2.8645
    P1 = -5.0 35.0
    P2 = 5.0 35.0
    Sag = 10.0
    }
  }
Line Constants Ground Data:
  {
  GroundResistivity = 100.0
  GroundPermeability = 1.0
  EarthImpedanceFormula = 0
  }
```

图 5-52 来自输电段相关元件的信息

➢ 模型元件。出现在输入文件中的某些重要信息来自于所使用的模型。此时指的是 Frequency Dependent (Phase)模型。图 5-53 所示为典型的 Frequency Dependent (Phase) 模型的信息。

```
Frequency Dep. (Phase) Model Options:
  {
  Interpolate Travel Times = 1
  Infinite Line Length = 0
  Curve Fitting Start Frequency = 0.5
  Curve Fitting End Frequency = 1000000.0
  Maximum # of Poles for Surge Admittance Fit = 20
  Maximum # of Poles for Attenuation Constant Fit = 20
  Maximum Fitting Error (%) for Surge Admittance = 0.2
  Maximum Fitting Error (%) for Attenuation Constant = 2.0
  Weighting Factor 1 = 100.0
  Weighting Factor 2 = 1000.0
  Weighting Factor 3 = 1.0
  Write Detailed Output Files = 0
  }
```

图 5-53 来自模型元件的信息

4．段常量文件

常量文件 (*.tlo*.clo) 是 LCP 的输出文件之一，被作为 EMTDC 的输入以设置输电线与更大规模电气网络的接口。该文件包含了所有 EMTDC 时域内表示输电段所必须的信息，绝大部分内容对用户而言无关紧要。典型的段常量文件内容如图 5-54 所示。默认情况下，该文件由 LCP 自动创建，在相应线路段修改后重新生成的该文件将覆盖临时文件夹下任何同名的文件。用户也可选择提供自己创建的文件。

```
PSCAD LINE CONSTANTS PROGRAM OUTPUT FILE (*.out)

NOTE: This file is auto-generated.  Any manual
    changes will be lost once the Line Constants
    Program is re-run.

Display Format: M,N denotes a complex number M + jN

--------------------------------------------------
LOAD FLOW RXB FORMATTED DATA @      60.00 Hz:
--------------------------------------------------

Base of Per-Unit Quantities : 230.00 kV (L-L)  ,100.00 MVA
NOTE: Base values could be changed using Additional Options Component

 Positive Sequence (Long-Line Corrected)
 ................

 Resistance      Rsq  [pu]:      0.343518423E-02
 Reactance       Xsq  [pu]:      0.708766187E-01
 Susceptance      Bsq  [pu]:      0.234043449
 Surge Impedance Zcsq  [pu]:      0.550304736
```

图 5-54 段常量文件内容

5．段输出文件

输出文件由 LCP 创建，以对用户方便的格式显示重要的输电段数据。其中包括了阻抗和导纳矩阵信息、序分量数据和传输时间。输出文件的格式随所使用的模型不同而略有变化。Additional Options 元件可用于改变该文件中数据的格式。

➢ 相域数据。相域数据段显示特定频率处相关的线路常量，所有量都是相域量。术语相域指未变换至模态域的量。相域数据表示线路直观实际的特性。

- 串联阻抗矩阵 (Z)。这些数据表示单位长度的系统串联阻抗矩阵 Z (Ω/m)。对角线上的项表示每条导线的自阻抗，非对角线上项是各导线之间的互阻抗。矩阵的维数取决于系统 N 中等效导线/接电线的最终数目。该矩阵可表示为：

$$Z=\begin{bmatrix} Z_{11} & Z_{12} & \cdots & Z_{1N} \\ Z_{21} & Z_{22} & \cdots & Z_{2N} \\ \vdots & \vdots & & \vdots \\ Z_{N1} & Z_{N2} & \cdots & Z_{NN} \end{bmatrix}$$

  该矩阵中所有元素都为复数，并以笛卡儿形式给出：$R_{ij}, X_{ij} \rightarrow Z_{ij}, = R_{ij}+\mathrm{j}X_{ij}$。各项在矩阵中的位置取决于导线/接地线编号的方式。所选择的理想换位类型也将影响该矩阵。

- 并联导纳矩阵 (Y)。这些数据表示单位长度的系统并联导纳矩阵 Y (S/m)。对角线上的项表示每条导线的自阻抗，非对角线上项是各导线之间的互阻抗。矩阵的维数取决于系统中 N 等效导线/接电线的最终数目。该矩阵可表示为：

$$Y=\begin{bmatrix} Y_{11} & Y_{12} & \cdots & Y_{1N} \\ Y_{21} & Y_{22} & \cdots & Y_{2N} \\ \vdots & \vdots & & \vdots \\ Y_{N1} & Y_{N2} & \cdots & Y_{NN} \end{bmatrix}$$

该矩阵中所有元素都为复数，并以笛卡儿形式给出：$G_{ij}, B_{ij}\rightarrow Y_{ij}, = G_{ij}+jB_{ij}$。各项在矩阵中的位置取决于导线/接地线编号的方式。所选择的理想换位类型也将影响该矩阵。

- 长线校正串联阻抗矩阵（Z_{LL}）。这些数据表示通过长线校正的串联阻抗矩阵 Z (Ω)。矩阵中数据是整条线路的阻抗，且所有量均通过校正算法计入了长线距离的电气效应。

  长线校正量具有特定的用途，在利用单一 PI 等效电路来表示某一特定频率下的整个线路时应当使用这些数据，但它们不能用于定义时域行波模型。
- 长线校正并联导纳矩阵(Y_{LL})。这些数据表示通过长线校正的并联导纳矩阵 Y(S)。矩阵中数据是整条线路的导纳，且所有量均通过校正算法计入了长线距离的电气效应。

  长线校正量具有特定的用途，在利用单一 PI 等效电路来表示某一特定频率下的整个线路时应当使用这些数据，但它们不能用于定义时域行波模型。

➢ 序分量。序分量数据部分显示特定频率下相关的线路参数，且所有量均为序分量。序分量数据通过使用序变换矩阵 T 直接计算得到，变换矩阵为：

$$T=\frac{1}{2\sqrt{3}}\begin{bmatrix} 2 & 2 & 2 \\ 2 & -1-j\sqrt{3} & -1+j\sqrt{3} \\ 2 & -1+j\sqrt{3} & -1-j\sqrt{3} \end{bmatrix}$$

- 序阻抗矩阵（Z_{sq}）。这些数据表示单位长度的系统序阻抗矩阵 Z_{sq}。Z_{sq} 由串联阻抗矩阵 Z 和序变换矩阵 T 直接得到，即：

$$Z_{sq}=T^{-1}\cdot Z\cdot T$$

如果 Z 矩阵中所有三相电路均为理想换位，则序阻抗矩阵 Z_{sq} 将是对角阵，对角线上的项是等效的零序、正序和负序分量。一个三相理想换位电路的序阻抗矩阵可具有如下形式：

$$Z_{sq}=\begin{bmatrix} Z_0 & 0 & 0 \\ 0 & Z_+ & 0 \\ 2 & 0 & Z_- \end{bmatrix}$$

在两个理想换位三相电路中，序阻抗矩阵可具有如下形式：

$$Z_{sq}=\begin{bmatrix} Z_{01} & 0 & 0 & Z_{0M} & 0 & 0 \\ 0 & Z_{+1} & 0 & 0 & 0 & 0 \\ 0 & 0 & Z_{-1} & 0 & 0 & 0 \\ Z_{0M} & 0 & 0 & Z_{02} & 0 & 0 \\ 0 & 0 & 0 & 0 & Z_{+2} & 0 \\ 0 & 0 & 0 & 0 & 0 & Z_{-2} \end{bmatrix}$$

式中，Z_{0n} 为第 n 个电路的零序阻抗（Ω/m）；Z_{+n} 为第 n 个电路的正序阻抗（Ω/m）；Z_{-n} 为第 n 个电路的负序阻抗（Ω/m）。Z_{0M} 为零序互阻抗（Ω/m）。

序分量数据仅对于三相电路才具有意义。该矩阵的格式受系统中各个电路换位方式的影响很大。例如，如果两个三相电路换位，则所有 6 条导线将包括在换位中，此时将不产生序阻抗矩阵。

各项在矩阵中的位置取决于导线/接地线的编号，所选择的理想换位类型也将影响该矩阵。

- 序导纳矩阵（Y_{sq}）。这些数据表示单位长度的系统序导纳矩阵 Y_{sq}（S/m）。Y_{sq} 由并联导纳矩阵 Y 和序变换矩阵 T 直接得到，即：

$$Y_{sq}=T^{-1}\cdot Y\cdot T$$

➢ 潮流 RXB 格式化数据。这些数据来自于序分量数据部分，但为方便读取而进行了格式化。图 5-55 显示了这些数据的来源，典型的线路段输出文件内容如图 5-56 所示。

6．段记录文件

记录文件按先后次序收集 LCP 运行过程中生产的信息，它对于调试整定架空线路或电缆段非常重要。建议用户查看该文件以确保求解线路常量过程不发生任何问题。

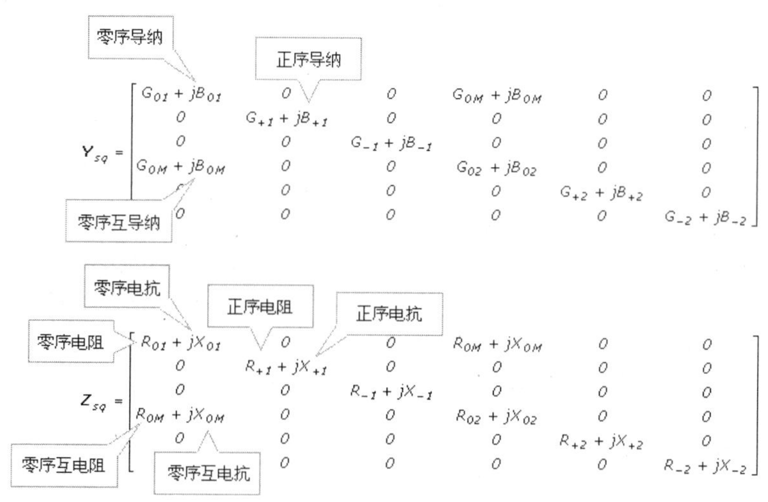

图 5-55 序阻抗和序导纳矩阵

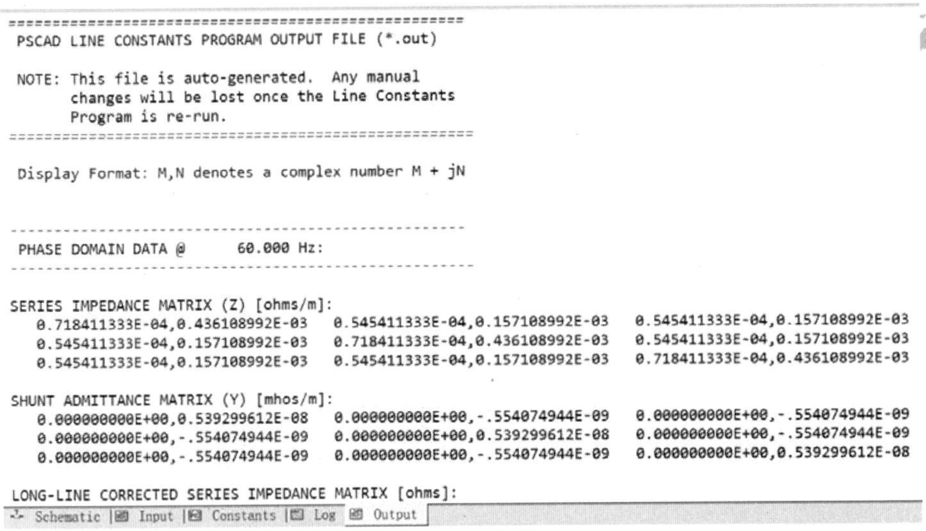

```
==================================================
PSCAD LINE CONSTANTS PROGRAM OUTPUT FILE (*.out)

NOTE: This file is auto-generated.  Any manual
      changes will be lost once the Line Constants
      Program is re-run.
==================================================

Display Format: M,N denotes a complex number M + jN


--------------------------------------------------
PHASE DOMAIN DATA @      60.000 Hz:
--------------------------------------------------

SERIES IMPEDANCE MATRIX (Z) [ohms/m]:
   0.718411333E-04,0.436108992E-03    0.545411333E-04,0.157108992E-03    0.545411333E-04,0.157108992E-03
   0.545411333E-04,0.157108992E-03    0.718411333E-04,0.436108992E-03    0.545411333E-04,0.157108992E-03
   0.545411333E-04,0.157108992E-03    0.545411333E-04,0.157108992E-03    0.718411333E-04,0.436108992E-03

SHUNT ADMITTANCE MATRIX (Y) [mhos/m]:
   0.000000000E+00,0.539299612E-08    0.000000000E+00,-.554074944E-09    0.000000000E+00,-.554074944E-09
   0.000000000E+00,-.554074944E-09    0.000000000E+00,0.539299612E-08    0.000000000E+00,-.554074944E-09
   0.000000000E+00,-.554074944E-09    0.000000000E+00,-.554074944E-09    0.000000000E+00,0.539299612E-08

LONG-LINE CORRECTED SERIES IMPEDANCE MATRIX [ohms]:
 Schematic | Input | Constants | Log | Output
```

图 5-56 线路段输出文件内容

5.3.14 LCP 明细输出查看器

LCP 明细查看器功能提供了用于对来自 LCP 的详细频域输出数据进行显示的可视化环境。明细输出仅在使用 Frequency Dependent (Phase) 模型时有效。

查看器同时支持矩阵和矢量方式，其中任何输出矩阵的任何元素可单独地绘制。一些可进行绘制的数据包括：

- 串联阻抗。
- 并联导纳。
- 特征向量/特征值。
- 曲线拟合输出。

查看器中使用的绘图工具与在 PSCAD 中使用的基本相同，同样包括了诸如标记、缩放和交叉线等特性。也可如在在线绘图工具中一样，将数据写入至文件或复制至剪切板。

明细输出数据文件是列形式的 ASCII 文本文件，当段被求解后该文件将放置于项目临时文件夹下。

1．创建明细输出

在查看任何细节输出之前，必须对使用了 Frequency Dependent (Phase) 模型的架空线或电缆段进行求解。在求解之前，相应的输入参数 *Output Detailed Output Files?* 必须设置为 Yes。

尽管也可创建互耦合走廊的明细输出文件，但当前明细查看器并不支持查看这些文件。

2．明细输出查看器的调用

用户可在输电段定义编辑器画布任何空白处单击鼠标右键，从弹出的菜单中选择 View Detailed Output，如图 5-57 所示。

由于 Bergeron 模型仅对一个频率进行求解，使用该模型时无法进行明细输出。

3. 明细输出查看器环境

➢ 电子表数据查看器。查看器主页面是一个浏览方便的类似电子表的查看器，如图 5-58 所示。

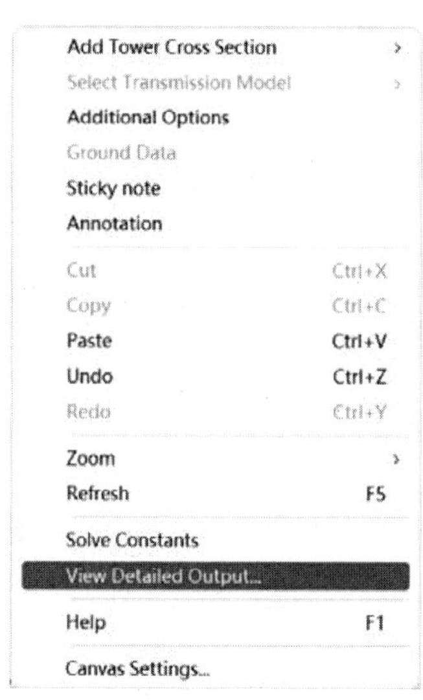

图 5-57 明细输出查看器调用菜单

log(f)	f [Hz]	(1)C	(1)F	(2)C	(2)F
-2.00000...	1.00000...	9.99862...	9.99840...	9.99862...	9.99819...
-1.92000...	1.20226...	9.99862...	9.99840...	9.99862...	9.99819...
-1.84000...	1.44544...	9.99862...	9.99840...	9.99862...	9.99819...
-1.76000...	1.73780...	9.99862...	9.99840...	9.99862...	9.99819...
-1.68000...	2.08929...	9.99862...	9.99840...	9.99862...	9.99819...
-1.60000...	2.51188...	9.99862...	9.99840...	9.99862...	9.99819...
-1.52000...	3.01995...	9.99862...	9.99840...	9.99862...	9.99819...
-1.44000...	3.63078...	9.99861...	9.99840...	9.99862...	9.99819...
-1.36000...	4.36515...	9.99861...	9.99839...	9.99862...	9.99819...
-1.28000...	5.24807...	9.99861...	9.99839...	9.99861...	9.99819...
-1.20000...	6.30957...	9.99860...	9.99839...	9.99861...	9.99819...
-1.12000...	7.58577...	9.99859...	9.99839...	9.99861...	9.99819...
-1.04000...	9.12010...	9.99858...	9.99839...	9.99861...	9.99819...
-9.60000...	1.09647...	9.99857...	9.99839...	9.99860...	9.99819...
-8.80000...	1.31825...	9.99855...	9.99839...	9.99859...	9.99819...
-8.00000...	1.58489...	9.99852...	9.99839...	9.99858...	9.99819...
-7.20000...	1.90546...	9.99849...	9.99839...	9.99857...	9.99819...
-6.40000...	2.29086...	9.99845...	9.99838...	9.99856...	9.99819...
-5.60000...	2.75422...	9.99840...	9.99838...	9.99854...	9.99819...
-4.80000...	3.31131...	9.99833...	9.99837...	9.99851...	9.99819...
-4.00000...	3.98107...	9.99826...	9.99835...	9.99848...	9.99819...
-3.20000...	4.78630...	9.99818...	9.99834...	9.99845...	9.99819...
-2.40000...	5.75439...	9.99808...	9.99831...	9.99841...	9.99819...
-1.60000...	6.91831...	9.99798...	9.99827...	9.99837...	9.99819...

Solving right-of-way line constants 1 of 1.

图 5-58 明细输出查看器主页

表中的每一列表示个体量（通常是一个矩阵或矢量的元素），每一行的数据表示在一个特定频率下的计算值。

● 列的组织。根据所查看的输出参数的不同，数据可以矩阵或矢量的形式出现，也可包括曲线拟合的结果。矩阵的列组织如图 5-59 所示。

log(f)	f [Hz]	(1,1)	(1,2)	(1,3)	(1,4)	(2,1)	(2,2)	(2,3)

图 5-59 矩阵的列组织

诸如串联阻抗矩阵的参数，其排列是按照在矩阵中从左至右和从上至下的次序。每列标题以（行号，列号）的形式给出。数组的列组织如图 5-60 所示。

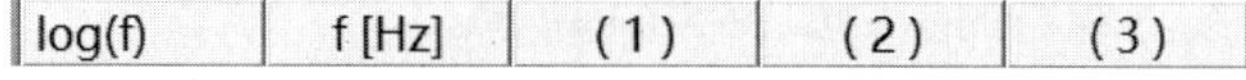

log(f)	f [Hz]	(1)	(2)	(3)

图 5-60 阵列的列组织

数组量将简单按照次序进行排列。计算/拟合量的列组织如图 5-61 所示。

log(f)	f [Hz]	(1)C	(1)F	(2)C	(2)F

图 5-61 拟合量的列组织

当包括了曲线拟合结果时，计算量和拟合量交叉排列，并分别以 C 和 F 进行标识。

➢ 查看器功能区控制条菜单。在进入明细输出查看器后，此时的功能区控制条菜单多出了 Detailed Output Viewer 菜单，如图 5-62 所示。

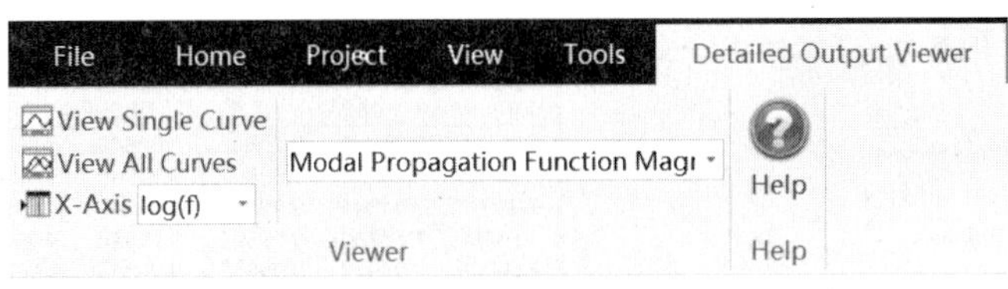

图 5-62 明细查看器工具栏

其中的功能按钮说明如下：

- View Single Curve：查看由当前电子表格产生的曲线。
- View All Curves：同时查看所有曲线。
- X-Axis Settings：X 轴设置，可选择 X 轴为频率或频率的对数。
- 下列列表：选择查看不同的参数。

➢ 复制数据行。可将一行或同时将多行数据复制至 Windows 剪贴板。可单击某一行，或按下并保持 Ctrl 键以选择多行，单击鼠标右键，从弹出的菜单中选择 Copy Data，如图 5-63 所示。

➢ 曲线查看器。曲线查看器提供了一种简单的用于图形化查看线路常量详细输出的功能。该功能使用了与 PSCAD 主环境中所提供的在线绘图相似的机制，并根据此时的特定用途进行了修改。其中具有两种曲线查看功能：查看单一曲线和查看所有曲线。

log(f)	f [Hz]	(1)C	(1)F	(2)C	(2)F
-2.00000...	1.00000...	9.99862...	9.99840...	9.99862...	9.99819...
-1.92000...	1.20226...	9.99862...	9.99840...	9.99862...	9.99819...
-1.84000...	1.44544...	9.99862...	9.99840...	9.99862...	9.99819...
-1.76000...	1.73780...	9.99862...	9.99840...	9.99862...	9.99819...
-1.68000...	2.08929...	9.99862...	9.99840	9.99862	9.99819...
-1.60000...	2.51188...	9.99862...	9.!	Copy Data	319...
-1.52000...	3.01995...	9.99862...	9.99840...	9.99862...	9.99819...
-1.44000...	3.63078...	9.99861...	9.99840...	9.99862...	9.99819...

图 5-63 数据复制

用户可单击此时功能区控制条中的 View Single Curve 或 View All Curves 按钮来调用曲线查看器，曲线查看器的示例如图 5-64 所示。

当查看矩阵量时，例如串联阻抗矩阵 Z，初始状态下仅显示矩阵对角线上的元素，主要是减少可能将要显示的轨迹数目。

曲线查看器使用了 PSCAD 在线绘图工具的多轨迹曲线特性，使得其能够绘制诸如矩阵的 2 维参数。例如为了绘制 3×3 的矩阵（例如 Y 和 Z 矩阵的幅值），矩阵元素将以曲线和轨迹的形式进行排列，曲线中的每个轨迹代表完整的矩阵列，每条轨迹代表该列中的一个元素，如图 5-65 所示。

在图 5-65 中，展开了第一列曲线以显示分别代表该列中 3 个元素的三条曲线，即元素 (1, 1), (2, 1)和(3, 1)。

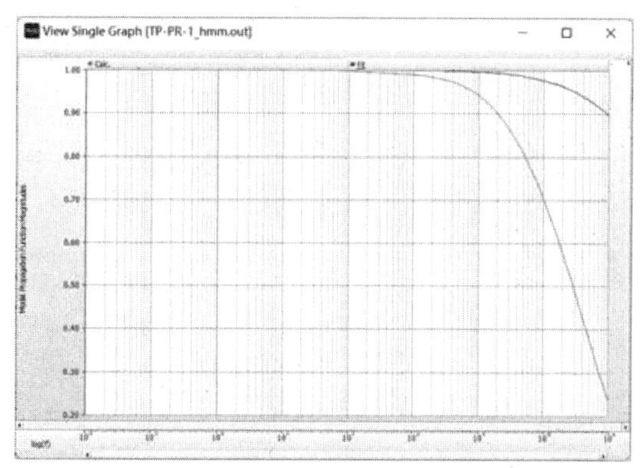

图 5-64 曲线查看器

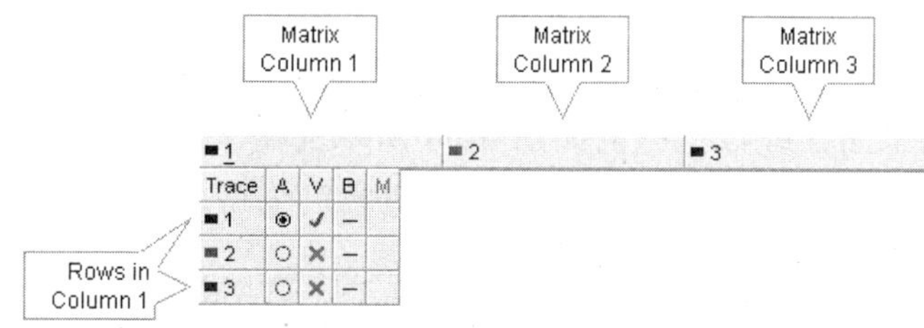

图 5-65 矩阵的多轨迹曲线

对于数组项，例如特征值数组，其中的所有元素将被包含在单一的曲线内，例如，一个 3 元素数组的幅值将如图 5-66 所示。所有数组元素

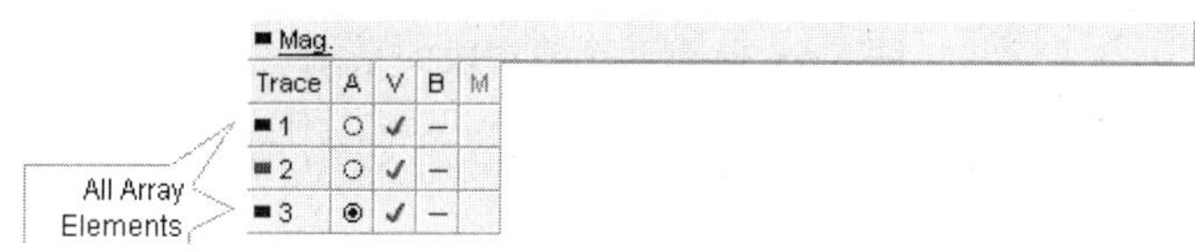

图 5-66 数组的多轨迹曲线

5.3.15 线路段互耦合

1．说明

输电系统段的互耦合使得用户可将多条输电段耦合（并联）在一起，只要它们的长度相同。在过去，用户只能手动将多个分离的塔（或电缆截面）系统组合成为一个输电线路段来实现互耦合。现在 PSCAD 已被设计为自动执行该任务，并且无论是否具有互耦合均能保持各线路段的独立性。

互耦合同样可规避处理多相线路和母线时的特定节点映射问题。例如，用户可在无需使用 Breakout 元件的情况下，将多条连接至同一母线的输电线路段耦合在一起，如图 5-67 所示。

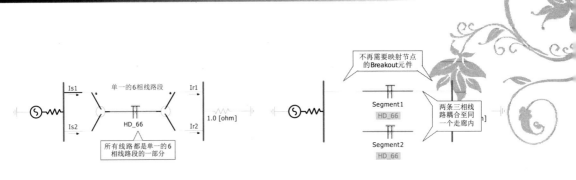

图 5-67 互耦合示例

2．输电段互耦合的创建

为将两条或多条输电段耦合在一起，它们首先必须具有相同的长度。耦合段集合（被称为走廊或 ROW）中每一段须设置 *Horizontal Translation* 值，用于在全局 x 坐标下定位该段。

同样的，其中的一个段需被选择作为参考段，用于标识哪个段将定义用于整个 ROW 的模型和地平面详细数据。例如图 5-68 所示的两个独立输电段：上图中的两个段被设置为独立的，两者之间相互不耦合。也即假定线路 L1_3 和 L3_1 在物理上是分开的，两者之间的任何电磁耦合效应都无关紧要。

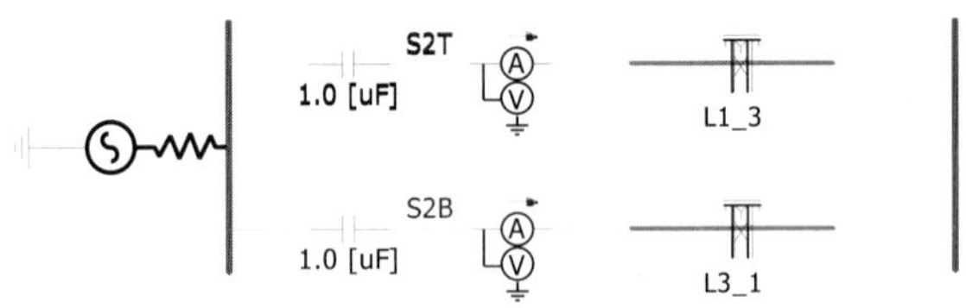

图 5-68 具有两个输电段的系统

上述两条输电段的定义设置分别如图 5-69 和图 5-70 所示。

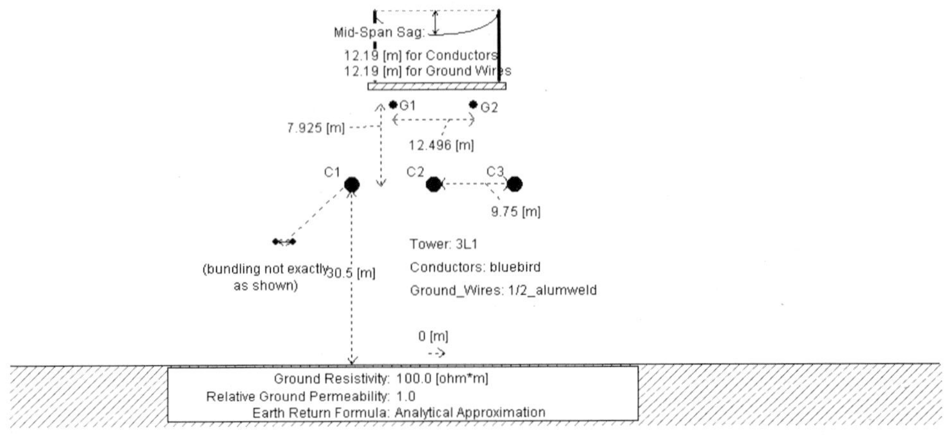

图 5-69 输电段 L1-3 的定义画布

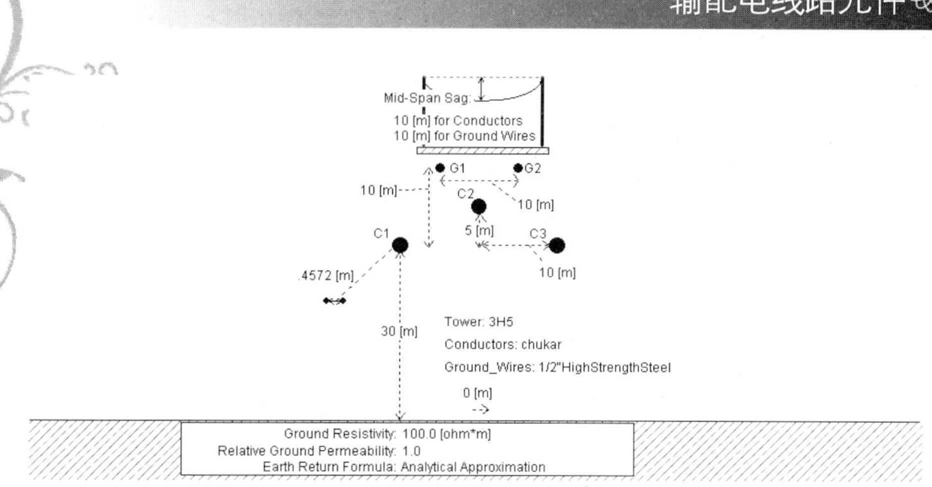

图 5-70 输电段 L3-1 的定义画布

如果在实际的物理系统中，线路 L1-3 和 L3-1 实际上相互之间足够接近（也可能通过同一走廊），两者之间的耦合效应在求解时将具有重要的影响。为在 PSCAD 中完全表示出这种情况，这两个输电段必须被组合成为一个单一的 ROW。

为了实现这种互耦合，首先所有的输电段必须具有相同的长度，同样需注意不能将架空线路和地下电缆组合在同一走廊内。其次要确定其中的哪个段将被作为参考段。可打开某个输电段的参数输入对话框，其中有多个参数涉及到定义同一走廊的问题，如图 5-71 所示。

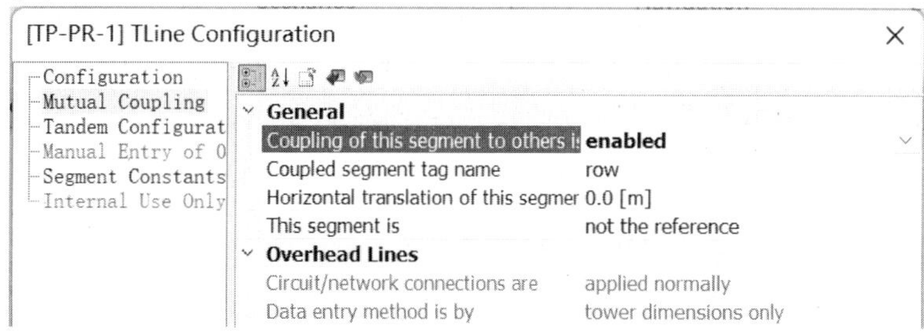

图 5-71 涉及到互耦合的输电段参数

- Coupling of this segment to others is：该参数用于启用/禁止互耦合特性。该选项便于用户比较耦合与否对系统的影响。
- Coupled segment tag name：该文本参数用于指定本线路段所属的 ROW 的名称。包含于特定 ROW 内的所有段必须具有相同的该名称。
- Horizontal translation of this segment：该参数确定本线路段相对于参考段的全局水平位置，参考段需输入 0.0。
- This segment is：该参数用于指定 ROW 内的参考段。PSCAD 将从所选择的参考段内提取创建段输入文件所需的模型和地平面元件参数。一个 ROW 内仅能包含一个参考段。
- Circuit/network connections are：对包含多个 3 相电路（即导体数为 6, 9, 12 等）的线路段建模时，可使用该选项规避使用 breakout 元件实现正确连接。

● Data entry method is by：选择使用塔截面输入数据或者直接输入序分量数据。

3．互耦合的图形化标识

PSCAD 提供了附加的图形来协助区分独立的线路段以及耦合于同一 ROW 内的线路段。例如，如果线路 L1-3 和 L3-1 耦合至名为 L1L3 的 ROW 内，其中 L1-3 为参考段，则项目画布上电路的显示将如图 5-72 所示。

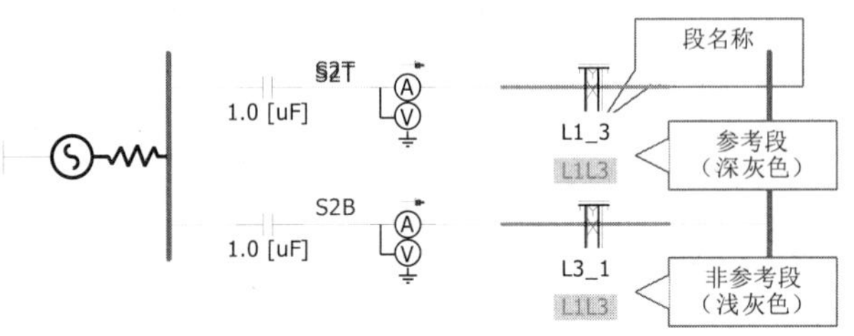

图 5-72 耦合线路段的图形标识

4．PSCAD 对互耦合的处理

当项目编译时，PSCAD 将为项目中每条输电段产生唯一的段输入文件，对每个段输入文件将调用一次 LCP，并在每次调用后创建唯一的段常量文件。LCP 常量文件被用作 EMTDC 实际建立时域中输电系统接口的输入。

每个输入文件包含了定义输电段的信息，包括导线位置、电阻、电路以及地平面属性等。互耦合算法简单地将该 ROW 内所有段的所有塔（或电缆截面）合并为一个单一的段输入文件，采用该 ROW 的名称（即 *ROW tag name*）。仅通过使用耦合段之间的水平变换距离，导线位置和编号可转换至相对整个 ROW。

例如，在上述的耦合段 L1-3 和 L3-1 中，L1-3 为参考段。通过给出的它们各自 x 轴原点的相对水平距离 d_h，其中的两个塔可合并为如图 5-73 所示的一个系统。

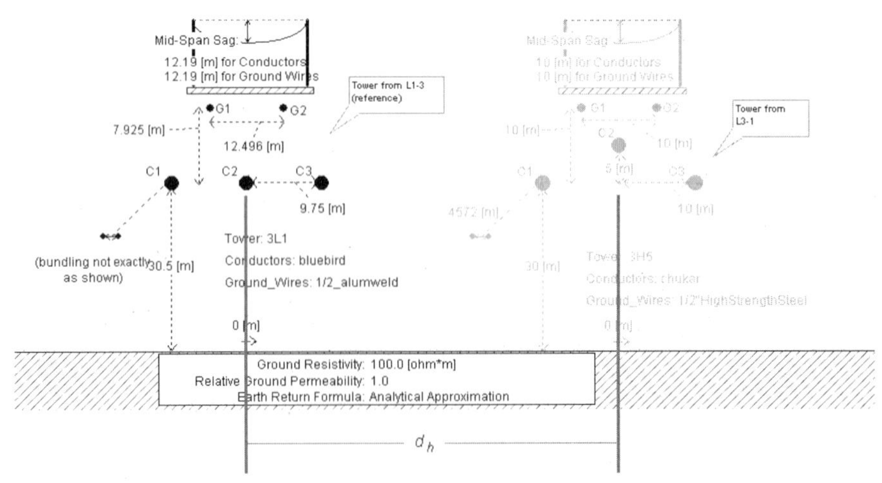

图 5-73 耦合线路段的组合

在合并过程中，两类特定的属性将被修改：导线/电缆位置以及导线相别/电缆编号。

- 导线/电缆位置数据。同一 ROW 内所有段的导线或电缆位置数据将被修改，使得相应的导线/电缆通过相应的水平变换距离进行了变换。在手动合并其他塔的情况下，这种修改需通过塔的 *Relative X Position of Tower Centre on Right-Of-Way* 输入参数来实现，并且由互耦合算法进行处理。
- LCP 需要所有的导线/电缆/接地线具有唯一的编号，以在频域求解时对它们进行区分。当多个塔加入到特定的段内时，需要在每个塔或电缆中手动输入该信息。互耦合算法将自动处理所有导线的相别以及电缆的编号。
- 序分量数据输入。如果数据直接以序分量的形式输入（即所有涉及到的输电段使用了 Manual Entry of Y，Z 元件），则导线相序和位置将不起作用。通过序分量方式输入数据时，PSCAD 将为整个耦合系统创建 Y/Z 矩阵。这些矩阵将基于所涉及的每个段中的 Manual Entry of Y, Z 元件的信息，以及附加的零序耦合数据。零序耦合数据必须由用户单独提供，并以与在 Manual Entry of Y, Z 中输入数据相同的格式输入。

用户可在特定 ROW 的参考段的输电段配置对话框中输入零序耦合数据。为输入这些数据，首先应设置输入参数 *Data entry method* 为 manual entry of sequence data only，如图 5-74 所示。

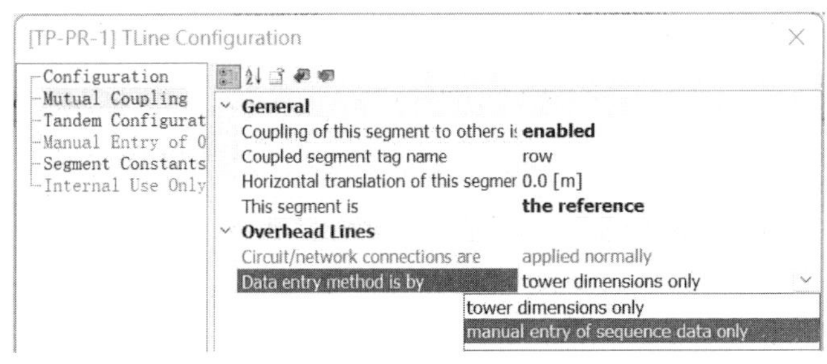

图 5-74 手动输入零序耦合数据设置

设置后将启用对话框中另一个名为 Manual Entry of 0-Sequence Mutual Data 的类别页面，如图 5-75 所示。

在该页面中的工作与在 Manual Entry of Y，Z 元件中数据输入的方式类似。无论如何首先必须选择正确的输入数据格式（在 ROW 内各个段的格式必须相同）。数据以矩阵的格式输入，矩阵的每行/列表示一个三相系统。每个输入数据参数可包含多达 10 个三相耦合段的信息，如图 5-76 所示。

该表中的大部分元素为-1，表示相应的位置未被使用（主要是对角线和与输入数据对称的位置），零序耦合数据将按照要求在其他位置输入。例如，如果用户耦合 3 个三相线路，合法的数据将需要输入至(2, 1), (3, 1)和(3, 2)，分别表示段 1 和 2、段 1 和 3 以及段 2 和 3 之间的零序耦合数据。

示例：用户想将 2 个三相输电段进行耦合（名为段 1 和段 2），它们均定义为直接输入序分量数据（使用了 Manual Entry of Y，Z 元件）。

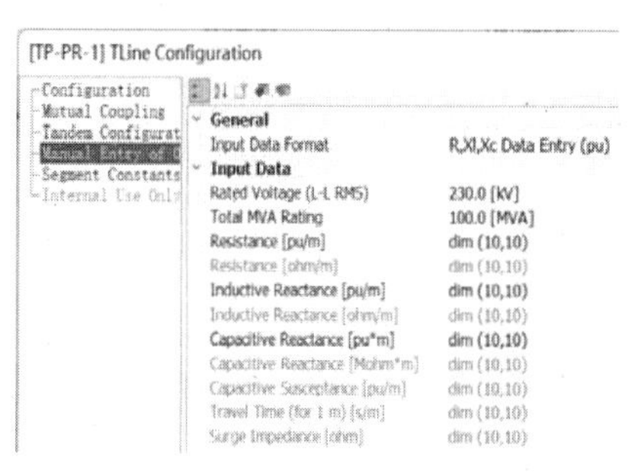

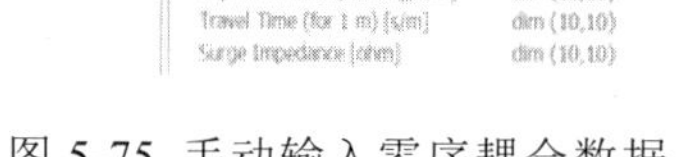

图 5-75 手动输入零序耦合数据

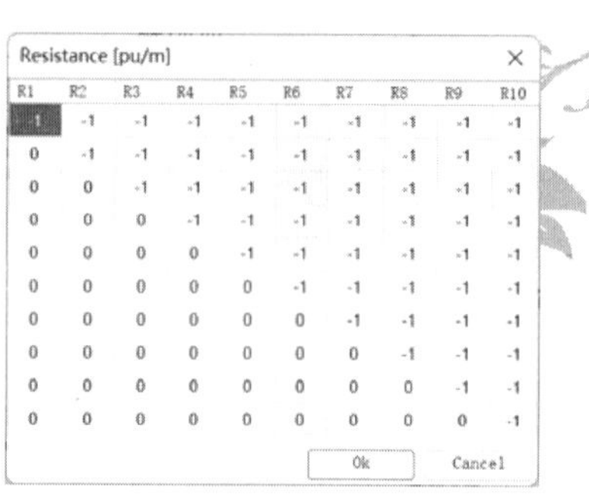

Resistance [pu/m]

R1	R2	R3	R4	R5	R6	R7	R8	R9	R10
-1	-1	-1	-1	-1	-1	-1	-1	-1	-1
0	-1	-1	-1	-1	-1	-1	-1	-1	-1
0	0	-1	-1	-1	-1	-1	-1	-1	-1
0	0	0	-1	-1	-1	-1	-1	-1	-1
0	0	0	0	-1	-1	-1	-1	-1	-1
0	0	0	0	0	-1	-1	-1	-1	-1
0	0	0	0	0	0	-1	-1	-1	-1
0	0	0	0	0	0	0	-1	-1	-1
0	0	0	0	0	0	0	0	-1	-1
0	0	0	0	0	0	0	0	0	-1

Ok Cancel

图 5-76 零序耦合数据的输入

来自各个段的局部数据形成了 2 个独立的分别表示 Y 和 Z 的 3×3 矩阵。以 Z 矩阵为例，两个段各自的 Z 矩阵分别为 Z_1 和 Z_2。当这两个三相系统耦合以形成一个六相系统时，Z_1 和 Z_2 成为耦合的 6×6 矩阵的对角线，如图 5-77 所示。

上述的矩阵 Zm 表示必须通过输电段配置元件输入的零序耦合数据。在本示例中仅有 2 个三相线路段，因此在每个输入数据表中仅需输入 (2, 1) 位置的数据。本例中数据输入格式选择为 R, Xl, Xc Data Entry (pu/m)，则必须输入如图 5-78 所示的三个值。一旦输入这些数据后，PSCAD 将把这两个线路作为一个耦合系统进行求解。

$$Z_{ROW}=\left|\begin{array}{c:c} Z_1 & Z_m \\ \hdashline Z_m & Z_2 \end{array}\right|$$

图 5-77 耦合线路段的阻抗矩阵

Resistance [pu/m]

R1	R2	R3	R4	R5	R6	R7	R8	R9	R10
-1	-1	-1	-1	-1	-1	-1	-1	-1	-1
6.86e-7	-1	-1	-1	-1	-1	-1	-1	-1	-1
0	0	-1	-1	-1	-1	-1	-1	-1	-1

Inductive Reactance [pu/m]

Xl1	Xl2	Xl3	Xl4	Xl5	Xl6	Xl7	Xl8	Xl9	Xl10
-1	-1	-1	-1	-1	-1	-1	-1	-1	-1
6.37e-7	-1	-1	-1	-1	-1	-1	-1	-1	-1
0	0	-1	-1	-1	-1	-1	-1	-1	-1

Capacitive Reactance [pu*m]

Xc1	Xc2	Xc3	Xc4	Xc5	Xc6	Xc7	Xc8	Xc9	Xc10
-1	-1	-1	-1	-1	-1	-1	-1	-1	-1
5.4e7	-1	-1	-1	-1	-1	-1	-1	-1	-1
0	0	-1	-1	-1	-1	-1	-1	-1	-1

图 5-78 零序耦合数据输入示例

5．多塔元件输电段

互耦合算法完全支持合并具有多个塔/电缆的输电段。事实上，对它们的处理方式与单塔/电缆段的相同，如图 5-79 所示。

此外，互耦合算法也支持远方终止模型的输电系统。对电缆系统，所有的电缆必须处于远方终止模式，而对架空线路，可将具有远方终止模式和直接连接模式的段进行合并。

6．互耦合 ROW 文件的查看

当独立的输电段耦合在一起以形成新的互耦合 ROW 时，所涉及的文件（即输入、常量、记录和输出文件）将具有 ROW 自身的名称。就 PSCAD 而言，互耦合 ROW 实际上是一种虚拟的输电段，与实际输电段不同的是它不具有定义。因此，它的信息无法通过使用输电段定义编辑器进行查看。

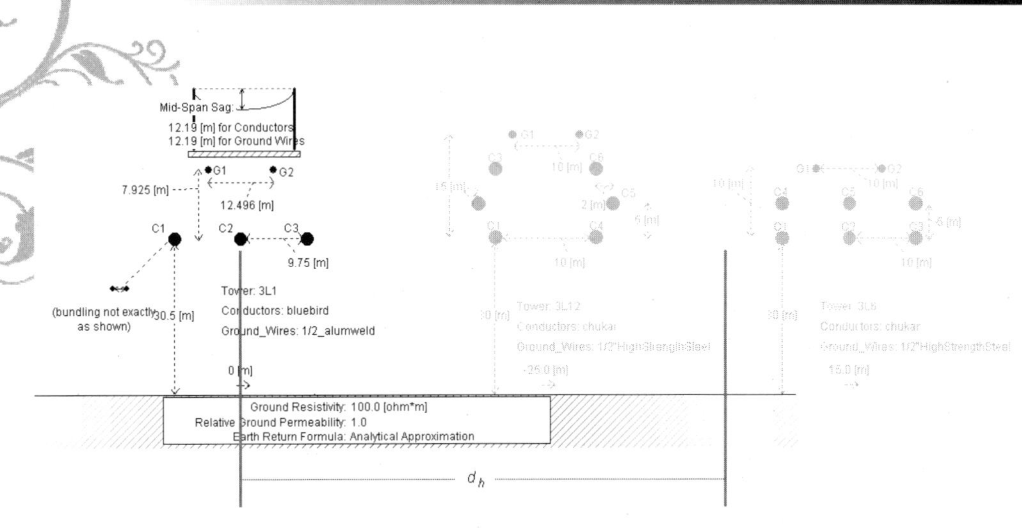

图 5-79 多塔输电段互耦合 ROW

这意味着无法方便地通过选卡式窗口来查看文件，但可通过 Workspace 窗口中的 Temporary Folder Branch 来查看互耦合 ROW 文件，如图 5-80 所示。

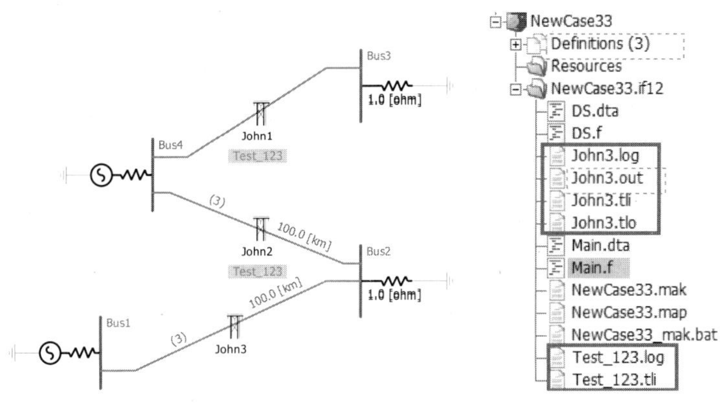

图 5-80 互耦合线路及其 ROW 文件

7. 注意事项

在使用互耦合算法时，需对某些开始可能不会明显表现出的问题采取预防性措施。

- ROW 的调整。互耦合 ROW 自身是一个独立的输电段，因此可能也需要如其他任何独立的段一样进行设置。即使对所有独立的段都进行了正确的调整并得到了满意的结果，也不能确保合并后的系统也能给出正确的结果。事实上，对合并系统的求解可能最开始就会失败。
- 模型类型和地平面参数。由于多个独立的输电段被合并为一个 ROW，这些独立段的输电线模型和地平面属性将存在差异。为避免这种冲突，互耦合算法将以参考段中使用的模型和地平面作为所有段统一使用的模型和地平面。如果段之间存在这种差异，PSCAD 将在输出窗口中产生警告消息。

➢ 最大导线/电缆数目。必须记住遵循 ROW 内最大导线/电缆数目的限制。

5.3.16 输电段的多实例化

从 PSCAD 自身而言输电线路段与其他组件并无不同，它们同样具有画布、输入参数及其定义，因而也可被多实例化。但输电段的多实例化较普通组件的更为复杂。

普通组件无论在项目中实例化多少次都仅将编译一次，这是由于它们不依赖任何其自身的输入参数或连接端口来定义其定义。但输电段的定义与其长度密切相关（即长度影响定义），因此该参数是一个基于实例的参数，每个输电段实例必须单独地进行编译。

当然输电段长度可轻易地成为定义的一部分，而不是将它作为基于实例的参数，但这样做一旦线路长度改变就需要创建一个新的线路段定义。例如，对于具有相同的塔配置，如果一个线路段为 15 km，而另一个为 15.001 km，则需要创建两个线路段定义。线路长度最终保留作为基于实例的参数，因此即使来自同一定义，每个单独的线路段均需被独立求解。

因此更为有意义的是使用一个单一的定义来表示某个塔配置，并将该定义多实例化。这样做的结果是使得线路长度成为了基于实例的参数，并因而每个线路段实例都必须单独地进行求解，即使是它们基于相同的定义。PSCAD 提供了无需多次求解的线路段多实例化方法来避免多次求解问题的发生。

可通过将线路段封装于某个组件画布内来避免多实例线路段的多次求解，即将输电线路或电缆作为其父组件定义的一部分，只要这些线路段具有相同的定义和相同的长度。由于组件定义仅求解一次，因此其中的线路段也仅将求解一次。EMTDC 将简单地多次访问相同的线路段常量文件(*.tlo/*.clo)。

例如用户想模拟三相换位输电线路，线路的每段具有相同的截面设置和相同的长度，整个输电系统总共包括 6 段。

➢ 用户可首先创建一个新的组件定义，并在其图形外部的左边和右边分别添加 3 个单相端口连接节点，如图 5-81 所示。

➢ 在新创建组件的电路画布内，创建新的直接连接输电线路段，如图 5-82 所示。

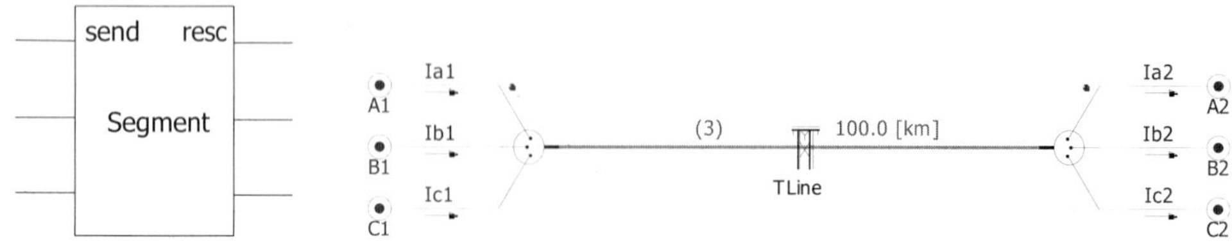

图 5-81 创建元件

图 5-82 创建线路段

➢ 将该组件实例化 6 次，然后在它们之间放置换位连接线，如图 5-83 所示。

➢ 尽管图 5-83 所示的系统将调用 6 次该线路段，但由于它是组件定义的一部分，实际上该线路段仅被求解 1 次。

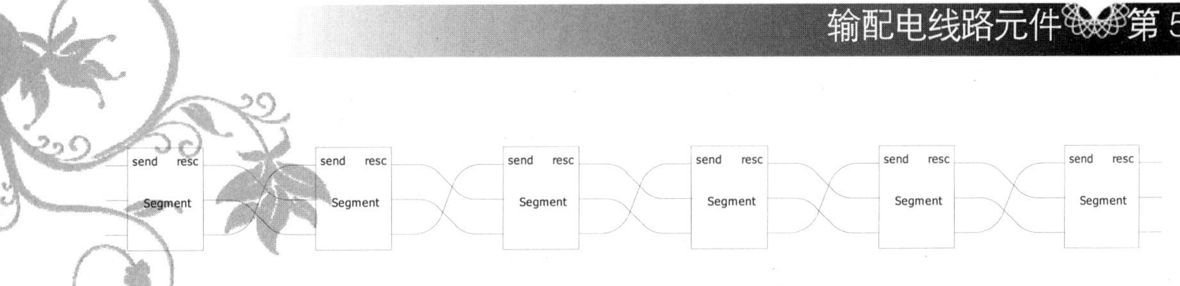

图 5-83 生成换位输电线路

5.3.17 故障移动的串接线路设置

PSCAD V5 首次引入了架空线和埋地电缆的串接线路，以便于开展日益增多的需要故障自动移动的相关研究。串接线路特性综合了多重运行控制、并行处理和输电线路段配置元件，使得开展故障移动仿真更为便捷高效。下面以如图 5-84 所示模型为例进行说明，该模型来自对 PSCAD 自带示例 *simpleac.pscx* 的简单修改。

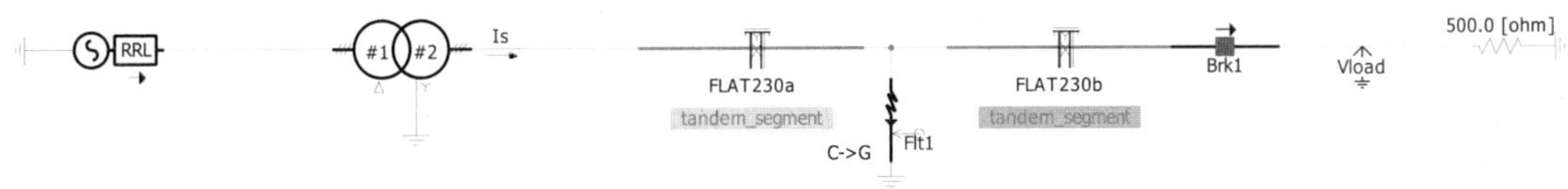

图 5-84 故障移动的串接线路示例

该模型中的具有两个除名称之外（名称分别为 FLAT230a 和 FLAT230b）参数完全相同的线路段，其中 FLAT230a 和 FLAT230b 的参数 *Link this segment in tandem* 分别选择为 Leading 和 Trailing。需要注意，两个线路段的参数 *Tandem segment name* 需设置为相同，如 tandem_segment，该名称将显示在各自线路段名称的下方，且不同类型的线路段通过不同颜色区分，如图 5-84 所示。

在两个线路段中间放置可控故障元件，并设置好多重运行次数，启动仿真后即可模拟故障位置的自动移动。以下需要注意：

- Trailing 线路段的长度需始终保持大于零，也即在图 5-85 中，*Length increment* 中的设置值（即 10.0 km）与 *Total step increments* 中的设置值（即 9）的乘积需小于线路段总长（即 100 km）。这两个参数只能由 Leading 类型的线路段输入。
- *Total step increments* 中的设置值（即 9）需与多重运行次数设置（Project Settings）一致，如图 5-86 所示。

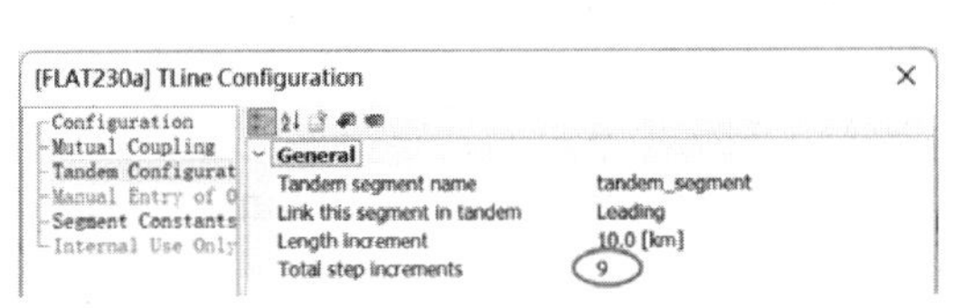

图 5-85 故障移动增量和次数

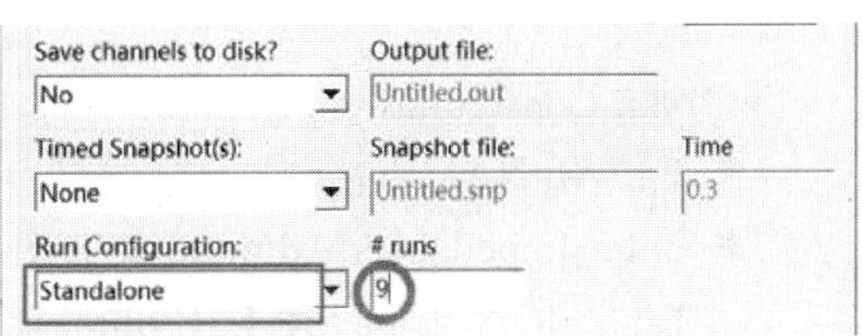

图 5-86 多重运行次数设置

5.3.18 单一电路 PI 线路段 PI-Sections (Single Circuit)

该元件如图 5-87 所示。

1．说明

该元件主要用于模拟非常短的架空输电线路或地下电缆。尽管 PI 环节模型能提供正确的基频阻抗，但不能准确模拟在其他频率下的特性。也即 PI 环节提供了简化的方法以模拟用于稳态研究（例如潮流分析）的输电系统，但不能提供精确的全频带暂态响应。

PI 环节根据用户输入的信息，由集总参数的 R，L 和 C 元件构成。其中 R 和 L 元件以矩阵形式表示，从而可提供三相之间的耦合。在每相的各端具有互耦合电容 C 和对地电容 C_m，如图 5-88 所示。

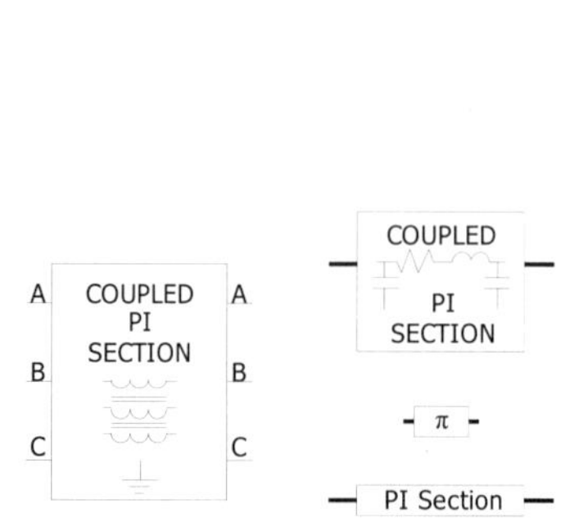

图 5-87 PI 线路段（单一电路）元件

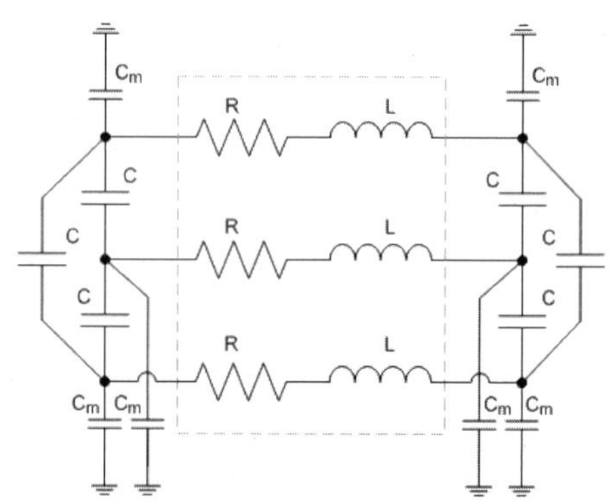

图 5-88 PI 环节的等效电路

使用该元件时应尽量选择 Coupled 选项，该选项在 EMTDC 中使用耦合的 RL 变换模型来模拟零序影响，因而避免了 Nominal PI-Section 中为考虑零序而引入的额外中线支路。

需仔细设置 Nominal PI-Section 元件参数，以确保正确模拟零序参数和地连接。Nominal PI-Section 在线路的每一端都具有中线连接点，中线连接点之间可连接 RL 零序支路。零序电流将在该中线支路上流通（从而产生很高的零序阻抗），而正序和负序分量将加到零序分量上。应当测量所有的线电压，或线对中线点（不是对地）电压。类似的，故障应当施加在线对中线之间（不是对地）。

当该元件连接至分布式输电线路模型时不能使用 Nominal PI-Section，因为它们使用了局部地的概念。

2．参数

➢ Main Configuration | General

- T-LINE NAME：仅作为标识符。输入以避免编译警告。
- Enter Impedance, Admittance Data in ：R, Xl, Xc pu | R, Xl, Xc Ohms | Zsurge, Tau.. | R, X, B pu | R, L, C ohm, H, uF。选择数据输入格式。
- Nominal PI or Coupled PI Model：Nominal | Coupled。线路类型设置。

  - ■ Nominal：正常不耦合。
  - ■ Coupled：耦合。
- ● Line Rated Frequency Hz：系统额定频率。
- ● Line Length m：线路长度。
- ● Enter 0 Sequence Data, or Estimate：Enter | Estimate。设置零序参数输入方式。
  - ■ Enter：直接输入。
  - ■ Estimate：估算。
- ● Graphics Display：3 phase view | Single line view | Compact single line view | Super compact view。选择显示模式。
  - ■ 3 phase view：三线显示。
  - ■ Single line view：单线显示。
  - ■ Compact single line view：紧凑单相显示。
  - ■ Super compact view：超级紧凑显示。

➢ Zero Sequence Estimation Parameters | General （当 *Enter 0 Sequence Data, or Estimate* 选择为 Estimate 时有效）

- ● 0 Sequence R / +ve Sequence R：零序与正序电阻的比值。
- ● 0 Sequence Z / +ve Sequence Z：零序与正序特征阻抗的比值。
- ● 0 Seq. Travel Time / +ve Seq. Travel Time：零序与正序传输时间的比值。

➢ R, Xl, Xc Data pu | General （当 *Enter Impedance, Admittance Data in* 选择为 R, Xl, Xc pu 时有效）

- ● Rated Voltage L-L kV：额定线电压有效值。
- ● MVA for All Phases MVA：三相总容量。

➢ R, Xl, Xc Data pu | Positive Sequence

- ● Positive Sequence Resistance pu/m：正序电阻率。
- ● Positive Sequence Inductive Reactance pu/m：正序感抗率。
- ● Positive Sequence Capactive Reactance pu·m：正序容抗率。

➢ R, Xl, Xc Data pu | Zero Sequence

- ● Zero Sequence Resistance pu/m：零序电阻率。
- ● Zero Sequence Inductive Reactance pu/m：零序感抗率。
- ● Zero Sequence Capactive Reactance pu·m：零序容抗率。

➢ R, Xl, Xc Data ohm | Positive Sequence 当 *Enter Impedance, Admittance Data in* 选择为 R, Xl, Xc Ohms 时有效

- ● Positive Sequence Resistance Ω/m：正序电阻率。
- ● Positive Sequence Inductive Reactance Ω/m：正序感抗率。
- ● Positive Sequence Capactive Reactance Mohm·m：正序容抗率。

➢ R, Xl, Xc Data ohms | Zero Sequence

- ● Zero Sequence Resistance Ω/m：零序电阻率。
- ● Zero Sequence Inductive Reactance Ω/m：零序感抗率。

- Zero Sequence Capactive Reactance Mohm·m：零序容抗率。

➢ Surge Impedance, Travel Time Data ohm, s | Positive Sequence （当 *Enter Impedance, Admittance Data in* 选择为 Zsurge, Tau..时有效）

- Positive Sequence Resistance Ω/m：正序电阻率。
- Positive Sequence Travel Time ms：正序传输时间。
- Positive Sequence Surge Impedance Ω：正序特征阻抗。

➢ Surge Impedance, Travel Time Data ohm, s | Zero Sequence

- Zero Sequence Resistance Ω/m：零序电阻率。
- Zero Sequence Travel Time ms：零序传输时间。
- Zero Sequence Surge Impedance Ω：零序特征阻抗。

➢ R, X, B Data pu | General 当 *Enter Impedance, Admittance Data in* 选择为 R、X、B Data pu 时有效

- Rated Voltage L-L kV：额定线电压有效值。
- MVA for All Phases MVA：三相总容量。

➢ R, X, B Data pu| Positive Sequence

- Positive Sequence Resistance pu/m：正序电阻率。
- Positive Sequence Inductive Reactance pu/m：正序感抗率。
- Positive Sequence Capactive Susceptance pu/m：正序容纳率。

➢ R, X, B Data pu | Zero Sequence

- Zero Sequence Resistance pu/m：零序电阻率。
- Zero Sequence Inductive Reactance pu/m：零序感抗率。
- Zero Sequence Capactive Susceptance pu/m：零序容纳率。

➢ R, L, C Data ohm, H, uF | Positive Sequence （当 *Enter Impedance, Admittance Data in* 选择为 R, L, C ohm, H, uF 时有效）

- Positive Sequence Resistance Ω/m：正序电阻率。
- Positive Sequence Inductance H/m：正序电感率。
- Positive Sequence Capactance uF/m：正序电容率。

➢ R, L, C Data ohm, H, uF | Zero Sequence

- Zero Sequence Resistance Ω/m：零序电阻率。
- Zero Sequence Inductance H/m：零序电感率。
- Zero Sequence Capactance uF/m：零序电容率。

5.3.19 两电路 PI 线路段 [PI-Section (Double Circuit)]

该元件如图 5-89 所示。

1．说明

两电路和单电路 PI 线路段之间具有如下不同：

- 两电路 PI-Section 仅支持 Coupled 模型（即不支持 Nominal 模型）。
- 必须输入两个三相电路之间的耦合数据。

● R, Xl, Xc Data (pu) 和 R, X, B Data (pu) 参数页面合并至一个页面。

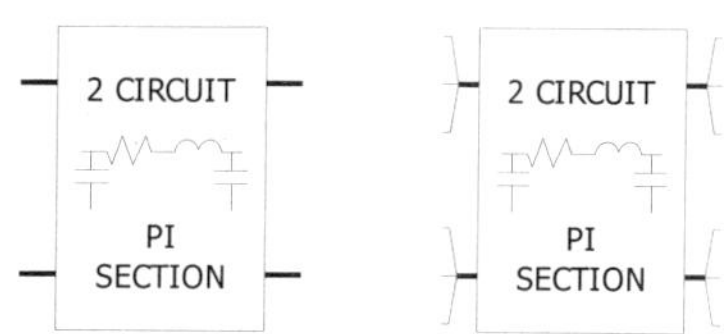

图 5-89 PI 线路段（两电路）元件

2．参数

相同参数可参考 5.3.18 节。

➢ Main Configuration | General

● 2 Circuits are：Identical | Different（相同 | 不同）。设置两电路是否相同。

● Enter 0 Sequence Mutual Data, or Estimate：Enter | Estimate。设置零序耦合数据输入方式。

■ Enter：直接输入。

■ Estimate：估计。

➢ Zero Sequence Estimation Parameters | General（当 *Enter 0 Sequence Mutual Data, or Estimate* 选择为 Estimate 时有效）

● 0 Sequence Mutual R / 0 Sequence R (C.1)：零序互电阻与线路 1 的零序电阻的比值。

● 0 Sequence Mutual Z / 0 Sequence Z (C.1)：零序互阻抗与线路 1 的零序阻抗的比值。

● 0 Sequence Mutual Travel Time / 0 Sequence Travel Time (C.1)：零序传输时间与线路 1 的零序传输时间的比值。

➢ Per Unit Data | Zero Sequence Mutual 当 *Enter Impedance, Admittance Data in* 选择为 R, X, B (pu)或 R, Xl, Xc (pu)时有效

● Zero Sequence Mutual Resistance pu/m：线路间零序互电阻率。

● Zero Sequence Mutual Inductive Reactance pu/m：线路间零序互感抗率。

● Zero Sequence Mutual Capactive Susceptance pu/m：线路间零序互容纳率。

● Zero Sequence Mutual Capactive Reactance pu·m：线路间零序互容抗率。

➢ R, Xl, Xc Data (ohms) | Zero Sequence Mutual （当 *Enter Impedance, Admittance Data in* 选择为 R, Xl, Xc (Ohms)时有效）

● Zero Sequence Mutual Resistance Ω/m：零序互电阻率。

● Zero Sequence Mutual Inductive Reactance Ω/m：零序互感抗率。

● Zero Sequence Mutual Capactive Reactance Mohm·m：零序互容抗率。

➢ Surge Impedance, Travel Time Data | Zero Sequence Mutual（当 *Enter Impedance, Admittance Data in* 选择为 Zsurge, Tau..时有效）

● Zero Sequence Mutual Resistance Ω/m：零序互电阻率。

● Zero Sequence Mutual Travel Time ms：零序互传输时间。

● Zero Sequence Mutual Surge Impedance Ω：零序互浪涌阻抗。

5.3.20 三线互耦合线路[Mutually Coupled Wires (Three Lines)]

该元件如图 5-90 所示。

1．说明

该元件模拟三条相互耦合的线路（导体）。所需要的数据包括导体自电阻、自感以及导体之间的互感。所输入的电阻和电感值必须是理想的，以避免仿真出错。

2．参数

➢ Configuration | General

- Name for Identification：可选的用于识别元件的文本参数。
- Graphic Display：3 phase view | single line view（三相显示 | 单线显示）。设置显示模式。
- Enter Resistance/Inductance Values ：as individual components | as sequence components | all zero。电感和电阻值输入方式。
  - as individual components：输入电感和电阻值。
  - as sequence components：输入电感和电阻的正序分量和零序分量。
  - all zero：全零。
- Enter Data in Real or PU Value：Real | PU。设置数据输入格式。
  - Real：输入实际值。
  - PU：输入标幺值。
- Base Voltage kV：计算标幺值的基准电压。
- Base MVA MVA：计算标幺值的基准容量。
- Base Frequency Hz：计算标幺值的基准频率。

➢ Individual Components | PU Values/Real Values（当 *Enter Resistance/Inductance Values* 选择为 as individual components 时有效）

- Resistance # pu/Ω：导线#的电阻。
- Self Inductive Reactance # pu/H：导线#的自电感。
- Mutual Inductive Reactance #-# pu/H：两导线间的互感。

➢ Sequence Components | PU Values/Real Values 当 *Enter Resistance/Inductance Values* 选择为 as sequence components 时有效

- Positive Sequence Resistance pu/Ω：正序电阻。
- Positive Sequence Inductive Reactance pu/H：正序电感。
- Zero Sequence Resistance pu/Ω：零序电阻。
- Zero Sequence Inductance pu/H：零序电感。

5.3.21 两线互耦合线路 Mutually Coupled Wires (Two Lines)

该元件如图 5-91 所示。

图 5-90 互耦合线路（三线）元件　　图 5-91 互耦合线路（两线）

1．说明

该元件模拟两条相互耦合的线路（导体）。

2．参数

相同参数可参考 5.3.20 节。

➢ Values | General

- Self Inductance (Ph 1) H：导体 1 的自感。
- Self Inductance (Ph 2) H：导体 2 的自感。
- Mutual Inductance H：两条导体之间的互感。
- Resistance (Ph 1) Ω：导体 1 的电阻。
- Resistance (Ph 2) Ω：导体 2 的电阻。

5.4 地下电缆

地下电缆输电系统的构建、元件使用和相关注意事项与架空线输电系统非常相似，以下仅对不同之处进行介绍。

5.4.1 地下电缆系统的创建

步骤 1：在电路中创建电缆配置元件。与架空线配置元件一样，需通过 Component Wizard 面板创建电缆配置元件，为其输入该项目内唯一的名称以及电缆长度、稳态频率以及导线数目等参数，如图 5-92 所示。注意尽量不要复制该元件，而应采用在项目中创建的方法。

图 5-92 创建架空线配置元件

电缆配置元件实质上是一种连接线类型的元件，可具有多种外形，其大小可进行调整。

步骤 2：在电路中添加 2 个名称相同的电缆接口元件，且该名称必须与电缆配置元件的名称一致，如图 5-93 所示。需要注意的是，与架空线路不同，电缆系统不支持直接连接模式，因此只能选择远方终止模式，并添加两个电缆接口元件。电缆接口元件的作用与架空线接口元件的类似。添加完成后的系统如图 5-93 所示。

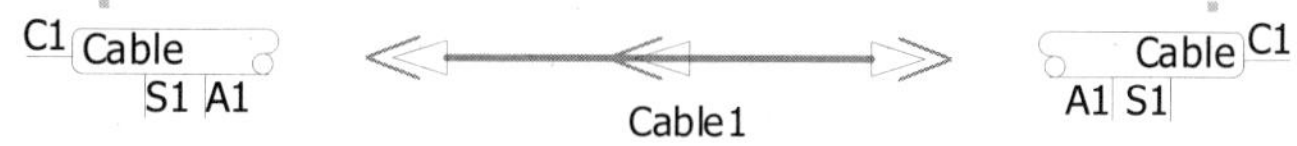

图 5-93 添加电缆接口元件

步骤 3：打开输电段定义编辑器。可通过鼠标右键单击电缆配置元件，从弹出的菜单中选择 Edit Definition…。此操作将打开输电段定义编辑器。

步骤 4：在输电段定义编辑器中添加传输线模型，并设置参数。PSCAD 提供了两种传输线模型：Bergeron 模型和 Frequency Dependent (Phase) 模型。用户可将两种模型之一复制至输电线编辑器中，PSCAD 将自动为用户创建默认的模型，如果用户想更换模型，可通过将默认的模型删除并复制所需要的模型。

步骤 5：在输电段定义编辑器中添加电缆数据。用户可在组件页面空白处单击鼠标右键，从弹出的菜单中选择 Add Cable Cross-section 来加入电缆模型。

目前 PSCAD 提供了三种电缆模型，分别为 Coax Cable, Pipe-type Cable 和 Simplified Cable，如图 5-94 从左至右所示。

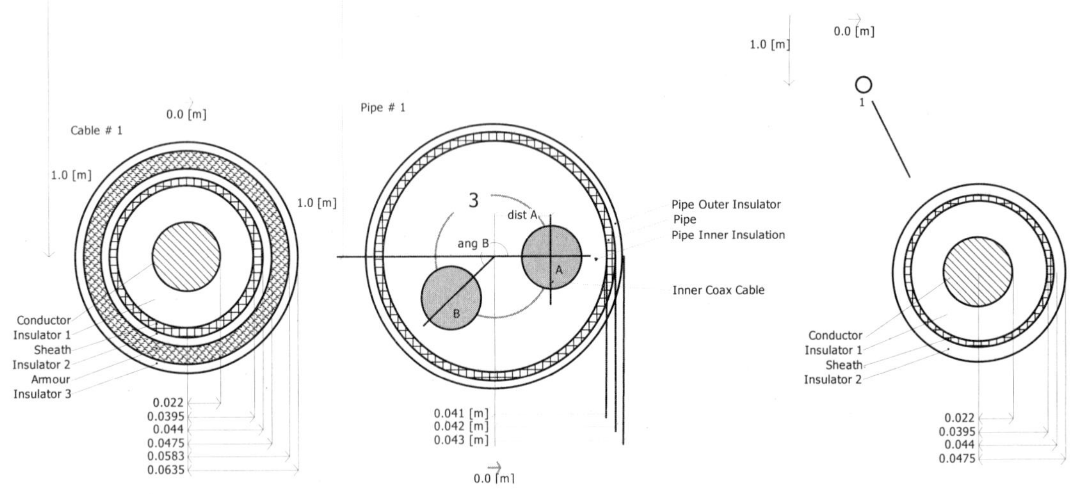

图 5-94 三种电缆模型

需要注意的是：用户需为每根电缆输入导线编号信息。显示在电缆截面图形上的编号(Cable #1-n) 必须与连接至电气网络的编号相对应。

通常情况下忽略电缆之间的耦合效应是一个非常良好的假设，因为护套/铠装层和地电阻通常屏蔽了大多数的暂态过程。在导体数目增多的情况下，频率相关的线路和电缆模型将非常复杂且效率降低，因此在任何可能时需将并联电缆模拟为独立的电缆。为模拟不耦合的电缆，用户需设置 3 个独立的电缆接口元件和电缆配置元件。

步骤 6：加入 Ground 元件。需要注意的是，如果用户在步骤 5 中选择了通过 Manual Entry Data 元件手动输入参数，可跳过本步骤。

通过上述步骤后可完成电缆输电系统的模型编制，典型的电缆段配置元件页面如图 5-95 所示。

步骤 7：在用户运行模型时，PSCAD 将运行 tline.exe 程序完成对该电缆段页面的编译。将使用名为 CableName.tli 的文件并将求解得到的电缆常量数据（EMTDC 仿真所需要的）放置于名为 CableName.tlo 的文件中。如果求解电缆常量的过程中出现了任何错误，PSCAD 将打开名为 CableName.log 的文件来显示错误。

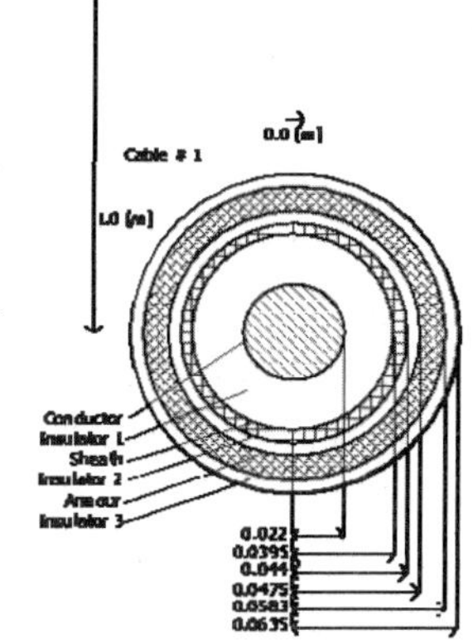

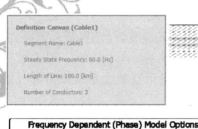

图 5-95 完成后的电缆段配置页面

用户可随时通过如下方法来查看该文件中的电缆常量消息：

tline.exe CableName.tli> CableName.log

tline.exe 位于 PSCAD 安装路径下的 bin/win 路径下。

需要注意的是，输出文件中的 RXB 标幺值的基准值为 100MVA 和 230kV。用户可通过在电缆段配置页面中添加 Additional Options 元件对这些值进行修改。

5.4.2 电缆配置 (Cable Configuration)

该元件如图 5-96 所示。

1．说明

电缆配置元件用于定义电缆走廊的基本属性，并提供访问输电段定义编辑器的接口。该元件必须与电缆接口元件一起使用。

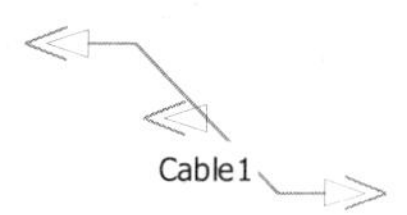

图 5-96 电缆配置元件

2．参数

相同参数参见 5.3.3。

➢ Configuration | General

- Segment Name：为该走廊内的一组或一条电缆输入名称。该名称必须与相应的电缆接口元件的名称一致。
- Steady-State Frequency Hz：系统的稳态频率。该参数仅用于使用频率相关线路模型时在输出文件中进行显示。当使用 Bergeron 模型时则是将要计算的频率。当直流时输入 0。
- Segment Length km：从送端到受端的电缆长度。
- Number of Conductors：对电缆无效。

- Termination Style：Remote Ends | Foreign Ends。选择电缆终端模式。

➢ Mutual Coupling | General

- Coupling of this Segment to Others Is：Enabled | Disabled。设置互耦合特性。
- Coupled Segment Tag Name：合法的耦合输电段名称。
- Horizontal Translation of this Segment m：输入该段至互耦合系统中参考段的水平距离。如果本段是参考段，则输入 0。
- This Segment Is：not the reference | the reference。设置互耦合系统中参考段。

➢ Configuration | Segment Constants File (*.clo)

- File：Generate automatically | Previously generated。通常应设置为默认选项。在很少的某些高级用户想自己生成常量文件的情况下可选择 Previously generated，此时由 *Custom Path* 中指定的常量文件将被复制至项目临时文件夹中，并视是架空线或电缆而被自动改名为 Segment Name.tlo 或 Segment Name.clo。
- Custom Path：用户使用的常量文件的路径及文件名。

5.4.3 电缆接口 (Cable Interface)

该元件如图 5-97 所示。

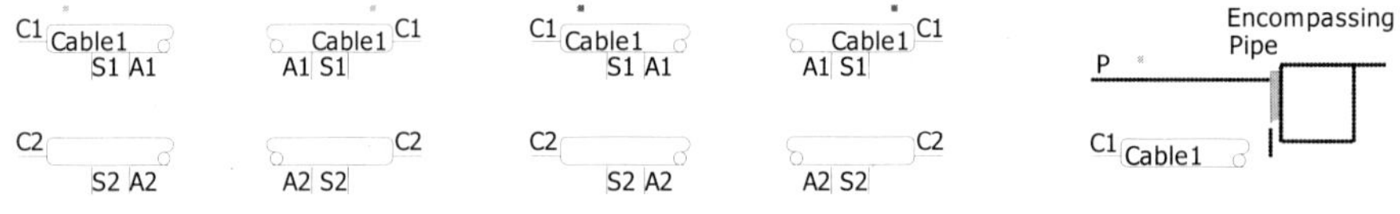

图 5-97 电缆接口元件

1．说明

电缆接口元件用于确定并提供输电走廊每一端电气连接的数目。该元件必须与电缆配置元件一起使用。接口电气连接从上到下编号，顶部的编号为 1。

2．参数

相同参数参见 5.3.4 节。

➢ General

- Cable Name：为该接口元件输入描述性名称。该名称必须与相应的电缆配置元件的名称一致。
- Number of Coaxial Cables：选择该走廊内同轴电缆的根数，最大为 12。
- Encompassing Pipe Conductor is：not present | present (insulated from ground)。选择 present (insulated from ground)时该电缆段内所有同轴电缆将被认为处于同一导线管内。

➢ External Electrical Connections

- Coaxial cable #：使用该参数以允许外部电气连接至相应电缆的同心导体上。

➢ None-electrical Signal Transfer

- Sending Signal Dimension：向线路另一端传送的非电气信号（可选）的维数。

- Receiving Signal Dimension：从线路另一端接收的非电气信号（可选）的维数。

➢ Grounding of Conducting Layers

- Ground Sheaths/Armours/Outer Conductors With a Resistance：No | Yes。选择 Yes 时设置相应导体层将通过电阻接地。
- Sheaths/Armours/Outer Conductors Grounding Resistance Ω：相应导体层接地电阻值;

3．电缆终端类型指定

电缆的一个终端接口被指定为送端/受端时，另外一个终端必须被指定为受端/送端，也可将两个接口均指定为 automatic 类型。

类型指定对于 remote-end 模式下的互耦合系统非常重要，这可确保正确的节点/子系统映射和 EMTDC 运行结果。尽管对非互耦合系统而言指定终端类型不是必要的，但仍建议进行指定。不同类型终端的图形外观有所不同，如图 5-98 所示。

图 5-98 电缆接口类型

4．电缆导体的外部电气连接

选项说明如下：

- conductor：外部仅电气连接至中心导体。
- conductor/sheath：外部同时连接至中心导体和护套。
- conductor/sheath/armour：外部同时连接至中心导体、护套和铠装。
- conductor/sheath/armour/outer conductor：外部同时连接至中心导体、护套、铠装和外导体。

如果选择了上述的后三个选项，外部电气连接将出现在电缆接口元件的图形上。不要将这些电气连接直接接地，而应通过小的串联电阻接地，如图 5-99 所示。

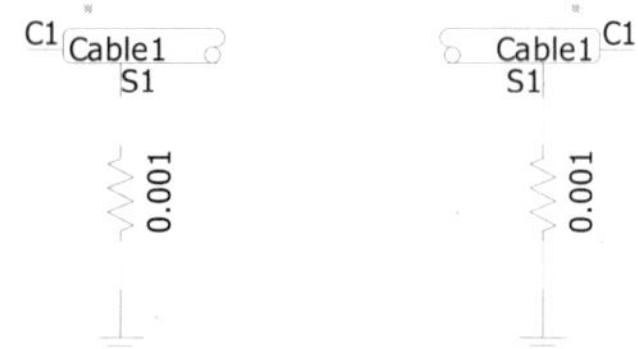

图 5-99 通过小的串联电阻接地

但在选择自动将这些外部连接通过电阻接地时，可不采用图 5-99 的方法，而是采用电缆导体自动接地方法，即通过启用 *Ground Sheaths/Armours/Outer Conductors With a Resistance* 并在 *Sheaths/Armours/Outer Conductors Grounding Resistance* 中指定电阻

大小来实现电缆相应导体的自动接地。第二种方法可避免元件图形外观上的层叠。

5.4.4 同轴电缆截面 (Coax Cable Cross-Section)

该元件如图 5-100 所示。

1．说明

该元件用于定义实心导线，且可具有最多 3 条的共心导体，每条导线由绝缘层分隔。电缆的截面用于在输电段定义编辑器内定义电缆系统的几何位置以及导体/绝缘体的属性。

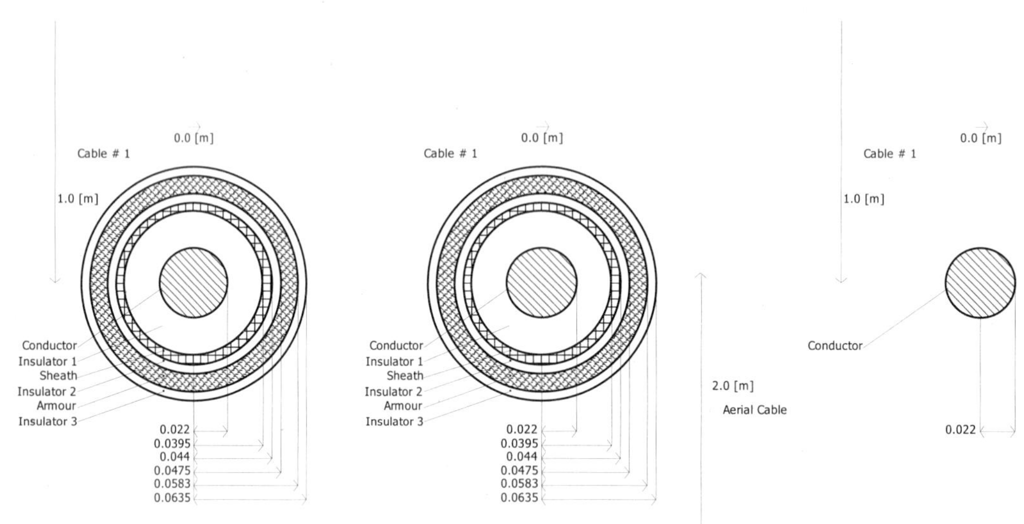

图 5-100 同轴电缆截面元件

2．参数

➢ Configuration | General

- Name for Identification：可选的用于识别元件的文本参数。
- Cable Number：该参数用于为同一走廊内多个电缆进行编号，可设置为 1~12。
- Placement in Relation to Ground Plane：Underground | Aerial 地下 | 空气中。设置电缆位置。
- Depth Below Ground Surface m：电缆中心位于地表面之下的深度。
- Aerial Shunt Conductance mho/m：电缆位于空气中时对地并联电导率。
- Height Above Ground Surface m：电缆中心位于地表面之上的高度。
- Horizontal Translation from Centre m：该电缆中心点沿水平 X 轴的变换距离。该值是相对于局部的 X 轴原点。
- Layer Configuration:电缆层配置。其中的 C 和 I 分别代表导体层和绝缘层。
- Layer Thickness is Specified as：radial from centre | actual thickness。设置各层厚度的确定方式。
  - ■ radial from centre：需输入电缆中心点至该层外半径的距离。

■ actual thickness：输入实际厚度。

● Detailed Graphic Lables：Hide | Show。选择 Show 时将在元件图形上显示各层说。

➢ Configuration | Ideal Cross-Bonding (Transposition)

● Ideal Cross-bonding is：Disabled | Enabled。选择 Enabled 时将启用理想换位的交叉互联特性。

● Cross-bonding group：选择该电缆所属的组编号。每个电缆组定义了三电缆的交叉互联系统。组中的每根电缆需具有相同的交叉连接导体组。可以存在多个交叉互联电缆组或者是交叉互联电缆与非交叉互联电缆的组合（例如，一个具有三交叉互联以及两个非交叉互联电缆的系统）。通常在一个交叉互联电缆系统中，仅护套以常规的间隔进行换位。但如果需要，其他的导体同样可进行换位。在某些想获得平衡系统的应用中，对内层导体而不是护套进行换位。这可通过同时启用内层导体和护套的交叉互联/换位来实现，在另外一些实际的应用中，交叉互联电缆大截面点（必须由三电缆截面构成）处的护套将连接至地。这可通过对该组中三电缆护套的数学排除来进行近似（也即导体层排除）。

● Conducting Core/ # Conducting Layer is：Excluded | Included。选择 Included 时，相应导体层将被包括在交叉互联换位中。

➢ Configuration | Labeling

● Core Conductor / # Conducting Layer：为电缆各导体层提供图形上的标注。

➢ Configuration | Mathematic Conductor Elimination

● Conductors to Eliminate：None | Outermost only | All concentric | Specify。选择哪些导体层将被排除。

■ None：禁用导体排除。

■ Outermost only：排除最外层。

■ All concentric：排除所有共心导体。

■ Specify：指定，需在后续参数中指定将被排除的导体层。

● # Concentric Conductor：Retain | Eliminate。选择 Retain 时，相应导体层将被保留。

➢ Core Conductor Data/#Conducting Layer Data | Electrical Properties

● Resistivity Ω·m：导电层的电阻率。

● Relative Permeability：导电层的相对磁导率。

➢ Core Conductor Data/#Conducting Layer Data | Geometry

● Inner Radius (Enter 0.0 for a Solid Core) m：导电层的内半径，实心导体则输入0。

● Outer Radius m：导电层的外半径。

● Thickness m：导电层的厚度。

➢ # Insulating Layer Data | Configuration

- Semi-conducting Layers：Absent | Present。设置该电缆中是否存在半导体层。
  - Absent：无半导体层。
  - Present：半导体层只能位于导线心与第一导电层之间。

➢ # Insulating Layer Data | Electrical Properties

- Relative Permittivity：绝缘层的相对介电常数。
- Loss Tangent：损耗正切。
- Relative Permeability：绝缘层的相对磁导率。

➢ # Insulating Layer Data | Geometry

- Outer Radius m：绝缘层的外半径。
- Thickness m：绝缘层的厚度。
- Inner Semi-conductor Layer Thickness m：内半导体绝缘层的厚度。需要注意的是，该值不被包括在导体层或绝缘层的尺寸中。LCP 将根据给出的该厚度自动处理半导体层。
- Outer Semi-conductor Layer Thickness m：外半导体绝缘层的厚度。需要注意的是，该值不被包括在导体层或绝缘层的尺寸中。LCP 将根据给出的厚度自动处理半导体层。

5.4.5 管型电缆 (Pipe-Type Cable)

该元件如图 5-101 所示。

1．说明

该电缆模型本质上是由导线管包围的一组同轴电缆。内部同轴电缆定义为实心导体，并可具有最多 3 根的共心导线。导体之间由绝缘层分隔。管型电缆截面元件用于在输电段定义编辑器内定义电缆系统的几何位置和导体/绝缘体的属性。

2．参数

相同参数参见 5.4.4。

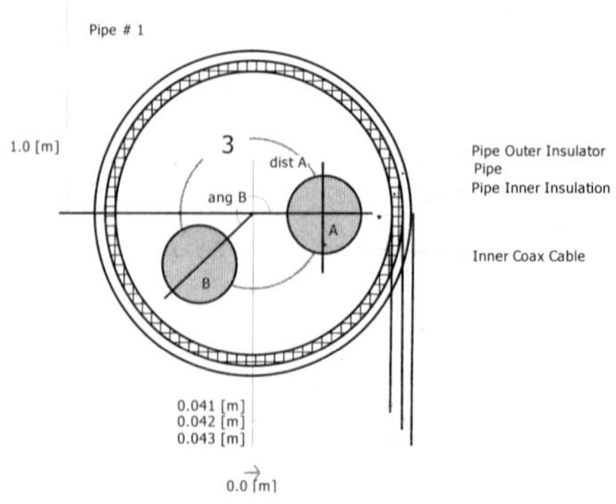

图 5-101 管型电缆元件

➢ Pipe Configuration | General

- Horizontal Translation from Centre m：导管中点沿水平 x 轴的变换距离。该值相对于局部的 X 轴原点，其在给定该段中所有电缆的位置后得到。该导管内包括的所有同轴电缆的 X 坐标必须相对于该距离。
- Number of Inner Cables：选择该导管内包含的同轴电缆数目，可选择为 0~8。
- Each Inner Cable is：Identical | Unique。设置导管内的电缆是否相同。
  - Identical：电缆均相同，该选项可有效简化数据输入。
  - Unique：电缆均不相同。
- Eliminate Pipe：Yes | No。选择 Yes 时将移除导线管导体。
- Pipe Outer In sulator Layer：Yes | No。选择 No 时，无导管与地之间的绝缘层，该导管将被从数学上排除。
- Pipe Number：唯一的导管编号，用于对同一走廊内多个导管的排序。
- Loss Tangent is Defined at：定义损耗正切的频率。

➢ Pipe Data | Inner Insulator/Outer Insulator/Pipe Conductor

- Outer Radius m：导管内绝缘层、外绝缘层或导管导电层的外半径。
- Relative Permittivity：导管内外绝缘层的相对介电常数。
- Relative Permeability：导管内绝缘层、外绝缘层或导管导体的相对磁导率。
- Resistivity Ω·m：导管导电层的电阻率。
- Loss Tangent：导管内绝缘层、外绝缘层的损耗正切。

➢ Inner Cable # Configuration | General

- Cable Number：该参数用于为同一走廊内多个电缆进行编号，可设置为 1~8。
- Distance from Pipe Centre to Cable Centre m：管中心点与该同轴电缆中心点之间的距离。
- Angular Position of Cable Centre °：该同轴电缆中点相对于原点的角度。

➢ Inner Cable Data | Conductor Date

- Resistivity Ω·m：导电层的电阻率。
- Relative permeability：导电层的相对磁导率。
- Inner radius m：导电层的内半径，实心导体则输入 0。
- Outer radius m：导电层的外半径。
- Thickness m：导电层的厚度。

5.4.6 简化地缆 (Simplified Underground Cable)

该元件如图 5-102 所示。

1．说明

该电缆模型用于模拟典型地下电缆系统。通过复制数据简化数据输入以及与典型电缆数据表更对应的格式来简化类似电缆系统截面的创建。该元件可被调整至方便地模拟如下典型系统配置：单电缆、两电缆、扁平/三叶/三叶-接触配置三电缆。元件参数默认值给出了典型材料的参数。

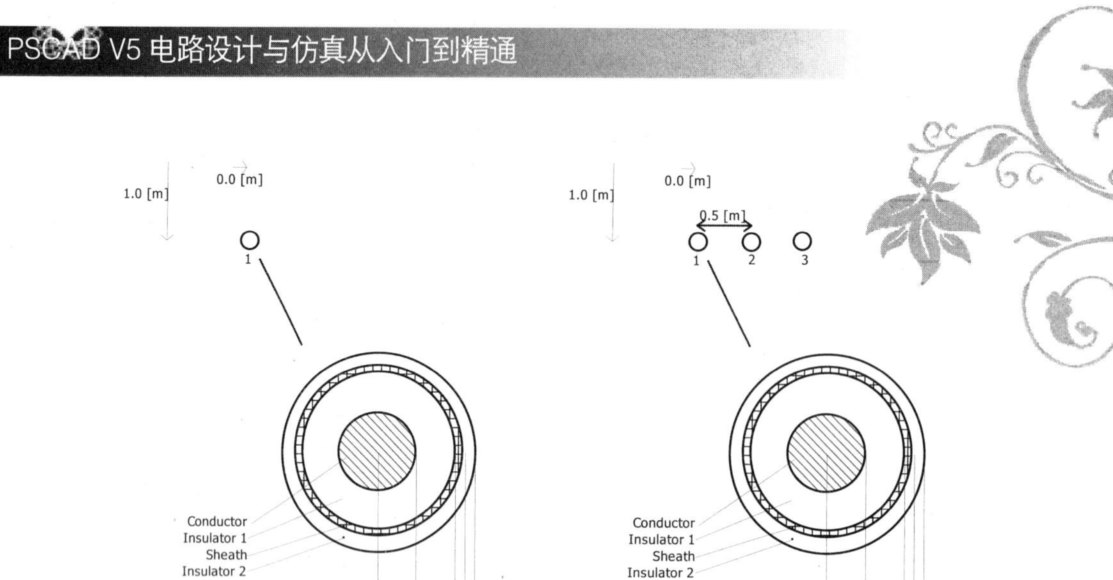

图 5-102 简化地缆元件

2．参数

相同参数参见 5.4.4 节和 5.4.5 节。

➢ Configuration | Layout

- Cable Configuration：Single | Three Cables (trefoil) | Three Cables (flat) | Three Cables (trefoild-touching) | Two Cables。电缆配置形式。
- Distance Between Adjacent Cables m：相邻电缆的距离（当 *Cable Configuration* 选择为 Three Cables (trefoild-touching)时无效）。

➢ Configuration | Sheath and Armour

- Cross-bonding or Conductor Elimination：Disable | Eliminate outermost conducting layer | Eliminate all outer conducting layers | Enable idea cross-bonding。选择启用/禁用理想换位的交叉互联特性以及交叉互联换位中导体移除配置。

➢ Cable Dimensions | General

- Conductor Inner Radius (Enter 0.0 for a Solid Core) m：导体内半径，实心导体输入 0.0。
- Conductor Outer Radius m：导体外半径。

➢ Cable Dimensions | Outer Radius/Thickness

- # Insulating Layer m：绝缘层#的外半径或厚度。
- Sheath m：护套外半径或厚度。
- Armour m：铠装外半径或厚度。

➢ Material Properties | 1) Conductor | 3) Sheath | 5) Armour

- Conductor Property Given as：选择直流电阻率或多种典型材料的电阻率。
- DC Resistance Ω/km：导电层直流电阻。

- ➢ Material Properties | # Insulating Layer
  - ● Insulation Property Given as：选择电容率或多种典型材料的相对磁导率。
  - ● Capacitance μF/km：绝缘层电容率。
  - ● Relative Permeability Ω·m：绝缘层相对磁导率。
  - ● Loss Tangent：损耗正切。
- ➢ Temperature Dependency | General
  - ● Temperature Correction for Conductor Resistances：Enable | Disable。选择 Enable 时将启用导体电阻温度校正。
  - ● Reference Temperature °C：参考温度。
- ➢ Temperature Dependency | Operating Temperature
  - ● Conductor/Sheath/Armour °C：导体/护套/铠装的工作温度。
- ➢ Temperature Dependency | Temperature Coefficient
  - ● Conductor/Sheath/Armour 1/K：导体/护套/铠装的电阻温度补偿系数。
- ➢ Additional Material Properties| Relative Permeability of Conductors
  - ● Conductor/Sheath/Armour：导体/护套/铠装的相对磁导率。
- ➢ Additional Material Properties | Relative Permeability of Insulation
  - ● Insulator #：绝缘层#的相对磁导率。

5.5 高压直流输电和柔性交流输电系统

5.5.1 电力电子器件 (Power Electronic Switch)

这些元件如图 5-103 所示。

1．说明

Power Electronic Switch 元件可模拟晶闸管、IGBT、二极管和三极管。所有器件均表示为两状态阻性开关，并具有可选的并联 RC 缓冲电路，如图 5-104 所示。

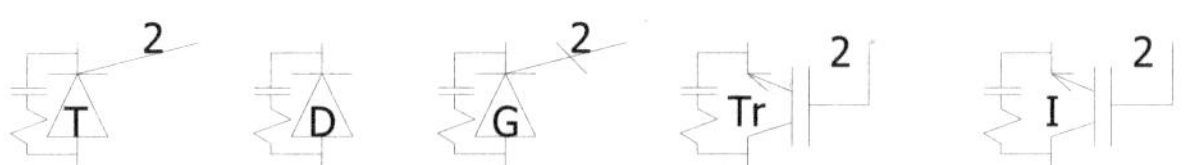

图 5-103 电力电子开关元件

Thyristor, GTO 和 IGBT 需要输入门极脉冲，并可用于高频开关和脉冲宽度调制电力电子电路中。可通过使用 Interpolated Firing Pulses 元件向这些器件输入插补触发脉冲。在诸如电压源换流器和其他 FACTS 设备的仿真中，需要仔细地确保观测到的损耗都是与实际相符的。

在自然换流开通和关断事件（包括正向击穿）中，将自动调用插补算法以计算出开关动作的准确时刻。但对器件开通或关断使用的门极信号而言，只有在输入参数中进行了特别的选择时才会使用插补特性。

2．参数

➢ Configuration | General

- Name for Identification：可选的用于识别元件的文本参数。
- Device Label (optional)：可选的文本标签。将显示于该器件图形上。
- Device Type：Diode | Thyristor | GTO | IGBT | Transistor。选择器件类型。
- Enable Snubber Circuit？：Yes | No。选择 Yes 时将启用缓冲电路。
- Interpolated Pulse？：Yes | No。选择 Yes 时将启用插补脉冲。

➢ Main Data | General

- Thyristor ON Resistance Ω：器件 ON（导通）状态下的电阻。
- Thyristor OFF Resistance Ω：器件 OFF（截止）状态下的电阻。
- Forward Voltage Drop kV：器件正向导通压降，可输入 0。
- Forward Breakover Voltage kV：器件正向击穿电压。当器件正向电压超过该值时，无论是否被触发器件都将导通。
- Reverse Withstand Voltage kV：反向耐压。反向电压超过该值时器件将导通。
- Minimum Extinction Time μs：器件最小熄弧时间。自最近一次关断后的该时间内正向电压超出 *Forward Voltage Drop* 中设置值时器件将重新导通。
- Snubber Capacitance μF：缓冲电路电容值。
- Snubber Resistance Ω：缓冲电路电阻值。
- Protected against Forward Breakover？：No | Yes。设置正向击穿保护。
  - No：出现持续击穿。
  - Yes：器件即将击穿时将发出假脉冲，以保护器件。

➢ Internal Output Variables | General

- Current in Device (snubber excluded)：监测器件电流（不包括缓冲电路）的变量名。单位为 kA。
- Total Current in Device：监测器件总电流的变量名。单位为 kA。
- Voltage Across the Device：监测器件电压的变量名。单位为 kV。
- Time of Last Turn on：监测最近一次开通时刻的变量名。单位为 s。
- Time of Last Turn off：监测最近一次关断时刻的变量名。单位为 s。
- Alpha in Seconds：监测触发角的变量名。单位为 s。
- Gamma in Seconds：监测熄弧角的变量名。单位为 s。

3．二极管

二极管的导通和关断状态由二极管上的电压和电流进行控制。二极管假定为具有固定的小的导通电阻和大的关断电阻。当该器件在正偏且正向电压大于 *Forward Voltage Drop* 设置值时将导通。电流过零时二极管将关断，并在反偏时一直保持关断。

二极管模型的 V-I 特性曲线如图 5-105 所示。

该模型使用了插补算法来计算导通和关断动作的发生时刻。因此，导通将精确地发生于正向电压达到 *Forward Voltage Drop* 设置值时，且关断将精确地发生于电流过零时刻。

需要注意的是：二极管的反向恢复时间（即二极管关断后流过有限的反向电流的持续时间）被假定为 0。导通电阻为 0 或小于 *Switching Threshold* 设置值，二极管导通时的状态将被模拟为理想短路支路。

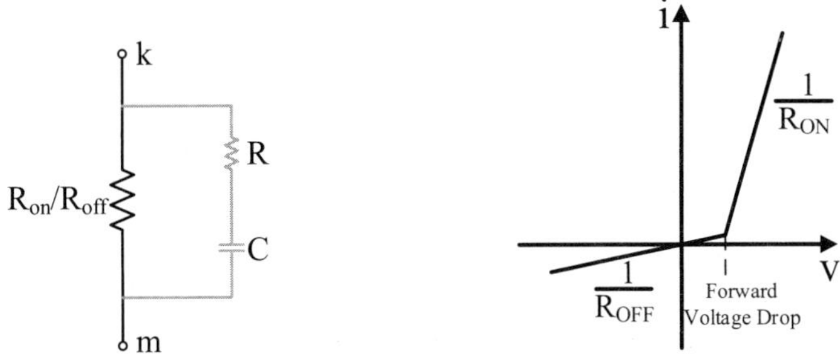

图 5-104 电力电子开关的等效电路　　图 5-105 二极管模型的 V-I 特性曲线

4．晶闸管

晶闸管在向其门极提供触发信号后将保持为导通状态，但其关断取决于器件上的电压和流过的电流。需要一个外部信号以产生门极触发脉冲。

晶闸管假定为具有固定的小的导通电阻和大的关断电阻，并在如下条件满足时将发生状态切换：

- 器件上的正偏电压大于等于 *Forward Voltage Drop* 设置值，且门极信号从 0 变化为 1（即发出触发脉冲）。
- 门极信号已设置为 1 时器件上的正向电压大于等于 *Forward Voltage Drop* 设置值（此时触发角为 0°）。此种情况下的导通将不进行插补（具有 0°触发角的插补导通应采用二极管元件）。
- 器件上的正偏电压超过 *Forward Break-Over Voltage* 设置值。
- 关断发生于器件电流过零时刻。

晶闸管模型的 V-I 特性曲线如图 5-106 所示。

所有自然换相导通和关断事件（包括正向击穿）发生时将自动调用插补算法，以计算出精确的状态切换时刻。需要注意的是，用户可选择是否对输入的门极信号进行插补。

该模型模拟了熄灭时间。如果器件关断后，在 *Minimum Extinction Time* 设置的时间内正向电压重新上升至大于 *Forward Voltage Drop* 设置值，则晶闸管即使没有导通信号时也会出现重新导通。

5．GTO/IGBT

GTO 和 IGBT 的模型基本是相同的。GTO/IGBT 通常由门极上的触发脉冲控制导通和关断。需要一个外部信号以产生门极触发脉冲。

GTO/IGBT 的 V-I 曲线与晶闸管的非常类似，只是 GTO/IGBT 能在器件正偏时由门极信号 0 进行强迫关断。

GTO/IGBT 的 V-I 特性曲线如图 5-107 所示。

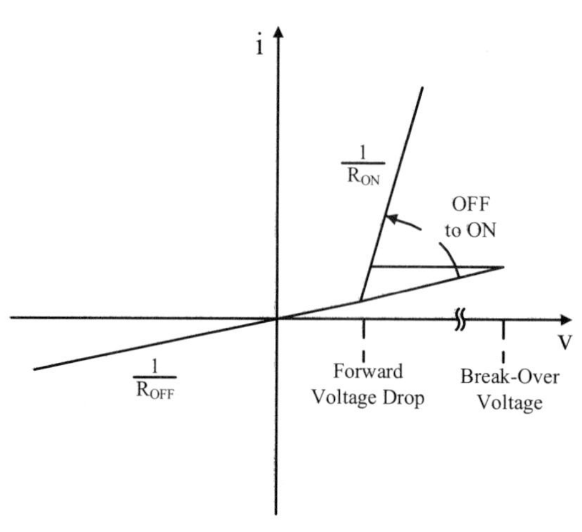

图 5-106 晶闸管模型的 V-I 特性曲线

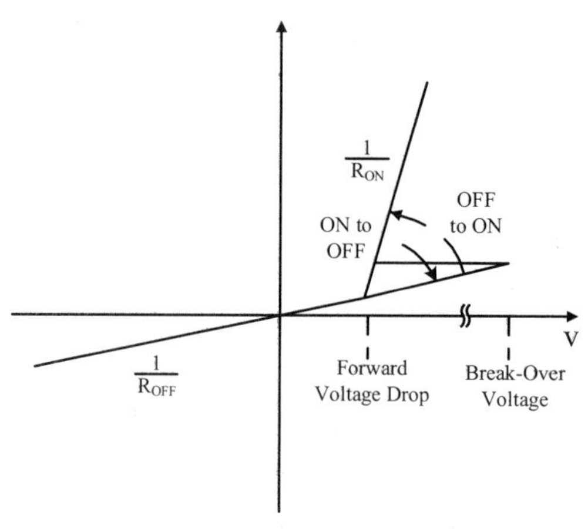

图 5-107 GTO/IGBT 模型的 V-I 特性曲线

所有自然换相导通和关断事件（包括正向击穿）发生时将自动调用插补算法，以计算出精确的状态切换时刻。需要注意的是，用户可选择是否对输入的门极信号进行插补。

6. 缓冲电路

在选择缓冲电路的 R 和 C 值时需要仔细，以反映器件正在使用的有效缓冲电路的特性。这包括对器件串联和并联使用时的考虑。

如果缓冲电路的 RC 时间常数小于仿真时间步长，则无需加入缓冲电路。此外，当器件反并联时，每一对器件仅需要一个缓冲电路。

5.5.2 插补触发脉冲 (Interpolated Firing Pulses)

该元件如图 5-108 所示。

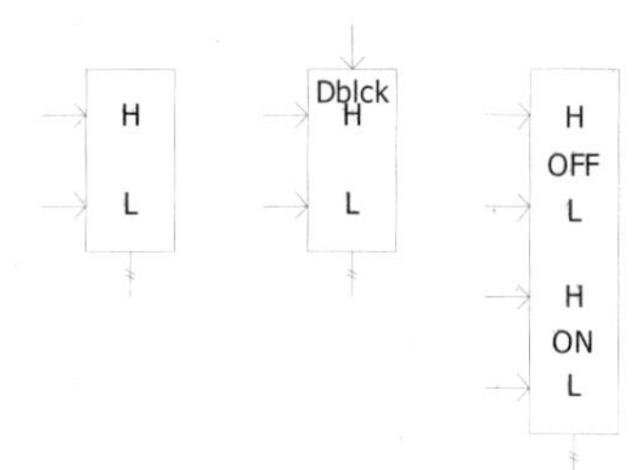

图 5-108 插补触发脉冲元件

1．说明

该元件以 2 维数组的形式返回 Thyristors, IGBTs 和 GTOs 所需的插补开通或关断触发脉冲，其中的第一个元素为 0 或 1，代表实际的门极控制脉冲，第二个元素是关于插补开关时间的信息。

输出信号基于对高 (H) 和低 (L) 输入信号的比较，L 输入通常是触发角 (α) 指令，而 H 输入来自于锁相震荡环或等同功能元件。插补触发脉冲元件可设置为向如下器件提供触发脉冲：

- 单个 GTO/IGBT 器件。
- 6 脉波 GTO/IGBT 桥。
- 单个 Thyristor 器件。
- 6 脉波 Thyristor 桥。

需要注意的是，如果使用了 GTO 或 IGBT，则同时需要提供产生 OFF 信号的输入比较信号。

2．参数

➢ Configuration | General

- Name for Identification：可选的用于识别元件的文本参数。
- Thyristor or GTO? ：Thyristor | GTO。设置驱动对象类型。
  - Thyristor：晶闸管。
  - GTO：将同时产生 ON 和 OFF 信号。
- Number of Pulses ? ：One | Six。产生 1 个或 6 个控制脉冲。
- Add Block/Deblock Signal ? ：No | Yes。选择 Yes 时将提供附加的外部闭锁信号输入，且 0=闭锁，1=解锁。
- Format of Pulse, Time Output：To Individual Devices | To Six Pulse Thyristor Group。控制脉冲生成方式。当 *Thyristor or GTO?* 选择为 Thyristor 且 *Number of Pulses* 选择为 Six 时有效
  - To Individual Devices：产生 6 个 2 维数组输出，用于向用户建立的 6 脉波桥提供控制信号。
  - To Six Pulse Thyristor Group：产生两个 6 维数组输出，用于控制 6-Pulse Bridge 元件。
- Band Limit Proximity Correction：Disarmed | Armed (must indicate H input band

limits)。选择 Armed 时将启用带限接近校正。

➢ Band Limit Proximity Data | General

- H Input Maximum Limit：输入的上边界限值。
- H Input Minimum Limit：输入的下边界限值。

➢ Block Data | General

- Block/Deblock Input：Group | Individual。设置 6 脉波桥封解锁方式。当 *Number of Pulses* 选择为 Six 时有效
  - Group：6 脉波桥整体封解锁。
  - Individual：分器件地进行封解锁。

➢ Pulse Data | General

- Pulse Duration s：输出脉冲宽度。当 *Thyristor or GTO?*选择为 Thyristor 时有效

3．触发脉冲的设置

插补脉冲元件的输出信号格式具有多种类型，取决于所控制器件的类型（即单个或 6 个晶闸管，GTO/IGBTs 或 6 脉波换流桥元件）。

➢ 单一器件（晶闸管或 GTO/IGBT）

此时插补脉冲元件的配置如图 5-109 所示。

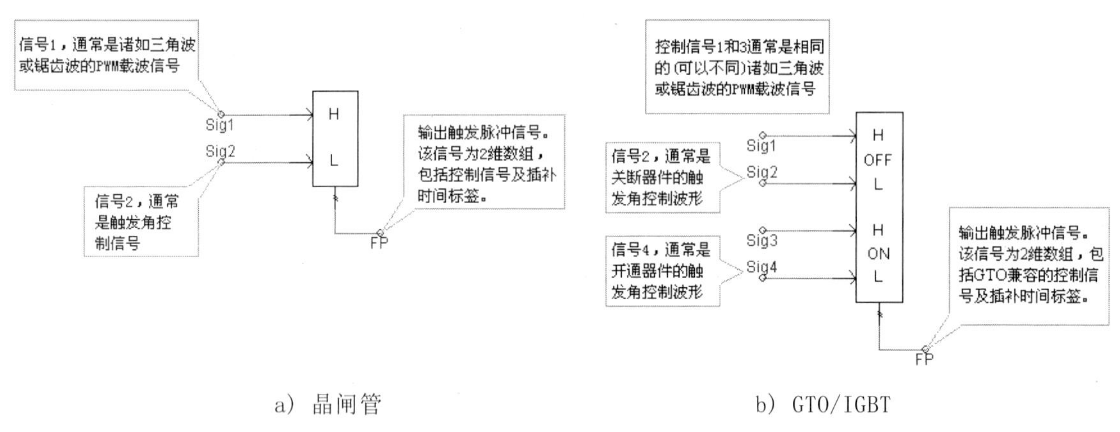

a）晶闸管　　　　b）GTO/IGBT

图 5-109 单一器件时的配置

➢ 6 个器件（晶闸管、GTO/IGBT 或 6 脉波桥）

此时插补脉冲元件的配置如图 5-110 所示。

4．带限接近矫正

对用于电力电子电路控制信号的仿真时出现的一类问题是控制信号逻辑失败。逻辑失败可出现于多种不同的情况，其中之一是由于有限时间步长所造成的信号不连续的错误表示。在缺少一定形式的错误校正方法的情况下，在计算机程序中无法理想地数字化复现不连续信号（如具有分段线性化的信号），除非仿真步长格点正好与所有的不连续点重合。

图 5-111 给出了接近带限时的失败区域示意。

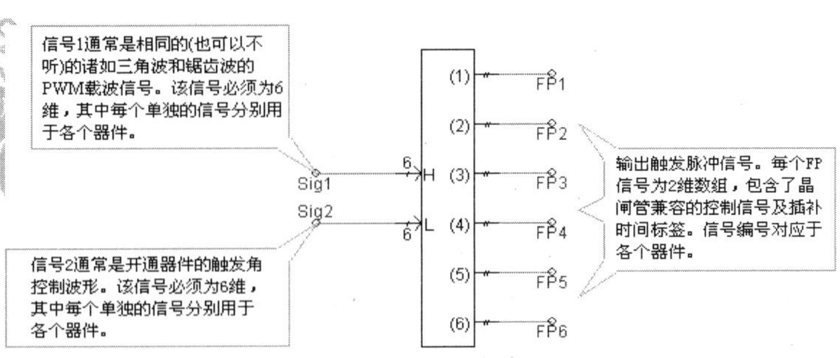

a） 晶闸管

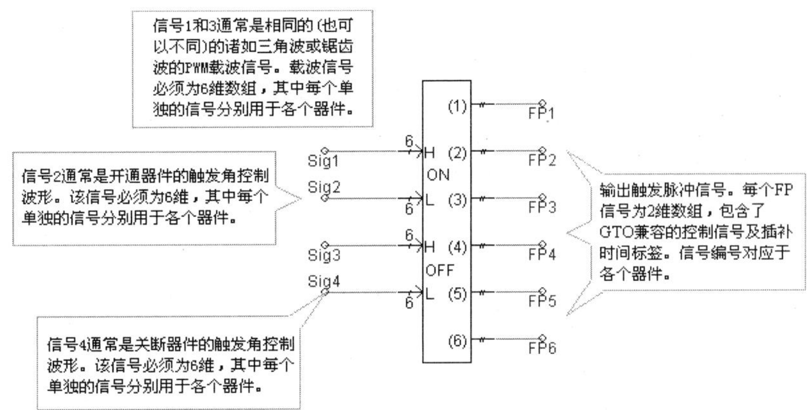

b） GTO/IGBT

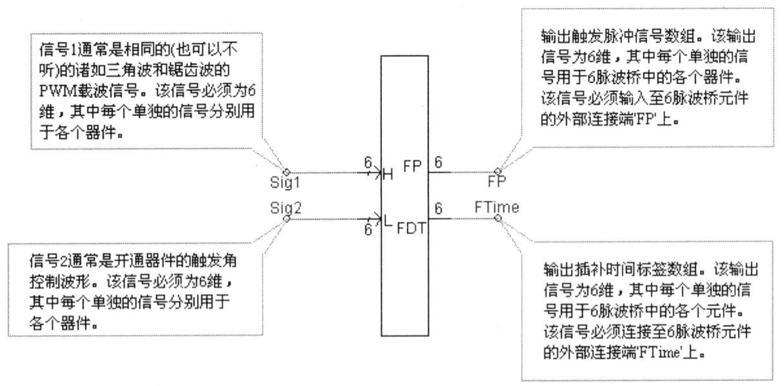

c） 6 脉波桥

图 5-110 6 个器件时的配置

熟悉比较型控制系统（如 PWM）仿真的用户认识到，进行两个信号的比较时需小心防止在信号极限处的失败。例如，进行 0~360º 内变化的载波信号与触发角信号的比较以产生晶闸管的触发信号时。失败区域取决于仿真步长Δt，锯齿波的频率f和幅值A。

通过使用特别设计用于这种情况的线性插值算法（即 *Band Limit Proximity*

Correction 选择为 Armed）可矫正该问题。该算法将有效地消除失败区域以及对仿真步长的严格依赖。当然此时仿真步长仍然是影响因素，但其影响程度已被大大降低。

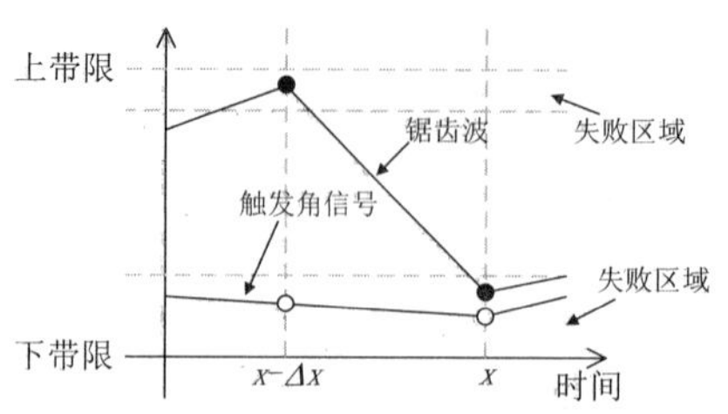

图 5-111 接近带限时的失败区域

图 5-112 给出了避免 PWM 逻辑失败的插值示意。

由于 PWM 载波信号的斜率 (m_{PWM}) 和触发角信号的斜率 (m_{fa}) 均已知，可计算出非连续发生的准确时刻 (ξx)。一旦确定了该量，就可计算出插值时间标签 (δx)（如图 5-112 所示的接近下带限）。这将可以保证：检测出带限接近失败区域。知道应当发生开关动作的准确时刻。

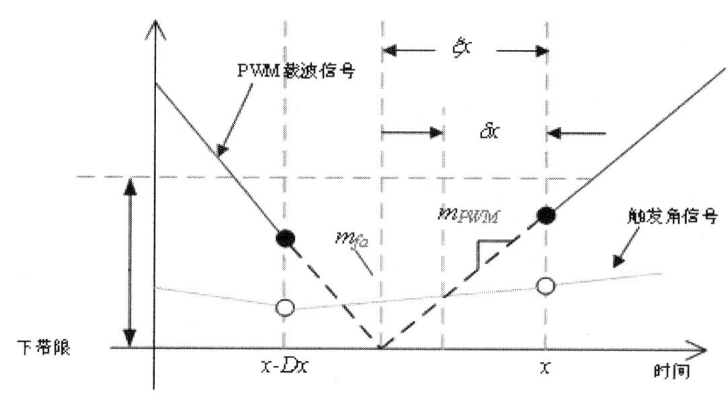

图 5-112 避免 PWM 逻辑失败的插值

5.5.3 6 脉波换流桥 (6-Pulse Bridge)

该元件如图 5-113 所示。

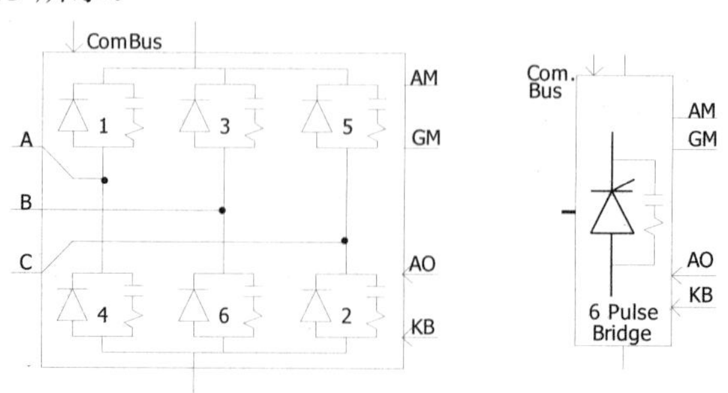

图 5-113 6 脉波换流桥元件

1．说明

6-Pulse Bridge 元件是直流变换器紧凑的表示，其中包括内置的 6 脉波格雷兹换流桥（可为逆变器或整流器）、内部锁相振荡器（PLO）、触发及阀闭锁控制以及触发角（α）/熄弧角（γ）的测量。它同时为每个晶闸管提供了内置的 RC 缓冲电路。

该元件的设计思想是简化模拟 HVDC 换流器时所涉及的建立晶闸管换流桥、整合控制以及协调阀触发脉冲的复杂冗长过程。

该 6 脉波桥具有如下外部输入输出连接：

- ComBus：送至内部锁相振荡器的输入信号。该输入通过 Node Loop 元件连接至换流母线，如图 5-114 所示。
- AO：换流器 α 指令（触发角）输入。
- KB：封锁/解锁控制信号输入。
- AM rad：测量的 α（触发角）输出。
- GM rad：测量的 γ（熄弧角）输出。

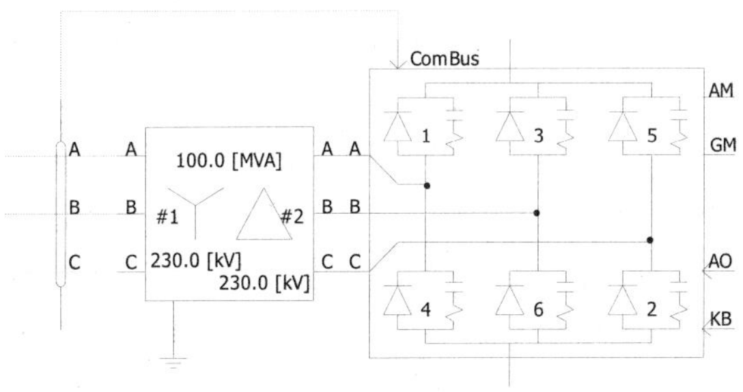

图 5-114 使用 Node Loop 元件提供内部锁相振荡器信号

2．参数

➢ Configuration| General

- Name for Identification：可选的用于识别元件的文本参数。
- Thyristor Direction：Up | Down（整流器 | 逆变器）。设置晶闸管方向。
- Firing Order Input：Angle in Radians | Array of 6 Pulses | 6 Pulses + 6 Interp. times | Angle in Degrees。控制变换桥配置外部 α 指令输入（AO）方式。
  - Angle in Radians：角度（弧度）。
  - Array of 6 Pulses：6 脉冲数组。
  - 6 Pulses + 6 Interp. Times：6 脉冲+6 插补时间标签。
  - Angle in Degrees：角度（度）。
- Use Snubber Circuit：Yes | No。选择 Yes 时将加入缓冲电路。
- Transformer Phase Shift：+30 Deg | 0 Deg (Y-Dlead) | -30 Deg(Y-Y or D-D) | -60 Deg (Y-Dlag)。根据换流变的绕组连接方式选择相位移
- Graphics Display：3 phase view | Single line view（三相显示 | 单线显示）。设置外观显示方式。
- Unblock Time s：各阀组将被封锁直至该时间结束。

➢ PLO | General

- Rated Frequency Hz：系统额定频率。
- PLO Proportional Gain：PLO 的比例增益常数 GP。
- PLO Integral Gain：PLO 的积分增益常数 GI。
- PLO Reference Voltage：Bus Voltage | Bus Voltage, Zero Sequence Removed。设置 PLO 的参考电压。
  - Bus Voltage：母线电压。
  - Bus Voltage, Zero Sequence Removed：去除零序后的母线电压。

➢ Valve Data | General

- Thyristor ON Resistance Ω：所有晶闸管 ON（导通）状态下的电阻。
- Thyristor OFF Resistance Ω：所有晶闸管 OFF（截止）状态下的电阻。
- Forward Voltage Drop kV：所有晶闸管正向导通压降，可输入 0。
- Forward Breakover Voltage kV：所有晶闸管的正向击穿电压。当晶闸管正向电压超过该值时，无论是否被触发，晶闸管都将导通。
- Reverse Withstand Voltage：Same As Forward Breakover Voltage | Specify。设置反向击穿电压生成方式。
  - Same As Forward Breakover Voltage：与正向击穿电压相同。
  - Specify：指定。
- Reverse Withstand Voltage kV：反向击穿电压。当 *Reverse Withstand Voltage* 选择为 Specify 时有效
- Protected against Forward Breakover ？：No | Yes。设置正向击穿保护。
  - No：出现持续击穿。
  - Yes：器件即将击穿时将发出假脉冲，以保护器件。
- Minimum Extinction Time μs：所有晶闸管的最小熄弧时间。如果自最近一次关断后的该时间内晶闸管正向电压超出 *Forward Voltage Drop* 设置值时，晶闸管将重新导通。
- Snubber Capacitance μF：缓冲电路电容值。
- Snubber Resistance Ω：缓冲电路电阻值。

➢ Internal Outputs | General

- Firing Pulse Array：监测 6 维触发脉冲的变量名称。元素序号与阀编号一致。
- Valve Voltages Array：监测 6 维阀电压的变量名称。元素序号与阀编号一致。
- Valve Current Array：监测 6 维阀电流的变量名称。元素序号与阀编号一致。
- Snubber Circuit Current Array：监测 6 维缓冲电路电流的变量名称。元素序号与阀编号一致。

3．格雷兹桥阀组

图 5-115 所示为包含 6 个晶闸管阀的等效电路。

每个晶闸管阀的编号同样是晶闸管的触发次序。阀 2 通常滞后于阀 1 60° 触发，阀 3 通常滞后于阀 2 60° 触发…。格雷兹桥将在每个时间步点处调用 6 次晶闸管元件的子

程序。

内部锁相振荡器 (PLO) 将自动调用插补算法对阀组内的所有导通和关断事件(包括正向击穿)进行插补。所得到的插补时间将用于计算每个晶闸管准确的开关时刻。

4．内部锁相振荡器

内部锁相振荡器 (PLO) 基于相矢量技术。该技术利用三角乘法恒等式来形成误差信号，并用于加减 PLO 的速度，以与相角匹配。输出信号 θ 是同步于换流母线 A 相相电压的斜坡信号。

6 脉波换流桥中使用的 PLO 的框图如图 5-116 所示。

通过简单地在该输出斜坡信号上加上一个常量角度（计入不同的换流变配置）可得到阀 1 的触发斜坡信号。通过在阀 1 斜坡信号的基础上依次加上 60º 可得到其他阀的斜坡信号。

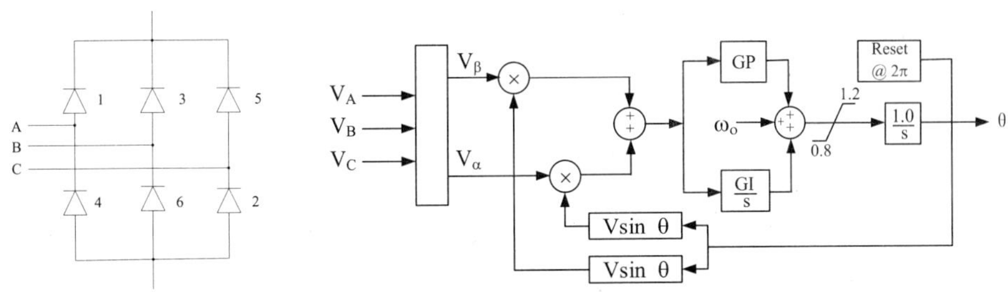

图 5-115 格雷兹桥阀组等效电路

图 5-116 PLO 原理框图

5．触发与闭锁控制

每个阀的实际触发信号可通过将触发角指令输入 (AO) 与斜坡信号进行比较后得到。计算得到的插补触发时间将传递至晶闸管元件的子程序，从而系统可被插补至该时间点。晶闸管的内部逻辑能够在阀被触发但器件上的电压仍小于正向电压降时，将延迟至器件上的电压刚好等于正向电压降时触发。每个阀上的触发脉冲保持 120º。

当使用默认的内部触发控制时，用户仅需要提供用于触发的触发角指令输入(AO)。当然用户也可以外部产生触发脉冲并将脉冲直接送至各个晶闸管。

在换流桥两种运行模式（逆变/整流）下的测量的触发角输出(AM)和测量的熄弧角输出(GM)均进行了计算。

闭锁逻辑由外部输入信号 KB 进行控制，并且在用户提供触发脉冲或使用内部触发控制时均有效。以下总结了闭锁控制所需要的输入值。

- KB=0：闭锁所有触发脉冲。
- KB=1：解锁，正常触发。
- KB=-1 to -6：闭锁编号与输入值绝对值相同的一个阀。
- KB=-7：闭锁并形成直通对。

当 KB=-7 时，所有的脉冲将被闭锁，除了同一桥臂上的两个阀（例如阀 1 和阀 4），它们将维持连续触发。所选择的是连接至将要过零的相上的一对阀。

6．换流变的选取

所加入的外部换流变将可能使得阀侧电压相对换流母线电压超前 30°、滞后 30°

或与其同相。表 5-1 列出了不同的变压器配置以及相应的 *Transformer Phase Configuration* 输入参数的设置值，该设置值将配置换流桥以与换流变匹配。

表 5-1 不同换流变配置时的设置值

	阀侧 Y	阀侧Δ（超前）	阀侧Δ（滞后）
一次侧 Y	-30°	0°	-60°
一次侧Δ（超前）	-60°	-30°	-
一次侧Δ（滞后）	0°	-	-30°

由于换相参考电压将用作同步阀触发的输入，它们应当尽量保持为正弦（通常是滤波器在系统中所处的位置）。由于不同变压器配置所产生的相移将需要作为内部触发控制的输入。

需要注意的是：换流变一次侧的中性点应当接地，而阀侧中性点不接地以避免下桥臂晶闸管触发时出现的变压器绕组短路。

5.5.4 通用电流控制 (Generic Current Control)

该元件如图 5-117 所示。

1. 说明

该元件模拟通用电流或极控制器。在实际的 HVDC 系统中，该元件的两个输入、电流指令以及期望的 γ 角可经由诸如低压限流环节元件进行处理。但由于阀单元有限的过电流能力，电流控制仍是直流环节运行的重要特性。设置电流指令限值可确保换流器电流处于安全工作区内。通常电流控制器为一极中的各个串联阀组提供所要求的 α 触发角，因此该电流控制器也被称为极控制器。输入至该电流控制器的电流指令通过附加的控制、保护和限值进行调节，以确保稳态和暂态下的功率控制和系统保护。

CD POLPI5 DA
Generic Current Control
CO DGE

图 5-117 通用电流控制元件

该模型包含两个主要功能。第一个是将电流指令 (CO) 和测量电流 (CD) 的误差通过比例积分控制器来产生 α 角指令。第二个是产生 γ 角误差信号，用于在测量的电流小于电流指令时增加阀值控制中的期望 γ 角。该模型的结构框图如图 5-118 所示。

电流指令 (CO) 可送至极控制器，该指令可来自诸如低压限流元件的控制或 Master Power Controls 求解得到的期望电流。

所测量的 HVDC 电流 (CD) 通常从极平滑电抗器电流或与阀组串联的 DC 网络中的某些支路中得到。直流电流传感器通常具有滞后或延时函数的响应时间，通常为 0.5~5.0 ms。此外通常需要加入滤波器以限制不期望的频率，例如基频、6 或 12 次谐波。

电流裕度 (CM) 输入参数通常为固定值。对于正常运行条件下控制电流的换流器，CM 为 0。如果在正常运行条件下换流器不控制电流，则可通过为逆变器设置正值 CM（约 0.1 pu）或为整流器输入负值 CM（约-0.1 pu）来强迫其建立直流电压。两端或多端直流环节的配置中的一个换流器通常以该方式来决定电压，剩余的换流器通常为带 0 电流裕度的电流控制。电流裕度的作用是修改电流指令，使得该换流器试图控制直流电流至与电流控制换流器试图达到的不同的水平上。这将迫使逆变器期望触发角达到允许 α 角的最大水平，其结果是阀组控制器中将采用 γ 角控制来替代触发角指令。逆变器试图产生与最小 γ 角设置中相同的 γ 角。当 γ 角控制器动作时，逆变器将不处于电流控制。在整流器中，负的电流裕度迫使触发角等于最小 α 角限值，使得它同样不采用定电流控制。

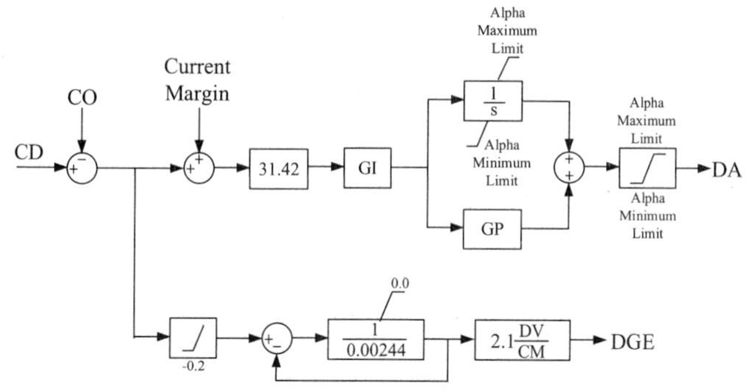

图 5-118 通用电流控制元件结构框图

电流误差斜率输入参数控制电流误差控制的增益，如果设为 0，则 DGE 将为 0。它通常用于 DGE 为 0 的整流器。由于未采用 γ 角控制器，它对于整流器的作用很小。

该元件的输入输出端子说明如下：

- CD pu：直流电流响应（总是为正）。
- CO pu：直流电流指令（总是为正）。
- DA rad：期望 α 角。
- DGE rad：γ 角误差变化量。

2．参数

➢ Configuration | General

- Name for Identification：可选的用于识别元件的文本参数。
- Current Margin pu：直流电流裕度。对逆变器为正值，对整流器为 0 或负值。
- Slope of Current Error pu：电流误差特性乘以电流裕度的斜率 (DV)。建议采用 0.0<DV<0.1（整流器时为 0）。
- Alpha Maximum Limit rad：α 角最大限值。
- Alpha Minimum Limit rad：α 角最小限值。整流器时应小于 0.35。
- Integral Gain °/(A·s)：定电流控制积分增益(GI)，建议采用 3<GI<6。
- Proportional Gain pu：定电流控制比例增益(GP)，建议采用 0.01<GP<0.02。

3．HVDC 控制模式

直流输电系统的正常运行需要某些特殊的控制。具有触发控制的换流器通常运行于如下两种模式之一：第一种为调节触发角以控制通过换流桥直流电流的电流控制。

另一种为直流电压控制。获取稳态直流电压的方法之一是控制逆变器的熄弧角为固定的最小值，通常为 18°，该方法也被称为定熄弧角（γ）控制。

通常双端直流输电系统的整流侧控制直流电流，而逆变侧运行于控制接近稳定的直流电压。但不总是需要由逆变侧来控制直流电压稳定，控制模式也可以反转，从而逆变侧控制电流而整流侧以恒定的触发角（α）产生稳定的直流电压。

多端直流输电系统运行于相同的控制模式，其中的某个换流器（逆变器或整流器）维持稳定的直流电压，而其余的换流器控制直流电流。双端和多端直流输电系统中有多种根据直流电压和电流控制模式的变形，这些控制的主要功能是调节触发角以实现不同控制策略所需要的目标。

PSCAD 主元件库为用户提供了多种通用 HVDC 控制元件，它们可应用于双端或多端直流输电系统。主要包括：

- 通用 γ 角控制。
- 通用电流控制。
- 低压限流控制。

4．Master Power Controls（主功率控制）

从运行的角度而言，控制通过 HVDC 系统的直流功率而不是直流电流将更为有用。这可通过将直流功率指令除以直流电压得到电流指令而方便地实现。但这样会导致产生一定的不期望的性能特性，需要进行保护，主要包括：

- 当直流电压较低或极性反转时，电流直流将达到很大值，或其极性反转时将强迫出现零电流。
- 如果功率/电压计算实际上响应于瞬时直流电压，则直流系统的运行将不稳定，特别是在短路比小于 3 的情况下。

为解决这两个难题，需要构建具有限幅和滞后功能的主功率控制器。

PSCAD 主元件库中未提供特定用于主功率控制器的元件。但用户可使用 CSMF 中的元件来搭建这样的模型。图 5-119 给出了一个构建主功率控制器的框图。

功率直流通常固定为某个期望的水平，但可通过图 5-119 所示的 Auxiliary Power Signal 进行修改。Auxiliary Power Signal 可来自于测量的交流系统频率，并作为阻尼信号以调制直流功率，从而尽可能提高交流系统的稳定性。此外，Auxiliary Power Signal 也可作为对功率指令的较大信号修改，以适应交流系统出现的重大调整，如关键的交流输电系统意外退出时就可能需要。通常 Pa 的变化要求具有较快的响应速度，因此滞后函数的时间常数 T_2 不能很大，一般为 5~50 ms 以表示 P/u 除法器的动态响应。

如果 T_2 较小，则 P/u 除法器的响应将非常快。此外，为避免低短路比时 HVDC 系统的不稳定，测量电压信号的时间常数 T_1 必须较大。对短路比小于 2 的系统，T_1 应当大于 1 s 或 2 s。

可能存在要求测量直流电压的快速响应的情况，如当阀组封锁或解锁。此时需要有特殊的逻辑来相应调整测量的电压。为避免出现过电流情况，通过 V_{min} 信号来建立最小直流电压水平。通常需要具有最大和最小直流电流限值 I_{dmin} 和 I_{dmax}。电流指令通过增益常数 GPU 转换为标幺值，并通过每个换流器的电压限流环节和电流控制器进行处理。

为解决这两个难题，需要构建具有限幅和滞后功能的主功率控制器。

PSCAD 主元件库中未提供特定用于主功率控制器的元件。但用户可使用 CSMF 中的元件来搭建这样的模型。图 5-119 所示为一个构建主功率控制器的结构框图。

功率直流通常固定为某个期望的水平，但可通过图 5-119 所示的 Auxiliary Power Signal 进行修改。Auxiliary Power Signal 可来自于测量的交流系统频率，并作为阻尼信号以调制直流功率，从而尽可能提高交流系统的稳定性。此外，Auxiliary Power Signal 也可作为对功率指令的较大信号修改，以适应交流系统出现的重大调整，如关键的交流输电系统意外退出时就可能需要。通常 Pa 的变化要求具有较快的响应速度，因此滞后函数的时间常数 T_2 不能很大，一般为 5~50 ms 以表示 P/u 除法器的动态响应。

如果 T_2 较小，则 P/u 除法器的响应将非常快。此外，为避免低短路比时 HVDC 系统的不稳定，测量电压信号的时间常数 T_1 必须较大。对短路比小于 2 的系统，T_1 应当大于 1 s 或 2 s。

可能存在要求测量直流电压的快速响应的情况，如当阀组封锁或解锁。此时需要有特殊的逻辑来相应调整测量的电压。为避免出现过电流情况，通过 V_{min} 信号来建立最小直流电压水平。通常需要具有最大和最小直流电流限值 I_{dmin} 和 I_{dmax}。电流指令通过增益常数 GPU 转换为标幺值，并通过每个换流器的电压限流环节和电流控制器进行处理。

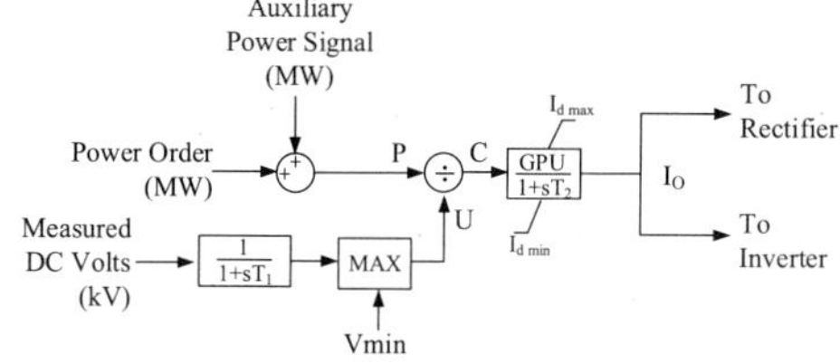

图 5-119 主功率控制器结构框图

主功率控制可基于双极或单极进行应用。当在多端配置的情况下将没有一种创建的方法。最重要的是确保正确地分配每个换流器的电流指令，以使得电压控制的换流器接收到其正确的期望功率和电流。

5.5.5 通用 γ 角控制 (Generic Gamma Control)

该元件如图 5-120 所示。

1．说明

Generic Gamma Control 元件模拟通用熄弧角（γ 角）控制器。当换流器逆变运行时，如果熄弧角太小时将可能发生换相失败，可通过控制熄弧角 γ 来防止其发生。从 6 脉波或 12 脉波换流器测得的 γ 角 (G) 将作为 Generic Gamma Control 控制器的输入，该元件进一步对测得的 γ 角进行处理，以减少发生换相失败的几率，具体方法为：

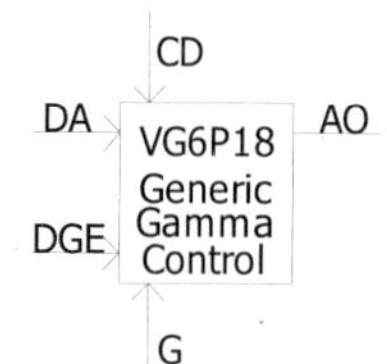

图 5-120 通用 γ 角控制元件

修改测量得到的 γ 角为上一个交流基频周期内观测到的最小值。如果测量的 γ 角观察到明显的变化，则表明暂态控制操作正在进行或交流电压波形发生畸变。此时期望的 γ 角将增大几度。

γ 角控制器的输出为期望的触发角指令 (AO)，该指令将与从极定电流控制器接收的期望触发角 (DA) 进行比较。实际触发角指令将选取为其中的最小值，如图 5-121 所示。当 α 角指令增加到使得相应的 γ 角小于期望值时，逆变器将自动转换至 γ 角控制。

期望的 γ 角同样可由根据极控制器求解得到的电流误差控制进行修改。该输入参数即 γ 角误差增量 (DEG)。稳态时该值为 0，因此通常不会动作于修改期望 γ 角。

测量的直流电流标幺值 CD 用于直流电流是否存在不正常的增加，此时如果阀组工作于逆变器时将可能导致换相失败。当直流电流增加较大而未发生 γ 角指令有效地增加时，CD 可以为 0。

类似的，如果换流器作为整流器运行，γ 角控制将不起作用，因而 CD 同样可以为 0。该控制仅在直流电流暂态增加超出由 *Incremental Current Level* 输入参数定义的水平时才会动作。*Incremental Current Level* 应当足够大以确保 γ 角控制器不会响应于直流电流的正常波动。

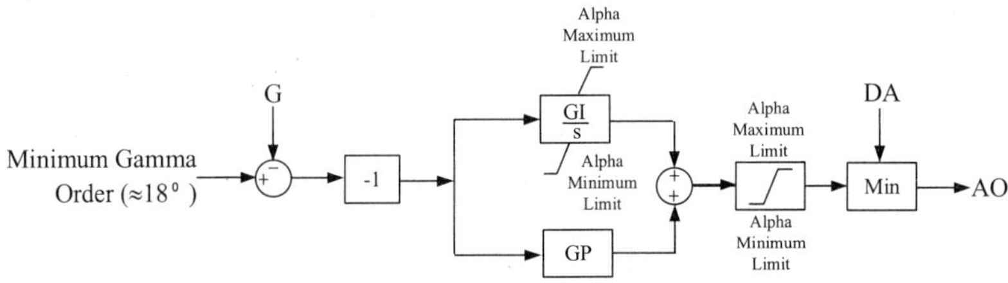

图 5-121 通用 γ 角控制结构框图

该元件的输入输出端子说明如下：

- DA rad：期望 α 角。
- DGE rad：γ 角误差变化量。
- G rad：从阀组测得的 γ 角。
- CD pu：测得的直流电流（总是为正）。
- AO rad：输出至阀的 α 角指令。

2. 参数

➢ Configuration | General

- Name for Identification：可选的用于识别元件的文本参数。
- Base Frequency Hz：系统基准频率。
- Alpha Minimum Limit rad：α 角最小限值。整流器时应小于 0.35。
- Alpha Maximum Limit rad：α 角最大限值。
- Minimum Gamma Order rad：最小 γ 角指令，通常为 0.314。
- Proportional Gain pu：定 γ 角控制比例增益(GP)，建议采用 GP=0.27。
- Integral Gain 1/s：定 γ 角控制积分增益(GI)，建议采用 GI=15。

- Incremental Current Level pu：直流电流增量超出该指定水平 (CF) 时，将引起 *Minimum Gamma Order* 增加，建议采用 CF=0.4。
- Current Fade Out Constant s：测量直流电流增量的淡出时间常数 (TF)，建议采用 TF=0.02。

5.5.6 低压限流 (Voltage Dependent Current Limits)

该元件如图 5-122 所示。

1．说明

该元件返回与电压相关的电流限值，它可通过当测量的直流电压低于设定值时触发定时器，或通过滞后环节启动。这取决于输入参数 *Delay or Lag Function* 的设置。

VD CO
CI
Voltage Dependent Current Limits

图 5-122 低压限流元件

多数直流输电系统需要减小从交流系统吸收或传送较大电流而有功功率不成比例减小时的影响。在换流器端具有较小短路比时，交流电压将因而会发生崩溃。低压限流通常用于直流环节以避免长期运行于这种情况。当识别出直流电压崩溃，每个换流器定电流控制器的电流指令将减小至可接受的限值，也即 0.2~0.5 pu。

该元件提供两种低压限流功能，即延时或滞后，两者特性略有差别，如图 5-123 所示。为避免电压限流环节发生震颤或频繁投切，输入参数 *Volts for Applying Limit* (V_{on}) 中的设置值需小于输入参数 *Volts for Removing Limit* (V_{off}) 中的设置值。同时需要在 V_{on} 和 V_{off} 参数中输入与测量的直流线电压极性相同的值。如果使用通常为负值的负极电压，则 V_{on} 和 V_{off} 必须同样输入负值。

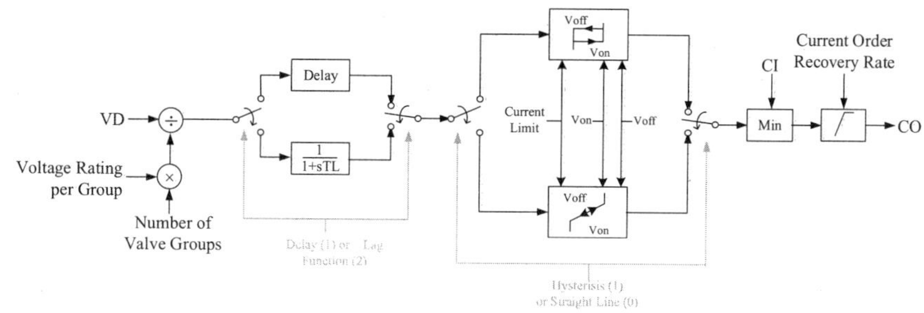

图 5-123 低压限流结构框图

该元件中同时提供了控制 V_{on} 和 V_{off} 之间采用滞环特性或斜直线特性的选项，如图 5-124 所示。该特性的选择取决于 *Hysterisis or Straight Line* 参数的设置。

该元件对大多数 VDCL 应用都有效，且通常同时应用于整流器和逆变器。必须仔细地配合每个换流器的特性，使得电压恢复成为可能。例如，如果逆变器尝试控制的电流大于整流器试图产生的，则直流环节将锁定于逆变器的最小 α 角限值，从而导致恢复失败。可通过串联布置该元件来获取更复杂的电压相关电流限值。

该元件的输入输出端子说明如下：

- DC kV：直流侧直流电压，对负极为负值。

- CI pu：电流指令（总是为正）。
- CO pu：电流指令输出（总是为正）。

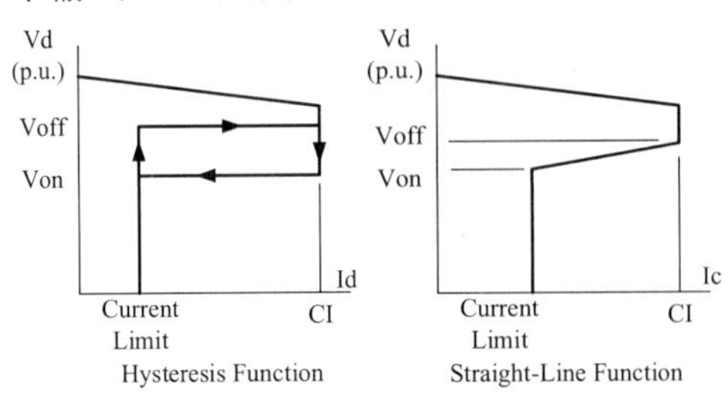

图 5-124 低压限流环节的投切控制模式

2．参数

➢ Configuration | General

- Name for Identification：可选的用于识别元件的文本参数。
- Current Recovery (Ramp or Lag)：Lag | Ramp（滞后 ｜ 坡升）。设置电流恢复模式。
- Number of Valve Groups：每极阀组数目。
- Voltage Rating/Group kV：每阀组额定直流电压。
- Hysterisis or Straight Line：Straight Line | Hysterisis（直线 ｜ 滞环）。设置投切特性。
- Delay or Lag Function：Delay | Lag（延时 ｜ 滞后）。选择低压限流函数。

➢ Main Data | General

- Volts for Applying Limit pu：投入本环节时的电压阈值 (Von)，对负极应为负值。
- Volts for Removing Limit pu：退出本环节时的电压阈值 (Voff)，对负极应为负值。本设置值的幅值应大于 *Volts for Applying Limit* 中设置值的幅值。
- Lag Time Constant s：滞后时间常数。
- Current Limit pu：电流限值。
- Current Order Recovery Rate pu/s：电流指令恢复速率限值，可采用 Ramp 或 Lag 类型，取决于 *Current Recovery (Ramp or Lag)*中的设置。

5.5.7 逆变器 CCCM 控制器 (CCCM Controller for Inverter)

该元件如图 5-125 所示。

1．说明

CCCM Controller for Inverter 元件模拟用于 HVDC 联合协调控制方法 (CCCM) 的电压相关电压指令特性。CCCM 联合并协调每个直流站的直流电流和直流电压控制。

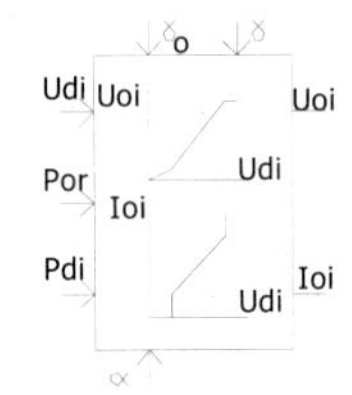

图 5-125 逆变器 CCCM 控制器元件

2．参数

➢ Inverter Parameters | General

- Maximum Current Capability pu：该输入通常大于等于 1。它应当是 HVDC 环境能够维持的稳态电流的最大水平。
- Voltage above which VDCOL is Off pu：当直流电压 Udi 上升至超出此设置水平时，将不会投入任何电压相关电流指令限制环节。在整流器可采用相同的设置。
- Minimum Current Limit pu：逆变器最小电流指令限值。在整流器可采用相同的设置。
- Voltage when VDCOL is Fully On pu：当直流电压低于此处定义水平时将持续保持最低电流水平。在整流器可采用相同的设置。

5.5.8 整流器 CCCM 控制器 (CCCM Controller for Rectifier)

该元件如图 5-126 所示。

1．说明

CCCM Controller for Rectifier 元件模拟用于 HVDC 联合协调控制方法(CCCM)的电压相关电压指令特性。CCCM 联合并协调每个直流站的直流电流和直流电压控制。

2．参数

➢ Rectifier Parameters | General

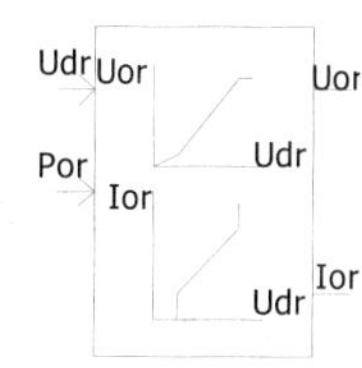

图 5-126 整流器 CCCM 控制器元件

- Maximum Current Capability pu：该输入通常大于等于 1。它应当是 HVDC 环境能够维持的稳态电流的最大水平。
- Voltage above which VDCOL is Off pu：当直流电压 U_{dr} 上升至超出此设置水平时，将不会投入任何电压相关电流指令限制环节。
- Minimum Current Limit pu：整流器最小电流指令限值。整流器通常不会运行于低于该设置值的电流水平。
- Voltage when VDCOL is Fully On pu：当直流电压低于此处定义水平时整流器将持续保持最低电流水平。

5.5.9 真实 γ 角测量 (Apparent Gamma Measurement)

该元件如图 5-127 所示。

1．说明

该元件产生从阀和线电压过零点测量得到的真实 γ 角。

该元件的输入输出端子说明如下：

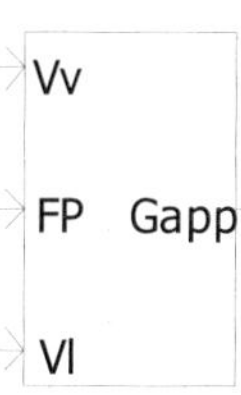

图 5-127 真实 γ 角测量元件

- Vv kV：阀电压输入。
- FP：晶闸管的触发脉冲输入。

- VI kV：线电压输入。
- Gapp °：测量的 γ 角输出。

2．参数

➢ Configuration | General

- Frequency Hz：系统频率，用于将 γ 角从弧度转换为度。

5.5.10 有效 γ 角测量（Effective Gamma Measurement）

该元件如图 5-128 所示。

1．说明

Effective Gamma Measurement 元件计算 6 脉波逆变器的有效 γ 角。有效 γ 角是最近电压过零阀的 γ 角。

该元件的输入输出端子说明如下：

- Vv (6) kV：6 维数组的晶闸管测量电压输入。
- Gv (6) s：6 维数组的晶闸管测量 γ 角输入。
- Ge °：最近一个正偏的阀的测量 γ 角输出。
- Ga °：平均 γ 角输出。
- Gm °：最小 γ 角输出。

Vv(6) Ge
Ga
Gv(6) Gm

图 5-128 有效 γ 角测量元件

2．参数

➢ Configuration | General

- Frequency Hz：系统频率，用于将 γ 角从弧度转换为度。
- Threshold Voltage kV：用于检测晶闸管电压过零的小电压容限。

5.5.11 最小 γ 角测量（Minimum Gamma Measurement）

该元件如图 5-129 所示。

1．说明

Minimum Gamma Measurement 元件对输入 γ 角信号进行测量，并输出完整基频周期内的最小值。输出每 30° 电气角度更新一次（即一个周期的 1/12），因此该输出是最近 12 个 30° 周期的最小值。

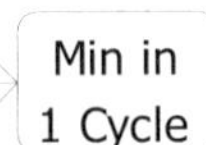

图 5-129 最小 γ 角测量元件

2．参数

➢ Configuration | General

- Base Frequency Hz：系统频率。

5.5.12 静止无功补偿器（Static VAR Compensator）

该元件如图 5-130 所示。

1．说明

Static VAR Compensator 元件代表 12 脉波晶闸管投切电容器（TSC）/晶闸管控制电

抗器（TCR）型静止无功补偿器（SVC）系统。

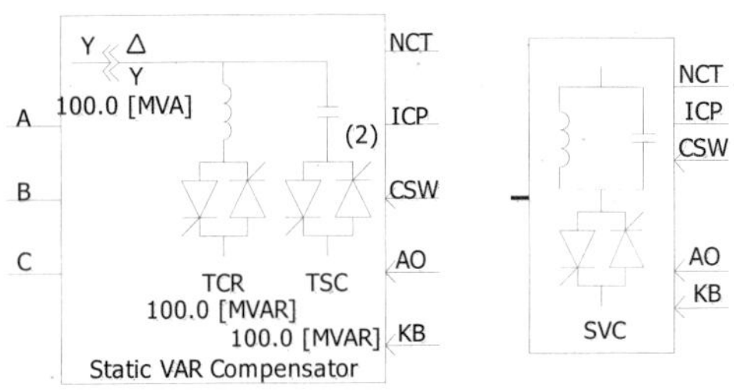

图 5-130 静止无功补偿器元件

该模型自身具有变压器，由星型联结的一次绕组和两个二次绕组（一个为星型联结，另一个为三角形联结）构成。用户可选择 SVC 吸收（感性）或发出（容性）功率的限值，以及 TSC 的级数。每个相同级的容量通过将发生无功的限值除以级数确定。

该元件的输入输出端子说明如下：

- CSW：电容器投切信号，1 将投入一级，-1 将切除一级。
- AO：触发角指令（当 *Firing Pulses From*：选择 Internal PLO is selected 时有效）。
- KB：封解锁信号。0 将闭锁至 TCR 的信号，而 1 将解锁。
- FPD：三角形联结 TCR 的 6 维触发脉冲。当 *Firing Pulses From*：选择为 External is selected 时有效
- FPS：星形联结 TCR 的 6 维触发脉冲。当 *Firing Pulses From*：选择为 External is selected 时有效
- NCT：TSC 中已投入的电容器级数输出。
- ICP：电容器投切信号 CSW 的锁存，在所有相中的投切完成后复位至 0。

2．参数

➢ Configuration | General

- Name for Identification：可选的用于识别元件的文本参数。
- Rated Frequency Hz：系统额定频率。
- 3 Phase Transformer MVA MVA：SVC 内部变压器的总容量。
- Firing Pulses From：Internal PLO | External。设置触发脉冲生成方式。
  - ■ Internal PLO：使用内部锁相振荡器（PLO）。
  - ■ External：用户定义的外部触发脉冲产生电路。
- # of Steps per Main Time Step：该输入（NS1）设置 SVC 的时间步长，即：Δt_SVC =Δt_EMTDC/NS1。
- # of Steps per NS1 During Switching：该输入（NS2）设置 TCR 投切过程中 SVC 的步长，即：Δt_SVC=Δt_EMTDC/NS1/NS2。对 25 μs 的 EMTDC 步长，推荐采用 NS1=1 和 NS2=5。
- # of Capacitor Stages：TSC 的总级数。为该 SVC 选择的总容性无功容量将根据该设置等分至各 TSC 的级中（例如总容性无功容量为 500 MVA，在 5 级的情况下，每 TSC 级容量为 100 MVA）。

- Initial # of TSC Stages On：仿真开始时投入 TSC 级数的初始值。一旦仿真开始后，TSC 支路投入的数目可通过输入信号 CSW 进行控制。
- Scaling Factor：对 SVC 容量进行缩放的系数，无缩放时输入 1.0。
- Graphics Display：3 phase view | Single line view（三相显示 | 单线显示）。设置外观显示方式。

➢ Main Data | General

- PLO Proportional Gain：内部锁相振荡器 (PLO) 的比例增益系数，推荐采用 100。
- PLO Integral Gain：内部锁相振荡器 (PLO) 的积分增益系数，推荐采用 900。
- Positive Sequence Leakage (Primary-Star) pu：SVC 内部变压器一次绕组与二次星形绕组之间的正序互漏感。
- Positive Sequence Leakage (Primary-Delta) pu：SVC 内部变压器一次绕组与二次三角形绕组之间的正序互漏感。
- Positive Sequence Leakage (Star-Delta) pu：SVC 内部变压器二次星形绕组与二次三角形绕组之间的正序互漏感。
- Total Inductive MVARs of TCR MVAR：SVC 吸收的最大无功容量。
- Thyristor Snubber Resistance Ω：晶闸管缓冲电路的电阻。
- Thyristor Snubber Capacitance μF：晶闸管缓冲电路的电容。
- Thyristor ON Resistance Ω：所有晶闸管导通状态下的电阻。
- Thyristor OFF Resistance Ω：所有晶闸管关断状态下的电阻。
- Combined MVARs of all Capacitor Stages MVAr：SVC 发出的最大无功容量。该值除以# of Capacitor Stages 中设置值后可确定每 TSC 级的无功容量。
- Parallel Resistance across Each Capacitor Stage Ω：每个电容器组上并联的电阻值。
- Minimum Total Capacitive MVARs MVAR：总容性无功功率的最小值。

➢ Winding Data | General

- Rated Primary Voltage, L-L kV：SVC 变压器一次绕组额定线电压有效值。
- Primary Magnetizing current %：用于计算一次绕组电感的励磁电流。
- Rated Secondary Voltage, L-L kV：SVC 变压器二次绕组额定线电压有效值。
- Secondary Star Magnetizing current %：用于计算二次星形绕组电感的励磁电流。
- Secondary Delta Magnetizing current %：用于计算二次三角形绕组电感的励磁电流。

➢ Saturation | General

- Air core reactance pu：变压器电抗的饱和斜率，通常为 0.5~0.4。
- Inrush Decay Time Constant s：变压器涌流衰减时间常数，推荐采用 0.2~1.0。
- Knee Voltage pu：变压器饱和曲线的膝点，通常为 1.0~1.2。
- Shunt Loss Conductance 1/Ω：放置于 SVC 母线上的磁滞涡流损耗导纳。可输入 0.0。

3．SVC 无功补偿器的建模

SVC 元件基于状态变量建模技术。它主要由晶闸管控制的电抗器 (TCR) 和晶闸管投切的电容器（TSC）构成。状态变量公式求解电容器电压和电抗器电流系统的微分方程。系统矩阵直接比例于仿真步长，因此可在仿真过程中方便地调整步长以满足精确模拟开关元件的要求。SVC 模型作为 Norton 电流源与 EMTDC 接口。

SVC 元件所模拟的 SVC 系统的通用电路如图 5-131 所示。图中所有的元件均被集成到该元件中，并在模型中以一组状态变量方程来描述它们的动态行为。

TCR 元件连接为三角形，所有的晶闸管开关器件均模拟为两状态电阻。TSC 支路模拟为电容器，无论在某个给定时间所投入运行的 TSC 支路/级的数目为多少，所有这些投入的将一起被表示为每一相上的一个等效电容。该等效电容器的大小及初始电压将在 TSC 投切逻辑显示投入或切除某个电容器组时进行调整。该方法将可减小 TSC 的状态变量至 6 个。需要注意的是，这种减小状态矢量维数的方法仅在由于电容器支路中无串联电感时才成为可能，否则其中的每个桥臂需要单独地进行模拟。由于电容器在仿真运行过程中通常仅投切数次，这种方法能以很小的代价换取更快的仿真速度。

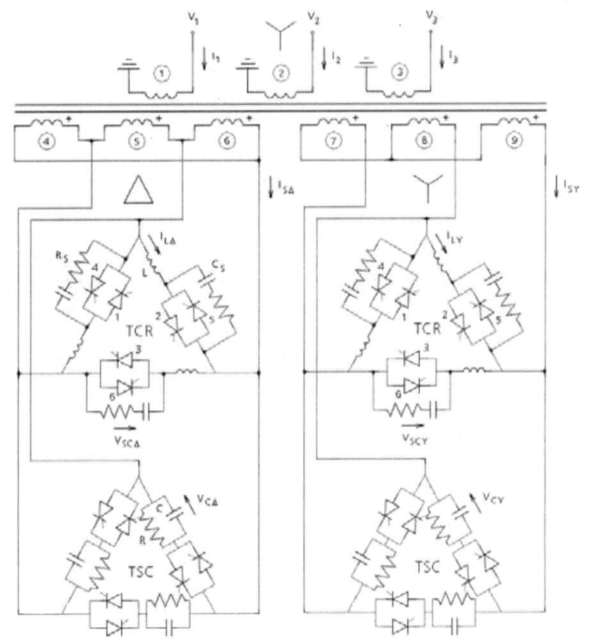

图 5-131 SVC 元件模拟的 SVC 系统等效电路

求解状态变量方程时，对积分采用了 Adam 二阶闭环公式。由于积分方法允许使用变步长而不会明显增加计算机 CPU 的处理时间，可尽量在接近电流过零时刻来关断与载流电抗器（例如在 TCR 中）串联的晶闸管，以减小晶闸管和电抗器上的电压尖峰。这可通过在需要时使用更小的仿真步长来实现。当检测到电流信号 I_L 发生变化时，仿真程序将不会更新状态变量，而是以分数时间步长 DELT = DELT/n 进行重新仿真。晶闸管开关将在接近电流过零点处关断，然后程序将使用一个附加的捕获步长以重新恢复至与原始采样时刻同步。N 取 2~5 对大多数实际情况而言都是足够的。DELT 和的 DELT 值都可以由用户控制。

4．内部控制系统

需要向 SVC 模型提供某些形式的控制以正确地运行 TCR 和 TSC 元件，以及两者之间的同步协调。用于 TCR 触发角指令 (AO) 和 TSC 电容器投切指令 (CSW) 的信号需要由设计完善的 SVC 控制器提供。

TCR 中阀的准确触发时刻由来自于锁相振荡器 (PLO) 的参考角度与角度指令相同时确定。提供了内置的基于 dq0 变换的 PLO 作为默认的 PLO，并被用于产生 TCR 晶闸管的触发脉冲（当 SVC 输入参数 *Firing Pulses From:*选择为 Internal PLO 时）。

当对需要特别的控制特性或特殊的配置的高级用户而言，用于 SVC 的内部控制系统可能不能满足他们的要求。用于产生 TCR 晶闸管触发脉冲的内部机制可由提供具有正确次序的 12 个脉冲（TCR 中的三角形和星形联结的晶闸管各 6 个）的用户定义模型所取代。触发脉冲然后可通过输入传递（当 SVC 输入参数 *Firing Pulses From:*选择为 External 时）。此时，AO 输入将不会影响 TCR 的运行，但闭锁信号 KB 仍能使得所有触发脉冲为 0（与内部产生触发脉冲时的一样）。

用于 TCR 晶闸管的 12 个脉冲的正确次序需考虑到晶闸管的次序，并且需要提供脉冲之间如表 5-2 所示的正确相位移。

表 5-2 采用外部脉冲时的相位移

晶闸管编号	TCR 三角形联结的相位角	TCR 星形联结的相位角
1	$\theta_1=\theta$	$\theta_1=\theta-150^\circ$
2	$\theta_2=\theta_1-120^\circ$	$\theta_2=\theta_1-120^\circ$
3	$\theta_3=\theta_1+120^\circ$	$\theta_3=\theta_1+120^\circ$
4	$\theta_4=\theta_1-180^\circ$	$\theta_4=\theta_1-180^\circ$
5	$\theta_5=\theta_2-180^\circ$	$\theta_5=\theta_2-180^\circ$
6	$\theta_6=\theta_5-180^\circ$	$\theta_6=\theta_5-180^\circ$

需要注意的是：所有的相位角必须在 0°~360 ° 的范围内。θ 是诸如来自 PLO 的某一个参考角度。电容器将在系统电压与将要投切的电容器上电压的差值最小时投入，且仅在电流过零时切除。

5．内部变压器

SVC 的变压器模拟为 6 个单相变压器。一次侧连接为 Y，而二次侧连接为星形联结和三角形联结。变压器的饱和用与变压器绕组并联的由磁通确定的电流源进行表示。对于某个特定的磁通水平，将根据磁通-电流关系确定注入的励磁电流值。

6．SVC 与 EMTDC 的接口

SVC 元件是一个独立的 Fortran 子程序。因此，可方便地引入诸如变步长特性而不会影响主程序。但是两者之间的信息交换仅在 EMTDC 步长结束后进行，在该步长内两者均采用对方上一个步长时的旧的信息进行工作。

图 5-132 给出了 SVC 与 EMTDC 接口的示意。

由模型计算得到的每相 SVC 电流 Is(t) 将注入至 EMTDC。模型中引入对地 Norton 等效电阻 Rc，可作为避免开路时接口处出现的数值不稳定而采取的预防性措施。

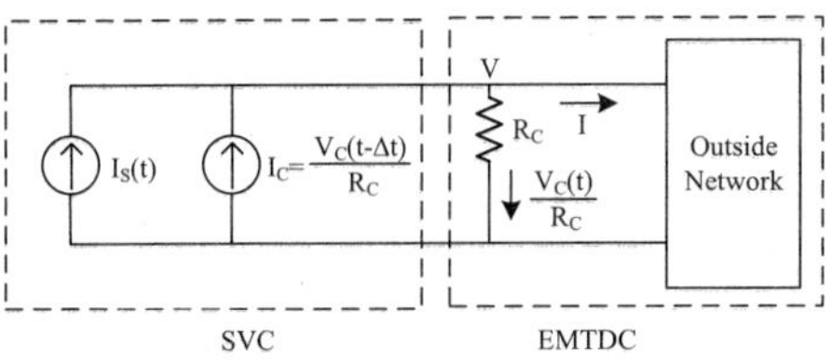

图 5-132 SVC 与 EMTDC 的接口

5.5.13 TCR/TSC 电容投切逻辑控制(TCR/TSC Capacitor Switching Logic)

该元件如图 5-133 所示。

1．说明

TCR/TSC Capacitor Switching Logic 元件产生用于 Static VAR Compensator 元件的 TSC 电容器组的投切信号。

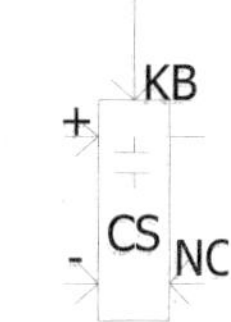

图 5-133 TCR/TSC 电容投切逻辑控制元件

该元件的输入输出端子说明如下：

- NC：当前已投入的 TSC 级数。
- -：切除一级 TSC 的信号（1 将切除一级）。
- +：投入一级 TSC 的信号（1 将投入一级）。
- KB：封解锁信号，0=封锁，1=解锁。

2．参数

➢ Configuration | General

- # of Capacitor Stages：电容器级数，与 Static VAR Compensator 中输入参数 *# of Capacitor Stages* 的值相同。
- Min Time Between Switchings s：连续两个投切命令之间的最小间隔时间，通常为一个基波周期。

5.5.14 晶闸管投切电容器分配器 (Thyristor Switched Capacitor Allocator)

该元件如图 5-134 所示。

1．说明

Thyristor Switched Capacitor Allocator 元件对 α 指令输入（AO）进行监测，并在该信号超出设定限值时（UP 和 DWN）产生投入或切除一级电容器的信号。在一级的投切信号发出后将采用一个延时，以使得 AO 调整至其最新值。

该元件输出通常用作 Static VAR Compensator 元件的 CSW 输入，如图 5-135 所示。

2．参数

➢ Configuration | General

- Time Delay Between Switchings s：连续两个投切操作之间的最小延时。

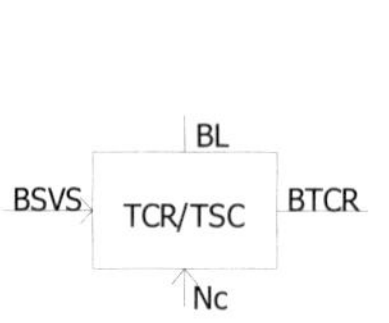

图 5-134 晶闸管投切电容器分配器元件

图 5-135 晶闸管投切电容器分配器元件的应用

5.5.15 TSC/ TCR 非线性电纳特性 (TSC/TCR Non-Linear Susceptance Characteristic)

该元件如图 5-136 所示。

图 5-136 TSC/TCR 非线性电纳特性元件

1．说明

该元件模拟用于 Static VAR Compensator 元件中 TSC 和 TCR 部分的非线性电纳特性。

输出的 TCR 电纳表达式为：

该元件的输入输出端子说明如下：

- BSVS pu：SVC 电纳指令（参考值）。
- Nc：当前已投入的 TSC 级数。
- BL pu：TCR 电抗器的输出电纳。
- BTCR pu：非线性 TCR 电纳输出。

2．参数

➢ Main Data| General

- MVA of SVC Transformer MVA：与 Static VAR Compensator 元件中为内部变压器设置的 *3 Phase Transformer MVA* 输入参数的值相同。
- Transformer Leakage (primary-secondary) pu：与 Static VAR Compensator 元件中内部变压器一、二次侧之间的正弦漏感相同。
- Maximum Inductive MVAR MVA：与 Static VAR Compensator 元件中 *Total Inductive MVARs of TCR* 输入参数的设置值相同。
- Total MVAR of All Capacitor Stages MVA：与 Static VAR Compensator 元件中 *Combined MVARs of All Capacitor Stages* 输入参数的设置值相同。
- Total Number of Capacitor Stages：与 Static VAR Compensator 元件中 *# of Capacitor Stages* 输入参数的设置值相同。

➢ Internal Output Variables | General

- Name for Transformer Susceptance：监测变压器电纳的变量名。单位为 pu。
- Name for Susceptance of Single Capacitor Bank：监测一级电容器电纳的变量名。单位为 pu。

5.5.16 空间矢量调制 Space Vector Modulation (SVM)

该元件如图 5-137 所示。

1. 说明

该元件采用控制矢量调制产生开关信号，矢量布置将在每个采样周期后复位至矢量 Z_0。该元件的输入输出端子说明如下：

- A：以直流电压为基准值的参考矢量幅值。
- Ph：以弧度为单位的参考矢量相位角。
- Outputs 1-6：开关电压源换流器中器件的门极信号。

2. 参数

➢ Main Data | General

- Modulation Frequency Hz：参考电压的采样频率。
- Interpolation：Enabled | Disabled。选择 Enabled 时启用控制插补功能。插补信息（即准确的过零时刻）将由该元件产生并输出。

3. 空间矢量调制理论

空间矢量调制是计算开关的周期占空比，以根据平均值相等来合成期望的输出电压的调制计算，它无需使用载波信号。

空间矢量调制元件使用如图 5-138 所示的两电平换流器。对该换流器具有 8 个可能的状态。表 5-3 给出了这些状态及其派克变换的结果。

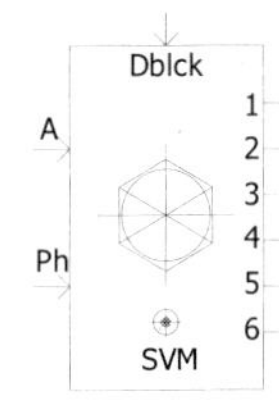

图 5-137 空间矢量调制元件

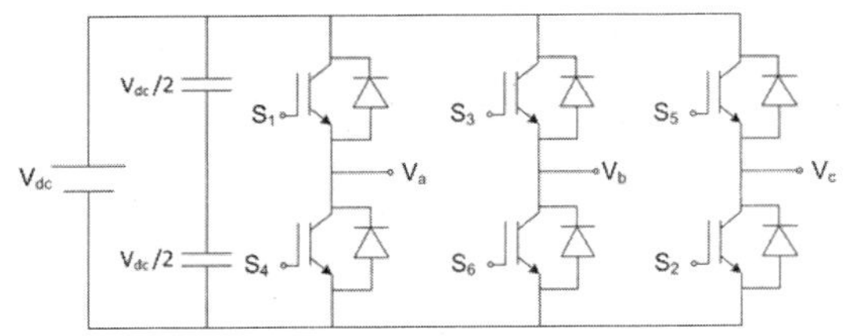

图 5-138 两电平换流器

通过指定参考电压（幅值及相位），可通过使用换流器可能的 8 个状态来再现平均值相同的电压矢量。再现过程是通过在给定的周期 T_s 内对参考电压进行采样，并计算处于某个特定状态的时间，从而获得与参考电压平均值相同的输出电压，该过程如图 5-139 所示。

在任何给定的采样间隔内，参考电压通过如下表达式进行再现：

$$V_{ref} = \frac{T_0 Z_0 + T_1 A_1 + T_2 A_2 + T_7 Z_7}{T_S}$$

式中，T_1 和 T_2 为两个有用状态的作用时间；T_0 和 T_7 为两个 0 状态的作用时间；A_1 和 A_2 为根据参考电压相位确定的有用矢量。

作用时间根据如下表达式确定，这些表达式仅在线性工作区内有效：

$$T_1 = \frac{\sqrt{3}}{2} m T_S \sin\left(\frac{\pi}{3} - \alpha\right)$$

$$T_2 = \frac{\sqrt{3}}{2} m T_S \sin(\alpha)$$

$$T_0 + T_7 = T_S - (T_1 + T_2)$$

表 5-3 换流器状态

状态	S1	S3	S5	相电压			V
				V_{an}	V_{bn}	V_{cn}	
1	0	0	0	0	0	0	0
2	0	0	1	$2/3V_{dc}$	$-1/3V_{dc}$	$-1/3V_{dc}$	$2/3V_{dc}\angle 0°$
3	0	1	1	$1/3V_{dc}$	$1/3V_{dc}$	$-2/3V_{dc}$	$2/3V_{dc}\angle 60°$
4	0	1	0	$-1/3V_{dc}$	$2/3V_{dc}$	$-1/3V_{dc}$	$2/3V_{dc}\angle 120°$
5	1	1	0	$-2/3V_{dc}$	$1/3V_{dc}$	$1/3V_{dc}$	$2/3V_{dc}\angle 180°$
6	1	0	0	$-1/3V_{dc}$	$-1/3V_{dc}$	$2/3V_{dc}$	$2/3V_{dc}\angle 240°$
7	1	0	1	$1/3V_{dc}$	$-2/3V_{dc}$	$1/3V_{dc}$	$2/3V_{dc}\angle 300°$
8	1	1	1	0	0	0	0

用于再现参考电压的状态的产生次序取决于用户，但 PSCAD 中的 SVM 模块采用的方案是减小每采样周期内的开关动作总次数。当调制系数在 0-2/$\sqrt{3}$的范围内时，SVM 方案就运行于线性模式。而当调制系数大于 2/$\sqrt{3}$时，换流器将处于过调制模式。此时如果参考电压超出六边形边界，则上述有用矢量的作用时间计算公式将不能采用，并且 0 矢量将不会采用，如图 5-140 所示。

当参考电压超出六边形边界时的有用矢量的作用时间可计算如下：

该运行模式在调制系数小于 4/3 时均有效。一旦调制系数超过 4/3，参考电压将在所有时间内超出六边形边界。此时的开关方案将只是周期性地按次序输出非 0 矢量，也即所谓的方波运行。

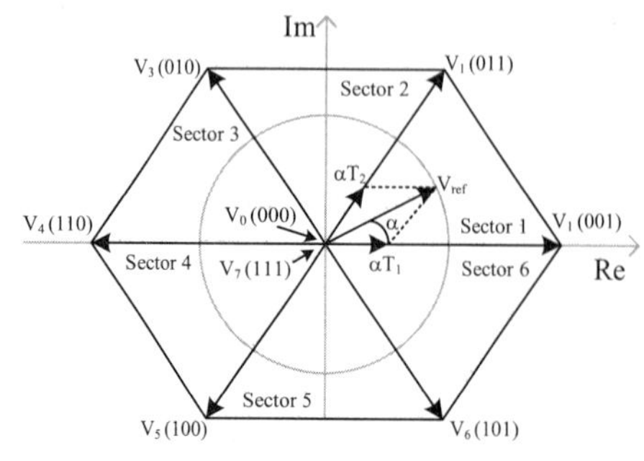

图 5-139 矢量再现的过程

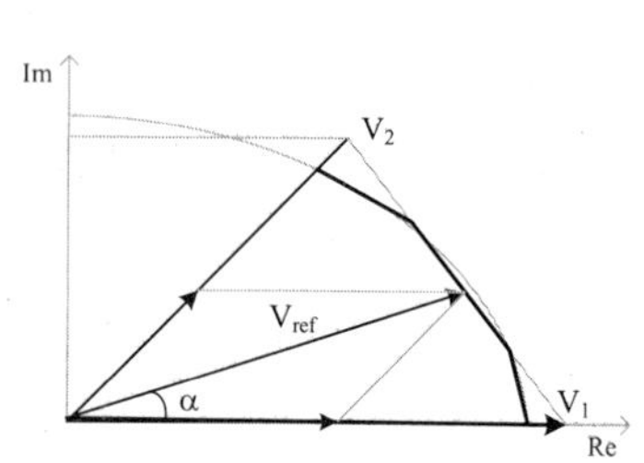

图 5-140 过调制时的矢量再现

$$T_1 = \frac{\sqrt{3}\cos(\alpha) - \sin(\alpha)}{\sqrt{3}\cos(\alpha) + \sin(\alpha)} T_S$$

$$T_2 = \frac{2\sin(\alpha)}{\sqrt{3}\cos(\alpha) + \sin(\alpha)} T_S$$

5.5.17 滞环电流 PWM 发生器 (Hysteresis Current Control PWM Generator)

该元件如图 5-141 所示。

1．说明

该元件模拟滞环电流控制 PWM。 所产生的脉冲用于保持测得的电流在由相对参考波形的上下限确定的电流带内。

该元件的输入输出端子说明如下：

- Dblck：封锁/解封输入。
- I：三相测量电流输入。
- IRef：三相参考电流输入。
- S#：开关脉冲输出。

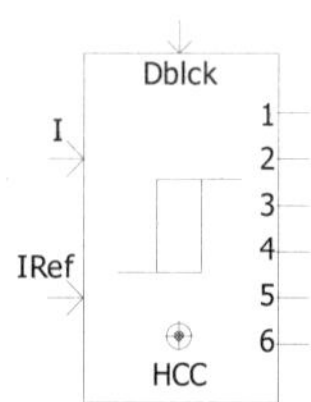

图 5-141 滞环电流 PWM 发生器元件

2．参数

➢ Configuration | General

- Phase Current Direction：Towards Converter | Away From Converter。选择相电流方向。
  - ■ Towards Converter：流向换流器。
  - ■ Away From Converter：流出换流器。
- Interpolation Compatibility：Enabled | Disabled。选择 Enabled 时将启用插补，插补信息（即准确的过零时刻）将由该元件产生并输出控制插补功能。
- Positive Saturation Limit kA：正向饱和限值。应大于 0。
- Negative Saturation Limit kA：负向饱和限值。应大于 0。

5.5.18 MMC 载波信号发生器 (MMC Carrier Signal Generator)

该元件如图 5-142 所示。

1．说明

该元件根据指定的基波频率产生一组 PWM 载波信号。

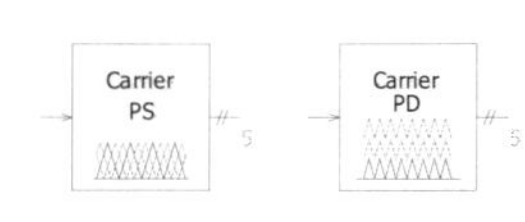

图 5-142 MMC 载波信号发生器元件

当频率变化时，基波频率需设置为 *variable* 类型信号，参数 *Track Fundamental Frequency* 需选择为 Yes，输入的是信号相位角。有如下三种载波信号产生方式，如图 5-143 所示。

- PD：Phase Disposition，相位层叠。
- APOD：Alternate Phase Opposition Disposition Mode，交替反相层叠。

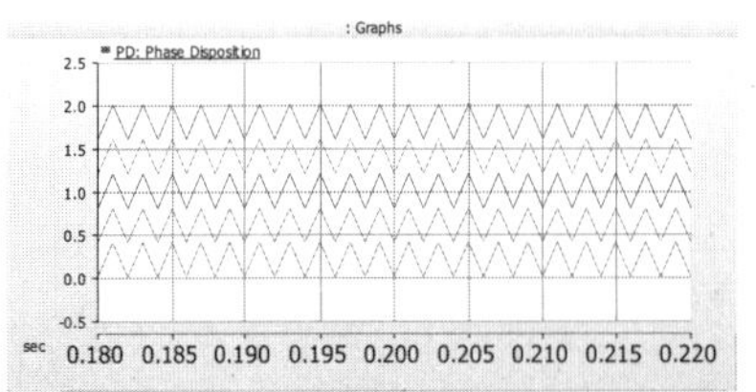

a) PD

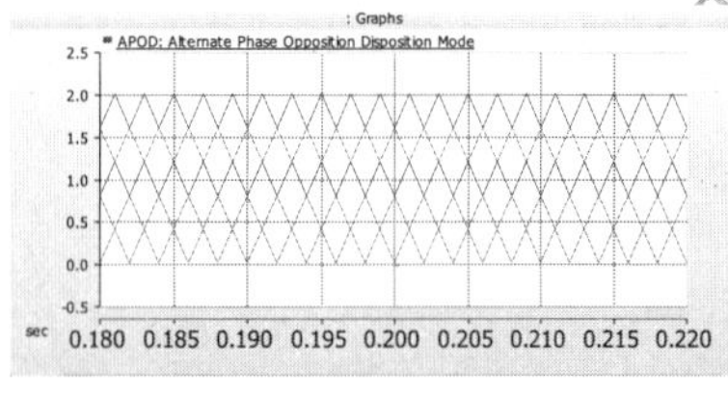

b) APOD

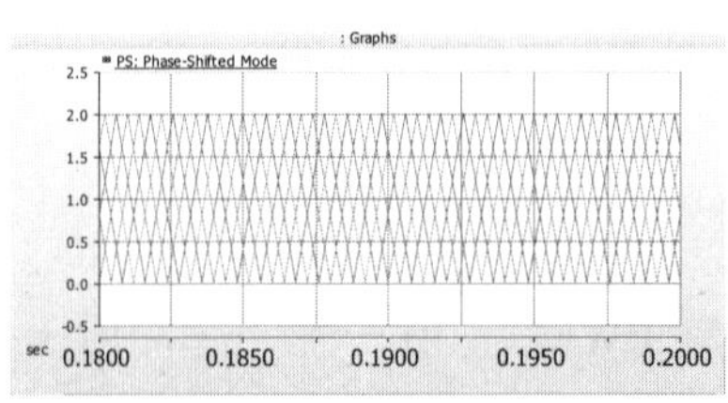

c) PS

图 5-143 三种载波信号产生方式

- PS：Phase-Shifted Mode，移相模式。

2．参数

➢ Configuration | General

- Name：可选用于标识元件的文本参数。
- Track Fundamental Frequency ?：No | Yes。基波频率跟踪方式。
  - No：内部输入基波频率。
  - Yes：将增加输入端子，连接相角 0, 2π 或 0, 360° 的信号。
- Angle Input Mode：Radians | Degree（弧度 | 度）。角度输入方式。
- Number of Carriers：载波信号数。
- Carrier Frequency as Multiple of Fundamental：载波信号的基频倍数。
- Type of Carrier：PD：Phase disposition | APOD：Alternative phase opposition disposition | PS：Phase shifted。载波信号类型。
  - PD：Phase disposition：相位层叠。
  - APOD：Alternative phase opposition disposition：交替反相层叠。
  - PS：Phase shifted：移相。
- Maximum：输出信号最大值。
- Minimum：输出信号最小值。

➢ Configuration | Constant Frequency（当 Track Fundamental Frequency 选择为 No 时有效）

- Initial Phase Shift °：初相角。
- Fundamental Frequency Hz：基波频率。

5.5.19 MMC 全桥单元 (MMC Full-Bridge Cell)

该元件如图 5-144 所示。

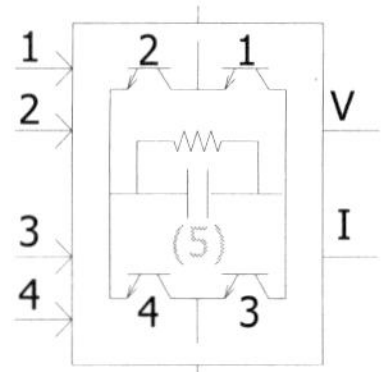

图 5-144 MMC 全桥单元

1．说明

该元件通过戴维南等效电路模拟多阀全桥 MMC，以提高计算效率。全桥单元等效电路如图 5-145 所示，其中：

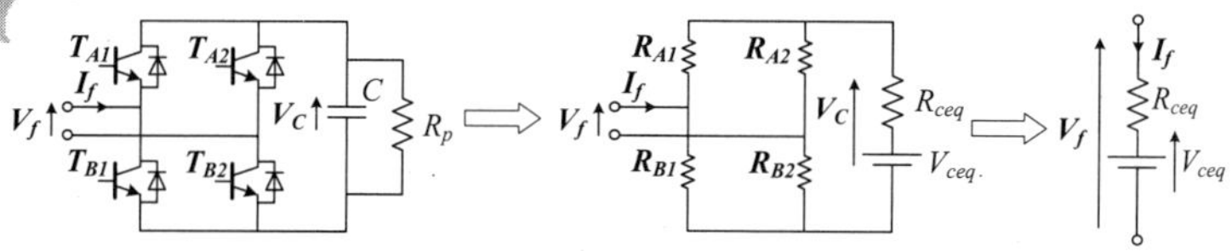

图 5-145 全桥单元等效电路

$$R_{ceq}=\frac{R_{eq}^{c0}R_p}{(R_{eq}^{co}+R_p)'},\ R_{eq}^{c0}=\Delta t/2C$$

$$V_{ceq}(t-\Delta t)=\left(\frac{R_p}{R_{eq}^{c0}+R_p}\right)V_{eq}^{c0}(t-\Delta t)$$

$$V_{eq}^{c0}(t-\Delta t)=R_{eq}^{c0}I_c(t-\Delta t)+V_c(t-\Delta t)$$

$$V_{hb}(t)=R_{eq}^{hb}I_{hb}(t)+V_{eq}^{hb}(t-\Delta t)$$

$$R_{eq}^{hb}=R_B\left(1-\frac{R_B}{R_A+R_B+R_{ceq}}\right)$$

$$V_{eq}^{hb}(t-\Delta t)=\left(\frac{R_B}{R_A+R_B+R_{ceq}}\right)V_{ceq}(t-\Delta t)$$

元件外部连接端子包括：

- FP1, FP2, FP3, FP4：相应 IGBT 的控制脉冲。
- VC：电容电压数组。
- IC：电容电流数组。

2．参数

➢ General

- Name：可选用于标识元件的文本参数。
- Number of Cells：串联的全桥单元数。
- Capacitance per Sub-module μF：半桥单元的电容。
- Sum of Capacitor Voltages at Time Zero kV：零时刻电容电压和。
- Capacitor Leakage Resistance Ω：电容泄漏电阻。
- Enable Partial Blocking？：No | Yes。选择 Yes 时将启用部分封锁。

➢ IGBT

- IGBT ON Resistance Ω：IGBT 导通电阻。
- IGBT OFF Resistance Ω：IGBT 关断电阻。

➢ Diode

- Diode ON Resistance Ω：二极管导通电阻。
- Diode OFF Resistance Ω：二极管关断电阻。

5.5.20 MMC 半桥单元（MMC Half Cell）

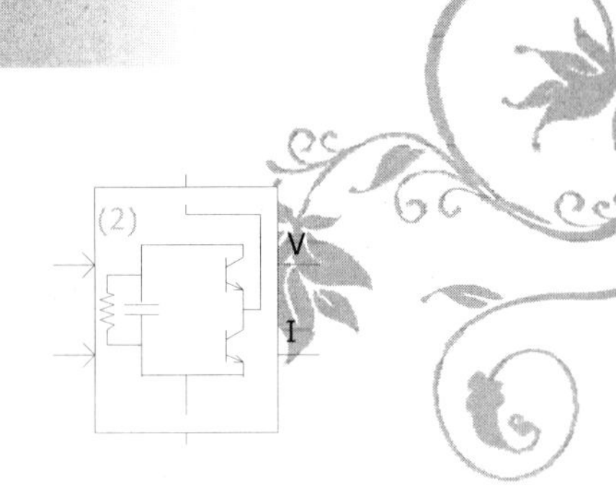

图 5-146 MMC 半桥单元元件

该元件如图 5-146 所示。

1．说明

该元件通过戴维南等效电路模拟多阀全桥 MMC，以提高计算效率。全桥单元等效电路如图 5-147 所示。

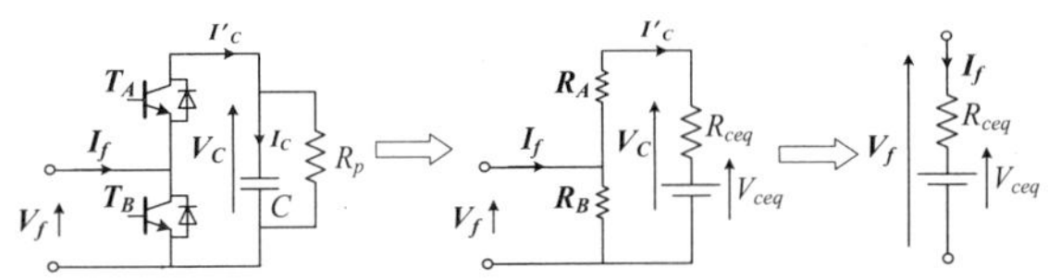
图 5-147 半桥单元等效电路

元件外部连接端子包括：

- FP1, FP2：相应 IGBT 的控制脉冲。
- VC：电容电压数组。
- IC：电容电流数组。

2．参数

相同参数参见 5.5.19 节。

➢ Converter Parameter | 1. General

- Configuration：Bypass at Top | Bypass at Bottom。设置旁路位置。
  - Bypass at Top：上部旁路。
  - Bypass at Bottom：下部旁路。

➢ Monitoring | General

- Total Current Flowing Through：监测总电流变量名。单位为 kA。
- Voltage Across Terminals：监测端电压变量名。单位为 kV。

5.5.21 MMC 全桥触发信号发生器（Firing Signal Generator for MMC Full Cell）

该元件如图 5-148 所示。

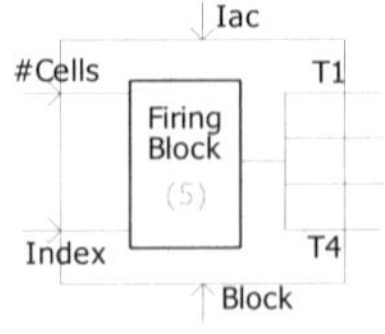

图 5-148 MMC 全桥触发信号发生器元件

1．说明

该元件根据电容电压平衡算法产生全桥单元的触发脉冲，元件外部连接端子包括：

- Iac：MMC 交流电流。
- Block：控制信号，0-解锁，1-封锁。

- #Cells：根据电容电压平衡算法得出的导通单元编号。
- Index：电容电压序号。
- T1, T2, T3, T4：相应 IGBT 的触发脉冲。

2．参数

➢ General

- Name：可选用于标识元件的文本参数。
- Number of Cells per Arm：MMC 每臂单元数。
- Change Cells Fired when Number of Cells Change ？：No | Yes。设置触发单元变化方式。
  - No：根据触发时钟信号改变。
  - Yes：仅需要被触发的单元数量改变时改变。
- Firing Clock Signal：每个时间步长均触发时输入 1。

5.5.22 MMC 半桥触发信号发生器 (Firing Signal Generator for MMC Half Cell)

该元件如图 5-149 所示。

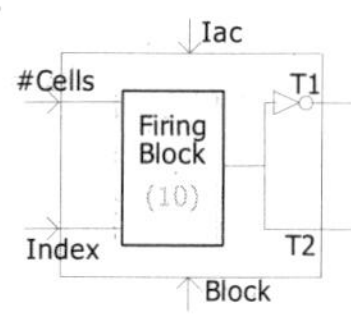

图 5-149 MMC 半桥触发信号发生器元件

1．说明

该元件根据电容电压平衡算法产生全桥单元的触发脉冲，元件外部连接端子包括：

- Iac：MMC 交流电流。
- Block：控制信号，0-解锁，1-封锁。
- #Cells：根据电容电压平衡算法得出的导通单元编号。
- Index：电容电压序号。
- T1, T2：相应 IGBT 的触发脉冲。

2．参数

相同参数参见 5.5.21 节。

5.5.23 MMC 多维比较器 (MMC Multi-Dimensional Comparator)

该元件如图 5-150 所示。

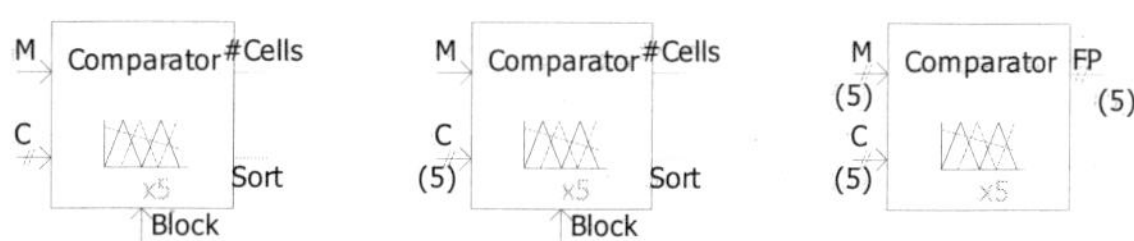

图 5-150 MMC 多维比较器元件

1．说明

该元件根据调制波和 MMC Carrier Signal Generator 产生的载波信号的比较结果，输出 MMC 单元的控制信号，当调制信号大于载波信号时输出 1，否则输出 0。该元件可设置为如下两种运行模式之一：

- *Individual Modulating Waves ?* 选择 Yes：每个输入载波和调制波信号配对比较。
- *Individual Modulating Waves?* 选择 No：所有载波信号与相同的调制波信号相比。

元件外部连接端子包括：

- Mwave：*Individual Modulating Waves ?* 选择为 No 时为单一输入调制波信号，否则为多维调制波信号。
- Carr：指定数量的输入载波信号。
- Block：1-封锁，0-解封。
- # of Cells：导通单元的编号，即相应调制信号大于载波信号。
- Sort：当 *Individual Modulating Waves?* 选择为 No 时，输出时序的 0-1 控制信号，当单元编号改变或封锁信号由 1 变为 0 时将输出 1。电容电压平衡控制算法将该信号用于 Sort Indexer 元件的输入。
- FP：触发脉冲矢量，调制波大于载波时输出 1，否则输出 0。

2．参数

- Name：可选用于标识元件的文本参数。
- Individual Modulating Waves ？：No | Yes。设置调制波数量。
  - No：单一调制波。
  - Yes：多个调制波。
- Display Details ？：No | Yes。选择 Yes 时将在元件外观显示数量等信息。
- Number of Carriers：载波数量。

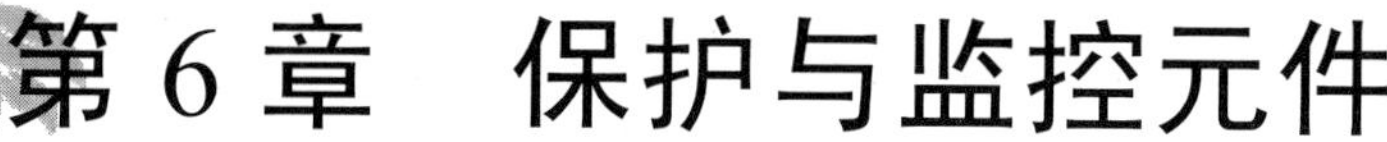

第 6 章 保护与监控元件

电力系统继电保护与监控是电网安全可靠运行必不可少的重要组成部分，其中监控包括各种控制手段和测量仪表。研究继电保护模型，不仅要研究各种阻抗特性，还要考虑保护信号的采集和监测等问题，因而必然涉及到各种互感器及测量监测仪表的使用。同时，为了保证电网运行的安全可靠性，系统中往往还需要大量的调节控制手段，PSCAD 中提供了大量的控制元件，这些元件可以实现高级控制，也可以用于信号分析而直接输出至相应的测量仪表中。本章介绍继电保护所涉及到的互感器、阻抗特性元件、控制元件及测量仪表等的使用，方便读者建立继电保护类系统仿真模型及信号处理方面的仿真研究。

6.1 保护

6.1.1 耦合电容式电压互感器 [Coupled Capacitor Voltage Transformer(CCVT)]

该元件如图 6-1 所示。

1．说明

CCVT 元件模拟相互耦合的电压传感器。其输入 V_p 为电容 C_1 和 C_2 上的总电压（从系统中测得，kV）。输出 V_s (V) 为变换后的电压。

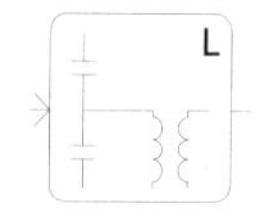

图 6-1 耦合电容式电压互感器元件

该元件等效电路模型如图 6-2 所示。

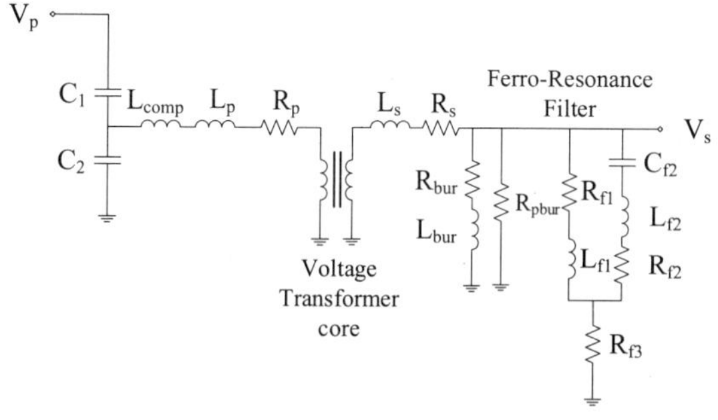

图 6-2 元件等效电路

需要注意的是：就 CCVT 而言，用于模拟励磁特性的表达式中的系数 k 和 α 需基于电流 i 与磁感应强度 B 之间的关系定义，而不是磁场强度 H 与磁感应强度 B 的关系。电流 i 与磁场强度 H 之间的关系为：

$$N \cdot i = H \cdot l$$

式中，N 为匝数；l 为铁心长度。

2．参数

- Main Data | General
  - Name for Identification：可选的用于识别元件的文本参数。
  - Capacitor-1 [pF]：电容 C_1 的值。
  - Capacitor-2 [pF]：电容 C_2 的值。
  - Compensating Inductance [H]：补偿电抗器的值。
- VT Data-General | General
  - VT Ratio：中间变压器匝数比。
  - Primary Inductance (referred to sec.) [H]：折算至二次侧的一次侧漏感 LP。
  - Primary Resistance (referred to sec.) [Ω]：折算至二次侧的一次侧电阻 RP。
  - Secondary Inductance [H]：二次侧漏感 LS。
  - Secondary Resistance [Ω]：二次侧电阻 RS。
  - Eddy Current Loss @ Normal Conditions [W]：正常运行条件下的涡流损耗。
  - Secondary Operating Voltage [V]：中间变压器二次侧额定电压。
  - Operating Flux Density [T]：铁心额定磁感应密度。
  - Hysteresis Loss @ Normal Conditions [W]：正常运行条件下的磁滞损耗。
  - Initial Remanence [pu]：初始剩磁。
  - Operating Frequency [Hz]：工作频率。
- VT Data-Saturation | General
  - Index #：模拟饱和特性的相应指数。
  - Coefficient- #：模拟饱和特性的相应系数。
- Burden | General
  - Burden Resistance-series [Ω]：串联负载电阻 R_{bur}。
  - Burden Inductance-series [H]：串联负载电感 L_{bur}。
  - Burden Resistance-parallel [Ω：并联负载电阻 R_{pbur}。
- Ferro-resonance Filter | General
  - Inductance - # [H]：铁磁谐振滤波器电感 $L_{f\#}$。
  - Resistance - # [Ω]：铁磁谐振滤波器电阻 $R_{f\#}$。
  - Capacitance -1 [F]：铁磁谐振滤波器电容 C_{f2}。
  - Resistance - common [Ω]：铁磁谐振滤波器电阻 R_{f3}。
- Internal Outputs | General
  - Flux Density：监测磁场密度的变量名称。单位为 T。
  - Total Core Current：监测铁心总电流的变量名称。单位为 A。
  - Magnetizing Current：监测励磁电流的变量名称。单位为 A。

3．模拟励磁特性的系数和指数

变压器钢材的励磁曲线在低磁场强度时具有缓慢增加的磁导率，增加至峰值后将随着饱和程度的降低而减小。磁场强度 H 可表示为磁通密度 B 的指数形式，即：

$$H = \sum K_i \cdot B^{\alpha_i}$$

在初始区域内，励磁特性可仅用上述求和项的第一项表示，即：

$$\log(H) = \alpha_1 \cdot \log(B) + \log(K_1)$$

通过绘制出 $\log(H)$ 相对 $\log(B)$ 的曲线，并考虑到仅在初始的线性区域内，可估计出 α_1 和 K_1 的初始值。

下一个区域由上述求和项的前两项表示，即：

$$H = K_1 \cdot B^{\alpha_1} + K_2 \cdot B^{\alpha_2}$$

由于 α_1 和 K_1 的值已知，可得出 H_2 的值为：

$$H_2 = H - K_1 \cdot B^{\alpha_1} = K_2 \cdot B^{\alpha_2}$$

再次利用对数曲线可估计出新的线性区域内的 α_2 和 K_2 的值。H 值将根据已知的参数进行修正，并反复利用对数曲线来估计新的一对参数值。该过程一直重复直至涵盖所有需要的 B 和 H 值。该参数确定方法能自动确保这些参数的初始估计值为正值。

一旦得到整个曲线参数的初始估计值，这些参数将通过使用回归分析进行优化，以获得最佳的拟合。最佳拟合定义为对 H 具有最小的相对误差平方和，采用相对误差而不是绝对误差来定义最佳拟合的原因是 H 值具有非常大的范围。

6.1.2 电压互感器 [Potential Transformer (PT/VT)]

元件如图 6-3 所示。

1．说明

该元件模拟互耦合电压传感器。其输入 V_p 为从系统中测得的电压（kV）。输出 V_s(V)为变换后的电压。

该元件模拟的电路模型如图 6-4 所示。

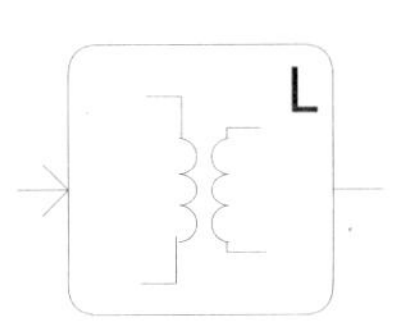

图 6-3 电压互感器元件

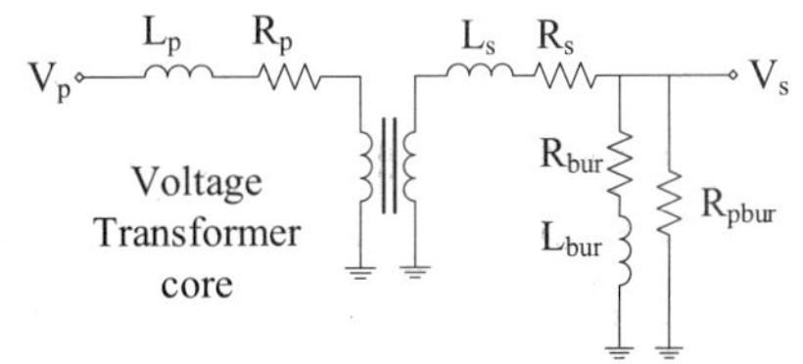

图 6-4 元件等效电路

2．参数

➢ VT Data-General | General

- Name for Identification：可选的用于识别元件的文本参数。
- VT Ratio：中间变压器匝数比。
- Primary Inductance (referred to sec.) [H]：折算至二次侧的一次侧漏感 LP。
- Primary Resistance (referred to sec.) [Ω]：折算至二次侧的一次侧电阻 R_P。
- Secondary Inductance [H]：二次侧漏感 L_S;
- Secondary Resistance [Ω]：二次侧电阻 R_S;
- Eddy Current Loss @ Normal Conditions [W]：正常运行条件下的涡流损耗。
- Secondary Operating voltage [V]：中间变压器二次侧额定电压。
- Operating Flux Density [T]：铁心额定磁密。
- Hysteresis Loss @ Normal Conditions [W]： 正常运行条件下的磁滞损耗。
- Initial Remanence [pu]：初始剩磁。
- Nominal Frequency [Hz]：标称频率。

➢ VT Data-Saturation | General

- Index - #：模拟饱和特性的相应指数。
- Coefficient - #：模拟饱和特性的相应系数。

➢ Burden | General

- Burden Resistance – series [Ω]：串联负载电阻 R_{bur}。
- Burden Inductance – series [H]：串联负载电感 L_{bur}。
- Burden Resistance – parallel [Ω]：并联负载电阻 R_{pbur}。

➢ Internal Outputs | General

- Flux Density：监测磁场密度的变量名称。单位为 T。
- Total Core Current：监测铁心总电流的变量名称。单位为 A。
- Magnetizing Current：监测励磁电流的变量名称。单位为 A。

6.1.3 JA 模型电流互感器 [Current Transformer (CT) - JA Model]

该元件如图 6-5 所示。

1. 说明

Current Transformer (CT) -JA Model 元件模拟基于 Jiles-Atherton 铁磁磁滞理论的电流互感器，并基于磁性材料的物理特性对饱和、磁滞剩磁以及小磁滞回线的形成效应进行模拟。

图 6-5 JA 模型电流互感器元件

该元件的输入为测量得到的一次侧电流（kA）。输出为二次侧电流（A）。

2. 参数

➢ Main Data | General

- Name for Identification：可选的用于识别元件的文本参数。
- Primary Turns：一次侧匝数。

- Secondary Turns：二次侧匝数。
- Secondary Resistance [Ω]：二次绕组电阻。
- Secondary Inductance [H]：整个 CT 折算至二次侧的漏感。
- Area [m^2]：铁心平均截面积。
- Path Length [m]：铁心平均路径长度。
- Remnant Flux Density [T]：铁心剩磁通密度。
- Initial Current in Core [A]：铁心初始电流。
- Magnetic Material：[custom material | material 1]。设置磁性材料。
  - custom material：用户自定义材料。
  - material 1：典型材料 1。

➢ Magnetization Characteristics of the Material | General

- Domain Flexing Parameter：域挠曲系数。
- Domain Pinning Parameter [A/m]：域钉扎系数。
- Parameter to adjust K with M：根据 M 调整 K 的参数。
- Interdomain Coupling：域间耦合系数。
- Saturation Anhysteretic Magnetization [A/m]：无磁滞饱和值。
- Coefficient # of Anhysteretic Curve：无磁滞曲线的相关参数。

➢ Burden | General

- Burden Resistance [Ω]：负载（保护）电阻。
- Burden Inductance [H]：负载（保护）电感。

➢ Internal Outputs | General

- Magnetomotive Force：监测铁心磁动势的变量名称。单位 A·turns。
- Flux Density：监测铁心磁通密度的变量名称。单位 T。

6.1.4 Lucas 模型电流互感器（Current Transformer - Lucas Model)

该元件如图 6-6 所示。

1．说明

Current Transformer-Lucas Model 元件模拟连接至感性负载（保护）的电流互感器，其输入为测量得到的一次侧电流（kA）。并从 CT 绕组中计算二次侧电流（A）。

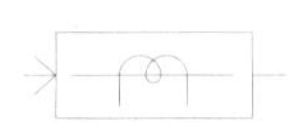

图 6-6 Lucas 模型电流互感器元件

2．参数

➢ Main Data| General

- Name for Identification：可选的用于识别元件的文本参数。
- Primary/Secondary Turns：一/二次侧匝数。
- Secondary Resistance [Ω]：二次绕组电阻。
- Secondary Inductance [H]：整个 CT 折算至二次侧的漏感。
- Area [m^2]：铁心平均截面积。

- Path Length [m]：铁心平均路径长度。
- Frequency [Hz]：额定频率。
- Remnant Flux Density [T]：铁心剩磁通密度。
- Initial Current in Core [A]：铁心初始电流。
- Magnetic material：[custom | silectron 53]。设置磁性材料。
  - custom material：用户自定义材料。
  - silectron 53：典型材料 silectron 53。

➢ Saturation Characteristics | General

- Flux density at knee point [T]：B-H 曲线膝点处的磁通密度。
- Constant- #：模拟励磁曲线方程的相应系数。
- Index- #：模拟励磁曲线方程的相应指数。

➢ Loss Characteristics | General

- Eddy current loss coe fficient：涡流损耗系数。
- Hysteresis loss coefficient #：磁滞损耗系数。这些系数的默认值来自 Silectron 53 材料。

➢ Burden | General

- Burden Resistance [Ω]：负载（保护）电阻值。
- Burden Inductance [H]：负载（保护）电感值。

➢ Internal Outputs | General

- Ideal CT Output Current：监测理想情况下 CT 二次侧电流的变量名。单位为 A。
- Total Core Current：监测铁心总电流的变量名。单位为 A。
- Magnetizing Current：监测励磁电流的变量名。单位为 A。
- Flux Density：监测铁心磁通密度的变量名。单位为 T。

3．损耗特性（Lucas 模型）

变压器铁心损耗模拟为涡流和磁滞损耗的组合。在 CT 模型中通过加入与励磁电流源并联的电流源以计入这些损耗，如图 6-7 所示。

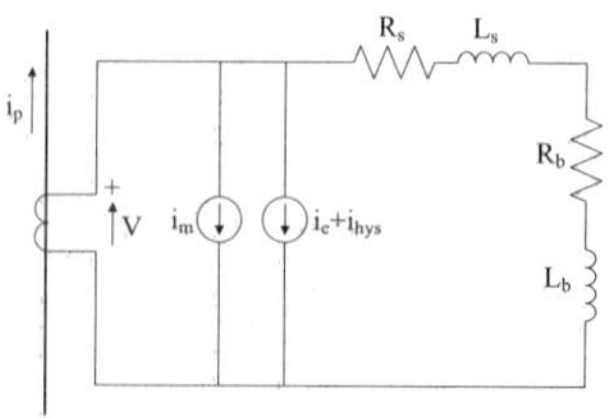

图 6-7 模拟损耗的电路

其中涡流的计算公式为：

$$i_e = G_{const} \cdot G_{ed} \cdot V$$

其中：

$$G_{const} = \frac{Core\ weight}{2\pi f \cdot n_s \cdot Core\ area}$$

且 n_s 为二次绕组匝数。

磁滞电流计算公式为：

$$i_{hys} = G_{const} \cdot \left[sign(V) \cdot G_1 \sqrt{|V|} + G_2 V |B|^3 + G_3 V |B|^{15} \right]$$

6.1.5 JA 模型的双 CT 差分配置(Two CT Differential Configuration - JA Model)

该元件如图 6-8 所示。

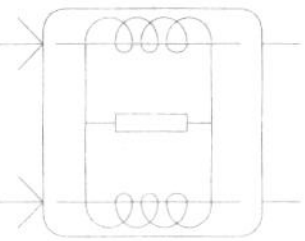

图 6-82 JA 模型的双 CT 差分配置元件

1．说明

Two CT Differential Configuration-JA Model 元件模拟差动保护中并联运行的两个电流互感器。互感器采用铁磁磁滞 Jiles-Atherton 理论建模，并基于磁性材料的物理特性对饱和、磁滞剩磁以及小磁滞回线形成等效应进行模拟。

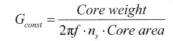

该元件的输入为测量得到的一次侧电流，kA)，从 CT 绕组中计算二次侧电流（A)，流经保护的电流以内部变量的形式输出。

2．参数

➢ Main Data - CT # | General

- Name for Identification：可选的用于识别元件的文本参数。
- Primary/Secondary Turns：一/二次侧匝数。
- Secondary Resistance [Ω]：二次绕组电阻。
- Secondary Inductance [H]：整个 CT 折算至二次侧的漏感。
- Area [m^2]：铁心平均截面积。
- Path length [m]：铁心平均路径长度。
- Remnant Flux Density [T]：铁心剩磁通密度。
- Initial Current in Core [A]：铁心初始电流。
- Magnetic Material：custom material | material 1。设置磁性材料。
  - custom material：用户自定义材料。
  - material 1：典型材料 1。

➢ Magnetization characteristics of the Material - CT # | General

- Domain Flexing Parameter：域挠曲系数。
- Domain Pinning Parameter [A/m]：域钉扎系数。
- Parameter to adjust K with M：根据 M 调整 K 的参数。
- Interdomain Coupling：域间耦合系数。
- Saturation Anhysteretic Magnetization [A/m]：无磁滞饱和值。
- Coefficient # of Anhysteretic Curve：无磁滞曲线的相关参数。

➢ Burden | General

- Burden Resistance [Ω]：负载（保护）电阻值。
- Burden Inductance [H]：负载（保护）电感值。

➢ Internal Outputs - CT # | General

- Magnetomotive Force：监测铁心磁动势的变量名称。单位为 A·turns。
- Flux Density：监测铁心磁通密度的变量名称。单位为 T。

➢ Internal Outputs | General

- Burden Voltage：监测负载电压的变量名称。单位为 V。
- Burden Current：监测负载电流的变量名称。单位为 A。

6.1.6 比相继电器 (Block Average Phase Comparator Relay)

该元件如图 6-9 所示。

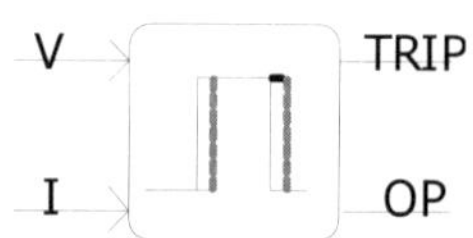

图 6-9 比相继电器元件

1．说明

该元件计算如下值：

$$V(IZ-V)$$

在由输入 V 和 I 确定的阻抗位于保护区域之外时该值应当为负。该元件对位于限值 0.0~2.0 内的归一化量进行积分，当积分值超过 1.0 时将发出跳闸信号 (1)。默认的输出为 0。

2．参数

➢ General

- Name for Identification：可选的用于识别元件的文本参数。
- Impedance Format：Magnitude and Phase | Resistance and Reactance（极坐标形式 | 直角坐标形式]）。输入阻抗数据输入格式。
- Frequency [Hz]：系统运行频率。

➢ Magnitude and Phase

- Magnitude of the Impedance at the end of the Zone [Ω]：保护区域边界上阻抗幅值。
- Phase of the Impedance at the end of the Zone [deg]：保护区域边界上阻抗角度。

➢ Resistance and Reactance

- Resistance at the end of Zone [Ω]：保护区域边界上的电阻。
- Reactance at the end of Zone [Ω]：保护区域边界上的电抗。

6.1.7 苹果特性的距离继电器 (Distance Relay - Apple Characteristics)

该元件如图 6-10 所示。

1. 说明

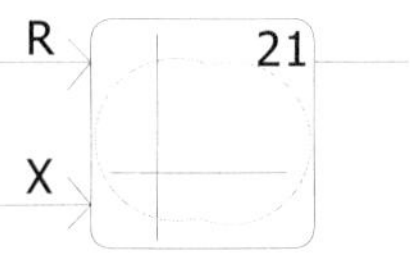

图 6-10 苹果特性的距离继电器

该元件被归类为阻抗区域元件，它判断由输入 R 和 X 所给出的阻抗点是否位于阻抗平面上的特定区域内。R 和 X 分别表示监测阻抗的阻性和无功部分。需要注意的是元件输入参数的单位必须与 R 和 X 输入的单位一致。若由 R 和 X 所给出的阻抗点位于指定区域之外，该元件将输出 1，否则输出 0。

苹果特性可通过使用具有相同半径的两个重叠圆的所有部分得到。

2. 参数

➢ Configuration | General

- Name for Identification：可选的用于识别元件的文本参数。
- Radius of the Circles C1 and C2：圆的半径。
- Coordinates of the Centres：(X, Y) | (Z, theta)（直角坐标 | 极坐标）。圆心坐标的输入形式。

➢ Coordinates of Circle C # | (X, Y)

- X/Y：圆心的直角坐标。

➢ Coordinates of Circle C # | (Z, theta)

- Z/Theta [rad]：圆心的极坐标。

6.1.8 透镜特性的距离继电器 (Distance Relay-Lens Characteristics)

该元件如图 6-11 所示。

1. 说明

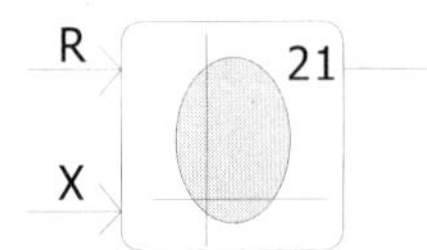

图 6-11 透镜特性的距离继电器元件

该元件被归类为阻抗区域元件，它判断由输入 R 和 X 所给出的阻抗点是否位于阻抗平面上的特定区域内。R 和 X 分别表示监测阻抗的阻性和无功部分。需要注意的是元件输入参数的单位必须与 R 和 X 输入的单位一致。若由 R 和 X 所给出的阻抗点位于指定区域之外，该元件将输出 1，否则输出 0。

透镜特性可通过使用具有相同半径的两个重叠圆的重叠部分得到。

2. 参数

相同参数参见 6.1.7 节。

6.1.9 双斜率电流差动继电器 (Dual Slope Current Differential Relay)

该元件如图 6-12 所示。

1. 说明

Dual Slope Current Differential Relay 元件的双比率百分比偏置限制特性可由如下 4 个值确定，如图 6-13 所示。

- I_{S1}：差动电流基准设定。
- K_1：低百分比偏置设定。
- I_{S2}：偏置电流阈值设定。
- K_2：高百分比偏置设定。

元件的输入是两个电流信号的幅值 I1M 和 I2M 以及相应的相位值 I1P 和 I2P。

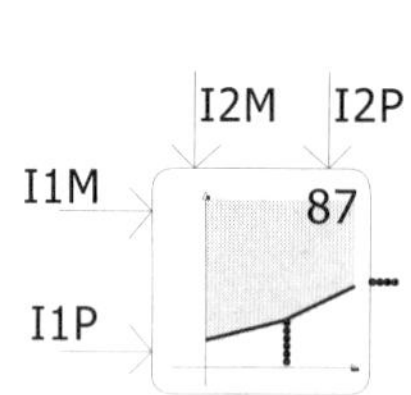

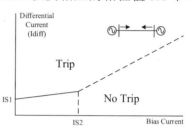

图 6-12 双斜率电流差动继电器元件

图 6-13 双比率百分比偏置限制特性

跳闸标准定义为：

情况 1：当$|I_{bias}|<I_{S2}$时，若：

$$\left|I_{diff}\right| > K_1 \cdot \left|I_{bias}\right| + I_{S1}$$

则发出跳闸信号。

情况 2：当$|I_{bias}|\geq I_{S2}$时，若：

$$\left|I_{diff}\right| > K_2 \cdot \left|I_{bias}\right| - (K_2 - K_1) \cdot I_{S2} + I_{S1}$$

则发出跳闸信号。

该元件仅在跳闸条件满足且超出由 hold time 参数所指定的时间后输出 1。

2．参数

➢ Main | General

- Name for Identification：可选的用于识别元件的文本参数。
- Input Angles are Given in：Radians | Degrees（弧度 | 度）。设置角度输入单位。
- Differential Current Threshold：差动电流阈值设定 I_{S1}。
- Lower Percentage Bias Setting：低百分比偏置设定 K_1。
- Bias Current Threshold Setting：偏置电流阈值设定 I_{S2}。
- Higher Percentage Bias Setting：高百分比偏置设定 K_2。
- Hold Time [ms]：跳闸条件满足需保持的时间，在该时间后将发出跳闸信号，在此过程中不能出现跳闸条件不满足的情况。

➢ Internal Output Variables | General

- Differential Current：监测差动电流的变量名。

- Bias Current：监测偏置电流的变量名。

6.1.10 反时限过电流保护 (Inverse Time Over Current Relay)

该元件如图 6-14 所示。

1．说明

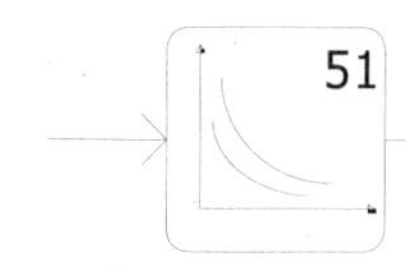

图 6-14 反时限过电流保护元件

该元件通过将电流函数 F(I) 进行对时间的积分来获取反时限-电流特性。F(I) 大于预设的启动电流时为正，否则为负。自启动电流开始，积分器的输出将为正。当积分器达到预定正设定值时将输出 1。

该元件的输入是测量的电流信号 (pu 或 kA)。当输入电流高于启动电流时 F(I) 定义为跳闸，反之则返回。

2．参数

➢ Main | General

- Name for Identification：可选的用于识别元件的文本参数。
- Data Entry Format：Explicit | Automatic_Standard | Automatic_Company。设置电流函数 F(I)的特性。
  - Explicit：直接输入。
  - Automatic_Standard：国际标准输入。
  - Automatic_Company：厂商标准输入。
- Resettable？：No | Yes。复位控制，选择 Yes 时将强制复位积分器至 0。
- Pickup Current：始动电流，即积分器开始为正时的电流。当积分达到 1 时保护将输出 1。
- Time Dial Setting：跳闸动作信号实际发出时的积分值，从而可控制时间-电流特性的时间尺度。

➢ Explicit Data Entry | General

- Trip Characteristic Constant (A)：跳闸特性常数 A。
- Trip Characteristic Constant (B)：跳闸特性常数 B。
- Trip Characteristic Constant (K)：跳闸特性常数 K。
- Trip Characteristic Constant (p)：跳闸特性常数 p。
- Reset Time (t_r) [s]：复位时间常数 t_r。
- Reset Exponent Component (q)：复位指数 q。

➢ Automatic Data Entry_Standard| General

- Type of Curve_Standard：IEEE Standard C37.112 | IEC Standard 255-3。曲线采用的标准。
- Type of Characteristics：Moderately inverse | (Standard) inverse | Very inverse | Extremely inverse | Long time backup。曲线特性。

➢ Automatic Data Entry_Company | General

- Type of Curve_Company：Type CO | Type IAC | Alstom MCGG | SEL (USA)。曲线采用的标准。
- Type of Characteristics：Moderately inverse | Inverse | Very inverse | Extremely inverse。设置曲线特性。

➢ Internal Output Variables | General

- Integrator Input：监测积分器输入的变量名。
- Integrator Output：监测积分器输出的变量名。

6.1.11 欧姆圆 (Mho Circle)

元件如图 6-15 所示。

1．说明

Mho Circle 元件被归类为阻抗区域元件，它判断由输入 R 和 X 所给出的阻抗点是否位于阻抗平面上的特定区域内。R 和 X 分别表示监测阻抗的阻性和无功部分，且可以标幺值或有名值形式输入。需要注意的是元件输入参数的单位必须与 R 和 X 输入的单位一致。若由 R 和 X 所给出的阻抗点位于指定区域之外，该元件将输出 1，否则输出 0。

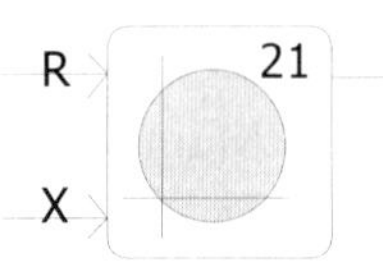

图 6-15 欧姆圆元件

2．参数

➢ General

- Name for Identification：可选的用于识别元件的文本参数。
- Enter Coordinates of the Centre as：(X, Y) | (Z, theta)（直角坐标 | 极坐标）。设置圆心坐标输入形式。
- Radius of the circle [Ω]：欧姆圆的半径。

➢ X-Y Coordinates

- X Coordinate of the Centre [Ω]：欧姆圆圆心的横坐标。
- Y Coordinate of the Centre [Ω]：欧姆圆圆心的纵坐标。

➢ Z-Theta Coordinates

- Z Coordinate of the Centre [Ω]：欧姆圆圆心的幅值坐标。
- Theta Coordinate of the Centre [rad]：欧姆圆圆心的角度坐标。

6.1.12 负序方向元件 (Negative Sequence Directional Element)

该元件如图 6-16 所示。

1．说明

该元件的原理是：当正向故障时，负序阻抗将为负值。而反向故障时负序阻抗将为正值。当保护后面的电源容量较大时可能得到很低的负序电压，可通过加入补偿量以增大负序电压来克服该问题。

应用补偿量时将引入正向和负向阈值。此时如果 $Z_2<Z_{2f}$，则故障为正向。如果 $Z_2>Z_{2r}$，则故障为反向。为避免重叠，正向阈值需小于反向阈值。仅当负序电流与正序电流比值超过设定限值时才会产生输出。此外，负序电流还需大于另外两个设定值（一个用于正向，一个用于负向）。

图 6-16 负序方向元件

该元件的输入为：

- I2M：负序电流幅值。
- I2P：负序电流相位（rad 或 deg）。
- V2M：负序电压幅值。
- V2P：负序电压相位（rad 或 deg）。
- I1：正序限制电流。

该元件在正向故障时输出 1，反向故障时输出-1。

2. 参数

➢ Main | General

- Name for Identification：可选的用于识别元件的文本参数。
- Input Angles are Given in：Radians | Degrees（弧度 | 度）。设置角度输入单位。
- Forward OC Setting：检测正向故障时 3 倍负序电流需大于该值。
- Reverse OC Setting：检测反向故障时 3 倍负序电流需大于该值。
- Z2 Forward Threshold：负序阻抗小于该值时被认为是正向故障。
- Z2 Reverse Threshold：负序阻抗大于该值时被认为是反向故障。
- I1 Restraint Factor：元件动作时负序与正序电流比需大于该值。
- Line Angle：系统频率下线路阻抗的相位角。角度单位由 Input Angles are Given in 中的选择给出。

➢ Internal Output Variables | General

- Negative Impedance：监测负序阻抗的变量名。

6.1.13 透镜特性失步继电器 (Out of Step Relay-Lens Characteristics)

元件如图 6-17 所示。

1. 说明

当阻抗轨迹从功率摇摆闭锁 6 区向内部闭锁 5 区穿越时，该失步 (OOS) 元件将对穿越时间进行检查，如果其大于预设时间，则表明检测到功率摇摆。在大多数情况下，距离保护不应动作于跳开相应断路器，而仅应当在少数选择好的系统解列点来进行跳闸。

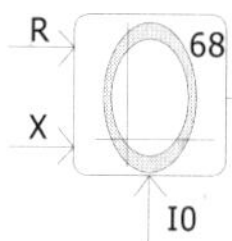

图 6-3 透镜特性失步继电器元件

如果未选择距离保护来进行系统解列操作，当阻抗轨迹从 6 区穿越至 5 区的时间超过预定值时，将会闭锁来自 1、2 和 3 段的跳闸信号。

该 OOS 元件的输出可用于在功率摇摆期间闭锁来自距离保护 1、2 和 3 段的跳闸信号，或者跳开选定位置处的断路器，以将不稳定的系统从电网中隔离。

R 和 X 分别表示被监测阻抗的阻性和无功部分，并可以标幺值或有名值形式输入。输入 I0 表示零序电流（pu 或 kA)。需要注意的是，元件输入参数的单位必须分别与 R,X 和 I0 所采用的单位一致。该元件在检测到功率摇摆时将输出 1，否则输出 0。

这里的 5 区和 6 区定义为透镜（由两个相同半径的圆相交而成）。只有当阻抗轨迹从 6 区穿越到 5 区的时间超出预设时间，且零序电流 I0 必须小于限制电流时才可发出闭锁信号。

2. 参数

➢ Main | General

- Name for Identification：可选的用于识别元件的文本参数。
- Enable Power Swing Blocking：[Disable | Enable]。选择 Yes 时将启用功率摇摆封锁。
- Power Swing Block Time Delay [s]：如果在该时间内阻抗轨迹从 6 区穿越至 5 区，则将检测到功率摇摆。
- Maximum Blocking Time [s]：达到该时间后，元件将无条件复位。
- Residual Current Setting：零序电流需小于此剩余电流设置值以允许输出变为高(1)。

➢ Configuration | General

- Zone 5 Radius：5 区半径。
- Zone 6 Radius：6 区半径。
- Coordinates of the Centres：(X, Y) | (Z, theta)。圆心坐标输入格式。

➢ Configuration | Centre #

- X of C #：圆心的横坐标。
- Y of C #：圆心的纵坐标。
- Z of C #：圆心的幅值坐标。
- Theta of C # [rad]：圆心的角度坐标。

➢ Internal Timer Output | General

- Power Swing Blocking Timer：监测振荡闭锁计时器时间的变量名。
- Zone 5 output：监测阻抗是否位于 5 区内的变量名。
- Zone 6 output：监测阻抗是否位于 6 区内的变量名。

6.1.14 欧姆圆特性失步继电器 (Out of Step Relay-Mho Characteristics)

该元件如图 6-18 所示。

1. 说明

当阻抗轨迹从功率摇摆闭锁 6 区向内部闭锁 5 区穿越时，该失步 (OOS) 元件将对穿越时间进行检查，如果其大于预设时间，则表明检测到功率摇摆。在大多数情况下，距离保护不应动作于跳开相应断路器，而仅应当在少数选择好的系统解列点来进行跳闸。

如果未选择距离保护来进行系统解列操作，当阻抗轨迹从 6 区穿越至 5 区的时间超过预定值时，将会闭锁来自 1、2 和 3 段的跳闸信号。

该 OOS 元件的输出可用于在功率摇摆期间闭锁来自距离保护 1、2 和 3 段的跳闸信号，或者跳开选定位置处的断路器，以将不稳定的系统从电网中隔离。

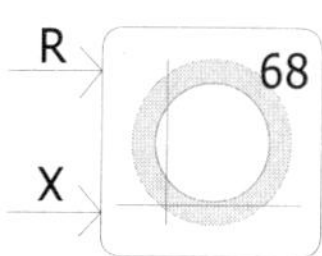

图 6-4 欧姆圆特性失步继电器元件

R 和 X 分别表示被监测阻抗的阻性和无功部分，并可以标幺值或有名值形式输入。需要注意的是，元件输入参数的单位必须分别与 R,X 所采用的单位一致。该元件在检测到功率摇摆时将输出 1，否则输出 0。

这里的 5 区和 6 区定义为欧姆圆，用户可输入这两个同心圆的坐标和半径。

2．参数

➢ Main | General

- Name for Identification：可选的用于识别元件的文本参数。
- Enable Power Swing Blocking：Disable | Enable。选择 Yes 时将启用功率摇摆封锁。
- Power Swing Block Time Delay [s]：如果在该时间内阻抗轨迹从 6 区穿越至 5 区，则将检测到功率摇摆。
- Maximum Blocking Time [s]：达到该时间后，元件将无条件复位。

➢ Configuration | General

- Zone 5 Radius：5 区半径。
- Zone 6 Radius：6 区半径。
- Coordinates of the Centres：(X, Y) | (Z, theta)（直角坐标 | 极坐标）。圆心坐标输入格式。

➢ Coordinates of the Centre | X-Y

- X：圆心的横坐标。
- Y：圆心的纵坐标。

➢ Coordinates of the Centre| Z-Theta

- Z：圆心的幅值坐标。
- Theta [rad]：圆心的角度坐标。

➢ Internal Timer Output | General

- Power Swing Blocking Timer：监测振荡闭锁计时器时间的变量名。
- Zone 5 output：监测阻抗是否位于 5 区内的变量名。
- Zone 6 output：监测阻抗是否位于 6 区内的变量名。

6.1.15 多边形特性失步继电器 (Out of Step Relay-Polygon Characteristics)

该元件如图 6-19 所示。

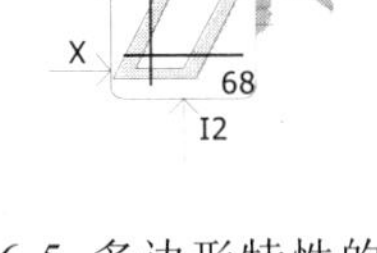

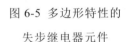

图 6-5 多边形特性的失步继电器元件

1．说明

当阻抗轨迹从功率摇摆闭锁 6 区向内部闭锁 5 区穿越时，该失步 (OOS) 元件将对穿越时间进行检查，如果其大于预设时间，则表明检测到功率摇摆。在大多数情况下，距离保护不应动作于跳开相应断路器，而仅应当在少数选择好的系统解列点来进行跳闸。

如果未选择距离保护来进行系统解列操作，当阻抗轨迹从 6 区穿越至 5 区的时间超过预定值时，将会闭锁来自 1、2 和 3 段的跳闸信号。

该 OOS 元件的输出可用于在功率摇摆期间闭锁来自距离保护 1、2 和 3 段的跳闸信号，或者跳开选定位置处的断路器，以将不稳定的系统从电网中隔离。

R 和 X 分别表示被监测阻抗的阻性和无功部分，并可以标幺值或有名值形式输入。输入 I2 表示负序电流（pu 或 kA）。需要注意的是，元件输入参数的单位必须分别与 R、X 和 I2 所采用的单位一致。该元件在检测到功率摇摆时将输出 1，否则输出 0。

这里的 5 区和 6 区定义为多边形。只有当阻抗轨迹从 6 区穿越到 5 区的时间超出预设时间，且负序电流 I2 必须小于限制电流时才可发出闭锁信号。

2．参数

➢ Main | General

- Name for Identification：可选的用于识别元件的文本参数。
- Enable Power Swing Blocking：[Disable | Enable]。选择 Yes 时将启用功率摇摆封锁。
- Power Swing Block Time Delay [s]：如果在该时间内阻抗轨迹从 6 区穿越至 5 区，则将检测到功率摇摆。
- Maximum Blocking Time [s]：达到该时间后，元件将无条件复位。
- Restrain Negative Current：负序电流需小于此剩余电流设置值以允许输出变为高 (1)。

➢ Zone # | General

- Top Reactive Reach：区域顶部 X 坐标。
- Bottom Reactive Reach：区域底部 X 坐标。
- Left Resistive Reach：区域最左边 R 坐标。
- Right Resistive Reach：区域最右边 R 坐标。

➢ Internal Timer Output | General

- Power Swing Blocking Timer：监测振荡闭锁计时器时间的变量名。
- Maximum Blocking Timer：监测最大闭锁计时器时间的变量名。

6.1.16 跳闸多边形 (Trip Polygon)

该元件如图 6-20 所示。

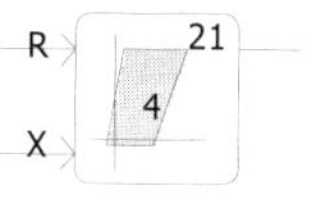

图 6-20 跳闸多边形元件

1．说明

Trip Polygon 元件被归类为阻抗区域元件。它判断由输入 R 和 X 所给出的阻抗点是否位于阻抗平面上的特定区域内。R 和 X 分别表示监测阻抗的阻性和无功部分，且可以标幺值或有名值形式输入。需要注意的是元件输入参数的单位必须与 R 和 X 输入的单位一致。如果由 R 和 X 所给出的阻抗点位于指定区域之外，该元件将输出 1，否则输出 0。

2．参数

➢ Main Data | General

- Name for Identification：可选的用于识别元件的文本参数。
- No of Points in the Polygon：多边形顶点数。可选择为最少 3（三角形）至最大 8（八边形）。

➢ (X, Y) coordinates of the points | X coordinates

- Point # - X coordinate：多边形各顶点横坐标。

➢ (X, Y) coordinates of the points | Y coordinates

- Point # - Y coordinate：多边形各顶点纵坐标。

6.1.17 线对地阻抗 (Line to Ground Impedance)

元件如图 6-21 所示。

1．说明

Line to Ground Impedance 元件计算接地阻抗保护所看到的线对地阻抗。输出阻抗采用直角坐标形式（R 和 X），优化用于 Trip Polygon, Distance Relay-Apple Characteristics, Distance Relay-Lens Characteristics 以及 Mho Circle 等跳闸设备，如图 6-22 所示。

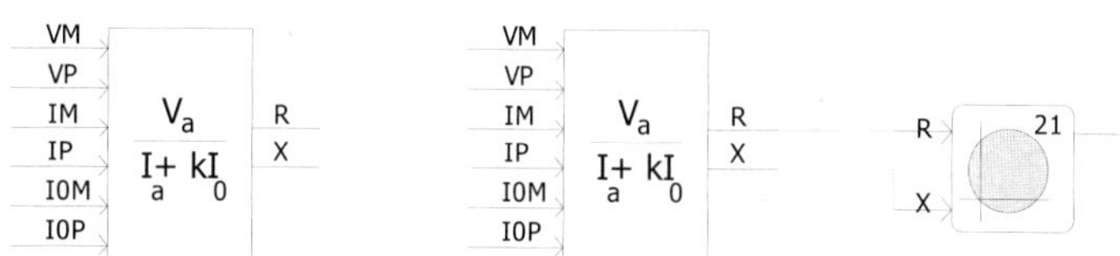

图 6-21 线对地阻抗元件　　图 6-22 元件的应用

线对地阻抗的计算公式为：

$$Z_{LG}=\frac{V_{\text{phase}}}{I_{\text{phase}}+KI_o}$$

$$I_o=\frac{1}{3}(I_A+I_B+I_C)$$

$$K = \frac{Z_0 - Z_1}{Z_1}$$

式中，V_{phase} 为相电压；I_{phase} 为相电流；Z_0 为从继电保护安装位置到保护区域结束位置之间的零序阻抗；Z_1 为从继电保护安装位置到保护区域结束位置之间的正序阻抗。

2．参数

➢ Main Data | General

- Name for Identification：可选的用于识别元件的文本参数。
- Input Phase Angles are Given in：Degrees | Radians。设置相角的单位。
  - Radians：弧度。
  - Degrees：度。
- K Constant Magnitude for Ground Impendance：用于阻抗计算的幅值常数。
- K Constant Angle for Ground Impendance [rad]：用于阻抗计算的角度常数。

➢ Initialization | General

- Initialization Time [s]：在仿真启动时，输入量（幅值和相位角）可能经历暂态，为躲开该暂态，该元件的输出（即 R 和 X）可在该指定的初始化时间内保持为固定值。
- Output R During Initialization [Ω]：初始化期间的 R 值。
- Output X During Initialization [Ω]：初始化期间的 X 值。

6.1.18 线间阻抗 (Line to Line Impedance)

该元件如图 6-23 所示。

1．说明

Line to Line Impedance 元件计算接地阻抗保护所看到的线间阻抗。输出阻抗采用直角坐标形式（R 和 X），优化用于 Trip Polygon, Distance Relay-Apple Characteristics, Distance Relay-Lens Characteristics 以及 Mho Circle 等跳闸设备，如图 6-24 所示。

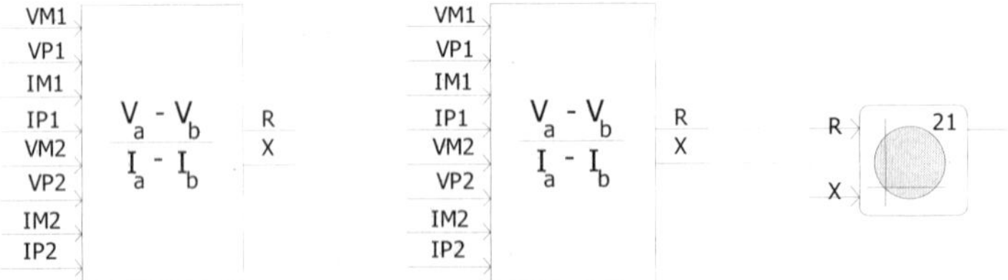

图 6-23 线间阻抗元件　　　图 6-24 线间阻抗元件的应用

线间阻抗的计算公式为：

$$Z_{LL} = \frac{V_{phase1} - V_{phase2}}{I_{phase1} - I_{phase2}}$$

式中，V_{phase} 为相电压；I_{phase} 为相电流。

2．参数

相同参数参见 6.1.17 节。

6.1.19 过电流检测 (Over-Current Detector)

元件如图 6-25 所示。

1．说明

Over-Current Detector 元件连续检测输入信号是否超出指定的过电流限值。它可被配置为在检测前对输入信号进行处理，如果处理后的信号在指定的时间内持续超出阈值，则该元件将输出 1，否则输出 0。

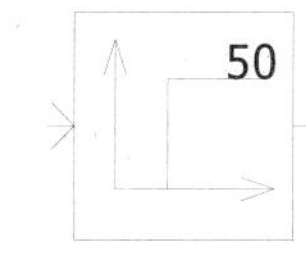

图 6-6 过电流检测元件

2．参数

➢ Configuration | General

- Name for Identification：可选的用于识别元件的文本参数。
- Over Current Limit：过电流限值，其单位需与输入电流的相同。
- Preprocessing？：[None | Absolute Value | Analog RMS | Digital RMS]。可计算输入信号的绝对值、模拟有效值或数字有效值。
- Smoothing Time Constant [s]：平滑时间常数（当 Preprocessing?选择为 Analog RMS 时有效）。
- Frequency [Hz]：信号的稳态频率。（当 Preprocessing?选择为 Digital RMS 时有效）。
- Delay Time [s]：延时。当输入在此设置时间内连续超出 Over Current Limit 中设置值时将输出 1。

6.1.20 相序滤波器 (Sequence Filter)

元件如图 6-26 所示。

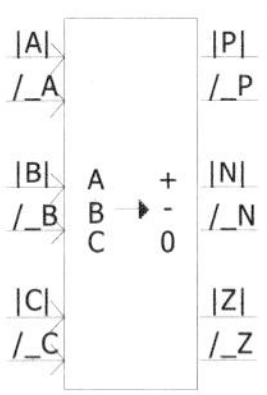

图 6-26 相序滤波器元件

1．说明

Sequence Filter 元件根据各相幅值和相位角计算出各序分量的幅值和相位角。

2．参数

➢ General

- Name for Identification：可选的用于识别元件的文本参数。
- Input/Output Phase Angles are in：Degrees | Radians（弧度 | 度）。输入/输出中相角的单位。

6.2 测量仪表

6.2.1 谐波阻抗求解接口 (Interface to Harmonic Impedance Solution)

该元件如图 6-27 所示。

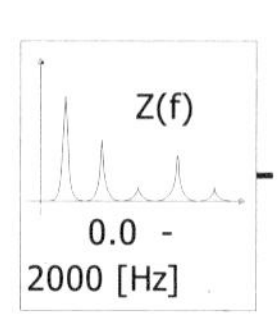

图 6-27 谐波阻抗求解接口元件

1. 说明

该元件用于分析任何电气网络指定频带内的多端口阻抗。可在外部图形化分析程序中对输出数据（文本文件）进行分析。该元件可直接连接至单相或三相网络，如图 6-28 所示。

该元件生成任何电气网络的频域系统阻抗矩阵，随之将该矩阵折叠成从接口点看进去的等效矩阵，该操作对元件输入参数中指定的每个频率都将重复进行。在具有输电线路和电缆模型的情况下，该元件将直接使用 RLC 数据，以避免积分和/或曲线拟合误差。方程在频域内进行求解而不适用序网络，从而可精确模拟不平衡输电线路、Y-Δ 变压器等。

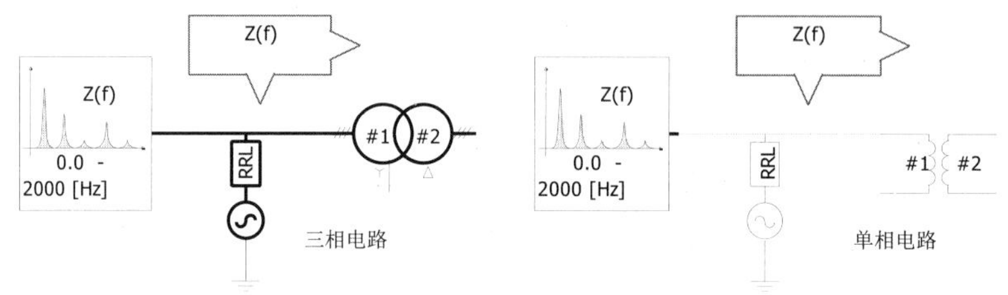

图 6-28 谐波阻抗求解接口的应用

该元件在第一个仿真步长中提取断路器/故障的状态以及可变 RLC 的值，并在第二个仿真步长中进行求解，因此用户仅需要运行仿真两个时间步长。

该元件采用了如下假设：

- 变压器和避雷器均处于各自的非饱和工作区。
- 所有电力电子器件均处于关断状态。
- 以接地电感模拟同步和感应电机。
- SVC 的零序阻抗模拟为变压器一次绕组与三角形绕组之间的漏感，且正负序阻抗表示为所定义的并联损耗导纳。
- 计算系统阻抗的最低频率为 1 μHz，因此不会计算直流电阻。

注意：谐波阻抗求解时不考虑通过 Node Based (GGIN) Electric Interface 与 EMTDC

接口的用户自定义元件。但包括了 Variable RLC 元件通过 Equivalent Conductance (GEQ) Electric Interface 接口的用户自定义元件将会被考虑。

2．参数

➢ Main Configuration | General

- Name for Identification：可选的用于识别元件的文本参数。
- Minimum Frequency [Hz]：扫描范围的最小频率。
- Maximum Frequency [Hz]：扫描范围的最大频率。
- Frequency Increment Type：Linear Scale | Log Scale（线性刻度 | 对数刻度）。设置频率增量形式。
- Frequency Increment [Hz]：扫描频率的增量。
- Number of Frequencies：扫频的数量。
- Output Filename：输出文件名称。
- Impedance Output Type：Sequence Impedances | Phase Impedances（序阻抗 | 相阻抗）。设置阻抗输出形式。
- Frequency Output Units：Hz | Radians/Sec | LOG10 (Hz) | LOG10 (Radians/Sec)。设置输出频率单位。
  - Hz：频率。
  - Radians/Sec：弧度/秒。
  - LOG10 (Hz)：频率对数。
  - LOG10 (Radians/Sec)：弧度/秒对数。
- Impedance Output Units：Magnitude and Phase (Deg) | Real, Imaginary (ohms)（极坐标 | 直角坐标）。设置阻抗输出形式。
- View：Default | Compact（正常图形 | 紧凑图形）。设置图形外观。

3．输出文件格式

输出文件的格式取决于谐波阻抗求解元件中参数设置以及该元件连接对象的相数。两种可能的输出格式文件说明如下：

➢ +ve, -ve and 0 Sequence Impedances

Impedance Output Type 参数选择为+ve, -ve and 0 Sequence Impedances 时，则输出文件具有简单的列格式，每列标识的说明见表 6-1。

表 6-1 输出正负零序阻抗时的文件列标识

第 1 列	第 2 列	第 3 列	第 4 列	第 5 列	第 6 列	第 7 列
频率	零序阻抗幅值	零序阻抗相位角	正序阻抗幅值	正序阻抗相位角	负序阻抗幅值	负序阻抗相角

幅值和相角的单位取决于输入参数 Impedance Output Units 的设置，频率的单位取决于输入参数 Frequency Output Units 的设置。

➢ Phase Impedances

Impedance Output Type 参数选择为 Phase Impedances 时的输出文件格式见表 6-2。

表 6-2 输出相阻抗时的文件列标识

第 1 列	第 2 列	第 3 列	第 4 列	第 5 列	第 6 列	第 7 列
频率	阻抗矩阵					
	阻抗幅值$\|Z_{11}\|$	相位角 Φ_{11}				
	阻抗幅值$\|Z_{21}\|$	相位角 Φ_{21}	阻抗幅值$\|Z_{22}\|$	相位角 Φ_{22}		
	阻抗幅值$\|Z_{31}\|$	相位角 Φ_{31}	阻抗幅值$\|Z_{32}\|$	相位角 Φ_{32}	阻抗幅值$\|Z_{33}\|$	相位 Φ_{33}

幅值和相位角的单位取决于输入参数 Impedance Output Units 的设置，频率的单位取决于输入参数 Frequency Output Units 的设置。

需要注意的是：由于该矩阵为对称的，其对角线上半部分未显示。对于超过三相系统的阻抗矩阵将相应地扩展。

6.2.2 电流测量 [Current Meter (Ammeter)]

该元件如图 6-29 所示。

1. 说明

Current Meter (Ammeter) 用于创建代表流过支路电流 (kA) 的信号，该信号由用户分配名称。为使用该信号，其名称必须被用于连接线或控制元件输入连接上的 Data Label，如图 6-30 所示。

注意：不要将电流表放置于连接线上，而必须断开该连接线，并将该元件与连接线串联。

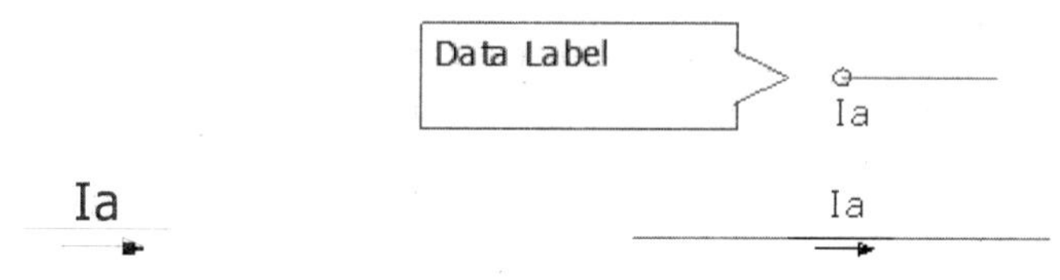

图 6-29 电流表元件　　图 6-30 电流表

该元件尝试寻找与其串联的 R, L 或 C 支路，并测量流过的电流。如果未找到这样的串联支路，该元件自身将作为理想支路（零阻抗）。但理想短路情况将造成对仿真速度不必要的影响，因此在任何可能时应避免这种情况发生。

某些情况下可能需要添加一个与该元件串联的小电阻，以使得测量更为有效。在用户知道没有可用的串联支路（如测量流入输电线或变压器的电流）的情况下，可考虑添加一个小的电阻与该元件串联，以避免强制性的理想支路。

2. 参数

➢ Configuration | General

- Signal Name [kA]：测量的支路电流的名称。

6.2.3 Doble 状态 (Doble State)

该元件如图 6-31 所示。

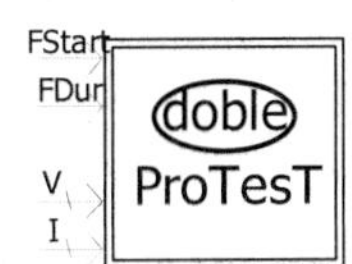

图 6-31 Doble 状态元件

1．说明

Doble State 元件被设计用于创建定义故障前后和故障期间状态的数据文件，并将其直接输入至 Doble ProTesT 软件。它从运行 case 中捕获电压和电流，并通过对数据进行快速傅里叶变换（FFT）以将时域结果转换至频域内，然后以 Doble 的 *.ssl 格式存储输出。这些 *.ssl 文件位于与该 case 相关的临时文件夹中。

元件的输入包括故障开始时间（F_{Start}）、故障持续时间（F_{Dur}）、电压（V）和电流（I）。电压和电流为 3 维数组连接，以包括所有的三相，故障开始时间和故障持续时间均为实际值。

2．参数

➢ Configuration | General

- Output Filename：为输出文件指定唯一的名称。若元件用于多重运行 case，则 PSCAD 将自动更改给定的名称。例如，若输入为 out1.ss1，则多重运行元件将产生名为 out10001.ss1、out10002.ss1 等文件。
- ProTesT Comment：ProTesT 文件的注释。
- Pre Fault Cycles：指明将使用多少个周期的故障前数据。
- Fault Cycles：指明将使用多少个周期的故障中数据。
- Post Fault Cycles：指明将使用多少个周期的故障后数据。
- Post Fault Data Zero：No | Yes。故障后数据处理模式，选择 Yes 时将使得所有故障后的数据为 0，而不管实际测量的数据。
- Frequency：[50 Hz | 60 Hz]。选择系统频率；
- Do you want to enter CT, PT ratios ？：No | Yes。选择 Yes 时将输入 CT 和 PT 的变比。

➢ CT, PT Ratios | General

- CT Ratio Primary：CT 的一次侧变比系数，例如，对于 1600:5 的 CT，输入 1600。
- CT Ratio Secondary：CT 的二次侧变比系数，例如，对于 1600:5 的 CT，输入 5。
- PT Ratio Primary：PT 的一次侧变比系数，例如，对于 4500:1 的 PT，输入 4500。
- PT Ratio Secondary：PT 的二次侧变比系数，例如，对于 4500:1 的 PT，输入 1。

➢ Advanced Settings | General

- Get Pre-fault state this many milliseconds before the fault [ms]：需要存储的故障前电压和电流读数的时间段。
- Get Fault state this many milliseconds after the fault [ms]：需要存储的故障后电

压和电流读数的时间段。

- Get Post-fault state this many milliseconds after the fault is cleared [ms]：需要存储的故障切除后电压和电流读数的时间段。

6.2.4 频率/相位/有效值测量 (Frequency/Phase/RMS Meter)

该元件如图 6-32 所示。

1．说明

该元件计算三相电压的频率 (f) 和有效值 (V_{rms})。同样提供了一个相位角输出 (Ph)，但它在被输出前通过了一个内部的 Washout 函数。稳态时相位输出总是为 0。但在暂态时，相位角 Ph 将是当前状态与扰动前状态的差值。相角稳定于一个新值后，则相位输出将在以新值为基准值的基础上逐渐变为 0。

注意：相位输出 Ph 原本设计用于使用直流功率来阻尼机电震荡的电力系统控制，因而不能被用于进行相位角测量。

输入 NA、NB 和 NC 必须直接连接至三相电路（支持三相和单线显示系统）。采用如下表达式计算频率，追踪 3 相输入电压的每一个过零点，并用于计算 6 个时间间隔，如图 6-33 所示。

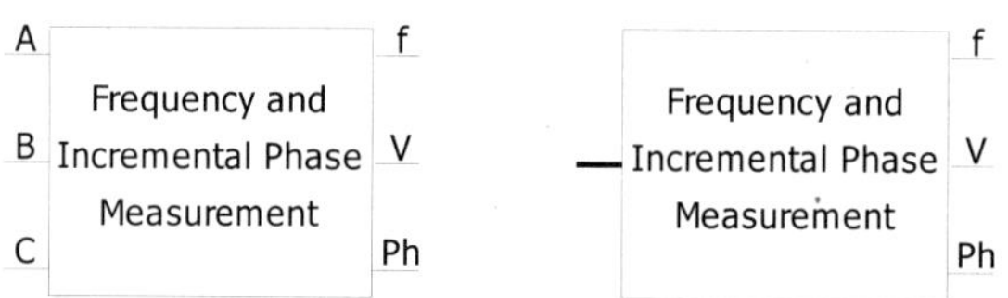

图 6-32 频率/相位/有效值测量元件

$$f(t)=\frac{1}{6}\cdot\frac{6}{\delta t_1+\delta t_2+\delta t_3+\delta t_4+\delta t_5+\delta t_6}$$

采用如下表达式计算电压有效值，如图 6-34 所示。

$$V_{RMS}=\frac{\pi}{3\cdot\sqrt{2}}\cdot(\max(V_A,V_B,V_C)-\min(V_A,V_B,V_C))$$

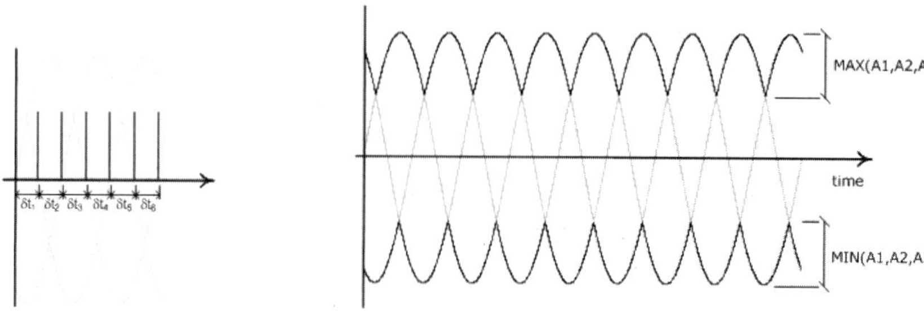

图 6-33 用于计算三相波形频率的脉冲　　图 6-34 三相波形有效值的计算

2．参数

➢ Configuration | General

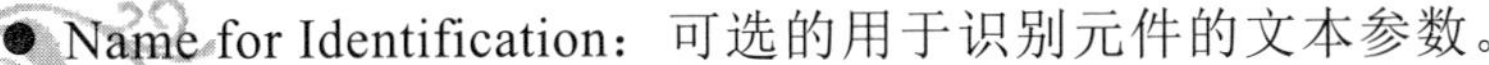

- Name for Identification：可选的用于识别元件的文本参数。
- Washout Time Constant for Phase Measurement [s]：用于相位测量输出的 Washout 滤波器时间常数。
- Rated Voltage for Per-unitizing [kV]: 用于计算标幺值的额定电压。
- Rated Frequency [Hz]：输入信号的额定频率。
- Frequency Output：Hz | rad/s（赫兹 | 弧度/秒）。设置频率输出的单位。
- Phase Output：Degrees | Radians（度 | 弧度）。设置相角输出的单位。
- Graphics Display：3 phase view | Single line view（三相显示 | 单线显示）。设置显示模式。

6.2.5 多表计 (Multimeter)

该元件如图 6-35 所示。

1．说明

该元件将几乎所有可能的系统量测量包含于单一紧凑的元件中。该元件串联插入至电路中（可以是三相，单线或单相），因此无需 Node Loops 元件。该元件测量如下量：瞬时电压、瞬时电流、有功潮流、无功潮流、电压有效值和相位角。

用户可通过调整不同的输入系统基准值来改变输出量的单位，功率和电压有效值可被动态地显示于元件图形上。

图 6-7 多表计元件

2．参数

➢ Configuration | General
- Name：可选的用于识别元件的文本参数。
- Animated Display ？：No | Yes。设置动画，选择 Yes 时将启用动画特性。

➢ Configuration | Measurement
- Instantaneous Voltage ？：No | Yes。选择 Yes 时将测量瞬时电压。
- Instantaneous Current ？：No | Yes。选择 Yes 时将测量瞬时电流。
- Active Power Flow ？：No | Yes。选择 Yes 时将测量有功潮流。
- Reactive Power Flow ？：No | Yes。选择 Yes 时将测量无功潮流。
- RMS Voltage ？：No | Yes, Analog | Yes, Digital。选择 Yes 时将测量电压有效值。
- RMS Current ？：No | Yes, Analog | Yes, Digital。选择 Yes 时将测量电流有效值。
- Phase Angle ？：No | Yes, radians | Yes, degrees。选择 Yes 时将测量相位角。

➢ Configuration | Parameters
- Smoothing Time Constant [s]：测量用的平滑时间常数。
- Frequency [Hz]：作为测量基准的频率。

➢ Configuration | Output scaling

- Base MVA [MVA]：计算容量标幺值的基准值。
- Base Voltage [kV]：计算电压标幺值的基准值。
- Base Current [kV]：计算电流标幺值的基准值。

➢ Signal Names | General

- Instantaneous Phase Voltage：输出测量瞬时电压的变量名。
- Instantaneous Line-Line Voltage：输出测量瞬时电流的变量名。
- Instantaneous Current：输出测量瞬时电压的变量名。
- Active Power：输出测量有功功率的变量名。
- Reactive Power：输出测量无功功率的变量名。
- RMS Voltage：输出测量电压有效值的变量名。
- RMS Current：输出测量电流有效值的变量名。
- Phase Angle：输出测量相位角的变量名。

6.2.6 相位差测量 (Phase Difference)

元件如图 6-36 所示。

1. 说明

该元件确定两组三相输入量之间的相位差。当输入 A1 超前 A2 时输出为正值。同时还可计算每组三相输入的瞬时有效值，将其定义为输出变量。

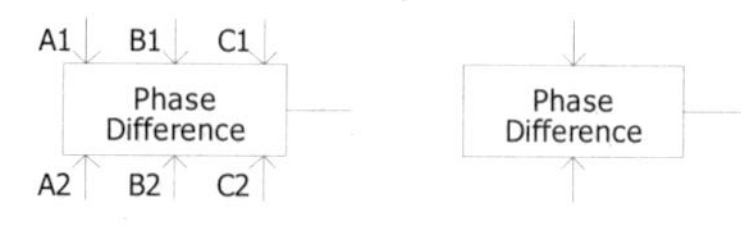

图 6-8 相位差测量元件

2. 参数

➢ Configuration | General

- Name for Identification：可选的用于识别元件的文本参数。
- Output Units：[Radians | Degrees][弧度 | 度]。设置相位角输出的单位。
- Name for RMS of A#, B#, C#：特定输入信号组的有效值的名称。
- Graphics Display：[3 phase view | Single line view][三相显示 | 单线显示]。设置图形显示方式。

6.2.7 有功/无功功率测量表 (Real/Reactive Power Meter)

该元件如图 6-37 所示。

1. 说明

Real/Reactive Power Meter 元件测量电路中两个特定三相节点之间的三相有功和无功潮流。必须使用 Node Loop 元件为该元件提供所需的输入，如图 6-38 所示。

注意：图 6-38 中使用附加电阻的目的仅是使得该仪表能区分 2 个三相节点，可使用任何串联元件，包括 Current Meter。

Real/Reactive Power Meter 通过将每相瞬时电压和电流相乘，然后对三相结果进行相加后测量瞬时有功功率，而无功功率的计算基于所有三相保持平衡的假设。计算得到的无功功率将通过 Real Pole 函数进行平滑，以模拟传感器延时并减小输出纹波。

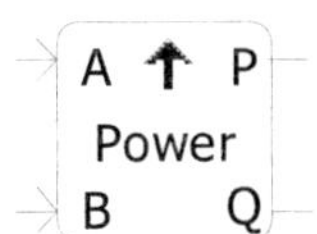

图 6-37 有功/无功功率测量表元件

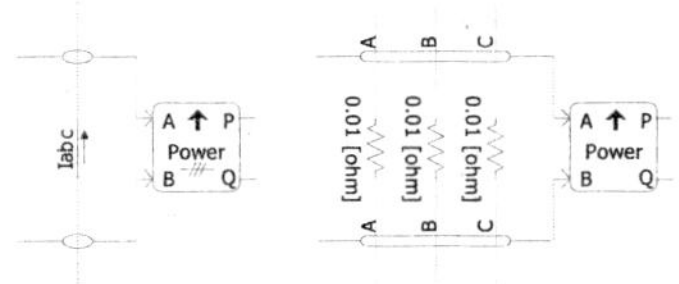

图 6-38 有功/无功功率测量表的应用

当对结果进行分析时，需要注意到元件图形中所指出的功率潮流的方向。

2. 参数

➢ General

- Name for Identification：可选的用于识别元件的文本参数。
- Power Measured：OUT_OF_A | INTO_A。设定功率潮流的假定正向。
  - OUT_OF_A：流出元件，图形中箭头将根据该选项设置自动进行调整。
  - INTO_A：流入元件，图形中箭头将根据该选项设置自动进行调整。
- Monitor Real Power？：No | Yes。选择 Yes 时将测量有功功率。
- Monitor Reactive Power？：No | Yes。选择 Yes 时将测量无功功率。
- Smoothing Time Constant [s]：无功功率输出的平滑时间常数。
- Connected to Node loops with：3 phase view | Single line view（三相显示 | 单线显示 ）。必须与所采用的 Node Loop 元件的图形显示方式设置一致。

6.2.8 单相有效值测量表 (Single-Phase RMS Meter)

该元件如图 6-39 所示。

1. 说明

Single-Phase RMS Meter 元件计算任何以时间为变量的实时输入变量的有效值。用户可选择设置该元件采用如下两个不同的算法之一计算输出。

RMS

图 6-39 单相有效值测量表元件

- 模拟。该函数计算时域输入信号的有效值。通过使用非理想积分器来完成积分，其时间常数由输入参数 RMS Smoothing Time Constant 中给出。
- 数字。采用了滑动数据窗口的方法，每个仿真步长中都会计算一组缓存数据的有效值。缓存数据的大小由输入参数 # of Samples in a Cycle 确定。

对于特定研究，选择哪种最合适的算法取决于其应用。数字方法将提供非常平滑的输出信号，能很好地用于控制。而模拟方法将产生具有纹波的输出信号，其大小取决于输入信号频率和 RMS Smoothing Time Constant 参数，但该方法对波动具有更快的响应速度。

2. 参数

➢ Configuration | General

- Name for Identification：可选的用于识别元件的文本参数。
- Meter Type：Analog | Digital（模拟 | 数字）。设置测量表类型。
- RMS Smoothing Time Constant [s]：内部 Real Pole 平滑函数的时间常数。
- Per-Unitizing Base：计算输出信号标幺值的基准值。
- Fundamental Frequency [Hz]：基波频率。
- Number of Samples in a Cycle：一基波周期内采样次数。该值不能大于一周期内仿真步数。
- Initial RMS Value (Optional)：可选的输出信号的初始有效值。该值将在 t=0.0 s 时加载至内部采样缓冲器。

6.2.9 三相有效值测量表 (Three Phase RMS Voltmeter)

元件如图 6-40 所示。

1．说明

Three Phase RMS Voltmeter 元件计算电路中特定三相节点的三相电压有效值。用户可选择设置该元件采用如下两个不同的算法之一计算输出。

- 模拟。该函数计算 3 个单独的时域输入信号（代表母线电压的三相）合成的有效值。计算值在输出前通过了一个内部的一阶滞后函数，其时间常数由输入参数 RMS Smoothing Time Constant 中给出。
- 数字。采用了滑动数据窗口的方法，每个仿真步长中都会计算一组缓存数据的有效值。缓存数据的大小由输入参数# of Samples in a Cycle 确定。

对于特定研究，选择哪种最合适的算法取决于其应用。数字方法将提供非常平滑的输出信号，能很好地用于控制。而模拟方法将产生具有纹波的输出信号，其大小取决于输入信号频率和 RMS Smoothing Time Constant 参数，但该方法对波动具有更快的响应速度。

必须使用 Node Loop 元件为该元件提供所需要的输入，如图 6-41 所示。

2．参数

相同参数参见 6.2.8 节。

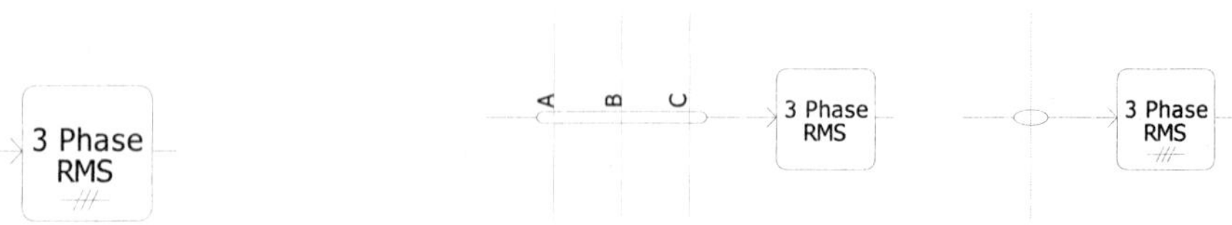

图 6-40 三相有效值测量表元件　　图 6-41 三相有效值测量表的使用

➢ Configuration | General

- Rated Voltage for Per-Unitizing (L-L, RMS) [kV]：计算输出信号标幺值的系统额定电压，线电压有效值。

6.2.10 电压表 (Voltmeters)

该元件如图 6-42 所示。

1．说明

Voltmeters 元件用于创建代表电路中两个节点之间电位差 (kV) 的信号。用户将为给信号分配名称。为使用该信号，其名称必须被用于连接线或控制元件输入连接上的 Data Label，如图 6-43 所示。

名为 Voltmeter (Line to Ground)的特殊 Voltmeter 可方便地进行节点对地电压的测量。

2．参数

➢ Configuration | General

● Signal Name [kV]：测量的电压信号的名称。

图 6-42 电压表元件　　图 6-43 电压表的使用

6.3 控制元件

无控制系统的电气网络功能非常有限且一般不存在。PSCAD 中的系统可同时由电气和控制类型的元件构成，它们相互连接以进行各种各样的仿真研究。例如电力电子控制器、具有饱和变压器的网络以及保护系统所需的高级电气网络和控制性能。

PSCAD 主元件库的 CSMF（控制系统模型函数）提供了一组完整的基本线性和非线性控制元件。这些元件可组合在一起构成大规模结构复杂的系统。控制元件的输出可用于控制电压/电流源、用作晶闸管、GTO 或 IGBT 的开关信号或触发脉冲，以及动态地控制电阻、电感和电容的值。控制元件同样可用于信号分析，并直接输出至在线绘图或仪表。

6.3.1 二阶复极点 (Second Order Complex Pole)

该元件如图 6-44 所示。

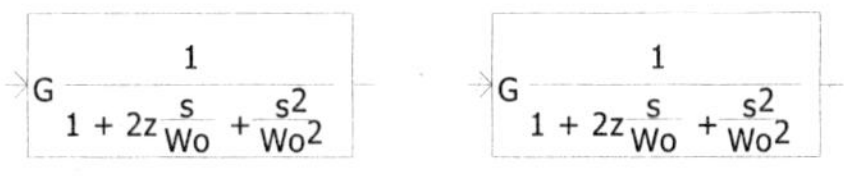

图 6-44 二阶复极点元件

1．说明

该元件可用作如下 9 种类型的 2 阶滤波器：低通（类型 1）、带通（类型 2）、高通（类型 3）、高阻（类型 4、7）、带阻（类型 5、8）和低阻（类型 6、9）。低于特征频率的频率被称为低频，接近特征频率的频率被称为中频，而高于特征频率的频率被称为高频。

函数类型 7、8 和 9 分别与类型 4、5 和 6 相似，只是通过频率的高半部分具有 180°的相移。滤波器的类型由输入参数 Function Code 确定，该参数可设置为 1~9。

2．参数

➢ Configuration | General

- Name for Identification：可选的用于识别元件的文本参数。
- Gain：增益系数。
- Damping Ratio：阻尼比。
- Characteristic Frequency [Hz]：特征频率。
- Function Code：选择滤波函数类型，可设置为 1~9。
- Dimension：输入/输出信号的维数。

3．2 阶滤波器函数

以下分别为 2nd Order Complex Pole with Gain 和 2nd Order Transfer Functions 元件的固有函数：

➢ 低通滤波器

$$Y(t)=L^{-1}\left\{\frac{G*X(s)}{1+2*\zeta\left(\frac{s}{\omega_c}\right)+\left(\frac{s}{\omega_c}\right)^2}\right\}$$

➢ 带通滤波器

$$Y(t)=L^{-1}\left\{\frac{G*\left(\frac{s}{\omega_c}\right)*X(s)}{1+2*\zeta\left(\frac{s}{\omega_c}\right)+\left(\frac{s}{\omega_c}\right)^2}\right\}$$

➢ 高通滤波器

$$Y(t)=L^{-1}\left\{\frac{G*\left(\frac{s}{\omega_c}\right)^2*X(s)}{1+2*\zeta\left(\frac{s}{\omega_c}\right)+\left(\frac{s}{\omega_c}\right)^2}\right\}$$

➢ 高阻滤波器

$$Y(t)=L^{-1}\left\{\frac{G*\left(1+\frac{s}{\omega_c}\right)*X(s)}{1+2*\zeta\left(\frac{s}{\omega_c}\right)+\left(\frac{s}{\omega_c}\right)^2}\right\}$$

➢ 带阻滤波器

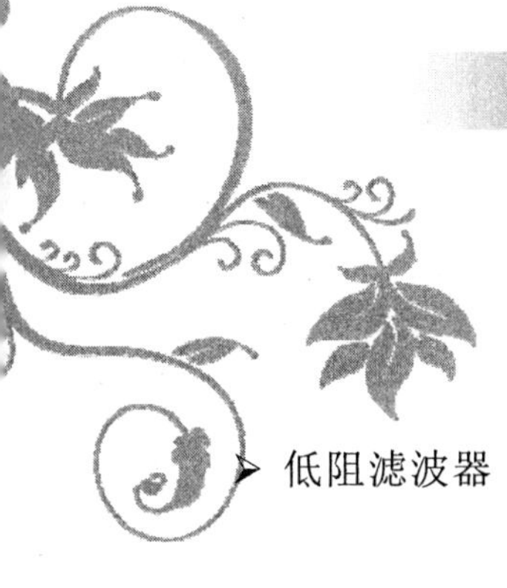

$$Y(t)=L^{-1}\left\{\frac{G*\left(1+\frac{s}{\omega_c}\right)^2*X(s)}{1+2*\zeta\left(\frac{s}{\omega_c}\right)+\left(\frac{s}{\omega_c}\right)^2}\right\}$$

➢ 低阻滤波器

$$Y(t)=L^{-1}\left\{\frac{G*\left(\frac{s}{\omega_c}\right)*\left(1+\frac{s}{\omega_c}\right)^2*X(s)}{1+2*\zeta\left(\frac{s}{\omega_c}\right)+\left(\frac{s}{\omega_c}\right)^2}\right\}$$

➢ 高阻滤波器

$$Y(t)=L^{-1}\left\{\frac{G*\left(1-\left(\frac{s}{\omega_c}\right)\right)*X(s)}{1+2*\zeta\left(\frac{s}{\omega_c}\right)+\left(\frac{s}{\omega_c}\right)^2}\right\}$$

➢ 带阻滤波器

$$Y(t)=L^{-1}\left\{\frac{G*\left(1-\left(\frac{s}{\omega_c}\right)^2\right)*X(s)}{1+2*\zeta\left(\frac{s}{\omega_c}\right)+\left(\frac{s}{\omega_c}\right)^2}\right\}$$

➢ 低阻滤波器

$$Y(t)=L^{-1}\left\{\frac{G*\left(\frac{s}{\omega_o}\right)*\left(1-\left(\frac{s}{\omega_o}\right)^2\right)*X(s)}{1+2*\zeta\left(\frac{s}{\omega_c}\right)+\left(\frac{s}{\omega_c}\right)^2}\right\}$$

注意：最后三个函数在 2nd Order Transfer Functions 元件中不可用。其中，G 为增益。ω_c 为特征频率。ζ 为阻尼比。s 为拉普拉斯算子。L^{-1} 为拉普拉斯逆变换。

阻尼比 ζ 决定了上述 9 个函数输出的稳定性。正阻尼比时输出是稳定的，负阻尼系数时将导致以特征频率 ω_c 的发散振荡。取决于滤波器的类型，特征频率可以是通过频率、转折频率或阻塞频率。除了通过频率上半部分的 180°相移外，函数类型 7、8 和 9 类似于 4、5 和 6。

6.3.2 二阶传递函数 (Second Order Transfer Function)

该元件如图 6-45 所示。

1．说明

该元件可用作如下 6 种类型的 2 阶传递函数：高通（类型 1）、带通（类型 2）、低通（类型 3）、低阻（类型 4）、带阻（类型 5）和高阻（类型 6）。低于特征频率的频率被称为低频，接近特征频率的频率被称为中频，而高于特征频率的频率被称为高频。

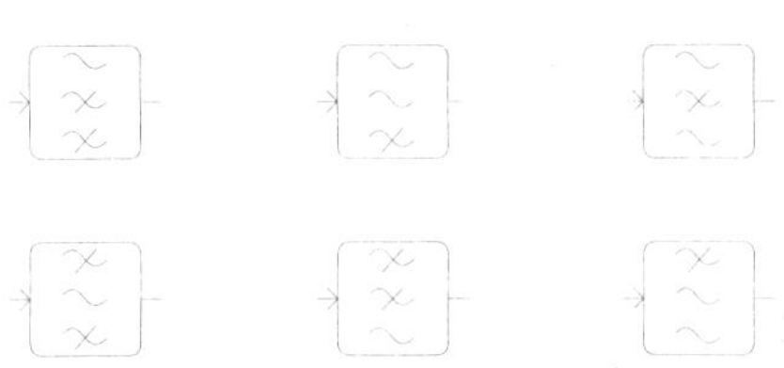

图 6-45 二阶传递函数元件

2．参数

➢ Configuration | General

- Name for Identification：可选的用于识别元件的文本参数。
- Gain：增益系数。
- Damping Ratio：阻尼比。
- Characteristic Frequency [Hz]：特征频率。
- Pass High Frequencies：Yes | No。控制通过高于特征频率的频率。
- Pass Mid Frequencies：Yes | No。控制通过接近特征频率的频率。
- Pass Low Frequencies：Yes | No。控制通过低于特征频率的频率。
- Dimension：输入/输出信号的维数。

6.3.3 离散小波变换 (Discrete Wavelet Transform)

该元件如图 6-46 所示。

1．说明

该元件对输入信号进行在线离散小波变换 (DWT)。输出 A 和 D 为重构小波系数，其中 A 为近似输出，即输入信号的低频分量。多维输出 D 给出了输入信号不同层级（最多 6 级）上的细节，也即输入信号的高频部分。

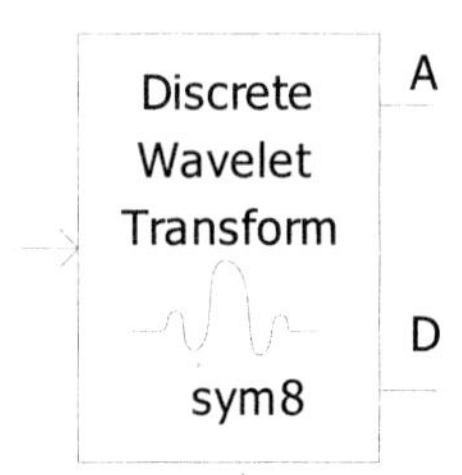

图 6-46 离散小波变换元件

在实际执行 DWT 前，输入信号将按照用户指定的速率进行采样。该元件还提供了一个选项来禁止/启用内部的抗混叠滤波器，还可通过列表来选择母小波的类型及其阶数。该元件支持多种最常用类型的母小波：Harr、Daubechies（1、2、4 和 8 阶）、Symlets（1、2、4 和 8 阶）以及 Coeiflets（1 和 2 阶）。

用户可指定计算细节的层级，输出 D 的维数将与所选择的层级数相等。输出 A 将对应于所选择层级上的近似。例如，当选择 1 级时，输出信号 A 将是近似系数 A1，而输出 D 是细节系数 D1。如果选择 2 级，输出 A 将给出近似系数 A2，而 D 则为二维，给出了细节系数 D1 和 D2。当前该元件允许计算 1～6 级的细节，其中更高的层级代表较低的频率。

进行小波变换所要求的仿真步长大小取决于所选择的采样频率、母小波类型以及所需要的细节层级。因此，输出信号将相对输入信号呈现出一个延时，延时大小取决于所设置的参数。

2．参数

➢ Configuration | General

- Name for Identification：可选的用于识别元件的文本参数。
- Sampling Frequency [Hz]：对输入信号进行采样的频率。
- Anti-Aliasing Filter？： No | Yes。选择 Yes 时将启用抗混叠滤波器。
- Mother Wavelet：Harr | Daubechies | Symlets | Coiflet。选择母小波类型。
- Order–Daubechies：Daubechies 小波的阶数。
- Order–Symlets：Symlets 小波的阶数。
- Order–Coiflet：Coeiflets 小波的阶数。
- Level：细节计算所需的层级，可设置为 1~6。

3．小波变换

小波变换有两种：连续的和离散的。离散小波变换（DWT）所具有的计算效率和数据压缩能力使得其应用更加广泛。

➢ 连续小波变换（CWT）

若 f(t) 是一个有限能量的信号，则其连续小波变换可表示为：

$$CWT_{\Psi}f(a,b)=\int_{\infty}^{\infty}f(t)\Psi_{a,b}^{*}(t)\,\mathrm{d}t$$

式中：

$$\Psi_{a,b}(t)=|a|^{-1/2}\cdot\Psi(\frac{t-b}{a})$$

函数 ψ(t)称为基函数或母小波。星号表示复数共轭。a(≠0，∈R)为尺度参数。b(∈R) 为变换参数。母小波函数必须满足几个条件：短期和振荡。即它必须含有零均值以及在两端快速衰减。

➢ 离散小波变换（DWT）

在离散小波变换中，母小波通过参数选择实现离散地伸缩和平移。

$$a=a_0^m$$

$$b=n\cdot b_0\cdot a_0^m$$

式中，a_0(>1)和 b_0(>0)是固定的实值；m 和 n 是正整数。

则离散母小波为：

$$\Psi_{m,n}(t)=\frac{1}{\sqrt{a_0^m}}\cdot\Psi(\frac{t-n\cdot b_0\cdot a_0^m}{a_0^m})$$

对应的离散小波变换由下式给定：

$$DWT_{\Psi} \cdot f(m,n) = \sum_{k} f(k) \cdot \Psi^{*}_{m,n}(k)$$

DWT 将一个信号分解为几个带宽随频率线性增加的子带。在 a_0=2 和 b_0=1 的二阶变换时，所得结果呈几何缩放：

$$1, \frac{1}{a}, \frac{1}{a^2}, \cdots$$

并且由 $0, n, 2n, \ldots$ 变换。该缩放使得 DWT 的频率覆盖范围由均匀转变为对数。

➢ 滤波器组的实现

DWT 的滤波器组包括用一系列的低通滤波器和高通滤波器，以及如图 6-47 所示的亚采样对信号进行连续滤波。在图 6-47 中，H(n)表示高通滤波器，L(n)表示低通滤波器。带有向下箭头的圆圈表示用因子 2 进行向下采样。该算法通常被称为 Mallat 树算法。

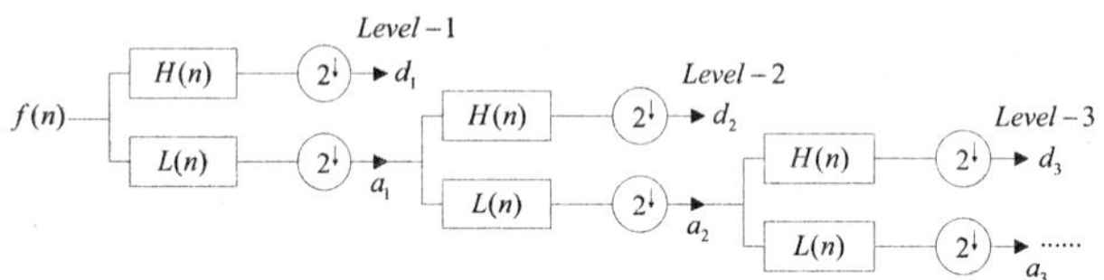

图 6-47 小波分解的 Mallat 树算法

通过如下的小波序列重构，即可得到原始信号：

$$f = \sum_m \sum_n c_{m,n} \cdot \Psi_{m,n}$$

式中，小波系数由下面的内积公式得到：

$$c_{m,n} = \left\langle f, \tilde{\Psi}_{m,n} \right\rangle$$

函数 $\tilde{\Psi}$ 表示双分析小波，在正交的情况下等同于 Ψ。重构的过程如图 6-48 的 Mallat 树算法所示。$H'(n)$ 和 $L'(n)$ 是分别对应 $H(n)$ 和 $L(n)$ 的反转滤波器。圆圈表示因子为 2 的向上采样。

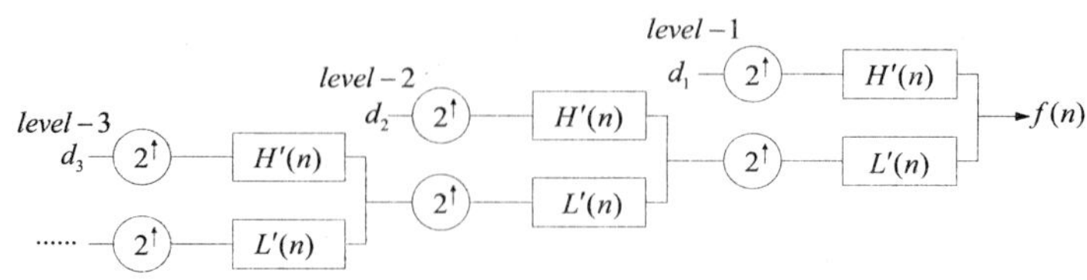

图 6-48 小波重构的 Mallat 树算法

➢ 多步分解和重构

重构算法可用于计算更高精度的小波系数。为了得到更高的精度，将分解得到的缩放比例系数作为函数的样点。图 6-49 所示为三层结构完整的分解和重构过程。初始信号 $x(n)$可通过增加小波系数方便地重构。重构小波系数为：精确系数 $D1(n)$, $D2$(n), $D3(n)$和近似系数 $A3(n)$。需要注意的是这些系数要和初始信号具有同样的采样率。

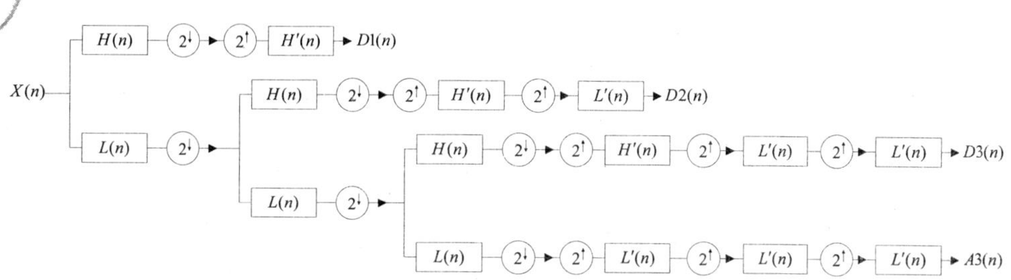

图 6-49 具有高精度的小波系数求解算法（三层）

➢ 母小波类型

母小波有不同的系列，其名字由姓和序号构成。如 db4、sym8 和 coif2。名称的第一部分，如 db, sym 和 coif，代表小波系列的姓，后面的数字代表序号。下列为离散小波变换 (DWT) 元件中常用的小波系列。

- Haar：该小波是最简单的小波类型，类似一个阶跃函数。
- Daubechies：该小波是由数学家 Ingrid Daubechies 发现。PSCAD 支持 db1、db2、db4 和 db8。db1 小波与 Haar 小波相同。
- Symlets：Symlets 小波也由 Daubechies 提出。db 小波分支的修改版。PSCAD 支持 sym1、sym2、sym4 和 sym8。sym1 和 Haar 小波也相同。
- Coiflets：Coiflets 是 Daubechies 小波的另一个修改版。标准正交小波基是由 R. Coifman 提出的。PSCAD 支持 coif1 和 coif2。

6.3.4 快速傅里叶变换 [Fast Fourier Transform (FFT)]

该元件如图 6-50 所示。

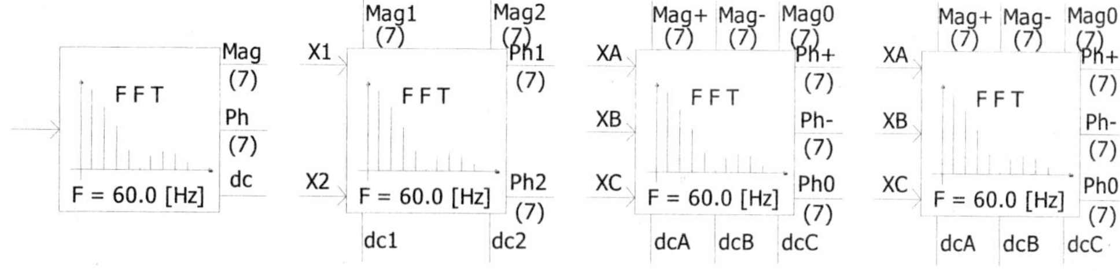

图 6-50 快速傅里叶变换元件

1．说明

该元件为实时快速傅里叶变换，可确定输入信号时域内的谐波幅值和相位，输入信号在被分解为谐波分量之前将进行采样。

该元件具有使用 1、2 或 3 个输入的选项，在使用 3 输入的情况下，该元件可提供序分量形式的输出。用户可选择如下类型的 FFT 模块：

- 一相：即标准的单相 FFT。对输入进行处理后将提供基波以及谐波（包括直流分量）的幅值 Mag 和相位 Ph。
- 两相：两个标准单相 FFT 组合于一个模块中，以对输入信号进行比较。
- 三相：将三个标准单相 FFT 组合于一个模块中。
- 正/负/零序：对三相输入 XA、XB、XC 进行 FFT 后再进行序分量计算，可输出基波及每个谐波分量的正序 (+)、负序 (-) 以及零序 (0) 的幅值和相位。同时可输出每一相的直流分量。
- 三相 SLD：与上述三相情况相同，只是输入为 3 维数组。
- 正/负/零序 SLD：与上述的正/负/零序情况相同，只是输入为 3 维数组。

序分量的计算基于如下简单的变换：

$$\begin{bmatrix} V_0 \\ V_+ \\ V_- \end{bmatrix} = \frac{1}{3}\begin{bmatrix} 1 & 1 & 1 \\ 1 & 1\angle 120^\circ & 1\angle -120^\circ \\ 1 & 1\angle -120^\circ & 1\angle 120^\circ \end{bmatrix}\begin{bmatrix} V_a \\ V_b \\ V_c \end{bmatrix}$$

注意：该元件最主要用于处理由工频（典型的为 50 Hz 和 60 Hz）及其谐波构成的信号，因此不能很好地应用于更高频率的基频。

2．概述

➢ Configuration | General

- Name for Identification：可选的用于识别元件的文本参数。
- Type：1 Phase | 2 Phase | 3 Phase | +/-/0 Seq | 3 Phase SLD | +/-/0 Seq SLD。设置输出类型。
- Number of Harmonics：n=7 | n=15 | n=31 | n=63 | n=127 | n=255 | n=511 | n=1023。设置输出谐波的最大次数。
- Base Frequency [Hz]：输入信号的基波频率，也即其中的最低频率。
- Magnitude Output：RMS | Peak（有效值 | 峰值）。设置幅值输出格式。
- Phase Output Units：Radians | Degrees（弧度 | 度）。设置相位角输出格式。
- Phase Output Reference：Cosine Wave | Sine Wave（余弦信号 | 正弦信号）。设置相位输出参考。
- Anti-Aliasing Filter？：No | Yes。选择 Yes 时将启用将控制抗混叠滤波器。
- Frequency Tracking？：No | Yes。选择 Yes 时将启用频率跟踪。如果出现相位角参考发生改变，此时相位角输出不能被用于与其他元件的相位角输出进行比较，但来自同一个实时频率扫描器测量到的谐波的相对相位角仍能保持足够的精度。
- Frequency Tracking Enable Signal：频率追踪使能信号。

➢ Frequency Output Variable | General

- Name for Frequency Output：当启用频率追踪时，可使用该变量对追踪的频率进行监测。

3．实时频率扫描

频率扫描任务涉及如下的数据处理阶段：

- 低通滤波（抗混叠）。
- 采样和傅里叶变换。
- 相位和幅值误差校正。

在每个采样时刻都将根据以先前输入信号周期为基础的窗口内的采样数据进行在线计算。根据 Nyquist 采样定律，数据采样率需大于所关注的最高谐波频率的 2 倍。采样率可以是每基频周期 16、32、64、127 或 255 个采样点，并将进行缓存。

由于一个窗口内的采样数代表了一个工频周期，计算中将捕获采样点之前一个周期内的动态。需要注意的是：只有当计算具有一个完整窗口的可用数据时，该子程序的输出才包含有效的信息。因此，第一个周期的输出应当被忽略（从快照启动除外）。计算采样时刻的输入时将采用线性插值技术以减小误差。

用户需要关注由于输入信号采样所引起的固有混叠效应。建议在任何时候都使用低通抗混叠滤波器，除非能确保输入信号不具有任何高次谐波。快速傅里叶变换元件中提供了该抗混叠滤波器。

谐波计算基于数字信号处理中采用的标准傅里叶变换 (FFT)。用于计算相位角的基准函数可以是开始于 t=0.0 s 时刻的基频正弦或余弦波。

谐波计算是基于给定的恒定基波频率，当基波频率变动时，用户可使用该元件中所提供的频率追踪功能。频率追踪环节使用对应于输入信号上一个采样时刻的基频分量（由 FFT 子程序计算得到），以对输入信号频率的微小变动进行监测。用户可选择禁用或启用频率追踪。

由于矩形数据窗口所造成的 Gibb 效应不会影响到基波频率的谐波。但当采样频率与输入信号的基频不同步时，谐波测量所引入的 Gibb 效应畸变将较大。因此除非能确保基频分量不发生频率振荡，否则应使用频率追踪特性。

6.3.5 X-Y 传递函数 (X-Y Transfer Function)

该元件如图 6-51 所示。

1．说明

该元件本质上是一个通过指定 XY 坐标点的分段线性查询表。它具有多种用途，例如，确定设备特性、作为传递函数以及作为信号发生器等。

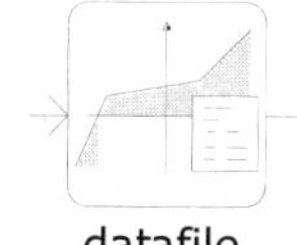

图 6-51 X-Y 传递函数元件

2．参数

➢ Configuration | General

- Name for Identification：可选的用于识别元件的文本参数。
- X Axis Offset or Phase Shift：X 轴数据点的偏置量。
- Y Axis Offset or DC Offset：Y 轴数据点的偏置量。
- X Axis Gain：所有 X 轴数据点将乘以该系数。

- Y Axis Gain：所有 Y 轴数据点将乘以该系数。
- Output Mode：Interpolated | Sample and Hold（插值 | 采样保持）。设置输出模式。
- Periodic：No | Yes。选择 Yes 为周期性信号，X 输入通常为时间。
- Data Entry Method：File | Table（文件形式 | 表格形式）。设置数据输入方式。
- Input Type：Real | Integer（实型 | 整型）。设置输入数据的类型。

➢ Data - Table | General

- Number of Points：数据点的个数，可选择为 1~10。

➢ Data - Table | X data

- Point # - X：相应数据点的 X 坐标。

➢ Data - Table| Y data

- Point # - Y：相应数据点的 Y 坐标。

➢ Data - Filename | General

- File Name：输入包含 (X, Y) 传递函数坐标的 ASCII 文件名称。
- Pathname to the Datafile is Given as[relative pathname | absolute pathname。设置文件路径格式。
  - relative pathname：数据文件位于当前工作路径下。
  - absolute pathname：给出文件的全路径。
- Approximate Number of Pairs of Data in the File：输入文件中数据点大概的数目，这对于为该元件动态分配内存非常重要。

3．传递函数及输入/输出模式

➢ 传递函数的处理

尽管实际输入的 X，Y 和 Z 数据在整个运行过程中必须保持不变，仍可使用多个输入参数来实时对传递函数进行处理：

XY 特性：

- X-Axis Offset or Phase Shift：将直接从 X 轴数据点中减去该值。即在 X 轴偏置 1.0 时的数据点 (1.0, 8.0) 和 (2.0, 9.0) 等于 (0.0, 8.0) 和 (1.0, 9.0)。这等同于向波形中加入相移，其中正值将产生超前相移。
- Y-Axis Offset or DC Offset：将直接从 Y 轴数据点中加上该值。即在 Y 轴偏置 1.0 时（X 轴无偏置）的数据点 (1.0, 8.0) 和 (2.0, 9.0) 等于 (1.0, 9.0) 和 (2.0, 10.0)。该偏置值将在输出乘以 Y 轴增益后加入。因此当用户改变 Y 轴增益的符号时，波形将水平翻转而无垂直跳变。
- X and Y-Axis Gains：所有 X 和 Y 坐标将分别乘以这些系数，但偏置值不进行相乘。

XYZ 特性：

- X-Axis Offset or Phase Shift：将直接从 X 轴数据点中减去该值。即在 X 轴偏置 1.0 时的数据点 (1.0, 8.0, 9.0) 和 (2.0, 9.0, 11.0) 等于 (0.0, 8.0, 9.0) 和 (1.0, 9.0, 11.0)。这等同于向波形中加入相移，其中正值将产生超前相移。

- Y-Axis Offset or Phase Shift：将直接从 Y 轴数据点中减去该值。即在 Y 轴偏置 1.0 时的数据点（1.0，8.0，9.0）和（2.0，9.0，11.0）等于（1.0，7.0，9.0）和（2.0，8.0，11.0）。这等同于向波形中加入相移，其中正值将产生超前相移。
- Z-Axis Offset or DC Offset：该值将在输出乘以 Z 轴增益后加入，默认的 Z 轴偏置为 0.0。
- X, Y and Y-Axis Gains：所有 X, Y 和 Z 坐标将分别乘以这些系数，但偏置值不进行相乘。

➢ 输入模式

有两种输入坐标点的方法：第一种是在元件输入参数中直接以表格输入数据。另一种是通过外部 ASCII 文本文件提供所需要的值。需要注意的是：数据表输入方法仅能用于 XY Characteristics 和 XY Table 元件，而 XYZ 元件仅能通过外部 ASCII 文件输入数据。

- XY 特性：如果从外部 ASCII 数据文件输入坐标点，该文件必须遵循一定的结构化格式。在该文件中的任何位置可加入注释，只需带有前导符号!。同样的，文件结尾需放置指示符 ENDFILE:。一个 ASCII 数据文件示例如图 6-52 所示。

注意：如果 Output Mode 选择为 Interpolated，X 数据点必须以升序输入。

- XYZ 特性：创建 ASCII 数据文件时必须遵循一定的结构化格式。在该文件中的任何位置可加入注释，只需带有前导符号!。用户需要在数据文件各个相应的坐标点部分的开始位置加入关键字 XDATA:、YDATA:或 ZDATA。同样的，文件结尾需放置指示符 ENDFILE:。

如果具有 N 个 X 坐标点和 M 个 Y 坐标点，则必须输入 M×N 个 Z 坐标点。若 Z 坐标点少于 M×N 个将发生错误。若多于 M×N 个，多余的点将被忽略。

一个 ASCII 数据文件示例如图 6-53 所示。

```
! Input data for XY Characteristic
!
1.0  8.0
2.0  9.0
!
! More comments
!
3.0 10.0
ENDFILE:
!
```

图 6-52 XY 特性输入数据文件示例

```
! Input data for XYZ Characteristic
!
XDATA:
1.0
2.0
!
! More comments
!
3.0
YDATA:
7.0
8.0
9.0
ZDATA:
7.0
8.0
9.0
14.0
16.0
18.0
21.0
24.0
27.0
ENDFILE:
!
```

图 6-53 XYZ 特性输入数据文件示例

注意：如果 Output Mode 选择为 Interpolated，X 数据点必须以升序输入。

- XY 表

创建 ASCII 数据文件时必须遵循一定的结构化格式。在该文件中的任何位置可加入注释，只需带有前导符号!。 一个 ASCII 数据文件示例如图 6-54 所示。

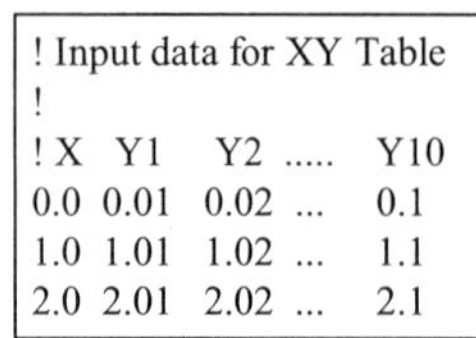
```
! Input data for XY Table
!
! X   Y1    Y2 .....   Y10
0.0 0.01  0.02 ...   0.1
1.0 1.01  1.02 ...   1.1
2.0 2.01  2.02 ...   2.1
```

图 6-54 XY 表输入数据文件示例

注意：如果 Output Mode 选择为 Interpolated，X 数据点必须以升序输入。

➢ 输出模型

- XY 特性：具有两种输出模式，即 Interpolate 和 Sample and Hold。当 X 输入是这些离散点中的一个时，Y 是该 (X, Y) 对的相应坐标点。否则 Y 值将根据所选择的模式进行计算：

  Interpolate：输出将在相邻传递函数坐标点之间进行线性插值。例如，如果坐标点为 (1.0, 8.0) 和 (2.0, 9.0)，则输入为 1.5 时的输出为 8.5。输入小于第一个点或大于最后一个点时，将利用第一个或最后一个数据段的斜率进行外插。

  Sample and Hold：输出将对应于紧邻输入之前的传递函数坐标点。如果坐标点为(1.0, 8.0)和(2.0, 9.0)，则输入为 1.5 时的输出为 8.0。输入小于第一个点或大于最后一个点时，输出将分别对应于第一个或最后一个数据点。

- XYZ 特性：

  具有两种输出模式，即 Interpolate 和 Nearest Data Point。当 X 和 Y 输入正好是这些离散坐标点之一时，Z 是该(X, Y, Z)对的相应坐标点。否则 Z 值将根据所选择的模式进行计算：

  Interpolate：输出将在相邻传递函数坐标点之间进行双线性插值。例如，如果坐标点为 (1.0, 8.0, 9.0) 和 (2.0, 9.0, 11.0)，则输入为 (1.75, 8.75) 时的输出为 10.5。输入小于第一个点或大于最后一个点时，将利用第一个或最后一个数据段的斜率进行外插。

  Nearest Data Point：输出对应于最接近输入的传递函数坐标点。例如，如果坐标点为 (1.0, 8.0, 9.0) 和 (2.0, 9.0, 11.0)，则输入为 (1.75, 8.75) 时的输出为 11.0。输入小于第一个点或大于最后一个点时，输出将分别对应于第一个或最后一个数据点。

- XY 表：具有两种输出模式，即 Interpolate 和 Nearest Data Point。当 X 输入是这些离散点中的一个时，Y 是该 (X, Y) 对的相应坐标点。否则 Y 值将根据所选择的模式进行计算（与 XY 特性中的说明类似）。

6.3.6 XYZ 传递函数 (XYZ Transfer Function)

该元件如图 6-55 所示。

1．说明

该元件根据输入 X 和 Y 的值确定输出 Z 的值，它与 XY Transfer Function 元件非常类似，但 (X, Y, Z) 采样点必须通过外部 ASCII 文本文件输入。输出 Z 可以是最接近的采样点，也可以是双线性插值点。

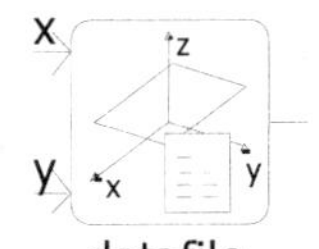

图 6-55 XYZ 传递函数元件

该元件具有多种用途，例如确定设备特性、作为传递函数以及作为信号发生器等。

2．参数

相同参数参见 6.3.5 节。

➢ General

- X Axis Offset or Phase Shift：X 轴数据点的偏置量。
- Y Axis Offset or Phase Shift：Y 轴数据点的偏置量。
- Z Axis Offset or DC Shift：Z 轴数据点的偏置量。
- X/Y/Z Axis Gain：所有 X/Y/Z 轴数据点将乘以该系数。
- Output mode：[Interpolated | Nearest Data Point]。设置输出模式。
  - Interpolated：插值。
  - Nearest Data Point：最近数据点。

➢ Table

- Number of Effective Rows (X)：数据表有效数据行数，可选择为 1~10。
- Number of Effective Column (Y)：数据表有效数据列数，可选择为 1~10。
- X Values：升序 X 坐标。
- Y Values：升序 Y 坐标。
- Data Table：Z 数据。

6.3.7 XY 表 (XY 表)

该元件如图 6-56 所示。

1．说明

在 X 数据相同情况下，该元件具有某些 XY Transfer Function 元件的功能。它可配置为从外部 ASCII 文件中或从其自身参数输入表中提取数据。

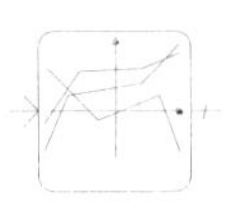

图 6-56 XY 表元件

2．参数

相同参数参见 6.3.5 节和 6.3.6 节。

➢ Configuration | General

- Data Table：表格数据输入（当 Data Source 选择为 Table 有效）。
- Number of Effective Rows：有效数据行数。最大为 10。
- Number of Columns：选用数据的列数。可为 2~11。
- When Input is Between 2 Data Points, Use：interpolation | nearest data point。输入非给定数据点时 Y 输出的计算方法。

■ Interpolated：插值。

■ Nearest Data Point：最近数据点。

6.3.8 频率相关传导函数 [Frequency-Dependent Transfer Function (FDTF)]

该元件如图 6-57 所示。

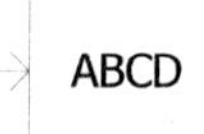

图 6-57 FDTF 元件

1．说明

该元件用状态空间表示动态系统。它允许多端口传导函数建模，因此可与任何其他连续系统建模函数 (CSMF) 一起实现更复杂的控制系统。状态空间形式为：

$$\dot{x} = Ax + Bu$$

$$y = Cx + Du + E\dot{u}$$

对多端口系统 A、B、C、D 均为相应的复数矩阵。

该元件的连接端口说明如下：

- u：状态空间模型的输入，可以为标量或数组信号，其维数由 Dimension of the input 给定。
- v：状态空间模型的输出，可以为标量或数组信号，其维数由 Dimension of the output 给定。

该元件所需的输入文件必须具有特定的格式。

2．参数

➢ General

- Name for Identification：可选的用于识别元件的文本参数。
- Dimension of the Input：动态系统输入的数目。
- Dimension of the Output：动态系统输出的数目。
- Number of State Variables：动态系统状态变量数目。
- Matrix E is provided？：No | Yes。选择 Yes 时将加入控制系统方程中的 E 矩阵。
- Initialization：[zero | input at time=0]。初始化方式。
  - ■ zero：所有状态变量的初值为 0。
  - ■ input at time=0：将根据输入端口值计算状态变量初值。

➢ Input Data File

- Input File：包括矩阵系数的文件名。

3．输入数据文件的格式

该元件输入数据文件格式需遵循如下要求：

- 元件解析器将忽略任何以!开头的注释行。
- 第 1, 2, 3 个有效数据行应分别为动态系统输入的数目、输出的数目和状态变量的数目（也即矩阵 A 的维数）。且这些数目应分别与元件参数 Dimension of the input, Dimension of the output 和 Number of State Variables 中的输入一致。各行之后可有注释行。

- 第 4 行开始的数据是矩阵 A, B, C, D 和 E 的系数。
- 每行仅能输入一个系数，因此每个系数最后应当为换行符。
- 对多端口系统的状态空间模型，矩阵 A, B, C, D 的系数可为复数，系数的实部和虚部用空格分开。仅有实部的复数系数的虚部需输入 0。
- 应按从顶到底和从左至右读取矩阵的次序输入系数，如图 6-58 所示。

$$\begin{pmatrix} 1+1j & 1+2j & 1+3j \\ 2+1j & 2+2j & 2+3j \\ 3+1j & 2+2j & 3+3j \end{pmatrix} \xrightarrow{\textit{input file}} \begin{matrix} 1.0 & 1.0 \\ 1.0 & 2.0 \\ 1.0 & 3.0 \\ 2.0 & 1.0 \\ 2.0 & 2.0 \\ 2.0 & 3.0 \\ 3.0 & 1.0 \\ 3.0 & 2.0 \\ 3.0 & 3.0 \end{matrix}$$

图 6-58 矩阵元素输入顺序

- 应按字母顺序输入各矩阵的系数。

6.3.9 自定义浪涌发生器 [Surge Generator (Custom)]

该元件如图 6-59 所示。

1. 说明

该元件产生浪涌波形。在 start of the up slope 之前输出为 0，并在 end of the up slope 时达到峰值。峰值从 start of the down slope 开始下降，到 end of the down slope 时降为 0。

2. 参数

➢ Configuration | General

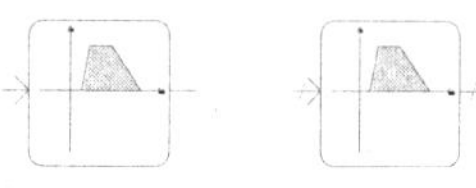

图 6-59 自定义浪涌发生器元件

- Name for Identification：可选的用于识别元件的文本参数。
- Input at Start of Up Slope：输出开始坡升的输入值。
- Input at End of Up Slope：输出结束坡升的输入值。
- Input at Start of Down Slope：输出开始坡降的输入值。
- Input at End of Down Slope：输出结束坡降的输入值。
- Peak Output Value：峰值输出。
- Fortran Comment：可选的 Fortran 注释。文本将被加入至项目 Fortran 文件中。
- Dimension：输入输出信号的维数。

6.3.10 标准浪涌发生器 [Surge Generator (CIGRÉ, IEC or IEEE Standard)]

该元件如图 6-60 所示。

1. 说明

该元件按照 IEEE, IEC 或 CIGRÉ 标准产生通常用于雷电分析的浪涌波形。

元件提供的选项可用于选择广泛使用的标准配置或根据用户参数来确定波形，其输出可用于控制例如外部控制电流源的幅值。

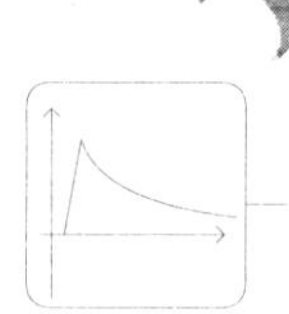

图 6-60 标准浪涌发生器元件

2. 参数

➢ Configuration | General

- Name for Identification：可选的用于识别元件的文本参数。
- Surge Waveform Standard：IEC/IEEE | CIGRE。选择产生波形依据的标准。
- Peak Current Amplitude [kA]：波形峰值。注意：尽管该参数为 variable 类型，但仿真中该参数值的改变将被忽略。用户可在仿真开始时刻改变该参数值，而不论何种项目启动方式。
- Starting Time [s]：浪涌出现的时刻。

➢ IEC/IEEE | General

- Surge Waveform：1.2/50 [us] | 8/20 [us] | 1/50 [us] | 250/2500 [us] | 250/1500 [us]| 10/700 [us] | 5/320 [us] | Custom Waveform：alpha, beta | Custom Waveform：wavefront/tail times。浪涌波形的选择。这些选项均为广泛使用的标准雷电波形，也可选择两种不同方法进行波形自定义。

➢ IEC/IEEE | Waveform coefficients

- Alpha [1/μs]：系数α值。
- Beta [1/μs]：系数β值。

➢ IEC/IEEE | Wavefront and wavetail times

- Wavefront Time [μs]：波前时间。
- Wavetail Time [μs]：波尾时间。
- Wavefront Time is Based on: 10% to 90% of peak | 30% to 90% of peak。选择波前时间计算方法。
  - 10% to 90% of peak：10%～90%峰值。
  - 30% to 90% of peak：30%～90%峰值。

➢ CIGRE | General

- Maximum Steepness [kA/μs]：波形最大陡度。
- Wavefront Time [μs]：波前时间。
- Wavetail Time [μs]：波尾时间。

3. 标准浪涌波形

具有两个指数的标准浪涌波形可表示为：

$$I(t)=k(e^{-\alpha t}-e^{-\beta t})$$

式中，k, α, β 为常数；t 为时间（μs）。

电力系统研究中通常用波前时间（T_f）和波尾时间（T_t）来定义浪涌波形。波尾时间是电流达到其最大值的一半的时间。类似地，波前时间（或上升时间）定义为 $1.67(T_{0.9}-T_{0.1})$ 或 $1.25(T_{0.9}-T_{0.3})$，以最大电压为 1.0 pu 来整定上式中的系数 k。

➢ 标准，常用波形

表 6-3 为标准波形的优化参数。

表 6-3 标准波形优化参数

波形	参考	波前和波尾	波形参数		
			α	β	k
1.2/50	IEC 61000-4-5 IEC 60060-1	T1 = 1.67T　T2 = 50	0.0145	2.8353	1.0328
8/20	IEC 61000-4-5 IEC 60060-1	T1 = 1.25T　T2 = 50	0.1732	0.0866	4
1/50	IEC 69469-1	T1 = 1.25T　T2 = 501	0.014576	2.5293	1.0363
250/2500		T1 = 1.25T　T2 = 2500	0.00035239	0.0080519	1.2068
250/1500		T1 = 1.25T　T2 = 1500	0.00072065	0.0065795	1.4741
10/700	IEC 60060-1	T1 = 1.67T　T2 = 700	0.0010222	0.3063	1.0227
5/320	IEC 60060-1	T1 = 1.25T　T2 = 320	0.0022548	0.51343	1.0288

➢ 自定义波形

方法 1：使用上式中 α 和 β 值， 系数 k 定义为：

$$k=\frac{1}{e^{-\alpha t_{\max}}-e^{-\beta t_{\max}}}$$

其中：

$$t_{\max}=\frac{\log\left(\frac{\alpha}{\beta}\right)}{\alpha-\beta}$$

方法 2：基于波前和波尾时间创建波形，这是一种近似方法。假设 $\alpha<<\beta$ 和 $k\approx1$。则基于 10%和 90%的波前时间 T_f 为：

$$0.1=1-e^{-\beta t_{0.1}},\quad 0.9=1-e^{-\beta t_{0.9}}$$

则：

$$T_f=\frac{t_{0.9}-t_{0.1}}{0.9-0.1}=\frac{2.75}{\beta}$$

基于 30%和 90%的波前时间 T_f 为：

$$T_f=\frac{t_{0.9}-t_{0.3}}{0.9-0.3}=\frac{3.243}{\beta}$$

类似地，波尾时间 T_t 为：

$$0.5 = e^{-\alpha t_{0.5}}, \quad T_t = \frac{0.693}{\alpha}$$

根据确定的 α 和 β 的浪涌波形为：

$$I(t) = k(e^{-\alpha t} - e^{-\beta t})$$

➢ CIGRÉ

CIGRÉ 标准波形定义如下。

对于波前电流：

$$I(t) = At + Bt^n$$

对于波尾电流：

$$I(t) = I_1 e^{-(t-t_n)/t_1} - I_2 e^{-(t-t_n)/t_2}$$

6.3.11 4/8 通道复用器（4 or 8 Channel Multiplexor）

该元件如图 6-61 所示。

1．说明

该元件模拟 4/8 通道的数据选择器。输入信号 I 必须为 4 或 8 维数组。选择输入 S 为 2 维或 3 维数组，代表 2 位或 3 位二进制数。输出 Y 为输入数组 I 中的一个元素，取决于与 S 输入二进制数对应的十进制数。

2．参数

➢ Configuration | General

- Name for Identification：可选的用于识别元件的文本参数。
- Type of Multiplexer：[4×1(4 inputs, 2 select lines) | 8×1 (8 inputs, 3 select lines)]。选择数据选择器类型。
  - 4×1(4 inputs, 2 select lines)：4 输入 2 选择线。
  - 4 通道或 8 通道：8 输入 3 选择线。

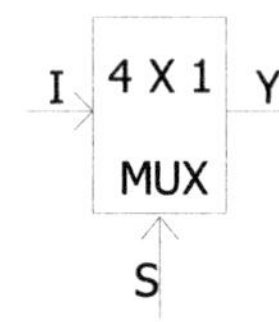

图 6-61 4/8 通道复用器元件

6.3.12 6 通道译码器（6 Channel Decoder）

该元件如图 6-62 所示。

1．说明

该元件根据 Select 输入信号将 Data 上的输入信号转向至 6 个输出通道中的一个或多个。Select 的输入与 Select Number for Channel 中输入的值进行比较，如果 Select 值与这些输入参数值中的一个或多个相等，则 Data 上的数据将传递至相应的输出。

2．参数

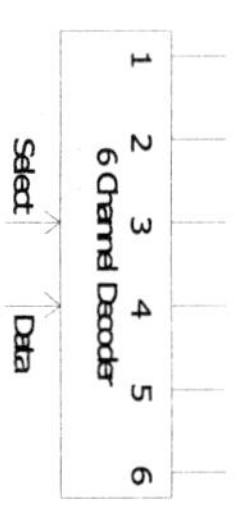

图 6-62 6 通道译码器元件

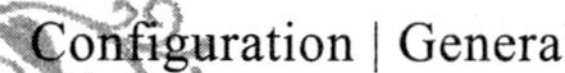

➢ Configuration | General

- Name for Identification：可选的用于识别元件的文本参数。
- Data Path Type：Integer | Real（整型 ｜ 实型）。传递的数据类型。
- Select Number for Channel #：当 Select 的输入与该输入值相等时，Data 上的数据将被传递至相应的输出通道。

6.3.13 ABC/DQ0 变换 (ABC to DQ0 Transformation)

元件如图 6-63 所示。

图 6-63 ABC/DQ0 变换元件

1．说明

该元件执行三相 abc 到 dq0 坐标的变换，也可进行反变换。以下为变换或反变换的方程：dq0 到 abc：

$$\begin{bmatrix} d \\ q \\ 0 \end{bmatrix} = \frac{2}{3}\begin{bmatrix} \cos(\theta) & \cos(\theta-\frac{2}{3}\pi) & \cos(\theta+\frac{2}{3}\pi) \\ \sin(\theta) & \sin(\theta-\frac{2}{3}\pi) & \sin(\theta+\frac{2}{3}\pi) \\ 1/2 & 1/2 & 1/2 \end{bmatrix}\begin{bmatrix} a \\ b \\ c \end{bmatrix}$$

abc 到 dq0：

$$\begin{bmatrix} a \\ b \\ c \end{bmatrix} = \frac{2}{3}\begin{bmatrix} \cos(\theta) & \sin(\theta) & 1 \\ \cos(\theta-\frac{2}{3}\pi) & \sin(\theta-\frac{2}{3}\pi) & 1 \\ \cos(\theta+\frac{2}{3}\pi) & \sin(\theta+\frac{2}{3}\pi) & 1 \end{bmatrix}\begin{bmatrix} d \\ q \\ 0 \end{bmatrix}$$

2．参数

➢ Configuration | General

- Name for Identification：可选的用于识别元件的文本参数。
- Direction of Transformation：DQ0 to ABC | ABC to DQ0。选择变换方向。
  - ■ DQ0 to ABC：DQ0 坐标到 ABC 坐标。
  - ■ ABC to DQ0：ABC 坐标到 DQ0 坐标。
- Transformation Angle [rad]：变换方程中的相角。
- DQ Sequence：Q-axis leading | Q-axis lagging。选择 D 轴与 Q 轴相对关系。
  - ■ Q-axis leading：Q 轴超前。
  - ■ Q-axis lagging：Q 轴滞后。

6.3.14 AM/FM/PM 函数（AM/FM/PM Function）

该元件如图 6-64 所示。

1．说明

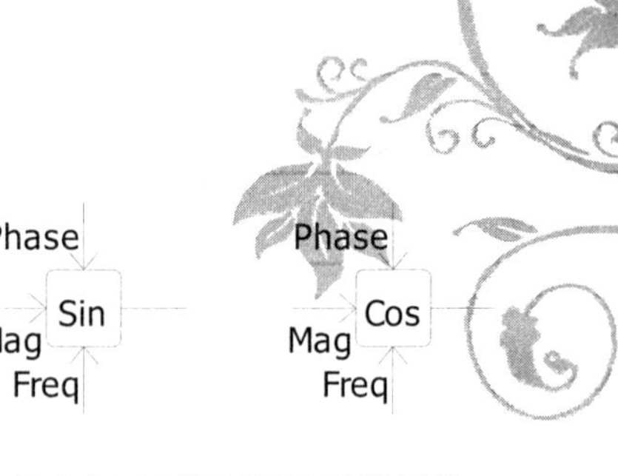

图 6-64 AM/FM/PM 函数元件

AM/FM/PM 函数具有三个输入：频率（Freq）、相位（Phase）以及幅值（Mag）。Freq 将进行对时间的积分，并归一化于-2π 至 2π 之间，该频率积分值加上 Phase 后作为正弦或余弦函数的一个输入参数，所得结果乘以 Mag 后进行输出。

频率和相位保持为常数时的输出将是输入 Mag 的调幅（AM）。幅值和相位保持为常数时的输出将是输入 Freq 的调频（FM）。幅值和频率保持为常数时的输出将是输入 Phase 的调相（PM）。

一个控制所有这三个输入的实例是用于电源模型。幅值信号用于在启动时缓升电压，调整频率信号以跟随系统频率的变化，同时相位信号用于控制电源发出功率的大小。

该元件同样可用作简单的正弦/余弦波形发生器。

2．参数

➢ Configuration | General

- Name for Identification：可选的用于识别元件的文本参数。
- Base Carrier Function：Sin | Cos（正弦 | 余弦）。选择载波信号类型。
- Frequency Input Units[Rad/s | Hertz（弧度/秒 | 赫兹）。选择输入频率的单位。
- Phase Input Units：Radians | Degrees（弧度 | 度）。选择相位输入单位。

6.3.15 角度转换（Angle Resolver）

该元件如图 6-65 所示。

1．说明

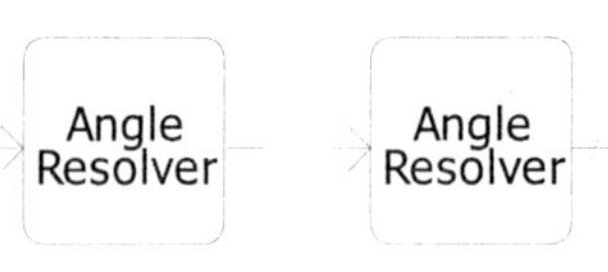

图 6-65 角度转换元件

该元件将输入信号从度转换为弧度或相反。输出范围可选择为 0～2π 或-π～π。

2．参数

➢ Configuration | General

- Name for Identification：可选的用于识别元件的文本参数。
- Input/Output is in：Radians | Degrees（弧度 | 度）。选择输入/输出信号的单位。
- Desired Range：-PI(-180) to PI(180) | 0 to 2*PI(360)。设置输出范围。
  - -PI(-180) to PI(180)：-π～π。
  - 0 to 2*PI(360)：0～2π。
- Dimension：设置输入/输出信号的维数。

6.3.16 数组求积/求和/点积 (Product/Sum of all elements/DOT product)

这三个元件如图 6-66 所示。

1．说明

数组求积/求和/点积元件将输入数组所有元素相乘/相加/点乘的结果作为标量输出。

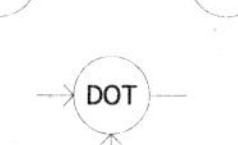

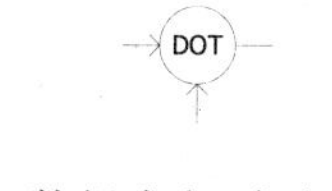

图 6-66 数组求积/求和/点积元件

2．参数

➢ Configuration | General

- Name for Identification：可选的用于识别元件的文本参数。
- Data Path Type：Real | Integer（实型 | 整型）。确定输入输出信号的数据类型。

6.3.17 迟滞控制器 (Backlash)

该元件如图 6-67 所示。

1．说明

该元件模拟迟滞控制器系统。该系统输入的改变将导致输出相同的变化，但输入方向变化时，输入变化需超出死区宽度以向相反方向运行。为保持在相同方向运行，输入需返回至方向改变时的值。也即输入在死区内时输出保持恒定。输出超出死区且增加时，输出为输入减去死区宽度的一半。输出超出死区且减小时，输出为输入加上死区宽度的一半。

图 6-67 迟滞控制器元件

2．参数

➢ Configuration | General

- Name：可选的用于识别元件的文本参数。
- Dimension：输入输出信号的维数。
- Deadband Width：死区宽度。
- Initial Output：输出初值。

6.3.18 变化检测器 (Changer Detecter)

该元件如图 6-68 所示。

1．说明

该元件检测输入的变化，且在检测到变化时输出 1，否则输出 0。输入信号类型为 REAL 或 COMPLEX 时，将采用用户可设定的容限来比较输入及其先前的值。

图 6-68 变化检测器元件

2．参数

➢ Configuration | General

- Name：可选的用于识别元件的文本参数。
- Dimension：输入输出信号的维数。
- Input Data Type：Integer | Real | Complex（整型 | 实型 | 复数型）。设置输入信号类型。

● Tolerance：检测变化时用于比较的容限（当 Input Data Type 选择为 Real 或 Complex 时有效）。

6.3.19 Clarke/反 Clark 变换(Clarke Transformation)

该元件如图 6-69 所示。

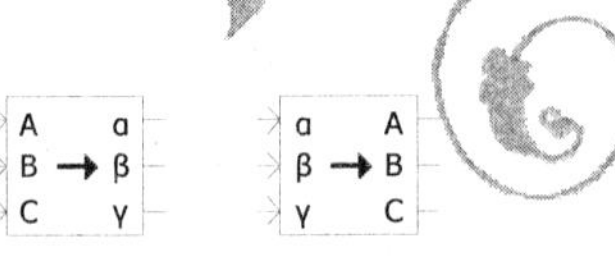

图 6-9 Clarke 变换元件

1．说明

该元件进行 Clarke/反 Clark 变换。用户可选择标准变换或功率不变变换。

➢ 标准 Clarke/反 Clark 变换

$$\begin{bmatrix}\alpha\\ \beta\\ \gamma\end{bmatrix}=\frac{2}{3}\begin{bmatrix}1 & -\frac{1}{2} & -\frac{1}{2}\\ 0 & \frac{\sqrt{3}}{2} & -\frac{\sqrt{3}}{2}\\ \frac{1}{2} & \frac{1}{2} & \frac{1}{2}\end{bmatrix}\begin{bmatrix}A\\ B\\ C\end{bmatrix};\ \begin{bmatrix}A\\ B\\ C\end{bmatrix}=\frac{2}{3}\begin{bmatrix}1 & 0 & 1\\ -\frac{1}{2} & \frac{\sqrt{3}}{2} & 1\\ -\frac{1}{2} & -\frac{\sqrt{3}}{2} & 1\end{bmatrix}\begin{bmatrix}\alpha\\ \beta\\ \gamma\end{bmatrix}$$

➢ 功率守恒变换/反变换

$$\begin{bmatrix}\alpha\\ \beta\\ \gamma\end{bmatrix}=\sqrt{\frac{2}{3}}\begin{bmatrix}1 & -\frac{1}{2} & -\frac{1}{2}\\ 0 & \frac{\sqrt{3}}{2} & -\frac{\sqrt{3}}{2}\\ \frac{1}{\sqrt{2}} & \frac{1}{\sqrt{2}} & \frac{1}{\sqrt{2}}\end{bmatrix}\begin{bmatrix}A\\ B\\ C\end{bmatrix};\ \begin{bmatrix}A\\ B\\ C\end{bmatrix}=\sqrt{\frac{2}{3}}\begin{bmatrix}1 & 0 & 1\\ -\frac{1}{2} & \frac{\sqrt{3}}{2} & 1\\ -\frac{1}{2} & -\frac{\sqrt{3}}{2} & 1\end{bmatrix}\begin{bmatrix}\alpha\\ \beta\\ \gamma\end{bmatrix}$$

2．参数

➢ Configuration | General

● Name：可选的用于识别元件的文本参数。

● Direction of Transformation：[alpha-beta to ABC | ABC to alpha-beta]。设置变换方向。

■ alpha-beta to ABC：反 Clark 变换。

■ ABC to alpha-beta：Clark 变换。

● Clarke Quantities：[Standard | Power Invariant]。设置变换类型。

■ Standard：标准变换。

■ Power Invariant：功率守恒变换。

6.3.20 复数共轭 (Complex conjugate)

该元件如图 6-70 所示。

图 6-70 复数共轭元件

1．说明

该元件输出输入复数的共轭。

2．参数

➢ Configuration | General

- Name for Identification：可选的用于识别元件的文本参数。
- Fortran Comment：可选的 Fortran 注释，所输入内容将加入项目 Fortran 文件。
- Dimension：输入输出信号的维数。

6.3.21 计数器 (Counter)

该元件如图 6-71 所示。

1．说明

该元件在其输入上接收到正值时改变其状态至下一个较高的状态。当其接收到负值时，则改变其状态至下一个较低的状态。通俗而言就是将其输出增/减 1。

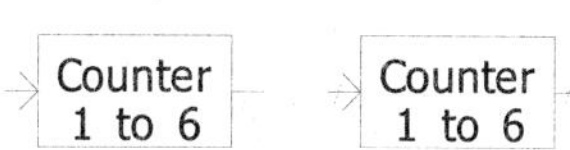

图 6-10 计数器元件

如果该元件达到其最高/最低限值，并接收到加/减计数信号，此时可采用两种方法进行控制：一种是计数器忽略动作请求并保持当前状态。第二种是改变其状态至最低/最高限值。

该元件中也提供了用于复位计数器至其初始值的选项。

2．参数

➢ Configuration | General

- Name for Identification：可选的用于识别元件的文本参数。
- Lower Count Value：计数下限值。
- Upper Count Value：计数上限值。
- Initial Value：复位后计数器的默认值。
- Limit Type：Sticky | Circular。选择达到计数限值时的处理方式。
  - Sticky：达到限值后计数器保持不变。
  - Circular：达到限值后计数器将从反向限值开始计数。
- Resettable？：No | Yes。选择 Yes 时该元件将具有 Reset 输入引脚，当该引脚为高电平时计数器复位至默认值。
- Fortran Comment：可选的 Fortran 注释，此处输入的文本将加入项目 Fortran 文件内。
- Dimension：设置输入/输出信号的维数。

6.3.22 死区控制区 (Deadband Controller)

该元件如图 6-72 所示。

图 6-72 死区控制器元件

1．说明

该元件模拟死区控制器。当其输入在设定范围内时输出为 0。若输入超出设定范围正向一半时，输出将根据设定的正偏置和增益增加。若输入低于设定范围负向一半时，输出将根据设定的负偏置和增益减小，如图 6-73 所示。

2．参数

➢ Configuration | General

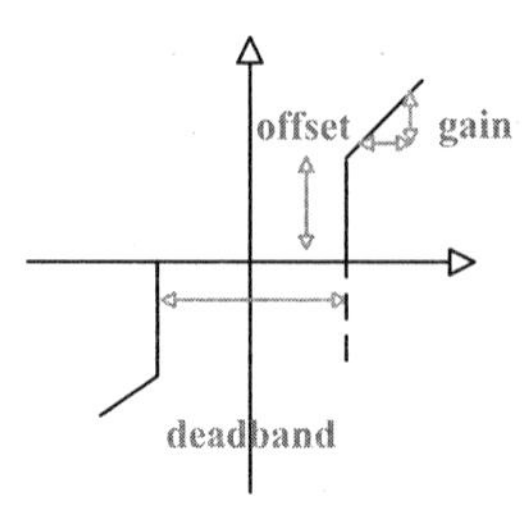

图 6-73 死区控制器传递函数曲线

- Name：可选的用于识别元件的文本参数。
- Dimension：设置输入/输出信号的维数。
- Deadband Range：死区范围。
- Offset Outside Deadband：超出死区范围的偏置值。
- Gain Outside Deadband：超出死区范围的增益。

6.3.23 延迟函数 (Delay Function)

该元件如图 6-74 所示。

1．说明

该元件即拉普拉斯表达式 e^{-sT}，其中的 T 为延迟时间，s 为拉普拉斯算子。

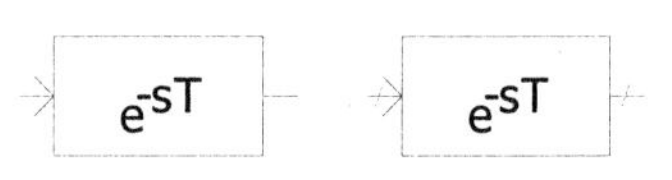

图 6-74 延迟函数元件

输入信号值被放置于一个队列中，随着时间的推移，信号值移动至队列末尾并放置于输出上。如果延迟时间远大于仿真步长Δt，则等待队列的长度将非常大。为避免这种情况的发生，可使用采样。输入信号值将在指定的延迟时间内被采样 N 次（由# of Samples in Delay Time 确定），且仅这些采样值被放置于队列中。

需要仔细确保足够多的采样值来表示延迟的信号，同时减小对存储数量的需求。由于采样所导致的呈阶梯状的输出，这将引入附加的 Time Delay/(2*N)延迟。可通过在内部略减少延迟时间进行补偿。任何可能时，可将延迟输出通过一个一阶滞后环节滤波来实现对采样阶梯效应的平滑。

2．参数

➢ Configuration | General

- Name for Identification：可选的用于识别元件的文本参数。
- Time Delay [s]：输入所需的延迟时间。
- Number of Samples in Delay T：延迟时间内的采样数目。
- Interpolate Output：No | Yes。选择 Yes 时将输出两维信号，其中第二个元素保留用于插补时间。
- Initialize Buffer With：input at timezero | specified value。设置缓冲器初始化方式。
  - input at timezero：采用 0 时刻时的初值进行初始化。

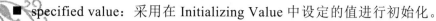

■ specified value：采用在 Initializing Value 中设定的值进行初始化。
- Initializing Value：初始化值。
- Fortran Comment：可选的 Fortran 注释，此处输入的文本将包括至项目 Fortran 文件内。
- Dimension：设置输入/输出信号的维数。注意到当 Interpolate Output 设置为 Yes 时，输出信号数值的维数将为这里指定的 2 倍。数组中偶数序数的元素表示输出信号中相应奇数序数元素的插补时间。

6.3.24 恒定时间常数微分 (Derivative)

该元件如图 6-75 所示。

1．说明

微分函数确定输入信号的变化速率。该模块所带来的一个风险是具有放大噪声的趋势，为减小噪声干扰，特别是较大的微分时间常数和较小的计算步长时，可能需要加入噪声滤波器。

2．参数

➢ Configuration | General
- Name for Identification：可选的用于识别元件的文本参数。
- Time Delay [s]：延迟时间。
- Fortran Comment：可选的 Fortran 注释，此处输入的文本将包括至项目 Fortran 文件内。
- Dimension：设置输入/输出信号的维数。

6.3.25 微分滞后 (Differential Pole)

该元件如图 6-76 所示。

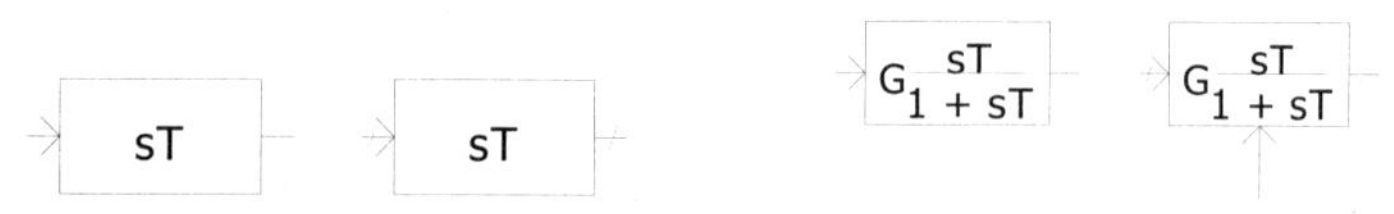

图 6-75 恒定时间常数微分元件　　图 6-76 微分滞后元件

1．说明

微分滞后函数用作一阶高通滤波器，某些时候也被称为冲洗函数。其输出可在任何时候被复位至用户指定的值。具有时间常数 T 的该函数的求解如下：

$$Q(t)=Q(t-\Delta t)\cdot e^{\frac{-\Delta t}{T}}+(X(t)-X(t-\Delta t))\cdot e^{\frac{-\Delta t}{T}}$$

T=0 时则 Q(t)=0.0。输出为：

$$Y(t)=G(t)\cdot Q(t)$$

式中，$Y(t)$为输出信号；$X(t)$为输入信号；$G(t)$为增益系数（不可变）；T 为时间常数

（可变）；Δt 为步长。

2．参数

➢ Configuration | General

● Name for Identification：可选的用于识别元件的文本参数。

● Limit Output？：No | Yes。选择 Yes 时将对输出进行限幅。

● Fortran Comment：可选的 Fortran 注释，此处输入的文本将包括至项目 Fortran 文件内。

● Resettable？：Never | Anytime | Timezero。选择设置复位方式。

■ Never：不复位。

■ Anytime：该元件将新增一个输入引脚，用户可通过为该引脚接入高电平对该元件进行复位。

■ Timezero：该元件将在仿真起始时刻被复位。

● Reset Value：元件复位后的输出值。

● Dimension：设置输入/输出信号的维数。

➢ Main Data | General

● Gain：增益系数。

● Time Constant [s]：时间常数。

➢ Limits | General

● Maximum：输出的上限值。

● Minimum：输出的下限值。

6.3.26 离散化 (Discretizer)

该元件如图 6-77 所示。

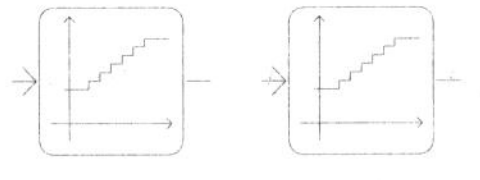

图 6-11 离散化元件

1．说明

该元件将特定范围内的输入信号进行离散化。其原理类似模数转换器：若输入低于特定水平，输出饱和为最小输出水平。类似的，若输入高于特定水平，输出将饱和为最大输出水平。

2．参数

➢ General

● Name：可选的用于识别元件的文本参数。

● Dimension：设置输入/输出信号的维数。

➢ Input

● X Lower Limit：输入下限值。

● X Upper Limit：输入上限值。

➢ Output

● Y Lower Limit：输出下限值。

● Y Upper Limit：输出上限值。

6.3.27 斜降传递函数 (Down Ramp Transfer Function)

该元件如图 6-78 所示。

1. 说明

该元件将在输入信号增加时从指定的输出值斜降为 0，同时必须指定斜降起点和终点值。

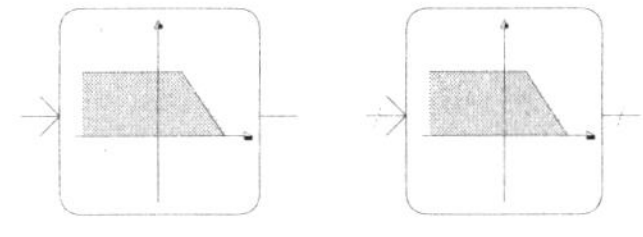

图 6-12 斜降传递函数元件

2. 参数

➢ Configuration | General

- Name for Identification：可选的用于识别元件的文本参数。
- Saturating Input：输出停止斜降时的输入值。
- Saturated Output：输出开始斜降时的输出值。
- End of Ramp：输出信号斜降为 0 时的输入值。
- Fortran Comment：可选的 Fortran 注释，此处输入的文本将包括至项目 Fortran 文件内。
- Dimension：设置输入/输出信号的维数。

6.3.28 斜升传递函数 (Up Ramp Transfer Function)

该元件如图 6-79 所示。

1. 说明

该元件将在输入信号增加时从 0 斜升至指定的输出值，同时必须指定斜升的起点和终点值。

2. 参数

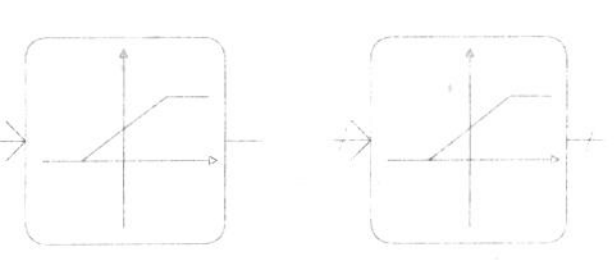

图 6-13 斜升传递函数元件

➢ Configuration | General

- Name for Identification：可选的用于识别元件的文本参数。
- Start of Ramp：输出开始斜升（离开 0）时的输入值。
- Saturating Input：输出信号停止斜升时的输入值。
- Saturating Output：斜升结束时的输出值。
- Fortran Comment：可选的 Fortran 注释，此处输入的文本将包括至项目 Fortran 文件内。
- Dimension：设置输入/输出信号的维数。

6.3.29 边沿检测器 (Edge Detector)

该元件如图 6-80 所示。

1. 说明

该元件将当前输入值与上一个步长的输入值进行比较，输出取决于当前输出是否高于/等于/小于前一步长的输入。如果输入为阶跃变化，该元件将变换为边沿检测器。如果输入连续改变，则它将变换为斜率检测器。

2．参数

➢ Configuration | General

图 6-14 边沿检测器元件

- Name for Identification：可选的用于识别元件的文本参数。
- Output for Positive Transition：输入发生正向跃变时的输出值。

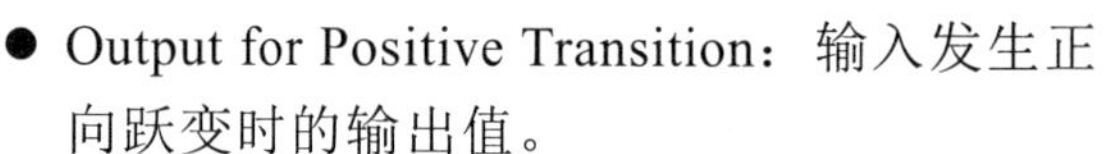

- Output for No Transition：输入未发生跃变时的输出值。
- Output for Negative Transition：输入发生负向跃变时的输出值。
- Fortran Comment：可选的 Fortran 注释，此处输入的文本将包括至项目 Fortran 文件内。
- Dimension：设置输入/输出信号的维数。

6.3.30 通用传递函数 (Generic Transfer Function)

图 6-15 通用传递函数元件

该元件如图 6-81 所示。

1．说明

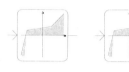

该传递函数由三个线性段构成。这三段将在点 [LI，LO] 和 [UI，UO] 处连接，以形成分段连续函数。当用户需要超过三个线性段的传递函数时可使用 XY Transfer Function 元件。

2．参数

➢ Configuration | General

- Name for Identification：可选的用于识别元件的文本参数。
- Lower Input Threshold：如果输入低于该值，将使用第一段传递函数。
- Lower Threshold Output：输入为较低阈值时的输出值。
- Upper Input Threshold：如果输入大于该值，将使用第三段传递函数。
- Upper Threshold Output：输入为较高阈值时的输出值。
- Gain Below Lower Threshold：传递函数第一段的斜率。
- Gain Above Upper Threshold：传递函数第三段的斜率。
- Dimension：设置输入/输出信号的维数。
- Fortran Comment：可选的 Fortran 注释，此处输入的文本将包括至项目 Fortran 文件内。

6.3.31 谐波畸变率计算 (Harmonic Distortion Calculator)

该元件如图 6-82 所示。

1．说明

该元件计算输入信号的总谐波畸变率和各次谐波畸变率。该元件设计与 On-Line Frequency Scanner (FFT)元件一起使用。

图 6-16 谐波畸变率计算元件

总谐波畸变率计算公式为：

$$Total = \sqrt{\sum_{h=2}^{N}\left(\frac{Individual(h)}{Individual(1)}\right)^{2}}$$

式中，N 为需计算的谐波的数目。

2．参数

➢ Configuration | General

- Name for Identification：可选的用于识别元件的文本参数。
- Number of Harmonics：7 | 15 | 31 | 63 | 127 | 255 | 511 | 1023。需计算的谐波的数目。
- Output Mode：per unit | percent（百分比形式 | 标幺值形式）。设置输出模式。

6.3.32 插补采样器 (Interpolating Sampler)

该元件如图 6-83 所示。

1．说明

该元件在离散的间隔对连续输入信号进行采样，并保持输出为当前采样值直至开始下一次采样。采样由特定的采样频率（或输入脉冲序列）所触发。

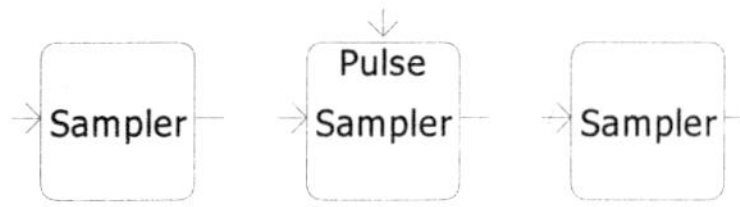

图 6-83 插补采样器元件

在脉冲触发采样模式下，第二个名为 Pulse 的输入将用于协助进行插补或非插补采样。非插补脉冲时的输入为标量，而插补脉冲的输入为两维数组。

2．参数

➢ Configuration | General

- Name for Identification：可选的用于识别元件的文本参数。
- Sampling Rate Control：Frequency | Pulse Train。采样速率控制模式。
  - ■ Frequency：按照指定频率采样。
  - ■ Pulse Train：外部脉冲序列采样。
- Dimension：设置输入/输出信号的维数。

➢ Sampling Rate | General

- Sampling Rate [Hz]：频率控制模式下的采样速率。

➢ Pulse Type | General

● Pulse Train Type：Interpolated | Non-interpolated（插补脉冲序列 | 非插补脉冲序列）。外部采样脉冲序列的形式。

6.3.33 超前滞后环节 (Lead-Lag)

该元件如图 6-84 所示。

1. 说明

该元件模拟带增益的超前-滞后函数，其输出可在任何时刻复位至用户指定的值。它内部具有最大/最小输出限值。

G (1 + sT1)/(1 + sT2)　　G (1 + sT1)/(1 + sT2)

图 6-17 超前滞后环节元件

该函数基于时间常数 T_1 和 T_2 的求解公式为：

$$Q(t)=Q(t-\Delta t)\cdot e^{\frac{-\Delta t}{T_2}}+X(t)\cdot\left(1-e^{\frac{-\Delta t}{T_2}}\right)+\frac{T_1}{T_2}\cdot(X(t)-X(t-\Delta t))\cdot e^{\frac{-\Delta t}{T_2}}$$

如果 T_2=0（与 PI 控制器相同），则：

$$Q(t)=X(t)+\frac{T_1}{\Delta t}\cdot(X(t)-X(t-\Delta t))$$

如果 T_1=0 且 T_2=0（纯比例环节），则：

$$Q(t)=X(t)$$

输出为：

$$Y(t)=G(t)\cdot Q(t)$$

式中，$Y(t)$为输出信号；$X(t)$为输入信号；$G(t)$为增益系数（不可变）；T 为时间常数（可变）；Δt 为时间步长间隔。

2. 参数

➢ Configuration | General

● Name for Identification：可选的用于识别元件的文本参数。

● Limit Output？：No | Yes。选择 Yes 时将对输出进行限幅。

● Fortran Comment：可选的 Fortran 注释，此处输入的文本将包括至项目 Fortran 文件内。

● Resettable？：Never | Anytime | Timezero。设置复位方式。

  ■ Never：不复位。

  ■ Anytime：该元件将新增一个输入引脚，用户可通过为该引脚接入高电平对该元件进行复位。

  ■ Timezero：该元件将在仿真起始时刻被复位。

● Reset Value：元件复位后的输出值。

● Dimension：设置输入/输出信号的维数。

➢ Main Data | General

- Gain：增益系数。
- Lead Time Constant [s]：超前环节时间常数。
- Lag Time Constant [s]：滞后环节时间常数。

➢ Limits | General
- Maximum：输出的上限值。
- Minimum：输出的下限值。

6.3.34 限幅函数 (Hard Limiter)

该元件如图 6-85 所示。

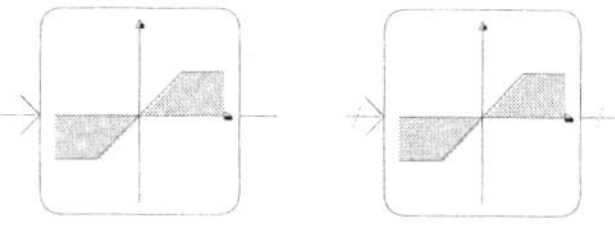

图 6-85 限幅函数元件

1．说明

该元件（也即硬限幅器）在输入位于高低限值之间时将输入直接复制至输出。如果输入信号超出这些限值，输出将保持为固定值。

2．参数

➢ Configuration | General
- Name for Identification：可选的用于识别元件的文本参数。
- Fortran Comment：可选的 Fortran 注释，此处输入的文本将包括至项目 Fortran 文件内。
- Dimension：设置输入/输出信号的维数。
- Limits：internal | external。设置限幅模式。
  - internal：内部输入限幅幅值。
  - external：通过外部端子的连接信号设置限幅幅值。

➢ Configuration | Internal Limits
- Upper Limit：限制输出为该最大限值。
- Lower Limit：限制输出为该最小限值。

6.3.35 最大/最小值选取 (Maximum/Minimum Functions)

该元件如图 6-86 所示。

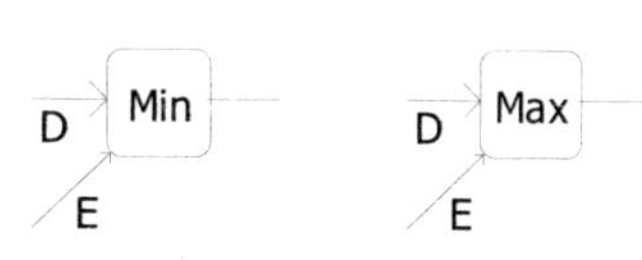

图 6-86 最大/最小值选取元件

1．说明

该元件使得用户可从多个输入信号中选择最大/最小值进行输出。该模块可具有多达 7 个输入。

2．参数

➢ Configuration | General
- Name for Identification：可选的用于识别元件的文本参数。
- Data Path：Integer | Real（整型 | 实型）。设置输入输出信号的类型。
- Function：Minimum | Maximum（最小值 | 最大值）。选择函数类型。
- Input # Enabled ？ ： No | Yes。选择 Yes 时将开启输入通道#。

6.3.36 数组最大/最小值及位置 (Maximum/Minimum Array Value and Location)

该元件如图 6-87 所示。

1．说明

该元件用于寻找数组信号中最大/最小值以及相应元素的位置。输出信号 Loc（位置）为整型，输出信号 Val（值）的类型通过元件输入参数指定。输入为标量时位置输出为 1，输出值与输入信号的相同。

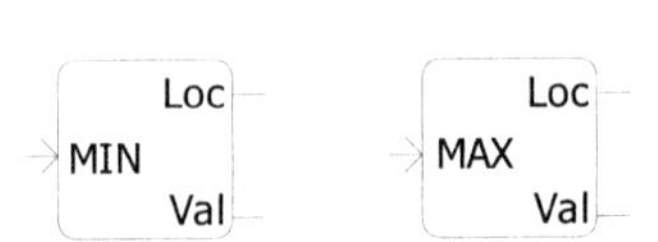

图 6-87 数组最大/最小值及位置元件

2．参数

➢ Configuration | General

- Name for Identification：可选的用于识别元件的文本参数。
- Data Path：Integer | Real（整型 | 实型）。设置输入输出信号的类型。
- Function：Minimum | Maximum（最小值 | 最大值）。选择函数类型。
- Output Mode：Both Value and Location | Location | Value。设置输出模式。
    - Both Value and Location：同时输出位置和值。
    - Location：仅输出位置。
    - Value：仅输出值。

6.3.37 求余函数 (Mod Function)

该元件如图 6-88 所示。

Mod

图 6-88 求余函数元件

1．说明

该元件基于 Fortran 函数 MOD (A,P)，计算 A 除以 P 的余数，A 为输入信号而 P 为输入参数。输出信号为 A-(INT(A/P)*P)，其值符号与 A 相同而值小于 P。

2．参数

➢ Configuration | General

- Name for Identification：可选的用于识别元件的文本参数。
- Fortran Comment：可选的 Fortran 注释，此处输入的文本将包括至项目 Fortran 文件内。
- Data Type：Integer | Real]（整型 | 实型）。设置输入输出信号的类型。
- Dimension：设置输入/输出信号的维数。
- Second Argument of MOD Function：除数值，应为非 0。整型数时需输入整数。

6.3.38 求模函数 (Modulo Function)

Modulo

图 6-89 求模函数元件

该元件如图 6-89 所示。

1．说明

该元件基于 Fortran 函数 MODULO(A, P)，计算 A 模 P，A 为输入信号而 P 为输入参数。

输出信号类型和种类取决于输入参数，即：

- A 和 P 均为整型时：MODULO(A, P)=R，且 A=Q*P+R。其中 Q 为整数，R 大于等于 0 且小于 P。
- A 和 P 均为实型时：MODULO(A, P)=A-FLOOR(A/P)*P。

输出与 P 同号且其值小于 P。

2．参数

➢ Configuration | General

- Name for Identification：可选的用于识别元件的文本参数。
- Fortran Comment：可选的 Fortran 注释，此处输入的文本将包括至项目 Fortran 文件内。
- Data Type：Integer | Real（整型 | 实型）。设置输入输出信号的类型。
- Dimension：设置输入/输出信号的维数。
- Second Argument of MODULO Function：非 0 的 P 值，整型数时需输入整数。

6.3.39 N 通道复用器 (N-Channel Multiplexer)

元件如图 6-90 所示。

1．说明

该元件即数字开关，将数据源的数据送至特定输出。输出为 n 维数组，数据源将传递至由 Select 输入所指定的数组元素中。例如，若连接至 Select 的信号为 5，则输出数组的第 5 个元素将与输入信号相等，输出数组中其他的元素保持为 0。

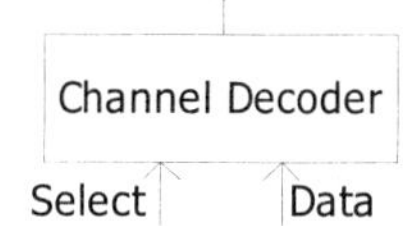

图 6-90 N 通道复用器元件

2．参数

➢ Configuration | General

- Name for Identification：可选的用于识别元件的文本参数。
- Data Path Type：Integer | Real（整型 | 实型）。设置输入输出信号的类型。
- Output Dimension：输出的维数，最小为 2。

6.3.40 非线性增益 (Non-Linear Gain)

该元件如图 6-91 所示。

1．说明

该元件用于强调或不强调大的输入信号变动。当输入信号位于特定区域时，将使用 Lower Gain 中设置的增益，反之使用 Upper Gain 中设置的增益。传递函数的连续性可确保从一个增益转而使用另外一个时不会

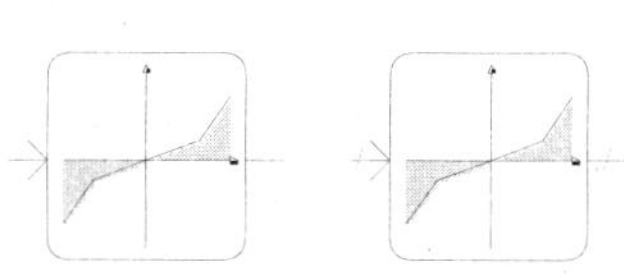

图 6-91 非线性增益元件

发生输出跳变。

2. 参数

➢ Configuration | General

● Name for Identification：可选的用于识别元件的文本参数。
● Input Break Point：使用不同增益的线性段连接点对应的输入值。
● Lower Gain：输入绝对值小于 Input Break Point 中设置值时使用的增益。
● Upper Gain：输入绝对值大于 Input Break Point 中设置值时使用的增益。
● Dimension：设置输入/输出信号的维数。
● Fortran Comment：可选的 Fortran 注释，此处输入的文本将包括至项目 Fortran 文件内。

6.3.41 非线性传递特性 (Non-Linear Transfer Characteristic)

该元件如图 6-92 所示。

1. 说明

该元件通过直线段近似来模拟非线性传递特性。X 坐标参数必须从 X1 增加到 XN，对应两个 X 点之间的输出由这两点之间的线性插值确定。而对应于小于 X1 或大于 XN 输入的输出值，将通过最接近的两点的线性外插确定。

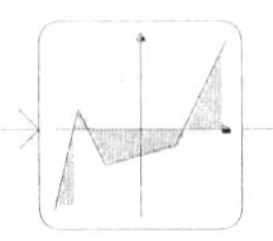
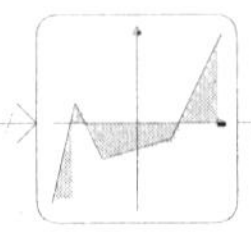

图 6-92 非线性传递特性元件

2. 参数

➢ Configuration | General

● Name for Identification：可选的用于识别元件的文本参数。
● Number of Coordinates：XY 传递函数坐标的个数，可选择 2~10。
● Dimension：设置输入/输出信号的维数。

➢ Transfer Characteristic | X/Y

● x/y#：第#个 x/y 坐标值。

6.3.42 N 阶巴特沃斯/切比雪夫滤波器 (Nth Order Butterworth/Chebyshev Filter)

该元件如图 6-93 所示。

1. 说明

该元件为具有变化带宽的巴特沃斯/切比雪夫滤波器（最大可达 10 阶）。它可模拟标准的低通、高通、带通或带阻巴特沃斯/切比雪夫滤波器

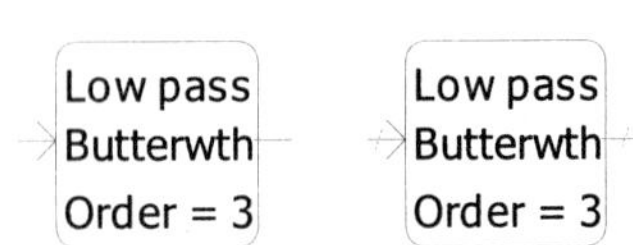

图 6-93N 阶巴特沃斯/切比雪夫滤波器元件

2. 参数

➢ General

- Name for Identification：可选的用于识别元件的文本参数。
- Order of Filter：滤波器阶数，可设置为 1~10。
- Filter Passband：[Low-pass | High-pass | Band-pass | Band-stop]。滤波器类型。
  - Low-pass：低通。
  - High-pass：高通。
  - Band-pass：带通。
  - Band-stop：带阻。
- Filter Type：[Butterworth | Chebyshev]。选择滤波器类型。
  - Butterworth：巴特沃斯滤波器。
  - Chebyshev：切比雪夫滤波器。
- Dimension：设置输入/输出信号的维数。
- Data Entry：[Centre Frequency and Q Factor | Upper and Lower cut-off frequencies]。设置带通或带阻滤波器参数的输入模式。
  - Centre Frequency and Q Factor：输入中心频率和 Q 值。
  - Upper and Lower cut-off frequencies：输入上下限截止频率。

➢ Parameters

- Base Frequency [Hz]：滤波器转折频率或中心频率（-3 dB 频率）。
- Lower Cutoff Frequency：带通或带阻滤波器的下限截止频率。
- Upper Cutoff Frequency：带通或带阻滤波器的上限截止频率。
- Q Factor (FBase/ Bandwidth)：带通或带阻滤波器的品质因数，即中心频率除以带宽。
- Passband Ripple [dB]：当为切比雪夫滤波器时用于确定通带纹波。

6.3.43 N 阶传递函数 (Nth Order Transfer Function)

该元件如图 6-94 所示。

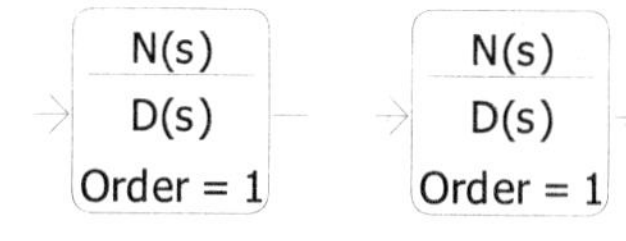

图 6-94 N 阶传递函数元件

1．说明

该元件模拟高阶传递函数，其求解是基于状态变量的公式。函数的输入为传递函数的系数以及状态变量的初始条件。求解可以采用简化或非简化的梯形积分法。

2．参数

➢ Configuration | General

- Name for Identification：可选的用于识别元件的文本参数。
- Order of Transfer Function：传递函数的阶数，可设置为 1~10。
- Frequency Scaling ? ：No | Yes。控制频率缩放，选择 Yes 时归一化的传递函数可缩放至非归一化的频率上。
- Dimension：设置输入/输出信号的维数。

➢ Numerator Coefficients | General

- Constant Coefficient：传递函数分子多项式常数项。
- Coefficient of s^#：传递函数分子 s^#项系数。

➢ Denominator Coefficients | General

- Constant Coefficient：传递函数分母多项式常数项。
- Coefficient of s^#：传递函数分母 s^#项系数。

➢ State Variable Initial Conditions | General

- X# Initial Value：设置状态变量的初值。

➢ Base Frequency | General

- Frequency Scaled to 1 rad/s [Hz]：启用频率缩放时的基准频率。

6.3.44 锁相环 (Phase Locked Loop)

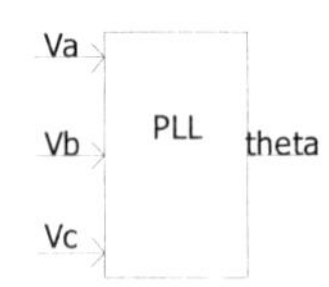

图 6-95 PLL 锁相环元件

该元件如图 6-95 所示。

1．说明

该元件为三相控制的锁相环，它产生的斜坡信号 theta 将在 0~360°之间变化，且同步至或锁相至输入电压 Va。

该元件采用相位矢量技术来产生斜坡信号，利用三角乘法恒等式来形成误差信号，对锁相振荡器进行加速或减速，以与输入信号的相位匹配。相位误差将以度为单位作为变量输出。输入的频率计算后将以名为 Name for Tracked Frequency 的内部输出参数返回。

2．参数

➢ Configuration | General

- Name for Identification：可选的用于识别元件的文本参数。
- Proportional Gain：比例增益系数。
- Integral Gain：积分增益系数。
- Base Volts [V]：系统基准电压。
- Base Frequency [Hz]：系统基准频率。
- Number of Outputs：[n=1 | n=6 | n=12]。设置输出为 1、6、12 维数组。
- Angle Input/Output Mode：Radians | Degrees（弧度 | 度）。设置角度输入/输出格式。
- Offset Angle to PLL (rad/deg as per Pmode)：PLL 输出波形的初始偏置或相移，输入单位依照 Angle Input/Output Mode 中的设置。
- PLL Shadows err for t.LT.TREL [s]：类似于初始化时间。在此时间内，输出将是 PLL 的误差信号。
- Delta Ramps Lead or Lag Wye Ramps：Lead | Lag（超前 | 滞后）。设置三角连接配置时与星形连接关系。
- Upper Tracking Limit：以基准频率为基准值的追踪频率的标幺上限值。该值需大于 1.0，在输入值小于 1.0 时，将默认采用 1.2。

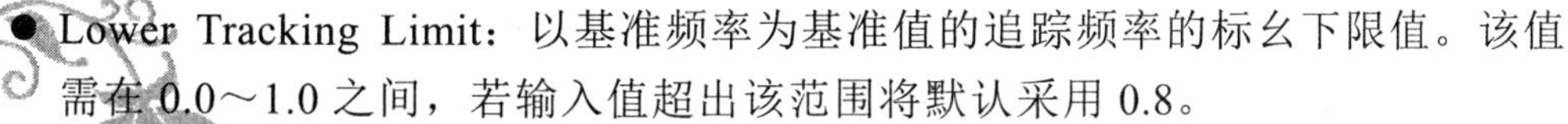

- Lower Tracking Limit：以基准频率为基准值的追踪频率的标幺下限值。该值需在 0.0～1.0 之间，若输入值超出该范围将默认采用 0.8。

➢ Internal Output Variables | General

- Name for Tracked Frequency：监测追踪频率的变量名。
- Name for Error：监测误差的变量名。

6.3.45 吸合-释放定时器 (Phase Locked Loop)

该元件如图 6-96 所示。

1．说明

该元件模拟吸合-释放定时器。当其输入变为 HIGH 时，输出将在指定的 ON 延时后变为 HIGH，保持指定的 OFF 延时后变为 LOW。若 OFF 延时过程中输入再次为 HIGH，内部定时器将复位为最后一次的变化且输出保持 HIGH。类似的，输出为 LOW 时，如果输入在指定的 ON 延时中变为 HIGH 并返回为 LOW，则内部定时器将复位为最后一次的变化且输出保持 LOW。

图 6-96 吸合-释放定时器元件

2．参数

➢ Configuration | General

- Name for Identification：可选的用于识别元件的文本参数。
- ON Delay Time [s]：ON 延迟时间。
- OFF Delay Time [s]：OFF 延迟时间。
- Initial State：[Low | High | Same as initial input]。设置输出初值。
  - Low：低电平。
  - High：高电平。
  - Same as initial input：与输入初值相同。

6.3.46 极坐标/直角坐标变换 (Polar/Rectangular Coordinate Converter)

该元件如图 6-97 所示。

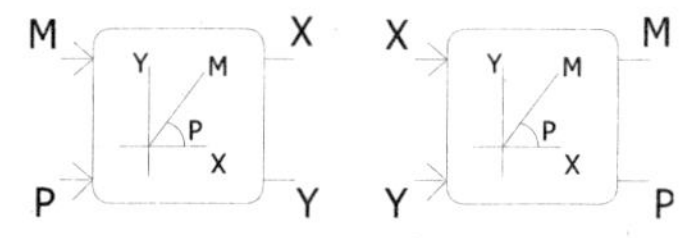

图 6-97 极坐标/直角坐标变换元件

1．说明

该元件通过如下公式进行直角坐标系与极坐标系之间的变换：

$$Z\angle\phi \Rightarrow [Z\cos(\phi), Z\sin(\phi)] \text{ 且 } [X,Y] \Rightarrow \sqrt{X^2+Y^2}\angle\tan^{-1}(Y/X)$$

2．参数

➢ Configuration | General

- Name for Identification：可选的用于识别元件的文本参数。
- Direction of Transformation：[Polar to Rectangular | Rectangular to Polar]。设置变换方向。
  - ■ Polar to Rectangular：极坐标变换为直角坐标。
  - ■ Rectangular to Polar：直角坐标变换为极坐标。
- Angle Specified in：Radians | Degrees （弧度 | 度）。设置角度的单位。

6.3.47 随机数发生器 (Random Number Generator)

该元件如图 6-98 所示。

图 6-98 随机数发生器元件

1．说明

该元件产生指定最大最小限值范围内的随机输出值。可选择产生均匀或高斯分布随机数。

2．参数

➢ Configuration | General

- Name for Identification：可选的用于识别元件的文本参数。
- Minimum Value：产生随机数范围的最小值。
- Maximum Value：产生随机数范围的最大值。
- Generate a New Number：whenever the input signal changes | at every time step | at every run during multiple runs。随机数产生的条件。
  - ■ whenever the input signal changes：输入变化时产生。
  - ■ at every time step：每个仿真步长内产生。
  - ■ at every run during multiple runs：多重运行的每次运行中产生。
- Distribution：Uniform | Gaussian。选择分布类型。
  - ■ Uniform：均匀分布。
  - ■ Gaussian：高斯分布，由 Number of Standard Deviations 限定的标准正态分布曲线将进行缩放，以使得输出位于指定的最大最小值范围内。
- Number of Standard Deviations to be considered：标准偏差数，可输入 1.0~10.0。输入值超出 1.0~10.0 范围时，它将被固定至 1（小于 1 时）或 10.0（大于 10 时）（当 Distribution 选择为 Gaussian 时有效）。
- Initial Seed：Automatic | Specify。初始种子生成方式。
  - ■ Automatic：每次运行将产生不同的随机数序列。

- ■ Specify：每次运行中所产生的随机数序列是相同的。此时用户可在 Initial Seed Value 中设置初始种子值。
- ● Initial Seed Value：当 Initial Seed 选择为 Specify 时的初始种子值，可输入1~2147483647。

6.3.48 范围比较器 (Range Comparator)

该元件如图 6-99 所示。

1．说明

该元件将确定输入信号位于三个范围中的哪一个，并输出与当前所处范围对应的值。这三个范围由输入下限值和上限值确定。

第一个区域由低于下限值的值所构成，第二个由位于两个限值之间的值构成，而第三个区域由大于上限值的值构成。

如果第一和第三个区域设置为产生相同的输出值，则该元件功能等同于带检测器，也即输入位于两个限值之间时输出一个值，而超出这两个限值时输出一个不同的值。

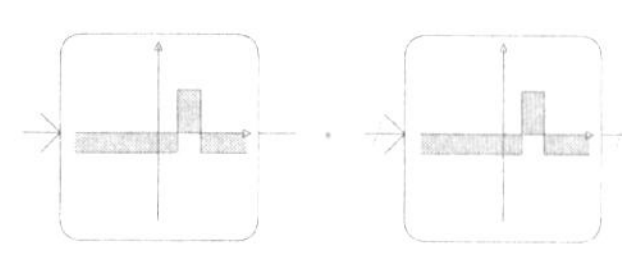

图 6-99 范围比较器元件

2．参数

➢ Configuration | General

- ● Name for Identification：可选的用于识别元件的文本参数。
- ● Lower Input Limit：输入的下限值。
- ● Upper Input Limit：输入的上限值。
- ● Output When Input is Less Than the Lower Limit：输入小于下限值时的输出值。
- ● Output When Input is Between Upper and Lower Limits：输入在上下限值之间时的输出值。
- ● Output WhenInput is Greater Than the Upper Limit：输入大于上限值时的输出值。
- ● Dimension：设置输入/输出信号的维数。
- ● Convert Output to Nearest Integer：No | Yes。选择 Yes 时对输出进行 NINT 操作（靠近取整）。
- ● Fortran Comment：可选的 Fortran 注释，此处输入的文本将包括至项目 Fortran 文件内。

6.3.49 速率限制函数 (Rate Limiting Function)

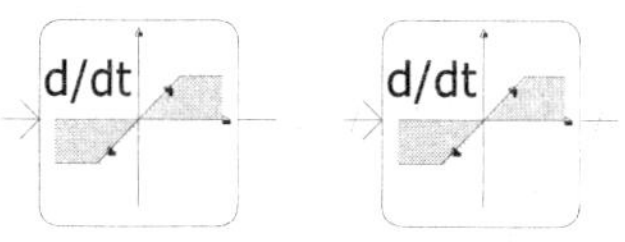

图 6-100 速率限制函数元件

该元件如图 6-100 所示。

1．说明

该元件在输入信号的变化率(dx/dt)不超过指定限值时直接将输入复制为输出。如果输入变化率超出限值，输出将超前或滞后于输入，以使得输出的变化率被限制在指定限值内。

2. 参数

➢ Configuration | General

- Name for Identification：可选的用于识别元件的文本参数。
- Maximum Increase Rate [1/s]：将输出限制于该最大增加变化率。
- Minimum Decrease Rate [1/s]：将输出限制于该最小减少变化率。
- Fortran Comment：可选的 Fortran 注释，此处输入的文本将包括至项目 Fortran 文件内。
- Dimension：设置输入/输出信号的维数。

6.3.50 实极点 (Real Pole)

该元件如图 6-101 所示。

$$\frac{G}{1+sT}$$

图 6-101 实极点元件

1. 说明

该元件模拟滞后或实极点函数，其输出可在任何时刻复位至用户指定值。输入信号在处理前通过增益系数 $G(t)$ 进行缩放，它采用了基于梯形法的时域求解算法：

$$Q(t)=Q(t-\Delta t)\cdot e^{\frac{-\Delta t}{T}}+X(t)\left(1-e^{\frac{-\Delta t}{T}}\right)$$

输出为：

$$Y(t)=G(t)\cdot Q(t)$$

式中，$Y(t)$为输出信号；$X(t)$为输入信号；$G(t)$为增益系数（可变）；T 为时间常数（可变）；Δt 为时间步长间隔。

2. 参数

➢ Configuration | General

- Name for Identification：可选的用于识别元件的文本参数。
- Limit Output ？：No | Yes。选择 Yes 时将对输出进行限幅。
- Fortran Comment：可选的 Fortran 注释，此处输入的文本将包括至项目 Fortran 文件内。
- Resettable ？：Never | Anytime | Timezero。设置复位方式。
  - ■ Never：不复位。
  - ■ Anytime：该元件将新增一个输入引脚，用户可通过为该引脚接入高电平对该元件进行复位。
  - ■ Timezero：该元件将在仿真起始时刻被复位。
- Reset Value：元件复位后的输出值。

➢ Main Data | General

● Gain：增益系数。

● Time Constant [s]：时间常数。

➢ Limits | General

● Maximum：输出的上限值。

● Minimum：输出的下限值。

6.3.51 采样保持器 (Sample and Hold)

该元件如图 6-102 所示。

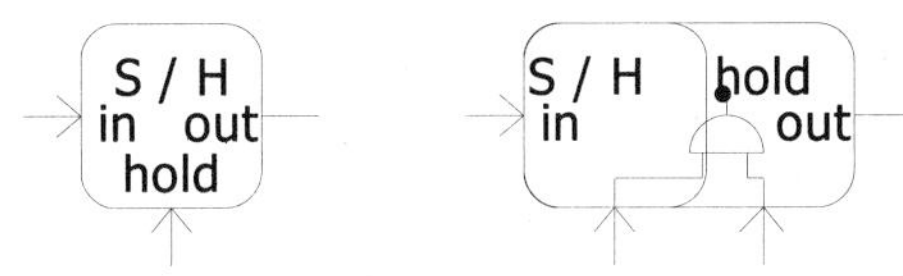

图 6-102 采样保持器元件

1．说明

该元件模拟采样/保持器。当 hold 输入为 0 时，实际输入 in 传递至输出 out，当检测到 hold 信号由 0 变为 1 时，输出将保持为输入的采样值。在设置为具有 2 个 hold 输入的情况下，这两个信号必须同时为 1 才能进行输出保持。

2．参数

➢ Configuration | General

● Name for Identification：可选的用于识别元件的文本参数。

● Number of AND-gate Hold Inputs：保持信号的个数，可选择为 1~2。

6.3.52 比例变换器 (Scale Changer)

该元件如图 6-103 所示。

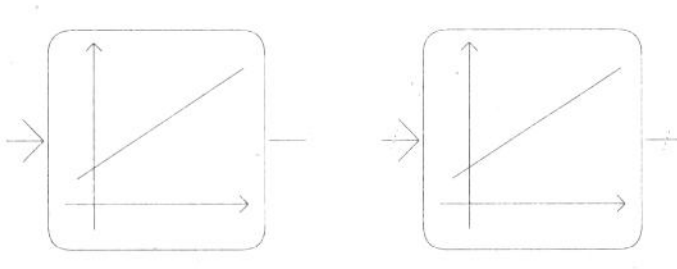

图 6-103 比例变换器元件

1．说明

该元件根据 y=mx+c 的形式对输入信号 x 进行线性变换。变换可通过增益和截距，或者两点给定。

2．参数

➢ General

● Name：可选的用于识别元件的文本参数。

● Dimension：设置输入/输出信号的维数。

- Configuration Method：Slope and Intercept | Two Points。选择线性变换给定方式。
  - Slope and Intercept：斜率和截距。
  - Two Points：两点。

➢ Slope and Intercept
- Slope：斜率。
- Intercept：截距。

➢ Two Points
- X#/Y#：第#个数据点的 X/Y 坐标。

6.3.53 顺序输出 (Sequential Output)

该元件如图 6-104 所示。

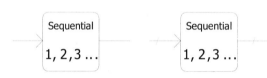

图 6-104 顺序输出元件

1．说明

该元件产生顺序输出信号。它以指定的起始点输出，并在整型输入出现变化时将输出增加一个指定的值。

2．参数

➢ Configuration | General
- Name for Identification：可选的用于识别元件的文本参数。
- Starting Point：指定起始输出值。
- Increment：此处输入的量与输入相乘并与前一点的结果相加，作为下一点的输出。
- Dimension：设置输入/输出信号的维数。

6.3.54 排序器 (Sorter)

该元件如图 6-105 所示。

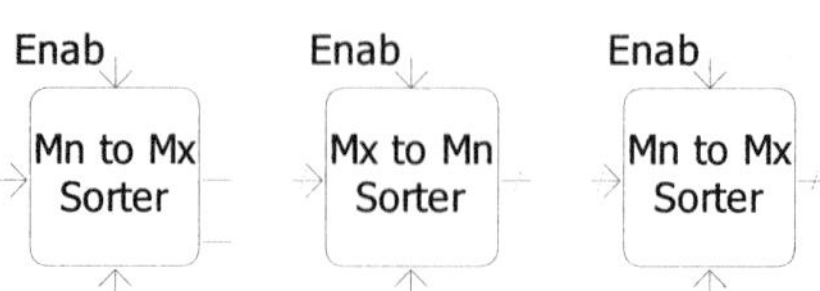

图 6-105 排序器元件

1．说明

该元件对输入数组数据进行检查，输出升序或降序的排序索引。

当 Enable 输入信号非 0 时开始排序。用户可输入将要排序的对象数目，一旦确定了所需数量的对象后即停止对剩余部分的排序。此外，可配置输出排序的数组。

2．参数

➢ Configuration | General

- Name：可选的用于识别元件的文本参数。
- Dimension：设置输入/输出信号的维数。
- Order of Sorting：Ascending | Descending（升序 | 降序）。设置排序方向。
- Output Sorted Array：No | Yes。设置输出方式。
  - No：仅输出排序的索引。
  - Yes：输出排序的索引和相应的元素。

6.3.55 定时器 (Timer)

该元件如图 6-106 所示。

1．说明

输入 F 小于 Timer Trigger Threshold 时定时器的输出在一个延迟后将等于 On 值，该值将作为在 Duration ON 时段内的输出。在 Duration ON 之后，若输入 F 小于 Timer Trigger Threshold，则输出将保持为 On 值，而当 F 大于 Timer Trigger Threshold 时，输出将返回至 Off 值。

2．参数

➢ Configuration | General

- Name for Identification：可选的用于识别元件的文本参数。
- Timer Trigger Threshold：定时器动作设定点，输入小于该值时定时器将动作。
- Delay until ON [s]：定时器变为 ON 之前的延时。
- Duration ON [s]：定时器保持为 ON 的时间。
- Fortran Comment：可选的 Fortran 注释，此处输入的文本将包括至项目 Fortran 文件内。

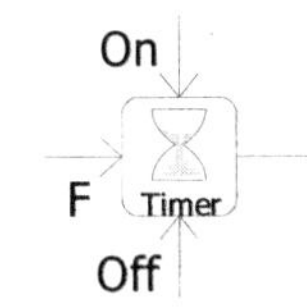

图 6-106 定时器元件

6.3.56 双输入选择器 (Two Input Selector)

该元件如图 6-107 所示。

1．说明

该元件将根据 Ctrl 的值输出连接至 A 或 B 上的信号。

2．参数

➢ Configuration | General

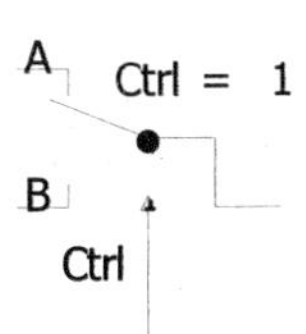

图 6-107 双输入选择器元件

- Name for Identification：可选的用于识别元件的文本参数。
- Channel A Selection Value：当控制信号与此设置值相等时，通道 A 将直接连接至输出。
- Data Path Type：Integer | Real（整型 | 实型）。传递的数据类型。
- Fortran Comment：可选的 Fortran 注释，此处输入的文本将包括至项目 Fortran 文件内。

6.3.57 变频锯齿波发生器 (Variable Frequency Sawtooth Generator)

该元件如图 6-108 所示。

1．说明

该元件产生锯齿波，其频率可根据输入频率信号 F 的幅值成比例地变化。

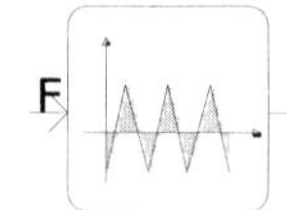

图 6-108 变频锯齿波发生器元件

2．参数

➢ Configuration | General

- Name for Identification：可选的用于识别元件的文本参数。
- Maximum Output Level：输出信号的最大幅值。
- Minimum Output Level：输出信号的最小幅值。

6.3.58 压控振荡器 (Voltage Controlled Oscillator)

该元件如图 6-109 所示。

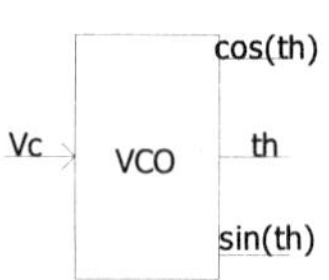

图 6-109 压控振荡器元件

1．说明

该元件产生斜坡输出 th，其变化速率正比于任何时刻输入 Vc 的幅值。输出斜坡被限制于-2π～2π 之间。一旦输出达到 2π(-2π)，它将复位至 0。一个恒定为 1 的输入将产生 1s 内从 0～2π 的输出。

输出信号 cos(th)和 sin(th)为根据 th 产生的余弦和正弦输出。

2．参数

➢ General

- Name for Identification：可选的用于识别元件的文本参数。
- Angle Output Mode：Radians | Degrees（弧度 | 度）。输出角度的单位。

6.3.59 异或相位差 (XOR Phase Difference)

该元件如图 6-110 所示。

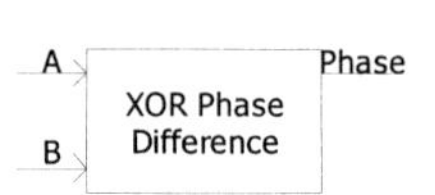

图 6-110 异或相位差元件

该元件计算两个时变输入信号 A 和 B 的异或相位差。当两个输入具有不同符号时它将产生非零输出，输出的符号取决于哪个信号相对超前于另一个。

该信号的平均值可被看作是两个信号之间的相位差，并在-1～1之间变化，且必须进行平滑以获得有用的结果。在转换为度时需将输出乘以180°，而转换至弧度时需乘以π。

6.3.60 二进制高电平延时 (Binary ON Delay)

该元件如图6-111所示。

1．说明

该元件是一个标准的二进制延时环节。当输入为HIGH时，输出将在用户指定的时间后变为HIGH（只要输入仍保持为HIGH）。还可使用Timed ON/OFF Logic Transition元件来实现同样的功能。

如果启用该元件的插补兼容性，则该元件将产生插补信息（即准确的过零时间）并送至输出。

2．参数

➢ Configuration | General

- Name for Identification：可选的用于识别元件的文本参数。
- ON Delay Time [s]：输出变化为HIGH之前的延时。
- OFF Delay Time [s]：输出变化为LOW之前的延时。
- Initial State：Low | High | Same as initial input。设置输出初值。
  - Low：低电平。
  - High：高电平。
  - Same as initial input：与输入初值相同。
- Interpolation Compatibility：Disabled | Enabled。选择Enabled时将启用插补特性。

3．插补兼容性元件

CSMF中的多个元件加入了插补兼容性。该兼容性可确保利用某些基本的功能模块构建出完全插补的控制系统。由于对插补的完全利用，控制系统将是与仿真步长无关的，从而可以较大的时间步长来运行仿真而不会降低精度。

当启用插补兼容性时，元件将需要2维数组信号，即：信号=（幅值，插补时间标签）。该数组中的幅值元素代表实际的控制信号，其作用与通常情况下的相同。插补时间标签代表相对固定时间步长格点的状态变化发生的精确时间（单位为s）。该元素通常为0.0，但状态改变发生于特定时间步长间隔之中时除外。

插补时间通常产生于两个或多个控制信号发生交叉时，其中的一个信号将作为参考信号（可以是常数），将监测另一个信号以检测出其值开始大于或小于参考信号。由于EMTDC所采用的固定仿真步长，而任何信号交叉将很有可能发生于仿真步点之间。插补算法具有多种不同的类型（如线性、二次等），EMTDC采用的是线性插补，该算法对电磁暂态仿真领域而言具有最高的效率和实用性。EMTDC的线性插补能力可极大增加求解精度，通常计算复杂程度也很低。

图 6-112 所示为线性插补算法的原理示例，其中数据信号 $f(t)$与参考信号（此时为 0）在时间步点之间发生交叉。

假定 $f(t)$在步点 $t=x-\Delta x$ 和 $t=x$ 之间为线性，则其过零的精确时间应为 $t=x-\delta x$，根据图 6-112，可计算出插补时间 δx 为：

$$\frac{\delta x}{\Delta x}=\frac{|f(x)|}{|f(x)|+|f(x-\Delta x)|}$$

当然，参考信号可以是非零值，甚至可以是某个动态函数。对后一种情况，可将 $f(t)$减去参考信号函数后再与 0 参考信号相比较。

图 6-111 二进制高电平延时元件

图 6-112 线性插补点的确定

6.3.61 滞环缓冲器 (Hysteresis Buffer)

该元件如图 6-113 所示。

1．说明

该元件为将 REAL 信号转换为相应逻辑信号的理想元件。滞环功能通过在输入信号明确越过输入阈值时才变换至新的逻辑状态，从而提供一定程度的噪声抑制能力。当输入信号位于滞环带内时，输出保持为先前状态不变。

图 6-113 滞环缓冲器元件

如果启用了插补兼容性，则该元件将产生插补信息并送至输出，通过连续监测输入信号并将其与 Logic 1 Input Levels 和 Logic 0 Input Levels 相比来计算插补时间。当输入信号越过这些输入阈值时将给出插补时间。使用完全的插补时，即使在较大的仿真步长情况下该元件也非常精确。

2．参数

➢ Configuration | General

- Name for Identification：可选的用于识别元件的文本参数。
- Logic 1 Input Level：输入信号大于该值时才被认为是逻辑 TRUE。
- Logic 0 Input Level：输入信号小于该值时才被认为是逻辑 FALSE。
- Invert Output：No | Yes。选择 Yes 时为反相滞环缓冲器，否则为同相。
- Interpolation Compatibility：Disabled | Enabled。选择 Enabled 时将启用插补特性。

6.3.62 脉冲发生器 (Impulse Generator)

该元件如图 6-114 所示。

1．说明

该元件可用于确定线性控制系统的频率响应，并可产生指定频率的脉冲序列。可在分析开始前允许通过多个脉冲至控制系统，以使得暂态响应消失。另外可将频率设置为 0，将发送一个脉冲至控制系统以观测脉冲响应。

如果启用了插补兼容性，则该元件将产生插补信息并送至输出。插补时间与准确的脉冲发送时间相对应，且当脉冲不是准确位于仿真步长格点时为非零。这可有效地消除该元件的仿真步长依赖性，并且即使是具有较大仿真步长时也能保持精确。

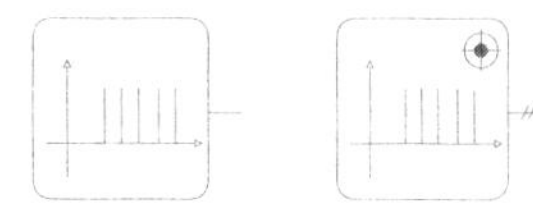

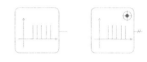

图 6-114 脉冲发生器元件

2．参数

➢ Configuration | General

- Name for Identification：可选的用于识别元件的文本参数。
- Frequency of Impulse Train [Hz]：每秒产生的脉冲个数。当设置为 0 时，仅在由 Time of First Impulse 指定的时刻产生一个脉冲。
- Time of First Impulse [s]：第一个脉冲产生的时刻。
- Height of Impulse：脉冲的幅值。
- Height in：[Impulses | Units]。脉冲幅值设定方式。
  - Impulses：则 Height of Impulse 中输入是脉冲高度除以步长。
  - Units：直接输入脉冲高度。
- Interpolation Compatibility：Disabled | Enabled。选择 Enabled 时将启用插补特性。

6.3.63 积分器 (Integrator)

该元件如图 6-115 所示。

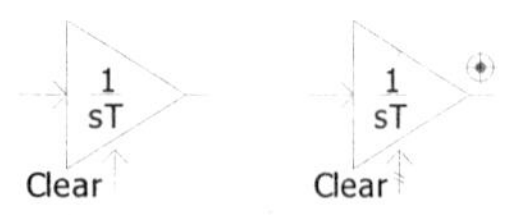

图 6-115 积分器元件

1．说明

该元件是无非线性饱和限制的可复位积分器。积分器是控制系统函数的基本构成模块之一，并可被设置使用矩形或梯形积分法。通过在 Clear 引脚输出非零整数可将输出复位至某个预定义的值。当输入的时间常数小于 10^{-20} 时将采用默认的 1.0s。

在 Integration Method 选择为 Rectangular 时可启用插补兼容性。当启用插补兼容性计算某特定步长内的准确积分值时，将同时考虑 Interpolated Time Tag 以及信号的极性。同样可特别地对该元件的 Clear 输入启用插补特性，此时将使用插补信息来确定准确的复位时刻，从而计算出复位后下一仿真步长的准确输出值。

在 Integration Method 选择为 Rectangular 时若不启用插补输入，则矩阵步长边界将取为仿真步长的中点，对于模拟型输入这将给出与梯形积分同样的结果。如果用户需要调整矩形边界至另外的位置，可启用 Interpolated Input，并且使得输入的第二个元素（即 Interpolated Time Tag）的值位于 0.0 ≤x ≤DELT 的范围内。

2．参数

➢ Configuration | General

- Name for Identification：可选的用于识别元件的文本参数。
- Limits：Internal | External（内部 | 外部）。积分器的限值给定方式。
- Resettable？：No | Yes。控制复位方式，选择 Yes 时该元件将具有 Reset 输入引脚，当该引脚为高电平时计数器复位至默认值。
- Integration Method：Trapezoidal | Rectangular。设置积分方法。
  - Trapezoidal：梯形积分。由于梯形积分不会出现不稳定情况，因此任何可能时应选择该方法。
  - Rectangular：矩形积分。输入波形的微分不连续（某些点上的 dx/dt 无穷大），此时可使用带有输入插补使能的矩形积分以获得更佳的精确度。
- Interpolated Input：No | Yes。选择 Yes 时将采用插补输入（当 Integration Method 设置为 Rectangular 时有效）。
- Interpolated Reset：No | Yes。选择 Yes 时将启用插补的复位输入。

➢ Main Data | General

- Time Constant [s]：时间常数。
- Initial Output Value：t=0.0 时积分器的输出。
- Output Value after Reset：复位后积分器的输出。

➢ Limits | General

- Upper Limit：积分器输出上限值。
- Lower Limit：积分器输出下限值。

6.3.64 反相器 (Inverter)

该元件如图 6-116 所示。

1．说明

该元件是标准的二进制反相器。非零值将认为是逻辑 TRUE，而 0 被认为是逻辑 FALSE。如果启用了插补兼容性，则该元件将产生插补信息并送至输出，

图 6-116 反相器元件

2．参数

➢ Configuration | General

- Name for Identification：可选的用于识别元件的文本参数。
- Interpolation Compatibility：Disabled | Enabled。选择 Enabled 时将启用插补特性。

6.3.65 触发器/锁存器 (Flip Flop/Latch)

该元件如图 6-117 所示。

1．说明

该元件可配置为 4 种触发器/锁存器之一：JK、SR、D 和 T。

锁存器和触发器存在的主要区别是：对锁存器，在使能信号 E 有效时，其输出将一直受到输入的影响，也即使能时，锁存器的输出将立即随输入的变化而变化。而对触发器，其输出的变化取决于时钟输入信号 C。在 C 配置为下降沿有效时，输出仅在时钟脉冲的下降沿改变状态。若配置为上升沿有效，输出将仅在时钟脉冲的上升沿改变状态。在未出现时钟的上升或下降沿的任何时刻，触发器的输出将保持恒定，即使输入发生变化。

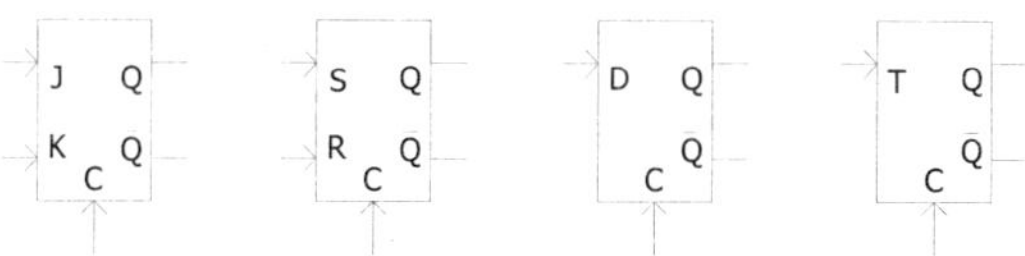

图 6-117 触发器/锁存器元件

该元件可被配置为如下三种工作模式之一：

- Flip-Flop：触发器。
- Gated Latch：门控锁存器。
- Simple Set/Reset Latch (enable signal E always on)：简单的复位/置位门控（使能信号 E 总是有效）。

如果启用了插补兼容性，在相应的插补信息将从输入端以及时钟传递至元件输出 Q。此外，这些插补信息被用于根据输入以及时钟信号跳变的准确时刻来确定触发器的逻辑状态。当利用完全的插补特性时，即使在较大的仿真步长时该元件也非常精确。

2．参数

➢ Configuration | General

- Name for Identification：可选的用于识别元件的文本参数。
- Flip-Flop or Gated Latch or Latch ？：Flip-flop | Gated-Latch | Simple Set-Reset Latch。设置器件类型。
  - Flip-flop：触发器。
  - Gated-Latch：门控锁存器。
  - Simple Set-Reset Latch：简单复位/置位锁存器。
- Flip-Flop Type：JK | RS | D| T。选择触发器类型。
- Initial State of Output Q：Low[0] | High[1]。设置触发器的初始输出状态。
  - Low[0]：低电平，0。
  - High[1]：高电平，1。
- Active Clock Trigger Edge：Negative [1->0] | Positive [0->1]。设置触发器有效

时钟边沿。

■ Negative [1->0]：负跳变有效。

■ Positive [0->1]：正跳变有效。

● Interpolation Compatibility：Disabled | Enabled。选择 Enabled 时将启用插补特性。

6.3.66 单稳多谐振荡器 (Monostable Multivibrator)

该元件如图 6-118 所示。

1．说明

该元件为二进制边沿触发的单稳多谐振荡器。输入上的正边沿将使得输出变为 1 并保持一个预设的时间 (Pulse Duration)。如果在输出保持为 1 期间内输入再次出现正边沿，该元件将被重新触发，并在新的上升沿出现后的预设时间内保持为 1。

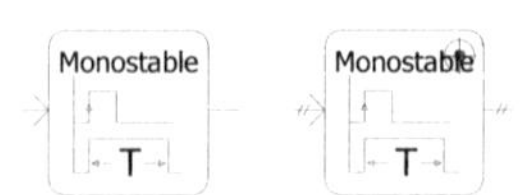

图 6-118 单稳多谐振荡器元件

如果启用了插补兼容性，则元件将产生插补信息并送至输出。输出的插补时间将基于输入的插补时间、用户输入的延时以及仿真步长。当利用完全的插补特性时，即使在较大的仿真步长时该元件也非常精确。

2．参数

➢ Configuration | General

● Name for Identification：可选的用于识别元件的文本参数。

● Pulse Duration [s]：脉冲宽度。

● Interpolation Compatibility：Disabled | Enabled。选择 Enabled 时将启用插补特性。

6.3.67 多输入逻辑门 (Multiple Input Logic Gates)

该元件如图 6-119 所示。

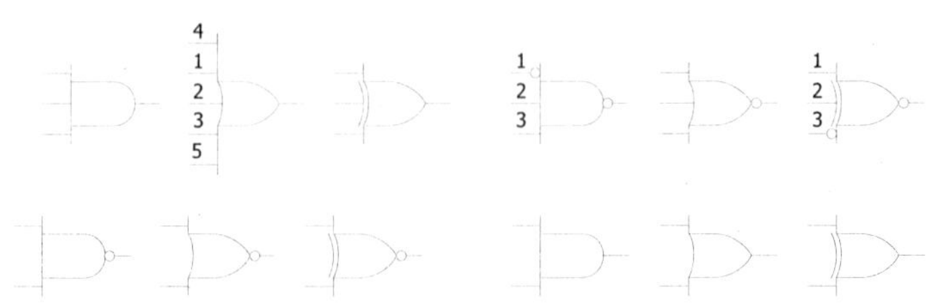

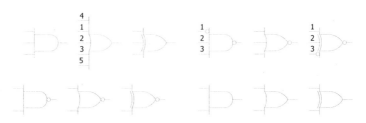

图 6-119 多输入逻辑门元件

1．说明

该元件模拟标准的二进制逻辑门。非零值将被认为是逻辑 TRUE，而 0 将被认为是逻辑 FALSE。在逻辑 TRUE 时该元件将输出 1，而在逻辑 FALSE 时将输出 0。该元件可用于模拟与门、或门和异或门。

该元件最多可允许每逻辑门 9 个输入，用户可将任何输入以及输出进行反相。

如果启用了插补兼容性，则元件将根据相关的逻辑真值表以及输入跳变的准确时刻来产生插补信息并送至输出。当利用完全的插补特性时，即使在较大的仿真步长时该元件也非常精确。

2．参数

➢ Configuration | General

- Name for Identification：可选的用于识别元件的文本参数。
- Boolean Function：AND | OR | XOR。选择逻辑函数类型。
  - AND：与逻辑。
  - OR：或逻辑。
  - XOR：异或逻辑。
- Number of Inputs：门的输入个数，可选择为 2~9。
- Invert Output？：No | Yes。选择 Yes 时输出反相。
- Display Connection Numbers？：No | Yes。选择 Yes 时将显示输入端编号。
- Interpolation Compatibility：Disabled | Enabled。选择 Enabled 时将启用插补特性。

6.3.68 PI 控制器（PI Controller）

该元件如图 6-120 所示。

1．说明

该元件完成比例积分（输出是输入的比例与输入的积分的和）。可使用梯形或矩形积分来计算时域的积分函数。

在 Integration Method 选择为 Rectangular 时可启用插补兼容性，当启用时，计算特定步长内准确积分值时将考虑 Interpolated Time Tag 以及信号的极性。

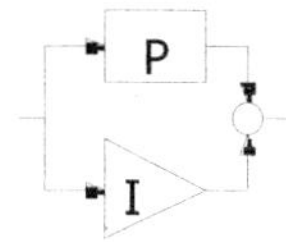

图 6-120 PI 控制器元件

2．参数

➢ Configuration | General

- Name for Identification：可选的用于识别元件的文本参数。
- Proportional Gain：比例增益系数。
- Integral Time Constant [s]：积分时间常数。
- Maximum Limit：输出的最大限值。
- Minimum Limit：输出的最小限值。
- Initial Output of Integrator：t=0.0 时积分器的输出。
- Integration Method：Trapezoidal | Rectangular。设置积分方法。
  - Trapezoidal：梯形积分。由于梯形积分不会出现不稳定情况，因此任何可能时应选择该方法。

■ Rectangular：矩形积分。输入波形的微分不连续（某些点上的 dx/dt 无穷大），此时可使用带有输入插补使能的矩形积分以获得更佳的精确度。

● Interpolation Compatibility：Disabled | Enabled。选择 Enabled 时将启用插补特性。

6.3.69 串入/串出移位寄存器 (Serial-in/Serial-out Shift Register)

该元件如图 6-121 所示。

1．说明

该 N 位串入串出移位寄存器由 N 个 D 触发器级联而成，某个触发器的输出 Q 将连接至其右边触发器的输入 D 上，如图 6-122 所示为 4 位移位寄存器。

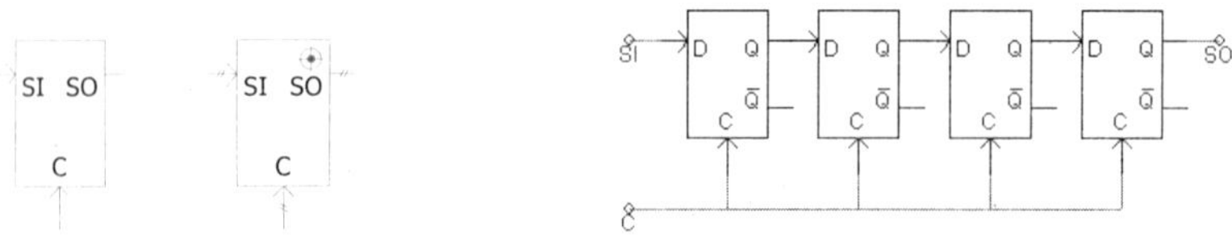

图 6-121 串入/串出移位寄存器元件　　　　图 6-122 4 位移位寄存器

为将寄存器中的内容进行移位，所有的触发器将使用公用的时钟脉冲 C。时钟脉冲输入将使得串行输入 SI 进入到最左边的触发器，串行输出则来自最右边触发器的输出。所有寄存器的内容将向右移动 1 位。

寄存器的状态改变取决于 C 的值。若 C 选择为 falling，则输出状态仅在时钟脉冲的下降沿处改变，如果 C 选择为 rising，则输出状态仅在时钟脉冲的上升沿处改变。

如果启用了插补兼容性，则来自输入或时钟的插补信息将在内部元件之间传递。此外该信息还将被用于根据输入、输出以及时钟信号跳变的准确时刻来确定内部触发器的逻辑状态。当利用完全的插补特性时，即使在较大的仿真步长时该元件也非常精确。

2．参数

➢ Configuration | General

● Name for Identification：可选的用于识别元件的文本参数。

● Number of Bits：移位寄存器的位数，可选择为 2~8。

● Active Clock Edge：Negative [1->0] | Positive [0->1]。触发器有效时钟边沿。

■ Negative [1->0]：负跳变有效。

■ Positive [0->1]：正跳变有效。

● Interpolation Compatibility：Disabled | Enabled。选择 Enabled 时将启用插补特性。

6.3.70 信号发生器 (Signal Generator)

该元件如图 6-123 所示。

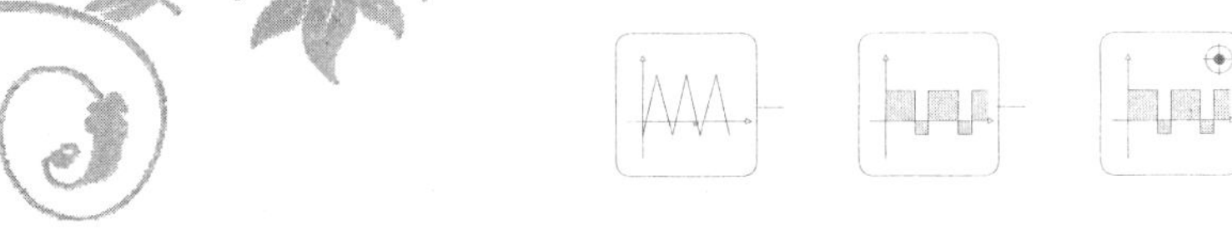

图 6-123 信号发生器元件

1. 说明

该元件将输出三角波或方波，可改变占空比以调整波形形状。

当产生方波时启用了插补兼容性，则在每次输出跳变时该元件均将产生插补时间并送至输出。此时的插补时间表示跳变的准确时刻。当利用完全的插补特性时，即使在较大的仿真步长时该元件也非常精确。

2. 参数

➢ Configuration | General

- Name for Identification：可选的用于识别元件的文本参数。
- Frequency of Signal [Hz]：输出信号的频率。
- Initial Phase of Signal [°]：输出信号的初相位。
- Signal Type：Triangle | Pulse（三角波 | 方波）。选择输出信号波形。
- Duty Cycle [%]：输出信号的占空比。对三角波，该占空比是输出上升时间占周期的百分比。对方波，占空比是输出为高的时间占周期的百分比。
- Maximum Output Level：输出的最大限值。
- Minimum Output Level：输出的最小限值。
- Interpolation Compatibility：Disabled | Enabled。选择 Enabled 时将启用插补特性。

6.3.71 单输入比较器 (Single Input Comparator)

该元件如图 6-124 所示。

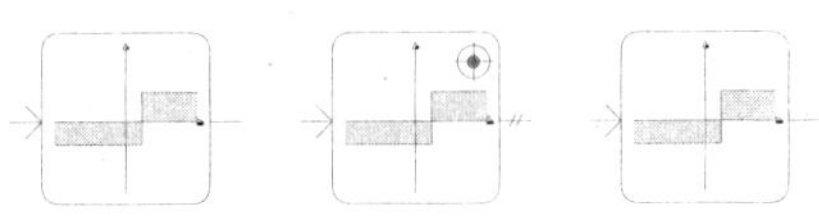

图 6-124 单输入比较器元件

1. 说明

该元件将根据输入信号高于或低于输入的阈值来输出两个值中的一个。

当启用插补兼容性时，该元件将产生插补信息（输入穿越阈值的准确时刻）并传送至输出。当利用完全的插补特性时，即使在较大的仿真步长时该元件也非常精确。

2．参数

➢ General

- Name for Identification：可选的用于识别元件的文本参数。
- Threshold Input Value：当输入大于该值时，将输出 High Output Level 中的设置值，反之将输出 Low Output Level 中的设置值。
- Low Output Level：输入小于 Threshold Input Value 中设置值时的输出值。
- High Output Level：输入大于 Threshold Input Value 中设置值时的输出值。
- Interpolation Compatibility：Disabled | Enabled。选择 Enabled 时将启用插补特性。
- Dimension：设置输入信号的维数。
- Convert Output to Nearest Integer：No | Yes。如果选择 Yes 时将对输出进行 NINT 操作（靠近取整）。

6.3.72 定时 ON/OFF 逻辑转换 (Timed ON/OFF Logic Transition)

该元件如图 6-125 所示。

1．说明

该元件模拟时间转换图。用户可指定 ON 延迟时间和 OFF 延迟时间，输出变化将在设置的延迟时间后出现，即使是输入在 ON 延时结束之前变为低。主元件库中还提供了模拟标准二进制延迟的定时器元件（它必须在输出变为高的设定延迟时间内保持输入为高）。

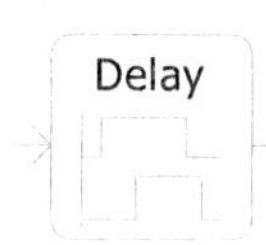

图 6-125 定时 ON/OFF 逻辑转换元件

如果启用插补兼容性，则该元件将产生插补信息（即输出变化的精确时刻）并送至输出。输出插补时间将基于输入插补时间、用户输入的延迟以及仿真步长。当利用完全的插补特性时，即使在较大的仿真步长时该元件也非常精确。

2．参数

➢ Configuration | General

- Name for Identification：可选的用于识别元件的文本参数。
- On Delay Time [s]：输出变化为 HIGH 之前的延时。
- OFF Delay Time [s]：输出变化为 LOW 之前的延时。
- Initial State：Low | High | Same as initial input。设置输出初值。
  - Low：低电平。
  - High：高电平。
  - Same as initial input：与输入初值相同。
- Interpolation Compatibility：Disabled | Enabled。选择 Enabled 时将启用插补特性。

6.3.73 两输入比较器 (Two Input Comparator)

该元件如图 6-126 所示。

1. 说明

该元件对两个输入进行比较。根据指定的输出类型，它可在某个信号穿越另一个时输出脉冲，或当一个信号高于另一个时输出电平。

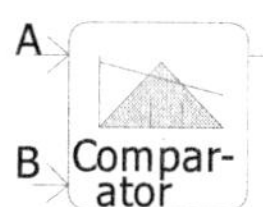

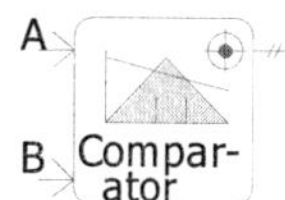

图 6-126 两输入比较器元件

如果启用插补兼容性，则该元件将产生插补信息（即两个输入相互交叉的准确时刻）并送至输出。当利用完全的插补特性时，即使在较大的仿真步长时该元件也非常精确。

2. 参数

➢ Configuration | General

- Name for Identification：可选的用于识别元件的文本参数。
- Output Type：Level | Pulse（电平 | 脉冲）。设置输出模式。
- Interpolation Compatibility：Disabled | Enabled。选择 Enabled 时将启用插补特性。
- Convert Output to Nearest Integer：No | Yes。如果选择 Yes，将对输出进行 NINT 操作（靠近取整）。

➢ Pulse Data | General

- Output When A . GT. B First Occurs：当第一次出现 A>B 时的输出幅值。
- Output When No Transition Occurs：当没有转换发生时的输出幅值。
- Output When A .LE. B First Occurs：当第一次出现 A≤B 时的输出幅值。

➢ Level Data | General

- Output When A .GT. B：当 A>B 时的输出幅值。
- Output When A .LE. B：当 A≤B 时的输出幅值。

6.3.74 过零检测器 (Zero Crossing Detector)

该元件如图 6-127 所示。

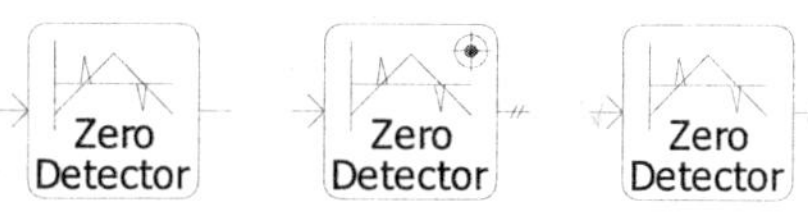

图 6-127 过零检测器元件

1. 说明

该元件检测输出过零的时刻，并区别对待其正过零和负过零。如果输入过零带有正的一阶微分值，将产生一个仿真步长内为 1 的脉冲。如果输入过零带有负的一阶微分值，将产生一个仿真步长内为-1 的脉冲。其他任何时间内将保持为 0。

如果启用插补兼容性，则该元件将产生插补信息（即准确的过零时刻）并送至输出。

2. 参数

➢ General

- Name for Identification：可选的用于识别元件的文本参数。
- Interpolation Compatibility：Disabled | Enabled。选择 Enabled 时将启用插补特性。
- Dimension：输入信号的维数。当启用插补兼容性时，输出信号数值的维数将是该输入值的两倍，数组中偶数序数元素是相应奇数序数元素的插补时间。

6.3.75 延时(Z-域) [Delay (Z-domain)]

该元件如图 6-128 所示。

1. 说明

该元件将输入信号延迟固定数量的离散触发时步，由 2 维插补的 Enable/Disable 信号触发。

2. 参数

➢ General

- Name for Identification：可选的用于识别元件的文本参数。
- Fortran Comment：可选的 Fortran 注释，此处输入的文本将加入项目 Fortran 文件内。

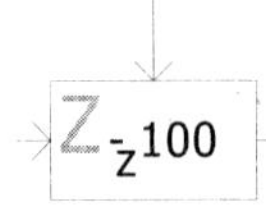

图 6-128 延时(Z-域)元件

- Delay Length：信号延迟的触发步数。
- Initialize Buffer With：input at timezero | specified value。设置缓冲器初始化方式。
  - input at timezero：采用 0 时刻时的初值进行初始化。
  - specified value：采用在 Initializing Value 中设定的值进行初始化。
- Initializing Value：初始化值。
- Is Input Already Sampled？：No | Yes。设置输入信号类型。
  - No：输入信号处理前将被重新采样。
  - Yes：输入已经同样的执行信号处理。
- Dimension：设置输入信号的维数。

6.3.76 带时间常数微分(Z-域) [Derivative with a Time Constant (Z-domain)]

该元件如图 6-129 所示。

1. 说明

该元件在离散域内确定信号的变化率，由 2 维插补的 Enable/Disable 信号触发。

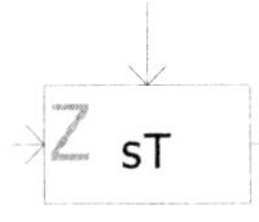

图 6-129 微分(Z-域)元件

该函数的求解方法如下：

$$Y(t)=\frac{T}{\Delta T}(X(t_1)-X(t_2))$$

式中，$Y(t)$ 为输出信号；t_1 和 t_2 分别为最近一次执行和最近一次执行之前的执行时间；$X(t_1)$ 和 $X(t_2)$ 分别为对应 t_1 和 t_2 的输入信号；$\Delta T= t_1-t_2$。

2．参数

➢ General

- Name for Identification：可选的用于识别元件的文本参数。
- Fortran Comment line：可选的 Fortran 注释，此处输入的文本将加入项目 Fortran 文件内。
- Time Constant [s]：时间常数。
- Is Input Already Sampled？：No | Yes。设置输入信号类型。
- Dimension：设置输入信号的维数。

6.3.77 微分滞后(Z-域) [Differential Ploe(Z-domain)]

该元件如图 6-130 所示。

1．说明

该元件模拟离散域内微分极点函数，由 2 维插补的 Enable/Disable 信号触发。用户可在任何运行时刻将输出复位为用户指定值。在两个执行步长之间收到复位信号时，输出将在下一个执行步点处被复位。

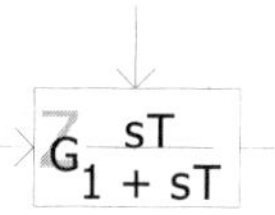

图 6-130 微分滞后(Z-域)元件

该函数的求解方法如下：

$$Q(t)=Q(t_2)e^{\frac{-\Delta T}{T}}+(X(t_1)-X(t_2))e^{\frac{-\Delta T}{T}}$$

$$Y(t)=G(t_1)\times Q(t_1)$$

式中，$Y(t)$为输出信号；t_1 和 t_2 分别为最近一次执行和最近一次执行之前的执行时间；$X(t_1)$和 $X(t_2)$分别为对应 t_1 和 t_2 的输入信号；$\Delta T= t_1-t_2$。$Q(t_2)$为最近一次执行之前的执行产生的输出；$G(t_1)$为最近一次执行的增益；T 为最近一次执行的时间常数，若 $T=0$ 则 $Q(t)=0$。

2．参数

➢ General

- Name for Identification：可选的用于识别元件的文本参数。
- Fortran Comment：可选的 Fortran 注释，此处输入的文本将加入项目 Fortran 文件内。

- Limit Output？：No | Yes。输出限幅设置。
- Resettable？：Never | Anytime | Timezero。设置复位方式。
- Is Input Already Sampled？：No | Yes。设置输入信号类型。
- Dimension：设置输入信号的维数。

➢ Data

- Gain：增益系数。
- Time Constant [s]：时间常数。

6.3.78 积分器(Z-域) [Integrator(Z-domain)]

该元件如图 6-131 所示。

图 6-131 积分器(Z-域) 元件

1．说明

该元件模拟离散域内可复位的积分器，带可选的无饱和限值。由 2 维插补的 Enable/Disable 信号触发。

该函数的求解方法如下：

$$Y(t)=Y(t_2)+k\times\frac{\Delta T}{T(t_2)}\times X(t_2)+(1-k)\times\frac{\Delta T}{T(t_1)}\times X(t_1)$$

式中，$Y(t)$为输出信号；t_1 和 t_2 分别为最近一次执行和最近一次执行之前的执行时间；$X(t_1)$和 $X(t_2)$分别为对应 t_1 和 t_2 的输入信号；$Y(t_1)$和 $Y(t_2)$分别为对应 t_1 和 t_2 的输出信号；$T(t_1)$和 $T(t_2)$分别为对应 t_1 和 t_2 的时间常数；$\Delta T=t_1-t_2$。采用向前欧拉法时 $k=1$，采用向后欧拉法时 $k=0$，采用梯形积分时 $k=0.5$。

2．参数

➢ General

- Name for Identification：可选的用于识别元件的文本参数。
- Integration Method：Trapezoidal | Rectangular。设置积分方法。
- Limit Output？：No | Yes。输出限幅设置。
- Resettable？：Never | Anytime | Timezero。设置复位方式。
- Is Input Already Sampled？：No | Yes。设置输入信号类型。
- Dimension：设置输入信号的维数。

➢ Data

- Time Constant [s]：时间常数。

6.3.79 超前-滞后极点(Z-域) [Lead-Lag Pole (Z-domain)]

该元件如图 6-132 所示。

1．说明

该元件模拟离散域内超前-滞后极点函数，由 2 维插补的“Enable/Disable”信号触发。用户可在任何运行时刻将输出复位为用户指定值。在两个执行步长之间收到复位信号时，输出将在下一个执行步点处被复位。

该函数的求解方法如下：

$$Q(t)=Q(t_2)e^{\frac{-\Delta T}{T_2}}+X(t_1)\times(1-e^{\frac{-\Delta T}{T_2}})+\frac{T_1}{T_2}\times(X(t_1)-X(t_2))e^{\frac{-\Delta T}{T_2}}$$

当 T_2=0 时，

$$Q(t)=X(t_1)+\frac{T_1}{\Delta T}\times(X(t_1)-X(t_2))$$

$$Y(t)=G(t_1)\times Q(t_1)$$

式中，$Y(t)$ 为输出信号；t_1 和 t_2 分别为最近一次执行和最近一次执行之前的执行时间；$X(t_1)$和 $X(t_2)$分别为对应 t_1 和 t_2 的输入信号；$\Delta T=t_1-t_2$。$Q(t_1)$和 $Q(t_2)$分别为对应 t_1 和 t_2 执行时产生的输出；$G(t_1)$为最近一次执行的增益；T_1 和 T_2 分别为最近一次执行时的超前和滞后时间常数。

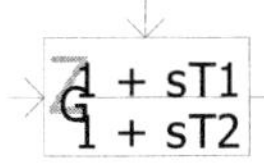

图 6-132 超前-滞后极点(Z-域)元件

2．参数

➢ General

- Name for Identification：可选的用于识别元件的文本参数。
- Fortran Comment：可选的 Fortran 注释，此处输入的文本将加入项目 Fortran 文件内。
- Limit Output ？：No | Yes。输出限幅设置。
- Resettable ？：Never | Anytime | Timezero。设置复位方式。
- Is Input Already Sampled ？：No | Yes。设置输入信号类型。
- Dimension：设置输入信号的维数。

➢ Data

- Gain：增益系数。
- Lead Time Constant [s]：超前时间常数。
- Lag Time Constant [s]：滞后时间常数。

6.3.80 N 阶传递函数(Z-域) [Nth Order Transfer Function (Z-domain)]

该元件如图 6-133 所示。

1．说明

该元件模拟离散域内高阶传递函数，由 2 维插补的 Enable/Disable 信号触发。

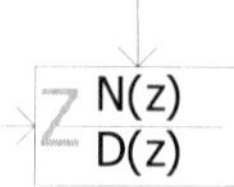

图 6-133 N 阶传递函数(Z-域)元件

2．参数

➢ Configuration | General

- Name for Identification：可选的用于识别元件的文本参数。
- Is Input Already Sampled？：No | Yes。设置输入信号类型。
- Dimension：设置输入信号的维数。

➢ Numerator | General

- Order of Numerator：分子阶数。
- Constant Coefficient：传递函数分子多项式常数项。
- Coefficient of z^(-#)：传递函数分子 z^(-#)项系数。

➢ Denominator | General

- Order of Denominator：分母阶数。
- Constant Coefficient：传递函数分母多项式常数项。
- Coefficient of z^(-#)：传递函数分母 z^(-#)项系数。

➢ Initial Conditions | Input History/Output History

- X# Initial Value：相应第#时步输入的初值。
- Y# Initial Value：相应第#时步输出的初值。

6.3.81 PI 控制器(Z-域) [PI Controller (Z-domain)]

该元件如图 6-134 所示。

1．说明

该元件模拟离散域内可复位比例-积分控制器，带可选的无饱和限值，由 2 维插补的 Enable/Disable 信号触发。

该函数的求解方法如下：

$$Y(t)=Y(t_2)+k\times\frac{\Delta T}{T(t_2)}\times X(t_2)+(1-k)\times\frac{\Delta T}{T(t_1)}\times X(t_1)+GP(t_1)\times X(t_1)$$

式中，$Y(t)$为输出信号；t_1 和 t_2 分别为最近一次执行和最近一次执行之前的执行时间；$X(t_1)$和 $X(t_2)$分别为对应 t_1 和 t_2 的输入信号；$T(t_1)$和 $T(t_2)$分别为对应 t_1 和 t_2 的时间常数；$\Delta T=t_1-t_2$；$GP(t_1)$为对应 t_1 的比例系数。

2．参数

➢ General

- Name for Identification：可选的用于识别元件的

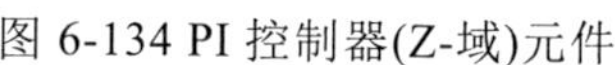

图 6-134 PI 控制器(Z-域)元件

文本参数。

- Integration Method：Trapezoidal | Rectangular。设置积分方法。
- Limit Output？：No | Yes。输出限幅设置。
- Resettable？：Never | Anytime | Timezero。设置复位方式。
- Reset Output：复位时的输出值。
- Is Input Already Sampled？：No | Yes。设置输入信号类型。
- Dimension：设置输入信号的维数。

➢ Data

- Proportional Gain：比例系数。
- Integral Time Constant [s]：积分时间常数。

6.3.82 实极点(Z-域) [Real Pole (Z-domain)]

该元件如图 6-135 所示。

图 6-135 实极点(Z-域)元件

1．说明

该元件模拟离散域内滞后或实极点函数，由 2 维插补的 Enable/Disable 信号触发。用户可在任何运行时刻将输出复位为用户指定值。在两个执行步长之间收到复位信号时，输出将在下一个执行步点处被复位。

该函数的求解方法如下：

$$Q(t)=Q(t_2)e^{\frac{-\Delta T}{T}}+X(t_1)(1-e^{\frac{-\Delta T}{T}})$$

$$Y(t)=G(t_1)\times Q(t_1)$$

式中，$Y(t)$为输出信号；t_1和t_2分别为最近一次执行和最近一次执行之前的执行时间；$X(t_1)$为对应t_1的输入信号；$Q(t_2)$为对应t_2执行时产生的输出；$G(t_1)$为最近一次执行的增益；$\Delta T=t_1-t_2$；T为最近一次执行的时间常数。

2．参数

➢ General

- Name for Identification：可选的用于识别元件的文本参数。
- Fortran Comment：可选的 Fortran 注释。
- Resettable？：Never | Anytime | Timezero。设置复位方式。

- Limit Output？：No | Yes。输出限幅设置。
- Is Input Already Sampled？：No | Yes。设置输入信号类型。
- Dimension：设置输入信号的维数。

➢ Data
- Gain：增益。
- Time Constant [s]:时间常数。

第7章 其他元件

本章介绍的I/O设备、定序器等元件，主要是用于扩展PSCAD软件的功能，方便数据的导入/导出、与其他软件接口、多重运行等功能的实现。该软件的功能之所以强大，很大程度上取决于这些元件，熟悉这些元件有助于读者利用该软件的高级功能，建立复杂模型。

7.1 I/O 设备

7.1.1 当前运行次数和多重运行总次数 (Current Run Number/Total Number of Multiple Runs)

这一对元件如图7-1所示。

图7-1 当前运行次数和多重运行总次数

这两个元件专用于PSCAD的多重运行特性，可通过在项目的Project Settings对话框中禁止或启用。Current Run Number给出的是当前运行的编号，而Total Number of Multiple Runs给出的是总运行的次数。它们的输出值可直接用作多重运行研究中控制系统或其他设备的输入。这两个元件一般情况下需配合使用。

关于使用这两个元件实现多重运行的方法可参考第9章中的相关内容。

7.1.2 多重运行 (Multiple Run)

该元件如图7-2所示。

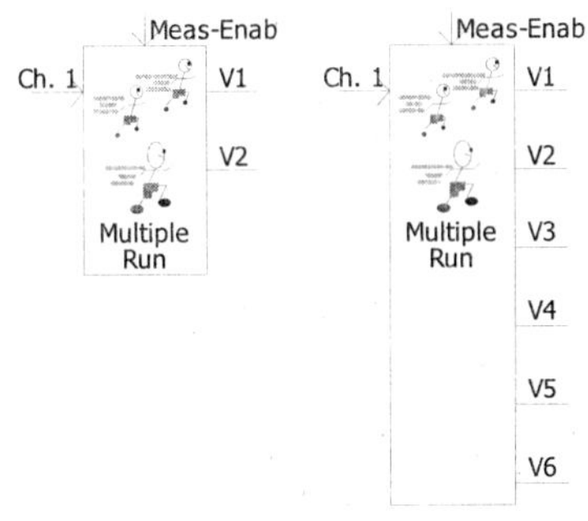

图7-2 多重运行元件

1．说明

可使用EMTDC的多重运行模式来确定参数的优化取值。在每次运行中可顺序或随机变动一组参数，并绘制出以这些参数为变量的目标函数（如过电压峰值、误差平方积分等）的曲线。目标函数可在 PSCAD 中利用主元件库中可用的标准模块或用户使用标准接口编写的模块设立。

多重运行特性使得用户可多次运行 EMTDC 仿真，每次仿真具有不同的参数设置。例如用户可多重运行 case，每次具有不同的故障或某个控制器不同的增益。这种批量作业的特性将极大方便参数优化、确定故障过电压波形上最严重的点以及优化保护设置等。

用户可使用多重运行元件开展参数研究，通过合理参数选取和输入设置可调整仿真执行的次数（仿真运行数）。该元件的输出变量信号可用作其他元件的输入。

该元件的输入输出端子说明如下：

- Meas-Enab：用于启用(1) /禁止(0)通道记录。某个通道的记录仅当其相应变量设置为 1 时被激活。从而使得用户可选取一定的时间间隔对输入数据进行处理和记录。
- Ch. 1 ... Ch. 6：将要被记录的通道。
- V1, V2 ... V6：由该元件控制的输出变量。

使用多重运行的一些情况包括：

- 改变故障起始波点（也即一个周波内不同的时刻）以找出最严重的过电压和/或故障峰值电流。
- 改变控制器增益以找出最佳的干扰响应。
- 在 RLC 或系统参数的某个范围内历遍以确定最优值。
- 改变故障类型、发生位置和起始时刻，以寻找严重的电压和电流暂态。
- 波点投切架空线或电缆，以确定沿线不同位置严重的暂态过电压水平。

元件的输出信号（在某次仿真中为常数）可用于其他任何元件常量型或可变型参数或连接端口的输入。用户可根据需要选择最多 6 个输出 (V1-V6)，但连续两次仿真中仅有一个输出信号值不同。输入信号值 (Ch.1-Ch.6) 连通输出信号值可保存至多重运行输出文件中。可自动对每个输入信号执行一些通用的操作，例如求最大最小值。此外可给出最优运行的判据，最优运行将被作为最后一次运行而重复，并进行显示。

2．参数

➢ Configuration | General

- Name for Identification：可选的用于识别元件的文本参数。
- Number of Signals to Control for This Multiple Run：控制的输出变量数目，可设置为 1-6。用于在连续的运行中改变仿真参数。
- This Multiple Run Enabled or Disabled ？：Enabled | Disabled。控制本多重运行元件的工作状态。
    - ■ Disabled：禁用该 Multiple Run 元件，各输出变量的取值是各自 *Value for Variable* When *Disabled* 参数的设置。

■ Enabled：激活该元件。该选择使得用户可在一个项目中使用多个多重运行元件（若对给定仿真需要不同的多重运行次序），但一个项目中仅允许激活一个多重运行元件，两个或多个该元件同时被启用时将出错。

- # of Std Deviation for defining min, max using the Normal Dist. (1-10)：当 *Variation Type* 选择为 Random-Normal 时，这里给出的值将定义特定范围内分布的标准偏差数。
- Initial Seed for Random Variations：Automatic | Specify。随机变动时的初始种子。

■ Automatic：产生随机种子，从而 *Random-Normal* 的输出对于不同的运行是不同的。当项目使用 volley launch 时可为不同任务生成不同的种子值。

■ Specify：用户指定。

- Initial Seed Value：当 *Initial Seed for Random Variations* 选择为 Specify 时指定初始种子，取值范围 1～2147483647。该初始种子用于多重运行中的随机数变动，并将存储于多重运行输出文件中。若在后续运行中期望获得相同的随机数序列，可从多重运行输出文件中复制该种子值，并将其指定为初始种子。

➢ Configuration | Output Summary

- Number of Channels to Record for Each Run：每次运行记录的通道数，可设置为 1~6。当需记录变量数大于 6 时，可使用 Multiple-run Additional Recording 元件。
- Output File Name：多重运行输出文件名称。
- Do you want to Identify the Optimal Run？：No | Yes。选择为 Yes 时，用户可判定所有运行中的一个作为最优（最好的或最坏的）情况。当记录变量不止 1 个时，用户需指定某个输入通道用于判定最优运行。
- Select Channel for Basis of Optimal Run：选择用于判定最优运行的通道，可设置为 1~6。
- Criteria for Identification of Optimal Run？：Minimum | Maximum（最小化 | 最大化）。判定最优运行的准则。
- Number of Divisions for Probability Density Output Plots：最优运行文件可写入某些附加的统计信息（例如，最大值、最小值、平均值、概率密度等）。此时输入的值指定计算概率密度函数所使用的分区数。例如，用户将执行 100 次仿真以找出过电压。如果所有运行中的最大值和最小值分别为 100kV 和 200kV，分为 10 个区间的概率密度函数将提供过电压在 190~200kV、180~190kV、100~110kV 等范围内出现次数的信息。

➢ Variable # | General

- V# Variation Type：Sequential | Random-Flat | List | Random-Normal。选择变量#的类型。

■ Sequential：顺序型。

■ Random-Flat：平坦随机型。

■ List：列表型。

■ Random-Normal：正态随机型。

- V# Data Type：Integer | Real。设置变量#的数据类型，整型或实型。
- Label for Variable #：变量#的文本标签。每次运行中每个多重运行变量都将被写入至多重运行输出文件。该文件的第一行将以此处输入的文本定义每一列的名称。

➢ Variable # | Integer/Real Specification

- Value for Variable # When Disabled：元件被禁用时输出的默认值。
- Start of Range for Variable #：变量#取值范围的起始值（当 *V# Variation Type* 选取为 List 时无效）。
- Increment for Each Run：每次运行时的增量（当 *V# Variation Type* 选取为 Sequential 时有效）。
- End of Range for Variable #：变量#取值范围的终止值（当 *V# Variation Type* 选取为 List 时无效）。
- Number of Runs for Variable #：变量#多重运行次数（当 *V# Variation Type* 选取为 Sequential 时无效）。
- Variable # Value During Run $：变量#在第$次多重运行时的值（当 *V# Variation Type* 选取为 List 时有效）。

➢ Recording Data | Channel #

- Channel # Data Type：Boolean | Integer | Real。布尔型 | 整型 | 实型。记录的数据类型。
- Auto Processing of Channel # ? ：None | Minimum(X) | Maximum(X) | Maximum(|X|) | ISE(X) Sum(X*X)。不处理 | 最小值 | 最大值 | 最大绝对值 | 平方和。设置通道#数据自动处理方式。
- Label for Channel #：变量#的文本标签。每次运行中每个多重运行变量都将被写入至多重运行输出文件。该文件的第一行将以此处输入的文本定义每一列的名称。

3．多重运行中的信号测量与记录

多重运行元件提供了多达 6 个输入通道 (Ch.1-Ch.6) 以有效记录每次运行的结果。需记录变量数大于 6 时，可使用 Multiple-run Additional Recording 元件。对每次仿真，每个通道根据记录时段内该通道的输入记录一个单一值。用户可选择用于确定每个通道记录值的准则，这些准则包括：

- 记录时段内输入的最小值。
- 记录时段内输入的最大值。
- 记录时段内输入的最大绝对值。
- 输入平方的积分 (ISE)。

记录值连同每次运行相应的输出信号值可被保存至多重运行输出文件中。用户需在相应输入域内指定输出文件名称。用于输出量记录的 Output Channel 元件可用于存储每次运行的完整时域波形，但这样将产生大量的输出文件。

上述测量量也可被指定为判断最优运行的通道。选择最优的准则可以是最小 (Minimum) 或最大 (Maximum)，每次运行都会对被选择的通道进行观测，被确定为最优的运行将在所有运行结束后被重复。

示例：multiple_run_example_2.pscx。

线路上电过电压：在不同时刻（波点）闭合架空线断路器，以确定线路开路终端处最严重的过电压和避雷器峰值能耗。控制断路器合闸时刻的一个变量在 0.5~0.516s（60 Hz 系统的一个周期）内变化。仿真目的是寻找三相中过电压最严重的情况，仿真中确定了 300 个操作时刻波点。

- 指定 4 个监测通道：其中三个各记录一相电压，另一个记录避雷器能量。
- 每个输入通道自动进行 max(|X|)运算。故障发生前元件的 *Meas-Enab* 输入应设置为 0，故障中和故障后设置为 1。
- 该仿真中展示了 Multiple-run Additional Recording 元件的应用。该元件用于记录断路器处线路电压。

4. 变量变化类型

变量的值在多重运行序列中可通过如下方式改变：

- 顺序 (Sequential)：该类型变量的值在连续两次运行中自动增加一个固定值。用户需指定该类型变量取值范围的初值和终值，以及增量。例如，要使得在连续运行中某个变量取值为 0.1, 0.2, 0.3 ... 1.2，则范围初值为 0.1，终值为 1.2，增量为 0.1。
- 平坦随机 (Random-Flat)：该类型变量将在指定的范围内随机取值。例如，要在 0.0~1.0 的范围内产生 250 个输出值，则范围初值为 0.0，范围终值为 1.0，该变量运行次数为 250。
- 列表 (List)：该类型变量的取值根据所提供的取值列表修改，列表中可取值的数目最多为 10。例如，某个变量取值可为 5、6、10，则该变量运行次数为 3，值列表中 X1=5.0、X2=6.0、X3=10.0。
- 正态随机 (Random-Normal)：该类型变量使用指定范围内的标准分布（使用在参数部分中定义的标准偏差数）进行取值。例如，要在 0.0~1.0 的范围内产生 250 个输出值，则范围初值为 0.0，范围终值为 1.0，该变量运行次数为 250。

7.1.3 多重运行附加记录 (Multiple Run Additional Recording)

该元件如图 7-3 所示。

1. 说明

该元件用于在多重运行情况下将附加的输出通道写入某个文件。它依附于 Multiple Run 元件，后者具有有限的记录通道，但该元件不能用于判断最优运行。

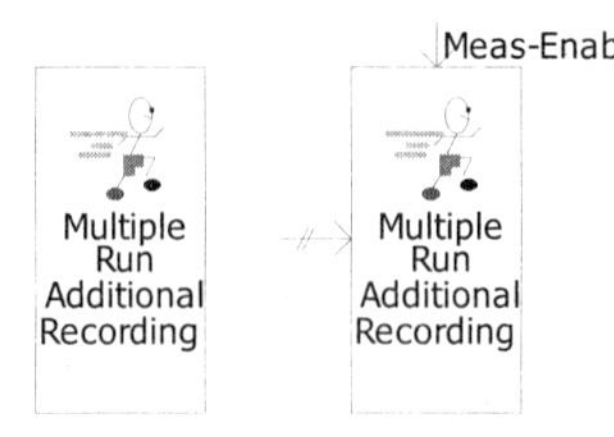

图 7-3 多重运行附加记录元件

2．参数

➢ Recording Data Configuration | General

- Name for Identification：可选的用于识别元件的文本参数。
- Number of Channels to Record：记录的通道数，可设置为 0~10。
- Recording Unit：为该多重运行附加记录元件输入一个编号，可设置为 0~99。
- Basic Output File Name：所产生的输出文件将为该名称附加下划线以及 *Recording Unit* 中的输入，扩展名为.out。在多实例化组件内使用该元件时必须修改 *Recording Unit*，以避免不同组件调用中使用相同的文件。
- Write Statistical Output：No | Yes。选择 Yes 时将在输出文件最后写入统计数据。

➢ Recording Data Configuration | Processing of Channels

- Auto Processing of Channel # ? ：None | Minimum(X) | Maximum(X) | Maximum(|X|) | ISE(X) Sum(X*X)（不处理 | 最小值 | 最大值 | 最大绝对值 | 平方和）。设置通道#数据自动处理方式。

➢ Labels and Statistical Summary | Channel labels

- Label for Output #：描述相应输出的标签。

➢ Labels and Statistical Summary | Statistical Summary

- Number of Divisions for Probability Density Outputs：概率密度输出的分度数，可输入 5-1000 的整数。

7.1.4 最优运行 (Optimum Run)

该元件如图 7-4 所示。

1．说明

该元件可被视为另一种类型的多重运行手段，类似于 Multiple Run 元件。两者之间最主要的区别是 Optimum Run 元件真正地搜索（并收敛至）最优设计参数。最优运行方法可极大减少所需要运行的次数，从而节省仿真时间，并且通过收敛至准确的设计点来提高精度。

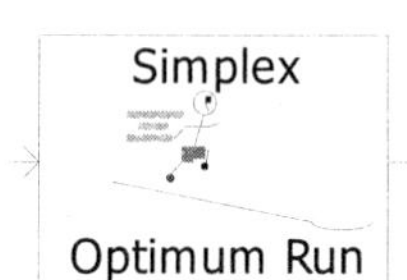

图 7-2 最优运行元件

该元件中的一个选项可用于选择不同的优化算法：

- 黄金分割。适用于优化一个单一的 REAL 变量。黄金分割，也即所熟知的黄金比例，是在一个简单几何图形上选取距离比例时常见的数值。

- 单纯形。适用于多个 REAL 变量（多达 20）的优化。该方法沿可视实体的多面体边缘来搜索最佳解。
- Hooke-Jeeves。适用于多个 REAL 变量的优化。
- 遗传算法。适用于优化多个 REAL/INTEGER/LOGICAL 变量。

无论选择何种优化算法，用户需定义一个目标函数 (OF) 作为输入信号，优化算法将根据该函数值来确定每次运行中新的一组输出参数，并将 OF 值的差值与设定的限值进行比较。多重运行将在 OF 的变化小于指定限值时结束。输出信号数组的维数将在该元件内指定。

2. 参数

➢ Main | General

- Name for Identification：可选的用于识别元件的文本参数。
- Optimization Method：Golden Intersection | Simplex | Hooke-Jeeves | Genetic Algorithm（黄金分割 | 单纯形 | Hooke-Jeeves | 遗传算法）。选择优化算法。
- Number of REAL/ INTEGER/ BINARY Variables to Control in this Optimization：优化中控制的实型/整型/布尔型变量的数目。最大 20。
- Maximum Number of Multiple Runs：迭代误差不满足时最大允许的多重运行次数。最大 10000。
- Tolerance：输入优化终止前需要满足的目标函数差值的限值。在每次运行的最后一个步长内，该元件将为目标函数存储一个值。不同运行的这些值将进行比较，如果差值小于该限值则优化结束。
- This Optimum Run Enabled or Disabled？：Enabled | Disabled（激活 | 禁用）。选择 Enabled 时将激活该元件。

➢ Golden Section | General

- Search Method：Interval Search | Auto Search。选择搜索方法。
  - Interval Search：搜索的间隔将预先由下面的 *Left Hand Point* 和 *Right Hand Point* 进行指定。
  - Auto Search：从初始点开始找出最小搜索间隔，且一旦发现该搜索间隔，将执行常规的间隔搜索。
- Left Hand Point：搜索间隔的起始点（当 *Search Method* 选择为 Interval Search 时有效）。
- Right Hand Point：搜索间隔的终止点（当 *Search Method* 选择为 Interval Search 时有效）。
- Starting Point：查找最小搜索间隔的初始起始点（当 *Search Method* 选择为‘Auto Search 时有效）。
- Initial Step Length：采用 Auto Search 时的初始步长（当 *Search Method* 选择为‘Auto Search 时有效）。

- Step Elongation Factor：搜索步长延展系数。这有助于一旦确定了初始搜索方向后使得优化算法收敛至正确的点（当 *Search Method* 选择为'Auto Search 时有效）。
- Search Interval Boundary：搜索间隔边界值（当 *Search Method* 选择为 Auto Search 时有效）。

➢ Simplex/Hookes-Jeeves | General

- Initial Step Size：该值用于确定单纯形对象上所有其他的点。
- Step Reduction Factor：用于加速收敛至优化点的系数（当 *Optimization Method* 选择为 Hookes-Jeeves 时有效）。
- Initial Condition for Variables：指定单纯形的初始状态（即元件初始输出值）。

➢ Genetic Algorithm | General

- Initial Population：输入搜索空间的初始种群。较大的初始种群将增加优化空间最终被搜索到的可能性。
- Population of the Surviving Generation：输入保留后代的种群。该染色体数目将被选用于形成初始种群。该值在整个处理过程中保持为常数。
- Population of the Mating Pool：输入交配库的种群。
- Elite Population：输入精英种群数量。
- Percentage of Populaton to be Deviated：输入偏离种群百分比。
- Maximum Deviation Rate：最大偏离率。
- Binary Mutation Rate：该值用于确定变异所采用的部分染色体的数目。
- Real part Mutation Rate：该值用于确定变异所采用的部分染色体的数目。
- Pairing Method：Random | Rank Weighting | Cost Weighting | Tournament。选择配对方法。

➢ Genetic Algorithm - Real Specifications | General

- Lower/Upper Limits of Variable #：变量#的上下限值。

➢ Genetic Algorithm - Integer Specification | General

- Number of States for Integer Varible #：最小值为 3。该输出将在 0~(*N*-1) 之间变化，其中 *N* 为所指定的状态数目。若状态之间实际值的增量不为 1，则用户需建立查询表来将 0~(*N*-1) 的值转换为所需要的值。如果状态数少于 3（即为 2），则需将其作为二进制变量。

➢ Output Configuration | General

- Write Output File？：No | Yes。选择 Yes 时将写入输出文件，并在 *Output File* 中指定文件名。
- Output File：指定输出文件的名称。

7.1.5 按钮 (Push Button)

该元件如图 7-5 所示。

1．说明

PSCAD 提供了一组专门的用户接口控制元件，包括 Variable Real/Integer Input Slider、Two State Switch、Rotary Switch (Dial)和 Push Button，用户可在仿真运行过程中手动调整它们的输出。

Push Button 元件输出可手动控制的两状态 REAL 或 INTEGER 值。为交互地控制该元件，用户必须将其链接至控制盘用户接口，如图 7-6 所示。

图 7-5 按钮元件

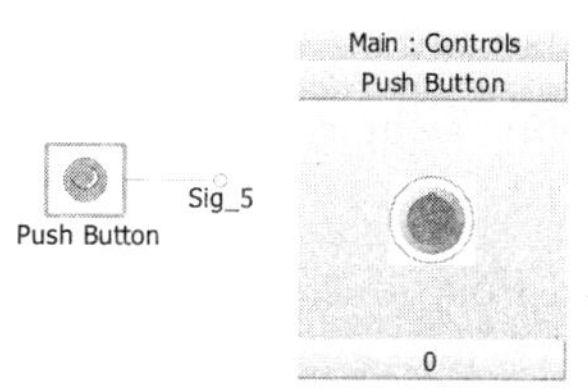

图 7-6 链接至控制盘的按钮

2．参数

➢ General

- Title：该元件控制内容的简单描述。所输入的文本同样可用于显示在相应的控制盘接口元件中。
- Group：该元件所属的运行对象组名称，默认为空。
- Display Title on Icon？：No | Yes。选择 Yes 时将在该元件图形上直接显示 *Title* 中设置的内容，不影响在相应控制盘接口中的显示。
- Value When Button is Not Pressed：该元件未按下时的输出值。
- Value When Button is Pressed：该元件被按下时的输出值。

7.1.6 拨码盘 (Rotary Switch)

该元件如图 7-7 所示。

1．说明

Rotary Switch (Dial) 元件输出可手动控制的 REAL 类型值，可具有 3~10 个常量状态。为交互地控制该元件，用户必须将其链接至控制盘用户接口，如图 7-8 所示。

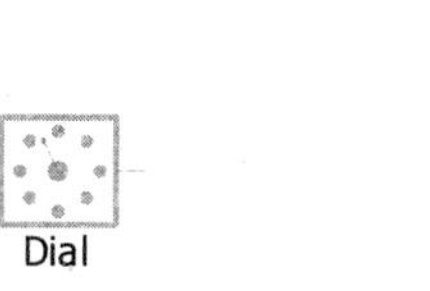

图 7-7 拨码盘元件

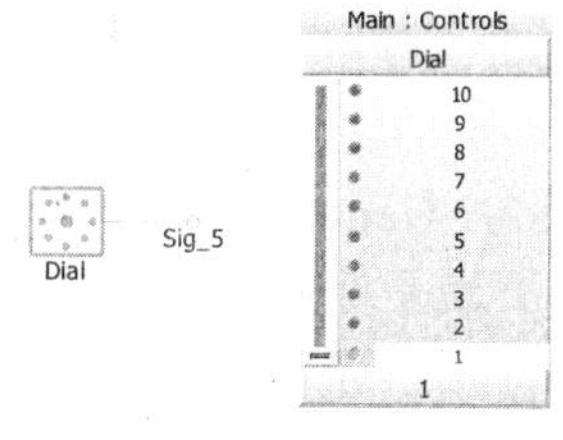

图 7-8 链接至控制盘用户接口的拨码盘

2．参数

➢ General

- Title：关于该元件控制内容的简单描述。所输入的文本同样可用于显示在相应的控制盘接口元件中。

- Group：输入该元件所属的运行对象组名称，默认为空。
- Display Title on Icon ？：No | Yes。选择 Yes 时将在该元件图形上直接显示 *Title* 中设置的内容，不影响在相应控制盘接口中的显示。
- Value Display：Display Index | Display Value | Display Index and Value。控制数据显示内容。
  - Display Index：显示序号。
  - Display Value：显示数值。
  - Display Index and Value：同时显示序号和数值。
- # of Dial Positions (3-10)：设置拨号盘位置数量，可输入 3~10。
- Initial Dial Position：设置拨号盘初始位置，可输入 3~10，用于无相应控制盘接口时的默认输出。
- Convert Output to the Nearest Integer：No | Yes。选择 Yes 时将对输出进行 NINT 取整操作。
- Position # data：拨号盘在位置#时的输出值。

7.1.7 两状态开关 (Two State Switch)

该元件如图 7-9 所示。

1．说明

Two State Switch 元件输出可手动控制的两状态 INTEGER 或 REAL 类型值。为交互地控制该元件，用户必须将其链接至控制盘用户接口，如图 7-10 所示。

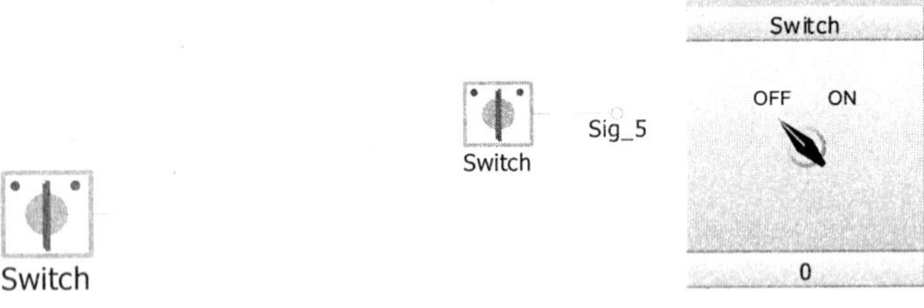

图 7-9 两状态开关元件　　　图 7-10 链接至控制盘用户接口的两状态开关

2．参数

➢ Configuration | General

- Title：关于该元件控制内容的简单描述。所输入的文本同样可用于显示在相应的控制盘接口元件中。
- Group：输入该元件所属的运行对象组名称，默认为空。
- Display Title on Icon ？：No | Yes。选择 Yes 时将在该元件图形上直接显示 *Title* 中设置的内容，不影响在相应控制盘接口中的显示。
- Initial State：Off | On。元件初始输出。

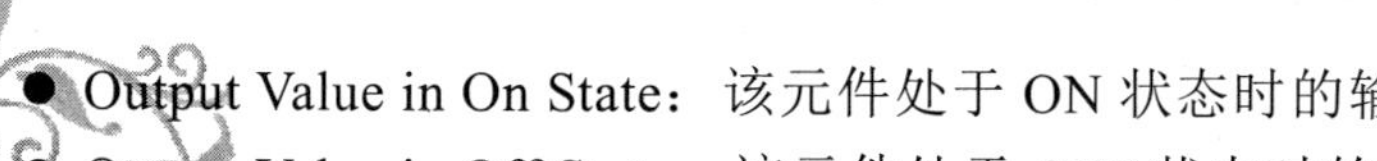

- Output Value in On State：该元件处于 ON 状态时的输出值。
- Output Value in Off State：该元件处于 OFF 状态时的输出值。
- Convert Output to the Nearest Integer：No | Yes。选择 Yes 时将对输出进行 NINT 取整操作。
- Text for On Position：处于 ON 状态时的描述文本，该文本将显示在相应的控制盘接口中。
- Text for Off Position：处于 OFF 状态时的描述文本，该文本将显示在相应的控制盘接口中。

7.1.8 滑动块 (Variable Real/Integer Input Slider)

该元件如图 7-11 所示。

1．说明

Variable Real/Integer Input Slider 元件输出在特定限值范围内可手动调整的 INTEGER 或 REAL 类型值。为交互地控制该元件，用户必须将其链接至控制盘用户接口，如图 7-12 所示。

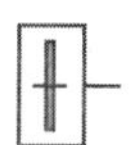

图 7-11 滑动块元件

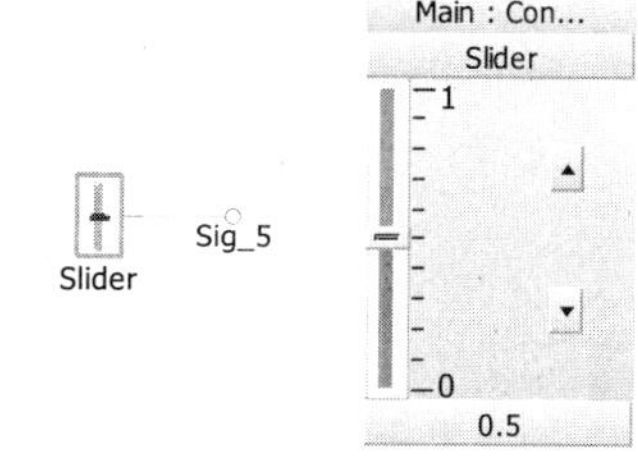

图 7-12 链接至控制盘用户接口的滑动块

2．参数

➢ Configuration | General

- Title：关于该元件控制内容的简单描述。所输入的文本同样可用于显示在相应的控制盘接口元件中。
- Group：输入该元件所属的运行对象组名称，默认为空。
- Display Title on Icon？：No | Yes。选择 Yes 时将在该元件图形上直接显示 *Title* 中设置的内容，不影响在相应控制盘接口中的显示。
- Maximum Value：输出值的最大限值。
- Minimum Value：输出值的最小限值。
- Initial Value：元件的初始输出值，用于无相应控制盘接口时的默认输出。该值需在最大最小限值之间。
- Units：输入将显示于图形、控制和仪表中的单位，该单位不对输出值进行缩放变换。
- Data Collection (Thumb Control)：Continuous | On Release。输出更新方式。

■ Continuous：输出将立即根据该元件的位置动态变化。

■ On Release：输出值仅在释放该元件时更新。

7.1.9 Output Channel (输出通道)

该元件如图 7-13 所示。

1．说明

该元件导引并记录其所连接至的信号，以将该信号显示于在线显示设备（如图形、仪表和多测量仪表等）或插入至输出文件中。

该元件可接受任何矢量或标量形式的 INTEGER 或 REAL 类型的控制信号。如果控制信号是矢量，则该元件将自动调整至具有信号的维数，从而可将整个数据矢量直接引导至显示设备。如图 7-14 所示。

注意：测量电压和电流的默认单位是 kV 和 kA，若用户期望该元件输出具有其他单位的信号，需使用 *Scale Factor* 参数对信号进行缩放。

该元件所涉及的操作可参考第 2 章的相关内容。

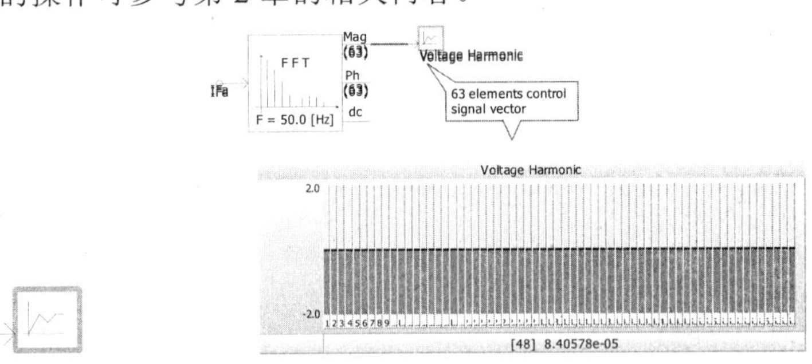

图 7-13 输出通道元件　　　　图 7-14 引导矢量控制信号

2．参数

➢ General

- Title：关于该元件控制内容的简单描述。所输入的文本同样可用于显示在相应的图形或仪表中。
- Group：输入该元件所属的运行对象组名称，默认为空。
- Use Signal Name as Title？：No | Yes。选择输出通道的显示文本。
  - ■ No：显示参数 *Title* 中的内容。
  - ■ Yes：显示元件连接信号的名称，并随信号名称的改变动态改变。
- Transfer Data？：No | Yes。选择 No 时，该通道将不向 EMTDC 获取数据，可有助于减少运行期间多余的存储使用。但尽管不进行实时绘图，EMTDC 的数据仍将存储至输出文件中。
- Display Title on Icon？：No | Yes。选择 Yes 时将在该元件图形上直接显示 *Title* 中设置的内容，不影响在相应控制盘接口中的显示。
- Scale Factor：缩放系数。最终记录的变量值将是实际值乘以该系数。

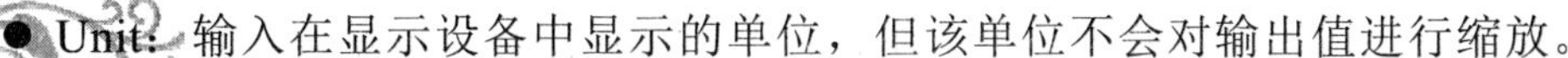

- Unit：输入在显示设备中显示的单位，但该单位不会对输出值进行缩放。
- Multiple Run Save：Last Run Only | All Runs。多重运行的存储方式。
  - Last Run Only：非多重运行模式运行，则 All Runs 和 Last run 是相同的，只存储最后一次运行的数据。
  - All Runs：在多重运行模式下，可通过选择 All Runs 来存储每次运行中的每个通道的完整数据。
- Is Input in Polar Form？：No | Yes。选择输入数据格式。
  - No：输入非极坐标形式。
  - Yes：输入信号为具有偶数维数的数组，而 *Scale Factor* 参数仅对该数组中奇数序数的元素（即幅值）进行缩放。该特性能方便 Phasormeters 的使用，后者需要具有极坐标形式的输入。
- Default Maximum Display Limit：该输入值将控制在诸如 Meters、Polymeters 和 Phasormeters 等显示设备中显示的最大限值。该值同样可用作设置图形 y 轴限值的设置。
- Default Minimum Display Limit：该输入值将控制在诸如 Meters、Polymeters 和 Phasormeters 等显示设备中显示的最小限值。该值同样可用作设置图形 y 轴限值的设置。

7.1.10 可变绘图步长 (Variable Plot Step)

该元件如图 7-15 所示。

该元件用于在仿真过程中动态地改变 PSCAD 的绘图步长，其输入信号应当是以秒为单位的所要求的绘图步长（例如输入的 0.0005 表示 50μs）。不管输入绘图步长的实际值是多少，最终的值将被转换为 EMTDC 仿真时间步长的正整数倍。例如，仿真步长为 50μs 而输入的绘图步长为 255μs 时，则绘图步长将被调整至 250μs（50 的整数倍）。输入绘图步长应始终保持大于仿真步长，若输入绘图步长小于所设置的仿真步长，则它将被最终设置为与仿真步长相等。

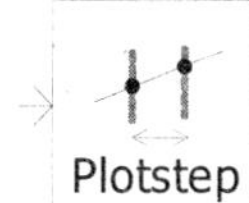

图 7-3 可变绘图步长元件

需要注意的是，绘图步长将直接影响到 EMTDC 输出文件的结构。在仿真过程中修改绘图步长可有效创建具有变化采样频率的输出文件，但这可能导致产生对使用固定采样率的后处理软件而言非法的输出文件。

7.1.11 矢量接口 (Vector Interface)

该元件如图 7-16 所示。

1．说明

该元件将两个矢量（数组）输入信号交错合并为一个输出数组，它特定用于将极坐标幅值数组与极坐标角度数组进行合并，使得输出具有可直接输入至 PhasorMeter

元件的格式。例如，图 7-17 为使用该元件对 On-Line Frequency Scanner (FFT) 的输出进行显示的示例。

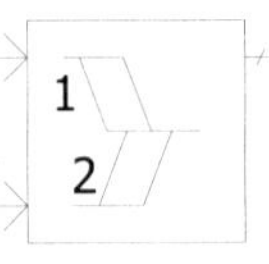

图 7-16 矢量接口元件

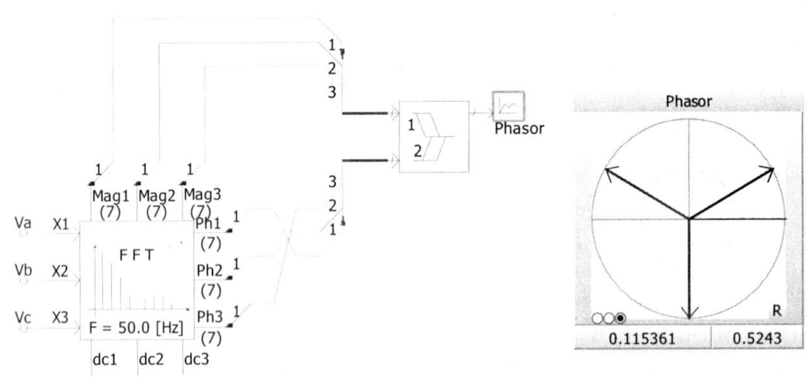

图 7-17 矢量接口元件的应用

2．参数

➢ Configuration | General

- Name for Identification：可选的用于识别元件的文本参数。
- Output Dimension：设置输出信号的维数。

7.1.12 可编程暂停 (Programmable Pause)

该元件如图 7-18 所示。

该元件在其整型输入增加，即检测到正边沿时暂停仿真。

图 7-4 可编程暂停元件

一旦仿真暂停，控制权将交还给用户，功能区按钮编译和仿真等可恢复使用。

7.1.13 可编程停止 (Programmable Stop)

该元件如图 7-19 所示。

1．说明

该元件在其整型输入增加，即检测到正边沿时停止仿真。可设置为停止多重运行中某一次运行或整个仿真。

图 7-5 可编程停止元件

需要注意的是，该元件在配置为 Slave 的项目中失效。

2．参数

➢ Configuration | General

- Name for Identification：可选的用于识别元件的文本参数。
- Stop Method：Stop this run and continue | Stop simulation。多重运行情况下的仿真停止方式。
  - Stop this run and continue：停止某次仿真。
  - Stop simulation：停止整个仿真。

7.1.14 协同仿真 (Co-Simulation)

该元件如图 7-20 所示。

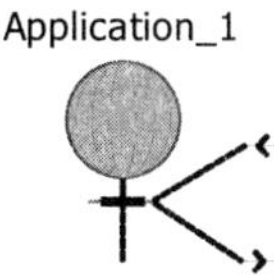

图 7-20 协同仿真元件

1. 说明

协同仿真元件用于 PSCAD 与外部程序之间传输数据，实际的数据交换是通过使用 PSCAD 应用程序间通信控制结构 (Communication Fabric, ComFab) 进行。

在外部应用程序时间步长与 EMTDC 的不一致时，可设定其接收数据的采样率。不支持线性插值，并且需为第一个运行步点提供默认数据，随后将通过协同仿真收发数据。

2. 参数

➢ Configuration | General
- Name：可选的用于识别元件的文本参数。
- Display Name：Show | Hide（显示 | 隐藏）。设置 Name 中文本的显示。

➢ Configuration | Channel Information
- Client ID：输入 40000～60000 的整数，用于标识本元件连接的客户端应用程序。生成协助与外部应用程序连接的配置文件时，将使用该数字作为文件名的一部分。例如，$(WorkspaceTempDir)\cosim_#####.cfg。
- Channel ID：所建立的与外部应用程序通信的内部通道号。仅有单一内部通道时输入 1。

➢ Configuration | Data Information
- Sending Data Dimension：向外部应用程序发送数据数组的维数，标量输入 1。
- Receiving Data Dimension：接收外部应用程序数据数组的维数，标量输入 1。
- Sending Frequency：与采样率基本相同。当 EMTDC 与外部应用程序时间步长差异很大且变动较小时，调整该参数以优化通信，否则输入 1。

➢ Default Data | General
- Default Data Source：Use Port | Use Data。选择默认数据来源。

- Use Port：提供与数据接收端口维数相同的外部连接端口，数据接收端口仅在第 1 个时间步点处使用该外部端口的数据来设置默认值。
- Use Data：数据接收端口将使用在 *Default Value* 参数中输入的数组值来设置第 1 个时间步点处的默认值。

- Default Value：设置第 1 个步点接收的数据（当 *Default Data Source* 选择为 Use Data 时有效）。

7.2 定序器(Sequencer)

定序器元件是一组特殊的控制元件，它们可组合在一起并根据定时器、延迟和/或其他条件形成事件序列。定序器元件主要用作断路器或故障的控制机制，并可作为 Timed Breaker Logic 和 Timed Fault Logic 元件的不受限替代方法。该序列同样可以重复。

每个定序器元件的输入是值为 0 (LOW) 或 1 (HIGH)的整数。输出 HIGH 表明特定元件内的条件满足，而输出 LOW 则表明该条件尚不满足。输入至某个定序器元件的 HIGH 表明整个序列中该元件之前模块的条件均得到满足，而输入 LOW 则表明整个序列中该元件之前模块的条件至少有一个未得到满足。

图 7-21 所示为一个简单的事件序列，其中故障在仿真启动后立即作用，在延迟 1.0 s 后断路器分断。

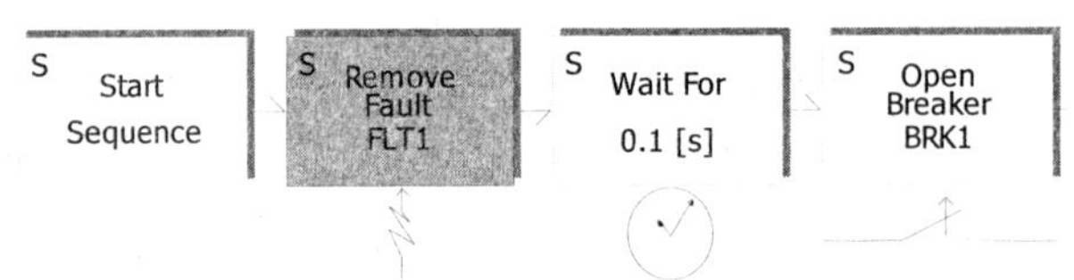

图 7-21 简单的事件序列

任何 PSCAD 元件均可与定序器元件一起使用，以将序列分解为多个子序列，或者将多个序列合并。例如，AND 函数可用于将两个序列合并在一起，仅当原来的两个序列各自的条件均得到满足时才输出 HIGH。另一个例子是使用乘法器，将一个定序器的输出信号与一个开关（可处于控制盘内并在运行过程中动态改变输出）的输出值进行相乘，以禁用或启用该序列。上述两个例子如图 7-22 所示。

定序器元件同样可从其他 PSCAD 元件接受输入，包括 Multiple Run 元件。例如，故障发生的电气角度可由 Multiple Run 元件确定，该 Multiple Run 元件每次增加 1°的故障电气角度，总共运行 360 次，最终记录最严重的过电压情况。

定序器元件在其状态为 HIGH(1) 时呈现灰色，反之则是白色，如图 7-21 是序列中 Remove Fault 部分被激活时的截图。

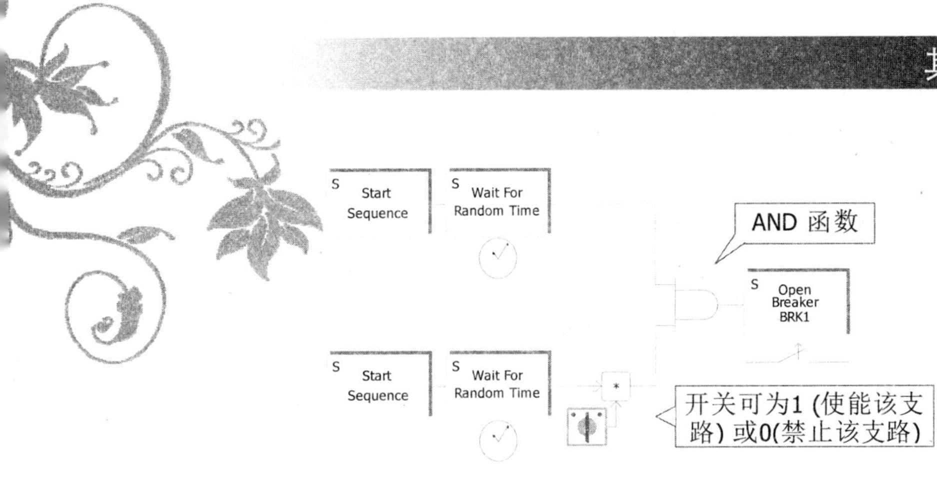

图 7-22 联合使用其他控制元件

7.2.1 故障投入/切除 (Apply/Clear Fault)

该元件如图 7-23 所示。

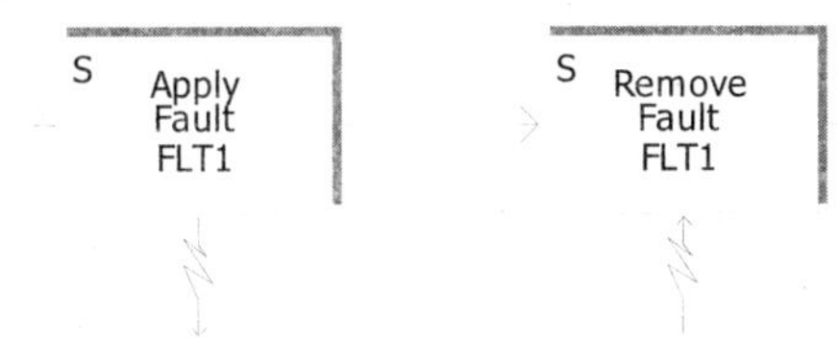

图 7-23 故障投入/切除元件

1．说明

该元件可用于提供事件序列中故障的发生或切除控制信号，它通常与 Single Phase Fault 或 Three Phase Fault 元件一起使用。

2．参数

➢ General

- Name for Identification：可选的用于识别元件的文本参数。
- Fault Name：故障控制信号的名称。
- Remove or Apply Fault：Remove Fault | Apply Fault（清除故障 | 投入故障）。该故障元件的控制模式，元件外观文字将根据选择发生改变。
- State (Updated Automatically)：输入 0 或 1 以表明该元件的状态，该状态将由 EMTDC 自动更新。

7.2.2 断开/闭合断路器 (Close/Open Breaker)

该元件如图 7-24 所示。

1．说明

该元件可用于提供事件序列中断路器的断开或闭合控制信号，它通常与 Single Phase Breaker 或 Three Phase Breaker 元件一起使用。

2．参数

➢ General

- Name for Identification：可选的用于识别元件的文本参数。

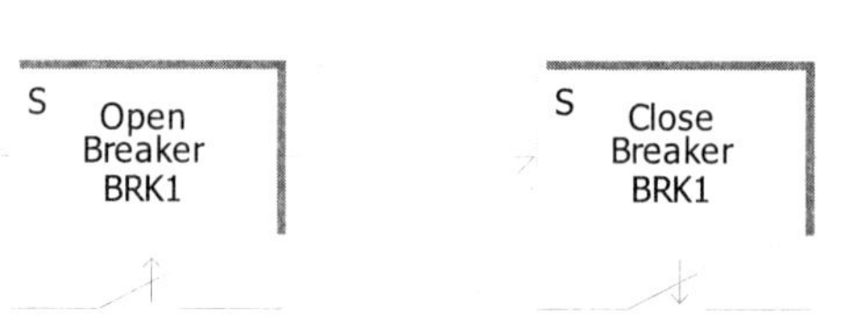

图 7-24 断开/闭合断路器元件

- Breaker Name：断路器控制信号的名称。
- Close or Open Breaker：Close Breaker | Open Breaker（闭合断路器 | 断开断路器）。该断路器的控制模式，元件外观文字将根据选择发生改变。
- State (Updated Automatically)：输入 0 或 1 以表明该元件的状态，该状态将由 EMTDC 自动更新。

7.2.3 变量设置 (Set Variable)

该元件如图 7-25 所示。

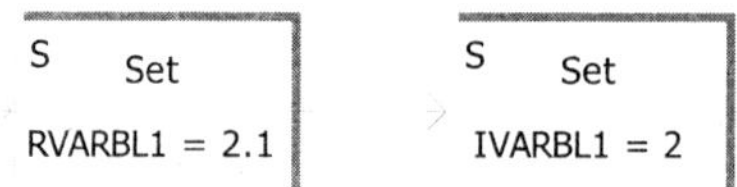

图 7-25 变量设置元件

1．说明

该元件可用于在运行过程中设置整型或实型变量的值，也即当其状态为 HIGH (1) 时，其中指定的变量将被赋予由该元件中指定的值。

2．参数

➢ General

- Name for Identification：可选的用于识别元件的文本参数。
- Variable Name：输入定义的数据信号变量名。
- Integer or Real Variable：Real | Integer（实型 | 整型）。设置变量的数据类型。
- Real Value：实型变量值。
- Integer Value：整型变量值。
- State (Updated Automatically)：输入 0 或 1 以表明该元件的状态，该状态将由 EMTDC 自动更新。

7.2.4 事件序列启动 (Start of Sequence of Events)

该元件如图 7-26 所示。

图 7-26 事件序列启动元件

1. 说明

该元件特定用于为控制序列提供单次或重复的启动点。

2. 参数

➢ General

- Name for Identification：可选的用于识别元件的文本参数。
- Sequencer Type：Single Sequence | Repetitive。设置定序器类型。
  - Single Sequence：单一序列。
  - Repetitive：始终保持输出 HIGH(1)，直至接收 HIGH 输入信号。
- State (Updated Automatically)：输入 0 或 1 以表明该元件的状态，该状态将由 EMTDC 自动更新。

7.2.5 事件等待 (Wait for an Event)

该元件如图 7-27 所示。

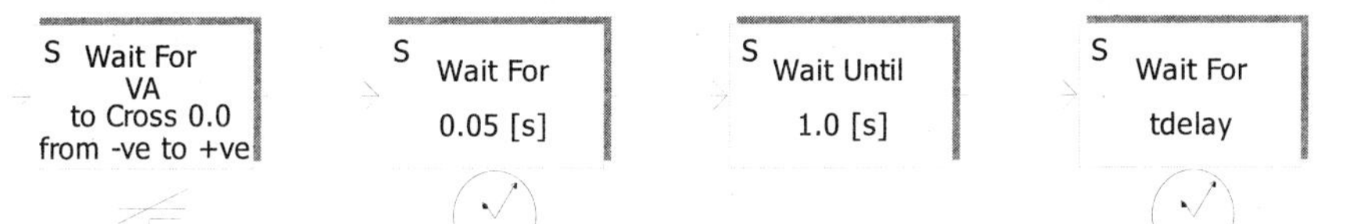

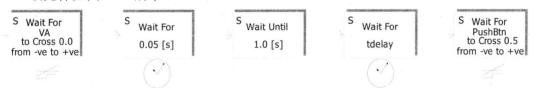

图 7-27 事件等待元件

1. 说明

该元件可用于通过如下方法之一来提供序列中的等待时间。

- 等待固定的延迟。
- 等待随机的延迟。
- 等待直至特定的时刻。
- 等待信号交越。

如果设置为等待信号穿越，则必须指定被监测的外部变量。

2. 参数

➢ General

- Name for Identification：可选的用于识别元件的文本参数。
- Wait：For Fixed Delay | For Random Delay | Until Specified Time | For Signal Crossing。设置等待模式。
  - For Fixed Delay：等待固定的延迟。
  - For Random Delay：等待随机的延迟。

- Until Specified Time：等待直至特定的时刻。
- For Signal Crossing：等待信号交越。
- Crossing Direction：From -ve to +ve | From +ve to -ve | In Any Direction。选择穿越方向（当 *Wait* 选择为 For Signal Crossing 时有效）。
  - From -ve to +ve：从负到正穿越。
  - From +ve to -ve：从正到负穿越。
  - In Any Direction：任意方向。
- Wait for Time Delay s：*Wait* 设置为 For Fixed Delay 时的固定延迟时间。
- Minimum Time for the Random Delay s：*Wait* 设置为 For Random Delay 时的延迟时间最小值。
- Maximum Time for the Random Delay s：*Wait* 设置为'For Random Delay 时的延迟时间最大值。
- Regenerate the Seed if Starting from a Snapshot ？： No | Yes。快照启动时种子生成方式（当 *Wait* 选择为 For Random Delay 时有效）。
  - No：快照启动方式下，由该元件所产生的随机等待时间将是相同的。以正常方式启动所产生的延迟时间均是不同的。
  - Yes：快照启动方式下，由该元件所产生的随机等待时间将是不同的。
- Wait Until Time s：*Wait* 设置为 Until Specified Time 时所等待至的时刻。
- Enter Crossing Value：输入用于特定监测信号穿越比较的值（当 *Wait* 设置为 For Signal Crossing 时有效）。
- Enter Crossing Signal Name：输入将要被监测的信号名称。
- State (Updated Automatically)：输入 0 或 1 以表明该元件的状态，该状态将由 EMTDC 自动更新。

7.3 辅助元件

7.3.1 文件引用 (File Reference)

该元件如图 7-28 所示。

1．说明

该元件具有多种用途，但主要用作外部文件查看器。该元件可与 associated files 设置一起直接在 PSCAD 环境中调用其他应用程序。PSCAD 先前版本中的 File Reference 元件同样可用于链接外部源代码文件（即 *.f 和 *.c 等），以与项目中其他文件一起进行编译。尽管该功能仍是 File Reference 元件的功能之一，但该功能可通过新的资源分支方式取代。若用户旧版本 case 中使用 File Reference 元件来实现该功能，建议采用新的方法以确保在将来的兼容性。

需要注意的是，主元件库中未提供 File Reference 元件的定义，用户可通过复制实例的方式在项目中应用，也可通过右键菜单中 Add Component→File Reference 来直接添加实例。

2. 设置

可鼠标右键单击目标 File Reference 元件，从弹出的菜单中选择 Edit Properties...，得到图 7-29 所示的对话框。

➢ General

- Name：可选的用于识别元件的文本参数。
- File Path：可单击图 7-29 中的按钮直接选择目标文件。

图 7-28 文件引用元件

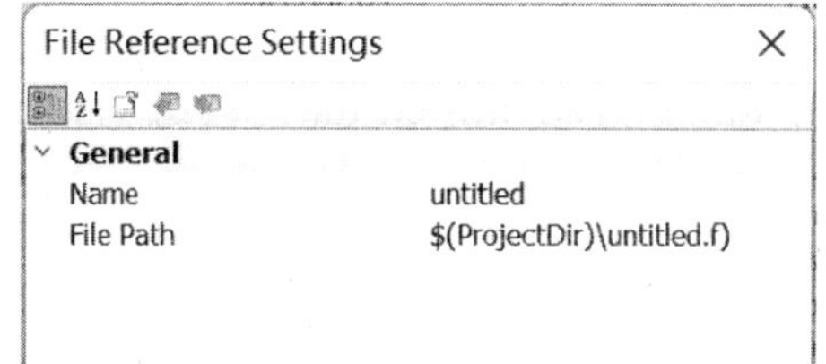

图 7-29 文件引用元件的设置

3. 操作

可鼠标右键单击目标 File Reference 元件，从弹出的菜单中选择 Open，PSCAD 将根据该文件的类型，自动调用相应应用程序打开该文件。

7.3.2 文件读取器 (File Read)

该元件如图 7-30 所示。

1. 说明

该元件用于从文件中读取已格式化的列文本数据，并将这些数据直接输入至 PSCAD 仿真中。数据文件可包含多达 11 列的数据，每一列所包含的信息代表一个单独的标量控制信号。

在仿真项目中使用数据文件之前，必须知道数据采样率（或时间步长）的信息。这可通过如下两种方法之一来实现：

- 预定义时间步长。指明第一列数据为以 s 为单位的仿真时间（其余 10 列为数据）。
- 数据采样率。直接指明采样频率（无时间数据列）。

若数据文件中时间列给出的时间步长（或以该方式给出的采样频率）不是 PSCAD 仿真步长的整数倍，则该元件将对数据进行线性插值，计算出与 PSCAD 仿真步长相应的值。

该元件将数据以矢量形式输出至 PSCAD 仿真中，输出阵列的每一个元素代表输入数据文件中相应的一列。在需获取文件中特定列数据时，必须使用 Data Signal Array Tap 元件分接出相应的数据，如图 7-31 所示的 4 列数据文件。

注意：输入文件仅包含一列数据（且不包括时间列）时，输出信号将为标量（即维数为 1），此时不需要使用 Data Signal Array Tap 元件。

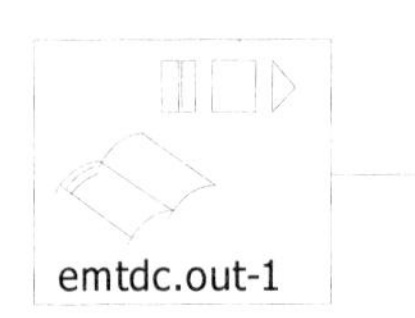

图 7-30 文件读取器元件

图 7-31 利用 Data Signal Array Tap 实现数据分接

2．参数

➢ General

- Name for Identification：可选的用于识别元件的文本参数。
- File Name：将要读取的文件名称。
- Path to the File Given As：relative path | absolute path。指定读取文件路径。
  - relative path：数据文件必须位于当前工作文件夹下。
  - absolute path：文件名将包含完整路径。
- Number of Columns in the Output File：标示将要读取的文件中的列数，可设置为 1~11。若 *Sampling Time Information* 设置为 first column contains sampling time，则第一列必须为时间。
- Sampling Time Information：first columns contains sampling time | known sampling frequency。采样时间信息提供方式。
  - first columns contains sampling time：第一列为采样时间列。
  - known sampling frequency：文件中包含的所有数据将以 *Sampling Frequency* 中给出的频率输出。
- At the End of Datafile：output the last read values | rewind and replay again | extrapolate。仿真未结束而文件已读取完的情况下，提供后续仿真中数据的方法。
  - output the last read values：持续输出文件中最后一行的数据。
  - rewind and replay again：回到文件开头重复输出文件中数据，此时最后一行和第一行的时间间隔与最后一行之前的一行与最后一行之间的相同。
  - extrapolate：利用文件最后两行数据持续外插出所需要的数据。
- Sampling Frequency Hz：*Sampling Time Information* 设置为 known sampling frequency 时，在这里输入文件中数据的采样频率。
- Delay s：在该延时之前，所有数据都将是在 *Before the Delay* 中选择的值。
- Before the Delay：zero | output the first value of the datafile。延时数据值设置方式。
  - zero：设为 0。
  - output the first value of the datafile：输出数据文件第一个值。

3．数据文件格式

File Reader 元件允许用户同时读取多达 11 个数据信号（数据文件中的列）。数据文件自身必须遵循一定的格式，如图 7-32 所示。

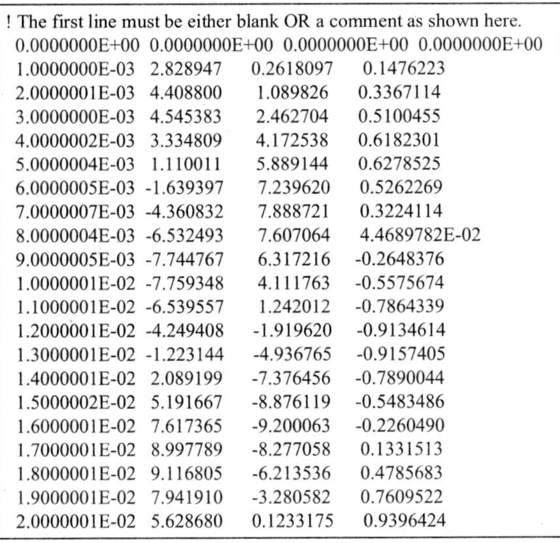

```
! The first line must be either blank OR a comment as shown here.
0.0000000E+00  0.0000000E+00  0.0000000E+00  0.0000000E+00
1.0000000E-03  2.828947   0.2618097   0.1476223
2.0000001E-03  4.408800   1.089826    0.3367114
3.0000000E-03  4.545383   2.462704    0.5100455
4.0000002E-03  3.334809   4.172538    0.6182301
5.0000004E-03  1.110011   5.889144    0.6278525
6.0000005E-03  -1.639397  7.239620    0.5262269
7.0000007E-03  -4.360832  7.888721    0.3224114
8.0000004E-03  -6.532493  7.607064    4.4689782E-02
9.0000005E-03  -7.744767  6.317216    -0.2648376
1.0000001E-02  -7.759348  4.111763    -0.5575674
1.1000001E-02  -6.539557  1.242012    -0.7864339
1.2000001E-02  -4.249408  -1.919620   -0.9134614
1.3000001E-02  -1.223144  -4.936765   -0.9157405
1.4000001E-02  2.089199   -7.376456   -0.7890044
1.5000002E-02  5.191667   -8.876119   -0.5483486
1.6000001E-02  7.617365   -9.200063   -0.2260490
1.7000001E-02  8.997789   -8.277058   0.1331513
1.8000001E-02  9.116805   -6.213536   0.4785683
1.9000001E-02  7.941910   -3.280582   0.7609522
2.0000001E-02  5.628680   0.1233175   0.9396424
```

图 7-32 数据文件格式

文件中第一个数据点对应的是仿真零时刻 (TIMEZERO) 的数据。

7.3.3 无线链接 (Wireless Radio Links)

该元件如图 7-33 所示。

1．说明

该元件是一种在 PSCAD 中间接创建全局变量的方法。通过直接输入数据信号至发送器来发送数据，在该项目内的任何位置可使用带有相同名称的接收器来接收该数据。

该元件能够直接在多个组件层面上传递数据信号，避免了使用外部端口连接（连同使用 Import 或 Export 元件）。尽管可实现数据的双向传递（即在多组件内向上或向下），但必须考虑到步长延迟问题。

该元件可同样用于信号数据绘图而无需使用 output channel 元件，但仅能绘制运行最终的数据而不是整个运行过程的数据。这对于运行 master-slave 仿真的特定情况而言非常有用。对来自该元件的数据绘图时，可鼠标右键单击该元件并选择 add it as a curve，或直接将其拖放至某个图形中。

使用 Radio Links 时需重点注意：

- 每个全局变量仅能由一个唯一的发送器进行定义。
- 发送器不能放置于多实例组件中。
- 每个全局变量可具有多个接收器。
- 所有全局变量均为 REAL 型。需传送 INTEGER 型变量时，可在信号收发端之一进行类型转换以避免信息丢失。

- 发送器不能直接连接至由接收器产生的输出信号上。

2．参数

➢ Source

- Definition：输入发送器所位于的组件名称，仅能在接收器内进行指定。
- Mode：Receive | Transmit（接收 | 发送）。设置该元件工作模式。
- Inter Project Transfer？：No | Yes。控制项目间数据传送。
  - No：非项目间传输。
  - Yes：用于根控制仿真，无线链接元件可在主从项目之间收发数据，且信号将被解释为常量。
- Rank：与该无线链接元件相关的仿真的排序号。排序号是并发启动的某个仿真实例的标识。更详细内容参见第九章相关内容（当 *Inter Project Transfer?* 选择为 Yes 时有效）。

➢ Signal

- Name：为将要发送或接收的信号输入一个名称。一个组件内只能有一个具有该指定名称的发送器。项目内所有具有该名称的接收器将接收由 *Definition* 指定的组件内具有相同名称的发送器所发送的信号。
- Data Type：Real | Integer（实型 | 整型）。发送或接受信号的数据类型，必须与输入信号的类型相同。
- Dimension：输入信号的维数（即数组的大小）。对于发送器，这是将要发送的输入信号的维数。对于接收器，这是将要接收的发送信号的维数。

➢ Graphing

- Name：为将要发送或接收的信号输入一个名称。一个组件内只能有一个具有该指定名称的发送器。项目内所有具有该名称的接收器将接收由 *Definition* 指定的组件内具有相同名称的发送器所发送的信号。
- Lower Limit：为发送或接收的信号值设置下限。
- Upper Limit：为发送或接收的信号值设置上限。

3．步长延迟问题

使用 Radio links 元件时必须仔细考虑在项目内发送器和接收器的放置问题。PSCAD 项目内所有的非电气元件本质上都是结构化 Fortran 代码的一种图形化表示。

特定组件（包括 Main 组件）内所有的元件将依据它们之间的连接关系进行安排，然后建立 Fortran 文件来描述该组件的内容。EMTDC 将在每仿真步长内从上至下地读取该文件内的 Fortran 代码。同样地，EMTDC 也会按一定次序来以 Fortran 子程序的形式对组件进行调用。如果某个页面内具有多个组件，调用它们的 Fortran 语句的次序将取决于它们所连接至的内容（它们参数所定义的位置）。

在这种机制下使用 Radio links 元件可能会产生问题，由定义于其发送器之前的任何接收器输出的信号将会产生一个仿真步长的延迟。例如，某个无线链接发送器向两个位于项目中不同位置的接收器发送全局变量，接收器 1 出现于发送器之前，而接收器 2 位于发送器之后，如图 7-34 所示。

A1　[Main] A1

图 7-33 无线链接元件

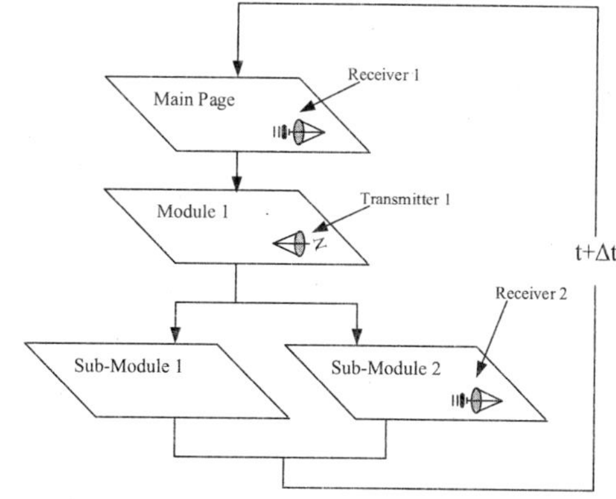

图 7-34 Wireless Radio Links 所造成的延迟

将可看到绘制出接收器 1 的输出数据延迟于接收器 2 的输出一个仿真步长。

需要注意的是上述例子中所有的无线链接均假设定义于相同的 EMTDC 动态子程序中（即 DSDYN 或 DSOUT）。如果发送器和接收器散布于 DSDYN 和 DSOUT 内，可能会产生另一种延迟。根据 EMTDC 的程序结构，每个仿真步长内 DSDYN 将在 DSOUT 之前被调用，当执行到 DSOUT 代码结束时，仿真时间将增加一个步长 Δt，然后重新从 DSDYN 的开头开始执行。如果任何发送器位于 DSOUT 内，则位于 DSDYN 内的相应接收器均将延迟一个仿真步长。

7.3.4 录波仪 (RTP and COMTRADE/ Recorder)

该元件如图 7-35 所示。

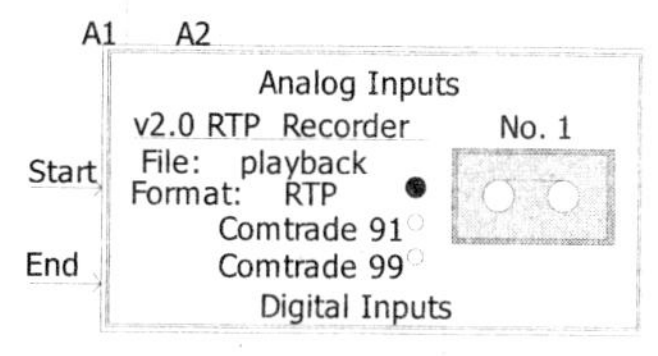

图 7-35 录波仪元件

1．说明

该元件可记录多达 28 个的仿真数据信号，并可以如下三种标准格式存储记录的数据：RTP (Real Time Playback)、COMTRADE 91 和 COMTRADE 99。尽管该元件特别设计与 RTP 保护测试设备一起无缝使用，但也可用于方便地以 COMTRADE 91 和 COMTRADE 99 格式进行记录。

该元件的输入输出端子说明如下：

- A1, A2, ..., A12：外部记录模拟通道。
- D1, D2, ..., D16：外部记录数字通道。

尽管所有的 28 个输入通道均可接受 REAL 型变量，出于对 RTP 和 COMTRADE 的兼容性，对模拟和数字输入的处理稍有不同。

- Start s：可调整的记录起始时间。
- End s：可调整的记录终止时间。

提供 Start 和 End 输入用于控制特定时间间隔内的记录。通常情况下，可简单地将常量连接到这些输入端，但在多重运行时可能需要更复杂的机制来改变这些时间设置。典型的用法是连接两个 slider 元件至这些输入端，并在相应的控制盘内调整起始和终止时间。

2．参数

➢ Main Configuration | General

- Name for Identification：可选的用于识别元件的文本参数。
- Output File Name：输入无扩展名的文件名称。文件名长度限制于 8 字符以保持与 MS-DOS/COMTRADE 的兼容性，该文件名将自动附加适当的扩展名。
- Output File Format：RTP | COMTRADE 91 | COMTRADE 99。设置输出文件格式。
- Recording Time Step (microseconds) μs：用于记录的时间步长。该值小于仿真步长时将实际将使用仿真步长，而大于仿真步长时将使用插值算法进行同步。
- Low pass Filtering Enable：never | Rstep>Tstep。选择 Rstep>Tstep 时记录步长大于仿真步长，将对输入信号进行低通滤波。
- System Frequency：60Hz | 50Hz。选择系统基波频率。
- Station Name：描述性变电站名称，仅用于 COMTRADE 格式输出文件。
- Recorder Device Number：用于 EMTDC 对同一仿真中的多个录波仪进行区分，此时每个录波仪必须分配一个唯一的设备号，可设置为 1~99。
- Number of 16-bit Analog Channels：将要记录的模拟通道数目，最大 12。
- Number of Digital Channels：将要记录的数字通道数目，最大 16。
- Output files：Single | Multiple。设置输出文件数量（当 *Output File Format* 选择为非 RTP 时有效）。
    - Single：单一文件。
    - Multiple：COMTRADE 规范允许将大型的输出文件分解为多个小型的文件，以适应通过 1.44MB 软盘在计算机之间传递文件的要求。
- Number of Extra Header File Lines：设置将要添加至 COMTRADE 头文件中文本的行数，最多 5 行，这些文本将通过在 COMTRADE Header File 对话框内输入（当 *Output File Format* 选择为非 RTP 时有效）。
- Analog Output Minimum：用单极性整数表示记录数据时输入 0。对用双极性表示的情况需输入合适的值（例如-4096）（当 *Output File Format* 选择为非 RTP 时有效）。
- Analog Output Maximum：用单极性整数表示记录数据时输入合适的非零值（例如 4096）（当 *Output File Format* 选择为非 RTP 时有效）。

- Capture Trigger Time：No | Yes（不记录 | 记录）。设置记录触发时间。

➤ COMTRADE Header File | General

- Extra Header File Line #：用户可在这些行内输入描述性的文本，并被添加至 COMTRADE 头文件中（当 *Number of Extra Header File Lines* 设置为非 0 时使用）。

➤ Analog Channel A# | General

- Analog Variable Name：模拟输入变量的名称。该名称长度需少于 15 字符且字符间无空格。该名称将显示在 RTP 回放软件预览窗口中的图形窗口中。
- Variable Description (Comtrade)：用于 COMTRADE 配置文件中的变量描述。当 *Output File Format* 选择为非 RTP 时有效
- Variable Source：Primary | Secondary。与 CT/PT ratio 的设置值一起使用。
  - Primary：录波仪的输入值将除以 *CT/PT ratio* 中的值，传送至输出文件中的总是二次侧的值。
  - Secondary：录波仪的输入值将直接写入输出文件。
- Variable Type：Voltage | Current | Other。Playback 和 COMTRADE 文件需要该信息来显示正确的单位。RTP 回放软件将基于该单位自动产生显示波形。
  - Voltage：电压。
  - Current：电流。
  - Other：必须在 *Other Unit* 中输入描述无缩放单位的文本。
- Other Unit：为通道输入适当的单位。
- Phase Identification：A | B | C | N。选择合适的相（当 *Output File Format* 选择为非 RTP 时有效）。
- PT or CT Ratio：为每个变量输入 PT 或 CT 变比，在 PSCAD 中一次侧变量默认的单位为 kV 或 kA。
- Component Being Monitored (Comtrade)：COMTRADE 配置文件所要求的被监测元件的描述（当 *Output File Format* 选择为非 RTP 时有效）。

➤ Diaital Channels

- Status Variable Name：数字输入变量的名称。该名称长度需少于 15 字符且字符间无空格。该名称将显示在 RTP 回放软件预览窗口中的图形窗口中。
- Variable Description：用于 COMTRADE 配置文件中的变量描述（当 *Output File Format* 选择为非 RTP 时有效）。
- Normal Operating State：0| 1。COMTRADE 配置文件需要该信息为数字信号分配默认的初始状态（当 *Output File Format* 选择为非 RTP 时有效）。

7.3.5 输入/输出 (Import/Export)

[IMPORT]   [EXPORT]

图 7-6 输入/输出元件

该元件如图 7-36 所示。

1. 说明

Import 元件用于从父组件内向其子组件传递数据信号，该元件需放置于需要该信号的组件画布内，其 *Signal Name* 输入参数必须与组件定义中输入连接端子或输入参数定义的 *Symbol Name* 一致。

每个输入信号最好使用单一的 Import 标签。需在画布内多次使用该输入信号时，建议使用 Data Label 来引用该信号，如图 7-37 所示。注意不能对 Import 标签的输出信号重命名，如图 7-38 所示。

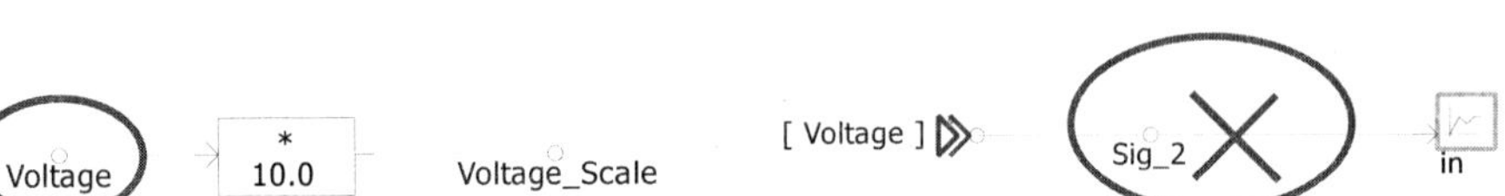

图 7-37 Import 标签输出的多次使用　　　　图 7-38 Import 标签非法使用

Export 元件用于从子组件内向其父组件传递数据信号，该元件需放置于发送该信号的组件画布内，其 *Signal Name* 输入参数必须与组件定义中输入连接端子或输入参数定义的 *Symbol Name* 一致。

局部变量不能与 Export 元件定义的输出信号重名，而应使用不同的名称，如图 7-39 所示。

图 7-39 Emport 标签使用

注意：图 7-39 中第一种用法在 PSCAD 4.5 或更高版本中被认为是非法的。若该情况在旧版本项目中较为突出，用户可使用正确的 v4.x Legacy Import/Load feature 在项目加载时自动修正。

此外，这两个元件的 *Signal Name* 和 *Symbol Name* 的匹配在编译时是大小写敏感的。

2. 参数

➢ Configuration | General

- Signal Name：将要输入/输出的数据信号的名称。

7.3.6 外部电气节点 (XNode)

该元件如图 7-40 所示。

1. 说明

该元件用于从组件内连接至外部电气网络。由该元件指定的 *Signal Name* 必须与组件定义中定义的电气连接端子的 *Symbol Name* 匹配。与标准的 Node Label 元件不同，

XNode

图 7-7 外部电气节点元件

外部电气 Node 不会为该节点创建局部名称。因此 XNode 和普通的 Node Label 可同时存在于一个电气连接线上，并不会引起名称冲突。

2．参数

➢ Configuration | General

● Signal Name：外部电气连接节点的名称。

7.3.7 批注框 (Annotation Box)

该元件如图 7-41 所示。

===== Annotation box Line1 Line2

图 7-8 批注框元件

1．说明

批注框元件不会影响代码生成，它仅用于显示的目的，用于模型设计者输入对电路的注释。

2．参数

➢ Configuration | General

● Annotation Box：Line #X。输入显示于该元件图形上的单行文本。每个元件可输入 2 行。

7.3.8 便签 (Sticky Note)

该元件如图 7-42 所示。

1．说明

该元件作用类似于批注框元件，它仅用于显示的目的，用于模型设计者输入对电路的注释，但在其中可输入多行描述性文本，且可设置多种不同的显示风格。

2．设置

可鼠标右键单击目标便签元件，从弹出的菜单中选择 Edit Properties...，得到如图 7-43 所示的对话框。

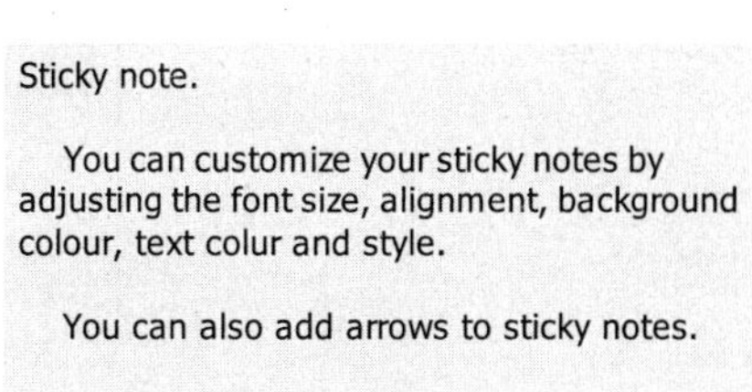

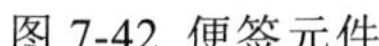

图 7-42 便签元件

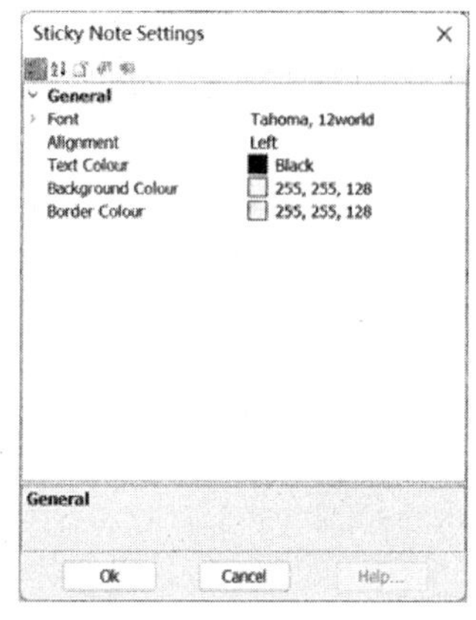

图 7-43 便签元件设置

其中的 *Font* 用于设置字体大小等，*Alignment* 用于设置文本对齐方式，*Text Colour*

用于设置文字颜色，*Background Colour* 用于设置背景色，*Border Colour* 用于设置边框颜色。

还可鼠标右键单击目标便签元件，从弹出的菜单中选择 Attibutes...，得到图 7-44 所示的对话框。该对话框显示该便签元件的 XY 坐标、宽度高度和方向等信息，但用户不能对这些信息进行修改。

3．操作

用户可移动光标至该元件上方并单击，此时该元件将在四周出现绿色小方框（其中一个蓝色小圆圈代表该元件的原点），如图 7-45 所示，用户可单击这些方框并保持，对该元件进行缩放。

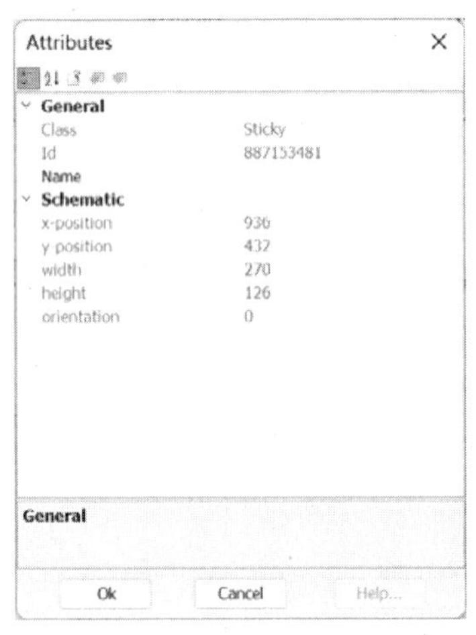

图 7-44 便签元件属性

Sticky note.

You can customize your sticky notes by adjusting the font size, alignment, background colour, text colur and style.

You can also add arrows to sticky notes.

图 7-45 便签元件的缩放框

用户可移动光标至该元件上方（注意不要按下鼠标左键），此时该元件将在四周出现透明小方框，如图 7-46 所示。用户可单击这些方框，为该元件在相应方向上添加指向箭头，如图 7-47 所示，再次单击该方框则将收起箭头。

用户也可通过右击目标便签元件，从弹出的菜单中选择 Add Arrow，为该便签元件添加相应指向箭头，如图 7-48 所示。也可从弹出的菜单中选择 Remove All Arrows 来收起所有的箭头。

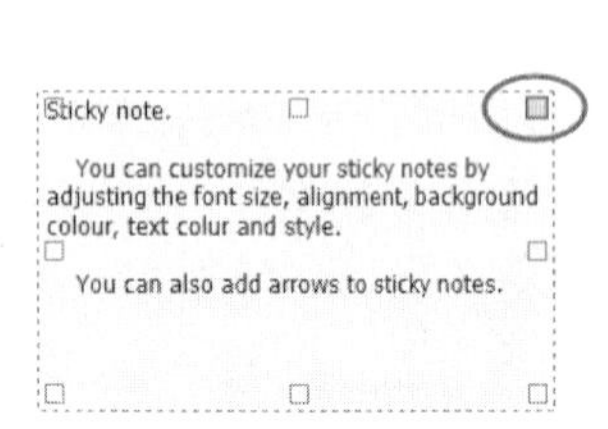

图 7-46 便签元件指向箭头框

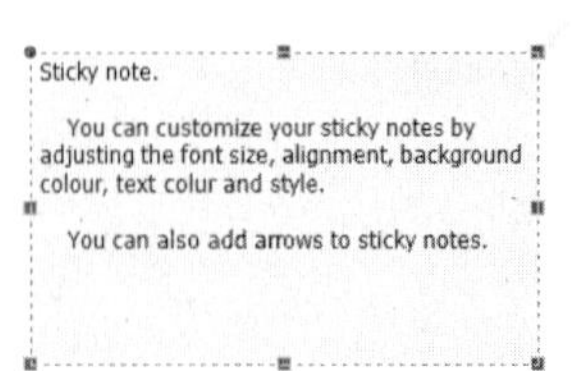

图 7-47 添加指向箭头

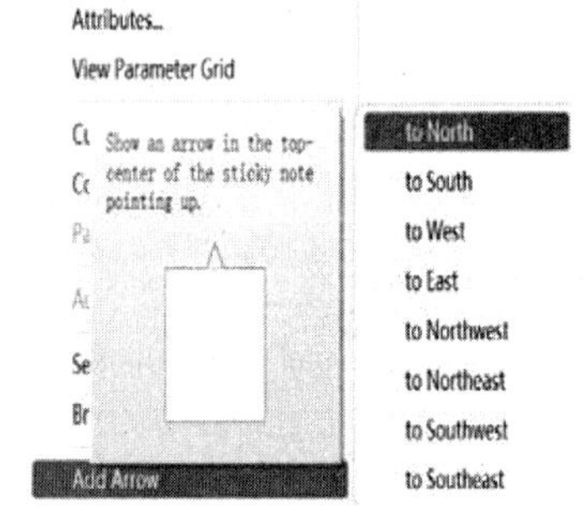

图 7-48 添加指向箭头菜单

7.3.9 常量（Constants）

该元件如图 7-49 所示。

1.0　Pi　TIME

1　1/Sqrt(2)　Delta-T

False　2 / 3

(1.0, 0.0)

图 7-49 常量元件

1．说明

PSCAD 的常量元件分为多种类型，第一类为 Real/Integer/Logical/Complex Constant，主要用于向数据信号连接线上或元件输入端指定实型/整型/逻辑型/复数型常数值，其中的 Logical Constant 输出 TRUE 或 FALSE，并还可输出三种 EMTDC 全局变量的逻辑状态，即 TimeZero,FirstStep 和 LastStep。第二类为 Commonly Used Constants，它类似于 Real Constant，但提供的是预定义的常用常数，例如 π、$\sqrt{2}$ 和 1/3 等。第三类为 Time signal（它实质是一种变量）和 Time step Constant，主要用于向数据信号线或元件输入上指定仿真时间和仿真步长。Time signal 的输出仅可随仿真时间的变化而改变，并且在快照启动方式下，该元件的输出将反映新的仿真起始时刻，例如以 0.3s 拍摄的快照启动仿真，则该元件的输出将从 0.3s 开始。Time step Constant 输出当前仿真所设置的仿真步长，且只能通过改变仿真步长来改变输出。

2．参数

➢ Configuration | General

- Label for the Constant (Optional)：该常数元件的标签，可选项。
- Built-in EMTDC Constants：选择 EMTDC 内置的常数。仅 Commonly Used Constants 元件具有该参数。
- Real Constant Value：输入实型常数，仅 Real Constant 元件具有该参数。
- Integer Constant Value：输入整型常数，仅 Integer Constant 元件具有该参数。
- Logical Constant Value：False | True | TimeZero | FirstStep | LastStep。仅 Logical Constant 元件具有该参数。
  - ■ TimeZero：当仿真时间 t=0.0 时输出 TRUE。
  - ■ FirstStep：当仿真处于第一仿真步长内时输出 TRUE。
  - ■ LastStep：仿真处于最后一个仿真步长内时输出 TRUE。
- Complex Constant Value：输入复数型常数，仅 Complex Constant 元件具有该参数。复数输入形式为(实部，虚部)。
- Output Dimension：该信号维数。

7.3.10 类型转换（Type Conversion）

该元件如图 7-50 所示。

1　1

图 7-9 类型转换元件

1．说明

该元件主要用于将特定类型的数据信号转换为其他类型，例如 REAL 转为 INTEGER。通常电路中的绝大多数类型转换是 REAL 与 INTEGER 的相互转换，从 INTEGER 转换为 REAL 时不会丢失精度，当 INTEGER 输出连接至 REAL 输出时，PSCAD 将自动进行相应转换。但当 REAL 输出连接至 INTEGER 输入时，PSCAD 将在 Build Message 面板中显示消息以对可能的精度丢失发出警告，此时可使用 Type Conversion 元件以确保精确地转换，避免警告消息的产生。

该元件也可用于转换数组。此外，若输入输出类型相同，该元件可用于根据标量生成一个数组，输出数组所有元素都将被赋予该标量值。

- 注意：REAL 转换为 INTEGER 可采用 NINT 操作（最近整数），即 1.4 转换为 1，1.6 将被转换为 2。也可采用 INT 操作，此时 1.4 和 1.6 均转换为 1。
- 无符号和有符合短整数将输出为 INTEGER*4，例如输入 40000 将产生 INTEGER*4 信号值-25536 或 7232。

2．参数

➢ Configuration | General

- Name for Identification：可选的用于识别元件的文本参数。
- Input Data Type：Logical | Integer | Real | Complex（逻辑型 | 整型 | 实型 | 复数型）。输入数据类型。
- Output Data Type：Logical | Integer (NINT) | Real | Integer (INT) | Short Integer Signed | Short Integer Unsigned | Complex。选择输出的数据类型。
- Output Dimension：信号维数。
- Real Complex Conversion：Rectangular coordinates | Polar coordiantes rad | Polar coordiantes deg。转换为 COMPLEX 类型时输入 REAL 侧的组合方式。
  - Rectangular coordinates：直角坐标。
  - Polar coordiantes rad：极坐标，角度为弧度。
  - Polar coordiantes deg：极坐标，角度为度。

7.3.11 数据标签 (Data Label)

该元件如图 7-51 所示。

Signal_name

图 7-10 数据标签元件

1．说明

该元件可用于为带有数据信号的连接线分配信号名称。如果其 Data Signal Name 参数与同组件内另一个数据信号的名称相同，则这两个信号将被认为连接在一起。

Data Label 元件主要用于在页面内传递数据信号，或为由元件内产生的任何内部输出信号提供连接点。该元件不能用于在页面之间传递数据。

2．参数

➢ Configuration | General

- Data Signal Name：数据信号的名称。

7.3.12 节点标签 (Node Label)

该元件如图 7-52 所示。

1. 说明

该元件可被放置于电气连接线上，以强制为所指示的点创建一个节点。该元件给出的节点名称将是整个 EMTDC 系统动态中用于该指定节点的名称。

图 7-11 节点标签元件

2. 参数

➢ Configuration | General

- Electrical Node Name：为电气节点输入名称。该名称需遵循 Fortran 的变量命名标准（以非数字开头的字母数字串）。
- Measure Voltage and Create Local Signal ？：No | Yes。选择 Yes 时将测量节点电压并生成局部数据信号。
- Normalize Measured Voltage ？：No | Yes。选择 Yes 时将输出电压测量标幺值，基准值在 *Base Voltage (L-G) for Normalizing* 中指定。
- Voltage Signal Name：测量的电压信号名称。
- Base Voltage (L-G) for Normalizing kV：计算标幺值的基准相电压有效值。

7.3.13 节点环 (Node Loop)

该元件如图 7-53 所示。

1. 说明

该元件输出具有特定类型信息的信号，它可将节点编号信息输入至与它一起使用的元件。图 7-54 所示为节点环元件用作 Three-Phase RMS Voltmeter 元件输入的示例。

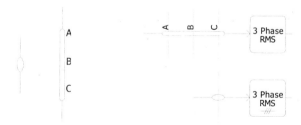

图 7-53 节点环元件　　图 7-54 节点环元件的应用

Node Loop 元件可被放置于常规或单线显示的三相母线上。其任何一个端子可连接至期望这种输入元件的输入端子上。该元件专门用于提供输入至如下 PSCAD 元件：Three Phase RMS Voltmeter、Real/Reactive Power Meter 和 6-Pulse Bridge。需要注意的是，该元件的输出不是常规的数据信号，因此不能对其进行监测或绘图。

2. 参数

➢ Configuration | General

- Name for Identification：可选的用于识别元件的文本参数。

- Graphics Display：3 phase view | Single line view。设置外观显示方式。
  - 3 phase view：三相显示。
  - Single line view：单线显示。

7.3.14 数据合并 (Data Merge)

该元件如图 7-55 所示。

1．说明

该元件可将多达 12 个单独的标量信号合并为数组（矢量数据）。所有连接至输入端的信号将被转换为所选择的输出类型，可将 INTEGER 转换为 REAL 类型，而 REAL 输入值将通过使用 Fortran 的 NINT 函数转换为最接近的整数。该元件不能自动将 LOGICA 输入转换为 REAL 或 INTEGER 类型。如果输入的类型不同，可首先使用 Type Conversion 元件将它们转换为所需要的类型后再合并。

该元件的使用如图 7-56 所示。

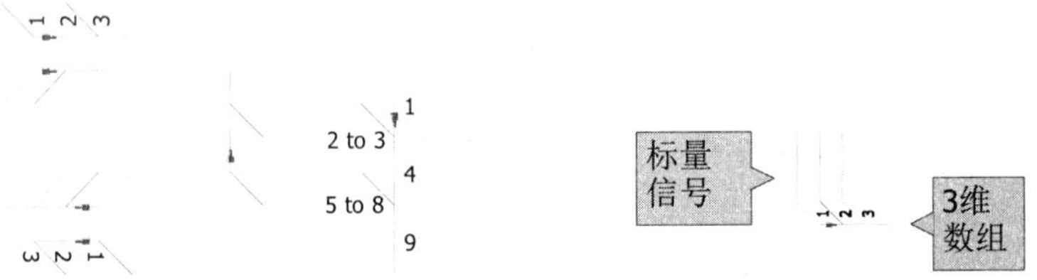

图 7-55 数据合并元件　　　　图 7-56 数据合并元件的应用

2．参数

➢ General
- Name for Identification：可选的用于识别元件的文本参数。
- Number of Input Taps：输入标量的个数，1～12。
- Output Data Type：Real | Integer | Logical | Complex（实型 | 整型 | 逻辑型 | 复数型）。输出数据类型。
- Display Index Numbers？：No | Yes。选择 Yes 时将在元件外观上显示索引号。
- Input Port Locations：same side | alternate sides。输入端口放置方式。
  - same side：所有端口放置于同一侧。
  - alternate sides：端口交错放置。

➢ Dimensions
- Dimension of #th Element：第#个输入元素的维数。

7.3.15 数据信号数组分接 (Data Signal Array Tap)

该元件如图 7-57 所示。

1．说明

该元件可从其连接的数据信号数组中提取特定范围的数据。该元件可连接至承载数组（或矢量数据）的连接线上，数据信号数组分接元件的应用如图 7-58 所示。

1 2

图 7-57 数据信号数组分接元件

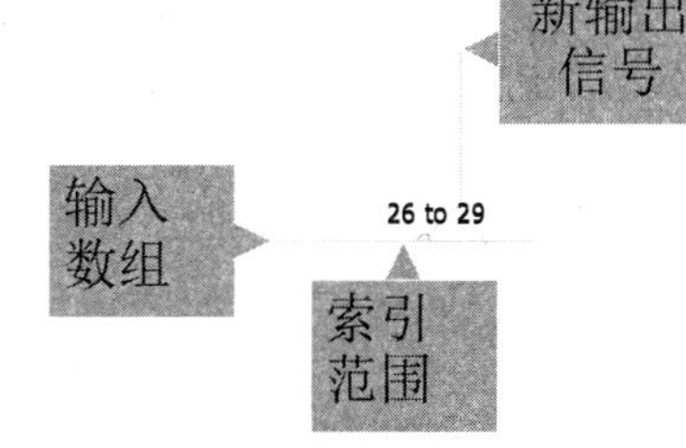

图 7-58 数据信号数组分接元件的应用

2. 参数

➢ Configuration | General

- Name for Identification：可选的用于识别元件的文本参数。
- Start at Index Number：输入数组中将要分接元素的起始索引号。
- Dimension (Enter 1 for Scalar)：输入数组中将要分接元素的数量，如果仅分接一个则输入 1。
- Input Data Type：Real | Integer | Logical | Complex 实型 | 整型 | 逻辑型 | 复数型。输入数据类型。
- Line Style：Straight Line| Arc。外观显示设置。
  - Straight Line：直线，如图 7-57 中左边的对象。
  - Arc：圆弧，如图 7-57 中右边的对象。
- Display Index ? ：No | Yes。选择 Yes 时将在元件外观上显示索引号。

7.3.16 母线 (Bus)

该元件如图 7-59 所示。

1. 说明

该元件类似于 Wire 元件，它同样可用于将电路中的元件进行连接。但该元件主要用作表示单一的电气母线连接点（即一个节点），多个元件可连接至该节点。母线是一种可伸缩的元件，其长度可根据使用要求进行改变。图 7-60 所示为母线元件的使用示例。

Bus_1

图 7-59 母线元件

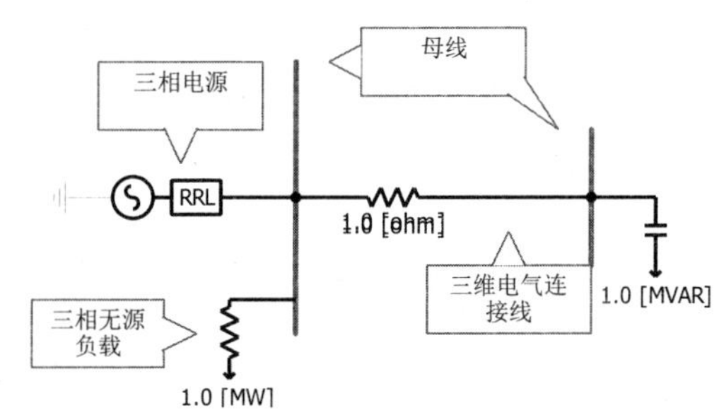

图 7-60 母线元件的应用

需要注意的是：与 Wire 元件不同，任何与母线元件重叠的连接线都将被认为与其连接。

2．参数

➢ Configuration | General

- Name：母线的名称。
- Base kV kV：电压基准值。
- RMS Voltage kV：电压有效值。
- Voltage Angle °：电压相角。
- Voltage Magnitude kV：电压幅值。
- Type：Auto | Load (PQ) | Generator (PV) | Swing。母线类型。
  - Auto：自动设置。
  - Load (PQ)：负载 PQ 型。
  - Generator (PV)：发电机 PV 型。
  - Swing：摇摆型。

7.3.17 绞线 (Twist)

该元件如图 7-61 所示。

该元件对于要求进行三相线路的排序时非常有用。例如，对一根长距离输电线路，在不同的线路段中，每一相可位于左边、中间和右边，以使得所有的相具有相同的阻抗。

7.3.18 钉 (Pin)

该元件如图 7-62 所示。该元件用于强制连接重叠的连接线（可承载数据或电气信号），图 7-63 所示为其使用示例。

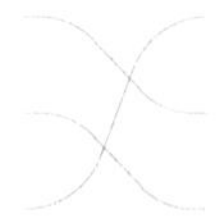

图 7-61 绞线元件

图 7-62 钉元件

图 7-63 钉元件的应用

7.3.19 强制进入 DSDYN/DSOUT (Force to DSDYN/Force to DSOUT)

该元件如图 7-64 所示。

图 7-12 强制进入

1．说明

该元件用于强制任何矢量或标量数据信号进入 EMTDC 系统动态的 DSDYN 或 DSOUT 部分，并仅由高级用户使用。

这两个元件所具有的优点之一是如果所有输入至某个元件（主元件库中或用户自

定义的）的输入信号均经过了这两个元件的预处理，则 PSCAD 将强制使得该元件自身进入 DSDYN 或 DSOUT 部分。

2．参数

➢ Configuration | General

- Name for Identification：可选的用于识别元件的文本参数。
- Input Data Type：Real | Integer | Logical | Complex（实型 | 整型 | 逻辑型 | 复数型）。输入数据类型。
- Dimension：输入信号的维数，标量时输入 1。

7.3.20 动态数据分接 (Dynamic Data Tap)

该元件如图 7-65 所示。

1．说明

该元件根据输入连接给出的起始索引号输出一个标量或矢量信号。输出信号维数在元件参数中定义。若起始索引号和输出维数共同确定的元素超出输出数组的范围，元件将视数据类型的不同发出告警并输出 0 或.FALSE.。 图 7-66 所示为该元件应用示例。

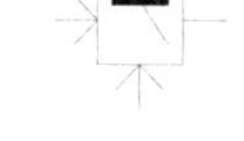

图 7-13 动态数据分接元件

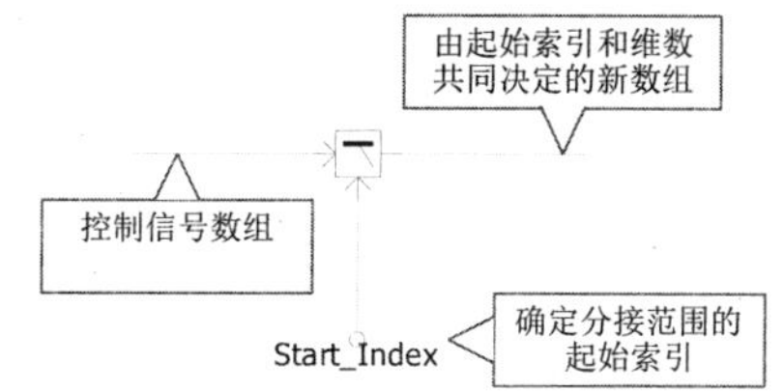

图 7-66 动态数据分接应用示例

2．参数

➢ Configuration | General

- Name for Identification：可选的用于识别元件的文本参数。
- Input Data Type：Real | Integer | Logical | Complex（实型 | 整型 | 逻辑型 | 复数型）。输入数据类型。
- Dimension：输入信号的维数，标量时输入 1。

7.3.21 排序号 (Rank Number)

该元件如图 7-67 所示。

1．说明

该元件输出并发启动仿真中某一次的排序号，非并发启动仿真的排序号为 0。配合查找表方法，如 XY Transfer Function 或 XY Table 元件，该元件可用于为并发启动仿真中不同的运行设

Rank#

图 7-14 排序号元件

置不同的参数，如图 7-68 所示。

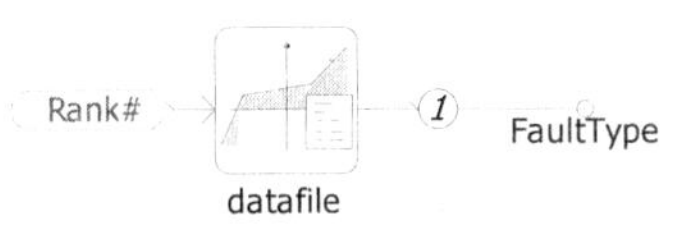

图 7-68 排序号元件应用示例

7.3.22 三相短接 (3-Phase Short)

该元件如图 7-69 所示。

图 7-15 三相短接

该元件用于将一组三相电气信号连接在一起，即短路，如图 7-70 所示。

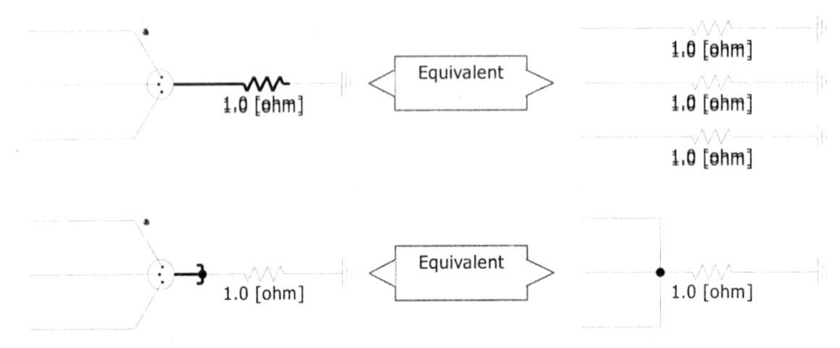

图 7-70 三相短接元件应用示例

7.3.23 3 线/单线系统转换器 [3-Phase to SLD Electrical Wire Converter (Breakout)]

该元件如图 7-71 所示。

图 7-16 3 线/单线系统转换器元件

1. 说明

该元件用于 3 线和单线显示方式的三相系统的连接，如图 7-72 所示。

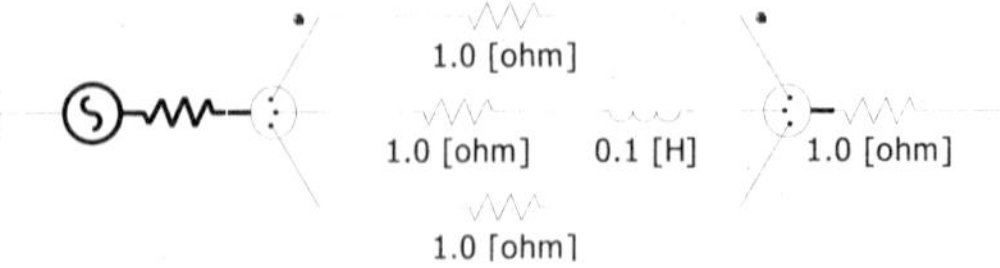

图 7-72 3 线/单线系统转换器应用示例

该元件上的蓝色方块指明输出数组的第一个元素，通常是三相系统的 A 相。

2. 参数

➢ Configuration | General

- Display Phase Information：No |Yes。选择 Yes 时在元件图形上显示各相序号，例如 A、B、C。

- View：Expanded | Compact。图形外观设置。
  - Expanded：扩展图形。
  - Compact：元件节点将放置更为紧密。

7.3.24 6线/两个3线转换器（6 to Twin 3-Phase Splitter）

该元件如图7-73所示。

1．说明

该元件用于6线系统和两个3线电气系统的连接，如图7-74所示。

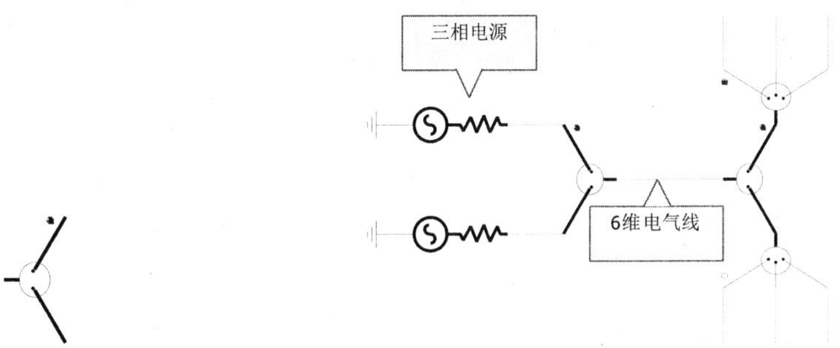

图7-73 6线/两个3线转换器元件　　图7-74 6线/两个3线转换器应用示例

该元件上的蓝色方块指明第一个三维数组，即6线中的第1、2、3线。

2．有效连接

与PSCAD单线图（SLD）功能相适应，主元件库中加入了一些特殊元件，例如，3线/单线系统转换器、三相短接和6线/两3线转换器，以实现单相图和三相显示模式之间透明的接口。使用这些元件时需避免如下情况：

- Breakout元件三线侧短路/接地。该元件仅用于映射，尽管它将其三线侧各线与其单线侧的各线对应连接，但并不在其三线侧创建真正的电气节点。因此，三线侧的任何位置不能短接/接地，在串联元件（如一个电阻）后允许通常的电气连接，如图7-75和图7-76所示。

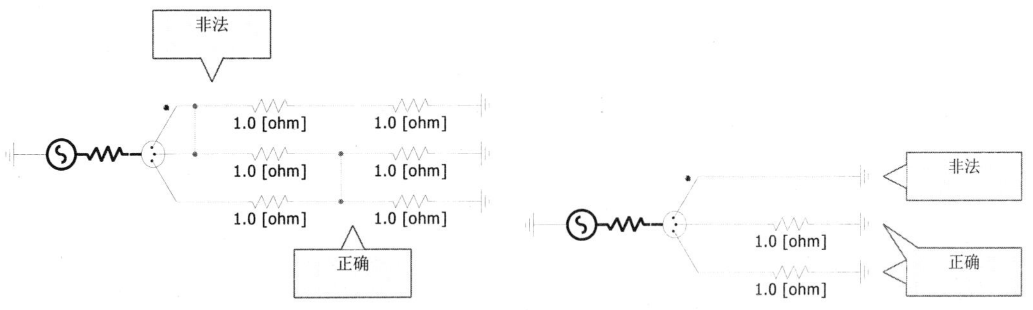

图7-75 避免Breakout元件三线侧短路　　图7-76 避免Breakout元件三线侧接地

图7-75和图7-76中的非法连接将分布产生错误信息Short in breakout at

'<Node>'. Node array elements must be uniquely defined.和 Invalid breakout connection to ground at '<Node>'. Node array elements cannot be individually grounded.。对于 6 线/两 3 线转换器也需注意类似的问题，如图 7-77 和图 7-78 所示。

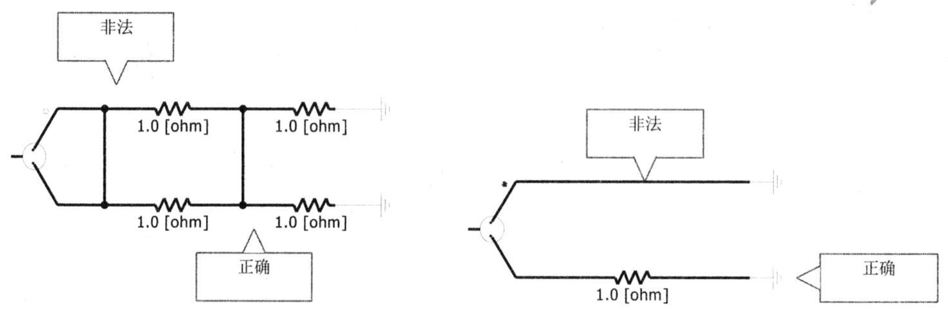

图 7-77 避免 6 线/两 3 线转换器三线侧短路　图 7-78 避免 6 线/两 3 线转换器三线侧接地

- Breakout 元件不平衡连接。该元件仅用于映射，尽管它将其三线侧各线与其单线侧的各线对应连接，但并不在其三线侧创建真正的电气节点。因此，出现所谓的不平衡情况时映射将不成功。不平衡针对的是电气节点而不是实际的阻抗，如图 7-79 所示。图中非法的连接将导致产生错误消息 *Branch imbalance between breakouts at '<Node>'. Node array elements cannot be shared between signals.*。

➢ 避免出现不平衡连接的方法是三线侧每线均至少包含一个串联阻抗，但不要求这些阻抗相同或平衡，如图 7-80 所示。

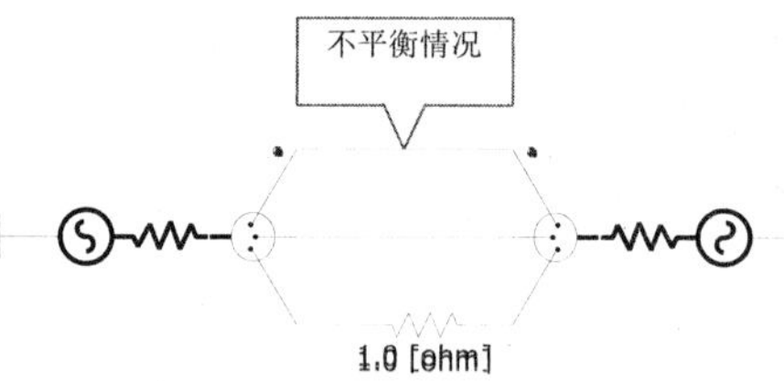

图 7-79 Breakout 元件不平衡连接

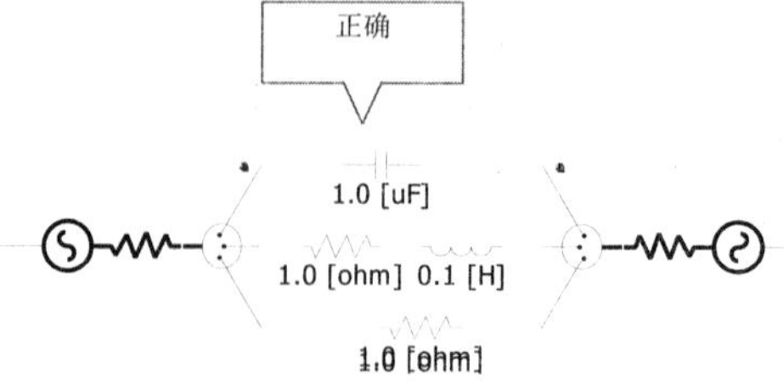

图 7-80 Breakout 元件的平衡连接

最后需说明的是，只要三线侧各线不包含阻抗，Breakout 元件的背靠背连接实际是合法的，如图 7-81 所示。这对于连接正交的母线非常有用。

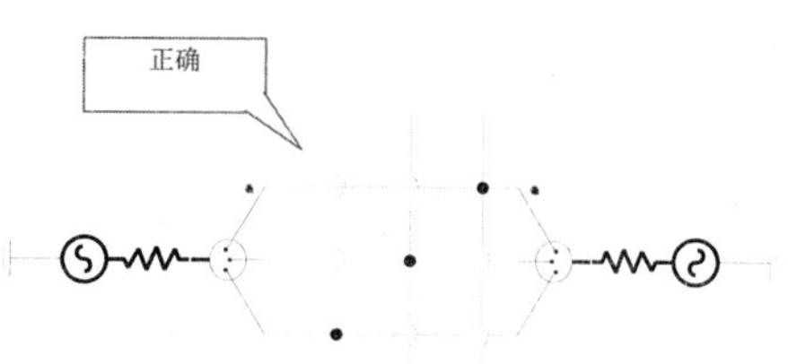

图 7-81 Breakout 元件的背靠背连接

7.3.25 反馈环选择器 (Feedback Loop Selector)

该元件如图 7-82 所示。

1. 说明

该元件用于确定某个反馈环中的断点。所有 EMTDC 系统动态（控制）元件的输出信号在仿真启动前被初始化为 0，并按照由内部排序算法确定的计算顺序排序。反馈环控制器可协助组织多个反馈环，以正确计算输出信号。

图 7-17 反馈环选择器元件

注意：

- 在仿真 0 时刻(t=0.0s)可输入一个初始值以给出正确的初始输出信号。细节参见以下反馈环选择器初始化部分。
- 尽管建议使用反馈环选择器来确定一个反馈环，但并不强制。
- 通过在 Canvas Settings 对话框中启用 *Sequence Order Numbers* 选项，可查看系统动态元件的排序方式。

2. 参数

➢ Configuration | General

- Feedback Signal Comment：可选的 Fortran 注释，所输入的文本将加入至项目 Fortran 文件中。
- Data Type：Data Type：Real | Integer | Logical | Complex（实型 | 整型 | 逻辑型 | 复数型）。输入数据类型。
- Dimension：输入信号的维数，默认为 1。输出信号将自动具有与输入信号相同的维数，每个输出元素是相应输入元素的函数。

➢ Initial Values | General

对数组信号，所有元素均具有此处设置的相同的初值。

- Specify *Initial Values*：No | Yes（不指定 | 指定）。初值设置。
- Initial Logical/Integer/Real/Complex Value：设置不同类型数据的初值。

3. 反馈环选择器作用

采用图 7-83 所示的简单控制电路来说明系统动态元件的排序以及反馈环选择器对次序的影响。元件按照从信号源到负载的次序排序，本例中有两个信号源，均为 Commonly Used Constants 元件，有一个负载，即 Output Channel (PGB) 元件。

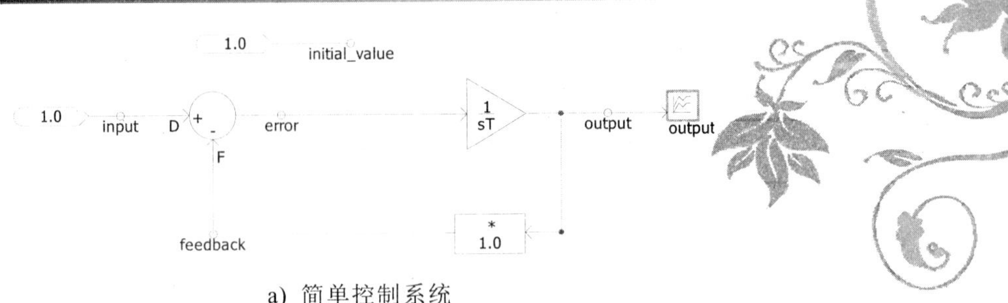

a) 简单控制系统

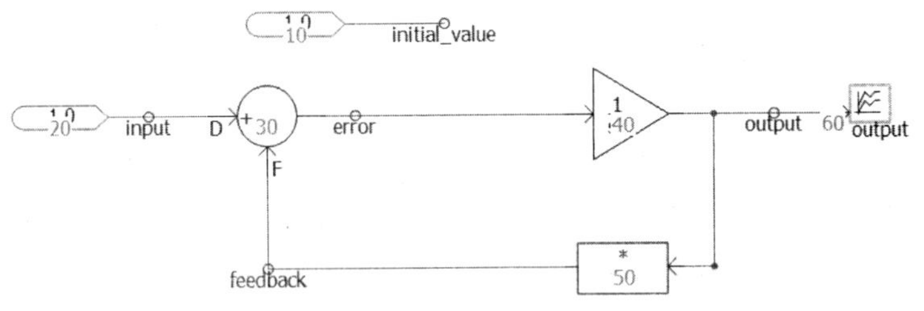

b) 自动序号分配

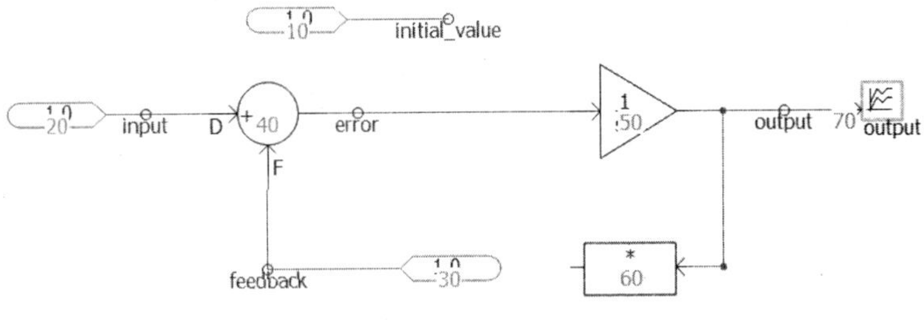

c) 无反馈环

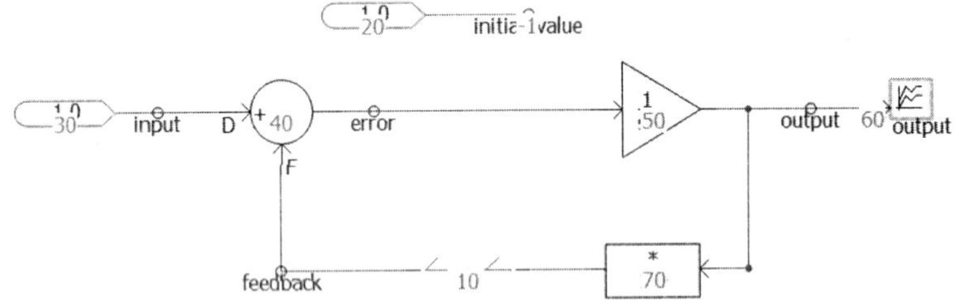

d) 反馈环选择器在增益之后

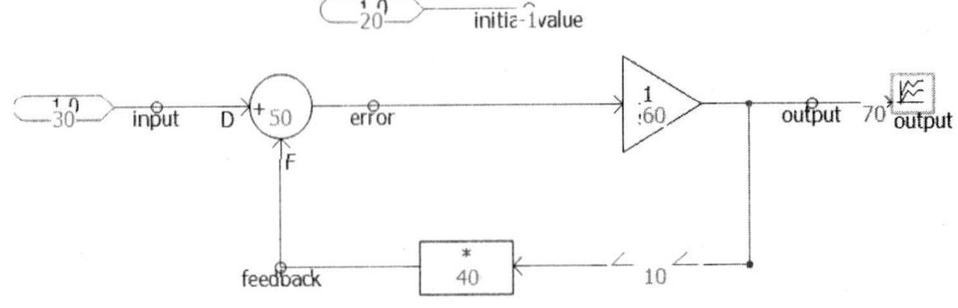

e) 反馈环选择器在增益之前

图 7-83 反馈环选择器作用

图 7-83 b 显示了自动由排序算法分配的序号，表示这些元件出现在系统动态代码中的先后。例如，integrator 元件的计算将在 summing junction 元件的输出之后。因具有最小的排序号，信号 initial_value 将出现在所生成代码的最开始，该信号被用作 integrator 元件的输入，为后者提供一个输出初始值。由于 gain 元件的序号（'50)紧接积分器的计算（序号 40），其输入最终被设置为 1.0。

由于排在第二顺位(序号 20)，在信号 initial_value 之后第二个计算的信号是 input，因此在 0 时刻 input 也等于 1.0。随后是信号 error，其值为 input 的值减去信号 feed_back 的值。但由于信号 feed_back 的赋值在 gain 元件（序号 50）之后，此时该信号将不被处理而保持初值 0.0 不变。因此，信号 error 计算得到 1.0-0.0=1.0。之后继续进行计算直至每个元件所有输出信号被赋值。表 7-1 给出了上述顺序的计算结果。

表 7-1 排序号自动分配下的计算

元件	排序号	0 时刻输出值	输出信号
Real Constant	10	1.0	initial_value
Real Constant	20	1.0	input
Summing/Difference Junction	30	1.0	error
Integrator	40	1.0	output
Gain	50	1.0	feed_back
Output Channel	60	1.0	output

图 7-83 c 显示了系统无反馈时排序算法如何进行元件排序。与图 7-83 b 不同的是，由于 summing junction 元件（序号 40）的两个输入信号（序号分别为 20 和 30）已在该元件之前被处理，信号 error 值此时是 0.0。图 7-83 d 和图 7-83 e 分别是在 gain 元件之前和之后加入反馈环选择器的效果。

注意到图 7-83 d 和图 7-83 e 控制电路的结果均与图 7-83 a 的相同。图 7-83 d 中，反馈环选择器（序号 10）的输出为 0.0，这是由于此时 gain 元件（序号 50）的输出未被处理。图 7-83 e 中由于 integrator 元件（序号 60）未被处理，反馈环选择器（序号 10）和 gain 元件（序号 40）的输出均未被初始化而保持为 0.0。

理论上而言，图 7-83 a 的输出（信号 output）应一直保持为 1.0。但对于非正确初始化的情况（信号 error 的值为 1)，输出初始阶段将非 1.0。

反馈环选择器的参数配置可在 0 时刻提供初始输出值，以确保在电路中使用时正确的初始化。例如在图 7-83 d 中，如果反馈环选择器在 0 时刻初始化为 0.0，则信号 error 初始值将为 0.0，输出信号在整个仿真过程中可保持为理论上的 1.0。

7.3.26 书签链接 (Bookmark Links)

该元件如图 7-84 所示。

1．说明

该元件是已放置于同一项目某处电路画布书签的图形化可导航链接，通过书签导航，用户可快速跳转至所关注（也即书签放置）的位置，从而避免一层层浏览。

关于放置、浏览和管理书签的方法参见第 2 章。可单击功能区控制条 Components 页面中的 *Bookmarks* 按钮，可以看到项目中已放置的书签列表，该列表与书签面板中的内容完全一致，如图 7-85 所示。

单击如图 7-85 中所示的某个书签，将在鼠标箭头处粘连如图 7-84 所示的书签链接，移动鼠标至目标位置单击即可放下书签链接。需要注意的是，在书签面板中单击某个书签将立即跳转至该书签位置，因此不能通过面板添加书签链接。

Main (72,433)

图 7-84 书签链接元件

图 7-85 书签链接管理

双击某个书签链接元件即可快速跳转至书签位置，与在书签面板中单击该书签的效果一致。

2. 参数

➢ General

- Name：所链接至的书签名称。

7.3.27 超链接 (Hyperlinks)

该元件如图 7-86 所示。

1. 说明

该元件是某个网页的图形化可导航链接。可单击功能区控制条 Components 页面中的 Hyperlink 按钮，将在鼠标箭头处粘连如图 7-86 所示的超链接，移动鼠标至目标位置单击即可放下超链接。

https://mhi.ca/

图 7-86 超链接元件

双击某个超链接元件即可打开浏览器，快速跳转至链接的网页。

2. 参数

➢ General

- Name：超链接的名称。
- Hyperlink：所链接的网址。

第 8 章　用户自定义模型

PSCAD 允许设计用户模型以丰富仿真工具。用户可开发从非常简单到极其复杂的模型。创建用户模型可采用两种方法：创建图形化的组件类型元件，或者直接编制代码。无论何种方法，为了在系统动态部分或电气网络中包含用户模型，必须首先创建定义该模型的元件。元件可看作模型的图形化表示，用户可提供输入参数、对输入数据进行预计算以及改变元件的外观。而组件则具有其电路，其他元件将在该电路中拼接形成模型。

本章主要讨论用于设计用户元件的多种特性和工具，主要包括元件和组件的创建、管理和调用。

8.1 定义创建

当需要在目标 Case 项目或 Library 项目中创建元件 (Component) 或组件 (Module) 时，可鼠标右键单击目标项目已打开画布的任何空白处，从弹出的菜单中选择 Component Wizard…，如图 8-1 所示，随后将弹出元件向导面板 (Component Wizard Pane)。也可通过在功能区控制条中的菜单 View →Panes→Component Wizard 来打开该向导。还可在 Workspace 窗口中，鼠标右键单击将要包含该定义的项目的 Definitions 分支，从弹出的菜单中选择 Component Wizard…，如图 8-2 所示。打开的元件向导面板如图 8-3 所示。

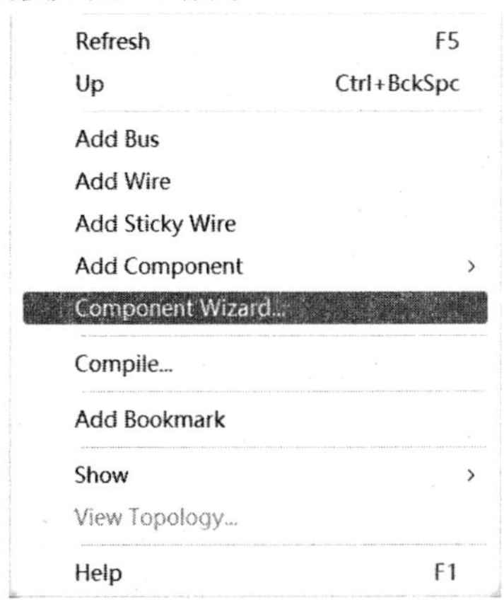

图 8-1 元件向导面板调用菜单 1

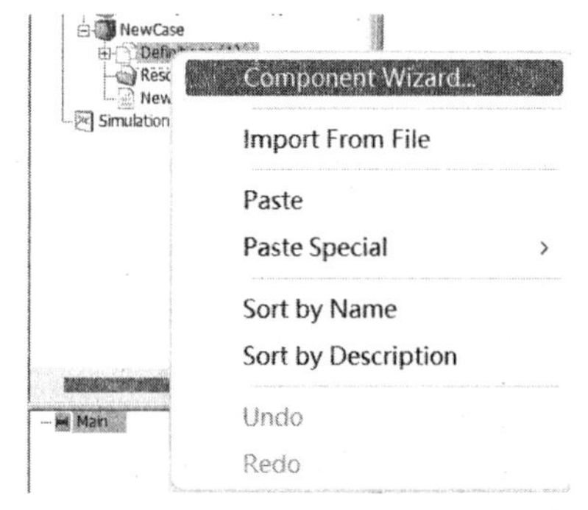

图 8-2 元件向导调用菜单 2

元件向导面板环境包括三个主要部分：左侧的元件/组件定义的图形和架空线/电缆画布部分，右侧属性设置部分以及顶部菜单栏部分。用户可连续单击图 8-3 两个部分中间的 Transmission Segments 标签，即可在元件/组件的定义与架空线/电缆定义之间切换。本章节仅介绍元件/组件的相关内容。

对话框顶部按钮菜单如图 8-3 所示。

- ：添加端口。
- T：添加文本。
- ：网格显示控制。
- ○：原点显示控制。
- ：视图缩放。
- ：设计回收。
- Create ：生成定义。

右侧属性设置对话框的内容视左侧被选中对象的不同也有所不同：

1. 选中默认方框图形外观字符

➢ General

- Description：可选的元件定义描述。显示在定义所在案例或库的 Definitions branch 中，定义名称右侧单引号内。例如，输入 My first component!，如图 8-4 所示。
- Dimensions：设置后续增加的端口的默认维数。默认的方框图形的外框在大于 1 的输入后将变粗。
- Name：新元件定义的名称。该名称需遵循 Fortran 标准（例如，不能以数字打头，不能包含任何空格或其他非法字符），使用该定义时这个名称将被加入至源代码中。例如，输入 My_component，如图 8-4 所示。

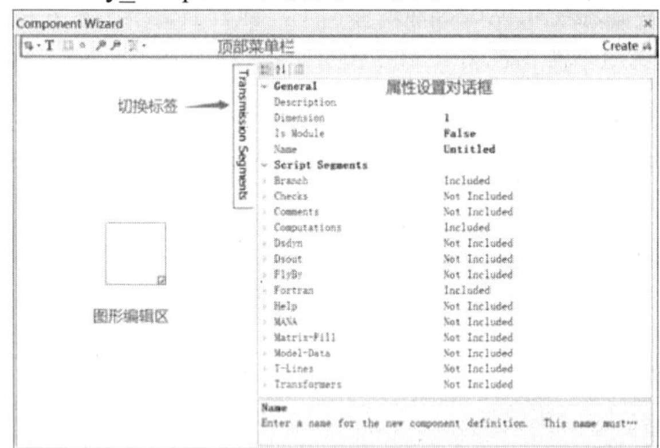

图 8-3 元件向导面板

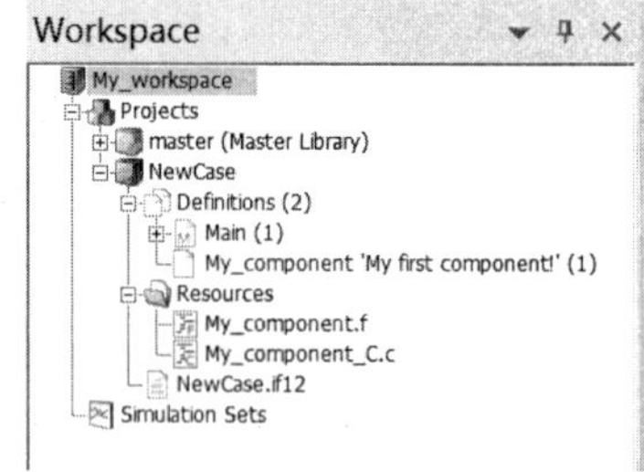

图 8-4 生成的元件定义

- Is Module：False | True。选择 True 将创建组件或子页面的定义，否则为元件。

➢ Scirpt Segments

给出了新定义中可以加入的所有代码段的列表，用户可选择在该界面内加入或移除某个代码段。每个类型的段具有各自独有特性，可单击某个段名左侧的>扩展该段的属性设置，单击∨收起。段的属性设置如下：

- Include：False | True。选择 True 将该段加入至初始创建代码中。
- Name：仅用于显示的文本。
- Auto Generate：Default | C Interface | Fortran Interface | MATLAB Interface。根据所选择的语

言，该选项可加入简单的外部代码接口模板，同时将生成相应的外部文件，该文件被放置于Resources文件夹中，并与项目文件夹在同一文件夹中。例如，Fortran代码段的该选项选择为C Interface后，元件所在项目的Resources分支下将出现名为My_component_C.c的文件，如图8-4所示。相应的，在项目源代码文件（.f）中对该外部源代码文件的调用和该外部自动生成的源代码文件模板分别如图8-5和图8-6所示。

- Default：仅生成空白代码段。
- C Interface：对C语言源文件调用。
- Fortran Interface：对Fortran语言源文件调用。
- MATLAB Interface：对MATLAB语言源文件调用。

```
! ------------------------------------------
! Intel Interface
! ------------------------------------------
#ifdef __INTEL_COMPILER

      ! -------------------
      ! Fortran Interface to C Function
      ! -------------------
      INTERFACE
            SUBROUTINE My_component_Fortran()
                  !DEC$ ATTRIBUTES C :: My_component_Fortran
            END SUBROUTINE
      END INTERFACE
#endif

   ! Call C Function
   CALL My_component_Fortran()
END
```

图8-5 对外部源代码文件的调用

```
// The structure to represent complex numbers.
// ---------------------------------------------------------
typedef struct {double real; double imag;} fComplx;



// ---------------------------------------------------------
// Function (C) for the Fortran function in
// the My_component definition
// ---------------------------------------------------------
// ---------------------------------------------------------
// Function "My_component_fortran"
//
//    The implementation for the component 'My_component' function 'Fortran'
//    Note: This function header was automatically generated by the PSCAD Component Wizard.
//
//    Input:
//    Output:
// ---------------------------------------------------------
void FUNCTION(my_component_fortran)(
)
{

   // TODO: Write Code Here.

}
```

图8-6 自动生成的源代码文件

- Storage Arrays：True | False。选择Ture将在所生成的源代码文件中自动加入EMTDC存储数组的申明（当Auto Generate选择为C Interface时有效）。

2. 左侧选中端口对象

单击顶部菜单栏的添加端口标签按钮，即可在自动图形方框左侧添加一个端口，如图8-7所示。也可单击按钮旁边的下拉列表按钮，如图8-8所示，在需要的位置添加端口，还可在左侧元件图形外观设计界面任何空白处单击鼠标右键，从弹出的菜单中选择Add Port，如图8-9所示。

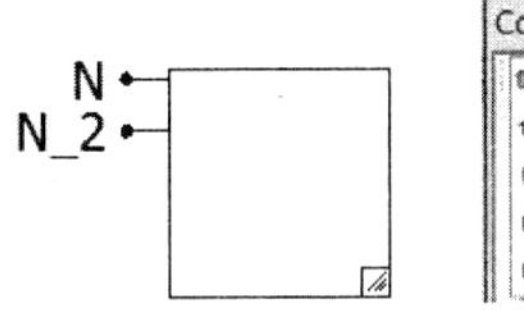

图8-7 自动添加的端口

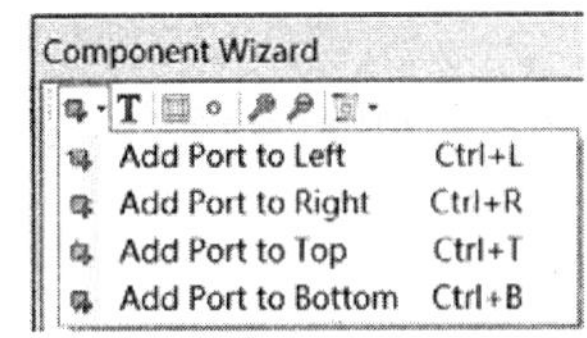

图8-8 添加端口按钮菜单

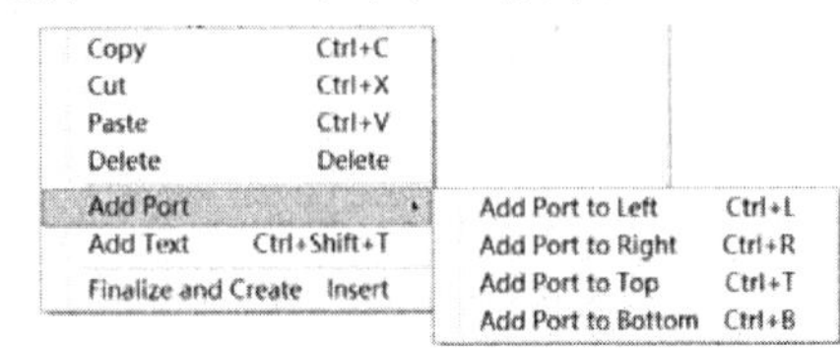

图8-9 添加端口右键菜单

添加的端口将自动粘附至图形外观的方框上，用户可随意拖动某个端口移动至需要的位置。同时，该端口被自动添加了端口标签，如图8-7中的N和N_2。

➢ Display

- Draw Direction：True | False。选择True时将显示端口方向指示，对Electrical类型端口无效。Inpult类型端口显示指向元件的箭头，Output类型端口显示指向元件外部的箭头。
- Draw Name：True | False。选择True时将显示端口的名称。

- Name：为该连接端口输入名称，该名称也是后续对该端口进行引用的变量名。且命名必须符合 Fortran 的标准（例如不能以数字开头、不能包括任何空格或其他非法字符）。

➢ Display (Arrow) Electrical 类型端口无效

- Arrow Angle：端口方向指示箭头的角度。
- Arrow Length：端口方向指示箭头的长度。

➢ 数据

- Dimension：输入该连接端口连接信号的维数。输入 0 时所连接的信号可为任意维数，输入 1 所连接的信号只能为标量信号。
- Data Type：Integer | Real | Logical | Complex。端口数据类型（ 对 Electrical 类型端口无效）
- Electrical：Fixed | Removable | Switched | Ground。设置电气端口类型（ 仅 Electrical 类型端口有效）。
  - Fixed：电气节点最常用的类型，对电气节点类型选择不确定时建议设置为该类型。它代表了简单的电气节点。
  - Removable：若处于可折叠支路中，该类节点将是可由 PSCAD 移除的节点。例如，一个具有分离串联 RLC 元件的支路将可被 PSCAD 折叠为一个等效的阻抗元件支路(Z) ，从而有效地移除了两个节点。用户想利用该特性可选择为 Removable。
  - Switched：若该节点是一个经常性开关支路，即等效导纳在仿真过程中是多次改变（晶闸管、GTO 等）的支路的一部分，则需选择该类型。Switched 节点将包括在 Optimal Node Ordering 算法中，这将使得矩阵分解更为有效，从而提高仿真速度。
  - Ground：当该节点为地节点时选择该类型。
- Is Internal：Ture | False。选择 True 时设置为内部节点，该节点无连接时可避免编译器发出相应的警告（ 仅 Electrical 类型端口有效）。
- Type：Electrical | Input | Output|。端口类型选择。
  - Electrical：该端口将作为电气网络的一部分。
  - Input：该端口所连接的信号将作为 EMTDC 系统动态的一部分（例如控制信号），输入至元件中。
  - Output：该端口所连接的信号将作为 EMTDC 系统动态的一部分（例如控制信号），从元件中输出。

此外，当单击端口的 Port Lable 时具有如下属性：

➢ Display

- Name：即端口的 Name。
- Name Display Side：Left | Right | Top | Bottom。端口标签相对端口放置的位置。

3. 左侧选中文本标签对象

单击顶部菜单栏的添加文本对象按钮，PSCAD 将自动添加文本 Nothing 至图形外观中间，如图 8-10 所示，也可在左侧元件图形外观设计界面任何空白处单击鼠标右键，从弹出的菜单中选择 Add Text，如图 8-11 所示。

➢ Display

- Text：输入文本内容。

4. 设计回收

在元件设计过程中，用户可随时单击顶部工具栏的设计回收按钮，PSCAD 将自动恢复至元件设计的默认状态，同时将当前设计保存至设计回收列表内，用户可单击列表中的某一个，以便于随时恢复该设计，如图 8-12 所示，该列表中的 Recycle Design 即恢复至 PSCAD 的默认设计状态。

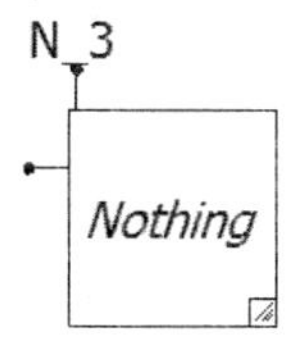

图 8-10 添加文本

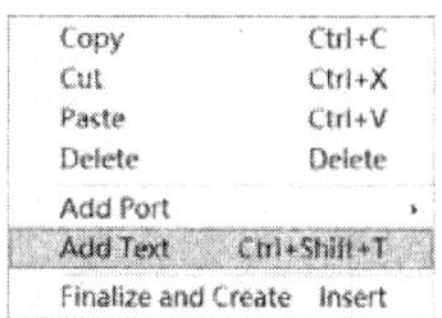

图 8-11 添加文本菜单

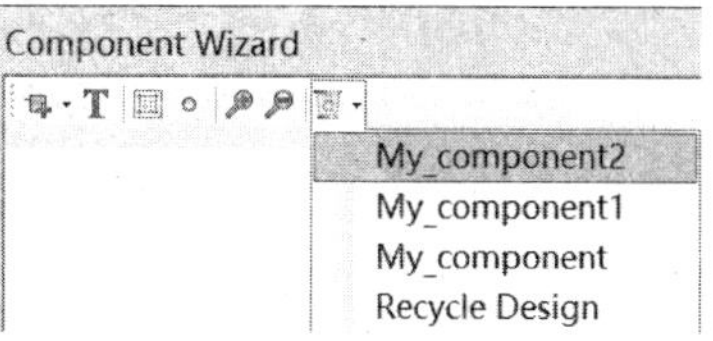

图 8-12 设计回收列表

5. 创建定义

单击顶部工具栏的生成定义按钮，或者单击图 8-11 所示 Finalize and Create 菜单，即可完成定义设计。

注意：元件或组件定义创建完成后，其定义即包含在该定义所属的项目中，并立即显示在 Workspace 窗口内。所生成的定义除了具有相应的描述、简单的图形外观和定义的连接端口外，没有定义任何动态行为和输入参数。即使是设计好的端口、文本和图形外观也可在后续设计过程中进行修改。这些工作将在后续各节中介绍。

8.2 管理及调用

8.2.1 创建用户元件库

创建用户元件库可方便地在任何项目内调用其中的元件和组件，PSCAD 推荐采用该方法，而不是将定义分散于 Case 项目中。同时注意，如果某个 Case 使用了该元件库内的定义创建了相应的实例，再次加载该 Case 之前，必须加载包含该定义的 Library 项目，否则将会出错。

在向用户库中添加元件和组件定义时，可按照类似 PSCAD 主元件库分组的方法，将同类型的元件归于某一组，以方便管理和调用。可通过如下操作实现该特性：

在 Workspace 窗口中鼠标右键单击某个定义，从弹出的菜单中选择 Edit→Settings…，如图 8-13 所示，弹出的对话框如图 8-14 所示。

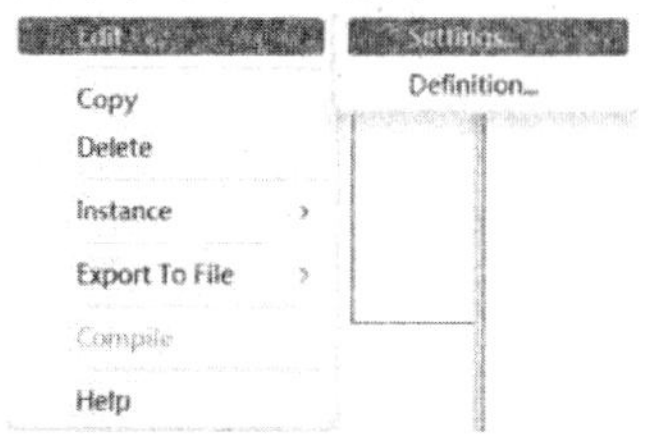

图 8-13 元件属性菜单

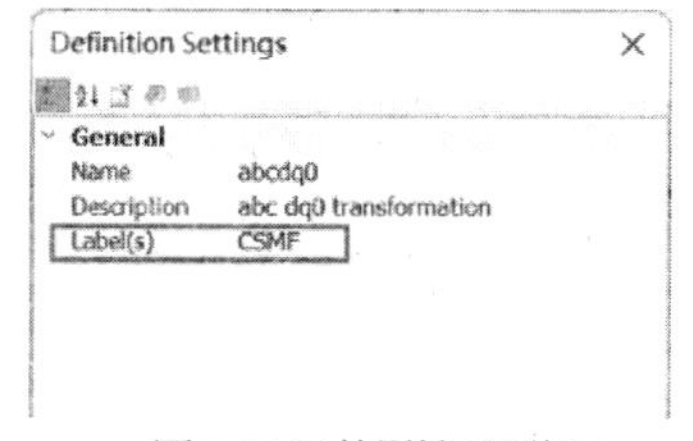

图 8-14 元件属性对话框

在该对话框内，可在 Name 输入域内修改该定义名称。在 Description 输入域中添加或修改定义描述。在 Label(s)中为该定义添加所在分组的组名。例如，主元件库的元件定义 counter 和 deadband 具有相同的组名 CSMF，则可看到这两个元件将在同一组下，如图 8-15 所示。

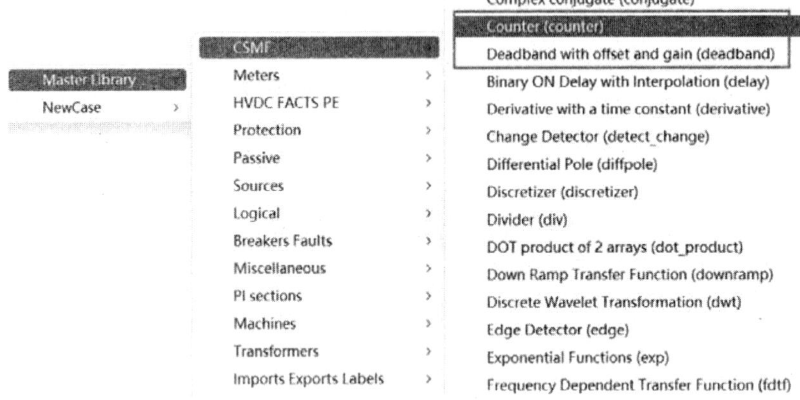

图 8-15 元件的分组

8.2.2 定义的复制

元件和组件的定义来源可以是主元件库、用户 Lib 项目和用户 Case 项目，复制的位置可以是用户 Lib 项目和用户 Case 项目。元件和组件定义的复制方法基本相同，均包括两种：

- 方法一：右键单击需要复制的目标定义，从弹出的菜单中选择 Copy 以复制元件或组件定义，从主元件库中复制元件定义 abcdq0 时的操作如图 8-16 所示。需要注意的是，PSCAD V5.0 中对元件和组件的定义复制操作完全相同。
  - 项目间粘贴：可右键单击目标项目的 Definitions 分支，对元件定义从弹出的菜单中选择 Paste， 对组件定义从弹出的菜单中选择 Paste Special→Paste With Dependents，如图 8-17 所示，即可完成元件或组件的定义传递工作。相同名称的定义即可出现在目标项目的 Definitions 分支下。对于组件需选择 Paste With Dependents，此时 PSCAD 将复制所有的相关定义并保留相应的层次链接信息。
  - 项目内粘贴：此时相关的定义保留不变，仅组件定义将被更名。
- 方法二：鼠标右键单击需要复制的目标定义，从弹出的菜单中选择 Export To File→Definitions (Single)…，如图 8-18 所示，随后将弹出保存对话框，用户可将该定义存储于磁盘文件，如图 8-19 所示，文件后缀为 *.psdx。

对于包含多个层次的组件定义，需选择图 8-18 中所示的 Definition (With Dependents)...菜单，此时以该组件为父组件的所有子组件和元件定义，连同层级链接关系将保存至单一文件内。

定义导出后，可鼠标右键单击目标项目的 Definitions 分支，在图 8-17 所示的菜单中选择 Import From File，用户可在随后弹出的对话框中定位需导入的元件定义，即可完成 *.psdx 类型定义在目标项目中的导入。

需要注意的是，如果目标位置中已含有与即将复制的定义同名的定义，则 PSCAD 将提示用户更改名称。特别对于具有子组件的组件定义复制时，子组件重名时用户也会被提示更名。

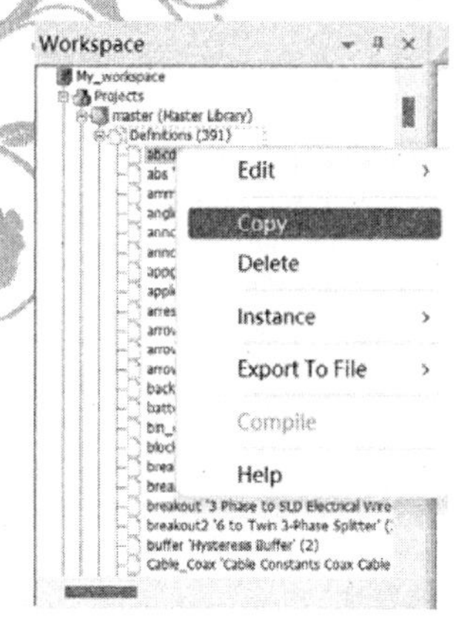

图 8-16 定义的复制

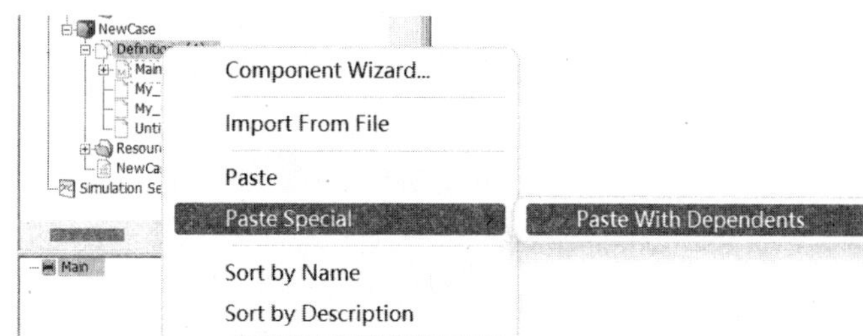

图 8-17 定义的粘贴

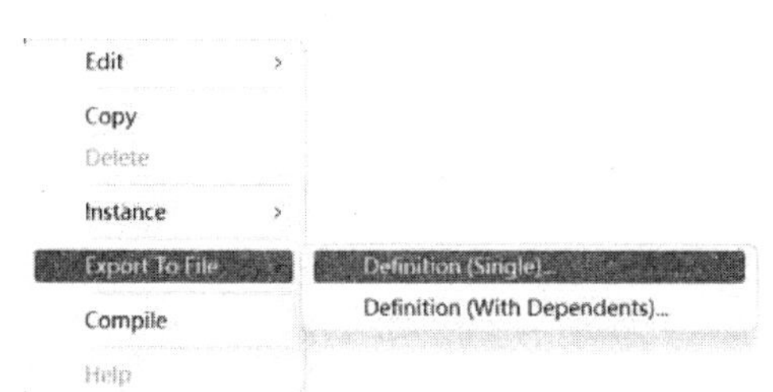

图 8-18 定义的导出

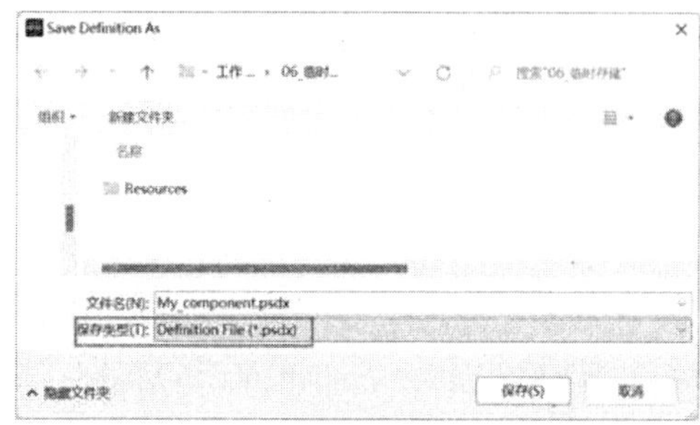

图 8-19 定义的保存

8.2.3 实例化

想进行实例化的元件或组件定义可来自主元件库、用户 Lib 项目和用户 Case 项目，而实例化的目标位置可以是用户 Lib 项目和用户 Case 项目，但最常见是在用户 Case 项目中实例化。实例化元件的方法较多，但无论哪种方法均不会引起元件定义的复制。元件实例化有多种方式，不同的方式适用于不同的元件定义来源。

- 方法一：可鼠标右键单击预实例化元件定义，在弹出的菜单中选择 Copy，如图 8-20 所示。需要注意的是，尽管先前版本中的 Create Instance（当前版本的菜单 Instance→Create）仍保留，但 PSCAD 已不建议使用该方法进行实例化。然后在工作区已打开的目标项目画布内的任何空白处鼠标单击右键，从弹出的菜单中选择 Paste，如图 8-21 所示，PSCAD 随后将在光标位置处放置一个该元件的实例。
- 方法二：针对元件的实例，可鼠标右键单击任何该元件的实例，在弹出的菜单中选择 Copy，如图 8-21 所示，然后按照与上一种方法相同的方式在目标位置处粘贴。注意这两种方法适用于在具有画布的对象内对任意来源的元件进行实例化。
- 方法三：PSCAD 主元件库元件的快速实例化，可以方便和加快常用元件的实例化工作。在工作区已打开的目标项目画布内的任何空白处鼠标右键单击，从弹出的菜单中选择 Add Component，如图 8-22 所示，在出现的常用主元件库元件中选择，快速实例化该元件。

图 8-20 元件的实例化菜单

图 8-21 实例的粘贴

图 8-22 元主件库元件的快速实例化

功能区控制条的 Components 和 Models 选卡也提供了快速的主元件库实例化功能。但前者只提供了常用的元件，如图 8-23 所示，后者提供了完整的元件列表，如图 8-24 所示。这种方式只使用于对主元件库元件的实例化。

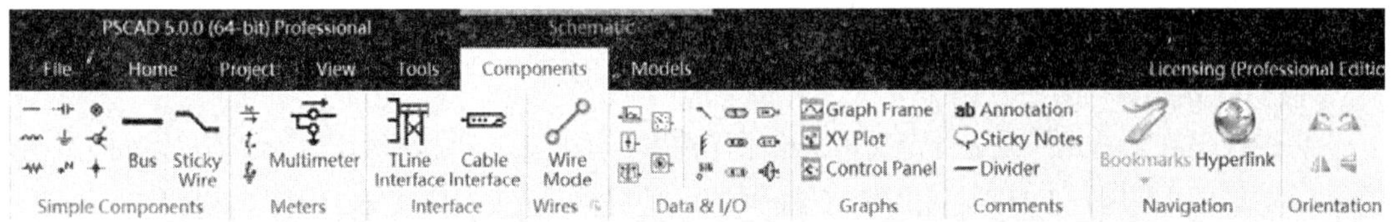

图 8-23 Components 菜单下的元件

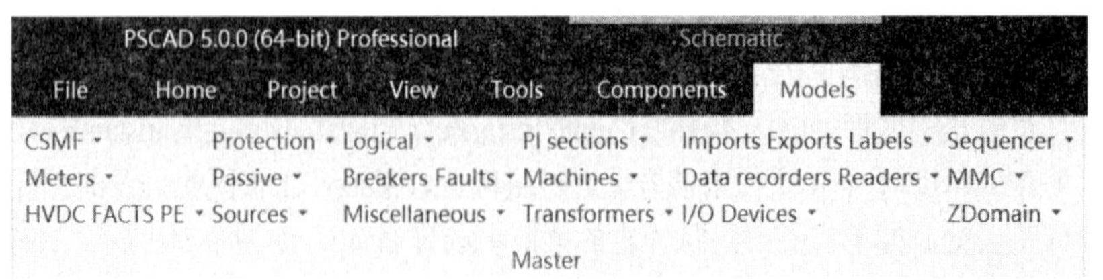

图 8-24 Models 菜单下的元件

➢ 方法四：在工作区已打开的目标项目画布内的任何空白处，使用 Ctrl+鼠标右键，在出现的菜单内选择想要实例化的元件定义，如图 8-25 所示。注意用户 Lib 内的定义也会出现在该方式中，因此该方式适用于对主元件库和用户 Lib 项目中元件的实例化。

组件的实例化有所不同，PSCAD 推荐采用针对组件定义的实例化方法，因此其实例化宜采用类似元件实例化的第一种方法。需要注意是，如果组件的实例与组件的定义不在同一个项目中，则实例化将引起组件定义（包含子组件时也包括子组件定义）的同时复制。

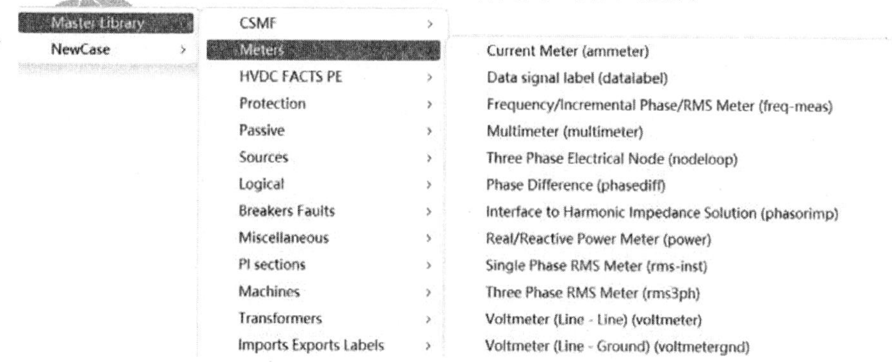

图 8-25 主元件库元件的快捷实例化菜单

8.2.4 定义参照

用户可对任何一个元件实例进行定义参照，通常情况下元件的实例应当与其定义兼容。定义参照在同一定义具有多个版本时将非常方便。

➢ 参照列表

Workspace 中所有已加载项目中同名的所有定义将出现在参照列表中。例如，用户已加载了主元件库和一个用户元件库，若在用户元件库中具有名为 resistor 的元件定义，则将与主元件库中电阻元件的定义重名。用户需要在 Case 项目中对电阻实例切换这两个定义时，可右键单击该元件的实例，从弹出的菜单中选择 Switch Reference，如图 8-26 所示，然后从同名定义列表中选择需要使用的定义。

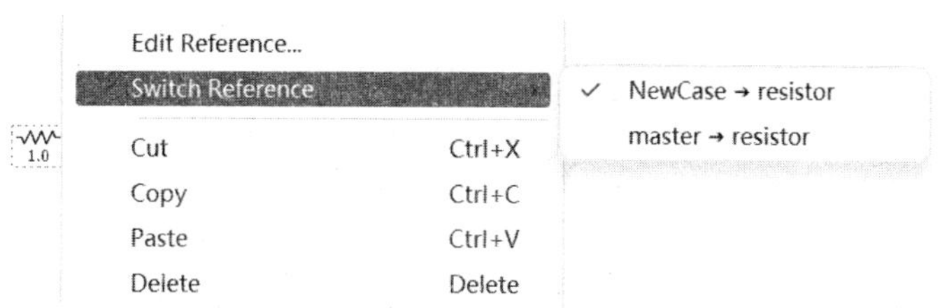

图 8-26 元件定义切换

若某个实例当前未链接至任何定义，或用户需要将其指向具有不同名称的某个定义，可在图 8-26 中选择 Edit Reference...，弹出的对话框如图 8-27 所示。

在该对话框中，用户只要在 Name Space 中输入需要参照定义所在的项目名称（主元件库为 master），在 Definition Name 中输入需要参照的定义名称，即可实现该实例的定义重新链接。例如，在图 8-27 中分别在 Name Space 中输入 master，在 Definition Name 中输入 capacitor，该实例将成为主元件库中 capacitor 定义的实例，其外观也立即将发生变化。

➢ 参照重映射

某些时候 library 项目的 Namespace 被修改，所有使用参照该 Namespace 定义的实例均将失去参照，此时元件将变成一个红色方框，如图 8-28 所示。

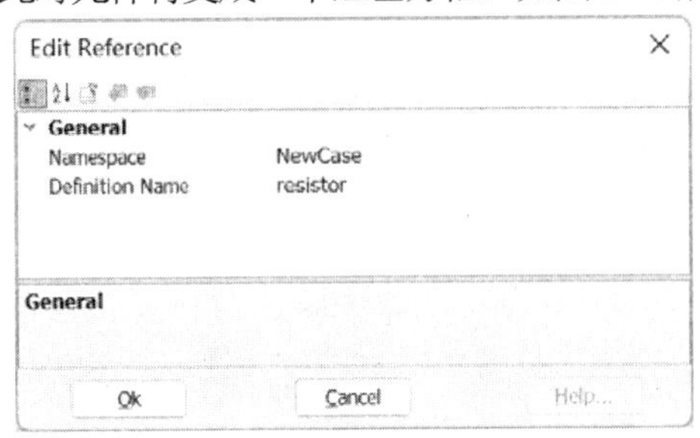

图 8-27 定义参照编辑

图 8-28 失去定义时的外观

解决实例失去定义参照的方法是重新映射实例的定义。在 Workspace 窗口中鼠标右键单击项目名称，从弹出的菜单中选择 Re-Map References...，可弹出如图 8-29 所示的对话框。

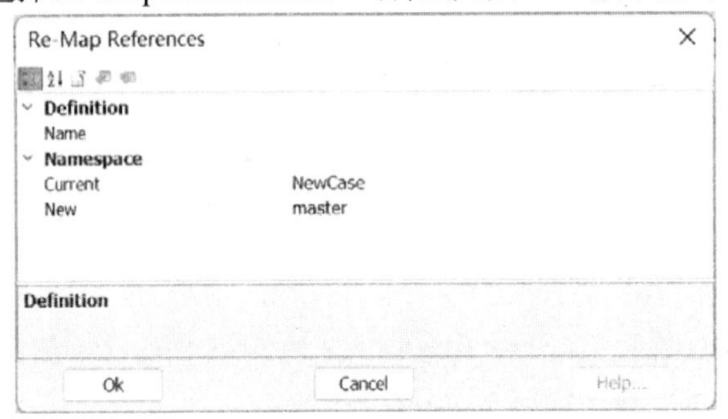

图 8-29 定义重新映射

在该对话框中：

- Name：实例所需要映射至的定义名称。确保在下面两个输入域中指定的库中均存在。
- Current：实例定义当前参照的库的 Namespace。
- New：实例定义将要重新参照的库的 Namespace。

8.3 信号传递及引用方法

元件的信号传递方法及引用方法较为简单，只需要将输入输出信号连接至其外部连接端口，并在代码中对端口对应的变量名进行引用和操作即可。本节通过具体案例重点介绍组件信号传递及引用方法。

模型概况：单相不控整流桥，通过调整输入交流电源幅值的方法来控制直流侧电压为给定值。

8.3.1 定义连接端口

该方法通过在创建组件时为其设计输入输出端口来实现，也是最常用的一种方法，添加连接端口的具体操作可参考 8.1 节。采用该方法时的系统仿真模型如图 8-30 所示。

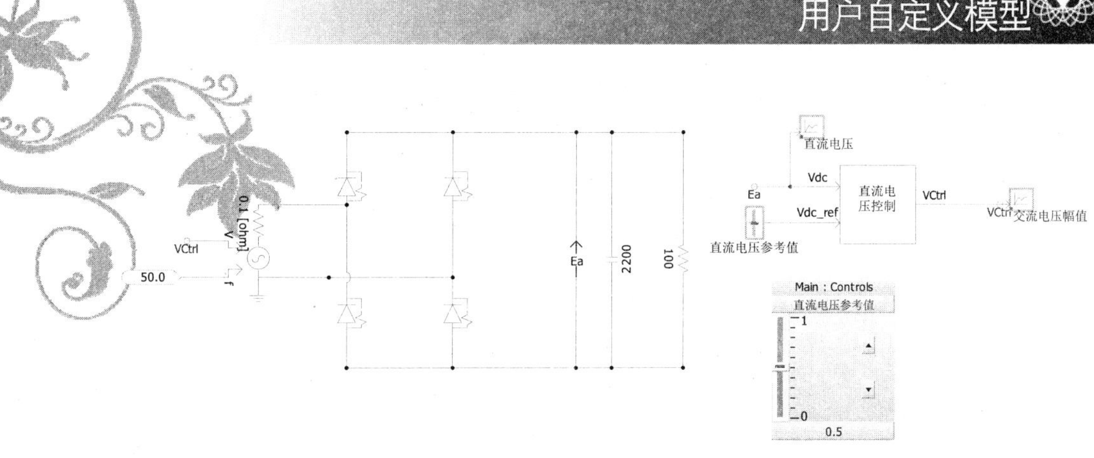

图 8-30 利用端口传递组件信号

主电路位于 Main 页面内，同时定义了一个组件，其图形外观如图 8-31 所示。该组件具有两个 Real 型数据输入端口，其 Symbol 属性分别为 vdc_in 和 vdc_ref，端口显示文本分别为 Vdc 和 Vdc_ref，分别用于接收整流桥直流侧电压实时值与直流电压参考值。同时定义了一个 Real 型数据输出端口，其 Symbol 属性为 vctrl，端口显示文本为 VCtrl，用于送出交流电压源的幅值控制信号。

PSCAD 将自动在组件画布内添加与所定义端口对应的 Import 和 Export 元件。例如，定义了如所示的组件端口后，进入该组件的画布，将自动具有如图 8-32 所示的元件。

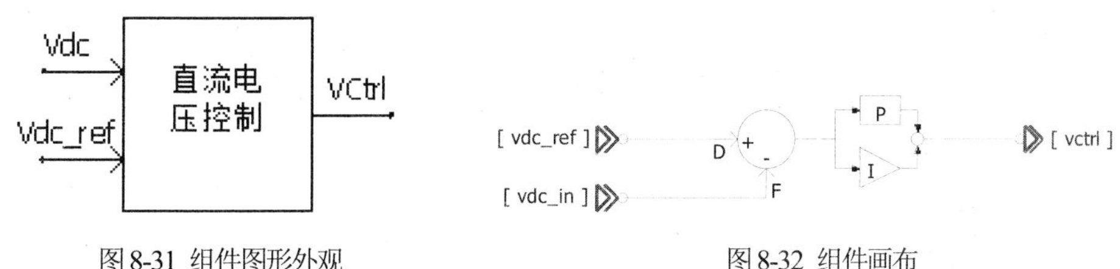

图 8-31 组件图形外观

图 8-32 组件画布

可以看到，PSCAD 自动放置了两个 Import 元件和一个 Export 元件，并且将连接端口对应的变量名设置为这些元件的 Signal Name 属性（可通过双击这些元件查看相应属性）。在该组件画布内只需要连线至这些端口，即可引用这些端口连接的外部信号。

图 8-30 中，Main 组件画布内的直流侧实际电压信号 Ea 连接至属性 Symbol 设为 vdc_in 的端口，该端口与组件内部 Signal Name 属性也为 vdc_in 的 Import 元件对应，而该 Import 元件连接至加法器的相加输入端，因此直流侧实际电压信号最终送至图 8-32 所示的加法器的相加输入端。类似的，Main 画布内的直流侧电压参考值信号将通过相应的组件端口和组件画布内的 Import 元件送至图 8-32 所示的加法器的相减输入端。直流侧实际电压与直流侧电压参考值相减后，通过 PI 校正环节，所得信号送至属性 Signal Name 设置为 vctrl 的 Export 元件，该 Export 元件与组件属性 Symbol 也为 vctrl 的输出端口对应，而组件 Symbol 属性为 vctrl 的输出端口连接至 Main 画布内的信号 VCtrl，该信号送至交流电压源元件的幅值控制端子，以控制其输出交流电压的幅值。

在上述信号传递过程中，一定要确保组件的端口与组件内部 Import 元件或 Export 元件的对应关系，这种对应关系是通过将端口的 Symbol 属性与 Import 元件或 Export 元件的 Signal Name 属性设置为相同而建立的。

直流电压参考信号为0.5kV时的直流侧电压波形如图8-33所示。

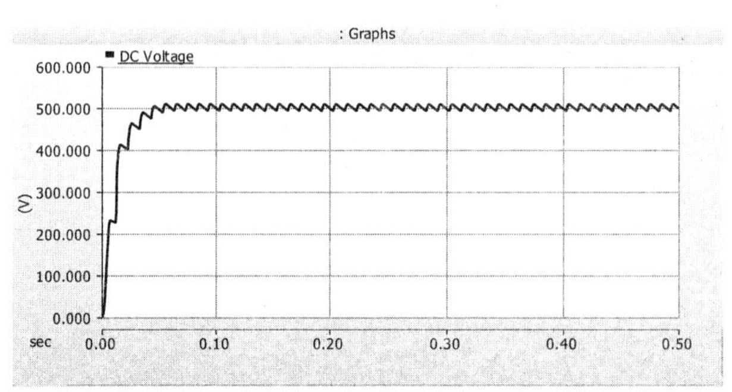

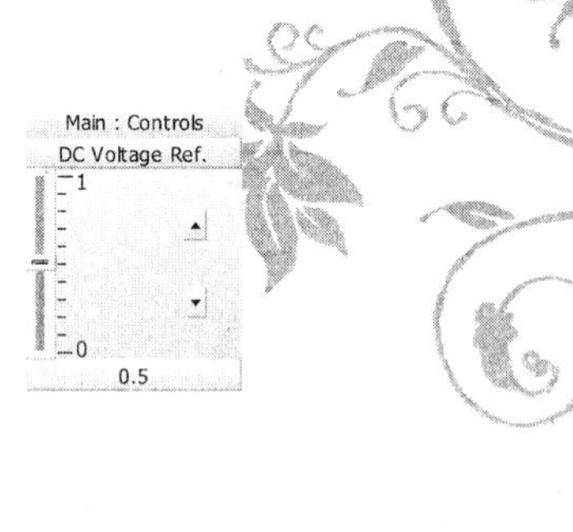

图8-33 仿真波形一

8.3.2 采用无线连接

可通过使用Radio Links元件来实现数据信号的传递功能，该元件提供了一种无线的信号传递方式，即无需硬连线的端口连接、定义输入端口和输入参数。实际上，无线连接可实现从一个发射点到遍及整个项目的多个接收点的同时信号传输。类似于多个接收器从一个发送器接收数据的无线广播。

仍以实现与8.3.1节中相同功能的系统为例，采用Radio Links元件后的系统如图8-34所示。该系统也具有一个自定义组件，但该组件未定义任何连接端口，其画布如图8-35所示。

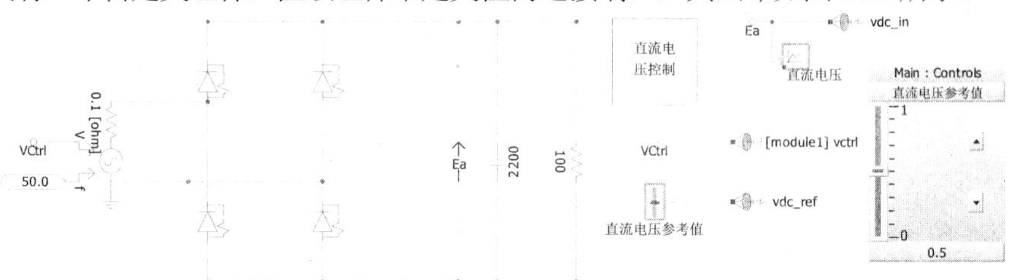

图8-34 利用无线连接的信号传递

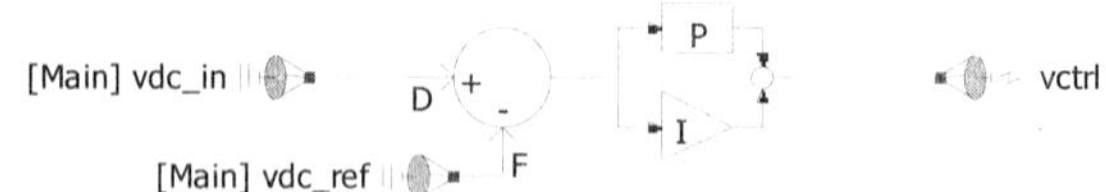

图8-35 组件内部的无线连接

Main画布内的直流侧实际电压信号Ea和直流电压参考值信号通过无线发送器向整个项目空间内广播。以直流侧实际电压信号Ea的传递为例，在Main页面内连接的Radio Links元件设置如图8-36所示，而组件内部连接至加法器加法输入端的Radio Links元件设置如图8-37所示。

图8-36中设置Radio Links元件为Transmit模式，其Name设置为vdc_in。而图8-37中设置Radio Links元件为Receive模式，其Definition设置为Main，Name也设置为vdc_in，这样即可实现Main页面内信号Ea发送至组件内部加法器的加法输入端。

同样，Main组件内直流电压参考值信号也通过无线发送器送出，在自定义组件内部接收。自定义组件内部的交流电压幅值控制信号通过无线发送器送出，在 Main 组件接收后送至交流电压幅值控制输入端。这些元件的具体设置不再给出。

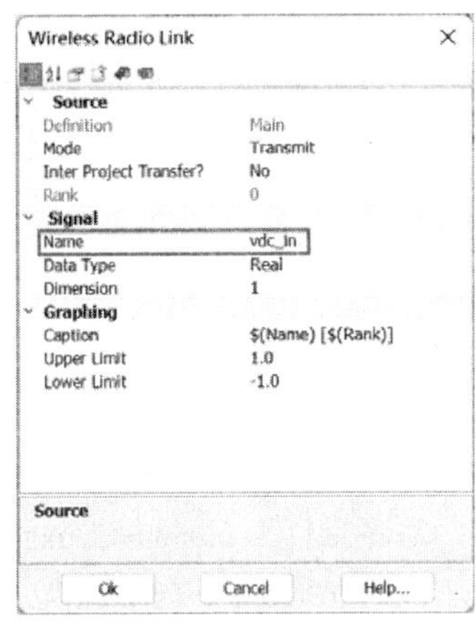

图8-36 无线发送器的设置

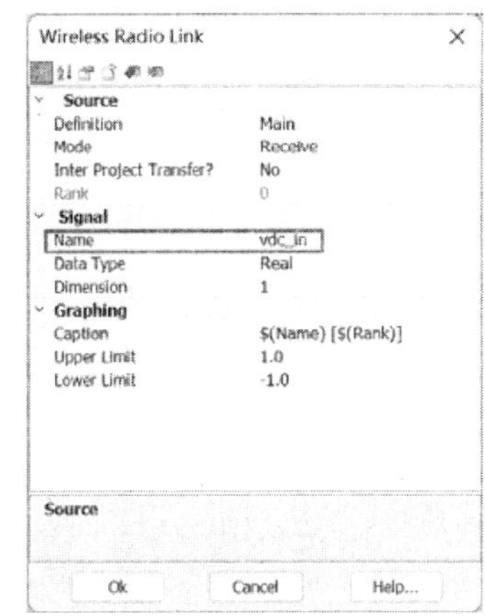

图8-37 无线接收器的设置

在上述信号传递过程中，一定要确保组件内无线接收器/发送器与 Main 组件内无线发送器/接收器的对应关系，这种对应关系是通过将成对的无线接收器和发送器的 Name 属性设置为相同而建立的。直流侧电压参考信号 0.6 kV 时的直流侧电压波形如图 8-38 所示。

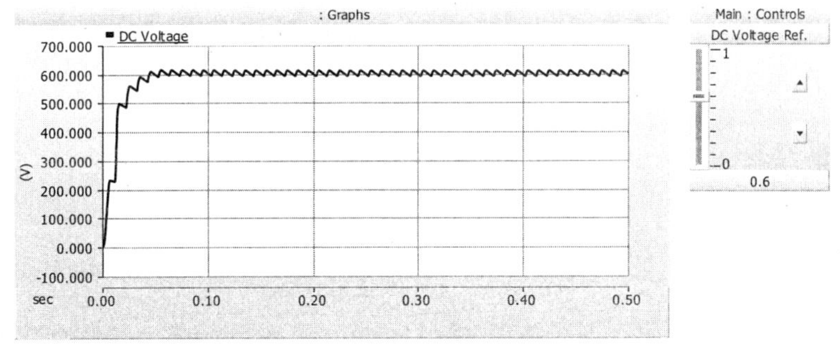

图8-38 仿真波形二

Radio Links 元件设置为接收器和发送器时的图形外观稍有不同。

8.3.3 输入参数连接

此种方式也是一种无线连接方式，但通过设计组件输入参数来实现，设计输入参数的具体方法参考 8.5 节。仍以实现与 8.3.1 节中相同功能的系统为例，此时的 Main 页面如图 8-39 所示。该系统也具有一个自定义组件，但该组件未定义任何连接端口，其画布内的电路与图 8-32 完全相同，但为其设计了输入参数界面，如图 8-40 所示。

该组件设计了两个输入型参数，其属性 Display Name 分别设置为 DC Voltage 和 DC Voltage Reference，其属性 Symbol 分别设置为 vdc_in 和 vdc_ref。而设计了一个输出型参数，其属性 Display

Name 设置为 Internal Output for AC，其属性 Symbol 设置为 vctrl，如图 8-41 所示。

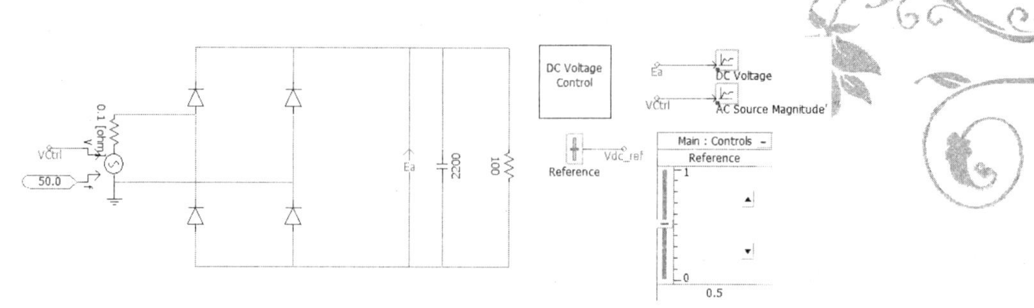

图 8-39 利用组件输入参数的信号传递

Display Name 属性分别为 DC Voltage 和 DC Voltage Reference 的参数分别用于接收直流侧实际电压和直流侧电压参考值，图 8-40 中这个两个参数值正是分别设置为 Main 组件内的信号 Ea 和 Vdc_ref，将这两个信号值传递至组件内部。Display Name 属性为 Internal Output for AC 的参数用于将组件内部计算得到的电压源幅值控制信号传递至组件所位于的上一级页面内，本示例中即为 Main 页面，图 8-40 中该参数值设置为 VCtrl，该信号将被在 Main 页面内用于控制交流电压源幅值，如图 8-39 所示。

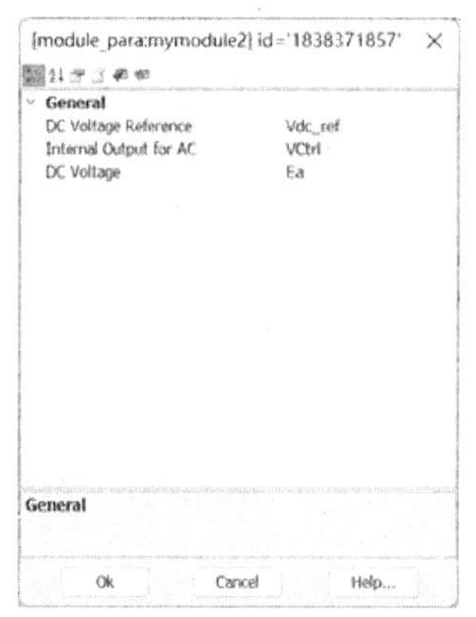

图 8-40 组件的输入参数界面

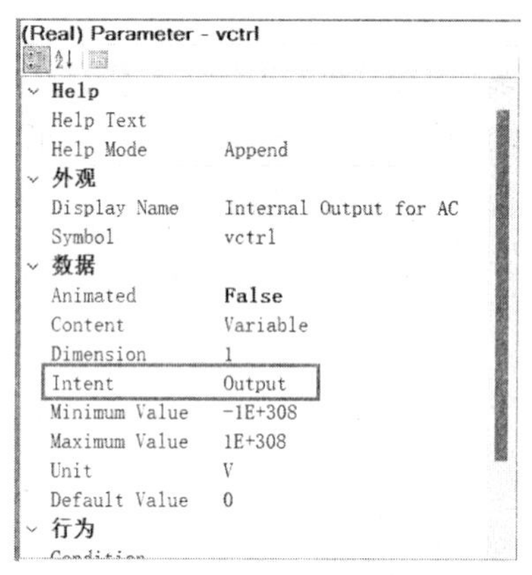

图 8-41 组件参数的设计

设计完成组件的输入参数界面后，用户还需要在组件画布内手动放置相应的 Import 元件和 Export 元件，即输入型参数必须有一个 Import 元件与其对应，而输出型参数必须有一个 Export 元件与其对应，这种对应关系是通过将参数 Symbol 属性与 Import/Export 元件的 Signal Name 属性设置为相同来建立的。根据图 8-32 和图 8-40 可知，Display Name 属性为 DC Voltage 的参数，其 Symbol 属性为 vdc_in，而组件内部连接至加法器加法输入端的 Import 元件的 Signal Name 属性也为 vdc_in。从而 Main 组件内信号 Ea 通过设置为自定义组件输入参数的值，即可传递至自定义组件内部的加法器加法输入端。其他两个信号的传递原理类似。

直流侧电压参考信号为 0.4 kV 时的直流侧电压波形如图 8-42 所示。

这种实现组件信号传递方式不仅要设计输入参数界面，同时需手动放置 Import 元件和 Export 元件，操作较为繁琐。但这种方式是能够实现多实例组件具有不同运行特性的方式之一（另一种是设计连接端口），需要读者掌握其设计思想和方法。具有不同运行特性的多实例组件将在 8.7 节中介绍。

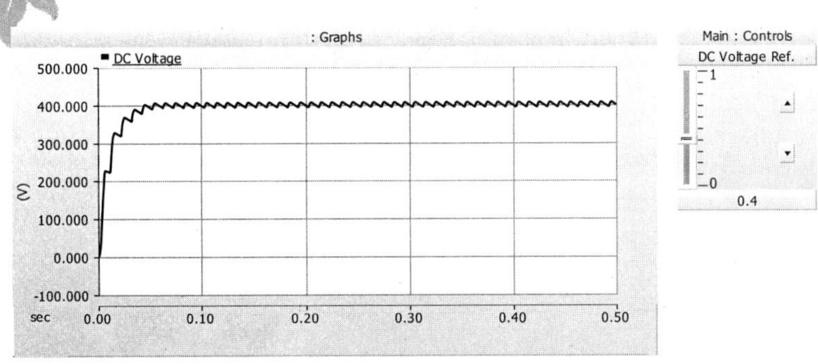

图 8-42 仿真波形三

8.3.4 电气连接

如果组件内部的电气部分需要与外部电路连接，此时只能通过设计输入输出端口的方式实现，并且相应输入输出端口的 Connection Type 属性必须设置为 Electrical 类型。

如果连接端口是通过 8.1 中说明的通过 Component Wizard 中添加的，PSCAD 将自动在组件画布内添加对应的 XNode 元件，且该元件的 Signal Name 属性值将自动设置为对应端口的 Symbol 值。若在创建组件定义时未定义任何输入输出端口，必须在该组件的图形外观设计界面中手动添加，并且在该组件的画布内手动添加对应的 XNode 元件。

仍然以实现与 8.3.1 中相同功能的系统为例，此时的 Main 页面如图 8-43 所示。该系统也具有一个自定义组件，该组件的连接端口设计如图 8-44 所示，其画布内的电路如图 8-45 所示。

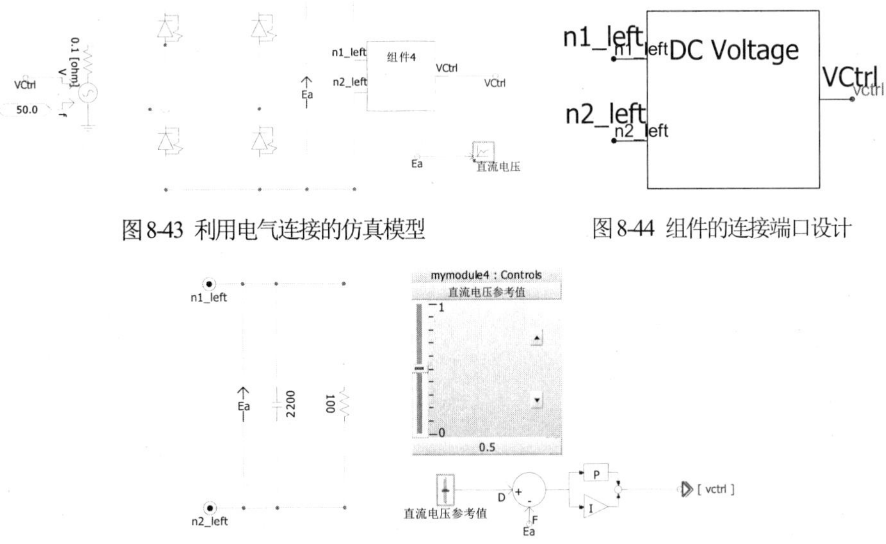

图 8-43 利用电气连接的仿真模型　　图 8-44 组件的连接端口设计

图 8-45 组件内部电路

自定义组件设计了两个 Electrical 类型的电气连接端子，其 Symbol 值分别为 n1_left 和 n2_left，而中页面内放置了两个 XNode，其 Signal Name 属性值也分别为 n1_left 和 n2_left。这样即可实现将组件内部的电气电路（一个电容并联一个电阻）与 Main 组件内的整流桥并联。控制信号 vctrl 通过设计组件连接端子实现信号传递，原理和方法与 8.3.1 节中介绍的相同。

直流侧电压参考信号为 0.5 kV 时的直流侧电压波形如图 8-46 所示。

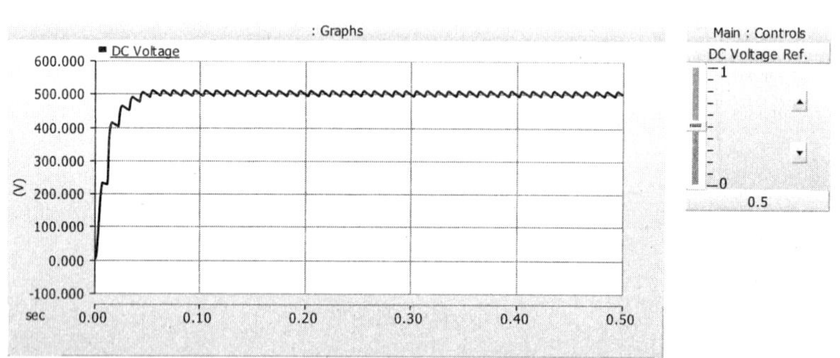

图 8-46 仿真波形四

可以看到，四种方法所得到的仿真波形完全相同。

8.4 图形外观设计

利用 8.1 节中介绍的元件和组件创建方法后得到的模型只具有很简单的图形外观，用户可能需要设计出个性化的模型外观或者对现有的模型外观进行重新设计。良好的图形外观将有助于增强对该元件用途和主要功能的理解，可通过在 PSCAD 提供的元件设计环境的 Graphic 页面中完成该工作。

➢ 进入外观设计界面

元件和组件进入元件设计环境 Graphic 页面的方法如下：在 Workspace 窗口中鼠标右键单击目标元件或组件，从弹出的菜单中选取 Edit→Definition…，如图 8-47 所示。对于元件则直接进入定义编辑器的 Graphic 页面并打开该元件图形，如图 8-48 所示。对于组件将进入定义编辑器的 Schematic 页面，可单击图 8-48 定义编辑器的 Graphic 标签进入组件的 Graphic 页面。

图 8-47 针对定义的元件和组件编辑菜单

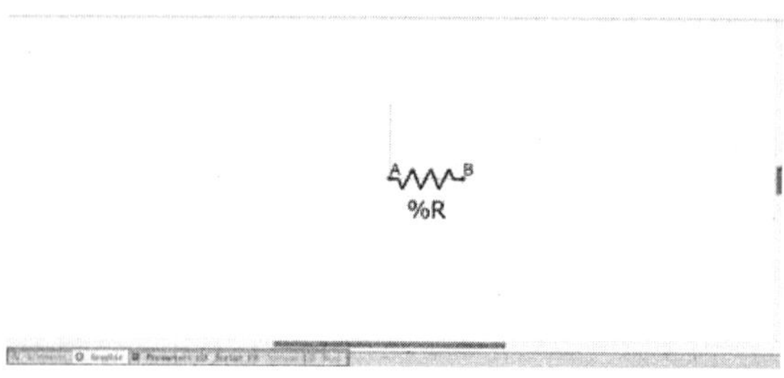

图 8-48 元件和组件的 Graphic 页面

也可通过右键单击目标元件和组件的某个实例，从弹出的菜单中选择 Edit Definition…，如图 8-49 所示，直接进入元件设计环境的 Graphic 页面。对于已打开画布的组件，选择定义编辑器的 Graphic 标签也可直接进入该设计页面。

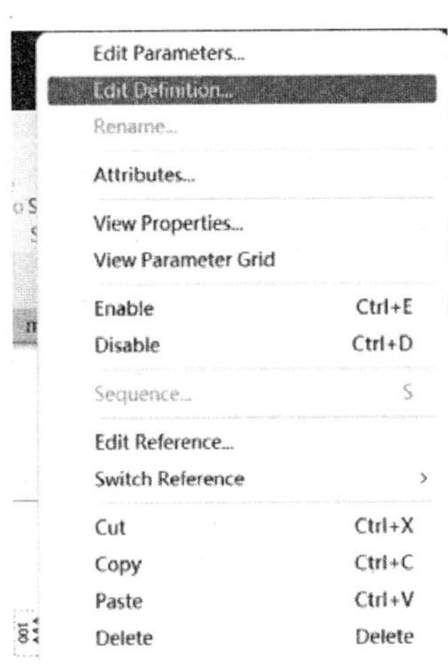

图 8-49 针对实例的元件和组件编辑菜单

进入 Graphic 页面后，功能区控制条菜单项将发生变化，如图 8-50 所示。

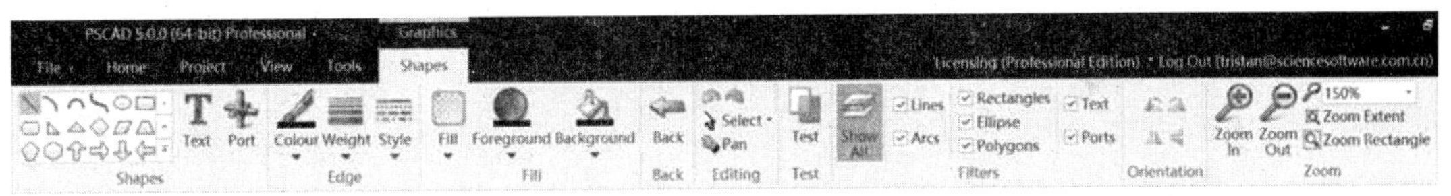

图 8-50 进入 Graphic 页面的功能区控制条

➢ 绘图对象属性

PSCAD V5 提供了除先前版本 5 种基本的绘图图元（即 1/4 弧、1/2 弧、椭圆、直线和矩形，如图 8-51 所示）之外大量的基础图形，其中包括 Bezier 曲线和用户绘制图形。用户可利用此时的功能区控制条 Shapes 菜单快速添加这些对象。

上述绘图对象都具有独立的颜色、粗细和线型设置，部分对象还可以设置填充图案、前景色和背景色。它们均可根据用户需要进行旋转和翻转。可通过鼠标右键单击这些对象，从弹出的菜单中选取 Properties，在随后弹出的对话框中进行设置，如图 8-52 所示。

图 8-52 中出现新参数 Associated Port，单击其右边列表框可弹出当前添加的端口列表，从中选择一个即可将对象线宽与该端口关联。该特性的作用在于，当端口维数大于 1（即数组）时，该对象线宽将加倍，被广泛用于主元件库中单线显示兼容性。需要注意是此时参数 Line Width 必须选择为 Associated Port。

➢ 文本对象

在 Graphic 页面中，可为元件图形添加描述性文本，也可对已存在的文本对象进行编辑。典型的文本对象属性设置对话框如图 8-53 所示。参数中可输入描述性文字，这些描述文字可以是普通字符串，也可以显示特定的元件信息，具体内容将在 8.6 节中介绍。

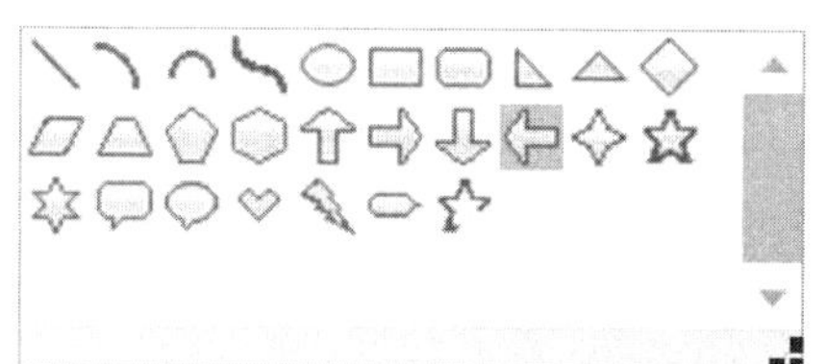

图 8-51 基本绘图对象

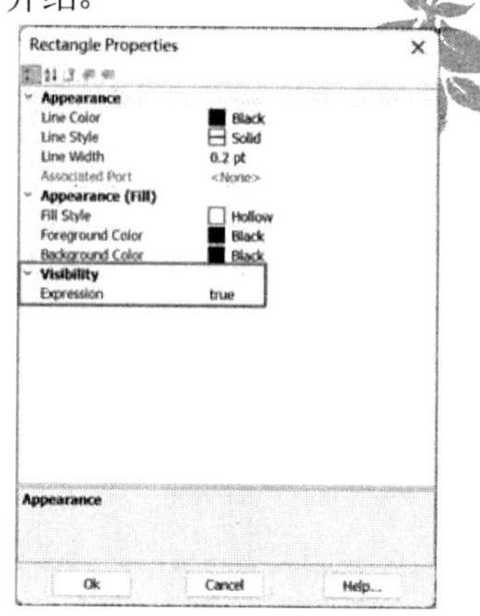

图 8-52 绘图对象属性设置对话框

连接端口的设置内容与 8.1 节中介绍的完全相同，仅设置界面有所不同，如图 8-54 所示。

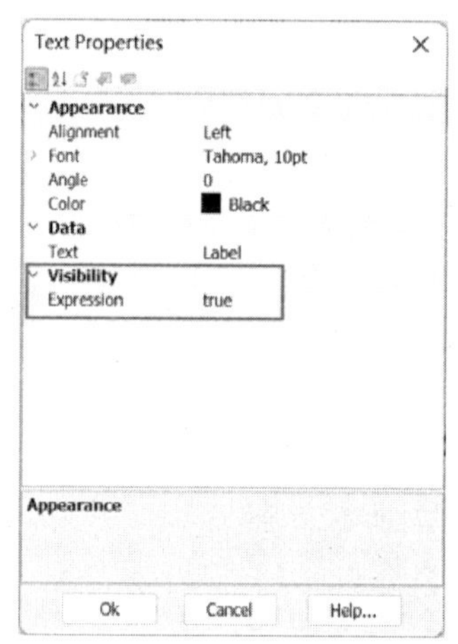

图 8-53 文本对象属性设置对话框

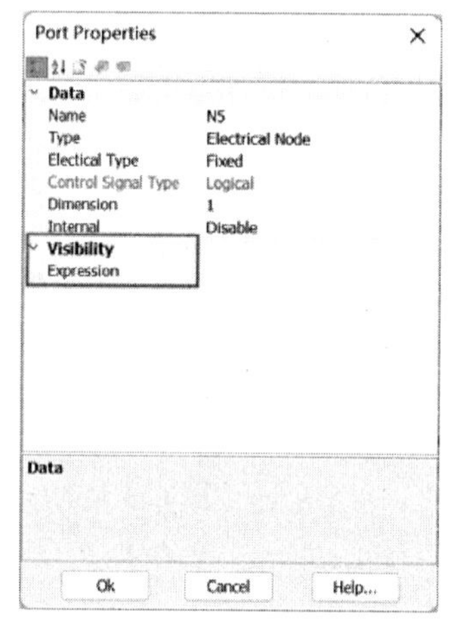

图 8-54 端口对象属性设置对话框

上述所有图形对象均包含一个 Expression（Visibility 组中）属性，如图 8-52、图 8-53 和图 8-54 中红框所示。此属性用于根据条件判断结果控制对象的显示或隐藏，从而能够根据用户在输入参数界面的相应选择使得元件显示不同的图形外观，具体内容将在 8.5 节中详细介绍。

➢ 过滤和透明

过滤和透明机制对于设计复杂的图形外观非常有帮助。透明机制主要用于根据已有的条件判断来控制对象的显示或隐藏，具体内容将在 8.5 节中详细介绍。

过滤机制主要用于根据图形对象的类型来控制对象的显示和隐藏，可通过在页面任何空白处单击鼠标右键，从弹出的菜单中选择 Graphic Filters，如图 8-55 所示。通过连续单击某个对象，可显示/隐藏所有对象、端口、文本、直线、矩形、椭圆、弧形、用户定义图形。该功能也可在此时的功能区控制条的 Filters 菜单来完成。

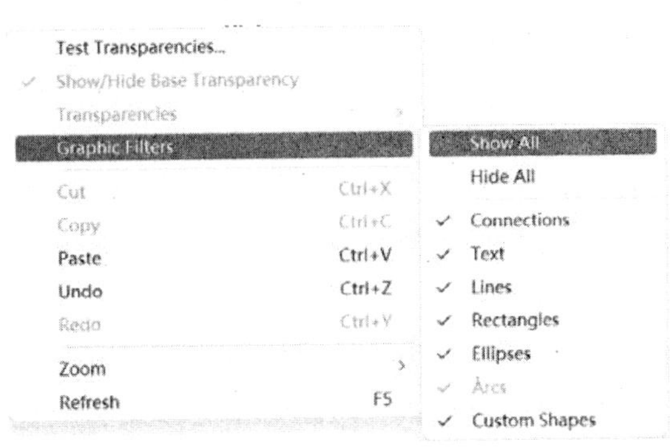

图 8-55 图形对象过滤

8.5 参数界面设计

参数是用户与元件交互的主要接口。进入输入参数页面的方法类似于进入图形外观编辑页面的方法，只需要在定义编辑器中单击 Parameters 标签即可。参数设计界面如图 8-56 所示，主要包括两个部分：左侧的设计表格和右侧的所见即所得 (WYSIWYG) 结果。此时的功能区控制条菜单如图 8-57 所示。

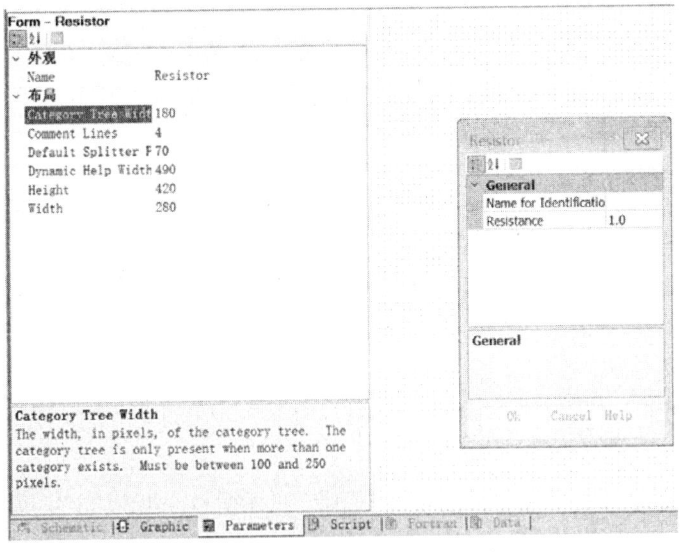

图 8-56 参数设计界面

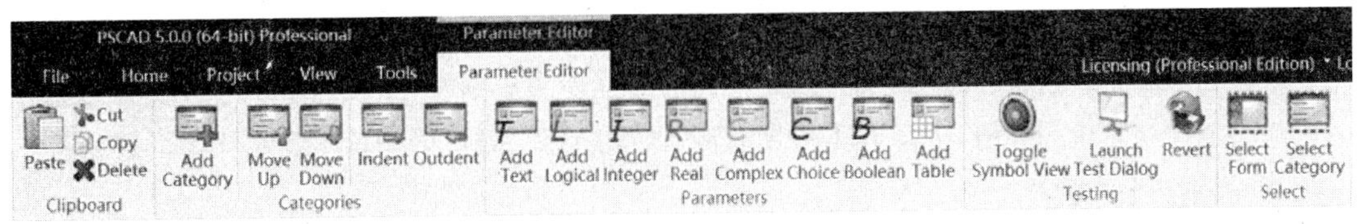

图 8-57 参数设计界面的功能区控制条

8.5.1 类别页面设计

PSCAD 以类别页面 (Category Page) 的形式组织元件参数，每个类别页面用于包含用途相近的参数。首次创建元件时，PSCAD 将为用户创建名为 Configuration 的默认类别页面，其中包含一个 Symbol 属性为 Name 的默认参数输入域，对组件而言，该名称将显示在 Workspace 窗口的第二窗口中。此外，该名称也在使用 Python 脚本时对元件进行标识。

➢ 新增类别

单击图 8-57 所示界面中 Catagories 中 Add Category 按钮，或者在类别列表树界面中鼠标右键单击，从弹出的菜单中选择 Add Category，如图 8-58 所示，新增的页面将自动被命名为 Untitled，并出现在类别页面列表树中，如图 8-59 所示。

➢ 类别页面属性设置

在类别页面列表树中单击目标类别页面，其属性即显示在左边的属性表格中。例如，在图 8-59 中选中 Configuration 页面后的典型结果如图 8-60 所示。

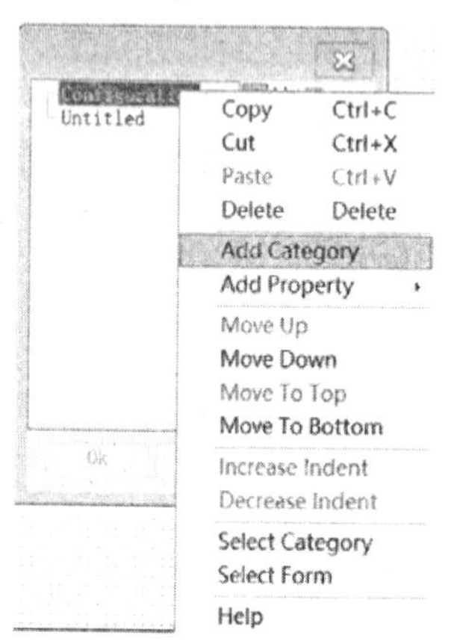

图 8-58 新建类别页面

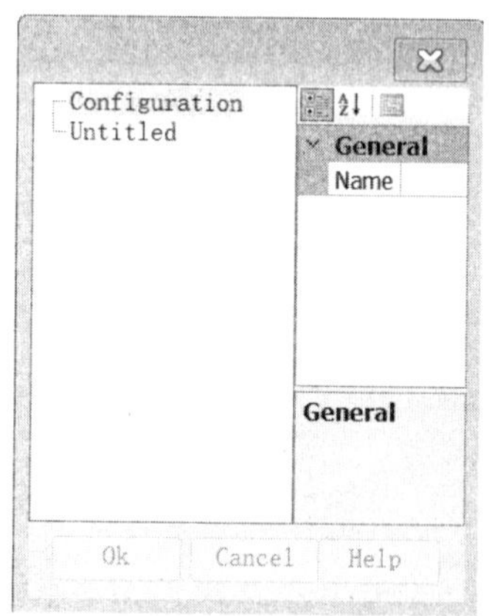

图 8-59 类别页面列表图

图 8-60 类别页面属

- Level：仅用于显示。当前类别页码的缩进级别。
- Name：类别描述性名称。
- Splitter Position %：对话框中参数描述与参数输入域之间垂直分割的位置（整个对话框宽度的一个整数比例）。
- Index：仅用于显示。每个类别页面具有唯一的索引号，代表该类别页面在列表树中的序号，从 0 开始编号。例如，第 5 个页面的 Index 为 4。
- Visible：控制类别页面的可视性。当 Condition 中表达式结果为 false 时，该属性进一步控制被禁用的页面是否可见。设置为 true 时，类别页面仍可见，反之则不可见。
- Condition：输入可选表达式以确定本类别页面激活的条件，默认为 true。 用户将可能仍看见被禁止的类别页面，但其中所有输入域均无效。条件语句具体参见本节后续内容。

➢ 类别页面的管理

可调整已设计好的类别页面的先后次序。首先选中需要调整位置的类别，单击图 8-57 中

Catagories 中 Move Up 按钮向上或 Move Down 按钮向下来调整。也可鼠标右键单击该类别，在弹出菜单中选择 Move Up 或 Move Down 来调整，如图 8-61 所示。也可直接拖动该类别进行位置调整。

➢ 类别页面的复制、粘贴与删除

可鼠标右键单击需要复制的类别，从弹出菜单中选择 Copy 复制该类别页面的，然后通过在 Category 列表树中鼠标右键单击，从弹出菜单中选择 Paste，如图 8-61 所示，以完成粘贴工作。

可右键单击需要删除的类别，从弹出菜单中选择 Delete 删除该类别页面。也可首先选中需要删除的类别，再单击图 8-57 左上角的 Delete 删除该类别页面。

➢ 类别页面的级别

可通过缩进功能增加类别页面列表树的管理维度。如图 8-57 所示，单击此时功能区控制条 Catagories 中 Indent 按钮或 Outdent 按钮来设置缩进，设置 Indent 后的效果如图 8-62 所示。也可鼠标右键单击目标类别页面，从弹出的菜单中选择 Increase Indent 或 Decrease Indent 实现缩进功能，如图 8-61 所示。

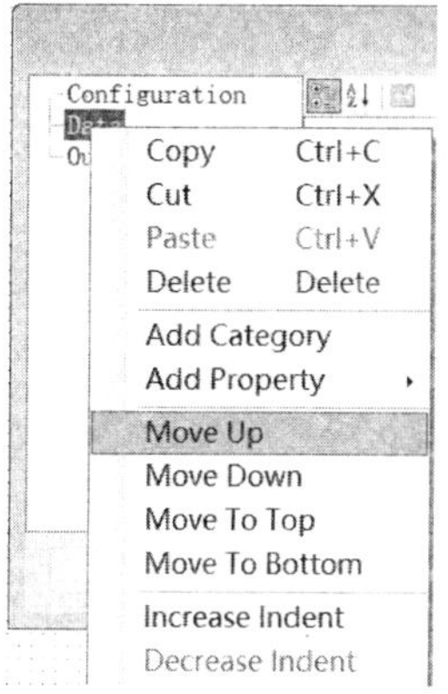

图 8-61 类别页面位置调整菜单

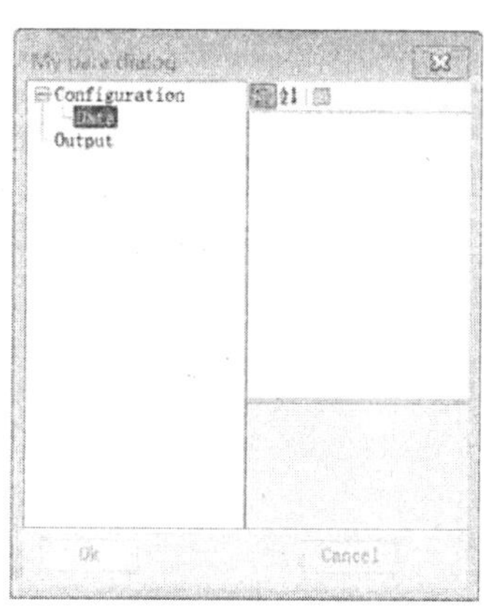

图 8-62 类别页面的缩进

➢ 类别页面的测试

单击此时功能区控制条 Testing 中 Launch Test Dialog 按钮，实时查看设计好的完整参数输入界面，便于用户实时查看设计效果并进行可能需要的修改，如图 8-63 所示。也可在设计界面空白处单击鼠标右键，从弹出的菜单中选择 Test，如图 8-64 所示。

➢ 设计的撤销

单击图 8-57 所示功能区控制条 Testing 中 Revert 按钮，可撤销所有对类别页面的设计，PSCAD 将询问用户。也可在设计界面空白处单击鼠标右键，从弹出的菜单中选择 Reset All，如图 8-64 所示。

8.5.2 参数域设计

本部分主要说明如何在一个类别页面内设计各种参数输入域，PSCAD V5 中新的参数表格可显示当前选中类别页面的全部内容。

1．参数表格属性设置

在参数设计界面的 WYSIWYG 部分单击，此时参数表格中显示的即是元件参数设置对话框的相关属性，如图 8-60 所示。

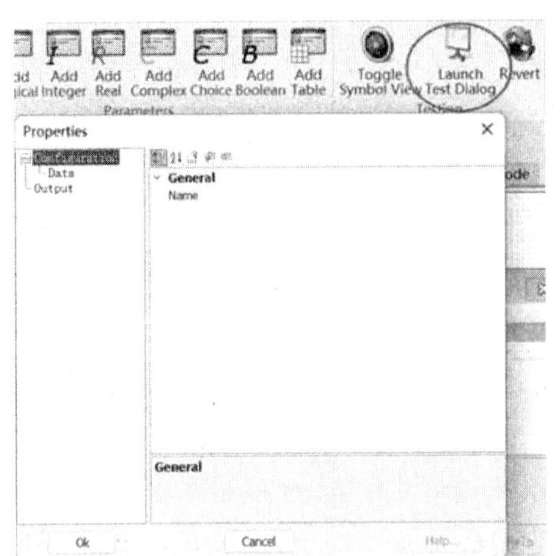

图 8-63 类别页面的测试

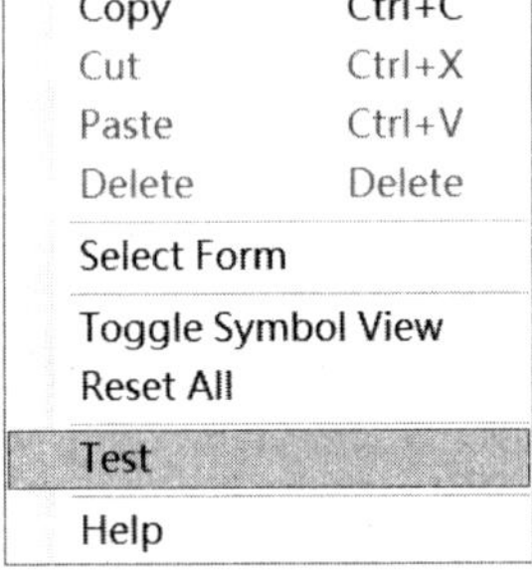

图 8-64 类别页面测试菜单

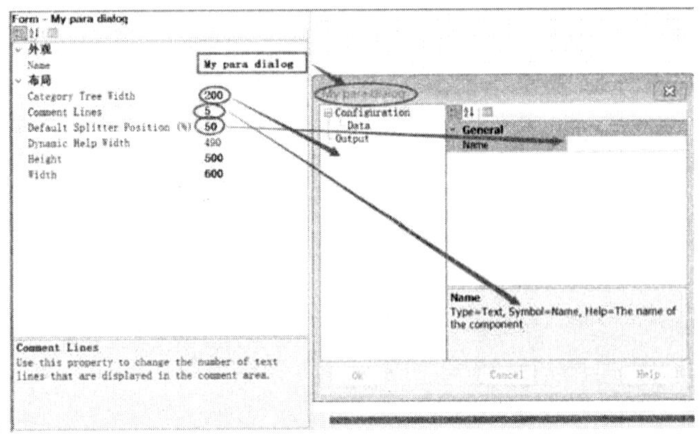

图 8-65 参数表格的属性

- Name：元件参数设置对话框的标题，如图 8-65 中所示位置。
- Category Tree Width：元件参数设置对话框左侧类别页面列表树的宽度，单位为像素。
- Comment Lines：元件参数设置对话框右下帮助文本显示的行数。
- Default Splitter Position %：类别页面新增参数时，参数名称域和值域宽度划分的默认比例。各类别页面可随后自行设置或调整。
- Dynamic Help Width：动态帮助面板的宽度，单位为像素，动态帮助面板具体内容的介绍参见本章后续部分。
- Height：元件参数设置对话框的总高度，单位为像素。
- Width：元件参数设置对话框的总宽度，单位为像素。

2．新增参数域

首先，在参数设计界面的 WYSIWYG 部分单击鼠标左键选中目标类别页面，在此时功能区控制条的 Parameters 中选择新增参数域的类型。PSCAD 提供了文本型、数值型、列表型、表格型和开关型参数域。注意一旦选定了参数输入域的类型，后续将不能对其进行修改，只能将其删除并重新设计一个参数。也可在类别页面空白处鼠标右键单击，从弹出的菜单中选择 Add，进一步选择相应类型的输入域，如图 8-66 所示。

3．参数域位置调整、剪切、复制、粘贴和删除

可单击目标参数域并拖动鼠标，将其移至目标位置后放开鼠标即可。也可利用图 8-66 所示菜单中 Move to Top、Move Up、Move Down 和 Move to Bottom 来调整目标参数域的位置。

可通过如图 8-66 所示菜单中的 Cut、Paste、Copy 和 Delete 分别实现目标参数域的剪切、复制、粘贴和删除。

4．参数域属性

➢ 文本型

主要用于添加描述性文本，以在源代码或图形显示中标识对象，也可用于定义用于内部输出变量的信号。一个用于添加描述性文本的文本型输入域的主要属性设置如图 8-67 所示。

- Display Name：该处文本将作为该参数输入域的标题，文字应有利于用户对该参数输入域的理解。如图 8-67 中设置的 A text input example。
- Symbol：该参数符号名称，在代码中可通过引用该名称对该输入参数进行访问。该名称必须符合标准 Fortran 命名规则。如图 8-67 中设置的 text。
- Default Value：该参数的默认值，作为第一次访问元件参数对话框时显示的参数值。如图图 8-67 中设置的 Enjoy reading this book!。

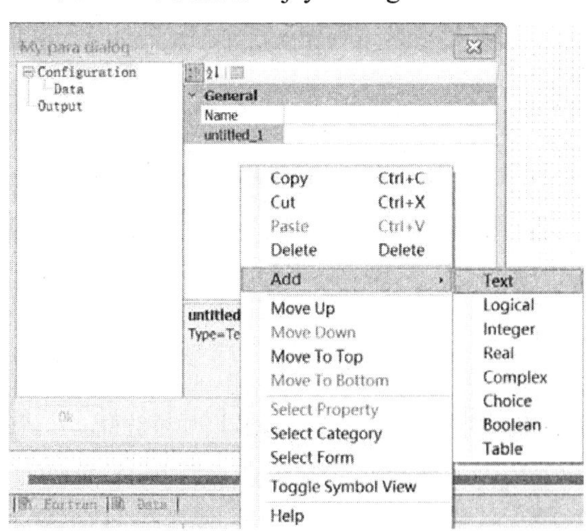
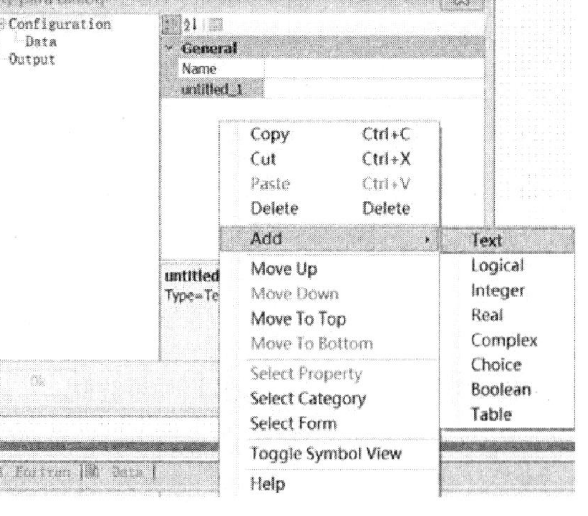

图 8-66 新增参数输入域菜单

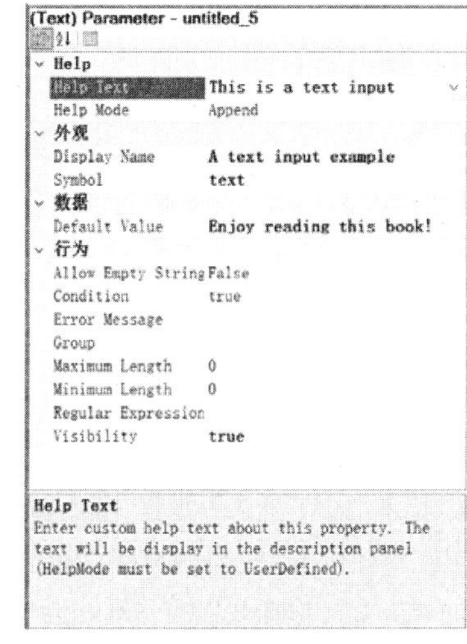

图 8-67 文本型输入域属性

- Allow Empty String：True | False。选择 True 时允许输入空字符串。
- Condition：条件判断表达式。用于控制该域输入的禁止或激活。
- Error Message：所输入的文字作为用户输入参数值不满足 Regular Expression 中表达式时的提示信息。

- Group：使用该设置可将同一个页面内输入参数以不同组的形式进行显示，所有具有相同组名的参数将归为一组并显示在该组名标题下。例如，设计了 4 个文本型输入域，其中两个组名设置为 Group1，另外两个的组名为 Group2，设计完成后将如图 8-68 所示。
- Maximum Length：设置可输入字符数上限，输入 0 代表无限制。
- Minimum Length：设置可输入字符数下限，输入 0 代表无限制。
- Regular Expression：一个用于限制该域输入值范围的表达式。正则表达式是一种用于识别字符模式的功能强大的语言。使用正则表达式可确保用户以特定的格式输入参数值。关于正则表达式的相关内容，可参考 http://en.wikipedia.org/wiki/Regex。
- Visibility：控制该参数域的可视性。当 Condition 中表达式结果为 false 时，该属性进一步控制被禁用的页面是否可见。设置为 true 时，该参数仍可见，反之则不可见。
- Help Text：对该参数的简单描述，用于帮助用户理解该参数的用途和参数值输入方法，如图 8-67 中设置的 This is a text input。该描述将出现在元件参数输入对话框的底部，如图 8-69 所示。
- Help Mode：Append | Overwrite。帮助文本内容设置。
  - Append：除 Overwrite 中的信息外还将添加该参数域的其他信息。
  - Overwrite：用户单击该参数域时仅有 Help Text 中设置的文字出现在图 8-69 所示的对话框底部。

对图 8-67 中所设计的文本型输入参数进行测试，结果如图 8-69 所示。

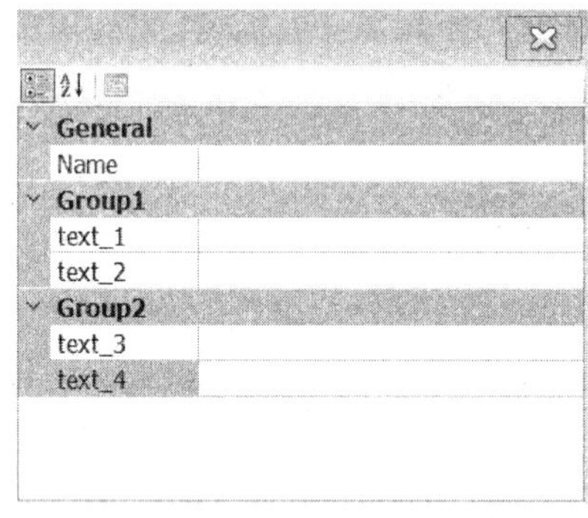

图 8-68 参数输入域的分组

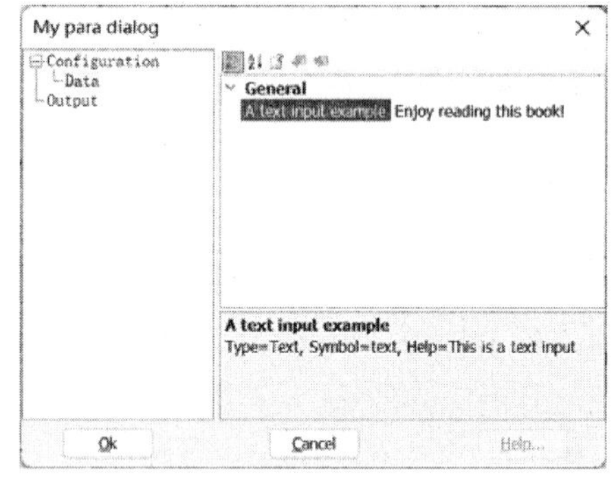

图 8-69 文本型参数设计示例

➢ 数值型

主要用于元件输入或输出字面量或可变信号，包括整型、实型、逻辑型和复数型，分别直接对应 Fortran 语言中的 REAL, INTEGER, LOGICAL 和 COMPLEX 数据类型，以下以实数型输入域为例进行介绍，主要属性设置如图 8-70 所示。已在文本型输入域介绍的相同属性将不再重复。

- Unit：在需要时输入用于表示与该域相关的 Target Unit 的单位。关于单位系统的具体介绍可参考 8.5.5 节。如图 8-70 中设置的 kV。
- Minimum/Maximum Value：该参数最小和最大限值。如果用户不清楚如何设置限制值或无需限制值，可直接使用 PSCAD 给出的默认限制值。一旦用户输入值超出了所设置的限值，PSCAD 编译时将在输出窗口中发出一个警告消息。如图 8-70 中设置的-220 和 220。

- Intent：Input | Output。类似于定义元件连接端口时选择该端口为输入或输出型，具体用法将在8.5.2节中介绍。
  - Input：将输入值输入至元件或组件内部。
  - Output：将元件或组件内部变量值送出至其他位置供处理。
- Data Type：Literal | Constant | Variable。数据类型的选择非常重要！
  - Literal：该类型输入域将仅能接受固定的数值。例如 23、657.29、-33.8 或 -1 等都是合法输入。这些变量将在建立期间被定义，并在整个仿真过程中保持不变。
  - Variable：该类型输入域能同时接受数值和非数值的输入。输入值在仿真过程中既可保持不变，也可发生变化。
  - Constant：仅能接受固定值的输入。但与 Literal 类型不同的是，它可接受信号名称作为其输入值。该信号的来源必须固定（不可变化）。例如 req, my_signal, out2 等。Constant 主要用于支持多实例组件 (MIM) 技术，它作为一种混合类型而具有其他两种类型的关键属性。例如，Constant 类型输入不能像 Variable 型在运行过程中进行修改，但可接受已经定义的信号名称，或实际的数值（Literal 型）。
- Animated：True | False。选择 True 时将可用数值型参数域控制文本标签或图形对象的动画特性。关于动画图形具体内容参见本章后续介绍。

对图 8-70 中所设计的数值型输入参数进行测试，结果如图 8-71 所示。

图 8-70 数值型输入域属性

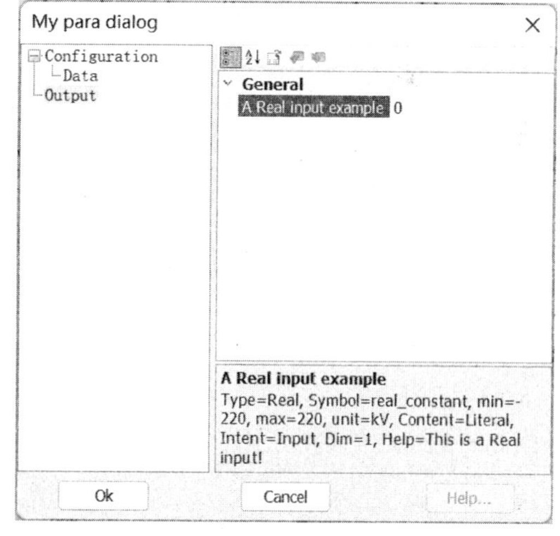

图 8-71 数值型参数设计示例

➢ 利用文本型和数值型输入域输出内部变量

文本型输入域可定义用于内部输出变量的信号。数值型输入域的属性 Intent 具有一个特殊的选项 Output，也可用于输出内部变量。相比较而言，前者主要是应用于元件的内部变量输出，而后者主要是用于定义组件内部变量输出。

以主元件库中三相双绕组变压器元件的输入参数设计为例，其参数类别页面 Winding 1 Currents 中的参数设计如图 8-72 所示。

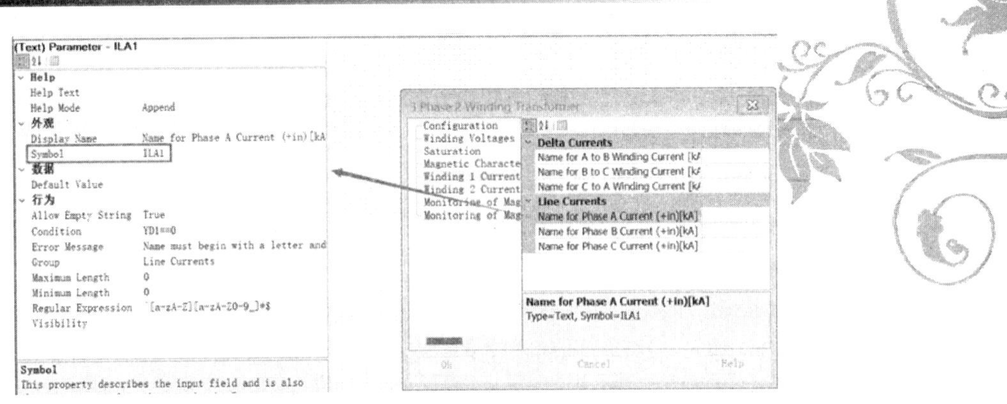

图 8-72　利用文本型参数输出内变量

其中一个 Symbol 属性设置为 ILA1 的文本型输入参数，其设置从表面上看与文本型输入参数没有不同，即在元件输入参数设计界面中无法设定该文本型输入域是用于输入还是输出，将文本型输入域定义为输出内部变量只能通过在该元件的代码中编制特殊的代码来实现，以下给出三相双绕组变压器元件中与定义该输出变量相关的代码，具体语法可参考 8.6 节。

代码：

```
#OUTPUT REAL ILA1 {CDCTR(1, $#[1])}
```

其中的#OUTPUT 是关键字，上述代码即可将元件内部变量送至 Symbol 属性为 ILA1 的参数中。用户可对该参数做出如图 8-73 所示设置，而后可在项目中查看或使用该内部变量。

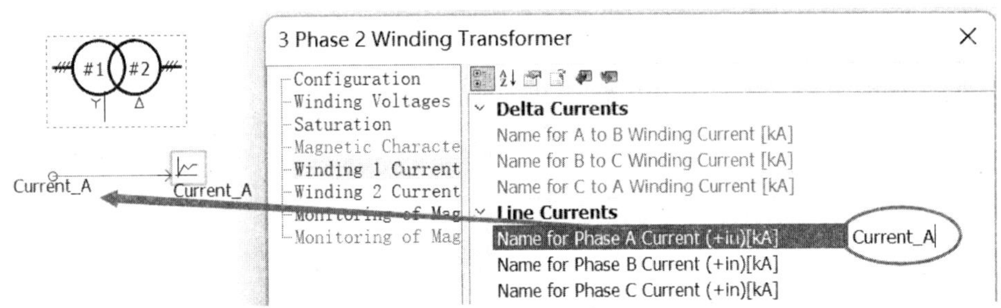

图 8-73　元件内部变量输出的应用

在 8.3.3 节中应用了输入参数来实现组件信号传递，其中设计了一个 Display Name 属性为 Internal Output for AC 的参数，用于将组件内部计算得到的变量送出，该参数的具体设计如图 8-74 所示。

将该参数的 Intent 属性设置为 Output 类型，即可实现组件内部变量的输出，该参数的设置如图 8-40 所示，而后可在仿真项目中查看或使用该内部变量，如图 8-39 所示。

➢ 列表型

该类型主要用于根据用户的选择输出相应的整数值，以在条件判断表达式内使用。以三相双绕组变压器模型中设置变压器外观图形的列表选择型参数为例，该参数设计如图 8-75 所示。

- Edit Items：该域用于触发下拉列表编辑器。该编辑器用于创建实际的选择列表。下拉列表编辑器如图 8-76 所示。

通过单击图 8-76 中的添加按钮，可在列表中添加一项，用户需在 Required 对话框内的 Description 中输入该项的名称，该名称即是用户在下拉列表中看到的选择项。更为重要的是在 Value 中输入一个唯一的整型数，该值用于唯一地标识选择列表中的每一项。在条件判断表达式或用户代码内也是对该数值进行处理。通过单击图 8-76 中的移除按钮，可删除当前被选中的列表项。通过单击图 8-76 中的向上或向下箭头，可调整列表项的次序。

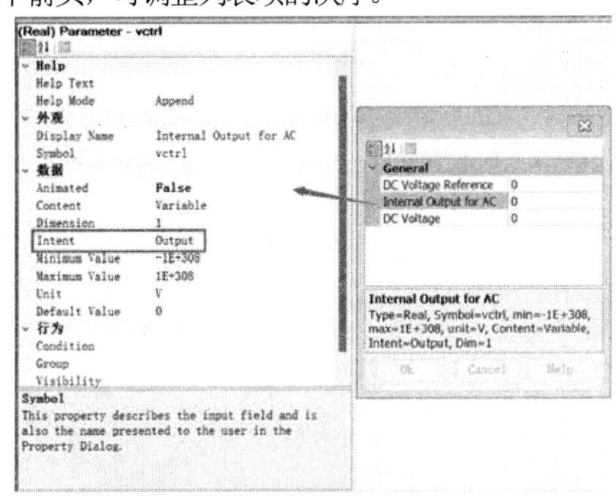

图 8-74 组件内部变量的输出

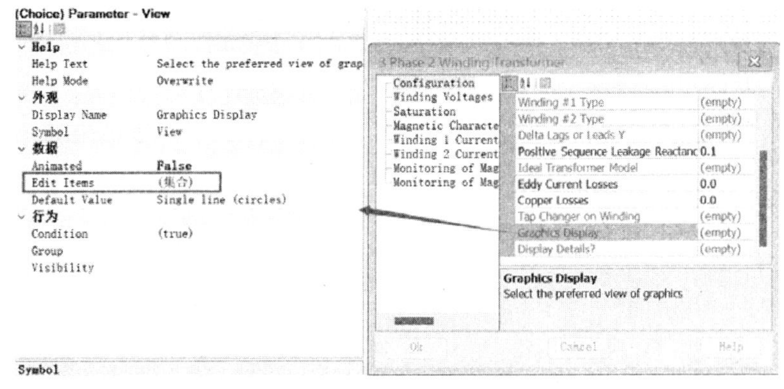

图 8-75 列表型输入域属性

对图 8-75 中所设计的列表型输入参数进行测试，结果如图 8-77 所示。

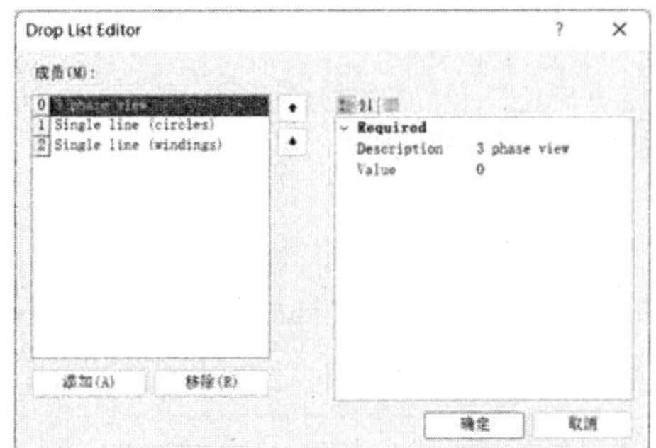

图 8-76 下拉列表编辑器

Graphics Display　Single line (circles)
Display Details?　3 phase view
Single line (circles)
Single line (windings)
Graphics Display
Select the preferred view of graphics

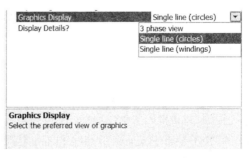

图 8-77 列表型参数设计结果

➢ 表格型

该类型主要用于允许用户以矢量或矩阵形式直接输入数据作为元件参数。数据可为整型或实型。表格型输入域仅能在标准的非组件元件中使用，其主要属性设置如图 8-78 所示。

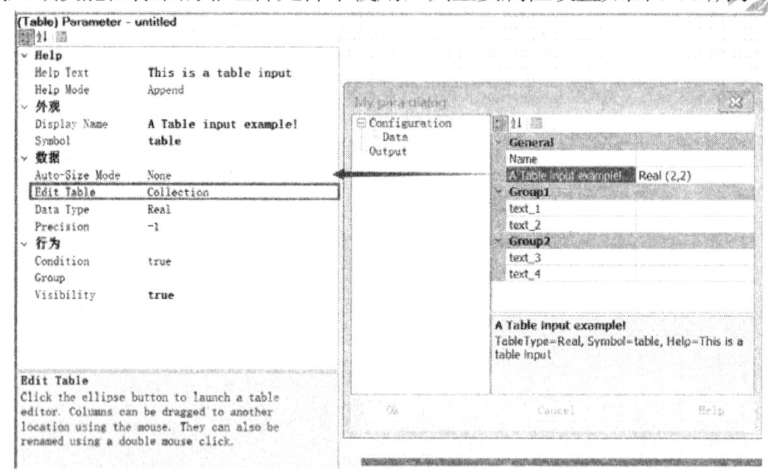

图 8-78 表格型输入域属性

● Data Type：Real | Integer。选择表格中数据的类型。

● Precision：设置输入数据值的精度，最高可达小数点后 6 位。任意精度可输入-1。

● Autosize mode： None | Content。选择 Content 将根据表格内容自动调整表格大小。

● Edit Table：输入表格数据，可触发如图 8-79 所示的表格输入对话框。

对图 8-78 中所设计的表格型输入参数进行测试，结果如图 8-80 所示。

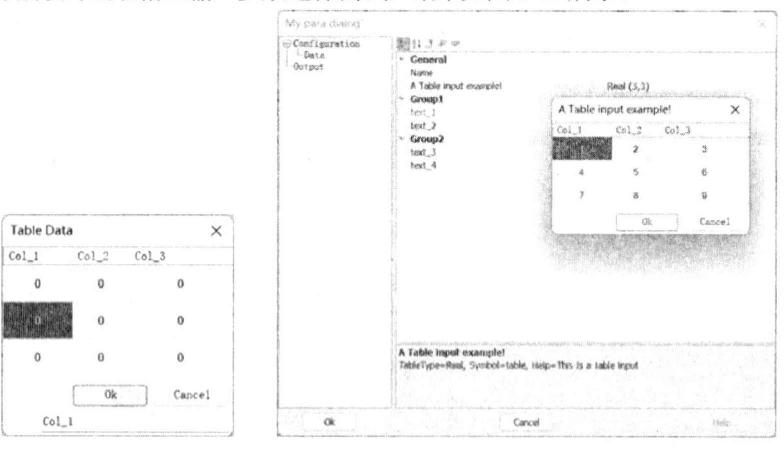

图 8-79 表格编辑器　　　　图 8-80 表格型参数设计示例

➢ 开关型

该类型主要用于设计 On/Off 或 Yes/No 类型参数。开关型输入域仅能在标准的非组件元件中使用，其主要属性设置如图 8-81 所示。

● Text (enabled state)：为启用 (True) 状态输入一个名称。

● Text (disabled state)：为禁止 (False) 状态输入一个名称。

需要注意的是，开关型输入域也可用列表型输入域来实现，只是开关型输入域仅有两个可选状态。同时在元件代码中，开关型变量被当作逻辑型变量进行处理，而列表型变量被当作整型变量进行处理。

对图 8-81 中所设计的开关型输入参数进行测试，结果如图 8-82 所示。

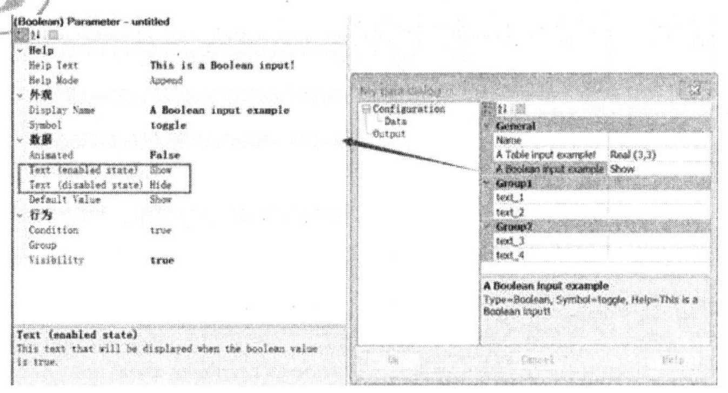

图 8-81 开关型输入域属性

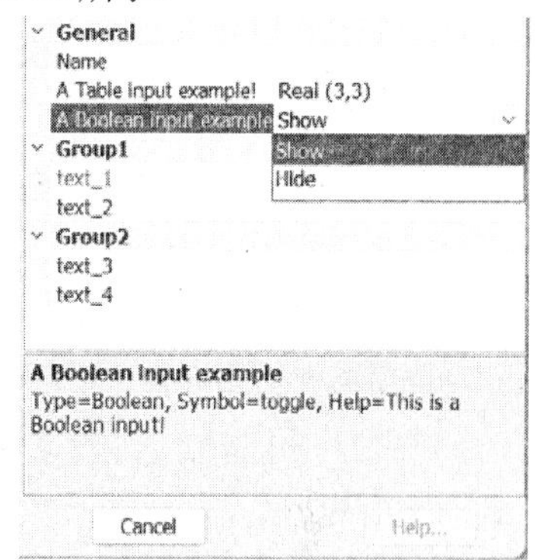

图 8-82 开关型参数设计示例

8.5.3 全局替换参数

全局替换参数 (Global Substitutions) 提供了一种在整个项目内或仿真组任务内全局地使用预定义常量的机制，一个全局参数值可在处于项目任何等级的任何组件内进行替换，并且通常是通过元件输入参数来实现的。PSCAD V5 提供了全新的全局替换参数的管理和设置手段，即全局参数面板 (Global Substitutions Pane)，通过点开功能区控制条的 View 下 Panes 下拉列表，从中选择 Global Substitutions，即可打开如图 8-83 所示面板。

➢ 新增全局替换参数

单击图 8-83 所示面板左上角的 Active，然后单击上方工具条的绿色添加按钮，即可添加一个新的全局替换参数。也可鼠标右键单击已存在的某个全局替换参数行，从弹出的菜单中选择 New，如图 8-84 所示。

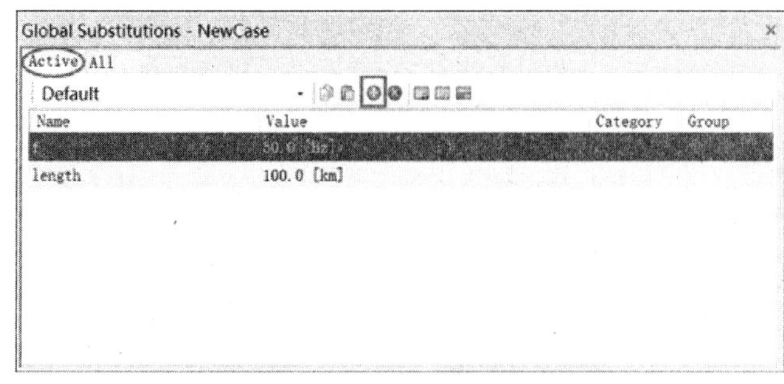

图 8-83 全局替换参数面板

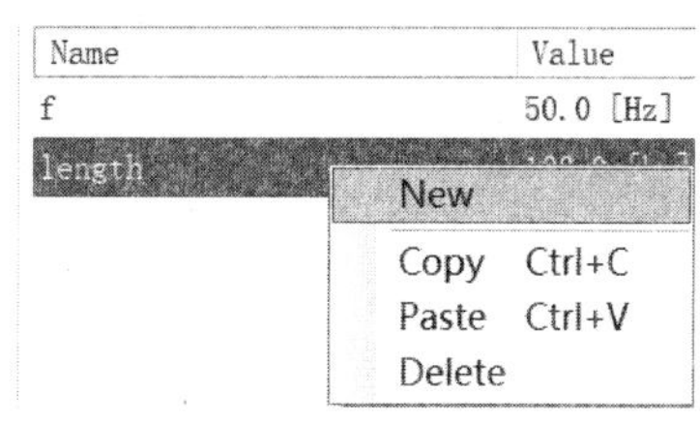

图 8-84 新增全局替换参数菜单

用户可双击 Name 输入域，输入全局替换参数的 Symbol。双击 Value 输入域，输入相应的参数值。该输入域内的输入将被作为字符串，因此需遵循参数输入格式规则，包括使用加入单位。

➢ 全局替换参数的管理

选中某个全局替换参数行，单击图 8-83 上方工具条的红色删除按钮，即可删除该全局替换参数，也可通过图 8-84 所示菜单的 Delete 删除。上方工具条还有如下三个功能按钮：

- Save Active Global Substitutions to File：弹出保存对话框，将当前设置的全局替换参数信息保存至 CSV (*.csv)文件中。
- Replace Active Global Substitutions from File：选择 CSV (*.csv)文件替换当前设置的全局替换参数信息。
- Append Active Global Substitutions from File：选择 CSV (*.csv)文件附加至当前设置的全局替换参数信息后。

➢ 全局替换参数的使用

全局替换类似于元件定义中使用的替换，它们是简单的文本字符串，代表了一个字面值（或另一个字符串）。一旦定义后，该字符串可插入任何元件的输入参数中，其值将由 PSCAD 编译器在项目建立时进行替换。

使用已定义的全局替换参数的语法为：

代码： $(<Name>)

- <Name>：图 8-83 中全局替换参数的 Name，例如，f 和 length。

包含了全局替换参数的元件输入参数将在该值被元件代码（对组件而言是画布）使用前进行预处理。对该元件而言，该输入参数值的输入方法与用户直接输入数据时从表现上而言是完全一样的。

例如，某个架空线路的参数，其 Steady-State Frequency 和 Segment Length 设置如图 8-85 所示。

项目仿真后，架空线路段的稳态频率将为 50 Hz，线路长度为 100 km。

可以看到，在项目中多个元件的相同属性同时设置了相同的值时，使用全局替换参数来改变该值将是非常方便的，不会出现任何遗漏（如系统频率设置）。

➢ 全局替换参数关联仿真组

PSCAD V5 中的全局替换参数不再限于单一项目内使用，而可以关联至特定仿真组。单击图 8-83 所示面板界面左上角的 All，界面将如图 8-86 所示。

图 8-85 使用全局替换参数的元件设置

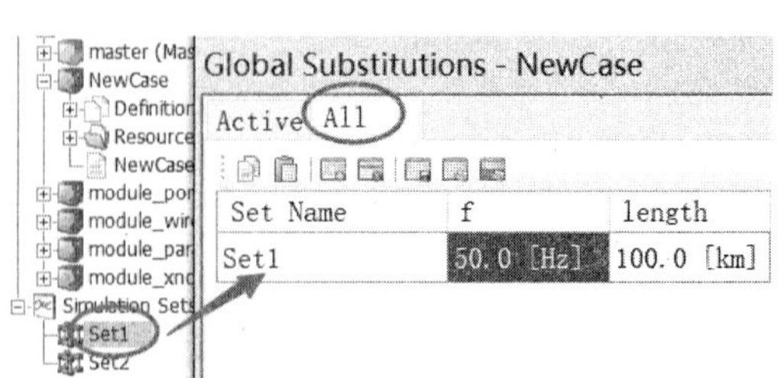

图 8-86 仿真组与全局替换参数的关联

该界面内将列出 Active 中设置的所有全局替换参数，用户可在 Set Name 域输入组名。在仿真组内某个仿真任务的 Substitution Set 列表内可选择使用某一个全局替换参数组。

8.5.4 表达式/条件/可见性语句与透明机制

在 8.4 节中介绍的所有绘图对象具有一个 Expression（Visibility 组中）属性，在 8.5.1 节中介绍的类别页面具有一个 Condition 属性（控制可视性的属性 Visible 仅能选择 True 或 False），8.5.2 节中介绍的参数域具有一个 Condition 和一个 Visibility 属性。在这些属性输入域中，用户可添加表达式以根据由该表达式确定的逻辑来禁止/激活对象（例如某个参数输入域），或者显示/隐藏对象（例如某个图形对象）。

Expression/Condition/Visibility 语句是元件设计非常重要的内容，提供了以元件定义为基础的实例外观和功能的灵活性。这些语句可提供激活/禁用、显示/隐藏参数域、图形对象、文本标签和端口连接的逻辑控制，它们同样可用于元件代码段内，用于控制代码脚本的预格式化。用户可通过使用算术或逻辑运算符来构建条件表达式，其中的条件变量通常都来自列表选择输入参数的值。通过条件表达式，元件实例的外观和行为将各不相同，并且可由用户控制。

条件表达式不限于使用单一的逻辑真式，可在一个表达式内使用多个逻辑条件，例如，(Type == 0) && (Type2 == 3)。也可在条件表达式内使用算术运算符，例如，(Type+Type2==3)，而使用除法运算符时需要仔细。

以主元件库的 abcdq0 元件为例，该元件具有一个 Display Name 为 Direction of Transformation 的列表型输入参数，用户可选择该元件实现 ABC 至 DQ0 坐标的变换，或其反变换。如图 8-87 所示，该列表型参数的 Symbol 属性设置为 IDir，当选择为 ABC to DQ0 时，该变量取 1，反之取 0。利用该变量的不同取值，该元件将具有不同的图形外观显示，如图 8-88 所示。

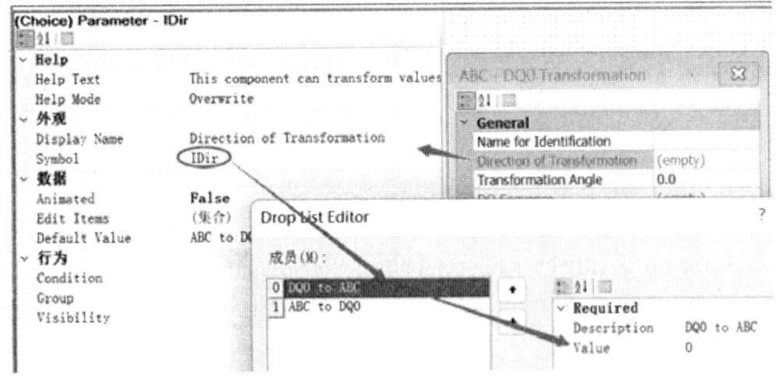

图 8-87 ABC-DQ0 元件的参数设计

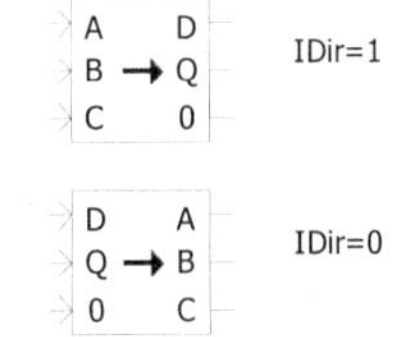

图 8-88 不同条件下的元件外观

图 8-88 中上图文本 A 的属性设置如图 8-89 所示。可以看到，该文本对象可视性 Expression 语句输入为 IDir==1，即当 IDir 取 1 时该文本显示，否则该文本隐藏。而图 8-88 中文本 A 的可视性 Expression 语句输入为 IDir==0，即当 IDir 取 0 时该文本显示，否则该文本隐藏。同时注意到，尽管这两个文本对象具有相同的设置值 A，但由于显示/隐藏的条件正好相反，在实例化时将有且仅有一个被显示。同样的，对图中其他对象进行合适的可视性语句设置，用户做出不同选择时将能看到不同的图形外观。

与表达式/条件/可见性语句直接相关的 PSCAD 为图形外观设计提供的透明机制，当元件图形外观非常复杂时，使用该机制将极为有效。每一透明层将唯一基于某个条件表达式，也即当某个唯一的条件表达式输入至某个图形对象或参数输入域时，PSCAD 将立即创建与之相关的绘图层，另一个使用相同条件表达式的图形对象将同样在该特定的层内可见。

需要注意的是增加与已有的表达式格式相同，且逻辑真值也相同的表达式，既使该表达式可能表明相同的内容，只要表达式格式上稍有不同（例如多出了无关紧要的空格），也会创建一个独立的新透明层。

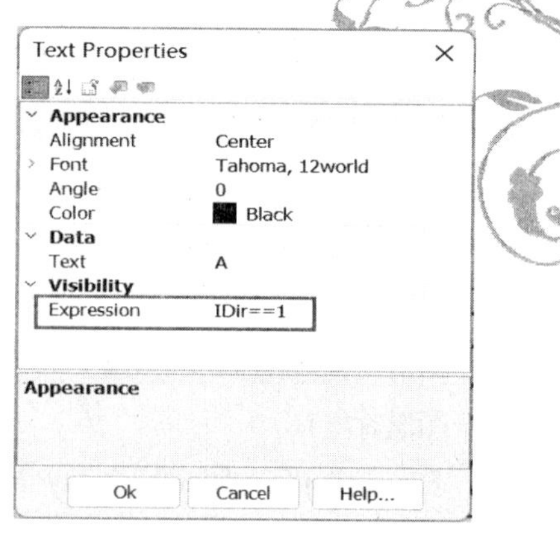

图 8-89 文本的条件判断语句

➢ 透明层的查看

默认情况下，若通过元件实例右键菜单中的 Edit Definition...进入元件图形外观编辑页面，则在该页面内显示的透明层与当前该实例所显示的透明层完全一致。例如，若当前 adbdq0 元件实例的 Direction of Transformation 的列表型输入参数选择为 DQ0 to ABC，则进入元件图形外观编辑页面后将看到图 8-90 a 所示的结果。若通过 Workspace 窗口中元件定义右键菜单中的 Edit→Definition...进入元件图形外观编辑页面，则在该页面内显示的透明层与当前该定义默认条件确定的可见透明层完全一致。例如，由于 abcdq0 元件定义中 Direction of Transformation 的列表型输入参数的默认值为 ABC to DQ0，通过这种方法进入元件图形外观编辑页面后将看到图 8-90 b 所示的结果。

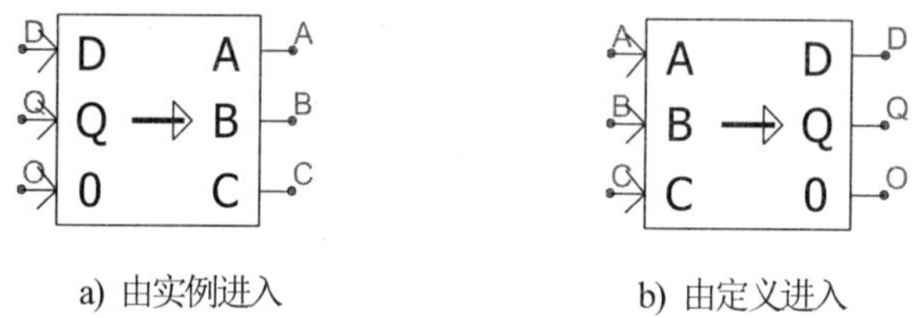

a) 由实例进入　　b) 由定义进入

图 8-90 不同方法下不同的透明层显示

为调整透明层的可见/隐藏，可在 Graphic 页面中任何空白处鼠标右键单击，从弹出的菜单中选择 Transparencies，其下列出了元件图形中当前存在的所有可用透明层（也即判断语句），如图 8-91 所示。

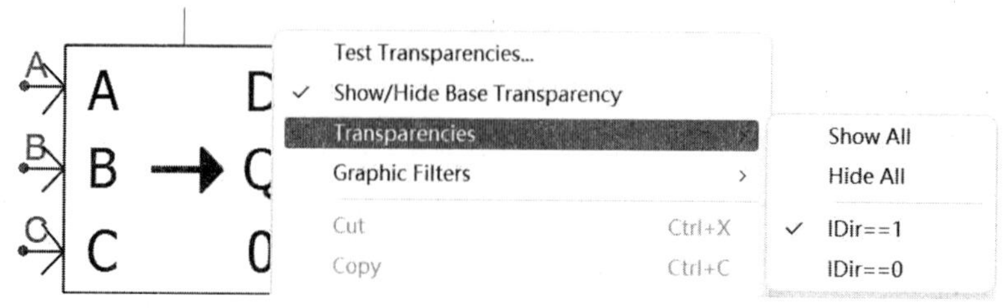

图 8-91 透明层查看菜单

可以看到，该元件共有两个根据条件判断所生成的透明层，即 IDir==1 和 IDir==0，并且当前显示的透明层是 IDir==1（如图 8-91 所示的对应透明层前有√号）。

可选中或不选择某个透明层，使得其可见或隐藏，这只需要通过再次单击如图 8-91 中所示的透明层即可实现。也可通过选择图 8-91 中的 Show All 或 Hide All 来显示或隐藏全部透明层。例如在中选择 Show All 后的效果如图 8-92 所示。

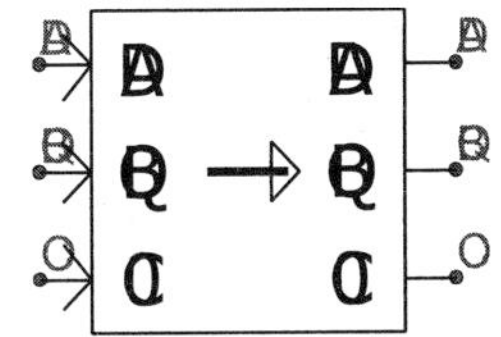

图 8-91 显示全部透明层的效果

➢ 基本透明层

基本透明层包含了不具有已定义条件表达式的所有图形对象和端口连接，即它们不属于任何已定义的透明层，或者是在任何条件下所有元件实例都能显示的图形对象。例如比较图 8-90 中 abcdq0 元件在不同条件下的两个图形外观，可以发现某些图像对象是同时显示的，这些对象即构成了基本层，如图 8-93 所示，它们的 Expression 语句均应是 true。可通过选中或不选中图 8-91 所示 Show/Hide Base Transparency 来显示/隐藏基本透明层。

➢ 透明层测试

PSCAD 中提供了在元件设计环境中直接进行元件图形外观显示效果与元件输入参数之间关联性的测试特性。该特性提供了完整的参数输入对话框的预览功能，用户可在预览对话框中设置所有选择列表项为预期值，然后查看在这些设置情况下的图形外观显示是否与设计目标一致。

在 Graphic 页面中任何空白处鼠标右键单击，从弹出的菜单中选择 Test Transparencies…，如图 8-91 所示。或者单击功能区控制条的 Filters 菜单下的 Test 按钮，显示该元件当前设计好的输入参数对话框，如图 8-94 所示。用户可在参数输入对话框中设置不同的选项，实时查看不同设置下的元件图形外观的变化。

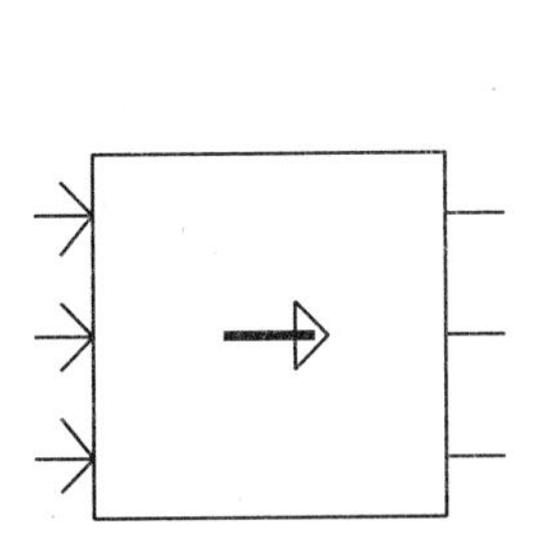

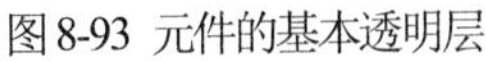

图 8-93 元件的基本透明层

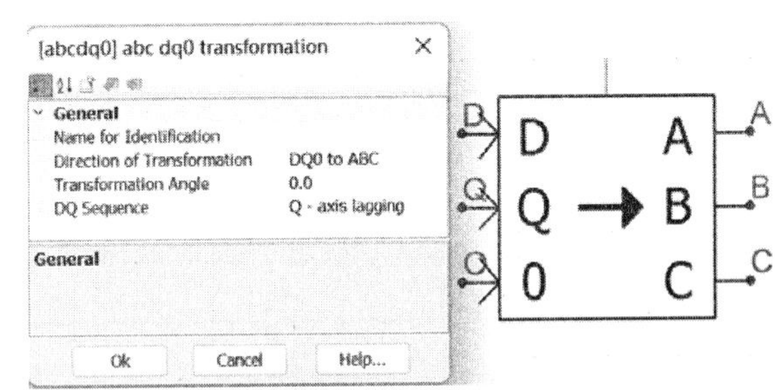

图 8-94 图形外观条件判断的在线测试

8.5.5 单位系统

元件参数的单位可执行有限的转换和缩放功能，取决于所输入的单位和为该特定输入参数定义的默认（或目标）单位。单位系统包括了用于时间、长度、重量、速度（平移的和旋转的）以及电气（包括电压、电流和功率）的基本单位。

➢ 单位格式

单位专用于在元件输入参数域内输入，且仅可与 literal 型输入数据相关联，即对输入变量或全局替换参数使用单位将是非法的。所有输入的单位必须以至少一个空格与所输入的参数值分开，如图 8-95 所示。

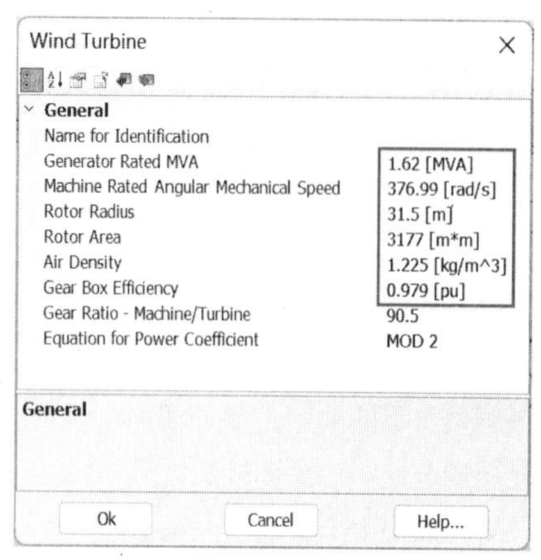

图 8-95 单位输入示例

➢ 基本单位

单位系统的基础是基本单位，基本单位代表所有可被单位系统识别的单位。在输入域中使用单位是可选的，如果某个参数输入未指定单位，则假定它将采用为该参数设计的默认单位，如果指定了单位则将进行严格的单位转换。当无法识别输入的单位或处理复合单位失败时，则该输入参数域将被作为无法确定的 (#NaN)，除少数不合规格之外的所有基本单位均遵循国际单位系统 (SI)。

表 8-1 列出了所有能被单位系统识别的合法（标准）基本单位，所有的符号均为大小写敏感，且必须准确地按照所给出的样式进行书写，以确保合法性。

表 8-1 基本单位

	名称	符号	转换系数	描述
电气	Volt	V		电压
	Ampere	A		电流
	Ohm	ohm		欧姆
	Siemens	S		西门子
	Siemens	mho		姆欧
	Siemens	mhos		姆欧
	Watt	W		瓦特
	Volt-Amps	VA	1 VA=1.0W	伏安
	Volt-Amps	VAR	1 VAR=1.0W	乏
	Horsepower	hp	1 hp=746.0W	马力
	Farad	F		法拉
	Henry	H		亨利

（续）

	名称	符号	转换系数	描述
时间频率	Second	s		秒
	Second	sec		秒
	Second	Sec		秒
	Minute	min	1 min=60s	分钟
	Hour	hr	1 hr=3600s	小时
	Day	day	1 day=86400s	天
	Cycles per Second	Hz		赫兹
长度	Metre	m		米
	Inch	in	1 in=0.0254m	英寸
	Feet	ft	1 ft=0.3048m	英尺
	Yard	yd	1 yd=0.9144m	码
	Mile	mi	1 mi=1609.344 m	英里
重量	Gram	g		克
	Pound	lb	1 lb=453.59237g	磅
旋转	Revolutions	rev		转
	Radian	rad	1 rad = 1/2rev	弧度
	Degree	deg	1 deg = 1/360rev	度
其他	Revolutions per Minute	rpm	1 rpm = 1/60 rev/s	转/分钟
	Revolutions per Minute	RPM	1 RPM=1/60rev/s	转/分钟
	Per-Unit	pu		标幺
	Per-Unit	p.u.		标幺
	Percent	%	1 %=0.01pu	百分比

➢ 前缀

单位系统可使用有限的 SI 前缀对基本单位进行缩放。前缀必须位于有效的基本单位之前，并可插入至复合单位中的任何位置。表 8-2 列出了所有可用的单位前缀。

➢ 目标单位

单位系统将根据输入参数域中的目标单位来确定最终应用的转换或缩放系数。目标单位是在元件定义的参数设计部分中的 Units 域（即默认单位）中输入的符号。

用户可通过调用属性查看对话框来查看任何元件的目标单位：可鼠标右键单击该元件，从弹出的菜单中选择 View Properties 查看。

目标单位不仅限于基本单位，也可包括默认的前缀（如 kA）。在这些情况下，目标单位中的任何前缀将会在后续需执行进一步缩放时考虑。事实上，对主元件库中的元件而言这是非常常见的情形，其中的很多单位都指定为 kA、kV 或 uF。

表 8-2 单位前缀

名称	符号	缩放系数	描述
tera	T	10^{12}	梯
giga	G	10^{9}	吉
mega	M	10^{6}	兆
kilo	k	10^{3}	千
milli	m	10^{-3}	毫
micro	u	10^{-6}	微
nano	n	10^{-9}	纳
pico	p	10^{-12}	皮

例如，图 8-96 目标单位设计示例给出了主元件库中 3-Phase 2-Winding Transformer 元件的某个参数设计。

该元件 Display Name 属性为 Winding 1 Line to Line voltage (RMS)的输入参数，其 Unit 中指定的目标单位为 kV，用户可在该参数输入域中输入 0.153 MV。由于目标单位包含了前缀 k，应用程序则将在该参数输入域中输入的任何量均转换至 kV（而不是电压的基本单位 V）。因此在本示例中，所输入的量将会乘以缩放系数 1000，以将其从 0.153 MV 转换至 153.0 kV。

目标单位是否包括前缀通常情况下是无关紧要的，但在设计新元件时需要考虑。只要输入单位的基准与目标单位的一致，则所有的缩放和转换将自动执行。

➢ 单位转换

单位系统的最大用处是进行单位之间的转换，无论是公制/英制转换或是简单的像弧度与度的转换。

进行单位之间的转换是相对非常直接的，唯一的规则是要求转换必须基于相同的基本单位类型进行。例如 m 到 ft（均是长度测量单位），sec 到 hr（均是时间测量单位）。合法的前缀也可包括在转换中，例如 km 到 mi。

➢ 复合单位：单位系统能识别出单位方括号内的三种类型的算术运算符，以允许将单位组合在一起。包括：*（乘）、/（除）和^（指数）。

处理复合单位时必须遵循如下的简单规则，否则将会导致转换失败。

- 输入单位中算术运算符出现的位置必须与目标单位中的一致。例如，若目标单位为 MW*s/MVA，则是合法的输入可以是 hp*min/MVA，而 hp/MVA*min 则是不合法。
- 输入单位中算术运算符的总数目必须与目标单位的一致，即不能以平方来替换连续的相乘或相乘。例如，若目标单位为 m*m，则合法的输入可以是 ft*ft，而 ft^2 则是不合法的。
- 不允许出现多个除法运算符，即最多允许使用一个除法。例如，lb/s/ft 是不合法的。

例如主元件库元件 Wind Turbine 包含了一个输入参数 Air Density，其目标单位为 kg/m^3，如图 8-97 所示。

用户可在该参数输入域中以英制单位输入具有相同大小的值，例如，0.07647 lb/ft^3。单位转换器将对该数值应用合适的缩放系数，使最后提供给 EMTDC 的值具有 kg/m^3 的单位。

(Real) Parameter - V1

Help	
Help Text	Enter the RMS voltage rating of
Help Mode	Append
外观	
Display Name	Winding 1 Line to Line voltage (
Symbol	V1
数据	
Animated	**False**
Content	Constant
Dimension	1
Intent	Input
Minimum Value	0.0001
Maximum Value	1E+308
Unit	kV
Default Value	230.0
行为	
Condition	
Group	
Visibility	

图 8-96 目标单位设计示例

(Real) Parameter - Airden

Help	
Help Text	
Help Mode	Append
外观	
Display Name	Air Density
Symbol	Airden
数据	
Animated	**False**
Content	Constant
Dimension	1
Intent	Input
Minimum Value	0
Maximum Value	1E+308
Unit	kg/m^3
Default Value	1.225

图 8-97 复合单位示例

➢ 单位转换确认

在进行仿真之前确保任何执行的单位转换的正确是一个良好的做法，这可通过使用属性查看器来完成。该对话框显示了目标单位、输入的数值以及转换后的最终数值。

若用户在 Wind Turbine 元件的 Air Density 参数输入域中输入 0.07647 lb/ft^3 后，使用属性查看器后所得到的结果如图 8-98 所示。

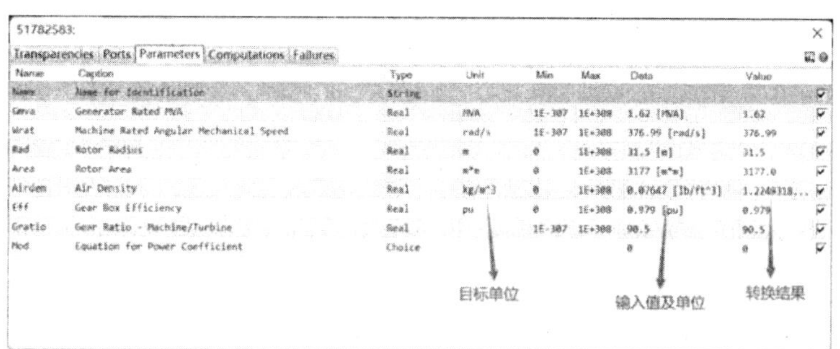

图 8-98 单位转换查看

8.5.6 元件属性查看

设计完成后的元件复杂程度不一，某些元件可能具有数以百计的参数、端口连接等。当设计和调试新的元件，或确认现有元件的设计时，能够方便地查看这些属性数据将是非常重要的。元件的属性查看器提供了直观且方便的方法来归类和显示元件的属性，以便于有效地对它们检查。

用户可鼠标右键单击某个元件或组件的实例，从弹出的菜单中选择 View Properties…，即可调用类似于图 8-99 所示的元件属性查看器。

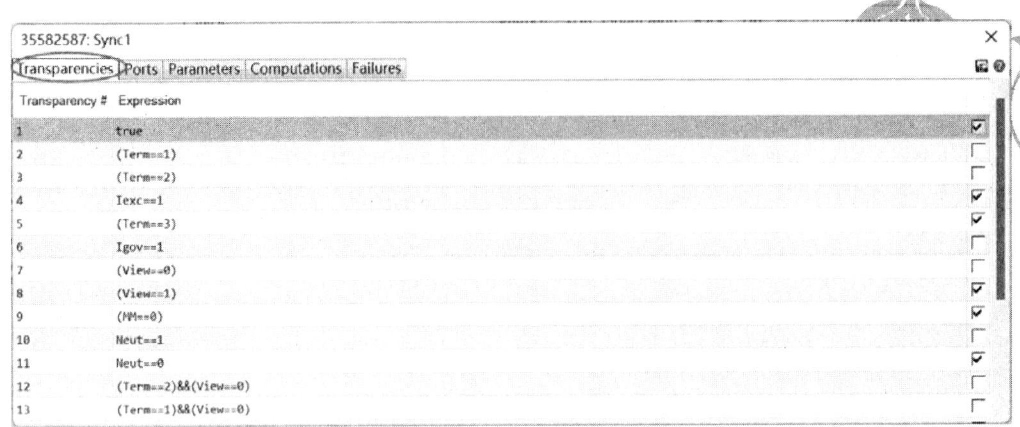

图 8-99 元件属性查看器

属性查看器中以分类列表的方式对元件属性进行组织。共有如下几个分类:

- Transparencies：元件 Graphics 部分中的透明层及其相关表达式语句。
- Ports：元件 Graphics 部分中的外部连接（节点）及其相关表达式语句。
- Parameters：元件 Parameters 部分中参数域，例如，信号名称、类型、单位等。
- Computations：元件代码 Computations 段中定义的计算变量，例如，类型、计算值等。
- Failures：预计算错误列表（仅在发现错误时出现该标签页面）。

该查看器中所有显示值如同变量在被替换时采用的值一样具有相同的精度，对 EMTDC 而言具有 12 位有效数字，所有计算错误都在数值栏中以#NaN 表示。

➢ Transparencies 页面

图 8-99 所示为典型的 Transparencies 页面的内容。该页面中提供了如下信息:

- Transparency #：层序号，仅用于列表编号。
- Expression：定义透明层的条件语句。
- Logic：该栏的√表明相应的条件语句当前为 TRUE，否则为 FALSE。

➢ Ports 页面

图8-100 元件属性查看器的Ports 页面显示了典型的Ports 页面的内容。该页面提供了如下信息:

- Name：端口连接的 Symbol Name。
- Expression：定义该连接端口激活的条件语句。
- M：所显示的符号指明该端口连接的类型。o：电气节点。< ：输入数据节点。>：输出数据节点。+：短路节点。
- Type：非电气连接端口的数据类型（即 REAL、INTEGER、LOGICAL 或 COMPLEX）。
- Dim：矢量信号的维数。当信号为标量（即 Dim=1 时）该栏为空。
- Logic：该栏的√表明相应的条件语句当前为 TRUE，否则为 FALSE。

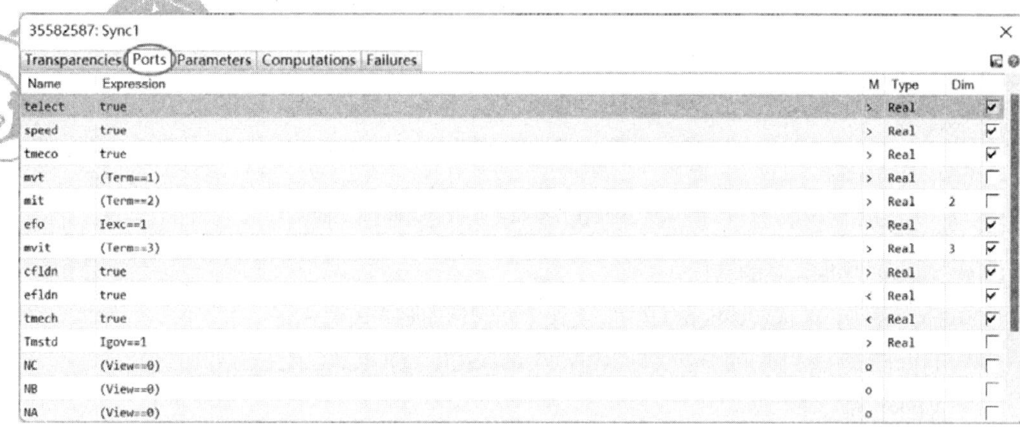

35582587: Sync1

Transparencies | Ports | Parameters | Computations | Failures

Name	Expression	M	Type	Dim	
telect	true	>	Real		☑
speed	true	>	Real		☑
tmeco	true	>	Real		☑
mvt	(Term==1)	>	Real		☐
mit	(Term==2)	>	Real	2	☐
efo	Iexc==1	>	Real		☑
mvit	(Term==3)	>	Real	3	☑
cfldn	true	>	Real		☑
efldn	true	<	Real		☑
tmech	true	<	Real		☑
Tmstd	Igov==1	>	Real		☐
NC	(View==0)	o			☐
NB	(View==0)	o			☐
NA	(View==0)	o			☐

图 8-100 元件属性查看器的 Ports 页面

➢ Parameters 页面

图 8-101 元件属性查看器的 Parameters 页面显示了典型的 Parameters 页面的内容。该页面中提供了如下信息：

- Name：该参数的 Symbol Name。
- Caption：该参数的 Display Name。
- Type：该参数的类型（即 input、 text、choice 等）。
- Unit：该参数的默认单位（或目标单位）。
- Min：该参数的最小限值。
- Max：该参数的最大限值。
- Data：参数对话框中实际输入的数值。
- Value：经由 PSCAD 计算后的参数实际值（考虑输入的单位和目标单位）。
- Logic：该栏的√表明相应的条件语句当前为 TRUE，否则为 FALSE。

35582587: Sync1

Transparencies | Ports | Parameters | Computations | Failures

Name	Caption	Type	Unit	Min	Max	Data	Value	
Name	Machine name	String				Sync1	Sync1	☑
Nqaxw	No. of Q-axis Damper Windings	Choice				1	1	☑
Cnfg	Data Entry Format:	Choice				0	0	☑
MM	Multimass Interface:[Enables Speed Ctrl]	Choice				0	0	☑
CfRa	Armature Resistance as:	Choice				0	0	☑
MSat	Saturation	Choice				0	0	☑
icTyp	Type of Settings for Initial Condition	Choice				0	0	☑
Iscl	Machine Scaling Factor?	Choice				1	1	☑
View	Graphics Display	Choice				1	1	☑
Neut	External Neutral Connection	Choice				0	0	☑
itrfa	D-axis Transfer Admittance Data Available?	Choice				0	0	☑
izro	Force Currents = 0 at t = 0?	Choice				0	0	☑
Icsp	Control Source P Out ?	Choice				0	0	☑
Icmp	Control Machine P Out?	Choice				0	0	☑

图 8-101 元件属性查看器的 Parameters 页面

➢ Computations 页面

图 8-102 元件属性查看器的 Computations 页面显示了典型的 Computations 页面的内容。该页面中提供了如下信息：

图 8-102 元件属性查看器的 Computations 页面

- Name：申明常量的名称。
- Expression：Computations 段中定义该申明常量的脚本表达式。
- Type：该常量申明的类型（即 REAL, INTEGER, LOGICAL 或 COMPLEX）。
- Value：常量的计算值。

➢ Failures 页面

图 8-103 元件属性查看器的 Failures 页面显示了典型的 Failures 页面的内容。该页面中提供了如下信息：

图 8-103 元件属性查看器的 Failures 页面

- Error #：错误的顺序编号。
- Trace：实际错误的描述。通常是来自内部编译器的消息。

➢ 查看属性的格式化

打开元件属性查看器后，数据将呈现为某种简单的格式。尽管不能在查看器中修改属性设置，但用户可调整属性呈现的次序，这对于将数据存储于文件中是有用的。

用户可对想要调整位置的列表项目按鼠标左键拖动到目标位置后释放即可实现次序的更改。

➢ 存储数据至文件/复制数据至剪贴板

任何时候都可将元件数据存储至文本文件。选择想要存储数据的标签页面，单击图 8-101 所示对话框右上角的 Save to an external file 按钮，并在随后弹出的对话框中输入存储文件的名称，并单击 Save 按钮保存为文本文件共后续查看。

可在任何时候将指定行的属性数据存储至剪贴板。选择想要复制的一行或多行数据，右键单击从弹出的菜单中选择 Copy 即可。

需要说明的是：图 8-99 所示的元件属性查看器还可在元件实例参数对话框中打开，单击如图 8-104 所示参数对话框的属性查看按钮即可。

8.5.7 元件参数导入/导出

可在任何时候将元件参数写入至某个 *.csv 文件或从某个 *.csv 文件导入参数至元件。

➢ 参数导入/导出

单击某个元件参数对话框上部的导入/导出按钮即可将参数保存至文件或从文件导入参数，如图 8-104 所示。

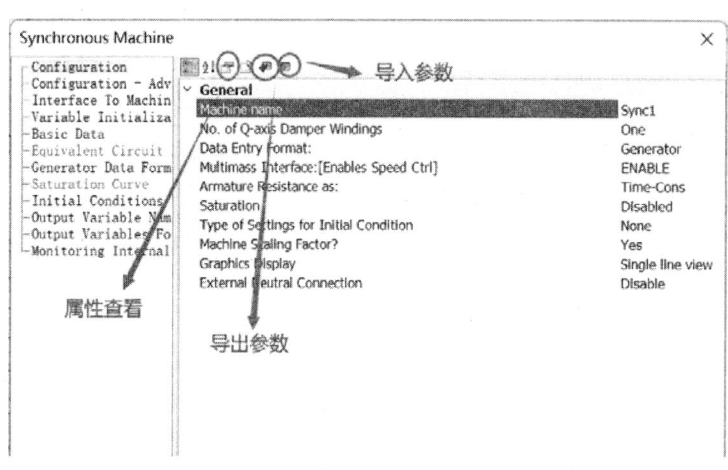

图 8-104 元件参数导入/导出按钮

➢ 数据文件格式

典型元件参数文件如图 8-105 所示。

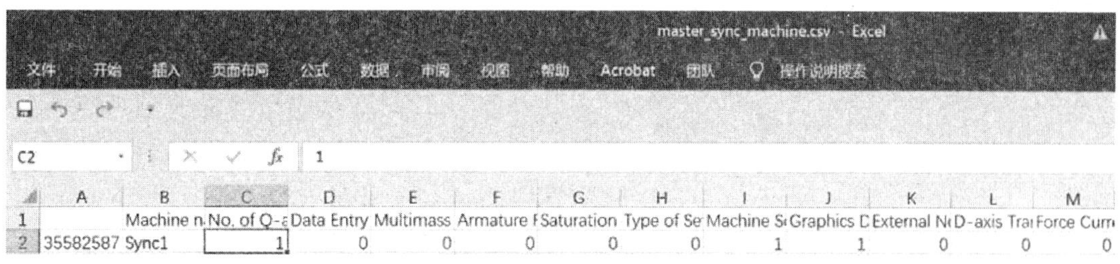

	A	B	C	D	E	F	G	H	I	J	K	L	M
1		Machine n	No. of Q-a	Data Entry	Multimass	Armature F	Saturation	Type of Se	Machine S	Graphics D	External N	D-axis Tra	Force Curr
2	35582587	Sync1	1	0	0	0	0	0	1	1	0	0	0

图 8-105 元件参数文件

需要注意的是，元件参数文件中的参数值是以元件 ID 为基础的，如图 8-105 中元件 ID 为 35582587，将该文件导入至同类型但 ID 不同的元件将不起任何作用。

Parameter Grid 面板也可实现类似的功能，请参考第 2 章中相关内容。

8.6 代码编制

在用户自定义模型中，只有元件才可进行代码编制，代码是最终决定元件全部功能和行为的核心。进入代码页面的方法类似于进入图形外观编辑页面的方法，只需要在定义编辑器中单击 Script

页面即可（对组件该页面被禁止）。代码编制界面如图 8-106 所示。

8.6.1 代码段的操作

PSCAD 以分段的形式对代码进行管理，每个段实现某个特定的功能。一个元件的代码并不需要使用到所有的段，其中最常用的是 Fortran、Computantions 和 Branch 段，并且这些段是新创建元件定义时默认包括的。元件定义所需要的段基于该元件将要执行的功能，如它是否需要进行预计算，是否为电气元件，是否包括外部源代码等。

```
!
#LOCAL REAL intervm,interfreq,interpha
#IF paratype==1
        intervm=$ivm
        interfreq=$ifreq
        interpha=$ipha
#ELSE
        intervm=$vm
        interfreq=$freq
        interpha=$pha
#ENDIF


#IF dim==0
        $waveout1=intervm*cos(TWO_PI*interfreq*TIME+interpha/360)
#ELSEIF dim==1
        $waveout2=intervm*sin(TWO_PI*interfreq*TIME+interpha/360)
#ELSE
        $waveout3(1)=intervm*cos(TWO_PI*interfreq*TIME+interpha/360)
        $waveout3(2)=intervm*sin(TWO_PI*interfreq*TIME+interpha/360)
#ENDIF
```

Schematic | Graphic | Parameters | Script | Fortran | Data

图 8-106 元件代码编制页面

➢ 段的查看

鼠标右键单击如图 8-106 所示的页面中任何空白处，从弹出的菜单中选择 Segment Manager…，如图 8-107 所示，将进入代码段管理界面，如图 8-108 所示。

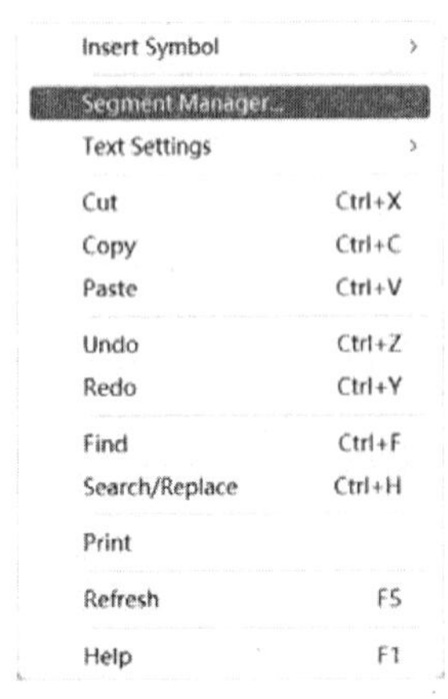

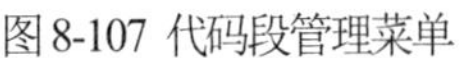
图 8-107 代码段管理菜单

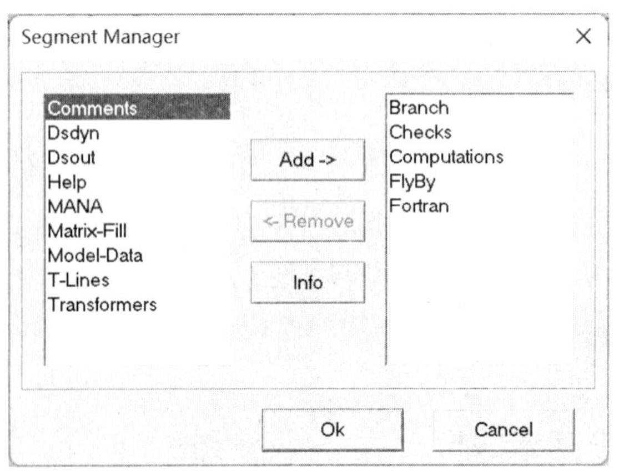

图 8-108 代码段管理界面

在图 8-108 中显示了两个列表，左边的列表为当前未使用的段，如 Comments、Dsdyn 等。右边的列表为当前已使用的段，如Fortran、Branch等。也可单击此时功能区控制条中Script按钮，从中单击Segment Manager进入图8-108所示界面，还可单击此时功能区控制条中Script菜单，在Current Segment的下拉列表中查看当前已使用的段。

➢ 段的管理

在图8-108中左边列表中选择想要使用的段，并单击Add->，可将该段加入至右边列表供用户使用。可通过在图8-108中右边列表中选择想要移除的段，并单击<-Remove，可将该段从使用段中移除。但要注意，此时该段中代码将完全丢失，且操作不可撤销。例如，在图8-108中增加Dsdyn段并移除Branch段后的结果如图8-109所示。

➢ 已使用段的切换

单击功能区控制条中Script按钮，在Current Segment的下拉列表中查看当前已使用的段。单击该列表中的某个已使用的段名称，即可切换至该段内进行相应的代码编制，如图8-110所示。

➢ 段显示设置

单击代码编制页面内任何空白处，从弹出的菜单中选择Text Settings…，可对代码段的显示进行控制，如图8-111示。

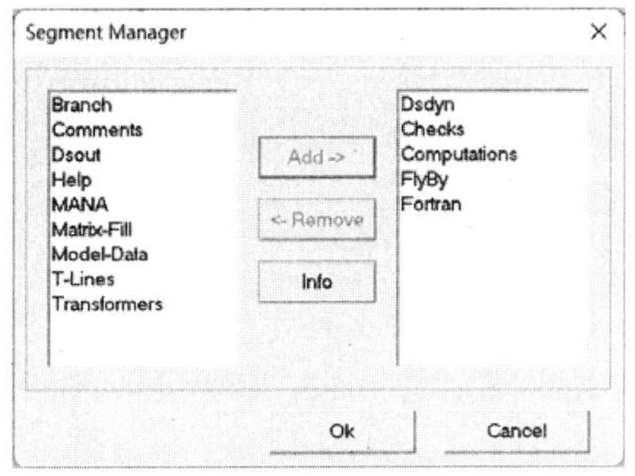

图8-109 代码段的增加和移除

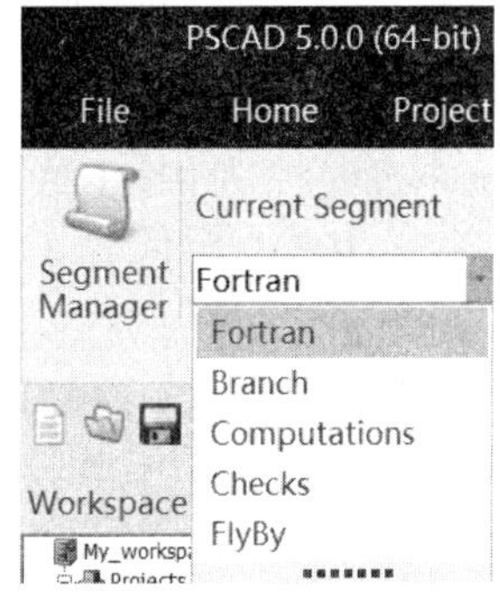

图8-110 代码段的切换

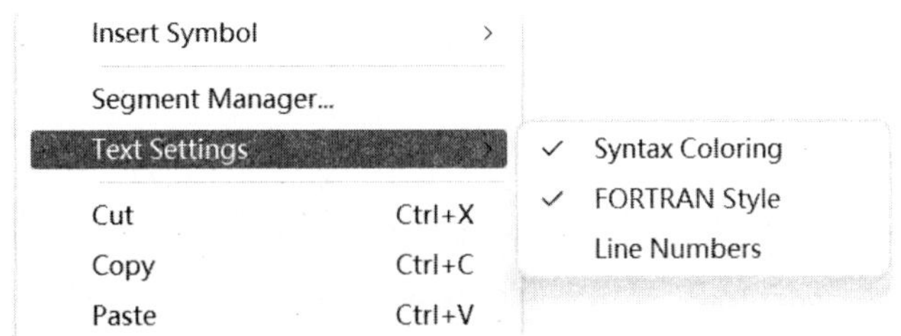

图8-111 代码段显示设置菜单

各子菜单的说明如下：

- Syntax Coloring：选中该选项将使用代码着色功能。当不选中时，所有脚本代码将为黑色。所有PSCAD的内部变量、PSCAD脚本指示符等均以相应的彩色图案显示。
- FORTRAN Style：该选项提供图形化指示以显示第6列。在查看Fortran文件，或在Fortran,

DSDYN 或 DSOUT 段内时，它将呈现为绿色垂直的分割条。

- Line Numbers：选中该选项将在查看代码脚本或在 PSCAD 中查看任何文本文件时出现行号显示。

8.6.2 代码段说明及其应用

以下详细说明各段的作用和代码编制规则。用户可查看主元件库中元件的代码以加强对这些内容的理解和使用。

1．Computations

该段用于提供对元件输入数据进行预处理，或生成新的内部变量的环境。尽管某些时候元件参数输入的形式对用户而言非常方便，但对代码编制而言可能是不方便的。例如，定义可能要求以弧度/秒的形式输入系统频率，但参数输入域可能要求用户以 Hz 为单位输入该值。

Computations 段是元件编译时编译器考虑的第一个段。因此，任何在该段内定义的量将可能在其他任何段内的任意位置被替换。该段同时允许算术和逻辑表达式求值。

需要注意的是，Computations 段中所有代码的处理将在为 EMTDC 创建任何 Fortran 代码之前完成，并且只会处理一次。因此，其中定义的量对仿真的后续过程而言只能是静态的。

Computations 段代码标准格式为：

```
<DataType> <Name> = <Expression>
```

- <DataType>：可为 REAL 或 INTEGER，指出了该量的类型。默认时为 REAL。
- <Name>：该常量的名称。
- <Expression>：仅包含常量参数的算术或逻辑表达式。

示例：用户需要将 Symbol 属性为 Vset，单位为 kV 的输入参数值转换为名为 SetPU 的标幺值，以在后续代码段中使用。同时用户已定义了 Symbol 属性为 Vbase，单位为 kV 的输入参数，即系统电压基准值。

相应的代码将可能为：

```
REAL SetPU=Vset / Vbase
```

从而定义了名为 SetPU 的 REAL 型常量。该常量可在任何其他段内的等式和/或逻辑表达式中使用。

2．Branch

该段主要用于为 EMTDC 电气网络导纳矩阵提供电气支路信息，并且是控制 EMTDC 等效导纳 (GEQ) 接口的重要输入点。支路的设计是通过确定无源元件（组合的 R, L 和/或 C 元件）的类型和大小，以及这些元件的电气连接端口来完成的。

一个单一的 Branch 表达式表示了一个单一的电气支路，对应于一个阻抗 Z=R+jX，其中 Z 的值根据该支路的 R、L 和/或 C 元件的值计算得到。Branch 段也可用于定义开关型支路以及包含理想电压源的支路（即无穷大母线）。

Branch 段代码标准格式为：

```
[<Branchname>=]$<TO> $<FROM> [<Keyword>] [$]<R> [$][<L>] [$][<C>]
```

- <TO>和<FROM>：在元件图形外观部分中定义的电气连接端口的 Symbol 属性值。

- <R>：该支路的电阻值，单位 Ω。没有电阻时输入 0.0。
- <L>：该支路的电感值，单位 H。没有电感时输入 0.0。
- <C>：该支路的电容值，单位 μF。没有电容时输入 0.0。
- <Branchname>：可选项，为该支路定义一个引用名称，以在其他电气部分对该支路进行引用，而不是引用其电气节点。多个 EMTDC 子程序需要支路名称作为其输入参数。
- <Keyword>：可以是 SOURCE 或 BREAKER。指出该支路包括电压源或开关。
- $：替代前缀运算符，将在 8.6.3 节中详细介绍。

示例：用户需要定义一个用于表示在电气端口连接 N1 和 N2 之间的 RC 串联支路，并与一个纯感性支路并联。N1 和 N2 已在图形外观部分进行了定义，RC 串联支路的参数值将通过该元件的输入参数界面输入（相应变量的 Symbol 属性分别为 R 和 C），并联感性支路的电感保持为固定的 0.001H，用户无法进行修改。

相应的代码将可能为：

```
$N2  $N1  $R   0.0    $C
$N2  $N1  0.0  0.001  0.0
```

需要注意的是，引用输入界面中输入参数值时，需要在相应 Symbol 前加$，如$R 和$C。

上述表达式等效为如图 8-112 所示的电路。

如果用户需要在其他电气部分引用图 8-112 中两条并联支路，可为它们定义相应的名称 BRN1 和 BRN2：

```
BRN1 = $N2  $N1   $R   0.0    $C
BRN2 = $N2  $N1   0.0  0.001  0.0
```

需要注意的是，在其他部分引用这两条支路时，需要在 BRN1 和 BRN2 之前添加$。

用户可在支路表达式中使用 SOURCE 关键字，向程序表明该支路包含了与无源元件串联的内置理想电压源。例如，为图 8-112 所示电路添加串联电压源的代码如下：

```
BRNS = $GND $N1 SOURCE  $Rs  0.0  0.0
BRN1 = $N2  $N1   $R   0.0    $C
BRN2 = $N2  $N1   0.0  0.001  0.0
```

上述代码的第一行表明：在电气节点 GND（电气地，由 PSCAD 预先定义）和 N1 之间将包括一个理想电压源串联电阻 Rs 的支路（Rs 同样需在用户输入参数界面中事先给出定义）。上述表达式等效为图 8-113 所示的电路。

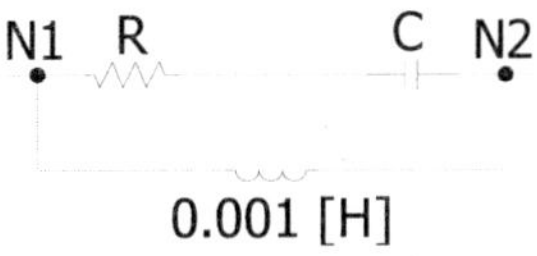

图 8-112 Branch 代码编制的等效电路

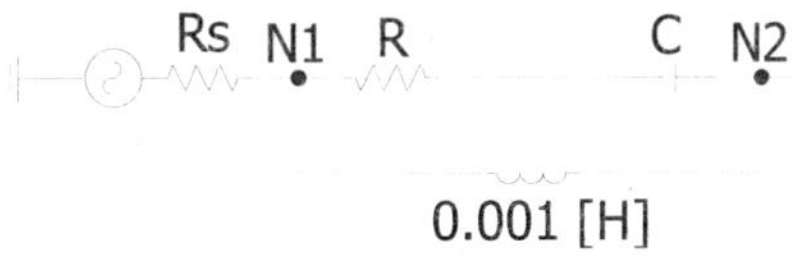

图 8-113 含理想电压源的等效电路

用户可在支路表达式中使用 BREAKER 关键字，向程序表明该支路包含了开关。定义开关的表达式稍有不同：

```
[<Branchname> = ]  <TO> <FROM> BREAKER <Initial_Value>
```

- <Initial_Value>：开关的初始化电阻值，单位 Ω。该值仅用于初始化目的而不会影响仿真结果。默认值为 1.0。

例如，为图 8-113 所示电路添加含开关支路的代码如下：

```
BRNS = $GND $N1 SOURCE $Rs  0.0  0.0
BRN1 = $N2  $N1   $R   0.0    $C
BRN2 = $N2  $N1   0.0  0.001  0.0
BRNB = $GND $N2 BREAKER  1.0  0.0  0.0
```

上述表达式等效为如图 8-114 所示的电路。

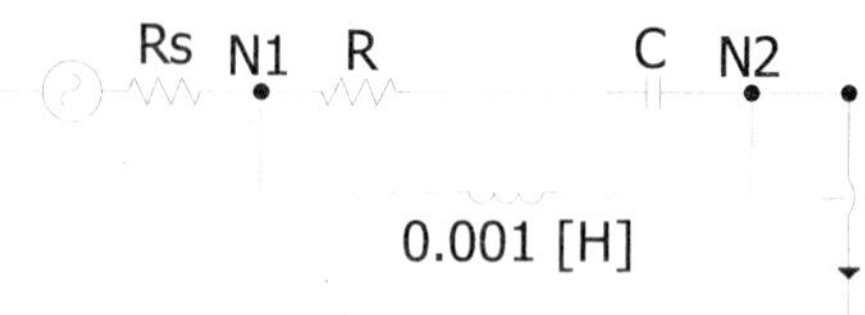

图 8-114　含开关的等效电路

3．Fortran

该段是所有定义元件模型的 Fortran 代码的放置位置。在该段输入的代码必须以标准的 Fortran90 格式、PSCAD 定义脚本或两者混合的形式出现。也可在其中定义函数，或者调用外部子程序。当使用 Fortran90 格式时，需要在每行代码前添加 6 个前导空格。

在该段内编制代码应注意：

- 所有 EMTDC 变量均可在代码中直接引用，无需申明或加入头文件。
- 仅能在 Fortran 代码段中使用 PSCAD 定义脚本。
- 所有放置于 Fortran 段的代码在项目编译时将被直接加入到该组件的 Fortran 文件（组件名.f）中。如果元件定义中包含了大量代码和/或该组件中包含了大量该元件的实例，该组件的 Fortran 文件将非常巨大且调试困难。此时最好的做法是创建函数或子程序，它们只需简单地在 Fortran 段中进行调用。如果编码时使用了 Fortran 行编号机制，这些相同的数字将多次在 Fortran 文件中出现，从而引起编译错误。
- 所有在 Fortran 段内放置的代码将被智能地分配至 EMTDC 系统动态部分中，以避免由于一个步长延时可能造成的问题，即 PSCAD 将根据某个变量在代码中如何定义，该元件在项目中如何的连接而有选择地将代码放置于 EMTDC 系统动态的 DSDYN 或 DSOUT 部分中。

4．DSDYN

该段等同于 Fortran 段，但其中代码将被强迫进入 EMTDC 系统动态的 DSDYN 部分。关于 EMTDC 系统动态的介绍可参考第 10 章的内容。

5．DSOUT

该段等同于 Fortran 段，但其中代码将被强迫进入 EMTDC 系统动态的 DSOUT 部分。关于

EMTDC 系统动态的介绍可参考第 10 章的内容。

6. Checks

该段用于确保用户输入至元件输入参数的值是合理的。如果特定的状态为 true，则项目编译过程中相应的警告或错误消息将显示于输出窗口中。

Branch 段代码标准格式如下：

```
<MESSAGE TYPE> <Message> : <Expression>
```

- <MESSAGE TYPE>：可根据问题的严重程度选择使用 WARNING 或 ERROR 关键字。如果使用 WARNING，则该消息将作为警告出现在输出窗口中。如果使用 ERROR，该消息在将作为错误出现在输出窗口中的同时，仿真将终止直至问题解决。
- <Message>：将要显示用于错误或警告产生时的诊断信息，该消息应描述充分，以帮助该元件的其他用户确定何种问题及其来源。
- <Expression>：用于测试以确定是否将产生错误或警告消息。表达式是基于负逻辑，即如果表达式为 false，则发出消息。表达式内可使用逻辑和算术运算符。

示例：设计的元件包括一个用于频率的输入参数，其 Symbol 属性为 F。设计者需要确保仅能输入大于 0 的值。相应的代码可能如下：

```
ERROR System frequency must be greater than zero : F > 0.0
```

当 F 小于或等于 0 时，将产生内容为 System frequency must be greater than zero 的错误消息。

示例：设计的元件包括两个电阻值，其 Symbol 属性分别为 R1 和 R2。设计者需要确保仅能输入大于 100R2 的 R1 值。相应的代码可能如下：

```
WARNING R1 / R2 must be greater than 100 : R1 > 100*R2
```

当 R1 小于或等于 100 R2 时，将产生内容为 R1/R2 must be greater than 100 的警告消息。

7. Help

该段用于当用户为某个特定自定义元件提供外部基于 HTML 的帮助文件。例如，用户为该元件创建了名为 help.html 的帮助文档，只需要在 Help 段内输入：help.html。当用户鼠标右键单击该元件实例，并从弹出菜单中选择 Help 时，所指向的帮助文档将被打开。

需要注意的是：在 Help 段中仅指定了帮助文件名称，为避免元件与其帮助文档的链接错误，需要将包含该定义的库项目 (*.pslx) 路径附加于帮助文件名，因此必须保持相应的帮助文件与该元件定义父库文件在相同目录下。用户可指定用于查看帮助文件的浏览器，在 Application Options 的 Dependencies 页面中的 User-Defined Help | Browser 中进行设置。

8. Comments

在该段内可加入对该元件设计的注释/提醒/注解，PSCAD 建议不要使用该段作为向用户提供帮助的手段。该段将被应用程序忽略，且仅能在编辑定义时可见。

9. FlyBy

该段为设计者提供了向所设计的元件添加 Fly-by（或弹出）帮助的途径。Fly-by 窗口可有助于为使用者提供对该模型或者甚至是对该模型各个端口连接的快速描述，

FlyBy 段代码标准格式如下：

```
<Descriptive text for the component>
: <Connection_Symbol_Name>
<Descriptive text for the connection>
```

- <Descriptive text for the component>：用于整个元件的 Fly-by 提示内容。
- <Connection_Symbol_Name>：需添加 Fly-by 提示的端口名称。
- <Descriptive text for the connection>：用于紧邻上一行所指出的端口的 Fly-by 提示内容。

示例：设计者将为某个元件及其两个连接端口（Symbol 属性分别为 A 和 B）提供 FlyBy 帮助。代码可能如下：

```
This is my User Component
:A
This is input A
:B
This is input B
```

将光标移至画布中该元件的实例上并停留，将出现如图图 8-115 所示的 FlyBy 帮助。如果移至连接端口上，也会出现上述代码中定义的对应提示。

10．Transformers

该段同时用于向任何已有的互阻抗矩阵定义数据，以及向 EMTDC 提供关于变压器和绕组的维数信息。一个单一元件可能包含多个互阻抗矩阵。

用户可在如下部分中包含变压器信息：

- Number of transformers (matrices)：通过使用#TRANSFORMERS 指示符提供变压器数目。
- Maximum Number of Windings： 通过使用#WINDINGS 指示符提供变压器绕组数目。
- Number of Windings：绕组数目。该数目也定义了每个矩阵的维数。如果该数目为一个正值，PSCAD 将假定该矩阵为非转秩格式，并需要直接输入矩阵数据。如果该数目为一个负值，表明该变压器为理想变压器，PSCAD 将假定该矩阵已经转秩，只需输入相应的矩阵数据。
- Matrix Data：输入矩阵数据，输入内容取决于该变压器是否为理想。

Transformers 段代码一般格式如下（用于经典模型变压器）：

```
#TRANSFORMERS <Number_of_Transformers>
<Prefix><Number_of_Windings> /
<Node_1> <Node_2>   <R_11> <L_11> /
<Node_2> <Node_3>   <R_12> <L_12>  <R_22> <L_22> /
...
```

需要注意的是：当定义 UMEC 模型变压器时的 Transformers 段代码是不同的。

- <Prefix>：可选项，但是定义理想变压器所必需的。理想变压器也不需要电阻值 （即<R_xx>）。

注意到仅需要输入对角线和对角线之下的数据，因为该矩阵被认为是对称的。

示例：创建包含一个非理想的单相双绕组变压器的元件，该变压器的连接端口定义如图 8-116 所示。

图 8-115 元件的 Fly-by 提示

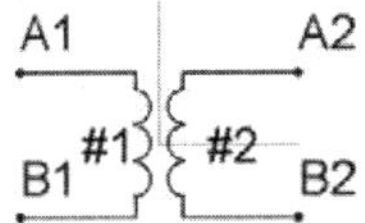

图 8-116 包含一个变压器元件的图形外观

定义于参数输入界面的绕组自阻电阻和电抗参数的 Symbol 属性分别为 R11、L11、R12、L12、R22 和 L22。元件的 Transformer 段代码可能如下：

```
#TRANSFORMERS 1
2 /
$A1 $B1    $R11 $L11 /
$A2 $B2    $R12 $L12  $R22 $L22 /
```

当设计具有多个变压器的元件时，如果所有的矩阵数据均相同，可使用特殊的 888 前缀来避免重复输入数据。这对于互阻抗矩阵规模很大时将特别有用。

示例：设计者将创建一个包含两个相同单相双绕组变压器的元件，该变压器的连接端口定义如图 8-117 所示。元件的 Transformer 段代码可能如下：

```
#TRANSFORMERS 2
2 /
$A1 $B1    $R11 $L11 /
$A2 $B2    $R12 $L12  $R22 $L22 /
888 /
$A3 $B3 /
$A4 $B4 /
```

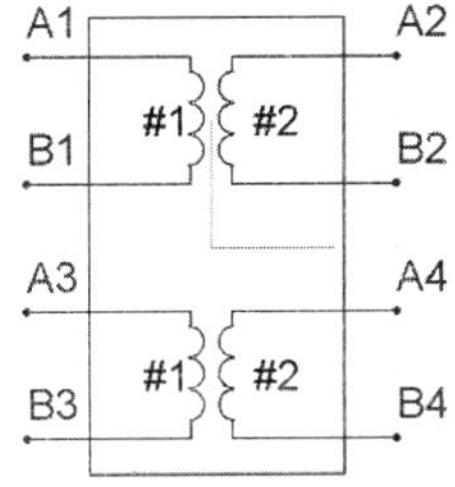

图 8-117 包含两个变压器元件的图形外观

11. Model-Data

该段用于向用户定义的子程序提供输入数据，避免子程序为每个数据申明输入参数。该段中的文本没有特定的格式，其格式取决于用户代码内 READ 表达式。

当项目编译时，PSCAD 将该段内所有的文本包括在相应的组件数据文件 (*.dta) 中，且在该文件中的头 DATADSD 或 DATADSO 下。从 DSDYN 中调用该子程序，Model-Data 内容将出现在 DATADSD 部分，否则将出现在 DATADSO 部分。

示例：设计者将创建一个元件从磁盘文件中读入数据。该元件的输入参数中定义了 Symbol 属性为 PATH 和 FILE 的参数，分别用于指定数据文件名输入采用绝对或相对路径方式以及指定数据文件名。

该元件的 Model-Data 代码段内代码可能如下：

```
#IF PATH==0
 INCLUDE "../$FILE"
#ELSE
 INCLUDE "$FILE"
#ENDIF
```

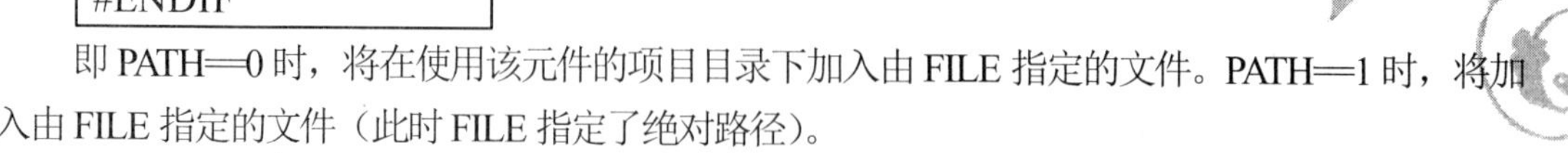

即 PATH==0 时，将在使用该元件的项目目录下加入由 FILE 指定的文件。PATH==1 时，将加入由 FILE 指定的文件（此时 FILE 指定了绝对路径）。

在用户定义的子程序中读入文件数据的代码为：

```
INCLUDE fnames.h
...
READ (IUNIT , *)
...
```

READ 是 EMTDC 提供的标准读文件函数，为使用该函数必须首先加入头文件 fnames.h。

12．Model-Data

当项目初始编译后，PSCAD 将创建一个临时的逻辑矩阵，用于表明电气系统如何连接（即节点和支路如何联系在一起）。PSCAD 提供的 Optimize Node Ordering 算法将使用该信息来优化在实际系统导纳矩阵中的放置。但是此时只会考虑系统中出现的每个元件的 Branch 段内定义的电气节点和支路。

任何在非 Branch 段内定义的内部节点连接将不会包括在该矩阵中。因此，逻辑矩阵将丢失信息，从而降低了 Optimize Node Ordering 算法的效率。Matrix-Fill 段可被用于通过提供任何内部元件节点丢失的连接信息来协助 Optimize Node Ordering 提高效率。

Matrix-Fill 段表达式的一般格式如下：

```
<Node_1> <Node_2> <Node_3> <Node_4> ...
```

- <Node_#>：所涉及的连接端口 Symbol 属性的值，所有在一个表达式内出现的端口将被认为相互连接在一起。

示例：设计者创建了一个单相电路，其中包含理工经典模型的变压器，电路连接如图 8-118 所示。

可以看到，该系统中具有 6 个电气节点，因此系统矩阵将为 6×6。PSCAD 无法获知变压器元件的内部连接，因此在为 Optimize Node Ordering 算法创建逻辑矩阵时，变压器的内部连接将被忽略，如图 8-119 所示。

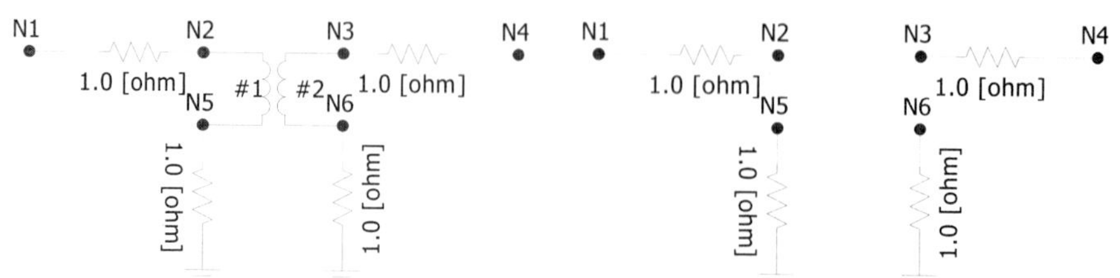

图 8-118 含变压器的单相等效电路　　图 8-119 忽略变压器内部连接的等效电路

为 Optimize Node Ordering 算法所创建的逻辑矩阵如图 8-120 所示，其中的 X 代表已知连接。

可以看到该矩阵没有包含所有需要的连接信息。但已知在变压器元件的 Transformers 段中，节点 N2, N3, N5 和 N6 是一个互阻抗矩阵的所有部分，并且应当表现出图 8-121 所示的连接。

$$\begin{bmatrix} X & X & 0 & 0 & 0 & 0 \\ X & X & 0 & 0 & 0 & 0 \\ 0 & 0 & X & X & 0 & 0 \\ 0 & 0 & X & X & 0 & 0 \\ 0 & 0 & 0 & 0 & X & 0 \\ 0 & 0 & 0 & 0 & 0 & X \end{bmatrix}$$

图 8-120 忽略变压器内部连接的逻辑矩阵

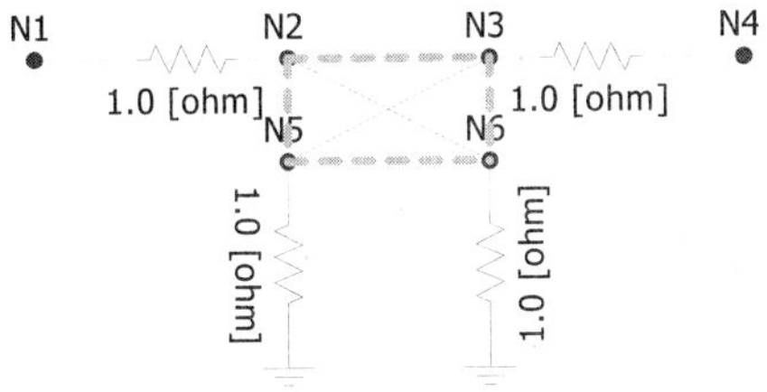

图 8-121 考虑变压器内部连接的等效电路

如果变压器图形外观如图 8-116 所示，通过在 Matrix-Fill 段内添加如下代码：

```
$A1 $B1 $A2 $B2
```

PSCAD 可向逻辑矩阵提供附加的连接，对应的逻辑矩阵将如图 8-122 所示，其中的+代表新增的连接。

$$\begin{bmatrix} X & X & 0 & 0 & 0 & 0 \\ X & X & + & + & + & + \\ 0 & + & X & X & + & + \\ 0 & 0 & X & X & 0 & 0 \\ 0 & + & + & 0 & X & + \\ 0 & + & + & 0 & + & X \end{bmatrix}$$

图 8-122 考虑变压器内部连接的逻辑矩阵

13．T-Lines

该段用于为输电线或电缆确定用作发送或接收终端连接的任何电器端口连接。该段仅用于主元件库中的 Transmission Line 和 Cable 接口元件，在元件设计中很少需要使用该段。该段中表达式的一般格式如下：

```
<Subsystem_#> <Cond_1> <Cond_2> <Cond_3> ...
```

- <Cond_#>：指明了任何在该位置输入的端口连接的 Symbol 属性值，将作为输电线或电缆属性中具有相同编号的导体的发送或接收终端。

8.6.3 PSCAD 定义脚本

PSCAD 定义脚本语言广泛应用于元件定义设计，主要用作设计者与 PSCAD 程序的通信接口，提供了如何将元件集成到大型项目中的指令。这种通信发生于编译期间，每个在元件代码中定义的段将依次被计入，这些代码将被解析成为对编译器非常有意义的信息。

某些段允许直接内含源代码（即无需解析的代码），如 Fortran、DSDYN 和 DSOUT 段，开发定义脚本能确保源代码不过期，并且独立于编译器和编程语言。定义脚本在编译过程中具有最高优先级，它被先于任何直接源代码考虑，并因而用于表达式求值、替换以及提供编译器指示符。

1．值替换前缀$

替换是基本的脚本运算符，并可出现在定义的所有部分。它们提供了定义部分和段之间信息交流的手段，为元件图形提供动态以及协助格式化代码和注释。主要的替换操作符包括：

- 值替换前缀：$。
- 数值替换前缀：%。
- 括号运算符：{}。
- 注释运算符：!。

值替换前缀$是最重要的替换运算符，在元件定义设计中大量使用。$通常位于某个变量之前，该变量可能代表在求值过程之前某个位置已定义的某个数值或甚至是其他文本。无论该变量代表何种对象，当其具有$前缀时，其值将会被替换。$操作符仅可位于如下类型变量之前：

- 端口连接 Symbol 名称。
- 输入参数域，文本域或选择列表 Symbol 名称。
- Computations 段内定义的任何变量。
- 关键字名称。

$前缀有多种使用方法。一种是用于在元件变量名的位置替换 Literal 型数值。无论是端口连接、输入参数或 Computations 段变量的 Literal 型数值将在编译期间被直接替换。Literal 型数值替换也可用于格式注释。

示例：通过在某个参数输入域的 Symbol 名称前加前缀$，输入至该参数域的 Literal 型数值将直接在代码中进行替换。图 8-123 给出了一个元件参数输入的属性设置。

相应的代码如下：

```
OUT=2.0* PI* $f
```

输入至该参数域的数值在编译过程中将替换 f，如输入 50，上述代码将等效为：

```
OUT=2.0* PI* 50
```

示例：Symbol 名为 DataOut 的输出连接端口的值由某个 Fortran 表达式定义。在对项目进行编译时，内部编译器将在相关的 Fortran 文件中申明一个变量来表示 DataOut 输出连接端口。使用$前缀能确保这个新的变量能够在正确的位置被替换。图 8-124 给出了该元件图形外观设计，其中 DataOut 输出连接端口定义为实型数据输出类型。

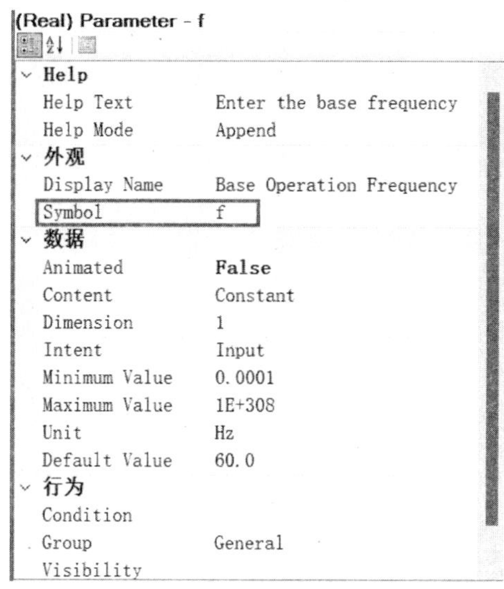

图 8-123 参数输入域属性设置

相应的代码如下：

```
$DataOout=2.0* PI* 60
```

代码中表达式求值将设置该端口所连接的变量值。

示例：用户元件使用了一个函数，该函数需要一个以度为单位的角度输入，并将其转换为弧度进行输出。本例中数据输入采用了在元件定义的图形部分定义端口连接的方式，且其 Symbol 名称为 in，函数的输出 out 定义为输出端口连接。图 8-125 给出了该元件图形外观设计，其中 in 输入连接端口定义为实型数据输入类型，out 输出连接端口定义为实型数据输出类型。

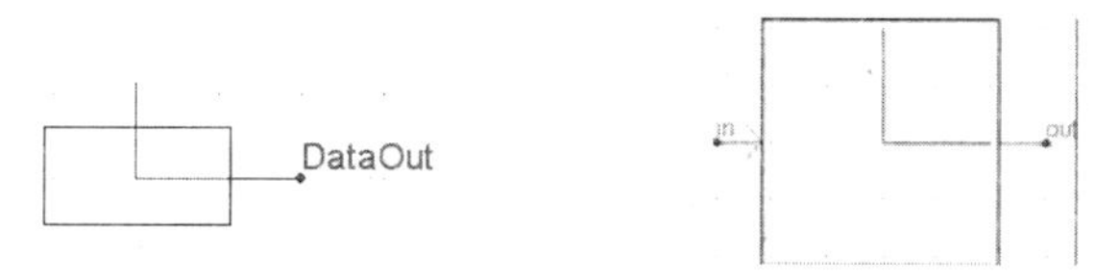

图 8-124 元件图形外观设计　　图 8-125 元件图形外观设计

相应的代码如下：

```
#Function REAL PH_CON
$out=PH_CON($in)
```

函数 PH_CON 将接收来自输入端口 in 的变量值，将其转换为弧度后输出，并用于设置输出端口 out 连接的变量值。

示例：用户自定义一个名为 my_new_comp 的元件。该元件编程为在元件的 Fortran 段的注释中显示某些关键的输入参数以及定义名称。在该元件输入参数界面中定义了两个参数，Symbol 名分别为 freq 和 volts，如图 8-126 所示。

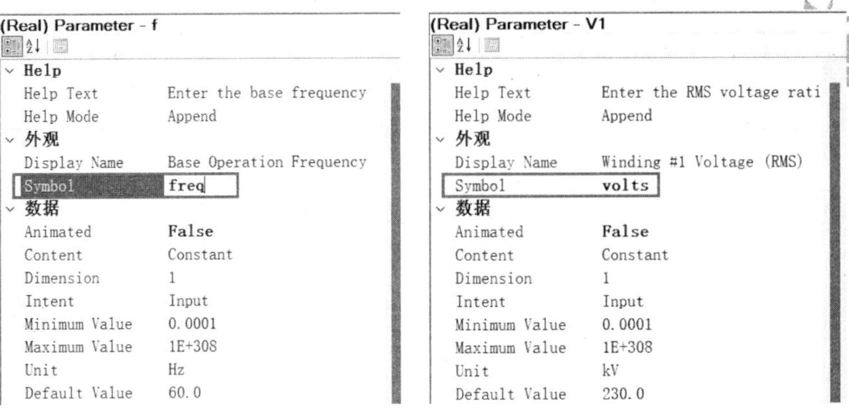

图 8-126 元件输入参数设计

相应的注释代码如下：

```
! User-Defined Component: $(Defn: Name)
! Frequency: $freq Hz, Voltage: $volts kV
```

若用户在输入参数中分别输入 50 (Hz) 和 100 (kV)，元件求值后，相应的注释代码将成为：

```
! User-Defined Component: my_new_comp
! Frequency: 50 Hz, Voltage: 100 kV
```

类似的注释可出现于 Fortran、DSYN 和 DSOUT 段中。该特性对编制格式注释极为有益。

Literal 型值也可通过使用$前缀直接在元件图形化部分中的文本标签中进行替换。该特性使得用户可根据诸如输入参数来改变元件图形外观中的文本。

示例：主元件库中的电阻、电容和电感是根据用户输入参数改变图形文本显示最简单直接的实例。其中的电阻输入参数设计如图 8-127 所示，而电阻的图形外观中包含一个文本标签，其设置如图 8-128 所示。

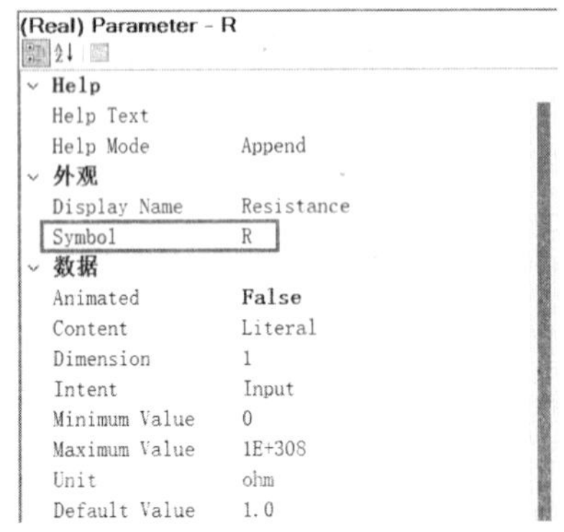

图 8-127 主元件库电阻的输入参数设计

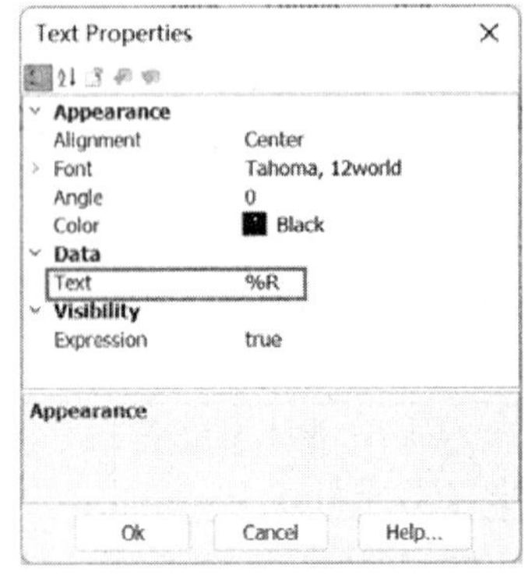

图 8-128 主元件库电阻文本标签属性设置

文本标签的 Text 属性设置为$R，R 即是该电阻值输入域的 Symbol 名称。通过上述设置，用户在电阻输入界面中输入的电阻值将立即反映在该电阻的图形外观上（但要注意，此时不会同时显示出电阻值输入域中输入的单位）。

上下文替换是一种从定义外部其他的上下文提供文本的标准化方法。上下文替换的可通过插入带有$前缀的定界符来实现。

标准语法为：

```
$(<Context>:<Key>)
```

该替换包含了由域操作符分开的<Context> 和<Key>项，同由括号进行定界，其中：

- <Context>：用于确定<Key>项的范围。
- <Key>：将在替换点进行实际替换的关键项。
- 上下文替换可在图形外观部分的文本标签，Fortran, DSDYN、DSOUT、Branch、Model-Data、Matrix-Fill, Transformers 或 T-Lines 段内的注释中使用。另外它也可用于替换全局替换参数以及在不同上下文中的多个关键项。

表 8-3 列出所有用于替换上述<Context>和<Key>的有效上下文名称，这些名称对大小写敏感。

表 8-3 有效上下文名称

上下文名称	描述	可用关键项
<none>	空白时将自动选择元件实例的上下文	
Defn	元件实例的定义	Name, Desc, Path
Project	包含该元件实例的项目	Name, Desc, Version, Author, Path
Session	PSCAD 当前运行的会话	Name, Version
System	操作系统	Name, Version, User

当在元件实例上下文中使用替换时将无需使用<Context>标识符，因此可仅需要定界符甚至不要，

相应的语法为：

```
$(<Key>) 或$<Key>
```

前述的有关注释的示例中实际已经利用了上下文替换特性，即注释文本：

```
! User-Defined Component: $(Defn: Name)
```

其中的 Defn 表明上下文为该元件的定义，Name 关键项将被替换为该元件的定义名。

示例：在某个元件图形外观上放置两个文本标签，其 Text 属性分别设置为$(System：Name)和$(Project：Name)，则该定义的某个实例将具有如图 8-129 所示外观。其中显示了 LeJian（计算机名称）和 NewCase（包含该元件定义的项目名称）。

LeJian

NewCase

图 8-129 上下文替换示例

2．数据替换前缀%

数据替换前缀操作符%可用于直接的文本置换。数据置换与值置换前缀操作符$非常类似，只是它将某个输入参数的准确内容置换为文本，并仅可用于置换输入参数。%前缀可用于图形外观部分的文本标签，以及 Fortran、DSDYN、DSOUT、Branch、Model-Data、Matrix-Fill、Transformers 和 T-Lines 段内的注释代码中。

示例：用户自定义一个名为 my_new_comp 的元件。该元件编程为在元件的 Fortran 段的注释中显示某些关键的输入参数以及定义名称。在该元件输入参数界面中定义了两个参数，Symbol 名分别为 freq 和 volts，如图 8-126 所示。

相应的注释代码如下：

```
! User-Defined Component: $(Defn: Name)
! Frequency: %freq, Voltage: %volts
```

若用户在输入参数中分别输入 50 (Hz)和 100 (kV)，元件求值后相应的注释代码将成为：

```
! User-Defined Component: my_new_comp
! Frequency: 50 Hz, Voltage: 100 kV
```

即实现了对输入参数域中整个文本的替换，而不仅替换数值。

3．括号{}

括号可用于在编译器考虑所有其他定义脚本之前执行算术、逻辑以及格式化操作，并可在元件定义的所有位置出现。括号的使用主要有两种形式：表达式置换和块处理。

基本语法为： `[$]{<Expression>}`

- $：可选项。某些情况下不需要值置换前缀操作符$，例如在大多数的块处理操作中。
- <Expression>：可以是算术表达式或简单的文本块。

需要注意的是括号中的算术和逻辑运算将在代码插入值 Fortran 或 Data 文件之前执行。因此，这些运算不能包含变量，即仅能包含 Literal 型数据和常量（例如常量输入参数，局部常量或定义在 Computations 段内的常量）。

示例：将用在被置换值上的算术运算来表明如何在文本标签内使用括号表达式。某个元件定义了 Symbol 名分别为 A1 和 A2 的两个输入参数，且输入为 2.0 和 3.0。设计者想在这两个值的基础上直接在该元件图形外观上显示另外一个值：

```
Text Label = A1*A2 = 6.0
```

该元件文本标签的属性设置如图 8-130 所示，显示结果如图 8-131 所示。

4．注释指示符!

感叹号用于指明某个特定行代码为注释，并可在整个元件定义中使用。所有以该操作符前导的代码行将在内含于项目 Fortran 或 Data 文件中时被认为是注释。注意：需要写入数据文件的注释代码的感叹号指示符必须位于该行左起第一列。

注释可被用于描述用户代码以及提供间隔和分节符，以增强可读性。注释可用于除 Branch 段外的任何其他位置。

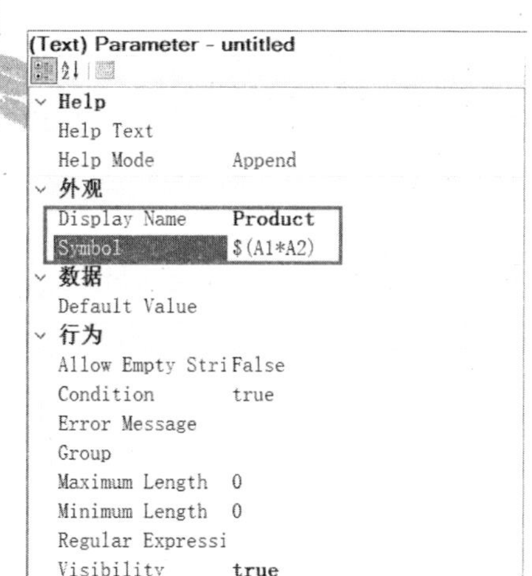

图 8-130 文本标签属性设置

6.0

图 8-131 替换结果显示

5．#IF, #ELSEIF, #ELSE, #ENDIF

脚本指示符用于方便地创建最终被用于建立代表该项目的可执行程序的源代码。每种类型的指示符具有特定的用途，以下各小节将详细予以介绍。脚本指示符通常具有前缀#，且允许该前缀之前和之后带有空格。

指示符是编制定义脚本的重要工具，它们将指示内部编译建立哪些源代码以及如何建立。PSCAD 强烈推荐尽量使用指示符，以确保用户定义代码在代码编制标准变化和发展时保持与其的兼容性。

以下介绍#IF, #ELSEIF, #ELSE, #ENDIF 指示符。这些指示符特定用作逻辑结构，与编程语言中内置的 IF, ELSE 等的作用相同，但在代码内用于包含或排除代码块。这些指示符可在所有段内使用，其一般结构如下：

```
#IF <Logic>
   ..Application_Code...
#ELSEIF <Logic>
   #IF <Logic>
      ...Application_Code...
   #ELSE
      ...Application_Code...
   #ENDIF
#ELSE <Logic>
   ...Application_Code…
#ENDIF
```

如果仅需要简单的 IF-THEN，可使用如下使用表达式括号的简写方式：

```
#IF <Logic> {<Expression>}
```

- <Logic>：使用逻辑运算符的逻辑表达式。
- <Expression>：某个变量定义。

示例：用户需要根据输出正弦或余弦的要求来改变某个信号发生器模型的输入。该元件定义提供了一个名为 Type 的选择列表输入参数，如果该参数为 1，则输出为正弦，否则输出余弦。

如下代码可出现在该元件的 Fortran, DSDYN 或 DSOUT 段内：

```
#IF Type == 1
  $OUT = SIN(TWO_PI*$F)
#ELSE
  $OUT = COS(TWO_PI*$F)
#ENDIF
```

其中 F 为预定义的变量（可能是某个输入参数或 Computations 段变量），OUT 为图形外观部分的一个输出端口连接。Type == 1 为逻辑表达式。

使用括号操作符，上述示例代码将可写为：

```
#IF Type == 1 {$OUT = SIN(TWO_PI*$F)}
#IF Type != 1 {$OUT = COS(TWO_PI*$F)}
```

示例：用户创建了一个电气元件，可以是简单的电阻、电感或电容。元件定义提供了一个名为 Type 的选择列表输入参数，其参数可以是 1、2 或 3，分别代表电阻、电感或电容。另外有三个文本框（名称分别为 R, L 和 C），分别用于确定这些元件的值。

如下代码可包含于 Branch 段中：

```
#IF Type == 1
  $N1 $N2 $R 0.0 0.0
#ELSEIF Type==2
  $N1 $N2 0.0 $L 0.0
#ELSE
  $N1 $N2 0.0 0.0 $C
#ENDIF
```

N1 和 N2 为图形外观部分定义的电气连接端口。使用括号运算符，上述代码可改写为：

```
#IF Type == 1 {$N1 $N2 $R  0.0 0.0}
#IF Type == 2 {$N1 $N2 0.0 $L  0.0}
#IF Type == 3 {$N1 $N2 0.0 0.0 $C}
```

6. #CASE

#CASE 指示符为一种简化标记方法，可替代#IF, #ELSEIF, #ELSE, #ENDIF 指示符。通常与行连续运算符~联合使用，作为一种可选的简洁代码编制方案，尤其用于需要大量#IF, #ELSEIF, #ELSE, #ENDIF 指示符时。

#CASE 指示符可用于所有段，其语法如下：

```
#CASE <Expression> {<Clause_0>} {<Clause_1>} ...
```

- <Expression>：算术表达式或简单的一个已定义变量，且必须返回从 0~n 的一个整数。
- <Clause_n>：当<Expression>返回 n 时将要执行的动作。例如，<Expression>等于 0 时将执行<Clause_0>，<Expression>等于 1 时将执行<Clause_1>等。

示例：用户需要根据输出正弦或余弦的要求来改变某个信号发生器模型的输入。该元件定义提供了一个名为 Type 的选择列表输入参数，如果该参数为 1，则输出为正弦，否则输出余弦。

使用#CASE 指示符的代码如下：

```
$OUT = ~
#CASE Type {~COS~} {~SIN~}
~(TWO_PI*$F)
```

示例：本例用于表明如何在位于主元件库的 3 相双绕组经典变压器元件的 Transformers 段内使用#CASE 指示符。YD1 和 Lead 都是元件输入参数，其中 YD1 可取 0 或 1，Lead 可取 1 或 2。两者相乘的结果可取 0、1 或 2，并用于确定选择哪个项：

```
#CASE YD1*Lead {$A1 $G1~} {$A1 $B1~} {$A1 $C1~}
```

7．#STORAGE

该指示符仅用于元件定义利用 EMTDC 的存储阵列，其目的是定义内存的使用方式——将要分配的 EMTDC 内存的类型和数量。#STORAGE 指示符作为对存储阵列的直接访问接口，提供了仿真步长之间以及在 BEGIN 和相应的 DSDYN 或 DSOUT 之间的数据传递能力。EMTDC 阵列的使用必须由#STORAGE 指示符进行指定，以确保 PSCAD 在编译期间正确地确定内存的维度。

#STORAGE 指示符仅可用于 Fortran, DSDYN 或 DSOUT 段，实际的#STORAGE 说明可出现在段内的任何位置，但最好放置于段的顶部。语法如下：

```
#STORAGE <TYPE>:<Number>
```

- <TYPE>：指出存储阵列的类型（见表 8-4）。
- <Number>：将要存储的元素数量，并可是一个可置换的常量。

以下是与置换前缀操作符$一起使用的合法示例：

```
#STORAGE REAL:$(X) INTEGER:$(Y) // X和Y是Literal型输入参数；
#STORAGE REAL:$#DIM(N1) INTEGER:$#DIM(N2) // N1和N2是电气端口；
#STORAGE INTEGER:$#DIM(N1) LOGICAL:7
#STORAGE REAL:${X+Y}
```

表 8-4 EMTDC 存储阵列

	类型	EMTDC 存储阵列	描述
步长之间数据传递	STOR	STOR(NEXC)	尽量不使用
	REAL	STORF(NSTORF)	仅用于 REAL 存储
	INTEGER	STORI(NSTORI)	仅用于 INTEGER 存储
	LOGICAL	STORL(NSTORL)	仅用于 LOCAL 存储
	COMPLEX	STORC(NSTORC)	仅用于 COMPLEX 存储
BEGIN 到 DSDYN/ DSOUT 的数据传递	RTCF	RTCF(NRTCF)	仅用于 REAL 存储
	RTCI	RTCI(NRTCI)	仅用于 INTEGER 存储
	RTCL	RTCL(NRTCL)	仅用于 LOCAL 存储
	RTCC	RTCC(NRTCC)	仅用于 COMPLEX 存储

示例：

```
#IF NL==0
  #STORAGE INTEGER:2 REAL:110
#ELSEIF NL==1
  #STORAGE INTEGER:2 REAL:1100
#ELSEIF NL==2
  #STORAGE INTEGER:2 REAL:11000
#ENDIF
```

该段代码使用了#IF, #ELSEIF, #ELSE, #ENDIF 指示符以及 #STORAGE 来确定该元件所需的 EMTDC 存储阵列。取决于变量 NL 的值，在该元件中 NL 代表文件中行数的输入参数，将要分配的 REAL 元素的数目从 110 到 11000，而 INTEGER 元素的数量总是 2。

8. #LOCAL

该指示符用于直接在定义脚本内申明局部变量，经常需要该指示符申明局部变量，以为没有使用的例程参数定义哑元变量，或作为一组等式之间的中间值。

#LOCAL 指示符指示 PSCAD 编译器在项目建立期间直接在父组件的 Fortran 文件中放置一个局部变量申明。#LOCAL 变量无需值置换前缀操作符$。

#LOCAL 指示符仅可用于 Fortran, DSDYN 或 DSOUT 段，语法如下：

```
#LOCAL <TYPE> <Name> <Array_Size>
```

- <TYPE>：可以是 REAL, INTEGER 或 LOGICAL 类型。
- <Name>：局部变量的名称。
- <Array_Size>：定义阵列大小的可选整数或可置换常量，如果该变量为 1 维，<Array_Size> 可为空。

以下是与置换前缀操作符$一起使用的合法示例：

```
#LOCAL REAL X $#DIM(N1) 2          // N1是电气端口
#LOCAL REAL Y $#DIM(N1) $#DIM(N2)  // N1和N2是电气端口
#LOCAL INTEGER Z $(XXX)            // XXX是Literal型参数
```

示例：用户自定义元件需要两个局部变量用作例程参数。根据已定义的变量 A 有关的条件判断，局部 INTEGER 变量 MY_X 和局部 REAL 阵列 Error 在该例程调用前进行了定义。

```
#LOCAL INTEGER MY_X
#LOCAL REAL Error 2
!
#IF A > 1
  MY_X = 1
  Error(1) = 0.2
#ELSE
  MY_X = 0
  Error(2) = 0.8
#ENDIF
!
CALL SUB1(MY_X, Error)
!
```

9. #BEGIN/#ENDBEGIN

该指示符对提供了在 EMTDC 中对外部处理层 BEGIN 的访问点，该处理层是一个重要的基于组件的例程，在零时刻先于 DSDYN 和 DSOUT 被调用，如图 8-132 所示。该处理层提供了运行可配置能力，用于支持具有多个实例的组件内部的元件。这些内容说明可参考第 10 章中的相关内容。

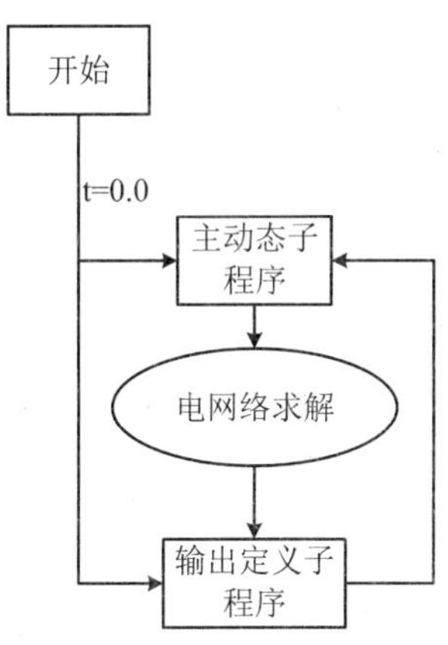

图 8-132 BEGIN 处理层

#BEGIN/#ENDBEGIN 指示符对仅可用于 Fortran、DSDYN 或 DSOUT 段，语法如下：

```
#BEGIN
   ...
#ENDBEGIN
```

该指示符对之间的内容为任意，取决于被设计的元件，但其中必然需要少数标准脚本以发挥该指示符对应有的作用。使用#BEGIN/#ENDBEGIN 指示符对可确保零时刻的代码仅在编译时考虑一次，避免每次仿真步长时的 TIMEZERO 逻辑检查，从而可有效提高仿真速度。该指示符对之间的代码通常需要满足如下要求：

- 零时刻初始化：所有自定义元件的零时刻初始化代码将放置于#BEGIN/#ENDBEGIN 指示符对之间，并将在项目编译时插入至 DSDYN 或 DSOUT 的 BEGIN 例程中（对应于父组件）。
- 元件实例和调用号：如果需要在#BEGIN/#ENDBEGIN 指示符对之间产生任何警告或错误消息，必须向 EMTDC 提供元件实例和调用号。若消息实际发出，其源将被在 PSCAD 内通过使用这些数字进行映象。这些实例和调用号通过使用 COMPONENT_ID 例程提供。

主元件库中的指数函数是一个包含了#BEGIN 代码的简单元件：

$$y = A\times10^{BX} \text{或} y = Ae^{BX}$$

系数 A 和 B 申明为 Constant 类型，表明这些参数值可由变量定义以处理不同的数值，取决于该元件父组件的实例（即该元件所处的画布）。因此，这些输入量必须按次序存储于 BEGIN 存储阵列中，按照正确的次序在组件实例中提取。

以下代码是指数函数元件定义的 Fortran 段代码的简化版本（假定基值 e 是一个标量输入信号）：

```
#BEGIN
   RTCF(NRTCF) = $A
   RTCF(NRTCF+1) = $B
   NRTCF = NRTCF + 2
#ENDBEGIN
#STORAGE RTCF:2
   $OUT = RTCF(NRTCF) * EXP(RTCF(NRTCF+1) * $IN)
   NRTCF = NRTCF + 2
```

位于该段代码上部的#BEGIN/#ENDBEGIN 指示符块用于确保其中的代码将被编译器放置于系统动态的 BEGIN 部分中：系数 A 和 B 根据当前存储指针 NRTCF 的值按照正确的次序存储。

上述代码中#BEGIN/#ENDBEGIN 块外的其余部分将插入至系统动态的 DSDYN 或 DSOUT 部分。注意到需要用于表示系数 A 和 B 的量（即分别是 RTCF(NRTCF)和 RTCF(NRTCF+1)）将在零时刻从它们被存储至的相同位置提取出来。指针 NRTCF 将相应地增加。

10．#FUNCTION

该指示符用于申明函数及其返回参数类型。若函数将在元件定义内使用，则必须强制使用#FUNCTION 指示符：即需确保函数申明表达式位于元件代码所处于的任何源代码例程中。

#FUNCTION 指示符仅可用于 Fortran, DSDYN 或 DSOUT 段，语法如下：

```
#FUNCTION <TYPE> <Name> <Description>
```

- <TYPE>：REAL, INTEGER 或 LOGICAL。
- <Name>：该函数名称。
- <Description>：被作为注释行包括在相应的组件源代码例程靠近顶端的位置。

示例：主元件库中 Hard Limiter 元件使用了一个名为 LIMIT 的 REAL 型函数，以根据输入参数 LL, UL 和 I 来确定链接到外部端口连接 O 上的值。LL 和 UL 分别代表元件的输入参数 Lower Limit 和 Upper Limit，变量 I 是由图形外观部分中已定义的输入端口连接。

以下代码来自于 Hard Limiter 元件定义的 Fortran 段：

```
#FUNCTION REAL LIMIT Hard Limiter
!
   $O = LIMIT($LL, $UL, $I)
!
```

11．#SUBROUTINE

该指示符用于为已在元件中调用的子程序提供一个描述。#SUBROUTINE 仅简单用于修饰目的，且不是强制使用（尽管建议在任何可能的情况下使用它）。

#SUBROUTINE 指示符仅可用于 Fortran, DSDYN 或 DSOUT 段，语法如下：

```
#SUBROUTINE <Name> <Description>
```

- <Name>：该子程序的名称。
- <Description>：将被作为注释行包括在相应的组件源代码例程靠近顶端的位置。

示例：用户在元件定义代码内调用了名为SUB1的子程序，为清晰起见增加了一个描述。如下代码可出现在该元件的Fortran、DSDYN或DSOUT段内：

```
#SUBROUTINE SUB1 User Subroutine
!
  CALL SUB1($X, $Y, $Z)
!
```

X, Y和Z可以是已定义的端口连接、Computations变量或输入参数。

12. #OUTPUT

该指示符提取特定数据值以对其进行监视、绘制或外部使用于其他元件。#OUTPUT完成两个任务：根据特定名称定义一个新的变量，并根据某个表达式对其赋值。

#OUTPUT指示符仅可用于Fortran, DSDYN或DSOUT段，语法如下：

```
#OUTPUT <TYPE> <Name> <Array_Size> {<Expression>}
```

- <TYPE>：REAL, INTEGER或LOGICAL类型。
- <Array_Size>：定义了阵列的长度，可选。如果该变量为1维，<Array_Size>应保持为空。
- <Expression>：可以是算术表达式、存储位置或简单的一个已定义变量。

示例：一个由#OUTPUT指示符申明的新变量将可以多种方法赋值。以下给出了这些可能方法中的部分示例。

定义一个REAL变量freq，并使用已定义的变量Fout对其进行赋值：

```
#OUTPUT REAL freq {$Fout}
```

定义一个REAL变量Xon，并使用某个存储位置的值对其进行赋值：

```
#OUTPUT INTEGER Xon {STORI(NSTORI+1)}
```

定义一个REAL变量Pout，并使用某个算术表达式的值对其进行赋值：

```
#OUTPUT REAL POut {$V*$I}
```

13. # TRANSFORMERS

该指示符应在元件定义中表示相互耦合的绕组时使用，且通常与#WINDINGS指示符联合。主元件库中使用该指示符的例子包括变压器和π-section元件。

#TRANSFORMERS主要用于两个目的：

- 提供为项目中所有包含互耦合绕组顺序编号的方法，以确定EMTDC矩阵和存储的维度。
- 提供用于监视互耦合绕组电流的定位信息。EMTDC矩阵内部的变压器绕组电流通过使用CDCTR(M,N)进行测量。CDCTR(M,N)是流过第N个变压器第M个绕组的电流。

TRANSFORMERS指示符仅可用于Transformers段，语法如下：

```
#TRANSFORMERS <Number>
```

- <Number>：表明元件内变压器的总数目。

示例：位于主元件库Transformers部分内三相双绕组经典模型变压器由三个单相变压器构成，如下指示符将出现在Transformers段中：

```
#TRANSFORMERS 3
#WINDINGS 2
```

14. #WINDINGS

该指示符用于指定某个变压器内耦合绕组的数目，且通常与#TRANSFORMERS 指示符联合使用。PSCAD 将搜索与所有当前#WINDINGS 指示符相关联的最高数目，并指定该数值（作为绕组最大数目）至 Map 文件中。

#WINDINGS 指示符仅可用于 Transformers 段，语法如下：

```
#WINDINGS <Number>
```

- <Number>：表明该特定元件内耦合绕组的最大数目。

15. #VERBATIM

该指示符用于直接从用户元件中不加修改和处理地传递一行代码至 Fortran 文件中。语法如下：

```
#VERBATIM {<Text>}
```

- <Text>:任何文本行，例如注释、编译器指示符或源代码。<Text>将完全不变地出现在由 PSCAD 生成的 Fortran 文件中。需要注意的是用户需确保<Text>内容与 Fortran 兼容。

典型代码如下：

```
! PSCAD Script:
!
#VERBATIM {! This is a comment line.}
#VERBATIM {  X = 1.0 ! This is a line of Fortran code.}
#VERBATIM {@#$%^&*!& This is a line of rubbish.}
!
! Fortran File:
!
! This is a comment line.
X = 1.0 ! This is a line of Fortran code.
@#$%^&*!& This is a line of rubbish.
```

16. 行连续操作符~

某些时候可能需要将一行代码分割为多个行，这对于某个表达式非常长，或者表达式的部分内容将根据条件判断发生相应变化时特别有用。在定义脚本内使用行连续操作符多数是出于更清晰的目的，也即 PSCAD 将自动将任何超出 Fortran 标准 72 列的行分割为多行，用户通常无需对此担忧。但为任何用户都能更容易读懂该代码，应当使用行连续符。

行连续符主要用于以~符号结尾的行将与下一个以~开始的行联合在一起。这种处理将在条件表达式被解释后执行，并用与格式化输出至 Fortran 或 Data 文件的文本。

行连续操作符可出现在代码段的任意位置，并可与#CASE 指示符一起使用。

示例：采用指示符来定义信号发生器模型的输出的代码如下：

```
#IF Type == 1
  $OUT = SIN(TWO_PI*$F)
#ELSE
  $OUT = COS(TWO_PI*$F)
#ENDIF
```

采用行连续符时，上述代码可改写如下：

```
$OUT = ~
#IF Type==1
~SIN~
#ELSE
~COS~
#ENDIF
~(TWO_PI*$F)
```

如果 Type==2，则在#IF, #ELSEIF, #ELSE, #ENDIF 指示符和行连续操作符被处理后，定义脚本将如下所示：

```
$OUT = COS(TWO_PI*$F)
```

17. 表达式求值

所有固有 Fortran 函数均可在 Fortran、DSDYN 或 DSOUT 段内直接编码使用。但在诸如 Computations 段的某些其他段内，可能同样需要使用某些算术和逻辑功能。PSCAD 具有一组有限的固有算术函数和逻辑操作符，以在某些不能直接访问 Fortran 函数的段内使用。

➢ 算术函数

可对输入参数、输入信号或其他计算结果执行算术计算。表 8-5 给出了所有仅能用于 Computations 段的固有算术函数。

表 8-5 固有算术函数

函数	描述	函数	描述
SIN(x)	正弦函数	REAL(x)	复数的实部
COS(x)	余弦函数	IMAG(x)	复数的虚部
TAN(x)	正切函数	NORM(x)	复数的模
ASIN(x)	反正弦函数	CEIL(x)	四舍五入，向上取整
ACOS(x)	反余弦函数	FLOOR(x)	四舍五入，向下取整
ATAN(x)	反正切函数	ROUND(x)	对实数加 0.5 再执行 INT 函数，不可用于负数
SINH(x)	双曲正弦函数	INT(x)	去掉实数的小数部分
COSH(x)	双曲余弦函数	FRAC(x)	去掉实数的整数部分
TANH(x)	双曲正切函数	RAND(x)	0～x 之间的随机数
LOG(x)	自然对数	P2RX(m,q)	极坐标转换至直角坐标时的横轴坐标（θ 单位为 (°)）
EXP(x)	指数函数	P2RY(m,q)	极坐标转换至直角坐标时的纵轴坐标（θ 单位为 (°)）
LOG10(x)	10 为底的自然对数	R2PM(x,y)	直角坐标转换至极坐标时的幅值
SQRT(x)	平方根函数	R2PA(x,y)	直角坐标转换至极坐标时的角度
ABS(x)	绝对值函数		

➢ 算术运算符

表 8-6 列出了 PSCAD 中可用的算术运算符。这些算术运算符主要用于在 Computations、Fortran、DSDYN 和 DSOUT 段内执行算术计算。

➢ 逻辑运算符

表 8-7 列出了 PSCAD 中可用的逻辑运算符。这些逻辑运算符主要与#IF, #ELSEIF, #ELSE, #ENDIF 指示符以及三元操作符联合使用，它们也可用于 Checks 段。逻辑表达式在 True 时返回 1，在 False 时返回 0。

表 8-6 算术运算符

功能	描述	功能	描述
+	加	%	求余
-	减	**	平方
*	乘	\	并联
/	除		

表 8-7 逻辑运算符

功能	描述	功能	描述
==	等于	<=	小于等于
!=	不等于	>=	大于等于
!	非	||	或
<	小于	&&	与
>	大于		

➢ 三元运算符

三元运算符是定义脚本所提供的用于表示 IF-ELSE-ENDIF 类型表达式的一种非常简洁的形式，它允许用户在行代码内根据一定的条件定义某个变量。

三元运算符仅能用于 Computations 段，语法如下：

```
<Logic> ? <Value_if_True> : <Value_if_False>
```

- <Logic>：使用逻辑运算符的逻辑表达式。
- <Value_if_True>和<Value_if_False>：可以是单一的常数或算术表达式。

使用三元运算符设计元件必须非常仔细，必须确保三元表达式内使用的变量不会在其他合法条件下被禁止，即无关的逻辑将可能禁止在三元表达式内使用的一个或多个变量，这将导致三元运算结果非法。输入变量的使能/禁止可通过条件表达式、层和过滤器实现。

示例：用户需要在元件定义的 Computations 段内定义一个 REAL 变量 X，当输入参数 N 为 2 或 3 时，X 等于 1.0，但 N 是其他值时，输出结果是由其他算术表达式定义的变量。Computations 段内的代码如下：

```
REAL X = (N==2 || N==3) ? 1.0 : SQRT(2)*V
```

其中 V 为一个已定义常量。

示例：用户需要在元件定义的 Computations 段内定义一个 REAL 变量 Torq，该变量值由算术表达式定义，该表达式中的一个元素根据条件变化。使用三元运算符实现上述功能的代码如下：

```
REAL Torq = (X > 1 ? 0.0 : Tm) + Te*100
```

其中 X, Tm 和 Te 为已定义常量。

18．内部输出变量

内部输出变量是元件内部的数据，可作为信号被显示或监测。在任何内部量可用之前，它们必须在元件Fortran段内使用#OUTPUT指示符进行定义。用作输出的内部数据可来自于元件内部变量、EMTDC 存储阵列或从 EMTDC 测量的支路电流或电压。

有几个置换操作符可与#OUTPUT 指示符一起用于直接从电气系统节点和支路中提取测量量。

➢ CBR

CBR 是输出某个特定支路测量电流的特殊置换操作符。

示例：用户需要在测量支路 BRN 中的电流。该元件参数部分添加了一个 Symbol 名为 Ia 的文本输入域。以下为在 Fortran 段内的代码：

```
#OUTPUT REAL Ia {$CBR:BRN}
```

➢ VDC

VDC 是输出两个不同电气节点间电压差的特殊置换操作符。

示例：用户需要在测量元件定义部分中定义的端口 N1 和 N2 间的电压差。该元件参数部分添加了一个 Symbol 名为 Vidff 的文本输入域。以下为在 Fortran 段内的代码：

```
#OUTPUT REAL Vdiff {$VDC:N1:N2}
```

注意：需确保N1 或N2 不是接地型节点，因为接地型节点将给予 0 节点号，而 0 是 VDC(NA,SS)阵列的非法输入项。

19．插入代码符号

可方便将上述代码符号插入至脚本中，在特定段空白处单击鼠标右键，从弹出的菜单中选择 Insert Symbol，从弹出的子菜单中按不同类型快速插入需要的代码符号，如图 8-133 所示。

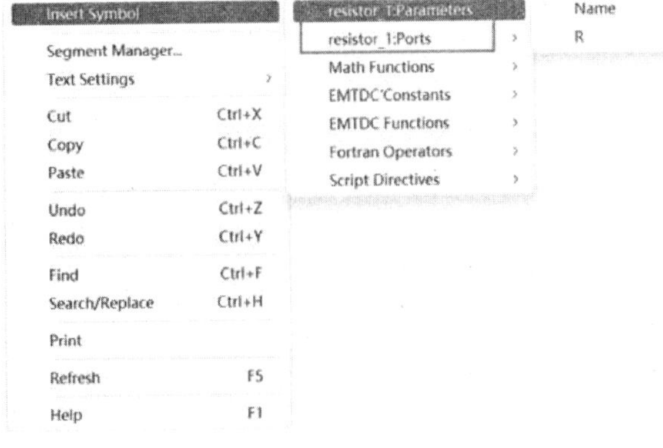

图 8-133 快速加入代码符号菜单

在该菜单中，还可以看到用户自定义元件已经设计好的参数的 Symbol，如图 8-133 中的 Name 和 R，还包括已经设计好的连接端口的 Name。

8.7 组件设计的其他问题

8.7.1 多实例组件技术

组件（也即所熟知的子页面或页面组件）自在 PSCAD V3 中引入以来，它成了增强项目组织和浏览的有利工具。组件本身是一种元件，但具有自己的画布，从而在平面环境的基础上增加了第三维。它们最初是为应对 PSCAD V2 中不断增大的模型绘图，这种两维的绘图画布在处理大型项目时表现得相当笨拙和难以处理。

最初的组件相对标准的元件而言缺少一个重要的特性：多实例化 (Multiple Instance Modules, MIM) 的能力（即基于相同定义的两个或多个实例）。这主要是由于数据信号映射时的复杂性，如绘制曲线和仪表输出。另外，一个组件定义可以是另一个组件定义的一部分，这种类型组件的多实例监测也同样是一个难题。更为重要的是，当时 PSCAD 软件的结构并未针对这些情况进行优化，因而为简化起见，组件多实例化仅限于一个实例，从而造成同时只有一个定义和一个实例。

整个 PSCAD V3 和 PSCAD V4 版本中仍然缺少多实例化组件的能力，该问题最终在 PSCAD X4 中得到解决，这是通过完全重构 PSCAD 程序结构，使其成为更加以数据为核心的模型而得到解决的。这种结构极大简化了高效使用多实例组件所涉及的映射和记录工作。组件现在可以简单地进行复制和粘贴，就像其他元件一样，即使是其中包含了多个组件元件。

这种特性若不正确地应用将导致极严重的后果。例如，某个包含了 100 个输出通道元件的组件被实例化，对每个实例将增加 100 个新的信号。这将很快导致用户机器内存的耗尽，极大影响仿真速度。对此更为明显的是将要被复制的组件包含了另外具有很多输出通道的组件。用户需要仔细阅读本节内容，以确保具有多实例组件的项目在最开始就具有良好的设计，从而避免上述类似问题的发生。

1. 输入参数

随着 PSCAD 中多实例组件能力的建立，需要重新对输入参数功能进行介绍。富有经验的用户都了解，过去的组件元件不支持输入参数，而仅能依靠端口连接进行画布与外部的数据传递。现在可为组件元件设计输入参数对话框，方式与设计标准元件的完全一致，并且每个组件元件的实例可具有不同的输入参数值。

当向画布内输入参数值时，它们将被与端口连接一样的方式对待，即每个输入参数在画布内需要有一个相匹配的 Import 元件，该 Import 元件的名称必须与该输入产生的 Symbol 名称一致，如图 8-134 所示。

2. 组件与元件的异同

组件和标准元件如今呈现出前所未有的相同，即它们都可输入参数，图形外观实际上不编辑定义时它们几乎完全一样。两者最重要的区别是组件元件具有一个画布，而标准元件包含了脚本输入。

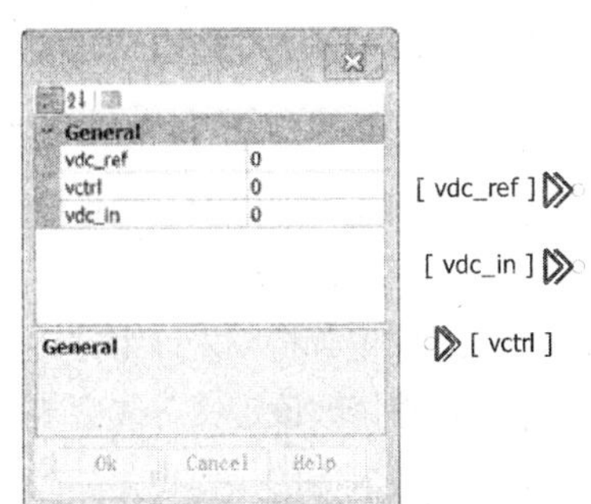

图 8-134 组件的输入参数及对应的 Import 元件

表 8-8 给出了两者的异同之处。

表 8-8 组件元件和标准元件的异同

	电路	图形	参数	脚本
标准元件	×	√	√	√
组件元件	√	√	√	×

表 8-8 表明：组件元件提供了一种简单的建立模型的可选方法。在组件元件内，设计是通过图形化的电路图来完成的，而不使用脚本和代码。事实上，组件必须在其设计中使用标准或用户定义元件，元件将拼合在一起形成电路模型。

3．组件定义和实例

被称为 Main 页面的将总是根画布或顶层画布。过去使用过 PSCAD 的用户总是从 Main 画布开始构建电路。Main 自身是一个组件，其画布是定义的一部分。因此，任何在 Main 页面内的修改将修改其定义，因而将影响其任何的实例。当然，Main 总是仅有一个实例，由于它是根组件 该实例及其定义将在用户创建新项目时自动生成。

电路画布是一个组件元件定义的集成部分，因此对该画布的修改将同样修改其定义。如果一个元件被加入到组件画布内（或从中删除），位置移动或即使是修改了输入参数值，组件的定义也将受到影响，这是由于元件、连线以及其他对象组合起来定义了该组件意图将要表示或建模的对象。进一步而言，所有基于该定义的组件元件的实例将由于对定义的修改而受到影响。对富有经验的用户而言，这个概念开始有些难以掌握，这是由于在过去，组件元件从不允许具有超过一个的实例。正是由于这一事实，组件过去总是唯一的（一个定义，一个实例），但现在不再如此。图 8-135 所示为基于同一定义的多个组件实例化示意。

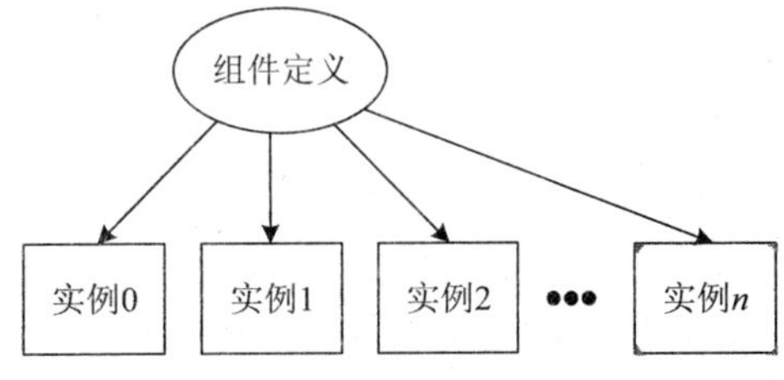

图 8-135 组件多实例化示意图

对标准的非组件元件，区分元件定义及实例环境将非常简单：其定义只由脚本和代码、参数和图形外观构成，并理所当然地不包括画布。也就是说，当编辑一个标准元件定义时，用户将明显察觉位于定义的环境中。组件元件使用画布来表示其定义，但同时该画布被用作大型电路层次的一部分，意味着该组件元件的一个或多个实例将可出现在该项目中，所有这些实例将在同一个环境中使用。

放置于组件画布内的每个元件、图形、控制面板等将成为该组件定义的一部分。如果某个绘图面板进行了缩放，或新的图形加入到该面板，都将修改该定义。改变图形设置，曲线颜色以及缩放设置等都将影响定义，对控制面板、仪表和在线控制等的操作也是如此。例如，如果对某个 Slider 元件接口进行了调整（从 0.12～0.23），将影响定义并因而影响所有基于该定义的矢量，这是由于 Slider 元件接口被直接定义在组件画布内。

区分绘图及控制工具设置以及实际的信号将非常重要，即将在图形或仪表内显示的信号可能不需要作为组件定义的一部分去定义。如果某个信号源自于组件内部，例如一个断路器的控制信号，并且不会受到该组件外部信号值的影响，那么该信号值对于所有基于该定义的组件实例将是相同的。但是，如果该信号值是基于或受到外部信号的影响，那么该信号值将随组件实例的不同而不同，此时它将被认为是基于实例的信号。这意味着尽管曲线颜色或粗细是基于定义的设置，并对所有实例都是相同的，但实际的信号值将随组件实例的不同而不同。图 8-136 将使得用户对定义画布和实例环境，也即基本层画布和透明叠放代表各个组件实例环境的画布之间有一个视觉上的概念感知。

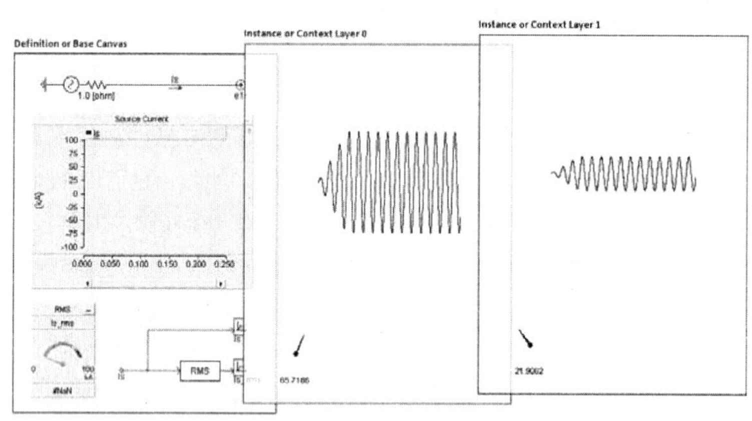

图 8-136 基于同一定义的不同画布内的不同信号值

图 8-137 所示为某个组件内基于同一定义的两个不同组件实例的数据信号值之间的细微差别：图形和曲线的设置是相同的（即颜色、符号等），但它们的值稍有不同。这是由于绘制的数据信号源自于组件画布的外部，并通过输入参数或端口连接导入。

4．多组件实例使用的实例

假设一个三相桥被用于构建图 8-138 所示的单级 HVDC 系统。该系统将共计使用 4 个换流桥单元，每一个单元均是相同的并来自同一制造商。

由于所有换流桥都是相同的，这意味着桥单元仅需定义一次可多次使用。这有助于减轻维护压力并确保对某个单元的修改将应用至所有实例。富有经验的 PSCAD 用户能够理解这个自应用程序开始以来就使用的概念，但直到最近，这仅能通过使用标准（非组件）元件实现。事实上，主元件库中已包含了一个名为6脉动桥的桥元件，图8-139所示为脉动桥及其等效电路，该元件可在用于构建类似上述系统时多次实例化。

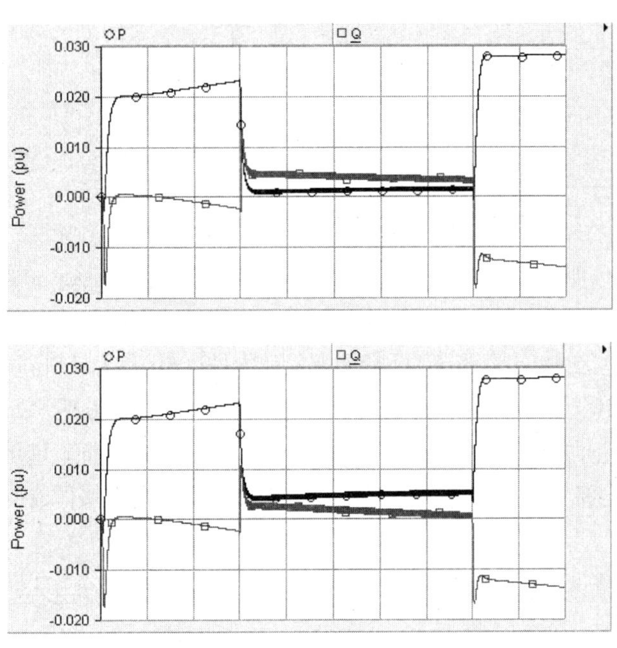

图8-137 两个具有相同定义的不同组件实例内的相同图形

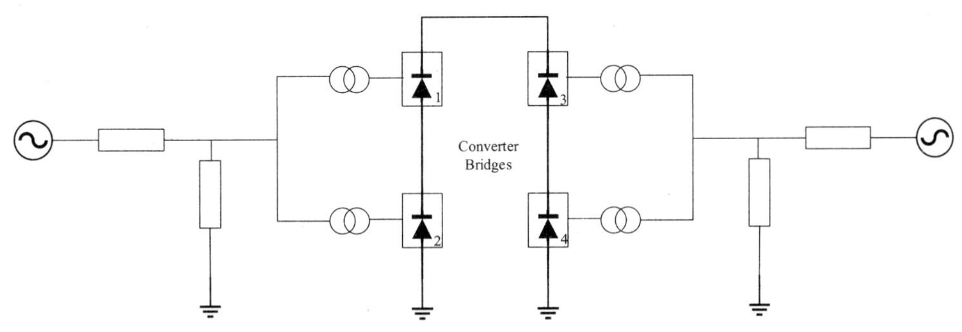

图8-138 具有四个换流桥单元的单级HVDC系统

标准元件在使用过程中存在一定的不方便性，即如果它们要与其他元件组合以形成另一个单一元件，这些元件必须重新编程到一个单元中（如合并两个串联桥单元以形成12脉动换流器）。在模型复杂时重编程这些元件将非常困难。但如果采用组件，PSCAD将提供这种重编程功能，用户只需简单地以图形化的方式来构建电路。

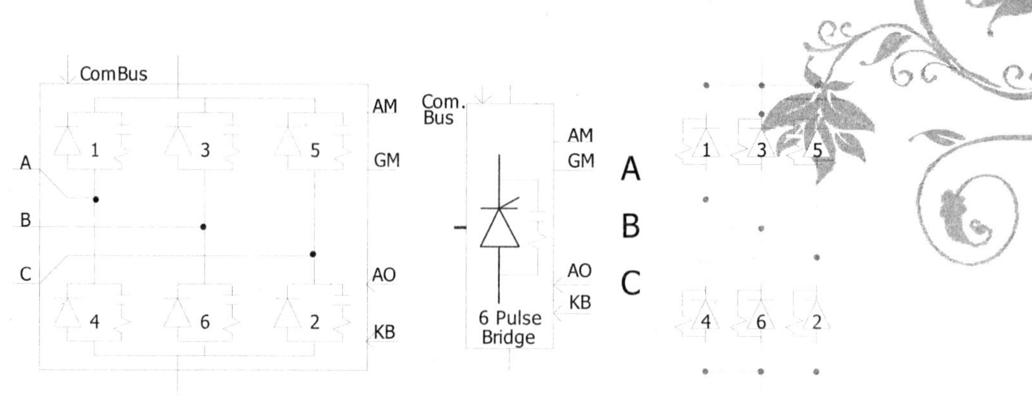

图 8-139 脉动桥及其等效电路

以下将重新开始仅使用组件元件来建立三相桥。换流器最常用的基本元件（不可分拆的）是各个晶闸管阀（忽略缓冲电路），实际应用中晶闸管阀将串联构成阀单元，阀单元将是第一个组件元件，其定义画布内将包括一串串联连接的非组件晶闸管元件。该组件元件将同样需要一个图形外观，以在将该组件放置于其父组件画布内时代表这一串晶闸管，如图 8-140 所示。

一个 6 脉动桥将包含共计 6 个阀单元，每个单元代表一个开关设备，这是第二个组件元件。该 6 脉动组件元件画布内将包括 6 个阀单元组件元件的实例。它们将连接形成换流桥，如图 8-141 所示。

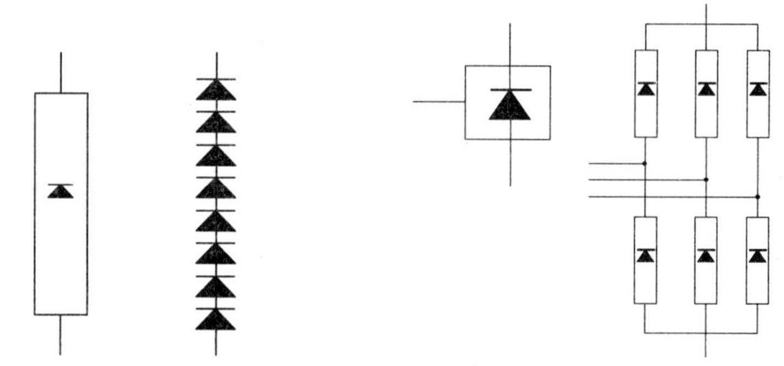

图 8-140 阀单元图形外观及其画布　　图 8-141 换流桥图形外观及其画布

到此已经创建了 6 脉动桥组件的定义，其中包含了 6 个另一个组件定义（阀单元）的实例。

组件定义列表：阀组件。6 脉动桥。

组件实例层次：6 脉动桥。晶闸管阀单元 0～5。

在上述实例层次中，编号表明了组件实例号（第一个实例为 0 号）。

单级 HVDC 系统将包含 4 个已创建的 6 脉动桥的实例。假定该系统创建于 Main 画布内，并且该画布内没有其他元件，则项目组件的层次将为：

组件定义列表：阀组件、6 脉动桥、Main。

组件实例层次为：

Main

6脉动桥1：阀单元0～5。

6脉动桥2：阀单元0～5。

6脉动桥3：阀单元0～5。

6脉动桥4：阀单元0～5。

5．编码类比

组件定义实例化能力将需要典型结构程序如何创建的配合。PSCAD是一个结构化代码产生器（目前是可包含C代码的Fortran），它将项目内的组件和元件组合以构建可执行程序。项目自身整体上可类比为一个编码程序，其中的常规元件代表内联代码片段，而组件代表子程序。PSCAD项目结构和程序结构的类比见表8-9。

表8-9 项目结构和程序结构的类比

PSCAD对象	编码类比
项目	程序
组件定义	子程序
组件实例	子程序调用
非组件元件	内联代码
端口连接/输入参数	子程序参数

当项目建立时，将为每个在项目中使用的唯一组件定义创建单独的包含一个子程序定义的Fortran(*.f)文件。任何基于已说明定义的实例将表现为其父组件（该组件实例所处于的画布）的子程序中的一个调用。例如，一个名为A的组件定义已经创建，并在Main画布内放置了一个实例，如图8-142所示。

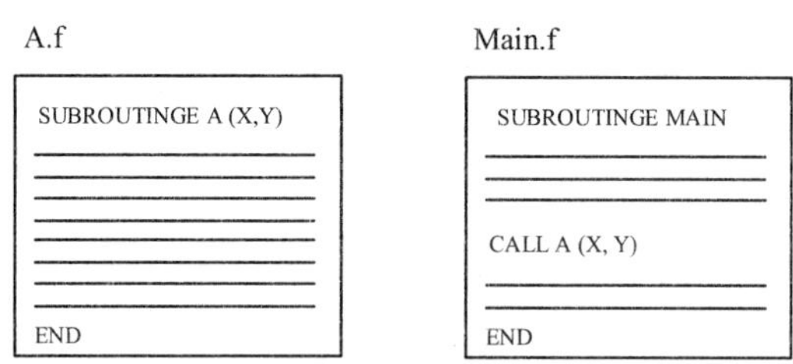

图8-142 组件子程序及其调用

当项目建立时，将创建一个名为A.f的独立Fortran文件以代表A的定义，其中的代码（即内联代码）将使用放置于A画布内的非组件元件构建而成。在Main画布内的一个A的实例将参与定义用于Main的子程序，也即实例A将是Main定义的一部分。该项目包含两个组件定义，其中组件A的一个实例将放置于Main画布内，如图8-143所示。

在上述例子中存在两个组件定义（一个是Main，一个是A）。如果再次实例化A而在Main的画布内具有两个A的实例将发生什么情况？此时不再需要创建一个新的定义，而仅需要在Main子程序中增加一个对A的调用，如图8-144所示。

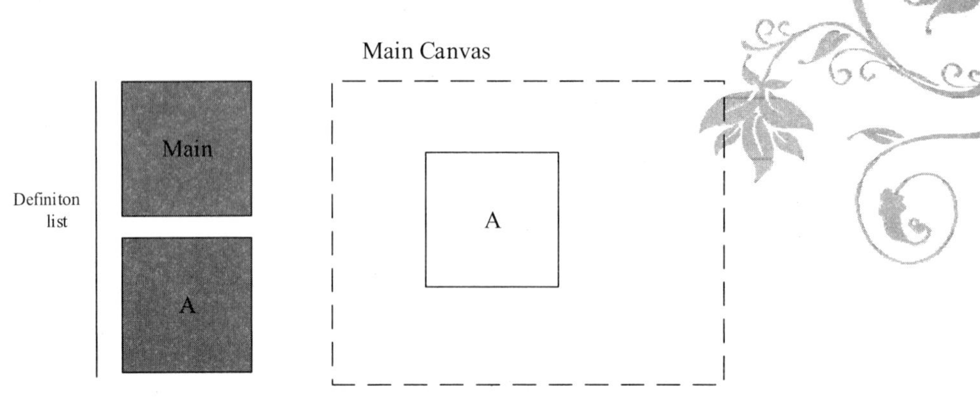

图 8-143 定义列表及放置于 Main 画布内的一个组件实例

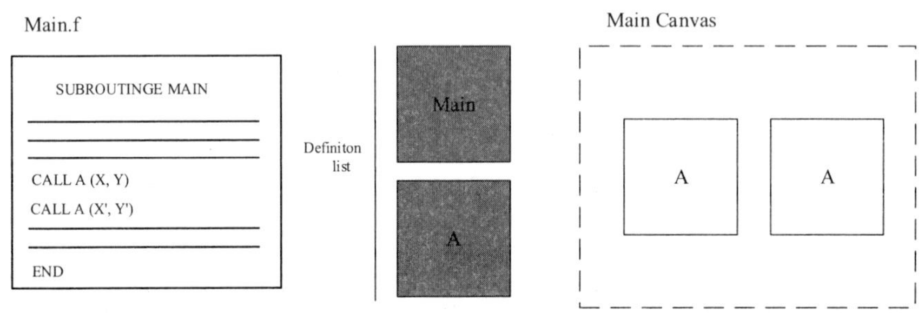

图 8-144 两个实例及其调用

进一步考虑较复杂的情况，例如在 A 的画布内放置了另一个组件 B 的两个实例。由于 B 的实例位于 A 内，则 B 将作为 A 定义的一部分，也即在 A 的子程序中将出现对 B 的调用，如图 8-145 所示。

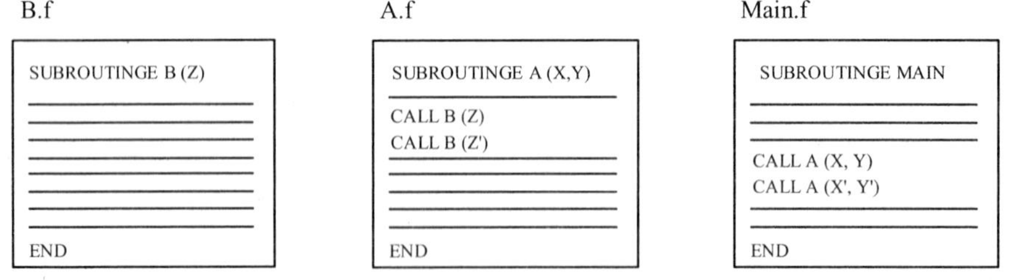

图 8-145 较复杂组件层次下的子程序结构

注意到上述内容在项目内加入组件 B 将不会影响 Main 的定义。这是由于 B 是定义 A 的一部分，它在 Main 内仅表现为一个实例（或调用表达式），如图 8-146 所示。

6．实例和调用

在上述项目中尽管只有两个 B 的实例，但组件 B 将被调用 4 次。这是由于 B 的两个实例用于协助定义 A，且 A 在 Main 内被调用 2 次。这不意味着存在 4 个 B 的实例，而只是这两个 B 的实例的每一个将被调用 2 次。这个概念被恰当地称之为调用，上述示例中的实例和调用见表 8-10。

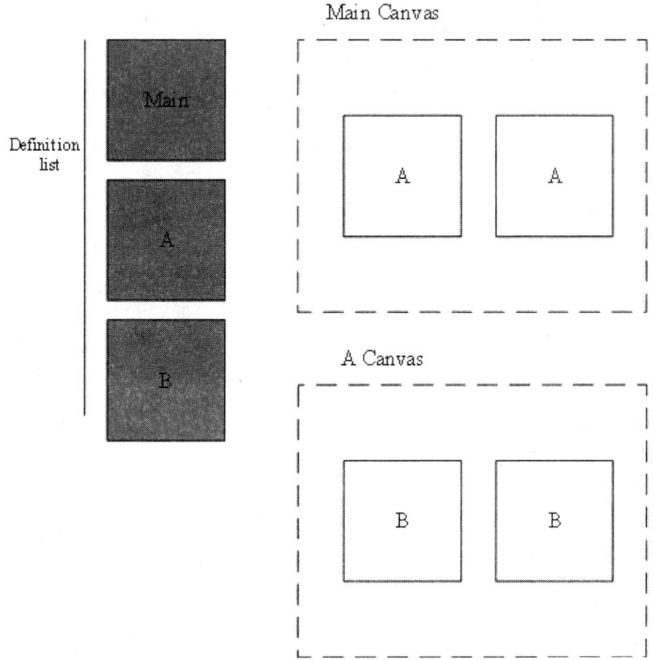

图 8-146 较复杂组件层次下的组件定义及其实例化

表 8-10 PSCAD 项目结构和程序结构的类比

定义	实例数	调用次数
Main	1	1
A	2	2
B	2	4

理解该概念对于完全理解多实例组件如何工作以及在 PSCAD 和 EMTDC 中如何映射和访问信号值非常重要。

7．子程序参数

迄今为止，尚未涉及上述子程序和调用表达式中所示的参数问题。组件定义具有输入参数或端口连接时将存在子程序参数。事实上这也是另一种编码类别，输入参数和端口连接是一种将组件外部定义的数据传递至组件内部使用的方法，这也正是编码时子程序参数的用途。

例如组件 A 具有两个连接端口 X 和 Y，连接端口被定义为组件定义的一部分，并同样成为子程序文件定义的一部分。尽管在定义中端口名为 X 和 Y，连接到端口的实际信号可以是任意的已定义信号，可以是 Literal 值或另一个变量信号，如图 8-147 所示。

上述对 A 的每个调用中的输入参数可以是 Literal 型数值或信号值。每个在 SUBROUTINE 表达式中定义的参数由组件画布内的 Import 或 Export 元件表示。

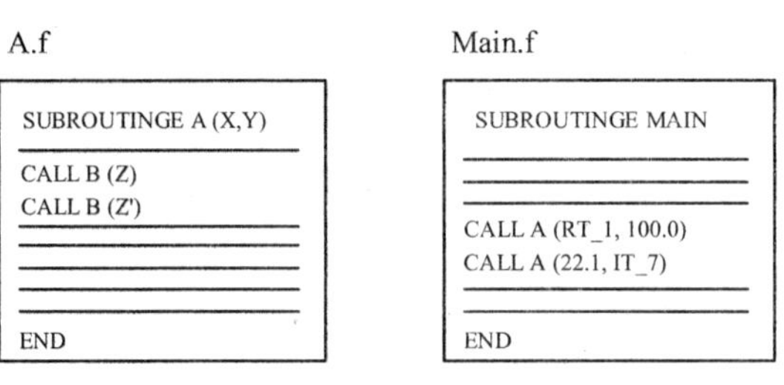

图 8-147 不同组件实例的参数

8．重要设计考虑

迄今仅从概念上讨论了多实例组件。但在实际操作中，设计用户系统时还需考虑某些重要的事项以确保最大化编译和仿真效率。很重要的是考虑信号的来源，即信号应当被定义或基于实例。同样，输出通道放置也是一个问题。

➢ 定义和实例变量

当设计和使用包含多实例组件的系统时，非常重要的是研究并确定如何处理可能在实例间不同的系统参数。例如，如果一个组件定义将要包含一个变压器元件，且不同实例中该变压器的容量将不同，那么容量值的来源必须在组件定义外部定义，否则组件的所有实例将被强制具有相同的变压器 MVA 值（图 8-148 所示为相应的示例）。

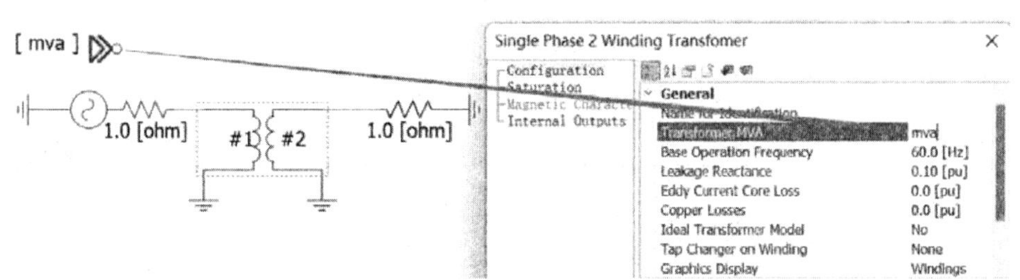

图 8-148 组件画布及变压器参数设置

其中一个组件定义包含有具有变压器元件的简单电路。变压器具有一个名为 Transformer MVA 的输入参数，它可接受信号常量作为其值。该信号在外部定义并以信号 mva 导入，该名称将直接输入作为变压器参数值。尽管 Import 标签元件、变压器元件和信号自身都是组件定义的一部分，但组件不同实例中的该信号值将可以不同。

在本例中，信号 mva 被定义为组件自身的输入参数。因此如果组件被多次实例化，mva 参数将对每个实例具有不同的值。

➢ 输出通道和在线控制的放置

输出通道和控制在使用多实例组件时可能相对危险。这是由于输出通道元件被放置后将创建一个用于被 EMTDC 监视的信号，因此将保留使用内存并影响仿真速度。

如果某个输出通道被放置于底层组件中，例如，上述所讨论的阀单元组件，由一个输出通道所创建的信号的数量将爆炸式快速增长。注意当阀单元组件的父组件（6 脉动桥）被复制时，对每个6 脉动桥实例将增加6 次对阀单元组件的调用。这意味着如果6 脉动桥被复制多次，则一个输出通道将以6 倍的速度增长。

最好的解决方法是避免将输出通道元件放置于该层中。较好的替代方法是尽可能地在最高的组件层次上输出信号用于监测。该方法将使得可在更高的层次上使用该信号，用户在需要时可决定进行监视。图 8-149 展示了该概念：信号在需要监测时被输出至父画布，而不是在组件画布内关联输出通道到信号上。

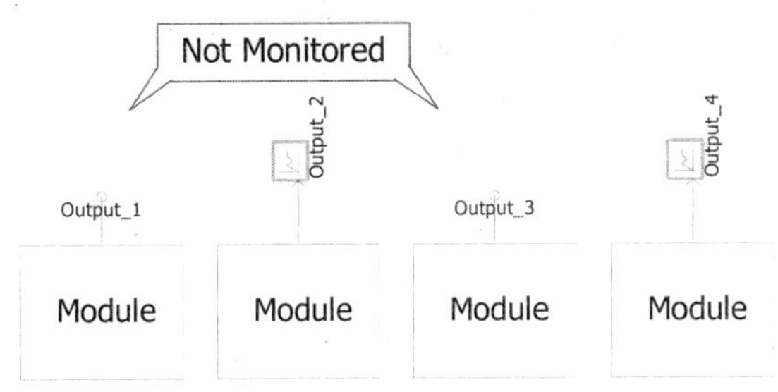

图 8-149 使用端口连接输出信号的多实例组件

9．EMTDC 中的运行可配置

为确保完全支持多实例组件，EMTDC 也进行了相应的修改。对 EMTDC 的主要修改涉及出现于多实例化组件画布中元件参数的初始化。其结果是主元件库中所有相关的元件被修改以支持这种新的结构。用户定义元件可完全支持在多实例画布内使用之前，对其也需进行相同的处理。

8.7.2 组件比较

组件比较工具提供了比较两个组件定义并通过图形上标示定位差异的功能。所进行的比较是直接基于代表各组件 XML 数据，因此从电路到画布设置的元件参数、脚本和图形及其他属性的差异均可被检测。该工具还可检测被比较的两个组件中是否存在元件。

注意：比较工具不能检测组件图形外观和组件参数定义的区别。

1．比较初始化

组件比较工具 Comparison Tool 位于功能区控制条的 Tools 标签页中，比较前至少需要加载一个项目至 Workspace 中。两个组件定义比较过程如下：

如图 8-150 所示，从下拉列表中选择两个将进行比较的组件定义。该列表可访问 Workspace 中当前加载的所有项目的所有组件定义。如在图 8-150 中，选择了项目 Module_wireless 中组件 module1 和 Module_para 中组件 module2 进行比较。选择完组件后单击旁边的 Compare 按钮。

2．差异查看

所检测到的差异将同时被显示于模型电路和 Comparison Tool Results 面板中。在电路中将以不同颜色阴影块标识差异所在位置，差异总是显示在 Primary 中选择的组件画布内，如上例中将显示于 Module_wireless 中组件 module1 的画布内，如图 8-151 所示，Comparison Tool Results 面板结果如图 8-152 所示。

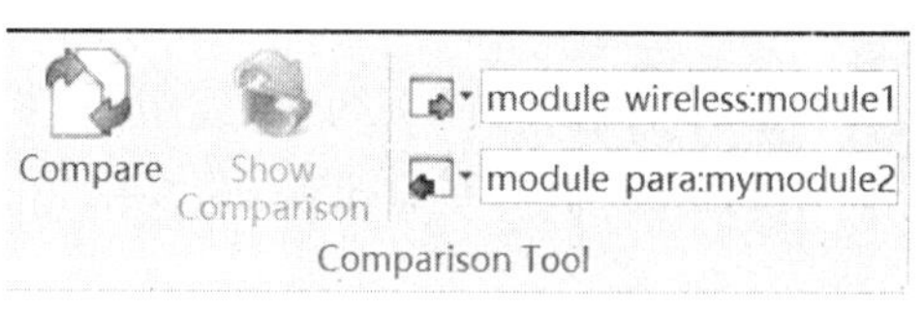

图 8-150 组件比较

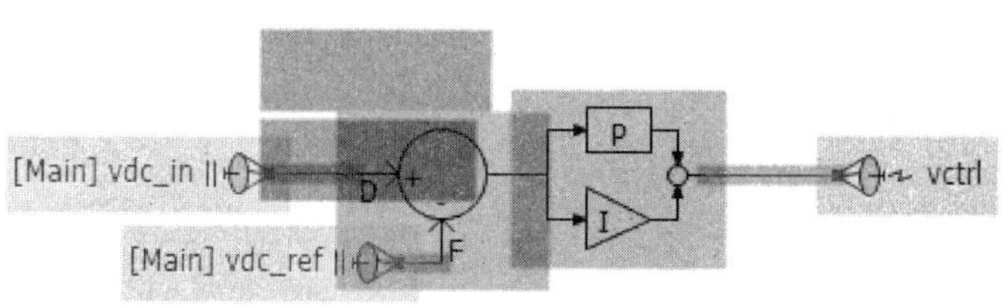

图 8-151 电路中呈现的差异

Comparison Tool Results

difference	primary	secondary
Value Changed (Component: "Canvas", Attribute: "scrollx")	111	13
Value Changed (Component: "Canvas", Attribute: "scrolly")	0	82
Component position changed (Component: "master:sumjct", Attribute: "x")	378	432
Component position changed (Component: "master:sumjct", Attribute: "y")	288	234
Component dimensions changed (Component: "master:sumjct", Attribute: "w")	74	80
Component dimensions changed (Component: "master:sumjct", Attribute: "h")	59	64
Component position changed (Component: "WireOrthogonal", Attribute: "x")	306	540
Component position changed (Component: "WireOrthogonal", Attribute: "y")	288	234
Component dimensions changed (Component: "WireOrthogonal", Attribute: "w")	44	64
Component dimensions changed (Component: "WireOrthogonal", Attribute: "h")	8	10

图 8-152 比较结果面板

比较结果显示于电路画布顶层叠放的透明区域内，从而不会对画布进行改动。通过功能区控制条中的 Show/Hide Comparison 按钮可显示/屏蔽差异结果。

也可通过在图 8-152 所示的 Comparison Tool Results 面板中以表格形式查看差异。表中每行代表两个组件定义中特定的差异，并提供了差异的描述以及各组件应用的实际值。与其他面板一样，Comparison Tool Results 面板也可被隐藏、加入选卡或在 PSCAD 界面中停靠，也可作为单独的浮动面板停靠于 PSCAD 之外。

3．差异导航

电路中显示的和在 Comparison Tool Results 面板中给出的差异检测结果是同步的。单击表中一行将在电路中高亮显示相应的差异，或者在电路中选择某个差异将高亮 Comparison Tool Results 面板中对应的行。

4．结果过滤

可采用不同方式过滤 Comparison Tool Results 面板中的数据以凸显用户所关注的信息。结果过滤可采用如下方法：

鼠标右键单击 Comparison Tool Results 面板中某行，并选择相应过滤器，如图 8-153 所示。也可单击 Comparison Tool Results 面板中的过滤器按钮，并选择某个过滤器，如图 8-154 所示。

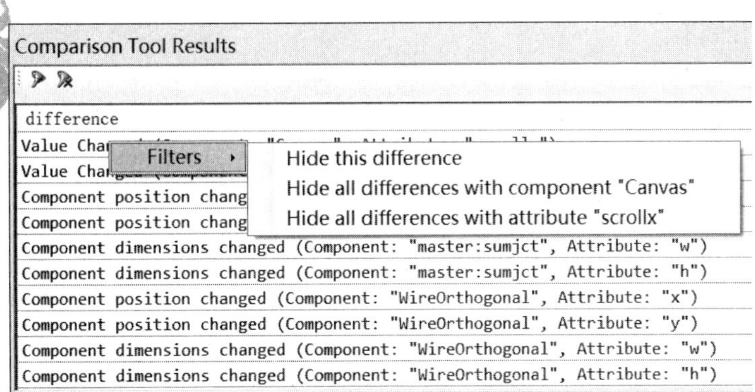

图 8-153 某个特定差异过滤

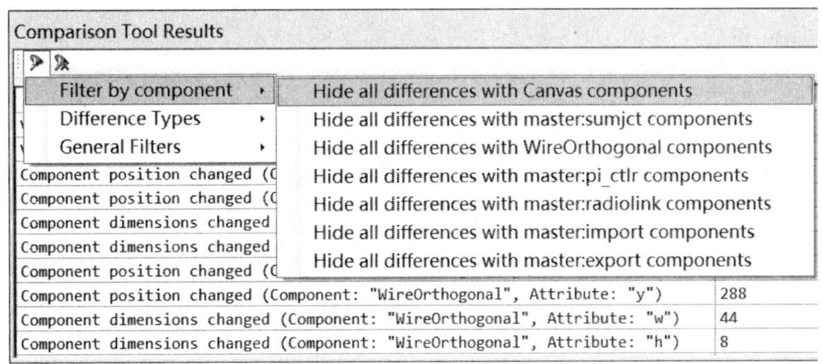

图 8-154 特定过滤器菜单

8.7.3 组件黑箱化

用户可通过简单的操作将任何页面组件转换为等效的非组件元件，包括完整的源代码文件和可选的编译二进制文件。之所以被称为“ 黑箱”，是指该特性允许以图形化的方式设计和维护控制和电气系统，然后根据需要将其快速编译和屏蔽，从而在向用户分发时有效保护知识产权。

1．概述

PSCAD 本质上对于 EMTDC 仿真程序而言是一种源代码产生器。组件和标准元件将被组合以形成定义结构化顺序程序的源代码，其中包括了独特的一组子程序以代表项目中的每个组件。所有元件都可能具有参数和端口的组合，当组件元件形成 Fortran 代码时，这些端口和参数将用于定义相应子程序的参数，非组件元件组合代表了它们所属页面组件子程序的程序体。

2011 年前后，对如何将组件元件转换为等效的、独立的外部源代码指导的需求显著增加。这种趋势涉及到使用 PSCAD 组件层次来产生 Fortran 源代码（如一个设备的控制器）。所产生的 Fortan 源代码可通过手动移除 PSCAD 和 EMTDC 所需要的内部非独立代码，得到可在标准元件内调用的外部源代码。这可有效地掩盖电路的图形化设计，而将这些内容隐藏在外部源代码中。这些源代码通常在提供给用户之前编译为目标 (*.obj) 文件或静态库 (*.lib)，从而提供了对设计者知识产权的保护。用户元件可进一步加入 Branch 段来代表电气网络，加上端口和其他属性，最终可得到原始组件元件的黑箱化版本。

PSCAD V4.5 首先引入了黑箱化，但仅支持纯控制系统，用户不得不在黑箱化之前将控制系统分割为多个独立的页面组件，这种情况持续到了 V4.6 版本。V5.0 版本开始所提供的黑箱化开始支持电气和控制系统混合于同一组件内，甚至电气网络可扩展分布至组件层级中（仅少数限制）。

2. 黑箱化算法

黑箱化执行将 PSCAD 中页面组件转换为用户定义元件必需的所有步骤，包括相应的源代码。以下功能将自动执行：

- 生成 Fortran 源代码：目前 PSCAD 产生的 Fortran 源代码主要是作为仿真项目一部分与 EMTDC 接口，并未格式化用作独立的外部源代码。黑箱化将产生用作外部文件的特殊格式的 Fortran 源代码。
- 目标/库文件自动创建：提供了将所产生的源代码文件编译为目标文件的选项。若被黑箱化的组件包含了其他组件，所有生成的目标文件 (*.obj) 将合并为一个静态库文件 (*.lib)。
- 元件自动创建：将根据组件层级的内容创建元件的定义及实例，包括端口、参数、图形外观及脚本段。

3. 限制

使用黑箱化时将具有如下的限制：

- 黑箱化特性不支持运行对象元件，如开关、按钮等，以及无线连接元件，如图 8-155 所示，因此组件电路中将不能包括任何这些元件。

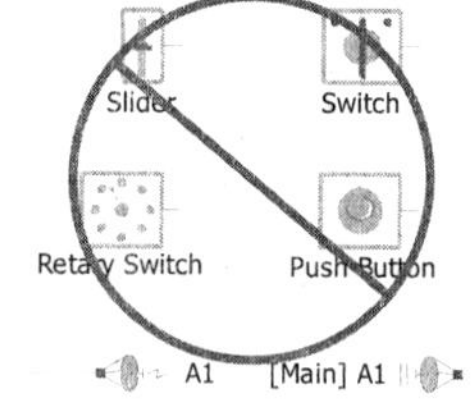

图 8-155 黑箱化不支持的对象

若需要黑箱化的组件包括了这些对象，则必须删除或替换为支持的元件。输入型的元件，如滑块、开关和拨号盘等可从组件内移除，通过端口或参数实现它们信号的传递，如图 8-156 所示。

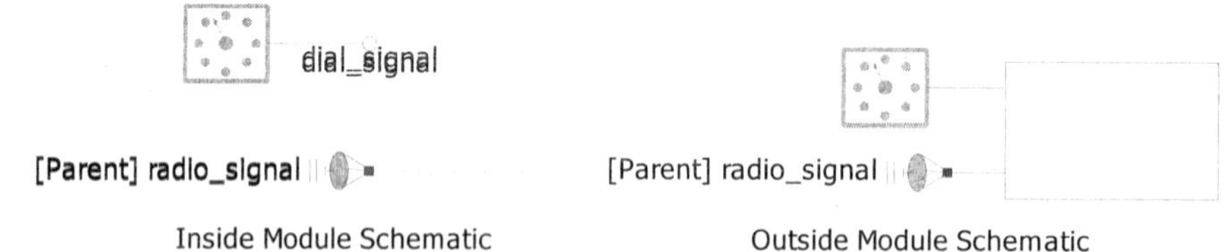

图 8-156 不支持的对象从组件内移到组件外

- 将要黑箱化的组件元件不能包含任何架空线或电缆段。原因之一是任何将成为黑箱一部分的电气网络将成为一个单一子系统，加之当前尚无将架空线或电缆建模至一个非组件元件内的方法。若电气网络包含了架空线或电缆，需将它们转换为等效的 PI 线路元件，或者将线路连接的网络组织在不同的页面组件内，并分别黑箱化。
- 保护电气网络的限制。创建包含电气网络组件的黑箱化元件时，该网络的高级别细节，例如网络拓扑等，将无法被完全隐藏。这主要是由于 PSCAD 与 EMTDC 交换电气网络信息的方式，这些信息被写入 map (*.map) 和 data (*.dta)文件（均为 ASCII 文本文件）中，并在仿真启动后由 EMTDC 可执行文件（项目编译时生成）读取。

4．相关用户控制选项

目前有少数程序级选项可调整创建黑箱化元件及其相关元件的方式和位置，包含于如图 8-157 所示的 Application Options 对话框中，设置的相关说明参见第 2 章。

组件黑箱化操作非常简单，对目标组件的实例单击鼠标右键，从弹出的菜单中选择 Generate | Blackbox，如图 8-158 所示。

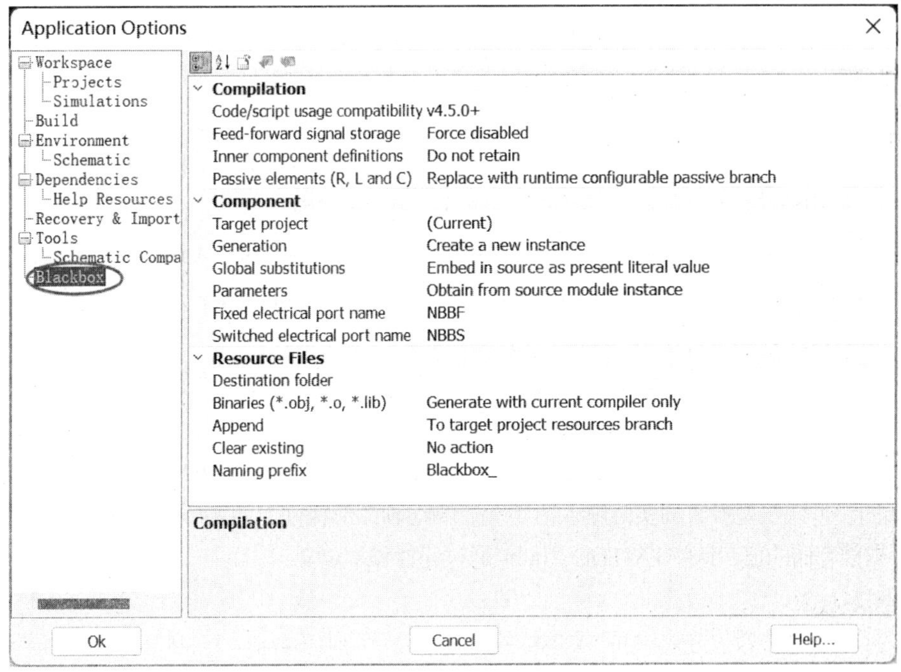

图 8-157 控制黑箱化的选项

Orientation

Bring to Front

Send to Back

Graphs/Meters/Controls

Scenarios

Compile

Generate

Blackbox

图 8-158 组件黑箱化菜单

8.8 其他相关说明

8.8.1 动画图形

PSCAD 提供了图形对象和文本标签的动画能力。Animated Graphics 特性在仿真过程中重复评估元件的图形状态，EMTDC 将对标记为动画的参数值进行周期性更新，导致其链接的图形或文本状态的改变，从而产生动画效果。

图形动画的设置涉及如下三个方面：

- 参数：确定将被用于改变元件图形状态的参数。
- 图形：文本标签中显示的文本或将要改变的图形对象状态，以改变元件外观。
- 脚本：可利用多个脚本调用以协助更新参数值，从而改变元件的图形状态。

运行测试动画图形设计之前，需确保在 project settings 对话框中激活 Animated Graphics 特性，如图 8-159 所示。

➢ 参数

Animated Graphics 特性涉及的参数需通过元件定义的参数设计部分进行设置，建议参数值类型与 EMTDC 所返回的数据类型匹配。以下参数支持动画图形特性：

- 实型数值域：实型数值域可用于文本标签或用于控制图形对象表达式的一部分。
- 整型数值域：整型数值域可用于文本标签或用于控制图形对象表达式的一部分。
- Text Fields：文本字符串可直接用于文本标签。

多实例组件动画图形特性仅支持实型和整型参数值域，而不支持文本标签。例如，通过红色或绿色表明工作状态的断路器元件被放置于多实例组件中时，即使不可见也将会更新状态。

所有使用动画图形的参数的 Animated 属性需设置为 True，如图 8-160 所示。但是，这些启用动画图形的实型或整型参数的实际输入值不会影响动画图形特性，而实质上仅作为某种管道传递 EMTDC 内部存储的值，这些 EMTDC 内部值通过元件脚本定义。

➢ 图形对象

与显示非动画参数值方式相同，文本标签可用于显示动画参数值，包括作为表达式语句的一部分，显示某个参数域内容的文本标签需使用替换运算符。

➢ 代码

设置动画图形最后的步骤是指示 EMTDC 提供所需要的量，经由指定的参数以控制任何图形对象或文本标签的内容。仿真过程中可使用如下 EMTDC 固有子程序更新动画参数：

- PSCAD_AGR2 (ICALL_NO, COMPONENT, VALUE, PARAM)：更新实数型值域参数。
- PSCAD_AGI2 (ICALL_NO, COMPONENT, VALUE, PARAM)：更新整型值域参数。
- PSCAD_AGRG (COMPONENT, VALUE, PARAM)：更新文本型域参数，但不能用于多实例组件。

上述子程序中的参数说明如下：

- ICALL_NO：本元件实例化的特定组件的调用号，参考多实例组件 (MIM)。
- COMPONENT：元件 ID 号. 每个元件实例具有唯一的 ID 号， 通过使用$#Component 替换传入。

- VALUE：控制值，值类型（Real 或 Integer）取决于上述调用的特定子程序。
- PARAM：启用动画特性参数的 Symbol 名称（作为字符串）。

图 8-159 激活动画图形特性图

图 8-160 启用参数的动画图形特性

8.8.2 动态帮助

动态帮助窗口（Dynamic Help Window, DHW）可选的用于显示参数表格的特定内容，包括附加的图、帮助文本或其他任何类型的可视化内容。该窗口本质上是 Hyper-Text Markup Language (HTML) 查看器，其中的内容链接至特定的*.html 文件，这些文件包含在编译的帮助文件(*.pshz)中。

主元件库部分元件已通过各自 DHW 提供了相关的可视化帮助，其中的内容是完全动态的。例如，任何在参数表格中对避雷器 I-V 特性数据的修改将立即反映在其动态帮助窗口内，如图 8-161 所示。

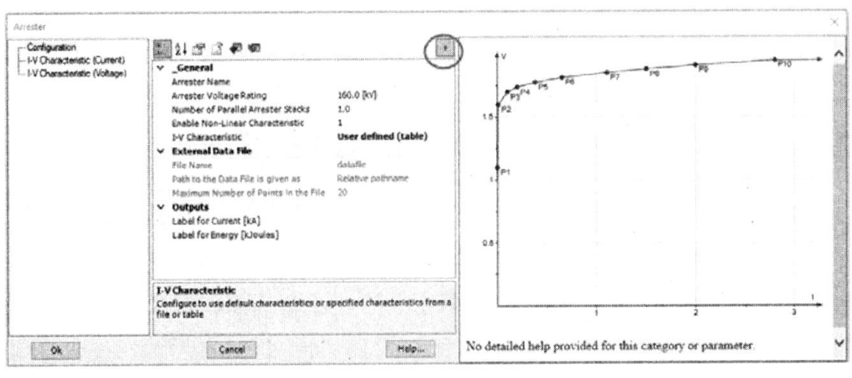

图 8-161 避雷器的动态帮助窗口

➢ 查看 DHW

单击图 8-161 所示参数表格右上方的箭头，即可弹出该元件的 DHW。元件无相应的动态帮助时参数表格无此按钮。

➢ 创建 DHW

单击功能区控制条 Tools 标签页中的 Help Generator 按钮，即可弹出如图 8-157 所示设计窗口，元件动态帮助窗口的具体设计方法可参考 PSCAD 帮助文档中的 Dynamic Help Window 部分。

8.8.3 元件许可

元件设计者可通过元件许可限制他们的元件仅能被特定用户使用，该用户模型可自由分发，甚至可以公开下载，但若无特定的用户认证许可，在 EMTDC 仿真中的实际使用被锁定。

特别注意的是该特性仅通过对相应源代码的修改限制元件在一个 EMTDC 仿真中的使用。在向用户分发钱，元件开发者可决定将该源代码编译为二进制（即*.lib 或 *.dll），以保护知识产权。

➢ 用户元件准备

1. 为使用该特性，需首先对用户元件源代码作出如下少许改动：

- 设置许可参数，并调用名为 CHECK_COMPONENT_LICENSE 的 C 语言编写的元件许可函数。若采用 Fortran 编写源代码，需要定义接口子函数来间接调用。
- 获取元件许可静态库文件并加入至用户元件二进制文件中，该库中包含了需要被调用的元件许可函数。

2. 获取必需的文件

向 PSCAD (sales@pscad.com)请求元件许可静态库文件。所提供的名为 ComponentLicensing.zip 的压缩文件中包含了多个静态库，每个 PSCAD 支持的 Fortran 编译器（32 位和 64 位的）均有相应建立的文件，元件开发人员需确保已创建支持每个编译器的最终二进制文件。

3. 将元件许可静态库链接至用户源代码

开发者需建立并将用户源代码和元件许可静态库进行链接，生成单一的元件静态库文件。

4. 为用户请求更改认证许可

用户元件许可之前最后的步骤是联系 PSCAD (sales@pscad.com)，请求对用户认证许可的修改，修改后用户将可在他们的 EMTDC 仿真中使用所开发的元件模型。

➢ 元件许可函数

名为 CHECK_COMPONENT_LICENSE 的 C 语言元件许可函数用于检查特定元件是否被许可用于 EMTDC 仿真，该函数具有四个输入参数：

```
void  CHECK_COMPONENT_LICENSE (CHARACTER name, CHARACTER guid, CHARACTER key, INTEGER count)
```

- name:名称字符，确定用户元件。
- guid：全局唯一标识符。非常重要的输入字符串，建议使用较长和随机字符串。
- key：本质上是用于验证元件许可的密码，可为任意字符串。建议使用包含大写、数字和非字符的强秘钥。密码长度限制为 30000 字符，也可使用另一个自动生成的 GUID。
- count：确定仿真过程中调用许可函数的时间间隔（单位 ms）的整型输入参数。需要注意的是每次调用将一定程度减慢仿真速度，建议使用 10s (count=10,000)或更长的时间间隔。

➢ 调用元件许可函数

元件编写所使用的语言决定了调用元件许可函数的方式。不论何种语言，调用语句需放置于任何需要被保护（无许可时将无法工作）函数/子程序的开头，确保在执行任何元件代码之前首先进行许可有效性检查。

1. C 语言

在 C 语言代码中加入 ComponentLicensing.h 文件。定义输入参数后按如下方式调用函数 CHECK_COMPONENT_LICENSE：

```
#include "ComponentLicensing.h";
const char* name = 'my_component';
const char* guid = '7b56f0a5-8f32-410a-836e-90994fa76bc8'; // https://www.guidgenerator.com/
const char* key  = '5628c9b3-1716-4824-9fe7-ed1c6c2ba056'; //
const int  count = 10000;
CHECK_COMPONENT_LICENSE(name, guid, key, count);
```

2. Fortran 语言

由于元件许可函数用 C 语言编写，无法直接在 Fortran 代码中调用，需要通过 ComponentLicensing.f 给出的接口子函数来间接调用元件许可函数：

```
SUBROUTINE MY_SUBROUTINE
USE, INTRINSIC :: ISO_C_BINDING
CHARACTER*(*)    NAME, KEY, GID
PARAMETER(NAME = C_CHAR_'my_component'//C_NULL_CHAR)
PARAMETER(GID  = C_CHAR_'7b56f0a5-8f32-410a-836e-90994fa76bc8'//C_NULL_CHAR)
PARAMETER(KEY  = C_CHAR_'5628c9b3-1716-4824-9fe7-ed1c6c2ba056'//C_NULL_CHAR)
! Call to check component license function.
!
CALL CHECK_COMPONENT_LICENSE_CI(NAME, GID, KEY, 1000)
END SUBROUTINE
```

无论何种方式，用户需确保生成最终静态库(*.lib)文件时链接该接口子函数。

注意：若调用语句放置于初始化子程序中（即仅在 t=0s 时调用一次），输出参数 count 将无影响，也即无论仿真时间多长，该函数仅被调用一次。

➢ 建立最终库

可采用两种方式建立最终库文件：使用静态库（*.lib）或动态链接库（*.dll），后者具有相对更高的安全性（更难被入侵）。

在元件源代码中加入对函数 CHECK_COMPONENT_LICENSE 的调用，并设置输入参数后，开发者可将源代码文件连同恰当的 ComponentLicensing.lib 文件一起生成单一静态库文件。

8.9 元件自定义实例

8.9.1 正弦/余弦信号发生器

本节通过对一个简单的正弦/余弦信号发生器的介绍，说明包括图形外观、参数输入界面、条件表达式设置以及代码编制在内的自定义元件设计过程和方法。

示例：一个元件要实现如下功能：根据用户作出的选择，该元件可产生正弦信号或余弦信号，也可同时产生。产生信号所需的幅值、频率和初相角可通过元件连接端口输入，也可通过元件参数输入对话框输入。

该元件的输入参数具有两个类别页面，一个名为 configuration 的页面，提供给用户选择输出何种信号和选择信号三个参数的来源，另一个名为 interpara 的页面，在选择了使用对话框输入产生信号的三个参数时，提供给用户输入这些参数。

configuration 类别页面设计了两个列表选择型参数域，如图 8-162 所示。Symbol 设置为 dim 的列表参数域用于选择信号产生方式，Symbol 设置为 paratype 的列表参数域用于选择信号产生来源，两种的列表设计如图 8-163 所示。

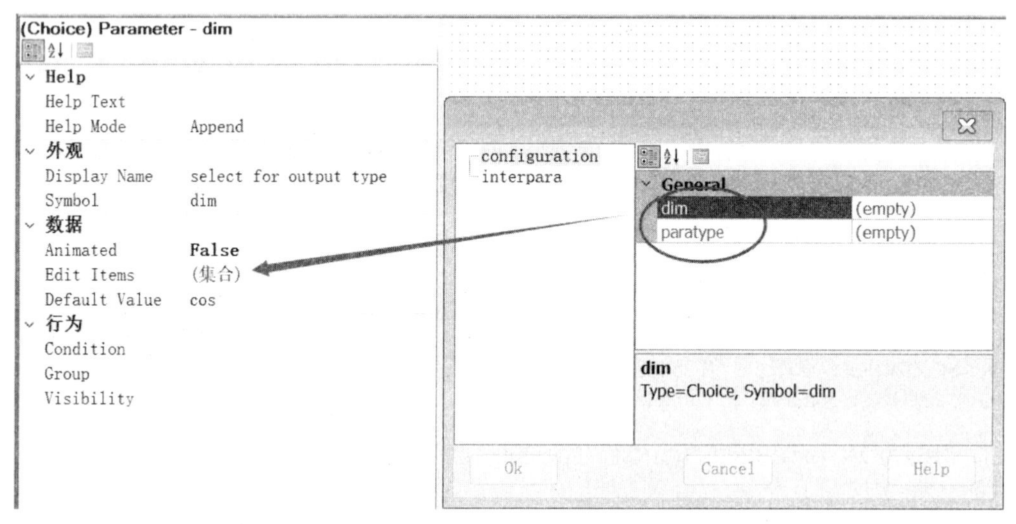

图 8-162 configuration 类别页面参数域设计

该元件的图形外观如图 8-164 所示(选择了显示所有图层)。图 8-164 中的输入连接端子(Symbol 属性分别设置为 vm、freq 和 pha）用于输入信号幅值、频率和初相角。文本描述（Text 属性分别设置为 vm、freq 和 pha）用于提示用户相关连接端口的信息。这些对象的 Expression 均设置为 paratype==0。根据图 8-163 中的列表设计可知，当 paratype=0 时，将采用信号参数外部输入方式，也即这些对象将可见或使能（需要注意的是，连接端口到图 8-164 中矩形框左边的三条直线也具有相同条件判断表达式）。当 paratype=1 时，将采用信号参数内部输入方式，也即这些对象将隐藏或禁止。

类别页面 interpara 的 Condition 属性设置为 paratype==1， 将采用信号参数内部输入方式，即 paratype=1 时，该页面可允许输入。当用户选择外部参数输入方式时，即 paratype=0 时，该页面将被禁止，如图 8-165 所示。

图 8-164 中有三个描述该元件当前信号发生方式的文本（Text 属性分别设置为 cossin 和 sin & cos），三个输出连接端口（Symbol 属性分别设置为 waveout1waveout2 和 waveout3，第三个连接端

口为两维输出，用于同时输入正弦和余弦信号)，三个用于描述输出端口输出信号信息的文本（Text 属性分别设置为 outcosoutsin 和 outboth）。

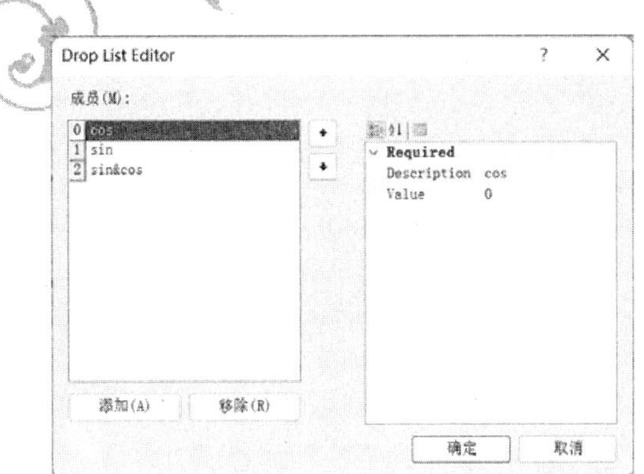

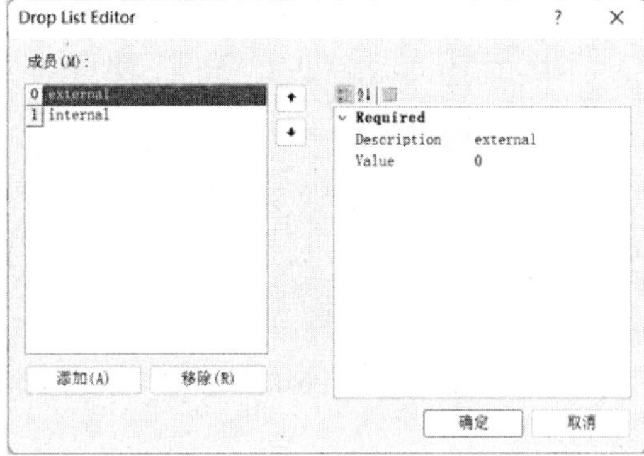

图 8-163 列表型参数域的下拉列表设计

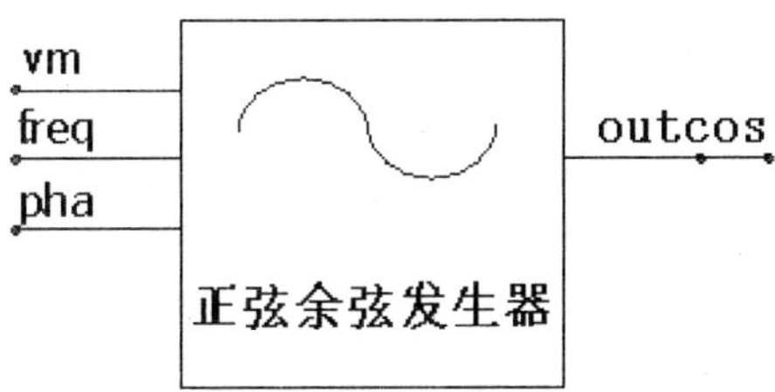

图 8-164 示例元件图形外观设计

文本余弦发生器、文本 outcos 和连接端口 waveout1 的 Expression 属性设置为 dim==0，根据图 8-162 中的列表设计可知，当 dim==0 时，将输出余弦信号，这些对象将显示或使能。文本正弦发生器、 文本 outsin 和连接端口 waveout2 的 Expression 属性设置为 dim==1，根据图 8-162 中的列表设计可知，当 dim==1 时，将输出正弦信号，这些对象将显示或使能。文本正弦余弦发生器、文本 outboth 和连接端口 waveout3 的 Expression 属性设置为 dim==2，根据图 8-162 中的列表设计可知，当 dim==2 时，将同时输出正弦和余弦信号，这些对象将显示或使能。

设置完成后该元件共有四个图层加上一个基本图层，如图 8-166 所示。

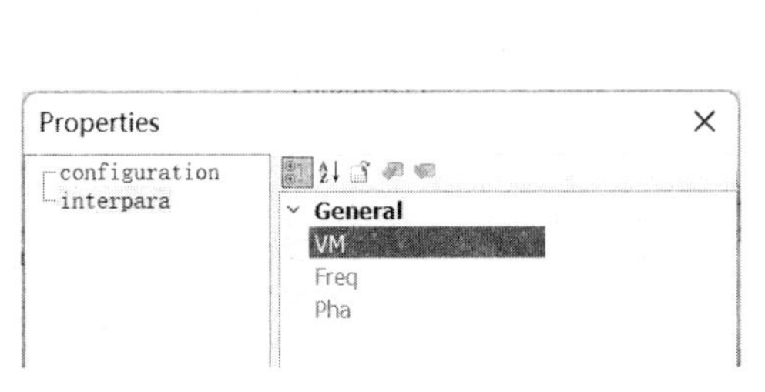

图 8-165 采用外部输入方式时的 interpara 页面

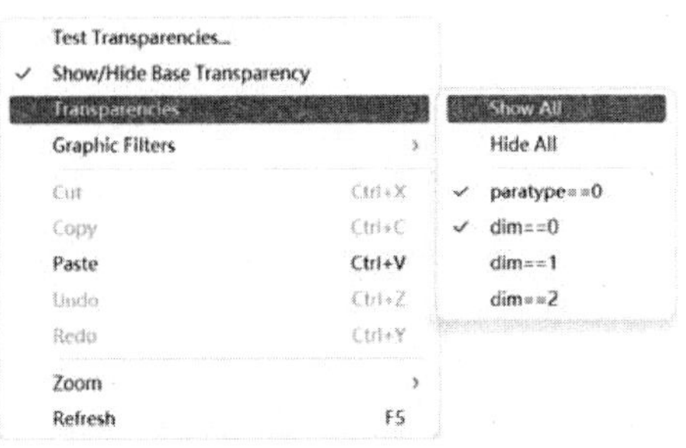

图 8-166 元件的定义图层

以下给出了该元件的代码编制。

```
!
#LOCAL REAL intervm,interfreq,interpha
#IF paratype==1
    intervm=$ivm
    interfreq=$ifreq
    interpha=$ipha
#ELSE
    intervm=$vm
    interfreq=$freq
    interpha=$pha
#ENDIF

#IF dim==0
    $waveout1=intervm*cos(TWO_PI*interfreq*TIME+interpha/360)
#ELSEIF dim==1
    $waveout2=intervm*sin(TWO_PI*interfreq*TIME+interpha/360)
#ELSE
    $waveout3(1)=intervm*cos(TWO_PI*interfreq*TIME+interpha/360)
    $waveout3(2)=intervm*sin(TWO_PI*interfreq*TIME+interpha/360)
#ENDIF
```

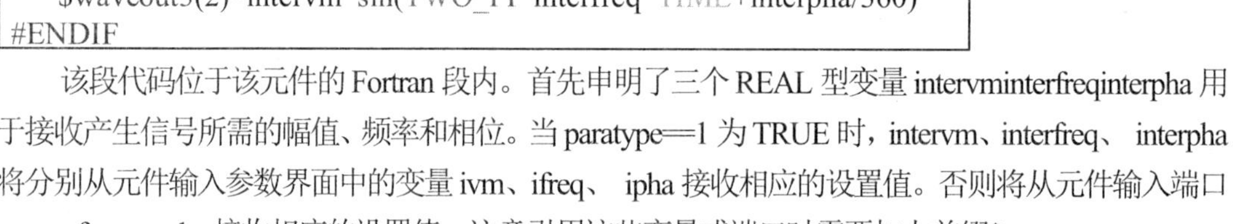

该段代码位于该元件的 Fortran 段内。首先申明了三个 REAL 型变量 intervminterfreqinterpha 用于接收产生信号所需的幅值、频率和相位。当 paratype==1 为 TRUE 时，intervm、interfreq、 interpha 将分别从元件输入参数界面中的变量 ivm、ifreq、 ipha 接收相应的设置值。否则将从元件输入端口 vm、 freq、 pha 接收相应的设置值。注意引用这些变量或端口时需要加上前缀$。

当 dim==0 为 TRUE 时，将通过输出端口 waveout1 输出余弦信号。当 dim==1 为 TRUE 时，将通过输出端口 waveout2 输出正弦信号。其他情况时，将通过 2 维输出端口 waveout3 分别输出余弦和正弦信号。这些信号的幅值、频率和初相角将由 intervm、interfreq、interpha 的值确定。

注意，到上述代码中使用了两个 EMTDC 的内部固有变量，即 TWO_PI 和 TIME，前者即是等于 2π 的符号常量，而后者则代表了 EMTDC 的当前仿真时间。

至此完成了该元件定义的全部设计工作。对该元件进行实例化，并通过参数输入界面选择采用连接端子输入参数的方式，并同时输出正弦和余弦信号，该参数的设置如图 8-167 所示。

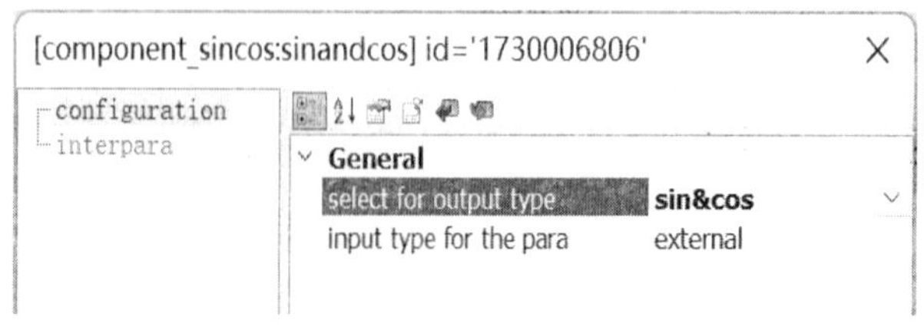

图 8-167 元件的参数设置

仿真模型及相应的输出波形如图 8-168 所示。

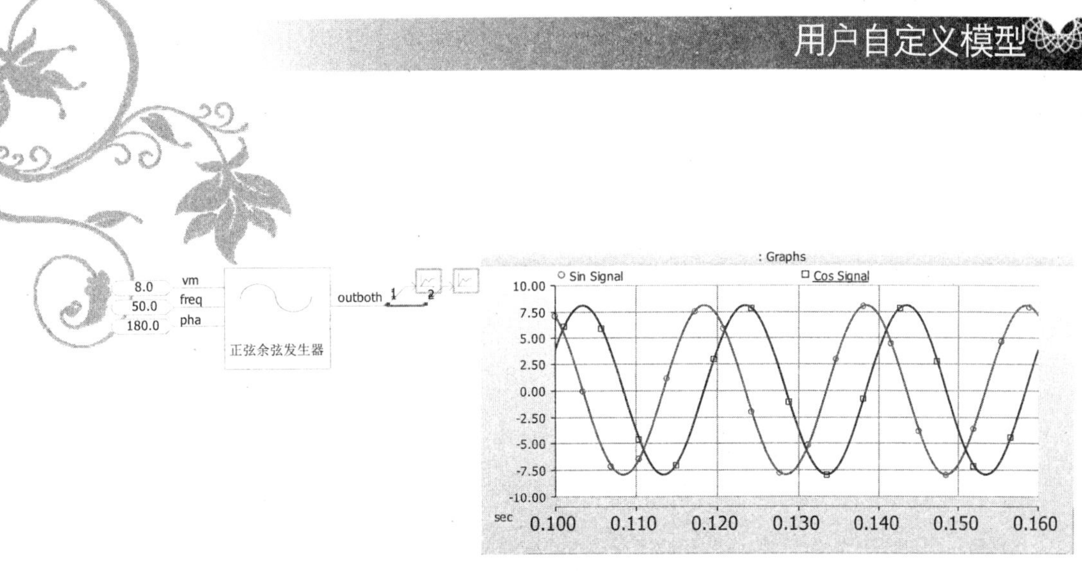

图 8-168 仿真模型及波形输出

8.9.2 利用存储数组的元件设计

示例：用户想定义一个对输入信号进行微分运算的元件。该元件的图形外观设计如图 8-169 所示。

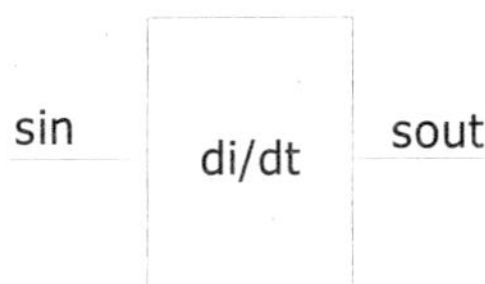

图 8-169 微分元件图形外观

该元件具有一个 REAL 型输入连接端子，Symbol 名为 signal_in，一个 REAL 型输出端子，Symbol 名为 signal_out。该元件 Fortran 段的代码如下：

```
#LOCAL REAL sin_last
#LOCAL INTEGER mystore
      mystore=NSTORF
      sin_last=STORF(mystore)
      NSTORF=NSTORF+1
      $signal_out=($signal_in-sin_last)/DELT
      STORF(mystore)=$signal_in
```

代码段中申明了一个变量 mystore，用于复制 STORF 数组的全局指针 NSTORF 后在本元件代码内使用。局部变量 sin_last 用于取出上一仿真步长的存储数据，即 sin_last=STORF(mystore)。

代码$signal_out=($signal_in-sin_last)/DELT 用于实现微分运算，即将输入信号的当前值减去上一个步长的采样值（即 Δi）后，除以代表仿真步长的内部固有变量 DELT（即 Δt），即可得到输入信号的微分量并送至输出信号 signal_out。

最后使用代码 STORF(mystore)=$signal_in 以输入信号的当前值更新相应的存储单元内容，在下一仿真步长时调用。

在输入信号为一个正弦信号时，通过该元件所得到的信号应为其微分信号（即余弦信号），图 8-170 所示为仿真模型及输入输出波形。可以看到，利用所编制的元件实现了对输入信号的微分运算。

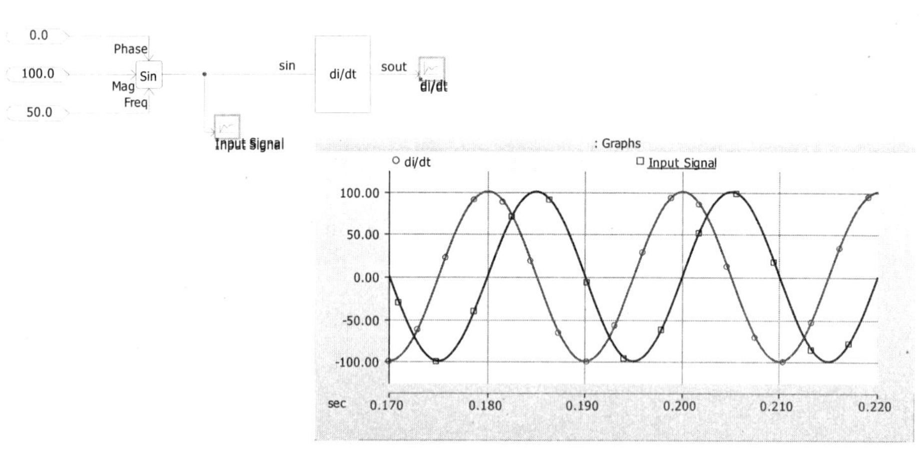

图 8-170 仿真模型及输入输出波形

8.9.3 多实例组件的设计

示例：用户定义一个组件，其中具有一个单相可控电压源元件。用户多实例化该组件，但需要其中的可控电压源具有不同的幅值和频率。

用户定义的组件仅具有两个参数，其设计如图 8-171 所示。

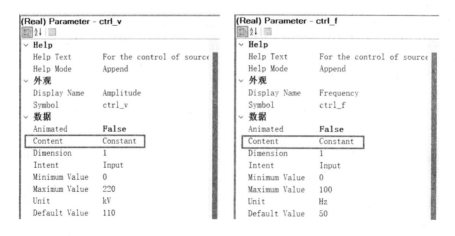

(Real) Parameter - ctrl_v

Help	
Help Text	For the control of source
Help Mode	Append
外观	
Display Name	Amplitude
Symbol	ctrl_v
数据	
Animated	**False**
Content	Constant
Dimension	1
Intent	Input
Minimum Value	0
Maximum Value	220
Unit	kV
Default Value	110

(Real) Parameter - ctrl_f

Help	
Help Text	For the control of source
Help Mode	Append
外观	
Display Name	Frequency
Symbol	ctrl_f
数据	
Animated	**False**
Content	Constant
Dimension	1
Intent	Input
Minimum Value	0
Maximum Value	100
Unit	Hz
Default Value	50

图 8-171 组件的参数设计

该组件定义了两个参数，其中 Symbol 属性为 ctrl_v 的用于输入受控电压源的幅值。Symbol 属性为 ctrl_f 的用于输入受控电压源的频率。需要注意的是这两个参数的 Intent 属性需设置为 Constant。

组件内部电路如图 8-172 所示。SignalName 属性为 ctrl_v 的输入端口与 Symbol 属性为 ctrl_v 的参数对应。SignalName 属性为 ctrl_f 的输入端口与 Symbol 属性为 ctrl_f 的参数对应。在组件内部分别连接至单相受控电压源元件的幅值控制端和频率控制端。

仿真主电路如图 8-173 所示。

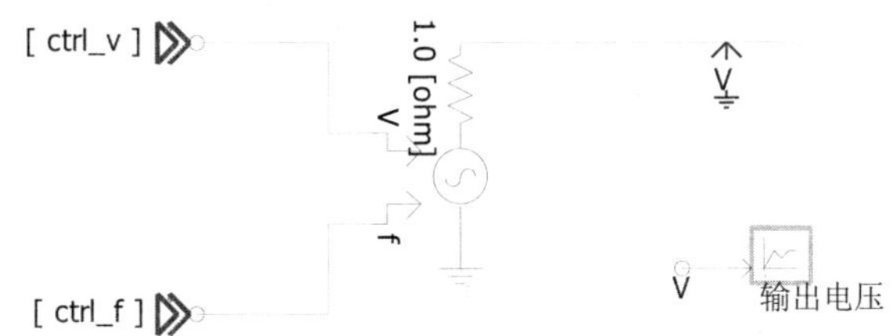

图 8-172 组件内部电路

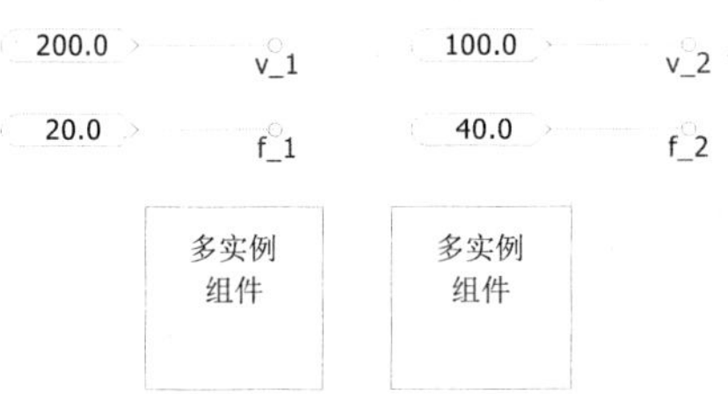

图 8-173 仿真模型主电路

主电路中对同一组件定义进行了两次实例化。两个组件实例的参数输入如图 8-174 所示。

[MIM_example:My_MIN] id='1729392731'

General	
Amplitude	v_1
Frequency	f_1

[MIM_example:My_MIN] id='129193619'

General	
Amplitude	v_2
Frequency	f_2

图 8-174 组件的参数输入

运行仿真模型后，两个组件内的输出电压波形如图 8-175 所示。

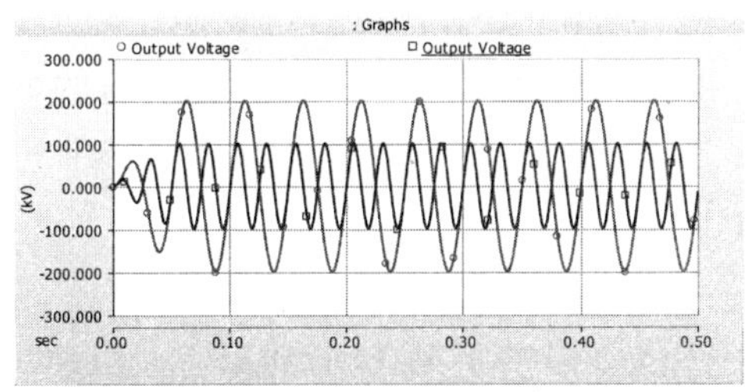

图 8-175 输出电压波形

可以看到，同样定义实例化的不同组件实例能够具有不同的运行特性。从上述设置和分析可以看出，两个组件实例是完全相同的，唯一的不同是参数值不同。即控制电压源幅值的参数分别设置为 v_1 和 v_2，而控制电压源频率的参数分别设置为 f_1 和 f_2。给这些信号不同的值，即可控制组件实例具有不同的运行特性。

8.9.4 元件动画特性

示例：用户自定义元件，在图形界面上动画显示仿真时间和进度百分比。元件图形外观设计如图 8-176 所示。

Current Time: $ani_val[s]
Process: $ani_pro[%]

图 8-176 元件图形外观设计

图形外观中两个文本标签和一个图形对象用于展示动画特性。第一行文本标签的属性 Text 设置为$(ani_val)，其中 ani_val 为元件一个参数的属性 Symbol 的设置值。第二行文本标签的属性 Text 设置为$(ani_pro)，其中 ani_pro 为元件另一参数的属性 Symbol 的设置值。一个绿色填充圆形图形对象的属性 Expression 设置为 ani_sel==1，其中 ani_sel 为元件第三个参数的属性 Symbol 的设置值。

元件参数设计如图 8-177 所示。

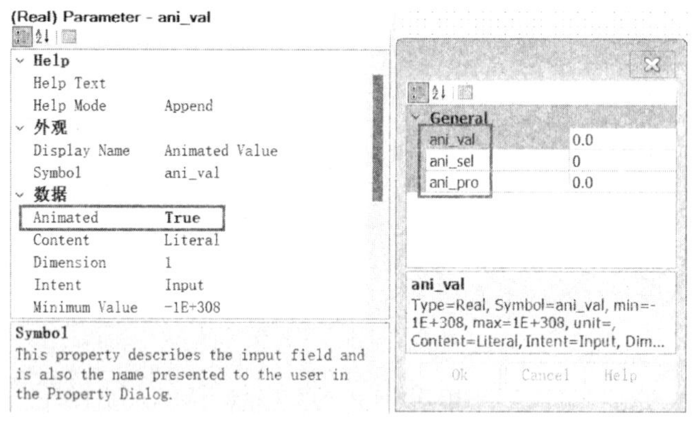

图 8-177 元件参数设计

属性 Symbol 为 ani_val 的实数型参数用于传递当前时间显示动画，注意到图 8-177 中其属性 Animated 设置为 True，即启用动画特性。属性 Symbol 为 ani_pro 的实数型参数用于传递当前进度显示动画，其属性 Animated 也设置为 True。属性 Symbol 为 ani_sel 的整数型参数用于控制图形对象的显示，其属性 Animated 也设置为 True。

元件代码如下：

所定义的两个局部变量：整型变量 INT_VALUE 根据当前运行时间 TIME 的区间交替赋值 0 或 1，当其取 1 时，Expression 设置为 ani_sel==1 的图形对象将显示，否则隐藏，从而产生动画效果。而实数型变量 REAL_VALUE 根据当前仿真时间 TIME 和总仿真时间 FINTIM 产生仿真进度。

通过固有函数 COMPONENT_ID 获取元件实例的调用号 ICALL_NO，该调用号被用于动画传递函数 PSCAD_AGR2 和 PSCAD_AGI2 中。第一个 PSCAD_AGR2 函数将当前运行时间 TIME 通过参数 ani_val 传递至相应文本标签。第二个 PSCAD_AGR2 函数将当前运行进度 REAL_VALUE 通过参数 ani_pro 传递至相应文本标签。第三个 PSCAD_AGI2 函数将 0-1 值通过参数 ani_pro 传递后控制图形对象显示。

```
! My Animated Component

#LOCAL REAL    REAL_VALUE
#LOCAL INTEGER INT_VALUE

    IF (TIME-INT(TIME).LT. 0.5) THEN
     INT_VALUE=1
    ELSE
     INT_VALUE=0
    ENDIF

    REAL_VALUE = TIME/FINTIM*100

    CALL COMPONENT_ID(ICALL_NO,$#Component)  ! Get the component call number ICALL_NO.
    CALL PSCAD_AGR2(ICALL_NO,$#Component,TIME,"ani_val")         ! Define ani_val value.
    CALL PSCAD_AGR2(ICALL_NO,$#Component,REAL_VALUE,"ani_pro")    ! Define ani_pro value.
    CALL PSCAD_AGI2(ICALL_NO,$#Component,INT_VALUE,"ani_sel")     ! Define ani_sel value.
```

运行后将实时更新当前运行时间和进度，绿色图形对象闪烁，如图 8-178 所示。

Current Time: 0.9547	[s]
Process: 19.09	[%]

图 8-178 元件运行效果

注意：项目 Canvas Settings 的输入域 Animation Update Frequency 中的设置将改变刷新频率，进而影响动画效果。

第 9 章 高级功能及其应用

本章详细介绍PSCAD中的部分高级功能及其应用，包括PSCAD的运行数据导出方法，外部数据导入PSCAD中的方法，调用外部Fortran/C代码源程序的方法，与MATLAB应用程序的接口方法，快照拍摄/启动方法、多重运行方法、外部编译器调试方法、并行和高性能计算，以及基于Python的应用程序自动化等。

9.1 仿真数据导出方法

PSCAD V5 中仿真数据可以两种格式存储，即传统的ASCII text (*.inf/*.out) 格式和全新的二级制 (*.psout) 格式。此外，用户还可采用RTP/COMTRADE Recorder元件的方法导出记录数据。

9.1.1 数据导出设置

要指示PSCAD存储仿真过程数据至磁盘文件，可在项目的Project Settings对话框Runtime页面中的Save channel to disk？下拉列表中选择Legacy (*.out)将数据存储为传统的文本格式，或者选择Advanced (*.psout)将数据存储为全新的二级制格式。同时在该列表框右边的Output file输入域内指定数据将要存储至的文件名称，如图9-1所示。

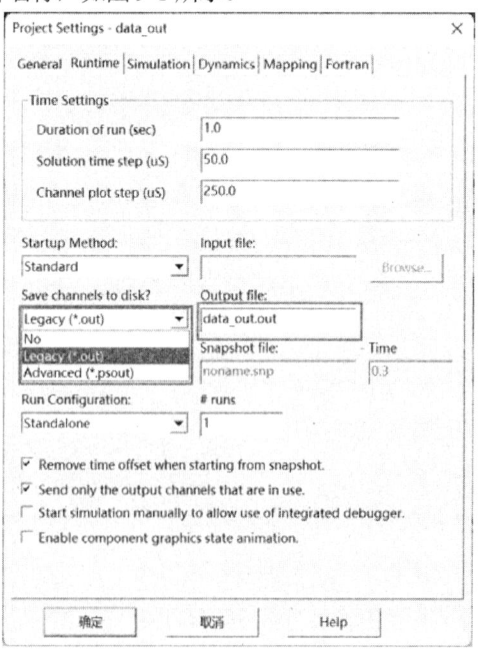

图9-1 数据导出设置

仿真结束后，PSCAD 将在该项目临时文件夹下自动生成给定名称的数据文件（扩展名 *.out）。

9.1.2 文本格式数据文件

➢ 数据文件格式

传统 PSCAD 输出文件为格式化的文本文件，所有数据均以列的形式组织。除了通常为仿真时间的第一列之外，每一列均代表来自相应输出通道的记录数据。例如，如果该项目中存在两个输出通道元件，则三列数据将出现在 EMTDC 输出文件中。图 9-2 所示为典型的 EMTDC 输出文件的一部分。

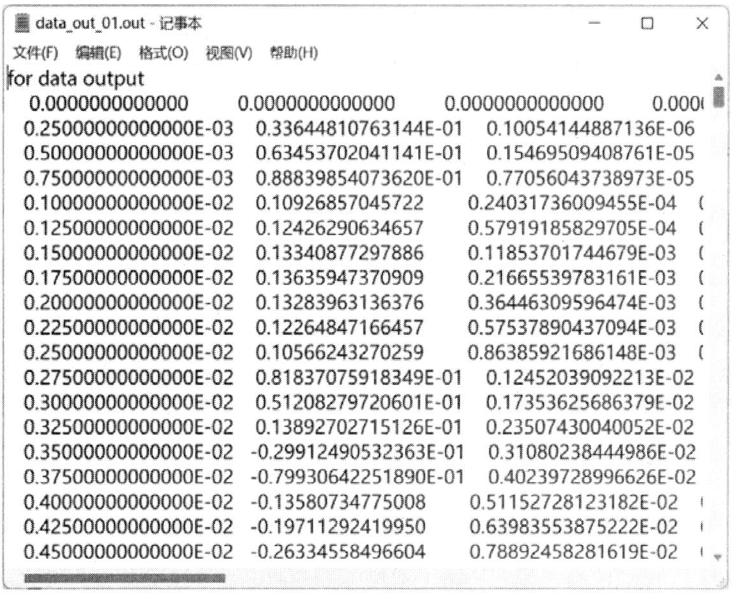

```
data_out_01.out - 记事本
文件(F)  编辑(E)  格式(O)  视图(V)  帮助(H)
for data output
  0.0000000000000        0.0000000000000        0.0000000000000        0.000(
 0.25000000000000E-03  0.33644810763144E-01  0.10054144887136E-06
 0.50000000000000E-03  0.63453702041141E-01  0.15469509408761E-05
 0.75000000000000E-03  0.88839854073620E-01  0.77056043738973E-05
 0.10000000000000E-02  0.10926857045722     0.24031736009455E-04  (
 0.12500000000000E-02  0.12426290634657     0.57919185829705E-04  (
 0.15000000000000E-02  0.13340877297886     0.11853701744679E-03  (
 0.17500000000000E-02  0.13635947370909     0.21665539783161E-03  (
 0.20000000000000E-02  0.13283963136376     0.36446309596474E-03  (
 0.22500000000000E-02  0.12264847166457     0.57537890437094E-03  (
 0.25000000000000E-02  0.10566243270259     0.86385921686148E-03  (
 0.27500000000000E-02  0.81837075918349E-01  0.12452039092213E-02
 0.30000000000000E-02  0.51208279720601E-01  0.17353625686379E-02
 0.32500000000000E-02  0.13892702715126E-01  0.23507430040052E-02
 0.35000000000000E-02 -0.29912490532363E-01  0.31080238444986E-02
 0.37500000000000E-02 -0.79930642251890E-01  0.40239728996626E-02
 0.40000000000000E-02 -0.13580734775008     0.51152728123182E-02
 0.42500000000000E-02 -0.19711292419950     0.63983553875222E-02
 0.45000000000000E-02 -0.26334558496604     0.78892458281619E-02
```

图 9-2 输出数据文件内容示例

该文件的第一行为项目描述。第一列数据总是 EMTDC 的仿真时间，后续各列为对应数据通道的记录数据。

EMTDC 输出文件可通过相关的后处理软件进行波形分析，所采用的定界列格式使得这些数据能非常方便地导入到大多数图形或数据分析程序中。

➢ 输出文件的命名

所产生的 EMTDC 输出文件名称取决于项目名称、排序号、多重运行号以及多输出文件号，通常为：<namespace>_r##_m#####_##(#).out。

其中：<namespace> 为产生数据文件的项目名称。r##为两位数的排序号。如果该项目是集群启动项目之一，则该数字确定项目的序号。m#####为 5 位数字的多重运行号。如果该项目包括了多重运行控制，该数字确定了运行序号。##(#)为两或三位数字的文件号。文件数目少于 100 时为两位数字，多于 99 时将为三位数字。

➢ 多输出文件

每个输出文件中的最大列数为 11 列（包括时间列）。因此，如果项目中输出通道数多于 10 个时，将会创建多个输出文件。例如用户项目中如果有 23 个输出通道，将会创建共计 3 个输出文件。

多个输出文件的命名规则是简单地附加一个作为扩展名的顺序数字。例如，如果在图 9-1 中指定的输出文件名为 data_out.out，而共计将要创建 3 个输出文件，则输出文件将依次被命名为 data_out_r01_m00001_01.out 、data_out_r01_m00001_02.out 和 data_out_r01_m00001_03.out，这种顺序编号对于判断数据列非常重要。

➢ 列识别和信息文件

从图 9-2 中可以看到，EMTDC 输出文件的列都是没有标记的。为了确定每一列与项目中数据通道的对应关系，PSCAD 在生成输出文件的同时将会创建一个信息文件 (*.inf)，其中包含了交叉引用的信息。该信息文件的名称与在图 9-1 中指定的文件名称相同，且放置于相同的目录下。例如，某个输出文件名为 data_out.out，则信息文件的名称将为 data_out.inf。无论数据文件有多少个，总只存在一个信息文件。

图 9-3 所示为对应于图 9-1 设置的典型信息文件的内容。

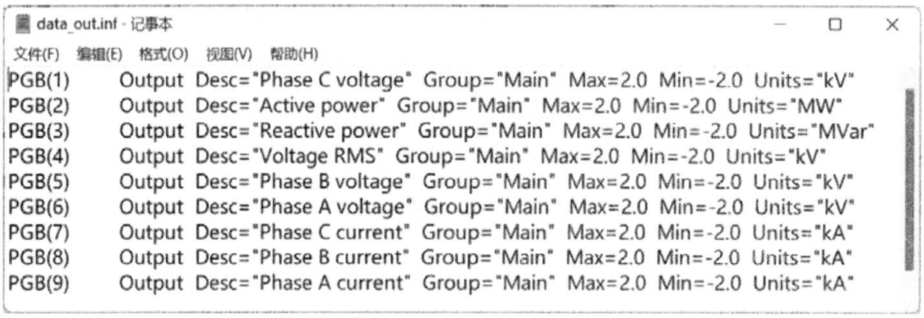

data_out.inf - 记事本

文件(F) 编辑(E) 格式(O) 视图(V) 帮助(H)

```
PGB(1)    Output  Desc="Phase C voltage"  Group="Main"  Max=2.0  Min=-2.0  Units="kV"
PGB(2)    Output  Desc="Active power"  Group="Main"  Max=2.0  Min=-2.0  Units="MW"
PGB(3)    Output  Desc="Reactive power"  Group="Main"  Max=2.0  Min=-2.0  Units="MVar"
PGB(4)    Output  Desc="Voltage RMS"  Group="Main"  Max=2.0  Min=-2.0  Units="kV"
PGB(5)    Output  Desc="Phase B voltage"  Group="Main"  Max=2.0  Min=-2.0  Units="kV"
PGB(6)    Output  Desc="Phase A voltage"  Group="Main"  Max=2.0  Min=-2.0  Units="kV"
PGB(7)    Output  Desc="Phase C current"  Group="Main"  Max=2.0  Min=-2.0  Units="kA"
PGB(8)    Output  Desc="Phase B current"  Group="Main"  Max=2.0  Min=-2.0  Units="kA"
PGB(9)    Output  Desc="Phase A current"  Group="Main"  Max=2.0  Min=-2.0  Units="kA"
```

图 9-3 信息文件内容

文件中的每一行即对应了项目中的一个输出通道，每一行的最左边为输出通道号，例如 PGB(1)、PGB(2)等，该数字表明了输出通道数据写入输出文件中次序。从另一个角度而言，这个数字也对应于输出文件中的列号。注意，输出文件中的第一列将总是时间而不计算在内，因此 PGB(2)实际对应的是输出文件中的左起第三列。用户可通过提取并利用该行中相应的输出通道名称（由 Desc=后面的内容给出）来判断输出文件中某一列的数据对应于哪个输出通道。例如，图 9-3 中的第二行表明 PGB(2)对应于描述内容为 Active power 的输出通道，则输出文件的第三列将是该输出通道的记录数据。图 9-3 中每一行的其他内容均来自于相应的输出通道的设置信息，包括所处于的组件名称、最大最小值设置和单位等。

信息文件中的输出通道号将随项目中输出通道元件的数目依次递增，即如果项目中有 50 个输出通道，则信息文件将有 50 行。但由于 PSCAD 中每一个输出文件最多只有 11 列（即 10 列记录的输出通道数据），在存在 50 个输出通道的情况下，PSCAD 将产生 5 个输出文件，此时信息文件提供的输出通道号与数据文件号及文数据的列号的对应关系为：

单一输出文件：

输出通道号 = 输出文件列号-1

多输出文件：

输出通道号 = 输出文件列号-1 + (10×(输出文件号-1))

例如，PGB(24)将对应于第三输出文件中的第 5 列。

9.1.3 二进制数据文件

PSCAD 项目需要模拟的网络规模日益增大，随之而来的是越来越多的仿真数据。传统存储 EMTDC 输出数据的基于文本文件的系统原本为非常小规模的仿真项目所设计，面对海量数据时效率低下且存储空间耗费大。

PSCAD V5 提供了全新的 EMTDC 输出文件格式：*.psout。该专有二进制格式具有占用存储空间小和访问快速的特点，通过单一文件不仅可存储所有仿真曲线和规矩数据，还可存储所有顺序和并行多重允许数据，还包括动画图形信息。例如，对于 100 次仿真的并行多重允许，所有的 EMTDC 输出数据将存储于单一的名为 <project_name>.psout 的文件中。

.psout 作为二进制文件无法直接打开，PSCAD 提供了 PSOUT Reader Utility 工具进行读取，并且可修改文件以及转换为旧的 .inf/.out 格式文件。

图 9-1 PSOUT Reader

1. 启动 PSOUT Reader Utility 工具

单击功能区控制条 Tools 页面中的 PSOUT Reader 按钮，如图 9-4 所示，随后打开的 PSOUT Reader 界面如图 9-5 所示。

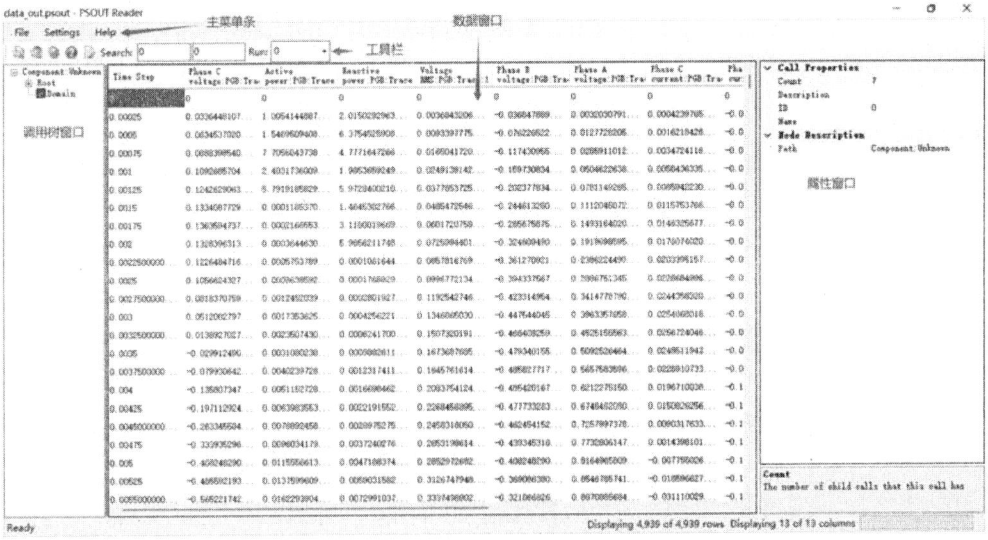

图 9-5 PSOUT Reader 界面

PSOUT Reader 界面由主菜单条、工具栏、设置菜单、调用树窗口、表格显示和属性窗口组成。

2. 菜单

1) 主菜单条。主菜单条位于 PSOUT Reader 界面顶部，提供执行主要操作的众多选项。

➢ File

- Open：激活打开文件对话框，选取将要打开的 *.psout 格式文件。
- Export：将当前加载的 *.psout 格式文件输出为等效的 *.inf/*.out 格式文件。
- Make Config：生成配置文件（*.config）。

➢ Settings

- Change Settings：打开设置对话框。

➢ Help

- PSCAD Help：打开 PSCAD 帮助文档。

2）工具栏。工具栏提供了对主菜单条菜单的快捷调用，还包括选择运行号的下拉列表，查找特定时间步点或数据列的搜索功能。

- Run: 0：选择运行号下拉列表，用于在包含多重运行数据的 *.psout 的各运行之间进行切换，默认情况下显示文件中的第一次运行的数据。需要注意的是运行从 0 开始编号，也即运行 0 是第一个运行，而运行 1 是第二个，以此类推。
- Search: 0 0：运行时步和列搜索。运行时步搜索，即行搜索，显示指定时间（有效的）的表格行。列搜索将定位至指定的表格列，例如对 2000 个轨迹，输入 1000 时将定位至第 1000 个轨迹数据。

3）设置。PSOUT Reader 的设置对话框如图 9-6 所示，用于存储时间、提高性能以及选择程序偏好。

➢ Table

- Normal Column Width：设置表格中显示的列宽。
- Maximum Columns：显示表格中一次显示的最大列数，较小的数值可提高加载速度。
- Maximum Rows：显示表格中一次显示的最大行数，较小的数值可提高加载速度。

➢ Call Tree

- Check All on Startup：True | False。选择 True 则当加载数据文件时检查所有轨迹。
- Call Placeholder Text：调用树无信息时调用的占位文本。
- Trace Placeholder Text：调用树无信息时轨迹的占位文本。

➢ Formatting

- Properties Window Start Width：启动时属性窗口的初始宽度。

➢ Config Generator Options

- Enable Reporting: True | False。选择 True 将在生成配置文件（*.config）时加入控制台报告。
- Report Interval s：生成配置文件（*.config）时控制台报告时间间隔。

4）调用树。调用树显示仿真输出中所有的调用和轨迹。勾选调用树中某个轨迹可将其在表格窗口中显示，同时标记用于输出，如图 9-7 所示。该窗口右键菜单如下：

- Expand All：展开所有树分支。
- Collapse All：折叠所有树分支。
- Check All：勾选所有轨迹。
- Uncheck All：取消勾选所有轨迹。
- Display Call...：控制调用标签名称、描述或 ID 的显示。

- Display Trace...：控制轨迹标签名称、描述或 ID 的显示。

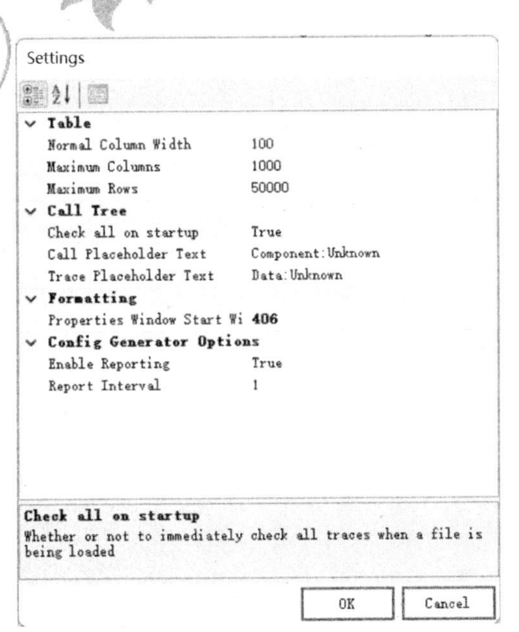

图 9-6 设置对话框

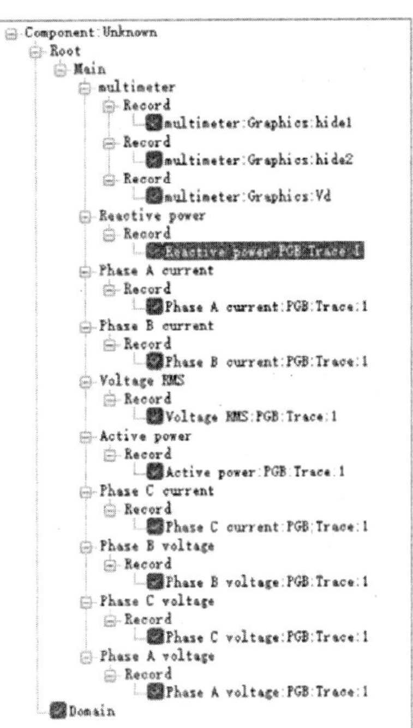

图 9-7 调用树窗口

5) 数据窗口。数据窗口显示调用树中勾选的轨迹的输出数据，轨迹根据 ID 升序排序，与传统的基于文本的(*.inf/*.out) 格式文件一样。单击数据窗口中某列或某个单元时，其属性将显示于属性窗口中，同时相应的轨迹将在调用树中高亮。该窗口右键菜单如下：

- Refresh：刷新数据窗口内容。
- Toggle Time Column Frozen：控制时间列的冻结显示。冻结时将在水平滚动数据窗口时始终显示时间列。

6) 属性窗口。属性窗口显示调用分支或轨迹的各种属性，单击数据窗口中某列或某个单元，或者单击调用树中某个分支将显示其属性，如图 9-8 所示。该窗口中内容如下：

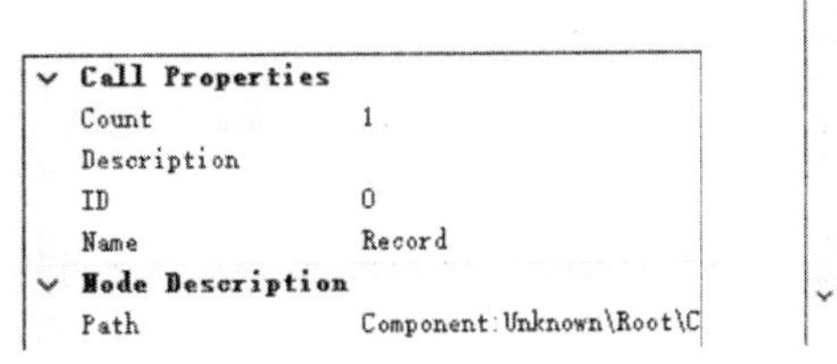

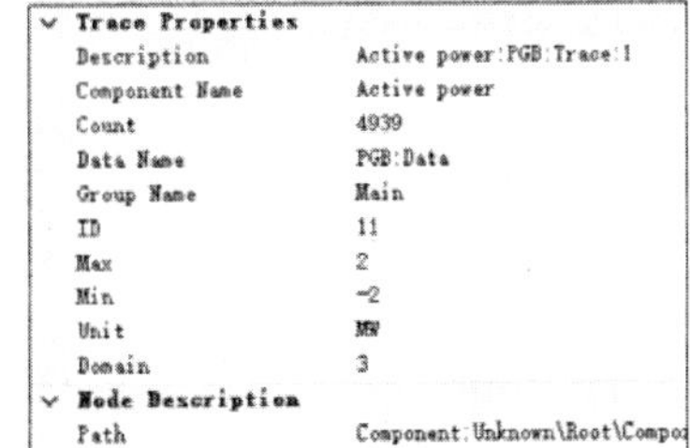

图 9-8 属性窗口

➢ 轨迹属性

- Description：轨迹描述。
- Component Name：源输出通道的名称。
- Count：轨迹数据数，即行数。
- Data Name：轨迹数据名称。
- Group Name：源输出通道所属组名。
- ID：轨迹 ID。
- Max：轨迹最大值，由其源输出通道设置。
- Min：轨迹最小值，由其源输出通道设置。
- Unit：轨迹单位，由其源输出通道设置。
- Domain：轨迹域值。
- Path：从根节点至选定分支的调用数路径。

➢ 调用属性

- Count：该调用的子调用数。
- Description：调用描述。
- ID：调用 ID。
- Name：调用名称。

3. 操作

➢ 查看轨迹数据

- 步骤 1：生成 EMTDC 二进制格式（*.psout）文件。
- 步骤 2：启动 PSOUT Reader。
- 步骤 3：打开目标 *.psout 文件。
- 步骤 4：在调用树中勾选目标轨迹。
- 步骤 5：勾选目标轨迹数据将显示在数据窗口中，可通过滚动窗口或使用工具栏中 Time Step Search 查找特定时步数据。

➢ 导出

- 步骤 1：生成 EMTDC 二进制格式（*.psout）文件。
- 步骤 2：启动 PSOUT Reader。
- 步骤 3：打开目标 *.psout 文件。
- 步骤 4：鼠标右键单击调用树并选择 Expand All，确保勾选将要导出的轨迹。
- 步骤 5：单击工具栏 Export 或菜单条 File->Export，并选择导出目标。
- 步骤 6：PSOUT Reader 底部状态条将显示导出进度直至导出完成。

➢ 生成配置文件

配置文件（*.config）包含了可在命令行接口（command line interface）中执行的命令，PSOUT Reader 配置文件包含了导出勾选的轨迹的命令。

- 步骤 1：生成 EMTDC 二进制格式（*.psout）文件。
- 步骤 2：启动 PSOUT Reader。
- 步骤 3：打开目标 *.psout 文件。

- 步骤4：鼠标右键单击调用树并选择 Expand All，确保勾选将要导出的轨迹。
- 步骤5：单击工具栏 Config 或菜单条 File->Generate Config，并选择导出目标。

4. 超大文件

超大文件涉及的问题之一是同时显示的轨迹数和轨迹数据，相应的限值取决于用户设置。一般而言显示更多的数据将影响性能。PSOUT Reader 底部状态条将显示当前显示的数据和列数及它们的总数，如图 9-9 所示。

Displaying 4,939 of 4,939 rows Displaying 13 of 13 columns

图 9-9 底部状态栏显示

空轨迹问题：PSOUT Reader 将显示所有导出的轨迹（交替域除外）。出现空轨迹的常见原因是仿真结果中加入了动画图形轨迹，解决方法是运行仿真时禁用动画图形功能。

超大文件问题：PSOUT Reader 在加载包含数以千计轨迹或每个轨迹数据数以亿计的文件时将出现临时冻结或无法响应的现象，某些极端情况下将无法加载成功。可通过限制仿真规模的方法，或者通过设置 Maximum Row 和 Maximum Column 来减少显示的数据。

5. 命令行接口

PSOUT Reader 的命令行接口用于自动执行重复性任务，例如将 EMTDC 二进制 (*.psout) 文件转换为旧的文本 (*.inf/*.out) 文件。

➢ 启动

Psout Reader 的可执行文件位于 PSCAD 安装文件夹下 Utilities 子文件夹中，例如：

```
\\Program Files (x86)\<PSCAD_Installation_Folder>\Utilities\PsoutReader.exe
```

该程序启动至少带有 1 个参数，图 9-10 所示为带参数-help 运行的结果，否则将启动 Psout Reader。

➢ 运行

命令行接口程序每次读取一个命令，执行完成后读取下一个命令直至所有命令执行完成。出现任何错误或意外时程序将终止并给出相应的消息。需要注意的是新的文件和运行将覆盖原有旧文件和运行。

➢ 配置文件

Windows Command Prompt 设置了对参数数量的限制，某些包含了数以千计参数的 PSOUT Reader 任务可通过在命令行接口中使用配置文件 (*.config) 来规避该限制。使用-config 命令可通知应用程序从配置文件中读取参数。配置文件使用的语法与命令行提示的语法不同。

➢ 程序强行终止

可通过 Windows Task Manager 或 Windows Command Prompt 终止 PSOUT Reader，Windows Command Prompt 中的指令为：

```
taskkill /im <executable-path>或 taskkill /im <executable-path> /f
```

指示符“/im”指明需要关闭的应用程序及其路径。指示符“/f”为强行退出。

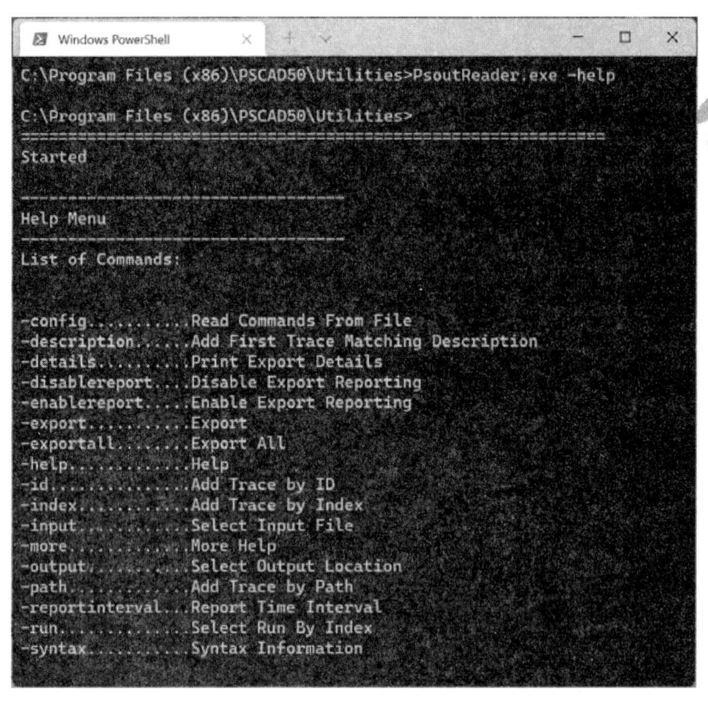

Windows PowerShell
C:\Program Files (x86)\PSCAD50\Utilities>PsoutReader.exe -help
C:\Program Files (x86)\PSCAD50\Utilities>
Started
Help Menu
List of Commands:
-config..........Read Commands From File
-description.....Add First Trace Matching Description
-details.........Print Export Details
-disablereport...Disable Export Reporting
-enablereport....Enable Export Reporting
-export..........Export
-exportall.......Export All
-help............Help
-id..............Add Trace by ID
-index...........Add Trace by Index
-input...........Select Input File
-more............More Help
-output..........Select Output Location
-path............Add Trace by Path
-reportinterval..Report Time Interval
-run.............Select Run By Index
-syntax..........Syntax Information

图9-10 命令行运行

9.2 数据导入方法

数据输入主要利用主元件库中的 File Reader 元件，将外部数据或 PSCAD 已导出的数据导入至 PSCAD 仿真模型内，进行相应的处理或进行比对等工作。

File Reader 元件的介绍及其使用参见第 7 章。下面给出两个应用示例。

示例 1：PSCAD 仿真模型输出三相电路的有功功率、无功功率、三相电流、三相电压和三相线电压有效值，如图 9-11 所示，并设置输出文本数据文件名为 data_out.out。

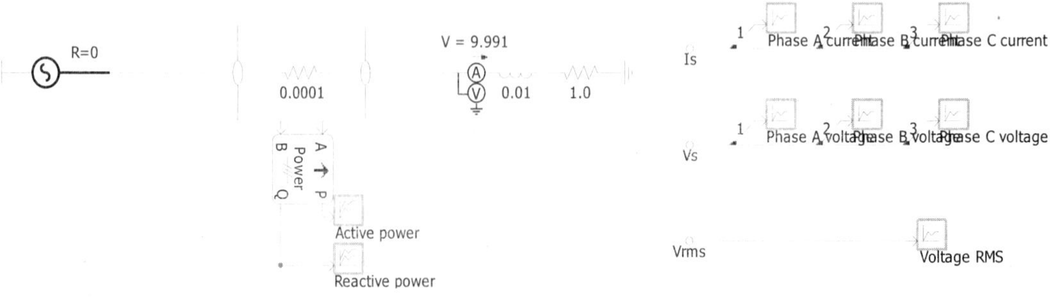

图9-11 示例1数据导出仿真模型

运行该仿真模型后，在项目临时文件夹下将生成名为data_out_01.out的数据文件，可将该文件导入至另一个PSCAD仿真模型。其生成的信息文件内容如图9-3所示。可以看到，该信息文件共计9个输出通道，指明了在数据文件中对应的列，其中第3列和第4列为有功功率和无功功率的记录数据。

导入数据的仿真模型如图9-12所示（数据文件data_out_01.out被复制至读入数据仿真模型文件所在的文件夹下）。

所采用的File Reader元件将输出10维的矢量数据信号，其中第1维元素对应仿真时间（数据文件的第一列）。采用数据分接 (Data Tap) 元件对该矢量信号进行分接，提取第3和第4维的信号（即存储的有功功率和无功功率数据）并显示，结果如图9-13所示。

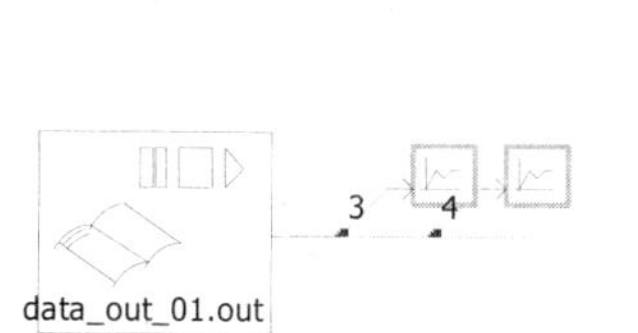

图9-12 示例1数据读入仿真模型

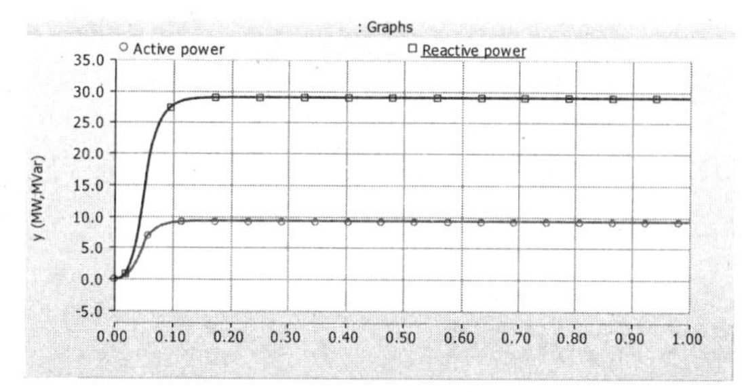

图9-13 数据读入结果

示例2：某电能质量监测终端对安装点的电压电流波形进行连续监测，现需要将其中某个电能质量问题的相关波形导入至某个PSCAD的项目中，将该项目的仿真结果与实际监测结果进行比对。

电能质量监测数据是以PQD的通用格式进行存储，某个电能质量问题的相关波形并已通过使用相关数据分析软件（例如TOP）输出为文本文件，该文本文件需经过简单处理（如将第一行保持为空白或注释）后存储为扩展名为.out的文件。

建立一个新的项目，在其中放置File Reader元件及相应的输出通道元件，该数据波形在TOP和PSCAD中的显示分别如图9-14和图9-15所示。

可以看到，同样的数据在两个软件中基本一致，该数据导入后可用于仿真结果比对。

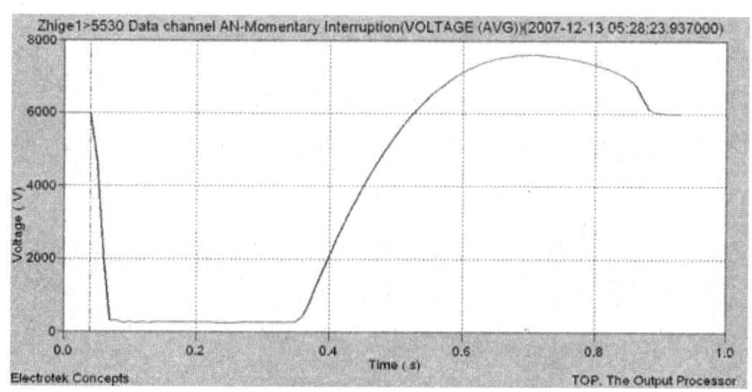

图9-14 软件Top中显示的波形

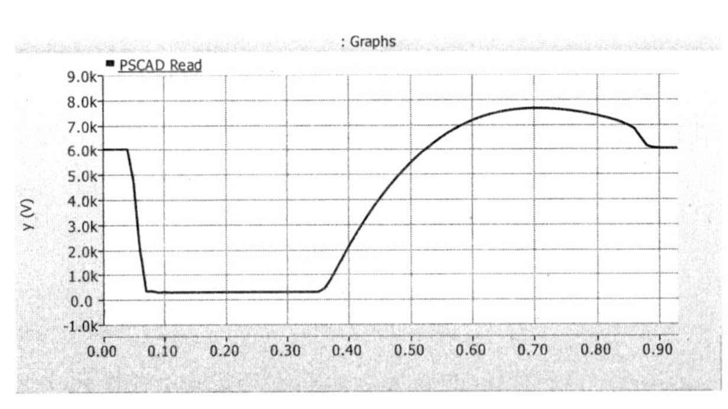

图 9-15 PSCAD 中显示的波形

9.3 调用外部 Fortran 语言子程序

PSCAD 元件定义的 Fortran, DSDYN 或 DSOUT 段内可调用外部源代码文件中定义的子程序或函数，例如， *.f, *.f90, *.for 或 *.c 文件等。

9.3.1 外部文件引用方法

➢ 引用方法一

PSCAD V5 提供了一种全新的外部源代码文件引用方法，即在该项目的 Resources Branch 中直接加入源代码文件。可右键单击目标项目的 Resources 分支，从弹出的菜单中选择 Add，并进一步选择想要加入的文件类型，如图 9-16 所示。

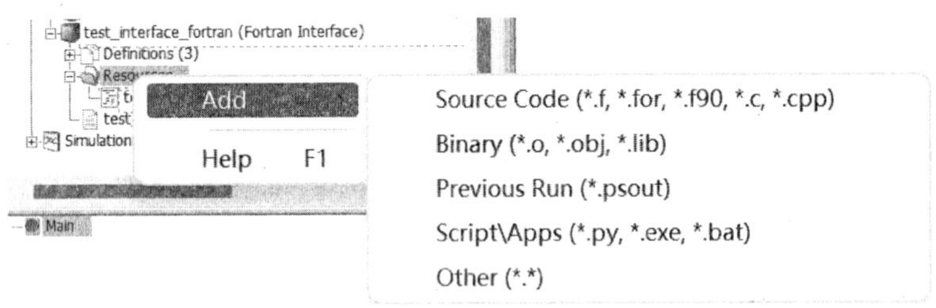

图 9-16 加入外部源代码文件

可右键单击已加入至 Resources 分支的各外部资源文件，相关菜单说明如下：

- Settings：打开资源设置对话框，如图 9-17 所示。
- Remove：从资源分支中移除该资源文件（不是删除该文件）。
- Show in Folder：打开 Windows file explorer ，直接定位至包含该资源文件的文件夹。

图 9-17 所示资源文件设置对话框中输入域说明如下：

- Path：资源文件的路径。加入资源文件后自动设置该路径，该路径可随时手动修改，并且可使用宏、设置为绝对路径或使用用户库文件夹。
- Include in Build：Yes | No。选择 Yes 时该资源文件（目标文件、库文件或源代码文件）将

加入至项目编译中。

- Copy File：To temporary folder | No action。选择 To temporary folder 时，一旦编译项目该资源文件将复制到项目临时文件夹中。

- 引用方法二

第二种外部资源文件引用方法为使用 File Reference 元件（但该元件定义未在主元件库中给出，可通过实例复制使用，或者通过空白画布鼠标右键菜单 Add Component | File reference 加入一个实例）。该元件可接受任何类型文件，但一个 File Reference 元件只可接受一个文件。

双击 File Reference 元件后，PSCAD 将自动打开相应应用软件程序并在其中打开所指定的文件。

鼠标右键单击 File Reference 元件，从弹出的菜单中选择 Edit Properties...，弹出的对话框如图 9-18 所示。

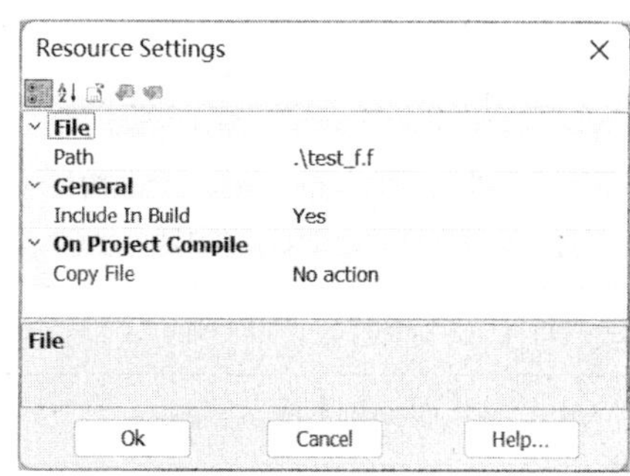

图 9-17 资源设置对话框

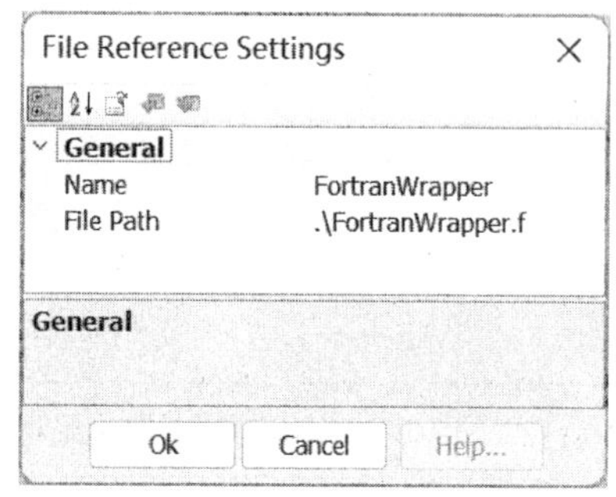

图 9-18 File Reference 元件设置

- Name：用于 File Reference 元件外观显示的名称。
- File Path：资源文件路径+文件名，可浏览选择。

9.3.2 宏和路径

通过使用宏和相对路径可提供资源文件路径足够的灵活性和可传递性，尽量避免使用绝对路径。

➤ Macros

充分利用 PSCAD 定义的多个宏可动态方便地设计资源文件的路径，宏可直接插入作为路径的一部分，其后将被动态解析和转换为绝对路径或字符串。表 9-1 列出了可用的宏及其说明。

➤ 相对路径

PSCAD 中所有的相对路径均相对于相应的项目文件位置。相比绝对路径，相对路径是更好的文件跟踪方法，建议尽可能使用。

- .\：文件与项目文件处于相同文件夹，可省。例如：.\my_file.f 等同于 my_file.f。
- ..\：文件位于项目文件所在文件夹的上一级文件夹。

表 9-1 PSCAD 的宏

宏	说明
$(Version)	三位数字的 PSCAD 版本号，如 4.6.3
$(Target)	仿真目标程序，如 EMTDC
$(ProjectDir)	相应案例项目文件所在文件夹的绝对路径，例如：C:\Users\MyProjects\
$(ProjectFile)	无扩展名的项目文件名，如 my_case
$(Namespace)	项目 namespace 名。对案例项目总是与项目文件名相同，而对库项目两者将可能不同
$(WorkspaceDir)	workspace 文件所在文件夹的绝对路径，如 C:\Users\MyProjects\。通常与项目文件夹相同
$(PscadPlatform)	显示 PSCAD 当前运行的平台，对 32 位平台为 x86，而对 64 位平台则为 x64
$(HomeDir)	PSCAD 安装文件夹的绝对路径，如 C:\Program Files (x86)\PSCAD463。
$(LocalDir)	PSCAD 安装时创建的本地用户文件夹的绝对路径，该文件夹主要用于保存用户设置文件，备份和统计等。如 C:\Users\my_name\AppData\Local\ Manitoba HVDC Research Centre\PSCAD
$(PublicDir)	Windows 公共文档文件夹的绝对路径，如：C:\Users\Public\Documents
$(UserDir)	Windows 用户文档文件夹绝对路径，如 C:\Users\my_name\Documents
$(LocalHost)	运行 PSCAD 的计算机名
$(LibDir)	库文件夹路径，在 Application Options 的 Dependencies 页面中设置
$(Compiler)	当前使用的 Fortran 编译器名称。如 gf46，if15_x86 等
$(EmtPlatform)	显示 EMTDC 当前运行的平台，对 32 位平台为 x86，而对 64 位平台则为 x64
$(MatlabPlatform)	显示 MATLAB 当前运行的平台，对 32 位平台为 x86，而对 64 位平台则为 x64

➢ 用户库文件夹方法

编译器特定的文件夹约定用于指定编译器特定的目标文件（*.obj 或 *.o）和静态库（*.lib）文件。目标文件和静态库文件可通过多个不同的编译器编译，并被放置于特定用户库文件夹中，从而用户可在无需重新指定文件的情况下自由切换编译器。

用户需手动在由 User Libraries Method root folder 选项（Application Options 的 Dependencies 页面中）指定的主文件夹下添加上述子文件夹。各子文件夹代表一个特定的 Fortran 编译器，用于放置通过相应编译器编译的相同库或目标文件。不同编译器的子文件夹命名如下：

- gf46 （GNU GFortran 95 compiler - v4.6.2）。
- gf81 （GNU GFortran 95 compiler version 8.1 (64-bit)）。

- gf81_x86 (GNU GFortran 95 compiler version 8.1 (32-bit))。
- if12 (Intel Visual Fortran compiler version 12, 13 & 14)。
- if15 (Intel Visual Fortran compiler versions 15, 16 and 17 (64-bit))。
- if15_x86 (Intel Visual Fortran compiler versions 15, 16 and 17 (32-bit))。
- if18 (Intel Visual Fortran compiler versions 18 and 19 (64-bit))。
- if18_x86 (Intel Visual Fortran compiler versions 18 and 19 (32-bit))。

例如，如果 User Libraries Method root folder 设置为 C:\my_libs，则对 GFortran 和 Intel Visual Fortran 18 (64-bit) 编译器，在该文件夹下需分别增加子文件夹 gf46 和 if18，分别放置由两个编译器创建的库和目标文件。

使用文件的相对路径时，用户需通过对用户库文件夹和编译器子文件夹使用宏来指定相对路径。例如，如果 User Libraries Method root folder 设置为 C:\my_libs，且使用 Intel Visual Fortran 18 (64-bit) 编译器，则$(LibDir)\$(Compiler)\test.obj 指向 C:\my_libs\if18\test.obj。

➢ 绝对路径

也可通过指定绝对路径来引用文件，此时 User Libraries Method root folder 中指定的文件夹将被覆盖。

9.3.3 外部 Fortran 语言子程序的调用

完成对资源文件的引用后，即可在用户自定义元件的代码中调用资源文件中的函数。下面通过示例说明相关的操作。

示例：用户在名为 test_f.f 的文件中利用 Fortran 语言编制了一个名为 test_fsub 的子程序，可根据输入参数产生正弦和余弦信号。该子程序的代码如图 9-19 所示。

```
subroutine test_fsub (vm,freq,t,ph,sinout,cosout)
     REAL vm,freq,ph,t,sinout,cosout
       sinout=vm*sin(2*3.14159*freq*t+ph*3.14159/180)
       cosout=vm*cos(2*3.14159*freq*t+ph*3.14159/180)
end subroutine test_fsub
```

图 9-19 test_fsub 子程序

该子程序的参数 vm、freq、t 和 ph 分别用于提供正弦和余弦信号的幅值、频率、时间及初相角。变量 sinout 和 cosout 分别用于输出正弦和余弦信号。

在该项目中需通过上述第一种方法对 test_f.f 文件进行引用，结果如图 9-20 所示。用户同时开发了一个名为 inter_fortran 的自定义元件，该元件的图形外观如图 9-21 自定义元件所示。

该元件 Fortran 段内函数调用代码为：

```
call test_fsub($vm,$freq,TIME,$ph,$sinout,$cosout)
```

其中 TIME 为 PSCAD 保留用于仿真时间的关键字。

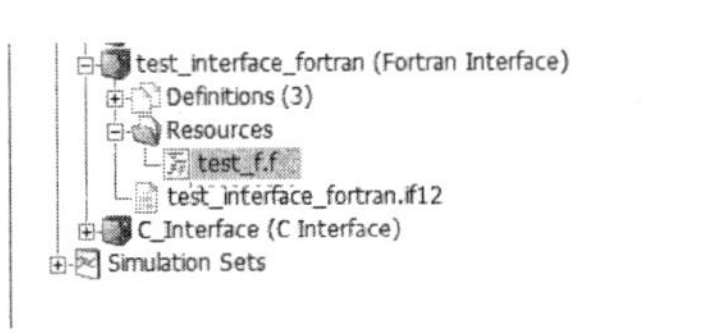

图 9-20 加入 test_f.f 资源文件

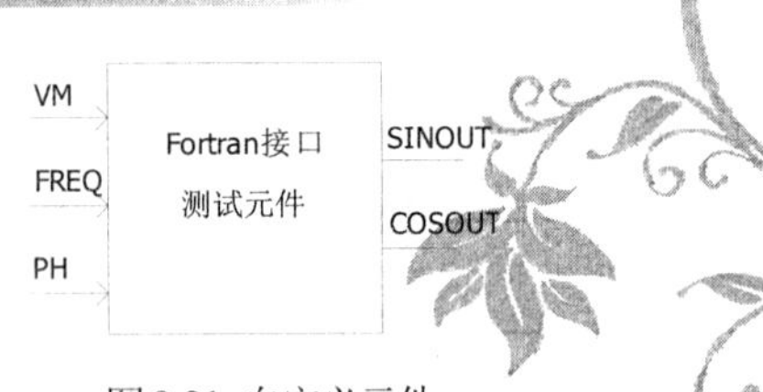

图 9-21 自定义元件

在 vm、freq、ph 端口分别接入实型常量 3、50、90，仿真输出波形如图 9-22 所示。可以看到，该模型通过调用外部资源文件中的 Fortran 函数成功实现了设计目标。

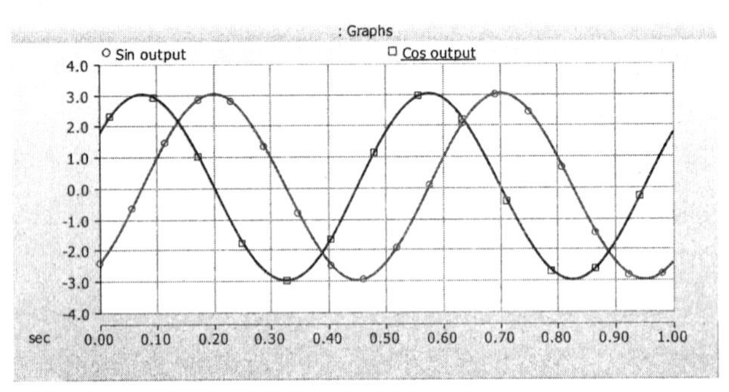

图 9-22 仿真输出波形

9.4 调用外部 C 语言子程序

9.4.1 概况

可以在 PSCAD 自定义元件的代码内与 C 语言源程序接口，该源程序可以是定义在外部文件（C 源程序文件 *.c 或预编译目标文件 *.obj）中的子程序。不能在 Fortran、DSDYN 或 DSOUT 段内直接插入 C 语言源代码。PSCAD V5.0 的元件向导提供了自动创建 C 语言接口的机制。

使用 GFortran 编译器时，可在元件定义的 Fortran、DSDYN 或 DSOUT 段内直接调用 C 语言子程序，但建议不采用该方法。更好的方法是转而调用特定的 Fortran 接口函数程序（所谓的“封套”），进而在其中调用 C 语言子程序。

为调用外部 C 语言源代码子程序，首先必须采用与上述调用外部 Fortran 语言源代码子程序类似的文件引用方法对相关文件进行引用，引用完成后即可在用户自定义元件代码中对源代码文件中的函数进行调用。

9.4.2 直接调用 (仅 GFortran 编译器)

对于较为简单的不需要 EMTDC 固有变量的程序，可以直接在 Fortran, DSDYN 或 DSOUT 段内调用 C 语言源程序。PSCAD 在编译组件的 Fortran 代码时仅加入一组标准的 EMTDC 头文件，如图 9-23 所示：

如果所需要的固有变量不在上述头文件中，则无法直接在 Fortran, DSDYN 或 DSOUT 段内调用 C 语言源程序，此时需要创建 Fortran 接口子程序加入所需要的头文件，之后再调用子程序。

示例：用户利用 C 语言编制如图 9-24 所示子程序：

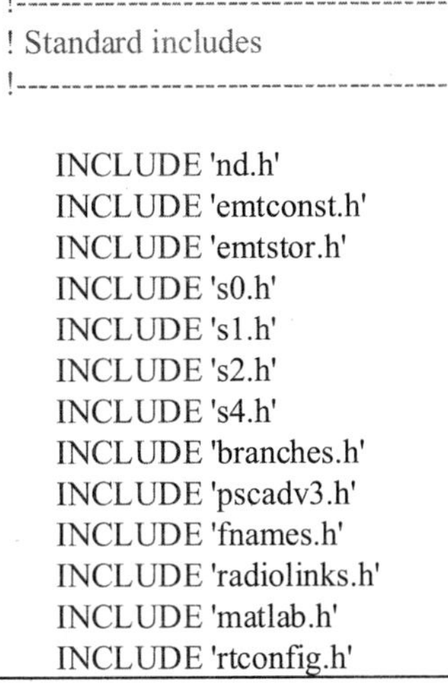

```
!-------------------------------------
! Standard includes
!-------------------------------------

   INCLUDE 'nd.h'
   INCLUDE 'emtconst.h'
   INCLUDE 'emtstor.h'
   INCLUDE 's0.h'
   INCLUDE 's1.h'
   INCLUDE 's2.h'
   INCLUDE 's4.h'
   INCLUDE 'branches.h'
   INCLUDE 'pscadv3.h'
   INCLUDE 'fnames.h'
   INCLUDE 'radiolinks.h'
   INCLUDE 'matlab.h'
   INCLUDE 'rtconfig.h'
```

图 9-23 标准 EMTDC 头文件

```
/* User C Source Code */
int test_cfun_(int *arg)
  {
  return 2*(*arg);
  }
```

图 9-24 子程序

在自定义元件代码中需对该子程序先申明，然后直接调用：

```
#FUNCTION INTEGER TEST_CFUN
    $OUT = TEST_CFUN($IN)
```

其中：OUT 和 IN 为该自定义元件连接端口的名称。

9.4.3 Intel Visual Fortran 编译器

对于其他编译器，需使用 INTERFACE 语句描述 C 语言子程序，通过辅助 Fortran 子程序来与 C 函数接口。

示例：用户在名为 test_c.c 的文件中利用 C 语言编制了一个名为 test_csub 的子程序，可根据参数产生正弦和余弦信号。该子程序的代码如图 9-25 所示。

```
#include <math.h>
void test_csub_(double *vm, double *freq, double *time, double *ph, double *sinout, double *cosout)
  {
  *sinout=(*vm)*sin(2*3.14159*(*freq)*(*time)+(*ph)*3.14159/180);
  *cosout=(*vm)*cos(2*3.14159*(*freq)*(*time)+(*ph)*3.14159/180);
  }
```

图 9-25 test_csub 子程序

该子程序的参数 vm、freq、time、ph 分别用于提供正弦和余弦信号的幅值、频率、时间、初相角，变量 sinout 和 cosout 分别用于输出正弦和余弦信号。

示例模型通过 File Reference 元件引用该源代码文件，File Reference 元件的设置如图 9-26 所示。同时开发了一个名为 inter_c 的自定义元件，该元件的图形外观如图 9-27 所示。

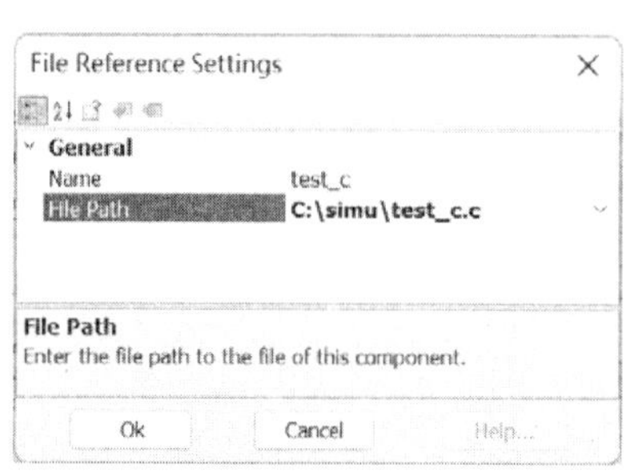

图 9-26 File Reference 元件设置

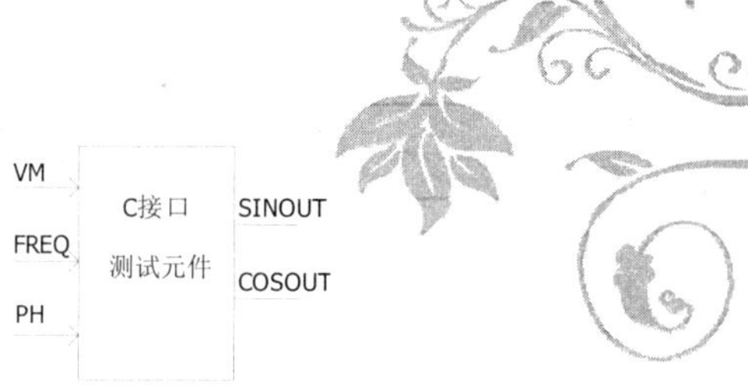

图 9-27 自定义元件图形外观

在使用 Intel Visual Fortran 编译器的情况下，不能在自定义元件 inter_c 的代码中直接调用 C 语言编写的源代码，为此本示例还定义了一个辅助 Fortran 函数 AUX_SUB，在该函数内间接调用 C 语言函数 test_csub，同时通过 INTERFACE 语句传递参数，代码如图 9-28 所示：

```
SUBROUTINE AUX_SUB(i1,i2,i3,i4,o1,o2)   ! 辅助Fortran函数

  REAL i1,i2,i3,i4,o1,o2

  INTERFACE   ! INTERFAC语句
    SUBROUTINE TEST_CSUB(i1,i2,i3,i4,o1,o2)
      !DEC$ ATTRIBUTES C :: TEST_CSUB
      !DEC$ ATTRIBUTES REFERENCE :: i1,i2,i3,i4
      !DEC$ ATTRIBUTES REFERENCE :: o1,o2

      REAL i1,i2,i3,i4,o1,o2
    END SUBROUTINE
  END INTERFACE

  CALL TEST_CSUB(i1,i2,i3,i4,o1,o2) ! 间接调用C语言函数
  END
```

图 9-28　函数 AUX_SUB

上述代码编制在名为 test_c_vf.f 的文件中，模型中通过另一个 File Reference 元件对其进行引用，完成后模型电路如图 9-29 所示。

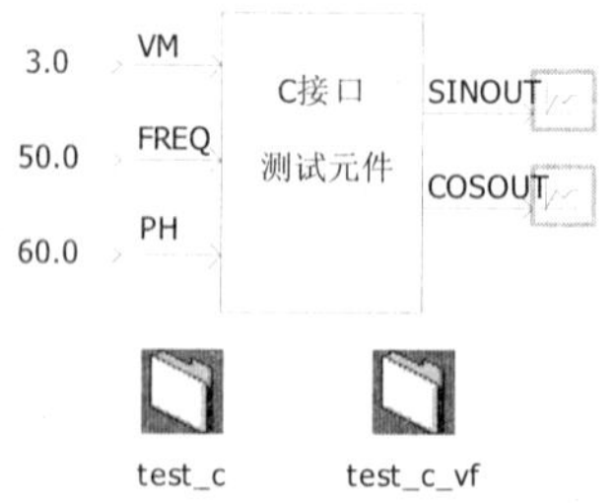

图 9-29 仿真模型电路

自定义元件 inter_c 的 Fortran 段内直接调用辅助 Fortran 函数：

```
CALL AUX_SUB($vm,$freq,TIME,$ph,$sinout,$cosout)
```

通过在 vm、freq、ph 端口分别接入 3、50、60，仿真输出波形如图 9-30 所示。

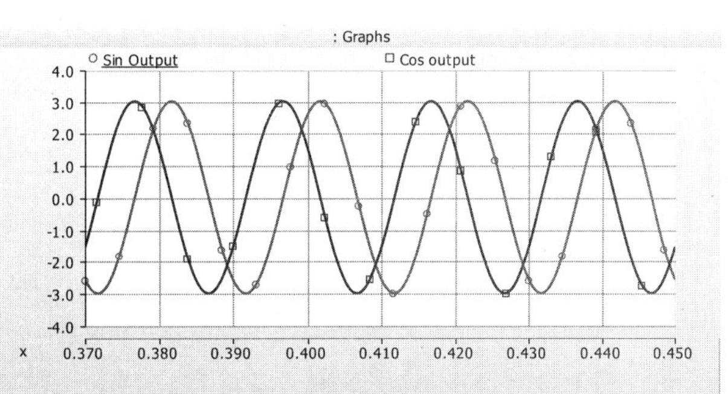

图 9-30 仿真输出波形

可以看到调用 C 语言函数的方法能实现与调用 Fortran 语言函数同样的功能。

9.5 与 MATLAB 的接口

9.5.1 接口启用及使用

通过在 PSCAD 标准元件中调用特殊子程序，PSCAD 通过特殊的接口访问和使用 MATLAB 命令和工具箱（包括所有图形命令）的功能。主元件库未提供与 MATLAB/Simulink 接口的元件，而需由用户进行特别的设计，设计完成后该元件可作为 PSCAD 中的通用元件处理，并可与特定项目中的其他元件交互。

➢ 接口使用条件

在 PSCAD 内与 MATLAB 接口需满足如下要求：

- MATLAB 软件需已在计算机上安装。
- PSCAD 可与 MATLAB V5.0 及以上版本的库文件接口。
- GFortran 编译器不支持与 MATLAB 接口。

➢ 接口启用

在 PSCAD 中使用 MATLAB/Simulink 接口需完成如下两个设置工作：

- 确认 Application Options 对话框 Dependencies 页面中 MATLAB 参数域是否设置正确。如图 9-31 所示。在 PSCAD 和 MATLAB 均正确安装的情况下，这些参数由 PSCAD 自动填入，一般无需用户改动。如果这些参数显示为空则无法进行与 MATLAB 的交互仿真。
- 在将要使用 MATLAB 接口项目的 Project Settings 对话框的 Simulation 页面中，勾选 Link this simulation with the currently installed Matlab libraries 选项，以启用与 MATLAB 接口，如图 9-32 所示。

注意：采用快照文件启动时，在 MATLAB/Simulink 中使用复杂模型时可能出现停顿现象，可通过在 *.m 或 *.mdl 文件以及调用接口的用户元件定义中增加特定代码解决。

➢ 接口使用的主要步骤

完成上述设置后，为实现在 PSCAD 中与 MATLAB/Simulink 的接口功能，用户还需完成如下工作。

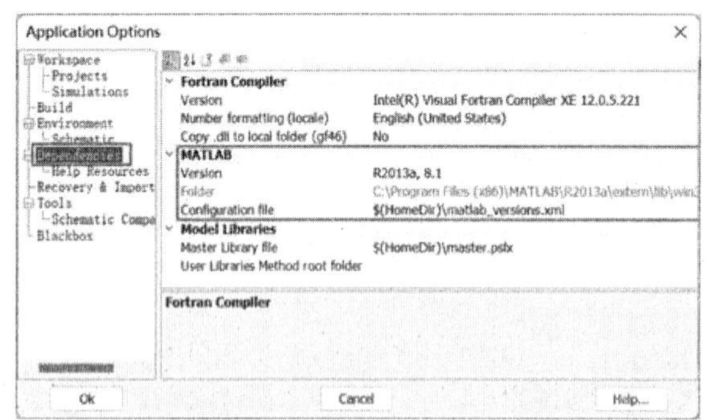

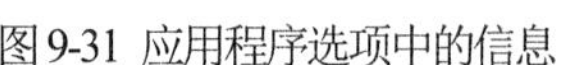
图 9-31 应用程序选项中的信息

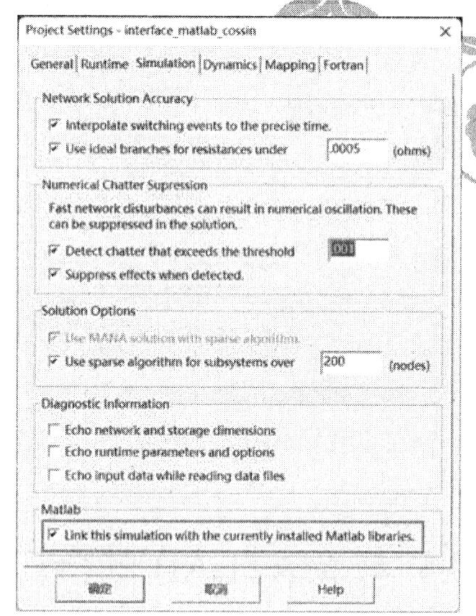

图 9-32 启用与 MATLAB 接口

- 编写相应的.m 或.mdl 文件以执行所需要的功能。
- 设计用户元件输入参数，其中至少包括两个重要输入参数。
- 在用户元件的代码内使用接口子程序调用相应的.m 或.mdl 文件。
- 在用户元件的代码内与相应的.m 或.mdl 文件交换数据。

使用 MATLAB 接口的元件至少需要两个文本型输入参数，其中一个用于输入将要使用的‘.m 或.mdl 文件的路径，另外一个用于输入将要使用的.m 或.mdl 文件名称（输入时无需扩展名）。一个典型的使用 MATLAB 接口的元件的输入参数界面如图 9-33 所示。

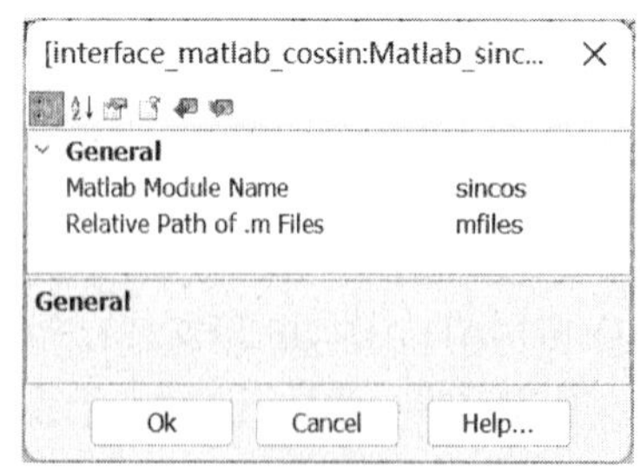

图 9-33 使用 MATLAB 接口元件的输入参数设置

根据图 9-33 中的设置，将使用项目文件当前目录下子目录 mfiles 中 sincos.m 文件。

9.5.2 MATLAB 接口子程序及其调用

PSCAD 通过名为 MLAB_INT 的 Fortran 子程序与 MATLAB 接口，该子程序包含于主 EMTCD

库中，可在任何用户定义元件内调用。该子程序执行如下功能：

- 使用 MATLAB 的 Fortran APIengOpen 命令启动引擎。
- 改变工作目录为.m 文件所位于的目录。
- 从 PSCAD 的阵列 STORF 和 STORI 访问 EMTDC 变量。
- 将 Fortran 变量转换为 C 类型的指针，并分配/释放内存。
- 使用 MATLAB 的 Fortran API 向 MATLAB 引擎传送变量/指针，使得它们可在.m 文件内被依次访问。
- 使用 MATLAB 的 Fortran API 获取 MATLAB 输出变量，并将其放置于阵列 STORF 和 STORI 中。

MLAB_INT 子程序的调用语法为：

```
SUBROUTINE MLAB_INT (MPATH, MFILE, INPUTS, OUTPUTS)
```

其中：

- MPATH：CHARACTER 类型输入参数。包含 MATLAB.m 文件路径的字符串，可通过图 9-33 中 Relative Path of .m Files 的输入获取。
- MFILE：CHARACTER 类型输入参数。MATLAB.m 文件的名称，可通过图 9-28 中 Matlab Module Name 的输入获取。
- INPUTS：CHARACTER 类型输入参数。用于所有输入参数的格式化字符串。
- OUTPUTS：CHARACTER 类型输出参数。用于所有输出参数的格式化字符串。

在 INPUTS 和 OUTPUTS 中变量的格式应当为：

- R：REAL 型变量。
- I：INTEGER 型变量。
- R(x) 或 I(x)：x 维的 REAL 型或 INTEGER 型变量。
- 变量定义之间至少需要一个空格。

在 PSCAD 中，INPUTS 和 OUTPUTS 中的变量可以为空，即相应的.m 文件将不带参数运行。这有助于初始化 MATLAB 环境以及设计可同时运行 MATLAB 的.m 文件和 Simulink 的.mdl 文件的元件。

示例：调用 C:\TEMP MLAB_FILES 中 MATLAB 文件 TEST.m 中的函数 D= TEST(A,B,C)。输入 A 为 REAL 类型变量，B 为 31 维 REAL 类型阵列变量，C 为 INTEGER 类型变量，输出 D 为 10 维 REAL 类型阵列变量。以下为相应的 MATLAB 接口子程序调用代码：

```
CALL MLAB_INT("C:\TEMP\MLAB_FILES", "TEST", "R R(31) I", "R(10)")
```

示例：调用 C:\TEMP MLAB_FILES 中 MATLAB 文件 TEST.m 中的函数 TEST()，其中包含了可能对 MATLAB 计算结果拍摄快照或初始化环境的命令（例如，设置全局变量或改变目录等），以下为相应的 MATLAB 接口子程序调用代码：

```
CALL MLAB_INT("C:\TEMP\MLAB_FILES", "TEST", "", "")
```

调用上述 MATLAB 接口函数还需要两个步骤：创建一个新的元件。编制.m 文件执行所需的功能。任意数量的信号或参数均可与 MATLAB 接口元件传递，插入至元件定义 Fortran 段的 Fortran 代码须执行如下任务：

- 将 MATLAB 函数所需的输入变量传送至阵列 STORF 和/或 STORI 中。
- 以 MATLAB 模块名、路径名、输入/输出格式化字符串为参数调用 MLAB_INT 子程序。
- 从阵列 STORF 和/或 STORI 中提取输出变量，并传递至 PSCAD 元件的输出连接节点。
- 根据所使用的变量总数增加 NSTORF 和/或 NSTORI 指针。

示例：一个简单的 PSCAD MATLAB 接口元件，具有两个 REAL 类型输入连接节点 A 和 B，以及一个 REAL 类型输出连接节点 C。该元件已设计了输入参数界面，其中 Symbol 名分别为 Path 和 Name 的文本输入域分别用于输入.m 文件的路径和名称。如图 9-34 为该元件定义 Fortran 段的代码：

示例：一个较复杂的 PSCAD 的 MATLAB 接口元件，具有一个 31 维的 REAL 类型输入连接节点 INPUT，以及一个二维 REAL 类型输出连接节点 OUTPUT。该元件已设计了输入参数界面，其中 Symbol 名分别为 Path 和 Name 的文本输入域分别用于输入.m 文件的路径和名称。图 9-35 为该元件定义 Fortran 段的代码：

```
#STORAGE REAL:3 !申请3 个STORF阵列单元
    STORF(NSTORF) = $A   !向第一个单元存储变量A
    STORF(NSTORF+1) = $B !向第二个单元存储变量B
!调用MLAB_INT
    CALL MLAB_INT("$Path", "$Name", "R R", "R")
!
    $C = STORF(NSTORF+2)
!从第三个单元提取值并送至输出连接节点
    NSTORF = NSTORF + 3
!调整指针
```

图 9-34 定义 Fortran 段的代码

```
#STORAGE REAL:33  ! 申请共计33个STORF阵列单元
#LOCAL INTEGER I_CNT ! 申明局部INTEGER变量
!
! First Input Array (REAL(31))
!
    DO I_CNT = 1,31,1  ! 向1-31单元存储变量
     STORF(NSTORF+I_CNT-1) = $INPUT(I_CNT)
    ENDDO
!   调用MLAB_INT
    CALL MLAB_INT("$Path","$Name","R(31)","R(2)")
!
! First Output Array (REAL(2))
!
    DO I_CNT=1,2,1  ! 从32-33单元提取值并送至输出连接节点
     $OUTPUT(I_CNT) = STORF(NSTORF+31+I_CNT-1)
    ENDDO
!
! Increment STORF pointer
!
    NSTORF = NSTORF + 33  ! 调整指针
!
```

图 9-35 定义 Fortran 段的代码

9.5.3 Simulink 接口子程序及其调用

PSCAD 通过名为 SIMULINK_INT 的 Fortran 子程序与 Simulink 接口，该子程序包含于主 EMTCD 库中，并可在任何用户定义元件内调用。该子程序执行如下功能：

- 与 MATLAB 接口子程序同样的方式，通过 Fortran API 启动 MATLAB。

- 改变工作目录为Simulink的.mdl文件所位于的目录。
- 从PSCAD的阵列STORF和STORI中访问EMTDC变量。
- 使用MATLAB的Fortran API向MATLAB引擎传送变量/指针，使得它们可在.mdl文件内被依次访问。
- 通过仿真参数对话框中的Workspace I/O面板设置仿真数据，使用MATALB的set_param命令运行Simulink模块。
- 同步Simulink与PSCAD，即PSCAD每步长的执行将在Simulink模块仿真结束后进行，这将确保将来自Simulink的正确结果传递至PSCAD。
- 获取Simulink输出变量并将其放置于EMTDC的STORF阵列中，其步骤为首先使用MATLAB命令get_param从仿真参数对话框中的Workspace I/O面板获取变量名称，然后使用MATLAB Fortran API提取数据并放置于EMTDC STORF阵列。

SIMULINK_INT子程序的调用语法为：

```
SUBROUTINE SIMULINK_INT (MPATH, MFILE, INPUTS)
```

其中：

- MPATH：CHARACTER类型输入参数。包含MATLAB.mdl文件路径的字符串，可通过图9-28中Relative Path of .m Files的输入获取。
- MFILE：CHARACTER类型输入参数。MATLAB.mdl文件的名称，可通过图9-28中Matlab Module Name的输入获取。
- INPUTS：CHARACTER类型输入参数。用于所有输入参数的格式化字符串。格式与上述的MLAB_INT内的相同。

SIMULINK接口的输出将在该子程序内部自动处理，并总是放置于相应的EMTDC STORF阵列中。

示例：调用C:\TEMP\SIMULINK_FILES下的Simulink文件TEST.mdl中的TEST (A,B,C)。输入A为REAL类型变量，B为31维REAL类型变量阵列，C为INTEGER类型变量。以下为相应的Simulink接口子程序调用代码：

```
CALL SIMULINK_INT("C:\TEMP\SIMULINK_FILES", "TEST", "R R(31) I")
```

9.5.4 其他说明

- 与PSCAD元件硬编码方式相比，MATLAB执行运行非常慢。MATLAB在每次调用时都将解释源代码，从而用户可在运行过程中动态编辑*.m文件并立即查看效果，在PSCAD中还可通过使用sliders, switches, dials和buttons 元件提供这种交互机制，还可同时使用这两种方法。
- 另外一种Simulink模块的调用方法是：不调用'SIMULINK_INT'子程序，而调用

MLAB_INT 子程序来调用*.m 文件，其中将使用 MATLAB 命令 sim 来处理 Simulink 模块。但建议使用调用 SIMULINK_INT 子程序的方法，尤其是 Simulink 模块运行时间远长于 EMTDC 内所定义的时间步长时，该方法可提供 MATLAB 与 PSCAD 的同步机制。

- 仿真加速。实际情况允许时，可使用尽量大的时间步长来调用 MATLAB 元件，以加快应用 MATLAB 接口时的仿真速度。也可在需要时禁用 MATLAB 接口元件。
- 可使用 MATLAB 编码器将*.m 源代码直接转换为 C 语言代码，并将其直接编译链接至 EMTDC 可执行文件中。这种硬编译方法无法在仿真过程中编辑 MATLAB*.m 解释文件，同时也无法应用 MATLAB 绘图功能。

  折衷的方法是先使用 MATLAB 接口元件开发测试算法，最后将算法硬编码为 Fortran 或 C 语言代码（手动或使用 MATLAB 的 C 编译器），从而优化最终模型的仿真速度。
- 增强绘图。MATLAB 绘图功能，例如三维绘图、活动图形和选择图像等都可与 PSCAD 绘图库无缝集成。

9.5.5 接口应用示例 1

PSCAD 自带仿真模型 hyst_plot（位于..\examples\matlab 目录下），该模型通过调用 Matlab 绘制变压器励磁电流与磁链的关系动态曲线，模型主要部分如图 9-36 所示。图 9-29 中的自定义元件（图形外观具有文本 hyst_plot）的参数设置如图 9-37 所示。

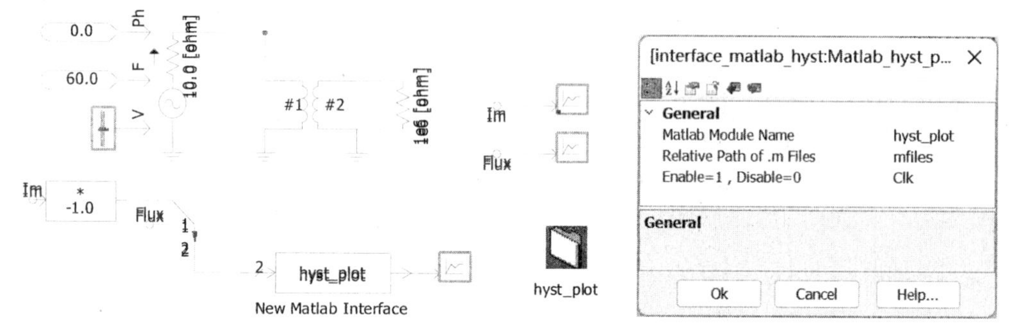

图 9-36 调用 Matlab 绘制曲线模型主电路　　　　图 9-37 自定义接口元件的参数设置

图 9-37 所示参数设置表明该接口将调用项目文件所在文件夹的 mfiles 子目录下的 hyst_polt.m 文件。该自定义接口元件的主要 Fortran 代码如图 9-38 所示：

该接口元件共计申请 3 个 REAL 类型存储单元，其中第 1 和第 2 个存储单元分别用于存储元件输入端口连接的 2 维信号。由图 9-37 所示的连接可知，即是励磁电流 Im 负值和磁链 Flux，这两个信号将分别设置接口调用函数中参数 R(2)。接口函数将输出参数 R 存储至第 3 个存储单元，即 STORF(NSTORF+2)。

启动仿真后，PSCAD 将在每一仿真步长自动调用 Matlab 程序并绘制励磁电流与磁链关系的实时曲线。Matlab 绘制的是变量 n2（程序中设置为 15）指定的点数的关系。图 9-39 所示为某一时刻的 Matlab 绘图曲线，而此时该模型内 XY 绘图元件的绘制曲线如图 9-40 所示。

```
#STORAGE REAL:3
#LOCAL INTEGER IVD1_1
! ------------------------------------------------
    DO IVD1_1 = 1,2
      STORF(NSTORF+IVD1_1-1) = $INPUT(IVD1_1)
    END DO
! ------------------------------------------------
    CALL COMPONENT_ID(ICALL_NO,$#Component)
    CALL MLAB_INT("%:Dir\$Path", "$Name", "R(2)" , "R" )
! ------------------------------------------------
   $OUTPUT = STORF(NSTORF+2)
   NSTORF = NSTORF + 3
! ------------------------------------------------
```

图9-38 自定义接口元件的Fortran代码

两者绘制的曲线具有较大差别的原因在于Matlab只能绘制连续15（由变量n2指定）个数据点的曲线，而PSCAD将绘制仿真开始以来所有的点。用户可尝试增大n2值以绘制完整周期的电流-磁链曲线。

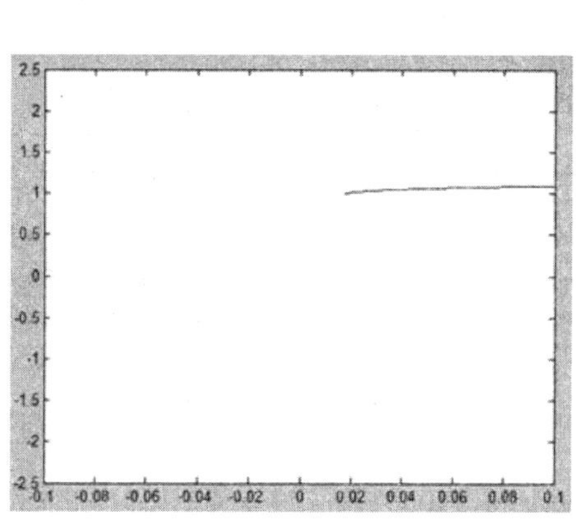

图9-39 Matlab绘制的曲线

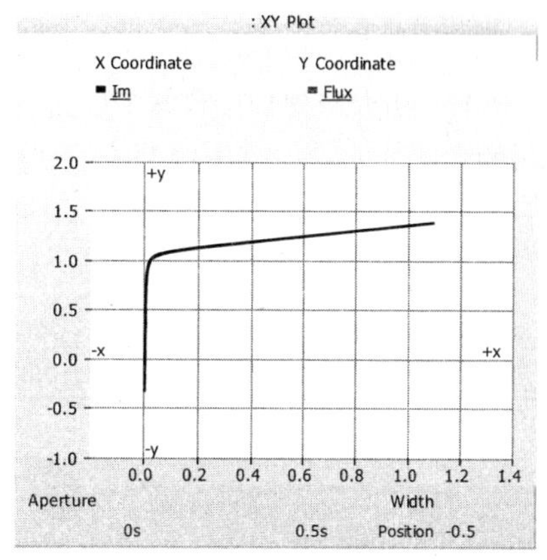

图9-40 XY绘图元件的输出曲线

9.5.6 接口应用示例2

示例：用户编写Matlab接口元件，将产生正弦和余弦信号所需的参数传递至Matlab，Matlab产生相应波形数据后送回PSCAD进行显示。仿真模型如图9-41所示。

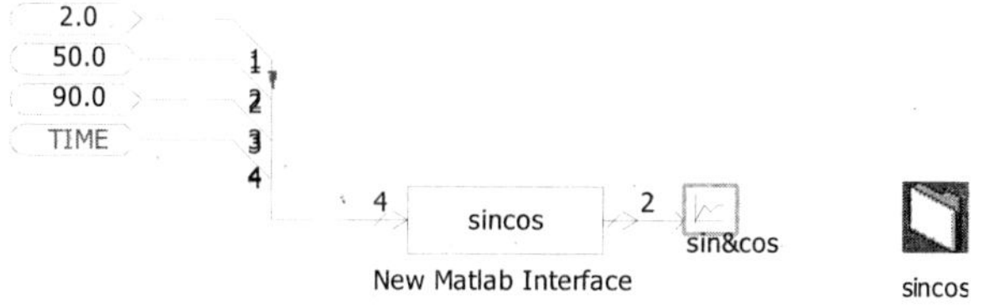

图9-41 仿真模型主电路

接口元件接收4个REAL类型信号，分别用于产生波形所需的幅值、频率、相位和仿真时间，如图 9-41 中的 2.050.090.0 和 TIME，输出的 2 维信号分别为正弦和余弦波形。该接口元件的代码如图 9-42 所示：

```
#STORAGE REAL:6
#LOCAL INTEGER PARA
! ----------------------------------------------------
   DO PARA = 1,4
     STORF(NSTORF+PARA-1) = $INPUT(PARA)
   END DO
! ----------------------------------------------------
   CALL MLAB_INT("%:Dir\$Path", "$Name", "R(4)" , "R(2)" )
! ----------------------------------------------------
   $OUTPUT(1) = STORF(NSTORF+4)
   $OUTPUT(2) = STORF(NSTORF+5)
!
   NSTORF = NSTORF + 6
! ----------------------------------------------------
```

图 9-42 接口元件的代码

代码中调用接口函数 MLAB_INT，向其传递 MATLAB.m 文件所在路径、文件名称，并传入 4 个参数（'R(4)），并从该接口接收两个返回参数（'R(2)）。

相应的文件 sincos.m 中的代码非常简单，如图 9-43 所示：

```
function [curve_out] = sincos(curve_para)

 curve_out(1)=curve_para(1)*sin(curve_para(2)*2*pi*curve_para(4)+curve_para(3)*pi/180);
 curve_out(2)=curve_para(1)*cos(curve_para(2)*2*pi*curve_para(4)+curve_para(3)*pi/180);
```

图 9-43 sincos.m 代码

函数的输入参数 curve_para 为 4 维，对应接口函数 MLAB_INT 输入参数的 R(4)。而输出参数 curve_out 为 2 维，对应口函数 MLAB_INT 输出参数的 R(2)。

仿真输出波形如图 9-44 所示：

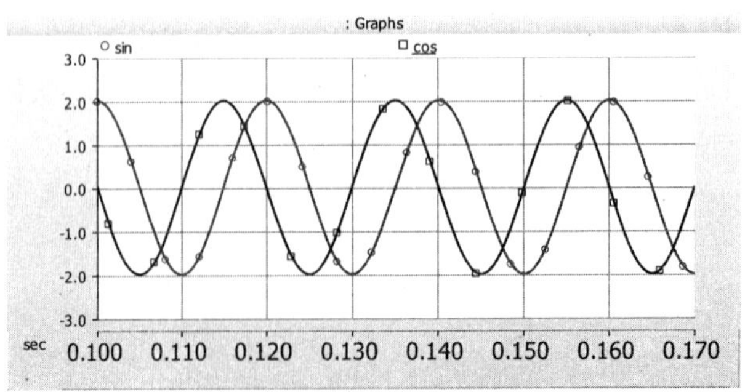

图 9-44 仿真输出波形

可以看到，该仿真模型利用 Matlab 软件完成了设计功能。尽管本示例中调用 Matalb 所实现的功能非常简单，但用户可在此基础上利用 Matlab 强大的功能完成非常复杂的控制、运算和绘图任务。

9.6 快照功能

9.6.1 概述

仿真模型启动并达到一个稳态，可表明该模型所具有的鲁棒性。如果仿真不能达到稳定状态（也即发散），这表明仿真模型中存在需要引起关注的问题。通常有两种启动仿真的方法：不带初始条件地从零时刻启动（也即从项目编译创建数据文件的时刻），或者以某些或全部元件带有已计算初始条件地启动。在 PSCAD 中，带有初始条件地启动仿真可通过使用快照文件实现。

快照文件可通过在 0 时刻启动仿真，使其到达稳定状态后，通过拍摄快照使其所有状态和变量冻结于某个文件后得到。快照文件本质上是一个每个对象都被初始化的新数据文件，用户可从该文件重新启动仿真。

快照文件可用于向能量存储设备（即电容器和电抗器）或者仿真中出现的积分所涉及的内存函数施加初始化条件。

示例：图 9-45 所示的电路中，开关将在 t=0.1s 打开，用户想要研究电感值大小对二极管衰减电流的影响。

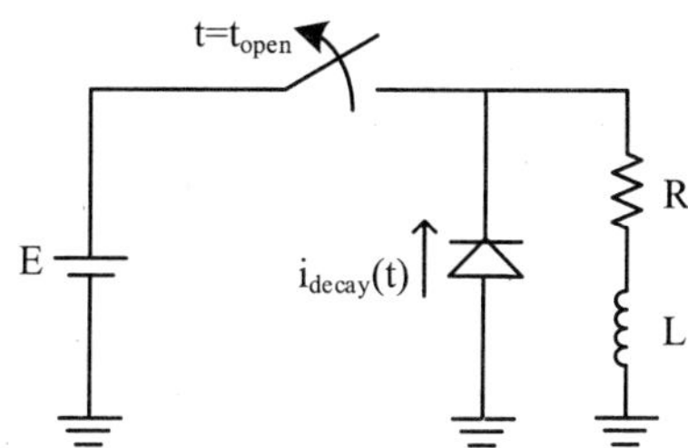

图 9-45 含二极管的简单 RL 电路

如果从零时刻启动仿真，图 9-45 所示电路达到稳态的时间将取决于电感的大小。当开关断开时，电抗器流过的电流通过二极管衰减，为了研究电感大小对该电流衰减时间的影响，该仿真可能需要重新运行多次，并且每次都要改变电感值。由于达到稳态的时间对于研究内容无关紧要，那么减少对这部分的仿真可有利于减少总的仿真时间。可通过当开关将要动作之前在 EMTDC 中拍摄快照来实现上述思想，后续的运行可从该快照文件启动，该文件中将存储快照拍摄时刻流过电抗器的电流以及其他值。

图 9-45 所示的快照文件使用时要注意两个问题：在该示例中达到稳态的时间可能是 ms 级，这部分时间的节省可能不太重要。但是，对于高度非线性的系统，诸如含有 DC 换流器的仿真模型，或电动机和变压器出现明显饱和的情况下，快照文件将非常有用。在这些情况中，初始化计算需要很长的时间才能完成。另外，一般情况下 PSCAD 建议不能改变拍摄快照后的仿真模型，但在上述示例中将可改变电感值，这是由于改变电感值不会影响到稳态时的电流值，因此所拍摄的快照对于所有电感值情况下的稳态都是适用的。当需要改变快照拍摄后的电路时，用户需仔细分析该快照所存储的稳态是否对改变后的系统适用。当不适用时，可通过采用后续将要介绍的多重运行方法来研

究不同情况下的系统动态响应。

9.6.2 快照拍摄

快照拍摄可通过在该项目的 Project Settings 对话框中 Runtime 页面下的 Timed Snapshot (s)下拉列表进行设置，如图 9-46 所示。

拍摄快照文件有三种方式：

- Single, (Once Only)：将在 Time 域指定的时刻拍摄一个快照。
- Incremental, same file：该方式将在 Time 域指定的时刻首次拍摄快照，其后以该时间为间隔连续拍摄，快照文件在每次拍摄时将被覆盖，用户所得到的将是在最后时间拍摄的单一快照文件。
- Incremental, many files：该选项可保存多达 10 个独立的快照文件。如果拍摄的快照文件超过 10 个，将从开始重复使用文件名。

快照文件名的格式为：base_name_##.snp，用户仅需通过 Snapshot file 域提供 base_name，其余部分将自动添加。快照文件将存储于该项目的临时文件夹中，图 9-47 为某个快照文件的部分内容。

图 9-46 拍摄快照文件

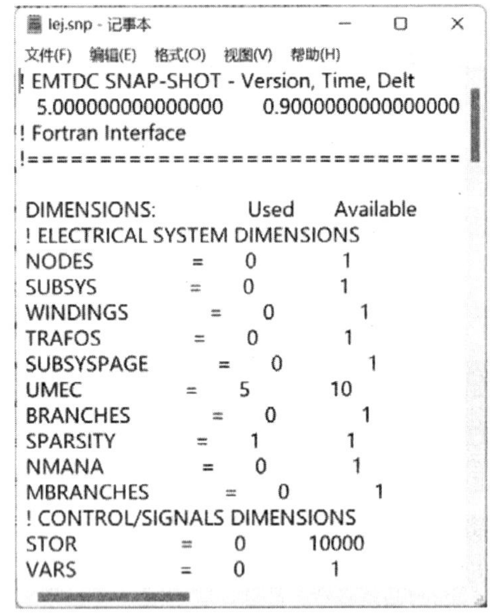

```
lej.snp - 记事本
文件(F) 编辑(E) 格式(O) 视图(V) 帮助(H)
! EMTDC SNAP-SHOT - Version, Time, Delt
  5.000000000000000     0.900000000000000
! Fortran Interface
!==============================

DIMENSIONS:          Used     Available
! ELECTRICAL SYSTEM DIMENSIONS
NODES          =    0          1
SUBSYS         =    0          1
WINDINGS       =    0          1
TRAFOS         =    0          1
SUBSYSPAGE     =    0          1
UMEC           =    5          10
BRANCHES       =    0          1
SPARSITY       =    1          1
NMANA          =    0          1
MBRANCHES      =    0          1
! CONTROL/SIGNALS DIMENSIONS
STOR           =    0          10000
VARS           =    0          1
```

图 9-47 快照文件的部分内容

9.6.3 快照启动方式

成功拍摄快照文件后，可从该快照文件启动重新运行该仿真。要使用快照文件方式启动，可通过在该项目的 Project Settings 对话框中 Runtime 页面下的 Startup Method 下拉列表选择 from snapshot file 选项，如图 9-48 所示，同时需在 Input file 输入域内指定快照文件。

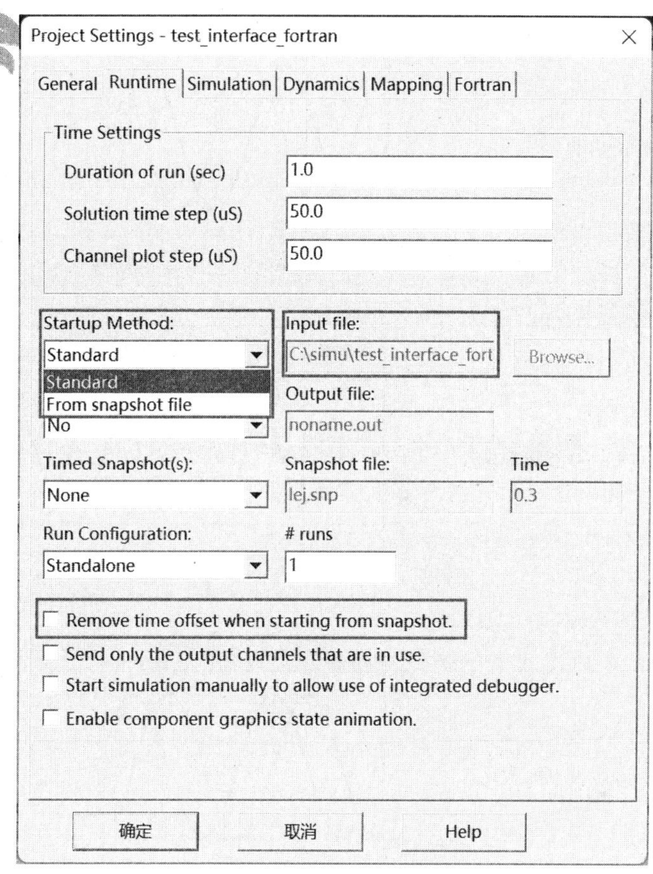

图 9-48 设置快照启动方式

9.6.4 注意事项

图 9-48 所示页面有复选框 Remove time offset when starting from snapshot，与快照启动方式配合使用。

勾选该选项时，无论快照拍摄于何时刻，从快照启动时都将从 0 时刻开始显示图形曲线，否则将从快照拍摄时刻开始显示。

例如，某个仿真模型的仿真时长为 1s，从 0 时刻启动的某个仿真波形如图 9-49 a 所示，在 0.3s 时拍摄单一快照，如图中 0.3s 处竖线。以该快照重新启动仿真，当不选中/选中该选项时的波形将分别如图 9-49 b 和图 9-49 c 所示。

可以看到，选中该选项时波形将显示为从 0s 到 1s。而不选中该选项时，波形将显示为从 0.3s 到 1.3s。

需要注意的是，该选项将仅影响波形显示的起始时刻，项目中其他的任何时刻设置必须采用绝对时刻。例如在上述例子中，如果想在快照启动后 0.1s 改变输出波形的幅值，必须在 0.4s 处进行改变，而不是在 0.1s 处。

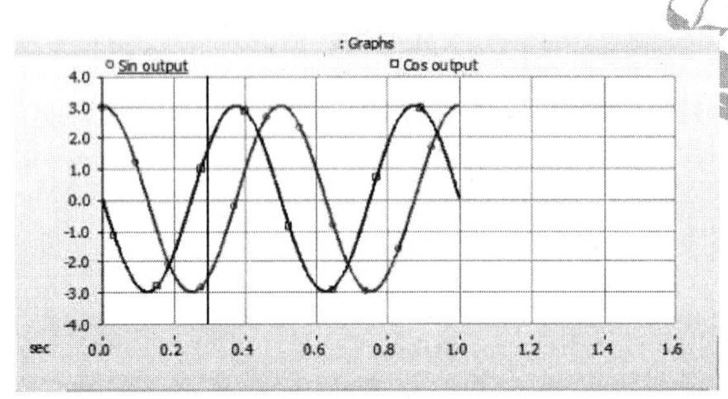

a) 标准启动

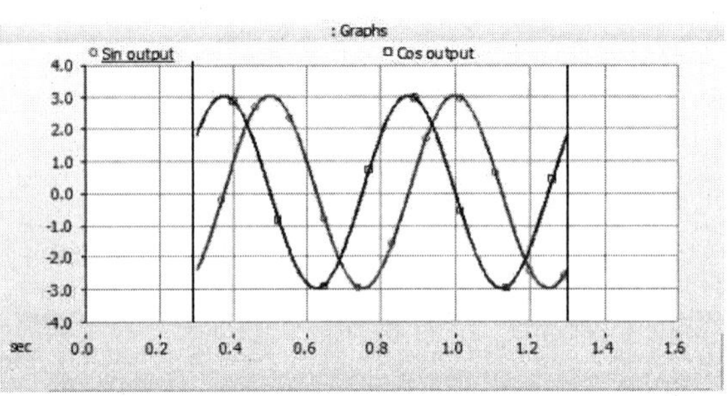

b) 快照启动，从 0.3s 显示

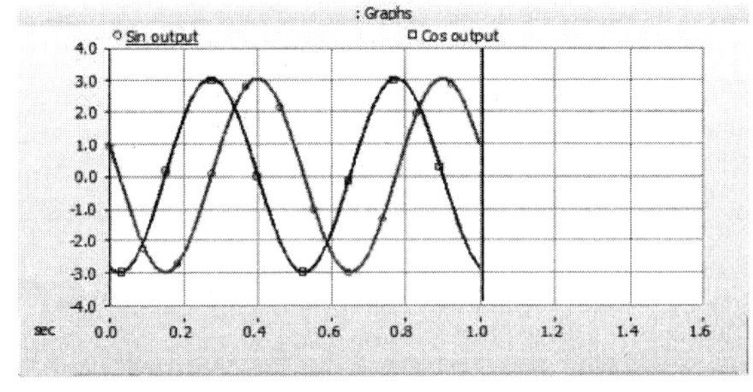

c) 快照启动，从 0.0s 显示

图 9-49 不同启动方式下的显示对比

9.7 多重运行

PSCAD 内提供了多重运行机制，可用于如下目的：

- 改变故障发生时刻以找到最严重的过电压。
- 修改控制器增益，以找到对干扰的最佳响应特性。
- 遍历一定范围的 RLC 值或系统参数值以确定最优值。
- 改变故障类型或位置以找到最严重电压电流暂态。
- 改变故障位置，以确定最严重的过电压水平。

在 PSCAD 中有三种可实现多重运行的方式：使用 Current Run Number 和 Total Number of Multiple Runs 元件、使用 Multiple Run 元件和使用 Optimum Run 元件，这三种方法在任一时刻只能使用一种。

9.7.1 使用 Current Run Number 和 Total Number of Multiple Runs

在使用元件 Current Run Number 和 Total Number of Multiple Runs 进行多重运行，需在项目的 Project Settings 对话框 Runtime 页面下 #runs 输入域中指定多重运行的次数，如图 9-50 所示。

设置完成后，项目中可利用 Current Run Number 和 Total Number of Multiple Runs 两个元件在不同仿真过程中设置不同的参数值，两元件外观如图 9-51 所示。其中 Current Run Number（图形外观上显示为 Run#）的输出是当前运行的仿真的次数，即按照 1, 2, 3,…递增，而 Total Number of Multiple Runs（图形外观上显示为#Runs）则是用户在图 9-50 所示 #runs 输入域中输入的多重运行次数。

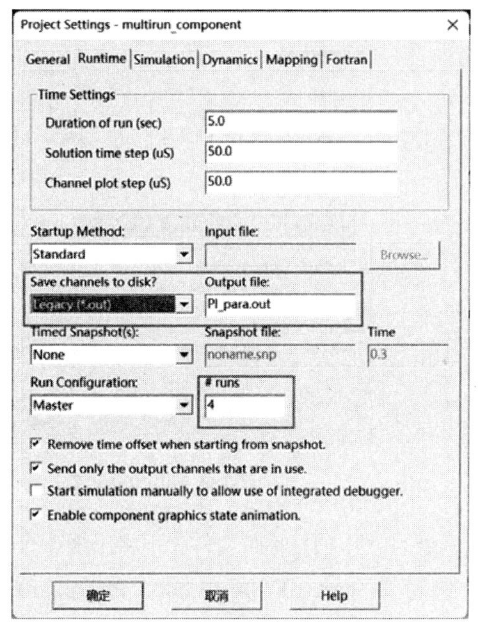

图 9-50 多重运行设置

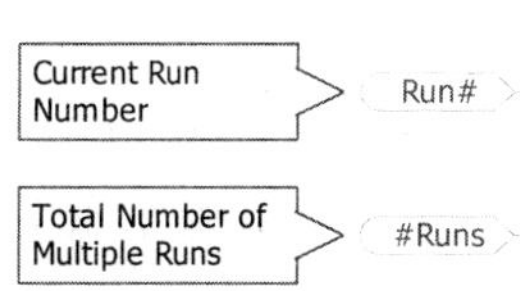

图 9-51 多重运行标签元件

示例：用户想查看不同 PI 控制器参数对干扰的响应，利用多重运行方法来调节 PI 控制器的 P 参数，图 9-52 给出了仿真模型主电路。

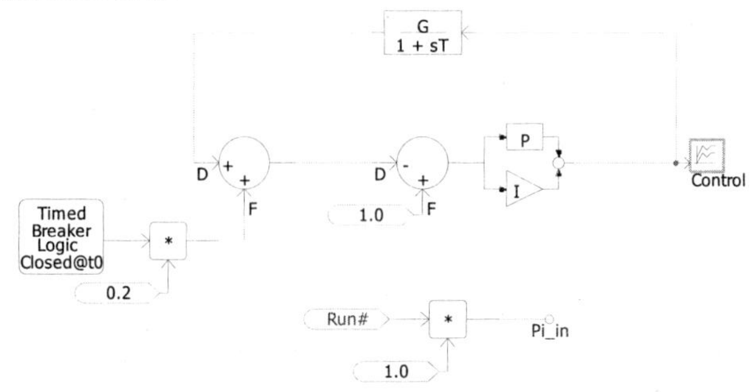

图 9-52 仿真模型主电路

该模型多重运行相关设置如图 9-50 所示，可以看到该模型将自动重复运行 4 次，且将仿真结果存储至文本文件 PI_para_r#####_##.out 中。

该模型中使用 Real Pole 元件模拟受控对象，其输出给定值为 1.0。Current Run Number 元件的输出将是当前运行的次数，利用该输出可自动在不同次数的仿真中改变参数，本示例中为 Pi_in。该信号将输入至 PI 控制器元件的参数 Proportional Gain 中，如图 9-53 所示。上述设置将使得每次仿真过程中 PI 控制器具有不同的比例环节参数。

该模型利用 Timed Breaker Logic 元件在 2.0~4.0 s 期间对控制器输入施加幅值为 0.2 的干扰。需要注意的是，该模型中参数 Title 设置为 Control 的输出通道元件的参数 Multiple Run Save 需选择为 All runs，以存储所有仿真数据，如图 9-54 所示。

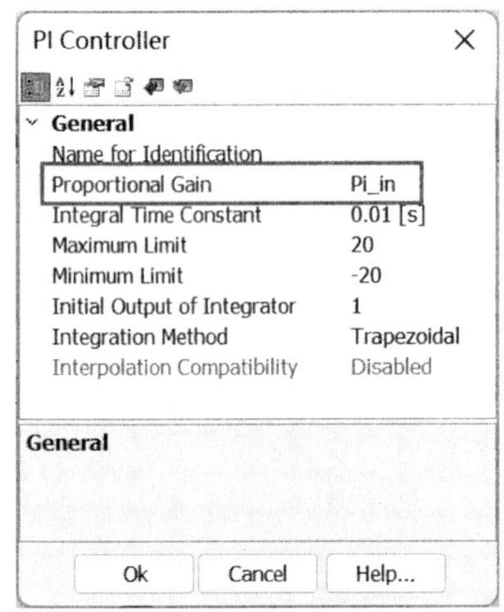

图 9-53 PI 控制器参数设置

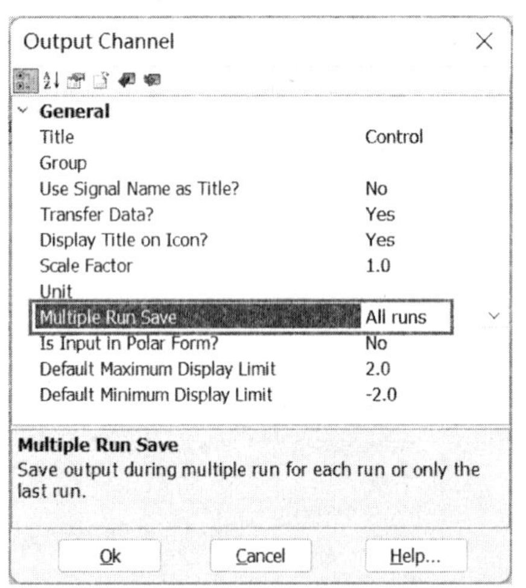

图 9-54 输出通道设置

启动仿真后，PSCAD 将连续运行 4 次，并且在该项目临时文件夹下将出现 4 个数据文件（当输出通道较多时将具有更多文件），分别为 PI_para_r00004_01.out、PI_para_r00003_01.out、PI_para_r00002_01.out 和 PI_para_r00001_01.out，其中 PI_para 即为数据文件基本名，r0000#代表仿真次数，而 01 则代表每次仿真中的数据文件编号。

编制另一个仿真模型，将这些不同仿真中的波形导入进行比对显示，结果如图 9-55 所示。

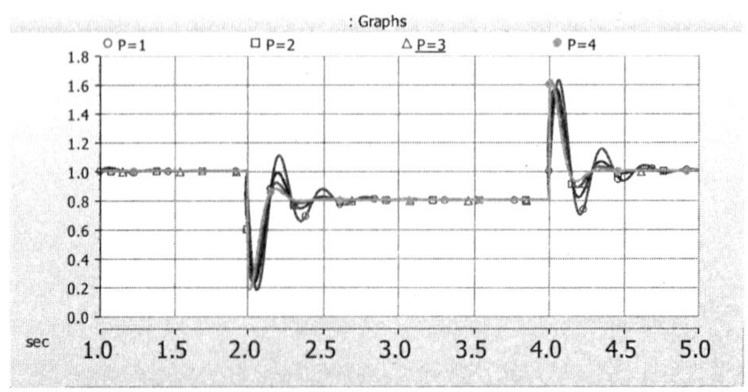

图 9-55 输出波形比对

尽管这种多重运行方法能使得 PSCAD 自动多次运行，且每次都能改变相应的参数，但其存在如下不足：仅利用 Current Run Number 和 Total Number of Multiple Runs 两个元件来实现无规律地改变多个参数时，相应改变参数的模型设计将会很复杂，容易出错且难以排查。参数的改变仅是人为事先进行调整，无法确定出最优的参数。多重运行的结果难以分析比对，需要另外设计仿真模型或利用其他数据分析软件进行。

为解决上述问题，可采用 PSCAD 提供的另外两种多重运行方法，即使用 Multiple Run 元件或 Optimum Run 元件。

示例：架空线串接线路仿真，通过自动移动故障位置分析比对不同故障位置下的线路电压暂态，图 9-56 给出了仿真模型主电路。

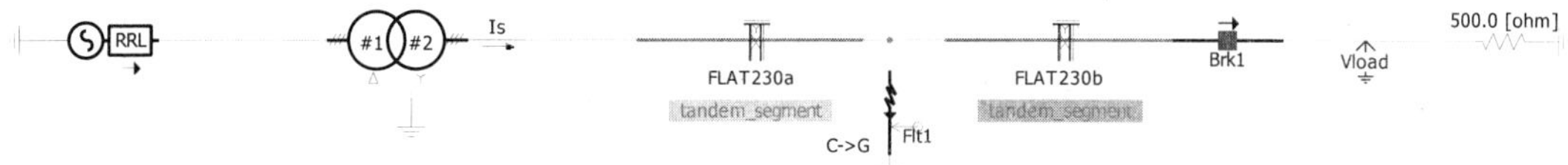

图 9-56 串接线路模型主电路

该模型中有两个名称分别为 FLAT230a 和 FLAT230b 的电气参数完全相同的架空线路段，两者的参数 Link this segment in tandem 分别选择为 Leading 和 Trailing。需要注意，但两者参数 Tandem segment name 需设置为相同，即 tandem_segment，该名称将显示在各自线路段名称的下方，且不同类型的线路段通过不同颜色区分，如图 9-56 所示。

在两个线路段中间放置可控故障元件，设置好多重运行次数，启动仿真后即可模拟故障位置的自动移动。需要注意：

- 保持 Trailing 类型线路段的长度始终大于零，也即在图 9-57 中，Length increment 中的设置值 10.0 km 与 Total step increments 中的设置值 9 的乘积需小于线路段总长 100 km。这两个参数只能由 Leading 类型的线路段设置。
- Total step increments 中的设置值 9 需与 Project Settings 对话框 Runtime 页面下 #runs 输入域中指定的多重运行次数 9 一致，如图 9-58 所示。

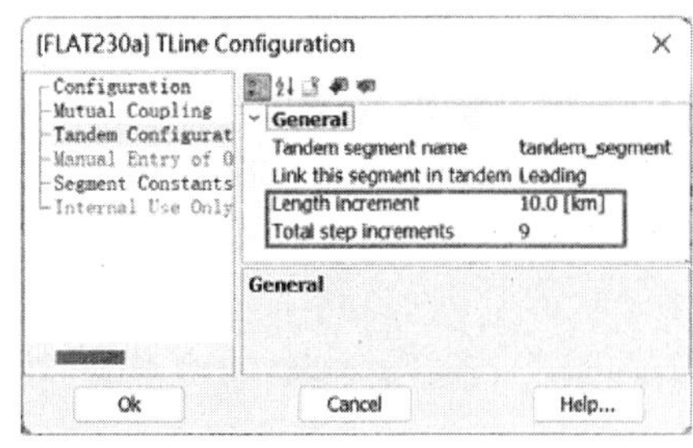

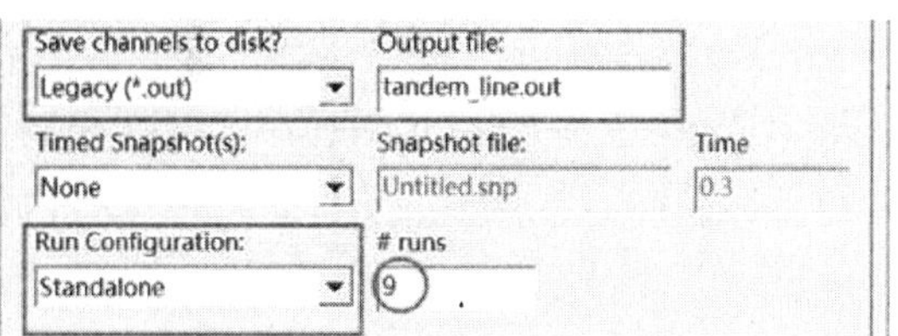

图 9-57 故障移动增量和次数

图 9-58 重运行次数设置

同样将全部仿真数据记录至磁盘文件，启动仿真后模型将自动运行 9 次，负载相电压波形结果比对如图 9-59 所示。

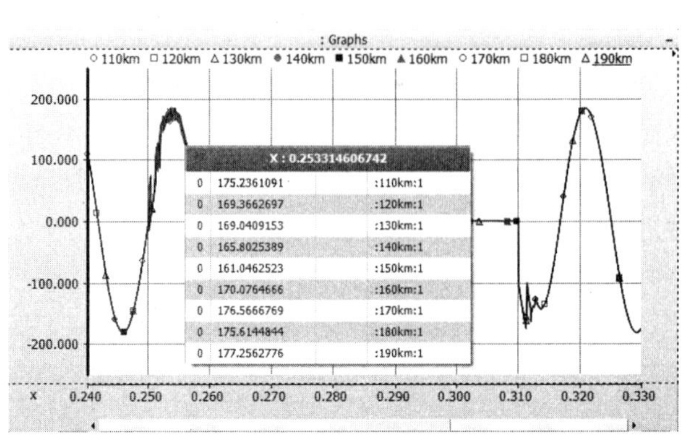

图 9-59 负载相电压波形对比

9.7.2 使用 Multiple Run 元件

上面所介绍的使用 Current Run Number 和 Total Number of Multiple Runs 元件来实现多重运行时存在一些困难：多重运行的次数较多时，通过这两个元件准确地控制每次仿真过程中所使用的参数将需要较复杂的设计，同时用户只能通过将每次仿真的结果手动集合到一起进行比对，无法直接得到用户所需的最优结果（例如需根据对所有响应特性的比对才能确定最佳的控制器增益）。通过使用 Multiple Run 元件将可使这些问题得到较好的解决，Multiple Run 元件的参数设置参见第 3 章。

示例：PSCAD 自带仿真模型 multirun（位于..\examples\tutorial 目录下）的主要电路如图 9-60 所示，该模型通过使用 Multiple Run 元件查找过电压最严重的故障类型和故障发生时刻，模型控制部分如图 9-61 所示。

模型中在电源和变压器之间放置故障元件，控制该故障元件的故障类型和故障发生时间。故障发生时间及切除时间由 Timed Fault Logic 元件控制，其参数 Time to Apply Fault 设置为 FltTime。FltTime 由两个量相加构成，一个是可通过滑动块调整的故障起始时刻，默认为 0.32 s，另一个由 Multiple Run 元件控制，在不同仿真中连续步进的微调量，即信号 FDelay。故障类型由 Multiple Run 元件控制的另一个信号 FaultType 设定。

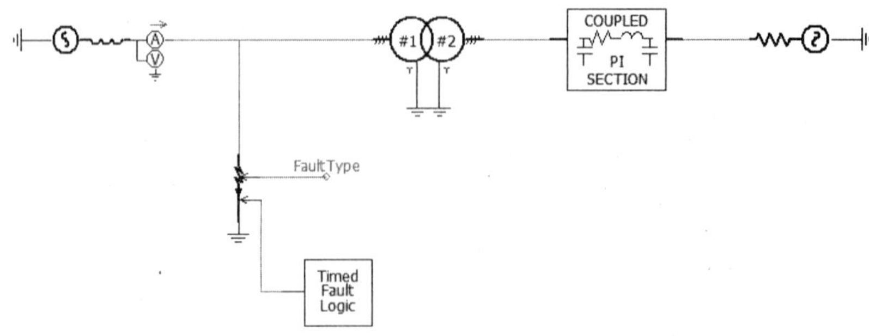

图 9-60 仿真模型的主要部分

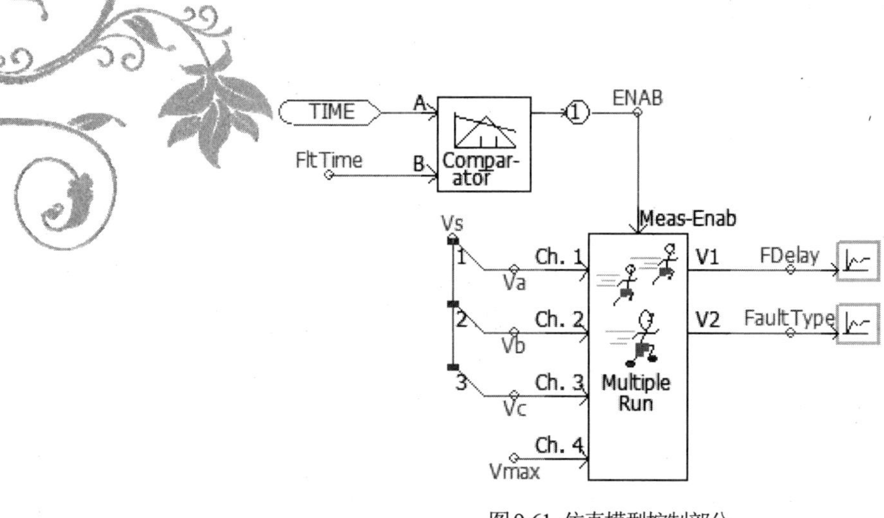

图 9-61 仿真模型控制部分

Multiple Run 元件控制的信号 FDelay 设计为 Sequential 类型，其变化从 0.0s 开始，步长 0.001 s，到 0.01 s 结束（找出过电压最严重的情况只需在半个工频周期内进行，即 0.01s）。而信号 FaultType 设计为 List 类型，取值为 14 和 7，分别对应单相接地故障、两相短路接地故障和三相短路接地故障（故障发生的相别无关紧要），相关设置如图 9-62 所示。

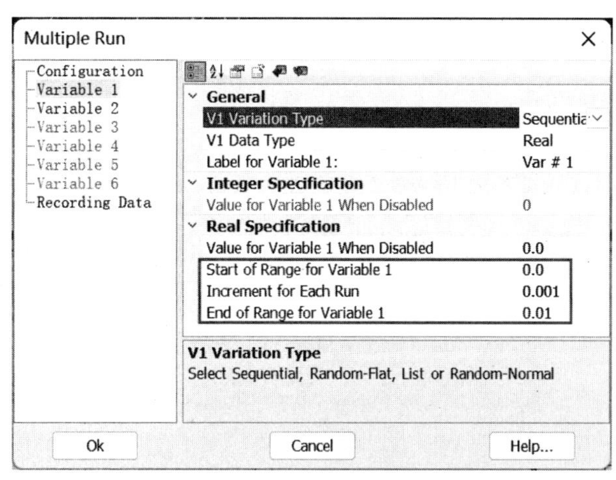

图 9-62 控制信号设置

此外，该 Multiple Run 元件还记录了 4 个信号，分别为三相相电压瞬时值 Va、Vb、Vc，以及三相相电压绝对值的最大值 Vmax。由于 Multiple Run 元件在每次仿真中仅能对输入信号记录一个值，该元件中设置为记录上述四个信号的最大绝对值，如图 9-63 所示。

同时该元件还将判断最优的运行，以通道 4 即信号 Vmax 为判断对象，选择最大值作为判断标准，并将所有记录数据存储于磁盘文件 mrunout.out 中，如图 9-64 所示。

完成上述设置后，由于信号 FDelay 共计有 11 个取值，而信号 FaultType 有 3 个取值，则 PSCAD 将自动运行 11×3=33 次，并最后将判定为最优运行（即三相电压瞬时值绝对值的最大值最大的那一次）的重新运行一次，因此共计仿真 34 次。

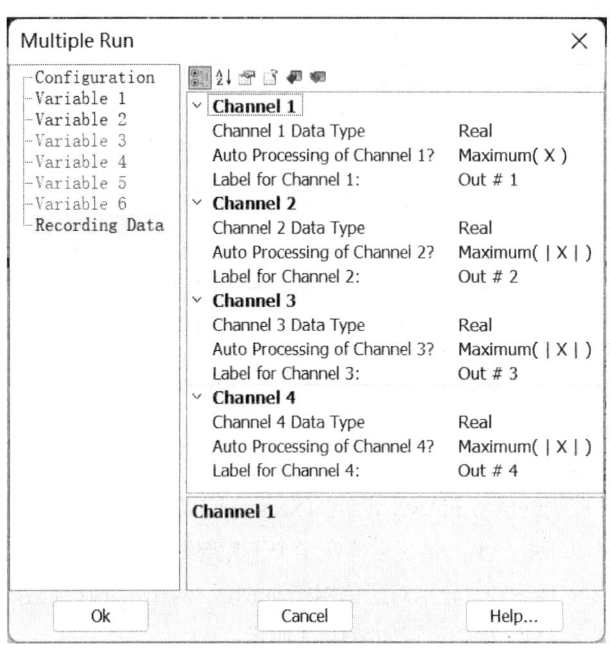

图 9-63 输入信号的记录方式设置

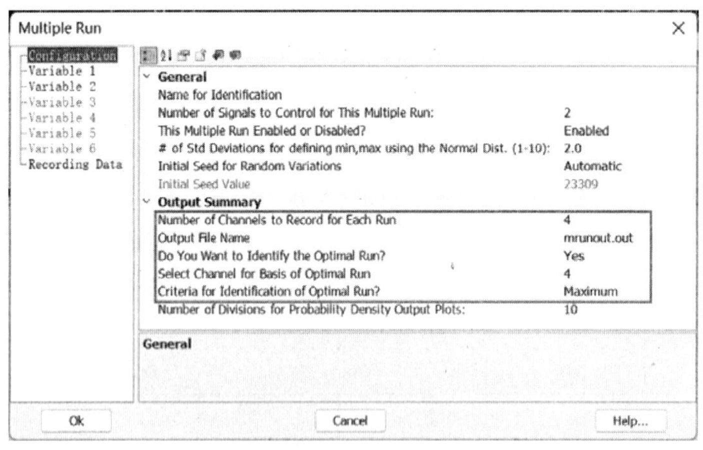

图 9-64 判断最优运行的设置

仿真后可打开数据记录文件 mrunout.out 查看仿真结果的记录信息和统计信息，如图 9-65 所示。根据对结果的分析，第 28 次运行时发生的过电压最为严重，相应的故障发生时间为 0.32+0.005=0.325s，故障类型 7（三相短路接地）。该文件中还给出了很多相关的统计信息。

通过上述示例说明，使用 Multiple Run 元件实现的多重运行，能够方便地同时改变多个信号在不同仿真过程中的取值，能够自动判定最优运行结果，能够自动对大量数据进行统计分析，极大简化了用户执行多重运行任务时的模型编制和数据分析工作。

Multiple run Output Viewer - [multirun_multirun]

Run #	Var # 1	Var # 2	Out # 1	Out # 2
1	0.000000000	1	181.1846201	160.0618564
2	0.1000000000E-...	1	151.7525165	156.6180912
3	0.2000000000E-...	1	158.0486046	153.2854910
4	0.3000000000E-...	1	146.9972321	151.7068171
5	0.4000000000E-...	1	148.5450725	147.6108872
6	0.5000000000E-...	1	148.1837821	150.5553820
7	0.6000000000E-...	1	160.8884519	152.9794779
8	0.7000000000E-...	1	173.8612358	155.8478771
9	0.8000000000E-...	1	182.8570900	161.0563422
10	0.9000000000E-...	1	150.6633876	154.4660731
11	0.1000000000E-...	1	175.0409741	160.0940174
12	0.000000000	4	166.8613715	153.5856339
13	0.1000000000E-...	4	162.4260470	153.9660608
14	0.2000000000E-...	4	163.2245198	166.8414765
15	0.3000000000E-...	4	158.5928853	164.9543765
16	0.4000000000E-...	4	166.8778329	165.5874291
17	0.5000000000E-...	4	159.3098483	162.1570311
18	0.6000000000E-...	4	157.9941803	180.0632938
19	0.7000000000E-...	4	166.6540683	161.2603590
20	0.8000000000E-...	4	179.6718755	161.5628284
21	0.9000000000E-...	4	174.3828225	151.5057204
22	0.1000000000E-...	4	161.8807406	153.1696805
23	0.000000000	7	177.0596883	170.8717885
24	0.1000000000E-...	7	164.4837406	178.9094078
25	0.2000000000E-...	7	162.0266746	175.9132766
26	0.3000000000E-...	7	175.0065612	167.5863827

图 9-65 仿真结果查看

9.7.3 使用 Optimum Run 元件

尽管使用 Multiple Run 元件可极大减轻用户为每次仿真设计不同参数以及判断最优结果的工作量，但尚未解决的一个问题是所控制变量的取值。使用 Multiple Run 元件时，每次仿真中参数所取的值都是事先给定的，不能根据仿真的结果自动进行调整，即其所达到的最优是在给定参数值集合范围内的局部最优，不一定是对整个可能参数选取范围内的最优。此问题可通过在 PSCAD 中使用 Optimum Run 元件来进一步得到解决。Optimum Run 元件的参数设置参见第 7 章。

示例：PSCAD 自带仿真模型 simplex_simple（位于..\examples\ optimum_run 目录下）的主要部分如图 9-66 所示。该模型通过使用 Optimum Run 元件来确定参数 x 和 y 的值，使得目标函数 $(x-1)^2+(y-1)^2+ y^2*(\sin(x))^2$ 取最小值。

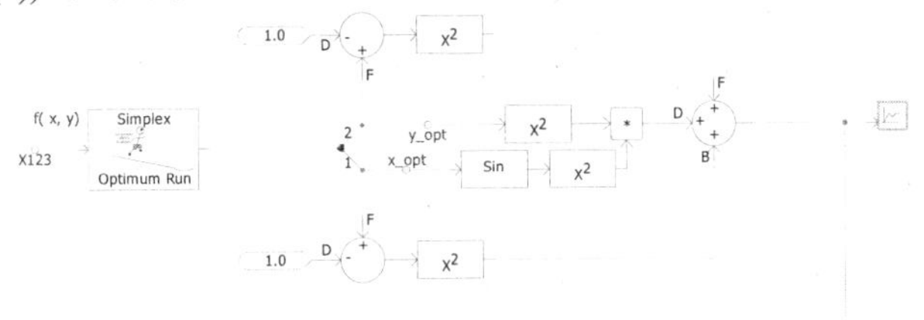

图 9-66 仿真模型

Optimum Run 元件以目标函数的当前值为输入，通过优化算法更新参数 x 和 y 的值，判断相邻两次仿真所得到的目标函数值的差，当该差值小于预置的阀值时停止仿真运行，此时的参数取值即为最优值。

图 9-67 所示为 Optimum Run 元件的设置。Optimum Run 元件中设置的差值阈值为 0.0000001，最大仿真次数为 91 次，以防止无法搜索到满足要求的最优值而无法终止的情况。

仿真后可打开数据记录文件 optimumrun.out 查看仿真结果，如图 9-68 所示。可以看到，仿真运行在第 70 次后停止，相应的 x 和 y 最优取值分别为 0.77479157923409 和 0.67172675200702，函数最小值为 0.37930506246707。

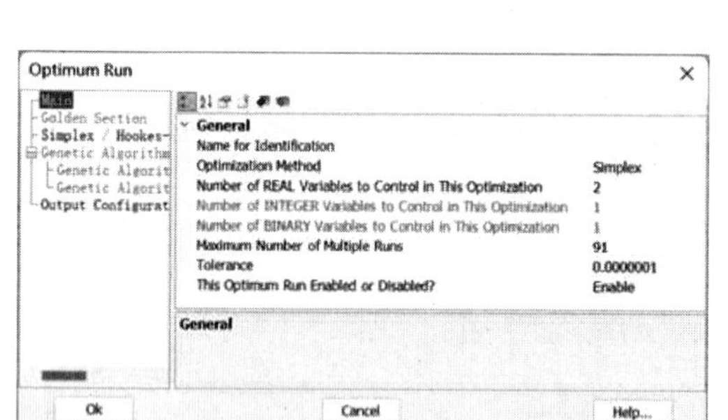

图 9-67　Optimum Run 元件的设置

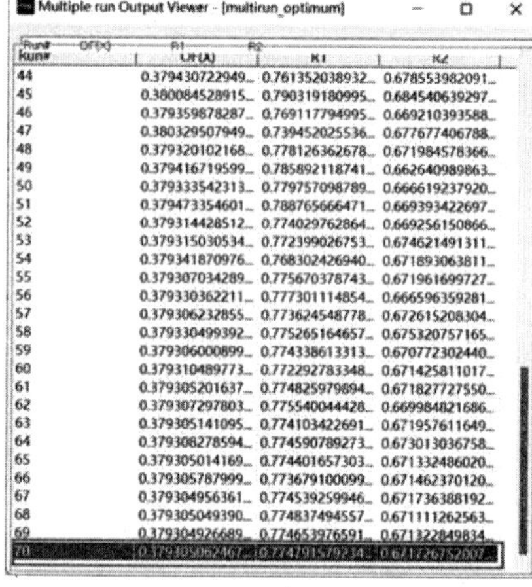

图 9-68　仿真结果查询

使用 Optimum Run 能真正实现利用多重运行进行最优问题的求解。

9.8 外部编译器调试

用户在调试 PSCAD 仿真模型时（特别是包含有用户自定义元件），经常遇到的困扰是所给出的涉及到用户自定义元件发生错误时的调试信息不够精确，更难以解决的是仿真模型运行正常，但实际结果与预计结果具有一定误差，例如在用户代码中将某个系数由 2.0 错误地写成 20。利用 PSCAD 所提供的外部编译器与 EMTDC 链接的外部编译器调试功能将极大有助于解决这些问题。

通过相应的设置后，用户可像在诸如 VC、VB 等编程环境下一样，在自定义元件的代码内设置断点、单步运行、实时查看变量的当前值，从而快速地解决潜在的编码错误或失误。

以下详细说明实现外部编译器调试的步骤。

- 在该项目的 Project Settings 对话框的 Runtime 页面下，勾选 Start simulation manually to allow use of integrated debugger 选项，如图 9-69 所示。
- 在该项目的 Project Settings 对话框的 Fortran 页面下选中 Enable addition of runtime debugging information 选项，并最好勾选该页面下 Checks 内的所有选项，如图 9-70 所示。
- 启动仿真，此时弹出图 9-71 所示的对话框，单击 Details 按钮，复制图 9-71 所示的字符串（图中所示为-v5 -config external_debugger_1.config），并一定单击 No 按钮，PSCAD 将自动挂起等待与外部编译器的通信。
- 打开外部编译器（本例中采用了 Parallel Studio XE 2011 with VS2010），在其菜单中依次选择文件→打开→项目/解决方案，在随后弹出的对话框内定位至本项目临时文件夹下，选择其中的可执行文件（本示例中为 external_debugger.exe）并打开，如图 9-72 所示。
- 在编译器环境中随后出现的解决方案列表下，右击可执行文件名称，从弹出的菜单中选择属性，如图 9-73 所示。

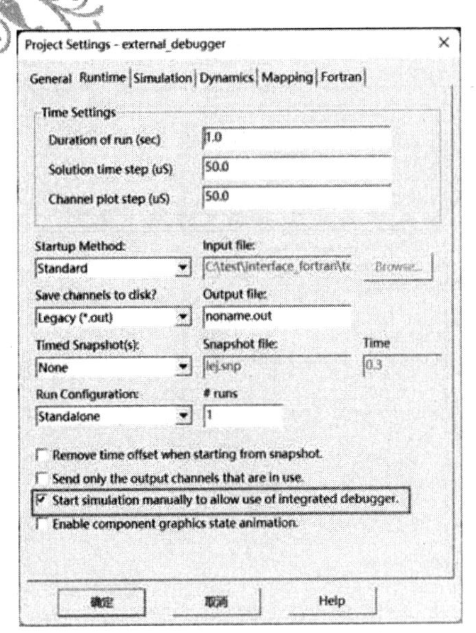

图 9-69 选项设置 1

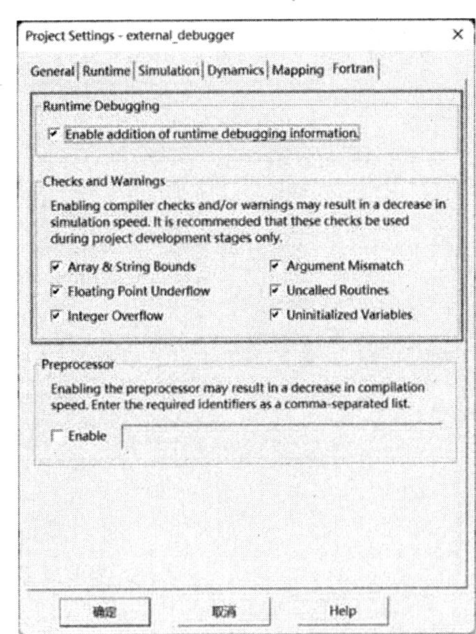

图 9-70 选项设置 2

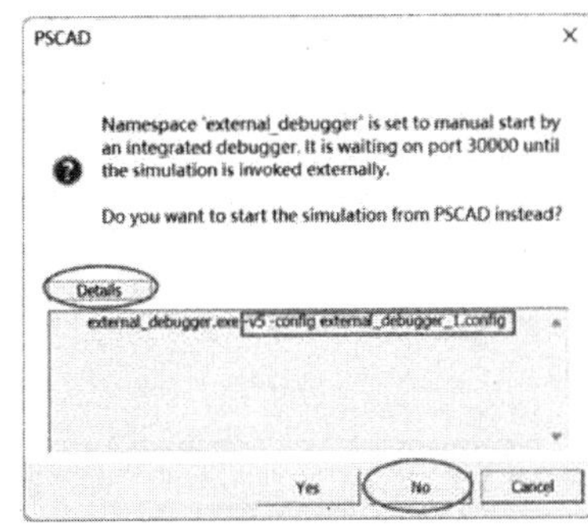

图 9-71 使用外部编译器调试时的启动对话框

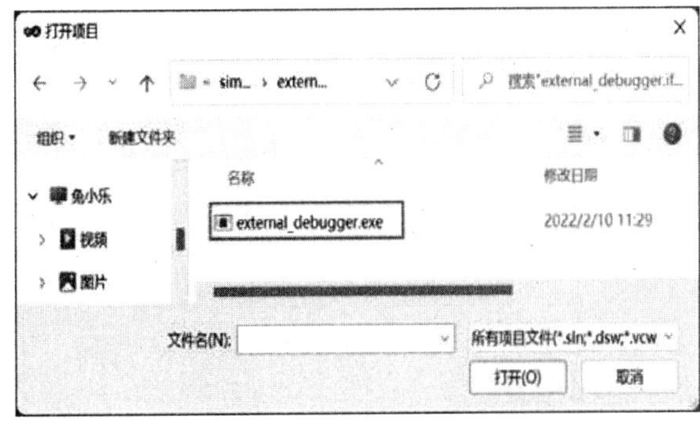

图 9-72 打开项目可执行文件

图 9-73 设置解决方案属性

- 在随后弹出的对话框的参数域中，输入字符串-v5 -config external_debugger_1.config，如图9-74 所示。

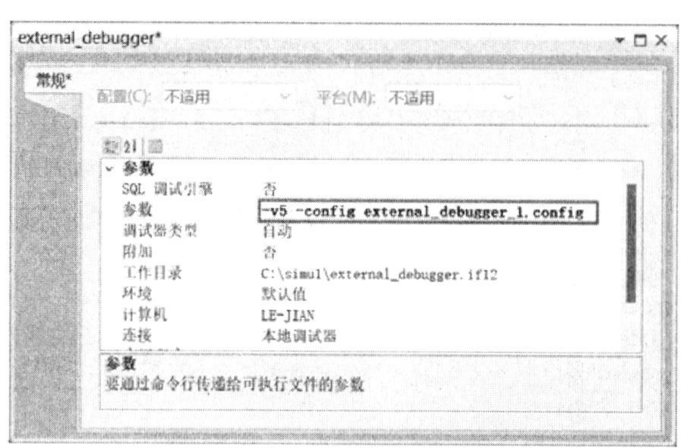

图 9-74 设置调试参数

- 在编译器环境中，依次选择菜单文件→打开→文件，并在随后弹出的对话框内定位至本项目文件夹下，选择并打开用户自定义元件调用的外部源代码文件（本示例中为 test_f.f），如图 9-75 所示。
- 在打开的外部源代码文件中需要的位置设置断点，如图 9-76 所示。

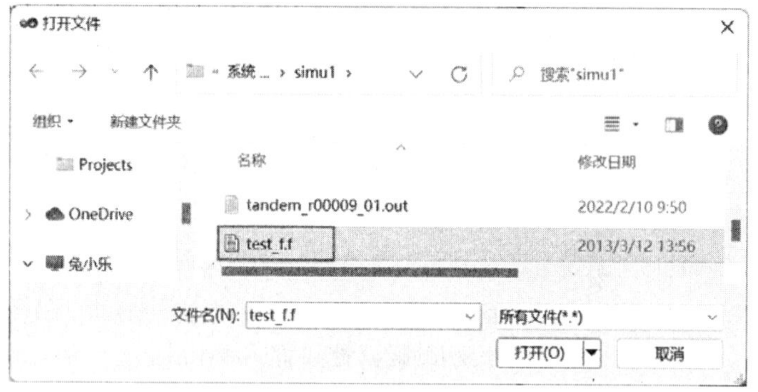

图 9-75 打开源代码文件

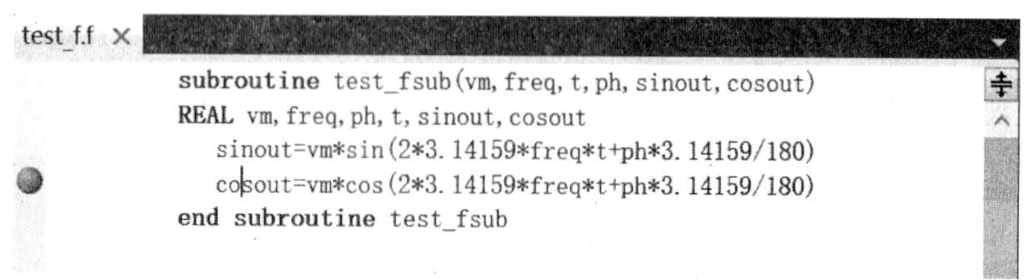

图 9-76 设置断点

- 在编译器环境下，依次选择菜单调试→启动调试，如图 9-77 所示。

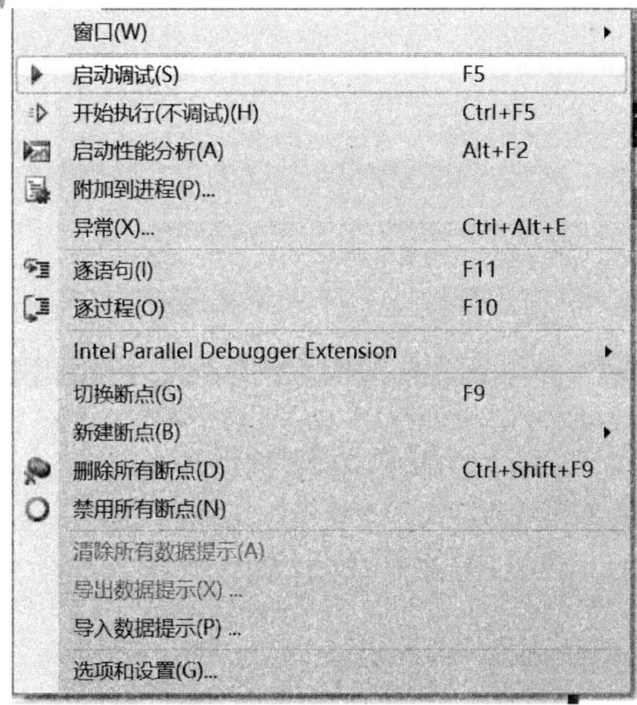

图9-77 启动调试

随后编译器开始运行至断点处停止，随后可通过使用快捷键F5进行单步方式调试程序，每次单步运行时PSCAD将前进一个仿真步长，其中的波形显示也将随之绘制一个步长，如图9-78所示。同时在编译器环境下局部变量窗口内可查看源代码文件中定义的各个变量的当前值，如图9-79所示。

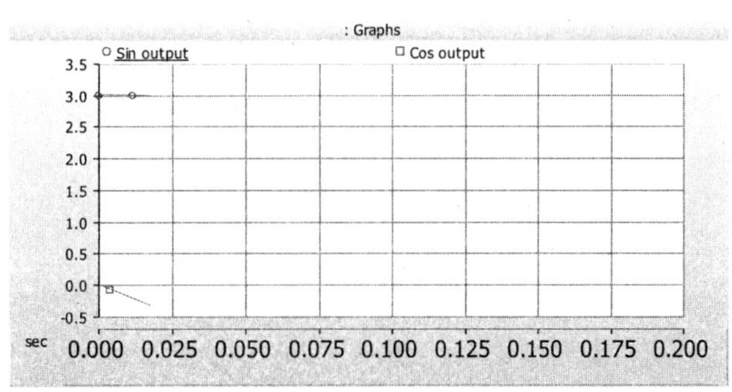

图9-78 调试时PSCAD的输出波形

通过 PSCAD 提供的外部编译器调试的方法，能够充分利用编译器提供的各种调试手段和调试方法，对用户自定义元件的代码进行调试。这将极大提高用户查找并解决其中存在的错误和失误问题的效率，提高用户模型编制的效率和正确性。

图 9-79 查看变量的当前值

9.9 基于 Python 的应用程序自动化

9.9.1 Scripts / Script out 面板

PSCAD 通过所提供 Scripts 和 Script out 面板与其自动化库（PSCAD Automation Library）接口，使得用户可通过生成、编辑和运行 Python 脚本实现应用程序自动化。在功能区控制条的 View 页面的 Panes 下拉列表中选择 Scripts，即可打开如图 9-80 所示的脚本面板。

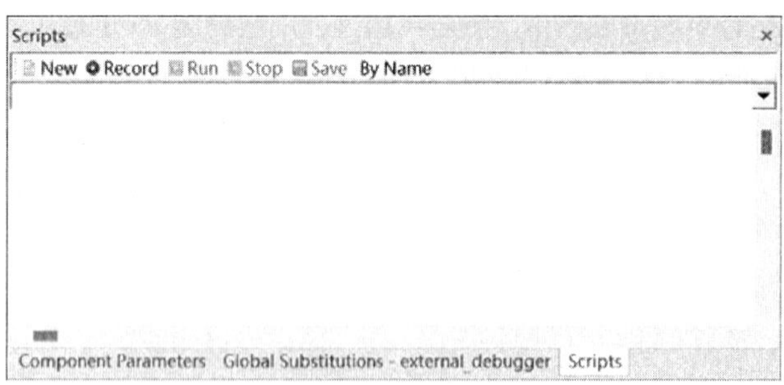

图 9-80 脚本面板

➢ 创建新脚本

单击图所示面板左上角 New，在随后弹出的对话框中输入新脚本文件名称（扩展名为.py）和存储位置，创建后即可自动加载该脚本文件，包括所需的初始化脚本，如图 9-81 所示。

➢ 加入/移除脚本文件

脚本文件*.py 也是资源文件的一种，因此可采用 9.3.1 节中介绍的两种方法加入脚本文件。鼠标右键单击目标项目的 Resources 分支，依次选择 Add→Script\Apps (*.py, *.exe, *.bat)，如图 9-82 所示，即可将目标脚本文件加入项目。双击加入的脚本文件后即可打开脚本面板，并加载该脚本。

鼠标右键单击 Resources 分支中的目标脚本文件，选择 Remove 即可移除该脚本文件。

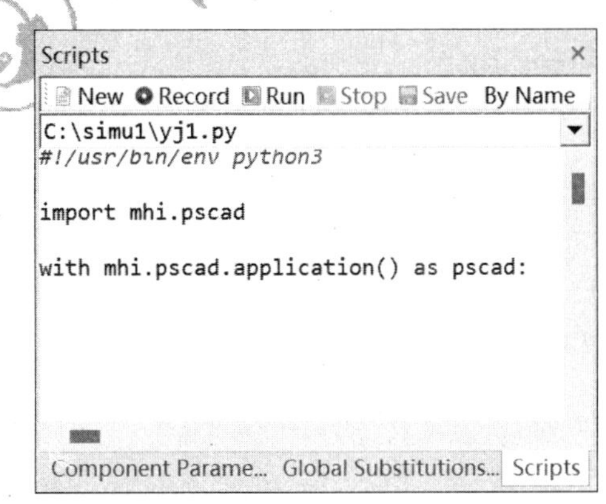

图 9-81 新的脚本文件内容

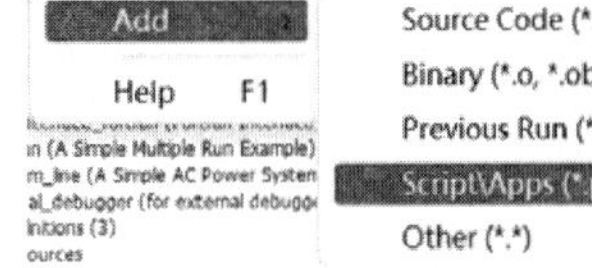

图 9-82 加入脚本文件菜单

➢ 记录/运行/停止/保存脚本

单击图 9-80 所示脚本面板上方菜单 Record/Run/Stop/Save，即可对脚本进行记录/运行/停止/保存。Script out 面板仅用于显示 Python 解析器输出的警告或错误消息。

9.9.2 应用程序自动化

PSCAD 提供了一套基于 Python 的自动化库（PSCAD Automation Library)，用户借助该库可实现通过编程的 PSCAD 自动化工作。PSCAD Automation Library 利用 Python 3.x 编写，相应的编程技术超出了本书的范围，用户可参考 Python 语法和 PSCAD 帮助文档中的 Application Automation with Python 章节。以下通过简单脚本说明应用：

示例：在 Scripts 面板编制如图 9-83 所示脚本：

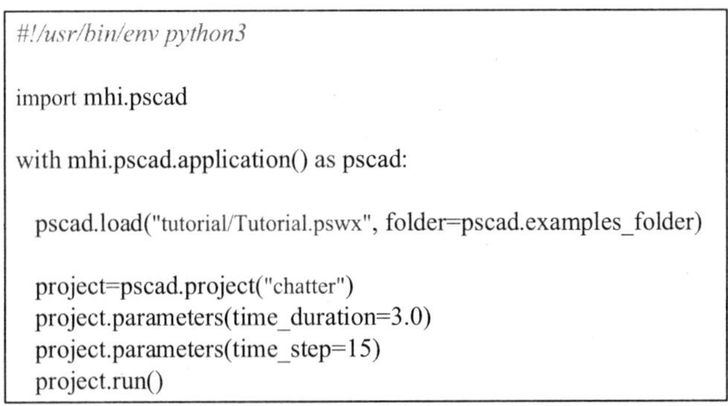

```
#!/usr/bin/env python3

import mhi.pscad

with mhi.pscad.application() as pscad:

  pscad.load("tutorial/Tutorial.pswx", folder=pscad.examples_folder)

  project=pscad.project("chatter")
  project.parameters(time_duration=3.0)
  project.parameters(time_step=15)
  project.run()
```

图 9-83 脚本

该段代码将在当前 PSCAD 实例中加载位于 PSCAD 自带示例文件夹下子文件夹..\examples\tutorial 下名为 Tutorial 的 Workspace，该 Workspace 将加载多个案例项目。进一步将名为 chatter 的项目的仿真时间 time_duration 设置为 3s，将仿真步长 time_step 设置为 15μs，如图 9-84 所示。最后自动运行该案例项目。

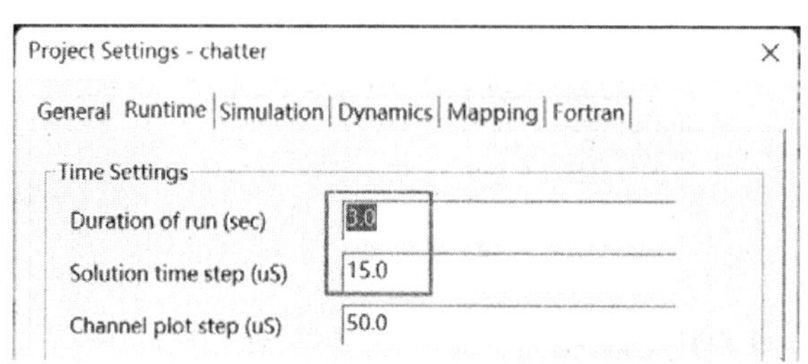

图 9-84 通过脚本设置项目参数

9.10 并行与高性能计算

9.10.1 概述

以半导体为基础的微电子技术上的物理限制改变了处理器设计的进程。20 世纪后期以来速度提高多个数量级的时钟频率已无继续大幅提高的空间。制造商因而转向更多关注基于多处理器核的并行计算来提供计算能力，由此 8 核、16 核甚至更多核的处理器开始在计算机中得到了应用。

对 PSCAD 和 EMTDC 提供并行计算能力的要求始见于 21 世纪后期，为回应这种不断增长的需求，软件开发开始朝向多核处理器的利用，以在提供精确结果的同时提高仿真效率并减少仿真时间。V4.5(2012 年发布)之前的版本最多能利用 2 个处理器核，PSCAD 和 EMTDC 可在不同的核上运行，但任何时候仅有一个 EMTDC 进程在运行。

V4.5 版本集成了两个独有的利用多处理器核的并行计算功能：其一是输电线和电缆的并行求解，另一个基本功能是发起多个同时运行的 EMTDC 仿真，每个 EMTDC 进程基于单独的 case 项目。

V4.6 中可在一个单一项目中发起运行多个 EMTDC 进程，即集群运行 (Volley Launch)，V5 版本中增强为并行多重运行 (Parallel Multiple Run, PMR)。此外，通过架空线和电缆接口，V4.6 中一个完整电气网络可被分割为多个部分并放置于多个案例项目中，这些案例项目可作为一个单一仿真同时运行，即所谓的并行网络接口 (Parallel Network Interface, PNI) 特性。

需要注意的是：一个标准 PSCAD 许可支持最多 8 个同时并行的 EMTDC 仿真，最大 1,024 个仿真将需要特别许可。

1. 架空线和电缆

较早版本中架空线和电缆是顺序求解的，某些项目中可能具有数百个输电线路段，采用顺序求解将非常麻烦且耗时。事实上架空线和电缆段的求解是相互独立的，对一个包含大量此类元件的项目而言，利用并行计算以提高它们的求解速度是非常有意义的。

图 9-85 所示为新旧版本求解处理的示意。

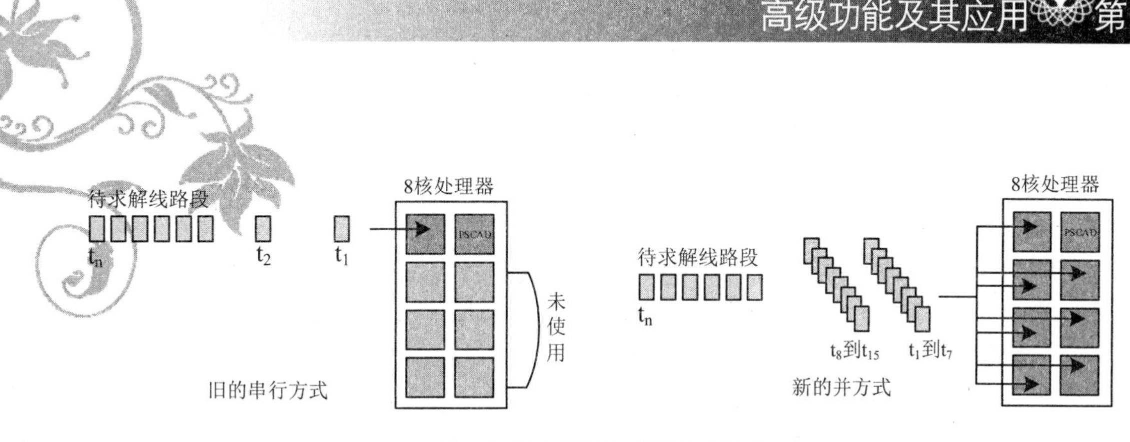

图 9-85 输电线路段求解处理的比较

项目编译最后步骤之一是求解每一个输电线路段，随后将建立 EMTDC 可执行程序并启动仿真。输电线路段现在是并行求解的，视计算机上可用的处理器核的数目而定。对于一个 8 核处理器，将使用 7 个核（其中一个用于 PSCAD）求解全部的线路段，每个线路段被直接指派一个核。当线路段数目超出可用核的数目时，线路段将顺序求解直至所有段求解完成。

2. 仿真组

仿真组是 PSCAD 中实现并行计算的基础，它是一种划分并配置成组仿真的容器。一个仿真组内所有的仿真将同时发起（并行），并使用所有可用的处理器资源。如果定义了多个仿真组，则各仿真组将以出现于组列表中的次序依次运行。用户选择了 run all sets 时所有仿真组的顺序启动也是自动完成的。

图 9-86 所示我一个仿真内多个仿真并行运行时资源利用的示意。其中有两个仿真组，分别包含 5 个和 9 个仿真项目。对一个 8 核处理器将有 7 个（其中一个用于 PSCAD）可用的核来运行这些仿真项目。第二个仿真中仿真项目的数目 9 大于可用核数 7，此时操作系统将这些可用资源共享于这 9 个仿真，但效率将降低，应尽量避免启动仿真组时超出可用资源范围。很明显可用的核越多，仿真组的规模将可越大，同时不会降低效率。

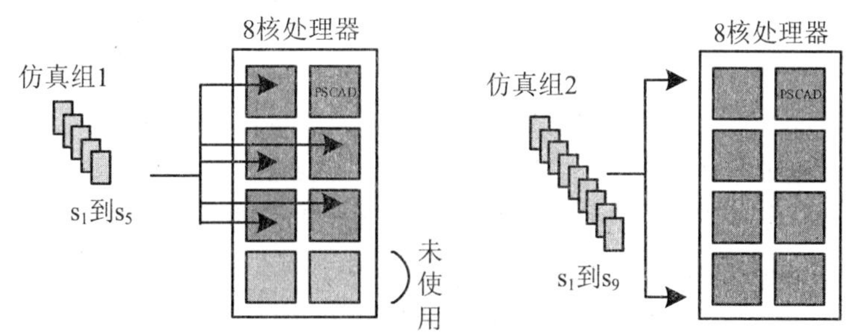

图 9-86 仿真组内并行运行示意

除 2.4.3 节中的操作外，仿真组还有如下涉及并行计算的参数设置：

1) 仿真组

鼠标右键单击目标仿真组并选择 Options…，弹出对话框如图 9-87 所示。

➢ Simulation Set | General

- Name：仿真组名称。不超过 30 字符。
- Enabled：Enabled | Disabled。选择 Disabled 时，执行 Run All 命令时不运行该仿真组。

➢ Command Line | Post/Pre-Run

- Post/Pre-Run Process：指定某个*.exe 或*.bat 文件，在仿真组运行之后/之前运行。这些程序可在仿真组运行之间执行，例如，某个批处理文件可在下一个仿真组启动仿真之前，将 EMTDC 输出文件复制到另一个文件夹。
- Wait (Post/Pre-Run)：Wait | Do not wait。选择 Wait 时， PSCAD 将等待 Pre-Run Process 指定的程序运行完成后再运行该仿真组。或者 PSCAD 将等待该仿真组 Post-Run Process 指定的程序运行完成后再运行下一个仿真组。

2) 仿真任务

右键单击仿真组中目标仿真任务并选择 Options…，弹出对话框如图 9-88 所示。

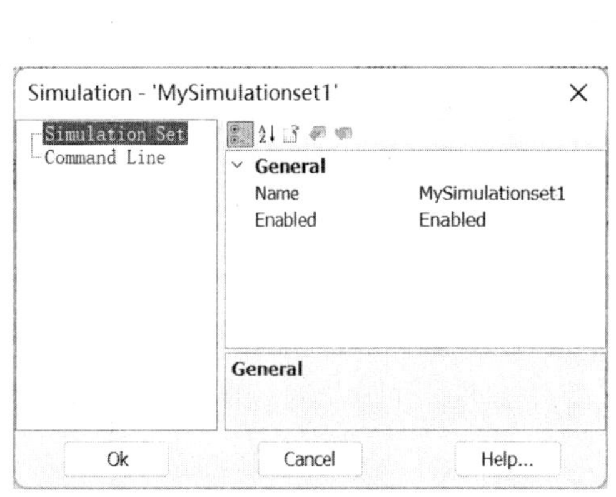

图 9-87 仿真组参数设置

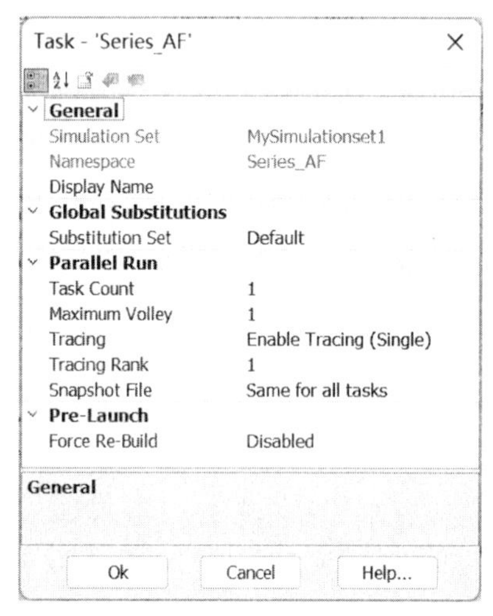

图 9-88 仿真任务参数设置

➢ General

- Simulation Set：仅用于显示。仿真任务所在仿真组的名称。
- Namespace：仅用于显示。 仿真任务对应项目的名称。
- Display Name：仿真任务显示名称，无输入时为对应的项目名称。

➢ Global Substitutions

- Substitution Set：选择使用在全局替换参数面板中设置的全局替换参数组。

➢ Parallel Run

- Task Count：该仿真项目并发启动的数目，每个仿真运行将有一个唯一的区别与其他运行的 Rank Number，通过 Rank_number 元件进行访问，用于设置不同运行的行为。该设置用于并行多重运行 (Parallel Multiple Run, PMR)。
- Maximum Volley：并发启动仿真的最大数目。通常根据可用处理器核设置，一个标准

PSCAD 许可的最大值为 8。

- Tracing：Disable Tracing | Enable Tracing (Single) | Enable Tracing (All)。设置追踪级别。建议仅在测试和调试过程中启用追踪，大规模仿真时启用追踪将极大影响仿真速度。该设置用于并发启动 (Volley Launch)。
  - Disable Tracing：禁用追踪。
  - Enable Tracing (Single)：单一追踪，需在 Tracing Rank 中指定用于追踪的仿真任务的 Rank Number。
  - Enable Tracing (All)：追踪所有仿真。
- Tracing Rank：指定 Rank Number。该 Rank Number 对应的仿真任务将向 PSCAD 回传追踪信息，最大可指定数目为 Task Count 中设置值。
- Snapshot File：Specified by rank # | Same for all tasks。快照启动方式时每个仿真任务快照文件的指定方式。
  - Specified by rank #：基于 Rank Number 为每个仿真任务指定快照文件。
  - Same for all tasks：所有任务使用相同快照文件。

➢ Pre-Launch

- Force Rebuild：Enabled (clean temporary folder) | Disabled。选择 Enabled 时，启动前将清除仿真任务对应项目的临时文件夹，并重新编译。此时将有可能导致数据丢失。

9.10.2 并行网络接口 (PNI)

1. 概述

从 PSCAD V4.6 开始，多个代表一个完整电气网络各个部分的 Case 项目可作为一个仿真同时运行。一个电气网络可被拆分成多个电气子网络，每个子网络可用一个分离的 Case 项目建模并使用单独的 EMTDC 进程运行。通过并行网络接口将各个 EMTDC 进程链接后形成可在一个 Workspace 内运行的整体仿真。

从绘图和实时信号控制所需运行信息来看，PSCAD 与 EMTDC 之间的通信与单一进程时的完全一样，但在多项目仿真时多个 EMTDC 进程之间需额外的通信，如图 9-89 所示。由于每个 EMTDC 进程均为一个启动于各自处理器核的可执行文件，因此可实现完整系统的并行仿真。

对含多个子系统的大型网络，使用 PNI 可极大提高整体仿真速度，特别是子系统含有高速开关设备（如 FACTS 设备等)。

2. 仿真模型设置（示例）

EMTDC 中电气子系统的边界通过分布参数的架空线和电缆段定义，因而合理的做法是将输电线路段作为多项目仿真的链接点。下面以 PSCAD 自带模型中的 Cigre_BM, Cigre_BM1 和 Cigre_BM2 进行具体说明。Cigre_BM 模型是在 Cigre Benchmark 模型基础上简单修改得到的，其中两个换流站之间原本简单的 RLC 无源网络更换为直流输电线路模型，如图 9-90 所示。

输电线路的加入使得整个电气网络被划分为两个各有约 25 个节点的分离子网络（整流侧和逆变侧)。由于分布式输电线路产生的自然传播延时，直流输电的整流和逆变侧子网络可作为分离但相关的进程被编译和运行，为此需手动将原模型分割为两个独立的项目文件。

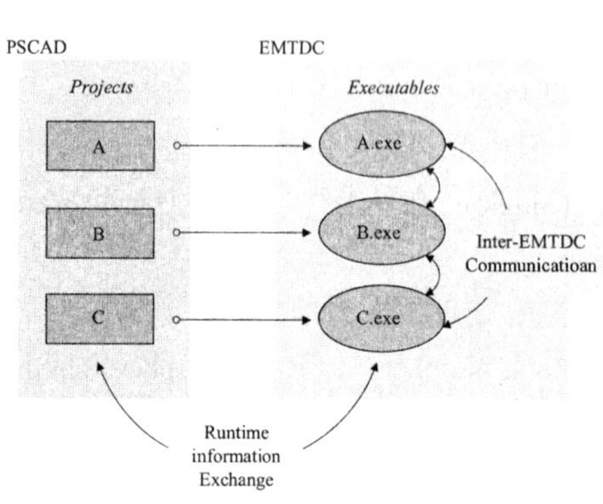

图 9-89　多项目并行时的 PSCAD 与 EMTDC 的交互

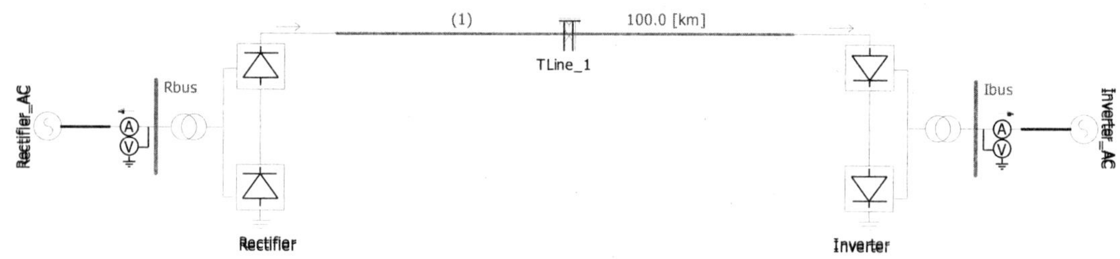

图 9-90　Cigre_BM 模型主电路

可采用多个途径进行模型分割，其中最有效的是首先复制项目，然后对各模型进行针对性修改。据此图 9-90 所示模型可分割为两个项目（Cigre_BM1 和 Cigre_BM2），主电路分别如图 9-91 和图 9-92 所示。

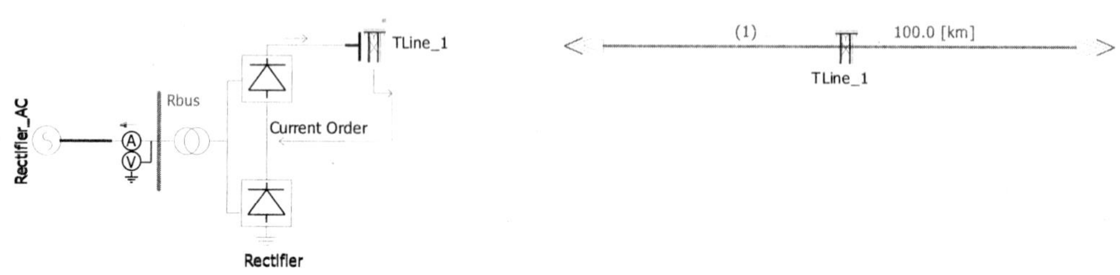

图 9-91　Cigre_BM1 模型主电路

为适应项目间并行网络接口，架空线配置元件和接口元件需特别设置。

➢ 架空线和电缆配置元件

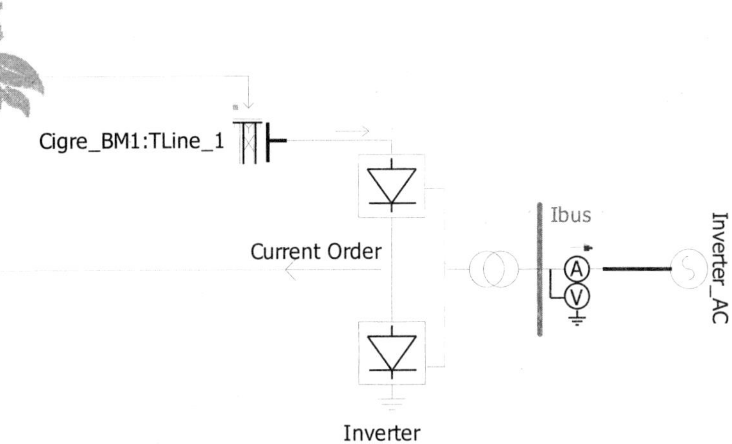

图9-92　Cigre_BM2 模型主电路

架空线和电缆配置及其接口元件中提供了实现 PNI 接口的参数和功能。配置元件中提供了新的终端连接方式，Cigre_BM1 中输电线路配置元件的参数 Terminal Style 的设置如图 9-93 所示。可选项中仅 Foreign ends 和 Alien ends 用于设置 PNI 接口：

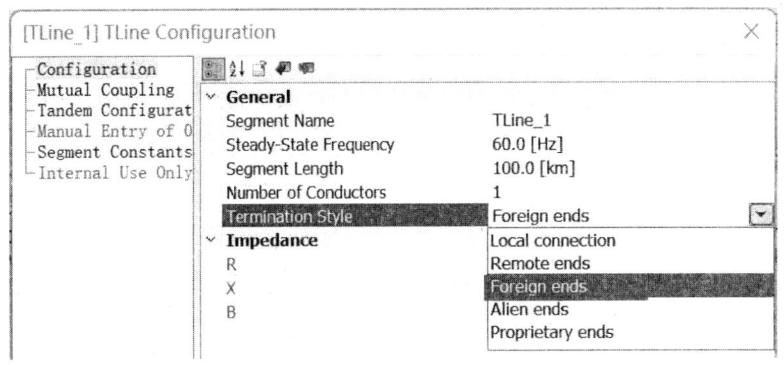

图9-93　架空线配置元件设置

- Foreign ends：同一 Workspace（PSCAD 的实例）中两个分离 Case 项目间接口。
- Alien ends：两个不同 PSCAD 实例中两个分离 case 项目间接口。

➢ 架空线和电缆接口元件

接口元件中提供了新的用于 PNI 的参数，如图 9-94 和图 9-95 所示。这些参数为 Control Signal Carrier 功能提供信息。

- Sending/Receiving Signal Dimension：发送/接收信号的维数。

架空线和电缆接口元件还提供了不同 PSCAD 实例之间实现 PNI 的参数，如图 9-96 所示。

- End Type：None | Client | Server。该参数确定了线路该端的终端类型。两个分离的 PSCAD 实例，其中一个实例需作为 Server 而另一个则为 Client。包含 Overhead Line Configuration 元件的 case 项目总是作为 Server。

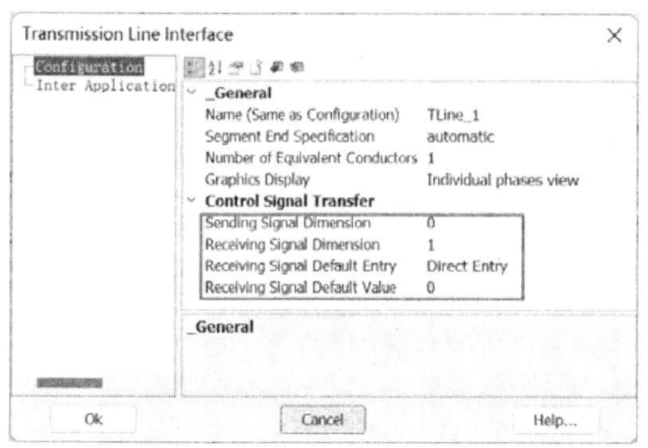

图 9-94　Cigre_BM1 接口元件设置

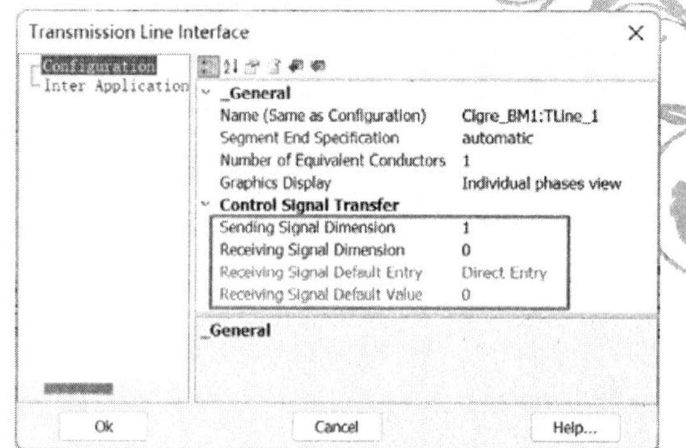

图 9-95　Cigre_BM2 接口元件设置

➢ 控制信号传递

项目被分解为多个分离电气子网络时，子项目之间传递控制信号将不可避免。PNI 采用了 Control Signal Carrier 概念，其中控制信号连通电气数据一起通过输电线接口传输，但控制信号将无延时地达到另一端。

上述例子中，控制信号 Current Order 由逆变侧 case 项目生成，通过 control signal carrier 被传递至整流侧项目中，如图 9-91 和图 9-92 所示。图 9-94 和图 9-95 分别设置接收/发送信号维数为 1。

3. 启动并行仿真

在建立各电气子网络仿真模型并正确设置后，用户需要通过 Simulation sets 的方法来启动并行仿真。为此可在 Simulation Sets 下新建仿真组 Cigre_hvdc，并加入项目 Cigre_BM1 和 Cigre_BM2 作为仿真任务，如图 9-97 所示。

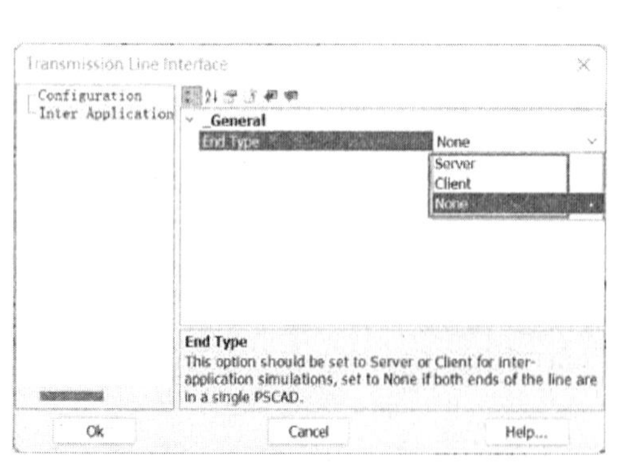

图 9-96　多 PSCAD 实例间并行仿真的设置

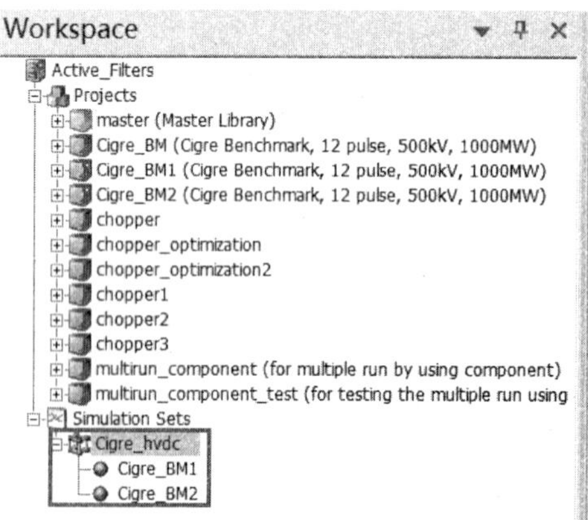

图 9-97　设置并行仿真

运行该仿真组后即可得到仿真波形，图 9-98 和图 9-99 分别为 Cigre_BM（单一仿真）和 PNI 仿真所得到的整流侧/逆变侧交流电压波形的对比，相应的仿真结果完全一致。

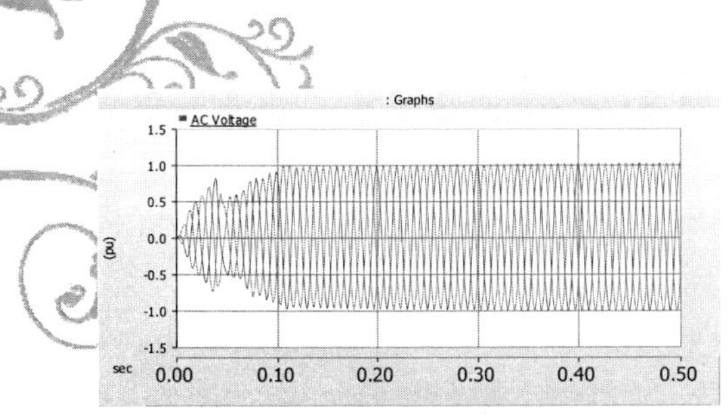

a) 单一仿真

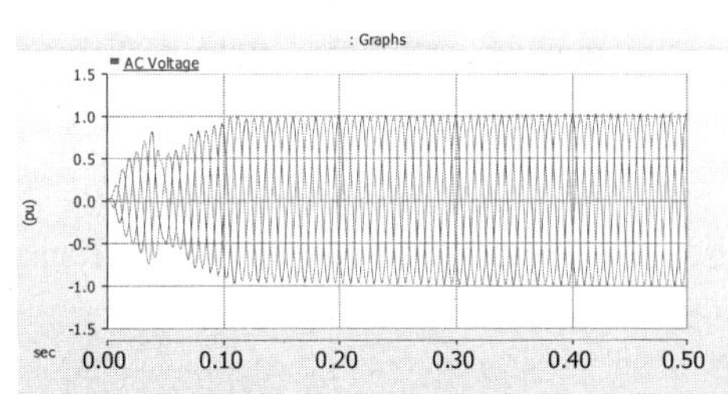

b) 并行 PNI 仿真

图 9-98 整流侧交流电压

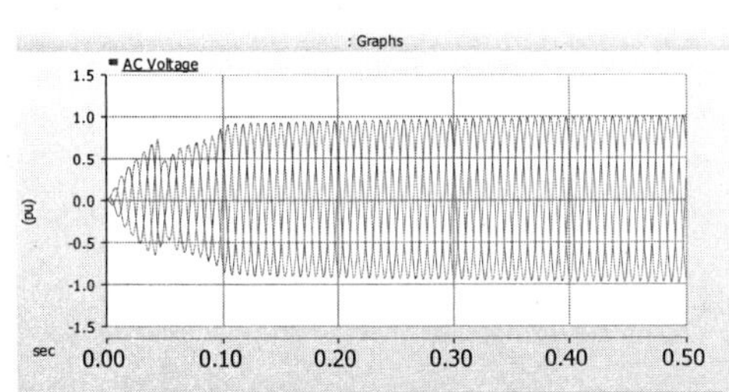

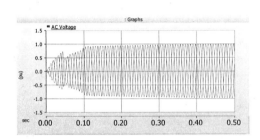

a) 单一仿真

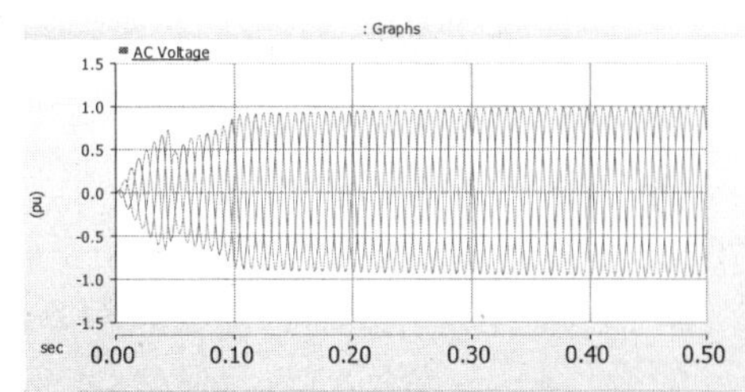

b) 并行 PNI 仿真

图 9-99 逆变侧交流电压

9.10.3 并行多重运行 (PMR)

计算机领域的 SPMD (单一程序多重数据) 用于实现数据并行，即某个仿真的多个带有不同输入的实例同时在多个处理器核中运行，相比顺序运行可更快更高效地获取所有结果。PSCAD 中该技术称为并行多重运行 (PMR)。

PMR 特性使得用户可通过单一案例项目启动多个并行运行的仿真，每个仿真相互独立运行于唯一的处理器核，但可具有不同的输入数据。一个标准 PSCAD 认证许可的最大默认核数为 8，通过对认证许可升级可增加至 1024 核 （PSCAD V4.6 中为 64）。

PMR 仿真使用的处理器核也可位于不同的计算机上，多计算机并行仿真请参考集群启动系统 (Cluster Launch System, CLS)。PMR 也可视为现有 EMTDC 顺序多重运行控制的升级，使用了 Multiple Run 或 Optimum Run 元件的项目可升级使用该特性。PSCAD 同样在 PMR 仿真结束后生成多重运行输出文件。

➢ 使用 PMR 仿真的步骤

- 新增仿真组并加入启用 PMR 的案例项目作为仿真任务。
- 设置仿真任务参数（相关参数说明参见 9.10.2 节）。主要包括：在 Task Count 中输入仿真重复运行总次数。在 Maximum Volley 中输入同时并发运行仿真数。在 Tracing 中选择追踪等级。在 Tracing Rank 中输入追踪的仿真的 Rank number。

- 在项目中使用 Rank number 元件。每个 PMR 中的仿真将分配一个排序号，通过 Rank number 元件输出。用户可利用该整型输出改变参数在不同运行中的值。

➢ PMR 示例

以 9.7.1 节中介绍的多重运行仿真模型为基础，仿真模型与图 9-52 极为类似，但为与 PMR 相适应，将用于控制参数的标签换为新的 Rank_number 元件，如图 9-100 所示。

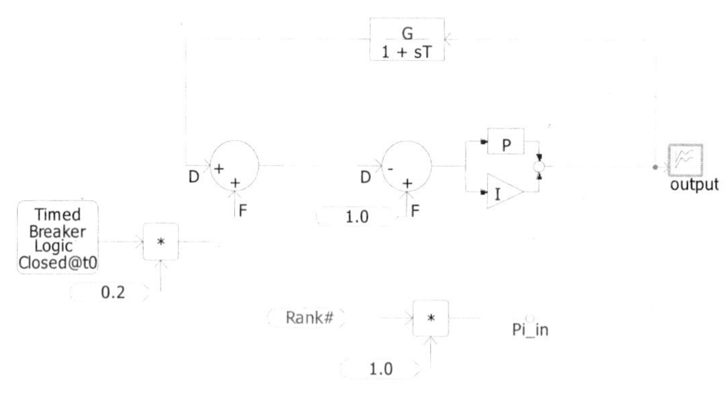

图 9-100　PMR 并行仿真模型

在 Simulation Sets 下建立一个名为 PMR_simulation 的仿真组，并加入该仿真模型 multirun_component，鼠标右键单击该仿真任务，从弹出的菜单中选择 Options…，如图 9-101 所示，弹出的对话框如图 9-102 所示。

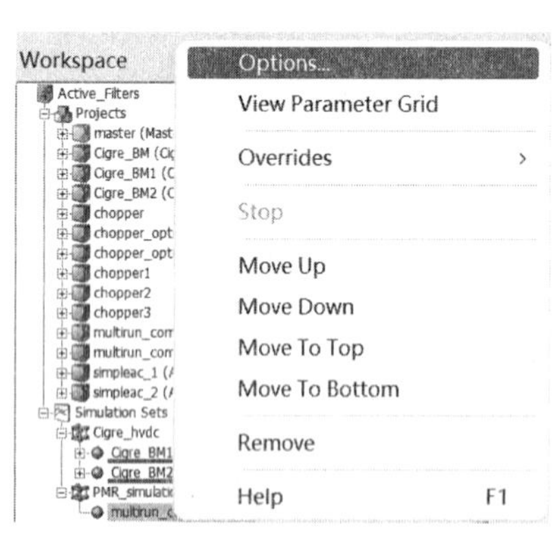

图 9-101　设置 PMR 仿真任务参数菜单

图 9-102　仿真任务参数设置

该对话框中参数设置说明：Task Count 设置为 16，表明共计有 16 个仿真将执行。Maximum Volley 设置为 7，表明最多允许 7 个仿真并发执行，该数目需与可用处理器核匹配。此外将 Rank number 为 3 的仿真的输出进行显示。

设置完成后，仿真组中仿真任务名称右边将添加 Task Count ： Maximum Volley，仿真后可以看见 7 个同时运行的仿真，并且 PMR_simulation (3)作为追踪对象，如图 9-103 所示。

与 9.7.1 节中类似，在仿真结束后将前 4 个仿真的结果读入，结果如图 9-104 所示。

图9-103 仿真过程

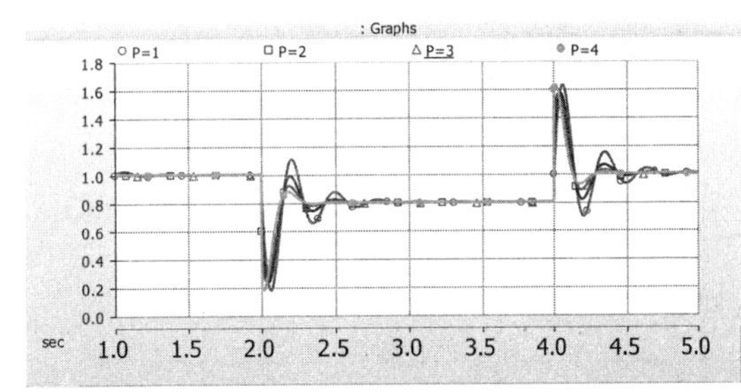

图9-104 输出波形比对

对比图9-55与图9-104可知两个仿真模式的输出完全相同，读者需仔细分析并对比9.7.1节中仿真与本示例仿真设计的异同。两者本质都是多重运行，并根据不同仿真运行的序号来区分各个仿真。但9.7.1节中多个仿真为顺序执行，而本节中将16个仿真分三组顺序执行，前两组各包含7个并发执行的仿真，最后一组包含两个并发执行的仿真。无论如何，采用PMR开展多重运行的效率将相比9.7.1节中的方法大为提高。

9.10.4 智能并行多重运行 (PMR-I)

PSCAD V4.5版本小升级后首次引入了智能并行多重运行 (PMR-I) 机制，该机制允许一个主项目控制多个从项目，主项目和所有从项目需在同一仿真组中。开发PMR-I的目的是支持参数扫描，以及面向优化的多重运行研究。

与仿真组一样，PMR-I是Workspace的一个固有部分，允许一个仿真组内的多个项目间进行通信。该功能的实现是通过在Radio Link收发器中加入了指定foreign namespace（即同一个Workspace中的另一个项目的名称）的输入域。该输入使得收发器可从其他项目中获取数据，从而提供了更为复杂的多重运行控制手段。图9-105所示为PMR-I的示意。

图9-105中包含3个项目，其中一个配置为Master而其他配置为Slave。每个Slave项目与Master项目之间通过Radio Link收发器相互通信。但通信仅在仿真运行之间发生，也即在一次仿真运行结束而下一次仿真启动之前。在此期间，‘Master项目向各Slave项目分发控制参数，而各Slave项目向Master项目送回结果。下一次仿真启动之前Master项目将使用这些回送结果计算输入数据。

➢ PMR-I示例（无并发）

以PSCAD自带的示例Robust Optimization为例进行说明。整体而言，该仿真的目的是寻找优化DC-DC变换器性能的参数值，该仿真模型的具体说明请参考Optimization-enabled electromagnetic transient simulation. IEEE Transaction on Power Delivery, 2005, 20(1)：512-518。本书不对该仿真模型的技术细节进行过多介绍，而着重于涉及并行计算的部分。

该仿真模型由1个Master项目 (chopper_optimization) 和3个Slave项目(chopper1- choopper3)构成，并加入一个名为simultaneous的仿真组中，如图9-106所示。模型主/从类型的设置通过Project Settings对话框的Runtime页面中 Run Configuration：下拉列表完成，如图9-107和图9-108所示。

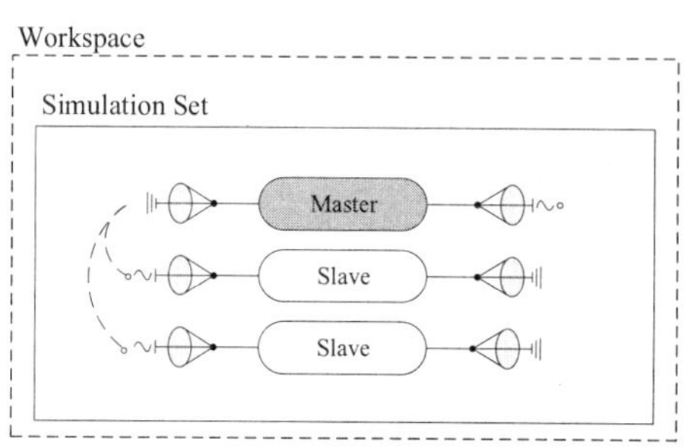

图 9-105　PMR-I 示意图

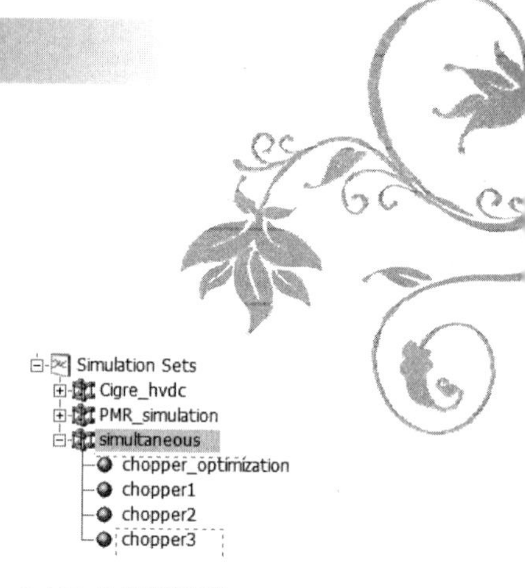

9-106 仿真组设置

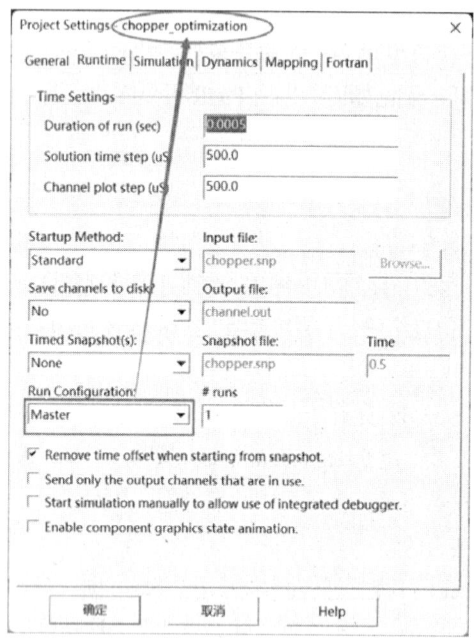

图 9-107 主仿真项目设置

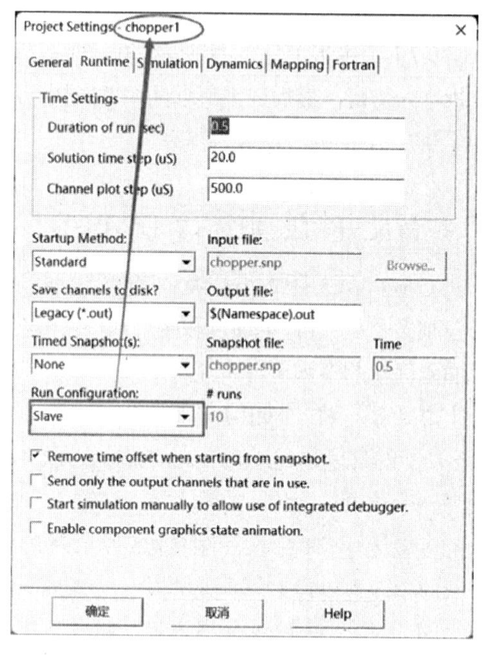

图 9-108 从仿真项目设置

每个 Slave 模型的内容基本相同，即计算直流电压的波动（对$|V_dcref\text{-}V_dc|^2$进行积分）、直流电流的波动（对$|I_dcref\text{-}I_dc|^2$进行积分）和负载电流的波动（对$|iL_ref\text{-}IL|^2$进行积分），分别乘以不同的权重系数，相加后构成一个单一的优化目标函数。优化问题的决策变量是主电路滤波电容值 (Cdc) 和电感值 (Ldc)，以及开关管脉冲产生环节的 PI 控制器的比例 (P_Gain) 和积分系数 (TC)。对 3 个 Slave 模型而言，主要区别在于构成单一优化目标函数时各个目标的权重系数 (iDC_scale, vDC_scale, iL_scale) 不同，以及直流电压、直流电流、负载电流指令 (V_dcref, I_dcref, iL_ref) 不同，不同的权重系数和指令用于不同的负载情况，见表 9-2。

表 9-2 权重系数和指令设置

模型名称	权重系数			指令 (kV/kA)			负载情况
	iDC_scale	vDC_scale	iL_scale	V_dcref	I_dcref	iL_ref	
chopper1	28.85^2	0.83^2	5.0^2	400.0	1.3	10.0	轻载
chopper2	3.21^2	0.87^2	1.67^2	384.0	11.7	30.0	中度负载
chopper3	1.0^2	1.0^2	1.0^2	333.0	37.5	50.0	重载

各个 Slave 模型通过无线发送器向整个 Workspace 空间发送各自模型的目标函数实时值，无线发送器设置如图 9-109 所示，相应的 Master 模型中无线接收器设置如图 9-110 所示。

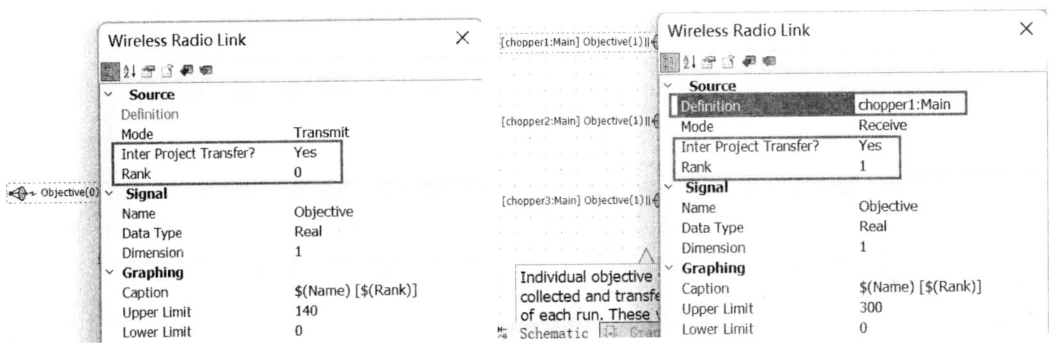

图 9-109 无线发送器设置　　　　图 9-110 主模型无线接收器设置

分析上述两图可知：在 PMR-I 环境下，无论 Master 还是 Slave 模型中的无线收发器的参数 Inter Project Transfer? 均需选择为 Yes。非并发启动环境下，'Slave 模型中无线收发器的参数 Rank 均需输入 0，而 Master 模型中无线发送器的参数 Rank 需输入 0，而无线接收器的参数 Rank 需输入 1。

各个 Slave 模型从 Master 项目 (chopper_optimization) 中接收四个优化决策变量 (Cdc, Ldc, P_Gain, TC) 的实时值。

实际的优化工作在 Master 项目 (chopper_optimization) 中完成，该模型采用了一个 Optimum Run 元件来完成实际的优化工作，如图 9-111 所示。

需要指出的是，使能信号 Enable1,Enable2,Enable3 分别为高电平时，'Master 项目 (chopper_optimization) 仅分别对轻、中度和重载的 Slave 模型参数进行优化。在图 9-111 中，还可对综合考虑这三种负载情况的电路参数进行统一的优化，即使能信号 Enable1、Enable2、Enable3 均为高电平，此时三个 Slave 模型的目标函数值相加后成为总目标函数。

对轻载情况进行仿真，即使得 Enable1 为高电平，其他两个使能信号为低电平，仿真终止于第 73 次迭代。最终的直流电压 (V_dc)、直流电流 (I_dc) 和负载电流 (IL) 如图 9-112 所示。可以看到，各电压电流的最终值基本与其指令一致。

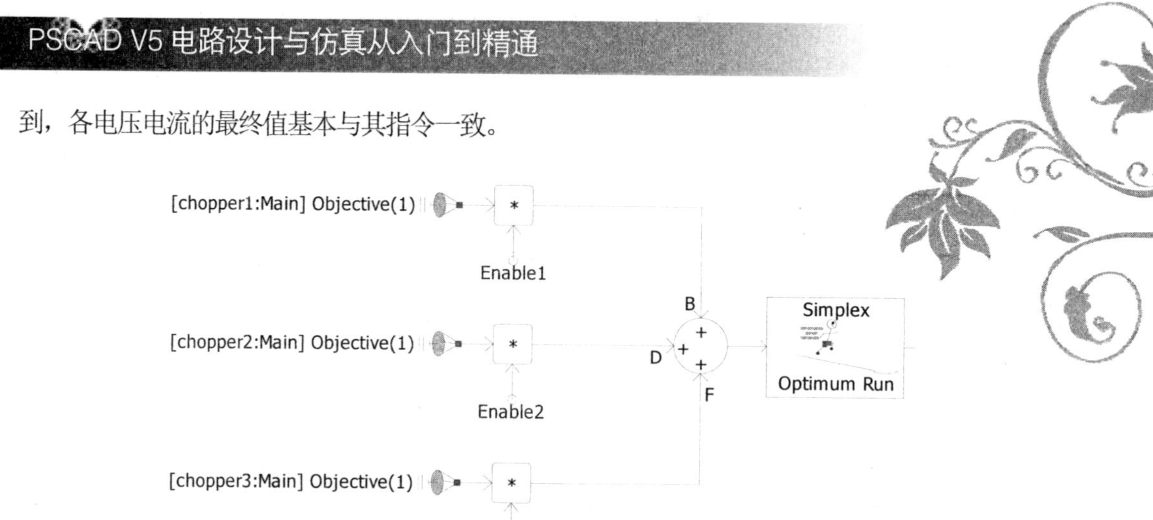

图 9-111 主项目中的优化求解

四个参数的优化过程如图 9-113 所示，最终优化值分别为：Cdc=891.08 μF, Ldc=54.94 mH, P_Gain=5.24, TC=0.00257 s。由于未考虑其他两种负载情况的目标函数，这组优化参数值对其他两种负载仿真情况不是优化的，读者可自行查看此时其他两种负载情况下的仿真结果。

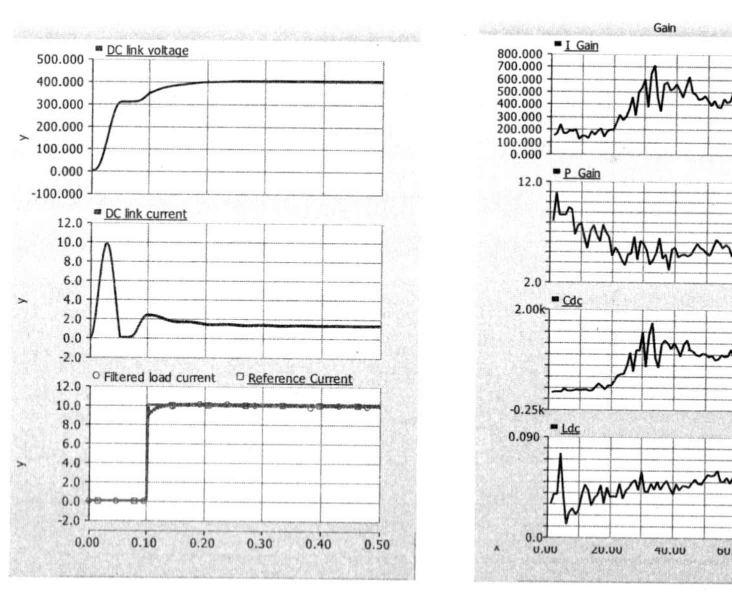

图 9-112 轻载情况下的仿真结果

图 9-113 轻载情况下的参数优化过程

对同时考虑三种负载情况进行仿真，即使能信号 Enable1、Enable2、Enable3 均为高电平，仿真终止于第 317 次迭代。轻载仿真模型 chopper1 的最终的直流电压（V_dc）、直流电流（I_dc）和负载电流（IL）如图 9-114 所示。可以看到，各个 Slave 模型中的电压电流的最终值基本与相应的指令一致。四个参数的优化过程如图 9-115 所示，且四个参数的优化值相同，即 Cdc=9372.7 μF, Ldc=33.82 mH, P_Gain=6.48, TC=0.000657 s。表明尽管优化过程时间相对较长，但最终优化值对于负载情况具有普遍适应性。

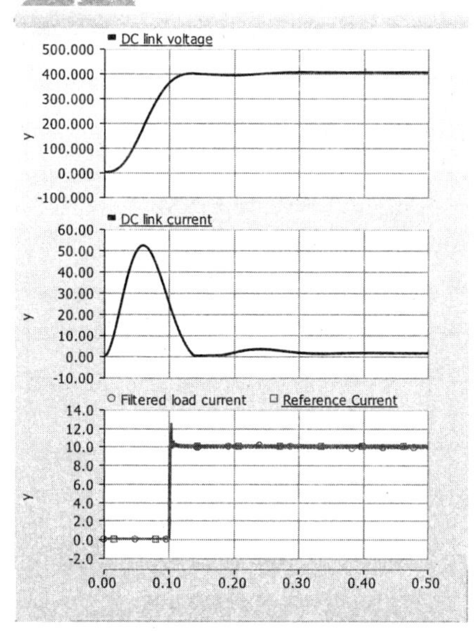

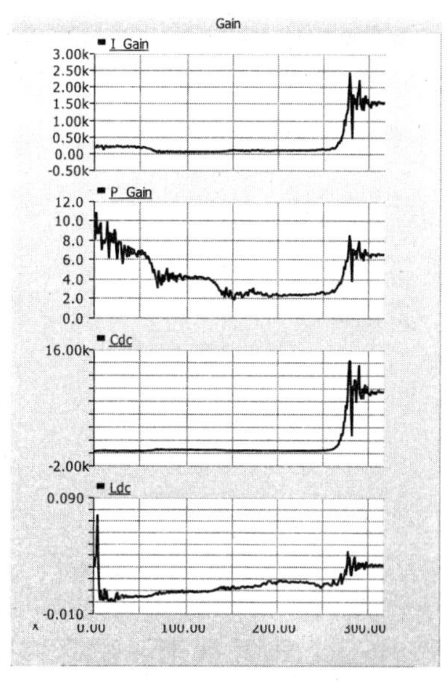

图 9-114 所有负载情况下的仿真结果

图 9-115 所有负载情况下的参数优化过程

➢ PMR-I 示例（带并发）

上述参数优化还可采用如下方法实现。仿真的目的与上一节的相同，该仿真模型由 1 个 Master 项目（chopper_optimization2）和 1 个 Slave 项目（chopper）构成，并加入一个名为 volley 的仿真组中，如图 9-116 所示。与上一节不同，此时仅有 1 个 Slave 项目，但被设置为并发启动 3 次，如图 9-117 所示。

volley
chopper_optimization2
chopper [*:3]

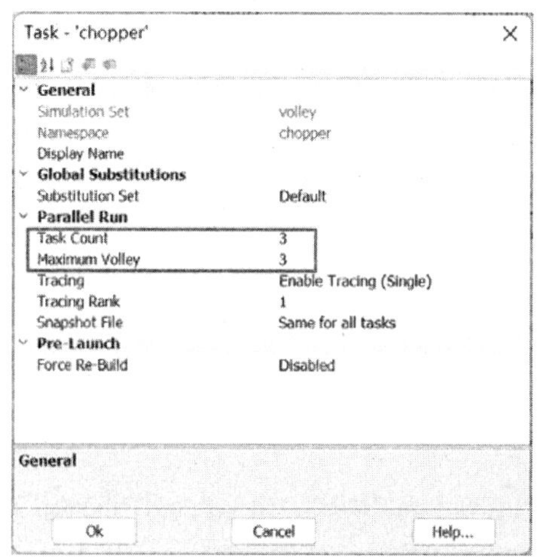

图 9-116 仿真组设置

图 9-117 并发启动设置

与上述非并发示例中模型的设置相同，‘Slave 项目 chopper 同样向 Master 项目 chopper_optimization2 发送目标函数实时值用于优化计算，但在 chopper_optimization2 中接受目标函数实时值的无线接收器的设置将不同。以接收第二种负载情况的目标函数值为例，两种方法下的设置分别如图 9-118 和图 9-119 所示。

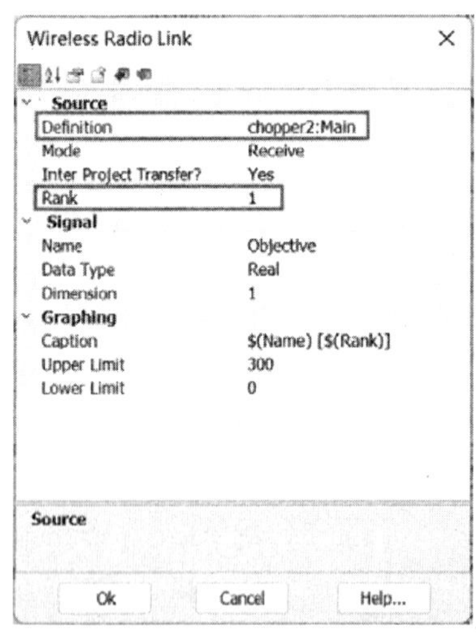

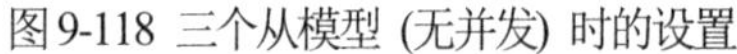

图 9-118 三个从模型 (无并发) 时的设置

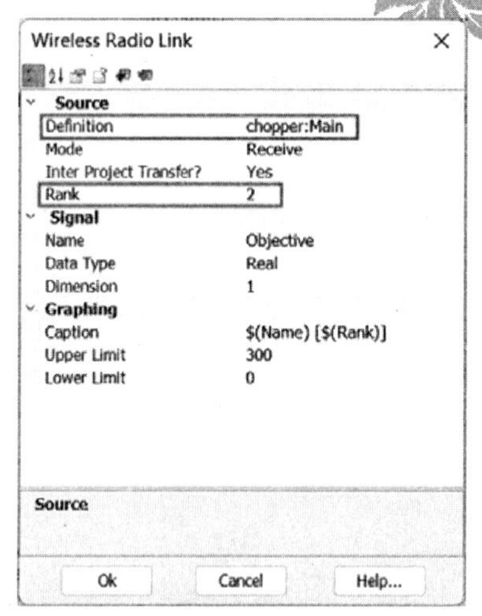

图 9-119 一个从模型（并发）的设置

仔细比较上两图可知，无并发环境下，如果需要接收第二种负载情况（即 chopper2）中的数据，接收器的参数 Definition 需设置为 chopper2：Main，结合 Name 的设置即为从 chopper2 项目的 Main 组件中接收信号 Objective，相应的 Rank 设置为 1。并发环境下，需要从第二次运行接收信号 Objective，因此接收器 Definition 需设置为 chopper：Main，而 Rank 设置为 2，指明从第二次运行接收数据。读者应仔细体会并理解两种设置的差异。

'Master 项目 chopper_optimization2 同样需要将四个优化决策变量 (Cdc, Ldc, P_Gain, TC) 的实时值传送至 Slave 项目 chopper，有/无并发时这部分的设置是相同的。但对于各指令和各目标的权重系数，需要由 chopper_optimization2 向 chopper 不同的仿真运行发生不同的值，这部分设置如图 9-120 所示。

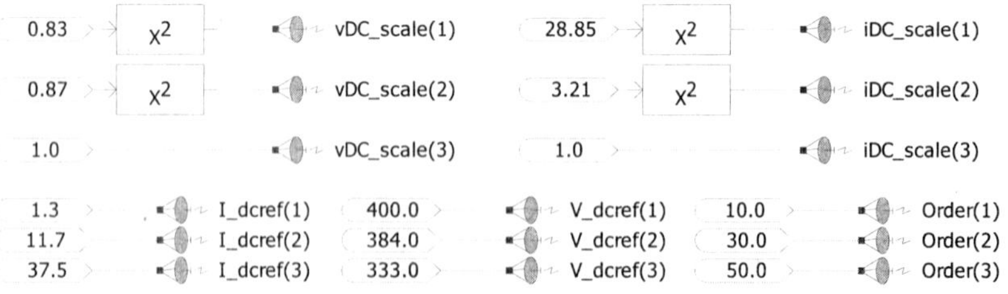

图 9-120 发送信号设置

可以看到，为了向同一 Slave 项目不同的仿真运行实例发送数据，相应无线发送器的 Rank 需设置为该仿真运行的序号，例如图 9-120 中 0.83^2、0.8^2、1.0^2 将作为 vDC_scale 的值被依次送至第一次、第二次、第三次运行。

选择第一种负载情况和三种负载情况运行该仿真组，所得结果分别如图 9-121 和图 9-122 所示。仔细与图 9-112 和图 9-114 对比发现结果均一致。

两种方法下 slave 项目的运行均受 master 项目的控制，只有当 master 项目停止时 slave 项目才会停止运行。

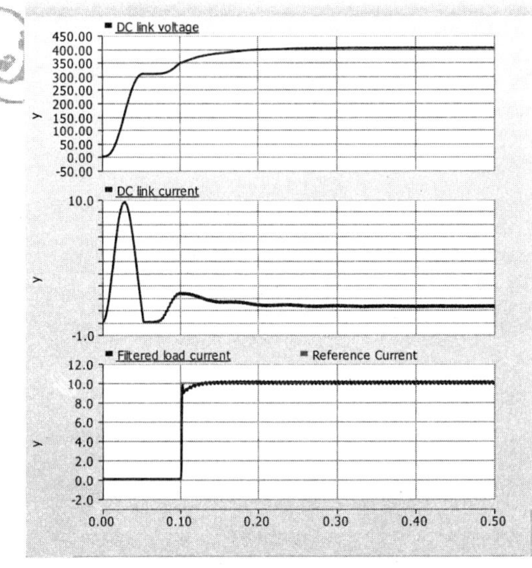

图9-121 轻载情况下的仿真结果

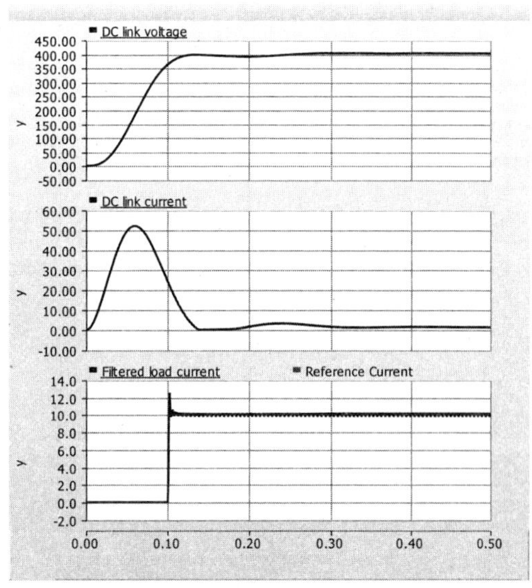

图9-122 所有负载情况下的仿真结果

9.10.5 集群运行系统 (Cluster Launch System, CLS)

对传统的使用 PSCAD 运行仿真以研究小规模电力系统的局部电磁暂态而言，单一处理器/核已足够。随着电力系统的不断发展和可用计算能力（以计算机可用核数衡量）的提高，电力系统工程师所创建的大规模网络模型已无法通过使用单一核的仿真软件进行仿真。

近年来，PSCAD 已发展至适用于并行处理，通过并行网络接口 PNI、并行多仿真 PMR 等特性，PSCAD 已可利用其所能支配的多个处理器/核开展计算，不仅能利用运行 PSCAD 的计算机上的多个核，还能利用通过局域网 LAN 连接的其他计算机上的多个核。

PSCAD 通过集群运行系统 CLS 功能在远程计算机上发起仿真，CLS 将使用 Windows Sysinternals 工具程序集中的 PsExec.exe 来实现该目标。

使用高性能和并行计算功能需要更多的处理器核，通常超出了典型工作站所能提供的数量。此时用户可选择购买更大更昂贵的高性能计算机，也可通过 LAN 连接多核计算机集群，后者也被称为计算集群，跨计算机运行程序需要额外的软件来管理仿真进程。在 CLS 中可发起并管理计算集群上的仿真，图 9-123 展示了该概念。

图 9-123 中，计算机 Host 1 上有 4 个可用核，而用户需要运行 10 个仿真，此时用户可使用 CLS 设置计算集群，使用 LAN 中多个多核计算机来运行这 10 个仿真。运行 PSCAD 的计算机 Host 1 可作为主机，通过 PSCAD 启动 CLS，进而将 LAN 中的 Host 1, Host 2 和 Host 3 配置为计算集群，然后 CLS 启动所有 10 个仿真。前 4 个仿真在本机 Host 1 上运行，剩余 6 个仿真均匀分配给 Host 2 和 Host 3。

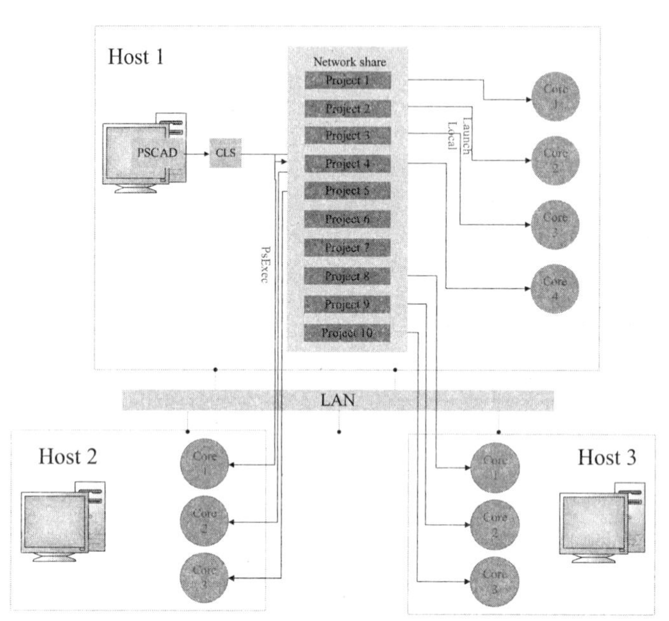

图 9-123　CLS 结构示意图

PSCAD 的 CLS 功能可通过单击功能区控制条 Tools 选卡中 Cluster Launch System 按钮启动，界面如图 9-124 所示。

Cluster Launch System
Help
IP Address　Core Count
Output
.cfg file does not exist.
Please enter data to create .cfg file.
Cluster Launch System is running in SETUP Mode only.
You will not be able to run any Simulations.
Loading data from files...
.clsx file is invalid
.cfg file is invalid
Done!
Shared Storage
Drive Letter
Network Path (UNC Pa
Utility
PsExec.exe Location
Drive Letter
Drive letter to which network path is mapped, e.g. P:\
Run　Terminate Remote　Close

图 9-124　Cluster Launch System 界面

PSCAD 中支持 CLS 功能的设置和 CLS 功能的使用超出本书的范围，有需要的读者可参考 PSCAD V5 帮助中的 Parallel and High Performance Computing 章节下的 Cluster Launch System (CLS)。

9.10.6 联合仿真 API

PSCAD V5 版本提供了通用应用程序接口 (API) 使得PSCAD/EMTDC可链接至几乎任何外部应用程序进行联合仿真。该 Co-Simulation API 采用名为 EmtdcCosimulation_Channel 的 C 语言结构，包括了多个 C 语言函数，这些函数可用于配置外部应用程序侧的接口。同时，主元件库提供了新的元件 Co-Simulation 来使用 PSCAD/EMTDC 侧的接口，程序间的通信控制结构由 Communication Fabric (ComFab) 提供。

➢ 联合仿真需求

- PSCAD/EMTDC 与外部应用程序间需通过 64 浮点数交换数据。
- PSCAD/EMTDC 运行于时间域，因此联合仿真的外部程序所提供的所有数据需为时域值。
- 为避免出现死锁，PSCAD/EMTDC 与外部应用程序需提供在数据交换前提供默认值。

➢ 主要设置

与 PSCAD/EMTDC 联合仿真的外部应用程序需使用开源 EmtdcCosimulation_Channel 接口。

- 联合仿真初始阶段，外部应用程序需首先调用 EmtdcCosimulation_InitializeCoSimulation 函数。
- 外部应用程序利用 EmtdcCosimulation_Channel 接口提供的通道与 PSCAD/EMTDC 交换数据，初始化完成后，可使用 EmtdcCosimulation_FindChannel 检索通道。
- 检索到通道后，外部应用程序可使用 GetValue 函数接收数据。
- 外部应用程序通过调用 SetValue 设置每个数据点，然后通过调用 Send 向 PSCAD/EMTDC 发生数据。
- 仿真结束后调用 EmtdcCosimulation_FinalizeCosimulation 函数，清除所有存储单元和资源，PSCAD 收到联合反正结束通知。

表 9-3 列出了联合仿真主要接口函数及其说明。

➢ Communication Fabric (ComFab)

PSCAD V5 提供了应用程序间的通信控制结构，即 Communication Fabric (ComFab)。直至 V3 的 PSCAD 的 Windows 版本中 EMTDC 和 PSCAD 仅采用 TCP/IP 协议相互通信，但引入并行和高性能计算以及启动并行运行的多个相互链接的 EMTDC 仿真时，TCP/IP 协议速度非常慢，该问题通过新的通信结构解决。

ComFab 是一种作为仿真进程通信管理器的内部机制，第三方软件可通过联合仿真 API 与 PSCAD 和 EMTDC 通信，ComFab 支持传统的 TCP/IP 协议以及新的共享内存机制：

- TCP/IP：无扩展限制。本地延时 20 μs，远方延时 400 μs。PSCAD V5 之前 PSCAD 与 EMTDC 唯一可用的通信方式。

表 9-3 联合仿真主要接口函数及其说明

函数	说明
double GetValue(EmtdcCosimulation_Channel* _this , double val , int index)	获取数据
void SetValue (EmtdcCosimulation_Channel* _this , double value , int index)	设置数据
void Send (EmtdcCosimulation_Channel* _this double time)	发送数据
unsigned int GetChannelId (EmtdcCosimulation_Channel* _this)	获取通道 ID 号
int GetSendSize (EmtdcCosimulation_Channel* _this)	获取发送数据数量
int GetRecvSize (EmtdcCosimulation_Channel* _this)	获取接收数据数量
void EmtdcCosimulation_InitializeCosimulation (const char * fabric_location , const char * hostname , int port , int client_id)	联合仿真初始化
void EmtdcCosimulation_InitializeCosimulation (const char * file_name)	通过配置文件的联合仿真初始化
* EmtdcCosimulation_FindChannel (unsigned int channel_id)	获取联合仿真通道号
void EmtdcCosimulation_FinalizeCosimulation (void)	联合仿真结束

- 共享内存：仅可在本机使用。本地延时 1~2 μs。

多个应用程序对 PSCAD 而言，包括 PSCAD 和 EMTDC、EMTDC 与 EMTDC 等，通过同时访问共享内存来进行通信。共享内存可使通信开销非常小，但仅适用于在多核单机上运行仿真。

第 10 章　EMTDC 及其高级特性

理解复杂系统行为的方法之一是研究其受到干扰或参数变化时的响应，计算机仿真是获得这些响应，并通过观测其时域瞬时值、时域 RMS 值或频率分量来对其进行研究的一种方法。

EMTDC (Electromagnetic Transients including DC) 以时域微分方程对电磁和机电系统进行描述并求解，方程求解中采用固定步长。EMTDC 的程序结构也适用于没有电磁或机电系统的控制系统的描述。

本章简要介绍 EMTDC 的基本原理、程序结构以及高级特性相关知识。

10.1 概述

EMTDC 最适合用于模拟电气系统的时域瞬时响应（也普遍被称为电磁暂态）。EMTDC 的功用可通过最先进的图形用户界面 PSCAD 得到极大加强。 PSCAD 允许用户在一个集成的图形化环境中图形化地组装电路、运行仿真、分析结果以及管理数据。

EMTDC 初版由丹尼斯·伍德福德于 1975 年在马尼托巴水电站开发，目的是为研究加拿大马尼托巴省纳尔逊河 HVDC 电力系统提供一个充分强大和足够灵活的仿真工具。随着这项研究的成功，该程序在接下来的 20 年里不断地发展，不断积累了完整系列的专业开发的模型（各种仿真项目所需要的)，同时包括各种对实际求解引擎自身的增强。EMTDC 现在作为 PSCAD 系列产品的电磁暂态求解引擎被广泛用于许多类型的交流和直流系统，包括电力电子技术(FACTS)，次同步谐振和雷电过电压等的仿真研究中。

10.1.1 时域与相量域仿真

EMTDC 是一类不同于相量域求解引擎（如潮流分析和暂态稳定分析程序）的仿真工具，后者是利用稳态电路方程来描述电路，但实际上也将求解机电动态的微分方程。

EMTDC 的求解结果为时域瞬时值，但也可通过 PSCAD 内置的传感器和测量功能转换为相量幅值和角度（类似于实际系统中进行测量的方式）。

由于潮流分析和稳定分析程序采用稳态方程表示电力系统，它们只能输出工频幅值和相位信息，而 EMTDC 可复现电力系统所有频率下的响应，仅受用户选择的仿真步长的限制。

10.1.2 典型的 EMTDC 研究

EMTDC（连同 PSCAD）被世界各地企业、制造商、咨询和研究/学术机构的工程师和科学家们所运用。它可用于规划、运营、设计、调试、投标规格准备、教学和先进技术的研究。

以下是使用 EMTDC 所能进行的常规性研究：

- 由旋转电动机、励磁机、调速器、涡轮机、变压器、输电线路、电缆和负载组成的交流网络的紧急情况研究。
- 继电保护配合。
- 变压器饱和效应。
- 故障或断路器动作导致的过电压。
- 变压器、断路器、避雷器的绝缘配合。
- 变压器的冲击试验。
- 包含电动机、输电线路和高压直流输电系统在内的网络次同步谐振（SSR）研究。
- 滤波器设计评估。
- 谐波分析及谐波谐振。
- 包含 STATCOM、VSC 等 FACTS 和 HVDC 控制系统的设计和配合。
- 各类变速传动，包括周波变换器、运输和船舶推进器。
- 控制器参数的优化设计。
- 包括补偿控制器，交流变换器，电炉，滤波器等的工业系统。
- 新电路和控制概念的研究。
- 雷击、故障或断路器动作。
- 陡波前和快波前的研究。
- 柴油发动机和风力机对电气网络冲击效应的研究。

10.1.3 EMTDC 与其他 EMTP 类型的程序

EMTDC 和其他 EMTP 类型程序的电网络求解均基于由赫尔曼·多梅尔在 1969 年的经典论文中提出的梯形积分运算方法。但 EMTDC 现已独立于其他程序进行开发。

EMTDC 具有其他 EMTP 型程序中使用的几乎所有的电力系统模型和技术，与其他 EMPT 类型程序之间的主要区别包括：

- PSCAD 图形用户界面减少了准备和测试的时间。
- 在 EMTDC 中，许多串并联电气元件被数学地折叠（例如 RLC 分支），从而减小了节点和支路的数目。
- EMTDC 中采用最优排序算法可提高 LDU 矩阵的分解速度。
- 优化开关排序算法通过移动开关元件到最佳的导纳矩阵位置可确保非常快速和有效的开关动作。
- 得益于由行波传输线路分开的电气网络的数值求解在数学上独立这一事实，EMTDC 采用了子系统技术。
- EMTDC 采用插值算法来执行开关操作。该方法使得即使开关动作于仿真采样时刻之间也能精确描述实际开关发生时刻，从而在 EMTDC 仿真步长较大时也能得到精确的结果。此外，无需额外的缓冲电路来解决固有的数值问题。

- EMTDC 使用震颤消除算法（与插补算法相关），以消除不必要的振荡。
- EMTDC 不限制电路元件如何组合，用户可以将任意数量的开关元件、电源等串联或并联。
- EMTDC 的开关设备和电源可以是理想的（即零电阻）或非理想的（用户可输入导通/关断时的电阻值）。
- EMTDC 用户可以轻松编写出任意复杂程度的模型。EMTDC 提供了一个允许用户对主程序变量和存储单元进行直接访问的内置接口。
- EMTDC 用户可以用 Fortran、C 和 MATLAB 语言编写程序。
- EMTDC 程序利用新的 Fortran 90/95 标准，使得它可以在每次运行开始时动态地分配内存。
- 利用快照文件初始化系统。这种初始化技术非常快速，且对非常大型的系统作用明显。它是模拟高度非线性的系统（如高压直流输电和电力电子系统）唯一实用的方法。
- EMTDC 的输电线路和电缆的模型是具有优越性的。
- 马尼托巴高压直流研究中心有限公司为 EMTDC 提供全天候专业的支持服务。

10.2 程序结构

EMTDC 首先是专门开发用于 UNIX/Linux，然后是微软的 Window 操作系统。由于程序深藏于计算机内存这些无法触及的地方，控制和电力系统的建模将不再完全由数据输入进行定义。现在的模型是由用户的 Fortran 语句所创建。时域模型元件，如交流电动机，励磁机，六脉波阀组等，都被模块化为易于被用户组装的子程序。用户可在没有可用的模型时建立自己的子程序。

在 EMTDC 的图形用户界面 PSCAD 的协助下，在大多数情况下将不再需要用户通过编码建立起子程序，子程序的形成以及插入至 EMTDC 将由 PSCAD 自动执行。用户的任务减少为图形化地构建一个给定的网络，在某些情况下还包括增加一些用户定义的代码。然而在某些情况下（例如旧版本子程序转换）仍然需要对内部结构和 EMTDC 所采用的方法具有良好的了解。

10.2.1 EMTDC 求解过程

EMTDC 求解引擎包括两个主要部分：

第一部分是系统动态，包括主动态子程序(DSDYN)，输出定义子程序(DSOUT)和初始化子程序(BEGIN)。

第二部分是电气网络求解，如图 10-1 所示。

一个 EMTDC 仿真开始并结束于指定时间。在这段时间内程序重复执行相同的顺序过程，每次循环将在时间上增加一个指定的间隔。该时间间隔被称为一个步长，在仿真的过程中保持不变（即固定）。

如图 10-1 所示，核心求解过程开始并结束于系统动态部分。首先，变量被初始化并存储于 BEGIN 段。DSDYN 段执行动态功能，包括诸如电源等电气网络设备的准备、控制信号处理等。电气网络被求解后，在时间步长增加之前，将在 DSOUT 段中对所得的测量量以及后求解过程要求进行考虑。

完整的 EMTDC 求解流程比图 10-1 中所示的更复杂。还有一些其他确保求解过程的快速性和准确性的特性，图 10-2 所示是一个更完整的程序流程图。

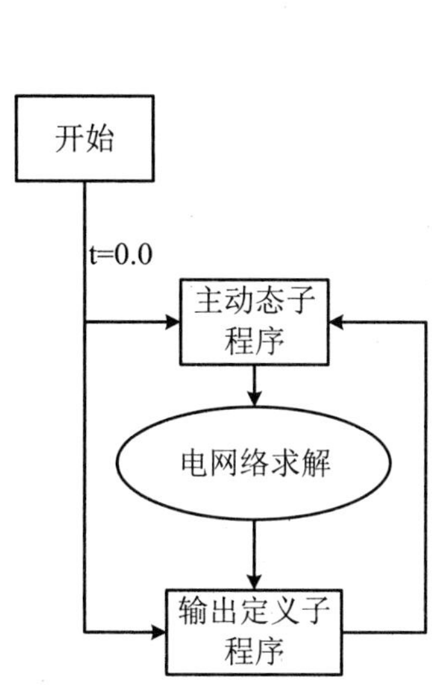

图 10-1 EMTDC 核心求解过程

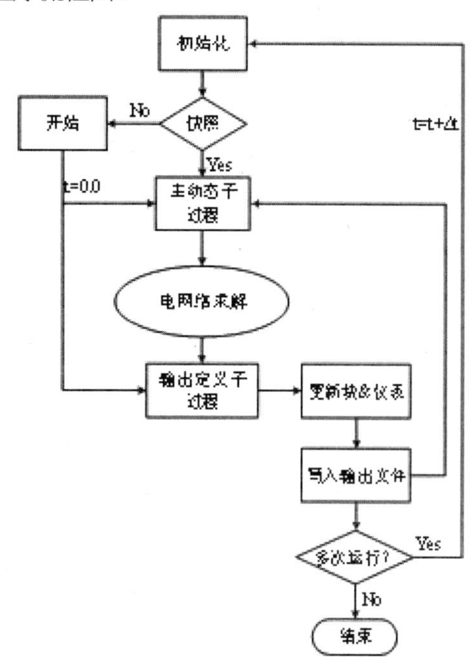

图 10-2 完整 EMTDC 求解流程图

10.2.2 系统动态部分

系统动态部分是 EMTDC 求解过程的重要组成部分，它围绕电气网络求解部分（之前的为 DSDYN，之后的为 DSOUT），并提供了在网络求解前后与其进行交互的能力。数据可在任一部分进行处理，并从另一部分被提取。

系统动态部分本质上是一个 Fortran 程序，并建立于可自定义规范的基础之上。这些规范通常由 PSCAD 以元件和组件的形式提供。元件和组件将由创建的最终程序图形化表示，其中的每一个组件（包括 Main）都会被表示为一个独立的 Fortran 文件。该文件由对一个 DSDYN 子程序、一个 DSOUT 子程序和两个 BEGIN 子程序的申明所构成。由于元件总是存在于组件内，因此将表示为内联代码，并组合起来以定义每个子程序。

当然，某些元件本质上是电气类型，并因而同时提供了构建电气网络的信息。这种信息被收集后将插入至一个数据(Data)文件中，项目中的每个组件将具有其独立的数据文件。

1. DSDYN 和 DSOUT 子程序

DSDYN 和 DSOUT 提供了在电气网络求解之前和之后对系统变量进行控制和监测的能力。这种方式在编程灵活性上具有极大的优势，即能够在同一个仿真步长内同时对输入变量进行控制，并对输出变量进行监测。这是一种尤其对设计涉及反馈的控制系统而言非常重要的概念：代码放置位置的明断选择有助于避免本不存在于所模拟的实际系统中的延时。

当属于向系统动态部分插入源代码的问题时，除了在求解过程的次序上有所不同，DSDYN 和

DSOUT 之间没有本质区别。但这两者均有不同的用途，一定的代码放置于某个段内比放置于另一个段内时将可能被更优化地使用。例如，DSOUT 主要用于在进行网络求解后直接定义输出变量。当然，DSDYN 也可用于此目的，但是由于 DSOUT 和 DSDYN 之间的时间步长增量（如图 10-1），相同的输出变量将会具有延迟。控制电气设备的变量（即网络输入变量）最好定义在 DSDYN 中，此时它们的值将会在网络求解之前在同一个仿真步长内被更新。

元件代码将根据它们所连接至的对象被插入至 DSDYN 或 DSOUT 中。PSCAD 中将采用一个内部算法来对这些做出决定，这能确保正确地安排反馈和前馈信号的顺序，从而减小延时。但元件代码也同样可以根据用户的选择被强迫进入 DSDYN 或 DSOUT 段。为强迫源代码进入指定的子程序，用户可使用 DSDYN 或 DSOUT 脚本段。如果想使用内部算法，可使用 Fortran 脚本段。

2．延时和代码放置的示例

如前所述，正确地使用 DSDYN 和 DSOUT 对避免不必要的仿真步长延迟非常重要。例如，对测量电压和电流的仪表将主要定义在 DSOUT 中，而 DSOUT 将直接在网络求解后提供测量量。但测量量通常被用作控制系统的输入信号，而各个控制元件将在 DSDYN 中定义。由于 DSOUT 和 DSDYN 之间有一个时间步长增量，控制系统将会根据上一个时间步长内定义的量来计算输出。图 10-3 给出了这样的一个示例。

图 10-3 所示的比较器将数据信号 Ea 与等于 0.0 的实常量相比较，Ea 为某个电压表测得的电压。比较器设置为当信号 Ea 的值大于 0.0 时输出高电平，反之输出低电平。比较器的动态默认在 DSDYN 子程序中定义，而测得的电压信号 Ea 作为输出量在 DSOUT 定义。

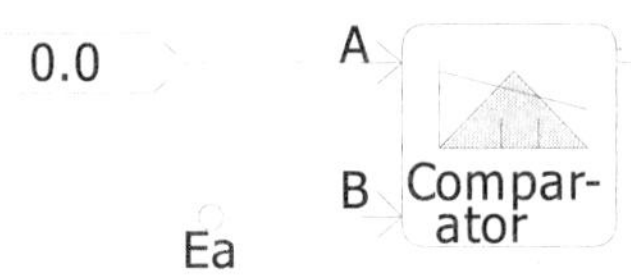

图 10-3 简单的比较器电路

根据上述电路，比较器的输出信号将具有一个时间步长的延迟。这是由于 DSDYN 中的比较器动态（即确定其输出状态的代码）使用的是在 DSOUT 中定义的测量电压 Ea。由于比较器的输出状态是基于其输入，输出将表现出延迟了一个时间步长。

这种延迟可通过强制将比较器的动态代码从 DSDYN 移动至 DSOUT 中来简单地解决。这将强迫比较器在确定其输出状态时使用在相同时间步长内的测量电压值。

3．BEGIN 子程序

BEGIN 子程序用于零时刻的操作，如变量的初始化和存储。虽然 BEGIN 的使用不具有强制性，但当一个元件需要支持其在具有多个实例的组件内使用时，则必须使用 BEGIN 段。运行可配置元件就是所谓的具有特定用于 BEGIN 子程序代码的元件。

BEGIN 代码的主要目的是确保对某个特定元件实例所需要的变量进行初始化和存储，以在后续运行过程中使用这些值。具有 BEGIN 子程序代码的所有元件将按顺序存储它们的变量（根据元件代码出现在系统动态中的位置），并在随后的主运行循环期间按相同的顺序进行访问。这样每个实例的元件参数值都将是唯一的。这可使得被定义为组件定义一部分的元件能够在该组件的不同实例中具有不同的参数值。

图 10-4 所示为一个 BEGIN 段定义和使用的示例。该代码片段取自一个组件的 Fortran 文件，该组件包含了主元件库中 PI 控制器元件的一个实例。可以看到在 BEGIN 段内数据被存储（在本例中是初始输出值），而在运行时将在 DSDYN 子程序中以相同的顺序被提取。

```
! 90:[pi_ctlr] PI Controller

RTCF(NRTCF) = 1.57

NRTCF = NRTCF + 1
```

BEGIN 子程序

```
! 90:[pi_ctlr] PI Controller

RVD1_1 = RTCF(NRTCF)

NRTCF = NRTCF + 1
```

DSDYN Subroutine

图 10-4 顺序存储于 BEGIN 中的变量在运行过程中被提取

4．系统动态代码生成

如上所述，一个组件定义等同于系统动态结构中的一个子程序声明，而已声明组件的一个实例将类比于子程序调用。考虑到系统动态被划分为三个独立的部分（即 DSDYN, DSOUT 和 BEGIN），其中 BEGIN 被进一步细分为两个部分。组件的表示将由四个一组的子程序来完成，而不是一个单一子程序。其中的每一个子程序代表每个动态部分。所有的四个子程序被组织成一个单一的 Fortran 文件，此文件（连同相应的一个数据文件）形成了模块的定义，这种与定义相同的方式是某个常规元件的基础。

组件内的元件组合起来构成子程序的主体，根据元件在组件电路画布内的顺序和放置位置，它们的代码被内联插入至组件子程序中，实际的源代码将来自于元件 DSDYN, DSOUT 或 Fortran 段内定义的脚本。这个概念如图 10-5 和图 10-6 所示。

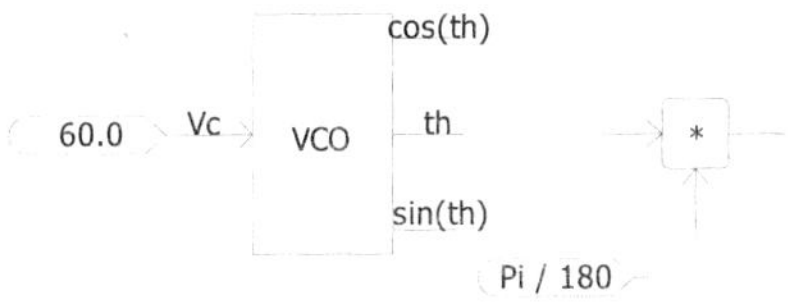

图 10-5 组件电路画布

图 10-7 和图 10-8 用于说明如何根据建立的项目来创建系统动态文件。该项目包括默认的 Main 组件，具有两个定义名为 Module_1 组件的实例和一个名为 Comp_1 的元件实例。Module_1 本身包含了一个名为 Comp_2 的单个元件实例。

在建立操作之后，该项目将具有两个 Fortran 文件：第一个是代表主组件的定义 (Main.f)，第二个是 Module_1 的定义（连同它们对应的数据文件）。每个文件都包含与三个系统动态部分相对应的四个独立的子程序。模块的名称附加于子程序名字的开头。需要注意的是尽管有两个 Module_1 的实例，但它们均基于相同的定义（即 Fortran 文件）。但具有多个实例的组件仍能够通过使用其参数列表来保持唯一性，子程序参数用于传递端口连接和组件输入参数值。

```
!
   SUBROUTINE DSDyn()
!
!...
!
! 10:[const] Real Constant
   RT_2 = 60.0
! 20:[vco] Voltage-Controlled Oscillator
! Voltage Controlled Oscillator
   RT_1 = STORF(NSTORF)
   IF(RT_1.GE. TWO_PI) RT_1 = RT_1 - TWO_PI
   IF(RT_1.LE.-TWO_PI) RT_1 = RT_1 + TWO_PI
   RT_4 = SIN(RT_1)
   RT_3 = COS(RT_1)
   STORF(NSTORF) = RT_1 + DELT*RT_2*TWO_PI
   RT_1 = RT_1*BY180_PI
   NSTORF = NSTORF + 1
! 30:[emtconst] Commonly Used Constants (pi...)
   RT_6 = PI_BY180
! 40:[mult] Multiplier
   RT_5 = RT_1 * RT_6
!
!...
!
   RETURN
   END
```

图 10-6 组件 DSDYN 子程序内联代码片段

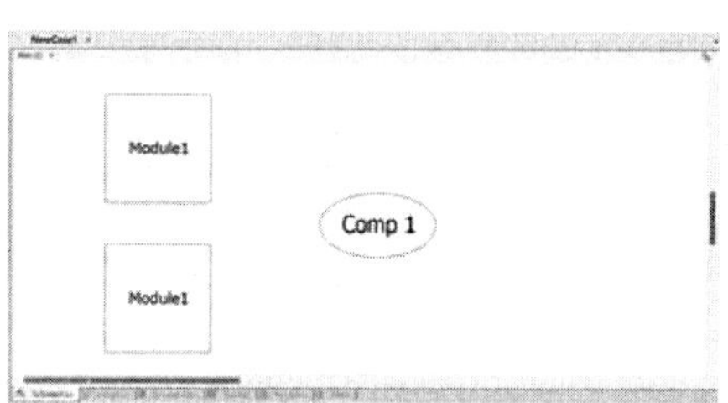

图 10-7 模块电路画布示例

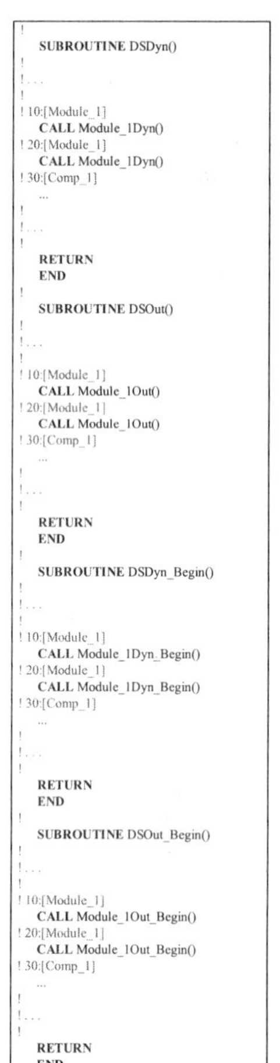

```
!
   SUBROUTINE DSDyn()
!
!...
!
! 10:[Module_1]
   CALL Module_1Dyn()
! 20:[Module_1]
   CALL Module_1Dyn()
! 30:[Comp_1]
   ...
!
!...
!
   RETURN
   END
!
   SUBROUTINE DSOut()
!
!...
!
! 10:[Module_1]
   CALL Module_1Out()
! 20:[Module_1]
   CALL Module_1Out()
! 30:[Comp_1]
   ...
!
!...
!
   RETURN
   END
!
   SUBROUTINE DSDyn_Begin()
!
!...
!
! 10:[Module_1]
   CALL Module_1Dyn_Begin()
! 20:[Module_1]
   CALL Module_1Dyn_Begin()
! 30:[Comp_1]
   ...
!
!...
!
   RETURN
   END
!
   SUBROUTINE DSOut_Begin()
!
!...
!
! 10:[Module_1]
   CALL Module_1Out_Begin()
! 20:[Module_1]
   CALL Module_1Out_Begin()
! 30:[Comp_1]
   ...
!
!...
!
   RETURN
   END
```

```
!
   SUBROUTINE Module_1Dyn()
!
!...
!
! 10:[Comp_2]
   ...
!
!...
!
   RETURN
   END
!
   SUBROUTINE Module_1Out()
!
!...
!
! 10:[Comp_2]
   ...
!
!...
!
   RETURN
   END
!
   SUBROUTINE Module_1Dyn_Begin()
!
!...
!
! 10:[Comp_2]
   ...
!
!...
!
   RETURN
   END
!
   SUBROUTINE Module_1Out_Begin()
!
!...
!
! 10:[Comp_2]
   ...
!
!...
!
   RETURN
   END
```

图 10-8 系统动态子程序形成

一个用户定义的三相两绕组星形/三角形联结的变压器组件。组件画布内具有一个主元件库中的三相两绕组变压器元件，设置为星形/三角形联结，且在一次绕组公共端连接有 1Ω 电阻，如图 10-9 所示。要求该组件的每个实例中的三相变压器元件的 3 Phase Transformer MVA 输入参数是可变的。

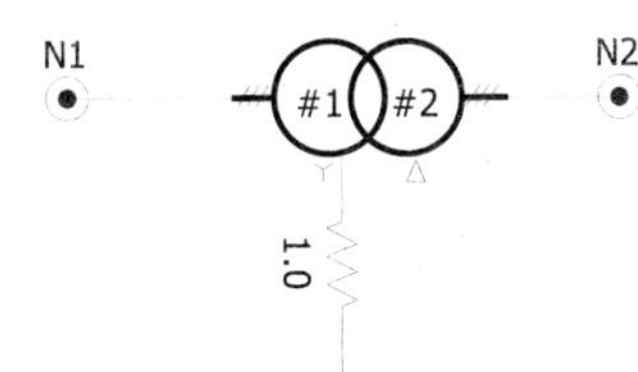

图 10-9 简单的三相两绕组变压器组件画布

如果该组件具有多个实例，则形成该组件的所有组件元件必须均是运行可配置，主元件库中提供的变压器元件能满足该要求。为实现运行可配置就意味着该元件将在需要时利用系统动态中的 BEGIN 部分。然而只有那些被定义为 Constant 或 Variable 类型的输入参数可在每个组件的实例内进行调整，不能使用 Literal 类型参数。

三相两绕组变压器元件中的 3 Phase Transformer MVA 输入参数被定义为 Constant 类型。因此为了能在每个组件实例内调整该参数，需要为该组件自身定义一个输入参数，并将该参数值导入至电路画布内。可创建一个符号名称为 tx_mva 的 Constant 型的组件参数，并被赋值 100.0MVA，如图 10-10 所示。同时需向画布内添加一个与其相应的 Import 标签，如图 10-11 所示。三相两绕组变压器元件中的 3 Phase Transformer MVA 输入参数值也被输入为 tx_mva。

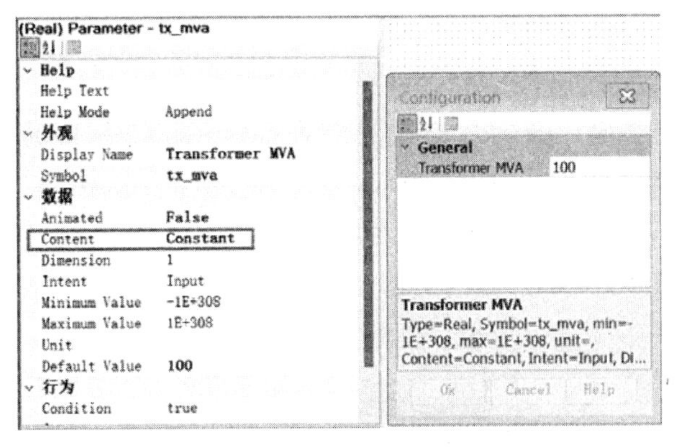

图 10-10 组件的参数设计及赋值

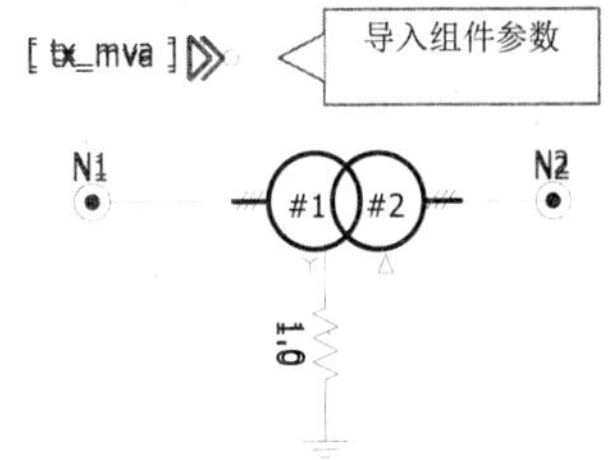

图 10-11 组件画布内的 Import 标签

输入到组件参数 tx_mva 中的任何值都将被导入到组件画布内，在这其中它被定义为一个数据信号，并且可被任何有兼容输入参数的元件使用。项目建立后的 Fortran 文件中的相关内容如下：首先 Main.f 文件将包含四个子程序：DSDyn, DSOut, DSDyn_Begin 和 DSDOut_Begin。这些子程序的每一个都将包含一个对申明于 my_tx.f 文件中相应子程序的调用指令，如图 10-12 所示。需要注意的是包含组件输入参数值的参数将作为子程序调用语句的一部分。这使得在不同的组件实例中能够向该子程序传递不同的值。

my_tx.f 文件也将同样包含代表 my_tx 组件的四个子程序，分别是：my_tcDyn、my_txOut、my_txDyn_Begin 和 my_txOut_Begin。构成这些子程序主体的将是提取自组件中定义的元件的代码（在本示例中主要是三相两绕组变压器）。

在电路中创建 my_tx 组件的第二个实例，且其输入参数赋值为 200.0 MVA。在重新建立项目后，项目仍仅具有两个相关的 Fortran 文件，这是由于仍然只有两个组件定义。但是 my_tx 组件的第二个实例将使得在 Main.f 文件中增加一个对 my_tx 子程序的调用语句，如图 10-13 所示。

```
! -1:[my_tx]

   CALL my_txDyn(100.0)
```

图 10-12 Main.f 子程序中对 my_tx 组件的调用

```
! -1:[my_tx]
   CALL my_txDyn(100.0)
! -1:[my_tx]
   CALL my_txDyn(200.0)
```

图 10-13 Main.f 子程序中对 my_tx 组件的调用（两个子组件）

注意到此时两个调用采用了不同的组件参数值，这是由于组件的第二个实例的输入参数值设置为不同的 200.0MVA。my_tx.f 文件仍然保持不变。

5．运行时配置

从系统动态角度而言，每个组件实例代表了对其相应子程序的调用（每个动态部分调用一次）。调用总是位于其父组件的子程序体内。大多数情况下 Main 组件是最顶层父组件，但在程序层次大于 2 时其他组件也可作为父组件。

多数情况下一定的元件输入参数取决于其所在组件的实例。也即一个或多个参数将视系统动态中对组件子程序调用点的不同而可能不同，此时需要用到 BEGIN 子程序及其相应的存储数组。

以图 10-14 所示含简单控制电路的用户自定义组件为例，画布内包含一个 Exponential Functions 元件，该元件可调整为以 10 或 e 为底的指数（本例中为基 10）。该元件可具有系数 A (Coefficient of Base) 和指数系数 B (Coefficient of Exponent)，这两个元件参数均为 Constant 类型。

组件定义了两个端口连接，名为 exponent 的输入连接表示指数自身，而 output 端口是基 10 的指数值。如图 10-15 所示，该组件还定义了两个输入参数，即 Base Coefficient（Symbol name 为 coeff_A）和 Exponential Coefficient（Symbol name 为 coeff_B），以将参数值送入画布内。

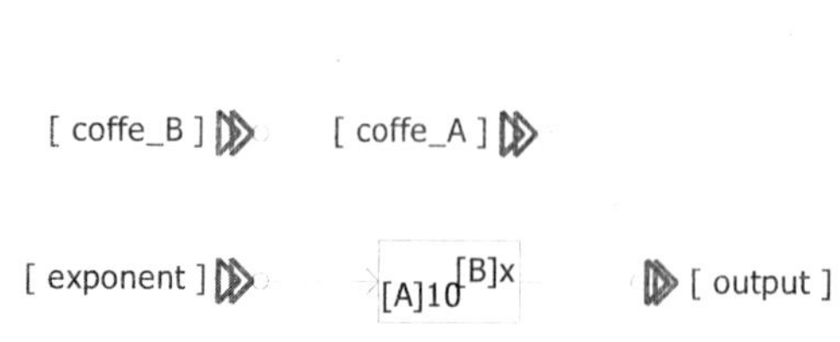

图 10-14 用户自定义组件画布

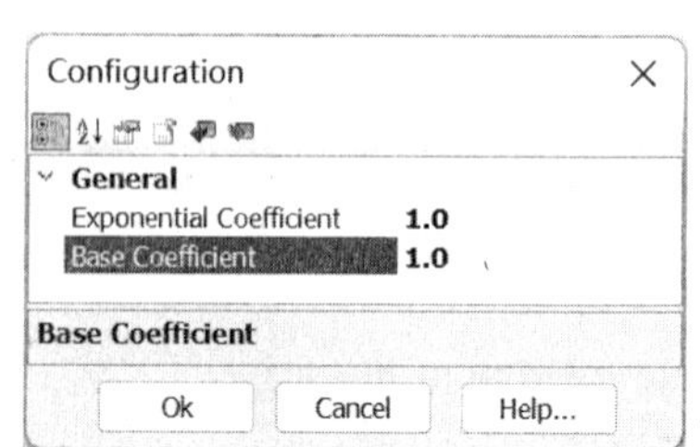

图 10-15 用户自定义组件参数

上述系统允许组件自身多次实例化，且每个实例的指数和两个系数均可具有不同的值。

Exponential Functions 元件定义的 Fortran 段包含了一个 #BEGIN 指示符块，指明了该块内代码将被插入值系统动态的 BEGIN 部分。由于该指示符唯一 Fortran 段内，PSCAD 将决定在哪个

BEGIN 子块内插入该代码。

10.3 电气网络求解

10.3.1 集总参数的 R, L 和 C 元件的表示

在 EMTDC 中用于分析集总参数的电抗和电容元件的方法是将它们表示为一个电阻并联电流源，如图 10-16 所示。

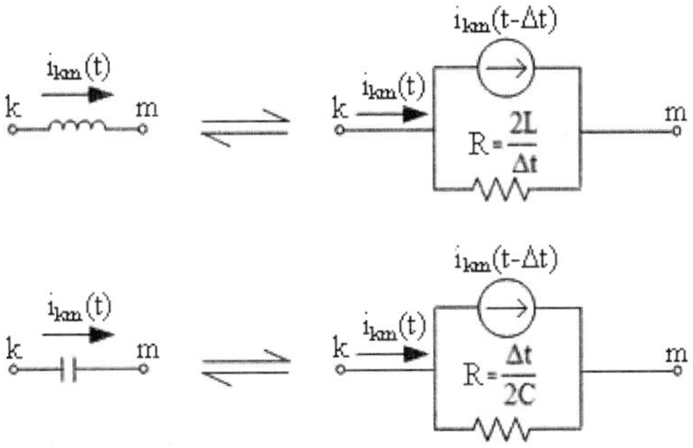

图 10-16 集总参数的 L 和 C 元件的表示

图 10-16 所示的电路本质上是在离散间隔点进行求解的原始微分方程的数值表示。采用梯形积分法则对具有集总参数电抗器和电容器的方程进行积分。该方法简单，数值稳定，对实际应用而言具有足够的精度。

积分过程的记忆功能由电流源 $i_{km}(t-\Delta t)$ 表示，对电抗器定义为：

$$I_{km}(t-\Delta t)=i_{km}(t-\Delta t)+\frac{\Delta t}{2L}[e_k(t-\Delta t)-e_m(t-\Delta t)]$$

对电容器定义为：

$$I_{km}(t-\Delta t)=i_{km}(t-\Delta t)+\frac{2C}{\Delta t}[e_k(t-\Delta t)-e_m(t-\Delta t)]$$

式中，Δt 为时间步长；$e_k(t-\Delta t)$为上一个步长节点 k 的电压值；$e_m(t-\Delta t)$ 为上一个步长节点 m 的电压值；i_{km} $(t-\Delta t)$为上一个步长流过该支路（节点 k 到节点 m）的电流值。需要注意的是集总参数的电阻被模拟为简单的阻性支路。

在给定的时间步长之后，流过电抗器和电容器的电流为：

$$i_{km}(t)=\frac{e_k(t)-e_m(t)}{R}+I_{km}(t-\Delta t)$$

其中，对电抗器 L 和电容器 C 分别有：

$$R = \frac{2L}{\Delta t} \qquad R = \frac{\Delta t}{2C}$$

10.3.2 等效支路缩减

如果某个电气支路包含多个串联元件，则该支路将可被折叠成为等效的电阻和电流源，从而有效地移除了不需要的节点（即降低了网络导纳矩阵的维度），提高了求解速度。当网络求解时，该支路将被视为等效导纳，如图 10-17 所示。

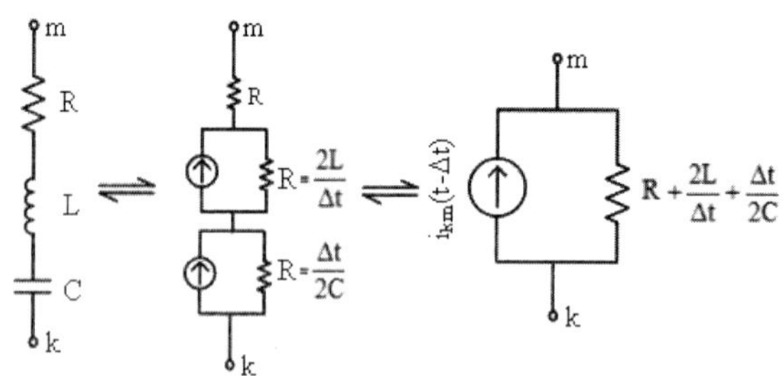

图 10-17 等效支路缩减

通过这种方便的形式，其他相同类型的支路也可并联在相同的节点之间，只需要简单地添加相应的等效支路导纳和电流源即可。

10.3.3 简单网络的形成

如上所述，由集总参数 R, L 和 C 元件构成的网络将在 EMTDC 中被表示为由阻性支路和电流源构成的等效电路。电阻是时不变的，除非它们被模拟为非线性或特定的开关动作发生。另一方面，等效电流源与过去时刻的值有关且时变，因此必须在每个时间步长进行更新。

具有这种结构的电路可通过简单的矩阵方法进行处理。使用节点分析法，导纳矩阵|G|将由等效电路中各支路上电阻值的倒数构成。|G|是一个方阵，其维数由所研究网络中的节点数确定。列矩阵|I|中的每个元素为对应节点处所有电流源之和。

考虑如图 10-18 所示的两节点简单 RLC 元件构成的网络的等效电路。

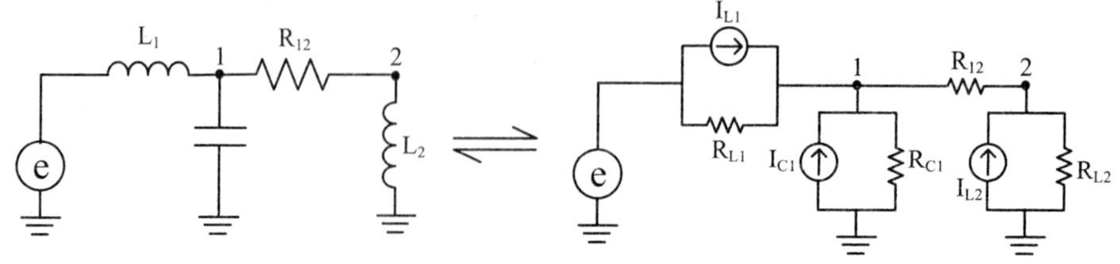

图 10-18 EMTDC 中的 RLC 元件构成的网络的等效电路

其中的每个电抗器和电容器均以等效电阻和电流源表示，节点方程如下：

对节点 1：

$$\frac{V_1 - e}{R_{L1}} + \frac{V_1}{R_{C1}} + \frac{V_1 - V_2}{R_{12}} = I_{L1} + I_{C1}$$

对节点 2：

$$\frac{V_2 - V_1}{R_{12}} + \frac{V_2}{R_{L2}} = I_{L2}$$

以矩阵形式表示有：

$$\begin{bmatrix} \frac{1}{R_{L1}} + \frac{1}{R_{C1}} + \frac{1}{R_{12}} & -\frac{1}{R_{12}} \\ \frac{1}{R_{L1}} & \frac{1}{R_{L2}} + \frac{1}{R_{12}} \end{bmatrix} \begin{bmatrix} V_1 \\ V_2 \end{bmatrix} = \begin{bmatrix} I_{L1} + I_{C1} + \frac{e}{R_{L1}} \\ I_{L2} \end{bmatrix}$$

简写形式为：

$$[G] \cdot [V] = [I]$$

节点电压的求解为：

$$[V] = [G]^{-1} \cdot [I]$$

10.3.4 导纳矩阵求逆

EMTDC 并不直接对导纳矩阵进行求逆，实际上它将使用向前三角分解和向后回代方法进行求解，即所谓的 LU 分解。LU 分解方法充分利用了导纳矩阵|G|的稀疏性（即不涉及为 0 的元素）。

10.3.5 开关和非线性元件

开关和非线性元件是指那些根据一定的条件在仿真过程中改变状态的元件，包括从简单的开关元件，例如电力电子器件（即晶闸管、二极管等）、断路器和故障，到更为复杂的可能具有多个状态的非线性元件，例如避雷器。

除了那些具有多个状态的元件，非线性元件同样可被模拟为具有可编程为表示任何非线性特性的附加补偿电流源。

➢ 简单开关元件

在时域仿真程序中可采用多种方法来表示简单的开关元件，其中最为精确地是将它们表示为理想元件。也即在导通状态下具有零电阻和在关断状态下具有无穷大电阻。

尽管该方法非常精确，且所得到的方程易于求解，其缺点是将具有多个可能的状态，从而需要有不同的系统方程进行表示。

图 10-18 所示的电路，其中的电阻 R_{12} 代表一个简单的开关。如果认为 R_{12} 为理想元件，则根

据该开关的状态将产生两个不同的网络，如图 10-19 所示。

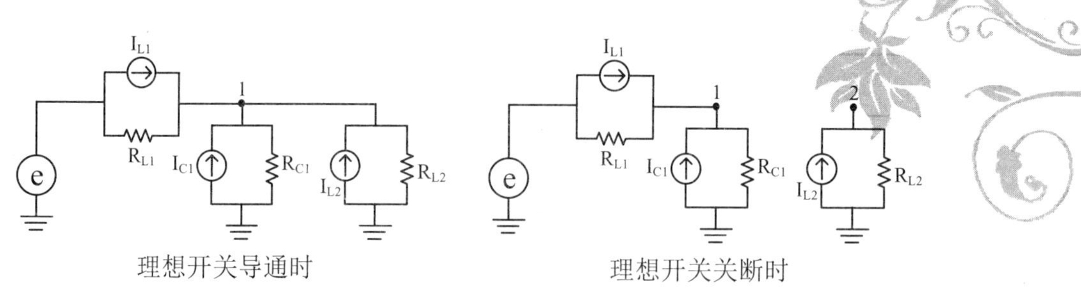

图 10-19 不同开关状态下的等效电路

如果某个网络包含了多个开关（如具有一个 48 脉波格雷兹桥构成的 STATCOM），在使用理想开关元件时将产生数量众多的不同的网络结构。

在 EMTDC 中，简单的开关器件被表示为可变的电阻，并具有导通时的电阻值和关断时的电阻值。尽管这种表示方法是对理想开关导通时零电阻和关断时无穷大电阻的近似，但其优点是可维持相同的电路结构，且在每个开关动作时无需划分为多个子网络。

在 EMTDC 中允许使用 0 电阻。尽管理想支路算法非常可靠且能给出理论计算结果，但它需要在导纳矩阵求逆时采用额外的计算来避免被零除。因此，通过插入一个对闭合开关典型合理的电阻，将可提高仿真速度。在任何可能的时候应当使用大于 0.0005 Ω 的非零值。

开关电阻的选择非常重要，如果电阻值太小，它将在导纳矩阵中占优，从而掩盖其他对角线元素甚至使其丢失，这将造成其实际的导纳矩阵求逆不精确。

需要注意的是：PSCAD 中采用的默认导通电阻为 0.001 Ω，在低于 0.0005 Ω 的阈值时将调用理想支路算法。

选择开关的电阻时需考虑如下重要的因素：

- 不能造成电路损耗的明显增加。
- 不能造成电路阻尼的明显减小。由于求解发生于离散时间间隔的步点处，电路中的阻尼减小将造成相对实际情况的数值误差。通过仔细地为闭合开关选择一个小的附加电阻，将可以补偿求解方法中的负阻尼效应。

➢ 非线性元件

EMTDC 中采用两种方法来表示非线性元件：即分段线性化和补偿电流源的方法。每种方法各有优劣，采用哪种方法完全由用户决定。

尽管非线性元件可能具有连续的特性，但不建议以连续的方法来控制该元件。因为连续改变支路导纳将迫使导纳矩阵在每个时间步长内都进行求逆，对大型网络而言将极大增加仿真时间。

为了减少仿真时间，EMTDC 可采用分段线性化的近似方法，如图 10-20 所示。分段线性化方法将非线性特性分解为多个状态范围，从而极大减小了运行过程中导纳矩阵的求逆次数，并能保持合理的精度。

在 EMTDC 中，诸如避雷器元件的非线性元件将采用分段线性化技术。

另一种模拟非线性特性的方法是通过使用补偿电流源。该技术通过添加一个与元件自身相并列的等效 Norton 电流源来实现，从而使得能够在元件支路节点处增加或减小电流，如图 10-21 所示。

使用该方法模拟元件非线性特性时必须非常小心。往往补偿电流源将基于上一仿真步长所计算得出的值，对当前步长而言相对于电压开路。这将造成仿真中的不稳定问题。为解决该问题，补偿电流源应当与修正电源和终端阻抗一起使用。

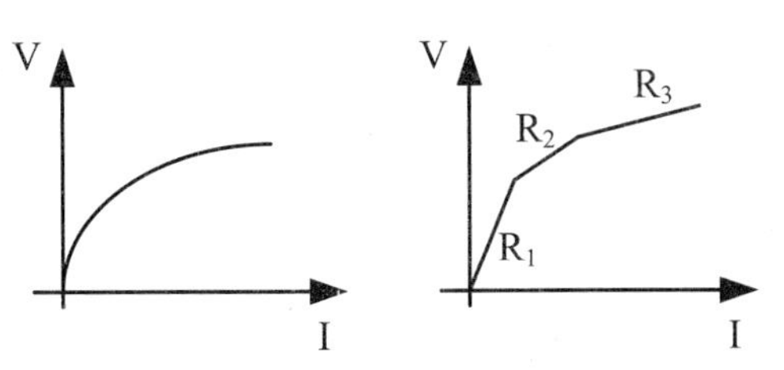

图 10-20 分段线性化近似方法

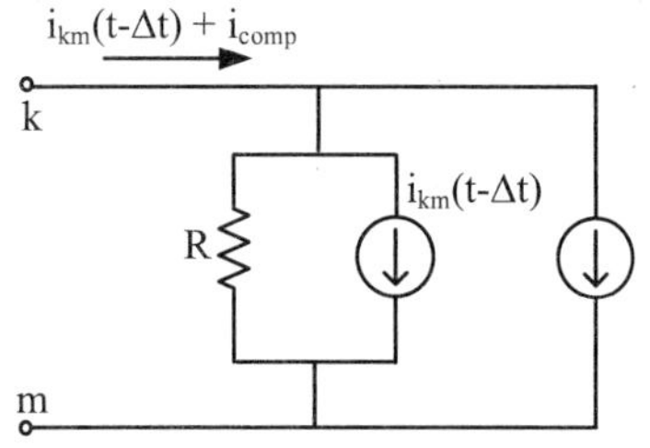

图 10-21 补偿电流源方法

在 PSCAD 中补偿电流源方法将用于模拟经典变压器模型中的铁心饱和。

10.3.6 互耦合铁心

对互耦合铁心的表示是电磁暂态分析的一个重要内容。EMTDC 通过在一个子系统中加入互感矩阵的方法来提供对互耦合绕组建模的能力。

在 PSCAD 中可通过使用变压器元件方便地创建互耦合绕组。

10.3.7 电气网络中的子系统

如果能将被模拟的电气网络分解为分离的子系统，则可更好地发挥 EMTDC 的优点。当电气网络由分布式输电线路或电缆分隔时将更有可能实现这种分解。

自 EMTDC 最初被开发起，人们就认识到减小导纳矩阵规模以更有效地表示 HVDC 系统的重要性。对这些系统的仿真涉及到多次的开关动作，每当电力电子器件在 EMTDC 中开关，其电阻值将改变，从而导纳矩阵必须进行重新三角化或重新求逆。在矩阵维数数以千计的大型系统中，这将极大降低仿真速度和效率。

考虑一个包含 50 个网络群的具有 10000 个节点的电气网络，每个网络群中平均分布有 200 个节点。在不分解为子系统的情况下（即只有一个大型的非稀疏矩阵），所需要的存储单元数目将为：10000×10000=100000000。

在将该系统分解为子系统后（即每个为 200×200 的 50 个非稀疏矩阵），则所需要的存储单元的总数目将为：200×200×50=2000000。该数目为原来需要数目的 1/50。

执行 LU 矩阵分解所需的时间对是否进行子系统分割是基本相同的。但在考虑执行插补和开关动作所需的时间时，子系统将带来很多性能上的提升。当执行插补-开关-插补序列时，它仅影响一个子系统，而不是整个系统方程。

当使用分布式输电线路或电缆模型在小型网络之间进行传输时，可有效地将这些网络群进行分割并单独对它们进行求解。由于分布式线路模型表示行波，则在该线路某一端的一个开关动作（或电源扰动），将不会在同一个时间步长内对对端的电路造成影响，这种影响将只会发生于扰动之后的一定数目的仿真步长后。每一端的网络群将可被认为是解耦的，分离的子系统，从而它们之间对应的非对角线上的元素将为 0。从数学上讲，这意味着可为每个分离的子系统创建独立的导纳矩阵，并且它们各自的导纳矩阵将可独立于其他的子系统的进行处理。图 10-22 所示为 4 个导纳矩阵代表 4 个解耦子系统的示意。

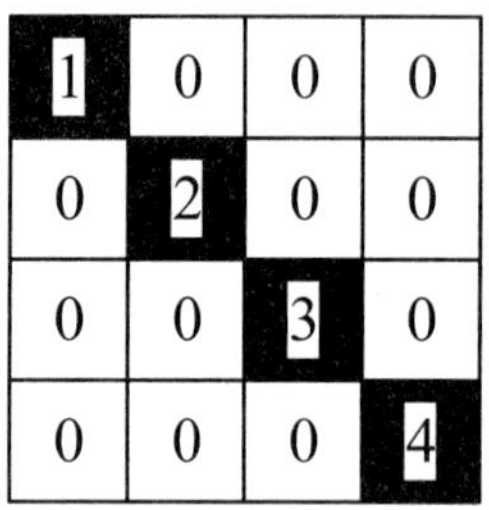

图 10-22 解耦的子系统

在 PSCAD 中，电气网络仅能通过使用分布式输电线路或电缆被分割为子系统。在大多数情况下，将导纳矩阵分割为子系统将得到稀疏的矩阵。也即一个矩阵包含了不会牵涉到系统求解中的 0 元素。

EMTDC 未以稀疏的形式来存储矩阵，而采用了一种折衷的方式：它将基于顺序而非稀疏的形式来存储导纳矩阵数据。也即矩阵中的某些 0 元素将被存储，但不会被认为是有效的子系统。每个子系统中非零元素的地址将存储为整数矢量，并仅用于访问非零元素。以顺序的方式进行存储可能不是最有效的内存使用方法，但它具有性能上的优越性：对 Fortran 编译器而言，相对于稀疏矩阵矢量纯随机的内存分配， 采用磁盘-内存-缓存的传输流方式将为更加有效。

10.4 高级特性

10.4.1 插补和开关

如前所述，一定时间段内的电气网络的暂态仿真，是通过在整个时间段内的一系列离散间隔（仿真步点）对网络方程进行求解来实现的。EMTDC 是一个固定时间步长的瞬态仿真程序。因此在仿真开始之前时间步长就被选定，并在仿真开始之后保持不变。

由于时间步长本质上的固定，诸如故障或晶闸管开关之类的网络事件都只可能发生在这些离散的时间点上（如果无修正）。这就意味着如果一个开关动作刚好发生在时间步点之间，则实际的开关动作将只能在下一个时间步点上得到响应。该现象将导致不精确和不期望的开关延时。在许多情况下，例如断路器跳闸事件，一个时间步长的延迟（约 50 μs）基本不会造成任何影响。但是在电力电子电路的仿真中，这种延迟将可能导致非常不精确的结果（60 Hz 下 50 μs 对应于接近 1 个电气角度）。一种减小这种延迟的方法是减小仿真步长，但这将成比例地增加仿真时间，同时也不能给出足够好的结果。

另一种解决方法是采用变步长求解，当检测到了开关事件，程序会将仿真步长细分为更小的间隔。但这并不能解决开关感性和容性电路时电流和电压微分所造成的电压和电流的伪尖峰问题。

当开关事件发生于仿真步点之间时，EMTDC 会使用一种插值算法来找出事件发生的准确时间，这比减小时间步长更加快速和准确。该算法使得 EMTDC 能够在使用较大的时间步长时仍能准确地仿真任何开关事件。

以下为插补算法的工作原理：

- 每个开关器件在被 DSDYN 子程序调用时，都会将其动作准则加入到一个轮询列表。主程序将在每个时间步长结束时求解电压和电流，并在时间步长开始之前存储开关器件的状态。这些器件可通过直接指定时间或通过其上的电压或电流水平来确定开关时刻。
- 主程序首先确定开关动作准则得到满足的器件，然后将该子系统中的所有电流和电压插值至该时刻。该支路将进行开关动作，同时需要导纳矩阵的重新三角化。
- EMTDC 将相对插值点向前增加一个时间步长，对所有历史项进行求解，并求解节点电压。所有的器件都将被轮询，以确定是否在元素时间步长结束之前还需要进行插补开关动作。
- 如果没有进一步开关动作的需要，将执行最后一个插补，以将求解返回至原始的时间步点序列上。如果仍存在其他的开关动作，则将会重复步骤 1~3。

图 10-23 所示为插补算法的工作原理示意。

考虑一个已导通的二极管，它将在电流过零时截止。如果在步点 1 处从 DYDYN 中调用其子程序时电流仍为正值，则不会发生开关动作，如图 10-24 所示。

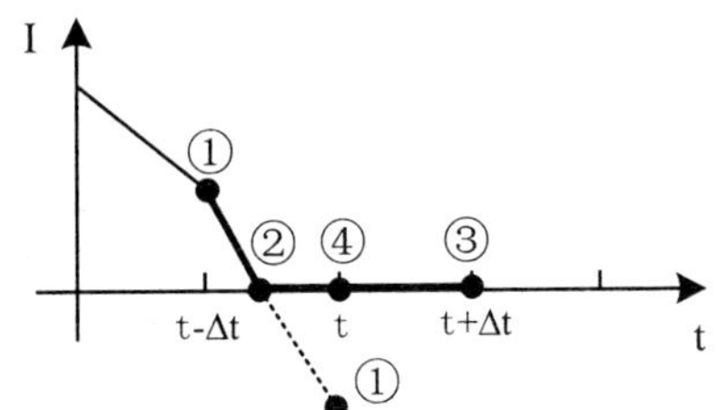

图 10-23 插补算法工作原理示意

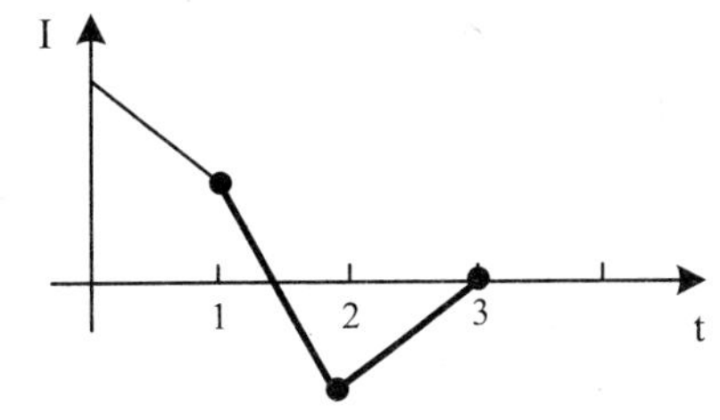

图 10-24 无插补时的二极管电流

如果不采用插补（或在 EMTDC 中被禁用），在时间步点 2 处将进行一次求解。二极管的子程序将发现其电流已经为负，并随后在时间步点 3 处将其截止，这将使得该器件流过负向的电流。

如图 10-25 所示，在 EMTDC 中（插补启用），当二极管子程序在时间 t=1 处被调用时，由于电流同样为正，同样也不会使得二极管截止。但由于它是一个可开关支路，它将出现在一个列表中，并告之主程序：如果流过该支路的电流过零，它将在时间步长结束前被关断。

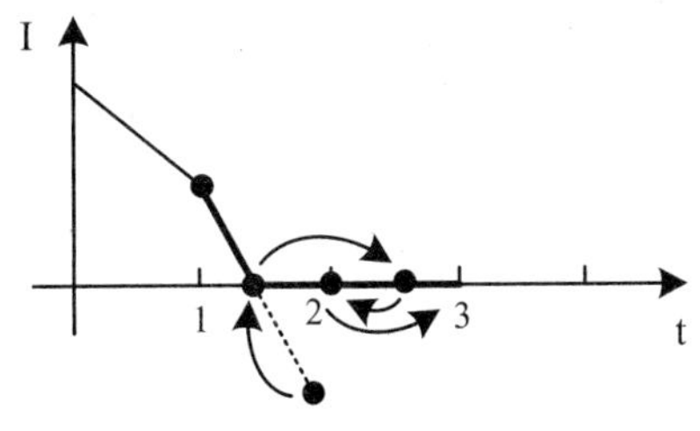

图 10-1 有插补时的二极管电流

主程序将在时间 t=2 处进行求解（与无插补时一样），但此时将对插补要求进行列表检查。由于在时间 t=2 处新的二极管电流为负，主程序将计算出电流实际过零的时刻。同时它会将所有的电压和电流插值至该时刻（假定为时间 t=1.2），并将二极管关断。

假定在该时间步长内没有其他的开关动作，则主程序将准确计算在时间 t=1.2 和时间 t=2.2（1.2+Δt）时的电压，并根据这两点的值将电源插值回时间 t=2 处，从而使得仿真恢复至整数时间步长点上。

需要注意的是：DYDYN 和 DSOUT 仍仅在时间 t=1, 2 和 3 处被调用，而二极管将在 1.2 处被关断，从而不会出现负的电流。主程序将调用 DSOUT，从而能够输出时间 t=2 处的电压和电流。最后将在时间 t=2 时调用 DSDYN，并继续进行正确的求解至时间 t=3。

上述过程中会存在一个附加的复杂步骤，在开关发生的任何时刻将会自动设置一个颤振移除标志。该标志将在达到无中断的半时间步长插补点时清除。在上述例子中，这意味着将在时间 t=1.7（1.2 和 2.2 的半程处）执行一个附加的插补，在 2.7 处附加一次求解，然后最终的插补将如前所述的一样回复至在 2.0 处的求解。

为防止在一个时间步长内过多的开关动作，将总是提前于至少 0.01% 的时间步长进行求解。此外，当任何两个或多个器件需要进行开关动作的时间相互之间不超过时间步长的 0.01%，它们将在相同的时间进行开关动作。

图 10-26 所示是在一个简单的 HVDC 系统中应用插补前后的对比，其中显示了恒定 α 角指令下测量得到的 α 角（在整流侧）的差别，仿真步长为 50 μs。

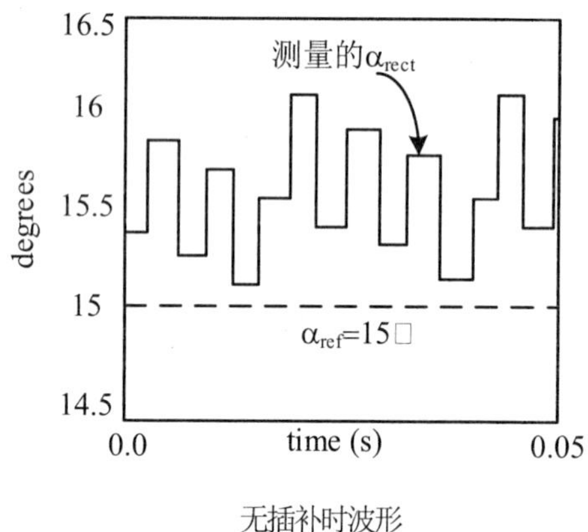

无插补时波形

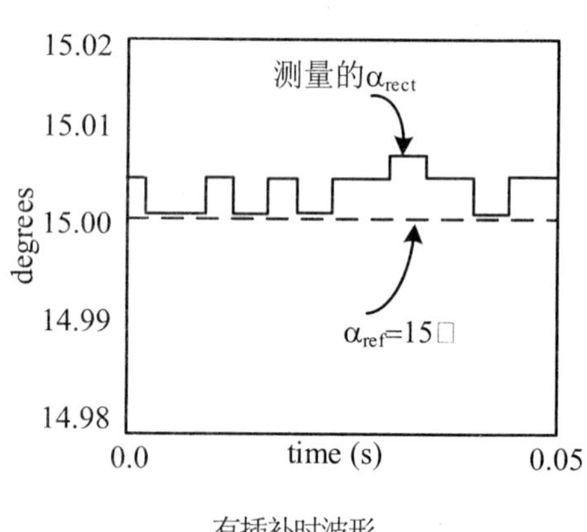

有插补时波形

图 10-26 晶闸管插补触发脉冲的效果

采用插补的触发脉冲的波动小于 0.001°，而非插补触发时的波动约为 1°。这种触发脉冲较大的波动（1° 以上）将产生非特征谐波，并且不能实现触发角的精细调节。在上述两种情况下，EMTDC 自动实现在晶闸管电流负向过零时将其插补关断。

采用插补能带来好处的应用包括：

- 具有大量快速开关器件的电路。
- 具有与电力电子器件联合使用的避雷器。
- 易于发生次同步震荡的带有同步电动机的 HVDC 系统。

- 采用小信号扰动技术分析 AC/DC 系统而需要精确控制触发角。
- 使用带反并联二极管 GTO 的强迫换相变换器。
- PWM 电路和 STSTCOM 系统。
- 带电力电子器件的复杂电路的开环传递函数的合成。

10.4.2 颤振检测与移除

颤振是电气网络暂态仿真 Dommel 算法所采用的梯形积分法所固有的随仿真步长变化的对称振荡现象，通常由闭合带电抗器支路中的开关所引起。如果开关动作发生于仿真步点之间，或在电流自然过零处，则颤振不会造成任何影响。图 10-27 显示了由晶闸管/电抗器串联支路自然关断时造成的电压颤振现象。

由于颤振不会发生于任何实际的电气网络中，因此必须对其进行抑制。EMTDC 中加入了一个颤振检测算法来连续检测这种虚假的振荡，并在需要时将其移除。EMTDC 连续监测所有的节点电压和支路电流，如果这些量在 5 个连续的仿真步长内接连改变方向，例如 1.0、-0.9、0.8、-0.7 和 0.6，则认为发生了颤振。此外，颤振监测算法还将对支路开关事件进行连续监测，通过这种方式能够检测到由网络中任何突然的改变（即使不是由开关事件所引起的）所造成的颤振。

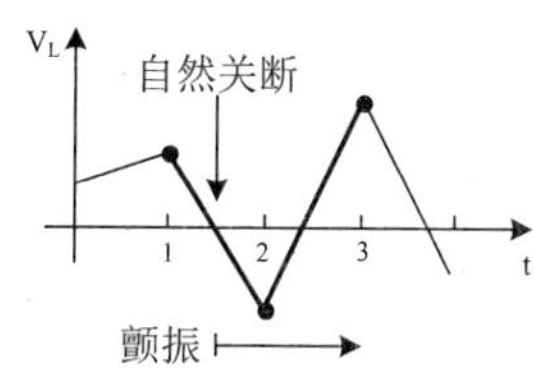

图 10-27 电抗器上的电压颤振

需要注意的是，如果颤振检测被禁用而颤振移除启用，则仅将有由支路开关事件引起的颤振被移除，这对绝对多数情况都是足够适用的。PSCAD 的项目属性中的默认颤振检测水平 (CDL) 设置为 0.001 pu。

检测到颤振或发生开关事件时，都将调用颤振移除算法。颤振将通过使用半时间步长处的插补进行移除。用户可在 PSCAD 中通过相应选项来启用或禁用颤振移除算法，但建议对所有电路启用该算法。

10.4.3 外插电源

另一个涉及到插补的特性是外插电源算法。在开关动作和颤振移除的过程中，必然需要外插出当前的时间步长。如图 10-28 所示，对插值时间 $t=t+\delta t$ 处的正弦电压源， PSCAD 将使用其准确值（图中点 A），而不是线性外插值（图中点 B）。采用电源外插时图 10-28 中点 A 处的电压为:

$$V_A = V\sin(\omega(t+\delta t)+\varphi)$$

式中，δt 为时间步点之间的开关动作时间（以 t 为起始时刻）；ω 为电源角频率 (rad/s)；φ 为电压源相位角 (rad)。

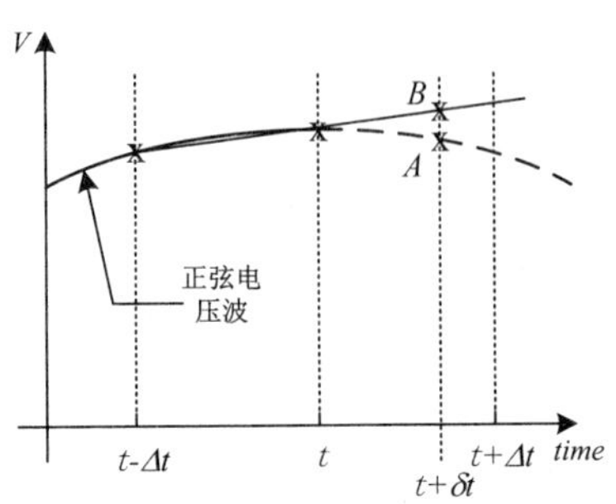

图 10-28 电源外插算法

外插电源算法仅在 Single-Phase Voltage Source Model 2 和 Three-Phase Voltage Source Model 2 中使用。

10.4.4 理想支路

理想支路是指具有零阻抗的支路，包括无穷大电压源，理想短路电路和处于闭合状态的理想开关。使用节点导纳矩阵的标准电磁暂态求解算法要求每条支路具有有限的阻抗。零阻抗支路将导致无穷大的导纳，并将造成数值计算的问题。

在 EMTDC 中允许使用零电阻和真实的无穷大母线电压源。所采用的算法允许进行理想支路的任何组合，包括环路。一个例外是其中的一个理想支路是电压源，因为这将造成其他并联支路中无穷大的电流。

理想支路默认的判定阈值是 0.0005 Ω。因此，通过设置电压源电阻为 0 或小于该阈值将可获得无穷大母线。类似地还可以通过将二极管的导通电阻和断路器的闭合电阻等设置为 0 或小于该阈值，以得到 0 电阻支路。

需要注意的是理想支路算法需要进行额外的计算，因此应当尽可能地使用至少 0.0005 Ω 的非零值（大于理想支路阈值）。

10.4.5 最优运行和多重运行

用户可通过使用 EMTDC 的多重运行模式来确定参数的一组最优值。每次运行过程中的参数值可以顺序或随机改变，并绘制出诸如最大过电压、误差平方积分等目标函数相对这些参数值的曲线。目标函数可使用主元件库中的标准模块构建，也可以同使用标准接口由用户进行编写。

该特性使得用户可多次运行 EMTDC，每次运行具有不同的参数值。例如用户可多次运行某个 case 项目，每次具有不同的故障或不同的控制器增益。

这种批处理特性对于参数优化、确定故障过电压波形上的最严重点，确定最优的保护设置等非常有效。

10.4.6 动态定维

EMTDC 具有两种可用的版本——动态和固定。固定的版本专门用于免费的 EGCS/GNU Fortran 77 编译器，其 Fortran 维数不可调整。固定版本预先进行配置，以处理一定规模的系统，当系统规模较大时无法应用。

动态版本可用于 PSCAD 支持的任一种商业 Fortran 90 编译器，它将自动确定所需要的数组并根据最优性能来分配内存。动态版本不限定系统规模，仅受到可用的计算机资源/存储容量的限制。

由于内存管理模型的不同，动态版本相对固定版本的运行速度稍慢。在绝大多数情况下这都不成为主要问题，用户应尽可能使用动态版本。

10.5 用户元件设计

EMTDC 程序的设计使其能够接受用户自定义的外部源代码。这可通过链接至预编译的源代码，例如，目标或静态库文件，或通过简单的直接附加源代码文件来实现。无论选择哪种方式，外部源代码将在编译过程中与所有其他的项目源代码相结合，得到用于仿真运行的可执行程序。

通过使用元件对象实现外部源代码的集成。PSCAD 中使用的元件来表示系统模型，事实上整个主元件库都是由元件所组成。其中的某些元件设计为向系统动态（即 BEGIN, DSDYN 或 DSOUT）中直接插入源代码，和/或提供用于构建电气网络的信息。其他的一些链接至 EMTDC 源代码主体中内嵌的子程序，在其中通过直接操作固有网络和存储变量来表示复杂的电气设备，例如电动机和 FACTS。元件是可完全由用户自定义的，从非常简单的可能仅有数行代码的到非常复杂，由多个函数和子程序组合进行表示的元件。元件自定义的概念提供了仿真设计中的灵活性，它提供了访问 EMTDC 和 PSCAD 项目编译器的图形化接口。该接口使得用户可完全地访问 EMTDC 程序的所有可能的内容（可自定义的部分）。毕竟这种设计环境是 PSCAD 和 EMTDC 开发人员都同样使用的。

10.5.1 EMTDC 的 Fortran 指南

PSCAD 所提供的基本编译器 GFortran 支持直到 Fortran 95 的语言标准。此外还支持如下的商业编译器：

- Intel Visual Fortran 9 to 15：这是推荐用于 PSCAD 的编译器，可支持 Fortran 95 的语言标准。

在使用 CVF 编译器时必须尽可能采用 Fortran 90 标准。使用任何 Fortran 95 函数指示符时将可能导致 CVF 编译器产生错误。为确保用户模型将来具有可移植性，用户需遵循如下同样准则：

- 注释行。注释行应总是使用字符!。这是所有 Fortran 语言标准支持的注释标准。该字符 可出现在一行中除第 6 列外的任何位置。
- 命名转换。为避免用户编写 程序（子程序/函数）命名与 EMTDC 程序的冲突，应当在用户程序名称前添加一个易于识别的前缀，例如 U_或 MY_。

10.5.2 C 语言方法和函数

用户可使用 C 语言编写代码。C 语言程序可直接在元件定义中进行调用，与 Fortran 子程序和函数的调用完全相同。C 语言代码不能直接插入至元件定义脚本中，这是由于编写系统所有 Fortran 文件的 PSCAD 项目编译器无法实现从 C 语言到 Fortran 语言的转换。

10.5.3 EMTDC 固有变量

EMTDC 的固有变量是与用户源代码接口的重要组成部分。良好地理解这些变量对于发挥可用编程工具的全部潜能非常必要。用户可访问绝大多数的 EMTDC 固有变量，并在加入正确头文件的情况下可在外部源代码中使用。以下将对最常用的变量进行介绍。

1．EMTDC 存储阵列

➢ 仿真步长之间的数据传递

当项目中需要存储变量并在后续时间步长中使用，或从系统动态的 BEGIN 段向 DYSYN 和/或 DSOUT 段传递信息时，需要使用存储阵列。存储阵列为 1 维（某些时候也被称为堆栈），并且不同的变量类型有不同的存储阵列。表 10-1 给出了存储阵列及其指针的说明。

表 10-1 EMTDC 存储阵列

	类型	EMTDC 存储阵列	描述
时间步长之间的数据传递	实型	STORF(NSTORF)	仅用于浮点数存储
	整型	STORI(NSTORI)	仅用于整数存储
	逻辑型	STORL(NSTORL)	仅用于逻辑数存储
	复数型	STORC(NSTORC)	仅用于复数存储
BEGIN 到 DSDYN/DSOUT 的数据传递	实型	RTCF(NRTCF)	仅用于浮点数存储
	整型	RTCI(NRTCI)	仅用于整数存储
	逻辑型	RTCL(NRTCL)	仅用于逻辑数存储
	复数型	RTCC(NRTCC)	仅用于复数存储

图 10-29 所示为一个在仿真步长之间进行数据传递的典型存储阵列的应用。数据通过使用相应的指针（即 NSTORF、NSTORI 等）存储于各个地址位置。正确地使用存储指针对获得精确的仿真结果非常重要。例如如果没有正确地定位指针，前一个子程序调用所存储的数据将可能会被覆盖。

在每个时间步长开始时，所有的存储指针均被复位为 1，然后主程序将从顶至底地顺序执行。通过使用存储阵列和指针，每个子程序均可按照其在主程序中出现的顺序，向阵列中写入或从中读取数据。为避免存储的数据被覆盖，每个子程序必须在返回至主程序之前，根据在子程序中所使用的存储位置的数目来相应地增加各个指针。这可确保后续进行对存储位置的访问时指针位于它们正

确的位置。

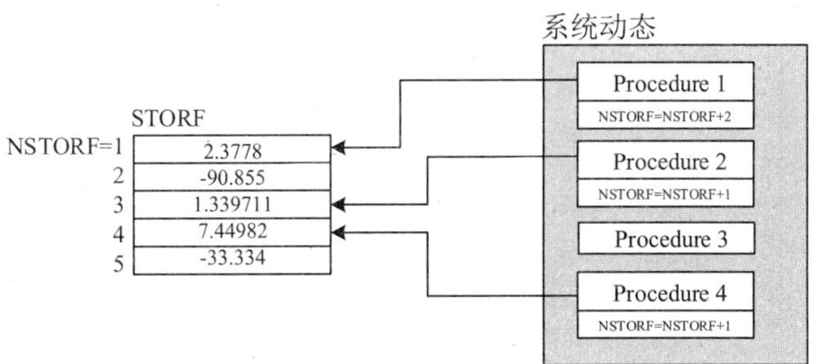

图 10-29 存储阵列的应用示例

考虑一个用户编写的子程序，需要存储如下变量用于后续时间步长中使用，即两个实型变量 X 和 Y，一个整型变量 Z。子程序中应当包括类似如图 10-30 中所示的代码。

```
!
   SUBROUTINE U_USERSUB(...)
!
   INCLUDE 'nd.h'
   INCLUDE 'emtstor.h'
!
   REAL    X, Y, X_OLD, Y_OLD
   INTEGER  Z, Z_OLD
!
! Retrieve the variables from storage arrays:
!
   X_OLD = STORF(NSTORF)
   Y_OLD = STORF(NSTORF + 1)        <—— 从存储阵列中获取变量值
   Z_OLD = STORI(NSTORI)
!
! Main body of subroutine:
!
   ...
!
! Save the variables to storage arrays for use in next time step:
!
   STORF(NSTORF)     = X
   STORF(NSTORF + 1) = Y  <——— 向存储阵列中存储变量值，
   STORI(NSTORI)     = Z          以在下一个时步内使用
!
! Increment the respective pointers before returning to the main
! program (very important):
!
   NSTORF = NSTORF + 2    <——— 在返回主程序前增加各个指针
   NSTORI = NSTORI + 1
!
   RETURN
   END
```

图 10-30 存储阵列应用的代码示例

养成一个良好的习惯是对存储指针进行复制并进行更新。该复制仅在局部子程序中使用，从而在存在嵌套函数或子程序的情况下也可避免指针冲突。图 10-31 为使用这种方法的代码示例。

➢ BEGIN 段到 DSDYN/DSOUT 段的数据传递

BEGIN 段用于执行运行前（或零时刻）的操作，例如，变量初始化等。从 BEGIN 段向 DSDYN 和/或 DSOUT 段传递数据将发生于每个时间步长的起始时刻，如图 10-32 所示。

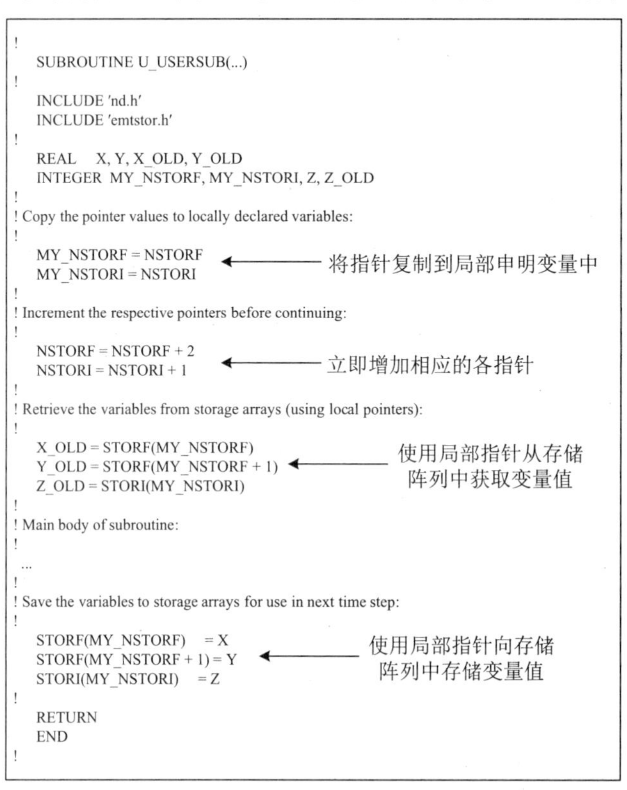

图 10-31 使用局部指针的代码示例

BEGIN 段的引入主要是为在 EMTDC 中向存在于具有多实例组件中的元件的运行可配置提供支持。在进行这类数据传递时采用了新的存储阵列（即 RTCx 阵列），从而不会影响到使用 PSCAD X4 之前版本所创建的海量用户自定义元件的存储操作。所有的主元件库元件在需要时可同时使用这两类存储阵列。

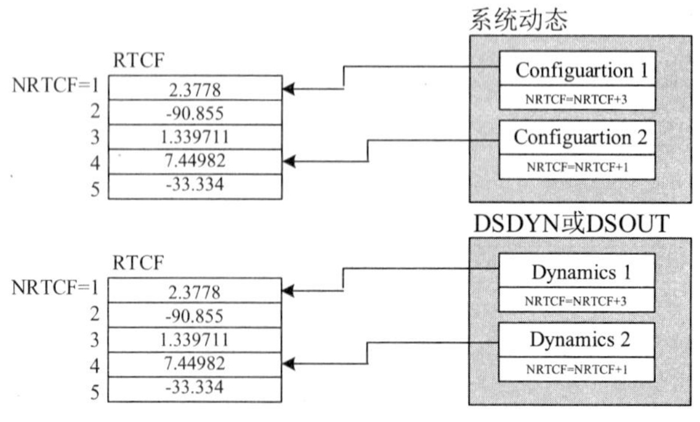

图 10-32 BEGIN 段内的典型存储阵列使用

为便于在用户自定义元件内提供运行可配置支持（以及由此而产生的多实例组件支持），使用 BEGIN 段（因此也是 RTCx 阵列）是必须的。这是元件需要在零时刻进行初始化时的常见情形。

考虑一个用户自定义元件需要在零时刻存储一组两个 XY 数据点，并在后续运行过程中使用。数据点定义为：点 1(X=0.7, Y=3.1)、点 2 (X=1.2, Y=3.8)。

这些数据点的存储将发生在系统动态的 BEGIN 段内，以确保元件为运行可配置。用户编写一个将在 BEGIN 段内调用的名为 U_BGN_XYPOINTS 的子程序。注意到该子程序的名称中加入了 BGN，这将有助于用户识别出它是 BEGIN 段类型。该子程序可能具有的代码如图 10-33 所示。

```
!
    SUBROUTINE U_BGN_XYPOINTS(X,Y)
!
    INCLUDE 'nd.h'
    INCLUDE 'rtconfig.h'
!
    REAL X(2), Y(2)
!
! Save variables to storage array for use in runtime:
!
    RTCF(NRTCF)     = X(1)
    RTCF(NRTCF + 1) = Y(1)   ←—— 向阵列中存储运行中将要使用的变量值
    RTCF(NRTCF + 2) = X(2)
    RTCF(NRTCF + 3) = Y(2)
!
! Increment the pointers before returning to the main program
! (very important):
!
    NRTCF = NRTCF + 4   ←—— 在返回主程序前增加指针
!
    RETURN
    END
!
```

图 10-33 BEGIN 段代码示例

一旦定义了该子程序，用户必须指示 PSCAD 对其进行调用，以将其插入至 BEGIN 段内。这可同在元件定义脚本中使用#BEGIN/#ENDBEGIN 指示符来完成。可能的代码如图 10-34 中所示。

```
#BEGIN
   CALL U_BGN_XYPOINTS($X,$Y)
#ENDBEGIN
```

图 10-34 用户 BEGIN 子程序的调用

变量$X 和$Y 代表在元件定义中已定义的量，例如，可以是元件输入参数。需要注意的是，数据的存储也可以在元件定义中直接进行编码实现，而无需定义子程序，如图 10-35 所示。

```
#BEGIN
   RTCF(NRTCF)     = $X(1)
   RTCF(NRTCF + 1) = $Y(1)
   RTCF(NRTCF + 2) = $X(2)
   RTCF(NRTCF + 3) = $Y(2)
!
   NRTCF = NRTCF + 4
#ENDBEGIN
```

图 10-35 直接在用户代码中使用 RTCx 阵列

当数据被存储后，用户需要在运行过程中将其提前，可以编写名为 U_DYN_XYPOINTS 的一个子程序以定义元件运行（或动态建模）中的操作。该子程序包括了对 RTCx 存储和 STORx 类型阵列的访问，可能的代码如图 10-36 所示。

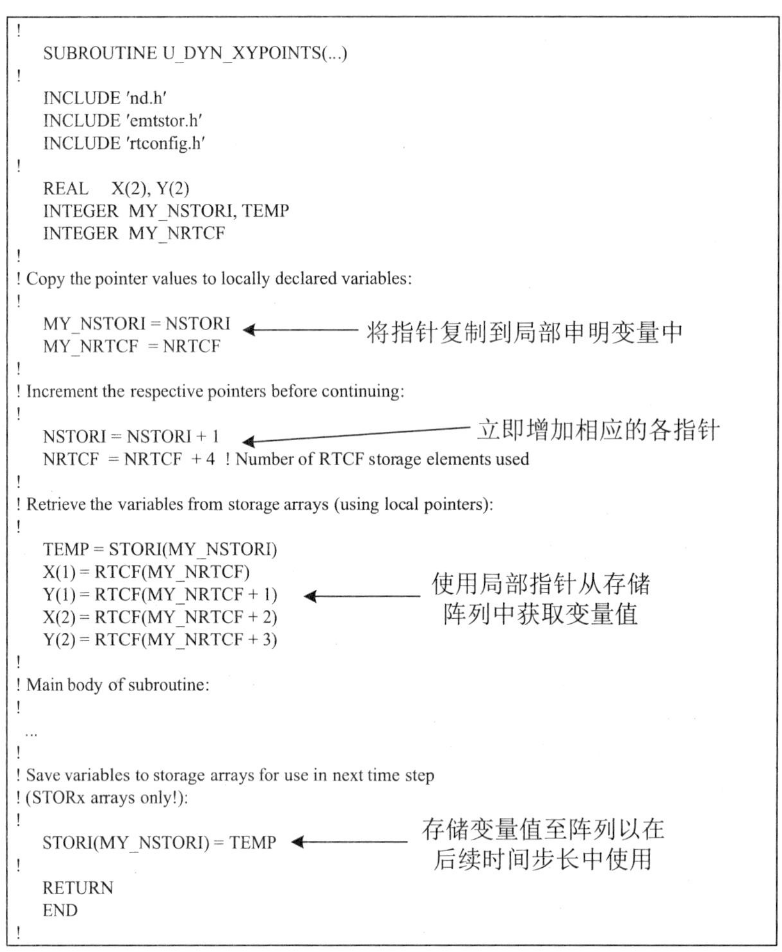
```
!
   SUBROUTINE U_DYN_XYPOINTS(...)
!
   INCLUDE 'nd.h'
   INCLUDE 'emtstor.h'
   INCLUDE 'rtconfig.h'
!
   REAL    X(2), Y(2)
   INTEGER MY_NSTORI, TEMP
   INTEGER MY_NRTCF
!
! Copy the pointer values to locally declared variables:
!
   MY_NSTORI = NSTORI      ← 将指针复制到局部申明变量中
   MY_NRTCF  = NRTCF
!
! Increment the respective pointers before continuing:
!
   NSTORI = NSTORI + 1     ← 立即增加相应的各指针
   NRTCF  = NRTCF  + 4  ! Number of RTCF storage elements used
!
! Retrieve the variables from storage arrays (using local pointers):
!
   TEMP = STORI(MY_NSTORI)
   X(1) = RTCF(MY_NRTCF)
   Y(1) = RTCF(MY_NRTCF + 1)   ← 使用局部指针从存储阵列中获取变量值
   X(2) = RTCF(MY_NRTCF + 2)
   Y(2) = RTCF(MY_NRTCF + 3)
!
! Main body of subroutine:
!
 ...
!
! Save variables to storage arrays for use in next time step
! (STORx arrays only!):
!
   STORI(MY_NSTORI) = TEMP    ← 存储变量值至阵列以在后续时间步长中使用
!
   RETURN
   END
!
```

图 10-36 访问存储阵列变量值的代码

2．常用固有网络变量

通过固有变量，用户可访问电网网络数据，例如支路和节点号，监测支路电流和节点电压等。某些诸如支路电压的网络变量甚至可以由用户进行控制。

下面分别列出了几种不同类型的常用固有网络变量，在这些表格中，BRN 和 SS 分别代表支路号和子系统号，NN 代表节点号。

➢ 节点号

访问节点号的固有变量见表 10-2。

➢ 支路电流

访问支路电流的固有变量见表 10-3。

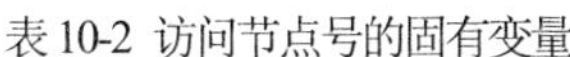

表 10-2 访问节点号的固有变量

变量名	描述
IEF(BRN,SS)	给出映射后的 from 节点号
IET(BRN,SS)	给出映射后的 to 节点号

表 10-3 访问支路电流的固有变量

变量名	描述
CBR(BRN,SS)	给出特定支路中流过的电流值，正方向为从支路的 from 节点到 to 节点

➢ 节点电压

访问节点电压的固有变量见表 10-4。

表 10-4 访问节点电压的固有变量

变量名	描述
VDC(NN,SS)	给出子系统 SS 中节点 NN 的电压值

➢ 电气网络接口变量

用于电网网络接口直接控制的固有变量见表 10-5。

表 10-5 用于电网网络接口直接控制的固有变量

变量名	描述
EBR(BRN,SS)	设置支路电压值
CCBR(BRN,SS)	代表接口支路中所使用的电抗器/电容器历史电流的电流源
GEQ(BRN,SS)	设置支路等效导纳值
CCIN(NN,SS)	理想电流源，设置从地注入到节点 NN 的电流值
GGIN(NN,SS)	设置节点 NN 与地之间的导纳值

10.5.4 向 PSCAD 发送模型消息

为了通过 PSCAD 与用户交流消息，需要在用户元件设计中应用如下的特殊工具。

➢ The COMPONENT_ID Subroutine

需要从用户元件向 PSCAD 传送警告消息时，应当使用 COMPONENT_ID 子程序。

取决于警告消息发出的位置，在同一个元件中可能需要多次调用该子程序。例如如果将同时在系统动态程序的DSDYN_BEGIN和DSDYN中产生警告消息，用户需要两次调用COMPONENT_ID子程序。一次在#BEGIN/#ENDBEGIN 指示符之间，另一处在 DSDYN 段内，如图 10-37 所示。需要在产生警告消息的程序之前调用该子程序。

```
#BEGIN
    CALL COMPONENT_ID(ICALL_NO,$#Component)
!
!...
!
#ENDBEGIN
!
    CALL COMPONENT_ID(ICALL_NO,$#Component)
!
!...
!
```

图 10-37 在脚本段内调用 COMPONENT_ID

在图 10-37 中，ICALL_NO 用于设置元件调用号，$#Component 用于设置实例号。这些参数均由 PSCAD 预先确定。

➢ The COMPONENT_ID Subroutine

COMPONENT_ID 子程序仅设置定义在头文件 warn.h 中的 EMTDC 全局变量 COMP_ID1 和'COMP_ID2。这两个参数将用作 EMTDC_WARN 子程序的参数。EMTDC_WARN 子程序用于从用户元件 Fortran 代码中产生警告消息，如图 10-38 所示。

```
!
    INCLUDE 'warn.h'
!
!...
!
    IF (F .LT. 0.01) THEN
     CALL EMTDC_MESSAGE(COMP_ID1,COMP_ID2,1,1,"Frequency is below limit")
    ENDIF
!
!...
!
```

图 10-38 EMTDC_WARN 子程序调用示例

注意到 warn.h 文件必须在元件子程序的顶部进行申明。图 10-38 中的 COMP_ID1 用于设置元件调用号，'COMP_ID2 用于设置实例号。这两个参数将在 PSCAD 内通过使用 COMPONENT_ID 子程序预先确定。如果警告消息具有多行，则 EMTDC_WARN 子程序的调用应如图 10-39 所示。

在图 10-38 和图 10-39 中，EMTDC_WARN 子程序的第三个参数用于向 EMTDC 表明消息所具有的行数以及当前行的位置。对 EMTDC_WARN 首次调用时的该参数将指出消息的总行数，在这之后调用时的参数 0 代表中间行，如果为-1 则表明是最后一行。

```
!
    INCLUDE 'warn.h'
!
!...
!
    IF (F .LT. 0.01) THEN
     CALL EMTDC_MESSAGE(COMP_ID1,COMP_ID2,1,1,"Frequency is below limit")
    ENDIF
!
!...
!
```

图 10-39 多行警告消息的 EMTDC_WARN 子程序调用

10.5.5 头文件

除了在 10.5.3 中说明的最常用的 EMTDC 固有变量之外，还存在有大量的其他变量。不论它们如何使用，在外部源代码程序中都必须加入正确的头文件。当元件代码位于定义自身内部（即在脚本段内）时，无需加入头文件，而仅在外部子程序和函数中需要。

以下表格提供了对最常用的头文件的说明，其中的保留固有变量名不能在任何用户自定义模型中局部地申明。

- nd.h。该文件包含了重要的网络维数信息，必须总是在所有外部程序中第一个被加入。
- emtstor.h（见表 10-6）。

表 10-6 emtstor.h 中的变量

变量名	类型	描述
STORL(*)	LOGICAL	逻辑型运行变量存储阵列
STORI(*)	INTEGER	整型运行变量存储阵列
STORF(*)	REAL	浮点型运行变量存储阵列
STORC(*)	COMPLEX	复数型运行变量存储阵列
NSTORC	INTEGER	STORC 阵列指针
NSTORF	INTEGER	STORF 阵列指针
NSTORI	INTEGER	STORI 阵列指针
NSTORL	INTEGER	STORL 阵列指针
THIS	INTEGER	临时指针

- rtconfig.h（见表 10-7）。
- s0.h（见表 10-8）。

- s1.h（见表 10-9）。
- branches.h（见表 10-10）。
- emtconst.h（见表 10-11）。
- fnames.h（见表 10-12）。
- warn.h（见表 10-13）。

表 10-7 rtconfig.h 中的变量

变量名	类型	描述
RTCL(*)	LOGICAL	零时刻逻辑型变量存储阵列
RTCI(*)	INTEGER	零时刻整型变量存储阵列
RTCF(*)	REAL	零时刻浮点型变量存储阵列
RTCC(*)	COMPLEX	零时刻复数型变量存储阵列
NRTCL	INTEGER	RTCL 阵列指针
NRTCI	INTEGER	RTCI 阵列指针
NRTCF	INTEGER	RTCF 阵列指针
NRTCC	INTEGER	RTCC 阵列指针
TFDATA(*,*)	REAL	用于传递 R 和 L 数据至经典变压器模型的运行可配置程序
UMECWDGDATA(*,*)	REAL	用于传递绕组特定信息至UMEC变压器模型的运行可配置程序
UMECTFDATA(8)	REAL	用于传递基本信息（长度比、面积等）至 UMEC 变压器模型的运行可配置程序

表 10-8 s0.h 中的变量

变量名	类型	描述
RDC(*,*,*)	REAL	三角化的[G]矩阵
CCIN(*,*)	REAL	设置从地注入至特定节点的电流值
VDC(*,*)	REAL	给出指定节点处的电压值
GM(*,*,*)	REAL	导纳矩阵
CCGM(*,*)	REAL	变压器电流
CCLI(*,*)	REAL	输电线/电缆电流
GGIN(*,*)	REAL	设置 Norton 电流源 CCIN 的等效导纳值
CA(*)	REAL	三角化的[G]矩阵的电流注入矢量

（续）

变量名	类型	描述
CDCTR(*,*)	REAL	流过第 N 个变压器第 M 个绕组的电流
MBUS(*)	INTEGER	子系统中的节点数
IDEALSS(*)	LOGICAL	子系统中包含理想支路时为 True
ENABCCIN(*,*)	LOGICAL	启用相应的 CCIN 电流源时为 True

表 10-9 s1.h 中的变量

变量名	类型	描述
TIME	REAL	当前仿真时间(s)
DELT	REAL	仿真时间步长(Δt) (s)
PRINT	REAL	绘图步长(s)
FINTIM	REAL	仿真结束时间(s)
TIMEZERO	LOGICAL	当 t=0.0 时为 True
FIRSTSTEP	LOGICAL	仿真第一步为标准启动时为 True
LASTSTEP	LOGICAL	仿真的最后一个步长时为 True
ONSTEP	LOGICAL	从子程序 DSDYN 或 DSOUT 内调用时为 True

表 10-10 branches.h 中的变量

变量名	类型	描述
CBR(*,*)	REAL	支路电流
CCBR(*,*)	REAL	等效历史电流
CCBRD(*,*)	REAL	上一个步长的 CCBR
EBR(*,*)	REAL	支路电压源幅值
EBRD(*,*)	REAL	上一个步长的 EBR
EBRON(*,*)	REAL	导通状态下电阻
EBROF(*,*)	REAL	关断状态下电阻

（续）

变量名	类型	描述
SWLEVL(*,*)	REAL	开关水平（电压、电流或时间）
GEQ(*,*)	REAL	等效支路导纳
GEQON(*,*)	REAL	导通状态下等效导纳 E
GEQOF(*,*)	REAL	关断状态下等效导纳
GEQD(*,*)	REAL	最后一个步长的等效导纳
RLG(*,*)	REAL	折叠 RLC 支路中使用的系数
RCG(*,*)	REAL	折叠 RLC 支路中使用的系数
RCL(*,*)	REAL	折叠 RLC 支路中使用的系数
RSC(*,*)	REAL	折叠 RLC 支路中使用的系数
RSL(*,*)	REAL	折叠 RLC 支路中使用的系数
CCL(*,*)	REAL	折叠 RLC 支路中使用的系数
CCLD(*,*)	REAL	折叠 RLC 支路中使用的系数
CCC(*,*)	REAL	折叠 RLC 支路中使用的系数
CCCD(*,*)	REAL	折叠 RLC 支路中使用的系数
G2L(*,*)	REAL	折叠 RLC 支路中使用的系数
G2C(*,*)	REAL	折叠 RLC 支路中使用的系数
V12L(*,*)	REAL	折叠 RLC 支路中使用的系数
V20L(*,*)	REAL	折叠 RLC 支路中使用的系数
NSW(*)	INTEGER	子系统 SS 中的总开关数
BRNSW(*,*)	INTEGER	支路号# (switch => branch)
IEF(*,*)	INTEGER	from 节点的支路号（正向电流流出）
IET(*,*)	INTEGER	to 节点的支路号（正向电流流入）
THISBR(*,*)	INTEGER	数据存储的起始位置
RESISTOR(*,*)	LOGICAL	支路中有电阻时为 True

（续）

变量名	类型	描述
IEF(*,*)	INTEGER	from 节点的支路号（正向电流流出）
IET(*,*)	INTEGER	to 节点的支路号（正向电流流入）
THISBR(*,*)	INTEGER	数据存储的起始位置
RESISTOR(*,*)	LOGICAL	支路中有电阻时为 True
INDUCTOR(*,*)	LOGICAL	支路中有电感时为 True
CAPACITR(*,*)	LOGICAL	支路中有电容时为 True
SOURCE(*,*)	LOGICAL	支路中有内部电压源时为 True
SWITCH(*,*)	LOGICAL	可开关时为 True
IDEALBR(*,*)	LOGICAL	理想支路时为 True
OPENBR(*,*)	LOGICAL	开关断开时为 True
DEFRDBR(*,*)	LOGICAL	属性未确定时为 True
FLIPIDLBR(*,*)	LOGICAL	理想支路折叠或展开时的标志
GEQCHANGE(*)	LOGICAL	支路开关无插补时为 True
EC_DIODE	INTEGER	二极管(=20)
EC_THYRISTOR	INTEGER	三极管(=21)
EC_GTO	INTEGER	GTO(=22)
EC_IGBT	INTEGER	IGBT(=23)
EC_MOSFET	INTEGER	MOSFET(=24)
EC_TRANSISTOR	INTEGER	Transistor(=25)
EC_VZNO	INTEGER	无间隙金属氧化物避雷器(=34)
EC_VSRC	INTEGER	支路电压源(=101)
EC_CSRC1P	INTEGER	单相电流源(=111)
EC_CSRC3P	INTEGER	三相电流源(=113)

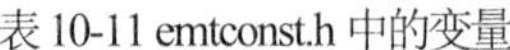

表 10-11 emtconst.h 中的变量

变量名	类型	描述
PI_	REAL	π= 3.141592653589793
TWO_PI	REAL	2π= 10.283185307179586
PI_BY3	REAL	π/3 = 1.047197551196598
PI2_BY3	REAL	2π/3 = 2.094395102393195
PI_BY2	REAL	π2 = 1.570796326794896
PI_BY180	REAL	π/180 = 0.017453292519943
BY180_PI	REAL	180/π= 57.29577951308232
BY_PI	REAL	1/π= 0.318309886183791
BY_2PI	REAL	1/2π= 0.159154943091895
SQRT_2	REAL	√2= 1.414213562373095
SQRT_3	REAL	√3= 1.732050807568877
SQRT_1BY2	REAL	√1/2= 0.707106781186548
SQRT_1BY3	REAL	√1/3= 0.577350269189626

表 10-12 fnames.h 中的变量

变量名	类型	描述
DUMLIN	CHARACTER	存储当前读入行数据的阵列
SECTION	CHARACTER	最后读入的块的名称
FILENAME	CHARACTER	数据文件名称
MAPNAME	CHARACTER	当前页将要读入的映射名称
NETDATA	LOGICAL	读入网络数据时为 True
INAM	CHARACTER	输入文件名称（快照或数据文件）
TNAM	CHARACTER	表格文件名称（节点表文件）
INAM1	CHARACTER	输入头文件名称

（续）

变量名	类型	描述
ONAM	CHARACTER	输出文件名称（通道信号和/或曲线打印）
SNAM	CHARACTER	运行结束时的快照文件名称
RTSNAM	CHARACTER	运行中快照文件名称
MNAM	CHARACTER	多重运行文件名称
IUNIT	INTEGER	当前输入文件单元数
IUNITOUT	INTEGER	输出文件的启动单元号

表 10-13 warn.h 中的变量

变量名	类型	描述
COMP_ID1	INTEGER	元件调用号
COMP_ID2	INTEGER	元件实例号

10.5.6 电气网络接口

多数情况下，用户可简单地将来自主元件库中的基本电气元件组合来建立电气模型。但某些电气模型所具有的特点和特征无法用该方法进行描述，或者这类设备的建模是专有的。除此之外，直接与电气网络求解进行接口是保持模型开发灵活性的重要特性。

1. 等效电导 (GEQ) 电气接口

等效导纳 (GEQ) 接口为用户提供了将电气模型与更大规模电气网络进行接口的直接方法。该接口随 EMTDC 的 V3 发布而被引入，并在 EMTDC V2 中所使用的、现在已经废除的基于节点的 GDC 和 GDCS 接口的基础上进行了增强。该接口同样也是节点对节点的 GGIN 接口的增强替代方案，后者将随着时间推移而终将被淘汰。

淘汰这些旧接口的原因是它们的参数按照节点号的方式进行索引，而不是根据支路号。当将多个这种接口进行并联时将产生问题。由于每个参数将根据节点号进行索引，每条并联的支路将具有完全相同的索引，从而用户需要采取额外的步骤来将这些支路合并为一个等效支路。同样的，提取与支路有关的量，例如支路电流时也将有些麻烦。

GEQ 接口与已被废止的 GDC 接口除了改变参数名称和索引方法外几乎是相同的，它的一个节点同样也可在需要时接地。每一个参数直接通过支路号进行索引，从而使得提取支路数据变得更容易。GEQ 接口如图 10-40 所示，其中 BRN 代表支路号，SS 代表子系统号。

图中 k 和 m 分别被称为 from 和 to 节点，其中参数代表 GEQ 接口的电气功能，其中 EBR 为内部理想电压源。GEQ 和 CCBR 分别为 Dommel 等效导纳和历史电流。CBR 包含了计算的支路电流。

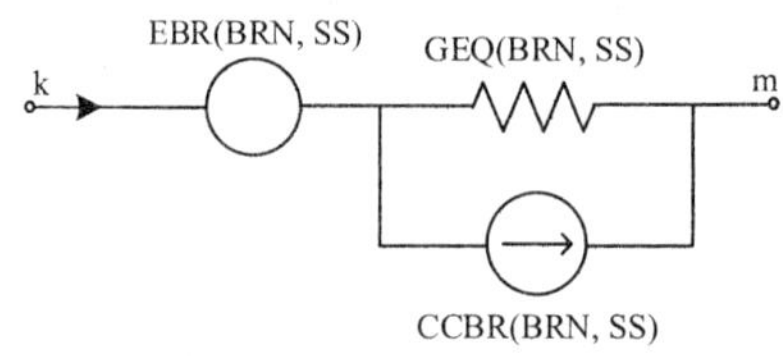

图 10-40 等效导纳(GEQ)接口支路

使用 GEQ 接口相对 CCIN 和 GGIN 的一个优点是流过 LC 支路的支路历史电流 (CCBR) 将由 EMTDC 自动计算。用户仅需提供仿真起始时刻（当然除非该支路为开关型）的导纳（以及其他支路信息）。

GEQ 接口可设置用来表示任何的串联 RLC 无源支路的组合，并且与其内部电压源一起可进行网络等值。同样可设置和控制 GEQ 接口以模拟非线性阻抗。

➢ 一般注意事项

GEQ 接口主要用于表示含有串联 R、L 和/或 C 元件的支路。任何这些元件的串联组合都将被 EMTDC 缩减为一个集总导纳，并由 Dommel 等效 Norton 电导和电流源表示。这个设计过程一定程度上是自动完成的，无需依赖用户而直接计算每个时间步长中的值。这里所采用的方法是向 EMTDC 提供支路如何构建以及其中所包含元素的信息。这种信息仅需在仿真起始时刻给出（或者任何 R, L 或 C 的值改变时），然后 EMTDC 将处理剩下的工作，例如内部节点电压和支路历史电流的计算。

GEQ 接口依赖于特定参数的设置，以有效地将元件的组合缩减为其 Dommel 等效电路。这种缩减分两阶段实现：首先每个元件将缩减为其个别的 Dommel 等效。然后这些个体的电路将合并为一个单一的集总参数等效电路，如图 10-41 所示。

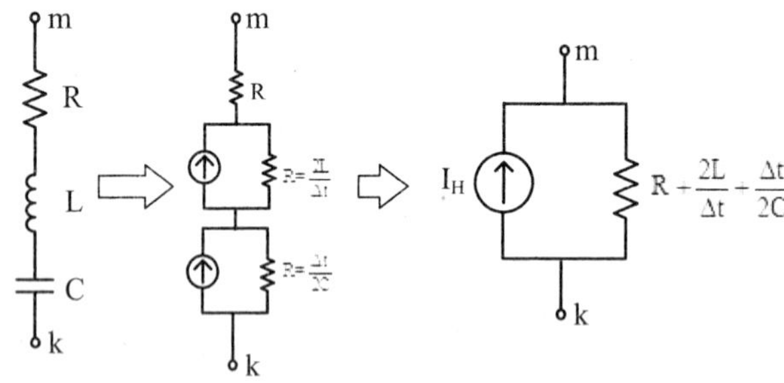

图 10-41 将 RLC 支路阻抗缩减为 Dommel 等效电路的步骤

尽管得到缩减后支路电导的过程相对简单，但得到等效历史电流 I_H 并不如此。历史电流的求解取决于支路中各个电导值之间比例的组合，这将是非常复杂的。尽管如此，用户必须向 EMTDC 提供这种信息，并且所幸的是，GEQ 接口提供了简单解决这些问题的一种途径。

➢ 自定义电流源和电导接口

所提供的简单接口程序使得用户无需手动设置与支路有关的全局变量。为使用电流源和电导接口，用户必须向用户元件定义中的 Branch 段内添加图 10-42 所示的代码。其中 BR 为支路名称符号，

$A 和$B 分别为该支路两端的节点。该支路的默认电阻值设置为 1.0 Ω。

```
BR = $A $B BREAKER 1.0
```

图 10-42 自定义电流源和电导支路的 Branch 段脚本示例

一旦如上所示设计好某个支路，用户需要在元件定义的 DSDYN 或 Fortran 段内（或直接在为该模型编写的子程序内）输入特定的子程序调用。在#BEGIN/#ENDBEGIN 指示符之间，需要对 CURRENT_SOURCE2_CFG 程序进行调用，如图 10-43 所示。其中$BR 和$SS 分别为预定义的支路号和子系统号。该子程序设置内部 EMTDC 变量 DEFRDBR($BR, $SS) 为.TRUE.，这是启用使用历史电流 CCBR($BR, $SS)的自定义电流接口所需要的。如果未提供对 CURRENT_SOURCE2_CFG 的调用，该特定支路的 CCBR 变量将被忽略。CURRENT_SOURCE2_CFG 同样将设置支路电导 GEQ($BR, $SS)为 0，并在被谐波阻抗求解时移除该支路。

```
CALL CURRENT_SOURCE2_CFG($BR,$SS)
```

图 10-43 自定义电流源和电导支路的代码示例（配置）

在 DSDYN 或 Fortran 段的主体部分内，用户必须通过调用 CURRENT_SOURCE2_EXE 程序来设置支路 GEQ 和 CCBR，如图 10-44 所示。其中 COND 为实际电导值，CUR 为注入电流值。如果电导值在每个步长内都发生变化，明智的做法是确保如在上述元件的 Branch 段内所定义的节点 A 和 B 为开关节点类型。

```
CALL CURRENT_SOURCE2_EXE($BR,$SS,COND,CUR)
```

图 10-44 自定义电流源和电导支路的代码示例（可执行）

➢ 运行可配置无源支路

如果要求一个简单的无源支路，其 RLC 值需要在 0 时刻在 BEGIN 段内赋值，则需要采用如下的方法。在 Branch 段内定义一个无源支路，然后在 DSDYN 段内的#BEGIN/#ENDBEGIN 指示符之间修改支路变量值，如图 10-45 所示。其中 BR 为支路名称符号，$A 和$B 分别为该支路两端的节点。该支路的默认电阻值设置为 1.0 Ω，电感值为 0.1 H，电容值为 1.0 μF。

```
BR = $A $B 1.0 0.1 1.0
```

图 10-45 运行配置无源支路的代码示例

一旦如上所示地设计好某个支路，用户需要在元件定义的 DSDYN 或 Fortran 段内（或直接在为该模型编写的子程序内）输入特定的子程序调用。在#BEGIN/#ENDBEGIN 指示符之间，需要对 E_BRANCH_CFG 程序进行调用，如图 10-46 所示。其中 ER 为整型，0 代表无电阻，1 代表有电阻。EL 为整型，0 代表无电感，1 代表有电感。EC 为整型，0 代表无电容，1 代表有电容。R 为电阻值

(Ω)。L 为电感值 (H)。C 为电容值 (μF)。

```
CALL E_BRANCH_CFG($BR,$SS,ER,EL,EC,R,L,C)
```

图 10-46 运行可配置无源支路的代码示例（配置）

需要仔细地确保不能向参数 R、L 和 C 中的任一个传递 0 或负值。需要有条件逻辑语句以根据 R、L 和 C 的值来设置 ER、EL 和 EC 的值。如果 ER 为 1 而 R 值小于理想支路阈值，在该支路的电阻部分将被模拟为短路。如果 ER、EL 和 EC 都为 0，则该支路将被模拟为理想开路。

➢ PSCAD 中对 GEQ 接口的控制

迄今为止就 GEQ 接口所进行的所有讨论可直接在元件定义中实现，无需调用外部代码。即当设计一个简单的 RLC 支路或无内部电压源时，无需用户通过代码来定义 GEQ 接口的参数。

以下为两种可用对 GEQ 接口进行控制的途径：

- 元件定义脚本部分的 Branch 段。
- 使用内部子程序 E_VARRLC1x。

当用户想创建一个简单的静态 RLC 支路（有无内部电压源均可）时通常选择 Branch 段内的控制方法。子程序 E_VARRLC1x 同样可被用于该目的，但它具有对某个支路内一个非线性的 R, L 或 C 元件进行在线控制的能力。

元件定义脚本部分中的 Branch 段可被用于直接定义一个或多个 GEQ 接口支路。此时仅简单地需要用户创建一个新元件，直接在定义的支路中输入 R、L 和/或 C 的值。EMTDC 将自动为用户设置所需要的标志、参数和比值。

例如，用户想要创建一个新的元件，用于表示一个三相星形联结的恒定 RLC 阻抗，其中 R = 1.2 Ω，L=0.053 H 且 C=33.3 μF。该元件具有 4 个电气连接，名称分别为 NA、NB、NC（各相节点）和 GND（公共节点），如图 10-47 所示。

图 10-47 元件定义的图形部分中定义的电气端口连接

在元件代码部分加入 Branch 段，并在 Branch 段内定义图 10-48 所示的三个星形连接的支路。

上述代码将定义三个单独的串联 RLC 支路，它们将使用 GEQ 接口。

用户想要创建与上述完全相同的三相星形连接的负载，但其中加入了内部支路电压源。该元件仍将包含 4 个电气连接，但其 Branch 段代码将进行如图 10-49 所示的修改。

```
BRNA = $NA $GND 1.2 0.053 33.3
BRNB = $NB $GND 1.2 0.053 33.3
BRNC = $NC $GND 1.2 0.053 33.3
```

图 10-48 静态 RLC 支路的 Branch 段代码示例

```
BRNA = $NA $GND SOURCE 1.2 0.053 33.3
BRNB = $NB $GND SOURCE 1.2 0.053 33.3
BRNC = $NC $GND SOURCE 1.2 0.053 33.3
```

图 10-49 带内部电压源的静态 RLC 支路的 Branch 段代码示例

使用子程序 E_VARRLC1x 时，它们将包括在 EMTDC 内，并可直接在任何用户自定义元件定义的 Fortran, DSDYN 和 DSOUT 段内进行调用。这使得用户可直接模拟线性或非线性 R, L 或 C 无源元件，同样提供了对内部电压源 EBR 的控制。尽管该子程序在极大程度上直接与 GEQ 接口链接，但它限于一个支路内仅能有一个 R, L 或 C 元件。

该子程序调用语句及参数说明如图 10-50 所示。

```
CALL E_VARRLC1_CFG(RLC,M,NBR,NBRC)
CALL E_VARRLC1_EXE(RLC,M,NBR,NBRC,Z,E)
```

图 10-50 子程序 E_VARRLC1x 调用语句及参数

其中：RLC 为整型，取值 0 时为电阻，取值 1 时为电抗器，取值 2 时为电容器，取值 3 时为带 dL/dt 效应的电抗器，取值 4 时为带 dC/dt 效应的电容器。M 为整型，代表子系统号。NBR 为整型，代表支路号。NBRC 为整型，代表用于 dL/dt 或 dC/dt 效应的补偿电流源的支路号。Z 为实型，代表输入的支路元件的幅值 R、L 或 C (Ω, H, μF)。E 为实型，代表内部支路电压源（EBR 控制）。

需要注意的是 E_VARRLC1x 子程序对非线性无源元件进行了优化，它不能被用于表示恒定元件，因为该支路无法与电路中其他串联元件进行折叠。这将导致产生额外的节点，降低了仿真速度。

在本例中，E_VARRLC1x 子程序将在用户自定义元件定义的 Fortran 段内调用，且其各个参数已按需要进行了定义。用户元件的 Fortran 段代码如图 10-51 所示。

```
#SUBROUTINE E_VARRLC1_CFG 'Variable RLC Begin Subroutine'
#SUBROUTINE E_VARRLC1_EXE 'Variable RLC Dynamic Subroutine'
#BEGIN
  CALL E_VARRLC1_CFG(1,$SS,$BRN,$BRN)
#ENDBEGIN
#STORAGE REAL:2
!
     CALL E_VARRLC1_EXE(1,$SS,$BRN,$BRN,$L,$E)
!
```

图 10-51 在元件定义部分内调用 E_VARRLC1x 子程序

此时，子程序 E_VARRLC1_CFG 和 E_VARRLC1_EXE 均被配置为模拟非线性电抗（即第一个输入参数为 1），且电感值由输入参数 L 控制，E 控制内部电压源 EBR，BRN 和 SS 分别为支路号和子系统号。

支路号在元件定义的 Branch 段内定义，如图 10-52 所示，其中 NA 和 GND 均为电气节点。

```
BRN = $NA $GND BREAKER 1.0
```

图 10-52 与 E_VARRLC1x 子程序调用配合的 Branch 段脚本

2．基于节点（GGIN）的电气接口

基于节点的GGIN接口主要用于节点对地操作。它也可被用作节点间支路接口，但并不建议这样使用，应当使用1中所述的GEQ支路接口，以确保对当前和未来EMTDC特性的支持。GGIN接口将随时间而逐渐被淘汰。

GGIN接口由两个部分构成：Norton电流源和等效支路电导。这两个量由如下的EMTDC固有变量表示：CCIN(NN,SS)，实型，设置注入至网络的电流值，该电流源插入至节点NN与地之间；GGIN(NN,SS)，实型，设置Norton电流源的电导值，如图10-53所示。

图10-52中的CCIN电流源表示从地注入至节点NA的总电流值。非常重要的是在EMTDC看来，在一个节点上仅能存在一个CCIN电流源或GGIN电导。因此在使用CCIN电流源时，用户需要确保该特定电流源的值是该节点上所有CCIN值的和。这将确保在将该CCIN电流源连接至包含其他CCIN电流源的节点上时，其值将合并至已有的电流源中。该相同的过程需在提供GGIN电导时进行执行，图10-54所示为展示该概念的代码片段。

需要注意的是：主程序将在每个仿真步长开始时刻将CCIN和GGIN的值复位为0，并因而需要在每个步长中进行定义。

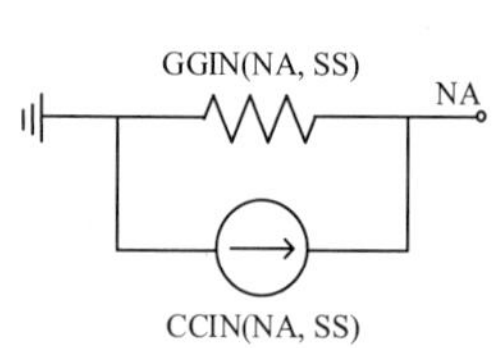

图10-53　GGIN电气接口支路

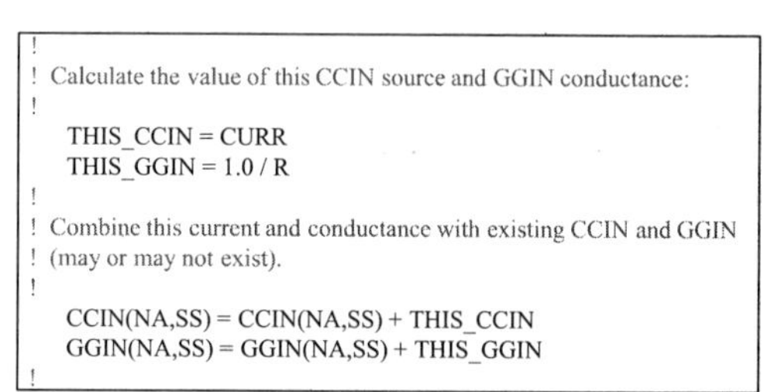

```
!
! Calculate the value of this CCIN source and GGIN conductance:
!
   THIS_CCIN = CURR
   THIS_GGIN = 1.0 / R
!
! Combine this current and conductance with existing CCIN and GGIN
! (may or may not exist).
!
   CCIN(NA,SS) = CCIN(NA,SS) + THIS_CCIN
   GGIN(NA,SS) = GGIN(NA,SS) + THIS_GGIN
!
```

图10-54　支持同一节点上多GGIN和CCIN的代码片段

➢ 启用CCIN

为使用CCIN电流源，必须首先在0时刻进行启用，可通过如下固有变量实现：ENABCCIN(NN, SS)，逻辑型，指明是否在节点NN处启用CCIN电流源。设置为.TRUE.时启用对CCIN的控制。

➢ CCIN作为补偿电流源

CCIN可不与等效电导GGIN一起使用，而是作为一个简单的理想电流源向指定节点注入电流，这对于模拟采用补偿电流源的非线性时尤为有用。

图10-55和图10-56显示了如何使用CCIN和GGIN来表示简单的电抗器。

➢ 补偿电流源注入

与EMTDC电气网络求解的接口（无论模型多么复杂）总是将被浓缩为简单的Norton电流源并联电导的形式。在每个时间步长内都将根据支路电压和前一个步长的电流来计算电流源的幅值$i_m(t)$，该电流将注入回系统中，并影响节点电压。在下一个仿真步长中，这些修改的电压将影响注入电流的计算，由此一直重复进行下去。

在某些情况下，可能仅使用电流源而无相应的电导，例如模拟非线性。以这种方式表示电气模型时需特别仔细，由于计算步长有限，电流源注入电流 $i_m(t)$ 将取决于上一个步长的节点电压，因此任何节点电压的突然改变对电流源都将表现为开路，从而在接口节点上产生伪电压尖峰和数值问

题。为对该问题进行校正，在接口节点之间需放置一个很大的 Norton 电阻（即很小的导纳），以确保总是存在有效的阻抗。

```
!
      SUBROUTINE U_BGN_SIMPLE_L(SS,NA)
!
! Common block and module include files:
!
      INCLUDE 'nd.h'
      INCLUDE 's0.h'
      INCLUDE 's1.h'
      INCLUDE 'rtconfig.h'
!
! Argument List:
!
      INTEGER NA        ! EMTDC node number
      INTEGER SS        ! EMTDC subsystem number
!
! Local Variables:
!
      INTEGER MY_NRTCF
!
! Set local pointer values and increment:
!
      MY_NRTCF = NRTCF
      NRTCF    = NRTCF + 1
!
! Initial Branch Definition (t = 0.0):
!
      ENABCCIN(NA,SS) = .TRUE.
      RTCF(MY_NRTCF)  = DELT / (2.0*0.001)
!
      RETURN
      END
!
```

图 10-55 在 BEGIN 段内创建 CCIN 电流源注入

```
!
      SUBROUTINE U_DYN_SIMPLE_L(SS,NA)
!
! Common block and module include files:
!
      INCLUDE 'nd.h'
      INCLUDE 's0.h'
      INCLUDE 's1.h'
      INCLUDE 'emtstor.h'
      INCLUDE 'rtconfig.h'
!
! Argument List:
!
      INTEGER NA        ! EMTDC node number
      INTEGER SS        ! EMTDC subsystem number
!
! Local Variables:
!
      REAL    CURR
      INTEGER MY_NSTORF, MY_NRTCF
!
! Set local pointer values and increment:
!
      MY_NSTORF = NSTORF
      MY_NRTCF  = NRTCF
      NSTORF    = NSTORF + 1
      NRTCF     = NRTCF + 1
!
! Calculate new history current:
!
      CURR = RTCF(MY_NRTCF)*(-VDC(NA,SS)) + STORF(MY_NSTORF)
!
      STORF(MY_NSTORF) = CURR + RTCF(MY_NRTCF)*(-VDC(NA,SS))
!
! Define CCIN and GGIN:
!
      CCIN(NA,SS) = CCIN(NA,SS) + STORF(MY_NSTORF)
      GGIN(NA,SS) = GGIN(NA,SS) + RTCF(MY_NRTCF)
!
      RETURN
      END
!
```

图 10-56 在 DSDYN/DSOUT 段内创建 CCIN 电流源注入

加入电导 G 将在接口处引入一个较小的误差，该误差必须进行解决。可通过图 10-57 所示的注入补偿电流源的方法来完成。

其中：

$$i_c(t) = v_m(t-\Delta t)\cdot G$$

所注入的电流是总的补偿电流 $i_m(t)+i_C(t)$，而不是计算得到的电流 $i_m(t)$，$v(t-\Delta t)$ 为上一个步长的接口处电压。

该方法对保持电气模型稳定性的有效性已被多年的事实所证实。例如，这种概念使得可以对同一个母线上的多个旋转电动机接口进行仿真。

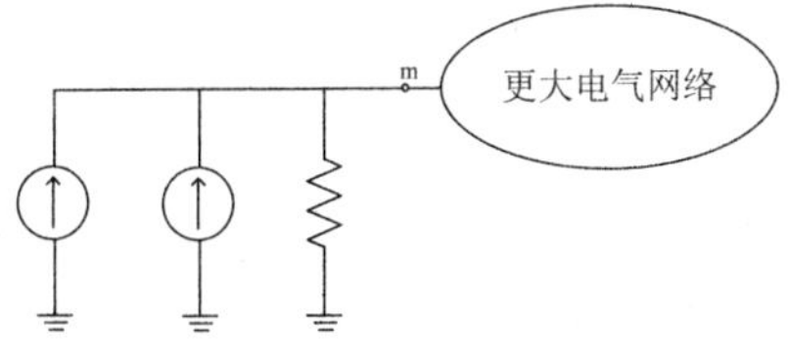

图 10-57 带补偿电流源的通用 EMTDC 电气网络接口

第 11 章 新能源发电技术仿真

本章介绍利用 PSCAD 进行太阳能光伏发电和风力发电系统的仿真研究，主要包括阴影遮挡影响的仿真、最大功率追踪、光伏并网仿真、恒频恒速风力发电仿真、恒频恒速风力机并网仿真、恒频恒速风力发电的 PSS 控制和双馈风力发电仿真等内容。

11.1 太阳能光伏发电

11.1.1 概述

太阳能与其他可再生能源相比具有很大优势。在光热转换、光电转换和光化学转换三种转换方式中，光伏发电是最佳的太阳能利用方式，也是近些年发展最快、最具活力的研究领域。世界各国也纷纷出台许多优惠政策，促进光伏发电相关产业的发展。

光伏发电作为一种清洁、持久、适用性强的太阳能利用方式，具有巨大的发展前景，但是光电转换效率低是制约其发展的重要因素，一直以来研究人员致力于提高光伏发电效率，目前市场上光伏电池转换效率能够达到 15%，使用寿命可达 30 年。光伏电池不仅转换效率低，且输出特性还受外界环境的影响，当光照强度、环境温度以及负载发生变化时，其输出特性会产生较大的变化。

光伏电池由于受外界因素（温度、日照强度等）的影响较大，其输出具有明显的非线性。温度相同时，随着日照强度的增加，太阳能光伏电池的开路电压几乎不变，短路电流有所增加，最大输出功率增加；日照强度相同时，随着温度的升高，太阳能光伏电池的开路电压下降，短路电流有所增加，最大输出功率减小。因此，在任何温度和日照强度下，太阳能光伏电池板总有一个最大功率点，温度（或日照强度）不同，最大功率点位置也不同。因此在光伏发电系统中要提高系统的整体效率，一个重要的途径就是实时调整光伏阵列模块的工作点，使之始终工作在最大功率点附近，这一过程即最大功率点跟踪 (Maximum Power Point Tracking, MPPT)。它通过控制光伏电池的工作点，使其在任何环境下始终保持输出最大功率，从而提高光伏发电效率。

国外光伏发电 MPPT 控制技术的应用较早，电力技术和电子技术的发展极大地促进了 MPPT 技术的进步。国内光伏发电的应用较晚，性能较差的固定电压跟踪方法应用较为广泛，与国外 MPPT 技术相比还有一定的差距。

目前国内外就 MPPT 所进行的研究归纳起来主要有如下几种方法：1) 定电压法；2) 电压反馈法；3) 功率反馈法；4) 扰动观察法；5) 电导增量法；6) 直线近似法；7) 实际测量法；8) 最优梯度法；9) 间歇扫描法等。

目前运用较广的最大功率点跟踪控制的方法包括：定电压法、扰动观察法、电导增量法、最优梯度法等。

➢ 定电压法的原理

在光伏阵列的伏安特性曲线中，不同日照时的阵列最大功率点的位置基本上都位于某个恒定电压 U_m 的垂直线附近，特别是日照比较强时该点距离 U_m 更近；同时考虑到光伏阵列具有以下温度特性：当温度升高时，在同一日照条件下其开路电压 V_{OC} 将减小，短路电流 I_{SC} 将有微小的增大；再考虑到日照强时一般都具有较高的环境温度，而日照低时环境温度一般都要低一些的特点，结合光伏阵列温度特性的特点，它们刚好都有利于在一天内最大功率点的轨迹更逼近于 U_m，也就是说，在工程上允许把最大功率点出现的轨迹近似处理为一根电压垂直线 U_m=CONST，这就是定电压型最大功率点跟踪控制的理论根据。

图 11-1 所示为光伏阵列的 P-V 特性曲线，A、B、C、D、E 分别表示光伏阵列在不同日照下的最大功率点位置，在定电压型 MPPT 中可以把它处理为一根近似的直线 U_m=CONST，也即只要使系统在运行过程中光伏阵列一直保持其工作电压为 U_m，即可确保光伏阵列始终具有在当前日照下的最大功率输出。

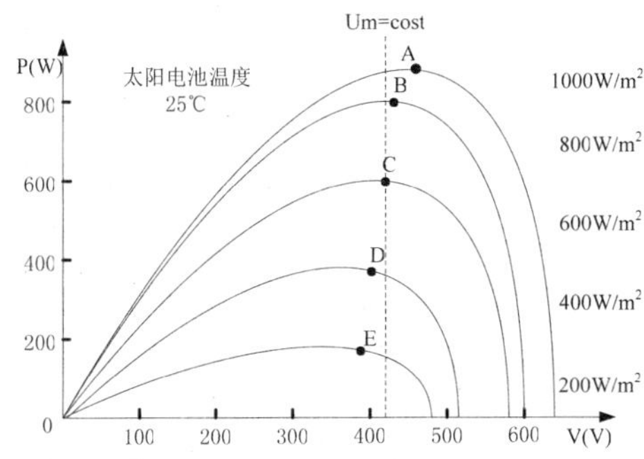

图 11-1 光伏阵列的 P-V 特性曲线

采用定电压方式可以近似实现光伏阵列的最大功率输出，并且控制简单方便、可靠性高、系统不会出现震荡，有很好的稳定性。然而这种方式控制精度差，特别是当季节温差变化较大或光伏阵列的伏安特性曲线有较大的变化时，常需要专业技术人员根据季节变化对定电压方式的给定值进行现场调整。

➢ 扰动观察法的原理

扰动观察法的原理如图 11-2 所示。

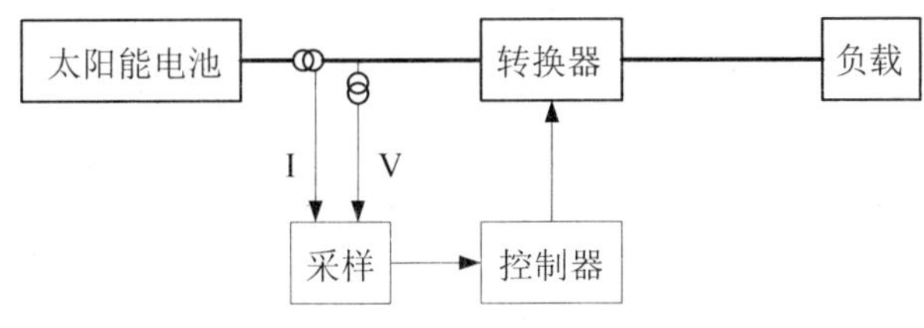

图 11-2 扰动观察法的原理

扰动观察法结构简单，需要测量的参数少，因而被普遍应用在光伏电池最大功率点的跟踪上。

它通过周期性地改变负载来改变光伏电池的输出功率，并观察比较负载变动前后系统的输出功率，从而决定下一步负载的改变方向。如果改变负载后，系统的输出功率增加，则下一个周期里负载继续向同方向改变；如果系统的输出功率减小，则在下个周期里负载向相反的方向改变。如此反复地扰动、观察和比较，就可以跟踪到光伏电池的最大功率点。

但此法是靠不断改变系统的输出来跟踪最大功率点，当到达最大功率点后，并不会停止扰动，而是在最大功率点左右振荡，从而造成能量损失，导致系统效率降低，在环境变化很缓慢时能量损失尤为严重，这是扰动观察法的最大缺点。可通过减小扰动幅度的方法来减小能量损失，但是在环境变化很大时，则需要相对较长的时间来跟踪新的最大功率点，这时将会有大量的能量损失。因此如果选用此法，扰动幅度的大小应该在减小能量损失和加快跟踪速度二者之间进行权衡。

➢ 最优梯度法的原理

最优梯度法是一种以阵列的 *P-V* 特性曲线为基础的多维无约束最优化问题的数值计算法。它的基本思想是选取阵列输出功率作为目标函数的正梯度方向，作为每次迭代的搜索方向，逐步逼近功率函数的最大值。此方法可以在 *P-V* 特性曲线的全域内进行更大功率跟踪，但需要进行反复的迭代计算，并且计算公式复杂。

➢ 间歇扫描法的原理

间歇扫描型 MTTP 的核心思想是定时扫描一段阵列电压（如 0.5～0.9pu 的开路电压），同时记录下不同电压时对应的光伏阵列电流值，经过比较不同点的光伏电池阵列的输出功率就可以方便地计算出最大功率点，从而取代了不间断的搜索过程。

间歇扫描方法测定最大功率点所需要的时间随着微处理器性能的不同而有所变化，而定时扫描的时间间隔可以放宽至秒级。通过扫描可以快速近似计算出在该日照及温度条件下的最大功率点及其相应的电压值，并将此电压值作为定电压内环的给定电压值，通过闭环定电压控制，使光伏阵列工作于该点上。这种方法稳定可靠，同时避免了其他各种方案由于搜索振荡而引起的功率损失。在光伏电池阵列容易产生遮挡的应用中，这种 MPPT 法具有较高的实用价值。但其最大缺点是在需要有连续输出的光伏系统中无法应用，如光伏水泵、不可调度式光伏并网系统；同时该方法需要 CPU 具有较快的运算能力，并且不能及时同步跟踪阵列输出，在日照变化比较剧烈的情况下，此方法很难使阵列时刻处于最大功率点处。

➢ 电导增量法的原理

电导增量法的原理如图 11-3 所示。

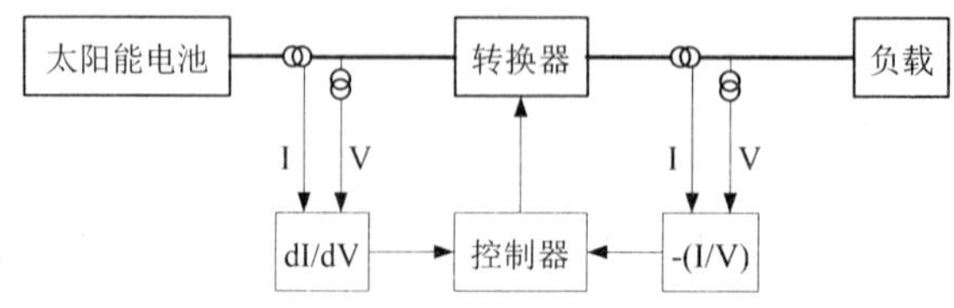

图 11-3 电导增量法的原理

该方法的基本出发点是由于 $P=IV$，则在最大功率点处有 $dP/dV=0$，可将其改写为：

$$\frac{\mathrm{d}P}{\mathrm{d}V}=\frac{\mathrm{d}(IV)}{\mathrm{d}V}=I+V\frac{\mathrm{d}I}{\mathrm{d}V}=0$$

整理后得到：

$$\frac{\mathrm{d}I}{\mathrm{d}V}=-\frac{I}{V}$$

式中，dI 表示扰动前后测量到的电流差值；dV 表示扰动前后测量到的电压差值。

因此通过对光伏电池交流电导 dI/dV 和直流电导 I/V 的比较，就可以决定下一次变化的方向，当二者满足上式要求时，表示已经达到最大功率点，就不再进行下一次扰动。

尽管电导增量法仍然是以改变光伏电池的输出来达到最大功率点，但其振荡幅度很小。理论而言电导增量法是非常完美的，能够精确地跟踪到最大功率点。但其对测量仪器的精度要求近乎苛刻，因此满足上式的几率是及其微小的，也即该方法同样会有一定的误差。

11.1.2 阴影遮挡的影响仿真

➢ 模型介绍

本示例采用 PSCAD 目录..\examples\Photovoltaic 下的自带示例 *PVshading*。该模型用于展示由多个光伏阵列串联构成的光伏电源中一个阵列被遮挡时的影响。

仿真模型主电路如图 11-4 所示。

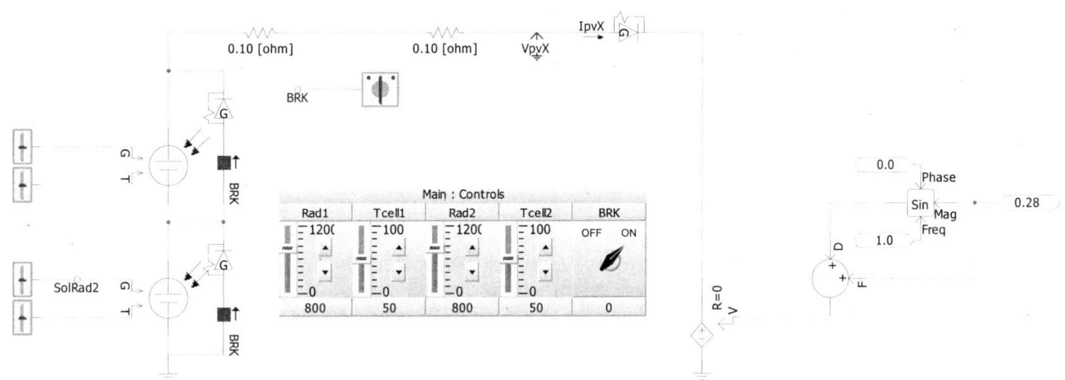

图 11-4 仿真模型主电路

光伏电源由两个串联的光伏阵列元件构成。阴影遮挡的作用施加于第一个阵列上，第二个光伏阵列元件模拟其余的 10 个阵列。光伏电源的输出通过电阻接入直流电源，串联的二极管用于抑制功率反向。直流电压源用直流叠加 1Hz 的交流分量进行模拟。

光伏阵列 1 的阵列参数设置如图 11-5 所示。

光伏阵列 1 由 1 个光伏模块构成，该模块由 36 个光伏电池串联构成。而光伏阵列 2 由 10 个光伏模块构成，每个模块由 36 个光伏电池串联构成。光伏电池的参考照度 1000 W/m^2，参考温度 25 ℃。

光伏电池的等效电路如图 11-6 所示。

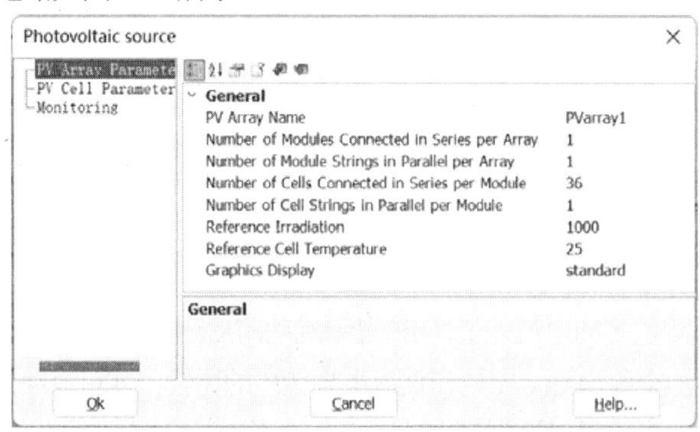

图 11-5 光伏阵列 1 的阵列参数设置

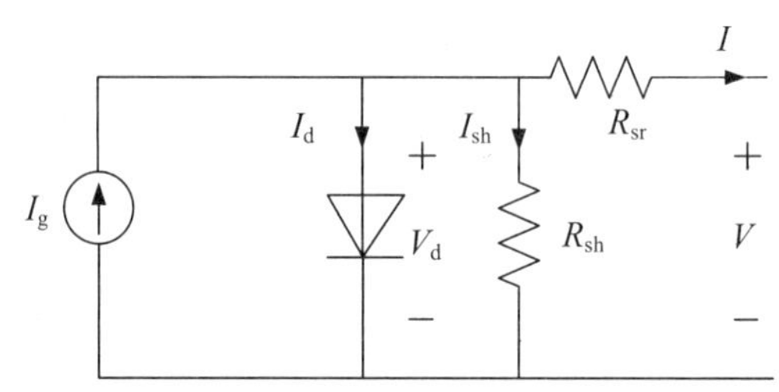

图 11-6 光伏电池的等效电路

光伏电池的输出电流为：

$$I = I_g - I_d - I_{sh}$$

其中：

$$I_g = I_{SCR}\frac{G}{G_R}[1+\alpha_T(T_c - T_{cR})]$$

式中，I_{SCR}为参考照度G_R和参考电池温度T_{cR}时的短路电流；α_T为光电流的温度系数（对硅光电池为 0.0017 A/K）；G和T_c分别为实际照度和实际电池温度。

$$I_{sh} = (V + IR_{sr}) / R_{sh}$$

式中，V为光伏电池端口电压；R_{sr}和R_{sh}分别为光伏电池的串联和并联电阻。

$$I_d = I_o[\exp(\frac{V + IR_{sr}}{nkT_c / q}) - 1]$$

式中，n为发射系数，与 PN 结的尺寸、材料及通过的电流有关，其值在 1～2 之间（对硅材料典型值为 1.3）；k为玻尔兹曼常数；q为电子电荷常数；T_c为以绝对温度表示的实际电池温度；I_o为二极管饱和电流，可表达为：

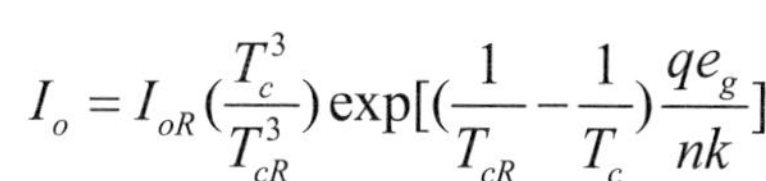

$$I_o = I_{oR}(\frac{T_c^3}{T_{cR}^3})\exp[(\frac{1}{T_{cR}}-\frac{1}{T_c})\frac{qe_g}{nk}]$$

式中，I_{oR}为参考温度下的饱和电流；e_g为光电池材料的带隙能量。

上述各参数将在如图 11-7 所示的光伏电池参数设置界面中输入。

➢ 无阴影遮挡仿真

设置所有光伏阵列的温度为 50 ℃，光照强度分别为 400 W/m^2、600 W/m^2、800 W/m^{2}和 1000 W/m^2，得到的光伏阵列输出 I-V 曲线（图 11-4 中信号 I_{pvX}与信号 V_{pvX}之间的关系）和 P-V 曲线（图 11-4 中信号 I_{pvX}与信号 V_{pvX}的乘积和信号 V_{pvX}之间的关系）分别如图 11-8 和图 11-9 所示。

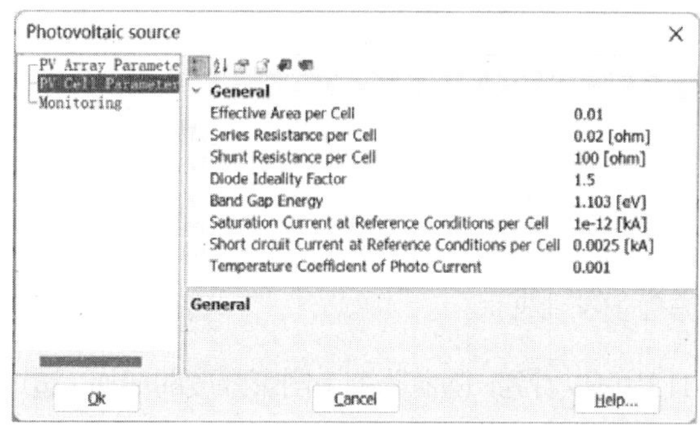

图 11-7 光伏电池的参数设置

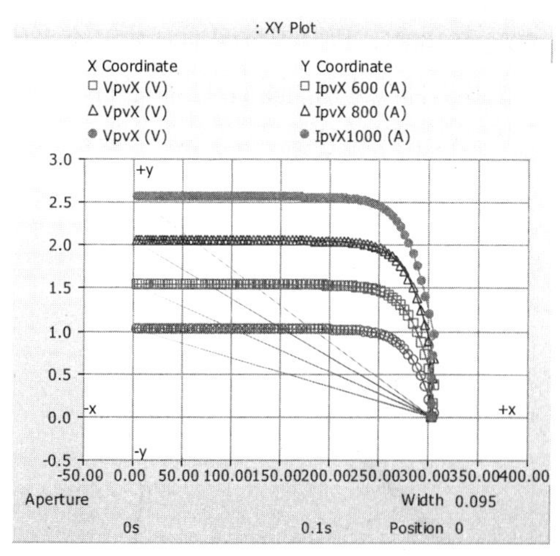

图 11-8 光伏阵列的 I-V 曲线

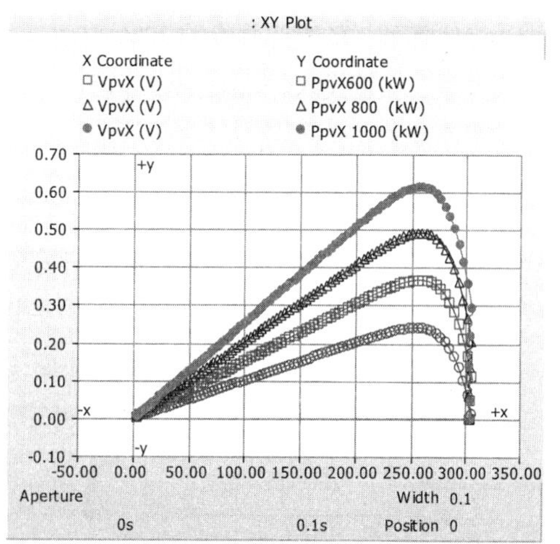

图 11-9 光伏阵列的 P-V 曲线

从图 11-8 中可以看到，光照强度下降时阵列短路电流下降明显，而开路电压略有下降。从图 11-9 中可以看到，光照强度下降时阵列输出功率下降，每个光照强度均存在一个功率最大值。

➢ 有阴影遮挡无反并联二极管仿真

设置所有光伏阵列的温度为 50℃，光伏阵列 2 的光照强度 800 W/m^2，设置光伏阵列 1 的光照强度分别为光伏阵列 2 的光照强度的 30%、50%、70%、90%和 100%，同时保持图 11-4 中两个光伏阵列的反并联二极管不投入。得到的光伏阵列输出 I-V 曲线和 P-V 曲线分别如图 11-10 和图 11-11 所示。

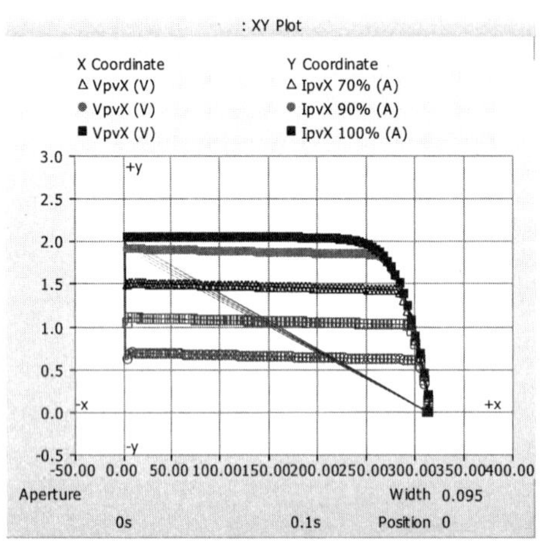

图 11-10 光伏阵列的 I-V 曲线

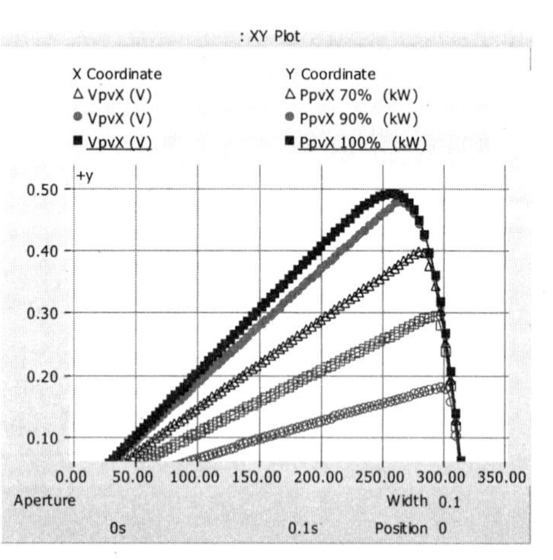

图 11-11 光伏阵列的 P-V 曲线

从图 11-10 和图 11-11 中可以看到，随着阵列 1 阴影强度的增加（透过率减少），光伏输出电流减小，输出功率下降。主要是因为阵列 1 上出现了反向电压，该阵列变为消耗功率。

➢ 有阴影遮挡有反并联二极管仿真

设置所有光伏阵列温度为 50℃，光伏阵列 2 光照强度 800 W/m^2，设置光伏阵列 1 的光照强度分别为光伏阵列 2 的光照强度的 30%、50%、70%、90%和 100%，同时保持图 11-4 中两个光伏阵列的反并联二极管投入。得到的光伏阵列输出 I-V 曲线和 P-V 曲线分别如图 11-12 和图 11-13 所示。

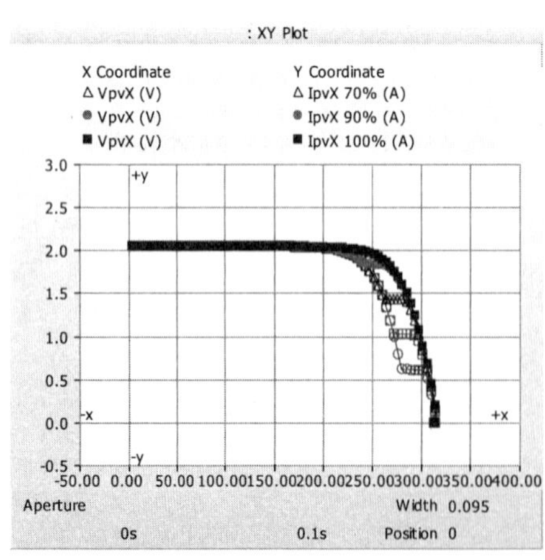

图 11-12 光伏阵列的 I-V 曲线

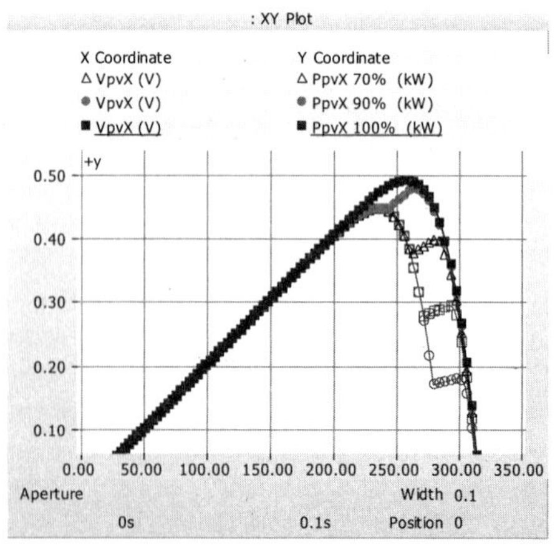

图 11-13 光伏阵列的 P-V 曲线

图 11-14 和图 11-15 分别为阵列 2 光照强度 800 W/m^2，阵列 1 光照强度为其 50%和 30%时，有

无反并联二极管时输出功率的对比。

可以看到，在出现遮挡时，光伏阵列的在有反并联二极管时的输出功率均大于无反并联二极管的情况，主要原因是无反并联二极管时被遮挡的阵列将出现反向电压，从而消耗部分有功功率，使得输出功率减小。

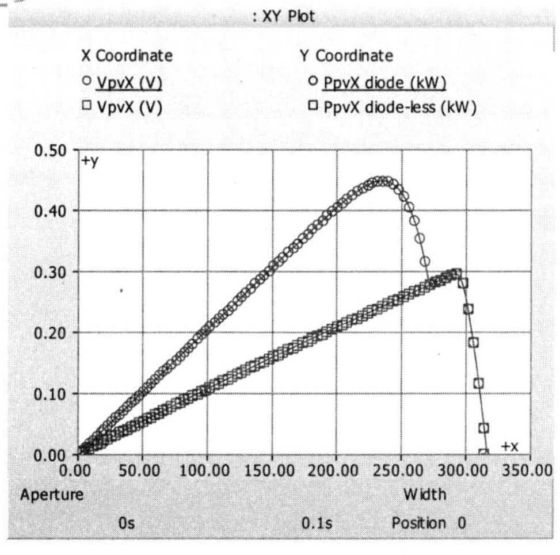

图 11-14 光照强度 50%时的输出功率对比

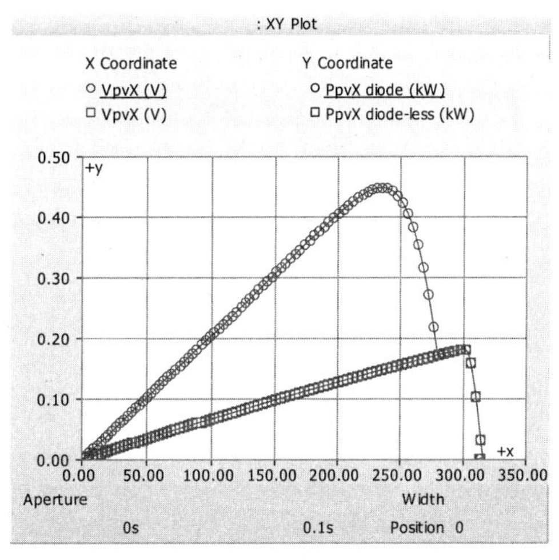

图 11-15 光照强度 30%时的输出功率对比

11.1.3 最大功率追踪

本示例用于演示光伏发电的最大功率追踪控制方法。模型主电路如图 11-16 所示。

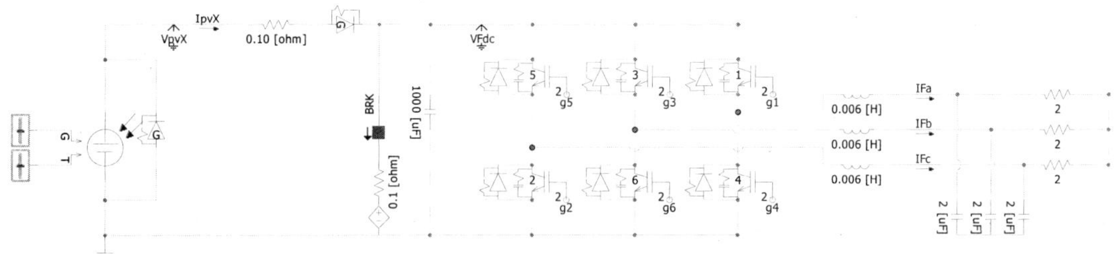

图 11-16 仿真模型主电路

光伏阵列的输出连接至三相逆变器的直流电容，三相逆变器无源逆变后向电阻负载提供有功功率。光伏阵列的参数设置如图 11-17 所示，该阵列由 11 个模块串联构成，每个模块由 10 个光伏电池堆并联，而每个光伏电池堆由 36 个光伏电池单元串联构成。可计算或测量出在 800 W/m^2 以及 50 ℃ 时的光伏阵列短路电流为 20.5 A，开路电压为 314.3 V。

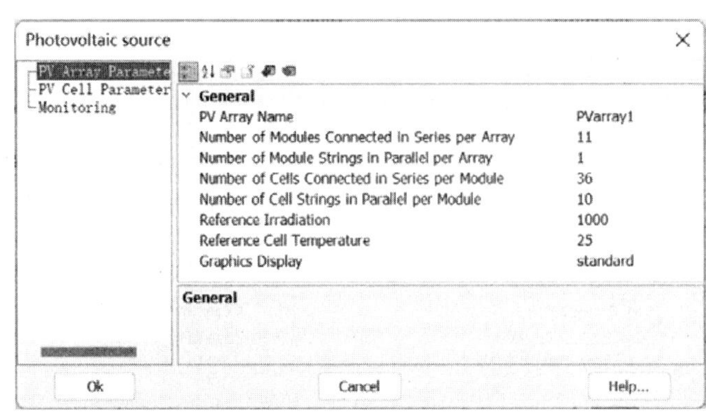

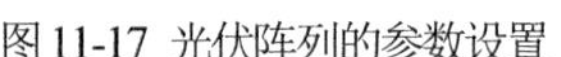
图 11-17 光伏阵列的参数设置

该模型的控制电路如图 11-18 所示。

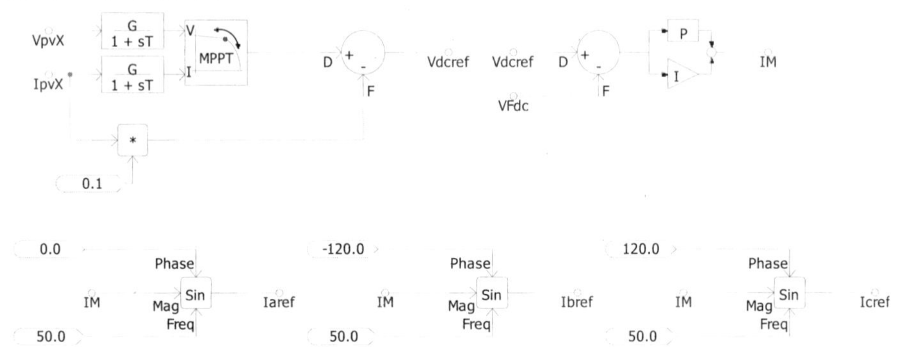

图 11-18 控制电路

测量得到的光伏输出电压和电流信号送入 PSCAD 自带的 MPPT 元件，其设置如图 11-19 所示。追踪算法采用了增量电导法。

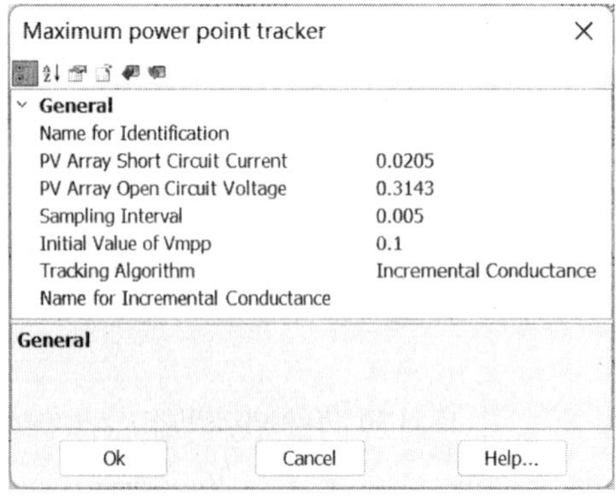

图 11-19 MPPT 元件设置

MPPT 元件的输出为最大功率点对应的电压，该电压信号加上代表电阻压降的信号后得到直流电容电压的参考信号 V_{dref}。将该电压与实际直流电容电压相减后通过 PI 校正环节，得到参考输出

电流的幅值信号 I_M，利用该幅值信号产生三相输出电流的参考信号。

三相逆变器的驱动脉冲产生电路如图 11-20 所示。

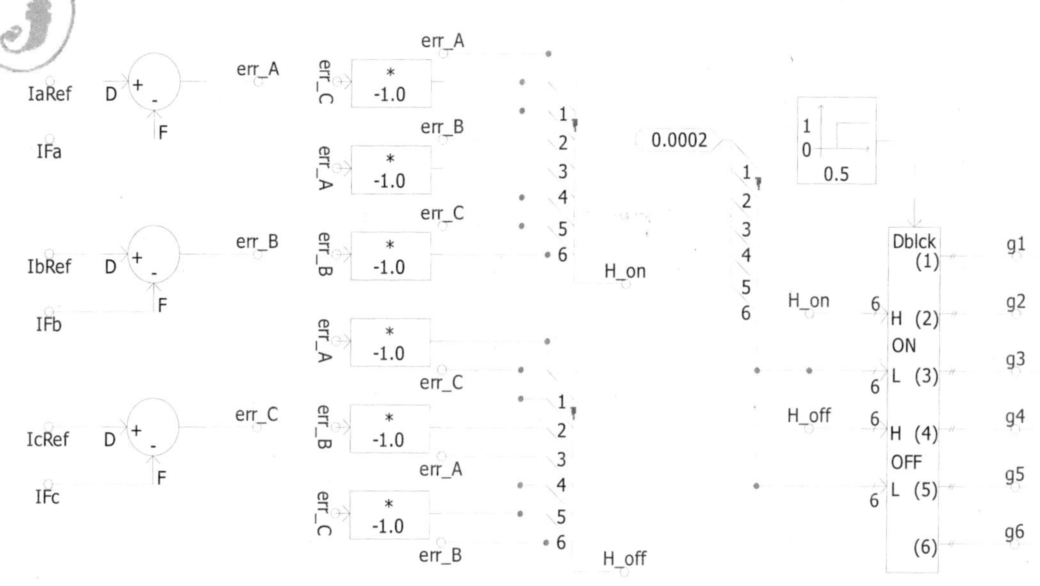

图 11-20 脉冲产生电路

驱动脉冲产生采用电流滞环比较的方法，并利用了 PSCAD 提供的脉冲发生元件，以编号为 1 和 4 的 IGBT 的脉冲产生方法为例进行说明。产生器件 1 开通信号（ON）的 H 输入端接 A 相电流的误差信号 err_A，L 输入为滞环死区（0.0002 kA），则当参考电流信号大于实际输出电流 0.2 A 时，开通驱动信号为 1，器件 1 导通；产生器件 1 关断信号（OFF）的 H 输入端接 A 相电流的误差信号 err_A 的负值，L 输入为滞环死区（0.0002 kA），则当实际输出电流大于参考电流信号 0.2 A 时，驱动信号为 0，器件 1 关断。器件 4 的驱动信号正好与器件 1 的反相。

仿真得到的直流电压参考信号和实际电压波形如图 11-21 所示。逆变器 A 相输出电流和参考电流的仿真波形如图 11-22 所示。

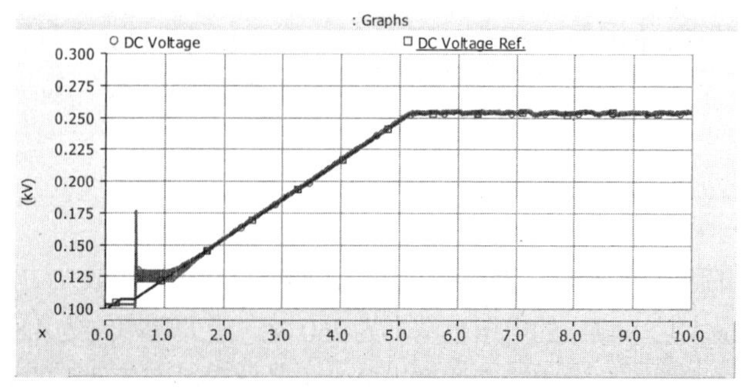

图 11-21 直流电压参考信号和实际电压波形

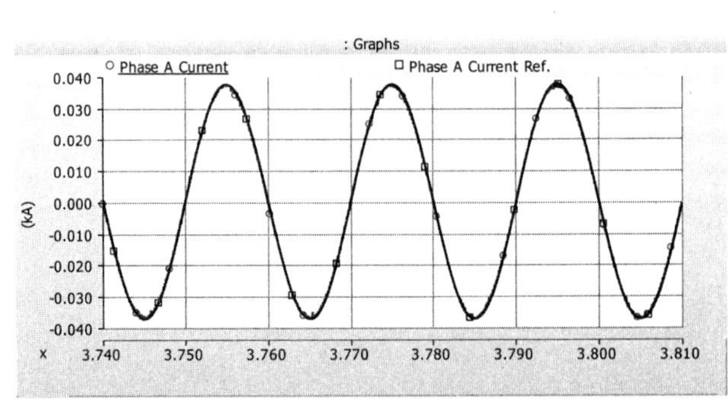

图 11-22 A 相输出电流和参考电流的仿真波形

可以看到，直流电压能够较好地跟踪参考电压指令，逆变器输出电流良好地跟踪参考电流，输出为 50Hz 基波正弦信号。

光伏输出电压和电流波形以及输出功率分别如图 11-23 和图 11-24 所示。

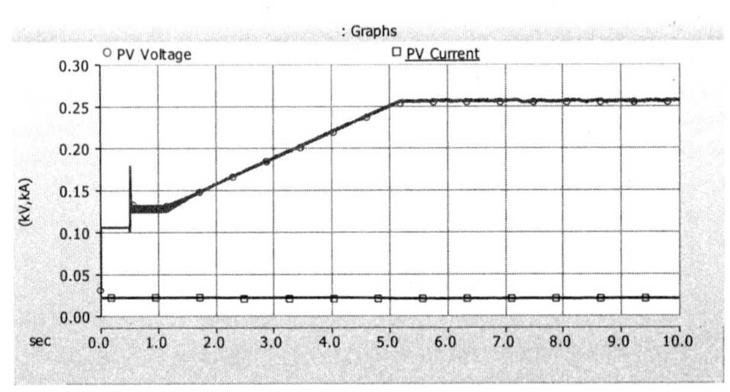

图 11-23 光伏输出电压和电流波形

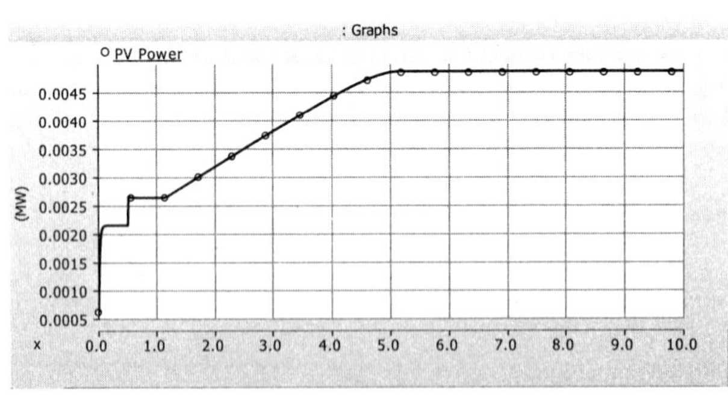

图 11-24 光伏输出功率

稳定后光伏阵列的输出电压约为 255 V，输出电流约为 19.1 A，最大功率达到 4.85 kW，理论计算结果表明，对应最大功率输出的电压也基本为 260 V，最大功率约为 4.80 kW，说明该模型实现了光伏发电的最大功率追踪，输出功率达到当前光照条件和温度条件下的最大值。

11.1.4 光伏并网仿真

本仿真主要用于演示如何进行光伏发电系统的并网控制。主要包括太阳能电池板系统的建模、基于电压源换流器的并网系统和变换器控制器的控制策略。

1. 模型介绍

该仿真模型的主电路部分如图 11-25 所示。

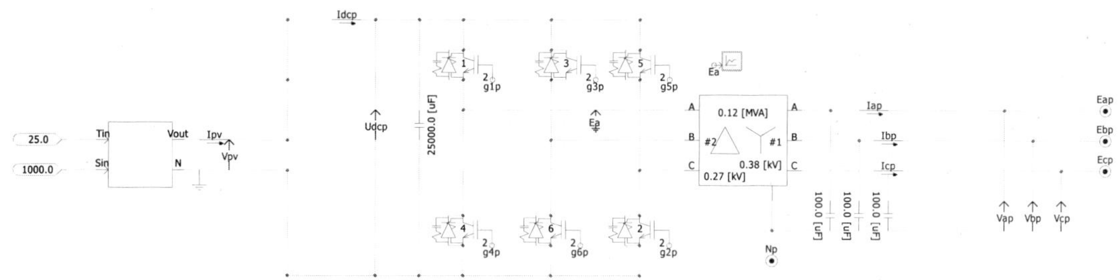

图 11-25 仿真模型主电路

该模型将太阳能光伏阵列产生的直流电能逆变成交流后并入电网中，控制器控制太阳能电池板的最大功率追踪点、逆变器并网的功率和电流的波形，从而使向电网输送的功率与光伏阵列模块所发出的最大电能功率相平衡。

➢ 光伏电池的实用模型

根据已有文献推导出的一个比较实用的光伏电池工程用数学模型为：

$$I_{pv}=I_{scp}\left\{1-C_1\left[\exp\left(\frac{V_{pv}}{C_2V_{ocp}}\right)-1\right]\right\}$$

其中：

$$C_1=\left(1-\frac{I_{mp}}{I_{scp}}\right)\exp\left(-\frac{V_{mp}}{C_2V_{ocp}}\right)$$

$$C_2=\left(\frac{V_{mp}}{V_{ocp}}-1\right)\left[\ln\left(1-\frac{I_{mp}}{I_{scp}}\right)\right]^{-1}$$

该模型仅需要太阳能电池供应商提供的四个重要技术参数 I_{scp}、V_{ocp}、I_{mp} 和 V_{mp} 就能在一定的精度下复现光伏电池的特性。

在任意环境条件下，I_{scp}、V_{ocp}、I_{mp} 和 V_{mp} 会按一定规律发生变化；通过引入相应的补偿系数，近似推算出任意光照 S 和电池温度 T 下的四个技术参数：

$$\begin{cases} I_{scp}=I_{scpref}\left(1+aDT\right)SPS \\ V_{ocp}=V_{ocpref}\ln\left(e+bDS\right)\left(1-cDT\right) \\ I_{mp}=I_{mpref}\left(1+aDT\right)SPS \\ V_{mp}=V_{mpref}\ln\left(e+bDS\right)\left(1-cDT\right) \end{cases}$$

式中，$SPS=S/S_{ref}$；S_{ref}为参考光照辐射强度，取 1000 W/m^2；$DS=S-S_{ref}$为实际光强与参考光强的差值；$DT=T-T_{ref}$为实际电池温度与参考电池温度的差值；T_{ref}为参考电池温度，取 25 ℃；e 为自然对数的底数，约为 2.71828；补偿系数 a, b, c 为常数。根据大量实验数据拟合，其典型值推荐为：a=0.0025 /℃，b=0.0005 /(W/m^2)，c=0.00288 /℃。

根据上述公式搭建的光伏电池模型如图 11-26 所示。

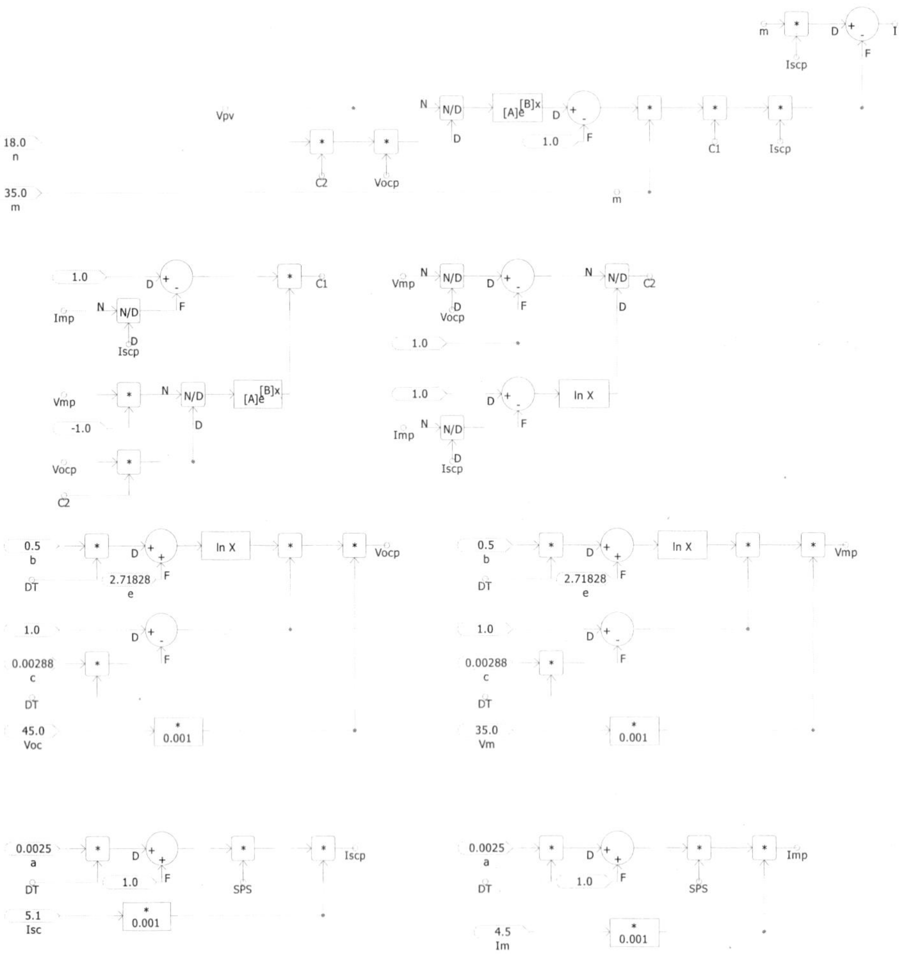

图 11-26 光伏电池模型

➢ 最大功率追踪设计

本示例采用最简单的恒电压观测法来实现 MPPT。

忽略温度效应时，硅型光伏阵列的输出特性将如图 11-27 所示，光伏阵列在不同太阳辐照度下的最大功率输出点 a、b、c、d 和 e 总是近似在某一个恒定的电压值 U_m 附近。假如曲线 L 为负载特性曲线，a、b、c、d 和 e 为相应光照强度下直接匹配时的工作点。显然若采用直接匹配，光伏阵列的输出功率将比较小；为了弥补失配带来的功率损失，可采用恒定电压跟踪 (Constant Voltage Tracking, CVT) 方法，在光伏阵列和负载之间通过一定的阻抗变换，使阵列的工作点始终稳定在 U_m 附近。这样不但简化了整个控制系统，还可保证光伏阵列的输出功率接近最大输出功率。采用恒定电压跟踪控制与直接匹配的功率差值在图中可视为曲线 L 与曲线 $U=U_m$ 之间的面积。

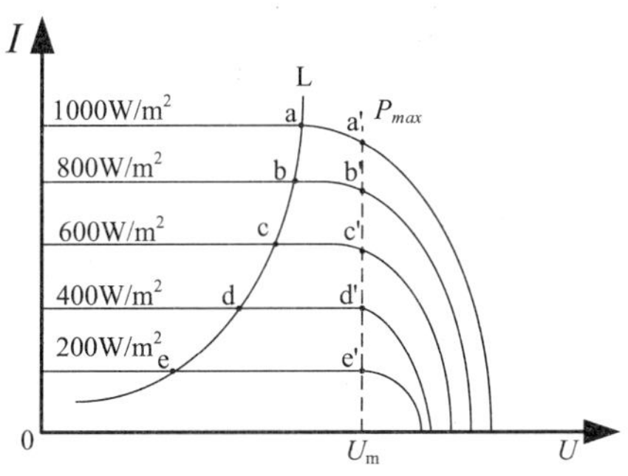

图 11-27 忽略温度效应时的硅型阵列的输出特性与负载匹配曲线

本仿真中采用恒电压跟踪实现 MPPT 的原理框图如图 11-28 所示，恒定电压为 630 V。光伏阵列实际输出直流电压 U_{dcp} 与参考电压的差值通过 PI 校正环节后得到输出功率的参考值信号 P_{ref}。

图 11-28 恒定电压控制

2. 基于瞬时无功理论的 PWM 控制方法

本示例将瞬时无功理论与 SVPWM 方法相结合，通过瞬时无功理论得到参考电压，并用 SVPWM 方法来得到控制开关所需要的脉冲，达到控制逆变器的目的。根据瞬时无功理论，dq 坐标系下光伏发电系统输出的有功功率 P 和无功功率 Q 可以表示为：

$$
\begin{cases}
P=\dfrac{3}{2}\left(e_d i_d+e_q i_q\right)\\
Q=\dfrac{3}{2}\left(e_q i_d-e_d i_q\right)
\end{cases}
$$

将三相坐标系转化为 dq 坐标系的变换矩阵如下所示：

$$\begin{bmatrix} d \\ q \end{bmatrix} = \sqrt{\frac{2}{3}} \begin{bmatrix} \cos(\theta) & \cos(\theta - \frac{2\pi}{3}) & \cos(\theta + \frac{2\pi}{3}) \\ \sin(\theta) & \sin(\theta - \frac{2\pi}{3}) & \sin(\theta + \frac{2\pi}{3}) \end{bmatrix} \begin{bmatrix} a \\ b \\ c \end{bmatrix}$$

图 11-29 所示为光伏发电系统输出电流的 dq 轴分量 i_d 和 i_q 的计算框图。

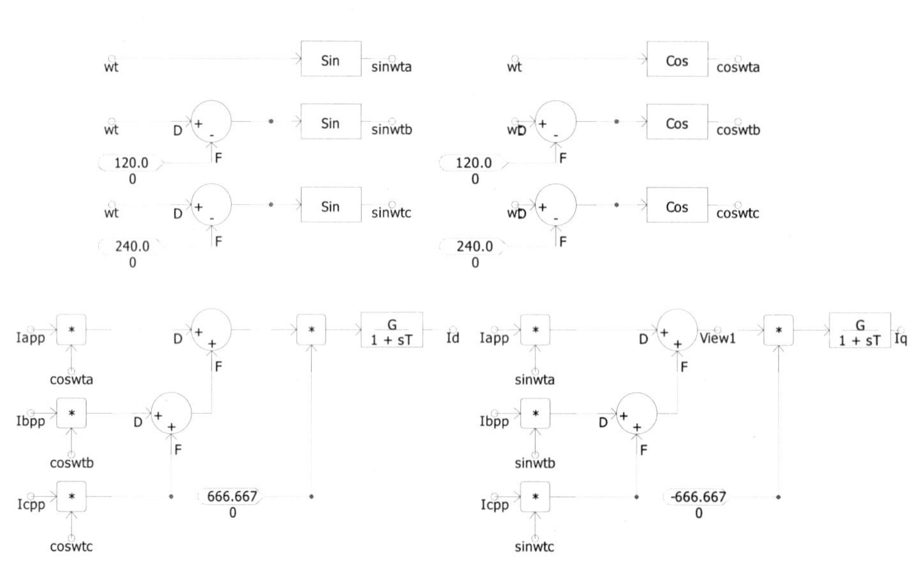

图 11-29 光伏发电系统输出电流的 dq 轴分量 i_d 和 i_q 的计算框图

图中信号 wt 为对接入点处三相电压进行 PLL 后的输出。

图 11-30 为光伏阵列输出参考电压 dq 轴分量 V_d 和 V_q 的计算框图。

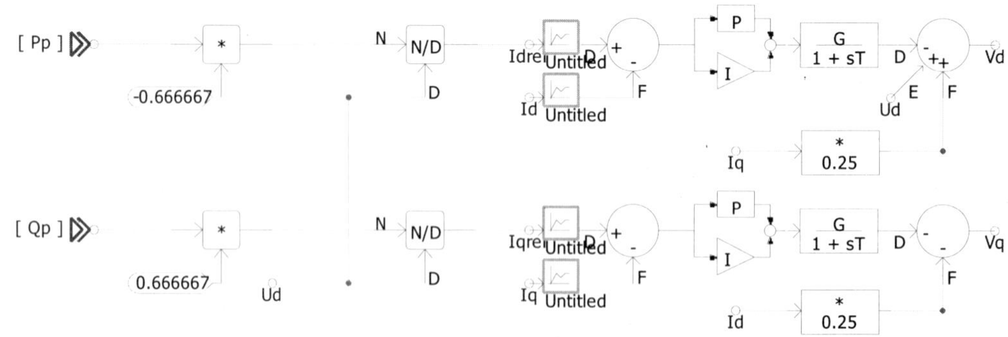

图 11-30 光伏阵列输出参考电压 dq 轴分量 V_d 和 V_q 的计算框图

将有功功率参考信号与接入点三相电压的 D 轴分量 U_d 相除后可得到输出电流 D 轴分量参考值 i_{dref}，有功功率参考信号来自图 11-28 中的 Pref；将无功功率参考信号与接入点三相电压的 D 轴分量 U_d 相除后可得到输出电流 Q 轴分量参考值 i_{qref}，无功功率参考信号可根据实际情况，例如根据负荷无功功率需求计算得到，本仿真中给定为 0。

将输出电流的 dq 轴分量 i_d 和 i_q 与各自参考值相减后进行 PI 校正，并根据下式计算参考输出电压的 dq 轴分量，以实现 dq 解耦控制：

$$U_{dref}=\mathrm{PI}(i_{dref}-i_d)-\omega L i_q+U_d$$
$$U_{qref}=-\mathrm{PI}(i_{qref}-i_q)-\omega L i_d$$

计算得到参考输出电压的 dq 轴分量 V_d 和 V_q 后，将其转换到 abc 坐标下，得到逆变器三相输出参考电压信号 U_{aref} 、U_{bref} 、U_{cref}，如图 11-31 所示。

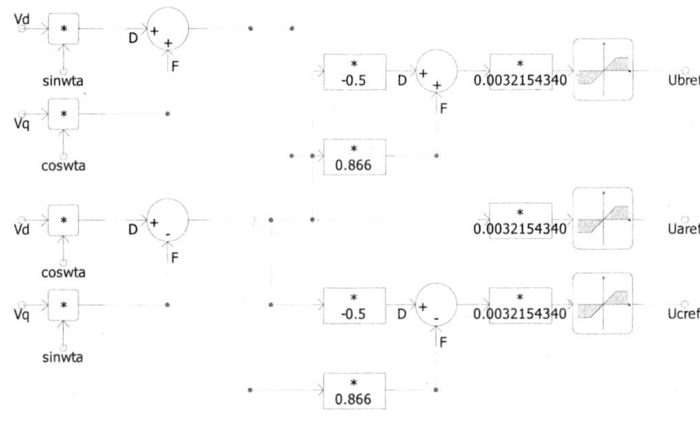

图 11-31 三相输出参考电压的计算框图

图 11-32 所示为 PWM 脉冲产生电路。

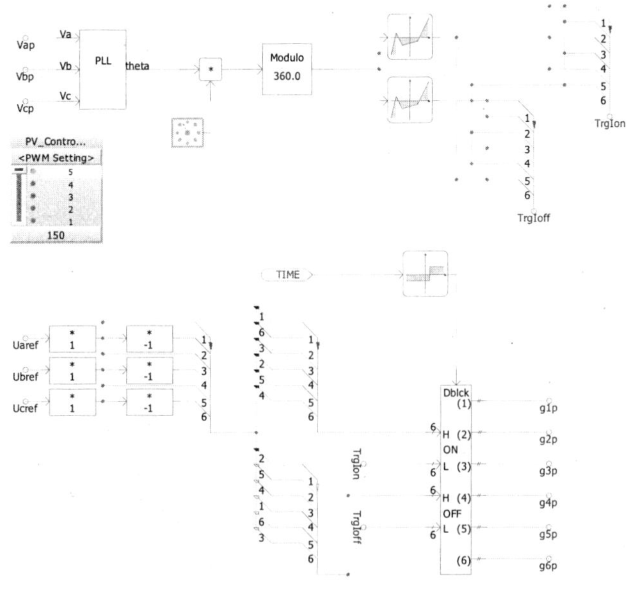

图 11-32 PWM 脉冲产生电路

首先利用接入点处的三相电压 V_{ap}、V_{bp}、V_{cp}，通过 PLL 元件产生同步信号，该信号为 0～2π 变化的 50Hz 锯齿波，乘以一定的系数后进行模 360 的运算，所得信号为 0～360 变化的锯齿波，在系数为 150 时频率约为 7500 Hz。该锯齿波通过非线性传递函数后得到三角波，即 0°～90°范围对应三角波从 0 变化至 1，90°～270°对应三角波从 1 变化至-1，270°～360°对应三角波从-1 变化至 0。同时还会产生另一个反相 180° 的三角载波信号。将对应的载波信号和参考信号汇聚后送入脉冲发生元件，产生 IGBT 的驱动信号。

3．仿真结果

仿真时间设置为 10 s。图 11-33 和图 11-34 所示分别为光伏阵列输出电压和电流和有功功率波形。可以看到，光伏阵列的输出电压在振荡后基本保持为给定值，同时确保了最大功率输出。

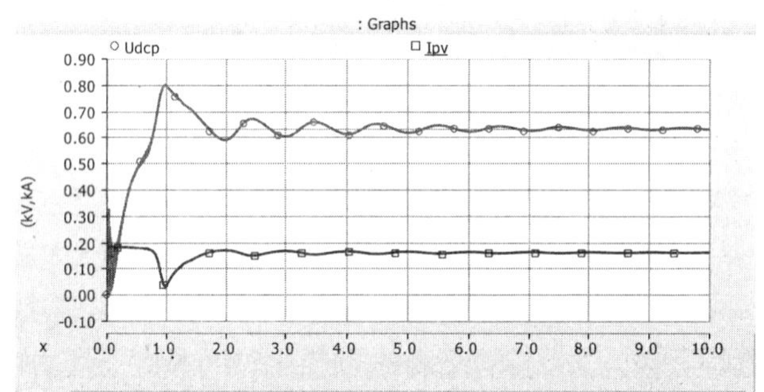

图 11-33 光伏阵列输出电压和电流

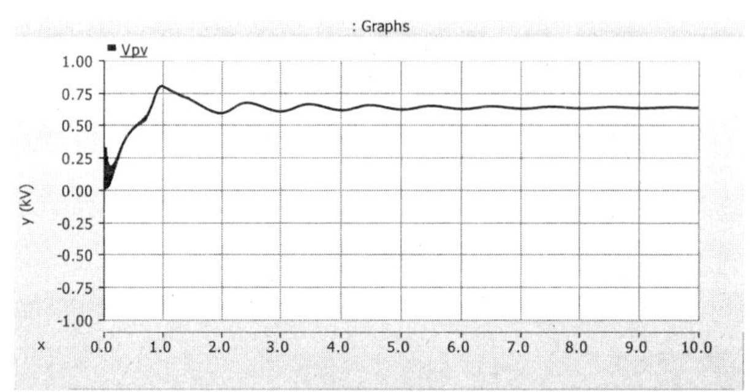

图 11-34 光伏阵列输出有功功率波形

图 11-35 所示为光伏逆变器 A 相输出电流波形。可以看到，逆变器输出电流基本为正弦，实现了光伏阵列的并网运行。

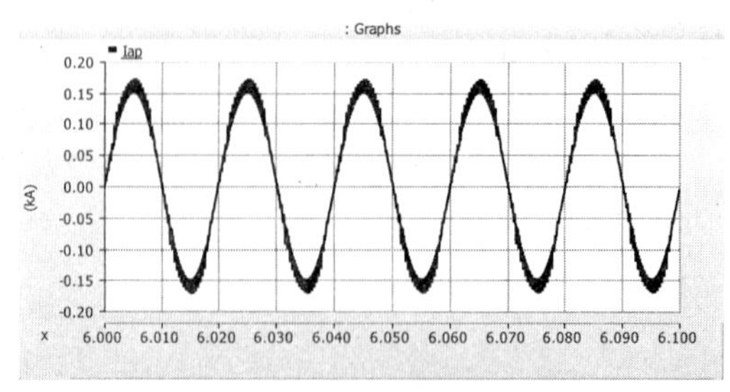

图 11-35 光伏逆变器 A 相输出电流波形

11.2 风力发电

11.2.1 概述

风是一种潜力很大的新能源，目前全世界每年燃烧煤所获得的能量，只有风力在一年内所提供能量的三分之一。随着传统能源的日益紧缺，生活环境的不断恶化，人类不得不重视利用风力来发电，开发新能源。

利用风力发电的尝试，始于 20 世纪之初。第一次世界大战后，丹麦的工程师们根据飞机螺旋桨的原理，就制造出了小型风力发电机组。之后瑞典、苏联和美国也相继成功地研制了一些小型风力发电装置。这些小型风力发电机，容量大都在 5kW 以下，广泛使用于多风的海岛和偏僻的乡村。

中国利用风能进行发电始于 20 世纪 70 年代。当时以微小型风力发电机组为主，单机容量在 50～500W 不等，主要用于满足内蒙、青海等地牧民的汲水、照明需求。直到 20 世纪 80 年代，才开始研制中、大型风力发电机组。1996 年，中国实施乘风计划，先后在新疆、内蒙、广东、山东、辽宁、福建、浙江、河北等地建设了 19 个风电场。2005 年，《中华人民共和国可再生能源法》的颁布，标志着中国的风力发电事业进入了一个前所未有的发展时代。

风力发电的基本原理是通过风轮将风的动能转化为机械能，再带动发电机旋转发出电能。风力发电机组按照机组风轮的叶片数目可划分为单叶片、双叶片、三叶片和多叶片风力发电机组；按照机组风轮的位置可划分为上风向和下风向风力发电机组；按照机组功率调节方式可划分为定桨距失速、变桨距和主动失速调节型风力发电机组；按照机组的转速与电能频率的关系可划分为恒速、有限变速和变速恒频风力发电机组；按照机组驱动链的型式可划分为直驱型、半直驱型和传统有齿箱型风力发电机组。目前占据主导地位的是三叶片、水平轴、上风向、变桨、变速、恒频型风力发电机组。以下分别介绍上述各种不同分类的风力发电机组的机构及其工作原理。

11.2.2 定桨距和变桨距风力机

1．定桨距风力机

定桨距失速型风力发电机组主要由以下几部分组成：叶轮、增速机构、制动机构、发电机、偏航系统、塔架、机舱、加温加压系统以及控制系统等。定桨距风力发电机组的主要结构特点是：桨叶与轮毂的连接固定，即当风速变化时，桨叶节距角不能随之变化。这一特点使得当风速高于风轮的设计点风速（额定风速）时，桨叶必须能够自动地将功率限制在额定值附近，桨叶的这一特性称为自动失速性能。运行中的风力发电机组在突甩负载的情况下，桨叶自身必须具备制动能力，使风力发电机组能够在大风情况下安全停机。20 世纪 70 年代失速性能良好的桨叶的出现，解决了风力发电机组的自动失速性能的要求。20 世纪 80 年代叶尖扰流器的应用，解决了在突甩负载情况下的安全停机问题，这些使得定桨距失速型风力发电机组在过去 20 年的风能开发利用中始终处于主导地位，最新推出的兆瓦级风力发电机组仍有机型采用该项技术。

定桨距失速型风力发电机组的最大优点是控制系统结构简单，制造成本低，可靠性高。但其风能利用系数低，叶片上有复杂的液压传动机构和扰流器，叶片质量大，制造工艺难度大，当风速跃升时，会产生很大的机械应力，需要比较大的安全系数。

风力发电机组的输出功率主要取决于风速，同时也受气压、气温和气流扰动等因素的影响。定桨距风力机桨叶的失速性能只与风速有关，直到达到叶片气动外形所决定的失速调节风速，不论是否满足输出功率，桨叶的失速性能都要起作用。定桨距风力机的主动失速性能使得其输出功率始终限定在额定值附近。同时，定桨距风力发电机组中发电机额定转速的设定也对其输出功率有影响。定桨距失速型风力发电机组的节距角和转速都是固定不变的，这使得风力发电机组的功率曲线上只有一点具有最大功率系数，对应于某个叶尖速比。当风速变化时，功率系数也随之改变。而要在变化的风速下保持最大功率系数，必须保持发电机转速与风速之比不变，而在风力发电机组中，其发电机额定转速有很大的变化，额定转速较低的发电机在低风速下具有较高的功率系数，额定转速较高的发电机在高风速时具有较高的功率系数。

图 11-36 所示为定桨距失速型风力发电机组的功率曲线图，从图中可以看到，定桨距风力发电机组在风速达到额定值以前就开始失速，到额定点时的功率系数已经相当小。调整桨叶的节距角，只是改变桨叶对气流的失速点。节距角越小，气流对桨叶的失速点越高，其最大输出功率也越高。故定桨距风力机在不同的空气密度下需要调整桨叶的安装角度。

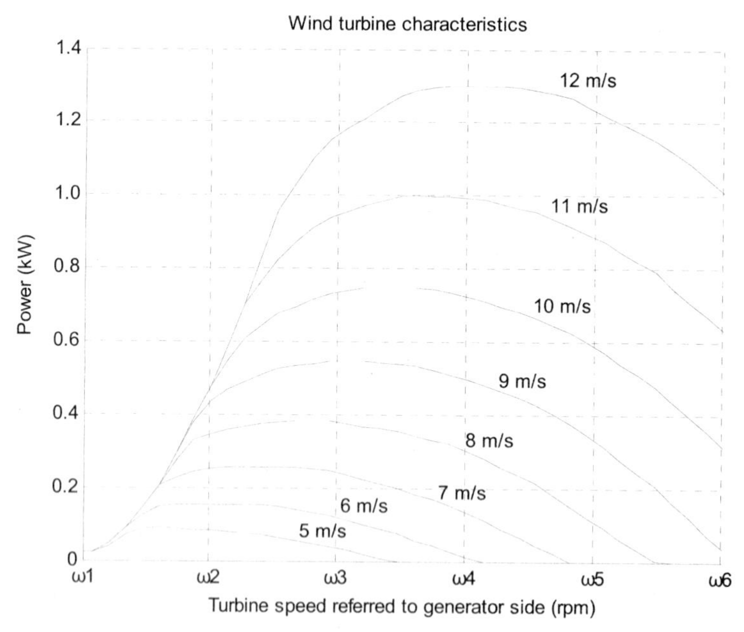

图 11-36 定桨距失速型风力发电机组的功率曲线图

2．变桨距风力机

变桨距风力发电机是指整个叶片围绕叶片中心轴旋转，使叶片攻角在一定范围内（一般为 0～90°）变化，以调节输出功率不超过设计容许值。变桨距风力发电机组出现故障需停机时，一般先使叶片顺桨，使之减小功率，在发电机与电网断开之前，功率减小至零，也即当发电机与电网脱开时，没有转距作用于风力发电机组，避免了在定桨距风力发电机组上每次脱网时所要经历的突甩负载的过程。由于变桨距叶片一般叶宽小，叶片轻，机头质量比失速机组小，不需要很大的制动力，因此其起动性能较好。变桨距风电动机不需要昂贵的制动系统，但是它却增加了一套变桨距机构，从而增加了故障发生的机率，而且在处理变桨距机构叶片轴承故障时难度很大，所以其安装维护费用相对偏高。

变桨距风力发电机组根据变距系统所起的作用可分为三种运行状态，即风力发电机的启动状态（转速控制），欠功率状态（不控制）和额定功率状态（功率控制）。

起动状态：当变桨距风电动机的风轮从静止到起动，且发电机未并入电网时都被称为起动状态，这时变桨距的节距给定值由发电机转速信号控制。转速控制器按一定的速度上升斜率给出速度参考值，变桨距系统根据给定的速度参考值，调整节距角，进行所谓的速度控制，在这个控制过程中，转速反馈信号与给定值进行比较，当转速超过发电机同步转速时，桨叶节距角就向迎风面积减小的方向转动一个角度；反之，则向迎风面积增大的方向转动一个角度。

欠功率状态：当转速在同步转速附近保持一定的时间后发电机即并入电网，这时如果风速低于额定风速，那么这种状态就是欠功率状态。这时的变桨距风力发电机与定桨距风力发电机组相同，其功率输出完全取决于桨叶的气动性能。

额定功率状态：当发电机并入电网，且风速大于额定风速时，风力发电机组就进入额定功率状态，这时变桨距控制方式由转速控制切换到功率控制，具体而言即是功率反馈信号与给定值（额定功率）进行比较，当功率超过额定功率时，桨叶节距就向迎风面积减小的方向转动一个角度。反之，则向迎风面积增大的方向转动一个角度。

对于变桨距风力发电机组，由于桨叶节距可以控制，所以即使风速超过额定点，其额定功率仍然具有较高的功率系数，功率曲线在额定点后也相对平稳，不但保证了较高的发电量，而且有效地减小了风力发电机因风速的变化而造成的对电网的不良影响，相比之下更具优越性。另外，变桨距风力发电机组与定桨距风力发电机组相比，在相同的额定功率点，额定风速比定桨距风力发电机组的要低。

变桨距风力发电机比定桨距风力发电机更具优越性。事实上，变桨距风力发电机正是基于定桨距风力发电机的运行可靠的基础上逐步发展起来的。但是由于变桨距风力发电机组在额定风速以下运行时的效果仍不理想，到了 20 世纪 90 年代中期，基于变距技术的各种变速风力发电机组逐步研制成功并开始进入风电场。这种风力发电机组是把风速信号作为控制系统的输入变量进行转速和功率控制的，所以与恒速风力发电机组相比，变速风力发电机组的优越性在于：低风速时它能够根据风速变化，在运行中保持最佳叶尖速比以获得最大风能；高风速时利用风轮转速的变化，储存或释放部分能量，提高传动系统的柔性，使功率输出更加平稳，尤其是解决了高次谐波与功率因数等问题，达到了高效率、高质量地向电网提供电力的目的。

3．主动失速型风力机

主动失速调风力发电机组将定桨距失速调节型与变桨距调节型两种风力发电机组相结合，充分吸取了被动失速和桨距调节的优点，桨叶采用失速特性，调节系统采用变桨距调节。在低风速时，将桨叶节距调节到可获取最大功率位置，桨距角调整优化机组功率的输出；当风力机发出的功率超过额定功率后，桨叶节距主动向失速方向调节，将功率调整在额定值上。由于功率曲线在失速范围的变化率比失速前要低得多，控制相对容易，输出功率也更加平稳。

11.2.3 恒速和变速恒频风力机

1．恒速恒频风力机

恒速风力发电机系统如图 11-37 所示，采用笼型异步发电机并通过变压器直接接入电网，由于笼型异步发电机只能工作在额定转速之上很窄的范围内，所以通常称之为恒速风力发电机。并网运行时，异步发电机需要从电网吸收滞后的无功功率以产生旋转磁场，这恶化了电网的功率因数，易使电网无功容量不足，影响电压的稳定性。为此，一般在发电机组和电网之间配备适当容量的并联补偿电容器组以补偿无功。由于笼型异步发电机系统结构简单、成本低且可靠性高，比较适合风力发电这种特殊场合，在风力发电发展的初期，笼型异步发电机得到了广泛的应用，有效地促进了风电产业的兴起。

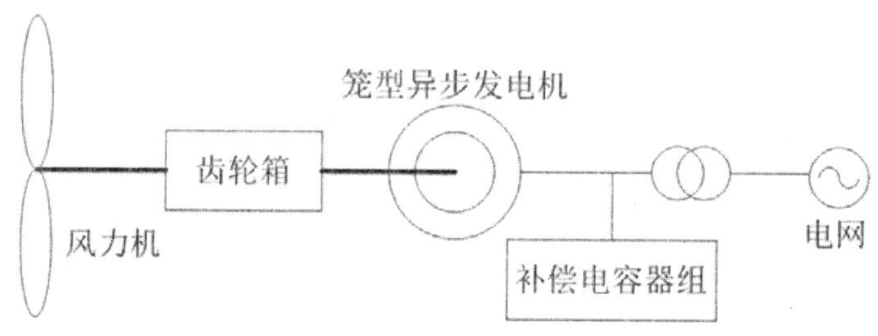

图 11-37 恒速风力发电机系统

随着风力发电应用的深入，恒速笼型异步发电机具有的一些固有缺点逐步显现出来。主要是笼型异步发电机转速只能在额定转速±（1%~5% ）的范围内运行，输入的风功率不能过大或过小。若发电机超过转速上限，将进入不稳定运行区。因此在多数场合需将两台分别为高速和低速的笼型异步发电机组合使用，以充分利用中低风速的风能资源。

另外，风速的波动使风力机的气动转矩随之波动，因为发电机转速不变，风力机和发电机之间的轴承、齿轮箱将会承受巨大的机械摩擦和疲劳应力。而且由于风力机的速度不能调节，不能从空气中捕获最大风能，效率较低。齿轮箱的存在增加了风力机的重量和系统的维护性，影响了系统效率，增加了噪声。

2．有限变速风力机

有限变速风力发电机系统如图 11-38 所示。发电机采用绕线式异步发电机，绕线式异步发电机转子外接可变电阻。其工作原理是通过电力电子装置调整转子回路的电阻，从而调节发电机的转差率，使发电机的转差率可增大至 10%，实现有限变速运行，提高输出功率。

同时，采用变桨距调节及转子电流控制，以提高动态性能，维持输出功率稳定，减小阵风对电网的扰动。然而由于外接电阻消耗了大量能量，电动机效率降低。也把这种发电系统称为高转差率异步发电机系统。

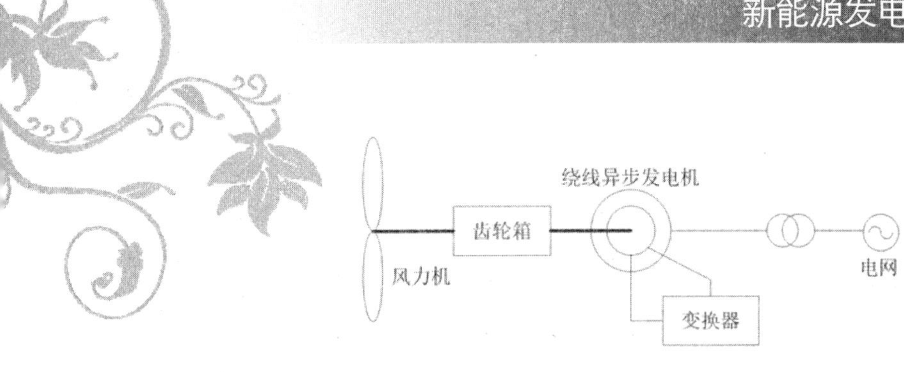

图 11-38 绕线式有限变速风力发电机系统

3．变速恒频风力机

变速恒频风力发电机组的风能转换效率更高，能够有效降低风力发电机组的运行噪声，具有更好的电能质量，通过主动控制等技术能够大幅度降低风力发电机组的载荷，使得风力发电机组功率重量比提高，这些因素都促成了变速变桨技术成为当今风力发电机组的主流技术。

目前，市场上主流的变速变桨恒频型风力发电机组技术分为双馈式和直驱式两大类。双馈式变桨变速恒频技术的主要特点是采用了风轮可变速变桨运行，传动系统采用齿轮箱增速和双馈异步发电机并网。而直驱式变速变桨恒频技术采用了风轮与发电机直接耦合的传动方式，发电机多采用多极同步电动机，通过全功率变频装置并网。直驱技术的最大特点是可靠性和效率都进一步得到了提高。还有一种介于二者之间的半直驱式，即由叶轮通过单级增速装置驱动多极同步发电机，是直驱式和传统型风力发电机的混合。

双馈感应发电机组是具有定、转子两套绕组的双馈型异步发电机 (DFIG)，定子接入电网，转子通过电力电子变换器与电网相连，如图 11-39 所示。

在风力发电中采用交流励磁双馈风力发电方案，可以获得以下优越的性能：

- 调节励磁电流的频率可以在不同的转速下实现恒频发电，满足用电负载和并网的要求，即变速恒频运行。这样可以从能量最大利用等角度去调节转速，提高发电机组的经济效益。
- 调节励磁电流的有功分量和无功分量，可以独立调节发电机的有功功率和无功功率。这样不但可以调节电网的功率因数，补偿电网的无功需求，还可以提高电力系统的静态和动态性能。
- 由于采用了交流励磁，发电机和电力系统构成了柔性连接，即可以根据电网电压、电流和发电机的转速来调节励磁电流，精确的调节发电机输出电压，使其能满足要求。

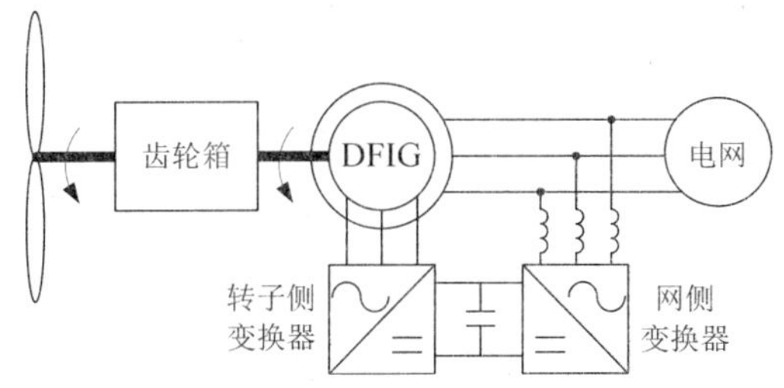

图 11-39 双馈式变速恒频风力发电系统结构框图

- 由于控制方案是在转子电路实现的，而流过转子电路的功率是由交流励磁发电机的转速运行范围所决定的转差功率，它仅仅是额定功率的一小部分，这样就大大降低了变频器的容量，降低了变频器的成本。

直驱式风力发电机，是一种由风力直接驱动发电机，亦称无齿轮风力发动机，这种发电机采用多极电动机与叶轮直接连接进行驱动的方式，免去齿轮箱这一传统部件。由于齿轮箱是目前在兆瓦级风力发电机中属易过载和过早损坏率较高的部件，因此，没有齿轮箱的直驱式风力发动机，具备低风速时高效率、低噪声、高寿命、减小机组体积、降低运行维护成本等诸多优点。

直接驱动式变速恒频（DDVSCF）风力发电系统框图如图 11-40 所示，风轮与同步发电机直接连接，无需升速齿轮箱。首先将风能转化为频率、幅值均变化的三相交流电，经过整流之后变为直流，然后通过逆变器变换为恒幅恒频的三相交流电并入电网。通过中间电力电子变流器环节，对系统有功功率和无功功率进行控制，实现最大功率跟踪，最大效率利用风能。

与双馈式风力发电系统相比，直驱式风力发电系统的优点在于：由于零件和系统的数量减少，维修工作量大大降低；最近开发的直驱机型多数是永磁同步发电机，不需要激磁功率，传动环节少，损失少，风能利用率高；运动部件少，由磨损等引起的故障率很低，可靠性高；采用全功率逆变器联网，并网、解列方便；采用全功率逆变器输出功率完全可控，如果是永磁发电机则可独立于电网运行。缺点是由于直驱型风力发电机组没有齿轮箱，低速风轮直接与发电机相连接，各种有害冲击载荷也全部由发电机系统承受，对发电机要求很高。同时为了提高发电效率，发电机的极数非常大，通常在 100 极左右，发电机的结构变得非常复杂，体积庞大，尺寸大、重量大，运输、安装比较困难，需要进行整机吊装维护。

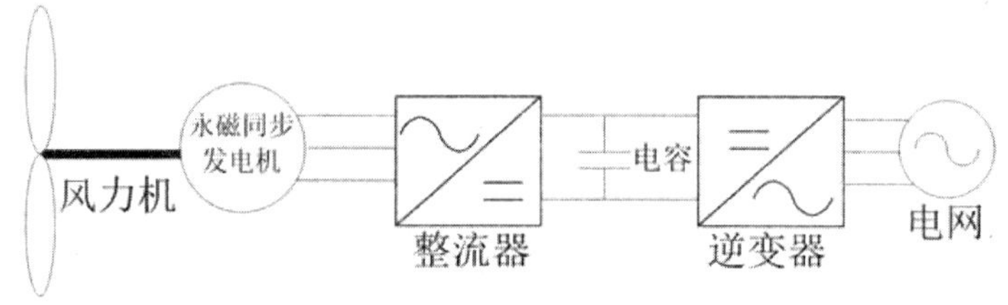

图 11-40 直接驱动式变速恒频风力发电系统框图

直驱式风力发电系统 (Direct Drive Wind Energy Generation System, DDWEGS) 的发电机主要有两种类型：转子电励磁的集中绕组同步发电机以及转子永磁材料励磁的永磁同步发电机(PMSG)，分别如图 11-41 和图 11-42 所示。转子电励磁式 DDWEGS 由于需要给转子提供励磁电流，需要滑环和电刷，这两个部件故障率很高，需要定期更换，因此维护量大，相对来说只省去了齿轮箱设备。而转子永磁体励磁式 DDWEGS 采用永磁材料建立转子磁场，省去了滑环和电刷等设备，也省去了齿轮箱，无需定期维护，系统结构紧凑、整机可靠性、效率很高。

因此，永磁式 DDWEGS 系统最优、效率最高、维护量最小。尽管直驱式风力发电系统变流器以及永磁同步发电机造价昂贵，但是由于其可靠性和能量转换效率高，维护量小，整机生产周期小等优点，特别适合于海上风力发电，因此这种结构具有很好的应用前景。

有的直驱机组方案，将风轮与外转子合二为一，取消了轮毂，叶片直接装在转子外部，进一步简化了结构、减轻重量。

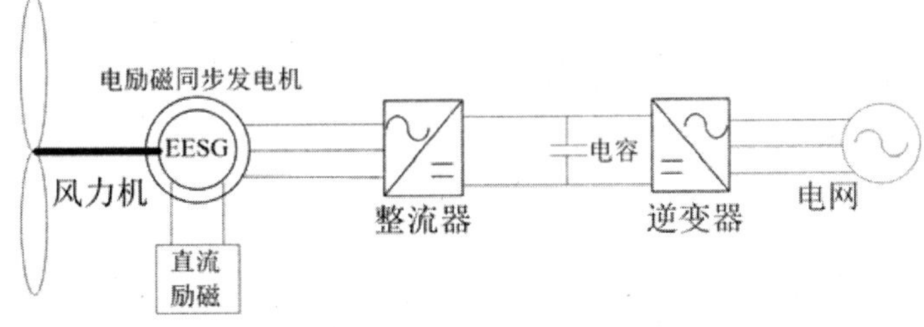

图 11-41 电励磁式直驱风力发电机结构图

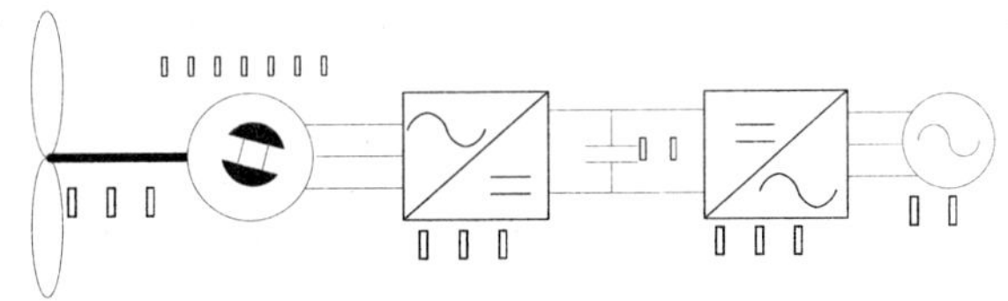

图 11-42 永磁材料励磁式直驱风力发电机结构图

随着风力机单机容量的增大，齿轮箱的高速传动部件故障问题日益突出，于是没有齿轮箱而将主轴与低速多极同步发电机直接相接的直驱式布局应运而生。 但是，低速多极发电机重量和体积均大幅增加。为此采用折中理念的半直驱布局在大型风力发电系统中得到了应用，如图 11-43 所示。

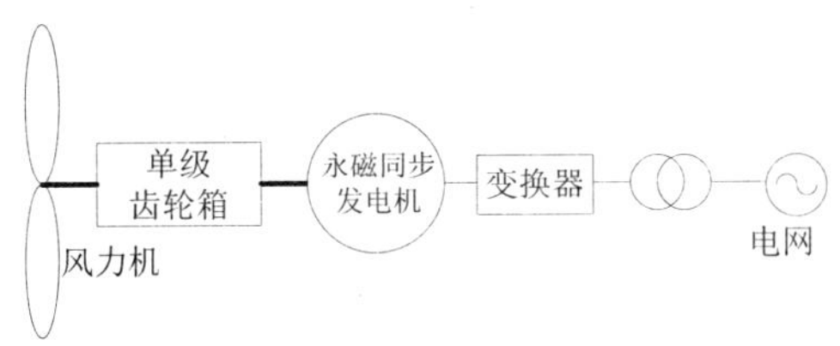

图 11-43 一级齿轮箱驱动永磁同步发电机风力机发电系统结构框图

与直驱永磁同步发电系统不同是，半直驱永磁同步风力发电系统在风力机和 PMSG 之间增加了单级齿轮箱，综合了 DFIG 和直驱 PMSG 系统的优点。与 DFIG 系统相比，减小了机械损耗；与直驱 PMSG 系统相比，提高了发电机转速，减小了电动机体积。采用全功率变换器，平滑了并网电流，电网故障穿越能力得到提高。

此外还有采用超导无刷直流发电机的风力发电机组，如图 11-44 所示。超导直流发电机是代表目前世界先进水平的最新一代风力发电技术，能够直接发出直流电能。从而省去了变频器前端设备，使得电气设备配置更加简单，是未来的发展趋势。但是目前该技术还仅仅处于概念阶段。

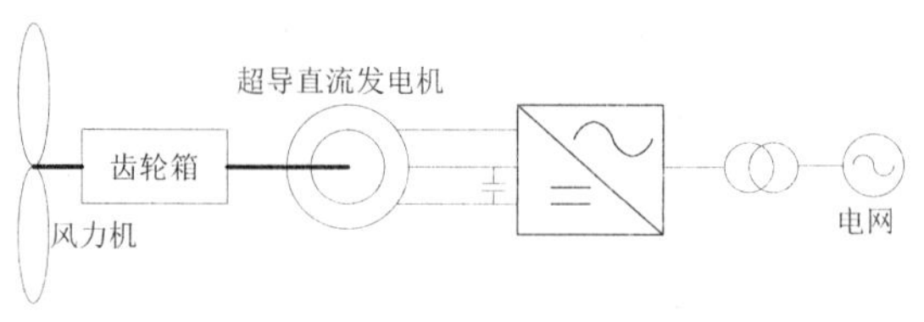

图 11-44 超导无刷直流发电机的风力发电系统结构原理图

11.2.4 恒频恒速风力发电仿真

PSCAD 中涉及风力发电相关内容仿真时主要将应用到如下模型：风源模型、风力机模型、风力机调速器模型、同步发电机（可能包含励磁机）模型；感应电动机模型、永磁发电机模型、直流电动机模型、换流器模型、脉冲发生单元模型等。这些模型相应的参数设置以及输入输出端口的功能可参阅第 3 章的相关内容。

本示例采用 PSCAD 目录..\examples\WindFarm 下的自带示例 *wind_indmac*。该模型用于展示风力机驱动的感应发电机在风速波动的情况下控制系统的响应特性。

1. 模型介绍

该模型主电路由模拟 50Hz 低压交流系统的三相电压源元件、模拟感应发电机的笼型感应电动机元件、模拟风速输出的风速元件以及包含风力机及其调速器的组件所构成。主电路元件之间的相互连接关系如图 11-45 所示，对应的仿真模型主电路如图 11-46 所示。

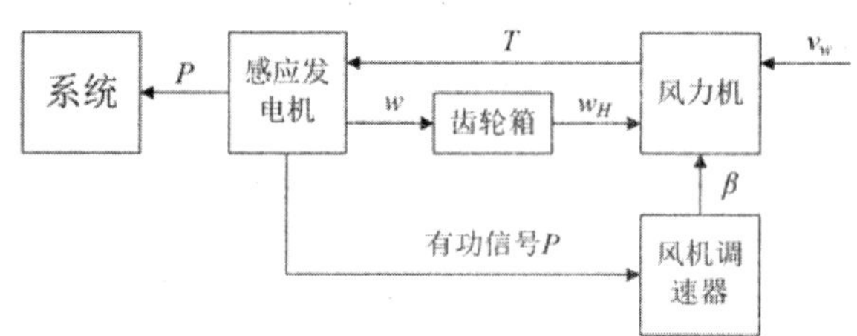

图 11-45 主电路元件之间的相互连接关系

感应发电机稳态后处于转矩控制模式，输入转矩 T 直接来自风力机输出；风力机调速器接收感应电动机的输出有功功率信号 P，产生所需桨距角 β 输出至风力机；风力机接收风速信号 v_w、轮毂角速度 w_H 以及桨距角 β，产生转矩 T 输出至感应发电机，其中的 w_H 由感应发电机电气角频率 w 转换为机械角频率，再通过齿轮箱变比后得到。

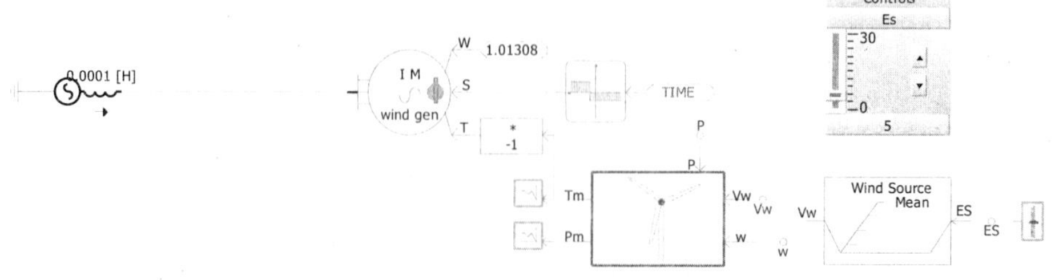

图 11-46 仿真模型主电路

2．主要设置

输入至风力机的风速信号 v_w 由风源元件产生，风源风速采用了内部+外部输入的方式，内部风速为固定的 10 m/s，外部风速初始值为 5 m/s，可在运行过程中调整外部风速输入，模拟风速的波动。

风力机接受来自风源元件输出的风速信号 v_w 以及风力机调速器输出的桨距角 β，轮毂角速度 w_H 由发电机电气角频率计算得到：

$$w_H = (w \times 2\pi / N_{GE}) / N_{GR}$$

式中，w 为发电机电气角频率 (rad/s)；N_{GE} 为发电机极对数；N_{GR} 为齿轮箱的增速比。

风力机的设置如图 11-47 所示，用户需分别指定发电机额定功率、叶片半径、风轮扫掠面积、空气密度等。其中齿轮箱增速比来自模型内滑动块的输出，用户可进行调整，原始值为 55。

感应电动机主要设置如图 11-48 所示，额定相电压和相电流分别为 0.23 kV 和 2.9 kA，额定三相功率为 2 MW。0～5 s 时采用定转速控制，转速 1.01308 pu，根据仿真可知，此时输出功率为 1.437 MW (0.718 pu)。5 s 之后采用转矩控制。

风力机调速器的主要设置为：允许变桨距控制、调试器传递函数采用 MOD2 型；发电机功率输出参考值为 1.44 MW (0.72 pu)，发电机电气转速参考值为 314 rad/s。0~5s 内的功率输入采用 0.72 pu，发电机速度输入采用 1.0 pu，不对桨距角进行调整。而对应于 0.718 pu 的初始桨距角为 16.35°。5 s 后功率输入采用来自发电机的功率输出信号，速度信号来自发电机的速度输出，桨距角将自动进行调整。

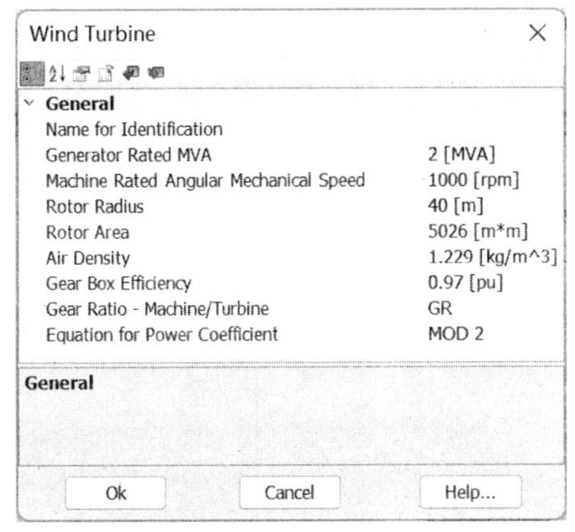

图 11-47 风力机的设置

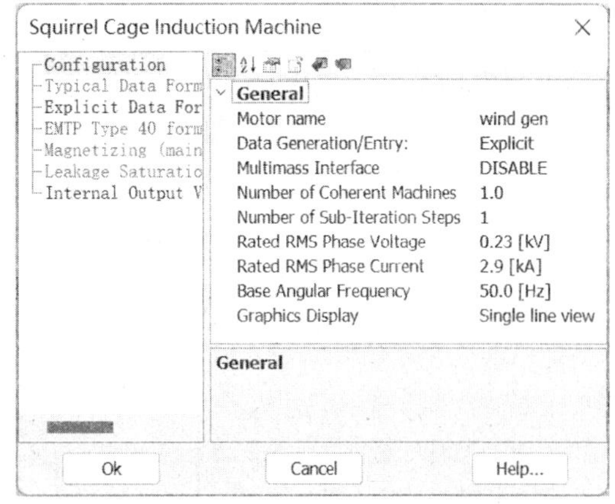

图 11-48 感应电动机的设置

3．主要计算

风力机传递至发电机的风功率为：

$$P_{out} = \frac{1}{2} \rho A v_w^3 \eta_{GR} C_P(\lambda, \beta)$$

式中，P_{out} 为风力机功率输出 (W)；ρ 为空气密度 (kg/ m^3)；A 为风轮扫掠面积 (m^2)；v_w 为风速 (m/s)；

η_{GR}为齿轮箱效率系数；C_P为风能利用系数，它是桨距角β和叶尖速比λ的函数。

叶尖速比定义为：

$$\lambda = \frac{rw_H}{v_w}$$

式中，r为风轮半径 (m)；w_H为轮毂转速 (rad/s)。

但本模型中的叶尖速比的定义不同，用户可参考 PSCAD 相关帮助说明。

风力机输出机械转矩T_{out}（传递至发电机的）为：

$$T_{out} = (P_{out} / w_H) / N_{GR}$$

定义：

$$C_T = C_P / \lambda$$

式中，C_T为风力机转矩系数；C_T也是桨距角β和叶尖速比λ的函数。

可得到：

$$T_{out} = \frac{1}{2}\rho A v_w^2 \eta_{GR} r C_T(\lambda, \beta) / N_{GR}$$

一般情况下，风能利用系数 C_P 由风力机制造商给出以作为设计和计算依据。PSCAD 提供了 MOD2（3 叶片）和 MOD5（2 叶片）时不同的风能利用系数计算方法。

在该模型中提供了一个名为 IM_wind_mod2.mcd 的 MATHCAD 文件，其中基于该模型的参数进行了风能利用系数、输出至发电机电磁功率、机械转矩的计算（用户需安装 MATHCAD 方可查看相应内容）。

计算得出的 15 m/s 风速时的风能利用系数如图 11-49 所示，图中 W 为发电机机械转速。

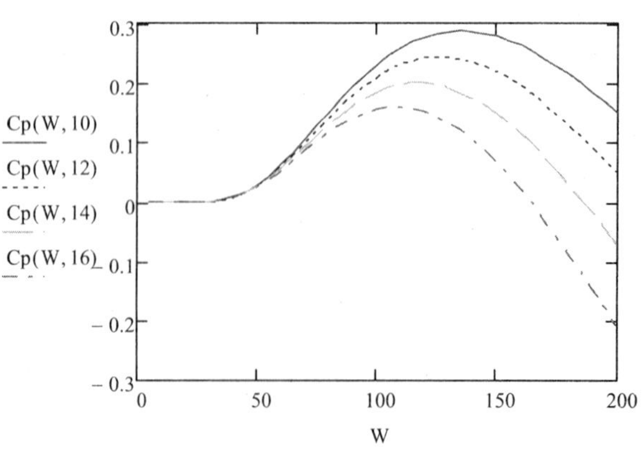

图 11-49 风能利用系数

计算得出的 15 m/s 风速时风力机输出至发电机的功率如图 11-50 所示，其中的功率为以发电机额定容量为基值（2MVA）的标幺值。

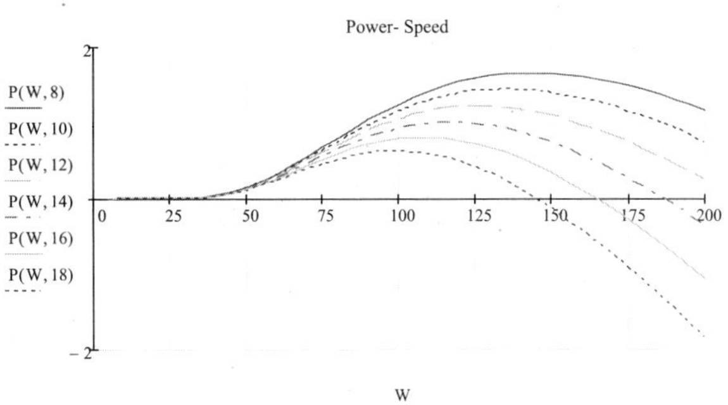

图 11-50 功率-转速曲线

计算得出的 15 m/s 风速时风力机输出至发电机的机械转矩如图 11-51 所示，其中的转矩为以发电机额定容量及额定机械转速（314 rad/s）为基值的标幺值。

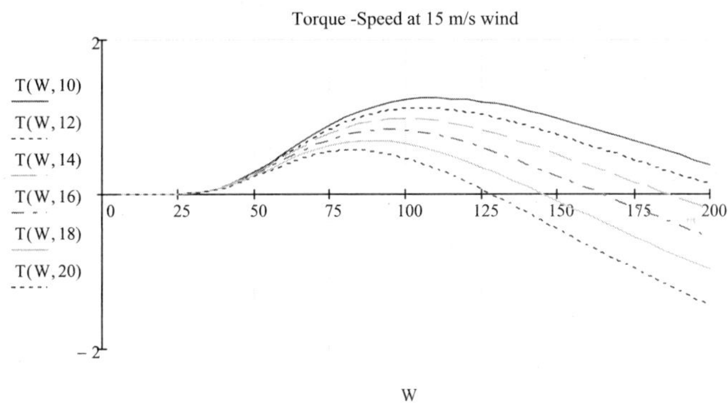

图 11-51 转矩-转速曲线

4．仿真计算

按照初始设置值仿真得到的发电机输出的有功功率、输出至发电机功率、发电机转速、发电机转矩以及风力机桨距角的仿真曲线如图 11-52 所示，其中风速在仿真 20 s 附近突然降低为 12 m/s。

可以看到，在 0~5 s 时，感应发电机处于速度控制模式，输出有功功率 0.845 MW。相应风力机输出功率基本接近 0.845 MW，桨距角保持初值 19.85°。当发电机切换至转矩控制模式后，由于此时风力机输入功率信号并未改变，桨距角并不进行调整，在风力机功率和发电机发出功率基本一致的情况下，考虑到发电机内部的损耗，发电机转速略微下降，而风力机输出功率基本不受影响。当 15 s 时，风力机调速器的功率参考输入信号切换为发电机真实有功输出，该值与期望值 1.2 MW 存在较大偏离，桨距角开始减小，带动风力机功率输出增大，发电机转速上升，输出有功功率功率上升。当 23 s 时，风速突然降低至 12 m/s，风力机功率输出减小，桨距角将进一步减小以增大风力机功率输出，当发电机输出功率达到 1.2 MW 时，调整结束，桨距角将达到 11.22° 并保持不变。

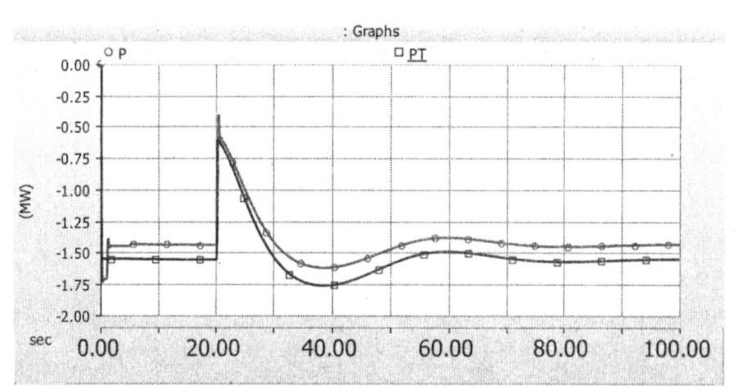

a) 发电机输出有功功率及发电机功率

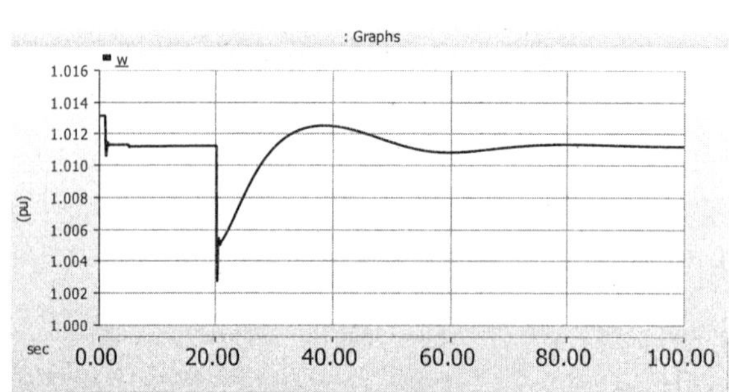

b) 发电机转速

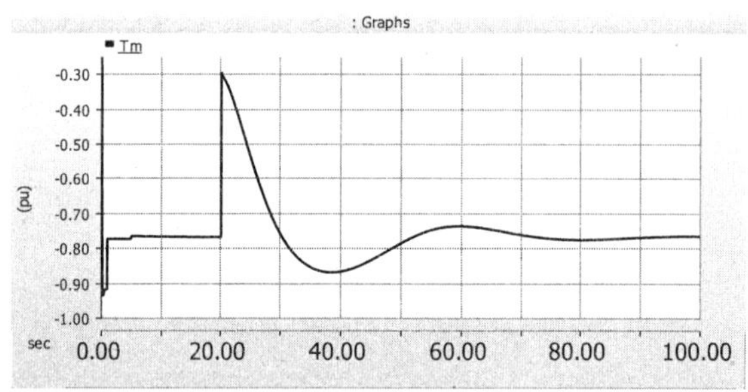

c) 输出至发电机的转矩

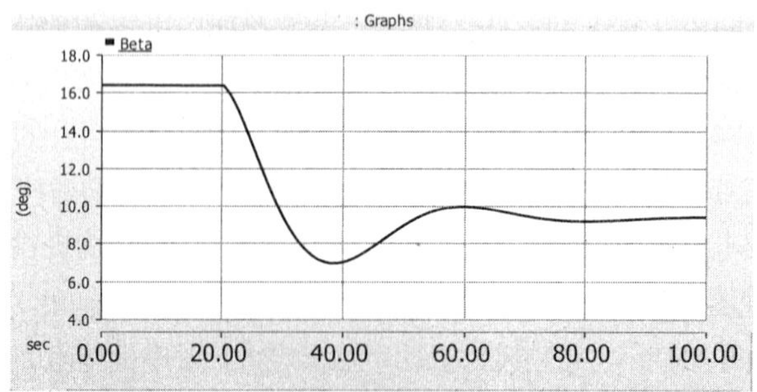

d) 风力机桨距角

图 11-52 仿真曲线

11.2.5 恒频恒速风力机并网仿真

本示例采用 PSCAD 目录..\examples\WindFarm 下的自带示例 *wind_gensoftstart*。该模型用于对风力机软并网装置及其控制进行仿真验证。

1. 模型介绍

该模型主电路由模拟 60Hz 中压交流系统的三相电压源元件、模拟感应发电机的笼式电动机元件、模拟风速输出的风速元件、风力机及其调速器以及包括软并网和无功补偿装置在内的组件构成。主电路元件之间的相互连接关系类似于图 11-45，仅在三相交流电源与风力机直接增加了无功补偿及软并网装置。

2. 主要设置

输入至风力机的风速信号 v_w 由风源元件产生，风源风速采用了内部+外部输入的方式，内部风速为固定的 8m/s，外部风速初始值为 6 m/s，可在运行过程中调整外部风速输入，模拟风速的波动。

感应电动机主要设置为：额定相电压和相电流分别为 11.697 kV 和 0.1046 kA，额定三相功率为 2.5 MW，采用转矩控制模式。

风力机调速器的主要设置为：允许变桨距控制、调试器传递函数采用 MOD2 型；发电机功率输出参考值为 2 MW (0.8 pu)，发电机电气转速参考值为 377 rad/s。0~6s 内的功率输入采用 0.8pu，发电机转速输入采用 1pu，不对桨距角进行调整。而对应于 0.8pu 有功功率的初始桨距角为 11.88°。6s 后功率输入采用来自发电机的功率输出信号，转速输入来自发电机转速，桨距角将自动进行调整。

软并网装置如图 11-53 所示。

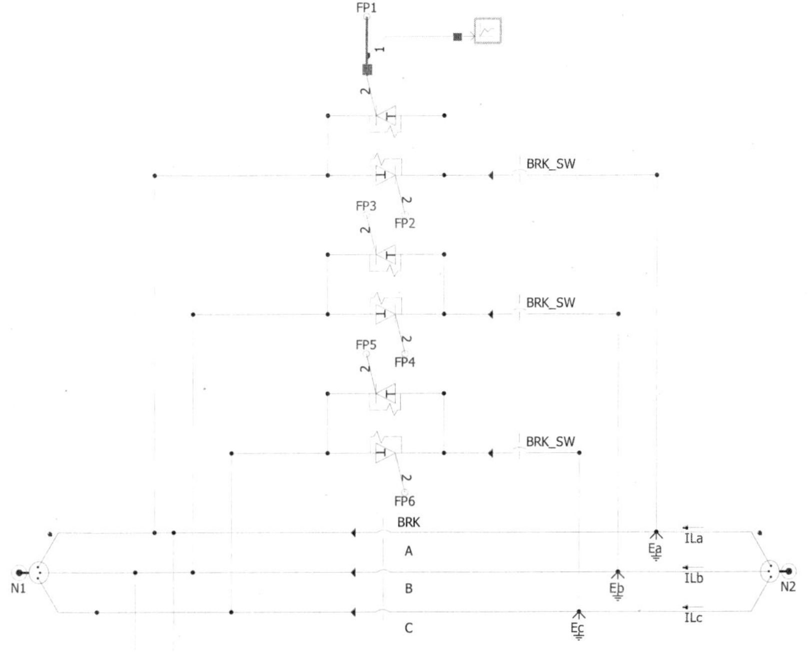

图 11-53 软并网装置结构图

其基本工作原理是：在发电机转速建立之前，通过反并联晶闸管对并网，此时系统提供有功和无功功率，风力机提供转矩，带动发电机增速。晶闸管的触发角随发电机速度的增大逐步减小，通过这种方法使得发电机速度平滑上升，避免冲击电流的产生。

3．仿真结果

按照初始设置值仿真得到的发电机转速、机端电压有效值和有功功率输出以及无功功率输出如图 11-54 所示。可以看到，约 2.0 s 后感应电动机由电动转为发电状态，在电动机状态下，发电机间歇吸收有功功率，在转入发电状态后将发出有功功率，并基本保持于 2.0 MW，而全过程中发电机基本均吸收无功功率。发电机机端电压逐步建立，在 2 s 后基本达到额定值。

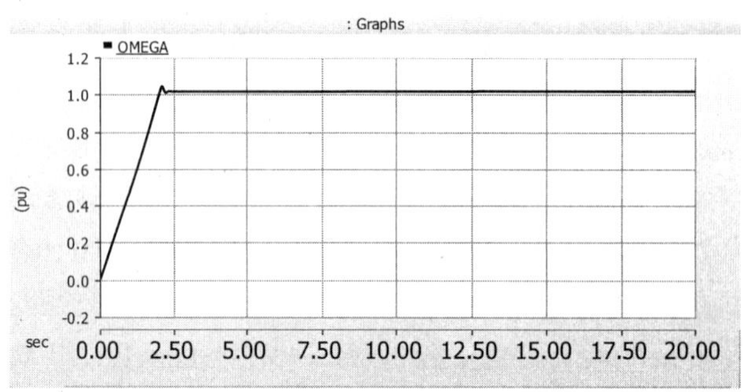

a) 发电机转速

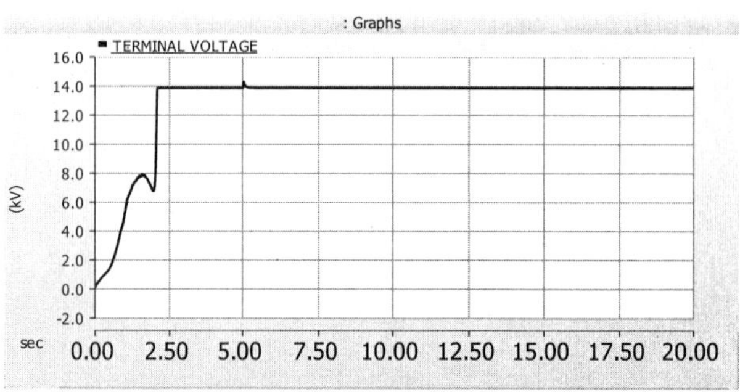

b) 发电机机端电压有效值

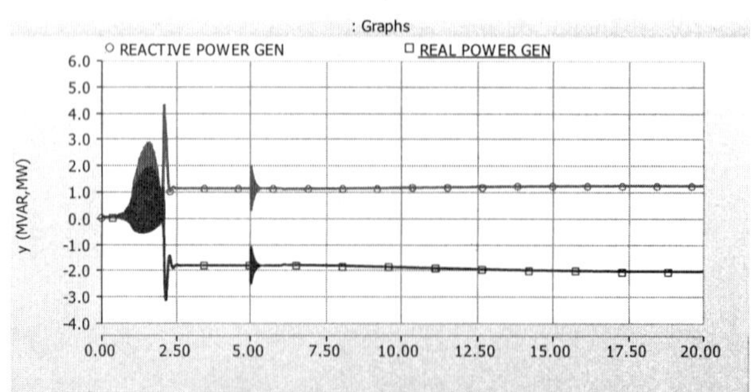

c) 发电机输出有功功率和无功功率

图 11-54 发电机转速、机端电压有效值和有功功率及无功功率曲线

在 6.0 s 之前，风力机按照 14 m/s 风速和 11.88 º 的桨距角输出 0.8 pu 的功率，6.0s 之后将按照发电机输出 2 MW 功率的要求自动调整桨距角。

风力机输出功率及桨距角如图 11-55 所示。

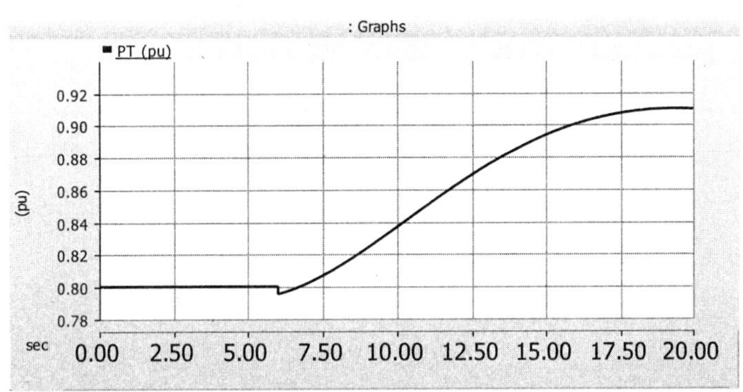

a) 风力机功率

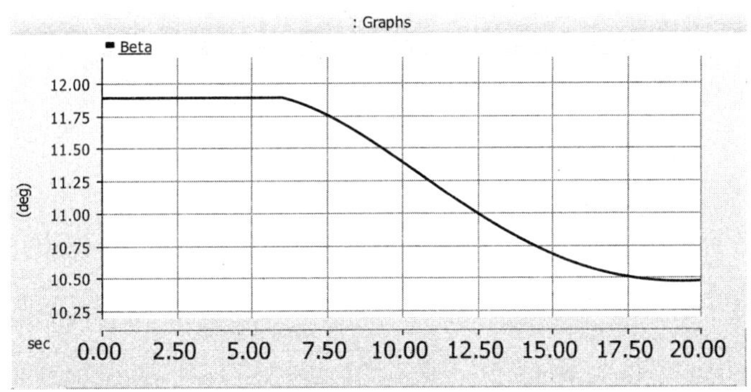

b) 风力机桨距角

图 11-55 风力机输出功率及桨距角曲线

软并网装置的 A 相电流如图 11-56 所示。

该电流在约 2s 之前不是正弦波，如图 11-56 b 所示，主要是受到晶闸管导通角控制的影响。发电机处于发电状态后，该电流即为正弦波。图 11-56 a 中在 5.02s 处的电流突升是由于投入了并联无功补偿电容器，且未采用过零投切的方式，导致冲击电流较大。

系统的有功和无功功率曲线如图 11-57 所示。

在 5.02 s 之前，系统向发电机提供必要的无功功率，当无功补偿电容器投入后，系统发出的无功功率基本降至 0。在发电机处于发电状态之前，系统向发电机提供有功功率，之后接受来自发电机输出的有功功率。

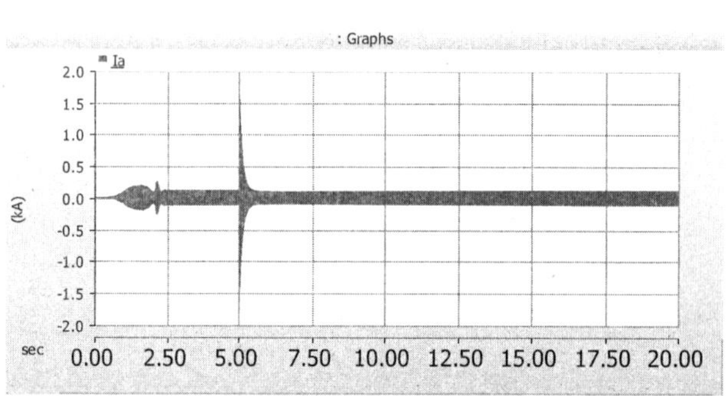

a) 整个仿真过程的电流

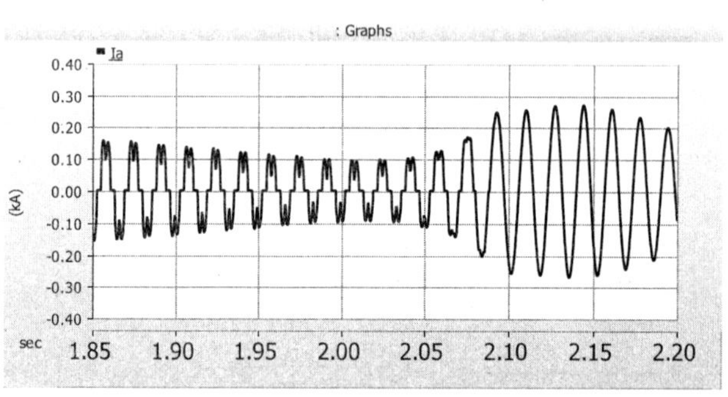

b) 达到额定转速前后的局部放大波形

图 11-56 软并网装置的 A 相电流

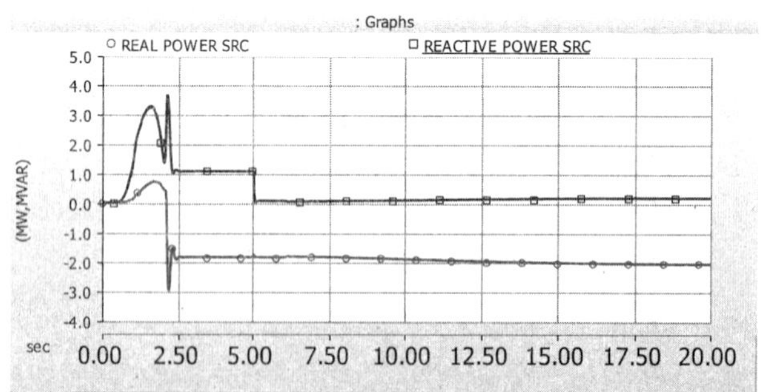

图 11-57 系统有功及无功功率曲线

11.2.6 恒频恒速风力发电的 PSS 控制

本示例采用 PSCAD 目录..\examples\WindFarm 下的示例 *windfarm_synmc*。该模型主要用于对采用同步发电机的风力发电系统以及简单的 PSS 控制进行仿真。

1. 模型介绍

该模型主电路由模拟 50Hz 中压交流系统的三相电压源元件、同步发电机元件及其励磁机、模拟风速输出的风速元件、风力机及其调速器以及简单的 PSS 控制构成。主电路元件之间的相互连接关系类似于图 11-45，仅将其中的感应电动机改为同步发电机。

2. 主要设置

输入至风力机的风速信号 v_w 由风源元件产生，风源风速采用内部+外部输入的方式，内部风速为固定 6 m/s，外部风速初始值为 8 m/s，可在运行过程中调整外部风速输入，模拟风速的波动。

同步发电机的主要设置为：额定相电压和相电流分别为 0.23 kV 和 2.89855 kA，额定三相功率为 2 MW。

在 0～1s 期间为电压源模式，1～2s 期间为转速控制模式，2s 之后切换至采用转矩控制模式。初始状态设置为端电压 1.05 pu，初始相位角 0.406 rad，初始功率输出为有功 2.0 MW。同步发电机带有相应励磁控制器以及简单的 IEEE 标准 PSS 控制器。

风力机调速器的主要设置为：允许变桨距控制、调试器传递函数采用 MOD2 型；发电机功率输出参考值由信号 P_{ref} 指定，运行中可由用户改变，原始值为 2MW (1 pu)，发电机电气转速参考值为 314 rad/s。

风力机调试器采用对同步机的控制模式，需要同时接受同步发电机的机械转速和有功功率输出信号，0～5s 内的功率输入采用 1 pu，发电机转速输入采用 1 pu，不对桨距角进行调整。而对应于 1 pu 有功功率的初始桨距角为 11.5 °。

5s 后功率输入采用来自发电机的功率输出信号，转速输入来自发电机转速，桨距角将自动进行调整。

在该模型中提供了一个名为 SM_wind_mod2.mcd 的 MATHCAD 文件，其中基于该模型的参数进行了风能利用系数、输出至发电机电磁功率、机械转矩的计算（用户需安装 MATHCAD 方可查看相应内容）。具体计算方法可参考 11.2.4 节中的内容。

3. 仿真计算

仿真过程中，在 25 s 时发生持续 0.02 s 的 A 相对地短路故障，按照初始设置值仿真得到的发电机转速、有功功率输出以及无功功率输出如图 11-58 所示。

可以看到，2.0 s 后同步发电机由恒转速控制转为自由运行模式时，发电机转速有少许波动，在风力机调速器的控制下输出有功功率保持为 2 MW。

25 s 时发生了短路故障，PSS 动作使得发电机转速在较小范围内振荡数周波后恢复至 1 pu，同时发电机功率输出振荡幅值较大。

风力机输出功率及桨距角如图 11-59 所示。

可以看到，在 5.0 s 之前，风力机按照 14 m/s 风速和 11.5 ° 的桨距角输出约 1 pu 的功率，5.0 s 之后将按照发电机输出 2 MW 功率的要求自动调整桨距角，同时依据发电机实时转速对桨距角进行调整。发生故障后，由于发电机输出功率波动以及转速波动，桨距角也发生了一定的波动，对发电机输出功率和转速波动提供了一定程度的抑制。

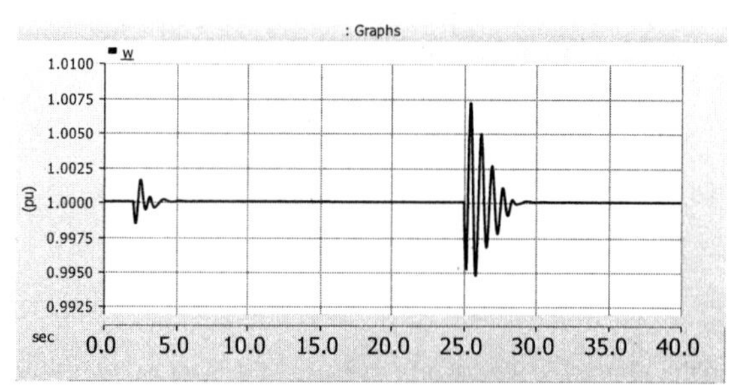

a) 发电机转速

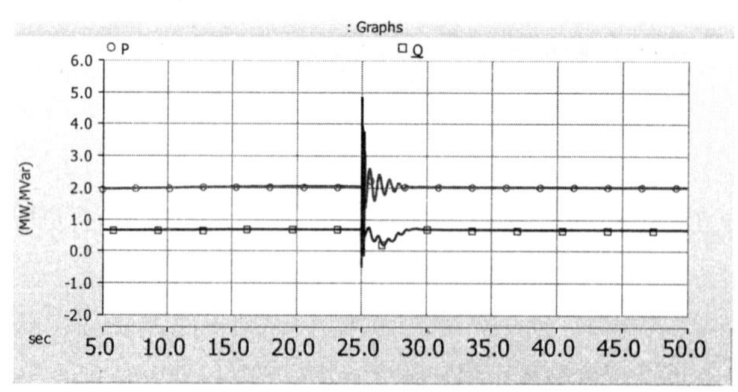

b) 发电机输出有功功率和无功功率

图 11-58 发电机转速、有功功率和无功功率曲线

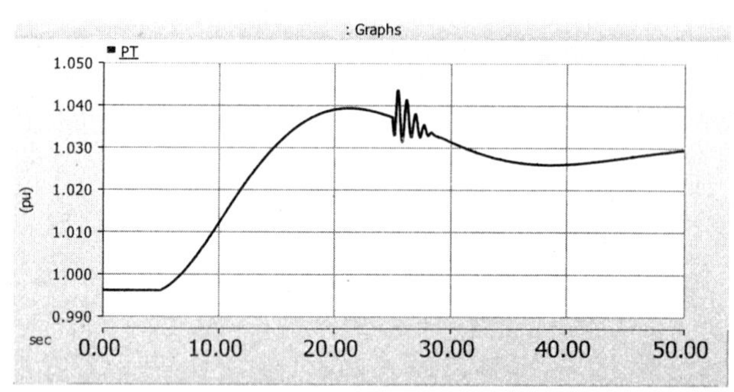

a) 风力机功率

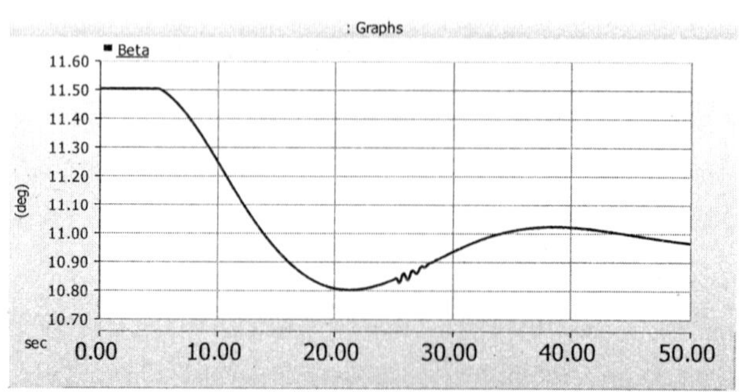

b) 风力机桨距角

图 11-59 风力机输出功率及桨距角曲线

11.2.7 双馈风力发电仿真

本示例采用 PSCAD 官方网站所提供的 *DFIG_2010_11*。该模型主要用于对采用双馈异步发电机的风力发电机组的控制进行仿真研究。仿真前需加载相应的库文件 *dqo_new_lib_feb_011.pslx*。

1．模型概况

该模型主电路由模拟 50Hz 中压交流系统的三相电压源元件、模拟线路的简单 RL 串联元件、升压变压器元件、绕线式感应电动机、风力机组组件、双 PWM 变换器及其控制系统组件构成。主电路元件之间的相互连接关系如图 11-60 所示。

风力机采用了简单的转矩计算模型进行等效，风能利用系数采用了固定值。此模型的重点在于双 PWM 变换器及其控制。

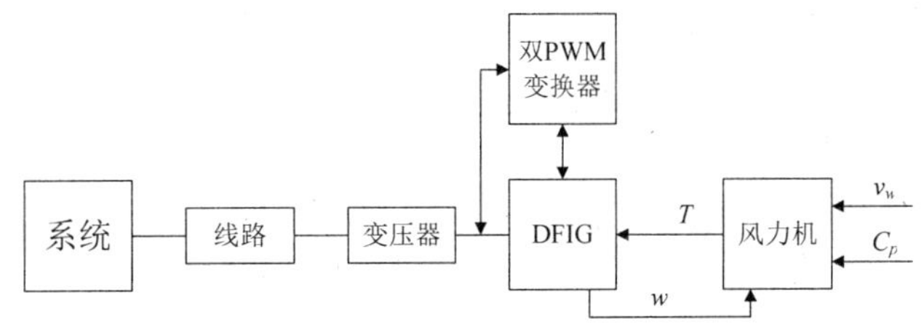

图 11-60 主电路元件连接关系

2．主要设置

风力机模型根据固定的风能利用系数、风速和发电机转速，根据 11.2.4 中介绍的计算方法（无齿轮箱时增速比和齿轮箱效率均为 1）来模拟风力机转矩输出，并将该转矩施加于发电机上。

三相交流电源用于模拟无穷大母线，线电压额定值为 20 kV；线路参数为 2.5 Ω 电阻串联 0.04 H 电抗。升压变为 Y/Y 连接，电压比为 20 kV/0.69 kV。

绕线电动机设置如图 11-61 所示。额定线电压为 0.69 kV，额定功率 0.9 MVA。定转子绕线比为 0.3。在 0～0.5 s 期间采用转速控制模式，转速 1.0541 pu。0.5 s 之后切换至转矩控制模式。

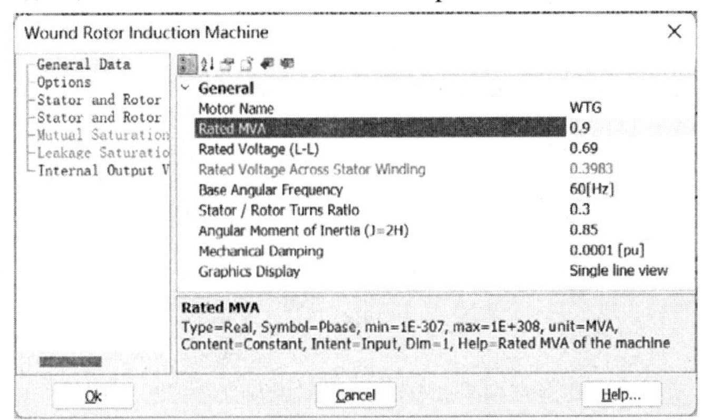

图 11-61 绕线电动机设置

3．双 PWM 变换器及其控制

双 PWM 变换器内部结构如图 11-62 所示。

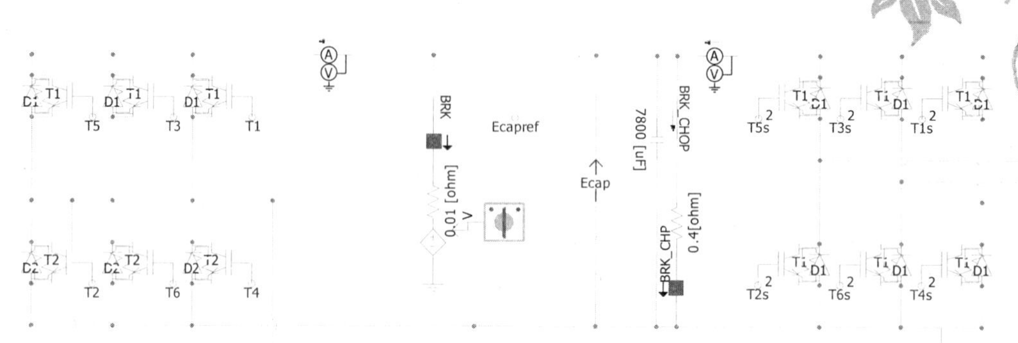

图 11-62 双 PWM 变换器内部结构

网侧变换器的控制目标是保持直流电容电压恒定以及控制风力机接入点的功率因数。

网侧变换器电流 dq 轴分量检测电路如图 11-63 所示。首先将风力机接入点的三相电压信号 V_a、V_b、V_c 转换至 αβ 坐标下后，再转换至极坐标下，得到接入点电压空间矢量的幅值信号 E_d 和相位信号 phi。网侧变换器电流信号 i_{1a}、i_{1b}、i_{1c} 同样转换至 αβ 坐标下，并通过高通滤波器滤除掉直流分量，并转换至极坐标下，转换至极坐标的目的是对由于高通滤波器引入的相位超前量（60Hz 时，0.2 s 对应的超前角度为 0.76 º，即 0.01326 rad）进行补偿，最后利用电压矢量相位信号 phi 转换至 dq 坐标下，得到 dq 轴电流信号 i_{1d} 和 i_{1q}。

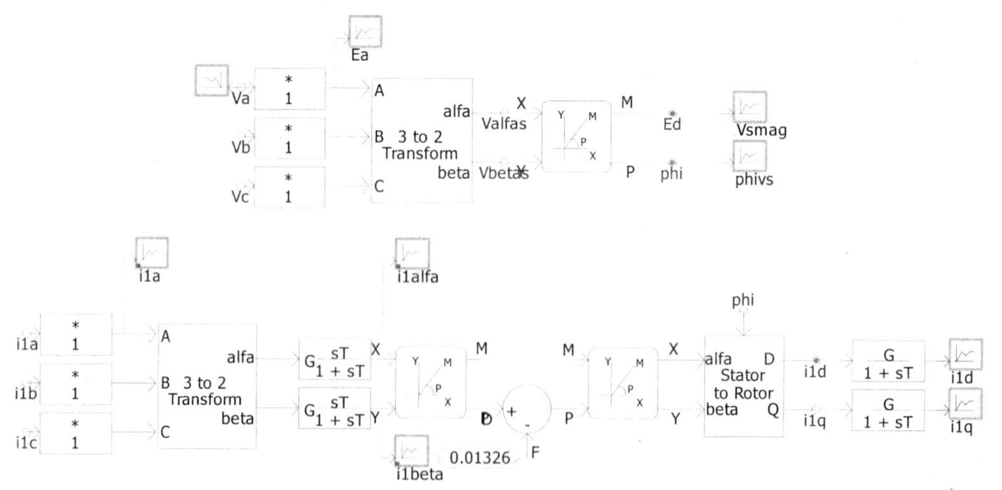

图 11-63 网侧变换器电流的 dq 轴分量检测

网侧变换器参考电压信号的产生电路如图 11-64 所示。

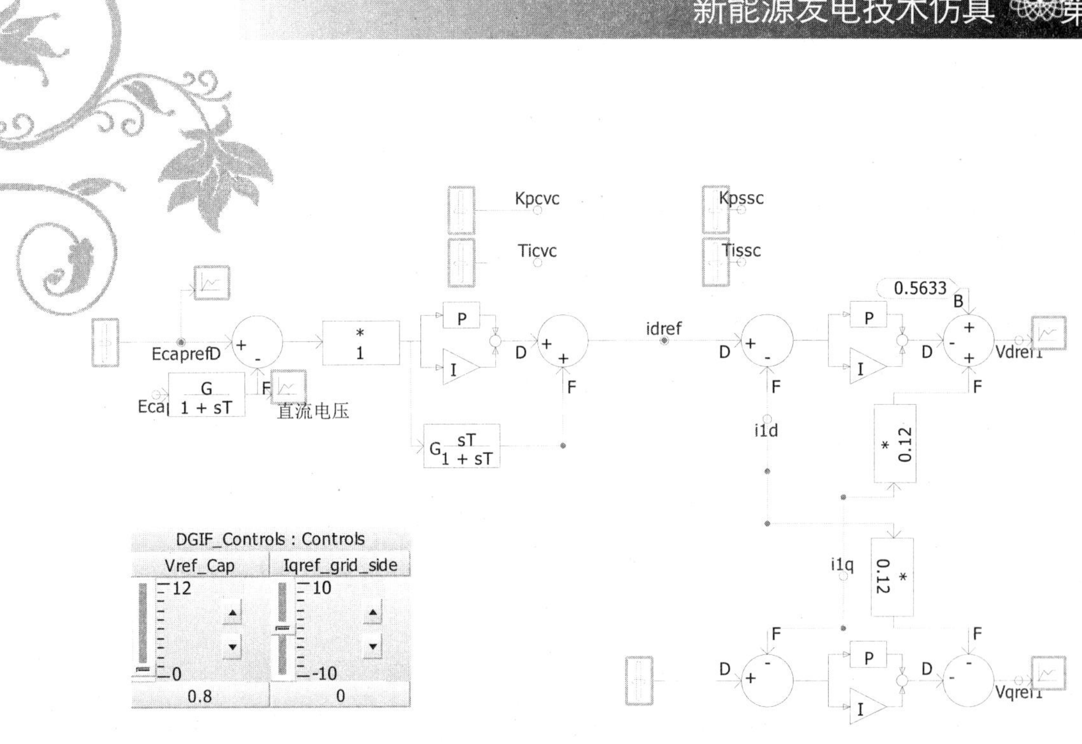

图 11-64 网侧变换器参考电压产生电路

网侧变换器的数学模型可表示为：

$$
\begin{bmatrix} \dfrac{\mathrm{d}i_d}{\mathrm{d}t} \\ \dfrac{\mathrm{d}i_q}{\mathrm{d}t} \end{bmatrix} = \begin{bmatrix} -\dfrac{R}{L} & \omega \\ -\omega & -\dfrac{R}{L} \end{bmatrix} \begin{bmatrix} i_d \\ i_q \end{bmatrix} + \frac{1}{L} \begin{bmatrix} v_d - e_d \\ -e_q \end{bmatrix}
$$

$$
= \begin{bmatrix} -\dfrac{R}{L} & 0 \\ 0 & -\dfrac{R}{L} \end{bmatrix} \begin{bmatrix} i_d \\ i_q \end{bmatrix} + \begin{bmatrix} x_1 \\ x_2 \end{bmatrix}
$$

式中，R 和 L 为换流器的连接电阻和电感（实际模型中的 L 来自变压器，R 忽略）；v_d 为系统电压的 D 轴分量（Q 轴分量为 0）；e_d 和 e_q 分别为换流器输出电压的 D 轴和 Q 轴分量。

其中：

$$x_1 = (v_d - e_d) / L + \omega i_q$$

$$x_2 = -e_q / L - \omega i_d$$

可以得到：

$$e_d = -Lx_1 + v_d + \omega L i_q$$

$$e_q = -Lx_2 + \omega L i_d$$

忽略连接电阻 R 时，若按照上两式进行换流器输出参考电压的计算，将可实现 dq 解耦控制。

图 11-64 中 D 轴参考电流 i_{dref} 由直流电容电压误差的 PI 校正后得到；而 Q 轴参考电流由指令直接给出，用户也可根据控制功率因数的需要设计 Q 轴参考电流的产生电路。D 轴参考电流 i_{dref} 与实际电流 i_d 的差值进行 PI 校正后即得到 L_{x1}，而 Q 轴参考电流与实际电流 i_q 的差值进行 PI 校正后即得到 L_{x2}。

在图 11-64 中，常量 0.5633 为网侧换流器接入系统位置处电压的 D 轴分量，即：

$$\left(0.69/\sqrt{3}\right)\times\sqrt{2} = 0.5633$$

同样在图 11-64 中，常量 0.12 为网侧换流器连接变压器的漏抗有名值（即 ωL）即：

$$(0.6^2/0.3)\times 0.1\Omega = 0.12\Omega$$

在计算出网侧换流器输出电压 dq 轴参考值 V_{dref1} 和 V_{qref1} 后，将利用相应的反变换计算出网侧换流器三相输出电压参考值，如图 11-65 所示。需对参考电压的幅值进行限幅处理。

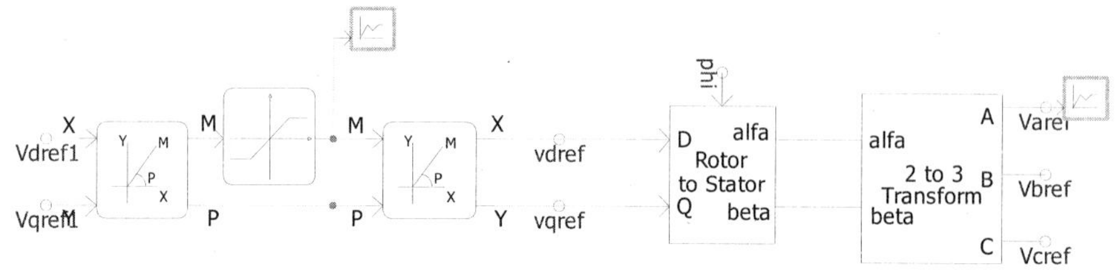

图 11-65 网侧换流器三相参考电压产生电路

最后利用三角载波 PWM 方法产生网侧换流器开关器件的驱动脉冲，如图 11-66 所示。

需要注意的是图 11-66 中三角载波信号需要与系统电压同步，且上下桥臂的驱动信号设置了死区。

双馈电动机转子侧控制的主要目标是：通过一定的控制策略达到对电动机转速等相关量的控制，使转子转速跟踪风速的变化，从而实现变速恒频。通过采用定子磁链定向的矢量控制策略，可以实现换流器对电动机转速及有功、无功的解耦控制，同时可以控制风力机最大限度的捕获风能。通常异步电动机矢量控制系统是以转子磁链为基准，将转子磁链方向定为同步坐标系 D 轴；同步电动机矢量控制系统是以气隙合成磁链为基准，将气隙磁链方向定为同步坐标轴 D 轴。但是变速恒频发电系统有别于电动机调速系统，若仍以转子磁链或气隙磁链定向，由于定子绕组中漏抗压降的影响，会使得定子端电压矢量和矢量控制参考轴之间存在一定的相位差。这样定子有功功率和无功功率的计算将比较复杂，影响控制系统的实时处理。

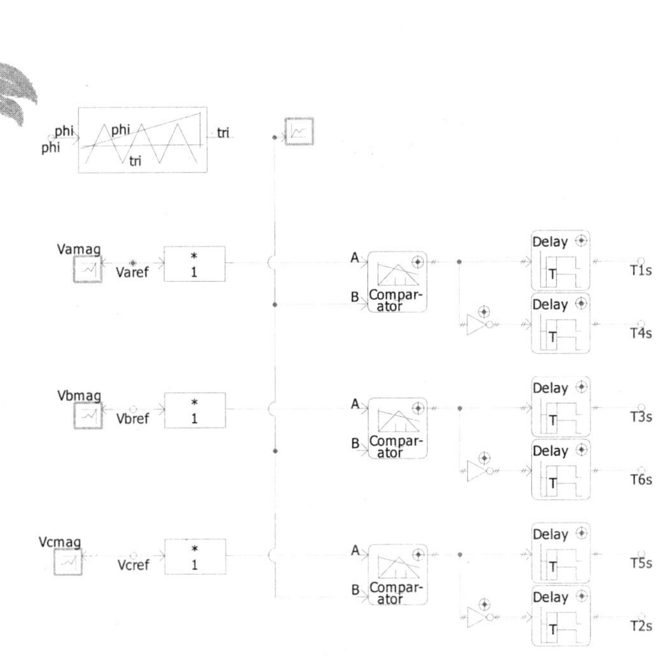

图 11-66 网侧变换器驱动脉冲产生电路

以定子 A 相为例，其电压与磁链的关系为：

$$v_a - i_a R_a = \frac{\mathrm{d}\lambda_a}{\mathrm{d}t}$$

因此，计算当前定子磁链的位置的电路如图 11-67 所示。

定子三相电压减去定子电阻压降（定子电阻 0.00257 Ω）后，通过 αβ 变换，并通过积分环节，得到定子磁链的 αβ 分量 phisx 和 phisy，最后转换至极坐标下，得到定子磁链幅值信号 Vsmag 和相位信号 phis。

利用如图 11-68 所示电路求解得到以转子磁场为参考系时，定子磁场矢量与转子位置之间的滑差角。Theta 来自风力发电机的内部信号输出，即转子位置。

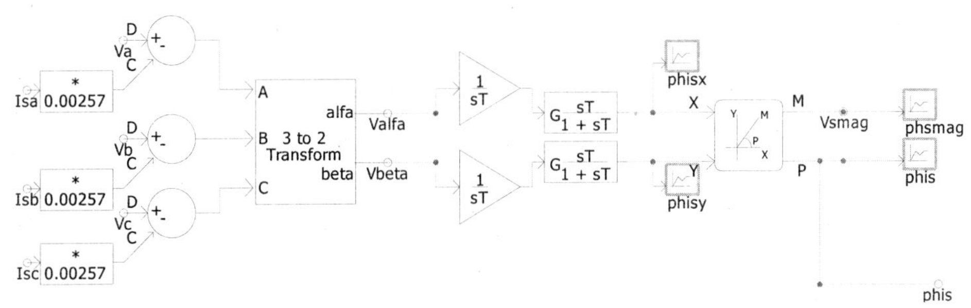

图 11-67 定子磁链矢量计算电路

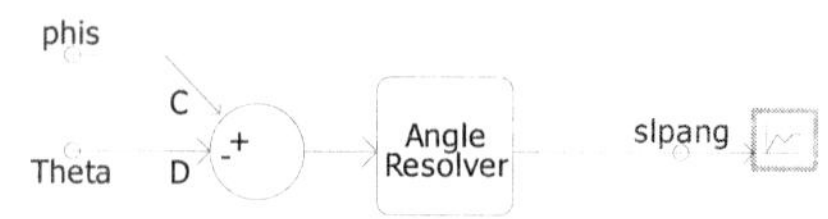

图 11-68 定子磁链-转子位置的滑差角

转子参考电流的计算电路如图 11-69 所示。

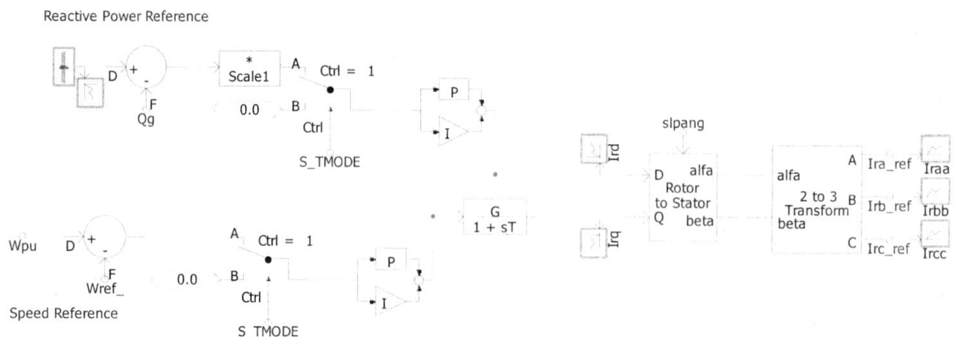

图 11-69 转子参考电流计算电路

风力发电机输出无功功率参考值与实际无功功率的差值通过 PI 校正环节后得到转子 D 轴电流参考值信号 I_{rd}；风力发电机转速参考值 $W_{ref\_}$（该参考值可由最大功率追踪算法得到）与实际转速 W_{pu} 的差值通过 PI 校正环节后得到转子 Q 轴电流参考值信号 I_{rq}；dq 轴参考电流信号连同所得到的滑差角信号 slpang 通过反变换，得到转子三相参考电流。

图 11-70 所示的电路为根据转子三相参考电流与实际电流，通过电流滞环比较方法得到机侧换流器开关器件驱动信号的电路。同时该仿真电路中配置有直流电压过压保护电路和转子过电流的撬棒保护电路，在直流电容电压大于 0.89 kV 时，并联断路器将闭合以限制直流电压的继续上升。转子过电流保护电路如图 11-71 所示。

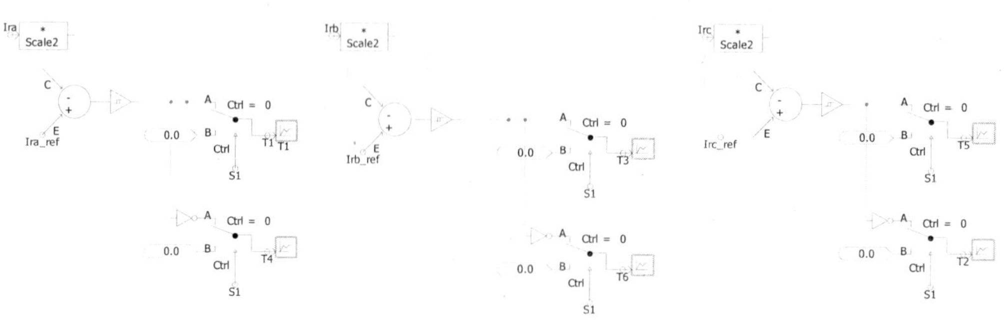

图 11-70 驱动信号产生电路

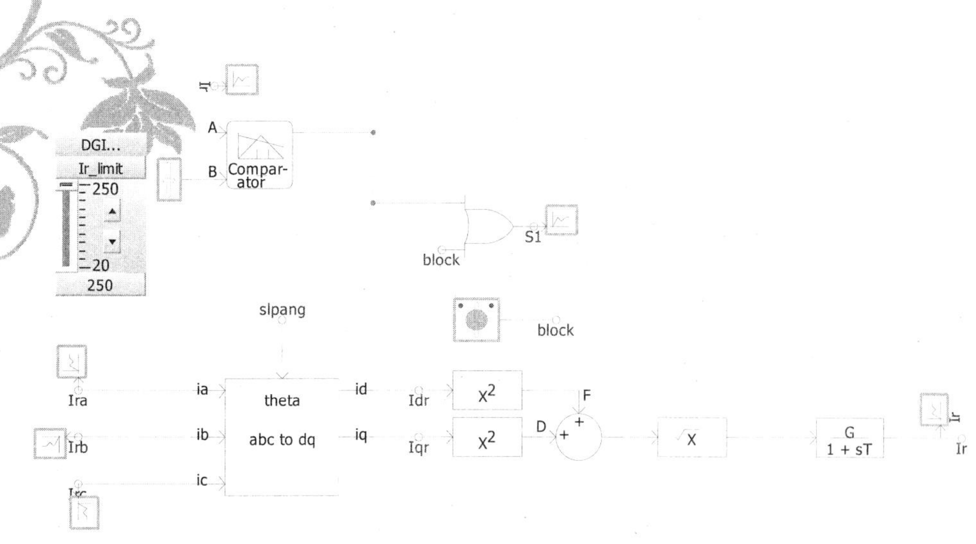

图 11-71 转子过电流保护电路

当三相转子电流的幅值超过限值时，将开通与机侧换流器并联的整流桥的直流侧开关器件，并封锁机侧换流器脉冲。

4．三相对称短路时的仿真计算

在交流系统母线处设置三相对称短路故障，跌落幅度为 60%，故障发生于 1s，持续时间 0.2s。图 11-72～图 11-74 分别为定子 A 相电压、电流波形和转子 A 相电流波形。

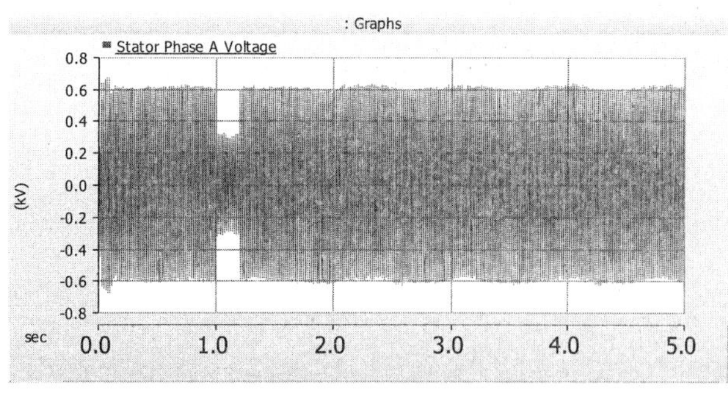

图 11-72 定子 A 相电压

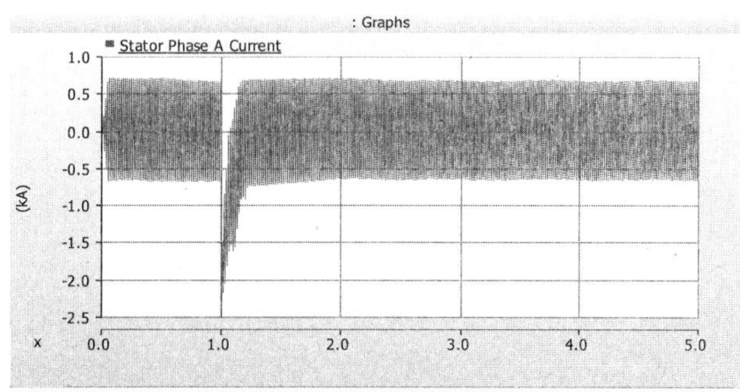

图 11-73 定子 A 相电流

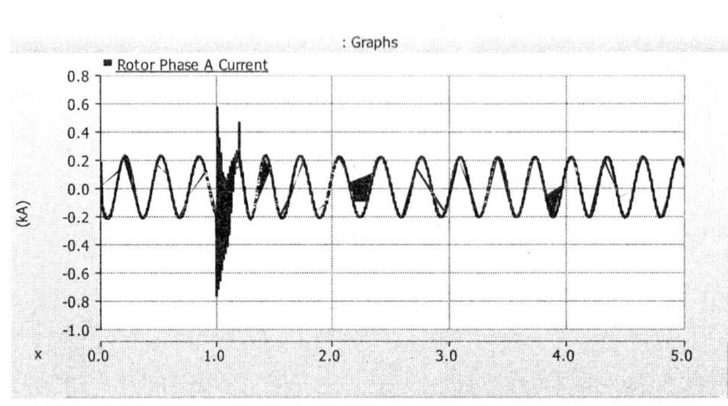

图 11-74 转子 A 相电流

可以看到随着机端电压的突然跌落，定子侧电流有大幅度的上升。由于发电机定转子之间的相互作用，其转子侧电流也会有大幅度的上升。

图 11-75～图 11-78 分别为风力发电机输出有功功率、无功功率、直流侧电压和转子转速波形。

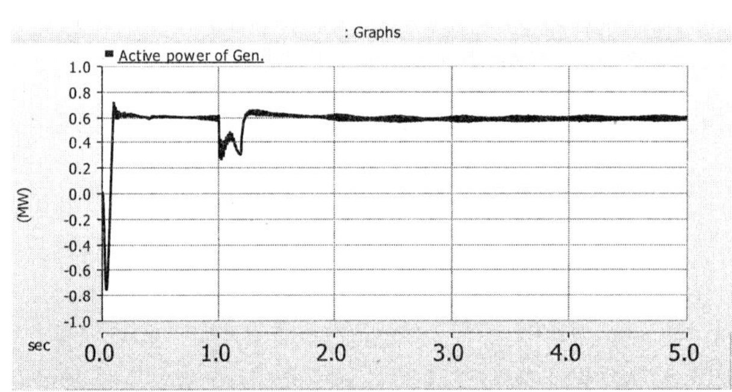

图 11-75 发电机有功功率

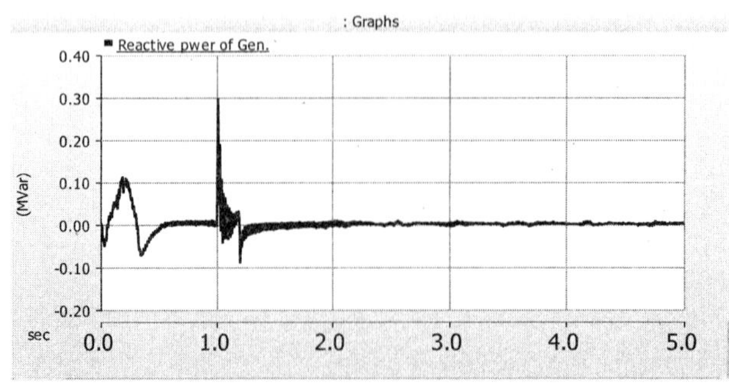

图 11-76 发电机无功功率

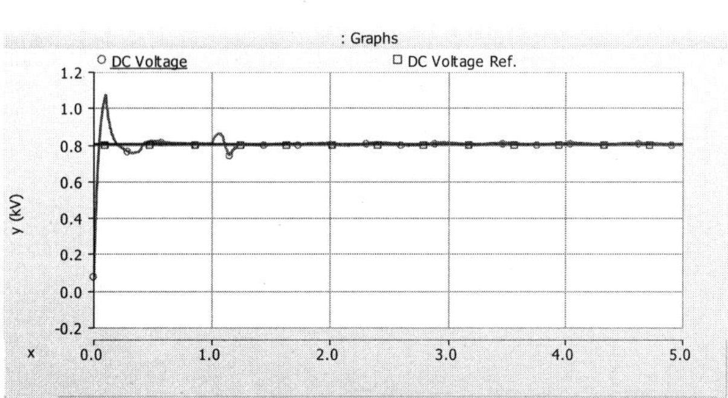

图 11-77 直流侧电压及其参考值

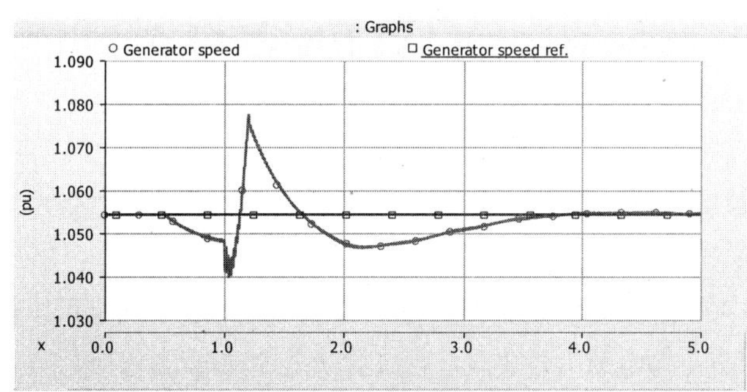

图 11-78 发电机转速及其参考值

可以看到，故障期间由于机端电压下降，风力发电机输出电磁功率下降，而机械转矩基本保持不变，导致直流电压升高，同时发电机转速上升。

第 12 章 高压直流输电系统仿真

本章介绍利用 PSCAD 进行直流输电技术相关内容的仿真研究，主要内容包括常规高压直流输电系统的控制、基于电压源换流器的直流输电系统的控制。

12.1 常规高压直流输电系统仿真

12.1.1 概述

在直流输电系统中，送端和受端是交流系统，仅输电环节为直流系统。在输电线路的始端，送端系统的交流电经换流变压器升压后送至整流器。整流器的主要部件是由可控电力电子器件构成的整流阀，其功能是将高压交流电变成高压直流电后送入输电线路。输电线路将直流电送至受端逆变器，逆变器的结构与整流器的相同，而作用刚好相反，它将高压直流电变为高压交流电。再经过换流变压器降压，实现送端系统电能向受端系统输送。在直流输电系统中，通过改变换流器的控制状态，也可将受端系统中的电能送到送端系统中去，即整流器和逆变器是可以互相转换的。

高压/特高压交流直流输电的主要缺点是系统的稳定性和可靠性问题不易解决。自 1965 年~1984 年世界上共发生了 6 次交流大电网瓦解事故，其中 4 次发生在美国，2 次在欧洲。这些严重的大电网瓦解事故说明采用交流互联的大电网存在着安全稳定、事故连锁反应及大面积停电等难以解决的问题。另外特高压交流输电对环境影响较大。

相对于交流输电，高压直流输电在经济方面有如下优点：

- 线路造价低。对于架空输电线，交流系统需用 3 根导线，而直流一般用两根，当采用大地或海水作回路时只要一根，能节省大量的线路建设费用。对于电缆，由于绝缘介质的直流强度远高于交流强度，如通常的油浸纸电缆，直流的允许工作电压约为交流的 3 倍，直流电缆的投资少得多，因此直流架空输电线路在线路建设初投资上较交流系统经济。
- 年电能损失小。直流架空输电线只用两根，导线电阻损耗比交流输电小，无感抗和容抗的无功损耗，没有集肤效应，导线的截面利用充分。另外直流架空线路的空间电荷效应使其电晕损耗和无线电干扰都比交流线路小。因此直流架空输电线路在年运行费用上较交流系统经济。

相对于交流输电，高压直流输电在技术方面有如下优点：

- 不存在系统稳定问题，可实现电网的非同期互联。而交流电力系统中所有的同步发电机都保持同步运行。在一定的输电电压下，交流输电容许输送功率和距离受到网络结构和参数的限制，还须采取提高稳定性的措施，增加了费用。而用直流输电系统连接两个交流系统，由于直流线路没有电抗，不存在上述稳定问题。因此，直流输电的输送容量和距离不受同步运行稳定性的限制，还可连接两个不同频率的系统，实现非同期联网，提高系统稳定性。

- 限制短路电流。如用交流输电线连接两个交流系统，短路容量增大，甚至需要更换断路器或增设限流装置。然而用直流输电线路连接两个交流系统，直流系统的定电流控制将快速把短路电流限制在额定功率附近，短路容量将不因互联而增大。
- 翻转（功率流动方向的改变）。在正常时能保证稳定输出，在事故情况下，可实现健全系统对故障系统的紧急支援，也能实现振荡阻尼和次同步振荡的抑制。在交直流线路并列运行时，如果交流线路发生短路，可短暂增大直流输送功率以降低发电机转子加速，提高系统的可靠性。
- 无电容充电电流。直流线路稳态时无电容电流，沿线电压分布平稳，无空、轻载时交流长线受端及中部发生电压异常升高的现象，也不需要并联电抗补偿。
- 节省线路走廊。按相同 500kV 电压考虑，一条直流输电线路的走廊约 40m，一条交流线路的走廊约 50m，而前者输送容量约为后者的两倍，即直流传输效率约为交流的两倍。

12.1.2 控制系统基本原理

➢ 高压直流输电控制系统分层结构

高压直流输电控制系统根据功能优先级等原则将所有控制环节划分为不同的等级层次。采用分层结构有利于对复杂的高压直流输电控制系统进行分析，提升运行系统维护和操作的灵活性，并降低了单个控制环节发生故障对系统其他环节的影响，增强系统运行的稳定性和安全性。

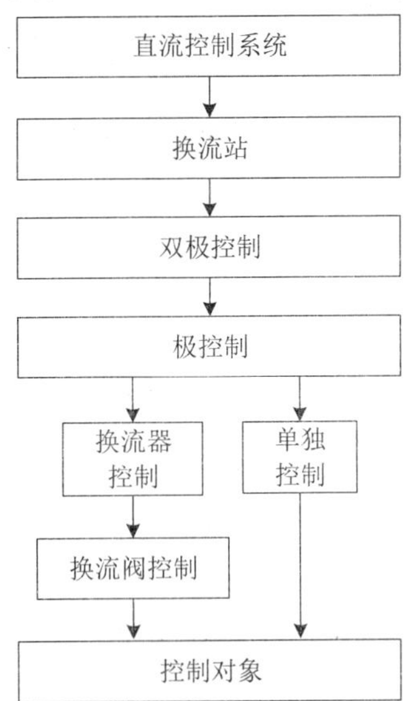

图 12-1 高压直流输电控制系统分层结构

高压直流输电控制系统分层结构如图 12-1 所示，分为系统控制、双极控制、极控制、换流器控制、单独控制以及换流阀控制几部分。高压直流输电系统控制作用于换流站，换流站通过双极控制环节控制正负两个换流极，每个换流极通过极控制实现正常运行。极控制包括换流器控制及单独控制，换流器控制环节控制换流阀的运行状态实现交直流转换，换流阀控制与单独控制作用于被控对象，如晶闸管、换流变压器等设备。各层的控制作用采用单向传递方式，高层次等级控制低层次等级。

系统控制级是高压直流输电控制系统的最高层次等级，其主要功能为通过通信系统上传直流输电系统运行参数并接收电力系统调度中心运行指令，根据额定功率指令对各直流回路的功率进行调整和分配，以保持系统运行在额定功率范围内，实现潮流反转控制以及功率调制、电流调制、频率控制、阻尼控制等控制方式，当出现故障或特殊情况时还可以进行紧急功率支援控制。

双极控制级的主要功能是同时控制并协调高压直流输电系统的正负极运行，根据系统控制级输出的功率指令，计算分配正负极的功率定值并在运行过程中控制功率的传输方向，平衡正负极电流并控制交直流系统的无功功率、交流系统母线电压等。

极控制级根据双极控制系统输出的功率指令，计算输出电流值，并将该电流值作为控制指令输出至换流器控制级进行电流控制，控制正极或负极的启动、停运以及故障处理。极控制级还可以实现不同换流站同极之间的电流指令值、交直流系统运行状态、各种参数测量值等信息的通信等。

换流器控制级的主要功能是控制换流器的触发以保持系统正常运行，并根据实际运行要求实现定电流控制、定电压控制等控制方式。换流器是高压直流输电系统实现交直流转换的重要设备，换流器触发控制通过调整换流器触发角控制高压直流输电交直流转换过程，并保证高压直流输电系统输出预期的功率或直流电压，对高压直流输电系统的安全稳定运行具有重要作用。因此换流器触发控制是换流器控制级的核心部分，是高压直流输电控制系统的重要研究内容。

单独控制级的主要功能是控制换流变压器分接头档位切换以调节换流变压器输出电压，并监测和控制换流单元冷却系统、辅助系统、交直流开关场断路器、滤波器组等设备的投切状态。单独控制级的核心部分是换流变压器分接头控制，换流变压器分接头控制通过调整换流变压器的换流阀侧（简称阀侧）电压，保持高压直流输电系统换流器触发角或直流电压的稳定，提高高压直流输电系统的运行效率。由于换流变压器在高压直流输电系统中起到隔离交直流系统的作用，并对高压直流输电系统的稳定运行具有重要作用，因此换流变压器分接头控制也是高压直流输电控制系统的重要研究内容。

换流阀控制级将换流器控制级输出的触发角信号转换为触发脉冲控制换流器中晶闸管的导通关断，并监测晶闸管等元件的运行状态，生成显示、控制、报警等信号。

根据上述高压直流输电控制系统分层结构的分析可知，换流器触发控制与换流变压器分接头控制是高压直流输电控制系统的核心组成，对高压直流输电系统的稳定运行具有关键性作用。换流器触发控制与换流变压器分接头控制相互配合，保证高压直流输电系统稳定运行及发生故障时控制系统的快速调节作用，改善并提高高压直流输电系统的运行性能及效率。因此，针对换流器触发控制与换流变压器分接头控制进行仿真建模是高压直流输电控制系统的重要研究内容。

➢ 换流器触发控制

换流器触发角是高压直流输电控制系统的重要控制量，控制系统通过分别调节整流侧和逆变侧换流器触发角 α 和 β 实现对直流电压及直流电流的控制作用。换流器触发控制方式响应速度很快，调节时间一般为 1～4 ms，并且调节范围较大，是高压直流输电系统的主要控制方式。当高压直流输电系统因扰动或故障引起电压电流快速变化时，换流器触发控制发挥快速调节作用使系统恢复正常，当出现特殊情况时换流器触发控制可以提前将触发角置于预定值以保证系统运行的安全可靠。

换流器触发控制主要由触发角控制、电流控制、电压控制及裕度控制组成。触发角控制包括整流侧最小触发角控制和逆变侧最大触发角控制，电流控制包括电流限制控制和定电流控制，电压控制也称为定电压控制。

- 整流侧最小触发角控制。整流器中多个晶闸管构成换流桥以实现交直流转换，如果系统运行时整流器触发角过小，导致加在晶闸管上的正向电压过低，将会引起晶闸管导通的同时性变差，影响换流器的正常导通特性，不利于换流过程的稳定。因此需要设定最小触发角控制以保证换流阀的正常运行。当整流侧交流系统发生故障时，控制系统将减小触发角至最小值以降低故障对直流功率的影响，当交流系统故障清除电压恢复后，如果触发角过小将会出现过电流引起系统不稳定。因此，需要设置合适的最小触发角限制值。
- 逆变侧最大触发角控制。为了避免在系统出现特殊情况时，由于控制系统中的控制器超调引起逆变侧触发角过大，导致熄弧角太小发生换相失败，控制系统需要设置逆变侧最大触发角限制控制。
- 电流限制控制。为了避免系统发生故障或受到扰动时，直流电流迅速下降至零引起系统输送功率中断，控制系统设置最小电流限制控制。并且需要考虑系统的过负荷能力、降压运行等特殊运行工况，需设置最大电流限制控制以保证系统安全。
- 定电流控制。是换流器的基本控制方式，用于控制直流输电系统的稳态运行电流以及实现直流输送功率、各种直流功率的调节控制以改善交流系统的运行性能。当直流输电系统发生故障时，定电流控制可以快速地限制暂态故障电流以保护晶闸管换流阀和其他设备，保证系统运行的安全性。因此，定电流控制器的暂态和稳态性能对直流输电控制系统性能具有关键性作用。
- 定电压控制。是换流器的基本控制方式，用来保持直流电压的稳定并在降压运行状态时调节换流器触发角以保持直流电流恒定。在实际高压直流输电系统中，整流侧采用定电压控制来减小因线路故障或整流器故障引起的过电压对高压直流输电系统运行的影响，逆变侧采用定电压控制来保证直流电压稳定。
- 裕度控制。高压直流输电系统正常运行时，整流侧和逆变侧分别通过定电流控制和定电压控制实现对直流电流和直流电压的控制。为了避免整流侧和逆变侧的定电流控制同时作用引起控制系统不稳定，整流侧定电流控制设置的电流整定值比逆变侧的电流整定值大一个电流裕度。根据实际高压直流输电系统运行经验，电流裕度通常为额定电流值的 10%。同理，为了避免整流侧和逆变侧的定电压控制同时作用，逆变侧定电压控制的电压整定值比整流侧电压整定值小一个电压裕度，电压裕度一般取为直流输电线路的电压降。

➢ 换流变压器控制

整流侧和逆变侧的交流系统电势是高压直流输电控制系统的另一重要控制量。高压直流输电控制系统通过调节整流侧和逆变侧换流变压器分接头位置来分别调节整流侧和逆变侧交流系统电势 E_r 和 E_i 的值，实现对高压直流输电系统换流器触发角或直流电压的控制。

换流变压器分接头控制方式响应速度比较缓慢，通常分接头位置调节一次的时间为3～10 s，并且由于变压器的分接头位置以及变压器设备本身的容量等的限制使得换流变压器分接头控制的调节范围较小，因而它是直流输电系统的辅助控制方式。当系统发生快速的暂态变化时将一般由换流器触发控制作用，换流变压器分接头调节不参与调节过程；当系统电压发生较长时间的缓慢变化或由于换流器触发控制调节导致触发角长时间超出额定范围时，换流变压器分接头控制发挥调节作用使系统逐渐恢复正常运行状态。

换流变压器分接头控制主要用于保持换流器触发角或直流电压处于参考值附近，提高高压直流输电系统运行效率并保护换流设备。换流变压器分接头控制分为定角度控制和定电压控制。

- 定角度控制。用于保持换流器触发角处于参考范围内。当整流侧或逆变侧交流系统因发生故障导致交流电压发生变化时，整流侧和逆变侧换流器触发控制将增加或减小触发角以保持直流电压和直流电流稳定。但是整流侧触发角过大将会降低整流器的功率因数、增加无功消耗，触发角过小将引起过电流危害高压直流输电系统的安全；逆变侧触发角过大将会引起逆变侧发生换相失败，触发角过小将导致逆变侧进入整流状态，不利于高压直流输电系统的稳定运行。因此换流变压器分接头控制检测换流器触发角与参考值之间的误差，当误差值超过一定范围时调整分接头位置使触发角恢复到参考范围内。

  换流变压器分接头控制采用定角度控制方式时，补偿了定电压控制产生的不利影响，但是由于实际电网中功率、电压的调节比较频繁，将会导致分接头动作次数增加。
- 定电压控制。用于保持直流电压处于参考范围内，基本调节原理与定角度控制类似。检测直流电压与参考电压之间的差值，当差值超过一定范围时，换流变压器分接头控制调节分接头位置以保持直流电压为额定值。

  定电压控制方式调节分接头动作次数较少，但是由于定电压控制方式需要保持直流电压恒定，将会导致换流器触发角的调节幅度增大，不利于系统的稳定高效运行。

根据实际高压直流输电工程换流变压器分接头控制的运行情况及换流变压器分接头控制原理的分析，通常整流侧换流变压器分接头控制采用定角度控制，逆变侧换流变压器分接头采用定电压控制，保证高压直流输电系统的稳定运行并增强控制系统性能。

12.1.3 模型介绍

本示例采用 PSCAD 目录..\examples\HVDCCigre 下的自带示例 *Cigre_Benchmark*。该模型用于说明常规高压直流输电系统的基本控制策略以及故障响应特性。

仿真模型的主电路部分如图 12-2 所示。

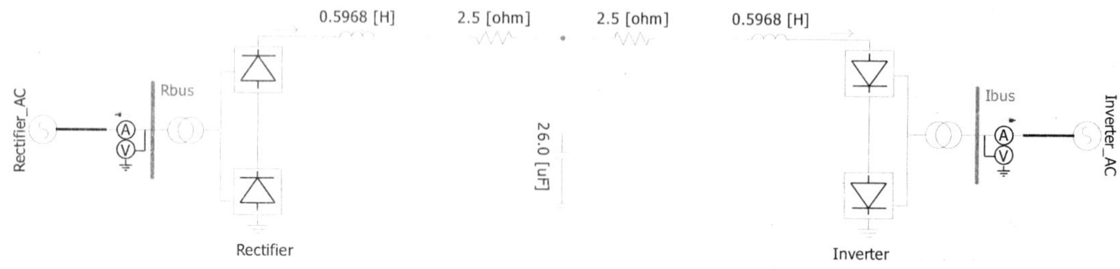

图 12-2 仿真模型主电路

该模型为单极 HVDC 系统，直流侧 500 kV，容量 1000 MW。直流输电线路用 T 型网络表示，线路电容以位于线路中部的集中电容表示。该线路具有较小的电感和较大的电容。

整流侧和逆变侧的交流系统电路分别如图 12-3 和图 12-4 所示。

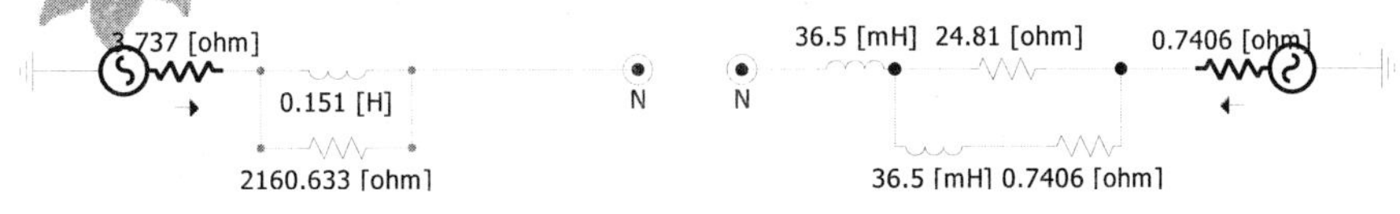

图 12-3 整流侧交流系统　　　图 12-4 逆变侧交流系统

整流侧交流系统电压 382.8672 kV，额定电压 345 kV；系统阻抗为 R-R-L 结构，基波阻抗为 47.655∠84.25° Ω，短路容量比 SCR 为 2.5（以直流侧额定容量 1000MW 为基值）；三次谐波阻抗为 142.3∠84.73° Ω，基波和三次谐波阻抗角基本相等；逆变侧交流系统电压 215.05 kV，额定电压为 230 kV；系统阻抗为 R-L-L 结构，基波阻抗为 21.2∠75° Ω，短路容量比 SCR 为 2.5（以直流侧额定容量 1000MW 为基值），三次谐波阻抗为 412.97∠69.7° Ω，对三次谐波具有较高阻尼。

整流站和逆变站的电路分别如图 12-5 和图 12-6 所示。

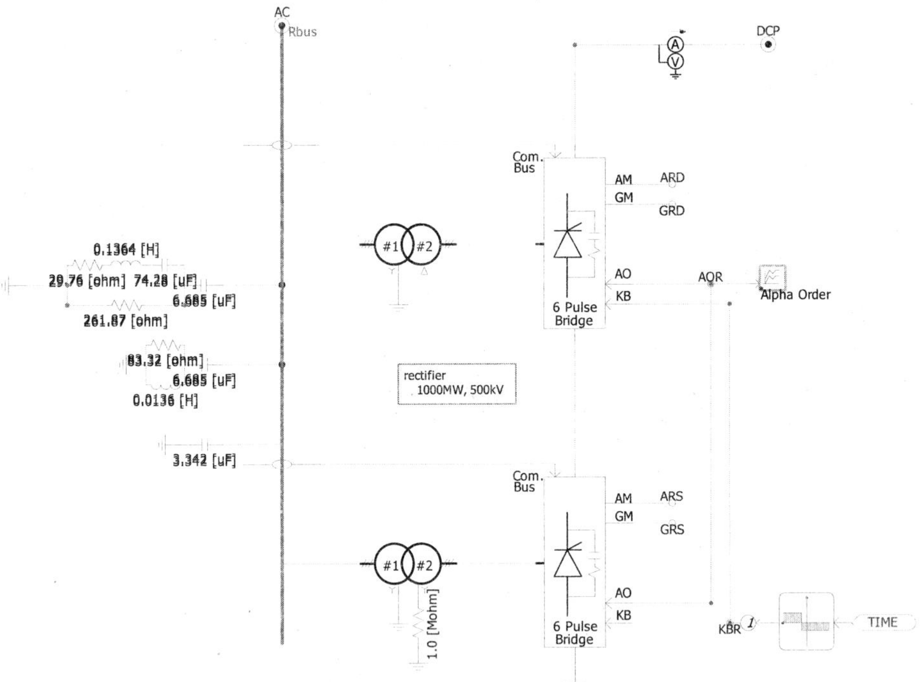

图 12-5 整流站电路

整流站和逆变站均为双桥串联结构，构成 12 脉动换流桥。整流侧换流变二次侧额定电压的设置目标为保持线路中点电压为 500kV。

$$V_{r2} = \frac{V_{dr}}{3\sqrt{2}/\pi \times 2 \times (\cos\alpha - (X_C + X_R)/\sqrt{2})}$$

在 V_{dr}=500 kV，α=0°，换相电抗 X_C=0.18 pu，X_R=0.01 pu (2.5/250) 的情况下，计算得到

V_{r2}=213.8511 kV，与模型中实际设置的 213.4557 kV 基本一致。整流变二次侧额定电流为：

$$I_{r2}=\sqrt{\frac{2}{3}}I_{dr}$$

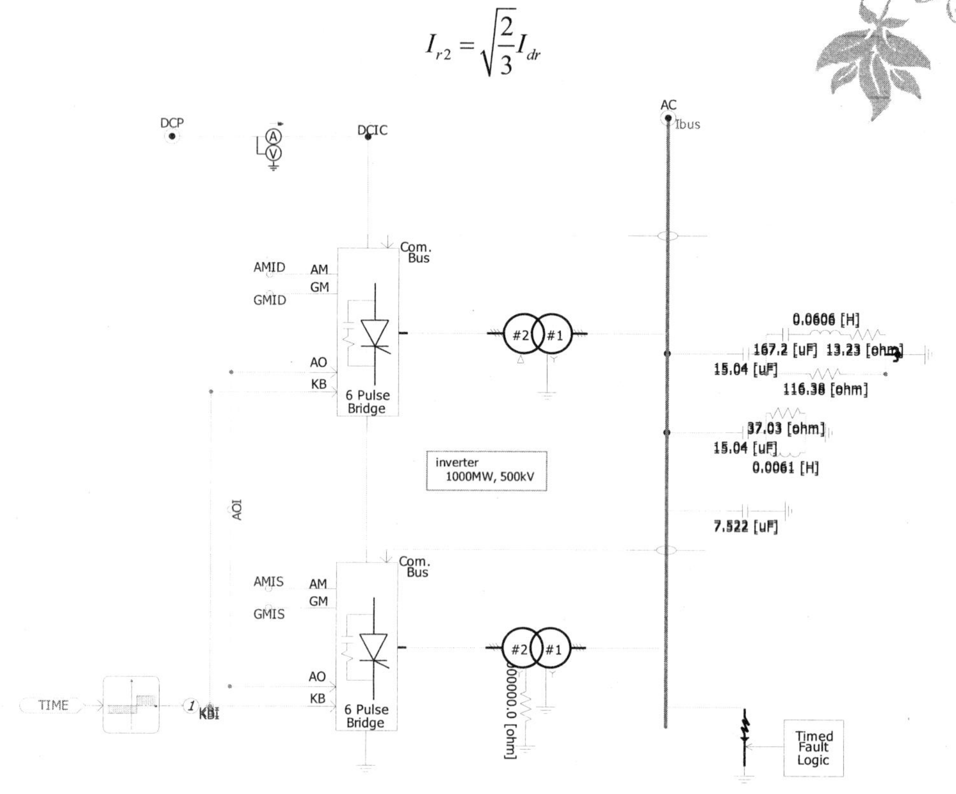

图 12-6 逆变站电路

在直流侧额定电流为 2000 A (1000 MVA/500 kV)时，二次侧额定电流为 1633 A。

整流侧变压器额定容量为：

$$S_r=\sqrt{3}I_{r2}V_{r2}=603.73\text{MVA}$$

逆变侧换流变二次侧额定电压选为整流侧二次侧额定电压的 0.98，即 209.5741 kV，与模型中实际设置的 209.2288 kV 基本一致。同样逆变侧变压器额定容量为：

$$S_i=\sqrt{3}I_{i2}V_{i2}=591.79\text{MVA}$$

整流站和逆变站均配备有交流滤波器和无功补偿装置。可通过使用 PSCAD 的谐波阻抗扫描元件对这些电路的阻抗进行扫描。

50Hz 时，整流站的滤波器和无功补偿电路阻抗为 190∠-812.71° Ω，综合阻抗为 63.396∠81.9° Ω，可得到整流站 ESCR 为 1.877 pu。

整流站的 11 次和高通滤波器幅频响应特性分别如图 12-7 和图 12-8 所示。

整流侧触发角控制电路如图 12-11 所示。

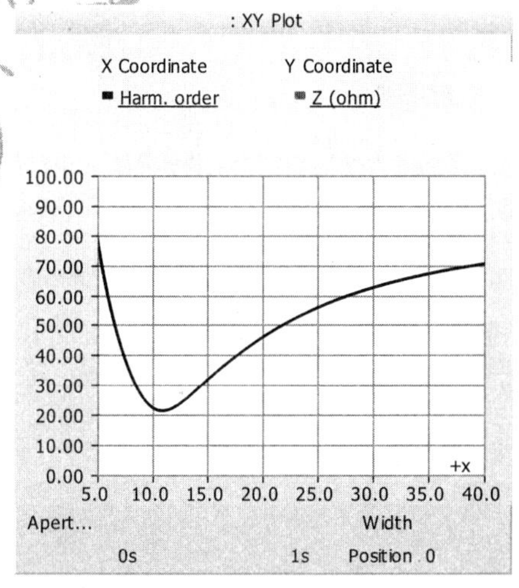

图 12-7 整流站 11 次滤波器幅频响应特性

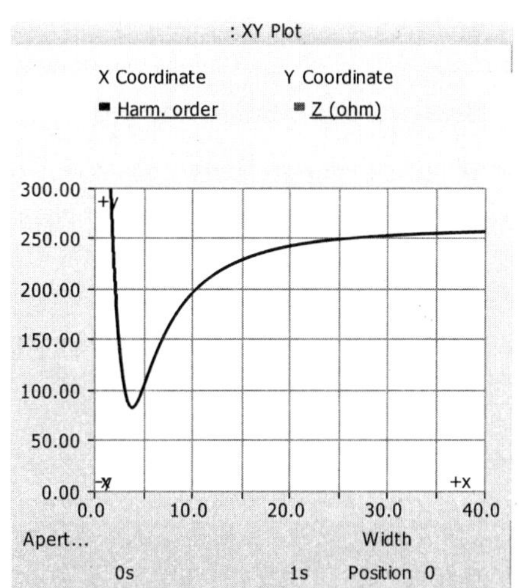

图 12-8 整流站高通滤波器幅频响应特性

50Hz时，逆变站滤波器和无功补偿电路阻抗为84.43∠-812.71° Ω，综合阻抗27.8126∠69.7° Ω。可得到整流站 ESCR 为 1.9 pu。

逆变站 11 次和高通滤波器幅频响应特性分别如图 12-9 和图 12-10 所示。

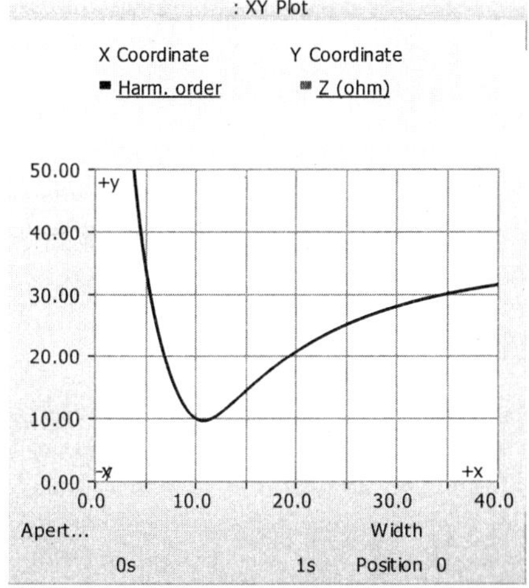

图 12-9 逆变站 11 次滤波器幅频响应特性

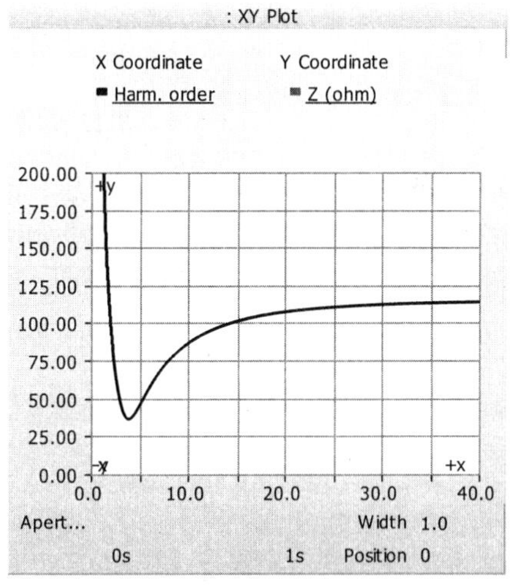

图 12-10 逆变站高通滤波器幅频响应特性

整流侧触发角控制电路如图 12-11 所示。

整流侧采用定电流和定最小 α 角控制，同时配有低压限流环节。由逆变侧传来的电流指令减去实际测得的整流侧电流后，通过 PI 校正环节得到 β 角（弧度），用 π 减去 β 后即得到触发角指令信号 AOR。PI 校正环节输出最大限值为 3.054 (175°)，最小限值为 0.52 (30°)，对应 α 角最小为 5°，最大 150°。

逆变侧采用定电流和定 γ 角控制，同时产生整流侧的电流指令。定电流控制电流如图 12-12 所示。

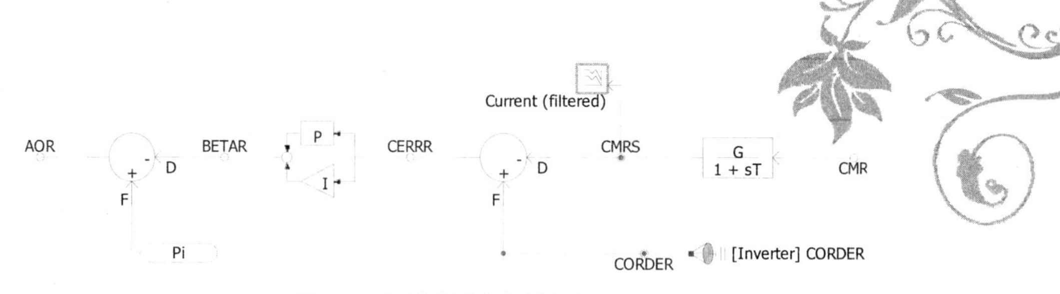

图 12-11 整流侧触发角控制电路

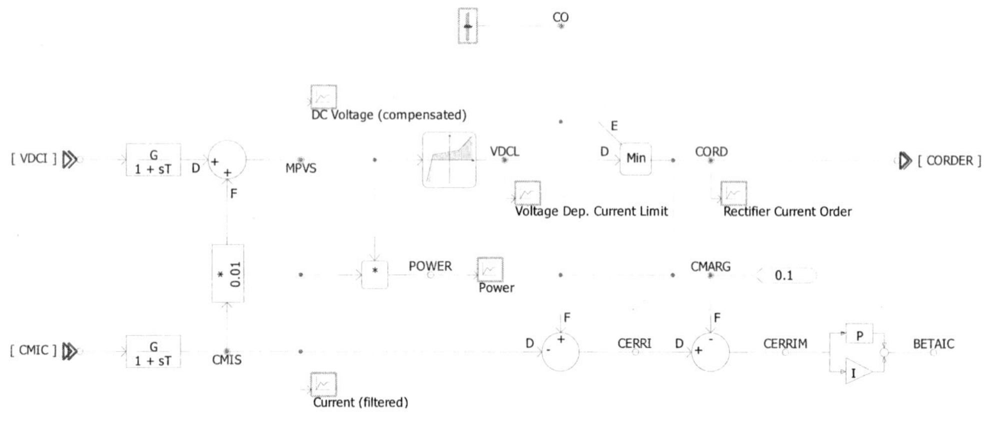

图 12-12 逆变侧定电流控制电路

首次根据测量得到的逆变侧直流电压和电流，计算出线路中点的直流电压，该电压通过低压限流环节产生电流指令，从该电流指令与给定电流指令中选取较小的一个作为整流侧电流指令。同时整流侧电流指令减去 0.1 pu 的裕度后作为逆变侧定电流指令，该指令与实际测得的逆变侧电流相减后送入 PI 校正环节，产生定电流控制的 β 角，该角度的范围为 30º～110º。

低压限流环节的传递函数波形如图 12-13 所示。

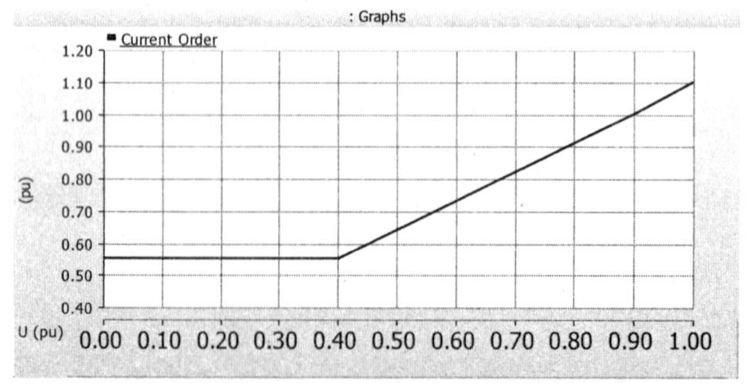

图 12-13 低压限流环节传递函数波形

逆变侧定 γ 角控制部分电路如图 12-14 所示。

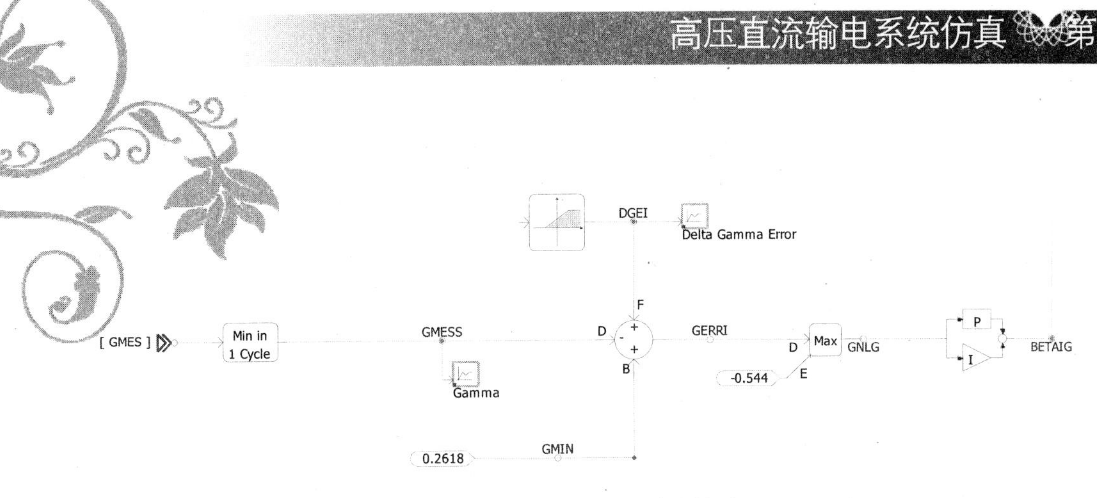

图 12-14 逆变侧定 γ 角控制电路

首次通过将测量得到的过去一个工频周期内两个逆变桥的最小 γ 角为实际 γ 角，与 15º (0.2618) 的给定值相减，并进行限幅（-0.544，对应-31º，即 γ 角不超过 46º），送入 PI 校正环节后得到定 γ 角控制的 β 角，该角度的范围为 30º~90 º。

最后从定电流控制得到的 β 角和定 γ 角控制得到的 β 角中选择一个最大的输出，用 π 减去后得到逆变侧触发角指令信号 AOI。

定 γ 角控制部分还配备有电流偏差控制环节 (CEC)，输入为整流侧的电流整定值与实际电流的偏差，输出为逆变侧定 γ 控制的 γ 角增量 $\Delta\gamma$，只有当实际电流小于整定值才输出角增量，而当实际电流大于整定值输出角增量为 0。该环节的目的是尽快使电流回升至给定值。

12.1.4 整流侧交流系统故障的仿真

在整流站交流母线上设置三相短路故障，故障过渡电阻 50 Ω，1.0s 时发生故障，持续时间 0.2 s。图 12-15 所示为直流电压波形，图 12-16 所示为直流电流指令和直流电流波形。

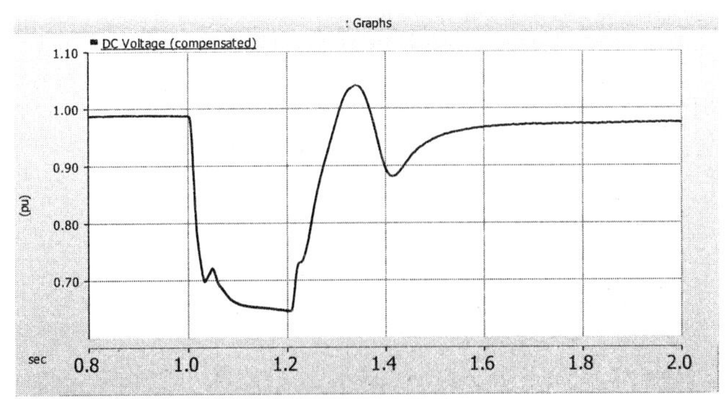

图 12-15 直流电压波形

可以看到，在整流侧交流系统发生短路故障时，直流电压将下降，同时触发低压限流环节，直流电流指令也将下降。

图 12-17 所示为整流侧触发角指令波形。

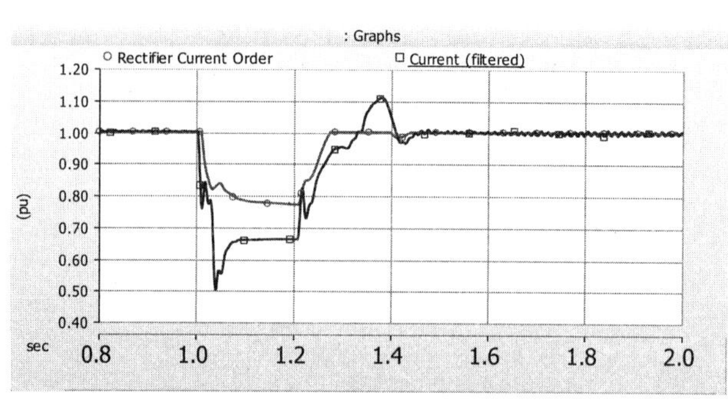

图 12-16 直流电流指令和直流电流波形

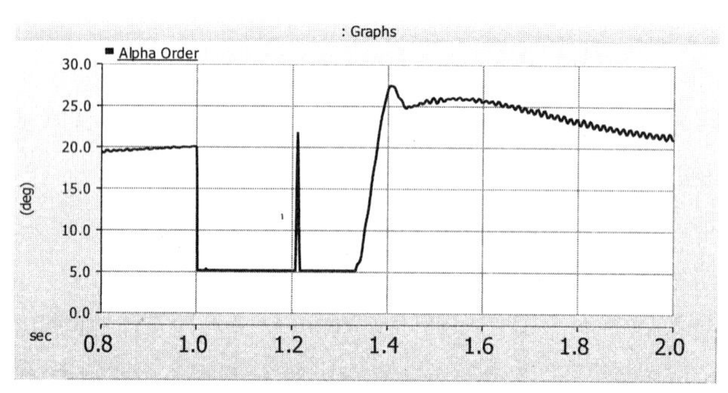

图 12-17 整流侧触发角指令波形

可以看到，发生故障后，整流侧立即进入定最小 α 角 (5º) 控制，提高整流侧输出直流电压。当故障切换后，整流侧交流电压恢复，直流电流达到当时的电流指令后，整理侧短暂进入定电流控制，随着电流指令的升高，又立即进入定最小 α 角 (5º) 控制，提升直流电流。直至直流电流达到电流指令后，重新恢复至定电流控制模式。

图 12-18 所示为逆变侧两个控制器输出的 β 角，实际选择的是其中最大的一个。可以看到在故障期间基本采用了定电流控制。通常情况下实际电流总是大于逆变侧电流指令，因此总是采用定 γ 角控制。只有当直流电流小于逆变侧电流指令时才有可能选择定电流控制。

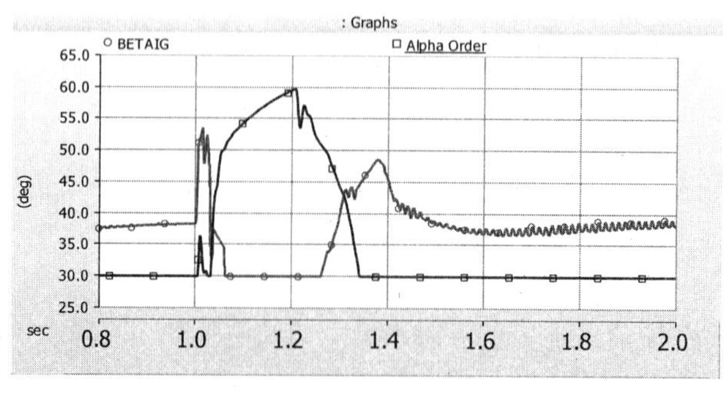

图 12-18 逆变侧两个控制器输出的 β 角

12.1.5 逆变侧交流系统故障的仿真

在逆变站交流母线上设置 AB 两相短路故障，故障过渡电阻 20 Ω，1.0 s 时发生故障，持续时间 0.2 s。

图 12-19 所示为直流电压波形，图 12-20 所示为直流电流指令和直流电流波形。

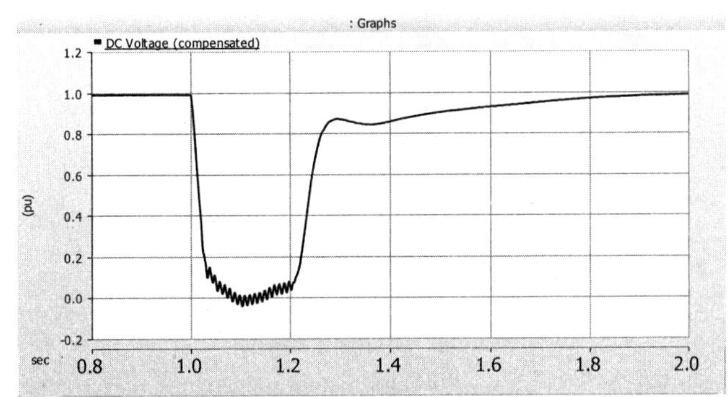

图 12-19 直流电压波形

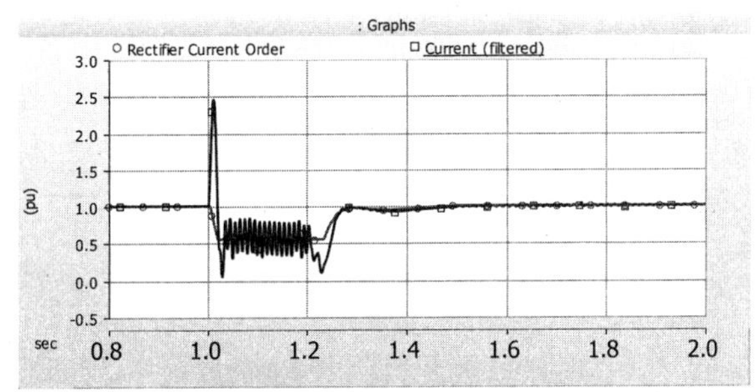

图 12-20 直流电流指令和直流电流波形

可以看到，在逆变侧交流系统发生短路故障时，直流电流瞬间增大，直流电压将下降，同时触发低压限流环节，直流电流指令也将下降。

图 12-21 所示为整流侧触发角指令波形。

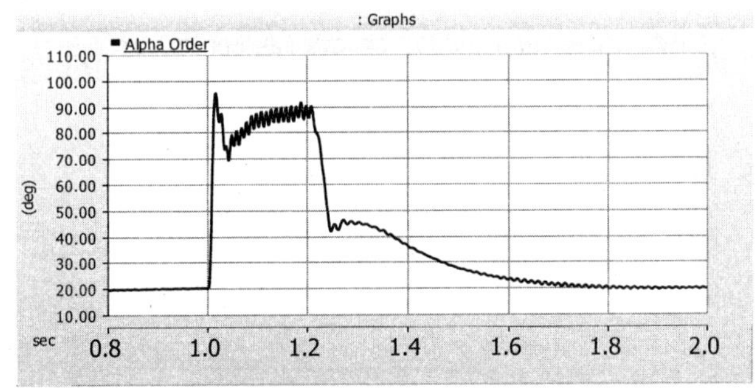

图 12-21 整流侧触发角指令波形

可以看到，发生故障后，整流侧立即增大 α 角，减小整流侧输出直流电压。当故障切换后，逆变侧交流电压恢复，整理侧触发角将减小。整个过程中整流侧一直保持为定电流控制。

图 12-22 所示为逆变侧测量得到的 γ 角。图 12-23 所示为逆变侧两个控制器输出的 β 角，实际选择的是其中最大的一个。

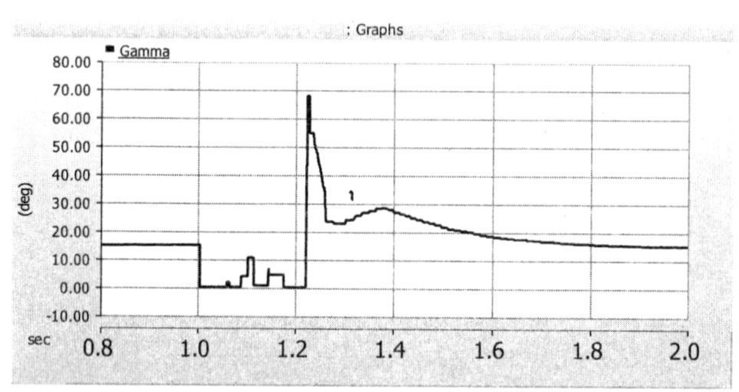

图 12-22 逆变侧测量的 γ 角

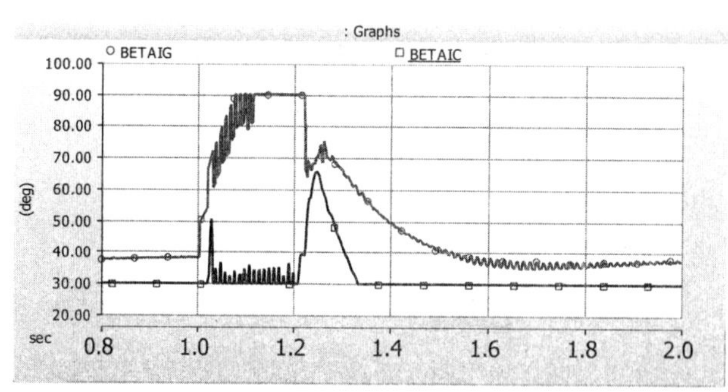

图 12-23 逆变侧两个控制器的 β 角

可以看到故障后多次测量的 γ 角为 0°，说明发生了换相失败。整流侧 α 角增大，同时定 γ 角控制也使得其输出的 β 角增大，避免换相失败的再次发生。整个过程中逆变侧保持为定 γ 角控制。在故障过程中其输出 β 角锯齿状的波形是 CEC 环节动作的结果，说明此时直流电流小于逆变侧定电流指令。

12.2 基于电压源换流器的高压直流输电系统仿真 1

12.2.1 VSC-HVDC 系统概述

虽然传统高压直流输电（HVDC）具有显著的技术优点，但由于作为交直流转换核心部件的换流器采用的是半控型晶闸管器件，这就决定了该项输电技术也存在许多不足，其中主要的两点为：HVDC 所连接交流网络应为具有一定短路容量的有源交流网络，为换流器中晶闸管的可靠关断提供换相电流；需要提供大量的无功补偿装置以补偿 HVDC 换流站运行中所消耗的无功功率。

尽管人们对传统 HVDC 输电技术进行了不断的改进，但这些改进措施均不能从根本上解决传统 HVDC 输电技术的不足。随着电力电子技术的发展，特别是具有可关断能力的电力电子器件的发展，如 IGBT 和 GTO 等，促进了 HVDC 输电技术的一次重大变革。新一代的 HVDC 输电技术 (VSC-HVDC) 以全控型可关断器件构成的电压源换流器 (Voltage Source Converter, VSC) 以及脉宽调制 (Pulse Width Modulation, PWM) 控制技术为基础，换流器中以全控型器件代替半控型晶闸管，使得 VSC-HVDC 输电技术具有对其传输有功功率和无功功率进行同时控制的能力，具有可实现对交流无源网络供电等众多优点。VSC-HVDC 输电技术克服了传统 HVDC 输电技术的不足，并扩展了直流输电的应用领域。

与传统 HVDC 相比，VSC-HVDC 具有一些显著的技术优势，主要包括：

- VSC 电流能够自关断，可以工作在无源逆变的方式，不需要外加的换相电压，从而克服了传统 HVDC 必须连接于有源网络的根本缺陷，使利用 HVDC 为远距离的孤立负荷送电成为可能。
- 正常运行时 VSC 在控制其与交流系统间交换有功功率的同时，还可以对无功功率进行控制，较传统 HVDC 的控制更加灵活。
- VSC-HVDC 不仅不需要交流系统提供无功功率，而且能够起到静止无功发生器 (STATCOM) 的作用，动态地向交流网络补偿无功功率，稳定交流母线电压。若 VSC 容量允许，当交流电网发生故障，VSC-HVDC 既可以向故障区域提供有功功率的紧急支援，又可以提供无功功率的紧急支援，从而能够提高交流系统的功角稳定性和电压稳定性。
- VSC 潮流翻转时，其直流电压极性不变，直流电流方向反转，与传统 HVDC 恰好相反。这个特点有利于构成既能方便控制潮流又有较高可靠性的并联多端直流输电系统。
- 由于 VSC 交流侧电流可以控制，因此不会增加系统的短路容量。这意味着增加新的 VSC-HVDC 输电系统后，交流系统的保护装置无需重新整定。
- VSC 采用脉宽调制控制，其产生的谐波大为减弱。因此只需在交流母线上安装一组高通滤波器即可满足谐波要求。
- VSC-HVDC 换流站之间无需快速通信，各换流站可相互独立地控制。此外，在同等容量下，VSC-HVDC 换流站的占地面积显著小于传统 HVDC 换流站。

由于 VSC-HVDC 输电系统所具有的独特技术优点，因此在以下应用领域可发挥其积极的作用：

- 代替本地发电装置，向偏远地区、岛屿等小容量负荷供电。偏远的小城镇、村庄以及远离大陆电网的海上岛屿、石油钻井平台等负荷，其负荷容量通常为几兆瓦到数百兆瓦，且日负荷波动大。由于输电能力以及经济等因素，限制了向这些地区架设交流输电线路；由于负荷容量达不到传统 HVDC 的经济输电范围且负荷网络为无源网络，因此也限制了传统 HVDC 输电线路的架设。对这些偏远地区负荷供电，往往要在当地建立小型发电机组，这些小型发电机组不但运行费用高，可靠性难以保证，而且通常会破坏当地的环境。采用 VSC-HVDC 输电技术，可向无源网络供电且不受输电距离的限制，几兆瓦到数百兆瓦也符合 VSC-HVDC 的经济输电范围。因此从技术和经济性角度，采用 VSC-HVDC 技术向这些负荷供电是一种理想的选择。
- 城市配电网的增容改造。随着大中型城市用电负荷的迅猛增长，原有架空配电网络的输电容量已经不能满足用电负荷需求。然而由于空间的限制，增加新的架空输电走廊代价很高，甚至根本不可能。另一方面，交流长距离输电线路对地有电容充电电流，需要添加相应的补偿装置，如并联电抗器。VSC-HVDC 可采用地埋式电缆，既不会影响城市市容，也不会有电磁干扰，而且适合长距离电力传输。采用 VSC-HVDC 向城市中心供电有可能成为未来城市增容的唯一可选方案。

- 提高配电网电能质量。非线性负荷和冲击性负荷使配电网产生电能质量问题，如谐波污染、电压间断、电压凹陷/突起以及波形闪变等，使一些敏感设备如工业过程控制装置、现代化办公设备、电子安全系统等失灵，造成很大的经济损失。VSC-HVDC 输电可快速控制有功功率和无功功率，并能够保持电压基本不变，使电压、电流满足电能质量的要求，VSC-HVDC 是未来改善配电网电能质量的有效措施。
- VSC-HVDC 可用于不同额定频率和相同额定频率交流系统间的互联。由于 VSC-HVDC 可灵活地实现对有功功率和无功功率的控制，因此其具有交流系统潮流控制、提高系统暂态功角以及电压稳定性、增加系统振荡阻尼的能力。随着全控型器件性能的不断改进以及容量的不断提升，在不远的将来，VSC-HVDC 输电技术在高压输电网络中必能占有一席之地。

12.2.2 VSC-HVDC 系统工作原理

双端 VSC-HVDC 输电系统的主电路结构如图 12-24 所示。其中，电压源换流器的主要部件包括：全控换流桥、直流侧电容器、交流侧换流变压器或换流电抗器以及交流滤波器。其中全控换流桥采用三相两电平的拓扑结构，每一桥臂均由多个了 IGBT 或 GTO 等可关断器件组成。

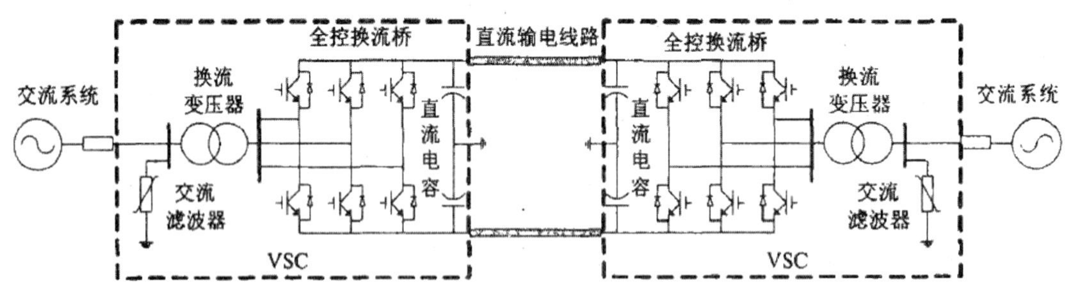

图 12-24 VSC-HVDC 的基本的电路结构

直流侧电容器为换流器提供电压支撑，并缓冲桥臂关断时的冲击电流，减小直流侧谐波；交流侧换流变压器或换流电抗器是 VSC 与交流系统间能量交换的纽带，同时也起到滤波的作用；交流侧滤波器的作用则是滤除交流侧谐波。双端电压源换流器通过直流输电线路连接，一端运行于整流状态，另一端运行于逆变状态，共同实现两端交流系统间有功功率的交换。

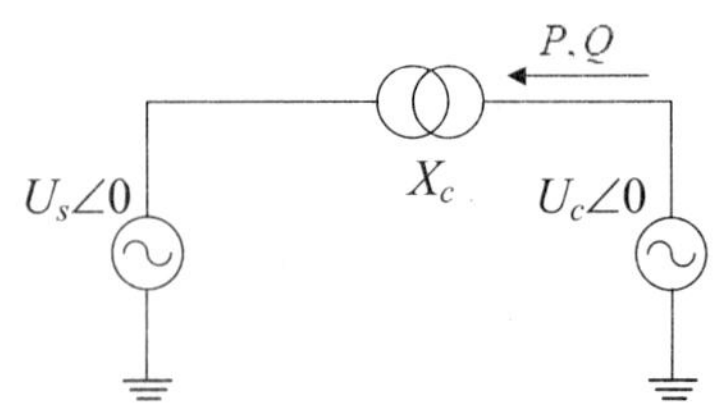

图 12-1 VSC-HVDC 的一侧等效电路

图 12-25 所示为忽略换流变压器或换流电抗器的电阻时的 VSC-HVDC 一侧的等效电路。

VSC 交流母线电压基频分量与其出口电压的基频分量共同作用于换流变压器或换流电抗器的电抗，且 VSC 与交流系统间交换的有功功率 P 和无功功率 Q 可分别表示为：

$$P = \frac{U_s U_c}{X_c} \sin \delta$$

$$Q = \frac{U_c (U_c - U_s \cos \delta)}{X_c}$$

从 P 的表达式可以看出：有功功率的交换主要取决移相角度 δ。当 δ>0 零时，VSC 将向交流系统发出有功功率，运行于逆变状态；当 δ<0 时，VSC 将从交流系统中吸收有功功率，运行于整流状态。因此，通过对 δ 的控制即可以控制 VSC-HVDC 输送有功功率的大小和方向。

从 Q 的表达式可以看出无功功率的交换主要取决于 VSC 出口电压基频分量的幅值 U_c。当 $(U_c\text{-}U_{scos}\delta)$>0 时，VSC 输出无功功率；当$(U_c\text{-}U_{scos}\delta)$<0 时，VSC 则吸收无功功率。因此，通过对 U_c 的控制，即可以控制 VSC 吸收或发出的无功功率，实现向交流电网动态补偿无功功率，稳定交流母线电压。

综上所述，由于采用 PWM 控制的电压源换流器，可对其出口电压基频分量的幅值与相位进行调节，因此 VSC-HVDC 输电系统中各 VSC 在对其输送有功功率进行控制的同时，还可控制其与交流系统间交换的无功功率。此外 VSC-HVDC 正常稳态运行时直流网络的有功功率必须保持平衡，即输入直流网络的有功功率必须等于直流网络输出的有功功率加上换流桥和直流网络的有功功率损耗，如果出现任何差值，都将会引起直流电压的升高或降低。为了实现有功功率的自动平衡，在 VSC-HVDC 系统中必须选择一端 VSC 控制其直流侧电压，充当整个直流网络的有功功率平衡换流器，其他 VSC 则可在其自身容量允许的范围内任意设定有功功率。

12.2.3 模型介绍

本示例采用 PSCAD 目录..\examples\hvdc_vsc 下的自带示例 *VSCTrans*。该模型用于研究基于电压源换流器的高压直流输电系统的基本控制策略以及故障响应特性。

该模型的主电路部分如图 12-26 所示。

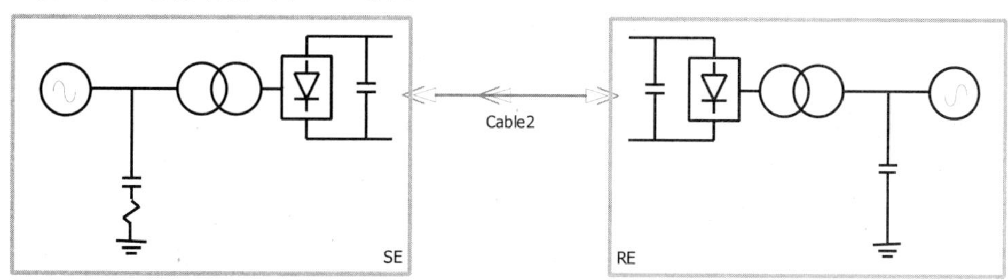

图 12-26 模型主电路

送端和受端主电路分别如图 12-27 和图 12-28 所示。

送端电源为带励磁控制器的发电机，相电压 7.97 kV，相电流 3.136 kA，总容量 75 MW。发电机 0～1.0 s 期间为电压源模式，1.0～2.0 s 期间为恒转速模式，2.0 s 后为转矩控制模式。励磁控制器控制机端电压幅值为给定值。变压器兼作连接电抗器，基本参数为绕组电压 13.8 kV/62.5 kV，漏抗 0.1 pu。送端配备有 10 MVar 的无功补偿设备 (19.09∠-812.5º Ω)。

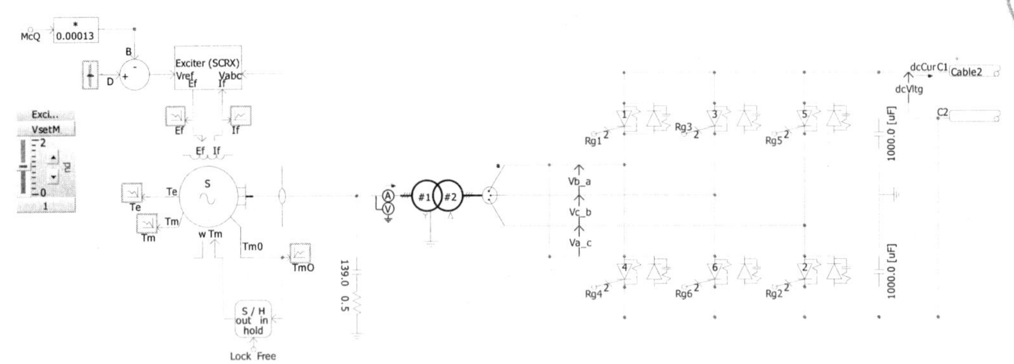

图 12-27 送端主电路

受端电源用三相交流电源进行模拟，线电压 115 kV，系统阻抗为 26.45∠80º Ω。变压器兼作连接电抗器，基本参数为绕组电压 115 kV/62.5 kV，漏抗 0.1 pu。受端配备有 10 MVar 的无功补偿电容器 (2μF)。

送端 VSC 通过控制输出电压相对发电机端电压的相位角和幅值，分别控制与送端系统交换的有功功率和无功功率。

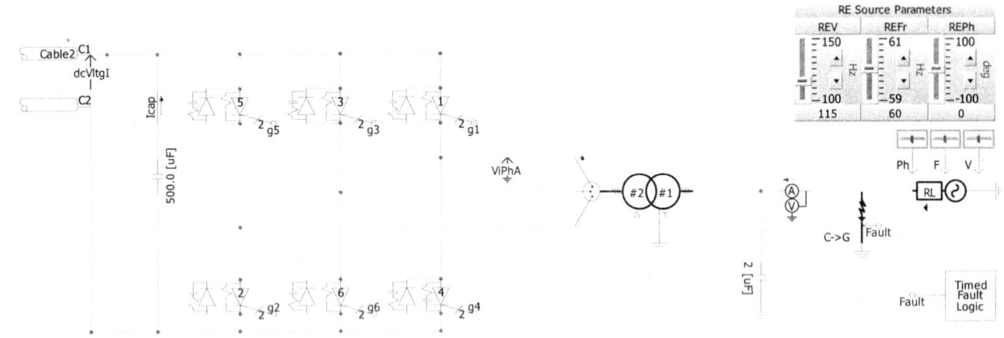

图 12-28 受端主电路

送端 VSC 的控制电路如图 12-29 所示。

送端采用有功功率控制和定无功功率控制。首先根据 VSC 吸收感性无功功率的参考值（默认为 -0.1 pu）与实际吸收的无功功率，得出无功功率差值，通过 PI 校正环节后得到调制比信号 mr。通过直流电压和直流电流计算得到直流有功功率信号 Pdc。这两个信号和发电机端电压信号 VRec 一起，用于产生 VSC 开关管的驱动脉冲。

计算参考信号移相角的原理如图 12-30 所示。

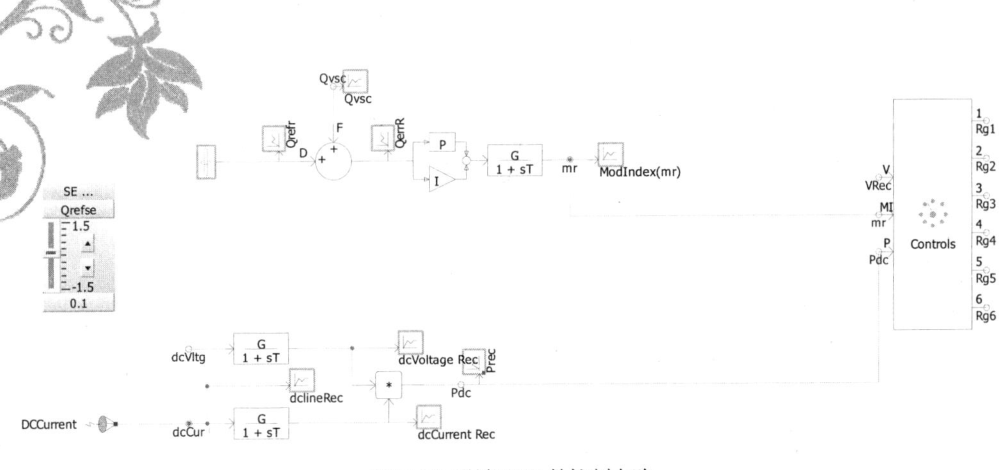

图 12-29 送端 VSC 的控制电路

$U\angle(\delta_S+\Delta\delta)$　　jX　　$U\angle\delta_R$

P

图 12-30 计算参考信号移相角的原理

与常规的两电源并联的情况略有不同的是，当图中 $\Delta\delta$=0 时，两系统之间没有有功功率交换。因此参考信号的移相角必须是根据传输有功功率 P 计算得出的角度加上送端和受端系统之间原有的相角差 (δ_S-δ_R)。

送端移相角计算电路如图 12-31 所示。电路中还附加了对送端和受端系统频率偏差可能引起的功率波动的阻抗控制。

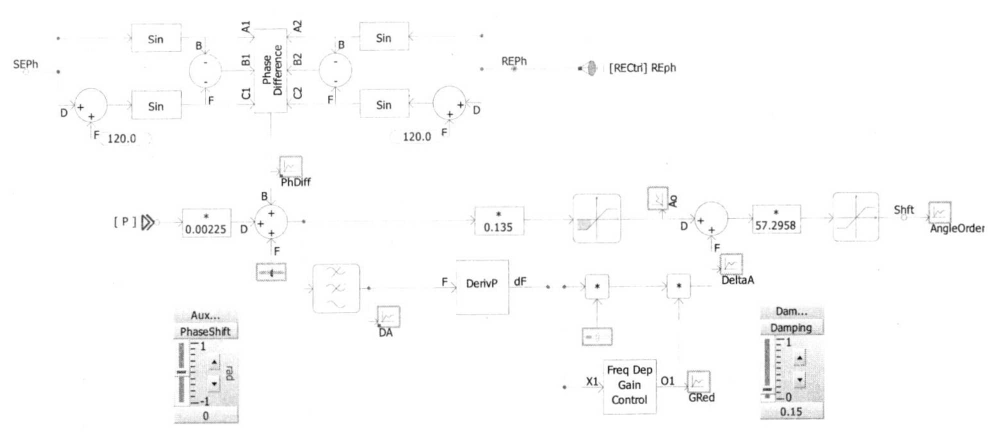

图 12-31 送端移相角计算电路

根据调整比和参考信号移相角产生触发脉冲的电路如图 12-32 所示。

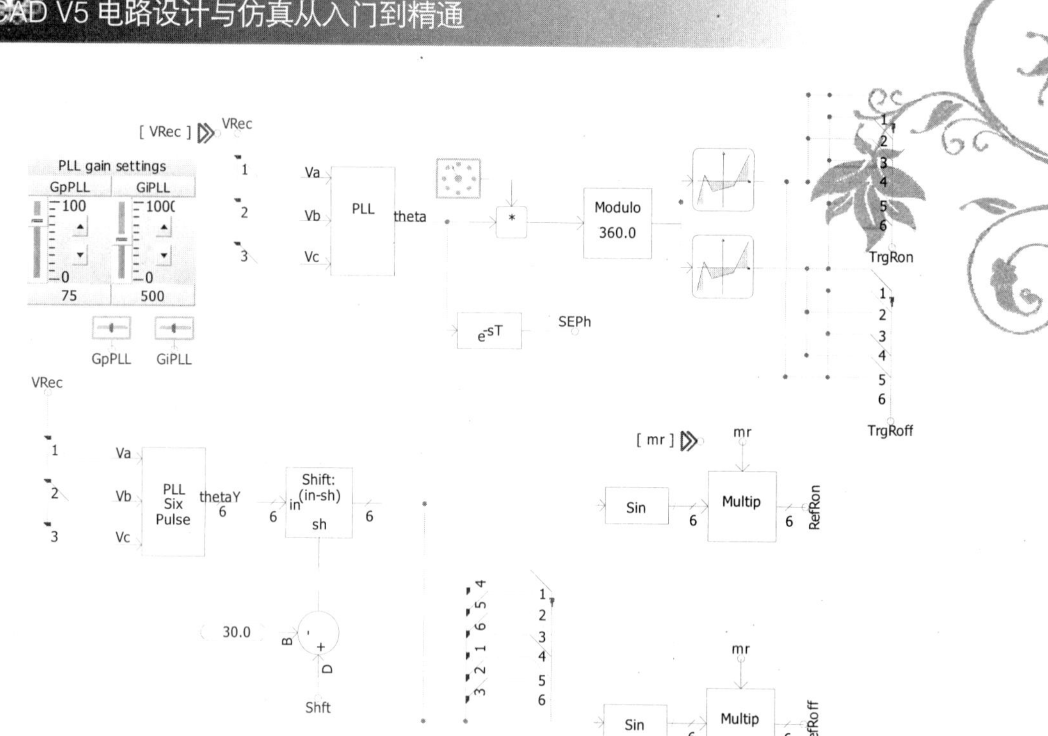

图 12-32 脉冲产生电路

首先利用送端的发电机端三相电压信号 VRec 得出与 A 相电压同步的 0º～360º 变化的信号 theta，乘以 33（或其整数倍）后，再转换为 0º～360º 范围内的信号，最后转换为 -1～1 范围的三角载波信号。注意每个开关管的开通载波信号和关断载波信号反相。

再利用送端的发电机端三相电压信号 VRec 产生 6 个相隔 60º 的信号，分别加上控制电路计算得到的触发角，并减去 30º（Y-Δlead 变压器产生的超前 30 º），然后利用自定义元件，将这些角度信号控制在 0º～360º 范围内，通过正弦函数发生元件产生幅值为调制比 mr 的 6 个正弦信号，作为 6 个开关管开通的参考信号。并将其中的 1 和 4、3 和 6 以及 2 和 5 的参考信号对换，作为 6 个开关管关断的参考信号。最后利用脉冲发生元件，根据这些载波信号和参考信号产生开关管的触发脉冲。

受端采用定直流电压控制和定交流电压控制。定交流电压控制的电路如图 12-33 所示。

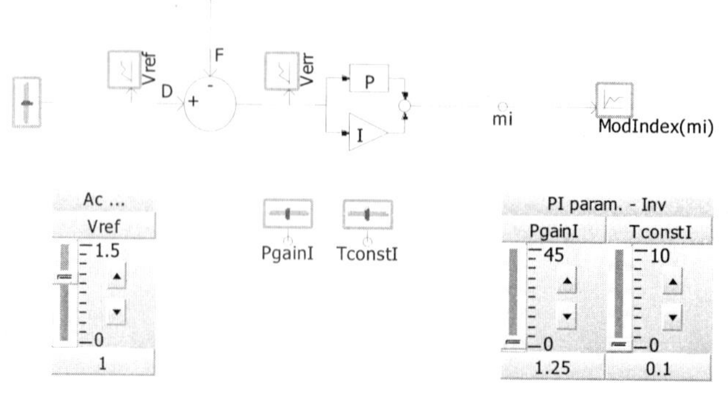

图 12-33 定交流电压控制电路

首先根据受端交流系统母线电压有效值 VpuI 及其参考值得出误差信号，通过 PI 校正环节后得到调制比信号 mi。该信号与受端直流电压信号 dcVltgI，以及受端交流系统母线电压信号 VInv 一起，用于产生 VSC 开关管的驱动脉冲。

定直流电压控制电路如图 12-34 所示。

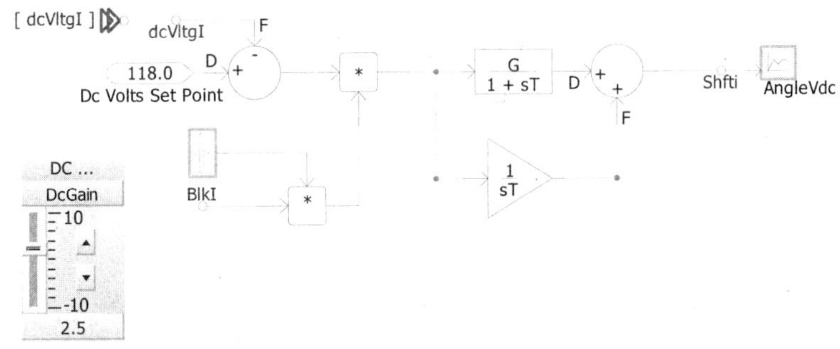

图 12-34 定直流电压控制电路

该电路将根据实际的直流电压信号 dcVltgI 和直流电压指令（默认 118 kV）计算得到的误差通过 PI 校正环节，得到参考信号移相角信号 Shfti。最后利用调制比 mi 和移相角信号 Shfti 产生器件的驱动脉冲。

设置受端交流母线于 2.1 s 发生持续 0.05 s 的 C 相对地短路故障。

送端和受端有功功率变化、无功功率变化、交流母线电压有效值以及调制比分别如图 12-35～图 12-38 所示。

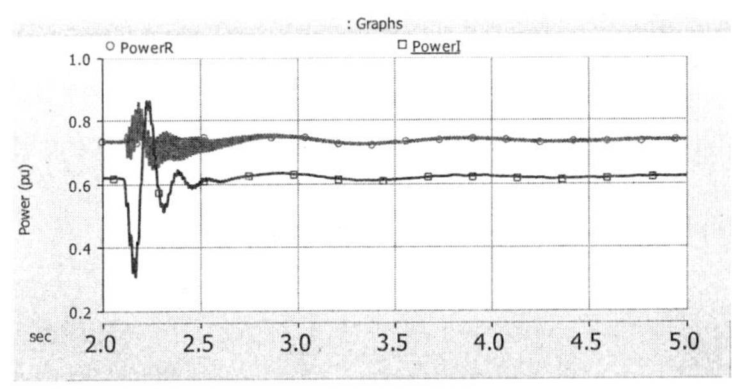

图 12-35 送端和受端有功功率

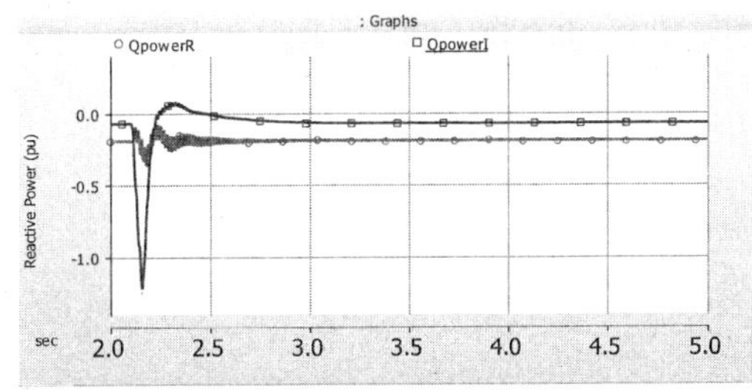

图 12-36 送端和受端无功功率

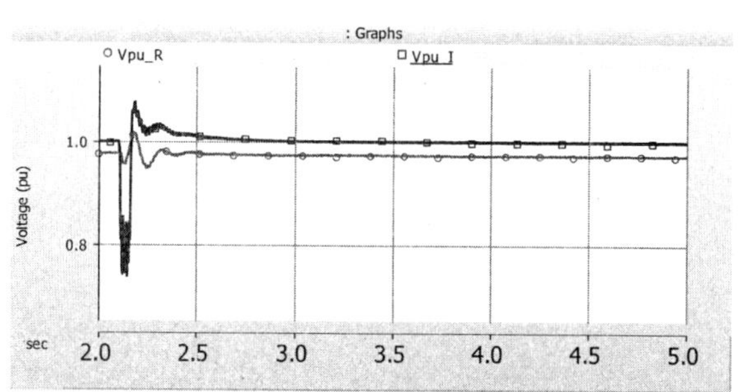

图 12-37 送端和受端交流母线电压有效值

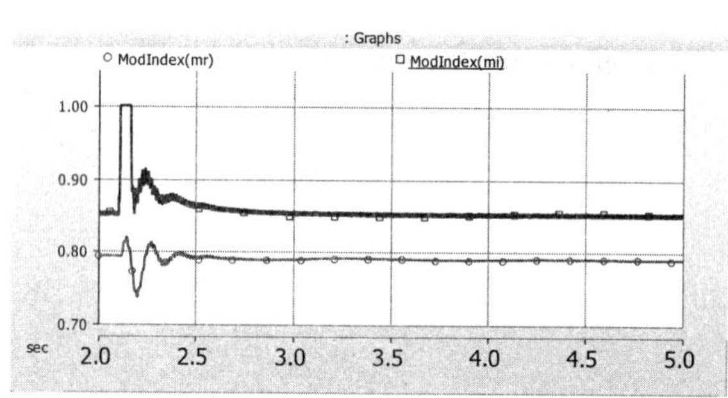

图 12-38 送端和受端调制比

故障发生后受端交流系统电压下降，受端交流系统吸收的有功功率迅速减小，受端定交流电压控制动作使得受端调整比增大。送端增大有功功率输出，满足提高受端交流系统电压的有功功率要求。

12.3 基于电压源换流器的高压直流输电系统仿真 2

该模型的主电路部分如图 12-39 所示。

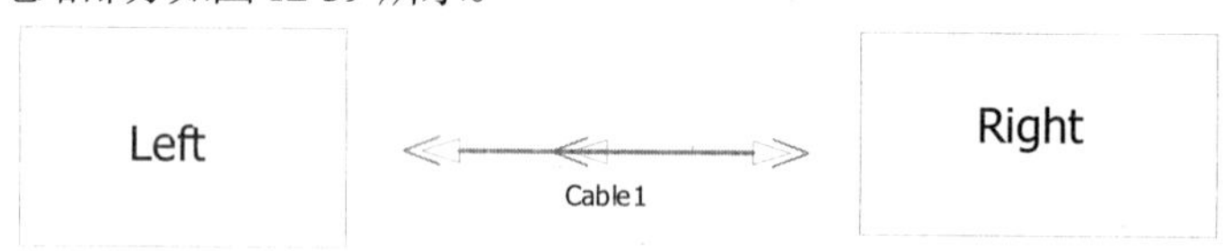

图 12-39 仿真模型主电路

送端和受端主电路分别如图 12-40 和图 12-41 所示。

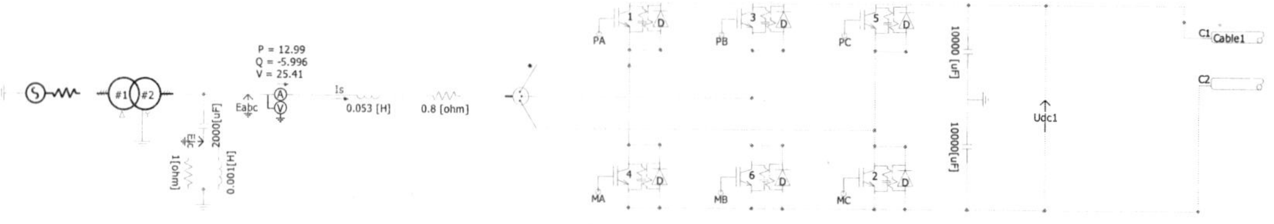

图 12-40 送端主电路

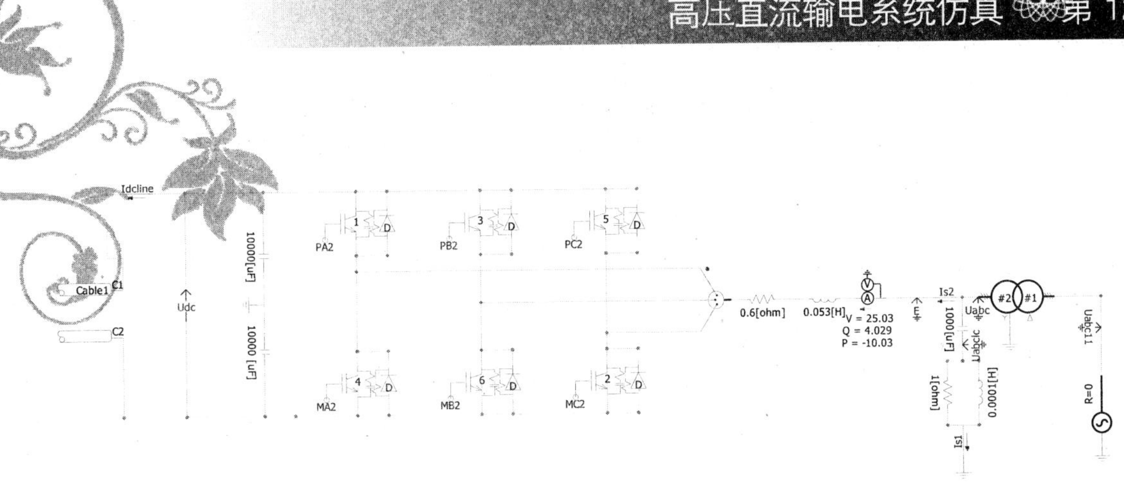

图 12-41 受端主电路

送端交流系统由三相电压源模拟，其主要参数为线电压 110 kV，系统阻抗 1.7 Ω。变压器采用 Yn/Δ联结，基本参数为容量 25 MVA，绕组电压 110 kV/25 kV，漏抗 0.2 pu。相电抗器基本参数为 0.053 H，换流站交流母线以及电压源换流器的等效电阻为 0.8 Ω。换流站内部变压器二次母线处装设交流滤波器。

受端用三相交流电源模拟无穷大交流系统，系统阻抗为零，线电压 110 kV。变压器采用 Yn/Δ联结，基本参数为容量 20 MVA，绕组电压 110 kV/25 kV，漏抗为 0.1 pu。相电抗器为 0.053 H，等效电阻值为 0.6 Ω，同样在变压器二次母线处配置交流滤波器。

输电线路采用地埋式直流电缆传输，直流电缆基本参数为长度 10 km，埋地深度 1 m。电缆结构及大地参数如图 12-42 所示。

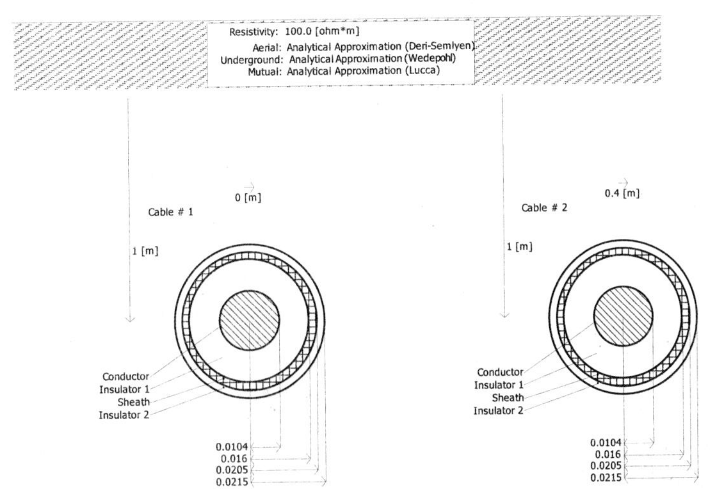

图 12-42 直流电缆结构及大地参数

该电压源换流器高压直流输电系统的控制采用直接电流控制，这种控制方式分为内环电流控制和外环电压控制两部分。内环电流控制器用于实现换流器交流侧电流波形和相位的直接控制，以快速跟踪参考电流。外环电压控制根据电压源换流器高压直流输电系统级控制目标可以实现定直流电压控制、定有功功率控制、定频率控制、定无功功率控制和定交流电压控制等控制目标。

送端 VSC 的外环控制模式为定有功功率控制和定无功功率控制。其控制电路如图 12-43 所示。

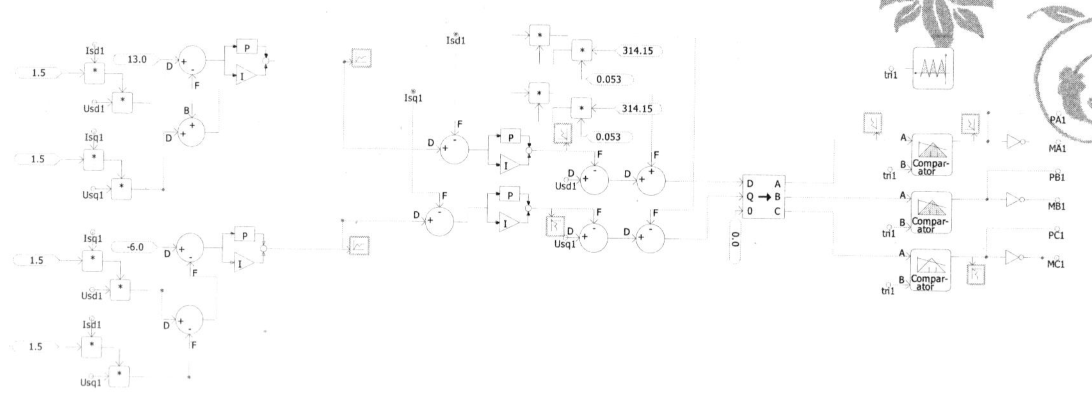

图 12-43 送端 VSC 控制电路

送端定有功功率控制的指令值为 13 MW，无功功率的指令值为 -6 MVar。该电路通过外环控制器有功功率测量值与有功功率指令值的偏差经过 PI 校正环节，得到内环 d 轴电流测量信号的指令值 Isd1ref，无功功率测量值与无功功率指令值的偏差经过 PI 校正环节得到内环 q 轴电流测量信号的指令值 Isq1ref。

内环控制器结构如图 12-44 所示。其中ωLi_{sd},ωLi_{sq}为电流交叉耦合项，U_{sd},U_{sq}分别为电网电压 d, q 轴分量。Udref,Uqref 分别为换流器交流侧电压基波的 d, q 轴分量，触发脉冲生成电路是将'Udref,Uqref 经反派克变换，变为三相交流电压调制信号，同时取三角波为载波信号（三角波开关频率为 3000 Hz），二者进行调制后得到 PWM 波形，即 IGBT 触发脉冲。

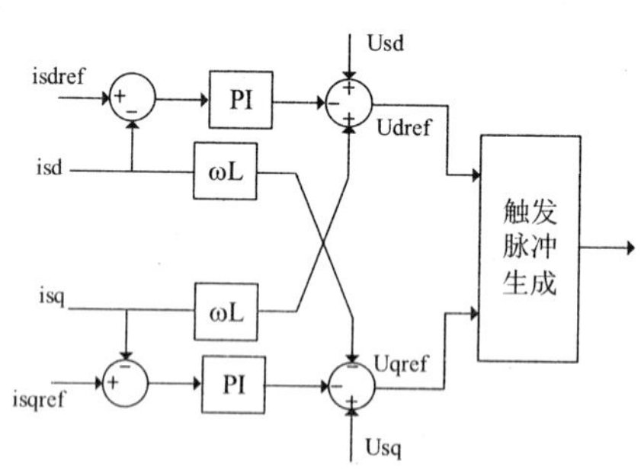

图 12-44 内环控制器结构

受端 VSC 外环控制模式为定直流电压控制和定无功功率控制，其控制电路如图 12-45 所示。

受端定直流电压指令值为 60 kV，定无功功率指令值为 4 MVar。该电路通过外环控制器直流电压指令值与直流电压测量值的偏差经 PI 校正环节，得到内环 d 轴电流信号的指令值 Isd2ref；同样无功功率指令值与无功功率测量值偏差经 PI 校正环节，得到内环 q 轴电流信号的指令值 Isq2ref。内环控制器以及触发脉冲生成电路与送端相同。

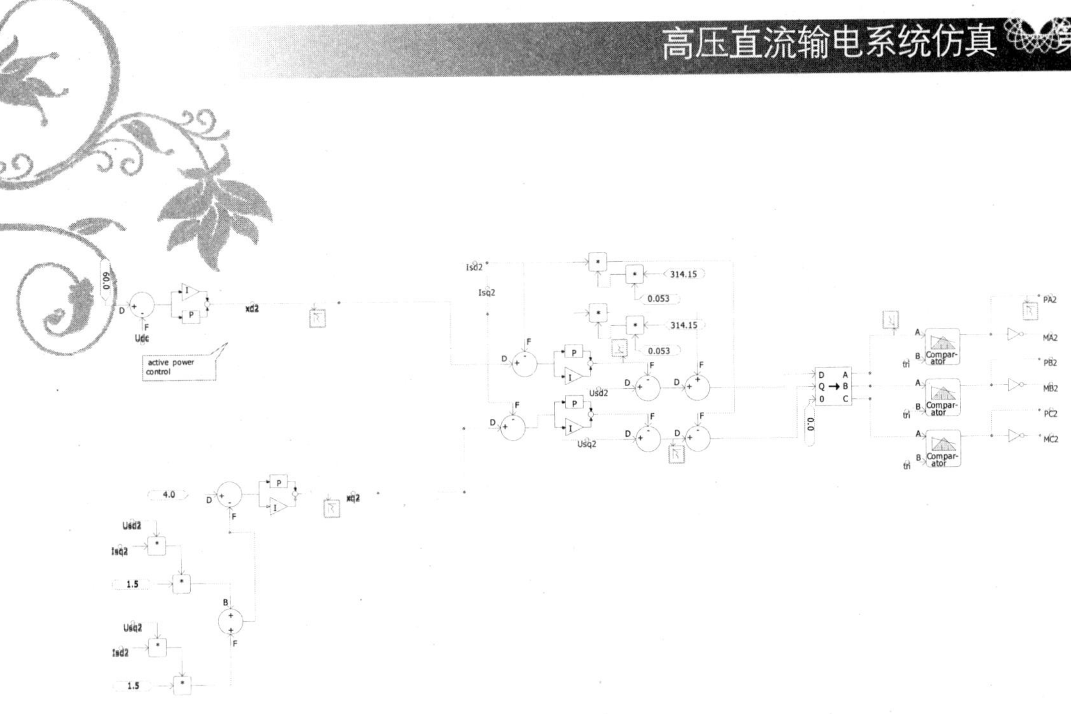

图 12-45 受端 VSC 控制电路

系统稳态直流电压、直流电流、送端有功功率和无功功率、受端有功功率和无功功率分别如图 12-46～图 12-49 所示。

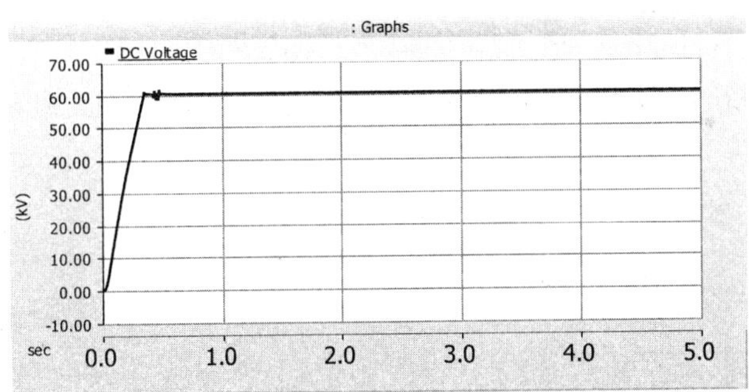

图 12-46 直流电压

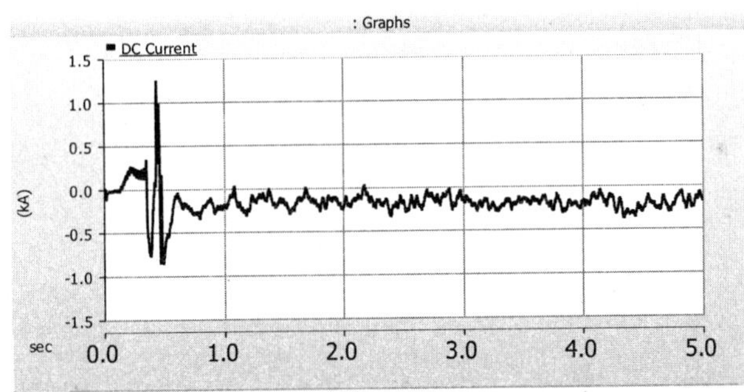

图 12-47 直流电流

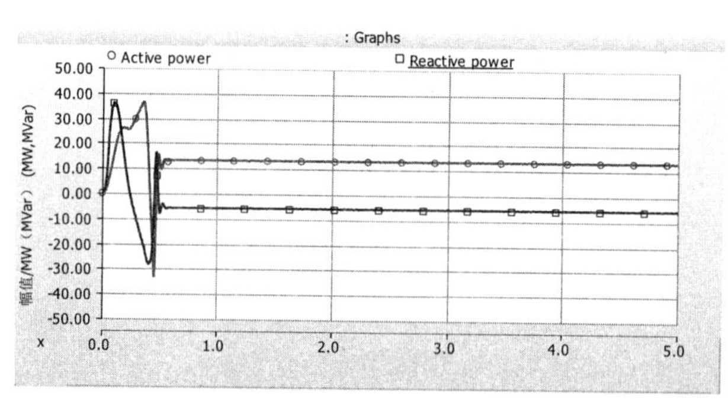

图 12-48 送端功功率和无功功率

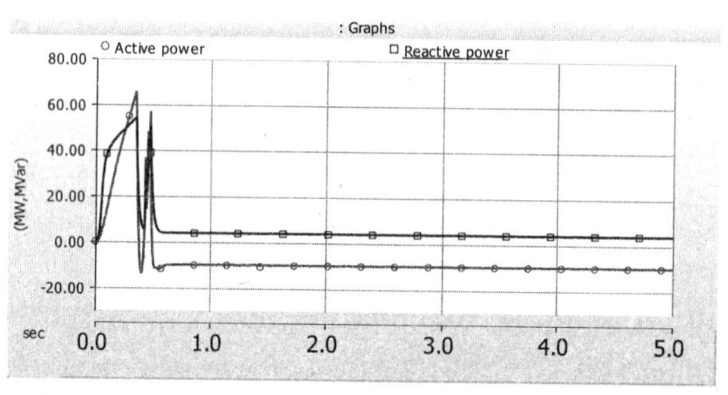

图 12-49 受端有功功率和无功功率

可以看到，该系统的控制电路能实现系统级控制的控制目标，直流电压稳定，有功功率和无功功率实现解耦控制。

第 13 章 电能质量及电力电子技术仿真

本章介绍利用 PSCAD 进行电能质量及电力电子技术仿真的相关方法，主要包括结合脉冲发生元件的使用说明 6 脉波换流器的控制、有源电力滤波器设计、SVC 系统和 STATCOM 系统控制等。

13.1 6 脉波变换桥控制

以下结合脉冲发生元件的使用说明 6 脉波换流器的控制方法。

13.1.1 直接输入触发角

对 6 脉波换流器进行控制最简单的方式是直接输入触发角（弧度或度），此时 6 脉波换流器的输入参数 *Firing Order Input* 需选择为 Angle in Radians 或 Angle in Degrees。

可直接通过 6 脉波换流器的输入端子 *AO* 输入触发角控制信号，该触发角用于换流器中编号为 1 的晶闸管的控制，其他晶闸管的触发角将在该信号的基础上连续自动增加 60° 即可得到。

直接输入触发角时的仿真模型如图 13-1 所示。

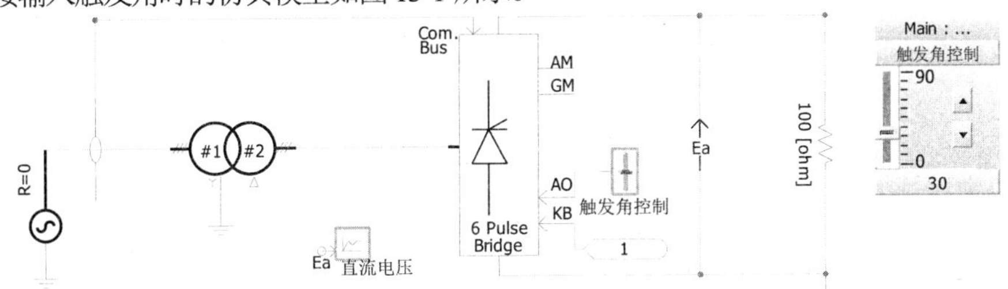

图 13-1 直接输入触发角时的仿真模型

当触发角为 0° 和 30° 时的直流电压波形如图 13-2 所示。

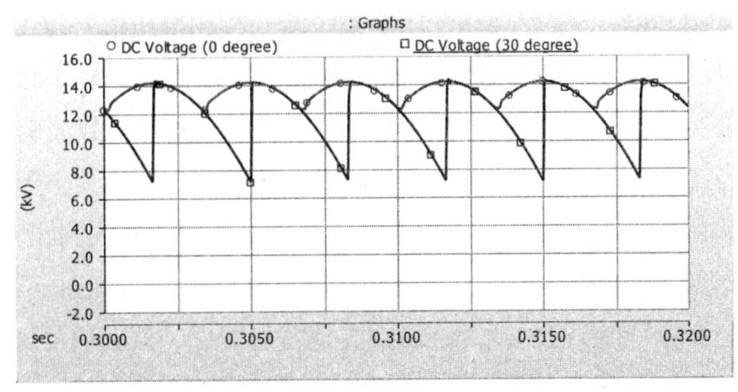

图 13-2 触发角为 0° 和 30° 时的直流电压波形

为了实现对 6 脉波换流器中各个晶闸管器件的单独控制，可对其采用 6 脉冲输入控制方式，此时 6 脉波换流器的输入参数 *Firing Order Input* 需选择为 6 Pulses + 6 Interp. Times。

需要利用脉冲发生元件产生 6 脉波换流器所需要的 6 维触发角信号和 6 维插补时间信号。根据脉冲发生单元的配置，这两组信号又可有两种产生方式，而其输入的载波信号和触发角指令也可以有不同的方式，以下分别介绍这些方法。

13.1.2 6 脉冲方式 1

脉冲方式 1 下脉冲发生单元的输入参数 *Format of pulse, time output* 需选择为 To Six Pulse Thyristor Group 且输入参数 *Number of Pulses* 需选择为 Six。仿真模型的主要部分如图 13-3 所示。

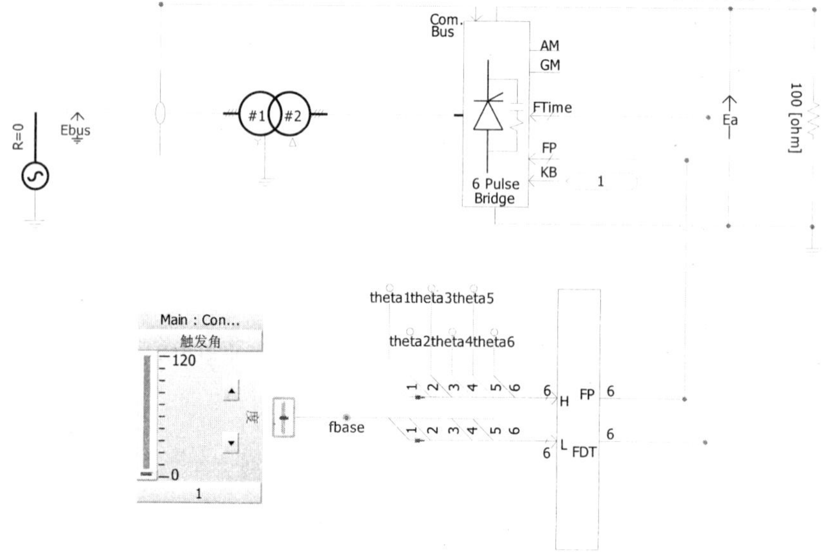

图 13-3 脉冲方式 1 时的仿真模型

图中信号 fbase 是各晶闸管的触发角指令信号，触发角指令不同时可采用 Data Merge 元件将 6 个不同的触发角指令进行汇聚，并连接至脉冲发生元件的 L 输入端。脉冲发生元件的 H 输入端是各个晶闸管的触发载波信号，以下以编号 1 和编号 2 的晶闸管为例说明其载波信号 theta1 和 theta2 的产生方法，信号的产生电路如图 13-4 所示。

首先利用锁相环 PLL 元件，根据换流变压器系统侧三相相电压信号 VaVbVc 得到 A 相相电压的相位角信号 theta。由于在本仿真中换流变压器的配置为 Y/D (D lags)，因此编号 1 器件的载波信号将滞后，故首先需要将 theta 减去 60º，为了得到从 0º～360 º 变化的载波信号，还需对‘theta 减去 60º 后的信号进行修正：当其大于或等于 0º 时，直接输出该信号；而当其小于 0 时，需要加上 360º，这样处理后即可得到编号 1 器件的载波信号 theta1（该信号将与换流器阀侧线电压信号 Vac 同相位）。同理，编号 2 器件的载波信号滞后编号 1 器件载波信号 theta160º，将 theta1 减去 60º，并进行相应的处理后即可得到编号 2 器件的载波信号 theta2，其他编号器件的载波信号可同理得到。

需要注意的是，6 脉波换流器采用 6 脉波控制方式时，其中的参数 *Transformer Phase Configuration* 将不起作用，用户需根据此时的换流变压器配置进行类似上述的载波信号处理。

当触发角为 0° 和 60° 时的直流电压波形如图 13-5 所示。

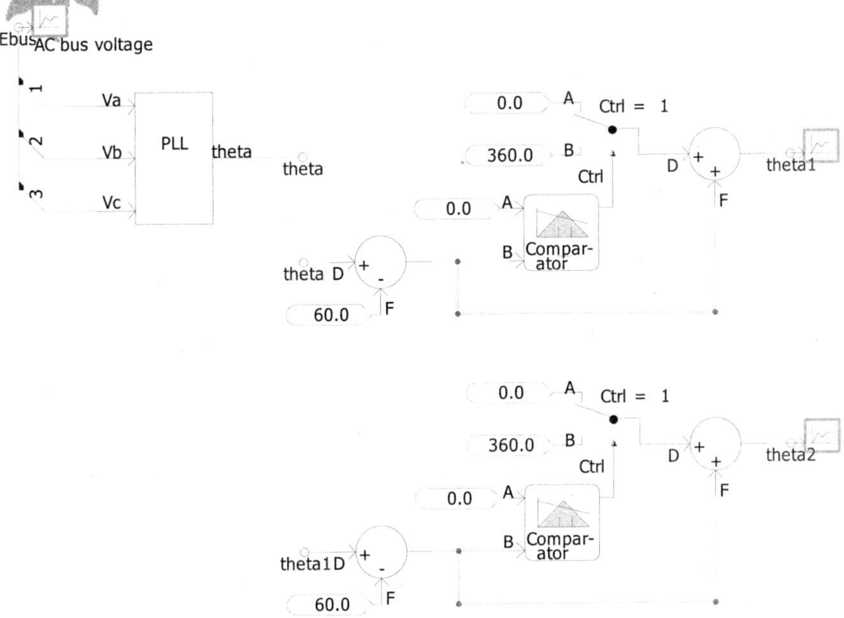

图 13-4 编号 1 和编号 2 器件的载波信号产生电路

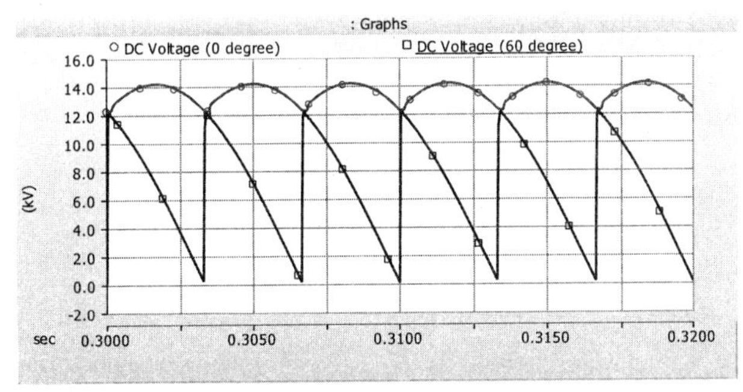

图 13-5 不同触发角下直流电压波形

13.1.3 6 脉冲方式 2

脉冲方式 2 下脉冲发生单元的输入参数 *Format of pulse, time output* 需选择为 To Individual Devices，且输入参数 *Number of Pulses* 需选择为 Six。仿真模型的主要部分如图 13-6 所示。

脉冲方式2与脉冲方式1的区别在于脉冲发生元件产生的是6个开关器件所需的2维驱动信号，首先需要将这些信号中的第 1 维，即开关信号进行提取，并使用 Data Merge 元件汇聚后成为 6 脉波换流器所需的 6 维信号 fp_in，连接至输入端子 FP；将这些信号中的第 2 维，即插补时间进行提取，并使用 Data Merge 元件汇聚后成为 6 脉波换流器所需的 6 维信号 ft_in，连接至输入端子 FTime。其他载波信号的产生及触发角信号与脉冲方式 1 的完全相同。脉冲方式 2 下的仿真波形不再给出。

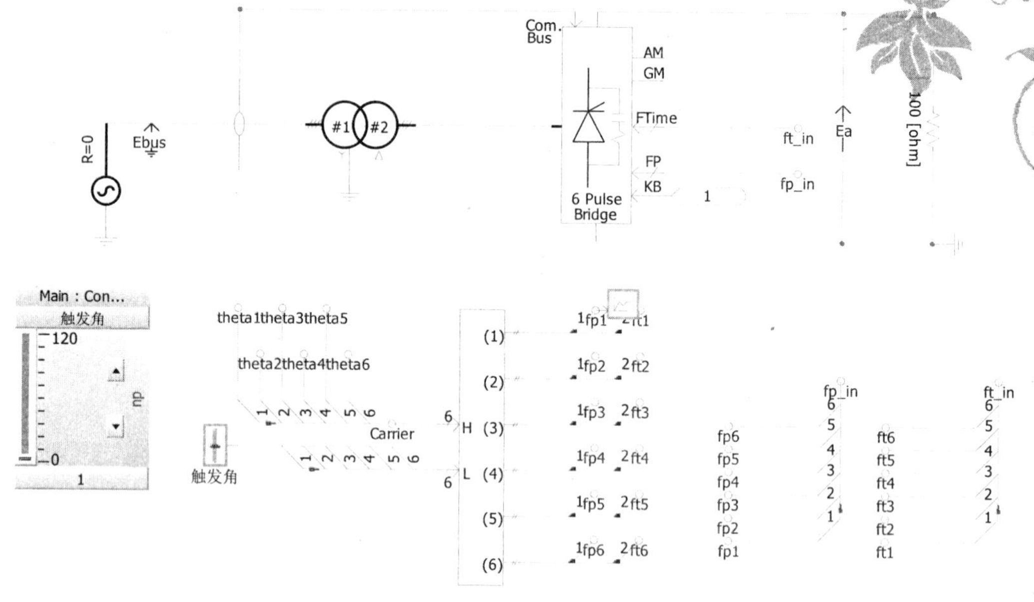

图 13-6 脉冲方式 2 时的仿真模型

13.1.4 6 脉冲方式 3

上述的两种脉冲发生方式的载波信号和触发角信号是相同的，这里介绍第 3 种载波信号和触发角输入方式。图 13-7 所示为脉冲方式 3 下的脉冲发生元件的连接。

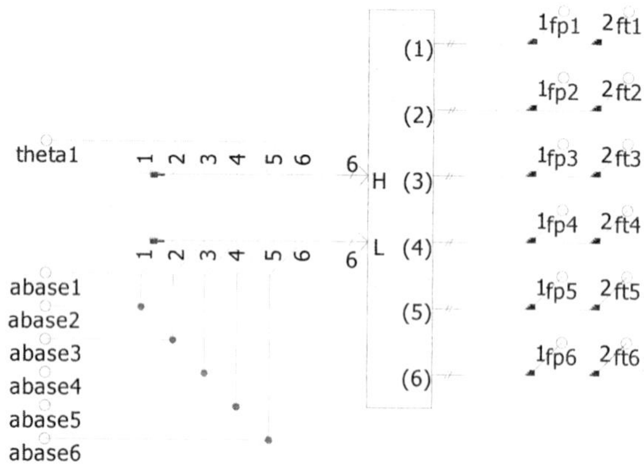

图 13-7 脉冲方式 3 时的脉冲发生元件连接

该方式与脉冲方式 2 下输出 6 个二维信号的处理完全相同，区别在于载波信号和触发角指令的不同。6 个开关器件的载波信号均采用了开关器件 1 的载波信号，该载波信号也需采用与脉冲方式 1 和脉冲方式 2 中相同的方法，根据换流变压器的配置进行移相处理，这里不再给出具体电路。

脉冲方式 3 下的触发角指令是以编号 1 器件的触发角指令为基础，依次增加 60°（也可完全按照用户需要分别给出触发角指令），但需要对这些触发角指令进行处理，以使得其均位于 0 º～360º 的范围内，以图 13-8 所示的编号 2 器件的触发角指令信号 abase2 的处理为例进行说明。

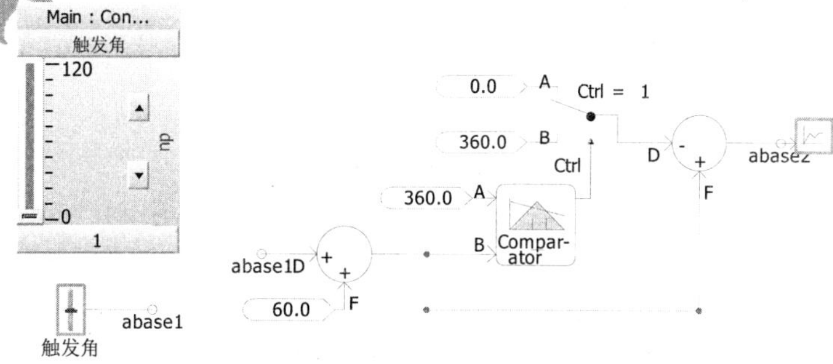

图 13-8 编号 2 器件的触发角指令处理电路

'abase1 为用户直接输入的编号 1 器件的触发角指令，该指令加上 60º 后与 360º 比较，若大于 360º 则减去 360º；若小于 360º 则直接输出，从而得到编号 2 器件的触发角指令信号 abase2。其他器件的触发角指令的处理类似。

当触发角为 0º 和 45º 时的直流电压波形如图 13-9 所示。

可以看到，用户可根据需要，选择不同的脉冲发生元件的脉冲发生方式或设计不同的载波信号及触发角指令信号形成方法，实现 6 脉波换流器的控制。无论何种方法，都需注意需要根据换流变压器的配置进行载波信号的移相处理，并且保持所有的载波和触发角指令信号在 0～360º 的范围内。

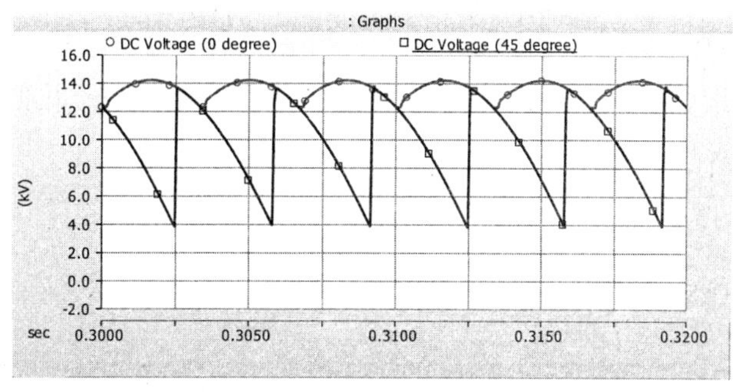

图 13-9 触发角为 0º 和 45º 时的直流电压波形

13.2 相控交流开关

本示例采用 PSCAD 目录..\examples\PowerElectronics 下的自带示例 *ac_switch*。为方便起见，将模型中的工作频率由 60Hz 改为了 50Hz。

该仿真模型的主电路如图 13-10 所示。

图中的一对反并联晶闸管构成了交流开关，分别在交流系统电压正负半波内导通，以向负载供电。由于负载中电感元件的存在，负载电流将滞后于施加电压一个角度。在晶闸管触发角较大时，负载电流将已衰减至 0，此时负载电流将不连续，而在晶闸管触发角较小时，负载电流尚未衰减至

0，晶闸管将无法关断。本例的目的是计算出在给定触发角时使得负载电流连续的电感值，或者验证在给定负载电阻和电感情况下计算得出的使得负载电流连续的最佳触发角。

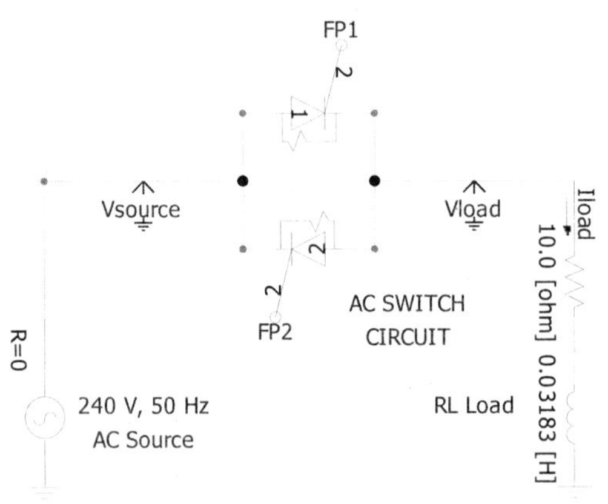

图 13-10 仿真模型主电路

在给定触发角（如 45°）时，该角度即为负载电流滞后于电压的角度，可计算出负载电抗值：

$$X_L = R\tan 45^\circ = R$$

在负载电阻 R=10Ω 的情况下，计算得到负载电抗为：

$$L = 10/(2\times\pi\times 50)\ \text{mH} = 31.83\ \text{mH}$$

该模型在触发角指令为 45°、60° 和 30° 时的负载电压和电流波形分别如图 13-11~图 13-13 所示（为便于比较，电流放大了 15 倍）。

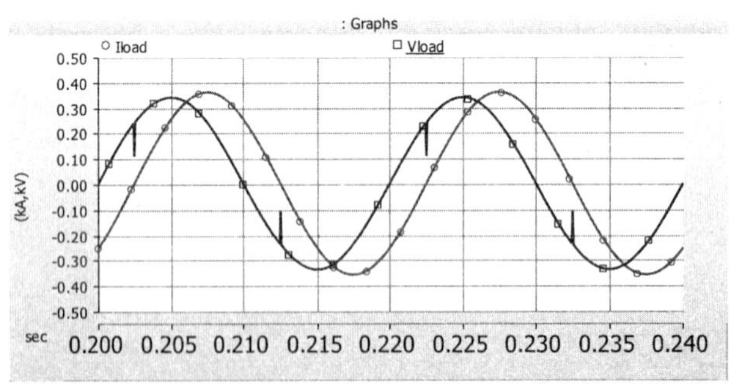

图 13-11 触发角 45° 时的负载电压和电流波形

可以看到，触发角设置为 45° 时，负载电流为连续的正弦波形，负载电压在晶闸管导通时略有下切。

可以看到，触发角设置为 60° 时，负载电流不连续，负载电压在晶闸管关断至开通期间为 0 V。

可以看到，触发角设置为 30° 时，晶闸管已失去关断能力，负载电流连续，负载电压即为系统

电压。

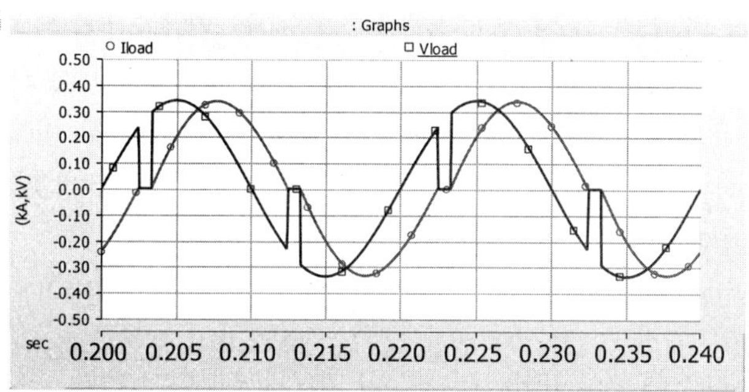

图 13-12 触发角 60° 时的负载电压和电流波形

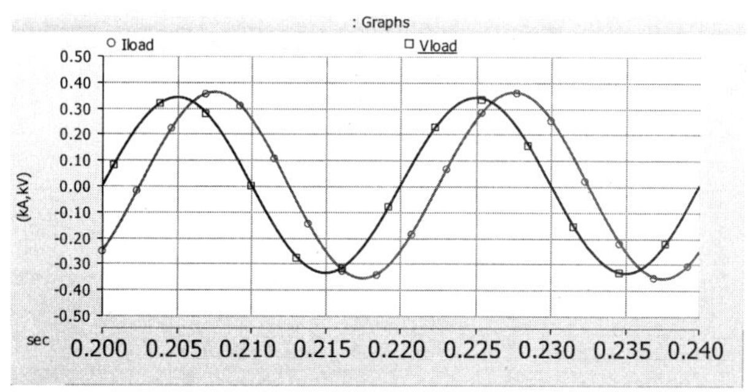

图 13-13 触发角 30° 时的负载电压和电流波形

13.3 单相交流斩波调压装置

本示例为 PWM 控制的单相交流斩波调压电路，目的是控制负载电压有效值为给定值。仿真模型的主电路如图 13-14 所示。

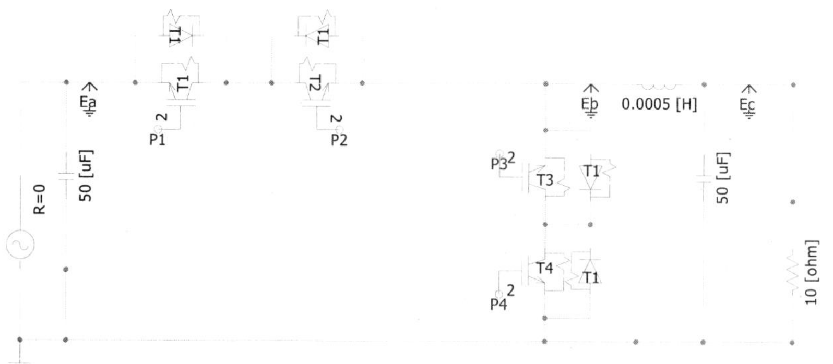

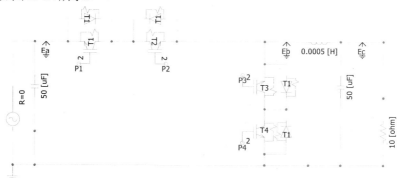

图 13-14 仿真模型主电路

IGBT 器件 T1～T4（均带有反并联二极管）构成交流斩波电路，左侧电容为输入滤波电路兼做续流回路，右侧电感和电容构成输出滤波电路。在交流电源的正半周，T1 和 T3 保持开通，若此时 T2 开通（T4 将关断），则系统电压将通过 T1 的续流二极管、T2、输出滤波器及负载构成回路，负载电压将上升；若此时 T4 开通（T2 将关断），则 T3 的续流二极管、T4、输出滤波器及负载构成回路，负载电压将下降。在交流电源的负半周，T2 和 T4 保持开通，若此时 T1 开通（T3 将关断），则系统电压将通过 T2 的续流二极管、T1、输出滤波器及负载构成回路，负载电压将上升（绝对值增大）；若此时 T3 开通（T1 将关断），则 T4 的续流二极管、T3、输出滤波器及负载构成回路，负载电压将下降（绝对值减小）。

控制信号的产生电路如图 13-15 所示。输出参考电压信号为输入电压的一个比例（图中采用了 0.6 的系数），在系统电压有效值 1 kV' 的情况下，输出参考电压有效值将为 0.6 kV。参考电压信号与输出电压信号 Ec 相减，误差信号送入 PI 校正环节，并由 5kHz 的三角载波信号进行调制，得到控制信号 S1。IGBT 的驱动脉冲发生电路如图 13-16 所示。

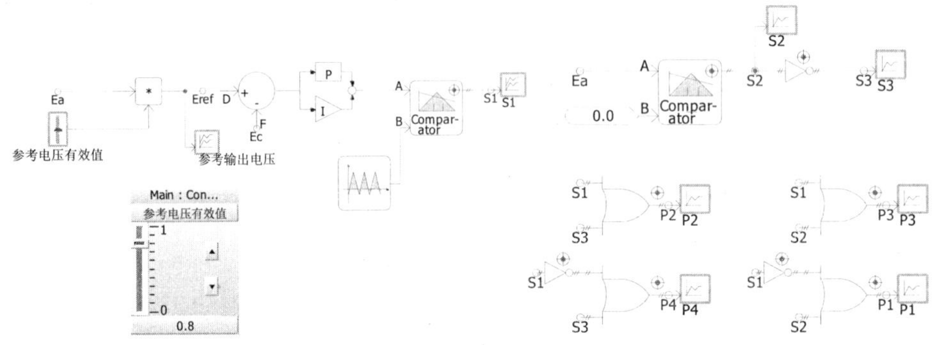

图 13-15 控制信号产生电路　　图 13-16 驱动脉冲发生电路

该电路首先根据交流电源电压信号 Ea 产生相应的方波信号 S2 及反相方波信号 S3。IGBT T2 的驱动信号 P2 由信号 S1 和 S3 进行或运算得到，在信号 S3 为高电平的半周波内（对应交流电源的负半波），P2 将保持为高电平，而在信号 S3 为低电平的半周波内（对应交流电源的正半波），P2 与 S1 相同；IGBT T4 的驱动信号 P4 由信号 S1 的反相信号与 S3 进行或运算得到，在信号 S3 为高电平的半周波内（对应交流电源的负半波），P4 将保持为高电平，而在信号 S3 为低电平的半周波内（对应交流电源的正半波），P4 与 S1 的反相信号相同。IGBT T1 和 T3 的驱动信号产生方式类似。

图 13-17 给出了驱动信号波形。图 13-18 给出了参考电压和输出电压波形，图 13-19 给出了参考电压和输出电压有效值的波形。

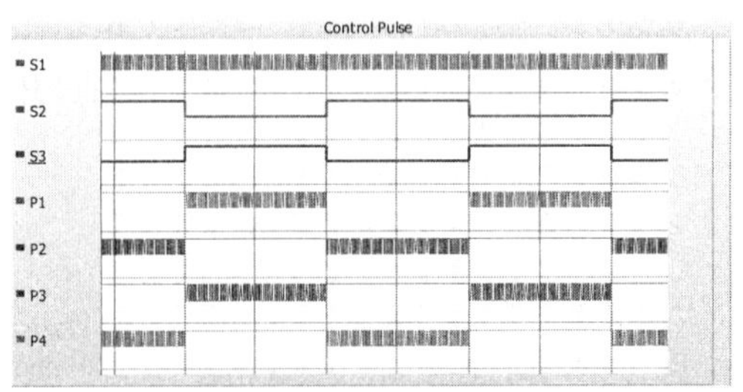

图 13-17 驱动信号波形

可以看到，输出电压有效值基本达到 0.6 kV（相差的部分主要由 PI 环节的参数及载波调制比所引起），该仿真模型实现了利用交流斩波电路进行电压的连续精确调节。

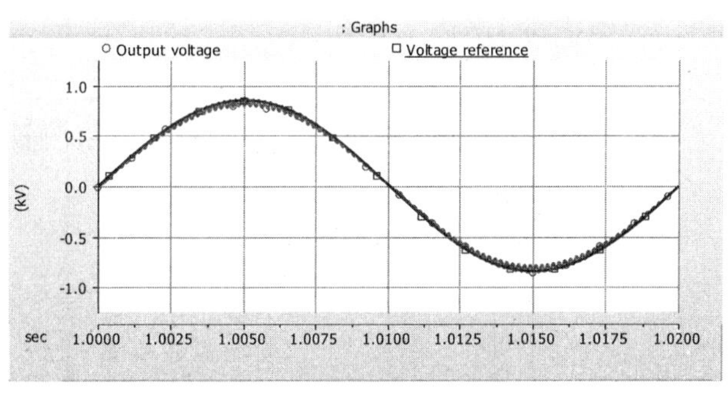

图 13-18 参考电压和输出电压波形

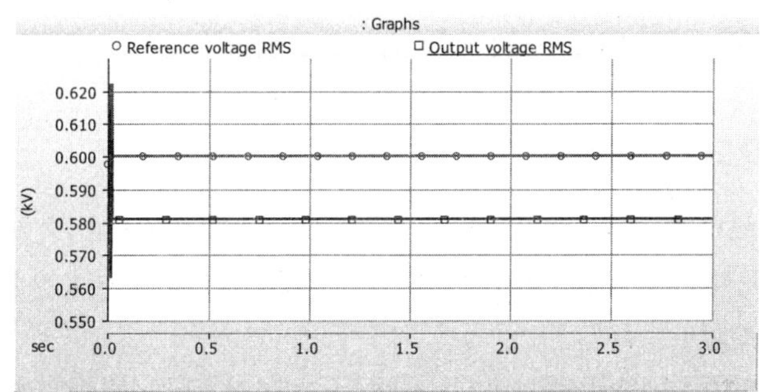

图 13-19 参考电压和输出电压有效值

13.4 电流滞环控制的并联有源电力滤波器（PAPF）

13.4.1 并联有源滤波器基本工作原理

并联有源滤波器（APF）由主电路和控制电路组成。主电路是由电力电子器件构成的逆变器，按逆变器直流侧储能元件的不同分为电压型和电流型 APF。电压型 APF 因损耗较少、效率高、储能元件价格低而更受青睐。控制电路主要由指令信号检测、控制策略和驱动信号发生等电路组成，其关键是如何精确、快速检测指令信号和选择何种合适的控制策略。APF 按接入系统的方式分为串联 APF（SAPF）和并联 APF（PAPF）两种。PAPF（图 13-20）因连接简单、谐波电流抑制效果好、PAPF 故障对系统影响小而广泛使用。PAPF 通过向电网注入一个补偿电流来抵消谐波源（负载）产生的有害谐波电流，以改善电网受谐波源负载的污染。PAPF 的控制电路先检测出指令电流（应等于系统需补偿的谐波电流），再形成控制信号，最后产生驱动信号触发主电路中控制电力电子器件，使主电路输出所需的补偿电流（应在任何时刻均与指令电流大小相等、方向相反），从而实现对系统谐波电流的补偿。这就要求指令信号检测电路应能检测出补偿对象的瞬时值。

在图 13-20 中，系统电源侧瞬时电流为 i_s，若只希望 PAPF 抑制瞬时谐波电流分量 i_h，则指令信号检测电路从 i_s 中分离出 i_h 作为 i_z，PAPF 输出的瞬时电流 $i_o=-i_z=i_h$；若希望 PAPF 同时补偿瞬时基波无功电流 i_q，则指令信号检测电路应从 i_s 中分离出 i_h+i_q 作为 i_z，$i_o=-i_z=-(i_h+i_q)$。

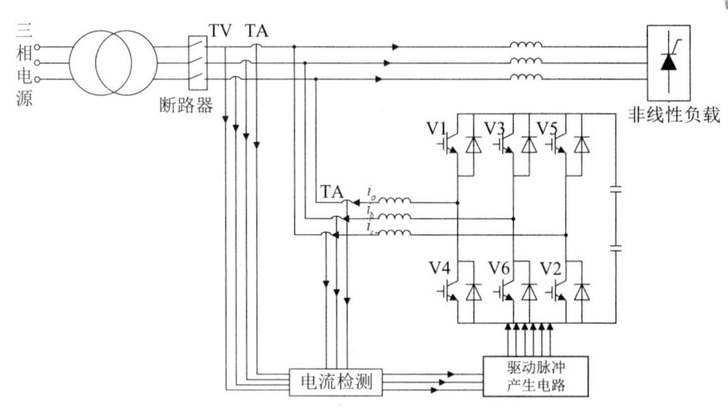

图 13-20 PAPF 结构示意图

13.4.2 滞环电流比较控制策略

滞环控制是一种简单的 Bang-bang 控制，当补偿对象与滤波器输出之差超过预定的容许误差时，主电路中的开关元件动作。滞环电流比较控制是实际电流与指令电流的上、下限相比较且形成一个环带，并以交点作为开关点。

PAPF 滞环电流比较控制的原理如图 13-21 所示。它是以高频采样频率连续检测 i_s 和 i_o，由指令信号检测电路从 i_s 中分离出 i_z，取 i_z 与 i_o 的代数差 Δi_o 输入滞环比较器（其高、低阈值设为 δ_1 和 δ_2，一般取 $\delta_1=-\delta_2$），$\Delta i_o>\delta_1$ 时信号 HL 上跳至高电位；$\Delta i_o<\delta_2$ 时 HL 下跳至低电位；$\delta_2\leq\Delta i_o\leq\delta_1$ 时 HL 保持原值。HL 通过驱动电路（放大器、隔离电路等）后产生控制可关断器件的驱动信号。

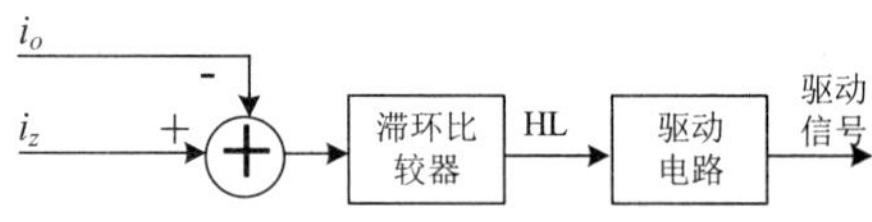

图 13-21 滞环电流控制的原理框图

13.4.3 应用实例

本示例采用 PSCAD 目录..\examples\ ActiveFilters 下的自带示例 *Shunt_AF*。该模型具有一个全局替换参数 freq，用户可方便地设置该模型运行于 50 Hz 或 60 Hz 频率下，本仿真中采用 50 Hz。并联有源电力滤波器接入 PCC（公共耦合点）处，对高次谐波呈现低阻抗，从而负荷电流中的谐波成分将流入滤波器，保持系统侧电流为工频分量。

该模型的主电路部分如图 13-22 所示。

系统采用三相交流电源模拟，非线性负载为 6 脉波换流器，并联有源电力滤波器采用基于 IGBT

器件的三相全桥逆变器，直流侧采用直流电压源替代实际的电容器，其输出通过 LC 滤波器和变压器接入 PCC 点。

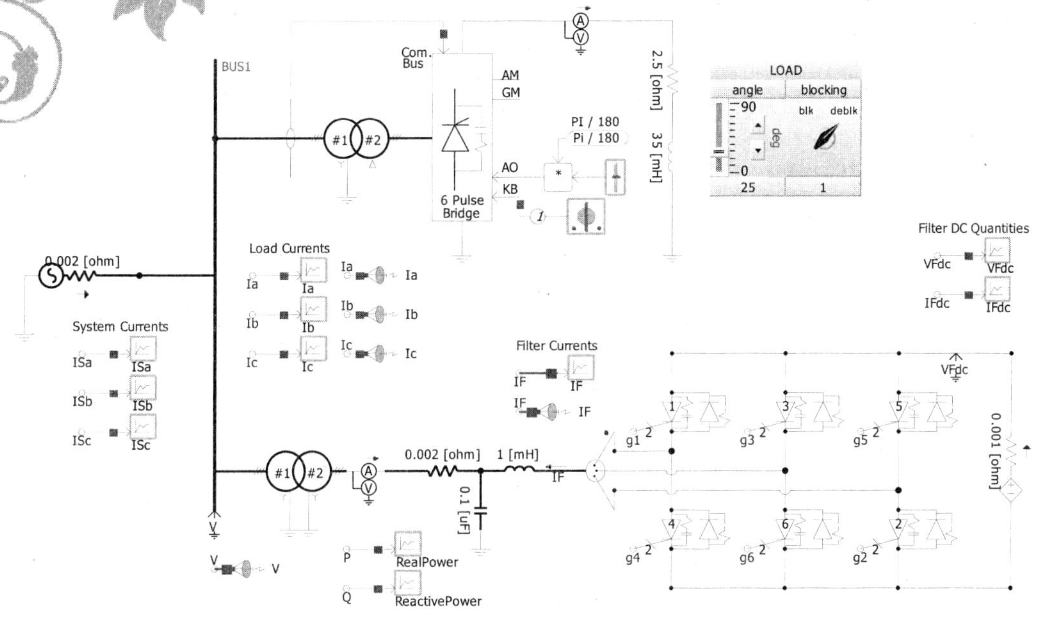

图 13-22 仿真模型主电路

并联有源滤波器的控制部分基于瞬时无功理论进行设计，其参考电流计算电路如图 13-23 所示。

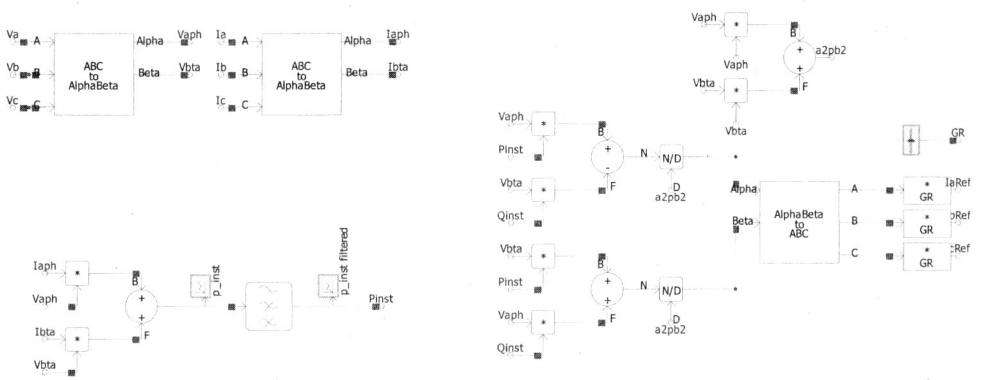

图 13-23 参考电流计算电路

首先利用 AlphaBeta_ABC 元件分别计算出 PCC 处三相电压信号 Va、Vb、Vc 和三相负载电流信号 Ia、Ib、Ic 的 αβ 分量 Vaph/Vbta 和 Iaph/Ibta。利用这些分量计算出瞬时有功功率和无功功率如下：

$$\begin{bmatrix} \text{p\_inst} \\ \text{q\_inst} \end{bmatrix} = \begin{bmatrix} \text{Vaph} & \text{Vbta} \\ \text{-Vbta} & \text{Vaph} \end{bmatrix} \begin{bmatrix} \text{Iaph} \\ \text{Ibta} \end{bmatrix}$$

将瞬时有功功率 p_inst 和无功功率 q_inst 通过高通滤波器，去掉其中代表工频部分的直流分量后，得到 Pinst 和 Qinst。

利用下式计算得到参考电流的 αβ 分量：

$$\begin{bmatrix} \text{Iref\_aph} \\ \text{Iref\_bta} \end{bmatrix} = \frac{1}{\text{Vaph}^2 + \text{Vbta}^2} \begin{bmatrix} \text{Vaph} & \text{-Vbta} \\ \text{Vbta} & \text{Vaph} \end{bmatrix} \begin{bmatrix} \text{Pinst} \\ \text{Qinst} \end{bmatrix}$$

再利用 AlphaBeta_ABC 元件进行反变换，得到参考电流 IaRef、IbRef、IcRef。

有源电力滤波器的 IGBT 驱动信号采用滞环比较方法产生，电路如图 13-24 所示。

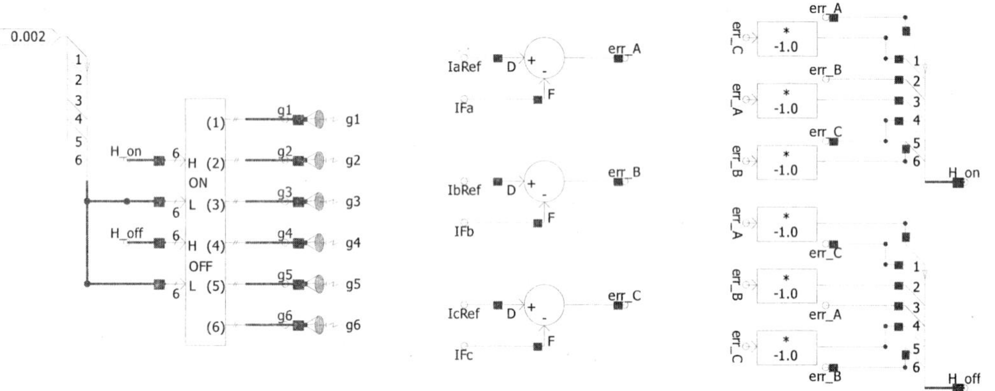

图 13-24 电流滞环控制电路

以编号 1 和 4 器件的脉冲产生方法为例进行说明。器件 1 的开通信号 (ON) 的 H 输入接 A 相电流的误差信号 err_A，L 输入为滞环死区 (0.002 kA)。当参考信号超过实际输出电流 2A 时，驱动信号为 1，器件 1 导通。器件 1 的关断信号 (OFF) 的 H 输入接 A 相电流的误差信号 err_A 的负值，L 输入为滞环死区 (0.002 kA)。当实际输出电流大于参考电流 2A 时，驱动信号为 0，器件 1 关断。而器件 4 的驱动信号正好与器件 1 的反相。

设置 6 脉波整流桥负载的触发角指令为 25º，APF 的 A 相输出电流及其参考电流波形如图 13-25 所示，滤波前后的系统 A 相电流如图 13-26 所示。

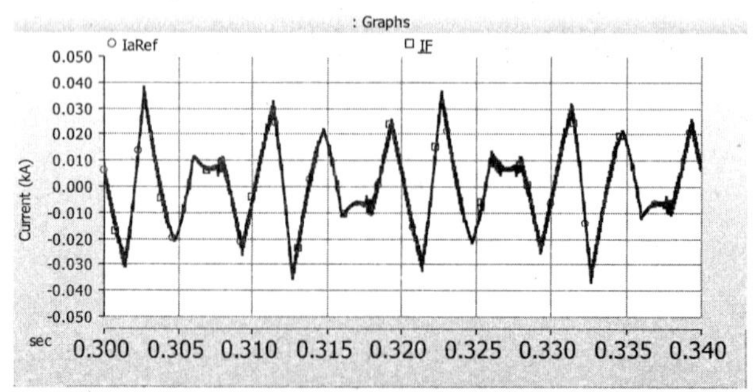

图 13-25 有源电力滤波器 A 相输出及参考电流波形

可以看到，采用电流滞环控制方法时，有源电力滤波器的输出电流能良好地跟踪参考电流，滤波后系统电流基本保持为工频基波分量。

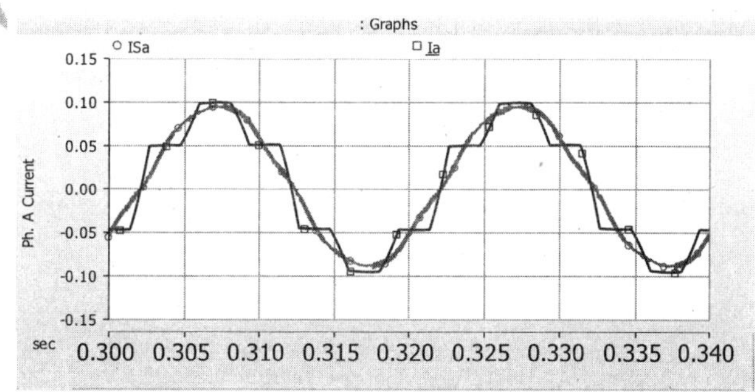

图 13-26 滤波前后系统 A 相电流波形

13.5 空间矢量控制的并联有源电力滤波器

本仿真示例的主电路与 13.4 节中示例的基本相同，仅并联有源电力滤波器部分略有不同，如图 13-27 所示。

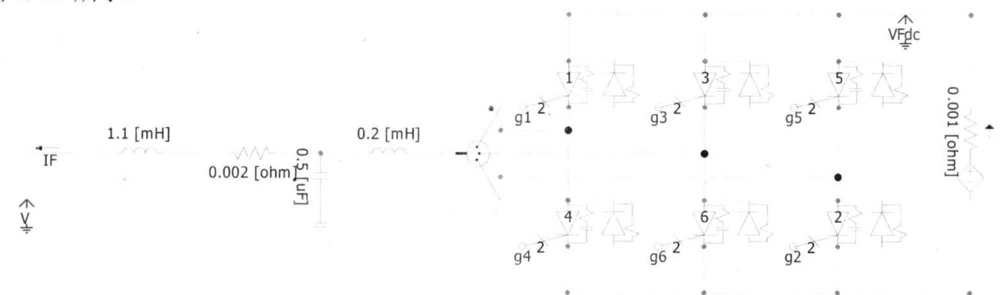

图 13-27 主电路的 APF 部分

参考电流的计算采用了 ip-iq 算法，其原理电路如图 13-28 所示。

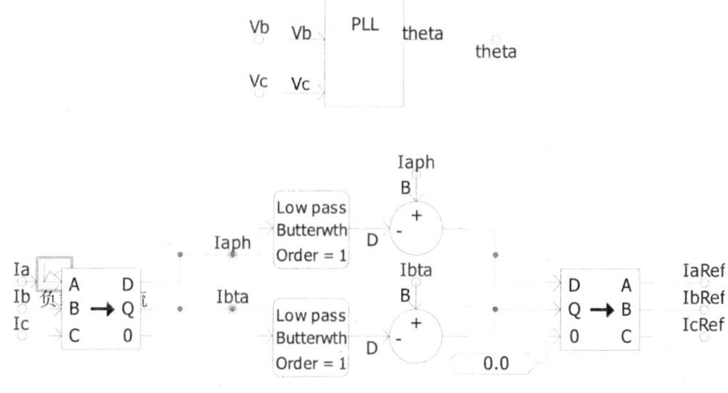

图 13-28 参考电流的计算原理电路

首先利用 PLL 元件获取系统相电压的相位角 theta，而图 13-28 中的两个 abc-dq0 变换元件的参

数 *Transformation Angle* 均设置为 theta。负载电流 Ia、Ib、Ic 通过 abc-dq0 变换，得到 dq 轴分量 Iaph 和 Ibta，从这两个信号中分别减去其中的直流分量，再通过 dq0-abc 变换，即可得到并联 APF 的参考电流，负载和并联 APF 的 A 相电流如图 13-29 所示。

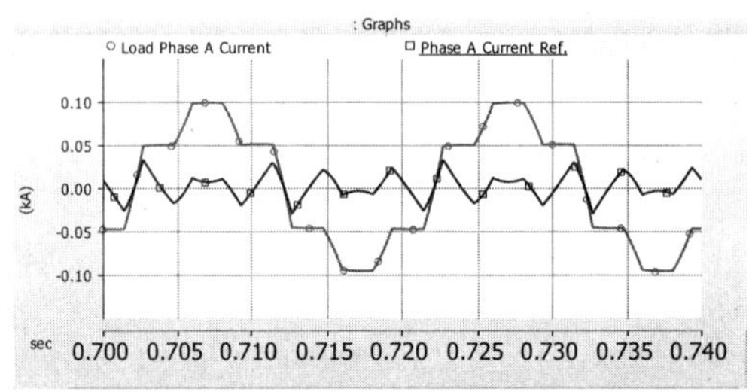

图 13-29 A 相参考电流及负载电流

图 13-30 所示为利用 SVM（空间矢量调制）方法产生并联 APF 驱动信号的电路。

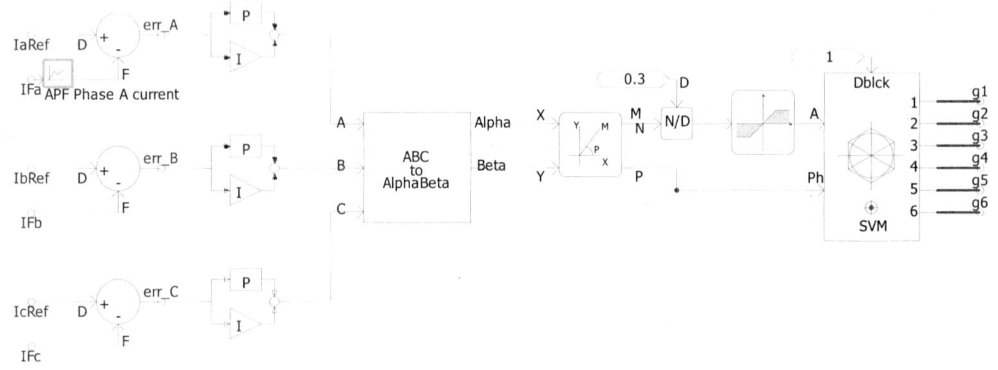

图 13-30 空间矢量控制电路

首先将并联 APF 的三相输出参考电流减去实际输出电流，将三相误差信号通过 PI 校正环节得到三相参考电压后转换至 αβ 坐标系下，再通过直角坐标与极坐标转换元件，得到参考电压矢量的幅值和相角，幅值进行标幺化（本仿真中直流侧仍采用了直流电压源，大小为 0.3kV）处理和限幅处理，分别送至主元件库中提供的 SVM 元件，该元件将根据参考电压矢量，采用 SVM 方法产生驱动信号。本仿真示例中 SVM 的载波频率设置为 10000Hz。

图 13-31 所示为并联 APF 的 A 相输出电流和参考电流波形。

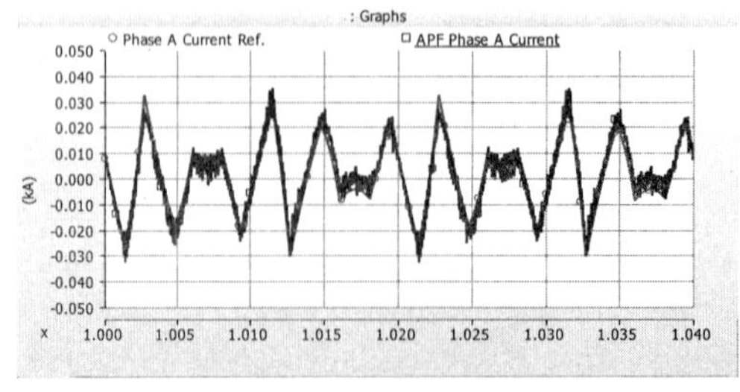

图 13-31 并联 APF 的 A 相输出电流和参考电流波形

图 13-32 所示为滤波前后系统 A 相电流波形。

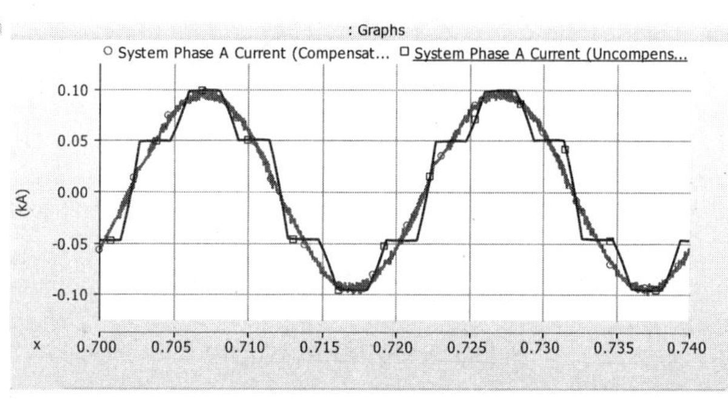

图 13-32 滤波前后系统 A 相电流波形

可以看到，采用空间矢量控制方法时，有源电力滤波器的输出电流能良好地跟踪参考电流，滤波后系统电流基本保持为工频基波分量。

13.6 串联有源电力滤波器（SAPF）

13.6.1 基本工作原理

并联型 APF 只适合补偿电流型谐波源负载，串联型 APF 适合于补偿电压型谐波源负载，通过有效利用 SAPF 可以达到提高用户端电能质量水平的效果。

SAPF 的工作电路主要由谐波检测电路、PWM 控制电路、驱动电路及三相桥式逆变器四部分组成，如图 13-33 所示。其中前三部分组成 SAPF 的控制电路，主电路为 IGBT 构成的三相桥式电压型 PWM 逆变器。工作时 SAPF 相当于受控电压源，用于抵消由负载所产生的谐波电压，使电网侧电压波形接近正弦。同时 SAPF 还可被应用于消除负序电压分量和调节三相系统的电压。

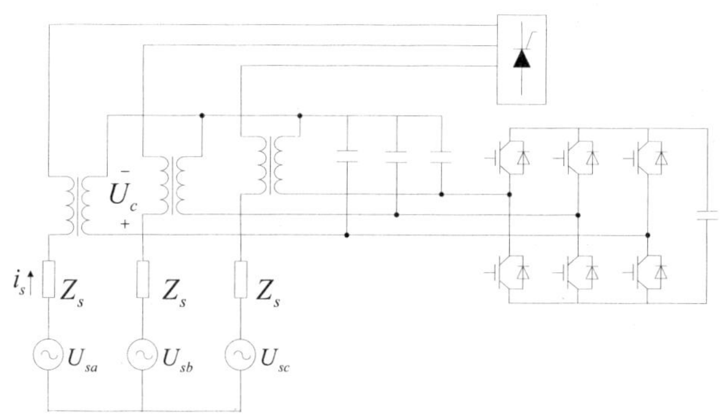

图 13-33 SAPF 系统结构图

图 13-34 所示为串联型 SAPF 的单相等效电路。其中 Z_s 为电源的内部等效阻抗，U_{sf} 为电源基波电压，U_L 为负载电压，U_c 为滤波器产生的电压。设电源电流 i_s 的基波分量和谐波分量分别为 i_{st}

和 i_{sh} (i_s=i_{st}+i_{sh})。

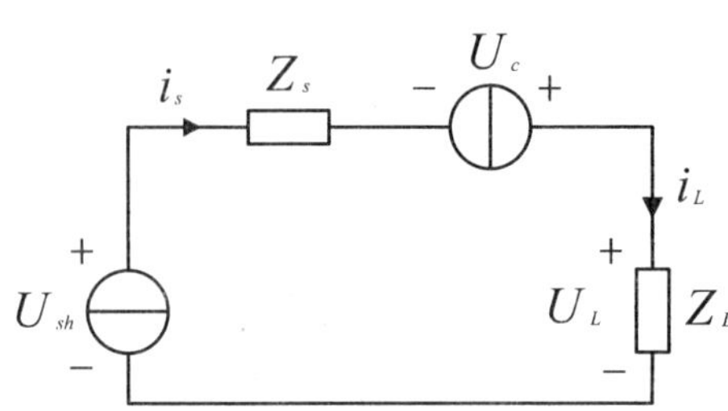

图 13-34 SAPF 单相等效电路

工作时 SAPF 相当于一个与负载串联的受控电压源，受谐波电流的控制。SAPF 产生一个 k 倍于谐波电流的谐波电压 $u_{ch}=ki_{sh}$。对于基波，其对应的 k 值为零。对于谐波可使得 k 趋向无穷大，从而流入负载的谐波电流 i_{sh} 趋向 0，使得流经负载的电流不再含有谐波成分而接近于正弦波形。

13.6.2 串联有源电力滤波器应用实例

本示例采用 PSCAD 目录..\examples\ ActiveFilters 下的自带示例 *Series_AF*。该模型具有一个全局替换参数 freq，用户可方便地设置该模型运行于 50 Hz 或 60 Hz 频率下。串联有源电力滤波器连接于系统交流电压与 PCC（公共耦合点）之间，对高次谐波呈现高阻抗，从而负荷电流中的谐波成分无法流入交流系统，保持系统侧电流为工频分量。

该模型的主电路部分如图 13-35 所示。

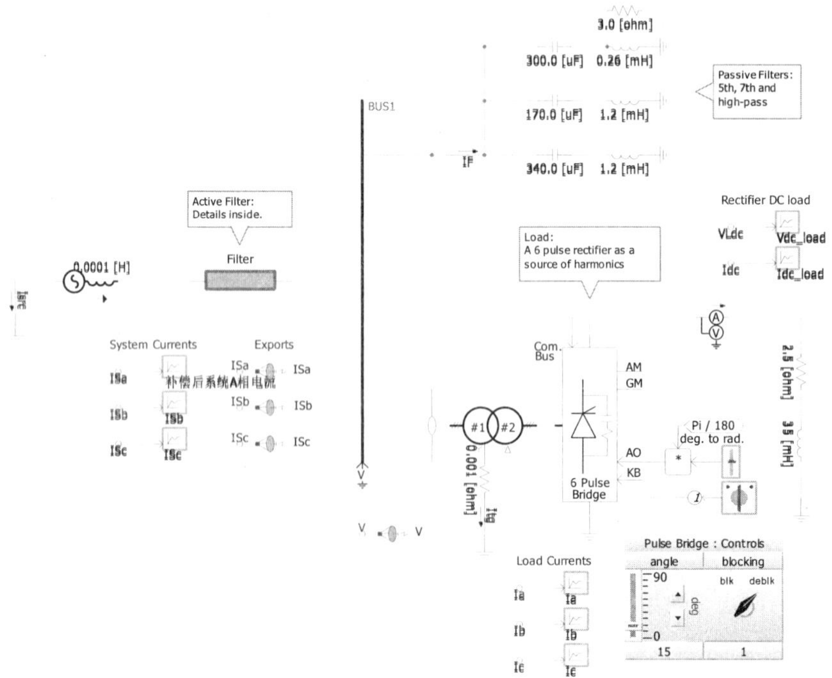

图 13-35 串联有源电力滤波器仿真模型电路

该模型中以 6 脉波换流器模拟谐波负载，同时配置有 5 次、7 次和高通无源滤波器。在系统交流电源与 PCC 点之间串联有源滤波器。该滤波器部分主电路如图 13-36 所示。

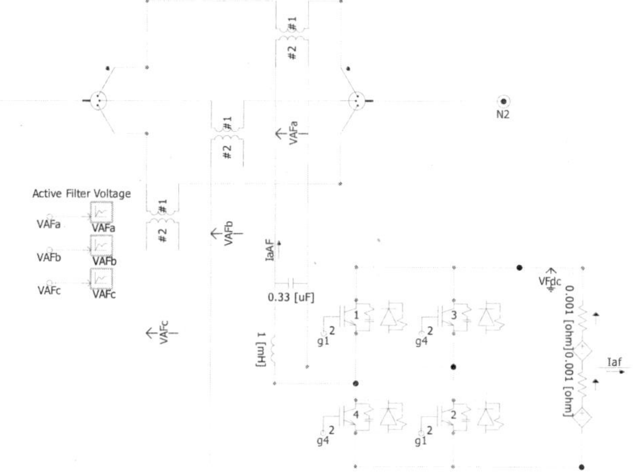

图 13-36 串联有源电力滤波器主电路

串联 SAPF 采用三单相逆变桥配置，通过单相变压器耦合至系统中，直流侧均以直流电压源进行模拟。串联 APF 参考电流计算方法与 13.4 节中介绍的基本一致，但需注意的是检测的对象是系统三相电流信号 ISa、ISb、ISc。计算出参考电流后乘以比例系数 K（默认为 40）得到参考电压。

各 IGBT 的驱动信号采用三角载波调制的方法产生，如图 13-37 所示。

首先利用 PCC 处的三相电压信号 V_a、V_b、V_c，通过 PLL 元件产生同步信号 theta，该信号为 0～2π 变化的 50 Hz 锯齿波，乘以 300 后进行模 360 的运算，所得信号为 0～360 变化的锯齿波，频率约为 15000 Hz。该锯齿波通过非线性传递函数后得到三角波，即 0º～90º 范围对应三角波从 0 变化至 1，90º～270º 对应三角波从 1 变化至-1，270º～360º 对应三角波从-1 变化至 0。同时还会产生另一个反相 180º 的三角载波信号。将对应的载波信号和参考信号汇聚后送入脉冲发生元件，产生 IGBT 的驱动信号。

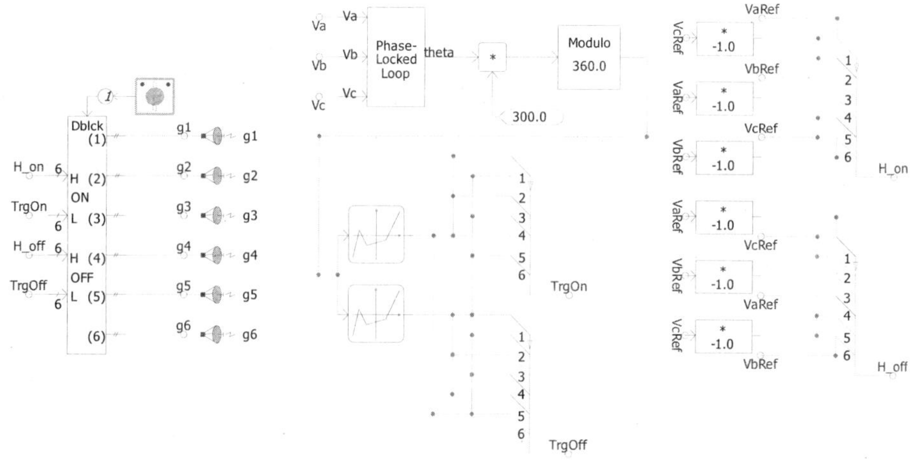

图 13-37 驱动信号产生电路

图 13-38 所示为串联 SAPF 补偿前后的系统 A 相电流波形。

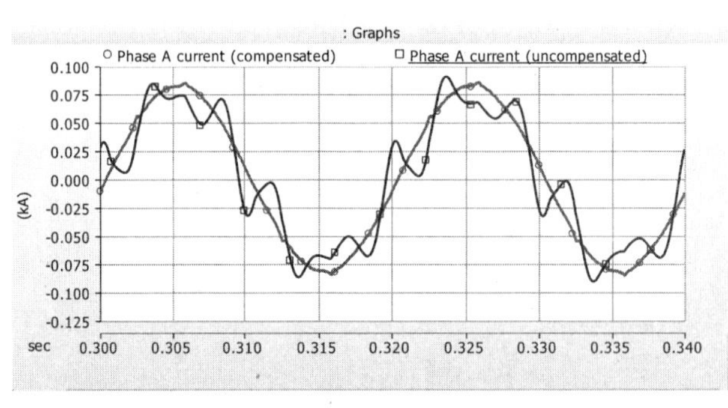

图 13-38 补偿前后的系统 A 相电流波形

可以看到，利用串联有源滤波器技术，可进一步滤除非线性负荷产生的谐波电流，使得系统电流基本保持为工频正弦分量。

13.7 SVC 系统

13.7.1 SVC 工作原理和特性

静止无功补偿器 SVC 作为一种并联补偿装置已广泛应用于电力系统的动态补偿，其典型代表是晶闸管投切的电容器 TSC 和晶闸管控制的电抗器 TCR。这两种无功补偿器都有各自的局限性：TCR 只调节电抗器，补偿感性无功；TSC 只快速投切电容器，补偿容性无功。为了扩大无功补偿范围，使无功控制范围从容性无功变到感性无功，可将 TCR 并联电容器 FC 和 TSC 组合使用。TSC+TCR 型 SVC 是连续控制的无功补偿器，谐波含量低且响应速度快，可快速改变发出的无功，具有较强的无功调节能力，通过动态无功补偿提供动态电压支撑，可加快暂态电压恢复，提高系统电压稳定水平。

TCR 的基本元件是一个电抗器与双向晶闸管开关串联。通过控制触发角，晶闸管可在电源频率的正负半周轮流导通。TCR 可看作一个可变电纳，连续可调，但只在感性无功范围内。当触发角为 90°时，晶闸管全导通，与晶闸管串联的电抗器相当于直接接入系统，电抗器中的电流为连续正弦波形，SVC 吸收的基波电流和感性无功功率最大。当触发角在 90°～180°之间变化时，晶闸管部分导通，电抗器中的电流呈非连续波形。触发角为 180°时，晶闸管不投入运行，电抗器中的电流减小到 0。

TSC 只调节电容器，可补偿系统所需的无功功率。如果级数分得足够细，基本可实现无级调节。但由于每级均需晶闸管阀，从性价比考虑不宜分得太细。TSC 的每个分级之间的无功功率可通过 TCR 来连续调节，所以 TSC 装置一般与电感并联，即组成 TSC+TCR 补偿器。图 13-39 为 SVC 电力系统的 V-I 特性曲线，通过 TCR 和 TSC 配合，SVC 无功调节范围可实现从容性无功到感性无功变化， 能连续调节补偿装置的无功功率，使补偿点的电压接近维持不变。

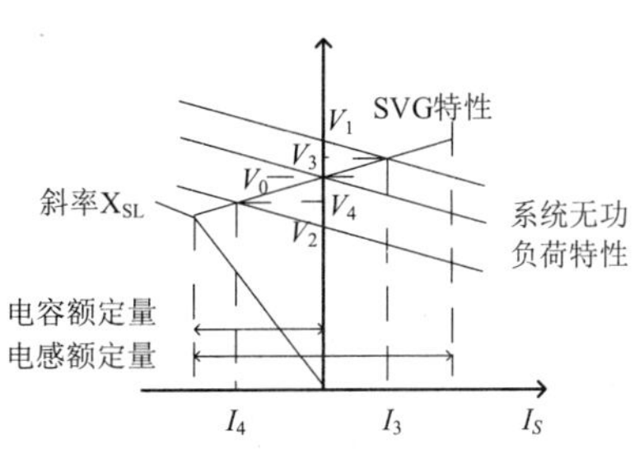

图 13-39 SVC 电力系统的 V-I 特性曲线

13.7.2 SVC 系统应用实例

本示例采用 PSCAD 目录..\examples\svc 下的自带示例 *svc_acsystem*，并做了少许修改。同时为方便起见，将模型中的工频 60 Hz 改为 50 Hz。

该模型的主电路部分如图 13-40 所示。

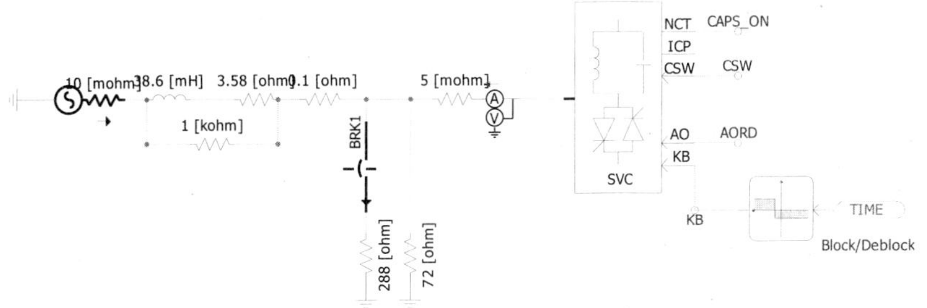

图 13-40 仿真模型主电路

SVC 的 TCR 触发角信号输入 AORD 和 TSC 的电容投切信号 csw 由 SVC 控制电路产生，而当前投切的电容器组数信号 CAPS_ON 由 SVC 元件输出至 SVC 控制电路。封锁/解封信号 KB 控制 SVC 在仿真后 0.4 s 投入，该信号也将同时送至 SVC 控制电路。

SVC 的主要参数设置为：总 TCR 无功容量 100 MVar，总 TSC 无功容量 167 MVar，共分 2 级。SVC 变压器电压为 120 kV/12.65 kV，总正序漏抗 0.17 p.u.。交流系统电压 125 kV（原模型为 130 kV）。

图 13-41 所示为 SVC 输出无功指令的计算电路。

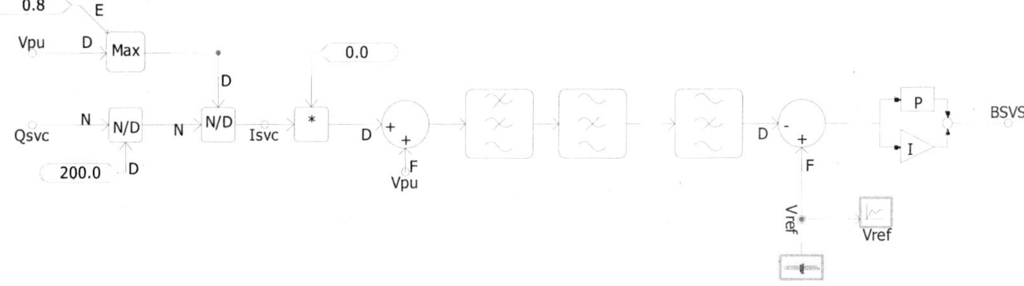

图 13-41 SVC 输出无功指令计算电路

原模型中根据测得的SVC输出无功功率Qsvc的标幺值计算代表线路压降的标幺值（0.03Isvc），但实际测量得到的就是PCC点电压，故本仿真中将0.03改为0，如图13-41中所示。即直接对PCC点电压有效值进行滤波处理。用电压参考值Vref减去实际测得的电压后，通过PI校正环节，得到SVC输出无功的指令BSVS。

图13-42所示为SVC电容投切控制及TCR触发角计算电路。

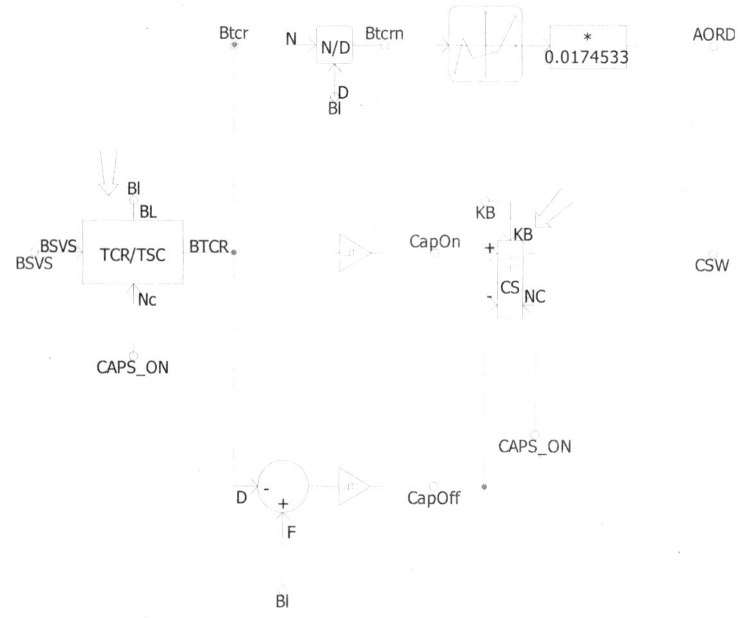

图13-42 SVC电容投切控制及TCR触发角计算电路

TSC/TCR的Non-Linear Susceptance Characteristic元件根据输出的无功指令BSVS计算TCR电抗的电纳标幺值，根据参考信号计算得到TCR需输出的参考电纳标幺值。TCR电抗电纳标幺值计算公式为：

$$B_L=-\frac{1}{(\frac{TMVA}{MTCR}-X_t)}$$

式中，$TMVA$为SVC变压器总容量，也是计算标幺值的容量基准值；$MTCR$为TCR的总无功容量；X_t为SVC变压器的正序漏抗。

每一级TSC电容电纳标幺值计算公式为：

$$B_C=\frac{1}{N(\frac{TMVA}{MTSC}+X_t)}$$

式中，$MTSC$为TSC的总无功容量；N为TSC的总级数。

TCR需输出的参考电纳标幺值的计算公式为：

$$B_{TCR}=\frac{B_{SVS}-N_CB_C(1-\frac{N_CB_C}{B_t})}{1-\frac{2N_CB_C+B_L}{B_t}}$$

其中：

$$B_t=-\frac{1}{X_t}$$

计算出 TCR 电抗的电纳标幺值 BL（图中对应的信号为 Bind）和 TCR 需输出的参考电纳标幺值 BTCR 后，根据如下逻辑确定 TSC 的电容投切。

若 BTCR>0，则发出投入一级 TSC 电容的信号（高电平）Cap_on。若 BTCR<BL（对应于 XTCR<XL），则发出切除一级 TSC 电容的信号（高电平）Cap_off。这两个信号连同 TSC 当前已投入的电容组数信号 NCAPS 一起，送入 TCR/TSC 的 Capacitor Switching Logic 元件，产生 TSC 电容投切信号 Capsw（1 表示投入一级，-1 表示切除一级）。

对 BTCR 信号进行标幺化处理（基值为 BL），根据该标幺值通过下式计算 TCR 的触发角：

$$\frac{BTCR}{BL}=(1-\frac{2\alpha}{\pi}-\frac{1}{\pi}\sin 2\alpha)$$

上式可写为：

$$\alpha=f^{-1}(BTCR/BL)$$

PSCAD 中是通过分段线性化上式的方法来得到触发角，还需要注意的是上式中的 α 是从电压峰值至 TCR 晶闸管触发时刻的角度，而 PSCAD 模型中以电压过零为计算触发角的起始点，因此需要将计算出的角度加上 90º。

当 BTCR 从 -1.0～1.5 变化时分段线性化的触发角如图 13-43 所示。

SVC 的 KB 信号设置为在 0.4s 时解除封锁，在 PCC 点处已并联有 72 Ω 的电阻，在 1.0 s 时将投入另一个 288 Ω 电阻，仿真波形如图 13-44 所示。

图 13-44 中第一个图形为 TCR 触发角波形；第二个图形为投入的 TSC 电容组数；第三个图形为 SVC 端电压及 PCC 处参考电压。可以看到在 SVC 封锁之前，由于电源点至 PCC 处线路上的无功损耗造成 PCC 点电压将低于 1.0 pu（120 kV 基准值）。SVC 的 TCR 触发角一直保持为 180º，即不投入 TSC。解除 SVC 封锁后，迅速连续投入 2 级 TSC 电容，PCC 处电压上升。在 TCR 触发角达到 90º 限值后，切除了一级 TSC 电容，TCR 触发角自动调节使得 PCC 电压达到 1.0 pu。在 1.0 s 后投入电阻，PCC 电压将下降，TCR 触发角增大，继续维持 PCC 电压为 1.0 pu。由于此时触发角未达到 180º 限值，不会增加投入一级 TSC 电容器。

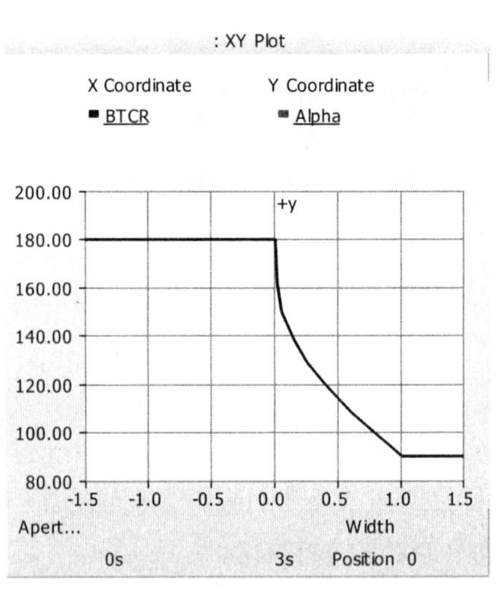

图 13-43 分段线性化的触发角相对电纳参考值的曲线

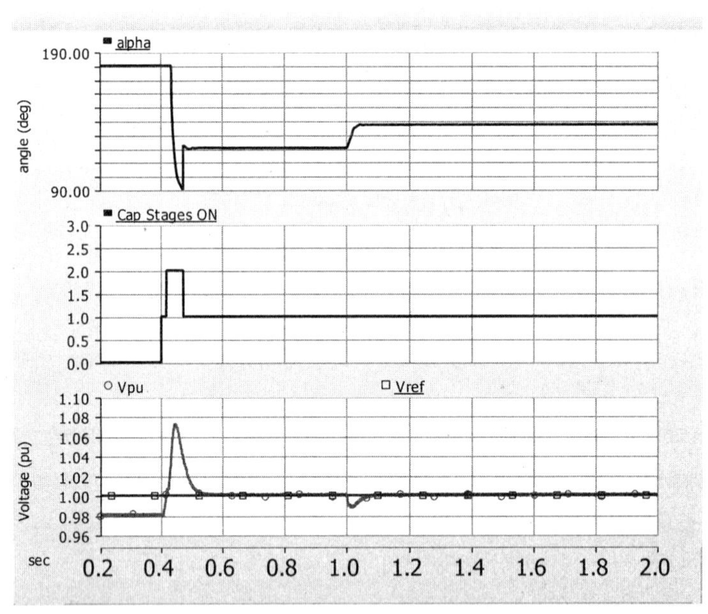

图 13-44 SVC 仿真波形

13.8 STATCOM 系统

随着大功率电力电子器件的发展及柔性输电系统（FACTS）技术的提出，FACTS 装置的开发及其在电力系统中的应用受到日益广泛的重视。作为 FACTS 家族中重要成员之一的 STATCOM，又称为先进的无功发生器（ASVG），可以在从感性到容性的整个范围中进行连续的无功调节，特别是在欠压条件下仍可有效地发出无功功率，得到了电力工业界越来越多的关注。

13.8.1 STATCOM 分类与工作原理

STATCOM 按其直流侧储能元件的不同，可分为电压型和电流型两种。其中电压型 STATCOM 的直流侧以电容为储能元件，主电路采用三相电压源桥式变换电路 VSC，将直流电压逆变为交流电压，然后通过串联电抗器接入电网。其中电抗器起到阻尼过电流、滤除纹波的作用。电流型 STATCOM 的直流侧以电感为储能元件，主电路采用电流源变换电路 CSC，将直流电流逆变为交流电流送入电网，并联在交流侧的电容可以吸收换相产生的过电压。在实际应用中由于电流型 STATCOM 运行效率比较低，所以投入运行的绝大部分都是电压型。

STATCOM 的工作是建立在一个静止的同步电压源的基础之上。其工作原理就是将自换相桥式电路经一个串联电抗（包括变压器的漏抗与电路中其他电抗）与电网相连，根据输入系统的无功功率和有功功率的指令，适当地调节桥式电路交流侧输出电压的幅值和相位，或者直接控制其交流侧电流就可以使该电路吸收或发出满足系统所要求的无功电流，实现动态无功补偿的目的。其单相等效电路如图 13-45 所示。图中变压器的漏抗与电路中其他电抗均归算到 L 中，而 STATCOM 的所有有功损耗均归算到 R 中。

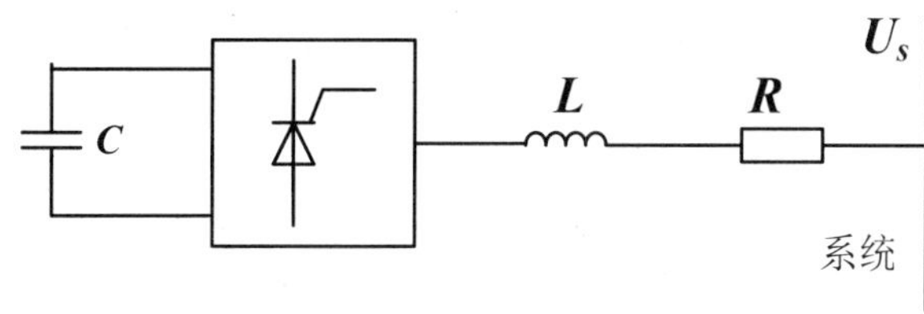

图 13-45 STATCOM 单相等效电路

13.8.2 STATCOM 控制策略

STATCOM 的主要用途有两个：校正系统功率因数和调节系统电压。虽然这两种功能都是通过向系统中注入无功电流来实现，但针对不同的用途控制策略亦不尽相同。

➢ 校正功率因数

图 13-46 所示为 STATCOM 的系统接线图，当 STATCOM 未投入运行时，负荷电流 i_l 中的无功分量 i_{lq} 完全由系统承担，即 $i_{sq} = i_{lq}$。i_{lq} 较大时功率因数会很低，线路损耗也会大大增加。当 STATCOM 接入系统后，将产生容性无功电流 i_{cq} 为系统提供无功支持。理想情况下当 i_{cq}=-i_{lq} 时，STATCOM 将完全补偿负荷无功电流，使系统功率因数等于 1。要想使 STATCOM 快速精确地补偿无功电流，就必须对无功电流进行准确测量。

图 13-47 所示为目前主流的无功电流检测电路。根据瞬时无功功率理论，采取了基于 d-q 坐标变换的无功电流矢量检测法。首先通过锁相环 PLL 和正余弦发生电路获得与 e_a 同相位的 sinωt 和 -cosωt, 然后将三相电流通过 d-q 变换，得到交轴分量 i_q。i_q 经低通滤波器 (LPF) 得到直流分量 I_q，I_q 经过 d-q 反变换后即得到 a、b、c 三相基波正序无功电流。若检测的是负荷处无功电流，则将其取反后就是指令电流值 i_{ref}, 即是需要的补偿量。

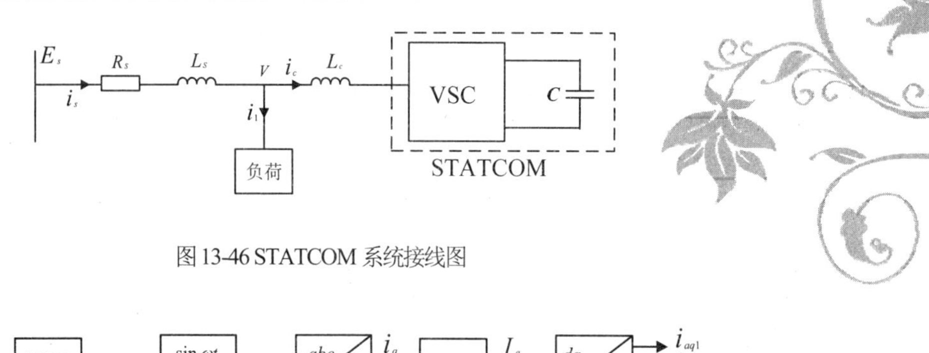

图 13-46 STATCOM 系统接线图

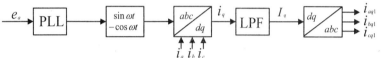

图 13-47 无功电流检测电路

图 13-48 为 STATCOM 控制原理图。其中 i_{ref} 为指令电流值，i_{cq} 为 STATCOM 交流侧基波无功电流值，二者的差值经过比例积分 (PI) 与限幅环节后，对 δ（即 STATCOM 交流侧输出电压与系统电压相位差）进行微调。然后将 δ 作为指令，控制脉宽调制 PWM 波形发生器中调制波的相位，输出的 PWM 波用来触发 STATCOM 中三相逆变桥各桥臂全控型器件 (GTO 或 IGBT 等)的通断，从而在 STATCOM 的交流侧产生跟随指令电流值 i_{ref} 变化的补偿电流 i_{cq}。

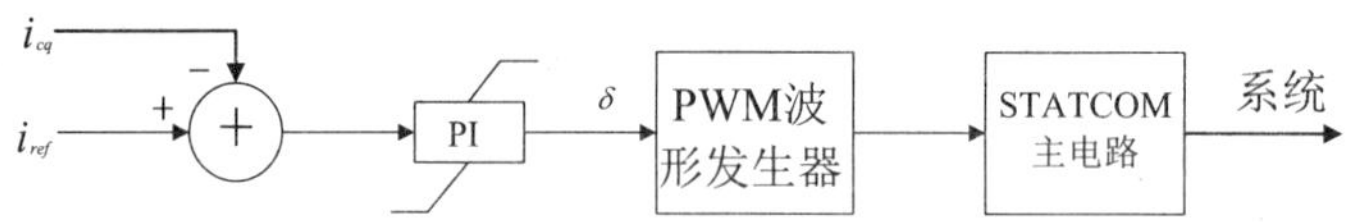

图 13-48 STATCOM 控制原理图

由其控制原理不难得知，该系统是一个采取反馈控制的闭环系统，补偿无功电流时刻跟随负荷无功电流的变化，因此其响应速度和控制精度都很高。

➢ 调节系统电压

在电网中，两个节点之间电压的幅度差主要由两者之间线路上流过的无功功率决定，当无功电流过大时会产生很大的电压损耗，如果不能及时进行无功补偿，在负荷处会出现欠压现象。

图 13-49 所示为电压测量电路，其中 V_a、V_b、V_c 分别表示 STATCOM 接入点处系统的三相电压，对三相电压进行整流、滤波等预处理，然后由电压传感器测量后，通过 LPF 得到的直流量即是该点处电压的有效值。

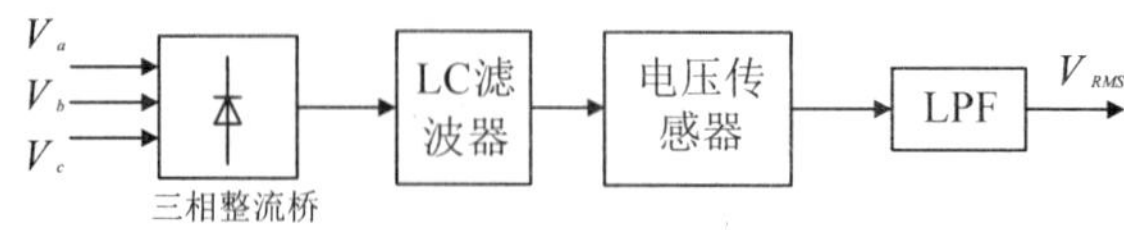

图 13-49 电压测量电路

得到接入点处电压值之后，即可通过图 13-48 所示的控制电路，对该点的电压进行调节。但需要将指令电流值 i_{ref} 换成指令电压值 V_{RMSref}，反馈电流 i_{cq} 换成反馈电压值 V_{RMS}。其中指令电压值 V_{RMSref} 可由用户设定。由以上分析可知，STATCOM 通过闭环反馈控制，动态改变 δ 角的值，从而改变注入系统的无功电流，最终达到调整系统电压的目的。

STATCOM 提供的最大无功电流和系统电压无关，仅受装置自身 GTO 等功率器件电流容量的限制，通过调节 δ 角，可以在不同的系统电压参考值下获得最大无功电流；而 SVC 所能提供的最大无功电流受其自身阻抗特性的限制，当系统电压下降时，提供的最大无功电流反而减小。所以 STATCOM 比 SVC 有更大的调节范围，在欠压下有更优越的调节性能。

13.8.3 应用实例

本示例采用 PSCAD 目录..\examples\statcom 下的自带示例 *statcom_6pls_pwm*。该模型具有一个全局替换参数 freq，用户可方便地设置该模型运行于 50 Hz 或 60 Hz 频率下。本仿真中设置为 50 Hz。该模型的主电路部分如图 13-50 所示。

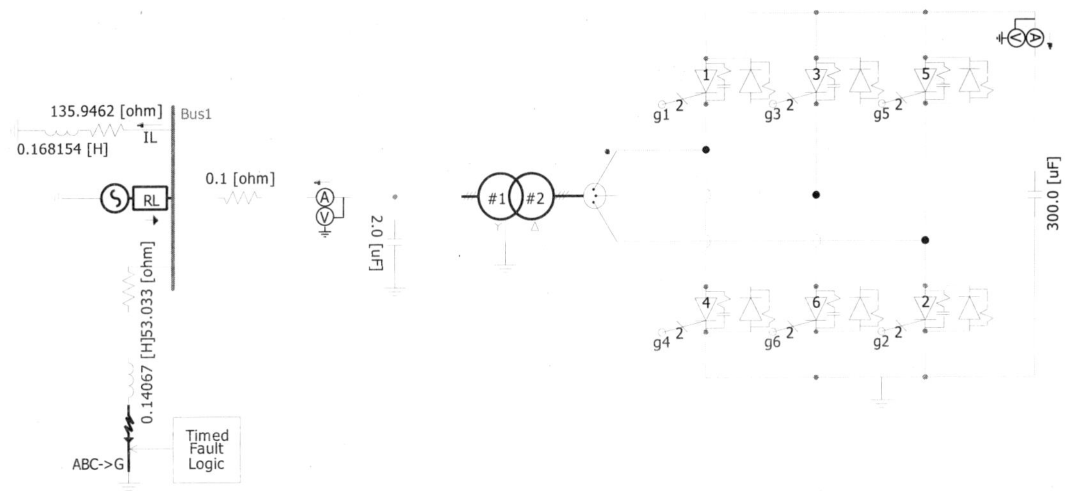

图 13-50 仿真模型主电路

系统额定电压 115 kV，基准容量 100 MVA，系统阻抗 50 Hz 时为 22.19∠78° Ω，短路容量 596 MVA。负载阻抗 50 Hz 时为 145.85∠21.2355° Ω，功率因数 0.932，容量 145.85 MVA。三相短路故障的故障阻抗 50 Hz 时为 69∠313.8° Ω，容量 191.67 MVA。由于系统电压正常时设置为 100 kV (0.87pu)，可计算出在无 STATCOM 时，正常运行时 PCC 点电压为 0.798 pu，故障时 PCC 点电压为 0.6025 pu。

STATCOM 通过变压器接入 PCC 点，变压器绕组电压为 115 kV/25.0 kV，漏抗 0.1 pu。

控制电路模型如图 13-51 所示。

原模型中将测量得到的 STATCOM 输出无功功率 Q_m 进行标幺化处理后乘以标幺电抗，再与 PCC 点电压相加，但由于实际测量的就是 PCC 点电压，不需进行压降补偿，因此本仿真中将系数

0.03 设置为 0，如图 13-51 所示。用参考电压减去滤波后的电压，将误差信号通过超前-滞后环节和 PI 校正环节，最终得到以角度为单位的触发角。

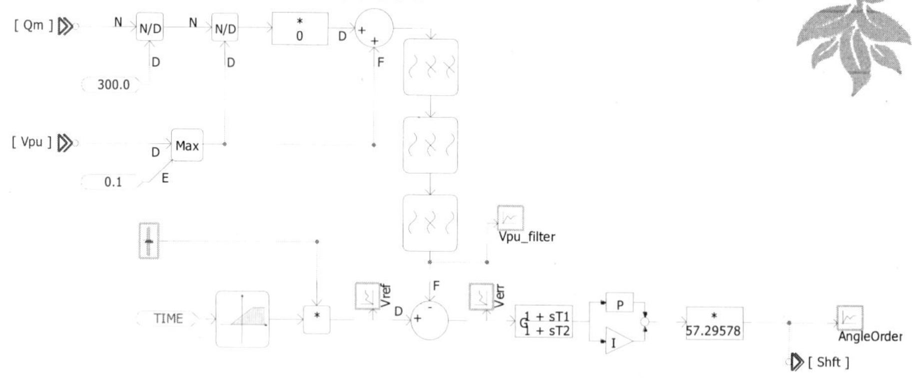

图 13-51 控制电路模型

图 13-52 给出了 STATCOM 发出感性无功时，触发角偏离 0° 时的各相量的关系，图中电流 I 的参考方向为 STATCOM 流向系统。图 13-52 a 所示为触发角为正值的情况，STATCOM 输出电压将滞后 PCC 点电压，此时 STATCOM 将吸收有功功率，直流侧电压将升高，使得发出的感性无功功率增大。图 13-52 b 所示为触发角为负值的情况，STATCOM 输出电压将超前 PCC 点电压，此时 STATCOM 将发出有功功率，直流侧电压将降低，使得发出的感性无功功率减小。

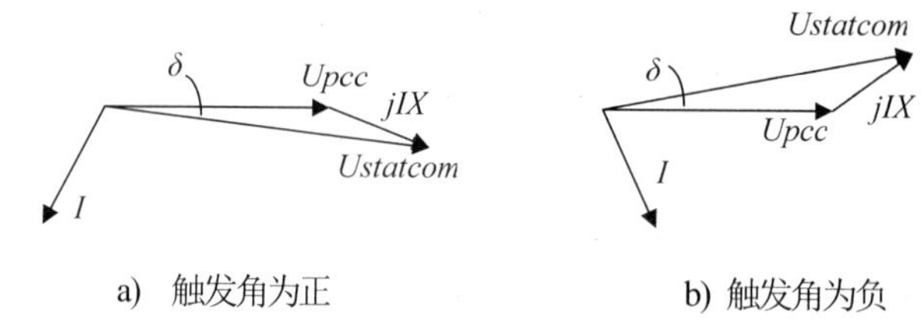

图 13-52 相量关系

图 13-53 所示为 STATCOM 触发脉冲产生电路中的载波信号产生电路。

首先利用 PCC 点三相电压信号 Vna、Vnb、Vnc 得出与 A 相电压同步的 0°～360° 变化的信号 theta，乘以 33 后，再转换为 0°～360° 范围内的信号，最后转换为-1～1 范围的三角载波信号。注意到每个开关管的开通载波信号和关断载波信号反相。

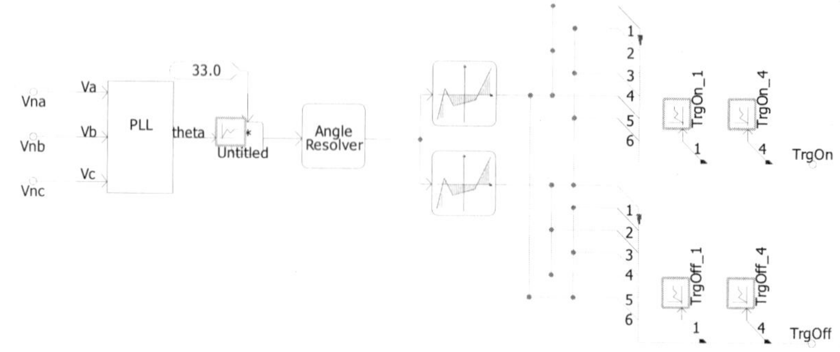

图 13-53 载波信号产生电路

图13-54所示为相应的参考信号发生电路。利用PCC点三相电压信号Vna、Vnb、Vnc产生6个相隔60º的信号，分别加上控制电路计算得到的触发角，并减去30º（Y-Δlead变压器产生的超前30º），然后利用自定义元件，将这些角度信号控制在0º～360º范围内，通过正弦函数发生元件产生幅值为1的6个正弦信号，作为STATCOM6个开关管开通的参考信号。并将其中的1和4、3和6以及2和5的参考信号对换，作为6个开关管关断的参考信号。

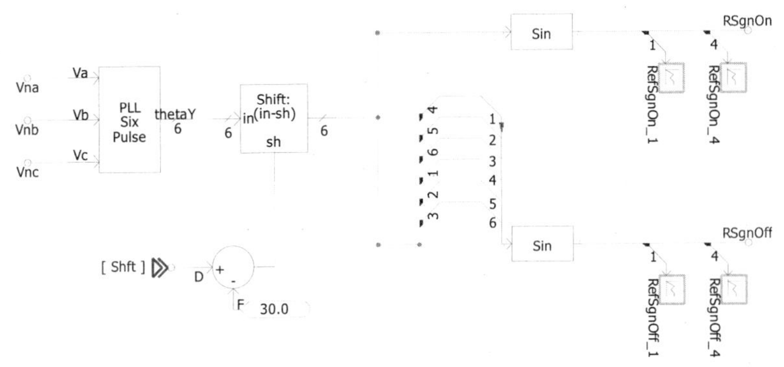

图13-54 参考信号产生电路

图13-55所示为利用脉冲发生元件，根据这些载波信号和参考信号产生开关管的触发脉冲。

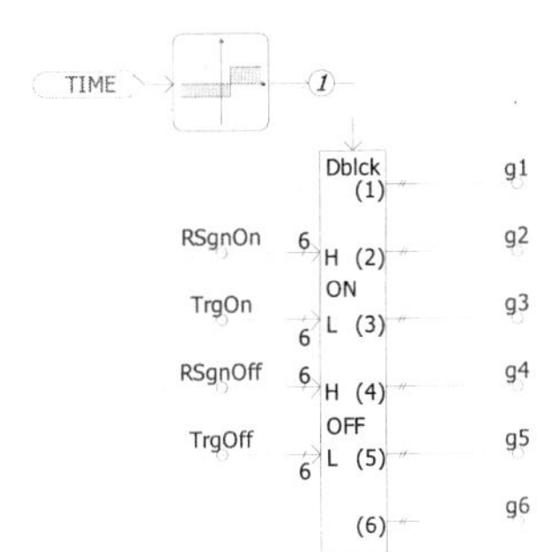

图13-55 控制脉冲产生电路

设置故障发生于1.5 s并持续0.75 s，仿真波形分别如图13-56和图13-57所示。

图13-56中第一个图形为PCC点参考电压有效值和实际电压有效值标幺值波形；第二个图形为PCC点参考电压有效值和实际电压有效值标幺值差值的波形；第三个图形为触发角波形；图13-57中第一个图形为直流电压波形；第二个图形为STATCOM输出有功功率的波形；第三个图形为STATCOM输出无功功率的波形。

可以看到在故障之前，在无STATCOM的情况下，PCC点电压将约为0.8 pu。STATCOM投入后(0.3s)，PCC点电压保持为1.0 pu。故障发生后，PCC点电压下降，触发角为正值，STATCOM吸收有功功率（图中为负），直流电压升高，STATCOM输出无功功率增大，使得PCC点电压回升至1.0 pu。故障消除后，触发角为负值，STATCOM发出有功功率（图中为正），直流电压下降，STATCOM输出无功功率减小，使得PCC点电压短暂上升后回复至1.0 pu。

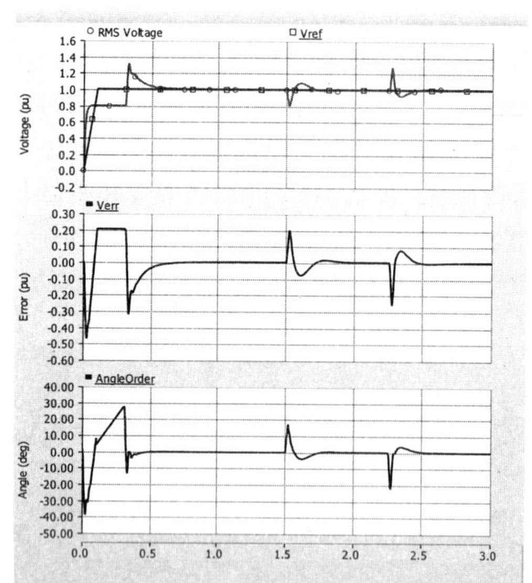

图 13-56 仿真波形图 1

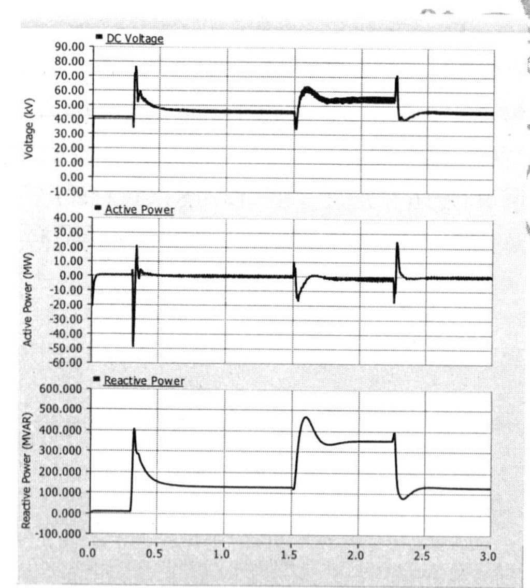

图 13-57 仿真波形图 2